COURS

DE PHYSIQUE

RÉDIGÉ

conformément aux derniers programmes de l'enseignement scientifique
dans les lycées, et à celui du baccalauréat ès sciences

AVEC DE NOMBREUSES FIGURES DANS LE TEXTE

PAR

B. BOUTET DE MONVEL

Ancien élève de l'École normale supérieure
Professeur de physique et de chimie au lycée Charlemagne

———◦◦◦———

PARIS

LIBRAIRIE DE L. HACHETTE ET Cⁱᵉ

BOULEVARD SAINT-GERMAIN, N° 77

1863

COURS

DE PHYSIQUE

OUVRAGES DU MÊME AUTEUR

PUBLIÉS PAR LA MÊME LIBRAIRIE.

COURS DE CHIMIE, rédigé conformément aux programmes de l'enseignement scientifique dans les lycées et à celui du baccalauréat ès sciences. Cinquième édition. 1 beau volume in-18 jésus avec des figures dans le texte. Prix, broché, 5 fr.

NOTIONS DE CHIMIE, rédigées conformément au dernier programme de l'enseignement dans la classe de Seconde (section des lettres). 4ᵉ édition. 1 volume in-12 avec des figures dans le texte. Prix, broché, 2 fr. 50 c.

NOTIONS DE PHYSIQUE, rédigées conformément aux derniers programmes de l'enseignement pour les classes de Troisième et de Logique (section des lettres), et pour le baccalauréat ès lettres. 5ᵉ édition. 1 beau volume in-18 jésus avec des figures dans le texte. Prix, broché, 3 fr. 50 c.

L'introduction de ces trois ouvrages dans les écoles est autorisée par le ministre de l'instruction publique.

SIMPLES LECTURES sur les sciences, les arts et l'industrie, à l'usage des écoles primaires, par M. Garrigues, ancien maître adjoint d'école normale. Nouvelle édition entièrement refondue par M. Boutet de Monvel. 1 fort volume in-12. Prix, cartonné, 1 fr. 50 c.

COURS

DE PHYSIQUE.

INTRODUCTION.

NOTIONS PRÉLIMINAIRES. — DIVISIONS GÉNÉRALES DE LA PHYSIQUE.

Notions préliminaires. — On appelle *matière* tout ce qui affecte nos sens, de quelque façon que ce soit, et *corps*, une portion de la matière. — Le cuivre, le bois, l'eau, le sang, l'air, désignés d'une manière générale, sont autant d'espèces différentes de matière.

Parmi les diverses manières d'être ou d'agir qui distinguent un corps d'un autre corps, les unes sont caractéristiques de la matière même qui constitue le corps, de sa substance; ce sont les caractères ou propriétés chimiques; les autres sont relatives à un état passager, transitoire, du corps, état de repos ou de mouvement, de chaud ou de froid, etc., et ne dépendent en rien de la nature de la substance; celles-là sont les caractères ou propriétés physiques.

Pour bien faire comprendre cette différence essentielle, citons quelques exemples.

Une balle de plomb que l'on tient à la main, tombe à terre dès qu'on l'abandonne à elle-même. Elle est passée de l'état de repos à l'état de mouvement, pour rentrer de nouveau à l'état de repos. Cette modification, toute passagère, n'a point affecté sa substance. On eût pris, à la place du plomb, un morceau de cuivre ou de bois, la première pierre venue, tout se serait passé de la même façon. Il n'y a rien là qui puisse servir à caractériser une substance, c'est un phénomène physique.

Mettons cette même balle de plomb dans un vase sur le feu ; elle s'échauffera de plus en plus, augmentant peu à peu de volume, puis, à un certain moment, le plomb deviendra liquide comme de l'eau, pour redevenir solide quand on le laissera refroidir, absolument comme eût fait un morceau de glace qui passerait d'une glacière à l'air chaud du dehors, et retournerait à l'état de glace dès qu'on le ramènerait dans le milieu froid où il avait été pris. Le plomb et l'eau ont conservé, pendant ces modifications passagères, chacun leur nature propre, leur substance n'en a reçu aucune modification ; tout corps *solide* est capable de subir les mêmes changements ; ce passage de l'état solide à l'état liquide sous l'influence de la chaleur, ce retour de l'état liquide à l'état solide sous l'influence du froid sont des phénomènes *physiques*.

Prenez un morceau de soufre et frottez-le avec un morceau d'étoffe de laine bien sèche ; il se trouvera avoir acquis par suite de ce frottement la propriété d'attirer vivement à lui de petits corps légers, comme des fragments de papier ou de paille, ou encore une petite balle de sureau suspendue à un fil fin. D'ailleurs sa nature est restée la même. En devenant *électrisé*, car c'est le nom que l'on donne à l'état particulier dans lequel il se trouve et qui ne tardera pas à disparaître, il a gardé tous les caractères du soufre. Tous les corps peuvent être amenés à ce même état électrique, moyennant certaines conditions d'expérience particulières ; ce n'est point un caractère distinctif de telle ou telle substance ; c'est encore un phénomène physique.

Chauffons maintenant à l'air libre dans une cuiller de fer de l'étain ou du plomb ; nous les voyons d'abord fondre sans changer de nature ; mais peu à peu, l'action de la chaleur se continuant, toujours au contact de l'air, nous voyons se former à la surface du métal liquide une sorte de cendre, grisâtre pour l'étain, jaune pour le plomb ; progressivement la quantité du métal diminue, celle de la matière terreuse augmente, et au bout d'un temps suffisant tout le métal a subi cette transformation. Quand elle est devenue complète, le poids du plomb a augmenté d'un treizième environ, celui de l'étain d'un quart. Les deux corps terreux qui se sont formés n'ont plus aucun des caractères du plomb ni de l'étain, ce sont deux substances nouvelles. La terre fournie par le plomb diffère complétement de celle qu'a fournie l'étain. En chauffant à l'air du soufre, on le transformerait, par un phénomène du même genre, en une sorte d'air, doué d'une odeur fortement piquante, et présentant des caractères autres que ceux du soufre, autres que ceux de l'air respirable. Maintenant si l'on chauffe à l'air de l'or ou de l'argent, ou du platine, aucun de ces corps ne présenterait d'altération dans sa substance. Une chaleur intense pourrait les faire fondre, les réduire en vapeur même, comme elle le fait pour l'eau ou l'esprit-de-vin, mais il n'en résulterait aucun changement dans la substance ; elle ferait de l'argent solide, liquide, ou gazeux, rien autre chose.

Voilà donc une transformation complète et permanente qui se produit dans certains corps sous l'influence de l'air, avec l'aide de la chaleur, quelquefois même sans son intervention ; qui donne naissance à des substances complétement différentes de celles qui ont subi l'action de l'air, et différentes aussi les unes des autres ; nous voyons d'autres corps résister complétement à cette influence et conserver identiquement leur nature primitive, dans les circonstances où les premiers s'altéraient si profondément. Nous sommes donc là en présence d'un phénomène qui modifie la substance des corps, et qui, par la nature de ses résultats, peut servir à distinguer une substance d'une autre substance. C'est là un phénomène *chimique*.

La physique est la science qui a pour but l'étude des modifications générales que subissent les corps et qui n'entraînent point un changement de la substance.

Quelles que soient ces modifications, elles sont toujours

déterminées par l'action d'une cause extérieure au corps; la matière ne peut point se modifier d'elle-même, elle n'est pas la cause déterminante de ses propres changements. Cette cause on l'appelle une *force*. On emploie aussi quelquefois le mot *agent*.

Parmi les diverses propriétés physiques que nous présentent les corps, il en est que l'on peut regarder comme constitutives de la matière, en ce sens qu'elles appartiennent à tous les corps, sous quelque état qu'ils se présentent; la connaissance sommaire de ces propriétés nous permettra de nous faire une idée de la constitution probable du corps; je dis probable, car il ne faut pas attacher à cet aperçu sur la constitution des corps d'autre valeur que celle d'une hypothèse, mise en accord aussi parfait que possible avec les faits observés.

Les propriétés générales dont nous parlons sont l'étendue, l'impénétrabilité, la divisibilité, la compressibilité, la porosité, l'élasticité, la mobilité et l'inertie.

Tout corps occupe une certaine place dans l'espace, il embrasse une certaine *étendue*. Cette place, il l'occupe seul, exclusivement à tout autre corps, et c'est en cela que consiste le sens du mot *impénétrabilité*. On dit bien, dans le langage vulgaire, qu'un clou pénètre dans le bois, que l'eau pénètre une étoffe, mais il n'y a pas pénétration dans le sens scientifique; car le clou et le bois ne sont pas à la même place; le clou a repoussé, écarté les fibres du bois, pour se loger entre elles; comme aussi l'eau se glisse entre les filaments du tissu, occupant une place distincte de celle que ces filaments occupent à côté.

Par *divisibilité* on entend la propriété que possèdent les corps, sous quelques dimensions qu'ils se présentent, de pouvoir être divisés en un nombre plus ou moins grand de parties. Dans quelques cas cette division atteint des limites si reculées que l'esprit en reste pour ainsi dire confondu. Qu'on laisse tomber une goutte d'indigo liquide ou de carmin dans un grand vase plein d'eau, et cette eau, parfaitement incolore tout à l'heure, se trouve maintenant tout entière colorée en bleu, ou en rouge. La matière colorante s'est répandue dans toutes les parties du liquide, se divisant ainsi entre tous les points de sa masse. Un fragment de musc, oublié quelque temps au fond d'un tiroir, l'infecte de telle façon, qu'au bout de quarante ans et plus ce tiroir garde encore une odeur des plus fortes, bien que l'air y soit sans cesse renouvelé et emporte ainsi avec lui, à chaque fois qu'il est remplacé, une certaine quantité de la matière odorante.

Combien d'exemples ne pourrions-nous pas citer encore de cette prodigieuse division de la matière : le jet d'eau dispersé par le vent en gouttelettes presque imperceptibles; la fécule dont les grains nous paraissent, sous le microscope, composés eux-mêmes de granules d'une petitesse prodigieuse; les animaux que le microscope nous fait découvrir dans l'eau croupie et qui, tous carnassiers, nous offrent des organes divers, les uns pour sucer leur proie, d'autres pour la déchirer, des organes digestifs, sécréteurs, etc.

L'homme peut même, par des opérations mécaniques, amener les corps à un état de division bien remarquable. Ainsi, sous le marteau du batteur d'or, une lame de ce métal peut atteindre une ténuité telle qu'il faut à peu près vingt mille de ces feuilles pour faire l'épaisseur d'un millimètre.

Wollaston, illustre mécanicien et physicien anglais, est parvenu à étirer un fil de platine pesant environ un gramme, de manière à lui donner une longueur de vingt mille mètres. Voici le moyen qu'il employa : il tendit dans l'axe d'un moule cylindrique ce fil de platine, autour duquel il coula de l'argent fondu; puis, faisant passer ce lingot à la filière, dans des trous de diamètre de plus en plus petit, il arriva à en faire un fil de vingt kilomètres de longueur. Il mit ensuite le fil dans l'eau-forte qui, dissolvant l'argent, sans attaquer le platine, met ce dernier métal à nu. Ce fil de platine était si fin que la loupe seule permettait de l'apercevoir. L'œil, aidé de cet instrument, pouvait facilement distinguer sur ce fil des points distants d'un dixième de millimètre de longueur ; l'on pouvait donc avoir ainsi deux cents millions de parties visibles à l'œil dans un gramme de substance.

Il est toutefois essentiel de remarquer que cette division

de la matière ne doit pas être indéfinie. Nous voyons, en chimie, chaque substance entrer dans une infinité de combinaisons diverses, où ses caractères se trouvent masqués par le fait même de son union avec d'autres corps ; puis, dégagée de cette combinaison, reparaître avec tous ses caractères distinctifs; nous trouvons en outre, en étudiant les lois de ces combinaisons, que lorsque les corps s'unissent entre eux pour constituer des composés, ils ne s'unissent point en proportions arbitraires; les poids des corps qui se combinent sont toujours dans un certain rapport numérique parfaitement déterminé. Or, il est évident que cette constance dans les caractères que présente une substance, et cette fixité dans les rapports des poids qui caractérise les combinaisons, ne peuvent se comprendre si l'on admet que la matière est divisible à l'infini, tandis qu'elle se comprend très-bien si l'on admet des particules indivisibles, pouvant se séparer les unes des autres ou se réunir entre elles, se joindre aux particules d'autres substances, ou s'en isoler, conservant ainsi, dans les diverses conditions où elles se trouvent placées, leur individualité complète.

On admet donc, d'après ces considérations, que les corps sont formés de *particules* ou *molécules*, essentiellement indivisibles, insécables; que l'on appelle *atomes*, ayant une forme et des dimensions invariables, tellement petites qu'elles échappent complétement à nos sens, et que les parcelles, si ténues qu'elles soient, que nous pouvons apercevoir, en renferment encore un nombre incalculable.

Tous les corps sont *compressibles*, c'est-à-dire que, sous l'influence d'une pression exercée sur leur surface, ils prennent un volume plus petit. La même quantité de matière se trouve réduite à occuper un espace moindre, ce que l'on exprime en disant que le corps est devenu plus *dense*. Les effets de tassement que l'on observe si fréquemment dans les travaux de construction sont une preuve frappante de la compressibilité des corps solides. Pour les liquides, le fait est moins apparent parce que leur compressibilité est très-faible. Elle a cependant été démontrée par des expériénces très-concluantes, dues particulièrement à Œrsted, physicien danois, et dans le détail desquelles nous n'entrerons point ici. Quant aux gaz, leur compressibilité est tellement évidente, qu'il serait superflu d'en donner des preuves.

Nous verrons d'ailleurs plus tard que la diminution de volume d'un corps n'est pas nécessairement le résultat d'une pression exercée sur lui ; un simple refroidissement produit le même effet. Inversement, l'action de la chaleur dilate les corps, c'est-à-dire augmente leur volume, comme le ferait une traction qui s'exercerait de dedans en dehors sur leur surface.

Nous avons dit que les corps étaient divisibles, non pas à l'infini, il est vrai, mais seulement jusqu'à une certaine limite. Il y a plus, tous les faits observés tendent à nous prouver que cette division existe réellement, et que la matière qui compose les corps n'est pas continue.

Nous venons de dire tout à l'heure que, sous l'influence d'une pression ou d'un refroidissement, les corps diminuent de volume. Or, si la matière était continue, cette diminution de volume serait inexplicable, tandis que si l'on admet que les atomes sont à une certaine distance les uns des autres, on s'explique alors sans peine qu'ils puissent se rapprocher ou s'éloigner. Comment comprendre les combinaisons intimes qui s'opèrent entre les corps, les mélanges des liquides entre eux, la dissolution des corps solides dans les liquides (sucre dissous dans l'eau), ou des gaz dans les liquides (eau de Seltz), si l'on n'admet pas en même temps que la matière est discontinue, c'est-à-dire que les particules sont éloignées les unes des autres et non point en contact? Nous exprimons ce fait de la discontinuité de la matière en disant que tous les corps sont *poreux;* et nous n'entendons point parler ici de la porosité de l'éponge, de la ponce ou de tous les tissus animaux et végétaux, mais de la porosité moléculaire ou atomique.

On entend par *élasticité* la propriété que possèdent tous les corps, pris sous un certain volume et avec une certaine forme, puis modifiés par l'action d'une force, de revenir à leur état primitif dès l'instant que cette force cesse d'agir, *pourvu toutefois que l'écart n'ait pas dépassé une certaine limite.*

Une tige d'acier, bien droite, que l'on fixe par un de ses bouts dans un étau, puis que l'on fléchit légèrement, revient à la ligne droite dès qu'on l'abandonne à elle-même. Toutefois comme elle arrive à cette position avec une certaine vitesse acquise, elle la dépasse, se fléchit dans l'autre sens, puis rappelée par l'élasticité vers la ligne droite, elle la dépasse de nouveau dans le premier sens, y revient encore et ainsi de suite, accomplissant ainsi un mouvement de va-et-vient qu'on appelle *mouvement de vibration* ou *d'oscillation*. Ces vibrations, dont la cause est précisément l'élasticité, décroissent puis s'éteignent, et la tige se trouve, au bout d'un certain temps, revenue définitivement à sa première position. Les liquides et les gaz exécutent des mouvements vibratoires analogues, en vertu desquels ils sont capables, comme nous le verrons plus tard, de transmettre le son. L'élasticité est une propriété commune à tous les corps, sous quelque état qu'ils se présentent.

Il peut sembler étrange au premier abord que nous affirmions que tous les corps sont élastiques, car il est un certain nombre de corps que l'on est habitué à regarder comme dénués d'élasticité, et que l'on appelle des corps *mous*, le plomb, par exemple. Mais le plomb est-il véritablement privé d'élasticité? Lorsque nous plions une tige d'acier et que nous l'abandonnons à elle-même, elle revient à sa première forme; cependant elle n'y revient parfaitement que si l'écart qu'on lui a donné n'est pas trop considérable. Si cet écart a été trop grand, la baguette conserve une certaine flexion. Prenons maintenant une tige d'étain, elle se comportera comme la tige d'acier, avec cette différence que, si l'on a pu écarter la tige d'acier hors de la ligne droite d'une quantité assez considérable sans qu'elle cessât d'y revenir exactement, il ne faut au contraire écarter la baguette d'étain que d'un angle extrêmement petit, sinon elle reste fléchie. Il en est de même sans aucun doute, pour le plomb; mais l'écart que le plomb peut supporter, dans les limites de son élasticité est tellement petit, que tout déplacement donné au plomb, appréciable à la vue, dépasse cette limite; dès lors le plomb ne revenant pas à son état primitif nous paraît un corps mou.

Les corps sont à la fois *mobiles* et *inertes*. On veut dire par là : 1° que tout corps est susceptible de passer d'une position dans l'espace à une autre position ; et 2° que les corps ne peuvent se donner le mouvement, ni se l'ôter, ni même le modifier une fois qu'ils l'ont reçu. Ces modifications dans l'état de repos ou de mouvement, sont toujours le résultat d'une action extérieure, d'une force : choc, pression, traction, etc., pour produire le mouvement; frottement, choc contre d'autres corps, etc., pour le ralentir ou le détruire.

Toutes les fois qu'un corps est soumis à l'action d'une force seule, il doit nécessairement lui obéir, et le sens de son mouvement, ou la *droite* qu'il parcourt, donne la direction de la force.

Si plusieurs forces agissent simultanément sur un même corps, il peut se faire qu'il y ait mouvement; dans le cas où ce mouvement serait de nature à être produit par une force seule; cette force pourrait remplacer le système des forces données et s'appelle la *résultante*. Mais il peut se faire aussi que sous l'action simultanée de ces diverses forces, le corps reste en repos. Ce cas particulier du repos, produit sous l'influence de forces dont les effets se neutralisent, porte le nom d'*équilibre*.

L'étude des lois du mouvement et des forces qui le produisent forme l'objet d'une science spéciale à laquelle on donne le nom de *mécanique*, et qui appartient plus encore au domaine des sciences mathématiques, qu'à celui des sciences physiques. Nous nous bornerons à une étude rapide du phénomène de la chute des corps, des moyens pratiques employés pour comparer les poids, et des conditions d'équilibre des masses solides, liquides, et gazeuses.

Les mouvements vibratoires qui donnent naissance au son seront aussi l'objet d'une étude rapide, faite spécialement au point de vue expérimental.

Les phénomènes généraux du mouvement mis à part et réservés pour une étude spéciale, il nous restera encore à étudier un vaste ensemble de phénomènes dus à l'action des trois agents, *chaleur*, *électricité* et *lumière*.

Nous commencerons par faire un exposé rapide des principaux effets dus à l'action de ces agents, et nous ferons connaître lès instrumenls usuels qui servent à produire ces effets ou à les mesurer. Ce premier aperçu aura pour but de faciliter l'étude de la chimie, dont les phénomènes s'accomplissent aussi sous l'influence de ces mêmes agents.

Telles seront donc les divisions adoptées dans cet ouvrage, divisions qui sont d'ailleurs expressément indiquées par les programmes officiels.

Pesanteur. — Hydrostatique des liquides et des gaz.

Aperçu général sur les phénomènes de la chaleur, de l'électricité et de la lumière.

Chaleur.

Électricité. — Électricité statique. — Magnétisme. — Galvanisme. — Électro-magnétisme.

Acoustique.

Optique.

CHAPITRE PREMIER.

PESANTEUR. — CENTRE DE GRAVITÉ. — POIDS. BALANCE.

Lorsqu'un corps est abandonné à lui-même, sans aucun point d'appui, il tombe vers la terre, et cela en tous les points du globe, à toutes les hauteurs au-dessus du sol, à toutes les profondeurs au-dessous de sa surface. Si les gaz chauds, la fumée, les ballons, les nuages s'élèvent ou se soutiennent dans l'air, ce ne sont que des exceptions apparentes, qui trouveront leur explication dans le phénomène général lui-même.

La force qui détermine ce mouvement est appelée la *pesanteur*.

Contrairement à ce qui arrive pour la plupart des forces dont nous disposons, et qui n'agissent d'habitude que sur un point ou sur un nombre restreint de points du corps, la pesanteur agit à la fois sur tous les points matériels dont sa masse se compose.

Prenons un morceau de craie, et après l'avoir divisé en deux fragments, tenons ces fragments réunis et au contact, comme avant leur division. Leur situation par rapport à la terre n'a pas changé; or, si la pesanteur n'agissait que sur un point du corps, ce point se trouvant dans l'un des deux fragments, il en résulterait que lorsqu'on lâcherait les deux morceaux, celui-ci seul devrait tomber, et l'autre rester immobile.

L'observation montre qu'ils tombent tous les deux, et dût-on réduire le corps en un million de fragments, tous tomberaient. La force agit donc bien sur toutes les molécules du corps.

Concevons d'ailleurs qu'on rapproche l'un de l'autre une centaine de grains de plomb sur la main, et qu'on les abandonne tout à coup à eux-mêmes, ils tombent tous, qu'ils soient libres ou liés entre eux, quels que soient leur nombre et leurs dimensions. Or, ces liaisons, si on les suppose établies, constituent ces grains dans les mêmes conditions que les molécules d'un corps.

Pour déterminer la direction de la pesanteur nous nous appuierons sur un principe expérimental bien connu. Si l'on exerce sur une des extrémités d'une corde, fixée à l'autre extrémité, une traction dans une direction déterminée, la corde se tend dans la direction même de la traction. Suspendons donc à un fil une balle de plomb, puis tenant le fil par l'autre extrémité (fig. 1), laissons tomber le plomb ; nous verrons le fil se tendre, osciller, puis s'arrêter dans une position fixe. Quand le fil tiré par la masse de plomb, que la pesanteur entraîne vers la terre, sera devenu immobile, sa direction sera précisément celle de la pesanteur.

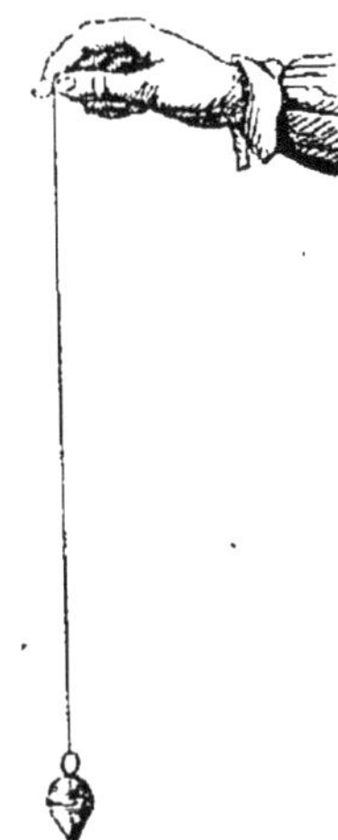

Fig. 1.

Cette direction est ce que l'on appelle la *verticale;* elle coïncide sensiblement avec la direction du rayon terrestre. La coïncidence serait rigoureuse si la terre était parfaitement sphérique et immobile dans l'espace. Ainsi la pesanteur entraîne les corps libres en ligne droite vers le centre de la masse terrestre.

Si le fil à plomb est suspendu au-dessus d'une masse d'eau ou de mercure bien tranquille, l'image de ce fil, vue par réflexion, paraît exactement sur le prolongement du fil lui-même, comme il arriverait si l'on plaçait devant une glace une baguette perpendiculaire à sa surface ; aussi dit-on que la direction de la pesanteur est perpendiculaire à la surface des eaux tranquilles.

Pour deux points matériels, si rapprochés qu'on les suppose, les directions de la pesanteur ne sont jamais rigoureusement parallèles, puisqu'elles se rencontrent au centre de la terre ;

toutefois, si ces points sont très-rapprochés, les directions de ces droites font un angle absolument inappréciable, et tout se passe comme si elles étaient réellement parallèles. Mais que l'on prenne sur la terre deux points un peu notablement éloignés l'un de l'autre, à mille mètres par exemple, les deux directions de la pesanteur font déjà un angle appréciable, bien que très-petit, et de 30 secondes environ.

Nous admettrons d'après cela que pour tous les points matériels d'un même corps les directions de la pesanteur sont parallèles, et l'on peut admettre *a priori* comme évident que la force a la même action sur toutes les molécules d'un corps *homogène*, c'est-à-dire ayant identiquement la même constitution en tous ses points.

La pesanteur agissant sur toutes les molécules d'un corps, et *également sur toutes*, au moins quand le corps est homogène, il s'ensuit que le mouvement qu'elle imprime à un corps est indépendant du nombre de molécules qui le composent, et des liaisons qui peuvent exister entre elles. Une masse de plomb, si grosse qu'on la voudra, tombe exactement comme tomberait une seule de ses molécules isolée des autres.

En sera-t-il de même quand il s'agira de corps de nature différente? Si nous nous en rapportions uniquement à l'observation, nous verrions qu'une balle de plomb et un morceau de papier, ou une plume, mettent des temps bien différents à parcourir, en tombant, une même hauteur. Il semble donc au premier abord que l'action de la pesanteur soit différente sur ces substances. Toutefois ne peut-il pas se faire que ces différences tiennent à des circonstances étrangères, à des influences retardatrices? C'est ce qu'il est facile de reconnaître en effet. Car, si au lieu de laisser tomber la feuille de papier déployée, on la roule en boule serrée, on la voit arriver à terre en même temps que la balle de plomb. Il en sera de même si, au lieu de la laisser tomber à plat, on fait en sorte qu'elle présente sa tranche à l'air dans sa chute. Il devient alors évident que l'air oppose ici une résistance analogue à celle que l'eau offre au mouvement de la main qui la frappe par la paume étendue.

Puisque nous reconnaissons que l'air modifie le mouvement des corps qui tombent, il nous faut chercher un moyen de faire tomber les corps à l'abri de son influence, conséquemment dans un espace vide de toute matière.

Aiusi l'observation nous montrant le phénomène dans des circonstances qui nous empêchent de reconnaître sa véritable loi, nous allons chercher à écarter ces influences étrangères, et à reproduire le même phénomène dans des conditions différentes et plus simples. C'est là le but de l'*expérience*.

Nous prendrons un tube de cristal de deux à trois mètres de long, muni de deux garnitures en cuivre qui ferment ses extrémités. L'une de ces garnitures porte un robinet que l'on peut visser sur une sorte de double pompe, appelée machine pneumatique, et à l'aide de laquelle nous pourrons enlever l'air qui remplit le tube. Dans l'intérieur de ce tube sont des fragments de bois, d'étain, de plomb, de moelle de sureau, de plume, etc. (fig. 2). Pour faire l'expérience, on commence par réunir tous les corps à l'une des extrémités du tube; puis le plaçant devant soi dans une position à peu près horizontale, on relève l'extrémité où tous les corps pesants se trouvaient rassemblés, et l'on amène rapidement le tube dans la position verticale. A ce moment, les corps se détachent de la paroi contre laquelle la rapidité du mouvement de rotation les avait maintenus attachés, et tombent. On constate facilement les différences dans la vitesse de chute. Alors on visse le tube sur la machine pneumatique, et par le jeu des pistons on retire l'air. Si on recommence l'expérience exactement de la même façon, on voit tous les corps tomber en même temps ; les différences de chute ont complétement disparu. Si, ouvrant le robinet, on laisse rentrer un peu

Fig. 2.

d'air, les différences reparaissent, d'autant plus prononcées que la quantité d'air rentré est plus considérable.

Il est donc bien établi par l'expérience que la pesanteur agit également sur toute espèce de matière. Le mouvement qu'elle imprime aux corps est indépendant et de leur masse et de leur nature.

Voyons maintenant quelle est la nature de ce mouvement. Lorsqu'on laisse tomber sur une table d'une petite hauteur un objet fragile comme un morceau de craie ou de verre, il ne se brise point. Il se brise au contraire si on le laisse tomber de plus haut. Le choc est donc plus fort dans le second cas que dans le premier ; or, tout le monde sait que le choc produit par un même corps est d'autant plus violent que son mouvement est plus rapide ; il faut donc en conclure qu'un corps qui tombe a une vitesse d'autant plus grande qu'il tombe de plus haut ; son mouvement de chute va en s'accélérant. Des expériences, que l'on décrira avec détail dans le cours de mécanique, ont fait connaître qu'un corps qui tombe librement dans le vide parcourt dans la première seconde de sa chute 4 mètres 9 décimètres environ ; que dans les deux premières secondes il parcourt quatre fois cet espace ; dans les trois premières, neuf fois $4^m,9$; dans les quatre premières, seize fois $4^m,9$, et ainsi de suite ; d'une manière générale, que l'espace parcouru est proportionnel au carré du temps écoulé et s'obtient en multipliant $4^m,9$ par le carré du nombre de secondes.

Nous savons que dans un corps pesant tous les points matériels qui, réunis, composent sa masse, sont soumis à l'action de la pesanteur ; que cette action est la même pour tous, et la même que s'ils étaient isolés. Toutes ces forces sont parallèles. Or, on démontre en mécanique qu'un pareil système de forces a toujours une résultante de même direction, égale à leur somme, et appliquée en un certain point dont la position, déterminée par une méthode toute géométrique, ne dépend absolument que des positions relatives des molécules. Cette résultante unique est ce que l'on appelle le *poids* du corps. Le point sur lequel elle agit et qui n'appartient pas nécessairement au système des points matériels du corps, mais qu'il faut toujours par la pensée lui supposer rattaché, est ce que l'on appelle le *centre de gravité*.

La pesanteur agit également sur toute espèce de matière, mais tous les corps n'ont pas le même poids. Le mot de *pe-*

santeur désigne d'une manière générale la cause de la chute
des corps ; le mot de *poids* désigne au contraire la force totale qui sollicite en particulier tel ou tel corps, qui lui fera
exercer une pression plus ou moins grande sur son support,
si on lui en donne un; qui lui donnera son mouvement s'il
est libre, mouvement que nous avons reconnu être le même
pour tous les corps.

Nous pourrons donc à volonté, et suivant que les besoins
de la démonstration l'exigeront, supposer pesants, ce qui
est réellement, tous les points matériels des corps, ou n'admettre qu'un seul point pesant, le centre de gravité, pourvu
que nous supposions alors appliquée à ce point une force
égale à la somme de celles qui sollicitent toutes les molécules ; c'est ce que l'on exprime quelquefois en disant que
l'on considère la masse pesante du corps comme concentrée
au centre de gravité.

La position du centre de gravité par rapport aux points
matériels du corps ne dépend, avons-nous dit, que de la disposition relative de ces points matériels, mais nullement de
la position du corps lui-même.

Si donc on fixe par un moyen quelconque le centre de gravité
même d'un corps solide dont tous les
points matériels sont liés entre eux invariablement, ce corps se trouvera en
équilibre *indifférent,* c'est-à-dire que,
quelque position qu'on lui donne
autour de ce point, il y restera en
équilibre. Si, par exemple, on plante
un axe au centre d'une roue parfaitement travaillée, et perpendiculairement à son plan, puis si on pose les
deux extrémités de cet axe sur un
support en forme de fourchette, de
telle sorte que l'axe soit horizontal,
la roue restera immobile dans toutes

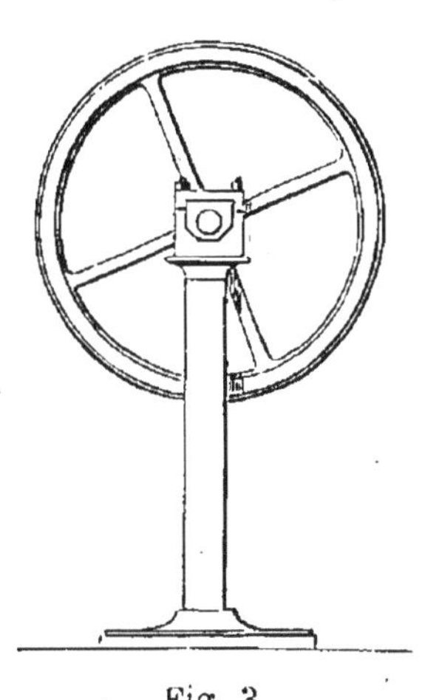

Fig. 3.

les positions qu'on lui donnera autour de cet axe qui passe
par le centre de gravité (fig. 3).

Mais nous savons par expérience qu'il n'est pas nécessaire

de fixer le centre de gravité même d'un corps pour qu'il prenne une position d'équilibre. Un corps suspendu par un de ses points s'arrête toujours, après quelques oscillations, à une certaine position d'équilibre *stable*, c'est-à-dire telle que, si on l'écarte quelque peu de cette position, il y revient par l'action même de son poids. Cette position d'équilibre est facile à définir. En effet, en admettant que toutes les actions que la pesanteur exerce sur les molécules du corps soient remplacées par leur résultante, le poids appliqué au centre de gravité, le corps devient un véritable fil à plomb dont ce centre de gravité est la masse pesante, liée au point de suspension par le système invariable des points matériels du corps. Ce fil à plomb doit être vertical. La position d'équilibre est donc définie par cette condition que le centre de gravité doit être au-dessous du point de suspension et sur la verticale qui passe par ce point. Que l'on fixe, par exemple, sur un des points de la circonférence de la roue une petite balle de plomb; le centre de gravité de la roue cesse alors d'être à son centre de figure et se trouve placé sur le rayon qui joint le centre de la roue au centre de la balle,

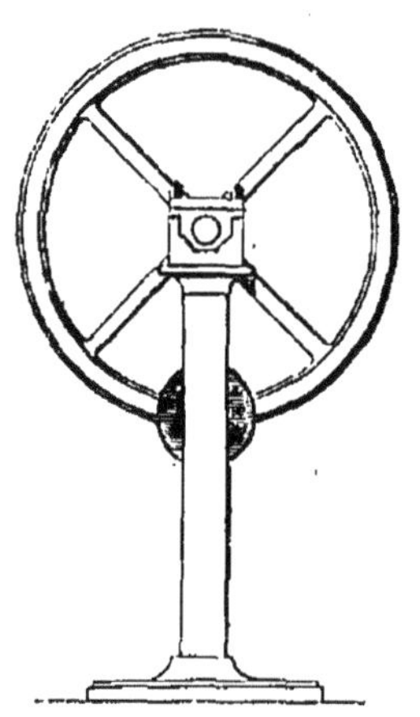

Fig. 4.

dans une position qui dépend et du poids de la roue et du poids de la balle. Si on abandonne la roue à elle-même elle se place de telle sorte que ce rayon soit vertical, la balle étant au point le plus bas de la circonférence (fig. 4).

Il y aurait encore une position d'équilibre théoriquement possible; c'est celle qui mettrait le centre de gravité sur cette même verticale et au-dessus du point de suspension; mais ce serait une position d'équilibre *instable*, c'est-à-dire que si l'on arrivait à placer le corps dans cette position, il serait bien, en effet, en équilibre; mais au moindre ébranlement il se retournerait sens dessus dessous, entraîné par son poids qui ramènerait le centre de gravité au-dessous du point de suspension.

Ces principes sur l'équilibre des corps suspendus nous fournissent, pour trouver le centre de gravité d'un corps solide, une méthode expérimentale, mais qui, comme on le comprendra facilement, est loin cependant d'être toujours applicable.

Suspendons le corps par un de ses points, et quand il sera en équilibre, menons, si cela est possible, la verticale qui passe par le point de suspension. Cela fait, suspendons le corps par un second point, pris en dehors de cette première verticale. Il prendra une seconde position d'équilibre; menons de nouveau la verticale par le point de suspension. Cette nouvelle droite doit contenir le centre de gravité, aussi bien que la première. Et comme le corps a nécessairement un centre de gravité, ces deux droites se rencontreront, et leur point de rencontre sera le centre cherché. On trouvera au surplus dans le cours de mécanique l'exposé des méthodes théoriques de détermination du centre de gravité, ainsi que les conditions algébriques de l'équilibre des corps pesants. Nous nous bornerons à l'indication de quelques cas généraux d'une intelligence facile.

Toutes les fois qu'un corps homogène aura sa masse distribuée symétriquement de part et d'autre d'un certain plan*, le centre de gravité sera situé dans ce plan. Si la masse est distribuée symétriquement autour d'une droite **, le centre de gravité sera sur cette droite. Enfin si elle est distribuée symétriquement autour d'un point *** qui porte alors le nom de *centre de figure*, ce point est en même temps le centre de gravité. (Ex. : cube, sphère.)

Mesure des poids. — Mesurer un poids, c'est le compa-

---

* Dans le cas de symétrie par rapport à un plan, les points matériels du corps sont disposés deux par deux de part et d'autre de ce plan, sur des perpendiculaires à ce plan et à distance égale de sa surface.

** Dans le cas de symétrie autour d'une droite, les points matériels sont distribués deux par deux sur des perpendiculaires à cette droite, et à distance égale de part et d'autre du point de croisement.

*** Dans le cas de symétrie autour d'un point, les points matériels sont distribués deux par deux sur des droites quelconques passant par ce point, et à égale distance d'un côté et de l'autre.

rer à un autre poids pris pour unité. Cette unité, qui change d'un pays à l'autre, est, en France, le gramme. On sait que le gramme est le poids d'un centimètre cube d'eau pure, prise à la température de 4° au-dessus de zéro. Les multiples du gramme sont :

Le décagramme qui vaut....	10	grammes.
L'hectogramme —	100	—
Le kilogramme —	1 000	—
Le myriagramme (peu usité).	10 000	—

Pour les poids très-considérables on fait usage d'une unité nominale qui est la tonne ou le tonneau métrique, et équivaut à 1000 kilogrammes.

Les divisions décimales du gramme sont :

Le décigramme qui vaut la...	10e partie	du gramme.
Le centigramme — ...	100^e	—
Le milligramme — ...	1000^e	—

Balance. — La comparaison des poids se fait à l'aide d'un instrument appelé *balance*.

La balance a pour organe essentiel une tige rigide AB, appelée *fléau*, symétrique par rapport à un plan mené au point milieu de son axe de longueur AB, et perpendiculairement à cet axe (fig. 5). Il en résulte, d'après ce qui a été

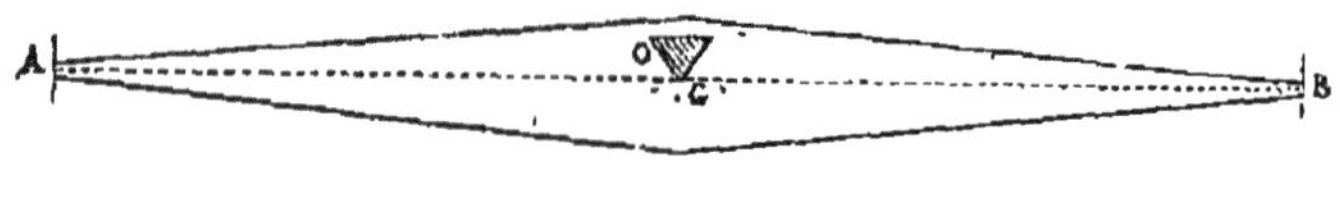

Fig. 5.

dit plus haut, que ce plan contient le centre de gravité. Les deux portions du fléau séparées par le plan de symétrie s'appellent les bras.

Dans ce même plan et au-dessus du centre de gravité G, est implanté un prisme triangulaire en acier qui traverse perpendiculairement le fléau. Ce prisme repose par son arête inférieure, appelée *couteau*, sur deux petites surfaces horizontales parfaitement polies, en acier ou en agate, portées par une fourchette entre les branches de laquelle passe le corps du fléau (fig. 6).

Aux extrémités du fléau, aux deux points A et B, qui sont

Fig. 6.

en ligne droite avec le bord du couteau O, et à égale distance de son arête, sont suspendus deux plateaux parfaitement égaux. C'est dans ces plateaux que l'on placera les deux corps dont on veut comparer les poids. Ces plateaux sont accrochés, par une *S* en acier dont l'arête intérieure est taillée en biseau, sur la barre transversale d'un étrier en acier, et cette barre est aussi taillée en biseau comme le montre la figure 7. Une aiguille perpendiculaire à l'axe AB et mobile devant un arc divisé accuse les mouvements du fléau.

Enfin, la fourchette

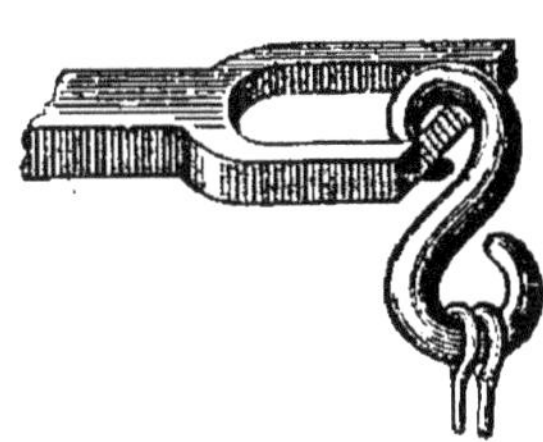

Fig. 7.

qui porte les points d'appui du fléau est établie au sommet d'une colonne verticale qui forme le support de la balance. Quelquefois la fourchette, au lieu d'être portée par une colonne, est au contraire suspendue au moyen d'un anneau que l'on tient à la main ou que l'on fixe à un crochet établi à demeure.

La balance, telle que nous venons de la décrire, doit évidemment satisfaire à ces deux conditions théoriques :

1° Indiquer par une position d'équilibre stable particulière l'égalité entre le poids que l'on veut mesurer, et la somme de poids gradués qu'on lui compare ;

2° Indiquer aussi par d'autres positions d'équilibre que les charges que l'on compare sont inégales, et que l'inégalité est plus ou moins grande.

Or il est facile de voir que par la construction que nous avons donnée à la balance elle satisfait parfaitement à ces conditions.

Pour plus de clarté réduisons la balance à ses parties

essentielles (fig. 8) : les trois points de suspension A, O, B, en ligne droite, et le centre de gravité du fléau G situé sur la droite OG perpendiculaire à AB, et au-dessous du point O.

Si nous prenons d'abord le fléau AB tout seul sans ses plateaux, il a pour position d'équilibre stable la ligne hori-

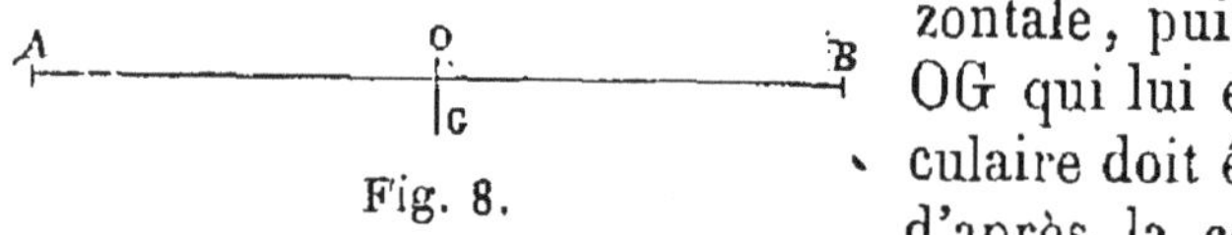

Fig. 8.

zontale, puisque la ligne OG qui lui est perpendiculaire doit être verticale, d'après la condition d'é-quilibre d'un corps suspendu ; et puisque la verticale est pour OG l'unique position d'équilibre stable, l'horizontale est aussi pour la droite AB l'unique position d'équilibre stable.

Si nous accrochons en A et B des plateaux d'égal poids, ces deux charges verticales peuvent être, d'après un principe de mécanique, remplacées par une force double appliquée au point fixe O, milieu de leur distance. Elles ne troublent donc point la stabilité de l'équilibre et ne font qu'augmenter la pression sur les plans d'appui. Il en sera exactement de même si l'on place dans ces plateaux des poids égaux. La position d'équilibre reste encore la même.

Nous supposons ici que l'effort des charges s'exerce sur les points A et B. Or ceci aura toujours lieu si la suspension en ces deux points a une mobilité parfaite, car le corps sus-pendu en A ou en B se placera, sous l'influence de son poids, de telle sorte que son centre de gravité soit sur la ver-ticale passant par le point de suspension, et alors le poids pourra être supposé exerçant directement son action sur ce point.

On voit donc que le fléau a bien une position d'équilibre stable pour le cas de poids égaux.

Il est facile de voir que si le centre de gravité eût été au point de suspension même, au lieu d'être au-dessous, l'équi-libre serait indifférent au lieu d'être stable, et que, s'il pou-vait être placé au-dessus, cette position ne serait qu'une po-sition d'équilibre instable, et le fléau se retournerait sens dessus dessous. La position que nous lui avons assignée était donc la seule qui pût assurer au fléau une position d'équilibre déterminée et stable dans le cas de forces égales appliquées en A et B.

Voyons maintenant le cas où les plateaux recevraient des charges inégales, soit 10 grammes dans le plateau suspendu en A, 12 grammes dans le plateau suspendu en B. Les 10 grammes du plateau A, et 10 grammes du plateau B, peuvent être remplacés par une force unique de 20 grammes appliquée au point fixe O, et qui produit simplement un surcroît de pression en ce point, mais sans troubler en rien les conditions de l'équilibre puisqu'elle agit sur un point fixe. Restent donc 2 grammes dans le plateau B qui vont faire baisser cette extrémité B en relevant le point A. Mais alors le point G sort de la verticale (fig. 9) et se porte en G′, par exemple. Le poids du fléau, que nous devons supposer appliqué en G′, tendra donc à ramener le point G sur la verticale, A′B′ vers l'horizontale, par conséquent à équilibrer l'action

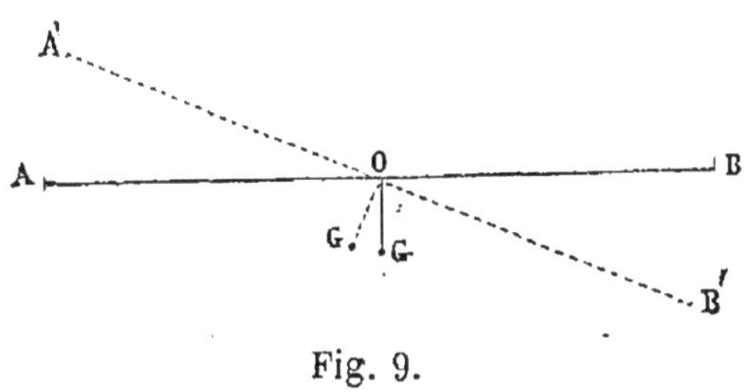

Fig. 9.

de la surcharge de 2 grammes. L'expérience et le calcul montrent, en effet, que ce mouvement d'inclinaison est limité, et que le fléau s'arrête, après quelques oscillations, à une position d'équilibre *stable*, d'autant plus inclinée pour un même fléau que la différence des poids est plus grande ; et, pour une même différence de poids, d'autant plus inclinée que le fléau est plus léger et plus long, et que son centre de gravité est plus près du point de suspension. C'est surtout de cette dernière condition que dépend la sensibilité d'une balance, car il est facile de comprendre que l'on ne peut pas augmenter la longueur du fléau, et le rendre en même temps plus léger, sans compromettre par cela même sa rigidité qui est une condition essentielle.

Ainsi, pour qu'une balance satisfasse aux conditions de stabilité d'équilibre que nous avons énoncées plus haut, il faut que son centre de gravité soit dans le plan perpendiculaire à A B mené par son point milieu O, et au-dessous de ce point; et que les plateaux suspendus en A et B, à égale distance du point O, soient exactement d'égal poids.

En second lieu, pour qu'elle soit sensible, il faut que son fléau soit aussi long et aussi léger qu'il est possible de le faire en lui conservant une rigidité suffisante dans la limite des charges qu'on aura à lui faire porter; mais il faut surtout que son centre de gravité soit le plus près possible du point de suspension.

Rien de plus facile que d'essayer la sensibilité d'une balance. Il suffit de chercher quel est le plus faible poids qui la fait trébucher. On la dira sensible à un décigramme, à un centigramme, à un milligramme, suivant que ce plus faible poids qui lui fait quitter une certaine position d'équilibre sera le décigramme, le centigramme ou le milligramme.

Pour reconnaître si une balance est juste, on doit d'abord s'assurer que son fléau posé seul prend la position horizontale. On saura par là que son centre de gravité est dans le plan perpendiculaire à AB qui passe par le point de suspension O. Mais on ne peut encore affirmer que le point O soit le milieu de AB.

On suspend alors les plateaux, puis on les transpose en accrochant au point A celui qu'on avait d'abord mis en B, et *vice versa*. Si dans les deux cas le fléau reste horizontal, la balance est juste.

Si les bras sont égaux, le fléau ne peut être horizontal que parce que les deux plateaux sont exactement d'égal poids, et il est évident alors qu'on peut les remplacer l'un par l'autre sans troubler en rien l'équilibre.

Si au contraire ils sont inégaux, le fléau ne peut être horizontal que parce que les deux plateaux sont de poids inégaux, le plateau le plus lourd étant accroché au bras le moins long. Sans démontrer ce principe, nous nous bornerons à rappeler à nos lecteurs qu'il est toujours possible de mettre une canne à pomme en équilibre sur son doigt, pourvu que le doigt soit plus rapproché de la pomme que de l'autre extrémité. Alors en changeant les plateaux de place, on met le plateau le plus lourd du côté du bras le plus long, et l'équilibre est évidemment rompu.

Ces trois essais sont complétement suffisants pour constater si une balance est juste. Disons au surplus tout de suite, que l'on peut toujours faire des pesées exactes, même avec une balance fausse, pourvu qu'elle soit sensible, à la condition d'appliquer une méthode particulière que nous exposerons plus loin.

Balance de précision. — A la description sommaire que nous avons faite des balances ordinaires, nous ajouterons quelques détails relatifs aux balances de précision.

Le fléau présente la forme d'un losange allongé, ce qui lui

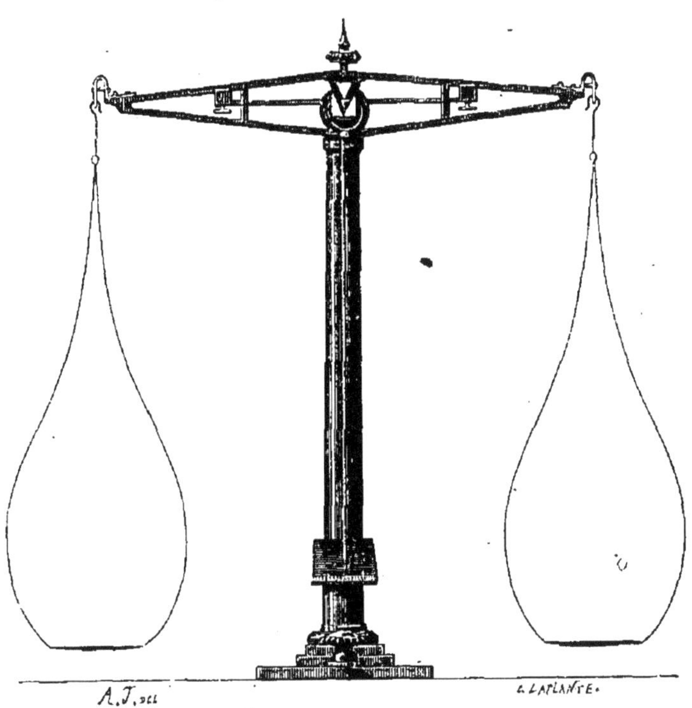

Fig. 10.

donne dans le sens de sa tranche une grande rigidité; en même temps, pour diminuer son poids, il est découpé et évidé comme on le voit fig. 10. Des arcs-boutants réservés dans la masse préviennent sa flexion. La disposition du couteau n'offre rien de particulier. Les extrémités des bras se terminent, comme nous l'avons déjà dit pour la balance ordinaire, par une espèce d'étrier dont la branche transverse en acier forme un biseau sur lequel s'appuie une S en acier dont le contour intérieur est aussi taillé en biseau ; c'est à cette S que sont accrochés les fils métalliques, ou les tiges qui portent les plateaux. On obtient ainsi toute la mobilité désirable dans la suspension, et en même temps le point d'application des charges ne peut s'éloigner ni se rapprocher du point d'appui du fléau.

On voit sur la figure, au-dessus du fléau, une petite tige portant un filet de vis, sur lequel peut monter ou descendre un gros bouton , formant écrou. Voici le but de cette disposition. Si l'on remonte cet écrou le long de la tige, on change la disposition de la masse du fléau , puisqu'on en déplace une portion de bas en haut. On fait donc remonter le centre de gravité. On arrivera ainsi à le placer aussi près que l'on voudra du point de suspension, et c'est là, comme nous l'avons dit, la condition principale de sensibilité.

En outre , quand on donne aux plateaux une charge un peu forte, le fléau éprouve une légère flexion qui diminue la sensibilité de la balance. On compense l'effet de cette flexion en remontant le bouton.

Les plateaux et les fils doivent être formés d'une substance autant que possible inoxydable à l'air, de cuivre argenté ou doré par exemple.

Au milieu du fléau est une longue aiguille d'acier qui, lorsque la colonne est bien verticale et le fléau horizontal, descend verticalement le long de la colonne jusqu'à un arc divisé établi au pied de cette colonne. L'aiguille est alors devant le zéro de cette division. A droite et à gauche de ce point sont des divisions égales de longueur arbitraire. On peut admettre que lorsque dans le mouvement d'oscillation du fléau, l'aiguille parcourt sensiblement le même nombre de divisions de chaque côté, elle s'arrêtera au zéro quand elle sera devenue immobile ; et que si au contraire elle va à droite jusqu'au trait 10 et à gauche jusqu'au trait 5, le fléau s'arrêtera dans une position inclinée telle que l'aiguille se trouve portée du premier côté ; ainsi l'aiguille s'arrêtera sur une division de droite ; le plateau de gauche est donc le plus chargé.

Lorsque la balance ne fonctionne pas, on décroche les plateaux pour ne point fatiguer inutilement les biseaux de leurs crochets et ceux des extrémités du fléau. Puis, au moyen d'une double

fourchette que l'on fait à volonté monter ou descendre d'un
mouvement doux par le jeu d'un petit mécanisme très-simple
caché dans le fût de la colonne, on soulève le fléau, et l'on empêche ainsi son couteau de poser sur ses plans d'appui. On doit
même pendant les pesées soulever le fléau et le maintenir fixe
toutes les fois que l'on a à changer en plus ou en moins la charge
des plateaux, afin d'éviter qu'une secousse un peu brusque ne
fasse glisser ou tourner le couteau.

La colonne qui porte le fléau est fixée sur une table massive
bien horizontale établie à demeure ; elle est en outre recouverte
d'une cage de glace qui empêche pendant les pesées les courants
d'air d'agir sur le fléau, et qui préserve en outre toutes les parties métalliques de l'action oxydante de l'air, pourvu qu'on ait soin
de mettre sous cette cage une soucoupe avec de la chaux vive. La
glace qui ferme la devanture se lève et se maintient à l'aide de
petits rrêts. L'opérateur ne doit la lever qu'autant qu'il est nécessaire pour que ses mains puissent pénétrer sous la cage, afin
d'éviter que son souffle ne trouble les mouvements ou l'équilibre
du fléau. Cette cage n'a point été représentée sur la figure, afin
que la balance fût bien visible dans toutes ses parties.

Balance de Roberval. — On fait fréquemment usage depuis quelques années de balances qui portent leurs plateaux

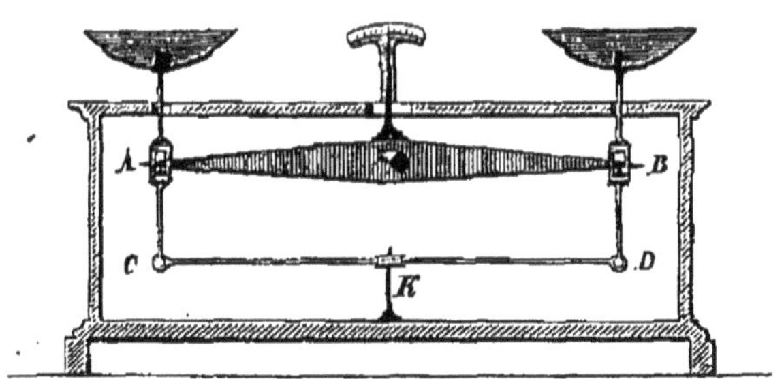

Fig. 11.

au-dessus du fléau ; celui-ci est caché dans une boîte, les
plateaux seuls sont libres au dehors (fig. 11).

Pour maintenir le parallélisme exact des tiges qui portent
les plateaux et les forcer à rester verticales, condition indispensable pour que l'effort de la charge porte toujours au
point de suspension du plateau, on rattache ces tiges l'une à

l'autre par une traverse parallèle au fléau et de même longueur. Une petite baguette plantée verticalement au fond de la caisse passe à frottement doux dans un trou percé au milieu de cette traverse. De cette façon la droite qui joint ce point au point de suspension du fléau étant toujours verticale, les deux tiges qui forment les petits côtés du parallélogramme, lui étant parallèles, restent aussi toujours verticales, quelle que soit la position du parallélogramme.

Les tiges sont supportées par les extrémités du fléau à l'aide d'un système de couteaux dont il est facile de deviner l'agencement.

Cette disposition permet d'établir sur les plateaux des objets volumineux que les fils ou les tiges des anciennes balances empêchaient d'y placer.

Méthodes de pesée. — Voyons maintenant comment on procède pour peser un corps.

Construite comme nous l'avons exposé, la balance doit avoir son fléau horizontal quand ses plateaux ont des charges égales; il sera incliné au contraire quand les charges seront inégales, le plateau le plus lourd s'abaissant; et l'inclinaison sera d'autant plus grande que la différence de charge sera plus considérable. Il sera donc toujours possible d'augmenter la charge d'un des plateaux, si elle est trop faible, ou de la diminuer si elle est trop forte, de manière à rendre le fléau horizontal, par suite les charges égales.

La balance étant établie sur une table bien horizontale, de telle sorte que l'aiguille du fléau soit en face du zéro de l'arc divisé, on place le corps à peser dans l'un des plateaux, puis dans l'autre plateau, des poids gradués en quantité telle que le fléau devienne horizontal. Si le corps paraît avoir un poids un peu fort, on mettra je suppose un poids de 2 hectogrammes; s'il est trop fort, on le remplacera par un hectogramme. Ce dernier poids est-il trop faible, on ajoute 5 décagrammes; supposons que le poids soit encore faible, on ajoute 2 décagrammes, et en continuant ainsi on arrive, en suivant de l'œil les mouvements de l'aiguille de part et d'autre du zéro, à amener le fléau à la position horizontale, ou tout au moins à reconnaître que pour amener le fléau à cette position il faut

un nombre de grammes, ou de décigrammes, ou de centigrammes, compris entre n et $n+1$. Ainsi admettons qu'après
avoir mis successivement dans le plateau

1 décagramme,
6 grammes,
3 décigrammes,
2 centigrammes,

on reconnaisse que cette somme totale est encore trop faible, mais qu'un centigramme de plus la ferait au contraire
trop forte; on peut dire alors que le poids du corps est

$$16^{gr},32,$$

à moins d'un centigramme, et

$$16^{gr},325,$$

à moins d'un demi-centigramme; puisque le véritable poids
est nécessairement compris entre $16^{gr},320$ et $16^{gr},325$, ou
entre $16^{gr},325$ et $16^{gr},330$, on fait dans l'un ou l'autre cas
une erreur moindre que 5 milligrammes ou un demi-centigramme.

Double pesée de Borda. — Cette méthode n'est applicable qu'autant que la balance dont on se sert est juste. Voici
maintenant, comme nous l'avons annoncé, une méthode de
pesée qui ne suppose plus la balance juste, mais seulement
sensible.

On place le corps à peser dans l'un des plateaux de la balance, puis dans l'autre plateau on met de la grenaille de
plomb jusqu'à ce que le fléau soit devenu horizontal : c'est
ce que l'on appelle faire la *tare* du corps. Ceci fait, on enlève le corps et on le remplace par des poids gradués en
quantité telle que le fléau devienne de nouveau horizontal.
Il est clair alors que la somme des poids gradués et le poids
du corps, faisant, dans les mêmes conditions, *équilibre* au
poids de la même quantité de grenaille, représentent des forces
égales. Cette somme est donc bien le poids du corps. Si l'on
a à peser une poudre, on la place dans un verre de montre
bien sec sur l'un des plateaux, puis on met dans l'autre pla-

teau la tare nécessaire pour rendre le fléau horizontal. On enlève alors le verre dont on retire la poudre ; on le replace bien net sur le plateau ; la quantité de poids gradués qu'il faut mettre sur ce plateau pour rétablir l'équilibre représente l'équivalent du poids de la poudre enlevée. On ferait de même pour peser un liquide.

Je suppose qu'on eût au contraire à introduire dans un verre un poids égal à $35^{gr},75$. On mettra dans un plateau le verre, et à côté le poids de $35^{gr},75$, puis dans l'autre plateau la tare nécessaire pour établir l'équilibre horizontal du fléau : on enlèvera alors les poids, et l'on versera du liquide dans le verre jusqu'à ce qu'on ait rendu de nouveau le fléau horizontal.

On emploie quelquefois d'autres instruments pour le pesage, tels que la romaine, la bascule de Quintenz, le peson, etc. Tous ces instruments sont décrits dans les cours de mécanique, au chapitre du levier, et nous y renverrons nos lecteurs.

CHAPITRE II.

DÉFINITION DES LIQUIDES ET DES GAZ.—PRINCIPE D'ÉGA-
LITÉ DE PRESSION.—ÉQUILIBRE DES LIQUIDES DANS DES
VASES COMMUNIQUANTS. — PRINCIPE D'ARCHIMÈDE.

États des corps. — Les corps que nous offre la nature se présentent à nous sous trois états différents : l'état solide, l'état liquide, l'état gazeux. A l'état solide un corps a par lui-même une forme et un volume déterminés. On ne peut le diviser que par un effort mécanique souvent très-grand ; ses particules similaires sont liées intimement par une force que l'on appelle la cohésion, et dont le rôle est tout mécanique. Un liquide a bien un volume déterminé, mais sa forme varie à l'infini avec celle des vases dans lesquels on le met. La facilité avec laquelle il se moule sur la forme intérieure de ce vase prouve que ses molécules n'occupent point les unes par rapport aux autres des positions fixes ; elles ont la liberté de se déplacer tout en conservant leurs distances relatives, puisque le volume ne change point. Aussi divise-t-on sans effort une masse liquide, et si l'on rapproche les parties divisées, elles se réunissent de nouveau sans qu'il reste aucune trace de la séparation. En un mot dans les liquides la cohésion est à peu près nulle. Elle ne l'est pas cependant complétement, car lorsqu'on retire de l'eau une baguette de verre, ou le doigt, une goutte souvent assez volumineuse y reste suspendue ; donc les molécules se tiennent évidemment les unes les autres par une véritable cohésion. D'ailleurs les différences de fluidité qui existent, si prononcées, entre l'eau et l'huile ou une résine fondue, tiennent évidemment au plus ou moins de cohésion qui existe entre leurs particules. Un liquide parfait serait celui où la cohésion serait nulle absolument.

Quant aux gaz, comme l'air, le gaz d'éclairage, par exemple, ils n'ont plus ni forme ni volume propres. Ils ont la forme et occupent toujours le volume tout entier du vase qui les renferme. Qu'on introduise dans une chambre, si vaste qu'elle soit, un gaz quelconque, en quantité aussi petite qu'on le voudra, et il se répandra dans toute l'étendue de cet espace, pressant sur les parois pour occuper un volume plus grand encore. L'effort nécessaire pour diviser une masse gazeuse est d'ailleurs à peine appréciable, et, quand la cause divisante a disparu, les parties se rapprochent, et toute trace de la division disparaît. Ainsi dans les gaz nous trouvons non-seulement absence complète de cohésion, mais encore répulsion mutuelle des molécules, puisque le volume gazeux tend sans cesse à s'agrandir.

On voit, d'après cet examen des propriétés fondamentales des fluides liquides ou gazeux, que l'absence plus ou moins complète de cohésion entre leurs particules ne permet pas de leur appliquer les conditions d'équilibre que nous avons trouvées pour les corps solides pesants. Il est évident qu'il ne suffit pas de fixer un point ou un certain nombre de points d'un fluide pour qu'il soit en équilibre, il faut des conditions d'équilibre toutes particulières que nous allons rechercher.

Principe de Pascal, ou de l'égalité de pression. — Les liquides sont excessivement peu compressibles, et de plus ils sont éminemment élastiques. Cette parfaite élasticité jointe à la mobilité de leurs molécules fait que lorsqu'ils reçoivent en un point de leur surface ou de leur masse une certaine pression, ils la transmettent *dans toutes les directions et avec la même intensité.*

Représentons-nous un vase de forme polyédrique (fig. 12), fermé de toutes parts, et plein d'un liquide que nous supposerons soustrait à l'action de la pesanteur, pour ne point compliquer la pression exercée extérieurement de celle que le liquide produit par son poids. Découpons maintenant sur une paroi plane quelconque une étendue AB d'un décimètre carré; le liquide n'en restera pas moins dans le vase, puisque nous supposons supprimée l'action de la pesanteur. Laissons en place la portion de paroi supprimée, pour qu'elle fasse, dans

l'orifice qu'elle remplit, l'office d'un piston, et appliquons-lui
une pression perpendiculaire équivalente à un kilogramme.

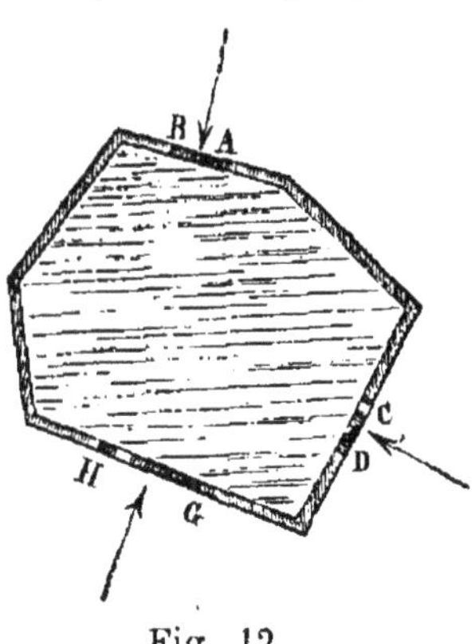

Fig. 12.

Le principe énoncé plus haut veut
dire que toute autre portion de paroi
plane CD, ayant une étendue d'un
décimètre carré, supportera par cela
même une pression de dedans en dehors équivalente à un kilogramme, et
que si on la découpait comme la première, il faudrait lui appliquer de
dehors en dedans une pression d'un
kilogramme pour la maintenir en
place. Enfin que si la surface plane
découpée GH avait deux, trois déci-
mètres carrés de superficie, chacun des décimètres carrés pris
sur sa surface supportant une pression d'un kilogramme, la
pression totale serait de deux, trois kilogrammes, — proportionnelle en un mot à la surface.

Ce principe important établi par Pascal n'est pas susceptible d'une démonstration expérimentale directe, car il est
bien évident qu'on ne peut soustraire le liquide à l'action de
la pesanteur : c'est un principe théorique. Donc ce que nous
venons de dire n'est qu'un commentaire, une explication.
Mais ce principe se vérifiant dans toutes ses conséquences
pratiques et théoriques, on doit l'admettre par cela même
comme suffisamment démontré.

Pascal en a indiqué une application industrielle des plus
importantes.

Supposons deux cylindres verticaux de diamètres très-iné-
gaux, communiquant entre eux par leur partie inférieure ;
dans chacun de ces cylindres est un piston mobile, et tout le
volume compris au-dessous de ces pistons est plein d'eau,
ainsi que le tube de communication. Admettons que la surface du grand piston soit cinquante fois la surface du petit. Si
on exerce sur ce dernier une pression de 30 kilogrammes, par
exemple, toute étendue de surface égale à la surface de ce
piston, prise soit sur les parois, soit même sur une portion de
couche liquide, supportera une pression perpendiculaire de

30 kilogrammes : la surface du grand piston supportera donc une pression totale de bas en haut égale à 50×30 ou

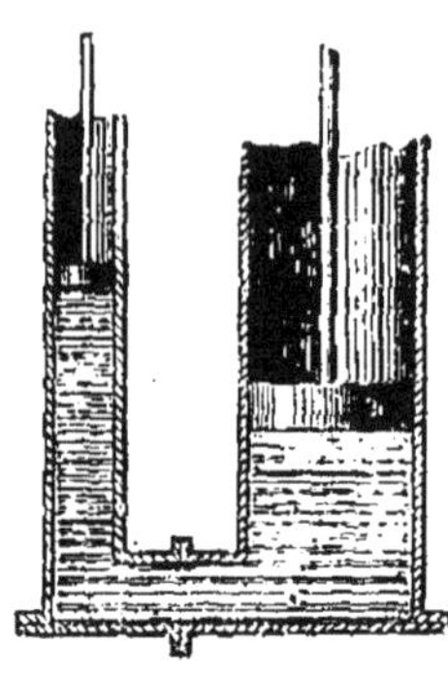

1500 kilogrammes. En représentant par P la pression exercée, par s la surface du petit piston, et par S celle du grand piston, la pression exercée sur l'unité de surface sera, en tous les points de la masse liquide et dans toutes les directions, $\frac{P}{s}$; et sur le grand piston la pression totale sera $\frac{PS}{s}$.

C'est là le principe de la presse hydraulique.

Fig. 13.

Presse hydraulique. — La presse hydraulique construite pour la première fois en 1796 à Londres par le mécanicien anglais Bramah, nous présente deux cylindres (fig. 14, 15), dont l'un, le

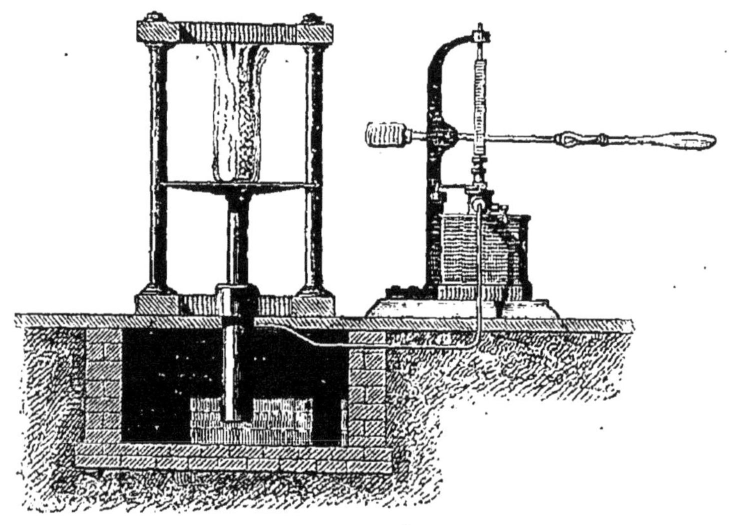

Fig. 14.

plus petit, est en même temps appelé à fonctionner comme pompe pour appeler l'eau d'un réservoir inférieur dans la presse. En conséquence, au corps de ce cylindre fait suite un tube *d'aspira-*

tion qui plonge dans l'eau du réservoir; une soupape *p* s'ouvrant de bas en haut est adaptée au point de jonction pour empêcher

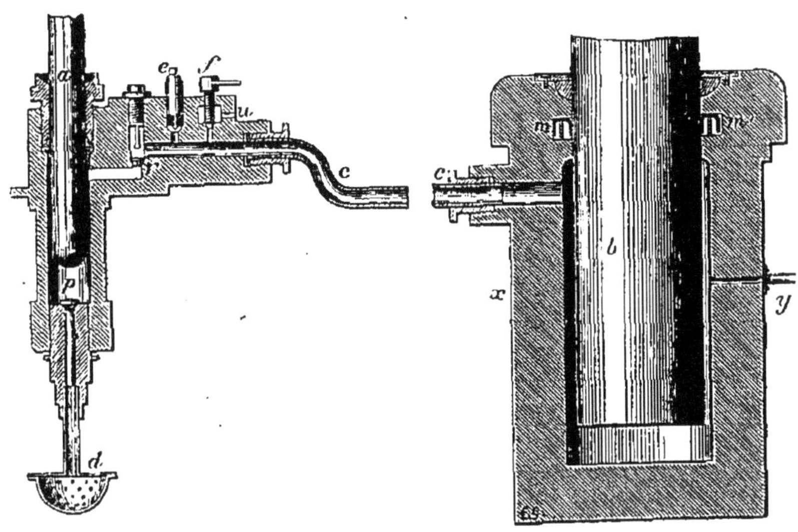

Fig. 15.

l'eau de redescendre dans le réservoir quand le piston s'abaisse. Ce piston *a* est un cylindre plein, en contact dans sa partie supérieure avec les parois du corps de pompe, mais libre à sa partie inférieure pour diminuer l'étendue de la surface frottante. Sa tige est mise en mouvement par un levier qui décuple la force, de telle sorte qu'une pression de 20 kilogrammes exercée à la poignée du levier devienne sur le piston une pression de 200 kilogrammes.

A la partie latérale de ce corps de pompe, se trouve le tube de communication. Il présente d'abord en *r* une soupape s'ouvrant de bas en haut et destinée à empêcher l'eau, refoulée du petit corps de pompe dans le grand quand le piston *a* descend, de revenir en arrière quand ce piston remonte. Elle est surmontée d'une ouverture fermée par un tampon à vis qui permet de la visiter facilement et de remédier aux dérangements qu'elle pourra éprouver. En *e* est une soupape de sûreté. C'est une petite ouverture fermée par un bouchon métallique que l'on charge d'un poids, réglé suivant la pression que l'on veut donner comme limite à l'action de l'instrument. Si l'on veut, par exemple, que la pression sur chaque centimètre carré ne dépasse pas 10 kilogrammes, et si la surface de cette soupape est d'un demi-centimètre carré, on la chargera d'un poids de 5 kilogrammes; dès que la pression dépassera la limite, la soupape se soulèvera et livrera passage à l'air. L'ouverture *u* fermée par la soupape à vis *f*, sert à vider la presse quand le travail est fini.

Le piston du grand cylindre présente une surface de base environ 200 fois celle du petit piston. La pression de 20 kilogrammes produite sur la poignée du levier, devenue 200 kilog. sur le petit piston, va donc devenir 200×200, ou 40 000 kilogrammes, sur le grand. On voit par là quelle prodigieuse multiplication de l'effet de la force on obtient à l'aide de cet appareil. Mais il ne faut jamais perdre de vue que ce que l'on gagne d'un côté on le perd de l'autre, et que si la pression est devenue 2000 fois plus grande, le grand piston ne monte que d'une quantité qui est la 2000e partie du chemin que fait la main appliquée au levier. Ainsi pour arriver à faire monter le piston d'un mètre, il faudra que la main, dans ses mouvements multipliés de haut en bas, arrive à faire un chemin total de 2000 mètres.

La difficulté qui avait retardé si longtemps la réalisation du principe de Pascal était d'avoir, dans un cylindre de grand diamètre, un piston parfaitement ajusté et en même temps parfaitement mobile. Il ne faut pas que l'eau s'échappe entre le piston et le corps de pompe, car alors la machine perd en grande partie sa puissance.

Voici comment le mécanicien anglais Bramah arriva à faire disparaître cette cause de déperdition et à doter l'industrie d'un de ses agents les plus puissants.

Une galerie circulaire *mm'* est creusée dans l'épaisseur de la paroi; dans cette galerie est disposée une gouttière en cuir renversée, appelée *cuir embouti*, qui appuie à l'intérieur contre le piston, à l'extérieur contre la paroi. Grâce à cette disposition, l'eau qui pénètre dans la galerie fait appuyer le cuir à la fois contre le piston et la paroi, et se ferme d'autant mieux le passage qu'elle presse plus fortement.

Au-dessus du piston, et liée à sa masse, est ajustée une sorte de table qui peut s'élever entre deux colonnes verticales solidement établies et supportant un plafond en fonte. C'est entre ce plafond fixe et la table mobile que l'on dispose les corps destinés à subir l'effort de la presse, comme des sacs pleins d'olives, de noix, de graines de colza, de pulpes de betterave, des feuilles de papier, des conserves alimentaires, des fourrages, etc. On emploie aussi la presse pour essayer la résistance à l'écrasement des matériaux de construction, pierre, bois, fontes; pour essayer aussi les câbles de la marine, pour soulever des masses d'un grand poids, des locomotives par exemple. C'est avec une presse hydraulique que l'on a élevé sur leurs piles les cylindres en fonte du pont tubulaire qui unit l'île d'Anglesey aux côtes d'Angleterre, en passant sur l'îlot de Menay.

Équilibre des liquides pesants. — Les conditions d'équilibre d'une masse liquide pesante sont au nombre de deux, relatives, l'une à la surface libre, quand il y en a une, l'autre à la masse intérieure.

La condition nécessaire pour l'équilibre de la surface libre est que cette surface soit en tous ses points perpendiculaire à la direction de la pesanteur, c'est-à-dire horizontale. Supposons pour un moment cette surface inclinée (fig. 16), et représentons-nous les molécules de la masse située au-dessous de la couche superficielle liées entre elles par la cohésion. Si l'équilibre existait avant, à bien plus forte raison existerait-il maintenant. Or chaque molécule de la couche superficielle serait alors comme une bille posée sur un plan incliné et qui, sollicitée par la pesanteur et tendant à descendre le plus bas possible, roule vers les parties les plus basses du plan : il y aurait mouvement de descente de a vers b, c'est-à-dire qu'il n'y aurait pas équilibre. Il faut donc nécessairement que la surface libre soit horizontale en chacun de ses points.

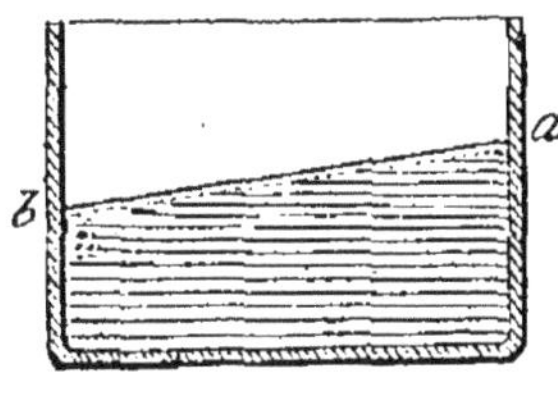

Fig. 16.

Elle sera plane si elle n'a qu'une petite étendue; sphérique, au contraire, s'il s'agit de la surface d'un lac ou d'une mer, car il n'y a qu'une sphère dont la surface soit perpendiculaire, en chacun de ses points, à des droites partant toutes d'un point central, et les verticales des différents lieux sont précisément dans ce cas, puisqu'elles ont pour point de concours le centre de la terre.

Nous avons déjà dit qu'on peut s'assurer que le fil à plomb est perpendiculaire à la surface des eaux tranquilles, en le suspendant au-dessus d'un vase rempli d'eau. Quelque position que prenne l'observateur, il voit toujours par la réflexion sur la surface liquide l'image du fil sur le prolongement du fil lui-même, ce qui, comme on le verra plus tard en optique, ne peut avoir lieu que si le fil est perpendiculaire à la surface.

Quant à la masse intérieure, elle doit satisfaire à cette condition que deux petites surfaces de même étendue prises dans l'épaisseur d'une couche horizontale quelconque, aussi mince qu'on peut la concevoir, supportent des pressions égales. La démonstration de ce principe ne peut se donner dans un cours élémentaire ; nous l'admettons comme démontré, nous réservant d'en tirer des conséquences que l'expérience vérifie complétement. Cette vérification pourra être regardée comme une démonstration suffisante du principe.

Toute couche horizontale prise dans le liquide supporte évidemment en chacun de ses points une pression due au poids des couches qui sont au-dessus d'elle. Cette pression va donc en croissant pour les différentes couches, à mesure qu'on les prend plus éloignées de la surface libre. Les liquides étant éminemment élastiques, chaque couche réagit sur la couche immédiatement au-dessus qui la presse, pour lui rendre une pression exactement égale à celle qu'elle en reçoit ; elle presse aussi sur l'anneau de paroi qui l'entoure. Ainsi les parois du vase sont pressées par le liquide, et tous les points pris à la même profondeur au-dessous de la surface libre supportent la même pression, puisqu'ils appartiennent à une couche horizontale pour laquelle la pression est la même en chaque point.

Pression sur le fond. — La pression totale que le liquide contenu dans un vase exerce sur le fond horizontal est complétement indépendante de la forme du vase; elle ne dépend que des dimensions du fond, de la distance verticale du niveau libre au-dessus de ce fond et de la densité du liquide.

On le démontre à l'aide de l'appareil de Haldat (fig. 17).

Il se compose d'un tube de cristal recourbé deux fois à angle droit A B C D, et dont les branches sont dressées verticalement sur une table M M. A l'extrémité d'une des branches se trouve mastiquée une garniture en cuivre portant un

pas de vis intérieur, sur lequel on peut visser successivement le vase cylindrique (1), le vase élargi (2), le vase rétréci (3). La garniture de cuivre porte un robinet de déversement a. On introduit du mercure dans le système de vases
communiquants, soit h, h' son niveau, puis on visse l'un des
vases et on y introduit de l'eau jusqu'à une hauteur quelconque marquée par un index mobile f. Le niveau du mercure baisse dans la branche A B, de h en K ; il monte dans la
branche C D de h' en K'. On marque sur les tubes avec de pe-

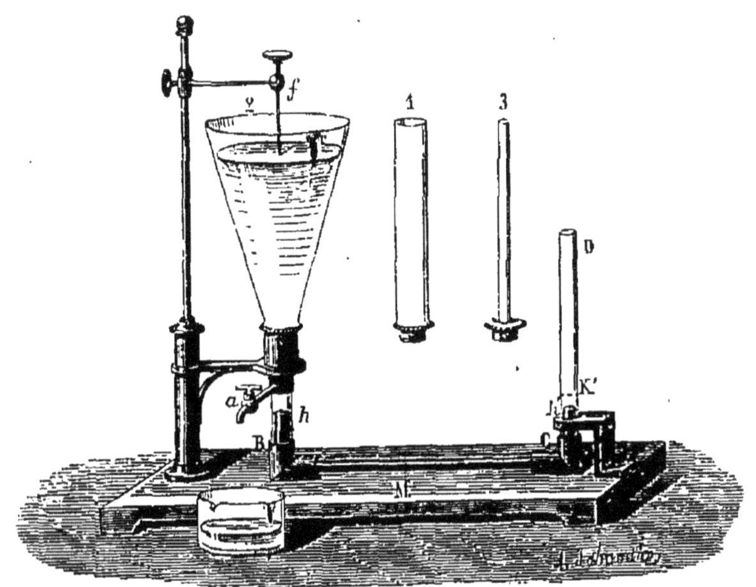

Fig. 17.

tits anneaux servant d'index les positions actuelles des niveaux
du mercure. La pression que l'eau exerce sur la surface du
mercure qui forme le fond horizontal produit donc un certain
déplacement déterminé des niveaux. On fait écouler l'eau par
le robinet, puis on enlève le vase que l'on avait mis d'abord,
et on le remplace par l'un des trois autres. Le mercure est
revenu dans les deux branches à son ancien niveau. Si l'on
verse alors de l'eau jusqu'à l'affleurement de la pointe f, on
voit les niveaux du mercure se replacer en K et K'. Ainsi une
colonne d'eau de même hauteur produit donc sur le même

fond la même pression quelle que soit sa forme, quelle que
soit aussi la quantité absolue de liquide qu'elle renferme;
puisque la pression produite dans ces trois cas d'expérience
par l'eau versée toujours à la même hauteur, sur un même
fond mobile, formé par la surface h du mercure, a pour effet
de refouler le mercure de la même quantité; elle est donc
restée la même. On peut donc dire que la pression est la
même dans tous les cas que dans le cas particulier où le vase
est cylindrique.

La disposition suivante d'appareil imaginée par Pascal, et

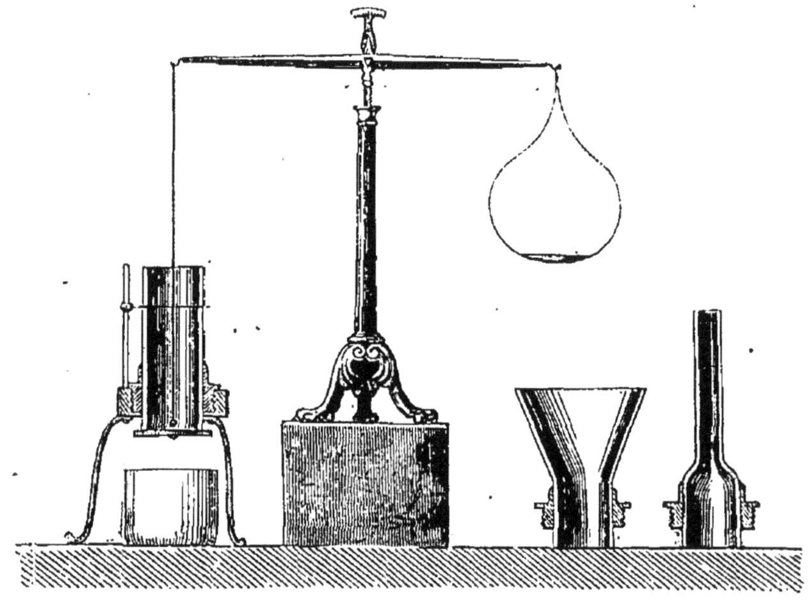

Fig. 18.

modifiée par M. Masson, permet encore de vérifier cette constance de la pression et, de plus, de donner la mesure de son
intensité.

Chacun des trois tubes, cylindrique, évasé, rétréci, est
mastiqué à une petite distance de son ouverture inférieure,
qui doit avoir le même diamètre, dans une garniture en
cuivre portant un pas de vis qui permet de le visser sur un
support à trois pieds (fig. 18). Le tube que l'on a pris pour
commencer l'expérience, soit par exemple le tube cylindrique,

se ferme à sa partie inférieure par un disque en verre dépoli soutenu dans une position parfaitement horizontale par un fil attaché en son point milieu, et qui, passant dans l'intérieur du tube, va s'attacher sous l'un des plateaux d'une balance, ou directement à l'extrémité même du fléau. On met dans l'autre plateau la quantité de tare nécessaire pour équilibrer le poids du disque, puis on soulève le fléau à l'aide d'une crémaillère* logée dans la colonne et que l'on fait mouvoir avec un pignon, de manière à établir le contact du disque avec le bord inférieur du tube. Cela fait, on ajoute dans le plateau de la tare une surcharge de 100 grammes qui fait appuyer le disque obturateur de bas en haut sur les bords du tube.

Les choses étant dans cet état, on verse de l'eau avec précaution dans le cylindre jusqu'à ce que, le niveau s'étant élevé à une certaine hauteur, l'on voie le disque se détacher pour laisser écouler le liquide que l'on verserait en excès, puis se remettre en place dès que cet excès de liquide sera tombé. En ce moment on marque à l'aide d'un petit index la hauteur du niveau de l'eau dans le tube, puis, détachant le disque, on recueille le liquide dans un vase placé au-dessous, et on le pèse. On trouve qu'il pèse 100 grammes. Ainsi, d'une part, la pression du liquide contenu dans le vase cylindrique faisait équilibre à une traction de bas en haut exercée sur le disque par le fil, et mesurée par le poids de 100 grammes, placé dans le plateau; — d'autre part, le poids du liquide contenu dans ce vase cylindrique est aussi de 100 grammes. — La pression sur le fond d'un vase cylindrique est donc égale au poids même du liquide qui s'y trouve contenu.

Si maintenant on remplace le vase cylindrique par le tube évasé, ou par le tube rétréci, on trouve que pour établir de nouveau l'équilibre entre la traction du fil, et la pression du liquide, il faut verser de l'eau jusqu'au niveau de l'index; si l'on cherche encore à dépasser le niveau, l'excès de liquide s'échappe comme la première fois entre le disque et le bord du tube. — Ainsi pour produire la même pression sur le même fond, il suffit de remplir ces vases à la même hauteur

---

* On donne à ce genre de balance le nom de *balance hydrostatique*.

quelle que soit, d'ailleurs, la quantité de liquide qu'ils renferment.

La pression exercée sur le fond d'un vase, de forme quelconque, par le liquide qu'il contient, est donc égale au poids d'un cylindre vertical de ce liquide ayant pour base la surface pressée, et pour hauteur la hauteur verticale du niveau libre au-dessus du fond.

Supposons, par exemple, qu'on dresse sur son fond un tonneau plein d'eau et que sur le fond supérieur on pratique un petit trou dans lequel on enfoncera un bouchon de liége traversé par un tube de très-petit diamètre ; en remplissant ce tube avec de l'eau à une hauteur d'un mètre on fera presque inévitablement crever le tonneau, car, bien que cette petite colonne liquide ne pèse que quelques décigrammes tout au plus, elle pressera sur le fond comme une colonne d'eau qui aurait un mètre de hauteur, et le fond du tonneau pour base ; en supposant au tonneau un mètre carré de base, cela donnerait un surcroît de pression de 1000 kilogrammes.

Pression sur les parois. — La pression sur une portion de paroi plane se mesure par le poids du cylindre liquide qui aurait pour base la surface pressée et pour hauteur la distance verticale du centre de gravité de cette surface au niveau libre. Ainsi (fig. 19) la pression exercée perpendiculairement sur la surface *ab* n'est pas le poids du volume liquide *abcd*, comme on pourrait le croire, mais le poids d'un cylindre liquide ayant *ab* pour base horizontale, et la distance du centre de gravité de cette surface au niveau libre *cd*.

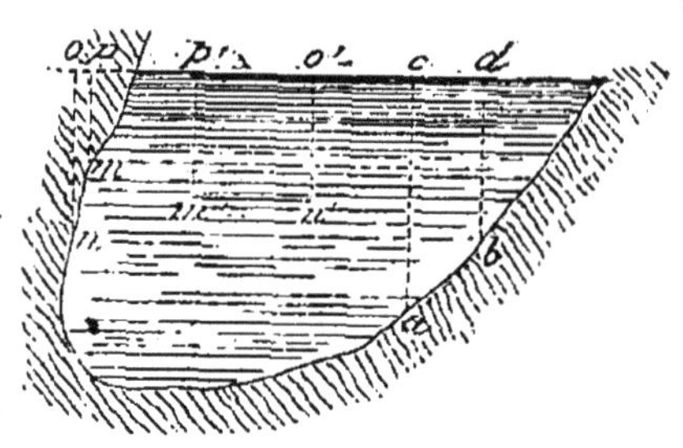

Fig. 19.

Tout ce que nous venons de dire des pressions sur le fond ou sur les parois s'applique aussi aux pressions exercées sur une surface solide noyée dans le liquide, ou sur une portion de couche prise dans le liquide lui-même. Ainsi la couche *m'n'* supporte de haut en bas une pression verticale égale au poids du cylindre $m'n'o'p'$. Cependant cette couche reste en équilibre ; il faut donc que cette pression soit équilibrée par une pression égale et opposée. Cette pression doit exister en effet, car si l'on supposait solidifiée la masse liquide contenue dans l'espace $m'n'o'p'$, l'équilibre n'en serait pas troublé. — Or, $m'n'$ deviendrait une portion de paroi supportant une pression perpendiculaire verticale, et de bas en haut, égale au poids du liquide qui aurait pour base $m'n'$, et pour hauteur la distance de cette surface au niveau libre : c'est précisément le poids du cylindre $m'n'o'p'$. Si l'on pouvait enlever le liquide qui remplit cet espace il n'y aurait plus de pression de haut en bas pour équilibrer la poussée de bas en haut, $m'n'$ serait soulevé.

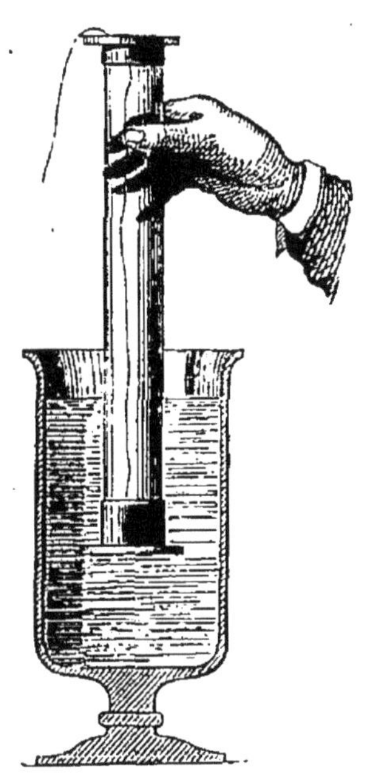

Fig. 20.

Pour rendre cette poussée évidente, prenons un tube (fig. 20) muni d'un disque obturateur que nous soutiendrons avec un fil, et enfonçons-le dans l'eau. — Il devient alors inutile de tirer sur le fil pour maintenir le disque en place : la pression de bas en haut le soutient. Si l'on verse de l'eau dans le tube jusqu'au niveau du liquide dans le vase, la pression se trouve équilibrée et le disque pesant tombe.

Liquides superposés. — Si l'on introduit dans un même vase des liquides de nature différente, qui ne puissent ni se mêler ni agir chimiquement l'un sur l'autre, comme l'eau, l'huile, le mercure, on voit ces liquides se superposer dans l'ordre de leurs densités, le mercure en dessous, puis l'eau, puis l'huile, et leurs surfaces de séparation sont horizontales, ainsi que le niveau libre de l'huile.

Le niveau libre de l'huile doit être horizontal, car, s'il ne l'était pas, les molécules rouleraient sur la surface inclinée vers la partie la plus basse comme nous l'avons expliqué pour le cas d'un seul liquide. Quant aux surfaces de séparation il est aisé de voir qu'elles doivent être horizontales. Prenons dans la masse d'eau une couche horizontale *mn* (fig. 21), elle doit supporter en tous ses points la même pression. Or, *ab* étant horizontale, cette égalité de pression n'est possible qu'autant que la surface de séparation *cd* l'est également. Supposons-la oblique et il est alors facile de voir que deux petites portions de surface égales à un centimètre carré, prises en deux points différents de la couche *mn*, supportent, de la part des cylindres liquides verticaux de même hauteur qui

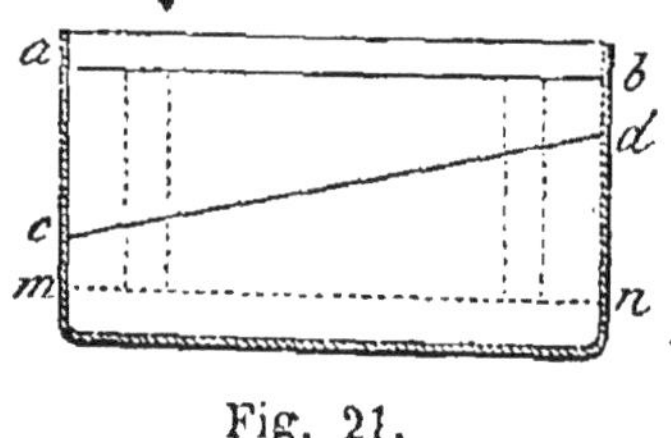

Fig. 21.

s'élèvent au-dessus, des pressions inégales, puisque, l s deux liquides qui les composent y étant répartis en quantités inégales, les cylindres ont des poids inégaux. La surface *cd* doit donc être horizontale, et le même raisonnement s'appliquera à la surface de séparation de l'eau et du mercure.

Vases communiquants. — Nous venons de vérifier dans une de ses conséquences le principe de l'égalité de la pression sur tous les points d'une couche horizontale. — Nous allons en retrouver une autre vérification dans le principe suivant.

Prenons deux vases de diamètre et de forme quelconque communiquant entre eux par leur partie inférieure (fig. 22).

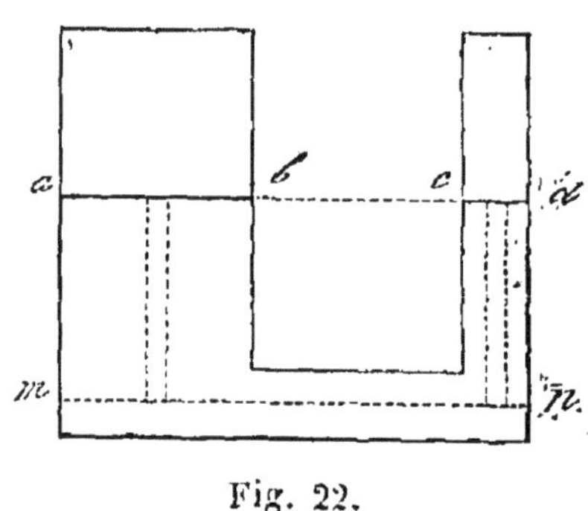

Fig. 22.

Si l'on verse dans ces vases un liquide quelconque, on le voit se répandre dans les deux vases, et quand l'équilibre sera établi, les deux niveaux libres, seront compris dans un même plan horizontal. C'est, en effet, la condition à laquelle nous conduiraient les principes d'équilibre. D'abord dans chaque vase le niveau libre doit être horizontal, sinon les molécules glisseraient sur la surface inclinée et par conséquent il n'y aurait pas équilibre; en second lieu, si nous menons la couche horizontale *mn*, elle doit supporter en tous ses points la même pression. — Or, si l'on prend dans la portion de cette couche qui appartient au vase *ncd* une petite surface *s*, elle supporte la pression due au poids d'un cylindre ayant pour base la surface *s*, et pour hauteur la distance verticale du niveau libre *cd* au-dessus du plan de la couche *s*. — De même dans la portion de la couche qui appartient au second vase, la même étendue de surface aura à supporter le poids d'un cylindre du même liquide ayant pour base *s* et pour hauteur la distance du niveau libre *ab* au-dessus du plan de la couche. — Il faut donc, puisque ces deux pressions doivent être égales, que les deux cylindres de base *s* aient même hauteur, c'est-à-dire que les deux surfaces libres soient à la même distance verticale du plan horizontal *mn*; elles sont donc dans un même plan horizontal.

On pourrait aussi démontrer ce principe en considérant une section transversale au tube de communication; cette couche doit supporter des pressions égales sur ses deux faces. Ainsi son centre de gravité doit être à des distances verticales égales des deux surfaces libres. Elles sont donc sur un même plan horizontal.

Versons actuellement dans l'un des vases, au-dessus de la couche d'eau, une certaine quantité d'un liquide moins dense que l'eau (fig. 23). L'eau va être refoulée; les deux surfaces libres du liquide *kl* et de l'eau *cd* seront encore horizontales, aussi bien que leur surface de séparation *ef*. Si maintenant nous prenons les hauteurs verticales des deux colonnes liquides qui pressent sur la couche horizontale *efgh*, nous trouvons qu'elles sont *en raison inverse* des densités des deux liquides. Si par exemple le liquide en question est trois fois moins dense que l'eau, ce qui veut dire qu'un volume quelconque de ce liquide pèse trois fois moins qu'un volume

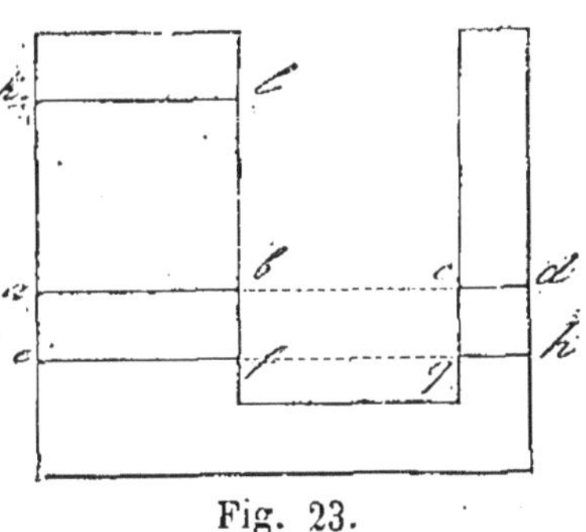

Fig. 23.

d'eau égal, la hauteur de la colonne *ek* de ce liquide sera triple de la hauteur de la colonne d'eau *hd*.

Si nous prenons une petite portion de surface plane, *s*, dans dans la région *ef*, elle supporte une pression égale au poids d'un cylindre de liquide ayant *s* pour base et *ek* pour hauteur; dans la région *gh* la même étendue de surface supporte une pression égale au poids d'un cylindre d'eau ayant *s* pour base, *hd* pour hauteur. Mais à hauteur égale, le cylindre de liquide pèserait trois fois moins que le cylindre d'eau; pour avoir le même poids il faut évidemment que la hauteur *ek* soit triple de *hd*.

Ainsi pour que l'équilibre existe il faut, quelle que soit la forme, quels que soient les diamètres des vases, que les hauteurs verticales des deux colonnes liquides, au-dessus de leur plan horizontal de séparation, soient en raison inverse des densités.

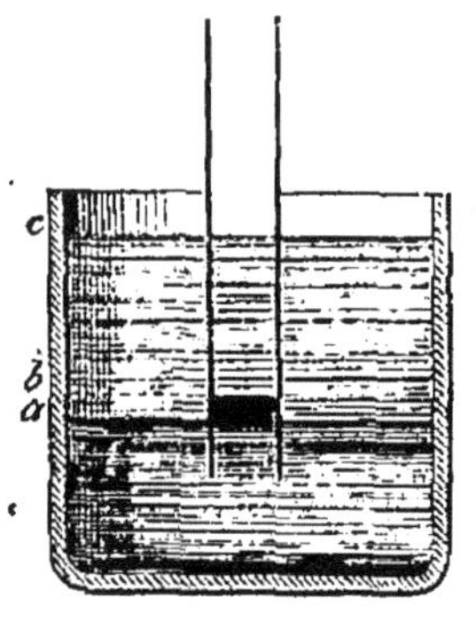

Fig. 24.

On pourrait aussi faire l'expérience en dressant dans une large éprouvette contenant une couche de mercure, un tube ouvert aux deux bouts dont l'orifice inférieur plongerait dans le mercure. En versant de l'eau dans l'espace qui sépare les deux tubes (fig. 24), on verrait les niveaux du mercure se déplacer; l'équilibre établi, on trouverait, en mesurant les hauteurs *ab* et *ac*, qu'elles sont dans le rapport de 1, densité de l'eau, à 13,6, densité du mercure.

Le niveau d'eau (fig. 25) dont on fait un si fréquent usage dans les opérations du nivellement est une application du principe de l'équilibre dans les vases communiquants. Il se compose d'un tube en fer-blanc, coudé à ses deux extrémités à angle droit. Il est porté en son milieu par un trépied à genouillère qui permet de tourner le tube dans tous les sens; ses petites branches *ab*, *a'b'* portent de petits tubes en verre *ae*, *a'f*. On introduit de l'eau légèrement rougie qui remplit le tuyau de fer-blanc, et les vases de verre jusqu'à moitié de leur hauteur. Si l'on met l'œil à la hauteur du niveau m et que l'on vise dans l'alignement du second niveau n, on aura ainsi une direction mn parfaitement horizontale. Si l'on tourne l'instrument autour de son

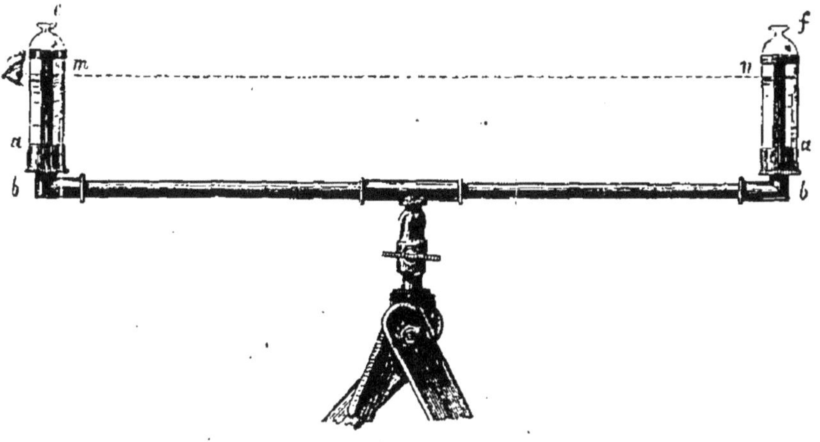

Fig. 25.

pied, la ligne mn se déplacera dans un plan horizontal, et l'on pourra ainsi déterminer des points de repère pour les opérations du nivellement.

Le moyen qu'on emploie pour maintenir l'huile constamment à la même hauteur dans les quinquets est encore une application du principe des vases communiquants. Le réservoir (fig. 26), qui fournit l'huile au cylindre porte-mèche, est ouvert à sa partie supérieure, et contient un second réservoir renversé, dont l'orifice effleure la surface de l'huile, de telle sorte que, pour peu que le niveau baisse dans le premier réservoir, l'air pénètre dans le second et fait descendre de l'huile pour remplacer celle qui a été dépensée ; de cette façon, le niveau se maintient invariable

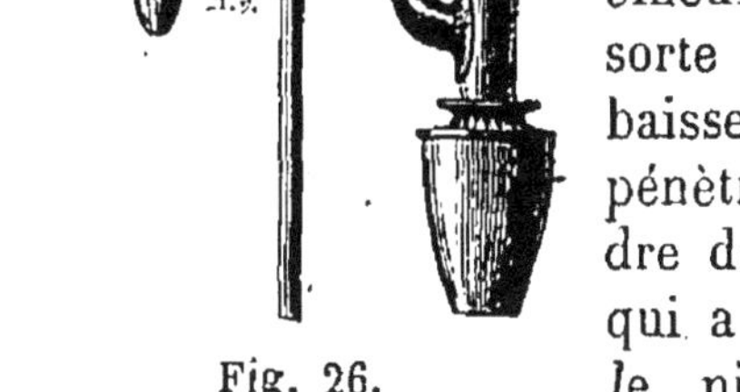

Fig. 26.

dans le réservoir d'alimentation, et par suite dans le porte-mèche.

Principe d'Archimède. — Lorsqu'un corps est plongé dans une masse liquide, il supporte sur tous les points de sa surface, des pressions de la part du liquide ; d'après ce que nous avons dit, les pressions les plus grandes sont celles qui s'exercent sur les points les plus éloignés du niveau libre, et comme elles s'exercent de bas en haut, il en résulte que le corps tend à être soulevé par le liquide qui l'entoure. La résultante de ces diverses pressions est en effet une force verticale, dirigée de bas en haut, et égale au poids du liquide dont le corps occupe la place ; on l'appelle la *poussée*.

On attribue la découverte de ce principe à Archimède, et on l'énonce quelquefois sous cette forme : *tout corps plongé dans un liquide perd de son poids le poids du liquide déplacé.*

Représentons-nous (fig. 27) au milieu d'une masse liquide en équilibre, une certaine portion de la masse elle-même limitée par une surface fermée de forme quelconque, *mno*. L'équilibre ayant lieu dans tout la masse, on peut supposer liés par la cohésion tous les points de la masse *mno*. Or, cette masse tend à tomber sous l'action de son poids, et puisqu'elle est en équilibre, il faut bien admettre qu'il

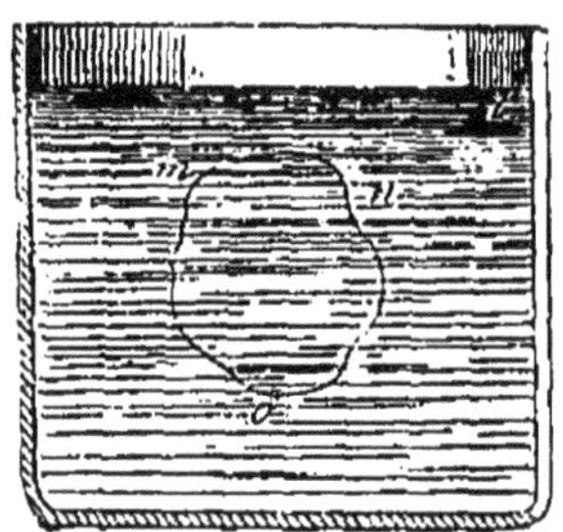

Fig. 27.

y a une force égale à ce poids, appliquée au même point, au centre de gravité de la masse *mno*, et qui lui fait équilibre.

Cette force, c'est la *poussée* du liquide environnant. Or, si nous substituons au liquide solidifié *mno* tout autre corps qui occupe sa place, les pressions que le liquide environnant exerce resteront évidemment les mêmes, donc la poussée sera encore égale au poids du liquide dont le corps occupe la place.

Pour démontrer ce principe par l'expérience, prenons deux cylindres de laiton, l'un plein, l'autre creux, et d'une capacité telle qu'il puisse être exactement rempli par le premier.

Suspendons-les l'un au-dessous de l'autre, le cylindre plein sous le cylindre creux, à l'un des plateaux d'une balance hydrostatique ; puis mettons dans l'autre plateau la tare nécessaire pour rendre le fléau horizontal (fig. 28). Ceci fait, plaçons un vase plein d'eau sous le cylindre plein, en réglant sa hauteur et celle du fléau de telle sorte que, si avec la main on tient le fléau horizontal, le cylindre plein soit complétement plongé, sa base supérieure en affleurement avec

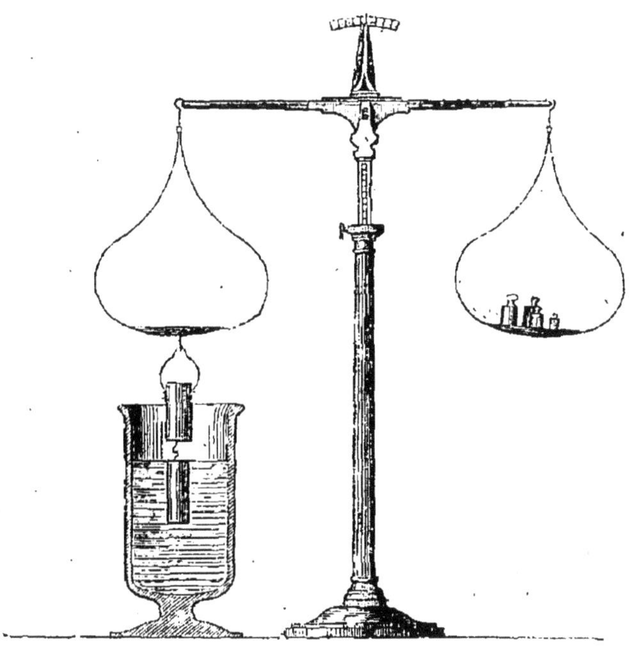

Fig. 28.

l'eau ; puis abandonnons le fléau à lui-même. Le cylindre plongeant dans l'eau, quelque peu que ce soit, l'équilibre est rompu comme si l'on poussait par dessous le plateau qui porte les deux cylindres. Si l'on veut rétablir l'horizontalité du fléau, tout en maintenant le cylindre inférieur complétement plongé, il faut évidemment mettre sur le plateau soulevé par la poussée une charge de poids qui équilibre cette poussée. Or, si l'on remplit exactement d'eau le cylindre creux, on voit le fléau redevenir horizontal. Donc le poids de l'eau qui remplit le cylindre et dont le volume est égal à celui du corps plongé, mesure exactement la poussée. Ainsi la poussée est bien égale au poids du liquide dont le corps plongé tient la place.

Équilibre des corps plongés et des corps flottants. — Si le corps plongé pèse juste autant que le liquide qu'il déplace, ce qui arrivera entre autres cas s'ils ont même densité, le poids et la poussée étant des forces égales, le corps restera dans le liquide sans monter ni descendre. Si le corps pèse plus que le volume de liquide qu'il déplace, le poids l'emportant sur la poussée, le corps descendra au fond du vase. Enfin s'il pesait moins que le liquide, à volume égal, ce serait au contraire dans ce cas la poussée qui l'emporterait, et le corps monterait jusqu'à sortir en partie du liquide. Mais alors la poussée diminue, et elle peut diminuer autant qu'on voudra, puisqu'il n'y aurait qu'à sortir le corps entièrement du liquide pour qu'elle fût nulle; il y aura donc nécessairement une position du corps, en partie plongé dans le liquide, telle que le poids du liquide déplacé ne soit plus qu'égal au poids total du corps. Alors la poussée étant égale au poids, le corps restera flottant sur le liquide.

La condition d'équilibre pour un corps plongé entièrement dans un liquide est donc que son poids soit le même que le poids d'un volume du liquide égal à son propre volume. La condition pour un corps flottant c'est que son poids total soit égal au poids du volume liquide déplacé par la partie plongée.

Il n'est pas rare de voir des corps plus denses que l'eau flotter à sa surface. Ainsi quand on jette de la limaille de fer dans l'eau, il y a toujours un assez grand nombre de particules qui restent flottantes. Cela tient à ce que l'air qui reste adhérent à la surface de ces corps les empêche d'être mouillés par le liquide, et alors ils déplacent un volume d'eau beaucoup plus grand que le leur.

En exposant le principe de l'équilibre des liquides superposés dans un même vase, nous nous sommes borné à constater le fait que le liquide le plus dense tombait au fond sans en donner de raison théorique, on voit maintenant l'explication de ce fait dans le principe qui nous occupe. La cause qui fait tomber le mercure au fond de l'eau est la même que celle qui y fait tomber du cuivre ou du marbre, c'est le poids du corps l'emportant sur la poussée.

Ludion. — Le petit appareil connu sous le nom de *Ludion* (fig. 29) et que l'on voit quelquefois entre les mains des bateleurs, est une application ingénieuse du principe de l'équilibre des corps plongés. Une boule mince en verre soufflé, percée d'un très-petit trou à sa partie inférieure, est plongée dans l'eau, et supporte en guise de lest une petite figure en émail. Le vase qui contient l'eau où elle est plongée est fermé par une membrane tendue. Pour peu qu'on presse sur la membrane avec la main, cette pression se transmet au liquide, soit directement, soit par l'intermédiaire de l'air qui pourrait rester entre la membrane et le niveau libre. Alors le liquide pénétrant dans la boule par le petit trou, celle-ci augmente de poids et descend ; mais si l'on cesse de presser, l'air comprimé dans la boule se détend, chasse l'eau qui était entrée, et la boule, redevenant plus légère, remonte.

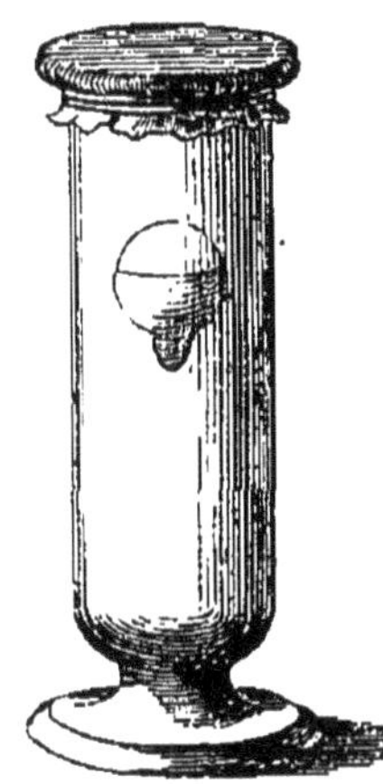

Fig. 29.

Détermination du volume d'un corps. — Le principe d'Archimède va nous fournir un moyen très-simple de déterminer le volume d'un corps, à la seule condition que ce corps pourra être suspendu au plateau d'une balance et qu'il ne sera pas soluble dans l'eau ou attaqué par elle. On le suspend donc au plateau, puis on met dans l'autre plateau la tare nécessaire pour rendre le fléau horizontal. On place alors un vase plein d'eau sous le corps, de manière à l'y faire plonger complétement. La poussée détruit l'équilibre, et les poids qu'il faut mettre sur le plateau qui porte le corps pour ramener le fléau à la position horizontale, donnant la mesure de cette poussée, nous représentent le poids d'un volume d'eau égal au volume du corps. Si donc il faut un poids de $3^k,275$ pour rétablir l'équilibre, c'est que le corps a un volume égal à 3 décimètres cubes 275 centimètres cubes, puisque le gramme est le poids d'un centimètre cube d'eau, et le kilogramme le poids d'un décimètre cube du même liquide.

CHAPITRE III.

MESURE DES DENSITÉS DES CORPS SOLIDES ET LIQUIDES. ARÉOMÈTRES.

On appelle *poids spécifique relatif* ou *densité relative* d'un corps, le rapport entre le poids d'un volume quelconque de ce corps, et le poids d'un égal volume d'eau. Le poids que présente un corps sous un volume déterminé est susceptible de varier, si on le place dans des circonstances qui fassent varier son volume, si on l échauffe, si on le refroidit, la chaleur ayant pour effet de dilater les corps, c'est-à-dire d'augmenter leur volume. Il faut donc, pour donner plus de précision à notre définition, la compléter en ajoutant que l'eau doit être à 4° du thermomètre centigrade (c'est la température à laquelle il faut prendre l'eau pour qu'un centimètre cube de ce liquide pèse un gramme, unité de poids adoptée en France), et le corps à la température de fusion de la glace.

Il résulte de là que le nombre qui exprime en grammes, ou en kilogrammes, le poids d'une certaine masse d'eau à 4°, est le même que celui qui exprime en centimètres cubes, ou en décimètres cubes, le volume lui-même. Si donc je conviens de prendre le décimètre cube pour unité de volume, et en même temps le kilogramme pour unité de poids, quand je diviserai le poids d'un corps par le poids du *même volume* d'eau, pour avoir la densité telle que je l'ai définie, je me trouverai connaître le rapport du poids du corps à son volume, ou le poids de l'unité de volume du corps.

Ainsi en se conformant, comme condition essentielle, à cette concordance des unités de volume et de poids, nous pouvons écrire

$$\frac{P}{V} = D.$$

Par suite :

$$P = VD;$$

et :

$$V = \frac{P}{D};$$

qui ne sont que trois formes différentes de la même relation.

Si l'on veut calculer le poids d'une sphère de plomb ayant un volume de 375 centimètres cubes, sachant que la densité du plomb est 11,45, on pourra appliquer directement la formule

$$P = VD$$

de la manière suivante :

$$P^{kg} = 0,375 \times 11,45 = 4^{kg},29375,$$
$$\text{ou } P^{gr} = 375 \times 11,45 = 4293^{gr},75,$$

résultats évidemment identiques.

Un corps qui pèserait $1^{kg},250$ sous un volume de 250 centimètres cubes aurait pour densité, en rétablissant la concordance des unités de poids et de volume :

$$\frac{1,250}{0,250} \text{ ou } \frac{1250}{250} = 5.$$

La densité des corps solides et des liquides se mesure toujours, comme nous l'avons dit, en prenant le rapport du poids du corps au poids d'un égal volume d'eau; mais celle des gaz s'exprime *le plus souvent* en prenant l'air comme terme de comparaison, c'est-à-dire en prenant le rapport entre le poids d'un certain volume du gaz et le poids du même volume d'air; or le poids de l'unité de volume de l'air n'est pas l'unité de poids, on ne peut donc pas appliquer aux gaz la formule $P = VD$, à moins que la densité donnée ne soit la densité par rapport à l'eau.

Nous engageons nos lecteurs à ne point perdre de vue cette remarque, qui peut leur éviter de grossières erreurs dans les applications numériques.

Mesure des densités des corps solides. — La détermination précise d'une densité est une opération délicate, qui demande des précautions particulières d'expérience et aussi quelques calculs de correction pour tenir compte de l'état de température des corps. Mais lorsqu'on ne demande qu'une valeur approchée à moins d'un centième, ces corrections sont superflues car elles ne portent, au moins pour les solides et les liquides, que sur des chiffres décimaux d'un ordre plus éloigné. Nous nous bornerons donc, pour le moment, à prendre le rapport entre le poids du corps pris à la température ordinaire et le poids du même volume d'eau à la même température.

1re *Méthode.* — *Balance hydrostatique.* — On suspend par un fil, assez fin pour que son poids soit négligeable, un fragment du corps dont on veut déterminer la densité sous un des plateaux de la balance, après avoir préalablement déterminé son poids par la double pesée. On l'équilibre par de la tare, puis on place au-dessous un vase plein d'eau dans laquelle on le fait plonger. La poussée du liquide rompt à l'instant l'équilibre, et les poids qu'il faut ajouter sur le plateau qui porte le corps, pour ramener le fléau à la position horizontale, mesurent cette poussée, par conséquent le poids d'un volume d'eau égal au volume du corps.

Soit par exemple 10^{gr},35 le poids d'un morceau de soufre, et 5^{gr},09 le poids à mettre sur le plateau pour rétablir l'équilibre quand le soufre est plongé dans l'eau ; ce dernier nombre est le poids du volume d'eau déplacé ; il donne aussi en centimètres cubes le volume de l'eau et par conséquent du corps lui-même. Ainsi la densité sera

$$\frac{10,35}{5,09} = 2,03,$$

qu'on la définisse le rapport du poids du corps au poids d'un égal volume d'eau, ou encore le rapport du poids du corps à son volume.

2e *Méthode.* — *Méthode du flacon.* — La méthode que nous allons décrire est la plus habituellement employée, comme la plus exacte.

On prend un flacon en verre mince, à large goulot conique, fermant par un bouchon en verre usé sur le goulot lui-même, ou bien encore par un simple disque de verre dépoli, usé aussi sur les bords même du goulot (fig. 30). Un bouchon en liége pouvant s'enfoncer plus ou moins dans le flacon ne limiterait pas une capacité intérieure toujours la même. Le bouchon présente une petite gouttière creusée sur sa surface conique, et le disque un trou percé en son centre. On remplit le flacon d'eau par-dessus les bords, en chassant complétement les bulles d'air du liquide, puis on le ferme avec

Fig. 30.

le bouchon ou le disque ; l'excès de liquide s'échappe par la rainure ou le petit trou. On essuie le flacon avec du papier sans colle (papier à filtre), et on le pose sur le plateau de la balance en mettant à côté un fragment du corps dont on veut connaître la densité, assez petit pour qu'il puisse entrer dans le flacon. On fait dans l'autre plateau la tare de cette charge, puis on enlève le corps et on le remplace par des poids gradués pour avoir son poids déterminé par la double pesée. On retire alors ces poids et le flacon du plateau, et l'on introduit le corps dans le flacon, ce qui lui fait évidemment chasser un volume d'eau égal au sien ; puis le flacon étant bien rempli d'eau, on remet le bouchon ou le disque sur son goulot, et on le pose de nouveau sur le plateau de la balance. Il manque nécessairement dans ce plateau le poids de l'eau sortie du flacon et dont le volume est égal au volume du corps. On ajoute donc sur ce plateau les poids nécessaires pour rétablir l'équilibre. En divisant par ce dernier poids le poids du corps, on a la densité.

On se trouve dans certains cas arrêté dans l'application de ces méthodes par des difficultés tenant à la densité, à l'état physique des corps sur lesquels on opère, ou bien encore à l'action dissolvante de l'eau.

Ainsi avec des corps en poudre on ne peut évidemment pas appliquer la première méthode. La seconde est seule praticable, et encore faut-il que cette poudre soit plus dense que

l'eau. Dans ce dernier cas, il arrivera presque toujours que
des bulles d'air, restant adhérentes aux grains de la poudre,
les maintiendront flottants à la surface de l'eau, de telle sorte
qu'en remplissant d'eau le flacon après y avoir introduit la
poudre, on risquerait de perdre une partie de cette poudre,
entraînée par le liquide qui s'échappe. Il faut alors chauffer
un peu le flacon ou le mettre sous la cloche de la machine
pneumatique dans laquelle on fait le vide, afin de forcer les
bulles d'air à se dégager, et ne continuer l'opération que
lorsque la poudre sera réunie au fond du flacon.

Si le corps était soluble dans l'eau on pourrait, il est vrai,
le recouvrir d'une couche de cire assez mince pour ne modifier sensiblement ni son poids ni son volume; mais il vaudrait mieux déterminer sa densité par rapport à un liquide
auxiliaire dans lequel le corps ne serait point soluble et dont
on connaîtrait la densité. Supposons qu'il s'agisse du sucre,
soluble dans l'eau, mais insoluble dans l'alcool pur. On pèsera le morceau de sucre; soit p son poids. Puis l'introduisant
dans le flacon plein d'alcool on déterminera le poids d'alcool
sorti, soit p' ce poids. Le quotient $\dfrac{p}{p'}$ donne la densité du
sucre par rapport à l'alcool. Appelons p'' le poids d'un
volume d'eau égal au volume du corps. La densité de l'alcool
par rapport à l'eau, c'est le rapport entre le poids p' et le
poids p''. Or on voit facilement qu'en multipliant la densité,
donnée par l'expérience, du corps par rapport à l'alcool,
$\dfrac{p}{p'}$, par la densité de l'alcool par rapport à l'eau $\dfrac{p'}{p''}$, on a
pour produit $\dfrac{p \times p'}{p' \times p''}$, ou $\dfrac{p}{p''}$, qui est le rapport entre le poids
du sucre et le poids d'un égal volume d'eau, ou la densité du
sucre par rapport à l'eau.

Densité des liquides. — On peut appliquer à la détermination de la densité des liquides les méthodes suivantes :

1° *Méthode de la balance hydrostatique.* — On suspend par
un fil très-fin, sous un des plateaux de la balance hydrostatique, une sphère de platine, ou une petite boule en verre

lestée intérieurement; on choisit exclusivement les corps sur lesquels les liquides n'ont point en général d'action chimique. On met dans l'autre plateau la tare nécessaire pour établir l'équilibre horizontal. On place alors sous la boule un vase plein du liquide dont on veut avoir la densité, et on l'y fait plonger entièrement. La poussée du liquide rompt l'équilibre horizontal, et l'on ajoute sur le plateau qui porte la boule la quantité de poids gradués nécessaire pour le rétablir; on a par là le poids d'un volume du liquide égal au volume de la boule. On remplace alors le vase plein de liquide par un vase plein d'eau, et on y fait de même plonger la boule que l'on a dû essuyer avec soin au moment où on l'a sortie du premier liquide. Nouvelle poussée, différente de la première; on l'équilibre par des poids gradués en quantité convenable, toujours placés dans le plateau qui porte la boule. Ces poids donnent le poids d'un volume d'eau égal au volume de la boule. On aura donc la densité en divisant le premier poids par le second.

On pourrait aussi déterminer le poids P de la boule par la double pesée; puis la peser de nouveau suspendue au plateau et plongeant dans le premier liquide, soit P' son poids. La différence $P - P'$ représente la poussée du liquide, ou le poids d'un volume du liquide égal au volume de la boule. Enfin on pèsera la boule, encore suspendue au plateau et plongeant dans l'eau : $P - P''$ sera la poussée de l'eau, ou le poids d'un volume d'eau égal au volume de la boule. La densité sera donc mesurée par le rapport

$$\frac{P - P'}{P - P''}.$$

2° *Méthode du flacon.* —On prend le flacon qui servait à la détermination de la densité des corps solides, et on le remplit complétement du liquide dont on veut déterminer la densité, en le fermant soit avec le bouchon de verre, soit avec l'obturateur. On l'essuie avec soin, puis, le plaçant sur l'un des plateaux de la balance, on fait sa tare dans l'autre plateau. On vide alors le flacon, puis le remettant bien essuyé en dedans comme en dehors sur le plateau, on ajoute la quantité de poids nécessaire pour rétablir l'équilibre. On a ainsi le poids P du liquide qui remplissait le flacon. On remplit ensuite ce même flacon avec de l'eau, puis on en fait la tare. On le vide, on l'essuie, on le replace sur le plateau, et les poids qu'il faut ajouter pour rétablir l'équilibre donnent le poids P′ de l'eau qui remplissait ce flacon. La densité sera mesuré par le quotient $\dfrac{P}{P'}$.

On se sert aussi quelquefois d'un petit tube de verre (fig. 31) fermé à une de ses extrémités, ouvert à l'autre, et présentant une partie étranglée d'un millimètre environ de diamètre intérieur sur laquelle se trouve marqué un trait de repère α. On connaît à l'avance le poids du petit tube π. On le pèse rempli du liquide jusqu'au trait α, soit p ce poids; puis rempli d'eau jusqu'au même trait, soit p' le poids. Les différences $p - \pi$ et $p' - \pi$ donnent les poids de volumes égaux du liquide et de l'eau, et la densité sera $\dfrac{p - \pi}{p' - \pi}$.

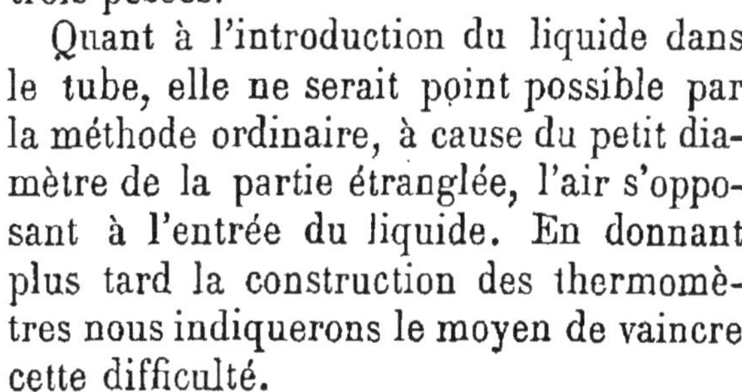

Si le liquide est volatil, on ferme l'extrémité ouverte du tube avec un petit bouchon usé à l'émeri, qui ne doit point quitter le tube dans les trois pesées.

Quant à l'introduction du liquide dans le tube, elle ne serait point possible par la méthode ordinaire, à cause du petit diamètre de la partie étranglée, l'air s'opposant à l'entrée du liquide. En donnant plus tard la construction des thermomètres nous indiquerons le moyen de vaincre cette difficulté.

Pour que le tube puisse se tenir debout dans le plateau de la balance, on le pose sur un petit support à pince représenté à côté du tube sur la figure, et dont on a fait la tare à l'avance.

Fig. 31.

Aréomètres. — La détermination des densités des corps solides et liquides peut se faire, à défaut de balance, et d'une manière assez approchée, à l'aide de petits instruments nommés *aréomètres* *, et dont la théorie est l'application du principe de l'équilibre des corps flottants. Tous présentent un tube creux, de forme généralement cylindrique, complétement fermé, et portant un lest à sa partie inférieure, de telle sorte qu'il puisse flotter dans l'eau ou dans tout autre liquide et s'y tenir dans une position verticale.

Quelques-uns de ces aréomètres portent un trait de repère, et dans l'emploi que l'on en fait, on donne à l'instrument une surcharge telle qu'il s'enfonce dans l'eau, ou dans les liquides quels qu'ils soient, jusqu'à ce trait qu'on appelle *trait d'affleurement*; le volume de liquide déplacé est donc toujours le même; de là le nom d'*aréomètres à volume constant* qu'on leur a donné.

Les autres, uniquement destinés à la comparaison des densités des liquides, conservent toujours le même poids, et alors, comme le poids de liquide qu'ils déplacent doit toujours être égal au leur, il est évident que le volume déplacé sera d'autant plus grand que le liquide sera moins dense. On jugera donc de la densité du liquide par la quantité dont l'aréomètre s'y enfoncera, de là la nécessité d'une graduation, soit arbitraire, soit rationnelle, qui permette de comparer les volumes plongés et par suite les densités. Ces instruments s'appellent *aréomètres à poids constant*.

Aréomètres à volume constant. — 1° *Aréomètre* ou *balance de Nicholson.* Cet aréomètre se compose d'un tube cylindrique en laiton ou en fer blanc, vernissé, fermé par deux cônes (fig. 32). Le cône supérieur est surmonté d'une tige très-mince supportant un petit plateau fixé à son extrémité, sur lequel on pose ordinairement un second plateau mobile, d'un diamètre un peu plus grand. Sur la tige se trouve marqué, à peu près à mi-hauteur, le trait d'affleurement. Au cône inférieur est suspendu un autre cône tournant aussi sa base vers le haut; il est fermé et lesté à l'intérieur avec du plomb. Malgré ce lest l'appareil total est plus léger qu'un volume d'eau égal au sien, et plonge dans ce liquide jusqu'à la base du cône supérieur.

---

* De ἀραιός léger, et μέτρον mesure.

Cet instrument sert à la mesure des densités des corps solides, et s'emploie de la manière suivante :

On remplit d'eau l'étui cylindrique qui sert d'enveloppe à
l'instrument, et l'on y fait flotter
l'aréomètre.

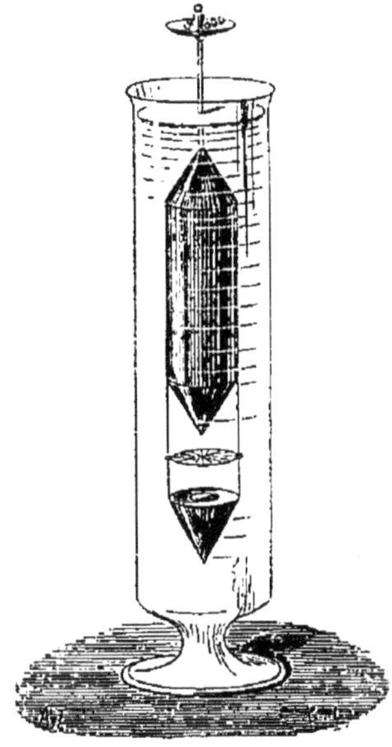

On met dans le plateau mobile
supérieur le corps dont on veut avoir
la densité, le soufre par exemple,
et on prend le fragment assez petit
pour qu'il ne fasse pas enfoncer
l'aréomètre jusqu'au trait d'affleurement. On ajoute alors à côté du
soufre la quantité de grenaille nécessaire pour obtenir l'affleurement
exact.

Remarquons tout de suite que la
sensibilité de l'instrument dépend
de la finesse de la tige qui porte
le plateau. On comprend en effet
qu'une certaine variation dans la
charge entraînant une variation cor-

Fig. 32.

respondante dans le volume plongé, celle-ci sera accusée
par un déplacement de bas en haut ou de haut en bas, d'autant plus grand que la tige sera plus déliée.

La surcharge d'un centigramme doit faire enfoncer l'instrument d'un centième de centimètre cube, puisque le poids du
volume d'eau déplacé doit aussi augmenter d'un centigramme. Si donc le tube avait un millimètre carré de section, l'instrument devrait descendre de dix millimètres ; tandis que si le tube avait un centimètre carré, l'aréomètre ne
s'enfoncerait que d'un dixième de millimètre.

L'affleurement obtenu, on enlève le corps et on le remplace
par des poids gradués qui rétablissent l'affleurement. Ces
poids donnent, par une opération qui équivaut à la double
pesée, le poids du corps. Ce premier point obtenu, on enlève
aussi les poids, et on replace le corps sur l'instrument, non
plus sur le plateau supérieur, mais sur la base, creusée en
cuvette, du cône qui porte le lest, puis on remet l'aréomètre

dans l'eau. On a donc rendu à l'instrument le poids du corps, mais diminué de la poussée, ou du poids d'un volume d'eau égal au sien. On rétablit l'affleurement par des poids gradués mis sur le plateau supérieur; ils donnent le poids du volume d'eau déplacé. En divisant le poids du corps par ce dernier poids on a la densité.

On peut procéder encore d'une autre façon qui dispense de l'emploi de la grenaille. On détermine une fois pour toutes le poids qu'il faut mettre sur le plateau supérieur pour produire l'affleurement, soit par exemple 15 grammes. Alors on place le corps seul sur le plateau, puis on ajoute les poids nécessaires pour compléter l'affleurement. S'il faut mettre 7 grammes, on en conclut évidemment que le corps pèse 8 grammes. On enlève alors le corps du plateau supérieur, où on laisse les 7 grammes, pour le déposer sur le cône du lest. Les poids qu'il faut ajouter pour l'affleurement donnent la mesure de la poussée, par conséquent du poids de l'eau déplacé. Si par exemple il fallait ajouter 4 grammes, la densité du corps serait $\frac{8}{4}$ ou 2.

Si le corps était plus léger que l'eau, il est clair qu'au moment où on le plongerait dans l'eau avec l'aréomètre, il se séparerait de celui-ci pour venir flotter à la surface. La poussée qu'il subit n'agirait plus sur l'instrument, et l'opération n'aurait aucun résultat. Dans la prévision de ce cas, on adapte à la base du cône du lest un petit couvercle en grillage qui retient le corps attaché à l'instrument.

2° *Aréomètre de Fahrenheit.* L'aréomètre de Fahrenheit, dont l'invention est antérieure à celle de la balance de Nicholson, sert pour déterminer la densité des liquides. Il est construit tout en verre, et on lui donne la forme représentée dans la figure 33. La boule est lestée avec du mercure et la tige mince qui porte le plateau est marquée d'un trait d'affleurement. Le poids de l'instrument étant connu à l'avance, soit 200 grammes par exemple, on le plonge dans une éprouvette à pied contenant le liquide dont on veut connaître la densité, et on ajoute des poids gradués sur le plateau jusqu'à ce qu'on obtienne l'affleurement au trait de repère de la tige. Le poids total de l'instrument, y compris la surcharge, représente, d'après la condition d'équilibre des corps flottants, le poids du liquide déplacé par la portion plongée de l'aréomètre. On retire l'aréomètre, on l'essuie et on le plonge dans l'eau. On détermine de même l'affleurement à l'aide de poids gradués, et le poids total de l'instrument sera le poids de l'eau déplacée par le volume plongé qui est resté le même.

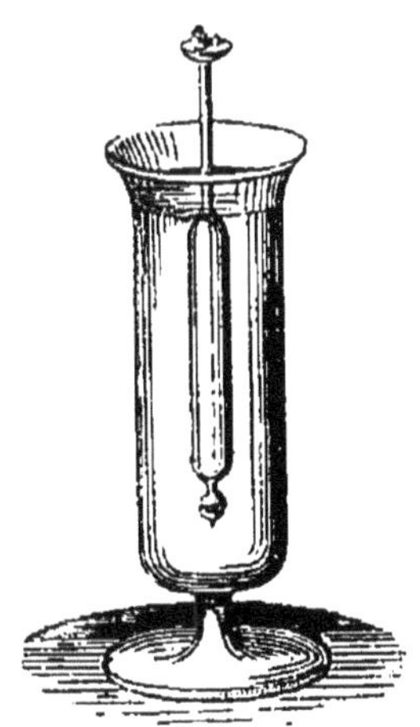

Fig. 33.

S'il a fallu 50 grammes pour obtenir l'affleurement dans le liquide, et 35 grammes pour obtenir l'affleurement dans l'eau, 250 et 235 représentent les poids du liquide et de l'eau sous le même volume. Ainsi la densité est $\frac{250}{235} = 1,06$.

Cette méthode, comme celle de la balance hydrostatique, a le grand inconvénient d'exiger une quantité de liquide assez grande pour pouvoir remplir le vase dans lequel on plonge l'aréomètre ou la boule.

Il en est de même des instruments dont nous allons parler maintenant. La méthode du flacon permet au contraire d'opérer sur de très-petites quantités de liquide, surtout quand on remplace le flacon par les tubes à densité.

Aréomètres à poids constant. — Les aréomètres à poids constant, dont l'invention est due à Richter, sont fort employés dans le commerce pour apprécier l'état de concentration des sirops, des acides, des dissolutions salines, ou bien encore des mélanges d'eau et d'alcool. En pareil cas le fabricant qui emploie ces liquides tient beaucoup moins à connaître le nombre qui mesure leur densité, qu'à savoir s'ils sont à l'état de densité voulu pour l'usage auxquels il les destine. Aussi portent-ils des graduations arbitraires fixées par convention, et qui varient avec l'usage particulier de l'instrument.

Ils se composent tous d'un tube cylindrique en verre, soudé à sa partie inférieure à un autre cylindre de plus fort calibre, ou à un renflement sphérique, lesté par une boule contenant du mercure ou de la grenaille de plomb (fig. 34, 35, 36).

Si l'instrument doit servir pour les liquides plus denses que l'eau (pèse-sirops, pèse-acides, pèse-sels), sa tige cylindrique grosse et courte (fig. 35) est graduée de la manière suivante : On leste l'instrument de telle sorte que dans l'eau il s'enfonce presque jusqu'au haut de sa tige. Au point d'affleurement on marque sur le verre, avec de la cire rouge ou du vermillon, un petit trait qui sera le zéro de l'échelle ; puis on fait une dissolution de 15 parties en poids de sel marin dans 85 parties d'eau. Ce liquide ayant une densité supérieure à celle de l'eau $(d = 1,115)$, l'instrument se relève un peu : on marque un second trait au point d'affleurement. On transporte alors à l'aide d'un compas la distance de ces deux points sur une petite bande de papier : on la divise en quinze parties égales, et l'on trace au delà du point 15 des divisions d'égale grandeur. On introduit ensuite la bande de papier roulée dans le tube cylindrique, et on la fixe avec un peu de cire, de telle sorte que le zéro corresponde exactement au point de repère supérieur, et par suite, le point 15 au second point de repère.

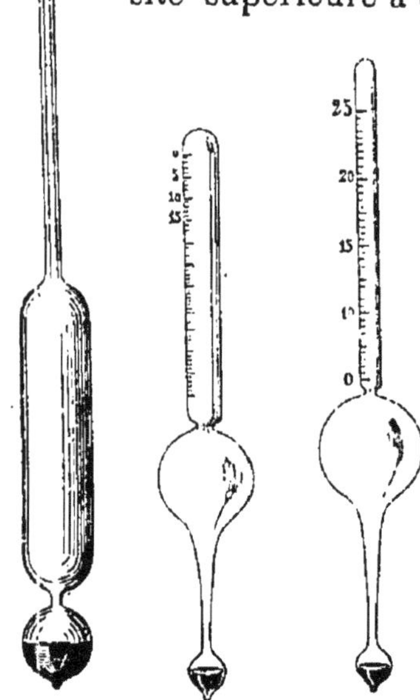

Fig. 34.   Fig. 35.   Fig. 36.

Tel est l'aréomètre ou pèse-acide de Baumé.

Pour les liquides moins denses que l'eau, la tige cylindrique, longue et mince, est divisée comme il suit (fig. 36).

On fait tout d'abord une dissolution saline contenant 10 de sel marin pour 90 d'eau (densité 1,085), et on leste l'aréomètre de telle sorte que dans cette liqueur il plonge jusqu'à la naissance de la tige, au point de soudure avec le gros cylindre. On marque le point d'affleurement qui sera le zéro de la nouvelle échelle, puis on plonge l'instrument dans l'eau, où il enfonce davantage. On marque ce second point de repère. On divise la distance de ces deux points en dix parties égales, et l'on poursuit la division au-dessus. Tel est le pèse-esprit de Baumé.

On emploie beaucoup aussi le pèse-esprit de Cartier, qui est gradué à peu près de la même façon. Leur zéro est déterminé de la même manière, et le 30° Cartier correspond au 32° Baumé.

On voit que ces graduations n'ont aucun rapport direct ni avec le volume plongé, ni avec la densité. Seulement le graveur à l'eau-forte sait qu'il doit employer de l'acide nitrique à 26°, ou à 36°, ou à 40°, suivant qu'il veut agir avec plus ou moins d'énergie sur le métal de la planche. Le salpêtrier sait que lorsque les eaux salpêtrées marquent 45°, elles sont bonnes à mettre aux cristallisoirs. — La graduation tout arbitraire de l'instrument suffit aux besoins de la pratique.

Aréomètre centésimal. — Il serait cependant facile de graduer le flotteur de telle sorte qu'il donnât le volume plongé ou la densité. Supposons une baguette bien cylindrique (fig. 37) lestée à une de ses extrémités, de manière qu'elle puisse se tenir verticalement dans un liquide quelconque, et de plus divisée, à partir de son extrémité lestée, en parties d'égal volume ; soit a le volume d'une division. — Admettons que l'instrument plonge dans l'eau jusqu'au trait n ; dans un autre liquide jusqu'en n'.

Fig. 37.

Le poids de l'instrument est dans l'un et l'autre cas égal au poids du liquide déplacé. — Le volume d'eau déplacé est na. — Le poids sera aussi na, exprimé en grammes si l'on a pris le centimètre cube pour unité de volume. Le volume du liquide déplacé sera $n'a$, et si l'on appelle d sa densité, le poids de ce volume sera $n'ad$. — On a donc

$$n'ad = na$$

$$\text{ou } d = \frac{n}{n'}.$$

Ainsi la densité sera exprimée par le rapport entre le nombre de divisions immergées dans l'eau, et le nombre de divisions immergées dans le liquide.

Voici comment Gay-Lussac a appliqué ce principe aux aréomètres, en leur conservant leur forme habituelle.

Pour les liquides plus denses que l'eau, il leste l'instrument de manière à le faire plonger dans l'eau presque au sommet de sa tige. — En ce point, il marque 100, et prend pour unité de volume la centième partie du volume de l'instrument au-dessous de ce point. Puis il prépare une dissolution saline de densité 1,25 ou $\frac{5}{4}$. — L'instrument plonge moins, et le nombre de divisions, de volume 1, qui mesurera alors le volume plongé, sera donné par la relation générale

$$d = \frac{n}{n'},$$

$$\text{ou} \quad \frac{5}{4} = \frac{100}{n'}.$$

$$\text{Donc} \quad n' = \frac{4}{5}.100 = 80.$$

On marquera donc 80 au point d'affleurement, on divisera l'intervalle de 100 à 80 en vingt parties égales, et l'on poursuivra la division sur la tige. Cette division fera de l'instrument un *volumètre*, mesurant le volume immergé. — La densité correspondant au trait d'affleurement n, sera donnée par la fraction $\dfrac{100}{n}$.

Pour les liquides moins denses que l'eau, on lestera l'instrument de telle sorte que dans l'eau il plonge jusqu'à la naissance de sa tige, et là on marque 100, en prenant pour unité de volume la centième partie du volume plongé dans l'eau. On fait alors un mélange d'eau et d'alcool, dont la densité soit 0,8 ou $\frac{4}{5}$, et l'on y plonge l'aréomètre. Le nombre de divisions de volume 1 qui mesure le volume plongé sera donné par la relation

$$\frac{4}{5} = \frac{100}{n'},$$

$$\text{D'où} \quad n' = \frac{5}{4}.100 = 125.$$

On marquera donc 125 au point d'affleurement; on divisera

l'intervalle en 25 parties égales, et avec cette division l'instrument sera encore un volumètre mesurant le volume plongé. Pour déterminer ce second point on peut encore surcharger la tige de l'aréomètre d'un poids annulaire égal au quart du poids de l'instrument ; évidemment alors le volume d'eau déplacée devra augmenter d'un quart ; on retrouvera ainsi par un autre moyen la position du point 125.

Si maintenant on substitue devant chaque division, au nombre n qui donne le volume, le quotient $\dfrac{100}{n}$, ce quotient donnera la densité, et l'instrument sera devenu un *densimètre*.

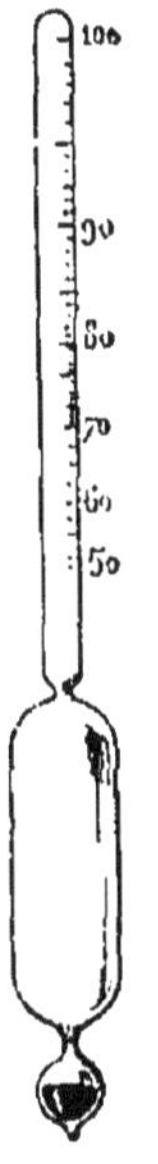

Alcoomètre centésimal. — Pour mesurer la richesse en alcool des spiritueux, Gay-Lussac a imaginé un mode particulier de graduation de l'aréomètre dont nous allons dire quelques mots. On leste l'instrument de telle sorte que dans l'alcool pur il plonge jusqu'au sommet de sa tige, et là on marque 100 (fig. 38). Puis dans une éprouvette, graduée en parties d'égal volume, on verse de l'alcool pur jusqu'à remplir 95 divisions, et l'on ajoute la quantité d'eau nécessaire pour remplir en tout 100 divisions. On agite le mélange, qui subit une contraction marquée, et l'on ajoute encore de l'eau jusqu'à ce que, toute contraction ayant cessé, le volume soit exactement égal à 100. On a ainsi une liqueur alcoolique capable de fournir 95 pour 100 de son volume en alcool pur, et que l'on peut dire au titre de $\dfrac{95}{100}$. On prépare de la même façon des mélanges d'alcool et d'eau aux titres $\dfrac{90}{100}$, $\dfrac{85}{100}$, etc. On plonge l'instrument dans chacune de ces liqueurs et on marque le point d'affleurement. On obtient ainsi sur la tige des points de repère devant lesquels on écrit 95, 90, 85, etc., qui se resserrent de plus en plus à mesure qu'on s'éloigne du point 100 ; on divise enfin l'intervalle de ces points en cinq parties décroissantes de grandeur suivant la

Fig. 38.

même proportion que les intervalles eux-mêmes, à l'aide d'une construction géométrique très-simple. Bien qu'on ne puisse répondre de l'exactitude de ces divisions intermédiaires, elles se rapprochent cependant plus des divisions qui représenteraient les titres $\frac{99}{100}$, $\frac{98}{100}$, etc., que si on avait divisé les intervalles primitifs en cinq parties égales.

Table des densités des principaux corps solides et liquides.

Platine en lames.......	22,60	Verre (ordinaire)......	2,50
— en fils.........	21	Aluminium...........	2,5
Or....................	19,30	Marbre statuaire.......	2,34
Plomb...............	11,35	Porcelaine...........	2,30
Argent........	10,47	Soufre...............	2,03
Cuivre...............	8,88	Ivoire...............	1,92
Laiton.........:..	8,39	Phosphore...........	1,82
Arsenic.............	8,31	Houille............	1,33
Acier...............	7,82	Glace...............	0,94
Fer en barres.........	7,79	Hêtre	0,86
Étain	7,29	If..................	0,81
Zinc................	6,86	Sapin..............	0,66
Diamant............	3,50	Peuplier............	0,38
Verre (cristal)..	3,33	Liége...............	0,24

Corps liquides.

Mercure.............	13,59	Vin de Bordeaux......	0,99
Acide sulfurique......	1,84	Ess. de térébenthine...	0,87
Acide nitrique........	1,22	Huile d'olive.........	0,815
Lait	1,03	Alcool pur...........	0,794
Eau de mer..	1,03	Éther...............	0,735

CHAPITRE IV.

PESANTEUR DES GAZ. — PRESSION ATMOSPHÉRIQUE. BAROMÈTRE.

Les gaz sont des fluides éminemment élastiques; l'absence complète de cohésion entre leurs particules leur donne une mobilité plus grande encore que celle que nous avons signalée dans les liquides; on peut en conclure que le principe de l'égalité de pression leur est applicable, et ici la preuve expérimentale du principe devient possible, à cause de la faible densité des gaz, qui fait que les pressions dues au poids des couches gazeuses peuvent être négligées devant la pression artificielle si celle-ci est un peu énergique.

Prenons un ballon plein d'air, dans le col cylindrique duquel s'engage un piston qui le ferme exactement. Ce ballon aura sa paroi percée en différents points d'ouvertures d'égal diamètre sur lesquelles seront soudés des tubes de verre recourbés comme l'indique la figure 39. Chacun de ces tubes contient du mercure qui remplit la courbure inférieure, et dont les deux niveaux sont sur un même plan lorsque l'intérieur du ballon communique librement avec le dehors. Mais dès l'instant qu'on exerce une pression un peu notable avec le piston, le mercure se déplace dans tous ces tubes de dedans en dehors, et dans tous la différence de niveau est la même, ce qui indique évidemment l'égalité de la pression.

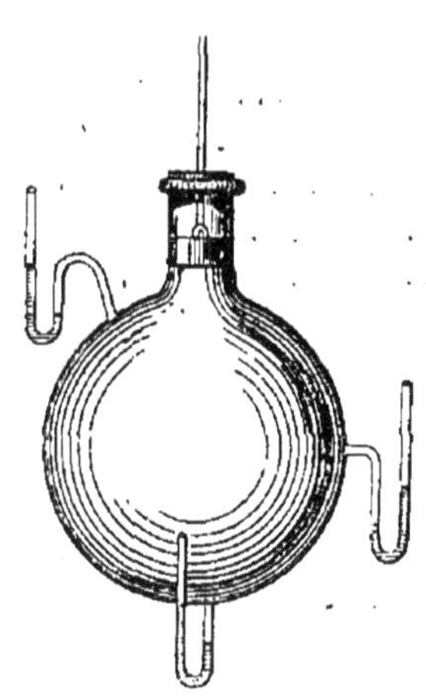

Fig. 39.

Force élastique des gaz. — Nous avons donné comme caractère distinctif des gaz leur tendance à occuper sans cesse un plus grand volume, qui nous conduit à admettre que les particules d'une masse gazeuse se repoussent mutuellement. Un gaz renfermé dans une enveloppe exerce donc nécessairement une pression sur les parois, et c'est cette pression, susceptible d'être évaluée en kilogrammes, qui est ce que l'on appelle sa *tension* ou sa *force élastique*.

On peut mettre en évidence l'expansibilité des masses gazeuses par l'expérience suivante. On dispose sur la platine de la machine pneumatique, au centre de laquelle se trouve percé le conduit qui communique avec les corps de pompe destinés à aspirer l'air, une cloche dont les bords usés à l'émeri s'appliquent exactement sur la platine formée d'une plaque de verre bien dressée. Dans l'intérieur de la cloche se trouve suspendue, à un crochet mastiqué dans le bouton supérieur, une vessie aux trois quarts vide d'air, et bien fermée par un fil ciré qui serre les bords de son ouverture naturelle. Si l'on vient alors, par la manœuvre des pistons, à retirer l'air de la cloche qui entoure la vessie, on voit celle-ci se gonfler peu à peu, et bientôt, si ses dimensions le lui permettent, remplir toute la capacité de la cloche, manifestant ainsi la force d'expansion du gaz logé dans l'intérieur. Si cet effet ne s'est pas produit avant que l'on eût retiré l'air de la cloche, c'est évidemment parce que celui-ci, tendant aussi à occuper un plus grand volume, pressait la vessie de dedans en dehors et équilibrait par sa propre pression celle du gaz enfermé dans la vessie.

Il est facile d'après cela de s'expliquer pourquoi l'air contenu dans un flacon ouvert ne s'échappe pas au dehors. — La petite couche d'air qui occupe le goulot est poussée de dedans en dehors par l'air du flacon qui tend à sortir; mais elle est pressée aussi de dehors en dedans par l'air extérieur qui tend à entrer : c'est par suite de l'équilibre qui s'établit entre ces deux pressions que le flacon reste plein de gaz, tout comme s'il était fermé.

Il faut toutefois remarquer que si le gaz logé dans le flacon et le gaz extérieur étaient de nature différente, du chlore à l'intérieur et de l'air au dehors par exemple, bien que les pressions exercées de part et d'autre sur la couche qui les sépare fussent égales, au bout d'un certain temps, il y aurait mélange des deux gaz, et l'on finirait par trouver de l'air et du chlore à l'intérieur du flacon et à l'extérieur, et dans la même proportion.

Nous pouvons dire d'une manière générale que dans une masse gazeuse *homogène* en repos, l'élasticité du gaz est égale à la pression qu'il supporte, et de plus, que si cette condition n'est pas remplie l'équilibre n'est pas possible. Si la pression extérieure est plus grande que la force élastique du gaz, celui-ci cédera à la force qui le comprime, ses particules se rapprocheront; dans le cas contraire le gaz repoussera le corps qui le comprime et augmentera de volume.

Les gaz sont pesants. L'air a été longtemps regardé comme un corps non pesant; c'est Galilée qui le premier a démontré par l'expérience que l'air et les gaz sont soumis à l'action de la pesanteur tout aussi bien que les liquides et les solides.

Pour faire cette expérience nous prenons un ballon en verre d'une dizaine de litres de capacité, muni d'une garniture en cuivre à robinet. Le robinet ayant d'abord été ouvert pour mettre le ballon en communication libre avec l'air extérieur, nous le suspendons par un fil sous l'un des plateaux de la balance hydrostatique (fig. 40), — puis dans l'autre plateau nous mettons des poids ou de la tare pour faire équilibre. — Détachons le ballon, et après l'avoir vissé sur la machine pneumatique enlevons l'air qui le remplit. Si après cette opération, nous le suspendons de nouveau sous le plateau de la balance, nous voyons que le fléau ne reprend pas la position horizontale, et que la charge du plateau qui porte le ballon est trop faible. Or, comme nous n'avons fait absolument que retirer l'air du ballon, il faut bien admettre que l'air est pesant. Les poids qu'il faudra mettre sur le plateau qui le porte pour rétablir l'équilibre donneront le poids de l'air enlevé. — On trouvera avec un ballon de 10 litres, qu'il faut 13 grammes environ pour rétablir l'équilibre. Ainsi un litre d'air pris dans l'atmosphère pèse dans les conditions ordinaires environ $1^{gr},3$.

L'expérience peut se faire de la même manière avec tout autre gaz et donnerait le même résultat, sauf le poids du litre

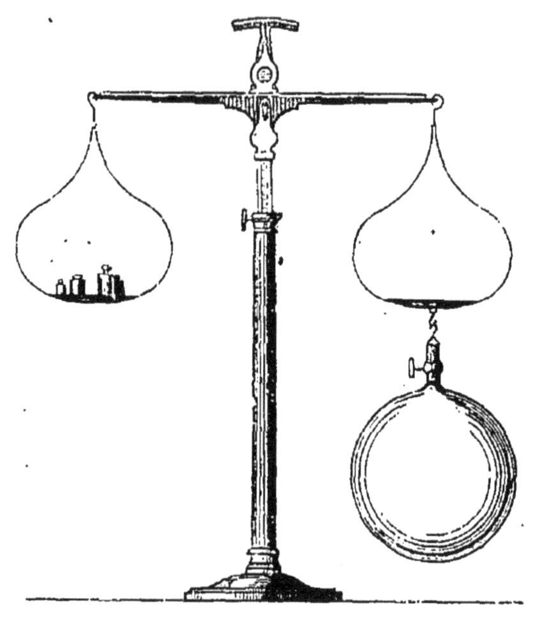

Fig. 40.

de gaz qui changerait avec sa nature. — Tous les gaz dans les mêmes conditions n'ont pas la même densité.

Pression atmosphérique. — L'air dans lequel nous vivons forme une mer immense dont la profondeur, déterminée par des observations astronomiques, est d'environ 15 à 16 lieues. Il semble assez étrange au premier abord, vu la propriété d'expansion propre au gaz, que l'air reste ainsi attaché à la terre, et ne se dissémine pas dans l'espace infini qui nous entoure. Il en serait ainsi évidemment s'il n'était pas pesant. — C'est l'attraction du globe terrestre qui le lie à notre globe, et limite sa hauteur.

Or, l'air étant pesant aussi bien que l'eau, tout corps plongé dans l'air doit supporter de sa part une pression analogue à celle que supportent les corps plongés dans l'eau. — Un centimètre carré pris sur la surface de la terre, en plein air, supporte, quelle que soit sa direction, la pression de la colonne d'air verticale, ayant pour base horizontale le centimètre carré et pour hauteur la distance du centre de gravité à la limite supérieure de l'atmosphère. — Chaque centimètre carré pris sur la surface de notre corps supporte cette pression, et nous verrons bientôt qu'elle équivaut à plus d'un kilogramme. Ainsi, en estimant la surface totale de notre corps à deux mètres carrés, c'est une pression totale de 20 000 kilogrammes que nous supportons. Nous n'en sommes point écrasés et nous n'en avons point conscience, parce que nos tissus, et les liquides qu'ils contiennent sont capables par leur élasticité de lui faire équilibre, et que nous avons toujours vécu sous son influence. — Mais lorsqu'elle vient à diminuer d'une manière notable, comme nous verrons que cela arrive dans les moments d'orage, alors nous éprouvons un sentiment de gêne, non moins grand que celui que nous éprouverions si elle venait à augmenter dans la même proportion.

Lorsque dans l'expérience que nous citions quelques pages plus haut (page 68), on essaye de soulever la cloche au moment où elle vient d'être placée sur la platine de la machine pneumatique, on n'a d'autre effort à déployer que celui qui est nécessaire pour équilibrer le poids même de la cloche. Car l'air qui y est enfermé et qui communiquait un instant avant avec l'air extérieur, était en équilibre, avec une élasticité égale à la pression qu'il supportait, c'est-à-dire la pression de l'atmosphère.—Il presse alors sur la paroi de la cloche par son élasticité, tout autant que l'air du dehors presse par son poids. Ces deux pressions contraires s'annulent. Mais qu'une fois le vide fait, on cherche de nouveau à détacher la cloche, on n'y parviendra pas sans un violent effort qui la briserait à coup sûr. On soulèvera la machine pneumatique avec la cloche sans les séparer l'une de l'autre. Si la cloche couvre sur la platine un espace circulaire de 25 centimètres de diamètre, conséquemment de 490 centimètres carrés, la pression exercée par l'atmosphère et qui appuie la cloche sur la platine sera de 490 kilogrammes.

Si au lieu d'une cloche en verre on avait un large tube cylindrique à bords bien dressés, posé par une de ses bases sur la platine de la machine pneumatique, au-dessus du trou central, et fermé par une forte membrane de vessie tendue sur l'autre base (fig. 41), on verrait dès les premiers coups de piston la membrane se creuser de plus en plus sous l'effort de

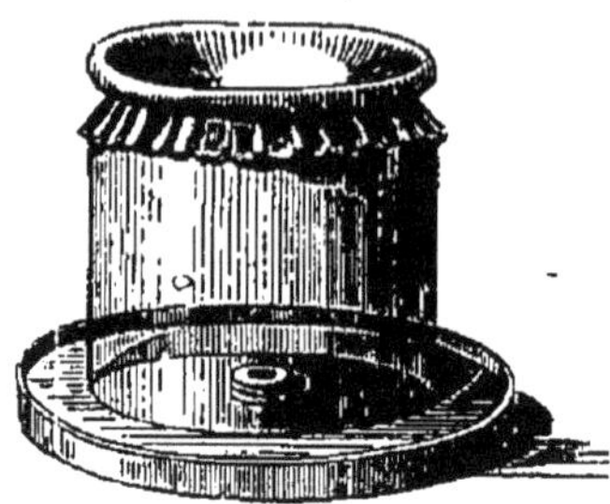

Fig. 41.

la charge qu'elle supporte, et bientôt se crever avec une violente explosion causée par la rentrée subite de l'air à l'intérieur.

L'eau contenue dans un vase ouvert supporte, sur chaque centimètre carré de sa surface libre, la pression due au poids de la colonne d'air ayant ce centimètre carré pour base, et pour hauteur la distance verticale de la surface du liquide au niveau de la mer atmosphérique. Supposons maintenant au-dessus d'une certaine portion du liquide un espace tubulaire *abcd* entièrement vide d'air (fig. 42). La surface *ab* ne supportera donc plus de haut en bas la pression verticale que supporte une étendue de surface égale *a'b'* prise dans une autre région de la surface libre. —Dès lors l'équilibre du liquide est rompu.—Les liquides transmettant dans tous les sens, et avec la même intensité, les pressions exercées en un point de la surface, la pression exercée par l'atmosphère en *a'b'*, se transmet en *ab* de bas en haut, et là il n'y a pas une pression égale de haut en bas pour lui faire équilibre. — Le liquide se trouve donc poussé de bas en haut par la pression extérieure dans le tube *abcd*, mais à mesure qu'elle augmente de hauteur, cette colonne liquide exerce sur sa base *ab* (fig. 43) une pression de haut en bas de plus en plus grande, et il arrivera un moment où cette pression équilibrera celle que l'atmosphère exerce en *a'b'*, et qui se trouve trans-

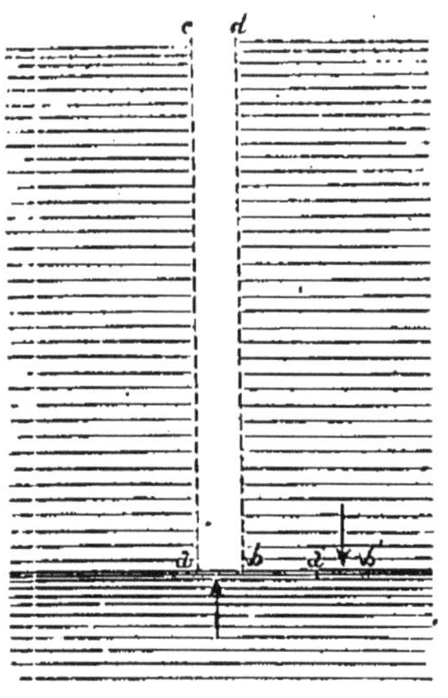

Fig. 42.

mise de bas en haut en *ab*; — alors la colonne liquide cessera
de monter, et l'on pourra dire que la pression que l'atmosphère aurait exercée sur la surface *ab* est équivalente à,
celle que produit la colonne verticale *af*.

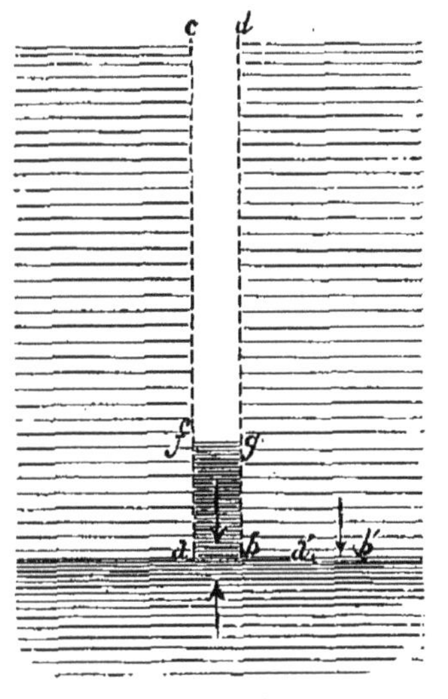

Fig. 43.

Concevons, maintenant, que l'on pose sur la surface de l'eau le bord d'une cloche (fig. 44) pleine d'air; cet air, se trouvant avoir une élasticité égale à la pression extérieure, produira par son élasticité sur la surface *ab* la même pression qu'aurait produite par son poids l'air extérieur, et l'équilibre du liquide ne sera pas troublé. — Mais si l'on vient par un moyen quelconque à supprimer l'air de la cloche, rien ne viendra plus combattre l'effet de la pression atmosphérique, que le liquide transmet en *ab* de bas en haut, et le liquide montera dans la cloche. Si la hauteur de la cloche est moindre que la hauteur limite *af* que nous assignions tout à l'heure à la colonne d'eau, l'eau la remplira complétement. — Si la hauteur de la cloche est supérieure à *af*, l'eau ne s'élèvera pas au delà de cette limite, et toute la chambre supérieure restera vide.

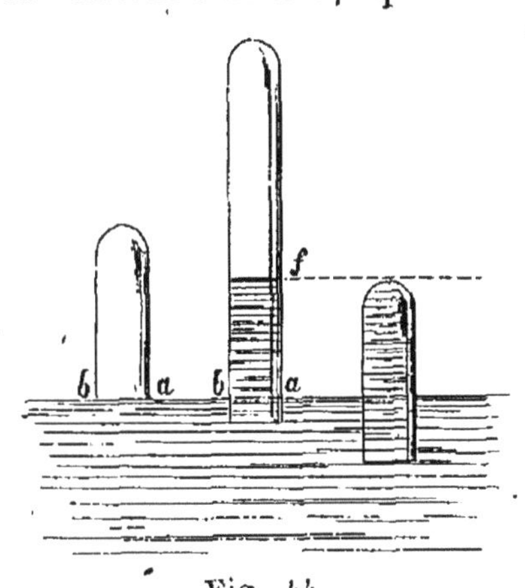

Fig. 44.

Admettons maintenant que le liquide pressé par l'atmosphère soit du mercure, tout se passera évidemment de la même manière; seulement il est tout aussi évident que la hauteur de la colonne de mercure, qui doit presser sur la base *ab* autant que la colonne d'eau *af*, pour faire équilibre à la

même pression, sera 13,6 fois moindre que la hauteur af,
puisque le mercure est 13,6 fois plus dense que l'eau.

Si s représente la surface pressée ab, si D et d sont les densités de deux liquides différents, H et h les hauteurs des colonnes qui font équilibre à la même pression atmosphérique, on doit avoir

$$s.\mathrm{HD} = shd,$$
$$\text{ou} \quad \mathrm{HD} = hd.$$

$$\text{D'où} \quad \frac{\mathrm{H}}{h} = \frac{d}{\mathrm{D}}.$$

Les hauteurs doivent être en raison inverse des densités.

Avant les expériences de Galilée, qui démontrèrent que l'air était pesant, on ne pouvait avoir aucune idée de la pression atmosphérique ; pour expliquer les phénomènes qu'elle produit, comme par exemple l'ascension de l'eau dans les pompes, conséquence naturelle de la raréfaction de l'air produite par le jeu du piston, on n'avait trouvé rien de mieux que de dire que la nature avait horreur du vide. — Or, vers 1643, il arriva que des fontainiers de Florence, voulant élever les eaux de l'Arno, à l'aide de pompes, dans des bassins placés à une assez grande hauteur, s'aperçurent que l'eau, soulevée par le jeu du piston, ne pouvait dépasser dans le tuyau d'aspiration de la pompe la hauteur de 32 pieds ($10^{m},30$). — Ils demandèrent à Galilée lui-même l'explication de ce fait, et l'on raconte qu'il leur répondit, sans doute en plaisantant, que la nature n'avait horreur du vide que jusqu'à 32 pieds. — C'est en étudiant les effets de la pression atmosphérique que Torricelli, disciple de Galilée, arriva à la véritable explication du fait.

Il prit un tube de verre d'environ un mètre de longueur, puis il le remplit complétement de mercure, et après avoir fermé avec le doigt l'extrémité ouverte, il plongea cette extrémité dans une cuvette pleine de mercure en redressant le tube verticalement (fig. 45) ; il vit alors le mercure descendre presque instantanément jusqu'à ce que son niveau supérieur se fût fixé à une hauteur de 28 pouces ($0,^{m}76$) au-dessus du niveau dans la cuvette. Avec le mercure, la nature n'avait plus horreur du vide que jusqu'à 28 pouces ! Si l'on compare ces deux hauteurs, 28 pouces et 32 pieds, on voit qu'elles sont précisément dans le rapport de 1 à 13,6.

Pascal, ayant eu connaissance de cette expérience de Torricelli, la répéta sous des formes diverses en différents lieux, à Paris et à Rouen principalement, avec de l'eau, du vin, de l'huile, et constata que les hauteurs des colonnes liquides étaient en raison inverse des densités. — L'explication du fait se présentait d'elle-même dès l'instant qu'il était établi que l'air est pesant. — La colonne liquide est maintenue en équilibre par la pression atmosphérique, c'est-à-dire par la colonne d'air extérieure au tube, et qui presse sur le liquide de la cuvette ; c'est un cas particulier du principe de l'équilibre dans des vases communiquants. — Que l'on se reporte à la figure 23, page 44, et en supposant que la colonne *ac* représente une colonne d'air pesant sur le mercure, on voit tout de suite l'application directe du principe.

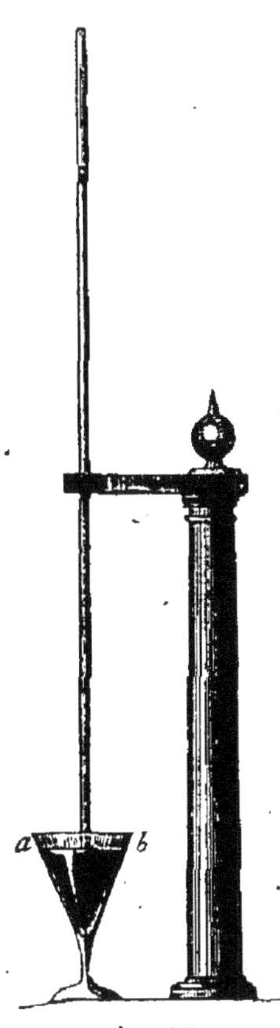

Fig. 45.

A ces diverses expériences, Pascal en ajouta une plus convaincante encore. Si la pression atmosphérique est la cause de l'ascension du liquide dans le tube, la force qui maintient ce liquide soulevé à une certaine hauteur déterminée, dès l'instant où on s'élèvera dans l'air à 1000 mètres, par exemple, la pression se trouvera diminuée du poids de cette colonne d'air de 1000 mètres qu'on laissera au-dessous de soi, et la colonne liquide aura une hauteur moindre. Il fit donc établir un tube de Torricelli au pied du Puy-de-Dôme, et laissa auprès de ce tube un témoin pour s'assurer que la colonne y restait sensiblement constante ; puis il fit dresser un second tube à mi-hauteur de la côte, et l'on constata un abaissement notable ; enfin l'appareil fut aussi dressé au sommet, et là la dépression du mercure fut plus grande encore. La hauteur de la colonne était au pied de la montagne de 26 pouces 3 lignes (0^m,71 059); au sommet 23 pouces, 2 lignes (0^m,62 712). — Abaissement total 3 pouces 1 ligne (0^m,08 347) ou 83 millimètres.

Le mercure est 10 460 fois plus dense que l'air; cette hauteur de 83 millimètres de mercure faisait donc équilibre à une colonne d'air d'une hauteur 10 460 fois plus grande. On trouverait ainsi pour hauteur du Puy-de-Dôme 870 mètres environ. — Or la hauteur véritable est d'environ 1000 mètres. — Il ne faut pas s'étonner de cette différence, car l'air ne conserve pas dans les couches élevées la même densité qu'à la surface du sol. Comme il est de moins en moins comprimé, il est par cela même de moins en moins dense. — La hauteur véritable doit être par conséquent plus grande que celle que l'on calcule, en supposant une densité constamment égale à celle qu'a l'air dans les couches inférieures, et l'erreur devient évidemment d'autant plus grande que la hauteur à mesurer est plus considérable. — On trouve dans l'*Annuaire du bureau des longitudes* l'indication des observations et des calculs à faire pour arriver à un résultat plus exact.

Puisque la pression atmosphérique est capable de soutenir une colonne d'eau de 10 mètres, si l'on remplit d'eau un flacon, et si on le retourne l'orifice en bas, la pression de l'air doit le maintenir plein. C'est en effet ce qui arrive si le flacon a un goulot extrêmement étroit, ou encore si on ferme son orifice avec un petit carré de papier simplement posé sur le bord du goulot. — Mais si l'orifice est découvert et assez large pour que l'air puisse diviser la masse d'eau, et, montant au sommet du flacon, déplacer le liquide, alors l'eau s'écoule du vase qui finit par rester vide.

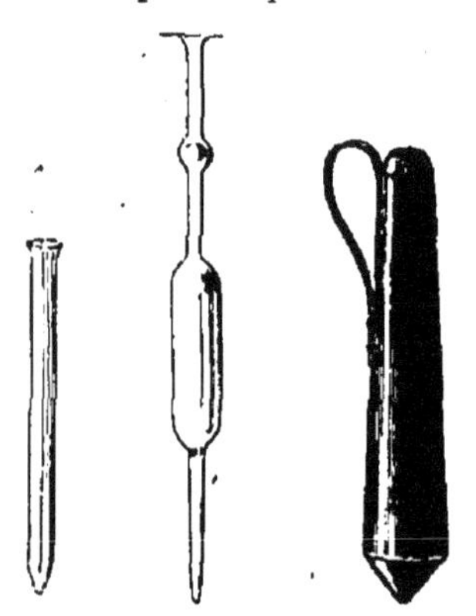

Fig. 46. Fig. 47. Fig. 48.

La pipette (fig. 46 et 47) et le tâte-vin (fig. 48) sont de petits tubes de verre ou de fer-blanc, ouverts aux deux bouts, qui servent à retirer sans agitation le liquide d'un vase. On les plonge complétement, et, fermant l'ouverture supérieure avec le doigt, on les retire. La pression atmosphérique soutient le liquide dans le tube, et pour que cela soit possible, l'orifice inférieur du tube doit être très-étroit.

A la surface du sol la hauteur de la colonne de mercure qui fait équilibre, sur une surface donnée, à la pression de l'atmosphère, est en moyenne $0^m,76$. Il est facile de calculer quelle est cette pression sur une surface d'un centimètre carré. Elle est mesurée par le poids de la colonne mercurielle ayant le centimètre carré pour base et 76 centimètres pour hauteur. Son volume est évidemment 76 centimètres cubes, et son poids

$$76 \times 13^{gr},6 = 1033^{gr},6.$$

Sur un décimètre carré la pression sera 100 fois plus grande ou $103^{kilog},36$, et enfin sur un mètre carré elle sera $10\,336^{kilog}$.

Le poids de l'atmosphère tout entière équivaut à celui d'une mer de mercure qui aurait pour épaisseur uniforme $0^m,76$. Il est facile de l'estimer approximativement en prenant pour expression approchée de son volume la surface de la terre multipliée par l'épaisseur de la couche de mercure. Ce volume serait d'environ 387 000 kilomètres cubes, et pèserait à peu près 53 000 trillions de tonneaux métriques, le tonneau pesant mille kilogrammes.

Une masse d'air aussi considérable que celle qui constitue notre atmosphère, en contact avec un globe qui présente dans ses diverses régions des températures si différentes, ne peut jamais être en équilibre. Aussi l'air est-il continuellement en mouvement, et c'est le mouvement de transport des masses d'air qui constitue ce que l'on appelle les vents. En un lieu donné la densité de l'air est tantôt plus grande, tantôt plus faible, par suite la pression atmosphérique, et la *hauteur de la colonne de mercure qui la mesure*, sont incessamment variables.

Il peut sembler étrange qu'une pression soit estimée autrement que par un certain nombre de kilogrammes. Mais on peut remarquer que deux pressions atmosphériques inégales P et P', exercées sur une même surface S, seront représentées et mesurées par les poids SHD, SH'D des colonnes d'un même liquide, de hauteur H et H', qui leur font équilibre. Le rapport de ces pressions sera donc exprimé par le rapport des hauteurs

$$\frac{P}{P'} = \frac{H}{H'}.$$

et si l'on convient de prendre pour unité de pression celle qui fait

équilibre à une colonne de mercure ayant un mètre de hauteur, soit $H' = 1^m$, et P' l'unité de pression, on aura :

$$P = H.$$

c'est-à-dire que la mesure de la pression P ou le rapport de cette pression à la pression unité sera donnée par le même nombre qui donne le rapport de H à l'unité de longueur.

Ainsi quand nous dirons que la pression est $0^m,76$, nous voudrons dire que cette pression, due soit au poids de l'atmosphère, soit à la réaction élastique d'une masse gazeuse enfermée, peut soutenir dans le tube de Torricelli une colonne de mercure de $0^m,76$ de hauteur et lui fait équilibre ; ou bien encore qu'elle est les soixante-seize centièmes de celle qui ferait équilibre à une colonne de mercure de 1 mètre de hauteur.

Toutes les fois qu'il s'agira de la pression en général, sans spécifier la surface pressée, il sera sous-entendu qu'il s'agit de la pression sur l'unité de surface. Si l'on voulait son expression en kilogrammes, elle serait mesurée par HD, H étant la hauteur de la colonne et D la densité du liquide ; s'il s'agissait de la pression sur une surface S, elle serait mesurée par SHD.

Baromètre. — Le tube de Torricelli accusant, par les variations de hauteur de la colonne mercurielle qu'il contient, les variations de la pression atmosphérique, et donnant leur mesure, a reçu le nom de *baromètre.*

Il est évident que cet instrument ne peut donner la mesure de la pression atmosphérique par la hauteur de la colonne mercurielle qu'à la condition essentielle que le tube ne contiendra aucun fluide élastique, gaz ou vapeur, qui puisse presser sur le mercure. Dès lors sa construction exige certaines précautions que nous allons indiquer sommairement.

On prend un tube de verre cylindrique de 0^m,90 environ
et de 0^m,01 de diamètre intérieur; on le ferme à une extrémité, et on étire l'autre extrémité en y soufflant une boule
d'un diamètre un peu supérieur à celui du tube lui-même,
suivie d'une pointe effilée. On remplit le tube de mercure
bien pur, et on le dispose dans une direction inclinée sur un
petit. fourneau long en tôle (fig. 49), que l'on remplit de
charbon allumé, de manière à porter le mercure presque jusqu'à l'ébullition dans toute la longueur de la colonne. On active alors le feu à l'extrémité inférieure .sur une longueur
d'un décimètre pour y faire bouillir le mercure. On chasse
ainsi complétement la vapeur d'eau et l'air. adhérents au tube,

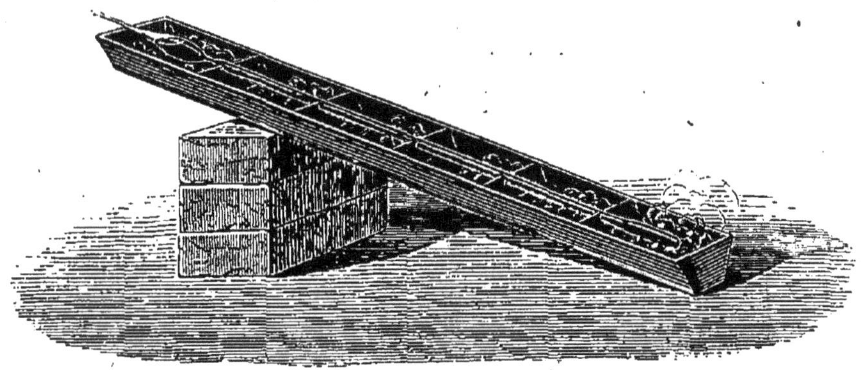

Fig. 49.

ainsi que les bulles d'air qui pourraient se trouver empri-
sonnées dans la masse de mercure. La boule soufflée à l'extrémité reçoit le mercure que les vapeurs en se dégageant
tendent à repousser au dehors, et l'empêche de s'échapper
du tube. Lorsque la surface du mercure est devenue parfaitement et également brillante, on reporte les charbons un
peu plus haut, et ainsi de proche en proche jusqu'au sommet
du tube. Si le tube n'est pas complétement plein; on achève
de le remplir avec du mercure bien chaud; puis on sépare la
boule d'un trait de lime, on ferme l'orifice avec le doigt, et,
retournant le tube, on plonge sa pointe dans une cuvette pleine
de mercure. Si en inclinant le tube légèrement on entend le
mercure frapper un coup sec contre le sommet, on peut re-

garder l'instrument comme bien purgé d'air. On dresse ensuite le tube avec sa cuvette dans une position bien verticale,
le long d'une planche en bois sur laquelle on trace une
échelle, divisée en millimètres, destinée à mesurer les hauteurs. Le zéro de cette échelle correspond au niveau du mer-

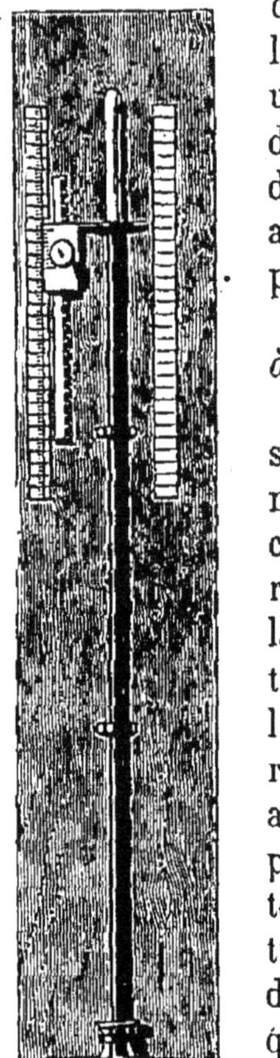

cure de la cuvette, et comme dans un même
lieu le niveau du mercure ne varie que dans
une étendue très-restreinte, on se borne ordinairement à porter sur l'échelle à partir
du zéro une longueur de 72 centimètres, et
alors on trace la division en millimètres depuis 720 millimètres jusqu'à 795.

C'est là ce que l'on appelle le *baromètre
à cuvette* (fig. 50).

Pour faire la lecture de la hauteur, il
suffit de mettre l'œil bien au niveau du
mercure dans le tube, et de lire sur l'é-
chelle le nombre de millimètres qui y correspond. Pour rendre la lecture plus sûre,
la tablette est creusée d'une rainure, portant sur l'un de ses bords une crémaillère,
le long de laquelle monte ou descend, en
roulant, un bouton dont le pignon engrène
avec la crémaillère. Ce bouton conduit une
petite plaque qui porte une aiguille contournée en demi-anneau pour embrasser le
tube, et indiquant par sa pointe les divisions
de l'échelle. On fait tourner le bouton jusqu'à ce que l'œil voie la surface bombée du
mercure en affleurement avec l'anneau: La
pointe donne alors le nombre de millimètres correspondant. La plaque mobile
porte ordinairement un vernier qui permet
d'apprécier les dixièmes de millimètres.

Fig. 50.

Le baromètre à cuvette présente un inconvénient assez
grave. Puisque la hauteur de la colonne se mesure à partir
du niveau du mercure dans la cuvette, il faudrait que ce niveau fût toujours en face du zéro de l'échelle. Or, évidem-

ment cela n'a pas lieu ; car le zéro de l'échelle est fixe, tandis que dans la cuvette le niveau baisse quand la hauteur de la colonne augmente, et monte quand la hauteur de cette colonne diminue. On atténue autant que possible cette cause grave d'erreur, qui rendrait le vernier évidemment illusoire, en donnant à la cuvette un très-grand diamètre dans la partie qu'occupe le niveau libre.

Baromètre de Fortin. — Fortin a fait disparaître cette cause d'erreur en donnant à la cuvette la disposition suivante (fig. 51).

Cette cuvette se compose d'un large tube de cristal maintenu entre deux garnitures métalliques doublées en buis à l'intérieur, que trois tiges munies d'écrous rapprochent fortement. Dans la garniture inférieure du tube se trouve fixé un étui en buis

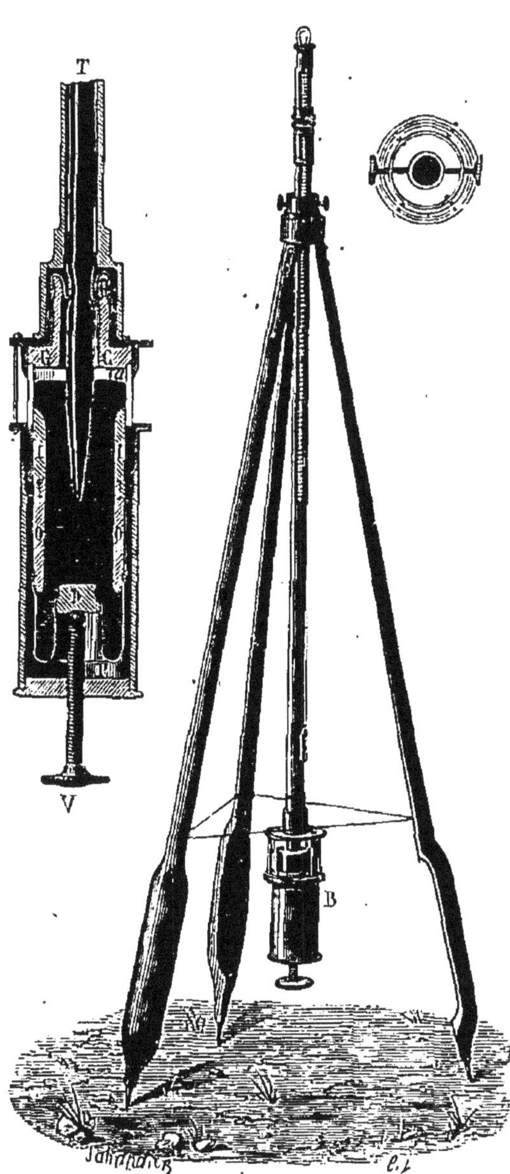

Fig. 51.

II OO composé de deux pièces vissées l'une sur l'autre, l'inférieure OO portant un collet sur lequel se trouve attaché un sac en peau de chamoïs dont le fond est formé par un disque en buis D. La garniture métallique, qui forme une boîte cylindrique enveloppant ce sac, porte au milieu de son fond une vis V, sur la pointe de laquelle pose le disque, de telle sorte qu'en tournant la vis dans un sens ou dans le sens opposé, on soulève ou on abaisse le sac, et avec lui le mercure qu'il contient. A la garniture supérieure est adaptée une pointe d'ivoire *a*, dont l'extrémité, visible à travers le tube de cristal, est le point de départ, le zéro, de l'échelle. Chaque fois que l'on veut faire une mesure de hauteur, on fait mouvoir la vis de manière à amener le mercure un peu au-dessous de la pointe; on voit alors l'image de cette dernière par réflexion, et l'on fait remonter le mercure jusqu'à ce que la pointe et son image se touchent bout à bout. Le mercure est alors à l'affleurement. Il ne reste plus qu'à lire la division de l'échelle.

Le tube du baromètre de Fortin est ordinairement entouré d'un étui en laiton qui se visse sur la garniture métallique supérieure de la cuvette. C'est sur cet étui même qu'est tracée l'échelle métrique. Une double fenêtre longitudinale percée dans la partie supérieure de cet étui permet de voir le niveau supérieure du mercure dont on prend l'affleurement au moyen d'un curseur annulaire glissant le long de l'étui et portant un vernier qui donne le vingtième de millimètre.

L'instrument se suspend à un système de deux anneaux concentriques dits anneaux de Cardan, supporté par un trépied. Ce mode de suspension permet à l'instrument de prendre une position exactement verticale. Il est représenté à part, en haut et à droite du dessin d'ensemble du baromètre.

Pour empêcher la poussière de pénétrer dans la cuvette, sans intercepter cependant la communication nécessaire avec l'air du dehors, on rattache le col de la cuvette au tube barométrique par un nouet en peau de chamois. Des anneaux en liége, distribués de distance en distance dans l'étui métallique, maintiennent le tube et l'empêchent de ballotter.

Lorsque le baromètre doit être transporté en voyage, on relève la vis V de telle sorte que le mercure remplisse complétement la cuvette et le tube. De cette façon le liquide est préservé de toute agitation, et ne peut rompre le tube. Les branches du trépied destiné à servir de support à l'instrument dans les observations, peuvent se rapprocher de manière à l'envelopper et à former étui. On place alors le tout dans un dernier étui en cuir que l'on porte en bandoulière.

Baromètre à siphon. — On donne ce nom à un baromètre formé d'un tube à deux branches d'inégale longueur, la plus longue fermée, la plus courte ouverte et en communication ibre avec l'air. L'appareil se remplit, comme le tube du baromètre ordinaire, de mercure que l'on purge d'air par l'ébullition, puis on le retourne dans la position indiquée figure 52.

Les deux niveaux du liquide se fixent alors à une distance égale à la hauteur de la colonne dans le baromètre à cuvette, la colonne ac faisant équilibre, sur la couche ab, à la pression atmosphérique qui s'exerce en b. Le tube est dressé le long d'une planche verticale munie d'une échelle pour chaque branche; le zéro de cette double échelle est d'ordinaire au point le plus bas m. La hauteur barométrique est la différence des deux hauteurs mc et mb.

Baromètre de Gay-Lussac. — M. Gay-Lussac a apporté à la construction du baromètre à siphon d'importants perfectionnements, surtout dans le but de le rendre facile à transporter et d'en faire un instrument de voyage.

Tous les baromètres à cuvette ont un inconvénient commun, qui tient à une cause générale dont nous dirons en passant quelques mots.

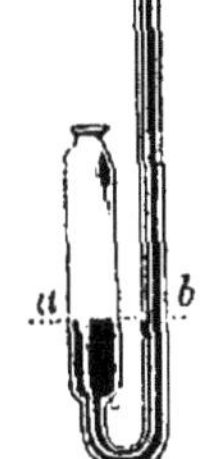

Fig. 52.

Il est des liquides qui mouillent le verre; d'autres qui ne le mouillent point. — Pour les liquides de la première catégorie, parmi lesquels nous citerons l'eau, l'alcool, etc., voici ce qui résulte de cette espèce d'attraction du solide sur le liquide.

1° Dans un vase de verre la surface de l'eau n'est pas entièrement plane; la région voisine de la paroi prend une forme concave en s'élevant le long de cette paroi. Dans un vase de trois ou quatre millimètres de diamètre seulement, la partie plane de la surface n'existe plus; cette surface a sensiblement la forme d'une calotte sphérique concave.

2° Le principe des vases communiquants est en défaut si l'un des deux vases a un très-petit diamètre : — alors les deux niveaux ne sont plus à la même hauteur. Le niveau est plus élevé dans le vase étroit, et la distance des niveaux est d'autant plus grande que le diamètre est plus petit. Ainsi, lorsqu'on plonge dans l'eau un tube dont le diamètre intérieur est fin comme un cheveu (un tube *capillaire*), on voit le niveau s'élever à plusieurs décimètres dans ce tube.

Pour les liquides de la seconde catégorie, le mercure, par exemple, c'est l'inverse qui se produit.

1° Dans un vase de verre la surface du mercure se déprime dans le voisinage des parois et s'abaisse au-dessous du niveau de la région centrale. Dans un vase de quelques millimètres de diamètre, la surface n'aurait plus de partie plane et présenterait la forme d'une calotte sphérique convexe.

2° Si l'un des deux vases communiquants a un très-petit diamètre, les deux niveaux ne sont plus à la même hauteur; le niveau est déprimé dans le vase étroit, et d'autant plus que le diamètre de ce vase est plus petit.

Il doit y avoir d'après cela une dépression dans la colonne mercurielle du tube barométrique, c'est-à-dire que la colonne doit avoir une hauteur moindre que si le tube avait de 4 à 5 centimètres de diamètre.

Des tables particulières, appelées tables de capillarité, donnent la valeur numérique de cette dépression pour les différentes grandeurs du diamètre du tube barométrique.

Ces corrections deviennent inutiles dans le baromètre à siphon si les deux branches y sont d'égal diamètre; car dans ce cas l'influence de la *capillarité* (c'est le nom que l'on donne à cette force moléculaire qui rompt les lois ordinaires de l'hydrostatique) est la même sur les deux niveaux, et dès lors les effets s'annulent. Aussi cette égalité de diamètre est-elle une des conditions de construction du baromètre de Gay-Lussac.

— Pour que le tube barométrique, suspendu par l'extrémité de sa longue branche, puisse avoir ses deux branches verticales, on lui donne la forme indiquée par la figure 53, de telle sorte

que le centre de gravité de la masse totale soit dans l'axe du
grand tube. — Les deux branches ont environ un centimètre
ou un centimètre et demi de diamètre. Le tube plus étroit qui
les relie l'une à l'autre et qui est rejeté un peu de côté, a environ un demi-centimètre. Il ne faut pas le faire trop étroit,
pour éviter d'augmenter le frottement du mercure sur les parois, ce qui diminuerait la sensibilité
de l'instrument. La petite branche
ne communique avec l'extérieur que
par un très-petit trou dont les bords
font saillie en forme de pointe à
l'intérieur du tube. En retournant
l'instrument sens dessus-dessous
avec précaution, la grande branche
se trouve complétement pleine ;
l'excédant de mercure tombe en a
(fig. 54), et l'air ne peut aller se
loger dans la chambre de Torricelli.
Pour éviter plus sûrement cette
rentrée de l'air, M. Bunten a
formé le tube de raccord de deux
petits tubes soudés l'un dans l'autre
comme l'indique en s la figure 55.
Grâce à cette disposition, si l'air
pouvait, en divisant le mercure,
pénétrer par la courbure dans la
branche de raccord, cet air se
trouverait arrêté par la saillie de
la pointe, et, suivant les parois,
viendrait se loger dans l'espace fermé, où il pourrait être regardé comme formant paroi lui-même.

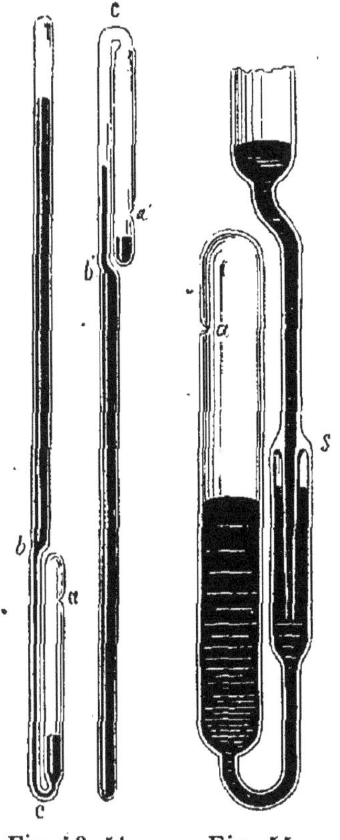

Fig. 53, 54.   Fig. 55.

Enfin le tube barométrique est enveloppé, comme le baromètre de Fortin, dans un étui en cuivre percé de deux fentes
en regard, à la branche supérieure et à la branche inférieure,
pour laisser voir les niveaux du mercure. C'est sur cet étui
que se trouve tracée la division.

Pour mettre l'instrument en expérience, il suffit de le suspendre par un anneau adapté à sa grande branche. Le trépied

qui porte l'instrument en observation peut ensuite se replier de manière à envelopper le baromètre que l'on a préalablement retourné. Le tout s'enferme dans un étui en cuir; en un mot, la manœuvre est la même que pour le baromètre de Fortin.

Le tube de Fortin et celui de Gay-Lussac portent un thermomètre dont nous ferons plus tard comprendre l'utilité.

Baromètre à cadran (fig. 56). — Le baromètre à cadran n'est autre chose qu'un baromètre à siphon dissimulé derrière un cadran en bois assez élevé pour le cacher complétement. Sur le mercure de la petite branche flotte une petite masse de fer suspendue à un fil. Ce fil s'enroule sur la gorge d'une poulie très-mobile. Une seconde gorge de la même poulie porte un autre fil enroulé en sens inverse et soutenant un petit contre-poids. Au centre de la poulie est fixé un pivot qui traverse le cadre en bois et porte de l'autre côté une aiguille qui tourne sur un cercle divisé. Lorsque le mercure descend dans la petite branche, ce qui suppose qu'il monte dans la grande, le flotteur en fer descend avec lui, et, tirant le fil, fait tourner la poulie et l'aiguille dans un certain sens. Lorsque, au contraire, le mercure remonte dans la petite branche et par conséquent descend dans la grande, le flotteur remonte

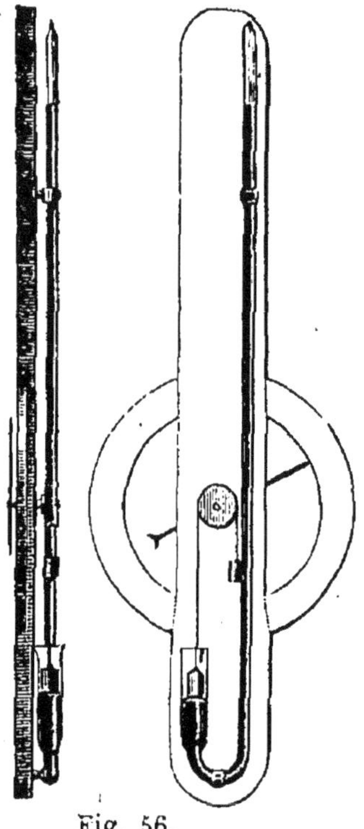

Fig. 56.

également. Alors le contre-poids à son tour fait tourner la poulie et l'aiguille dans le sens inverse. Les dimensions de la poulie sont déterminées de telle sorte que l'aiguille fasse un tour sur le cercle lorsque le mercure va du point le plus bas qu'il peut atteindre au point le plus élevé. Le baromètre à cadran, dont l'invention est due à

Jecker, est au surplus un instrument fort imparfait et sur les indications duquel on ne peut guère compter.

On emploie encore, depuis quelques années, des baromètres construits d'après des principes tout autres que ceux dont nous venons de donner la description. Ce sont les baromètres métalliques, ou baromètres *anéroïdes*. Ils ont le grand avantage d'être légers, peu volumineux, peu sujets à se déranger, et remplacent heureusement les baromètres ordinaires, sans pouvoir toutefois être employés comme instruments de précision. — Nous en dirons quelques mots dans le prochain chapitre, en parlant des manomètres.

On a remarqué qu'un temps très-sec faisait monter le baromètre; qu'au contraire, par la pluie ou par un temps humide, le baromètre descendait; qu'un vent violent avait *généralement* pour effet de faire descendre brusquement la colonne mercurielle. Aussi a-t-on souvent recours au baromètre pour préjuger du temps qu'il fera, et les baromètres d'appartement portent sur leur échelle les indications : très-sec, beau fixe, beau, variable, pluie ou vent, tempête, correspondant, sur les baromètres construits à Paris, aux hauteurs :

Très-sec.	$0^m,785$
Beau fixe	$0^m,776$
Beau	$0^m,767$
Variable.	$0^m,758$
Pluie ou vent	$0^m,749$
Grande pluie	$0^m,740$
Tempête	$0^m,731$

Il ne faut pas apporter trop de confiance dans ces indications, qui sont souvent en défaut et qui tiennent tout à fait aux conditions du climat.

Moyennes barométriques. — Si l'on fait trois observations barométriques chaque jour, à 9^h du matin, à 3^h de l'après-midi et à 9^h du soir, et si, les ajoutant, on prend le tiers de la somme, on a ce que l'on appelle la *moyenne barométrique du jour*. Si l'on ajoute les moyennes de tous les jours d'un mois et qu'on divise la somme par le nombre de jours, on a la *moyenne barométrique du mois*. En ajoutant de même les moyennes de tous les jours de l'année et divisant par le

nombre de jours, on a la *moyenne de l'année*. Or, on a remarqué que pour un lieu quelconque les moyennes annuelles
diffèrent très-peu les unes des autres, tantôt un peu plus
grandes, tantôt un peu plus faibles. Si l'on a ainsi les moyennes annuelles d'une trentaine d'années consécutives, en faisant leur somme et divisant par le nombre de ces moyennes,
on a ce que l'on appelle la *moyenne barométrique du lieu*.
C'est ainsi qu'on a trouvé pour hauteur moyenne barométrique à Paris 0^m,756.

La hauteur moyenne au niveau de l'Océan est 0,760. Ces
deux nombres peuvent servir à calculer la hauteur de Paris
au-dessus du niveau de la mer. Cette hauteur est de 60^m.

CHAPITRE V.

LOI DE MARIOTE. — MANOMÈTRES.

Lorsqu'on soumet une masse gazeuse à une certaine pression déterminée, elle prend un volume déterminé également, d'autant plus petit que la pression est plus forte. Il y a alors équilibre entre la pression exercée et la force élastique du gaz. Ces deux forces qui s'équilibrent sont égales, et nous pourrons, dès l'instant que nous considérons la masse gazeuse en équilibre, prendre l'une pour l'autre.

Le physicien français Mariote[1] a démontré que *les volumes qu'occupe une même masse gazeuse, sous des pressions différentes et à une même température, sont en raison inverse de ces pressions.*

De telle sorte que si l'on prend la masse gazeuse avec un volume donné, sous une certaine pression déterminée, le volume deviendra 2, 3, 4 fois plus petit sous une pression 2, 3, 4 fois plus grande, ou inversement 2, 3, 4 fois plus grand sous une pression 2, 3, 4 fois plus petite.

La démonstration de cette loi importante, connue sous le nom de loi de Mariote, se fait de la manière suivante pour des pressions qui ne dépassent pas de beaucoup la pression atmosphérique.

On prend un tube analogue au tube du baromètre à siphon, mais ayant sa longue branche ouverte et sa petite branche fermée (fig. 57). Il est dressé dans une position exactement verticale, le long d'une planchette de bois qui porte deux échelles. Ces deux échelles partent d'un même niveau horizontal *ab* placé presque immédiatement au-dessus de la courbure du tube.

---

* L'abbé Mariote, né en Bourgogne vers 1620, mort en 1684, a laissé d'importants travaux sur l'hydrostatique et l'hydraulique.

L'échelle tracée le long de la grande branche est divisée à partir du bas en centimètres et millimètres, et servira à mesurer des hauteurs ; l'échelle tracée le long de la branche fermée correspond à des divisions intérieures d'égal volume.

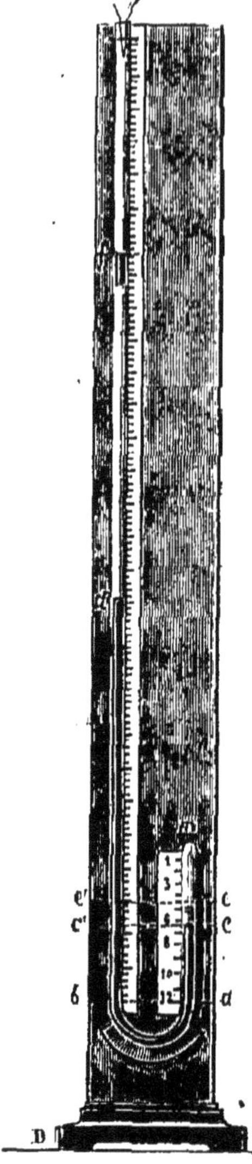

On commence par verser une petite quantité de mercure dans le tube, de manière à remplir la courbure et à séparer l'air de la branche fermée de l'air extérieur. L'air de la branche fermée, se trouvant comprimé, a une élasticité un peu supérieure à la pression atmosphérique, de sorte que le niveau se trouve un peu plus élevé dans la branche ouverte que dans l'autre branche. En inclinant la planchette de gauche à droite, on laisse échapper quelques bulles de gaz, et l'on redresse l'appareil. Si la différence de niveau s'établissait alors en sens inverse, on inclinerait l'appareil de droite à gauche. On arrive ainsi par quelques tâtonnements à établir les deux niveaux sur un même plan horizontal.

On peut arriver plus rapidement encore à établir l'égalité de niveau en inclinant la planchette autour de l'arête inférieure CD de manière qu'un vide se forme au-dessus du mercure. L'égalité de pression se rétablit par la sortie d'une certaine fraction de la masse d'air enfermée, et en relevant doucement l'appareil, les deux niveaux se trouvent sur un même plan horizontal.

Sur tous les points de ce plan horizontal la pression est la même, puisque le liquide est en équilibre. Donc la pression que le gaz exerce en a par son élasticité, et qui est égale à

Fig. 57.

celle qu'il supporte, est équivalente à la pression en *b*. Cette dernière est la pression atmosphérique, et sa valeur est donnée par la hauteur de la colonne de mercure dans le baromètre au moment de l'expérience. On lit le nombre de divisions que le gaz occupe de *a* en *m*, et l'on connaît ainsi le volume du gaz et la pression qu'il supporte.

Alors on verse du mercure par la branche ouverte jusqu'à ce que le gaz, se trouvant ainsi comprimé, soit réduit à occuper dans la branche fermée un nombre de division moitié de celui qu'il occupait d'abord. Les niveaux se trouveront alors en *c* dans la petite branche, en *d* dans la grande. Or, pour tous les points de la couche horizontale *cc'*, la pression est la même, puisqu'il y a équilibre ; la force élastique du gaz, égale à la pression qu'il supporte, est donc équivalente à la pression exercée en *c'*. Celle-ci se compose de la pression atmosphérique qui s'exerce en *d*, et se transmet par le liquide au point *c'*, et en outre de la pression due à la colonne de mercure *c'd*. En mesurant sur l'échelle cette colonne de mercure, on la trouve égale à la hauteur barométrique. La pression en *c'*, et par suite en *c*, est donc de deux pressions atmosphériques. Ainsi par l'effet d'une pression double le volume se trouve réduit à moitié.

Versons de nouveau du mercure jusqu'à ce que le volume de l'air soit réduit au tiers de sa valeur primitive. Les deux niveaux seront alors en *e* et *f*. La pression en *e*, égale à celle en *e'*, sera mesurée par la pression atmosphérique qui s'exerce en *f*, augmentée de la colonne *e'f* que l'on trouve égale au double de la hauteur barométrique ; donc la pression est égale à trois fois la pression atmosphérique. Ainsi pour une pression triple le volume est trois fois plus petit. Le tube de Mariote n'offre ni des dimensions ni une résistance assez grandes pour que l'on puisse pousser plus loin la vérification de la loi. Mais sans rien changer à la disposition générale de l'appareil, ni à la méthode d'expérience, MM. Dulong et Arago ont pu pousser les recherches de vérification jusqu'à des pressions de plus de vingt atmosphères.

Leur appareil (fig. 58) se composait d'une caisse en fonte portant à sa partie inférieure un tube horizontal sur lequel se trouvaient montés : 1° un tube *ab* fermé à son extrémité supérieure et représentant la branche fermée du tube de Mariote; 2° une série de tubes de cristal, ayant chacun deux

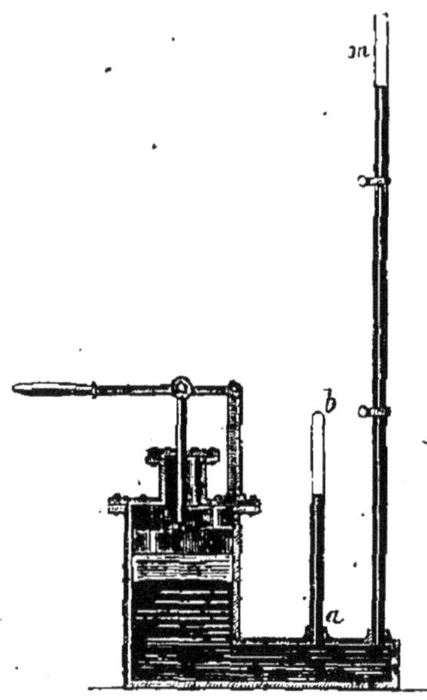

Fig. 58.

mètres de hauteur, solidement ajustés les uns aux autres. C'était la grande branche ouverte du tube de Mariote. La caisse en fonte était aux deux tiers pleine de mercure; le dernier tiers était occupé par de l'eau. La branche *ab* était pleine d'air *parfaitement sec*[*], et au moyen d'un piston adapté à la caisse on refoulait, par l'intermédiaire de l'eau, le mercure dans les deux tubes, au lieu de le verser par l'orifice supérieur *m*. Le tube *ab* était entouré d'un étui en verre dans lequel on faisait couler de l'eau pour empêcher l'air de s'échauffer par suite de la compression. Les précautions les plus minutieuses étaient prises pour assurer l'exactitude des mesures, tant pour le volume gazeux que pour la différence verticale des deux niveaux.

Ces expériences ont été reprises il y a quelques années par M. Regnault. Nous dirons plus loin les résultats qu'elles ont fournis.

Pour des pressions moindres que la pression atmosphérique, voici l'appareil qu'employait Mariote.

On prend un tube de 1^m,50 de longueur, autant que possible cylindrique, fermé à une de ses extrémités, et divisé en parties d'égale capacité; on le remplit de mercure à peu près aux quatre cinquièmes; on le bouche avec le doigt, et on le

<hr>

[*] Cette condition de sécheresse parfaite du gaz est de toute rigueur quand on doit opérer sous de fortes pressions. On verra, en effet, plus tard, que quand la vapeur d'eau, qui rend les gaz plus ou moins humides, est suffisamment comprimée, elle redevient de l'eau. Dès lors, la masse gazeuse ne serait plus la même, et la loi de Mariote ne serait plus applicable.

renverse, comme on ferait d'un tube barométrique, dans une cuvette étroite et profonde, pleine de mercure (fig. 59); on l'enfonce jusqu'à ce que le niveau intérieur du mercure et le niveau extérieur soient sur un même plan horizontal; dès lors la pression élastique du gaz, égale à celle qu'il supporte, est équivalente à la pression atmosphérique extérieure, mesurée par la hauteur barométrique. On note le nombre de divisions occupées par le gaz. On soulève le tube; la grandeur de l'espace que l'air occupe augmentant, sa force élastique diminue; dès lors le mercure, pressé moins fortement dans le tube qu'il ne l'est au dehors, commence à monter, de telle sorte que, pour une position quelconque du tube, la pression exercée par le gaz en vertu de sa force élastique (toujours égale à la pression qu'il supporte lui-même), en s'ajoutant à celle que la colonne de mercure soulevée exerce par son poids, constitue une somme égale à la pression atmosphérique.

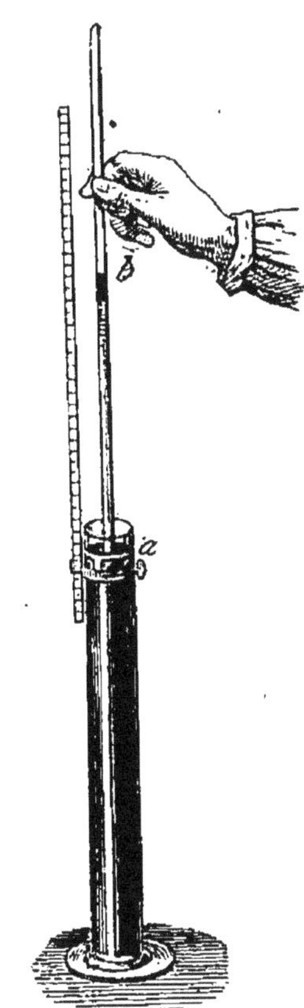

Fig. 59.

La pression que le gaz exerce, ou qu'il supporte, sera donc mesurée par la différence entre la hauteur barométrique et la hauteur ab du mercure soulevé.

Or, si la loi de Mariote est vraie, quand, en soulevant le tube, on donnera au gaz un volume successivement double, triple, quadruple du volume primitif, la pression qu'il supporte, ou qu'il exerce, devra être $\frac{1}{2}$, $\frac{1}{3}$, $\frac{1}{4}$ de la pression atmosphérique; donc la hauteur de la colonne mercurielle devra être $\frac{1}{2}$, $\frac{2}{3}$, $\frac{3}{4}$ de la hauteur barométrique. C'est ce que confirment les mesures prises au moyen d'une règle dressée verticalement le long du tube.

Pour l'air l'azote, l'oxygène, l'hydrogène, parfaitement secs, la loi de Mariote a été reconnue vraie, à de très-faibles différences près, pour des pressions très-fortes comme pour les plus faibles. Mais il n'en est plus ainsi pour les gaz que l'on peut liquéfier par la pression, et c'est le plus grand nombre. La loi cesse d'être vraie dès qu'on les soumet à des pressions voisines de celle qui déterminerait leur liquéfaction. L'acide carbonique, l'acide sulfureux, l'ammoniaque, sont dans ce cas. Leur volume diminue plus rapidement que ne l'indique la loi.

Application de la loi. — La manière d'appliquer la loi est d'ailleurs très-simple.

Soit V le volume qu'occupe une masse gazeuse sous une pression mesurée, d'après nos conventions, par la hauteur H de la colonne de mercure qui lui fait équilibre. Quel serait le volume sous une autre pression H' ?

On aura d'après la loi

$$\frac{V'}{V} = \frac{H}{H'}$$

ou, ce qui revient au même

$$V'H' = VH.$$

On écrit la loi indifféremment sous l'une ou l'autre de ces deux formes.

On tire de là

$$V' = \frac{VH}{H'}.^*$$

On aurait pu demander quelle devrait être la pression H' pour que le volume devînt V'. La même égalité donnerait

$$H' = \frac{HV}{V'}$$

Loi de la densité. — Si l'on rend le volume d'une masse gazeuse 2, 3, 4 fois plus grand, la densité du gaz devient évidemment 2, 3, 4 fois plus petite. La densité est en raison inverse des volumes que prend cette masse de gaz :

$$\frac{D'}{D} = \frac{V}{V'}$$

---

* On pourrait dire, en appliquant la méthode de la réduction à l'unité sous la pression H le volume est V; sous la pression 1 (H fois plus petite), le volume sera VH (H fois plus grand), et sous la pression H', il sera $\frac{VH}{H'}$.

Mais, d'une autre part, les volumes de cette masse gazeuse sont, à une même température, en raison inverse des pressions qu'elle supporte, ou qu'elle-exerce :

$$\frac{H'}{H} = \frac{V}{V'}$$

Donc, pour un même gaz et à la même température, les densités sont proportionnelles aux pressions ou aux élasticités.

$$\frac{D'}{D} = \frac{H'}{H} .^{*}$$

Remarquons toutefois que cette loi n'est vraie que dans les mêmes limites où la loi de Mariote est vraie elle-même.

Ainsi pour l'acide carbonique, l'acide sulfureux, etc., la densité croît plus rapidement que la pression.

Comme application, proposons-nous de trouver le poids d'un volume d'air de 275 litres pris sous une pression $0^m,685$, sachant que sous la pression $0^m,760$ le litre d'air pèse $1^{gr},293$, la température restant dans les deux cas la même.

Les poids de volumes égaux de deux corps de densités différentes sont évidemment proportionnels à ces densités, et comme les densités sont pour un même gaz proportionnelles aux pressions, on aura pour déterminer le poids p d'un litre d'air sous la pression 0,685 :

$$\frac{p}{1^{gr},293} = \frac{0,685}{0,760}$$

$$\text{D'où} \quad p = 1^{gr},293.\frac{685}{760}$$

et 275 litres pèseront

$$\frac{275 \times 1,293 \times 685}{760.} = 320^{gr},485.$$

Manomètres. — Quand on a à mesurer la force élastique d'un fluide gazeux, gaz ou vapeur, renfermé dans un espace

---

* On pourra dire aussi : sous la pression H la densité est D'; sous la pression $\frac{D}{H}$ (H fois plus petite) la densité sera (H fois plus petite également); et sous la pression H' elle sera $\frac{DH'}{H}$.

clos, on fait usage d'instruments appelés *manomètres* *.
Lorsque la force élastique ne dépasse pas de beaucoup la
pression atmosphérique, et lorsqu'elle lui est inférieure, on
fait usage du manomètre à air libre.

Ce manomètre (fig. 60) se compose d'un tube à deux branches parallèles et verticales MNP, dont l'extrémité P s'ouvre
librement à l'air extérieur, l'autre débouchant dans le récipient qui contient le gaz. L'espace *aNb* est plein de mercure.
Si le gaz logé dans le récipient a une élasticité égale à la

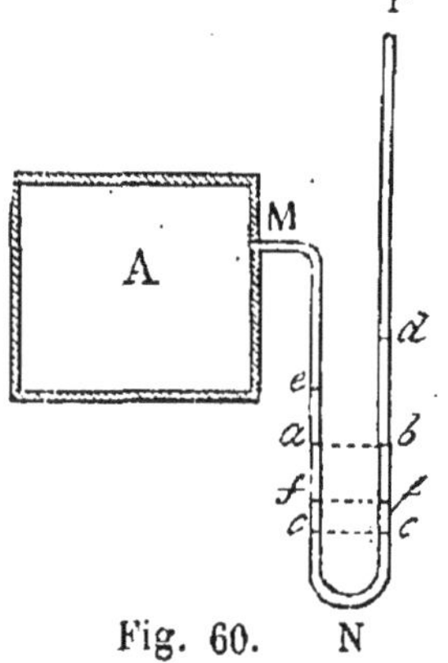

Fig. 60.

pression atmosphérique, les deux niveaux sont sur un même plan *ab*, et
réciproquement. Si maintenant l'air du
récipient a une élasticité supérieure à
la pression atmosphérique, le mercure
est refoulé, le niveau *a* descend en *c*,
le niveau *b* monte en *d*. La pression
que le gaz exerce en *c*, se mesurera en
c' par la pression atmosphérique augmentée de la colonne *c'd*. Ainsi si la
hauteur barométrique est 0^m,763 et la
différence de niveau *c'd* de 0^m,133, la
force élastique sera égale à 0^m,896. $E = H + h$, *h* étant la
différence des niveaux.

Nous savons que cela veut dire que le gaz exerce, en vertu
de son élasticité sur une surface quelconque, la même pression
qu'exercerait sur cette même surface une colonne de mercure
de 0^m,896 de hauteur.

Si au contraire le gaz avait une élasticité inférieure à la
pression atmosphérique, le mercure serait repoussé en sens
inverse, le niveau *a* viendrait en *e*, et le niveau *b* en *f*. Dans
ce cas, la pression en *e*, ajoutée à celle qu'exercerait la colonne *ef'*, équilibrerait, en *f'*, la pression atmosphérique en *f*.
On aurait donc

$$E + h = H$$
$$\text{ou} \quad E = H - h$$

---

h est toujours moindre que H, à moins qu'il y ait le vide parfait dans le récipient.

Lorsque l'instrument est destiné à mesurer de fortes pressions, ou des pressions variant dans des limites étendues, le manomètre à air libre a, dans la pratique industrielle, l'inconvénient d'exiger une masse de mercure considérable, d'être par conséquent d'un prix élevé; en outre, les variations des deux niveaux nécessitent une double observation et forcent l'observateur à transporter son œil à des hauteurs très-différentes.

Il est vrai que la position d'un des deux niveaux détermine la position de l'autre, la quantité de mercure renfermée dans l'instrument restant toujours la même. Une seule lecture suffit donc à la rigueur pour donner la différence des niveaux. L'échelle le long de laquelle monte ou descend le niveau du mercure qu'on observe seul, porte immédiatement inscrites les valeurs des pressions qui correspondent aux diverses positions de ce niveau, en supposant que la pression atmosphérique reste constamment égale à 0^m,76.

On donne à l'instrument la forme représentée figure 61. La portion du tube, au-dessous du plan d'équilibre initial, est enfouie dans une caisse souterraine. On n'observe que les variations du niveau

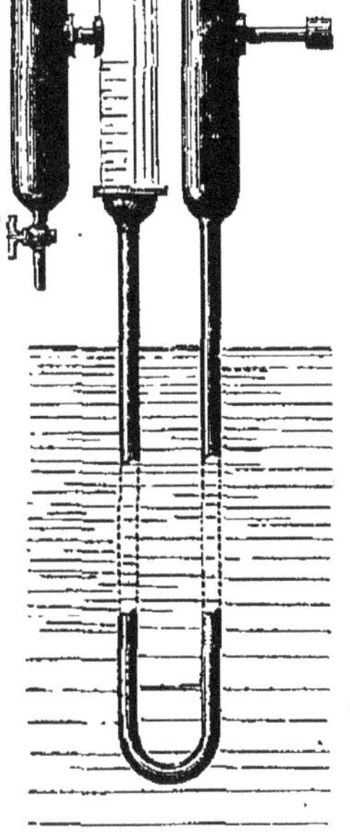

Fig. 61.

dans le tube large en verre B. Le niveau y monte d'environ 5 centimètres pour une augmentation de pression d'une atmosphère, pendant qu'il descend d'environ 71 dans le tube enterré. Il suffit évidemment pour cela que la section du tube large soit égale à quatorze fois environ la section du tube étroit.

Le réservoir large A est destiné à empêcher le mercure de se précipiter dans le récipient, ce qui arriverait s'il y avait une brusque diminution de pression; et de même le réservoir C est destiné à recevoir le mercure qui serait lancé hors du manomètre si la pression devenait trop forte. Il faudrait évidemment remettre ce mercure dans le manomètre, sans quoi la graduation ne pourrait plus servir.

Les divisions du tube B donnent les pressions en atmosphères, et même en dixièmes d'atmosphère.

On emploie, pour la mesure des hautes pressions, le manomètre à air comprimé (fig. 62).

Le manomètre à air comprimé se compose d'un tube fermé à une de ses extrémités, et ouvert à l'autre. Cette dernière plonge dans une boîte en fer ou en verre épais, à large section et à demi pleine de mercure. Le tube est ajusté au col de la boîte par un écrou annulaire qui ferme hermétiquement. Une ouverture latérale, débouchant un peu au-dessus du niveau du mercure, se raccorde par un tube m au récipient où se trouve le gaz comprimé. La pression de ce gaz fait monter le mercure dans le tube à une hauteur telle que l'élasticité de l'air refoulé, calculée d'après la variation de son volume, en appliquant la loi de Mariote, ajoutée à la pression qu'exerce la colonne de mercure soulevée, fasse en somme l'équivalent de la pression du gaz. C'est donc un problème facile à résoudre par le calcul.

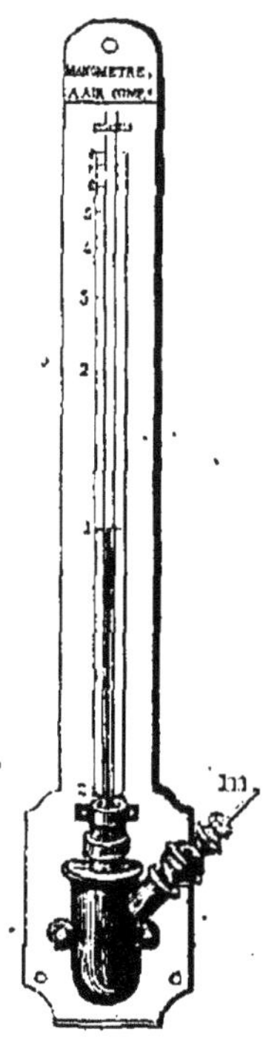

Fig. 62.

Toutefois on préfère donner à l'instrument une graduation empirique, en établissant ce manomètre, en même temps qu'un bon manomètre à air libre, sur un même tube communiquant avec un récipient à air; alors on augmente progressivement la pression dans ce dernier, de manière à faire marquer au manomètre étalon des pressions égales à 2, 3, 4, ... 8, 7, 10, etc., atmosphères, et l'on inscrit sur l'échelle du manomètre à graduer, aux points où s'arrête successivement le mercure, les pressions indiquées par le manomètre à air libre.

Ce manomètre est d'un usage commode, mais d'autant

moins sûr que les pressions sont plus fortes. Quand la pression passe dans l'appareil de 10 atmosphères à 11 atmosphères, le volume de la masse gazeuse, que je suppose, sous la pression atmosphérique, égal à l'unité, passe à très-peu de chose près [*] de $\frac{1}{10}$ à $\frac{1}{11}$; il varie donc de $\frac{1}{10} - \frac{1}{11}$ ou $\frac{1}{110}$. Cette variation correspond à un changement de niveau dans le tube, assez petit pour échapper à celui qui surveille le manomètre, s'il n'est pas suffisamment attentif. On remédie quelquefois à cet inconvénient en donnant au tube (fig. 63.) une forme conique à sa partie supérieure. La section devenant

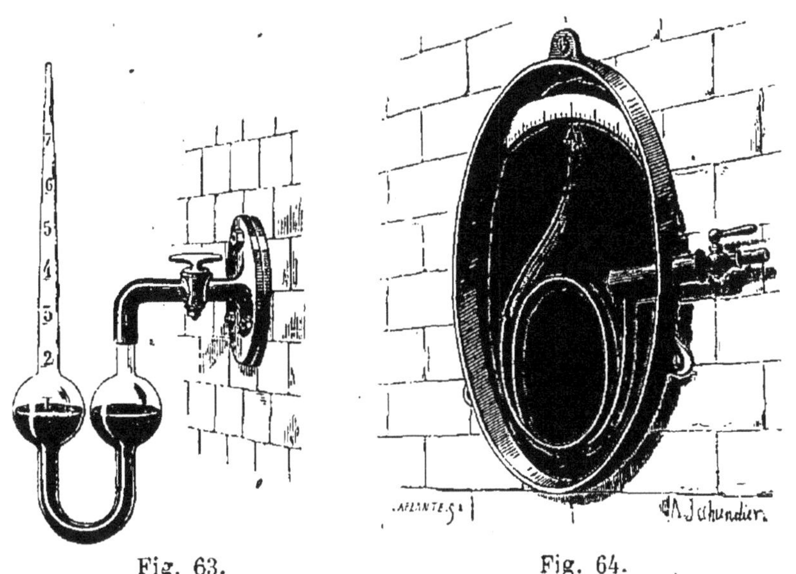

Fig. 63.   Fig. 64.

ainsi de plus en plus étroite, les variations du niveau sont plus sensibles.

Au surplus, dans la conduite des chaudières, on a renoncé assez généralement à ces manomètres, pour leur substituer le manomètre métallique.

Il se compose d'un tube métallique à parois assez minces,

---

[*] Il faut remarquer que la pression du gaz dans le tube n'est pas 10 aml. et 11 atm., mais 10 atm. moins h, et 11 atm. moins h', h et h' étant les hauteurs du mercure dans le manomètre. Mais ces quantités sont très-petites par rapport aux hauteurs de mercure $7^m,60$ et $8^m,36$ qui mesureraient les pressions de 10 et 11 atmosphères.

et dont la section est une ellipse très-allongée. Il est ouvert à l'une de ses extrémités, et communique avec le générateur de vapeur. Contourné sur lui-même en tire-bouchon, il forme ainsi un ou deux tours d'hélice, et se termine par une pointe fermée formant aiguille, et placée au-dessus des divisions d'un cadran (fig. 64). Lorsque la pression de la vapeur qui remplit la capacité de ce tube augmente, les tours de spire s'ouvrent davantage, et l'aiguille marche dans un sens ; lorsqu'au contraire la pression diminue, les spires se contractent, et l'aiguille marche en sens inverse. L'instrument est gradué empiriquement par comparaison avec un manomètre étalon.

On a construit, d'après le même principe, des baromètres, dits *baromètres anéroïdes*. Ils se composent d'une caisse à parois minces en forme de tabatière ronde et plate (baromètre de *Vidi*), ou de croissant (B. de *Bourdon*), dans laquelle on fait un vide partiel (α privatif, $\alpha\epsilon\rho$). Les variations de la pression extérieure produisent des variations correspondantes dans le degré de flexion du couvercle de la boîte ou des branches du croissant, et à l'aide d'un système mécanique très-simple, on fait indiquer ces mouvements à une aiguille mobile sur un cadran divisé.

Mélanges des gaz.—Lorsque l'on met en présence des gaz de nature différente et n'exerçant les uns sur les autres aucune action chimique, quelles que soient leurs différences de densité, ils arrivent toujours, au bout d'un temps assez court, à se mélanger intimement. Si, comme l'a fait Berthollet [*], et plus tard Gay-Lussac, on fait communiquer entre eux deux ballons (fig. 65) remplis, l'un d'hydrogène, l'autre d'acide carbonique, dont la densité est environ vingt fois celle de l'hydrogène, au bout de quelques heures le mélange est complet ; l'hydrogène et l'acide carbonique se retrouvent dans tous les

---

[*] Berthollet, célèbre chimiste, né en Savoie en 1748, d'une famille française, mort en 1822. Membre de l'Académie des sciences en même temps que Lavoisier, il contribua avec lui à poser les bases de la nomenclature chimique. On lui doit d'importants travaux sur les grandes théories de la chimie (statique chimique) et sur l'art de la teinture et du blanchiment. — Gay-Lussac que la science vient de perdre, avait été son élève.

points de la masse et dans la même proportion, alors même que l'on aurait mis le ballon plein d'hydrogène au-dessus du ballon contenant l'acide carbonique , circonstance évidemment défavorable à leur mélange.

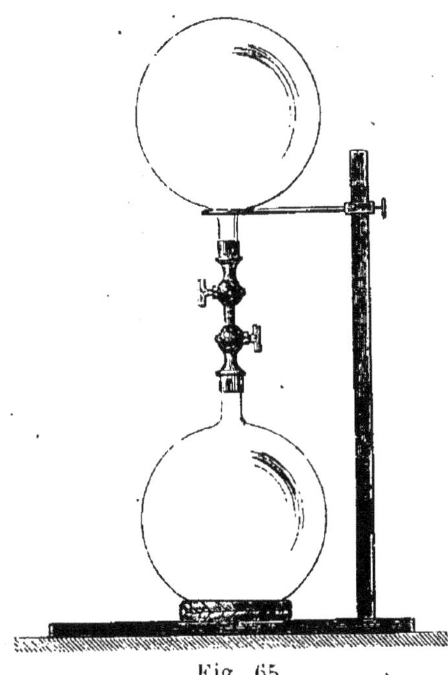

Fig. 65.

Nous avons déjà vu que l'air, mélange de deux gaz, azote et oxygène, suivait la loi de Mariote tout aussi bien que chacun de ces gaz en particulier. Il en est de même de tout mélange gazeux, au moins autant que l'augmentation de la pression ne met pas en jeu les affinités chimiques, et que les gaz qui le composent suivent eux-mêmes la loi. Chacun des gaz se comporte dans le mélange comme s'il était seul.

Loi de Dalton. — Dalton, savant physicien anglais, a démontré que *l'élasticité d'un mélange gazeux est égale à la somme des élasticités des gaz qui le composent, chacune de ces élasticités étant calculée comme si le gaz occupait seul tout l'espace.*

Ainsi, dans l'expérience de Berthollet, les deux ballons étant de même capacité, chacun des gaz pris d'abord avec une élasticité égale à la pression atmosphérique passant, sans changement de température, du volume 1 au volume 2, prenait donc une élasticité moitié de l'élasticité primitive ; dès lors l'élasticité totale se retrouvait égale à la pression atmosphérique, ce qu'il fut facile de constater en fermant les robinets des deux ballons, puis les séparant et plongeant l'orifice dans le mercure ; on voyait, en ouvrant les robinets, que le niveau du mercure ne changeait point.

Supposons maintenant les ballons de volumes différents

V et V', contenant, le premier un gaz avec l'élasticité H, le second un autre gaz, ou le même gaz, avec une élasticité différente H'. — Ces élasticités seront mesurées avec des manomètres à air libre ou à air comprimé, montés sur la garniture des ballons. — Si l'on vient à ouvrir la communication entre les deux ballons, le premier gaz passant du volume V au volume V + V', on aura, d'après la loi de Mariote, en appelant X son élasticité après le mélange :

$$\frac{X}{H} = \frac{V}{V+V'} \quad \text{d'où} \quad X = \frac{HV}{V+V'}$$

De même l'autre gaz passant du volume V' au volume V + V', on aura, en appelant Y son élasticité :

$$\frac{Y}{H'} = \frac{V'}{V+V'} \quad \text{d'où} \quad Y = \frac{H'V'}{V+V'}$$

Si la loi du mélange est vraie, on devra avoir pour l'élasticité E du mélange,

$$E = \frac{VH+V'H'}{V+V'}.$$

On verra, en effet, quand le mélange sera complet, et quand par conséquent les deux manomètres donneront la même indication, que la pression indiquée en commun par ces deux manomètres sera exactement d'accord avec celle que donne le calcul.

D'une manière plus générale, si l'on a un certain nombre de masses gazeuses de même nature ou de nature différente, et, dans ce dernier cas, n'exerçant l'une sur l'autre aucune action chimique ; si ces masses gazeuses occupent des volumes

$$V, \quad V', \quad V'', \quad V'''....$$

avec des élasticités

$$H, \quad H', \quad H'', \quad H'''....$$

et si on les réunit dans une même enceinte de volume A, chacun des gaz prendra l'élasticité

$$\frac{HV}{A}, \quad \frac{H'V'}{A}, \quad \frac{H''V''}{A}, \quad \frac{H'''V'''}{A}$$

et l'élasticité totale sera

$$E = \frac{HV+H'V'+H''V''+H'''V'''+....}{A}$$

Si l'on n'a fait qu'établir la communication entre les enceintes qui renferment les gaz, A sera la somme même des volumes V + V' + V" +...., et l'on aura alors

$$E = \frac{HV + H'V' + H''V'' + H'''V''' + ...}{V + V' + V'' + V''' + ...}$$

qui est la moyenne des élasticités.

Je suppose, par exemple, que l'on ait de l'hydrogène recueilli sur le mercure dans une cloche divisée en centimètres cubes : —, on mesure la pression barométrique H, la distance verticale h des niveaux du mercure dans la cloche et dans la cuve, ce qui donne pour élasticité du gaz $H - h$. On mesure aussi le volume du gaz V ; — puis on fait passer ce gaz sous une grande cloche, divisée également en centimètres cubes.

On mesure de même des volumes V', V" d'oxygène, d'azote, sous des pressions $H' - h'$, $H'' - h''$, et on· les fait passer sous la grande cloche divisée. — Si l'on note alors le volume A occupé dans la cloche par le mélange gazeux, la pression barométrique H, et la différence de niveau h_1, on trouve exactement

$$H_1 - h_1 = \frac{V(H - h) + V'(H' - h') + V''(H'' - h'')}{A}$$

Quant à la densité du mélange, en appelant toujours

$$V, \quad V', \quad V'', \quad V'''$$

les volumes des gaz, et

$$D, \quad D', \quad D'', \quad D'''$$

leurs densités avant le mélange dans le volume A, on aura nécessairement pour la densité du mélange

$$\Delta = \frac{VD + V'D' + V''D'' + V'''D'''}{A}$$

et si A est la somme même des volumes,

$$\Delta = \frac{VD + V'D' + V''D'' + V'''D'''}{V + V' + V'' + V'''}$$

c'est-à-dire la moyenne des densités.

CHAPITRE VI.

MACHINE PNEUMATIQUE. — POMPES ET SIPHON.

La machine pneumatique a été inventée vers 1650, par Otto de Guericke, bourgmestre de Magdebourg [*]. Depuis son invention elle a reçu de nombreux perfectionnements, mais pour en comprendre plus facilement le jeu, nous la prendrons telle à peu près qu'elle était dans l'origine.

L'appareil d'Otto de Guericke (fig. 66) se composait d'un

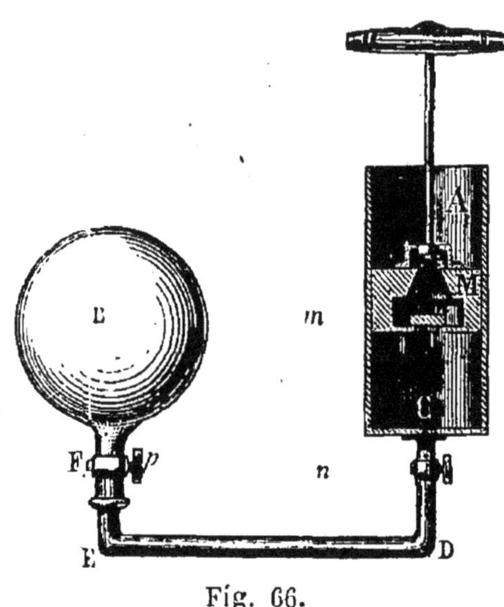

Fig. 66.

cylindre ou *corps de pompe* A, bien alésé, c'est-à-dire ayant rigoureusement le même diamètre dans toute sa hauteur. — Sur l'une de ses bases était monté un tuyau deux fois recourbé CDE, portant en n un robinet de fermeture, et à l'extrémité de sa branche E un pas de vis sur lequel on pouvait visser le récipient où l'on voulait faire le vide; soit B ce récipient, muni d'un robinet p. Dans le corps de pompe glissait à frottement doux un piston M mis en mouvement par une tige à traverse. Ce piston était percé d'une cavité fermée en bas par un clapet

* Otto de Guericke, né en 1602, mort en 1686, célèbre par ses recherches sur la pneumatique, l'électricité, l'astronomie. On lui doit encore l'invention de la machine électrique et la découverte du retour périodique des comètes.

ou soupape, m, qui s'ouvrait de bas en haut, de manière à faire communiquer la chambre inférieure du corps de pompe avec la cavité du piston et par suite avec l'extérieur.

Prenons le piston au bas de sa course en contact avec le fond du corps de pompe ; — nous supposerons complétement négligeable le petit espace que le piston laisse au-dessous de lui, tant par le défaut de poli des surfaces, que parce que le robinet n ne peut pas être en affleurement.avec la surface inférieure du piston.

Les choses étant ainsi posées, ouvrons les robinets n et p et remontons le piston au haut du corps de pompe. L'air du récipient B, y compris le tube de communication, va remplir en outre le corps de pompe au-dessous du piston, en vertu de l'expansibilité propre aux gaz ; il prendra donc une élasticité et une densité moindres, que l'on peut calculer, si l'on connaît le volume primitif et le volume actuel, en appliquant la loi de Mariote.

Si le volume du récipient est de 4 litres (y compris le tube DE), et le volume que le piston laisse au-dessous de lui quand il est au haut de sa course , d'un litre, le volume sera maintenant les $\frac{4}{5}$ de ce qu'il était d'abord ; l'élasticité et la densité seront donc les $\frac{4}{5}$ de ce qu'elles étaient avant le mouvement du piston.

La soupape m est restée immobile, car elle supporte sur sa face supérieure la pression atmosphérique, et sur sa face inférieure une pression nécessairement moindre, puisque le gaz qui agit sous cette soupape , et qui avait d'abord l'élasticité atmosphérique, a pris une élasticité de plus en plus faible à mesure que le piston montait; l'excès de pression étant sur la face supérieure, la soupape m reste appliquée sur l'ouverture.

Fermons maintenant le robinet n et abaissons le piston. L'air qui est venu du récipient dans le corps de pompe se trouve comprimé dans un volume de plus en plus petit, et qui peut être aussi petit que l'on voudra, puisque nous admettons que le piston arrivé au bas de sa course ne laisse aucun vide au-dessous de lui; l'élasticité pourra donc devenir aussi grande que l'on voudra, et dès lors il y aura une position du piston pour laquelle l'air qu'il comprime aura une élasticité égale à la pression atmosphérique. Le piston continuant à descendre, cette élasticité deviendra plus grande que la pression atmosphérique augmentée du poids de la soupape. Celle-ci se trouve alors soulevée, et l'air s'échappe à travers le piston, de sorte que lorsque celui-ci arrive au fond du corps de pompe, tout l'air se trouve nécessairement expulsé.

Rouvrons maintenant le robinet n, et remontons le piston au haut du corps de pompe. L'air du récipient va de nouveau se répandre dans la capacité du cylindre en prenant une élasticité et une densité qui seront encore les $\frac{4}{5}$ de ce qu'elles étaient avant ce dernier mouvement du piston, par conséquent, les $\frac{4}{5}$ des $\frac{4}{5}$ de ce qu'elles étaient à l'origine ; la soupape m restera fermée ; et, quand on aura fermé le robinet n, on n'aura plus qu'à descendre le piston pour expulser encore au dehors cette masse d'air introduite dans le corps de pompe. Le raisonnement serait identiquement le même qu'au premier coup, seulement il est clair qu'il faudra descendre davantage le piston pour faire soulever la soupape, puisque l'élasticité du gaz au commencement de ce second mouvement de descente est moindre qu'elle ne l'était au premier. On continuera ainsi indéfiniment, ouvrant le robinet n chaque fois que le piston monte, et le fermant pour son mouvement de descente.

Quelle que soit l'élasticité H de l'air dans le récipient B lorsque le piston est au bas de sa course, lorsqu'on le remontera au point le plus élevé, cette élasticité deviendra $\dfrac{HB}{B+A}$, B représentant la capacité du récipient, variable évidemment avec ce récipient lui-même, et A la capacité invariable du corps de pompe ; puisqu'on aurait d'après la loi de Mariote :

$$\frac{H'}{H} = \frac{B}{B+A}.$$

Après le premier coup de piston l'élasticité sera, en appelant H la pression initiale dans le récipient, $H\dfrac{B}{B+A}$; après le second, $H\left(\dfrac{B}{B+A}\right)^2$; après le troisième, $H\left(\dfrac{B}{B+A}\right)^3$, etc.

Après le n^e, $H\left(\dfrac{B}{B+A}\right)^n$; et la densité proportionnelle, à la pression, $D\left(\dfrac{B}{B+A}\right)^n$, D étant la densité initiale.

On voit d'après cela que, théoriquement, on ne peut faire le vide complet, puisque, à chaque coup de piston, on laisse toujours dans le récipient une certaine fraction $\dfrac{B}{B+A}$ de la masse d'air qui y était auparavant. Mais on voit aussi que l'on pourrait pousser la raréfaction indéfiniment, puisque, quelque raréfié que soit l'air, on peut encore en enlever par un coup de piston de plus.

En fait, il n'en est pas ainsi; dans les machines les mieux construites la raréfaction est limitée : parce que le piston laisse toujours au-dessous de lui un certain espace nuisible quand il est au bas de sa course; parce que la soupape m du piston oppose par son poids, et par les frottements, une certaine résistance; parce que le piston, si bien ajusté qu'il soit au cylindre, laisse toujours rentrer un peu d'air, de sorte qu'arrivé à un certain degré de vide l'air qu'on enlève compense celui qui rentre. Aussi avec les meilleures machines ne fait-on guère le vide au delà d'un millimètre, c'est-à-dire que l'élasticité du gaz restant peut encore équilibrer la pression d'une colonne de mercure d'un millimètre de hauteur.

Indiquons maintenant les modifications les plus importantes qui ont été apportées à la machine primitive d'Otto de Guericke. La manœuvre du robinet n était tellement gênante, qu'on ne tarda pas à le remplacer par un clapet, appliqué sur l'ouverture percée dans le fond du corps de pompe. Lorsque le piston est au bas de sa course il pose sur la soupape. Quand il se soulève, la très-petite quantité d'air contenue dans le volume de l'espace nuisible prend une élasticité rapidement décroissante. Alors, si l'air du récipient a une élasticité suffisante, il soulèvera cette soupape et se répandra dans le corps de pompe. Quand le piston sera arrêté au haut de sa course, l'élasticité étant la même dans le récipient et le corps de pompe, la soupape retombera par son poids, et restera fermée pendant le mouvement de descente du piston, car sa face supérieure supportera une pression croissante. Mais quand l'air du récipient aura été fortement raréfié il ne pourra plus soulever la soupape, toute légère qu'elle soit, et rien ne passera plus du récipient dans le corps de pompe.

Il y aura donc avantage à rendre le mouvement de cette soupape indépendant du degré de raréfaction plus ou moins avancé, en la liant au piston de telle sorte qu'il la soulève par cela seul qu'il monte ; mais il faut aussi qu'il ne la soulève que très-peu, afin que, dès qu'il descendra, il puisse la replacer immédiatement sur l'ouverture. Nous allons voir tout à l'heure comment Papin a résolu heureusement ce problème de construction.

La machine à un seul corps de pompe présente encore un inconvénient très-grand, qui en rend la manœuvre de plus en plus difficile à mesure que la raréfaction avance dans le récipient. La face supérieure du piston supporte constamment la pression atmosphérique dont la valeur est, comme nous l'avons vu, d'un kilogramme environ par centimètre carré. Sa face inférieure supporte au début une pression équivalente, mais plus l'air est raréfié, et plus la pression qu'il exerce sur cette face est faible ; et si l'on pouvait arriver à faire le vide complet, la pression sous le piston serait nulle. Or, pour soulever le piston, il faut évidemment vaincre une résistance égale à la différence de ces pressions, différence qui, pour un piston d'un décimètre carré de surface, se rapprocherait de plus en plus d'être égale à 100 kilogrammes.

Les machines modernes ont deux cylindres, de même diamètre (fig. 67 et 70), communiquant alternativement avec le récipient, mais non entre eux ; les tiges de leurs pistons sont taillées d'une denture de crémaillère, et engrènent de chaque côté d'une roue dentée, à laquelle on imprime un mouvement de rotation alternatif au moyen d'un double levier, de telle sorte que l'un des pistons monte pendant que l'autre descend. Les pressions égales qui s'exercent sur les deux faces supérieures du piston, se font équilibre, et donnent seulement un supplément de pression sur l'axe de la roue. Quant aux pressions qui s'exercent sur les faces inférieures, elles diffèrent très-peu l'une de l'autre, et l'on n'a à vaincre que leur différence. En outre, le vide, se faisant avec deux cylindres égaux au lieu d'un, se fait par cela même deux fois plus vite.

Entrons actuellement dans quelques détails sur la construction des divers organes principaux ou accessoires de la machine.

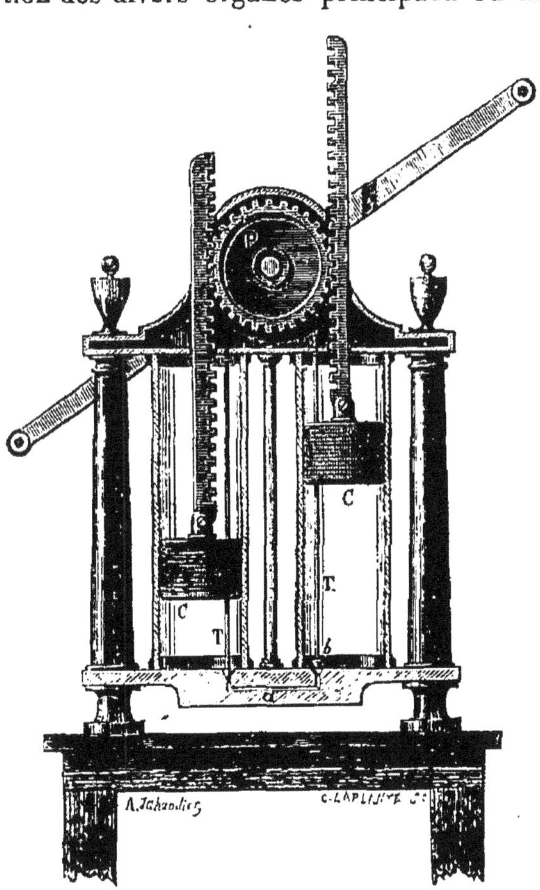

Fig. 67.

Les deux cylindres sont ordinairement en cristal, dressés verticalement entre un plancher métallique solidement fixé sur une table en chêne, et une sorte de caisse plate formant fronton, et qui renferme la roue dentée destinée à faire mouvoir les crémaillères des pistons. Des tiges à écrou, taillées, pour l'ornementation de l'appareil, en forme de colonnes, servent à maintenir ces pièces en place.

Le piston (figure 69) se compose d'une boîte métallique creuse, à fortes parois, en forme de tronc de cône, et dont le fond est formé par un large disque MN remplissant toute la capacité du corps de pompe. Sur ce disque reposent des anneaux de cuir graissé CC qui entourent la boîte. Une plaque métallique PQ, fortement serrée par un écrou annulaire DD, comprime ces anneaux qui, débordant alors légèrement les disques, produisent contre les parois du cylindre la pression nécessaire pour le fermer complétement. Une petite couche d'huile placée sur le piston lubréfie les parois et facilite le glissement. La soupape qui repose sur l'ouverture a est une petite plaque de laiton surmontée d'une tige qui passe dans un anneau, que portent deux montants fixés au fond de la boîte. Un petit ressort en tire-bouchon, dit *ressort à boudin*, appuyant d'une part contre la plaque, de l'autre sur l'anneau, maintient la soupape légèrement pressée sur l'ouverture. Enfin, le piston est traversé de part en part d'un canal étroit, percé dans les anneaux de cuir, et dans lequel passe à frottement dur une tige de fer. Cette tige T porte à son extrémité

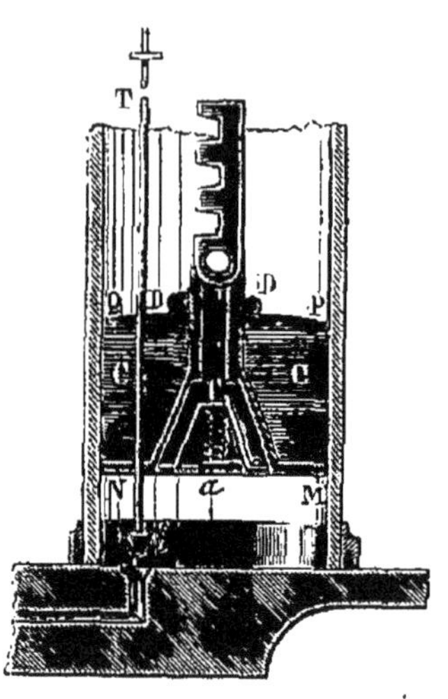

Fig. 68.

inférieure un bouchon métallique b, doublé de cuir, d'une forme conique, destiné à fermer dans le mouvement de descente du piston, à ouvrir au contraire dans son mouvement d'ascension, l'ouverture, également conique, du canal creusé dans l'épaisseur de la table métallique, et qui fait communiquer les cylindres avec le récipient. Cette tige traverse librement la plaque qui ferme le cylindre à sa partie supérieure, mais un petit renflement ou *butoir* limite à un demi-millimètre environ son mouvement de bas en haut. De cette manière, dès que le piston monte, il entraîne avec lui la soupape conique et découvre l'orifice, mais comme la tige est immédiatement arrêtée par le butoir, le piston glisse le long de cette tige, et la soupape reste soulevée à un demi-millimètre au-dessus de l'orifice découvert. Puis, si le piston descend, il entraîne de nouveau la tige et la soupape qui referme aussitôt l'ouverture. Alors le piston continue son mouvement de descente en glissant le long de la tige. Remarquons que, dans quelque sens que s'opère le mouvement, il y a toujours une des ouvertures fermée, et l'autre ouverte. Les cylindres ne communiquent jamais entre eux, et ils ne communiquent jamais ensemble avec le récipient.

Les figures 69 et 70, qui représentent le plan de la table métallique et la perspective générale de l'appareil, montrent la disposition du conduit en forme de T qui réunit les deux cylindres au récipient placé sur la platine p. Cette platine est une table ronde en laiton, bien dressée, sur laquelle est mastiquée une plaque de glace parfaitement plane, dépolie et doucie. Le conduit vient se terminer, en se recourbant, au centre de cette plaque ; son orifice porte un pas de vis extérieur qui permet d'y visser des appareils à robinet, tels que des ballons, des tubes en plomb, ou en gutta-percha, suivant les besoins de l'expérience.

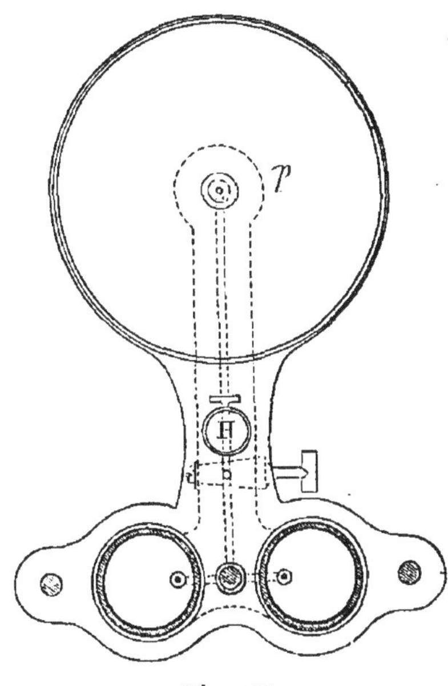

Fig. 69.

Lorsqu'on a raréfié l'air à un degré déterminé dans le récipient, il faut pouvoir isoler ce récipient des corps de pompe, si l'on veut y maintenir le vide ; car sans cette précaution l'air rentrerait peu à peu entre les pistons et les parois, malgré l'huile interposée, et par les soupapes qui ne ferment jamais d'une manière parfaite ; il faut aussi pouvoir rendre l'air, à un moment donné, sous le récipient. Ce double résultat s'obtient à l'aide du robinet R. Il est percé de deux conduits : l'un qui le traverse de part en part perpendiculairement à son axe (fig. 71), de telle manière que, lorsque la clef du robinet est placée horizontalement, la communication est établie entre les corps de pompe et le récipient par le conduit creusé dans la table. Si au contraire on place la clef verticalement, les parois pleines du robinet ferment ce conduit, et le récipient se trouve isolé. Le second canal est au contraire dirigé à peu près parallèlement à l'axe du robinet et vient déboucher sur le côté, dans le même plan perpendiculaire à l'axe où se trouve déjà placé le premier, mais à 90° de ses orifices; son autre ouver-

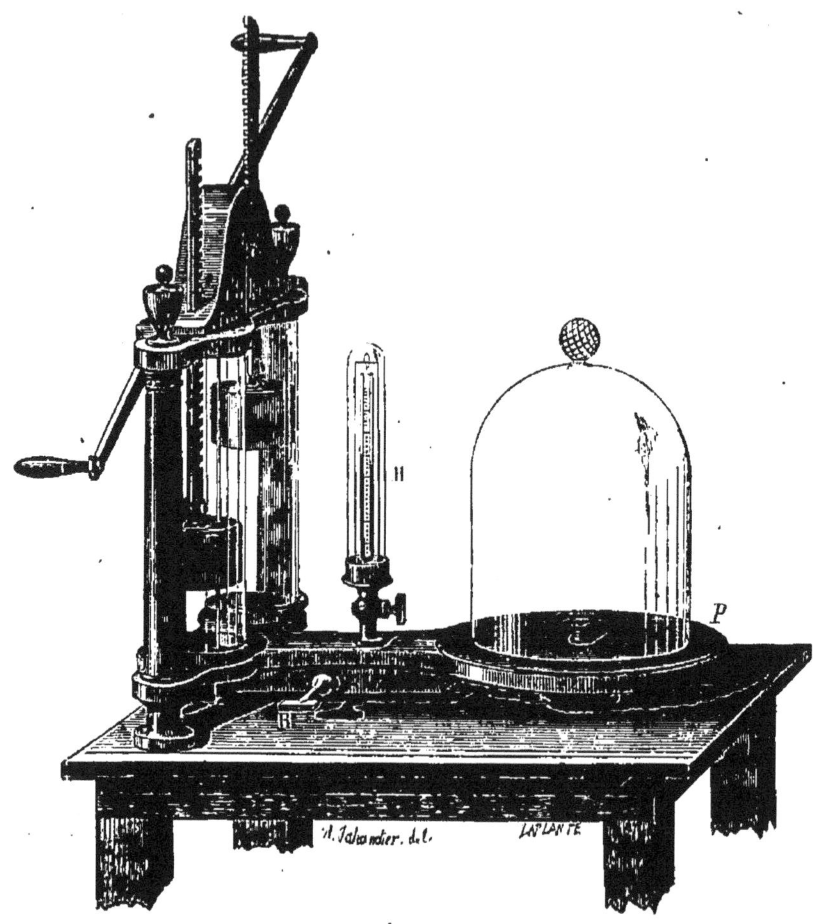

Fig. 70.

ture est à l'extrémité opposée à la clef et reste fermée pendant la manœuvre par un bouchon métallique, rodé sur l'ouverture. Lorsque la clef est tournée verticalement, l'orifice intérieur de ce canal se trouve dirigé soit vers le récipient, soit vers les corps de pompe. Lorsqu'il est dans la première de ces deux positions, il suffit de retirer doucement le bouchon qui ferme l'ouverture extérieure pour faire rentrer l'air dans le récipient.

Éprouvette manométrique. — Pour mesurer la force

élastique du gaz laissé dans l'appareil, on consulte les indications d'un petit baromètre à siphon établi dans une éprou-

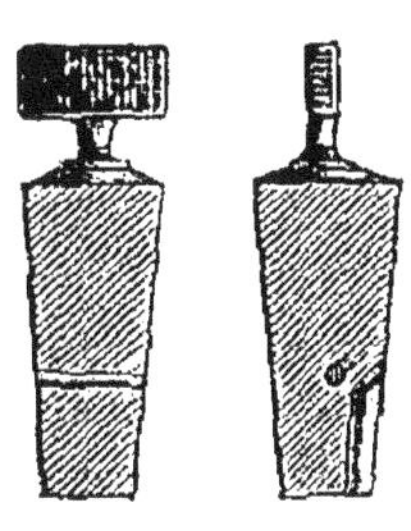

vette à fortes parois H qui communique par
un robinet avec le canal d'aspiration (fig. 70
et 72); la branche fermée et pleine de mercure de ce petit baromètre n'a que $0^m,20$
de hauteur. Tant que l'air aura dans l'appareil une élasticité supérieure à $0^m,20$,
cette branche restera pleine; mais dès que
l'élasticité s'abaisse au-dessous de cette
limite, le mercure commence à descendre

Fig. 71.

en remontant dans la branche vide. La force élastique est
évidemment mesurée par la différence des niveaux, différence
que l'on peut lire sur une échelle en millimètres tracée sur

la tablette métallique qui porte le baromètre. Dans
le cas où le vide serait complet, les deux niveaux seraient sur un même plan horizontal, et c'est sur ce
plan que se trouve placé le zéro commun des échelles
tracées le long des deux branches. Nous savons
déjà que le vide complet est irréalisable dans la
machine, et que le plus qu'on puisse faire c'est d'a-
mener l'élasticité à ne plus être que d'un demi-millimètre. Les machines pneumatiques ordinaires sont
impuissantes pour donner un pareil résultat. Il faut
une disposition particulière, imaginée par M. Ba-
binet, mais dans le détail de laquelle nous n'entre-

Fig. 72.

rons point.

Les deux tubes du manomètre étant de même diamètre, les
deux niveaux du mercure sont toujours à égale distance du
plan horizontal passant par le zéro; c'est ce qui permet de
déterminer facilement la position de ce plan, bien que le mercure ne puisse l'atteindre.

Pour éviter que l'air, en rentrant sous le récipient, ne refoule trop brusquement le mercure dans le manomètre et ne
fasse par là briser le tube, on étrangle la branche fermée dans
le voisinage de son extrémité supérieure; on crée ainsi un
obstacle au mouvement ascendant de la colonne mercurielle,
qui diminue suffisamment la violence du choc, surtout si l'on

a en même temps la précaution de ne retirer que très-douce-
ment le bouchon métallique qui ferme le conduit de rentrée
de l'air.

La plupart des expériences dans lesquelles on se propose
d'étudier ou d'appliquer les effets de la raréfaction de l'air
peuvent se faire en plaçant les corps sous une grande cloche
en cristal à bords épais, bien dressés, et usés sur la glace de la
platine ; il suffit de poser cette cloche sur la platine, qu'on a
d'abord bien essuyée, pour enlever toutes les poussières, et
ensuite légèrement graissée. Par surcroît de précaution on
peut enduire de suif les bords de la cloche.

D'autres fois on fera le vide dans des ballons ou dans des
tubes à robinet, soit en les vissant sur le pas de vis établi au
centre de la platine, soit en les faisant communiquer avec la
machine par un tube flexible portant à chacune de ses extrémités une garniture métallique qui permet de le fixer, d'une
part à l'appareil où l'on veut faire le vide, de l'autre au pas
de vis de la platine.

Machine de compression. — La machine pneumatique
ordinaire a pour but de raréfier
l'air dans un récipient, d'y faire
le vide. Il existe d'autres espèces
de machines pneumatiques destinées au contraire à accumuler de
l'air dans un réservoir de manière
à augmenter à la fois son élasticité
et sa densité : on les appelle machines de compression.

La seule différence qu'elles présentent avec les machines de raréfaction est dans la position des
soupapes qui s'ouvrent de haut en
bas au lieu de s'ouvrir de bas en
haut. Le piston montant tire à lui

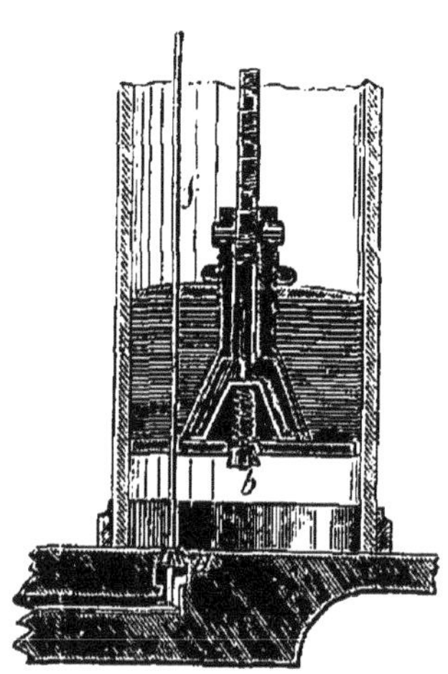

Fig. 73.

la tige f et le bouton a qu'elle porte (fig. 73), et lui fait
fermer la communication du corps de pompe avec le récipient ; l'air se raréfiant sous le piston, la soupape de ce piston
b s'abaisse sous la pression de l'air extérieur qui vient rem-

plir le corps de pompe avec une élasticité égale à la pression atmosphérique ; puis, quand le piston descend, le bouton *a*, entraîné par lui, s'abaisse, tandis que la soupape *b* se trouve au contraire fermée par l'air comprimé dans le corps de pompe, et que le piston refoule dans le récipient.

Quant à ce récipient, il est formé d'une cloche métallique vissée sur la platine et entourée d'un filet pour prévenir les conséquences d'une rupture. On peut aussi comprimer de l'air dans des ballons vissés sur le pas de vis central de la platine ou communiquant à la machine par des tubes en plomb.

Pompe de compression. — On remplace souvent la machine de compression par une simple pompe de compression, formée d'un cylindre dans lequel glisse un piston plein. Il n'y a de soupape qu'à la partie inférieure du corps de pompe.

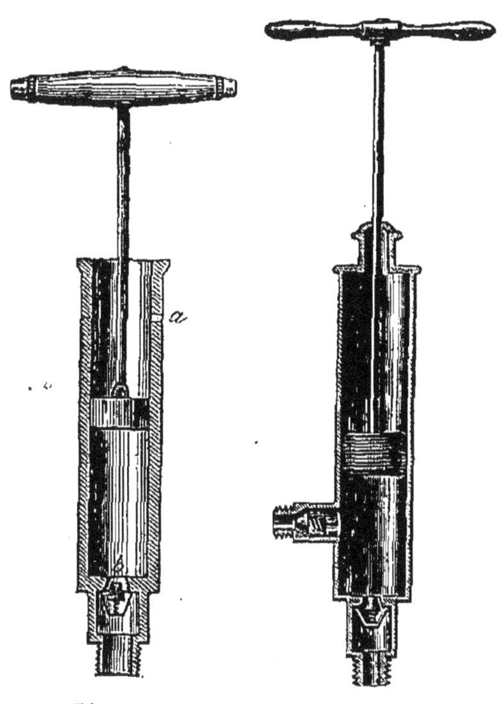

Cette soupape *b* s'ouvre de haut en bas. L'admission de l'air se fait quelquefois par une ouverture *a* pratiquée dans le corps de pompe un peu au-dessous du point le plus élevé que la face inférieure du piston atteint dans sa course ascendante (fig. 74). Mais le plus souvent l'admission se fait par un tube latéral soudé sur la partie inférieure du corps de pompe, et dans lequel se trouve établie une soupape, ouvrant de dehors en dedans

Fig. 74.   Fig. 75.

(fig. 75) ; en adaptant sur ce tube un tuyau en plomb, on peut le faire communiquer avec un gazomètre contenant un gaz quelconque. Le corps de pompe porte à sa partie inférieure un pas de vis qui permet de l'adapter au récipient dans lequel on veut comprimer le gaz. C'est avec un appareil de ce genre qu'on dissout, sous une pression de 4 à 5 atmosphères, l'acide carbonique dans l'eau, pour faire l'eau de Seltz artificielle ; c'est aussi l'appareil que l'on emploie pour liquéfier les gaz par la pression, pour charger d'air la boîte du fusil à vent, etc.

La pompe à main de Gay-Lussac, modifiée par Silbermann, a l'avantage de pouvoir servir soit comme pompe de raréfaction, soit comme pompe de compression, suivant la manière dont on l'emploie (fig. 76). Le piston est plein, et le fond du corps de pompe est percé de deux ouvertures communiquant avec un conduit horizontal que prolongent de chaque côté des tubes munis de robinets. Un troisième robinet placé sur ce conduit horizontal, et entre les deux conduits verticaux, reste fermé pendant la manœuvre, isolant ainsi l'une de l'autre les deux parties de ce conduit. Sur l'une des ouvertures est disposée une soupape ouvrant de bas en haut; la seconde porte une soupape ouvrant de haut en bas. Les tiges qui leur servent de guides passent dans de petits anneaux et sont maintenues par des ressorts que l'on n'a pas représentés sur la figure, réduite à sa plus grande simplicité.

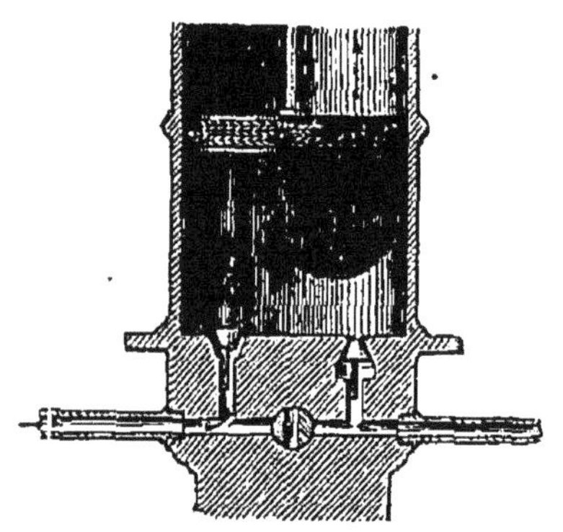

Fig. 76.

Il est facile de comprendre qu'en reliant le récipient au tube latéral de gauche, on en retirera l'air pour le rejeter dans l'atmosphère par le tube latéral droit, et qu'en adaptant ce même récipient au tube de droite, on puisera l'air dans l'atmosphère pour le refouler dans le récipient.

Hémisphères de Magdebourg. — Aux diverses expériences que nous avons déjà indiquées pour démontrer la pression atmosphérique, nous ajouterons une expérience faite par Otto de Guericke, dès qu'il fut en possession d'un instrument propre à faire le vide, et connue sous le nom d'expérience

des *hémisphères de Magdebourg.* On prend deux calottes hémisphériques dont les bords bien dressés et enduits de suif

Fig. 77.

s'adaptent exactement l'un sur l'autre (fig. 77).
L'une des calottes est munie d'un anneau, l'autre d'un robinet que l'on peut visser sur la machine pneumatique. Pour séparer les deux calottes l'une de l'autre, on n'a à exercer qu'un
très-léger effort afin de vaincre l'adhérence que
produit le suif interposé. Mais si l'on fait le vide
dans la sphère, alors on n'arrive plus à les détacher que par un effort violent. En supposant
en effet un décimètre carré de surface au grand
cercle de la sphère, il faudrait appliquer de part
et d'autre à l'anneau et au robinet un effort de 100 kilogrammes pour vaincre la pression atmosphérique, et cela
dans toutes les positions de l'appareil, ce qui pourrait servir
à prouver que la pression a la même valeur dans toutes les directions.

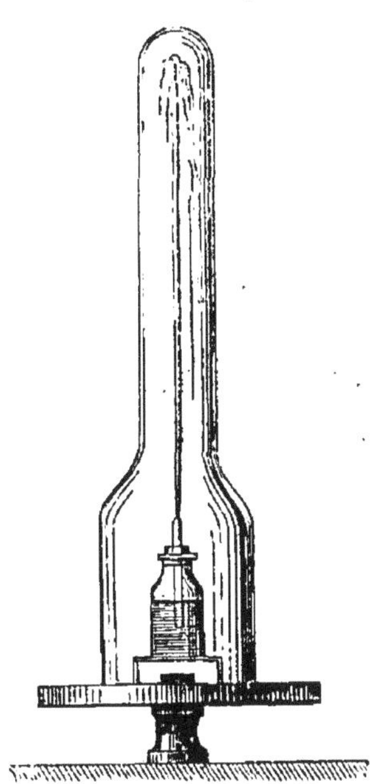
Fig. 78.

Si l'on remplit d'eau à moitié un
flacon en verre (fig. 78), puis si on
le ferme avec un bouchon à travers
lequel passe un petit tube de verre,
plongeant dans l'eau; en plaçant ce
vase sur la platine de la machine,
et le recouvrant d'une cloche de
forme très-élevée, on verra, dès.
qu'on fera le vide sous la cloche, l'eau
s'élever en jet jusqu'à son sommet;
sous l'influence de l'excès de pression de l'air resté dans le flacon.

On obtiendra évidemment le même
résultat en maintenant la pression extérieure et augmentant au contraire
la pression intérieure. On prend pour
cela un vase en métal construit
comme le flacon de l'expérience précédente (fig. 79); l'extrémité extérieure du tube est munie d'un robinet et d'un pas
de vis sur lequel on adapte la pompe de compression. L'air

comprimé par le piston refoule l'eau du tube et vient se loger dans l'espace qui reste vide au-dessus de l'eau. Quand on a

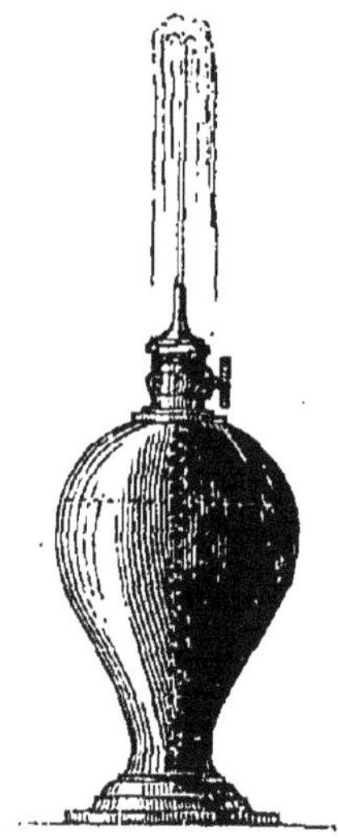

accumulé une quantité d'air assez grande, on ferme le robinet, on enlève la pompe, et on visse à sa place un ajutage percé d'un trou ; alors en ouvrant le robinet on voit l'eau s'élancer à une grande hauteur.

Chemin de fer atmosphérique. Supposons un tube cylindrique dont la section ait environ 0^m,80 de diamètre, ce qui suppose un demi mètre carré, ou 5000 centimètres carrés de superficie, couché horizontalement sous la voie d'un chemin de fer à une petite profondeur, et s'étendant ainsi sur une longueur de plusieurs kilomètres. Un piston logé dans le cylindre peut glisser dans l'intérieur (fig. 80). Si au moyen d'une

Fig. 79.

puissante machine pneumatique on fait le vide dans une des parties du cylindre, en avant du piston, l'air poussera par derrière ce piston avec une force de 5000 kilogrammes. Il n'y a plus qu'à se représenter ce piston convenablement rattaché au convoi placé sur les rails. La force motrice n'a à vaincre que les frottements de roulement sur la voie qui ne sont guère que d'un dixième de la charge. Ainsi, elle pourra donc transporter 50 000 kilogrammes sur la voie, ou dix wagons pesant chacun en moyenne 5 tonnes.

Quant au moyen de rattacher le piston au convoi, voici en quoi il consiste. Le piston est double et porte derrière lui une forte tige, parallèle à l'axe du cylindre. Le tube est ouvert dans toute sa longueur d'une fente que ferme une bande de cuir fixée par un de ses bords, libre à l'autre, de manière à jouer le rôle d'une soupape. Dans la partie du cylindre qui est en avant du piston, l'air étant raréfié par le jeu de la pompe, la pression extérieure appuie la bande de cuir sur la fente ; en arrière du piston, sur la tige qui ferme sa queue, se trouve montée une autre tige qui passe par la fente en écartant la bande de cuir, et va se rattacher à l'un des wagons du convoi. Par cette ouverture maintenue libre, l'air exerce sa pression sur la face postérieure du piston et le fait avancer. A mesure qu'il se déplace, des galets placés en arrière et montés sur la queue du piston remettent la soupape de cuir en place.

Ce système permettrait de gravir des pentes plus roides que celles que l'on a sur les chemins de fer où la traction se fait par des locomotives, mais il entraîne dans des dépenses de réparations et d'entretien beaucoup plus considérables ; il n'est guère applicable d'ailleurs que sur de très-petits parcours.

Pompes. — La théorie des pompes est en tous points semblable à celle de la machine pneumatique et peut s'expliquer en quelques mots.

Un cylindre ou corps de pompe renferme un piston muni de deux soupapes ou clapets A s'ouvrant de bas en haut (fig. 81). Du fond du corps de pompe part un tuyau, appelé *tuyau d'aspiration*, et plongeant dans l'eau que l'on veut élever ; l'orifice supérieur de ce tuyau est fermé par une soupape, appelée soupape *dormante*, B, et ouvrant aussi de bas en haut. A une certaine hauteur au-dessus du point le plus élevé que le piston atteint dans sa course ascendante se trouve un tuyau latéral de déversement.

Admettons d'abord que le piston s'applique rigoureusement sur le fond du corps de pompe sans laisser au-dessous de lui d'espace nuisible,

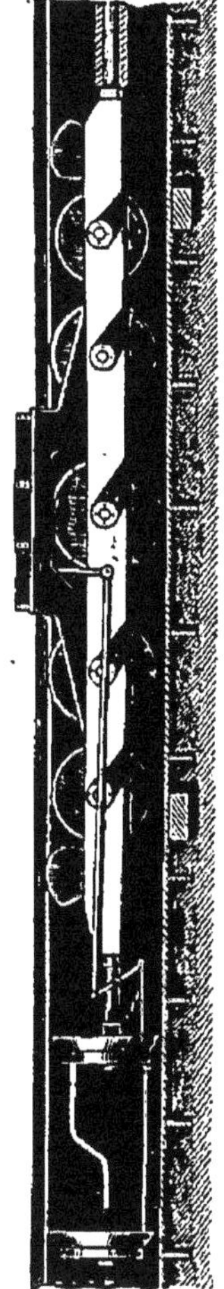

Fig. 80.

et supposons le tuyau d'aspiration plein d'air à la pression atmosphérique. Soulevons le piston ; la soupape dormante B est pressée sur sa face inférieure par l'air du tuyau d'aspiration, elle ne supporte plus de pression sur sa face supérieure dès que le piston s'en est détaché, elle doit donc se soulever, et l'air du tuyau d'aspiration va se répandre dans le corps de pompe, en diminuant par conséquent d'élasticité. Dès lors la pression atmosphérique qui s'exerce sur la surface de l'eau n'étant plus équilibrée par une pression égale, à l'intérieur du tuyau, l'eau devra monter dans ce tuyau à une hauteur telle que sa pression, en s'ajoutant à celle

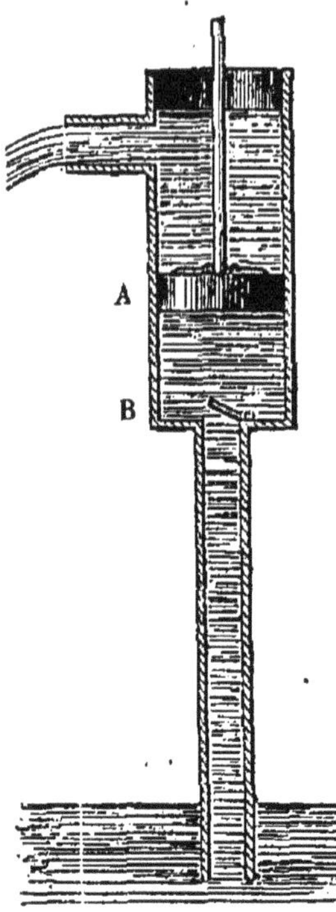

de l'air raréfié, fasse une somme équivalente à la pression atmosphérique. Le piston arrivé au haut de sa course, l'eau se trouve avoir atteint dans le tuyau un certain niveau ; la soupape dormante également pressée sur ses deux faces, se referme par son poids. Si maintenant on abaisse le piston, il comprime l'air qui est au-dessous de lui sous un volume de plus en plus petit, en lui donnant une élasticité croissante qui atteindra la pression atmosphérique, alors le piston continuant à descendre , les soupapes A se lèvent , et quand le piston arrive au bas de sa course, tout l'air venu' du tuyau d'aspiration se trouve expulsé. Si maintenant on soulève le piston, la soupape dormante pressée sur sa face inférieure sans l'être sur sa face supérieure, va se soulever; la petite quantité d'air qui

Fig. 81.

reste dans le tuyau d'aspiration va se répandre dans le corps de pompe en se raréfiant encore, de là ascension plus grande de l'eau, qui pourra arriver au bout d'un certain nombre de coups de piston dans le corps de pompe. Cela n'est possible toutefois qu'autant que le tuyau d'aspiration a une hauteur un peu moindre que $10^m,30$, puisqu'en supposant le vide parfait au-dessus de la colonne d'eau, celle-ci ne pourrait avoir que la hauteur de $10^m,30$ qui fait équilibre à la pression atmosphérique moyenne.

A partir de ce moment, le piston en descendant vient appuyer sur la surface de l'eau qui repousse la soupape et passe par-dessus. Arrivé au fond du cylindre, le piston aura au-dessus de lui toute la masse d'eau qui a pénétré dans le corps de pompe. Qu'on le soulève encore, et, pressée par l'atmosphère, l'eau qui est au-dessous le suivra dans sa marche ascendante jusqu'à la limite de 10^m,30. De sorte que si le point le plus élevé de la course du piston est au plus à 10^m,30 du niveau de l'eau dans le réservoir, l'eau le suivra jusque-là ; la soupape dormante se referme par son poids dès que le mouvement d'ascension s'arrête, et en redescendant, le piston fait passer au-dessus de lui toute l'eau introduite par le tuyau d'aspiration dans le cylindre. La pompe est alors amorcée, et en continuant la manœuvre du piston, l'eau finira par atteindre le tuyau de déversement par lequel elle s'écoulera chaque fois que le piston en remontant amènera à son orifice l'eau qui repose sur sa base supérieure.

La condition que nous avons posée pour la longueur du tuyau d'aspiration est tout à fait insuffisante dans la pratique, parce que le piston laisse toujours au-dessous de lui un espace nuisible, très-comparable à l'espace que le piston parcourt dans le cylindre. Il faut alors régler la longueur du tuyau d'aspiration d'après l'étendue relative de ces deux espaces.

Chaque fois que le piston arrive au bas de sa course, il laisse au-dessous de lui une masse d'air dont l'élasticité est égale à la pression atmosphérique. — Désignons par e la hauteur de l'espace nuisible, par c la hauteur de la course du piston, par S la base du cylindre. — Le volume de l'air qui est Se quand le piston est au bas de sa course, devient S $(e+c)$ quand le piston est arrivé au point le plus élevé ; l'élasticité de cette masse d'air devient donc, en appliquant la loi de Mariote et appelant H la hauteur de la colonne d'eau qui fait équilibre à la pression atmosphérique,

$$H \times \frac{Se}{S(e+c)} \quad \text{ou} \quad \frac{He}{e+c}$$

D'un autre côté, soit h la hauteur à laquelle nous supposons l'eau arrivée dans le tuyau d'aspiration après quelques coups de piston. — L'élasticité de l'air qui reste dans ce tuyau, mesurée en colonne d'eau, ajoutée à la hauteur d'eau h, fait équilibre à la pression atmosphérique H ; — elle est donc représentée par H $- h$.

Pour que la soupape dormante puisse se soulever, il faut que la pression qu'elle supporte sur sa face inférieure et qui est mesurée par H $- h$, soit plus grande que celle qu'elle supporte de la part de l'air dilaté qui est en dessus et qui est $\dfrac{He}{e+c}$. Ainsi on doit avoir

$$H-h > \dfrac{He}{e+c}$$

alors même que $H-h$ serait le plus petit possible, c'est-à-dire que h atteindrait sa plus grande valeur, qui est la longueur même du tuyau d'aspiration L. On voit d'après cela que, pour que l'eau, supposée arrivée au contact de la soupape, puisse monter dans le corps de pompe, il faut que l'on ait

$$H-L > \dfrac{He}{e+c}$$

$$\text{ou} \quad L < H - \dfrac{He}{e+c}$$

$$L < H \dfrac{c}{e+c}$$

Si, par exemple, e était égal à c, il faudrait que L eût un peu moins de $5^m,15$.

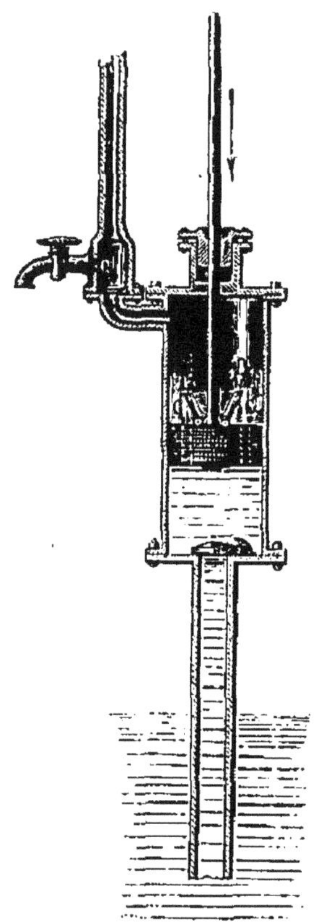

Fig. 82.

La pompe dont nous venons de donner la théorie est la pompe *aspirante*. C'est la disposition la plus habituelle des pompes ménagères (fig. 82). La tige du piston est mise en mouvement par un levier sur lequel elle s'articule, et passe, pour entrer dans le cylindre, dans un étui garni d'anneaux de cuirs; de sorte que le corps de pompe se trouve fermé en haut comme en bas. Sur le tuyau de déversement se trouve branché un tuyau par lequel on peut, en fermant le robinet d'écoulement c, faire monter l'eau dans un réservoir ou dans les étages élevés de la maison. Ce tuyau porte aussi une soupape ouvrant de bas en haut, et qui empêche la colonne d'eau, montée dans le tuyau d'élévation, de redescendre. Avec cette disposition, la pompe prend le nom de pompe aspirante élévatoire.

Dans d'autres pompes le piston est plein et sans soupape,

alors sur la paroi latérale du corps de pompe (fig. 83) se trouve
soudé un tube qui se recourbe à angle droit, et porte une soupape c' ouvrant de bas en haut. C'est par ce tube que se fait
d'abord la sortie de l'air, puis celle de l'eau. La théorie est
exactement la même que celle des pompes aspirantes. Ainsi
agencées, les pompes sont dites *aspirantes et foulantes*. Avec
ces dernières pompes le mouvement d'ascension de l'eau est
produit par le mouvement de descente du piston ; tandis que

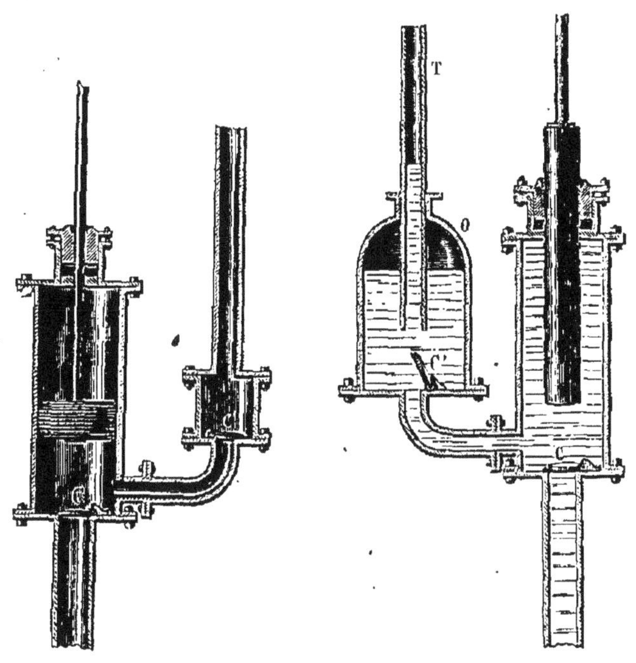

Fig. 83.   Fig. 84.

dans les pompes du premier genre l'eau montait avec le
piston.

Pour donner de la continuité au jet on dispose au-dessus de
la soupape latérale C' un assez vaste réservoir O contenant de
l'air, et dans lequel plonge le tuyau d'élévation T (fig. 84). Au
moment du coup de piston descendant, l'eau est refoulée dans
le tuyau d'élévation, et elle monte ainsi dans le réservoir en
comprimant fortement l'air au-dessus d'elle ; puis, quand le
piston remonte et que la soupape C' s'est refermée, l'air réagit
par son élasticité, et, repoussant l'eau qui l'a comprimé, la

force à continuer encore un instant son mouvement d'ascension dans le tuyau, de sorte que si le nouveau coup de piston ne se fait point attendre, le mouvement de l'eau sera continu, bien qu'avec des vitesses très-inégales. La figure 85 offre cette disposition du piston plein que nous avons déjà vue dans la presse hydraulique, et que l'on appelle piston plongeur. Quelquefois le cylindre dans lequel se meut le piston plein plonge directement dans la nappe d'eau, sans l'intermédiaire d'un tuyau d'aspiration; la pompe s'appelle alors pompe *foulante*.

Pour empêcher les corps solides, brindilles de bois ou

Fig. 85.

grains de sable que l'eau peut tenir en suspension, de pénétrer dans la pompe et d'y détériorer les soupapes, on défend l'entrée du corps de pompe par une pomme d'arrosoir adaptée à l'extrémité noyée du tuyau d'aspiration, ou au-dessous de la soupape quand le tuyau d'aspiration est supprimé.

Les pompes à incendie sont des pompes foulantes à deux corps de pompe communiquant à un même réservoir d'air, et dont les pistons sont mis en mouvement par un double levier à peu près comme dans la machine pneumatique (fig. 85).

Le jet se trouve ainsi rendu continu, et par le jeu alternatif
des pistons, et par la réaction de l'air comprimé.

Siphon. — Lorsqu'on a à faire passer un liquide d'un
vase qu'on ne peut déplacer dans un autre vase placé au-
dessous, ou que l'on veut éviter de donner au liquide une
trop grande agitation, on fait usage du petit instrument appelé *siphon*. C'est un tube recourbé en forme d'U, et ouvert
à ses deux extrémités : l'une des branches plonge dans le li-

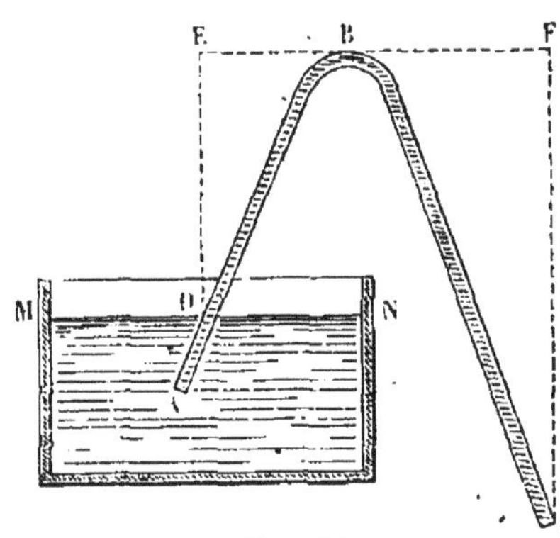

Fig. 86.

quide, l'autre restant suspendue dans l'air. Le tube
a été à l'avance *amorcé*,
c'est-à-dire rempli du liquide que l'on veut *décanter*
(fig. 86). Nous dirons plus
loin comment on s'y prend
pour amorcer le siphon.

Si alors on découvre l'o-
rifice C, le liquide s'écoule
d'une manière continue,
pourvu que le niveau MN

soit au-dessus du point C ; et si, par le fait de l'écoulement,
le plan MN peut s'abaisser à la hauteur de l'orifice C, alors
l'écoulement s'arrêtera.

En D la petite couche liquide, prise à l'intérieur du tube,
supporte de bas en haut, à l'unité de surface, la pression atmosphérique, transmise par le liquide, et mesurée par une
colonne, de hauteur H, du liquide qui remplit le vase et le
siphon; mais elle supporte en même temps, de haut en bas,
la pression de la colonne DB, mesurée sur l'unité de surface
par la hauteur verticale DE ou h. C'est donc en définitive une
pression de bas en haut égale à H—h; h est évidemment
moindre que H, sans quoi le siphon n'aurait pu être amorcé.

En C, l'unité de surface supporte directement, de bas en
haut, la pression atmosphérique H ; de haut en bas la pression de la colonne DC, mesurée en hauteur verticale par
CF=h'. La pression résultante en ce point et de bas en haut
est donc H—h'; h' doit aussi être moindre que H.

Or, puisque le point C est au-dessous de MN, h' est plus

grand que h; la différence $H-h'$ est plus petite que $H-h$. Ainsi la pression en D l'emporte sur la pression en C, de toute la différence entre h' et h. L'écoulement doit donc avoir lieu de D vers C, et comme la pression atmosphérique refoule constamment le liquide dans la branche AB, l'écoulement doit continuer tant qu'il y aura une différence entre h' et h. Mais si MN est, ou arrive, à la hauteur du point C, les deux pressions en D et en C sont égales, et le liquide demeure en équilibre dans le siphon.

Il est essentiel que l'orifice C soit assez étroit pour que l'air ne puisse en ce point diviser la colonne d'eau et monter dans le siphon, car alors celui-ci cesserait d'être amorcé, l'air refoulant de part et d'autre les deux colonnes liquides.

La branche C pourrait d'ailleurs plonger dans le liquide du second vase, ce qui ne changerait rien à l'explication; alors la rentrée de l'air serait évidemment impossible.

L'amorçage du siphon se fait de façons très-diverses, suivant la nature des liquides que l'on a à décanter. Si l'on a affaire à de l'eau ou à tout autre liquide aussi innocent, on se borne, en appliquant les lèvres au point C, à appeler par succion le liquide dans le siphon. Mais si le liquide est corrosif il faut employer d'autres moyens. Alors on aspire avec la bouche par un tube latéral soudé en K à la branche extérieure du siphon, dont on ferme l'orifice C avec le doigt ou avec un bouchon (fig. 87). Si les vapeurs sont dangereuses à respirer, on opère l'aspiration à l'aide d'une petite pompe à air ajustée sur le tube auxiliaire, ou au moyen d'un ballon de caoutchouc, dont on attache le col à l'extrémité de

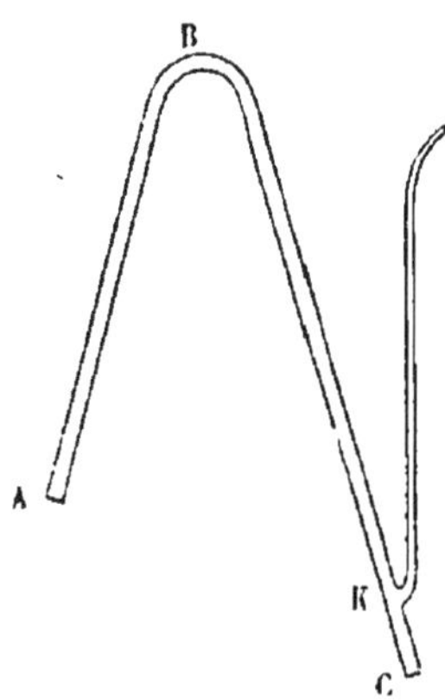

Fig. 87.

ce tube; on serre le ballon dans la main et l'on plonge l'orifice A dans le liquide en fermant l'orifice C. Si alors on cesse de presser le ballon, il se distend par son élasticité, et l'agrandissement de volume qui en résulte produit une raréfaction suffisante pour amorcer le siphon.

Quelquefois aussi on ferme les deux orifices du siphon ordinaire avec des bouchons; puis, par une ouverture pratiquée en B, on charge le siphon de liquide. Il y a même d'ordinaire en B deux ouvertures, l'une pour l'introduction du liquide, l'autre pour la sortie de l'air. On évite ainsi des projections de liquide qui pourraient être très-dangereuses pour l'opérateur. Le siphon amorcé, on ferme ces orifices, et l'on ouvre C. Souvent on sé borne à remplir de liquide la branche extérieure BC. La colonne liquide en s'écoulant produit au-dessus d'elle une raréfaction de l'air qui fait monter le liquide dans la branche AB. En donnant à la branche BC une longueur suffisante, que le calcul peut déterminer, on obtiendra ainsi l'amorçage du siphon. C'est de cette façon que s'amorce le siphon à l'aide duquel on retire l'acide sulfurique des cornues de platine où l'on opère sa concentration.

CHAPITRE VII.

PRINCIPE D'ARCHIMÈDE APPLIQUÉ AUX GAZ. — AÉROSTATS. PESÉE DES CORPS DANS L'AIR.

De même que tout corps plongé dans un liquide subit, par cela même que le liquide est pesant, des pressions inégales sur les différents points de sa surface, et qui donnent pour résultante une force, appelée *poussée*, tendant à soulever le corps de bas en haut, de même puisque l'air est pesant, tout corps plongé dans l'air subit aussi de sa part des pressions variables sur les différents points, et qui doivent donner une poussée agissant sur le corps pour le soulever Si l'on prend dans l'air deux points AB placés l'un au-dessus de l'autre, l'unité de surface prise en chacun de ces points ne supporte pas la même pression, si petite que soit la distance AB. En B la pression se mesurera comme pour les liquides par le poids de la colonne d'air verticale ayant pour base l'unité de surface, et pour hauteur la distance de B à la limite supérieure de l'atmosphère. En A la pression se mesurera par le poids de la colonne d'air ayant pour base l'unité de surface, et pour hauteur verticale la distance de A à la limite de l'atmosphère; il y aura donc comme différence entre les deux pressions le poids de la colonne verticale ayant pour hauteur la distance AB.

On voit d'après cela que pour un corps plongé dans l'air, les pressions les plus fortes sont celles qui s'exercent sur sa face inférieure et de bas en haut. De là nécessairement une poussée.

Or si l'on suppose dans l'air en équilibre une certaine portion de la masse, limitée par une surface fermée de forme quelconque, cette masse d'air est soumise, d'une part à l'action de son poids qui tend à la faire tomber, de l'autre aux pressions de l'air environnant, pressions qui donnent cette poussée dont nous venons de parler. Puisqu'il y a équilibre il faut bien admettre que la poussée est égale au poids de la masse d'air.

Que l'on se représente maintenant un corps quelconque occupant la place de cette masse d'air, les pressions extérieures resteront les mêmes et par suite aussi la poussée. Donc un corps plongé dans l'air éprouve une poussée verticale de bas en haut, mesurée par le poids d'un volume de l'air ambiant égal au volume du corps; ou, ce qui revient au même, le corps perd de son poids le poids du volume d'air déplacé.

Pour démontrer l'existence de cette poussée, prenons un petit fléau de balance aux extrémités duquel seront suspendues deux sphères de laiton, l'une creuse et d'un assez grand diamètre, l'autre pleine au contraire et de diamètre beaucoup plus petit. Ces deux sphères, à très-peu près d'égal poids, sont suspendues à de petits écrous montés sur un pas de vis qu'on a taillé à chacune des extrémités du fléau. En avançant ou en reculant l'un de ces écrous, on arrive à établir dans l'air l'horizontalité parfaite du fléau (fig. 88). On place alors cet appareil, qui est

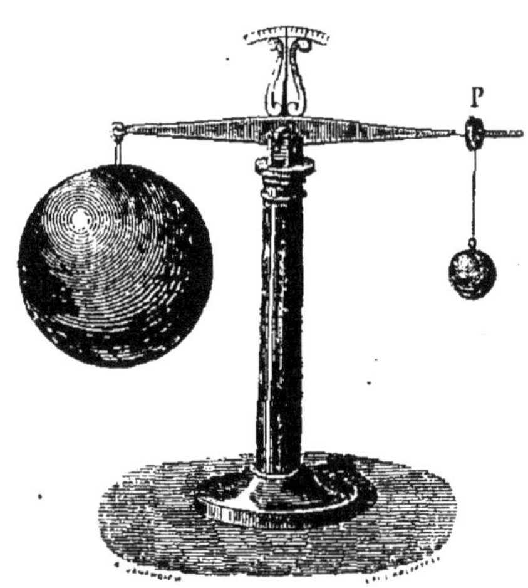

Fig. 88.

de très-petite dimension et que l'on appelle le *Baroscope*, sur la platine de la machine pneumatique, et on le recouvre de la cloche.

Si l'on fait le vide on supprime la poussée; on rend donc à chacun de ces corps l'équivalent du poids du volume d'air déplacé. La grosse boule gagnera plus que la petite et devra faire pencher le fléau de son côté. C'est en effet ce que l'on observe dès que, par le jeu des pistons, on raréfie l'air de la cloche. Cette expérience est due à Otto de Guericke.

Pesée des corps dans l'air. — Lorsque nous pesons un corps dans l'air, la force qui agit sur le plateau de la balance n'est pas le poids véritable du corps, son poids dans le vide, mais la différence entre ce poids réel et la poussée ; entre le poids réel et le poids du volume d'air déplacé par le corps.

Pour la pesée de la plupart des corps solides et liquides, l'erreur qu'on commet ainsi peut être négligée, car elle n'est qu'une fraction très-petite du poids du corps, assez petite généralement pour rentrer dans la limite des erreurs mêmes de la pesée. Ainsi le mercure pèse, comme nous le savons déjà, environ 10 460 fois autant qu'un volume égal d'air atmosphérique. L'erreur commise en prenant le poids dans l'air du mercure à la place de son poids réel est donc moindre qu'un dix millième de ce poids : c'est une erreur comparable à celle que l'on commet quand on pèse un poids de 10 grammes, à moins d'un centigramme, et sauf le cas d'opérations demandant une grande précision, une pareille approximation est très-suffisante.

Mais si on pèse de l'eau, et surtout des gaz, alors la poussée devient comparable au poids lui-même. Quand on pèse de l'hydrogène dans un ballon, la poussée est plus grande, non pas que le poids du ballon, mais que le poids de l'hydrogène

D'une autre part, les poids gradués dont on se sert subissent une poussée analogue ; le nombre qu'ils portent inscrit est leur poids dans le vide, et dans l'air ils subissent une poussée qui leur fait perdre le poids de l'air déplacé.

En réalité c'est le poids *dans l'air* des poids gradués qui fait équilibre au poids *dans l'air* du corps que l'on veut peser. Toutefois nous remarquerons que les poids gradués étant faits habituellement en cuivre (7600 fois plus dense que l'air) ou même en platine (16 000 fois plus dense que l'air), l'erreur commise pour les poids gradués peut être négligée. Ainsi on peut sans erreur sensible regarder la valeur nominale de ces poids gradués comme donnant le poids dans l'air du corps que l'on pèse. Si donc on connaît le volume de ce corps et la densité de l'air au moment de la pesée, on peut lui restituer son véritable poids.

Soit x ce poids, P la somme des poids gradués, valeur dans le vide, mais que nous supposons égale au poids dans l'air ; soit encore D la densité du corps et δ la densité de l'air dans les conditions de la pesée.

$\dfrac{x}{D}$ est le volume du corps, et $\dfrac{x}{D} \times \delta$ le poids d'un volume d'air égal. On a donc

$$x - \frac{x\delta}{D} = P,$$

d'où

$$x = \frac{P}{1 - \frac{\delta}{D}} \cdot$$

Si l'on voulait tenir compte de la poussée de l'air sur les poids gradués, on aurait, en désignant par D′ la densité de la matière de ces poids, pour poids dans l'air du corps à peser $x - \dfrac{x\delta}{D}$; pour poids dans l'air des poids gradués $P - \dfrac{P\delta}{D'}$; et ce sont ces poids dans l'air qui se font équilibre ; donc

$$x - \frac{x\delta}{D} = P - \frac{P\delta}{D'},$$

d'où

$$x = \frac{P\left(1 - \frac{\delta}{D'}\right)}{1 - \frac{\delta}{D}}.$$

Supposons maintenant que la densité du corps D soit inconnue et que l'on se propose sa détermination : — Alors on sait qu'il faut, par une seconde pesée, équilibrer par des poids gradués le poids d'un volume d'eau égal à celui du corps, cette nouvelle pesée se faisant dans l'air comme la première.

$\dfrac{x}{D}$ étant le volume du corps, le poids dans le vide d'un volume d'eau égal serait $\dfrac{x}{D}d$, d étant la densité de l'eau au moment de la pesée ; le volume d'air déplacé est $\dfrac{x\delta}{D}$; le poids dans l'air de l'eau ayant le même volume que le corps est donc $\dfrac{x}{D}(d - \delta)$. — Si P′ est la valeur nominale des poids gradués, $P'\left(1 - \dfrac{\delta}{D'}\right)$ représente leur poids dans l'air. On a donc

$$\frac{x}{D}(d-\delta)=P'\left(1-\frac{\delta}{D'}\right).$$

On a ainsi deux équations entre x et D qui permettent de déterminer la densité, en éliminant x par division :

$$\frac{D-\delta}{d-\delta}=\frac{P}{P'}.$$

On voit en outre que le facteur qui représente la correction faite sur les poids se trouve éliminé en même temps.

On tire de là

$$D=\frac{P}{P'}\,d-\frac{(P-P')\delta}{P'}.$$

En supposant ce que nous avons fait jusqu'à présent que la densité de l'eau reste sensiblement, à la température des pesées, ce qu'elle est à 4°, c'est-à-dire l'unité, la formule serait

$$D=\frac{P}{P'}-\frac{(P-P')\delta}{P'}.$$

Le terme correctif mis ainsi en évidence sera soustractif ou additif, suivant qu'on aura $P>P'$, ou $P<P'$; c'est-à-dire que le corps sera plus dense ou moins dense que l'eau.

Montgolfières. — Aérostats. — Si dans une enveloppe mince se trouve renfermé un gaz ayant une densité notablement moindre que celle de l'air atmosphérique, il pourra se faire que le poids de l'air déplacé, qui donne la mesure de la poussée, soit supérieur aux poids réunis de l'enveloppe et du gaz qu'elle renferme. Dès lors l'enveloppe devra s'élever dans l'air, et la force ascensionnelle sera la différence des poids de l'air et du gaz, ce dernier augmenté du poids de l'enveloppe. En appelant V le volume de l'enveloppe dont nous négligeons l'épaisseur, δ la densité de l'air, δ' celle du gaz, p le poids de l'enveloppe,

$$V(\delta-\delta')-p$$

sera la force ascensionnelle.

Le poids de l'enveloppe augmentera en raison de son étendue superficielle, par conséquent proportionnellement au carré du rayon; V augmente au contraire comme le cube du rayon. La force ascensionnelle grandit donc avec le volume de l'enveloppe.

Ce sont ces principes qui ont guidé les frères Montgolfier dans l'invention des premiers ballons à air chaud ou *mont-golfières*. L'air que l'on chauffe dans une enveloppe ouverte se dilate, sort en partie de l'enveloppe et prend une densité de plus en plus faible à mesure qu'il devient plus chaud.

Les montgolfières étaient des ballons en taffetas ciré dont le col, largement ouvert, était disposé au-dessus d'un amas enflammé d'étoupes et de paille. Lorsqu'on jugeait l'air suffisamment échauffé et que la tension des cordes qui mainte-naient le ballon attaché au sol indiquait une force ascension-nelle assez grande, on établissait au centre de l'anneau résistant qui maintenait le ballon ouvert un petit réchaud dans lequel brûlaient des étoupes imbibées d'esprit-de-vin ou d'essences, et alors, coupant les cordes, on donnait la liberté au ballon qui s'élevait rapidement dans les airs.

Les premiers essais des Montgolfiers à Annonay, où ils avaient fondé une papeterie qui existe encore sous la direc-tion même de leurs descendants directs, eurent un merveil-leux succès; ils les répétèrent bientôt à Paris et à Versailles, aux acclamations d'une foule enthousiaste qui voyait déjà l'homme prenant possession de l'air comme de la mer. Le physicien Charles, au bruit des premiers essais de Montgol-fier, avait pris pour ainsi dire l'avance sur lui en lançant dans les airs un ballon rempli non pas d'air chaud, mais d'hydro-gène. Montgolfier avait au surplus tenté l'emploi de l'hydro-gène avant de recourir à l'air chaud, et il avait reconnu que l'hydrogène traversait toutes les enveloppes. Bientôt on dut renoncer aussi à l'emploi de l'air chaud. Le feu que l'on était obligé d'entretenir sous la bouche des montgolfières pour y maintenir l'air suffisamment échauffé se communiquait à l'enveloppe, et de nombreux accidents firent revenir à l'usage de l'hydrogène, puis au gaz d'éclairage que l'on emploie ac-tuellement.

La densité du gaz d'éclairage par rapport à l'air est en

moyenne 0,75 ; ainsi pour chaque mètre cube de gaz la différence entre la poussée de l'air et le poids du gaz est environ $1293^{gr} \times 0,75$ ou 323 grammes.

L'enveloppe des ballons qui servent aux ascensions aérostatiques est généralement en taffetas ciré, doublé de caoutchouc. L'aérostat est d'abord suspendu l'orifice en bas à une traverse horizontale en bois, fixée à hauteur convenable sur deux mâts verticaux. On prend le gaz d'éclairage sur un gros tuyau de conduite, au moyen d'un tube qui l'amène dans l'intérieur du ballon, recouvert à l'avance d'un grand filet, auquel sont amarrées des cordes fixées au sol. Bientôt la poussée rend la traverse de suspension inutile, et le ballon tend les cordes auxquelles il est attaché. Lorsque la masse de gaz introduite est suffisante, on ferme la bouche du ballon, on attache une nacelle en osier à des cordes suspendues au filet, puis on coupe ou on lâche les cordes d'amarre.

Si le ballon était d'abord complétement rempli de gaz avec une élasticité égale à la pression extérieure, cette dernière pression diminuant à mesure que le ballon s'élève, l'excès de la pression intérieure ne tarderait point à faire crever l'enveloppe. Il faut laisser au gaz la possibilité de se mettre en équilibre de pression avec l'air ambiant par une augmentation convenable de son volume. On ne remplit donc le ballon qu'à moitié, ou tout au plus aux deux tiers. Le ballon s'étend et se gonfle à mesure qu'il s'élève dans l'air. Tant qu'il n'est pas arrivé à son maximum d'extension, la force ascensionnelle reste sensiblement la même. En effet, d'une part, le ballon se dilate de telle sorte que la pression du gaz intérieur soit constamment égale à la pression extérieure ; son volume est donc en raison inverse de cette pression. D'une autre part, la densité de l'air déplacé est proportionnelle à la pression. Il suit de là que le poids de l'air déplacé reste aussi le même. La différence entre le poids du ballon et la poussée conserve donc bien la même valeur, sauf la petite variation du poids p. Mais une fois que le ballon a pris tout son volume, la force ascensionnelle diminue à mesure qu'il s'élève davantage, puisque la densité de l'air continue à décroître. Enfin, quand le poids de l'air déplacé sera égal au poids total du ballon, celui-

aura atteint sa couche d'équilibre, et s'y arrêtera après quelques oscillations (fig 89). On règle le remplissage du ballon sur
la hauteur de la couche que l'on veut atteindre, de telle sorte

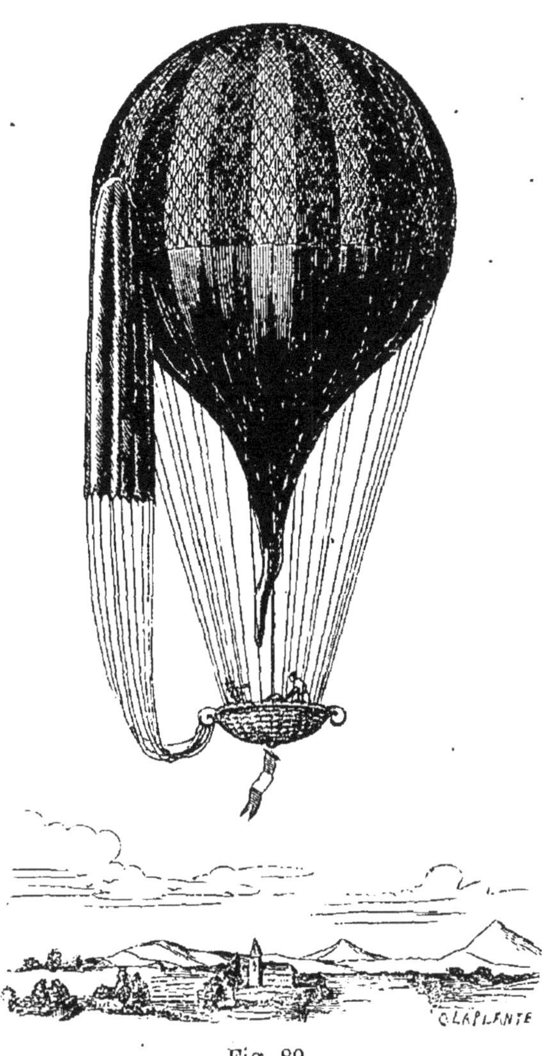

Fig. 89.

que cette couche ne dépasse que de très-peu celle où le ballon aura atteint son maximum de volume, pour qu'il n'y ait qu'un faible excédant de pression intérieure.

Si, après avoir atteint la couche d'équilibre, l'aéronaute voulait s'élever encore davantage, il lui faudrait diminuer le poids de son ballon. — Il emporte pour cela dans sa nacelle des sacs remplis de sable ; alors en jetant une partie de ce lest, il allége le ballon, et peut gagner des couches plus élevées. — Veut-il au contraire redescendre, il entr'ouvre une soupape

placée au sommet du ballon, et qu'il peut manœuvrer à l'aide
d'un cordon qui, glissant sur la surface du ballon, descend dans
la nacelle à la portée de sa main. Une partie du gaz du ballon s'échappe, et est remplacée par de l'air ; alors le ballon

devenu plus lourd s'abaisse dans une couche d'équilibre inférieure, qu'il dépasse d'abord en vertu de la vitesse acquise pour y revenir ensuite, et s'y arrêter après quelques oscillations. On peut ainsi le faire redescendre jusqu'à terre. Si l'aéronaute s'aperçoit qu'il descend avec une trop grande rapidité, et s'il craint un choc violent sur le sol, ou si encore la localité ne lui paraît pas favorable pour un débarquement, il rejette du lest pour remonter de nouveau quelque peu, et pouvoir ensuite redescendre d'une moindre hauteur et dans un lieu plus propice.

A l'aide d'une ancre qu'il jette de la nacelle, il s'amarre soit au sol même, soit aux buissons, et ouvrant la soupape, il amène son ballon à terre.

Pour parer aux cas d'accidents soudains, tels qu'une déchirure de l'enveloppe, l'aéronaute se munit d'un parachute, sorte d'immense parapluie d'une très-grande solidité qui reste suspendu et fermé aux flancs du ballon. Un réseau de cordes rattache le contour du parachute à la nacelle. Si l'aéronaute constate un mouvement de descente subit et par trop rapide, signe à peu près certain d'un accident, alors il rompt les attaches de la nacelle au ballon, et coupe l'amarre du parachute qui, se déployant alors subitement, offre une très-grande surface de résistance à l'air et ralentit la chute, de manière à la rendre à peu près sans danger. Pour éviter les oscillations que l'air, en s'engouffrant sous le parachute, lui imprimerait inévitablement s'il devait s'échapper par le contour, on pratique une ouverture ronde au sommet même de la voûte afin de lui fournir une issue.

CHAPITRE VIII.

COUP D'OEIL GÉNÉRAL SUR LES PHÉNOMÈNES PRODUITS PAR LA CHALEUR, L'ÉLECTRICITÉ ET LA LUMIÈRE.

La chaleur est l'agent physique qui produit sur nous les sensations du chaud et du froid, sensations qui dépendent complétement de l'état dans lequel nous nous trouvons par rapport au corps qui nous cède de la chaleur, ou au contraire qui nous en enlève, mais surtout de la rapidité avec laquelle s'opère en nous la transition. Un changement considérable du chaud au froid, ou inversement, mais qui s'opère lentement, ne produit pas sur nous d'effet appréciable; tandis qu'un changement moindre, mais très-brusque, nous affecte au contraire très-vivement. La vivacité de la sensation peut dépendre d'ailleurs aussi de mille circonstances secondaires, souvent difficiles à apprécier. Il suit de là que nos sensations peuvent nous tromper souvent sur l'état de chaleur des corps. C'est ainsi qu'une cave nous paraîtra chaude en hiver, fraîche en été, bien que cependant son état de chaleur soit resté exactement le même.

Mais la chaleur produit sur les corps de la nature inanimée des effets physiques qu'il nous est facile de constater, de mesurer même quelquefois, et qui nous permettent alors facilement de juger si un corps s'échauffe ou se refroidit, c'est-à-dire gagne ou perd de la chaleur; car nous n'admettons pas l'existence de deux agents distincts, l'un produisant les phénomènes de l'échauffement, l'autre les phénomènes du refroidissement. Se refroidir, c'est perdre de la chaleur. Un corps froid, par rapport à nous, par exemple, c'est un corps moins chaud que nous; mais il peut être encore chaud par rapport à un autre corps.

Lorsqu'un corps solide, liquide ou gazeux est soumis à l'action d'un foyer de chaleur, il se dilate, c'est-à-dire qu'il augmente de volume, en diminuant par conséquent de densité.

Ce phénomène de la dilatation peut être rendu évident par les expériences suivantes :

1° *Corps solides*. Pour montrer d'abord qu'une barre solide s'allonge par l'action de la chaleur, on peut faire usage du petit appareil suivant : — Deux petites colonnes verticales sont dressées sur une table de bois et surmontées d'une boule percée de part en part d'un canal horizontal (fig. 90) ; une tige de laiton

Fig. 90.

ou de tout autre métal passe par ces deux trous, et une de ses extrémités vient appuyer contre une petite patte liée intimement à une aiguille mobile autour du point o sur un arc divisé en parties égales, dont on connaît la grandeur. On règle la position de la tige de telle sorte qu'elle mette la pointe de l'aiguille au zéro du cadran, et on la fixe dans cette position au moyen d'une vis de pression. On place sous la tige une longue caisse pleine d'alcool dans laquelle plongent des mèches de coton. On allume l'alcool dont la flamme entourant la tige l'échauffe progressivement. On voit alors l'aiguille s'élever sur le cadran, poussée par l'extrémité qui la touche, et comme l'autre extrémité est fixe, il faut bien admettre que la tige s'allonge. Si l'on éteint l'alcool, on voit, à mesure que la tige se refroidit, l'aiguille redescendre sur le cadran, et retourner vers le zéro.

La dimension que l'on est convenu d'appeler longueur n'a rien qui la distingue spécialement des autres dimensions. La dilatation doit évidemment se faire dans tous les sens. On peut au surplus le constater à l'aide de l'anneau de S'Gravesand.

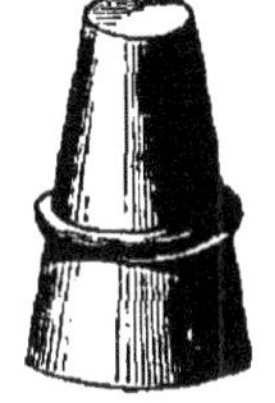

Fig. 91.

Supposons un cône en laiton sur lequel s'engage un anneau de même métal dont on marque par un trait la position (fig. 91). Si l'on vient à chauffer fortement le cône en laissant l'anneau froid, on voit celui-ci, lorsqu'on le replace sur le cône chaud, s'arrêter bien au-dessus de sa première position ; le cône a donc augmenté d'épaisseur.

Si l'on avait chauffé l'anneau en laissant le cône froid, on verrait au contraire l'anneau descendre sur le cône plus bas qu'auparavant, ce qui prouve que son diamètre intérieur a augmenté en même temps que son épaisseur. Un vase pouvant être regardé comme formé d'anneaux superposés, on voit d'après cela que sa capacité augmente quand on l'échauffe, en même temps que l'épaisseur de ses parois.

Si l'anneau et le cône avaient été chauffés en même temps et dans les mêmes conditions, bien que séparés l'un de l'autre, l'anneau replacé sur le cône se serait arrêté au même point. Le diamètre intérieur de l'anneau se dilate donc exactement comme le diamètre extérieur du disque de même nature qu'il enveloppe. Et l'on peut dire par suite que la capacité intérieure d'un vase augmente comme le volume extérieur d'un noyau, de la même substance que ses parois, qui le remplirait exactement.

Pour constater la dilatation des liquides, on prend un tube de verre, à l'une des extrémités duquel se trouve soufflée une boule d'un diamètre assez grand par rapport au diamètre intérieur du tube (fig. 92). Cette boule a été remplie d'eau ou de mercure, ainsi

Fig. 92. qu'une partie du tube, et l'on marque sur le tube, par un petit trait de vermillon ou un petit anneau, la position du niveau liquide. Si l'on vient alors à chauffer la boule progressivement, on voit le mercure s'élever rapidement dans le tube. Or comme nous savons que le vase augmente de capacité, cette expérience prouve incontestablement : 1° que le liquide se dilate; 2° qu'il se dilate plus que son enveloppe.

On remarque, lorsque l'échauffement de la boule est très-brusque, que le niveau s'abaisse d'abord un peu pour remonter ensuite. Cela tient évidemment à ce que le verre reçoit l'action de la chaleur et augmente de capacité avant que le liquide se soit sensiblement échauffé et dilaté. Cet effet ne se produit plus si on échauffe le tube lentement; sauf avec l'eau, prise à la température de la glace fondante. L'eau commence réellement par se contracter d'une manière sensible, pour se dilater ensuite, une fois qu'elle a dépassé un certain degré d'échauffement.

La dilatation des gaz est bien plus sensible encore que celle des liquides. Prenons encore un tube de verre avec une boule soufflée à l'une de ses extrémités; la boule contient une petite goutte de mercure qu'il est facile d'engager dans le tube. Il suffit alors d'échauffer la boule en la prenant à la main pour voir le petit index s'en éloigner rapidement et gagner l'extrémité ouverte du tube (fig. 93), alors même que celle-ci serait plus élevée que la boule. Si on laisse refroidir l'air, la goutte de mercure retourne vers la boule, même si on l'élève plus haut que l'extrémité ouverte.

On peut aussi prendre un ballon en verre, plein d'air (fig. 94), dont on ferme le col avec un bouchon portant un tube en S dont la courbure contient

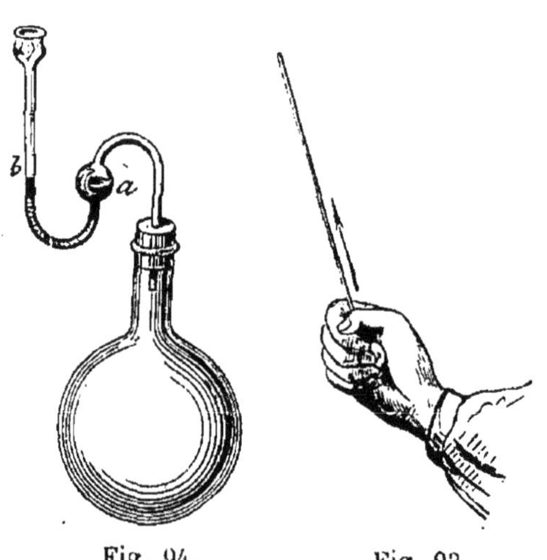

Fig. 94.   Fig. 93.

un peu d'eau. En échauffant très-légèrement le ballon, on voit l'air refouler la petite colonne liquide et s'échapper en

bulles au dehors; puis, quand on laisse le ballon se refroidir,
la colonne liquide revenir sur elle-même, et l'air rentrer bulle
à bulle dans le ballon.

Les divers états par lesquels passe un corps qui s'échauffe
ou se refroidit s'appellent *températures*. On dit que la température s'élève quand le corps s'échauffe et par suite se
dilate; qu'elle s'abaisse, quand le corps se refroidit et par
suite se contracte. On peut admettre que toutes les fois qu'un
corps se retrouve au même état calorifique, à la même température, il se retrouve aussi avec le même volume et la même
densité, s'il n'est pas soumis en même temps à des actions
mécaniques qui puissent précisément modifier son volume.

Le volume devient ainsi le signe, et le signe mesurable,
de la température.

Toutes les fois qu'on met un corps chaud en présence d'un
corps froid, on remarque que ce dernier s'échauffe et se
dilate, tandis que l'autre se refroidit et diminue de volume,
jusqu'à ce que chacun d'eux se trouve avoir pris un volume
fixe, un état de température invariable, et alors on dit qu'ils
sont à la même température.

Un thermomètre est un corps donnant par les variations de
son volume les variations de sa propre température, et aussi
les variations de la température des autres corps en présence
desquels il se trouvera placé, si les conditions sont telles que
l'égalité de température puisse s'établir.

Le thermomètre dont on fait généralement usage est le
thermomètre à mercure. Il se compose d'un tube de verre
bien cylindrique soudé à une boule. La boule et le tube,
jusqu'à un quart environ de sa longueur, sont remplis de
mercure bien pur. Nous dirons plus tard comment on le
remplit. Le tube est fermé à son extrémité, et purgé d'air à
l'intérieur. On l'a plongé dans de la glace fondante, et on a
marqué *zéro* au point d'affleurement du mercure. Puis on a
transporté le tube dans une étuve contenant de l'eau en pleine
ébullition, de telle sorte qu'il fût complétement enveloppé
par la vapeur, et l'on a marqué 100 au point d'affleurement du mercure; on a divisé l'intervalle de ces deux points
en 100 parties égales, en poursuivant la division au-dessous

et au-dessus du point zéro. Chacune de ces divisions s'appelle un *degré* centigrade ; et l'on dira que la température du thermomètre est 20 degrés, 60 degrés au-dessus de zéro, ou 10 degrés au-dessous, suivant que le mercure affleurera la division 20 ou la division 60 au-dessus du zéro, ou enfin la division 10 au-dessous. (On écrit + 20°, + 60°, — 10°.)

La division est tracée quelquefois sur le tube lui-même, mais le plus souvent sur une petite tablette qui porte le tube (fig. 95) ; ou encore sur une petite bande de papier fixée dans un fourreau en verre qui se trouve soudé avec le tube du thermomètre (fig. 96).

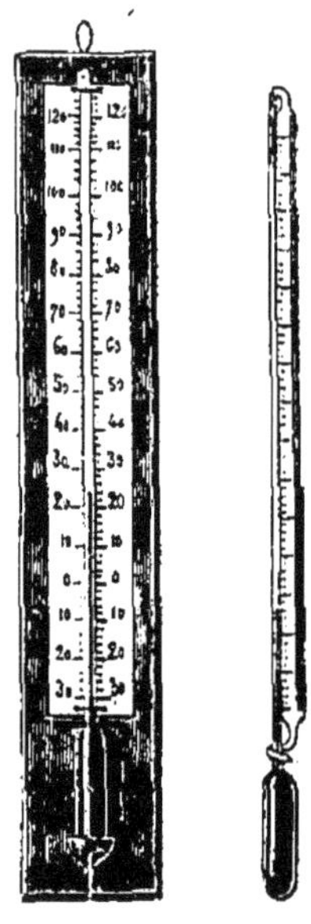

Fig. 95.   Fig. 96.

Le mercure se congèle à 39° au-dessous de zéro, et bout à 350°. Il ne demeure donc liquide que dans une étendue de température de moins de 400°. Cela est plus que suffisant pour les usages ordinaires de l'instrument. Pour les températures élevées, on emploie d'autres appareils thermométriques que nous décrirons plus tard ; pour les basses températures, on emploie le thermomètre à alcool, l'alcool n'ayant jamais pu être congelé par les plus grands froids. Il a la même forme et porte la même graduation que le thermomètre à mercure.

Changements d'état. — A la température ordinaire, 10° au-dessus de zéro, les corps se présentent à nous sous un certain état déterminé, le plomb, le soufre, à l'état solide, l'huile de vitriol à l'état liquide, l'air à l'état gazeux. Mais nous savons aussi que le froid congèle l'eau, et en fait de la glace, et que la chaleur la transforme en un gaz invisible qu'on appelle la vapeur d'eau.

Tous les corps sont susceptibles, de même que l'eau, d'affecter les trois états, solide, liquide et gazeux, si on les place dans des conditions de température convenables, à moins que la chaleur ne les décompose avant de les liquéfier ou de les réduire en vapeurs.

Ainsi nous voyons, parmi les corps que nous connaissons à l'état solide, dans les conditions habituelles de température,

    Le phosphore fondre à............   44°
    Le soufre   —   à............ 111°
    L'étain   —   à............ 228°
    Le plomb   —   à............ 334°
    Le zinc   —   à............ 423°
    L'argent   —   à............ 1000°
    Le fer   —   à............ 1500°
    Etc., etc.

Beaucoup de corps que l'on considérait comme infusibles, ont pu être fondus à mesure que se perfectionnaient les moyens de produire de la chaleur, ainsi le cristal de roche, le platine. Mais le bois, la chair, se décomposent sans se fondre, et il en est de même de toutes les substances organisées et de bien d'autres encore. Quelquefois cependant on arrive à empêcher la décomposition, et alors la fusion devient possible. Ainsi le chevalier Hall, en enfermant de la craie dans un canon de fusil, est parvenu à la fondre. La craie est composée de deux éléments, un corps solide, la chaux, un gaz, l'acide carbonique. La chaleur les sépare facilement sans fondre la craie. Mais si la craie est chauffée en vase fermé, l'acide carbonique, en partie dégagé, exerce une pression qui arrête la décomposition et empêche le reste du gaz de se séparer de la chaux; dès lors la craie fond et prend, après refroidissement, la structure du marbre.

Chaque substance a son point de fusion parfaitement déterminé, et lorsqu'elle a atteint cette température, elle passe de l'état solide à l'état liquide, sans changement de température.

Si nous prenons un corps fondu par l'action du feu, et si nous le laissons refroidir, il redevient solide, au même degré de température auquel s'était opérée sa fusion. Ce phénomène inverse de la fusion s'appelle la solidification. Les corps que nous voyons liquides à la température ordinaire se solidifient par l'action du froid. Ainsi l'eau se gèle à zéro, le mercure à 39° au-dessous de zéro. Les moyens dont nous disposons pour produire du froid sont malheureusement très-limités, très-imparfaits; aussi, y a-t-il un assez grand nombre de liquides que l'on n'a pas encore pu solidifier, et l'alcool est de ce nombre. Mais on peut dire évidemment que si l'on pouvait refroidir indéfiniment les corps liquides, on arriverait à les solidifier tous sans exception.

Lorsqu'on laisse de l'eau exposée à l'air dans un vase largement ouvert, ou dans une assiette, elle disparaît au bout d'un certain temps et se mêle aux éléments gazeux de l'air, en devenant elle-même un corps gazéiforme, expansible, élastique, une vapeur. On la peut retrouver dans l'air; un corps avide d'eau, hygroscopique, comme la chaux vive, le chlorure de calcium calciné et spongieux, le carbonate de potasse fondu, ou l'acide sulfurique concentré, l'absorbent en augmentant de poids. Des gaz ayant une grande affinité pour l'eau, comme l'acide chlorhydrique, ou le fluorure de bore, que l'on dégage dans l'air, vont y prendre la vapeur d'eau et former avec elle des composés visibles sous la forme de fumées blanches épaisses.

Bien d'autres liquides tels que l'alcool, l'éther, les essences, l'acide azotique concentré, se transforment, à la température ordinaire, comme l'eau, en fluides gazéiformes, ou vapeurs, tout en conservant leur nature chimique. Pour d'autres liquides, comme l'acide sulfurique, le mercure, le soufre fondu, le zinc fondu, la transformation n'est possible que sous l'influence de la chaleur, et à une température plus ou moins élevée suivant la nature de chaque corps.

Ainsi le mercure ne donne pas de vapeurs sensibles à la température de la glace fondante; il en donne au contraire à la température ordinaire, et l'on peut constater leur formation par un moyen chimique, en plaçant dans un petit flacon à moitié plein de mercure, une feuille d'or suspendue au bouchon à petite distance du métal. Aux basses températures l'or n'éprouve aucune altération et conserve son brillant et sa belle couleur; mais le flacon est-il à la température ordinaire, alors au bout de quelques jours l'or se ternit, devient blanc et cassant; et si l'on porte la température à 20° ou 30°, en quelques heures l'amalgamation, c'est-à-dire la combinaison avec le mercure, est complète.

La transformation lente, insensible à la vue, d'un corps liquide en vapeurs, qui s'opère à la température ordinaire, s'appelle *évaporation*. Fait-on intervenir la chaleur pour la rendre plus rapide, on lui donne le nom de *vaporisation*.

Si l'on diminue la pression que l'air exerce sur le liquide on active l'évaporation ; ainsi, en déposant sur la platine de la machine pneumatique, deux gouttes d'alcool, placées de telle sorte que l'une d'elles puisse être recouverte par la cloche, puis en faisant jouer les pistons, on voit la goutte placée sous la cloche disparaître bien longtemps avant celle qui est placée en dehors.

Maintenant si on élève progressivement la température d'un liquide, il arrive un moment où la transformation en vapeurs, appréciable seulement jusqu'alors par la diminution du liquide, devient au contraire visible dans toute la masse. De tous les points, mais surtout des parties voisines des parois, s'élèvent des bulles gazeuses qui montent en grossissant à la surface du liquide, soulèvent, puis crèvent la pellicule superficielle et enfin se mêlent à l'air. Alors on dit qu'il y a *ébullition*. Le liquide bout. D'ailleurs, la vapeur qu'il donne par l'ébullition ne diffère en rien de celle qu'il donnait auparavant par la *vaporisation*.

. La pression que supporte le liquide restant constante, le liquide en ébullition conserve invariablement la même température. Ainsi, sous la pression $0^m,76$, l'eau bout à 100^0, et conserve cette température pendant toute la durée de l'ébullition. L'alcool bout à 78^0, l'éther à $37^0,5$. Si la pression augmente, la température d'ébullition s'élève ; si elle diminue au contraire, le liquide bout à plus basse température. Ainsi, sous le vide de la machine pneumatique, on met en pleine ébullition de l'eau à la température ordinaire.

Si l'on soumet maintenant une vapeur soit à un refroidissement, soit à une pression croissante, on la ramène à l'état liquide. Les brouillards, les nuages, la pluie, ne sont autres choses que la vapeur d'eau atmosphérique ramenée à l'état liquide par un refroidissement de l'atmosphère. Ce retour de l'état de vapeur à l'état liquide est désigné par l'expression de *condensation*. Les gaz eux-mêmes, auxquels nous comparons les vapeurs, sont comme elles susceptibles de passer à l'état liquide, soit par l'effet du froid, soit par une pression , soit par l'emploi combiné de ces deux moyens. Il n'y a que six gaz que l'on n'ait pas pu encore liquéfier, l'oxygène, l'azote, l'hydrogène, l'oxyde de carbone, le bioxyde d'azote et le protocarbure d'hydrogène.

Tels sont en résumé les phénomènes physiques qui se manifestent dans les corps par suite des variations de température qu'on leur fait éprouver : passage successif de l'état solide à l'état liquide, puis à l'état gazeux, lorsqu'on les chauffe ; retour de l'état gazeux à l'état liquide, puis à l'état solide, lorsqu'on les refroidit ; et, sous chacun de ces états, dilatation par l'action de la chaleur, contraction au contraire par le refroidissement.

Les principales sources de chaleur sont : la chaleur solaire, les divers phénomènes de combustion, et en général même les combinaisons chimiques, puis les actions mécaniques, les frottements, la percussion, etc.

Électricité. — On connaît depuis les temps les plus reculés la faculté que possède l'ambre jaune, frotté avec de la laine, d'attirer les corps légers, tels que des fétus de paille, de petits morceaux de papier, ou des balles de moelle de sureau. Ce n'est guère qu'au dix-septième siècle qu'on s'est occupé de rechercher s'il n'y aurait pas d'autres substances douées de cette même propriété. Gilbert, médecin de la reine Élisabeth, reconnut que toutes les substances résineuses, le verre, le papier, bien secs, étaient dans le même cas, mais que les métaux, au contraire, n'offraient aucun signe d'attraction. Du nom grec de l'ambre, ἤλεκτρον, il forma le nom d'*électricité* pour désigner la cause inconnue de ces phénomènes ; il appela corps *idio-électriques*, ceux qui deviennent électriques par le frottement, et corps *anélectriques*, ceux qui ne manifestent aucun signe d'électrisation.

Environ cent ans après, le physicien anglais Grey reconnut que la faculté d'attirer les corps légers, qui caractérisait l'état électrique, pouvait, sur certains corps, se transmettre d'un point à un autre, ou passer d'un corps à un autre corps en contact avec lui ; tandis qu'au contraire, pour d'autres substances, cette propriété ne se manifestait qu'aux points sur lesquels elle avait été directement développée par le frottement. Il imagina donc d'assimiler l'électricité à un fluide, comme on le faisait pour la chaleur, et de diviser les corps de la nature en deux grandes catégories, les corps *conducteurs* de l'électricité et les corps non *conducteurs*. Et il reconnut que les corps non conducteurs, sont précisément ceux qui s'électrisent par le frottement, les corps idio-électriques; tandis que les corps bons conducteurs étaient ceux qu'on avait appelés anélectriques. En effet, le corps humain est un corps bon conducteur aussi bien que le sol, et l'on comprend que lorsqu'on tient à la main une barre de cuivre ou de fer, et qu'on la frotte pour l'électriser, au cas où le frottement y développerait réellement de l'électricité, celle-ci n'y devrait pas rester, puisque, par la main et le corps de l'opérateur, elle se répandrait dans le sol. Mais si on prend un bon conducteur au moyen d'un support non conducteur capable de l'isoler du sol, alors on constate que le frottement y développe de l'électricité aussi bien que si l'on frottait du verre ou de la résine.

Tous les corps sans exception peuvent s'électriser par le frottement.

Quelques années après la découverte de la conductibilité électrique, un savant français, Dufay, reconnut que l'électricité développée par le frottement sur les corps, soit conducteurs, soit non conducteurs, ne se présente pas toujours avec les mêmes caractères, et ses expériences le conduisirent à reconnaître deux espèces d'électricité.

Si l'on touche une petite balle de sureau, suspendue par un fil de cocon à un support isolant (fig. 97), avec un corps électrisé quelconque; puis si l'on présente à ce pendule électrique successivement un bâton de verre et un bâton de résine, frottés tous les deux avec de la laine, on reconnaît qu'ils exercent

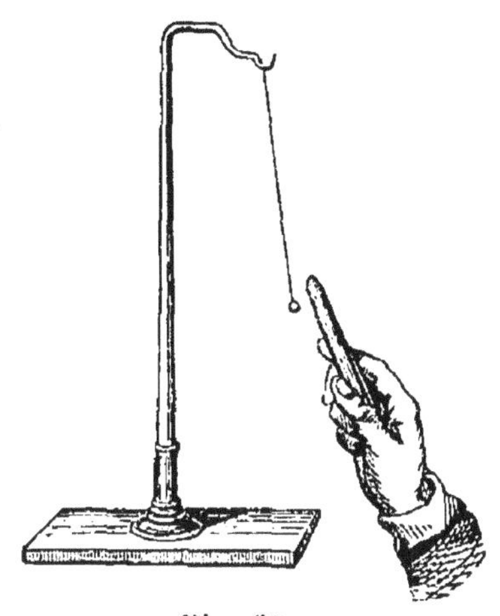

Fig. 97.

sur.la balle des actions exactement inverses; l'un des deux bâtons l'attire, l'autre la repousse. Suivant la nature du corps électrisé qui a touché la balle de sureau, il pourra se faire que le bâton de verre ou l'attire ou la repousse; mais invariablement quand le verre attirera la balle, la résine la repoussera; et quand le verre agira par répulsion, la résine agira au contraire par attraction.

On en conclut que l'électricité développée sur le verre par le frottement avec de la laine, est de nature autre que celle que l'on développe dans les mêmes conditions sur la résine.

Enfin quel que soit le corps électrisé que l'on présente à la balle de sureau, touchée à l'avance par un corps électrisé lui-même, on ne constate jamais qu'un phénomène d'attraction ou un phénomène de répulsion.

On a donc admis l'existence de deux fluides électriques, et l'on a appelé *fluide vitré* ou *positif* celui que l'on développe sur le verre poli en le frottant à la température ordinaire avec de la laine. L'autre fluide s'appelle *fluide résineux* ou *négatif*.

On admet que les corps renferment des quantités indéfinies des deux fluides électriques; que, lorsque le corps ne manifeste point de signes d'électrisation, les deux fluides s'y trouvent en quantités égales et combinées, constituant du fluide neutre. Électriser un corps, c'est mettre l'un des deux fluides en excès sur l'autre, ou déterminer leur séparation de telle sorte que chacun d'eux occupe une région distincte sur le corps.

Toutes les fois qu'on frotte l'un sur l'autre deux corps isolés, l'un des deux, présenté au pendule électrique, agit comme la résine, l'autre comme le verre; le premier est électrisé négativement, le second positivement. Le mode d'électrisation d'un corps dépend de sa nature, et aussi de la nature du corps frottant, de l'état des surfaces, des températures. Ainsi le verre, qui s'électrise positivement quand on le frotte avec de la laine, prend au contraire l'électricité négative quand on le frotte avec une peau de chat.

Deux petits pendules chargés de la même espèce d'électri-

cité et que l'on présente l'un à l'autre se repoussent mutuellement. Ils s'attirent au contraire s'ils sont chargés d'électricités différentes. On admet donc que chacun des deux fluides
repousse ses propres molécules et attire celles de l'autre
fluide. Les fluides de même nom se repoussent; les fluides
de nom contraire s'attirent.

Les phénomènes d'attraction ou de répulsion exercés sur
les corps légers sont loin d'être les seuls signes de l'électrisation des corps. Un corps fortement électrisé donne, s'il est
bon conducteur, une vive et brillante étincelle quand on en
approche la main. La personne qui a ainsi fait jaillir l'étincelle éprouve une commotion plus ou moins violente. L'étincelle une fois partie, le corps qui l'a donnée a perdu complétement son électricité. Si ce corps est mauvais conducteur, il
faudra arriver presque au contact pour avoir une étincelle,
elle sera très-faible et pourra se renouveler sur les autres

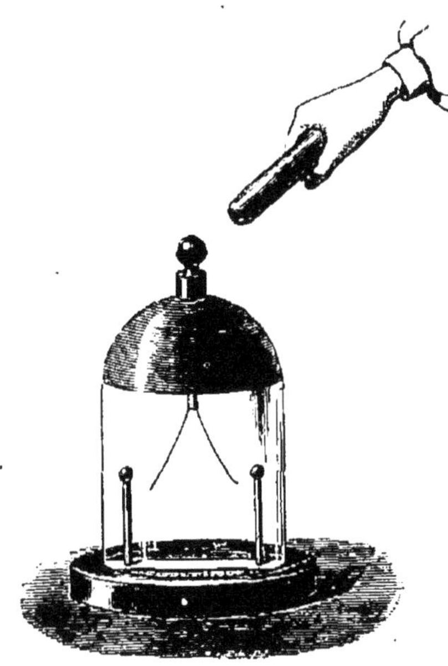

Fig. 98.

points du corps. La main n'a
déchargé que le point qu'elle
touchait.

On donne le nom d'*Élec-
troscopes* aux instruments
destinés à déceler la présence
de l'électricité sur les corps ;
le pendule électrique est un
électroscope. L'instrument
dont on fait le plus habituellement usage est l'électroscope à pailles (fig. 98) :
c'est une cloche en verre,
munie d'une garniture mé-
tallique à laquelle se trouvent suspendues, dans l'intérieur de la cloche, deux
petites pailles. Pour constater qu'un corps est électrisé,
il suffit de l'approcher, convenablement isolé, de la garniture
métallique ; immédiatement les deux pailles s'écartent l'une
de l'autre. Le fluide libre du corps approché agit à distance

sur le fluide neutre de la garniture métallique, attirant vers lui le fluide de nom contraire, repoussant le fluide de même nom dans les pailles, qui se trouvent alors chargées de la même électricité, et se repoussent mutuellement. Si la garniture métallique de l'électroscope était à l'avance chargée d'une électricité connue, positive par exemple, qui ferait diverger les pailles d'un certain angle, il est facile de comprendre qu'en approchant du bouton extérieur un corps électrisé positivement, il refoulera par répulsion une plus grande portion de la charge dans les pailles, qui divergeront davantage; et que si ce corps est chargé négativement, il attirera à lui l'électricité des pailles, qui se rapprocheront. On pourra donc ainsi, d'après la nature du mouvement produit, savoir si le corps électrisé l'est positivement ou négativement.

Pour produire facilement de l'électricité et en quantité assez notable, on emploie l'électrophore ou la machine électrique. L'*électrophore* (fig. 99) est un gâteau de résine coulé dans un plateau en bois ou en métal ; en le battant avec une peau de chat, on l'électrise négativement. Il suffit de poser sur ce gâteau un disque métallique porté par un manche de verre, puis de toucher un instant avec le doigt le disque, et de l'enlever ensuite par son manche isolant. Il se trouve alors chargé d'électricité positive. Nous expliquerons dans la suite du cours comment s'est

Fig. 99.

opérée son électrisation. Si l'on en tire une étincelle, il est complétement déchargé ; mais pour le recharger il suffit de le reposer, comme la première fois, sur le gâteau de résine, en le touchant un instant avec le doigt.

L'étincelle donnée par l'électrophore est suffisante pour provoquer des combinaisons chimiques entre l'oxygène et l'hydrogène, ou l'oxyde de carbone, entre l'hydrogène et le chlore. On l'emploie fréquemment dans les expériences eudiométriques.

La *machine électrique* (fig. 100), due à Otto de Guéricke, est une source d'électricité bien plus active que l'électrophore. Elle se compose d'un plateau de verre monté sur un

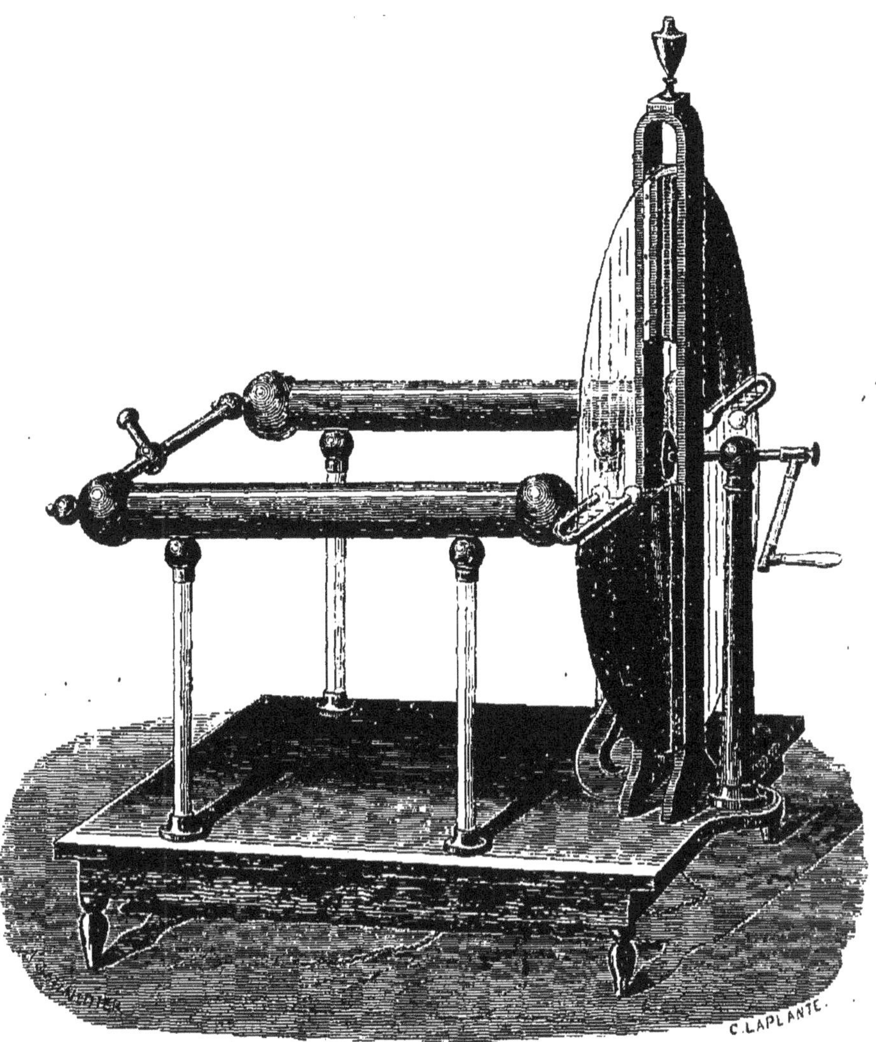

Fig. 100.

axe horizontal, qui sert à lui imprimer un mouvement de rotation entre deux paires de coussins de cuir, placées l'une au-dessus de l'axe, l'autre au-dessous. Le frottement électrise le verre positivement. Deux cylindres en laiton, à têtes arrondies, montés horizontalement sur des pieds de verre, viennent se présenter au plateau, et s'électrisent comme lui positivement.

Avec une machine électrique dont le plateau a un mètre de diamètre, on peut, si l'air est bien sec, et par conséquent mauvais conducteur, tirer du conducteur de la machine des étincelles de 15 à 20 centimètres de longueur, sinueuses comme l'éclair, produisant le bruit d'un coup de fouet, et donnant une violente secousse au poignet et même au coude. Ces étincelles enflamment l'éther, la poudre à canon. Elles décomposent le gaz ammoniac, l'hydrogène phosphoré, l'acide carbonique, etc.

Veut-on produire des effets plus énergiques encore, alors on emploie des appareils condensateurs, comme la bouteille de Leyde, les jarres électriques, les batteries. Du premier flacon venu il est facile de faire une bouteille de Leyde. Il suffit d'en remplir l'intérieur avec des feuilles d'or battu, de coller sur la surface extérieure une feuille d'étain, puis de fixer sur le goulot un bouchon de liége dans lequel passe une tige en laiton qui touche à l'intérieur les feuilles d'or, et à l'extérieur se termine par une boule (fig. 101). Pour la charger, il suffit de prendre à la main l'enveloppe métallique d'étain, et d'appliquer le bouton de la tige sur le conducteur de la machine, pendant qu'on tourne le plateau. Une vingtaine de tours du plateau suffiront pour charger au maximum une petite bouteille de Leyde. Si, tenant toujours la bouteille par la feuille d'étain, on présente le petit bouton à un pendule électrique chargé positivement, on voit le pendule vivement repoussé. Alors, plaçant la bouteille sur le gâteau de résine de l'électrophore, faisant l'office d'isolant, et prenant la bouteille par le bouton, si on présente sa feuille d'étain à un second pendule électrisé négativement, on constate encore une répulsion. On en conclut que le système métallique

Fig. 101.

intérieur (*armature intérieure*) est électrisé positivement, et que l'*armature extérieure* a au contraire une charge négative.

Vient-on à mettre en communication ces deux armatures à l'aide d'un arc double métallique, articulé à charnière (fig. 102), une étincelle
très-vive et très-bruyante jaillit
à quelques millimètres de distance. Si on établissait la communication avec les mains, on
recevrait une violente commotion.

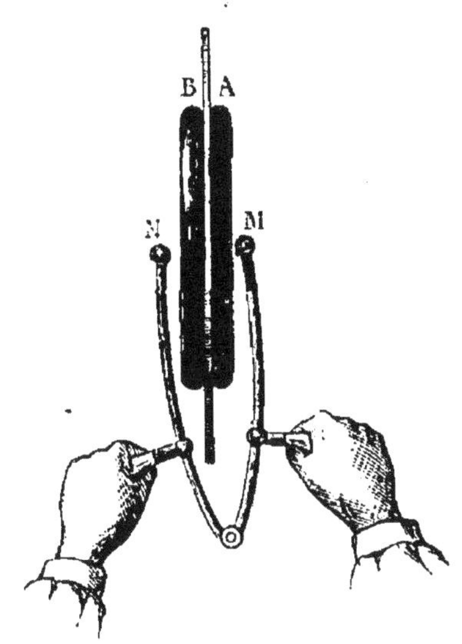

Fig. 102.

Que l'on remplace le petit
flacon par un bocal de trois ou
quatre litres de volume intérieur, armé d'ailleurs de la
même façon, et on aura une
jarre électrique. Avec une
jarre, la commotion sera de
force à renverser un homme,
et à causer un trouble violent
dans l'organisme.

Que vingt personnes se tiennent en cercle par la main, la
première tenant l'armature extérieure de la bouteille chargée,
la dernière approchant sa main libre du bouton de l'armature
extérieure; au moment même où jaillira l'étincelle, tous les
individus de la chaîne ressentiront simultanément, et avec la
même force, la commotion.

Associons maintenant dans une boîte à fond métallique un
certain nombre de jarres, dont toutes les armatures extérieures se trouveront ainsi communiquer entre elles ; unissons
de même les boutons des armatures par des traverses en
laiton, et nous aurons l'équivalent d'une énorme jarre, ou
ce que l'on appelle une *batterie* électrique (fig. 103). Pour la
charger, on fait communiquer par une chaîne métallique le
conducteur de la machine électrique avec le bouton d'une des
jarres, en même temps qu'une autre chaîne fait communiquer l'armature extérieure ou le fond de la caisse avec le sol.
En tournant le plateau de verre de la machine pendant un
temps suffisant, on arrivera à donner à la batterie une force
électrique capable de tuer par l'étincelle des animaux d'assez

grande taille, de percer des plaques de verre, de diviser en
copeaux une bûche de. chêne, de fondre, de volatiliser dès fils

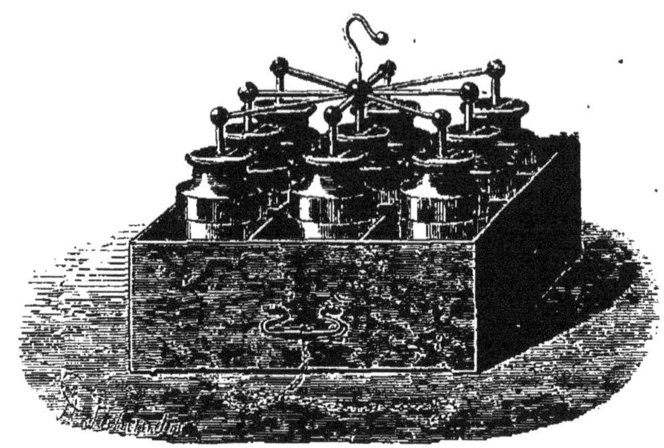

Fig. 103.

métalliques de petit diamètre, en un mot de reproduire sur
une petite échelle tous les effets de la foudre.

La foudre n'est en effet, comme nous le verrons, autre
chose qu'une puissante étincelle jaillissant. soit entre des
nuages chargés d'électricité, soit d'un nuage au sol.

Tous ces instruments producteurs ou condenseurs de l'é-
lectricité de frottement peuvent acquérir de puissantes charges
électriques; mais du moment qu'on provoque l'étincelle, ils
se trouvent subitement et complétement déchargés. Pour en
obtenir les mêmes effets, il faut les recharger de nouveau.
La fin du siècle dernier a vu l'invention d'un appareil construit sur des données toutes différentes, et qui est une véritable source continue d'électricité, la reproduisant sans cesse
de lui-même à mesure qu'on la lui enlève. Cet instrument,
qui a fait une véritable révolution dans la science, c'est la pile
de Volta. Nous dirons plus tard comment l'illustre physicien
de Pavie a été conduit à cette découverte dont la science et
l'industrie elle-même ont tiré un parti si merveilleux.

Quelques bocaux A, A₁, A₂, pleins d'eau acidulée, dans
lesquels plongent à côté l'une de l'autre, sans se toucher, une
lame de zinc et une feuille de cuivre, chaque lame de cuivre
d'un des bocaux s'attachant au zinc du bocal voisin : voilà,

sous l'une de ses formes les plus simples, toute la pile de
Volta (fig. 104). C'est l'action chimique de l'acide et du zinc

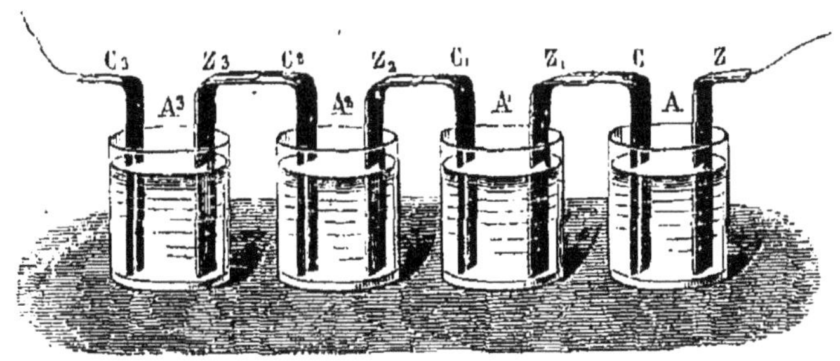

Fig. 104.

sur l'eau qui provoque le dégagement d'électricité. Le fil de
cuivre attaché au premier zinc se charge d'électricité négative
venue par conductibilité de tous les bocaux ; c'est le pôle négatif de la pile. Le fil de cuivre attaché au dernier cuivre se
charge de l'électricité positive : c'est le pôle positif. Vient-on
à les réunir par un conducteur, la décharge électrique s'opère
à travers ce conducteur et pourra le fondre, le volatiliser, si
c'est un fil métallique de petit diamètre ; si c'est de l'eau, une
dissolution saline, un composé conducteur, elle les décomposera ; puis, sépare-t-on les fils, la pile se retrouve chargée,
toute prête à lancer un nouveau courant électrique dans le
conducteur interpolaire. A chaque interruption du courant,
une vive étincelle jaillit entre les deux conducteurs.

Parmi les applications industrielles, les plus intéressantes
sont les procédés d'extraction électro-métallurgiques, la galvanoplastie, la dorure, l'argenture galvanique, et enfin la télégraphie et l'éclairage électriques. Ces questions intéressantes
seront traitées plus tard avec tous les développements qu'elles
comportent.

Aimants. — On donne le nom d'*aimant naturel* (*magnes*)
à un des oxydes de fer que l'on trouve dans le sein de la terre,
à l'état natif, et qui présente cette propriété physique curieuse
que, si on le roule dans la limaille de fer, elle s'attache sur
certains points de sa surface en assez grande quantité, en
houppes serrées et que l'on ne détache que difficilement. On

peut donner aussi artificiellement cette propriété à des barres
ou à des aiguilles d'acier. Lorsque ces aiguilles sont aimantées
régulièrement, elles présentent deux centres d'attraction, voisins des extrémités et que l'on appelle les *pôles* de l'aiguille
ou du barreau. Les grains de limaille s'attachent à la surface
du barreau, dans le voisinage de ces points, formant des espèces de chapelets qui ont quelquefois plusieurs centimètres
de longueur. Si on promène le barreau au milieu d'un amas
de pointes en fer ou d'aiguilles en acier, elles viennent s'at-

Fig. 105.

tacher à ses pôles, abandonnant la partie moyenne qui paraît
complétement dénuée de vertu attractive, et que l'on appelle
la *ligne neutre* (fig. 105).

Si l'on suspend une aiguille aimantée à un fil, ou si on la

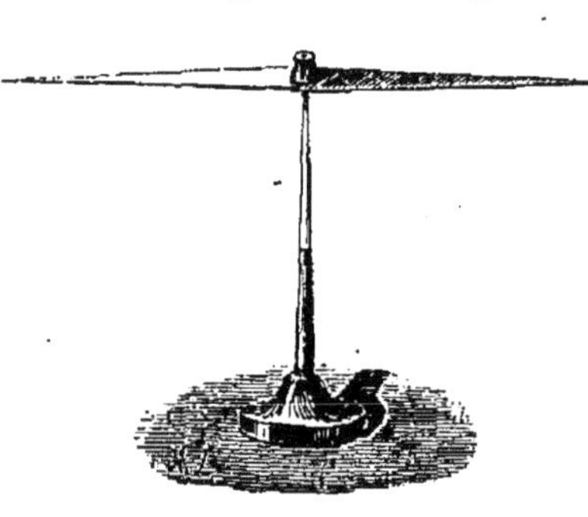

Fig. 106.

met en équilibre sur un pivot
de telle sorte qu'elle puisse
tourner librement dans un
plan horizontal (fig. 106),
on la voit se fixer dans une
position d'équilibre déterminée, dirigée à peu près
du nord au sud; si on la
dérange de cette position,
elle y revient invariablement, et c'est toujours la
même extrémité qui regarde vers le nord. Il est évident d'a-
près cela que, bien que les deux pôles agissent de la même
façon sur le fer, cependant ils ne sont point identiques.

Et en effet, si après avoir marqué d'un signe qui les rende reconnaissables, d'une lettre N par exemple, les extrémités de deux barreaux quelconques, qui s'orientent vers le nord, on suspend un de ces barreaux horizontalement; puis si, tenant l'autre à la main, on présente l'un à l'autre les deux pôles marqués N, on constate qu'ils se repoussent vivement ; même genre d'action si l'on présente l'un à l'autre les deux autres pôles, que nous pourrons marquer de la lettre S. Mais si l'on présente le pôle N au pôle S, il y a attraction.

Ainsi le pôle N et le pôle S de chacun de ces barreaux sont bien de nature différente, puisque le premier agit par répulsion sur le pôle N de l'autre barreau, et le second par attraction.

Les pôles de même nom se repoussent, les pôles de nom contraire s'attirent.

Pour expliquer la direction que prend l'aiguille aimantée horizontale, il suffirait donc d'admettre que la terre agit à la façon d'un barreau aimanté ; qu'elle possède, elle aussi, un pôle quelque part dans son hémisphère nord, on l'appellera le pôle *magnétique boréal*, et un autre, dans l'hémisphère sud, on l'appellera le pôle *magnétique austral*; chacun de ces pôles repoussant le pôle de l'aiguille qui est de même nature que lui et attirant le pôle de nature contraire, l'aiguille devra prendre la position que nous lui voyons prendre en effet dans l'espace.

Il sera donc alors naturel d'appeler pôle austral de l'aiguille celui qui regarde le nord, et pôle boréal celui qui regarde le sud.

Le fer et l'acier placés en présence d'un barreau aimanté acquièrent les caractères de l'aimantation. On dit alors qu'ils s'aimantent par *influence*. Ainsi, que l'on présente un petit barreau de fer MN à une aiguille, il attirera indifféremment les deux pôles de l'aiguille en même temps qu'il est attiré par eux. Il sera d'ailleurs sans aucune espèce d'action sur la limaille ; mais qu'on approche d'une de ses extrémités M le pôle austral d'un fort barreau (fig. 107), et immédiatement il acquiert la propriété d'attirer la limaille. Si l'on présente aux deux pôles d'une aiguille horizontale mobile son extrémité N,

elle offrira tous les caractères d'un pôle austral attirant le pôle
boréal de l'aiguille, repoussant son pôle austral.

Vient-on à éloigner le barreau, l'aimantation disparaît in-

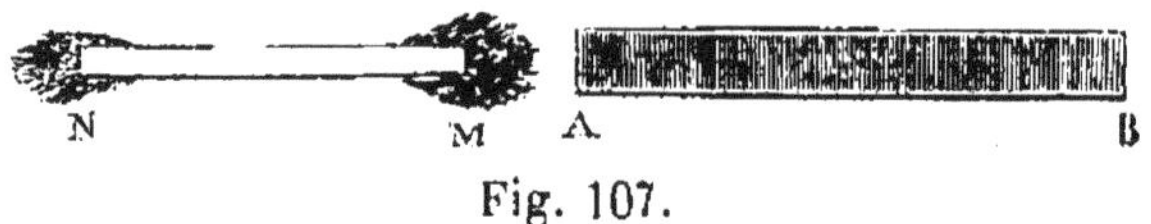

Fig. 107.

stantanément comme elle s'était développée. L'acier présente
les mêmes phénomènes, mais avec cette différence importante
qu'il ne. s'aimante que lentement et qu'il conserve son état
magnétique après que le barreau a été enlevé. Il offre donc
une résistance toute spéciale au développement de l'aimantation comme au retour à l'état neutre; on la désigne par l'expression de *force coercitive*. Elle est d'autant plus grande que
l'acier est plus fortement trempé.

On peut aimanter les barreaux d'acier avec des aimants naturels, mais on les aimante plus ordinairement avec d'autres
barreaux déjà aimantés.

Si on frotte une petite barre d'acier suivant sa longueur et
toujours dans le même sens sur l'un des pôles d'un barreau,
on en fera un aimant ayant un pôle austral à l'extrémité par
laquelle commence chacun des mouvements de friction, un
pôle boréal à l'autre extrémité. Mais on ne peut guère donner
par ce moyen à un barreau son maximum de charge magnétique. Quand on veut l'aimanter à saturation, on fait poser
ses deux extrémités sur les pôles de nom contraire *a* et *b* de
deux forts barreaux aimantés, formés eux-mêmes de barreaux

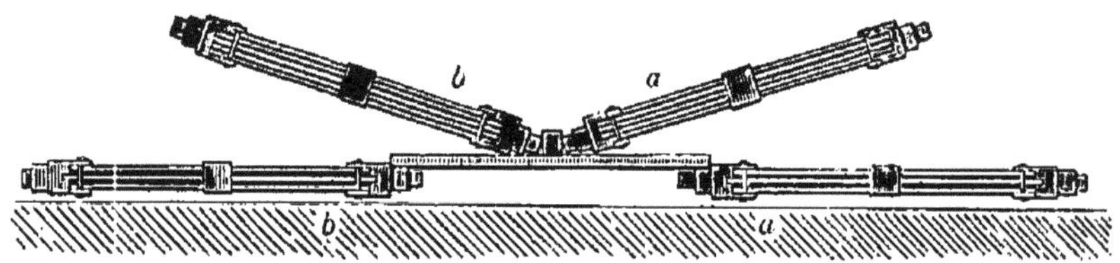

Fig. 108.

associés en faisceaux (fig. 108), puis on opère en même temps
la double friction avec les pôles *a* et *b* de deux autres barreaux inclinés à peu près à 30° sur la barre.

On les pose au milieu, puis on les écarte, en frottant, jusqu'aux extrémités et l'on vient les reposer au milieu pour recommencer la friction, jusqu'à ce que l'on constate que la force du barreau n'augmente plus.

Quelquefois on donne aux barreaux la forme d'un fer à cheval qui rapproche l'un de l'autre les deux pôles.

Diverses causes tendent à affaiblir la puissance des barreaux; pour la maintenir, il suffit de les grouper par couples dans une boîte où ils sont placés côte à côte, en sens inverse l'un de l'autre, et l'on réunit leurs extrémités par de petites pièces de fer, ab, $a'b'$, que l'on appelle des *armures* (fig. 109).

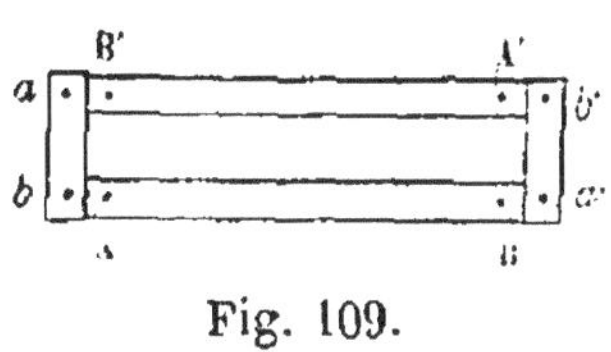

Fig. 109.

Les aimants en fer à cheval (fig. 110) sont aussi d'ordinaire munis d'une armure en fer, ou *contact*, et l'expérience a montré qu'il y avait avantage à suspendre à cette armure une charge qu'on augmente progressivement; il en résulte un accroissement dans la puissance de l'aimant.

Lumière. — La lumière est l'agent physique qui nous rend les objets visibles. Quant à sa nature, nous n'en savons pas plus long sur ce sujet que sur celui de la chaleur et de l'électricité.

Certains corps produisent et émettent de la lumière : le soleil, les étoiles sont nos sources naturelles de lumière. Mais nous savons aussi qu'il suffit de porter un corps à une très-haute température pour qu'il devienne incandescent, et par conséquent lumineux. Une flamme, par exemple, n'est autre chose qu'un gaz porté, par la combustion qu'il subit, à l'incandescence. Les autres corps que nous voyons, bien qu'ils ne soient point lumineux, nous sont rendus visibles par la lumière qu'ils reçoivent des corps lumineux et qu'ils nous renvoient ensuite en la réfléchissant.

Fig. 110.

Les corps qui ne se laissent point traverser par la lumière s'appellent corps opaques. On applique l'épithète de *translu-*

cides à ceux qui, comme le verre dépoli, laissent bien passer la lumière, mais sans permettre de distinguer derrière eux les contours et les couleurs des objets; celle de *transparents*, ou *diaphanes*, aux corps qui comme l'air, l'eau, le verre poli, laissent un libre accès à la lumière et permettent une vision nette de tous les objets placés derrière eux.

Dans un milieu complétement homogène, la lumière se propage en ligne droite. Si l'on prend deux cartons percés chacun d'un très-petit trou, et que, passant un fil dans ces trous, on le tende fortement, de manière à déterminer une ligne droite sur laquelle les deux trous AB se trouveront placés; en plaçant une lumière C derrière le trou du premier écran, et mettant l'œil derrière le second, on verra, sur la direction rectiligne CAB, le trou A vivement éclairé (fig. 111).

Fig. 111.

Mais il suffira de déplacer latéralement, si peu que ce soit, l'un des deux écrans pour qu'immédiatement la lumière cesse d'être reçue par l'œil.

Lorsque la lumière du soleil pénètre dans une chambre complétement obscure par une petite ouverture, elle éclaire vivement sur son trajet tous les petits corpuscules en suspension dans l'air, et laisse ainsi une traînée brillante et parfaitement rectiligne.

Si l'on place au milieu d'une salle une bougie allumée, la lumière qu'elle émet se répand dans toutes les directions et en ligne droite. On donne le nom de rayon à la direction rectiligne qui suit la lumière pour passer d'un point lumineux à un point quelconque de l'espace.

Lorsqu'un corps reçoit à distance la lumière émise par une source, il est évidemment d'autant moins éclairé en chacun de ses points qu'il est placé à plus grande distance de la source. Et inversement s'il est également éclairé par deux sources d'inégale intensité, placées par conséquent à des distances différentes, il va de soi que la source la plus éloignée est celle qui a le plus grand pouvoir éclairant. On verra plus tard quels sont les moyens employés pour comparer les intensités de deux sources lumineuses.

Lorsque la lumière partie d'un point tombe sur un corps opaque, elle éclaire seulement une région restreinte de la surface du corps, celle qui est tournée vers le point lumineux. Qu'on se représente le système de toutes les droites qui, partant du point A, vont raser longitudinalement la surface du corps ; elles forment un cône qui comprend, *puisque la marche de la lumière est rectiligne,* tous les rayons qui peuvent rencontrer le corps. Tous le rencontreront en avant de la ligne de contact et seront arrêtés par lui.

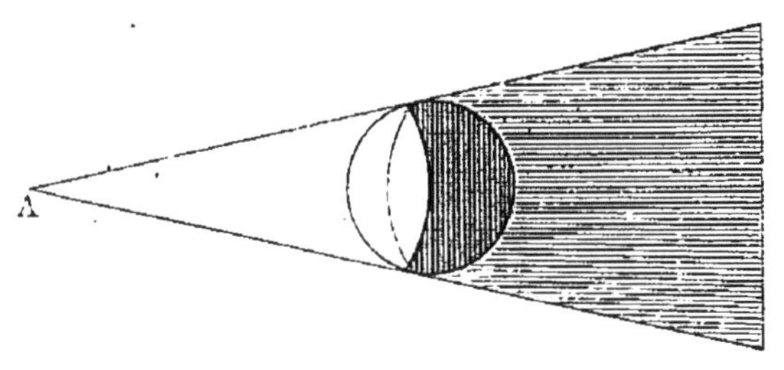

Fig. 112.

rêtés par lui. La partie du corps située en arrière de cette même ligne de contact, aussi bien que l'espace indéfini compris dans la partie du cône, en arrière du corps, ne recevront donc aucune lumière du point.

On sait que c'est là ce que l'on appelle *l'ombre* projetée par le corps opaque.

La lumière qui est tombée sur le corps opaque est renvoyée par lui, à peu près comme une balle l'est par un mur contre lequel elle serait lancée ; elle est *réfléchie.*

Si la surface est polie, chaque faisceau de rayons qui tombe, dans une direction déterminée, sur un point de la surface du corps, est réfléchi dans une nouvelle direction également déterminée, comprise avec la première dans un plan perpendiculaire à la surface du corps, au point que l'on considère, et faisant le même angle avec la surface (angle de réflexion, égal à l'angle d'incidence). C'est ce que l'on appelle la *réflexion régulière*.

Le rayon réfléchi est dans les mêmes conditions que s'il était envoyé par un point lumineux fictif situé derrière la surface réfléchissante dans une position symétrique de celle du point lumineux réel.

Qu'un objet quelconque AB (fig. 113), lumineux par lui-même, ou simplement visible par la lumière qu'il reçoit et qu'il renvoie, soit placé devant un miroir plan, chacun de ses points tel que A enverra sur la surface de ce miroir un faisceau pyramidal de rayons qui, par la réflexion, deviendra un nouveau faisceau pyramidal ayant son sommet *virtuel* en A', symétrique de A. L'œil recevra ces rayons comme s'ils lui venaient de A'. C'est en A' qu'il verra le point A. De même en B' qu'il verra B, et ainsi des autres points. En fin de compte, l'œil verra l'objet AB dans la position A'B'. A'B' s'appelle l'*image* de AB.

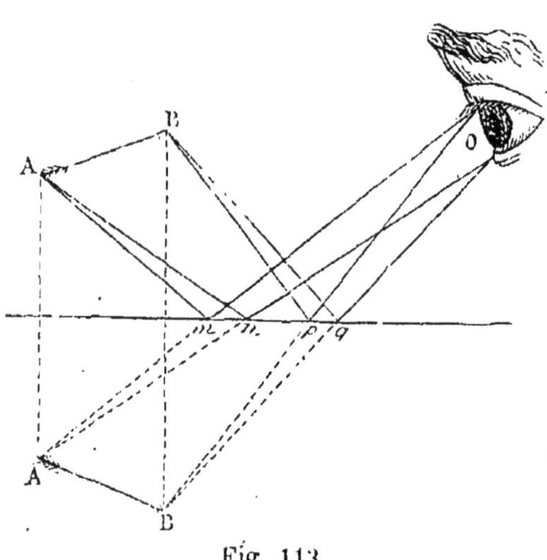

Fig. 113.

Tout objet placé devant un miroir plan donnera de la même façon une image qui lui sera symétrique par rapport à la surface du miroir.

Si le miroir a une surface courbe, bien que la réflexion s'effectue suivant la même loi pour chaque rayon, il n'y aura pas toujours un point de concours pour tous les rayons partis d'un même point. Cela n'arrivera que pour certaines formes simples des surfaces.

Avec des miroirs taillés sur une surface de sphère, on peut obtenir des images formées par réflexion et apparaissant derrière le miroir, comme cela a lieu pour les miroirs plans. Ces images qu'on appelle des *images virtuelles*, sont les seules que puissent donner par réflexion directe les miroirs sphériques convexes. Les miroirs concaves les donnent également quand l'objet est placé très-près de la surface du miroir. Elles sont toujours droites par rapport aux objets. On peut aussi obtenir des images apparaissant en avant du miroir, du même côté que lui-même, tantôt plus près que lui du miroir, et alors elles sont plus petites, tantôt plus loin au contraire, et alors elles sont plus grandes que lui. Ces images qu'on appelle *réelles* sont formées par le croisement réel des rayons réfléchis en avant du miroir, comme nous l'expliquerons plus tard. Elles sont toujours renversées par rapport à l'objet ; on peut les recevoir sur un écran.

Parmi les instruments fondés sur la connaissance des lois de la réflexion, nous citerons, indépendamment des glaces et miroirs connus de tout le monde, les télescopes dont l'invention a fait faire de si merveilleux progrès à l'astronomie.

Lorsque la lumière passe d'un milieu transparent dans un autre milieu également transparent, elle se propage en ligne droite dans le second milieu comme dans le premier ; mais ces deux lignes droites font entre elles un certain angle, sauf dans un seul cas, celui où le rayon incident arriverait perpendiculairement à la surface de séparation des deux milieux. Dans ce cas seulement le rayon poursuit sa route sans déviation. Pour toute autre incidence le rayon est brisé, *réfracté*.

Aussi quand nous regardons un objet placé au fond de l'eau ne le voyons-nous pas à sa véritable place, et le vase lui-même nous paraît notablement moins profond qu'il ne l'est réellement. Lorsqu'un bâton est à demi plongé dans l'eau, le changement de route qu'éprouvent les rayons, en sortant de l'eau dans l'air, fait que nous voyons le bâton brisé au niveau de l'eau ; la portion immergée paraît se relever vers la surface.

Si l'on place entre l'œil et un objet un morceau de verre

taillé en forme de lentille, chaque faisceau conique de rayons, partant des points de l'objet pour tomber sur la lentille, éprouve un changement de direction et devient, à sa sortie, convergent ou moins divergent qu'il ne l'était à l'arrivée. De là la formation d'images par réfraction, tantôt réelles, c'est-à-dire formées par le croisement réel des rayons, tantôt virtuelles, c'est-à-dire formées par le croisement des prolongements géométriques de ces mêmes rayons. Les images réelles sont toujours renversées par rapport aux objets; les images virtuelles toujours droites au contraire.

C'est sur la connaissance exacte de la marche des rayons lumineux dans les lentilles qu'est fondée la construction des microscopes et des lunettes de tous genres.

Les images que l'on voit ainsi par réfraction à travers une lentille n'ont jamais des contours bien nets, et de plus elles sont bordées d'une irisation qui rappelle les couleurs de l'arc-en-ciel.

Ce phénomène curieux devient bien plus apparent encore si l'on regarde les objets non plus à travers une lentille, mais à travers un morceau de verre ou de cristal taillé en forme de prisme triangulaire. Tient-on le prisme horizontalement devant l'œil, alors l'image est fortement déviée de bas en haut, si l'on regarde l'objet par la partie voisine de l'arête horizontale la plus élevée; de haut en bas, si l'on place l'œil près de l'arête inférieure. En outre, le bord supérieur et le bord inférieur de l'image sont bordés d'irisations rouges, plus ou moins lavées de jaune, sur un des bords; violettes, bleues lavées de vert, sur l'autre bord.

En même temps qu'il y a réfraction de la lumière à son passage de l'air dans le milieu transparent interposé, il y a donc décomposition, séparation de rayons de couleurs différentes. C'est ce qu'on appelle la *dispersion* de la lumière.

Pour la rendre bien sensible, on fait arriver dans une chambre parfaitement obscure un mince faisceau de rayons par une petite ouverture percée dans un volet. Ce rayon, traversant la chambre, va former au fond un petit cercle éclairé en blanc. Mais si l'on place près du trou un prisme, on constate d'abord que le faisceau lumineux est dévié, et avec lui l'image, et de plus que cette image n'est plus ronde, mais allongée dans le sens même de la déviation ; enfin qu'elle n'est plus blanche, mais composée de bandes transversales où se suivent, en se fondant par dégradation insensible, toutes les nuances du violet, du bleu, du vert, du jaune, et du rouge.

Pour rappeler plus facilement la série de ces couleurs, on les énonce en forme de vers alexandrin :

Violet, indigo, bleu, vert, jaune, orangé, rouge.

C'est ce qu'on appelle le *spectre solaire*.

Newton a démontré par des expériences dans le détail desquelles nous entrerons plus tard, que la lumière blanche est le résultat de la superposition de tous ces rayons ; il suffit en effet, après les avoir dispersés par le fait de leur inégale *réfrangibilité*, de les réunir ensuite sur une même direction pour reconstituer de la lumière blanche.

Maintenant si un corps nous paraît blanc, c'est-à-dire incolore, c'est que ce corps réfléchit ou transmet les divers rayons violets, indigo, etc., dans une égale proportion, de telle sorte que le faisceau réfléchi ou transmis ait la même composition que le faisceau incident. S'il nous paraît coloré, c'est qu'il a la propriété de réfléchir ou de transmettre certains rayons seulement, en *absorbant* les autres. Nous renvoie-t-il seulement les rayons bleus, il paraît bleu, si on l'éclaire avec de la lumière blanche, ou de la lumière bleue. Mais si on l'éclaire uniquement avec des rayons rouges, ou verts, ou jaunes, il ne nous les renvoie pas, il reste complétement noir.

Disons pour terminer que les diverses régions du spectre sont loin d'avoir le même éclat. Le maximum d'éclairement est dans la région jaune-vert du spectre. En outre l'emploi d'instruments thermométriques très-sensibles a permis de reconnaître un maximum d'intensité calorifique dans la partie rouge la plus sombre du spectre. Enfin l'activité chimique est au contraire la plus grande possible dans la région violette.

CHAPITRE IX.

DILATATIONS. — THERMOMÈTRES.

Nous avons déjà démontré par l'expérience que tous les corps, solides, liquides ou gazeux, soumis à l'action de la chaleur, augmentent de volume, pourvu cependant que la chaleur ne modifie point leur nature chimique. Cette restriction est nécessaire, car il est des corps qui éprouvent un retrait, une contraction sous l'influence d'une température élevée, les argiles par exemple : mais on remarque en même temps qu'il y a modification dans la nature chimique de la substance. Le corps changeant de nature, il n'y a donc point réellement exception à la loi de la dilatation.

Pour les corps solides, nous avons vu qu'un anneau solide se dilatait de manière à présenter un accroissement dans son diamètre intérieur, comme dans son diamètre extérieur et dans son épaisseur; et que son vide intérieur se dilatait comme le disque, de la même substance que l'anneau, qui le remplirait. Nous en avons déduit comme conséquence naturelle qu'un vase augmente de capacité sous l'influence de la chaleur, et que la dilatation est la même que celle du noyau plein, de même nature que les parois, qui en remplirait le vide.

Pour les liquides, nous avons reconnu leur dilatation par le fait de l'élévation de leur niveau dans le vase qui les renferme, et comme nous savons que le vase augmente de capacité, nous en avons conclu que le liquide se dilate, et qu'il se dilate plus que la portion du vase qui le contient.

L'élévation du niveau ne nous donne que la dilatation *apparente :* pour avoir la dilatation totale, il faudrait lui ajouter la dilatation de l'enveloppe. Si le liquide se dilatait autant que son enveloppe, la position du niveau indiquée par un trait d'affleurement marqué sur la paroi n'aurait pas changé; la dilatation apparente serait nulle. Et s'il arrivait qu'un liquide fût moins dilatable que la matière de l'enveloppe, l'œil constaterait un abaissement de niveau : la dilatation apparente serait une contraction apparente.

Lorsque de l'air est contenu dans un vase librement ouvert et qu'on l'échauffe, il se dilate, en conservant, pour chacun des volumes qu'il occupe successivement, une élasticité égale à la pression extérieure. On dit alors qu'il se dilate librement. Mais si le vase est fermé, alors le gaz ne peut plus prendre d'autre dilatation que celle du vase; et de même s'il y a refroidissement, comme le gaz occupe toujours toute la capacité de l'enveloppe, il ne peut subir d'autre contraction que celle de son enveloppe.

Il suit de là que si l'enveloppe gardait invariablement le même volume, le gaz ne changerait ni de volume, ni de densité par conséquent. Il y a cependant un élément qui varie, c'est l'élasticité, qui grandit à mesure que le gaz est chauffé plus fortement et tend, par suite, à occuper un volume plus grand ; de telle sorte que le vase, si résistant qu'il soit, finirait par éclater sous la pression du gaz. Si le gaz suit la loi de Mariote, il est facile de voir que son élasticité varie précisément comme aurait varié le volume, si le gaz s'était dilaté librement. Supposons que, l'effet calorifique produit, le changement de température soit tel que le gaz eût dû par exemple doubler de volume ; pour le ramener à son volume primitif, c'est-à-dire le replacer dans les conditions du gaz qui ne s'est pas dilaté, il faudrait doubler la pression, et par suite doubler l'élasticité du gaz. On voit donc par là que la même variation de température qui doublerait le volume d'une masse gazeuse se dilatant librement, doublera son élasticité si le volume ne change point.

Nous avons appelé *températures* les états successifs par lesquels passe un corps que l'on échauffe ou que l'on refroidit. On dit que la température s'élève quand le corps s'échauffe et par suite se dilate ; on dit qu'elle baisse quand le corps se refroidit et se contracte. Si son volume reste constant (aucune cause extérieure autre que la chaleur n'intervenant pour modifier son volume dans un sens ou dans l'autre), nous disons que sa température est fixe; et nous admettons que toutes les fois que le corps se représentera avec le même volume, il sera aussi au même état de température, pourvu qu'aucune action autre que celle de la chaleur ne tende à modifier ce volume.

Le volume, quantité susceptible d'une mesure numérique, sera ainsi pour chaque corps le signe de sa température; et les variations de volume serviront à mesurer les variations de la température.

Lorsque deux corps inégalement chauds sont mis en contact, le plus chaud se refroidit et se contracte; le plus froid s'échauffe et se dilate jusqu'à ce que chacun d'eux ait acquis un certain état invariable de température et de volume; on les considère alors comme étant à la même température. Ainsi on dit que deux corps sont à la même température, lorsque mis en contact l'un avec l'autre, et à l'abri d'ailleurs de toute influence calorifique étrangère, ils n'éprouvent aucun changement de volume.

Si l'un de ces corps est dans des conditions qui permettent d'apprécier facilement sa température, il donnera alors en même temps la température de l'autre corps. C'est là le rôle que joue le *thermomètre*.

Quel corps choisirons-nous pour thermomètre? Les corps solides sont trop peu dilatables. Leurs variations de longueur ou de volume ne deviennent appréciables à la vue simple que si la variation de température est considérable. Ils constitueraient des thermomètres trop peu sensibles, et que l'on ne peut employer que dans des circonstances exceptionnelles, lorsqu'il s'agit de mesurer avec une grossière approximation des températures élevées.

Les gaz sont au contraire beaucoup trop dilatables. Une très-faible élévation de température augmente le volume de la masse gazeuse, de telle sorte que si l'on voulait s'en tenir, pour l'enveloppe du gaz, à la forme que nous avons donnée, il faudrait prendre des tubes d'une longueur gênante. D'ailleurs il ne faut point oublier que le volume d'une masse gazeuse dépend aussi de la pression qu'elle supporte. L'emploi du thermomètre à air nécessiterait donc des mesures barométriques et des calculs de correction qui doivent le faire rejeter, dès l'instant que l'on veut un instrument d'un usage immédiat et facile.

Restent alors les liquides. Nous remarquerons pour déterminer notre choix, que le liquide que nous prendrons doit être très-dilatable, facile à obtenir pur; et toujours identique à lui-même ; qu'il doit pouvoir se maintenir liquide dans une étendue de température aussi considérable que possible. Enfin, et avant tout, qu'il doit pouvoir s'échauffer et se refroidir rapidement au contact des autres corps, sans pour cela leur prendre ou leur céder trop de chaleur. Le mercure, métal liquide à la température ordinaire, est, de beaucoup, celui de tous les liquides qui remplit le mieux ces deux dernières conditions ; et il se trouve qu'il satisfait en même temps d'une manière suffisante aux conditions de fixité et de dilatabilité. Aussi depuis Fahrenheit, c'est-à-dire depuis plus d'un siècle et demi, le mercure est-il adopté généralement comme substance thermométrique. Nous savons cependant que pour la mesure des températures très-basses on est obligé de recourir à l'alcool qui n'a pu encore être congelé.

Le mercure sera contenu dans une enveloppe en verre, et la forme de cette enveloppe devra être celle qui rendra le plus sensibles les variations du niveau. Nous la connaissons déjà : c'est celle d'un réservoir cylindrique ou sphérique, soudé à un tube d'égal diamètre dans toute sa longueur, pour que des divisions d'égale longueur soient en même temps d'égal volume. Plus le diamètre du tube sera petit par rapport au diamètre du réservoir, plus l'instrument sera *sensible*. Il est clair en effet qu'une même variation de température, et par conséquent de volume, sera accusée par un changement de niveau d'autant plus grand et plus visible que le tube sera plus étroit. Et comme d'une autre part il faut que la masse de mercure soit assez petite pour pouvoir se mettre rapidement, et bien uniformément, en équilibre de température avec les corps, sans modifier d'une manière sensible cette température, nous nous trouvons conduit à prendre un réservoir de petit diamètre, un centimètre au plus, et alors un tube d'un calibre extrêmement étroit, un tube capillaire *.

Remplissage du thermomètre. — L'introduction du mercure dans le tube devenant dès lors impossible par les moyens ordinaires, voici comment il faut procéder.

Disons avant tout que le tube du thermomètre doit être parfaitement cylindrique, et l'on reconnaît qu'il remplit cette condition en promenant à l'intérieur, avant qu'il soit soudé au réservoir, un petit index de mercure. Si, mesurant la longueur de cet index dans les diverses positions qu'il occupe, on la trouve partout sensiblement la même, on peut admettre que le tube a en tous ses points le même diamètre.

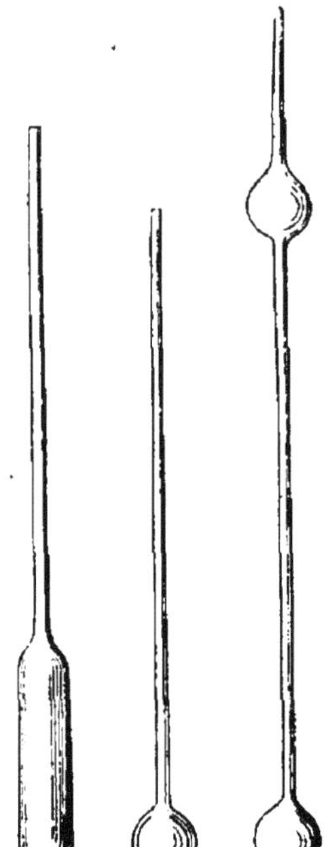

Fig. 114.

Le réservoir étant ensuite soudé à l'une des extrémités de ce tube, on souffle à l'autre extrémité une boule munie d'une pointe effilée (fig. 114) et ouverte, et dont la capacité soit notablement plus grande que celle du réservoir.

On chauffe alors le réservoir et la boule, et lorsque l'air a été en partie chassé du tube par la dilatation, on plonge la pointe effilée dans un verre plein de mercure bien pur (fig. 115). L'élévation de la température avait dilaté l'air, mais en lui laissant une élasticité égale à la pression extérieure. Maintenant que la température s'abaisse, cette élasticité va devenir de plus en plus petite, et alors la pression atmosphérique qui s'exerce sur le mercure le fera monter dans la boule. On facilitera évidemment l'ascension en tenant le tube dans une position inclinée. Le mercure cessera de monter lorsque l'élasticité de l'air, qui augmente par suite de la diminution de son volume, ajoutée à la pression de la

* On fabrique tout exprès pour la construction des thermomètres des tubes à calibre intérieur elliptique. La colonne mercurielle a alors la forme d'un ruban assez large pour être nettement visible.

colonne mercurielle soulevée h, fera équilibre à la pression
atmosphérique H. On ferme avec le doigt la pointe du tube,
puis on le retourne. L'air dont l'élasticité était égale à H—h, supporte actuellement la pression H+h; l'équilibre est donc impossible, et la colonne de mercure s'engage dans le tube. Comme la pression qu'elle exerce est proportionnelle à sa hauteur verticale, la pression H+h va en grandissant avec le terme h. L'élasticité de l'air comprimé augmente bien aussi, mais d'une manière insensible, parce que le tube étant d'un calibre très-petit, la diminution de volume de cet air est in-

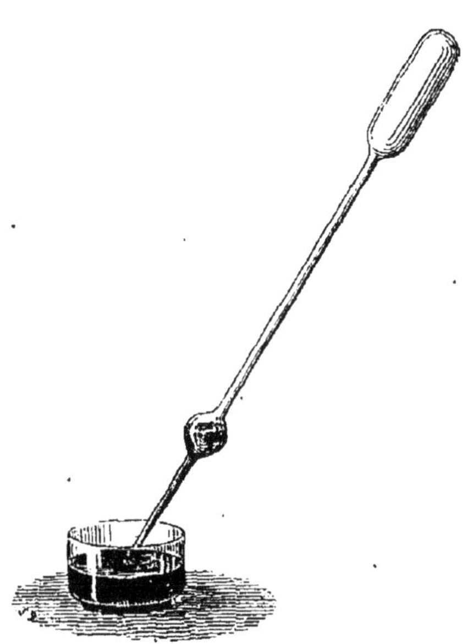

Fig. 115.

signifiante. On voit donc que par cela même que le mercure
pénètre dans le tube, il doit y pénétrer de plus en plus jusqu'à ce qu'il tombe dans le réservoir. A partir de ce moment,
le volume de l'air renfermé diminue rapidement, et par suite
son élasticité augmente, jusqu'à ce que cette élasticité fasse
équilibre à la pression atmosphérique, augmentée de la colonne mercurielle qui remplit le tube. En inclinant le tube,
on diminue la hauteur verticale de la colonne mercurielle,
alors l'élasticité de l'air, devenant prédominante, repousse le
mercure; et par cela même qu'il remonte, il doit remonter encore, parce que l'élasticité de l'air ne diminue pas sensiblement, tandis que la pression de la colonne de mercure diminue avec sa hauteur. Quelques bulles d'air s'échapperont à
travers le mercure de la boule supérieure, et si alors on redresse le tube, le mercure redescendra et quelques gouttes
pourront tomber dans le réservoir, puisqu'une certaine quantité d'air en est sortie. En inclinant le tube et le redressant à

diverses reprises, on augmenterait lentement la quantité de mercure logée dans le réservoir. Mais il vaut mieux procéder de la manière suivante, qui permet de le remplir en quelques instants, et de le purger complétement d'air. Pour cela, après avoir introduit une première fois du mercure, tenant le tube dans une position inclinée, on place le réservoir au-dessus de la flamme d'une lampe à alcool, de manière à porter le mercure à l'ébullition. Les vapeurs de mercure, beaucoup plus denses que l'air, le refoulent et le chassent du tube, à travers la masse de mercure qui remplit la boule supérieure; on cesse alors de chauffer; la vapeur du mercure se condensant par le refroidissement, la pression extérieure refoule le liquide de la boule dans le réservoir qui se trouve rempli.

Si la surface du mercure n'est pas parfaitement unie et brillante en tous ses points, si l'on aperçoit quelques bulles d'air, on fait bouillir de nouveau, soit en chauffant à la lampe, soit en mettant le tube sur une grille analogue à celle qu'on emploie pour le remplissage des baromètres, et chauffant avec quelques charbons. On peut par ce dernier mode, plus facilement maintenir chaud le mercure de la boule, et préserver le réservoir, très-fortement chauffé, du contact brusque d'un liquide notablement plus froid.

Voilà donc le réservoir et le tube pleins de mercure. On se débarrasse d'abord du mercure qui reste dans la boule, et que l'on fait sortir par la pointe. Puis on s'occupe de régler la quantité de mercure qu'on laissera dans l'instrument qui évidemment ne doit pas rester plein. L'étendue de la course thermométrique sera d'autant plus grande que le tube sera plus long, et son diamètre intérieur plus grand. On prend alors une limite supérieure de température réglée d'après l'étendue probable de la course de l'instrument. Soit par exemple la température de fusion de l'étain. On plonge le thermomètre dans un bain d'huile à cette température, et on l'y laisse quelques instants, puis on le retire, on vide rapidement la boule du mercure qui y est monté, et on laisse refroidir. Si, après le retour du thermomètre à la température de l'air ambiant, le mercure occupe encore environ un douzième de la longueur du tube, l'instrument sera dans de bonnes conditions, et pourra servir depuis 20⁰ environ au-dessous de zéro, jusqu'au point de fusion de l'étain 228⁰. Si le mercure s'arrêtait notablement plus haut, on pourrait prendre une limite supérieure plus élevée, 250⁰, 300⁰, ou 350⁰. Si au contraire le mercure descendait jusqu'au réservoir, il faudrait alors en le chauffant le faire remonter jusqu'à la boule, ajouter quelques gouttes de mercure, puis prendre une nouvelle limite supérieure moins élevée.

La course du thermomètre réglée, on chauffe fortement le tube un peu au-dessous de la boule, puis on l'étire comme l'indique la figure 116, et on procède à sa fermeture. On chauffe le mercure de manière à l'amener jusqu'à la partie étranglée; alors on lance sur ce point, avec le chalumeau, un jet de flamme qui fond le verre, et ferme le tube en séparant la boule. Le mercure redescend alors, laissant au-dessus de lui un vide à peu près complet.

Graduation du thermomètre. — La nécessité d'adopter un mode de graduation uniforme et des points de repère fixes, afin d'avoir des instruments comparables, a été posée en principe par Renaldini de Padoue et plus tard par Newton. Fahrenheit, vers 1714, adopta, comme point de repère supérieur, la température d'ébullition de l'eau pure à l'air libre, et comme point de repère inférieur la température d'un mélange de glace et de sel ammoniac pulvérisé, en proportions déterminées. Plus tard, en 1730, Réaumur substitua à ce dernier point de repère, trop incertain, la température de la glace. Il marquait 0⁰ au point d'affleurement du mercure dans la glace fondante, 80⁰ au point d'affleurement dans l'eau en

F. 116.

pleine ébullition, et divisait l'intervalle en 80 parties égales. Quelques années après, Celsius, tout en conservant les mêmes points de repère, marqua 100⁰ au dernier point d'affleurement et divisa l'intervalle en 100 parties égales. Ce dernier mode de division, plus en accord avec notre système général de mesure, a fini par prévaloir sur la graduation Réaumur, qui est maintenant à peu près complétement abandonnée.

Ainsi nous prendrons pour 0° de l'échelle thermométrique, la température de fusion de la glace, et, marquant 100° au point où s'arrête le mercure dans l'eau en ébullition, sous la pression normale 0^m,760, nous diviserons l'intervalle de ces deux points en 100 parties égales, et, l'unité ainsi déterminée, nous continuerons le tracé des divisions au-dessus du point 100, et au-dessous du point 0°. Telle est l'échelle appelée l'échelle *centigrade*.

On appelle *degré de température* la variation de température, ascendante ou descendante, qui fait passer le mercure d'une division quelconque à la division qui suit immédiate·· ment, soit au-dessus, soit au-dessous. C'est donc la variation de température qui correspond à une variation *apparente* du volume du mercure dans le verre, égale à la 100e partie de la variation apparente que ce liquide subit, en passant de la température de fusion de la glace à la température d'ébullition de l'eau.

On voit facilement tout ce qu'il y a de conventionnel et d'arbitraire dans cette définition du degré de température; puisqu'elle dépend de la nature du liquide, de la nature de l'enveloppe, des points de repère choisis et du mode de division.

La température du thermomètre est donnée par la division de l'échelle qu'affleure le niveau du mercure, et qui indique de combien de degrés centigrades cette température est au-dessus ou au-dessous de la température de la fusion de la glace. Pour marquer les températures au-dessus de zéro, on fait précéder le nombre du signe + ; pour marquer les températures au-dessous de zéro, on fait précéder le nombre du signe — : ainsi 30° au-dessus de zéro s'écrit + 30°; 10° au-dessous de zéro s'écrit — 10°.

Le tracé des points de repère *zéro* et 100 exige des précautions toutes particulières que nous allons indiquer.

Pour que le thermomètre plongé dans la glace indique bien réellement le zéro, il faut : 1° que la glace soit pure, car la glace contenant des substances étrangères ne fond pas à la même température que la glace pure ; 2° qu'elle soit en petits fragments, parce que de gros morceaux de glace, en fusion à la surface, pourraient garder à l'intérieur une température plus basse qui tendrait à abaisser le zéro ; 3° il faut faire écouler avec soin l'eau résultant de la fusion, qui pourrait prendre une température supérieure à celle de la glace, et élever le zéro.

Si l'on s'astreint rigoureusement à ces conditions, on constatera facilement, en plongeant un thermomètre dans la glace fondante, que le mercure s'arrêtera toujours au même point de la tige et y restera invariablement, tant que la fusion ne sera pas complète.

Pour marquer le zéro, on placera donc le thermomètre dans l'axe d'un vase cylindrique dont le fond sera percé de trous (fig. 117), ou, à défaut d'un vase spécial, dans un entonnoir, et on l'entourera de glace pure, pilée, ou mieux encore de neige bien propre. On fera en sorte que le mercure soit enveloppé par la glace, et, quand son niveau sera devenu stationnaire, on tracera sur le verre, avec un pinceau très-fin trempé dans du vermillon un peu épais, le point d'affleurement.

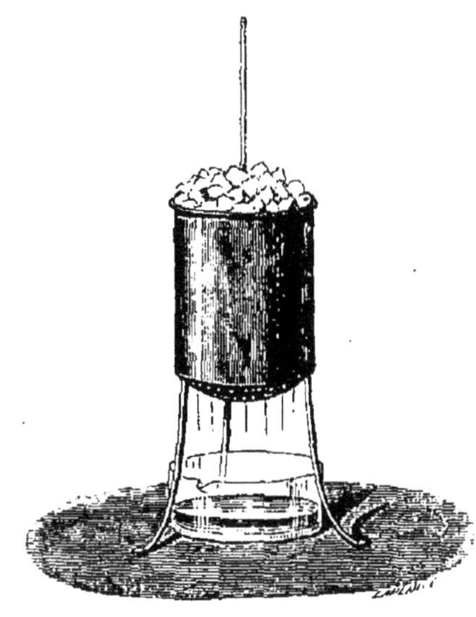

Fig. 117.

Pour le tracé du point 100°, il faut également se conformer aux prescriptions suivantes : 1° l'eau doit être pure, car la présence de matières étrangères, en dissolution dans l'eau, change le point d'ébullition ; 2° l'eau doit être contenue dans un vase en métal, cuivre, laiton ou fer-blanc, et le thermomètre doit être plongé non pas dans l'eau, mais dans la vapeur elle-même. On verra en effet plus tard que, plongé dans le liquide, le thermomètre marquerait une température trop élevée, et d'autant plus qu'il plongerait plus profondément. On verra aussi que la nature du vase exerce une influence marquée sur la température du liquide en ébullition, mais non sur celle de la vapeur qu'il fournit.

Ces conditions remplies, on peut s'assurer que le thermomètre, étant ainsi plongé dans l'atmosphère de vapeur, le mercure reste invariablement au même point du tube, pourvu que la pression extérieure soit constante et égale à $0^m,76$ *.

On emploie, pour marquer le point 100, l'étuve à vapeur (fig. 118). C'est une boite cylindrique en métal AABB, dont le couvercle porte un col cylindrique CCDD, enveloppé d'un autre cylindre extérieur. La vapeur remplit l'étuve et le col, passe par les ouvertures *oo* et s'échappe au dehors par un conduit latéral. Le thermomètre, porté par un bouchon qui ferme le col DD, est complétement enveloppé par la vapeur. On a soin de tirer le tube, de manière à rendre visible le niveau libre du mercure; quand il est devenu fixe, on marque l'affleurement avec un petit trait de vermillon.

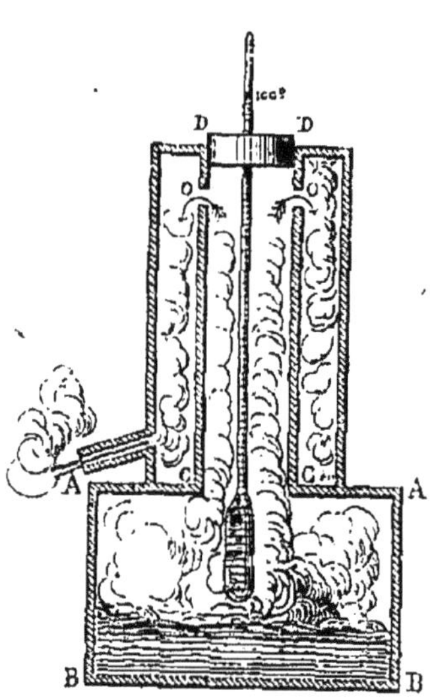

Fig. 118.

Alors on divise sur le tube lui-même, avec une machine particulière appelée machine à diviser, l'intervalle de ces deux points en cent parties égales, et l'on poursuit la division au delà des deux points de repère. Ou bien encore on fixe le tube sur une tablette en glace, en métal, sur laquelle on trace la division.

Dans les thermomètres de précision, le tube est divisé, avant d'être adapté au réservoir, en parties d'égale capacité. — Alors quand l'instrument est rempli, on se borne à noter les points n et n' de cette division qui correspondent aux deux températures

* On verra plus tard, dans l'étude du phénomène de l'ébullition, comment on peut tenir compte de la différence de pression, quand celle-ci n'est pas la pression normale.

de repère. Une division représente donc une variation de tempé·
rature égale à $\dfrac{100}{n'-n}$, alors à la division N correspond évidemment
la température $(N - n)\dfrac{100}{n'-n}$.

Déplacement du zéro. — On a remarqué qu'au bout d'un
certain temps la graduation d'un thermomètre cesse d'être
exacte; à la température de la glace fondante le mercure
s'arrête au-dessus de zéro. On considère ce déplacement du
zéro comme dû à une modification moléculaire qui s'opère à
la longue dans le verre du réservoir soufflé à la lampe, et qui
détermine une diminution de la capacité. Il est bon alors de
ne graduer les thermomètres que longtemps après leur remplissage et de vérifier de temps à autre le zéro, surtout si
l'instrument est soumis à des variations de température considérables.

Comparaison des échelles thermométriques. — Noús
avons dit que l'intervalle de température compris entre la
température de la fusion de la glace et le point d'ébullition
de l'eau était divisé sur l'échelle centigrade en 100 parties
égales, sur l'échelle Réaumur en 80 parties. Donc 100 divisions centigrades équivalent à 80 Réaumur, ou, en divisant
par 20 :

$$5^0 \text{ centig.} = 4^0 \text{ Réaumur.}$$

$$1^0 \text{ centig.} = \frac{4^0}{5} \text{ Réaumur.}$$

$$\text{et} \quad \frac{5^0}{4} \text{ centig.} = 1^0 \text{ Réaumur.}$$

$$\text{Donc} \quad n^0 \text{ centig.} = \frac{4}{5} n^0 \text{ Réaumur.}$$

$$\text{et} \quad n^0 \text{ Réaum.} = \frac{5}{4} n^0 \text{ Réaumur.}$$

Par exemple,

$$35^0 \text{ centig.} = \frac{4 \times 35^0}{5} \text{ R.} = 28^0 \text{ R.}$$

$$60^0 \text{ Réaum.} = \frac{5 \times 60}{4} \text{ centig.} = 75^0 \text{ centig.}$$

L'échelle de Fahrenheit diffère beaucoup plus. Ses deux
points de repère sont : 1^0 un mélange de glace et de sel am-

moniac donnant une température beaucoup plus basse que celle de la glace fondante ; là est le zéro. Au point d'ébullition de l'eau correspond le chiffre 212°. Notre zéro correspond à 32° de l'échelle Fahrenheit : et, chose à remarquer, les Anglais, les Allemands, qui se servent du thermomètre Fahrenheit, ne déterminent point directement leur zéro, mais se bornent à marquer 32° au point de fusion de la glace , et divisent l'intervalle de 212 à 32 en 180 parties égales. Ce qui les conduit à la détermination indirecte de leur zéro.

Ainsi le même intervalle de température qui comprend 100 divisions de notre échelle, en comprend 180 de l'échelle anglaise, donc :

Fig. 119.

100 div. cent. = 80 div. Réaum. = 180 div. Farenh.
5 div. cent. = 4 div. Réaum. = 9 div. Farenh.

Soit donc à tranformer en degrés centigrades, 160 Fahrenheit. Nous supposerons d'abord, qu'on ramène l'échelle Fahrenheit à avoir le même point de départ que le nôtre ; il faut pour cela la remonter de 32 divisions. La température en question ne sera plus alors marquée que 160 — 32 = 128°.

$$1° \text{ Farenh.} = \frac{5}{9} \text{ cent.}$$

$$128° \text{ Farenh.} = \frac{5 \times 128}{9} = 71°,1$$

Soit inversement à transformer 45°R en degrés Fahrenheit. Si le repère était le même, le thermomètre Fahrenheit marquerait $\frac{45° \times 9}{4}$. Mais comme il faut abaisser l'échelle de 32 divisions, la température marquée sera :

$$32 + \frac{45 \times 9}{4} = 133°,2.$$

Les 32 divisions de l'échelle Fahrenheit qui séparent son zéro du nôtre, équivalent à $\frac{32 \times 5}{9}$ degrés centigrades, ou 17°,77.

Ainsi le zéro du thermomètre Fahrenheit répond à — 17°,77 centigrades.

Thermomètre à alcool. — Le thermomètre à alcool se construit à peu de chose près comme le thermomètre à mercure. On peut toutefois se dispenser d'une boule de remplissage ; on fait chauffer le réservoir pour en dilater l'air, puis on plonge l'extrémité du tube, ouverte et un peu effilée, dans de l'alcool coloré en rouge par de l'orseille ou du carmin. L'alcool étant beaucoup moins dense que le mercure, le même excès de pression de l'extérieur sur l'intérieur fera monter le liquide beaucoup plus haut, aussi la boule est-elle remplie du premier coup. Cependant il reste toujours un peu d'air. On fait bouillir l'alcool introduit, et quand les vapeurs ont bien chassé l'air, on replonge la pointe dans le liquide. Après ce second remplissage il est rare qu'il ne reste pas encore un peu d'air, au moins dans le tube ; on suspend alors le tube, la boule en bas, à une corde d'un mètre de long, à laquelle on imprime un mouvement de fronde. Le liquide se trouve, par le mouvement de rotation, porté le plus loin possible du centre, et l'air, moins dense, se trouve, par cela même, ramené vers le centre et par conséquent chassé de l'alcool.

On ferme le tube comme il a été dit pour le thermomètre à mercure. Pour graduer le thermomètre il ne suffirait pas de marquer les points 0° et 100°, et de diviser l'intervalle en 100 parties égales ; un pareil thermomètre serait en désaccord continuel avec le thermomètre à mercure, à cause de la dilatation très-irrégulière de l'alcool. Il faut déterminer un certain nombre de points intermédiaires, par comparaison avec un thermomètre à mercure étalon, en les plaçant ensemble dans de l'eau que l'on échauffe graduellement. On tracera ainsi, par exemple, les températures 10°, 24°, 36°, 50°, 66°, etc., et on divisera en 10 parties égales l'intervalle de 0° à 10° ; en 14 parties égales, l'intervalle de 10 à 24, etc.

Nous savons déjà que le thermomètre à alcool sert surtout pour marquer les basses températures. Mais aux températures ordinaires, et plus particulièrement aux températures élevées, il donne des indications beaucoup moins exactes que le thermomètre à mercure, et comme il bout à 79° à l'air libre, on ne peut guère en vase fermé le faire arriver au delà de 100⁰ à 120⁰. La tension de sa vapeur briserait l'enveloppe.

Ainsi le thermomètre à alcool peut servir depuis les températures les plus basses que l'on ait pu encore obtenir, jusqu'à 100⁰ au plus. Le thermomètre à mercure peut servir depuis — 40⁰ environ, jusqu'à + 360⁰, sa course peut donc comprendre 400⁰.

CHAPITRE X.

COEFFICIENTS DE DILATATION. — LEURS USAGES.

L'étude de la dilatation des corps a une telle importance, non-seulement au point de vue théorique, mais encore pour les applications pratiques que l'on a à en faire journellement dans l'industrie, que les savants les plus éminents, Laplace, Lavoisier, Dulong, Gay-Lussac, Davy, Rumford, et bien d'autres encore après eux, en ont fait l'objet de leurs recherches. Nous exposerons d'une manière sommaire les résultats auxquels ont conduit ces remarquables travaux, et les applications que l'on peut faire des lois expérimentales qu'ils ont fait connaître.

Première loi. — Lorsqu'une barre solide d'une longueur quelconque passe d'une certaine température quelconque, t^0, à une autre température, quelconque également, t'^0, sa variation de longueur est proportionnelle à la longueur elle-même.

D'ailleurs la longueur ne jouit pas, au moins dans les corps non cristallisés, de propriétés différentes de celles des autres dimensions. Ainsi, on peut dire d'une manière générale : si l'on prend deux points quelconques dans la masse d'un corps solide amorphe, la variation de distance de ces deux points, pour une variation de température quelconque, est proportionnelle à leur distance.

Deuxième loi. — Lorsqu'un corps solide, liquide, ou gazeux, est porté d'une température t^0 à une autre température t'^0, la variation du volume est proportionnelle au volume lui-même.

Ainsi une masse d'un volume égal à 10, 20, 500 centimètres cubes, subira une variation de volume égale à 10, 20,

500 fois celle que subirait une masse de la même substance ayant pour volume 1 centimètre cube.

Cela veut dire évidemment que, dans une masse de 20 centimètres cubes, chacun de ces centimètres reçoit la même augmentation ou la même diminution que s'il était seul, sans être influencé par la dilatation ou la contraction de ses voisins. De telle sorte que si l'on creuse une cavité dans une masse de verre, la dilatation de l'enveloppe se fera de la même manière, que ce vide existe ou qu'il soit rempli par la masse de verre qui en a été enlevée. C'est donc sous une autre forme le principe déduit de l'expérience de S'Gravesande. Il suit de là que déterminer l'augmentation de capacité d'un vase dont le volume intérieur est V, revient à calculer l'augmentation du volume extérieur d'une masse, de même nature que les parois, et dont le volume est aussi V.

Troisième loi. — La dilatation que subit une certaine longueur, ou un certain volume donné, en passant d'une température à une autre, de 0^0 à t^0 par exemple, est proportionnelle à la variation de température, à la condition que cette variation ne dépassera pas certaines limites, plus ou moins éloignées suivant la nature des corps.

Ainsi l'expérience montre que si l'on mesure l'accroissement de volume a, que prend une certaine masse de métal solide, ou de mercure, ou de verre, en passant de 0^0 à 10^0; puis l'accroissement b qu'elle prend en passant de 0^0 à 20^0; l'accroissement c qu'elle prend en passant de 0^0 à 30^0, etc.; et si l'on prend ensuite les quotients $\dfrac{a}{10}$, $\dfrac{b}{20}$, $\dfrac{c}{30}$, etc., qui représentent les accroissements moyens pour une variation de température d'un degré entre chacune de ces limites, on trouve tous ces quotients sensiblement égaux, tant que la température ne dépasse pas d'une manière notable 100^0.

$$\frac{a}{10} = \frac{b}{20} = \frac{c}{30}$$

$$\text{ou} \quad \frac{a}{b} = \frac{10}{20} \quad \frac{a}{c} = \frac{10}{30}$$

Il y a donc proportionnalité dans ces limites. Mais si l'on

prenait l'accroissement u du même volume de 0^0 à 150^0 par exemple, on aurait un quotient notablement plus grand que les précédents.

$$\frac{u}{a} > \frac{150}{10}$$

$$\text{ou} \quad u > 150. \frac{a}{10}$$

Pour la plupart des liquides, la proportionnalité n'est admissible que dans des limites très-resserrées.

A vrai dire, il n'y a proportionnalité rigoureuse pour aucune substance, mais la véritable loi encore inconnue peut se confondre avec la loi de proportionnalité et donner les mêmes résultats numériques, dès l'instant que la variation de température ne dépasse pas certaines limites. De même que si, sur une courbe quelconque, on prend des points suffisamment rapprochés, a et b, ou c et d, l'arc ab se confond sensiblement avec la droite qui joindrait les deux points, et de même pour l'arc cd (fig. 120).

La dilatation linéaire d'une barre, dont la longueur à 0^0 est donnée, se calculera facilement, si l'on connaît la fraction constante dont se dilate l'unité de longueur de 0^0 à 1^0, fraction qui exprime aussi la dilatation de 1^0 à 2^0, de 2^0 à 3^0, ou de $(t\text{-}1)^0$ à t^0, si la température t^0 n'est pas par trop éloignée de zéro. Soit k cette

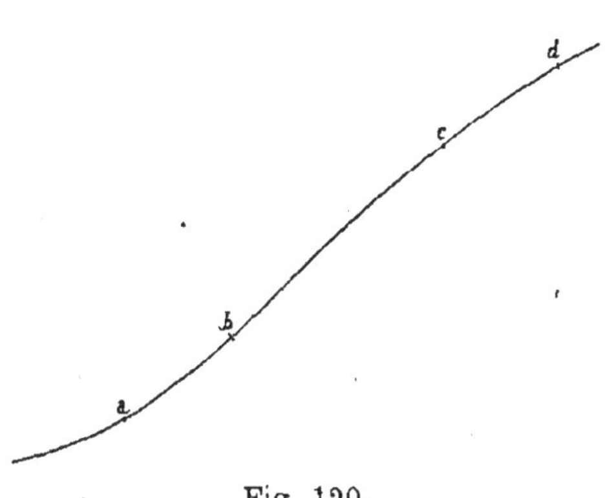

Fig. 120.

raction, que nous appellerons le *coefficient de dilatation linéaire* de la matière de la barre. L'unité de longueur a 0^0, en passant à t^0, aura reçu l'accroissement total kt, et sera devenue $1 + kt$; si l est le nombre d'unités de longueur à zéro qui donne la longueur de la barre à cette température zéro, les l unités de longueur auront donc à t^0 une longueur totale l fois $1 + kt$, ou

$$l(1 + kt)$$

Ainsi, en appelant L la longueur à t^0, on obtiendra L en multipliant la longueur à $0^0, l$, par l'expression $1 + kt$, qu'on appelle *binome* ou *module* de dilatation linéaire, et qui représente la longueur que prend à t^0 l'unité de longueur choisie à 0^0.

$$L = l(1 + kt)$$

Inversement, la longueur à zéro s'obtiendra en divisant la longueur à t^0, L, par le module de la dilatation linéaire $1 + kt$.

$$l = \frac{L}{1 + kt}$$

Si l'on donne la longueur à t^0, L et que l'on veuille calculer la longueur à une autre température t', L' (t et t' étant assez peu éloignés de zéro pour qu'on puisse considérer la dilatation comme proportionnelle à la variation de température), on trouvera d'abord la longueur à zéro, en divisant L par le module, comme il a été dit plus haut; puis, la longueur à 0^0, $\frac{L}{1 + kt}$ étant connue, on la multipliera par le module relatif à la température t', $1 + kt'$: on aura donc

$$L' = \frac{L(1 + kt')}{1 + kt}$$

Cette relation peut s'écrire

$$\frac{L'}{L} = \frac{1 + kt'}{1 + kt}$$

Les longueurs d'une même barre, à deux températures différentes, sont entre elles comme les modules de la dilatation linéaire relatifs à ces températures.

Elle peut s'écrire aussi :

$$\frac{L}{1 + kt} = \frac{L'}{1 + kt'}$$

Pour une même barre, le quotient de sa longueur à une température quelconque par le module linéaire relatif à cette température est constant, pourvu que l'on reste dans les limites où la dilatation reste proportionnelle à la variation de température.

Supposons maintenant que l'on ait à déterminer l'accroissement de volume d'une masse de mercure dont le volume est v à $0°$, lorsque cette masse passe de $0°$ à $t°$.

Appelons *coefficient de dilatation cubique* la fraction constante K qui représente pour le mercure l'accroissement que prend l'unité de volume en passant de $0°$ à $1°$, fraction qui représente aussi l'accroissement de $1°$ à $2°$, ou de $2°$ à $3°$, ou de $t-1$ à $t°$, pourvu que t soit assez voisin de $0°$ pour que la dilatation soit proportionnelle à la variation de température; l'unité de volume aura reçu l'accroissement total Kt, elle sera donc devenue $1 + Kt$; et les v unités dont se compose le volume donné, auront alors pris un volume égal à v fois $1 + Kt$ ou $v(1 + Kt)$. Ainsi le volume à $t°$, V, s'obtiendra en multipliant le volume à zéro, v, par l'expression $1 + Kt$ qu'on appelle *binome* ou *module* de dilatation cubique, et qui représente ce que devient à $t°$ le volume pris pour unité à $0°$.

$$V = v(1 + Kt)$$

Inversement le volume à $0°$ s'obtiendra en divisant le volume à $t°$ par le même module

$$v = \frac{V}{1 + Kt}$$

Soit maintenant V le volume à $t°$, cherchons le volume à $t'°$. Le volume à $0°$ serait $\dfrac{V}{1 + Kt}$ d'après ce qui vient d'être dit, et le volume à $t'°$ s'obtiendra en multipliant le volume à $0°$ par le module relatif à la température t', $1 + Kt'$; ce sera donc

$$V' = \frac{V(1 + Kt')}{1 + Kt}$$

Cette formule peut s'écrire

$$\frac{V'}{V} = \frac{1 + Kt'}{1 + Kt}$$

Ainsi les deux volumes d'une même masse à deux températûres t et t' sont entre eux comme les modules relatifs à ces mêmes températures.

Cela peut s'écrire aussi :

$$\frac{V}{1+Kt} = \frac{V'}{1+Kt'}$$

C'est-à-dire que, pour une même masse, le quotient du volume à une température quelconque par le module relatif à cette température est constant, bien entendu tant que l'on ne sort pas des limites dans lesquelles la proportionnalité existe entre la dilatation et la variation de température.

Par cela même qu'un corps se dilate il prend une densité plus faible, et il est facile de voir que, pour une même masse d'une substance donnée, la densité est en raison inverse du volume qu'elle occupe; soit P le poids de cette masse; V et V' les deux volumes différents qu'on lui fait prendre; D et D' les densités correspondantes; on a évidemment, d'après une formule connue,

$$P = VD$$
$$\text{et} \quad P = V'D'$$

car le poids ne change pas, donc

$$VD = V'D'$$
$$\text{ou} \quad \frac{D'}{D} = \frac{V}{V'}$$

Or, si nous supposons que ce soit par suite d'une variation de température que le volume ait changé, nous aurons d'après une des formules précédentes,

$$\frac{V}{V'} = \frac{1+Kt}{1+Kt'}$$
$$\text{Donc} \quad \frac{D'}{D} = \frac{1+Kt}{1+Kt'}$$

Ainsi les densités d'un même corps à des températures différentes sont en raison inverse des modules de dilatation cubique relatifs à ces températures.

Si D est la densité à zéro ($t = 0$), l'expression devient

$$\frac{D'}{D} = \frac{1}{1+Kt'} \quad \text{ou} \quad D' = \frac{D}{1+Kt'}$$

La densité à une température quelconque se déduit de la densité à zéro en divisant celle-ci par le module relatif à cette température.

Cette même formule peut s'écrire aussi :

$$D = D'(1 + Kt')$$

C'est-à-dire que, pour passer de la densité à une température quelconque à la densité à zéro, il faut multiplier la première par le module de la dilatation cubique.

Ainsi, en résumant ces formules, on a 1° pour la dilatation linéaire :

Pour passer de la longueur à 0° à la longueur à t°

$$L = l(1 + kt)$$

Pour revenir de la longueur à t° à la longueur à 0°

$$l = \frac{L}{1 + kt}$$

Et pour passer de la longueur à t° à la longueur à t'°

$$L' = L \times \frac{1 + kt'}{1 + kt}$$

2° pour la dilatation cubique :

Pour passer du volume à 0° au volume à t°

$$V = v(1 + Kt)$$

Pour revenir du volume à t° au volume à 0°

$$v = \frac{V}{1 + Kt}$$

Et pour passer du volume à t° au volume à t'°

$$V' = V \times \frac{1 + Kt'}{1 + Kt}$$

Quant aux calculs de densité, on a, pour passer de la densité à 0° à la densité à t°

$$D = \frac{D \text{ à } 0^\circ}{1 + Kt}.$$

Pour revenir de la densité à t° à la densité à 0°

$$D \text{ à } 0^\circ = D(1 + Kt).$$

Et enfin pour passer de la densité à t^0 à la densité à t'^0

$$D' = D \times \frac{1 + Kt}{1 + Kt'}.$$

Pour les gaz les formules s'établiront tout aussi simplement. Si le gaz se dilate librement, sous une pression invariable, on aura :

$$\frac{V'}{V} = \frac{1 + at'}{1 + at}$$

a étant le coefficient du gaz.

Si la pression change, et de H devient H', on aura d'abord en appelant U le volume à t', sous la pression H

$$\frac{U}{V} = \frac{1 + at'}{1 + at}$$

Maintenant comparant les volumes U et V' tous deux à la même température t', mais à des pressions différentes, on aura d'après la loi de Mariote

$$\frac{V'}{U} = \frac{H}{H'}$$

multipliant ces deux égalités pour éliminer U,

$$\frac{V'}{V} = \frac{1 + at'}{1 + at} \cdot \frac{H}{H'}$$

Enfin, comme les densités sont en raison inverse des volumes d'une même masse, on aurait

$$\frac{D'}{D} = \frac{V}{V'} = \frac{1 + at}{1 + at'} \cdot \frac{H'}{H}$$

Nous avons déjà dit qu'un gaz chauffé dans une enveloppe fermée prend une élasticité croissante. Nous avons déjà fait voir que, si l'enveloppe est absolument inextensible, l'élasticité augmente comme augmenterait le volume dans le cas où le gaz se dilaterait librement, pourvu que le gaz en question suive la loi de Mariote.

Désignons donc par E, E' les élasticités (mesurées en colonnes de mercure) que possède la masse gazeuse aux températures t et t'; appelons V et V' les volumes de cette masse gazeuse aux températures t, t', si elle pouvait se dilater librement; on aura, dans le cas d'une masse gazeuse comprise sous un volume constant,

$$\frac{E'}{E} = \frac{V'}{V} = \frac{1+at'}{1+at}$$

a étant le coefficient de dilatation du gaz.

Si l'enveloppe subissait en même temps, par une cause quelconque, un changement de capacité, on tiendrait compte de cette circonstance de la manière suivante :

Soit E l'élasticité à t^0 d'une masse gazeuse enfermée dans un vase de volume A. Quelle sera l'élasticité F si la température devient t'^0, et si la capacité devient A'?

E' nous représentait tout à l'heure l'élasticité de la masse gazeuse portée à t'^0, mais restant sous le même volume. Si le volume passe de A à A', la température restant t', on aura d'après la loi de Mariote :

$$\frac{F}{E'} = \frac{A}{A'}.$$

En multipliant l'une par l'autre ces deux égalités, on aura

$$\frac{E' \times F}{E \times E'} = \frac{1+at'}{1+at} \times \frac{A}{A'}$$

ou en divisant par le facteur commun E' les deux termes de la première fraction

$$\frac{F}{E} = \frac{1+at'}{1+at} \times \frac{A}{A'}$$

Si la variation du volume de l'enveloppe est due au changement de température, en appelant K le coefficient de la matière des parois, et nous rappelant que l'on calcule les variations de volume intérieur d'une enveloppe comme s'il s'agissait de calculer les variations de volume extérieur de la masse, de même nature que les parois, qui remplirait sa capacité, on a

$$\frac{A}{A'} = \frac{1+Kt}{1+Kt'}$$

La formule devient alors

$$\frac{F}{E} = \frac{1+at'}{1+at} \cdot \frac{1+Kt}{1+Kt'}$$

Ainsi le rapport de l'élasticité d'une masse gazeuse à t'^0, à son élasticité à t^0, quand elle est dans une enveloppe fermée, est égal au produit du rapport direct des modules du gaz, par le rapport inverse des modules de la matière de l'enveloppe.

Telles sont les questions générales qui peuvent dépendre des dilatations. A l'aide de ces formules on peut résoudre toutes les questions relatives aux variations de longueur, de volume, et de densité, que les corps solides, liquides ou gazeux éprouvent en changeant de température, et aussi aux variations d'élasticité que présentent les masses gazeuses, lorsqu'elles ne se dilatent point librement.

Revenons maintenant sur les coefficients de dilatation eux-mêmes pour rechercher les relations qui peuvent exister entre eux.

Les corps solides étant les seuls qui aient une forme propre, sont aussi les seuls pour lesquels il y ait lieu de faire usage du coefficient de dilatation linéaire.

Nous avons défini ce coefficient *la fraction dont se dilate l'unité de longueur prise à zéro, quand on porte sa température de zéro à* 1^0 ; et, dans les limites où la variation de longueur reste proportionnelle à la variation de température, ce qui, pour la plupart des corps solides, est sensiblement exact jusque vers 100^0, cette fraction exprime l'accroissement de longueur de 1^0 à 2^0, de 2^0 à 3^0.... de t^0 à $(t+1)^0$. C'est ce qui nous a permis d'exprimer l'accroissement total de l'unité de longueur en passant de 0^0 à t^0, par kt.

Nous avons défini coefficient de la dilatation cubique *la fraction dont se dilate l'unité de volume prise à zéro quand sa température s'élève de* 0^0 *à* 1^0, et, dans les limites de la proportionnalité, de 1^0 à 2^0, de 2^0 à 3^0.... de t^0 à $(t+1)^0$.

Or il est facile de voir que le coefficient cubique doit être, sans erreur appréciable, triple du coefficient linéaire.

Prenons pour unité de volume le cube qui a pour côté l'unité de longueur. En passant de 0° à 1°, l'unité de longueur augmente de k, l'unité de volume de K.

Le cube qui a maintenant pour volume $1 + $ K, a pour arête $1 + k$; on a donc

$$1+K=(1+k)^3=1+3k+3k^2+k^3$$

Mais la fraction k est toujours tellement petite que son carré et son cube dépassent de beaucoup les limites des petites quantités que l'on peut apprécier avec nos instruments, si délicats qu'ils soient. Reste donc, dans les limites des grandeurs que nous pouvons apprécier,

$$1+K=1+3k$$
$$\text{ou} \quad K=3k.$$

Cette relation est rendue apparente par le tableau que nous donnons plus loin des principaux coefficients linéaires et cubiques.

Pour les liquides nous avons dit que l'observation de la variation de leur niveau dans les vases qui les renferment ne donnait que la variation apparente de leur volume, et non la variation réelle, puisque ces vases changent en même temps de capacité.

Ainsi supposons un liquide contenu dans un tube cylindrique fermé par une extrémité et divisé avec beaucoup d'exactitude en parties d'égales capacités. Supposons qu'à zéro le liquide occupe 500 de ces divisions, et qu'à 10° il en occupe 504. Si l'on prend pour unité de volume le volume d'une division à zéro, il est exact de dire qu'à zéro le volume du liquide est 500; mais il n'est pas exact de dire qu'à 10° le volume est 504. Il est 504 fois le volume d'une division à 10°; 504 n'est que le volume apparent; le volume réel serait $504 \times (1 + Kt)$, K étant le coefficient de dilatation cubique de la matière de l'enveloppe.

Ici 4 serait la dilatation apparente du volume 500 du liquide dont il s'agit, dans l'enveloppe particulière qui le contient, pour une variation de température de 10°; $\frac{4}{500}$ serait la variation apparente de l'unité de volume pour une variation de température de 10°, et $\frac{4}{5000}$ ou $\frac{1}{1250}$ serait la variation apparente de l'unité de volume, pour une variation de température d'un degré, du liquide en question dans l'enveloppe qui le renferme. C'est là ce que l'on appelle le *coefficient de la dilatation apparente de tel ou tel liquide, dans telle ou telle enveloppe.*

Or si l'on compare le coefficient réel d'un liquide, le coefficient de dilatation de la matière d'une enveloppe, et le coefficient de la dilatation apparente de ce liquide dans cette enveloppe, on reconnaît facilement que le premier doit être, à une très-faible erreur près, rentrant dans la limite des erreurs de mesure, égal à la somme des deux autres.

Soit K le coefficient de la dilatation réelle du liquide, l'unité de volume devient à $1^0 : 1 + K$.

Soient en second lieu K' le coefficient de la dilatation apparente, et K'' le coefficient de l'enveloppe. Le volume apparent occupé par le liquide dans le vase est $1 + K'$; mais chacune des unités de volume du vase est devenue $1 + K''$: le volume véritable occupé par le liquide dans le vase se compose donc de $(1 + K')$ parties ayant chacune le volume $1 + K''$. C'est $(1 + K') \times (1 + K'')$. On a donc

$$1 + K = (1 + K')\,(1 + K'') = 1 + K' + K'' + K'K''$$

Et comme les fractions K' et K'' sont toujours très-petites, leur produit dépasse en petitesse la limite des quantités mesurables à l'aide de nos instruments, et l'on peut écrire sans erreur *appréciable*

$$1 + K = 1 + K' + K''$$

$$\text{D'où} \quad K = K' + K''$$

Si au lieu de nous borner à la variation de 0^0 à 1^0, nous supposions que la température monte de 0^0 à t^0, nous aurions pour le volume réel que prend à t^0 l'unité de volume du liquide, $1 + Kt$. — Son volume apparent serait $1 + K't$, et comme chacune des unités de volume de l'enveloppe a pour volume $1 + K''t$, le volume occupé réellement par le liquide dans l'enveloppe serait

$$(1 + K't)\,(1 + K''t)$$

On a donc

$$1 + kt = (1 + K't)\,(1 + K''t)$$

Le module de la dilatation réelle du liquide est égal au produit du module de la dilatation apparente dans une certaine enveloppe, par le module de la dilatation cubique de l'enveloppe.

Cette relation entre les modules est tout aussi utile à connaître que celle qui lie entre eux les cofficients de dilatation.

Notions sommaires sur la mesure des coefficients de dilatation. —Les premiers physiciens qui se sont occupés de la mesure des dilatations ont commencé par déterminer les coefficients de dilatation linéaire des principaux corps solides. — En triplant ces coefficients, ils en déduisaient le coefficient cubique.— Possédant ainsi les coefficients de dilatation de substances propres à faire des enveloppes, ils pouvaient mesurer la dilatation apparente des divers liquides dans ces enveloppes, et arriver par là aux coefficients de dilatation réelle des liquides. — Dulong a suivi une marche différente, consistant à déterminer directement la dilatation réelle du mercure, puis la dilatation apparente du mercure

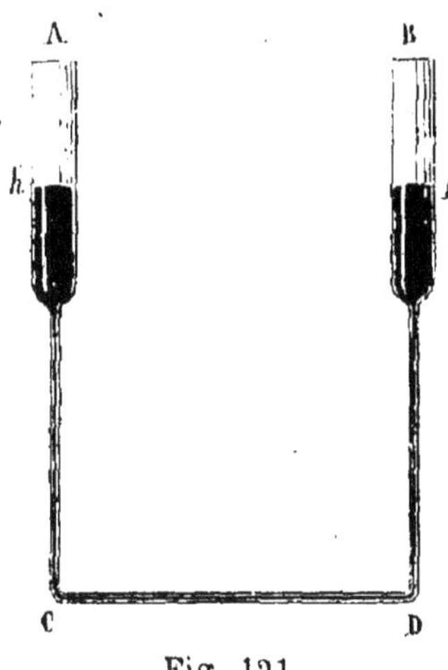

Fig. 121.

dans le verre.—De là il a déduit la dilatation cubique du verre. — En mesurant ensuite la dilatation apparente des divers liquides dans le verre, il en a déduit la dilatation réelle de ces liquides. — Et enfin en mesurant la dilatation apparente du mercure, ou de tout autre liquide dont la dilatation réelle était connue, dans une enveloppe solide quelconque, il en a tiré le coefficient cubique de cette enveloppe. — Par une petite modification dans le mode d'expérience, il a pu aussi déterminer le coefficient cubique des substances solides avec lesquelles on ne peut faire des enveloppes. Le coefficient cubique d'un corps solide connu, on en prend le tiers pour avoir le coefficient linéaire.

Voici comment Dulong trouva le coefficient de dilatation réelle du mercure : — Soient deux vases de formes quelconques A, B reliés entre eux par un tube horizontal C, D (fig. 121). — Nous savons que si deux colonnes liquides de densités différentes se font équilibre l'une à l'autre sur la couche C D qui les supporte, les hauteurs de ces colonnes liquides à partir de C D seront en raison inverse de leurs densités. Or, supposons qu'on ait mis dans l'appareil du mercure, et que l'on maintienne au moyen d'un manchon rempli de glace fondante l'un des deux vases à zéro dans toute sa hauteur, et, au moyen d'un autre manchon plein d'eau, ou d'huile ou de vapeur d'eau, le second tube à une température invariable, T ; le mercure aura dans les deux tubes verticaux des densités différentes. Si l'on représente par D et D' les densités du mercure à 0° et à T°, par h et h' les hauteurs des deux colonnes, à 0° et à T°, au-dessus de C D, on aura

$$\frac{h'}{h} = \frac{D}{D'}$$

Mais on a vu qu'en appelant K le coefficient de dilatation réelle du mercure, on avait $\frac{D}{D'} = 1 + KT$.

On a donc

$$\frac{h'}{h} = 1 + KT \qquad \frac{h'}{h} - 1 = KT$$

$$\frac{h' - h}{h} = KT \qquad \text{D'où} \quad K = \frac{h' - h}{h \cdot T}$$

Ainsi la détermination du coefficient K ne dépend que de la mesure de la température T et des hauteurs h et h'.

Pour mesurer le coefficient de dilatation apparente, Dulong employa, entre autres moyens, celui que nous allons décrire et qui nous fournira un nouveau procédé thermométrique. — Il prit un tube de verre d'un centimètre de diamètre et de 12 à 15 centimètres de longueur, ayant la forme représentée sur la figure 122, et le remplit complétement de mercure par un moyen analogue à celui que l'on emploie pour remplir un thermomètre à alcool. L'instrument plein, il le plaça dans la position verticale en faisant plonger sa pointe ouverte dans un petit vase contenant du mercure, et alors il l'enveloppa d'un étui plein de glace fondante. L'appareil était donc au bout de quelque temps plein de mercure à 0°. Il le pesa, en ayant soin de recueillir à part le mercure qui s'échappait de la pointe quand on sortait l'appareil de la glace, et de peser ce mercure écoulé pour ajouter son poids à celui trouvé pour l'appareil ; du poids total il retranchait

Fig. 122.

le poids du tube vide, connu à l'avance, la différence P exprimait le poids du mercure à zéro, qui remplit l'appareil également à zéro. Il établit alors l'appareil dans une étuve dont il porta la température à T^o, et de nouveau pesa le tube. En retranchant le poids du tube vide, on avait le poids de mercure restant dans l'appareil, soit P' ce dernier poids. Si D représente la densité du mercure à zéro, $\dfrac{P'}{D}$ sera le volume qu'occupera à zéro cette dernière masse de mercure. A T^o elle avait donc le volume

$$\frac{P'}{D}\,(1+KT)$$

K étant le coefficient de la dilatation réelle du mercure.

A 0° le vase avait la capacité $\dfrac{P}{D}$, à T^o cette capacité est devenue

$$\frac{P}{D}(1+K''T)$$

K'' étant le coefficient de l'enveloppe; et puisque le poids P remplit l'enveloppe à T^o, on a

$$\frac{P'}{D}(1+KT)=\frac{P}{D}(1+K''T)$$

on tire de là

$$\frac{P}{P'}=\frac{1+KT}{1+K''T}=1+K'T$$

K' étant le coefficient de la dilatation apparente, d'après la relation connue entre les modules, donnée page 193.

Nous avons donc

$$\frac{P-P'}{P'}=K'T$$

D'où
$$K'=\frac{P-P'}{P'.T}$$

On écrit aussi quelquefois cette formule

$$K'=\frac{p}{(P-p)T}$$

en appelant p le poids du mercure sorti, c'est-à-dire $P-P'$.

Par ces méthodes, Dulong a trouvé pour coefficient de dilatation réelle du mercure entre 0° et 100°, la fraction $\frac{1}{5550}$, ou, en fractions décimales: 0,00018. La dilatation pour une variation de température d'un degré prend au-dessus de 100° une valeur sensiblement croissante.

Le coefficient de la dilatation apparente du mercure dans le verre est, *en valeur moyenne*, égal à $\frac{1}{6480}$ ou 0,000154. Nous disons en valeur moyenne, parce que tous les verres sont loin d'avoir le même coefficient: la dilatation apparente du mercure ne peut donc être la même dans tous.

La valeur moyenne des coefficients de dilatation cubique des diverses espèces de verre est $\frac{1}{5550} - \frac{1}{6480} = \frac{1}{38670} = 0,000026$.

On comprend qu'une fois K' connu, l'instrument qui a servi à trouver sa valeur peut servir aussi, dans une autre circonstance, à mesurer la température ; car la même équation donnera

$$T = \frac{1}{K'} \ \frac{p}{P-p} = \frac{6480.p}{P-p}$$

Aussi cet instrument a-t-il reçu de Dulong le nom de *Thermomètre à poids*.

Lorsqu'on aura déterminé le coefficient de dilatation cubique du verre dont on fait un thermomètre à poids, on y introduira un liquide, soit par exemple de l'acide sulfurique, de manière à le remplir à zéro comme on a fait pour le mercure, puis on le pèsera ; en retranchant le poids du tube vide, on aura le poids P de l'acide à zéro qui le remplit, on le portera à 10° par exemple, et on déterminera le poids d'acide P' qui y reste à cette température. Le coefficient du verre K″ étant connu, on aura

$$1 + KT = \frac{P}{P'}(1 + K''T)$$

d'où l'on tirera

$$K = \frac{P(1 + K''T) - P'}{P'.T}$$

Inversement, si l'on avait à chercher le coefficient de dilatation cubique d'un corps solide avec lequel on pût construire un thermomètre à poids, on le remplirait avec un liquide dont le coefficient réel serait connu, et qui n'exercerait point d'action sur les parois ; et si on appelle K le coefficient du liquide, K″ le coefficient de l'enveloppe, P le poids du liquide qui remplit le thermomètre à zéro, et P' le poids du liquide qui y reste lorsqu'on a porté le tube à T, on aura la même équation que ci-dessus, et on en tirera

$$K'' = \frac{P'(1 + KT) - P}{PT} \ .$$

Si l'on ne peut faire un thermomètre à poids avec le corps

solide, on l'introduira dans un thermomètre à poids en verre, en achevant de remplir celui-ci à zéro avec le mercure (ou un autre liquide dont le coefficient sera connu et qui n'aura pas d'action sur le corps solide); puis on portera le thermomètre à T^o et on recueillera le mercure qui s'en écoule; soit P le poids du corps solide, D sa densité à zéro; soit P' la différence entre le poids du thermomètre plein, et la somme des poids du tube vide et du corps solide, différence qui donne le poids du mercure; enfin D' la densité du mercure à zéro.

Le volume du corps solide à zéro est $\dfrac{P}{D}$, le volume du thermomètre à zéro est $\dfrac{P}{D}+\dfrac{P'}{D'}$; et enfin le volume du mercure qui reste dans l'instrument à T^o, ramené à zéro est $\dfrac{P'-p}{D'}$, en appepelant p le poids du mercure sorti.

Écrivons que, à T^o, le corps solide et le poids de mercure $P'-p$ remplissent le thermomètre; K étant le coefficient du corps solide, K' celui du mercure, K'' celui de l'enveloppe, on aura

$$\frac{P}{D}(1+KT)+\frac{P'-p}{D'}(1+K'T)=\left(\frac{P}{D}+\frac{P'}{D'}\right)(1+K''T)$$

et l'on tirera de là

$$K=\frac{\left(\dfrac{P}{D}+\dfrac{P'}{D'}\right)(1+K''T)-\dfrac{P'-p}{D'}(1+K'T)-\dfrac{P}{D}}{\dfrac{P}{D}\cdot T}$$

Nous allons actuellement faire connaître les résultats de ces recherches.

Coefficients de dilatation de quelques corps solides.

	Dilatation linéaire.	Dilatation cubique.
Verre..........	0,0000086	0,0000258
Platine........	0,0000088	0,0000264
Acier..........	0,0000108	0,0000324
Fonte..........	0,0000111	0,0000333
Fer............	0,0000118	0,0000354
Or.............	0,0000151	0,0000453
Cuivre........	0,0000171	0,0000513
Laiton........	0.0000186	0,0000558
Argent........	0,0000191	0,0000573
Étain.........	0,0000217	0,0000651
Plomb........	0,0000285	0,0000855
Zinc..........	0,0000311	0,0000933

Pour les liquides, nous connaissons déjà le coefficient réel du mercure. C'est le seul que nous puissions donner ; c'est en effet le seul liquide dont la dilatation soit proportionnelle à la variation de température dans une étendue assez considérable. Pour tous les liquides, la dilatation est au contraire très-loin de satisfaire à cette loi simple. — Ainsi des thermomètres remplis avec de l'eau, de l'alcool, de l'essence de térébenthine, etc., construits comme le thermomètre à mercure, gradués avec les mêmes points de repère, donneront, à une même température, des indications très-différentes les unes des autres, et différentes par conséquent de celles du thermomètre à mercure.

Le module des liquides ne peut donc pas se mettre généralement sous la forme $1 + KT$; on l'écrit $1 + d_t$, la quantité d_t représentant la dilatation de l'unité de volume de 0^0 jusqu'à t^0. La petite lettre t placée à droite et en bas du d n'est point un facteur dont on doive tenir compte dans les calculs, c'est un simple signe de la température.

Maximum de densité de l'eau. — L'eau offre une particularité remarquable. Si on élève sa température à partir de zéro, son volume subit d'abord une contraction, jusqu'à ce que la température ait atteint 4^0, alors la température continuant à s'élever, le volume augmente comme pour tout autre liquide. A $4^)$ la densité de l'eau est maximum.

Il résulte de là que si une masse d'eau se refroidit, à partir de 10^0, par exemple, et par sa surface supérieure, les couches refroidies devenant plus denses gagnent le fond, et sont remplacées par d'autres qui se refroidissent à leur tour. Par ce mélange des couches, le refroidissement marchera rapidement jusqu'à ce que la masse tout entière soit arrivée à 4^0. A partir de ce point les couches de la partie supérieure prenant une température inférieure à 4^0, deviendront moins denses que celles qui sont au-dessous d'elles. Elles resteront donc à leur place, et la masse devenue immobile ne se refroidira plus que très-lentement, l'eau étant un corps mauvais conducteur de la chaleur.

Si l'on entoure la partie supérieure d'une éprouvette à pied pleine d'eau (fig. 123) d'un manchon contenant de la glace, on verra les deux thermomètres établis, l'un dans les couches superficielles du liquide, l'autre, au contraire, au fond du vase, descendre vers 4° d'une marche à peu près égale, puis le thermomètre supérieur continuer sa marche descendante, tandis que l'autre restera invariablement à cette température de 4°.

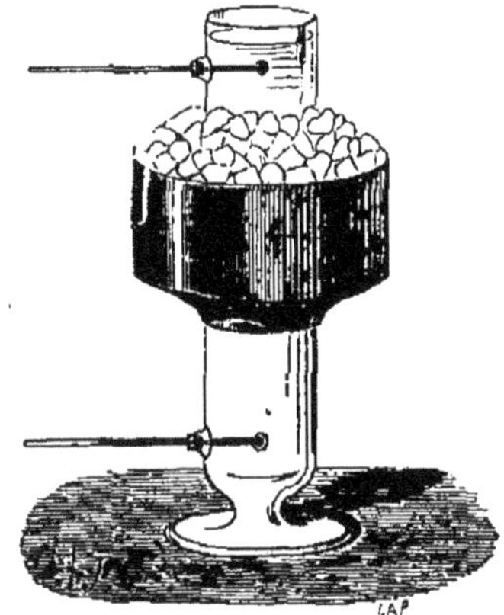

Fig. 123.

Ce fait explique que par les plus grands froids, à moins qu'ils ne soient par trop prolongés, les masses d'eau un peu profondes ne se gèlent jamais jusqu'au fond ; elles ne descendent habituellement que jusqu'à 4°. On comprend que sans cette propriété véritablement providentielle, les nombreuses espèces d'animaux qui vivent sous les eaux périraient infailliblement pendant l'hiver.

On a trouvé cette température du maximum de densité de l'eau en comparant la marche d'un thermomètre à mercure à celle d'un thermomètre construit avec de l'eau, et prenant la température 0° pour point de départ. — Dans le thermomètre à eau le niveau s'abaisse d'abord au-dessous de zéro, puisque l'eau commence par se contracter, mais bientôt le niveau cessera de descendre pour remonter ensuite, et l'on notera sur le thermomètre à mercure la température correspondant au minimum de volume de l'eau. Ce n'est, il est vrai, que le minimum de volume apparent dans le verre, mais la correction de la dilatation de l'enveloppe est facile à faire, et l'on trouve ainsi 4°.

L'eau se dilatant d'une manière très-irrégulière, il est impossible, comme nous l'avons dit, de faire usage d'un coefficient de dilatation. Il devient ici nécessaire de connaître la valeur du module $1 + d_t$ pour toutes les températures.

Nous donnons ici, d'après M. Despretz, les valeurs du module pour chaque degré de l'échelle thermométrique jusqu'à 20°, et, au delà, de 5° en 5°, en prenant pour unité de volume le volume à 4°; de telle sorte que, pour l'eau et par exception, le terme d_t représente la dilatation de l'unité de volume de 4° à $t°$. La troisième colonne contient les densités correspondantes à ces mêmes températures, en prenant, suivant la même convention, la densité à 4° pour unité.

Volumes et densités de l'eau.

Température.	Volumes.	Densités.
0°	1,0001269	0,999873
1°	1,0000730	0,999927
2°	1,0000331	0,999966
3°	1,0000083	0,999999
4°	1,0000000	1,000000
5°	1,0000082	1,999999
6°	1,0000309	0,999969
7°	1,0000708	0,999929
8°	1,0001216	0,999878
9°	1,0001879	0,999812
10°	1,0002684	0,999731
11°	1,0003598	0,999640
12°	1,0004724	0,999527
13°	1,0005862	0,999414
14°	1,0007146	0,999285
15°	1,0008751	0,996125
16°	1,0010215	0,998978
17°	1,0012067	0,998794
18°	1,00139	9,998612
19°	1,00158	0,998422
20°	1,00179	0,998213
25°	1,00293	0,997078
30°	1,00433	0,995688
35°	1,00593	0,994104
40°	1,00773	0,992329
45°	1,00985	0,990246
50°	1,01205	0,988093
55°	1,01445	0,985756
60°	1,01698	0,983303
65°	1,01967	0,980709
70°	1,02255	0,977947
75°	1,02562	0,975018
80°	1,02885	0,971959
85°	1,03225	0,968757
90°	1,03566	0,965567
95°	1,03925	0,962232
100°	1,04315	0,958634

Pour les gaz, des expériences faites autrefois par Gay-Lussac lui avaient fait penser que tous les gaz avaient le même coefficient, et que la valeur de ce coefficient était indépendante de la pression que supportait le gaz. Les recherches plus récentes de Rudberg et de Regnault ont prouvé qu'il n'en était pas tout à fait ainsi. — Tous les gaz non liquéfiables, ou très-éloignés de leur point de liquéfaction, ont bien, à de très-faibles différences près, le même coefficient 0,00366 ou $\frac{1}{273}$; mais les gaz liquéfiables, l'acide carbonique, l'acide sulfureux, l'ammoniaque, le cyanogène, etc., ont un coefficient sensiblement plus fort, et d'autant plus fort que la pression est plus grande. — Toutefois, dans les calculs, on fait généralement usage pour tous les gaz du coefficient 0,003 66.

Gay-Lussac établissait horizontalement dans une étuve un tube thermométrique contenant de l'air parfaitement sec, qu'un petit index de mercure séparait de l'air extérieur. Il avait à l'avance déterminé le poids P du mercure qui remplissait à zéro la boule plus n divisions ; et de même le poids P′ qui remplissait, toujours à zéro, la boule plus n' divisions. Le volume d'une division est donc représenté par $\dfrac{P'-P}{(n'-n)\,13{,}596}$; et le volume de la boule par $\dfrac{1}{13{,}596}\left[P-\dfrac{n\,(P'-P)}{n'-n}\right]$, de sorte que si l'on convient de prendre pour unité de volume le volume d'une division, on aura, en appelant V le volume de la boule,

$$V = \frac{P(n'-n) - n(P'-P)}{P'-P} = \frac{Pn'-nP'}{P'-P}$$

L'étuve étant d'abord pleine de glace, on note l'affleurement de l'index de manière à connaître le volume du gaz à zéro V+N ; on note en même temps la pression barométrique H, puis on porte l'étuve à une température T, donnée par de bons thermomètres à mercure ; on note de nouveau l'affleurement N′ de l'index et la pression barométrique H′.

Le volume apparent est V+N′ ; mais le volume réel est (V+N′) (1+KT), K étant le coefficient du verre. Ce volume est sous la pression H′ ; ramené à la première pression H, il serait (V+N′) $(1+KT)\,\dfrac{H'}{H}$.

On tire de là, en appelant a le coefficient du gaz,

$$(V+N)(1+aT) = (V+N')(1+KT)\frac{H'}{H}$$

d'où

$$a = \frac{(V+N')(1+KT)\frac{H'}{H} - (V+N)}{(V+N)\,T}$$

Entre autres reproches que M. Regnault a faits à cette méthode

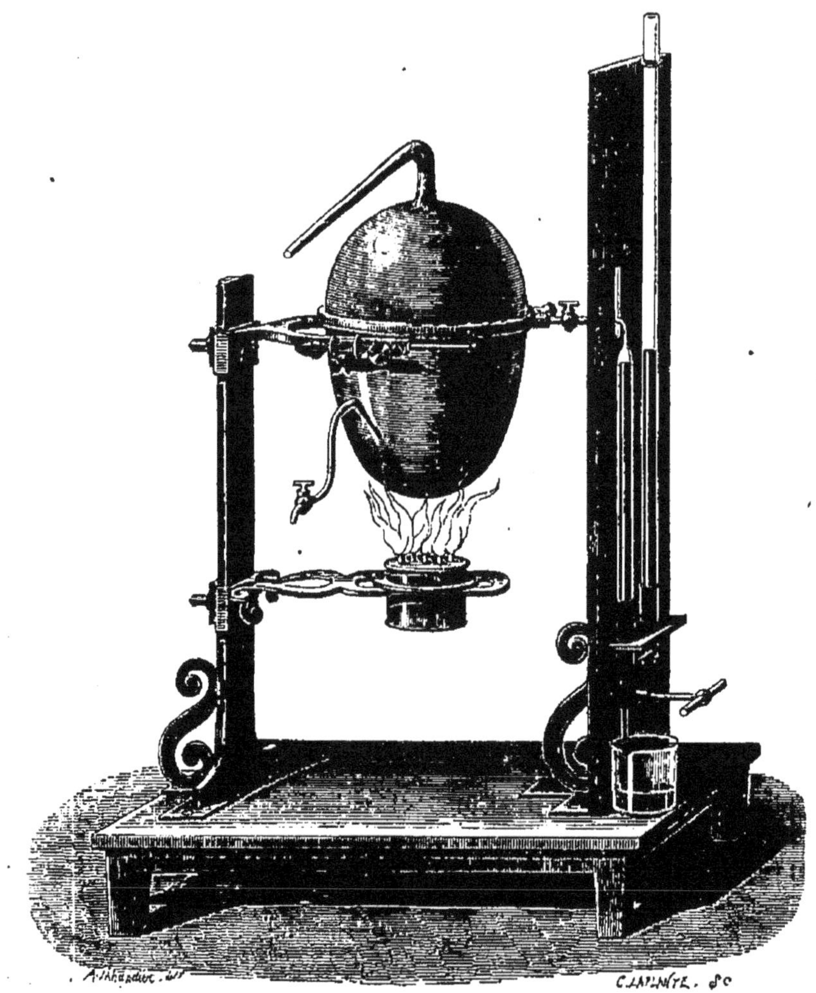

Fig. 124.

expérimentale, le plus grave est à coup sûr l'insuffisance de
l'index de mercure pour séparer l'air du tube de l'air extérieur,

le mercure ne mouillant pas le verre. De là, nécessité de refaire les expériences. M. Regnault mettait un ballon faisant office de réservoir thermométrique, en communication par un tube capillaire avec un manomètre à air libre (fig. 124); le ballon était porté de zéro à T°. On mesurait le coefficient de dilatation, soit en déterminant la variation du volume de la masse gazeuse, la pression restant égale à la pression extérieure ; soit en déterminant la variation d'élasticité, dans le cas où on maintenait le volume sensiblement constant.

Pour étudier ces méthodes expérimentales plus à fond, nous renverrons à des traités plus complets, nous bornant ici à une indication toute sommaire. Nous donnerons d'ailleurs plus tard des problèmes sur les données expérimentales de Regnault, et qui feront connaître plus complétement le principe de ces méthodes.

Applications pratiques des dilatations. — La mesure des longueurs se fait à l'aide de règles dont la division a été tracée à une certaine température. Il est évident qu'à toute autre température les divisions n'ont plus la longueur qu'elles avaient au moment du tracé. Il ne suffit donc plus, pour avoir une longueur, d'énoncer le nombre de divisions de la règle qu'elle comprend, il faut encore tenir compte de la longueur des divisions.

Supposons par exemple qu'on se serve d'une règle en laiton divisée à zéro en millimètres, pour trouver, à 15°, la longueur d'une barre de fer, et que l'on trouve pour longueur apparente 0^m,315. — Quelle est la véritable longueur?

Le coefficient linéaire du laiton est 0,0000186; l'unité de longueur devient donc à 15° :

$$1+0,0000186\times15=1,000279$$

Donc les 315 millimètres ont, à 15°, pour véritable longueur

$$0,315\times1,000279=0,31509$$

Telle serait la longueur vraie de la barre de fer à 15°; l étant sa longueur apparente, k le coefficient linéaire de la règle, t la température de la lecture, la longueur vraie est :

$$l(1+kt)$$

Et si l'on voulait maintenant avoir la longueur de cette barre de fer à zéro, il faudrait diviser par le module linéaire du fer pour 10^0; pour le fer le coefficient linéaire est 0,0000118. La longueur à zéro serait donc

$$\frac{0,31509}{1,000118}$$

Corrections barométriques. — Les observations barométriques ne se faisant pas à la même température ne sont pas immédiatement comparables, puisque le mercure change de densité avec la température. Mais il est facile, connaissant la hauteur du mercure à t^0, de calculer la hauteur du mercure à 0^0 qui ferait équilibre à la même pression. En effet, les hauteurs de deux colonnes de densités différentes qui se font équilibre l'une à l'autre, ou qui font équilibre à la même pression sont en raison inverse de leurs densités; on a donc :

$$\frac{H_0}{H_t} = \frac{D_t}{D_0} = \frac{1}{1+Kt} = \frac{5550}{5550+t}$$

K étant, comme nous l'avons vu, pour le mercure, $\dfrac{1}{5550}$.

Toutes les hauteurs ainsi ramenées à zéro deviennent comparables.

Quant à H_t, on mesure sa valeur à l'aide d'une échelle généralement en laiton et dont les divisions ont à t^0 la longueur $1 + 0,0000186 \times t$ la véritable valeur de H sera donc la valeur lue multipliée par le module linéaire du laiton ; et l'on aura pour H_0

$$\frac{H(1+0,0000186t)\,5550}{5550+t}$$

Corrections des densités pour les corps solides et liquides. — On a vu que pour tenir compte du poids de l'air déplacé dans la détermination des densités, on avait à résoudre l'équation

$$\frac{D-\delta}{d-\delta} = \frac{P}{P'}$$

équation dans laquelle D est la densité du corps et d celle de l'eau à la température des pesées, densités que nous sup-

posions assez peu différentes des densités du corps à zéro, et
de l'eau à 4°, pour qu'il fût possible de négliger l'erreur commise. La table que nous avons donnée plus haut, fournira la
densité exacte de l'eau à la température donnée t. Quant à D,
si l'on connaît le coefficient du corps, il sera facile de déduire
la densité à zéro, puisqu'on a $D = \left(\dfrac{D_0}{1+Kt}\right)$. La densité de
l'air δ nous sera donnée par une formule que nous démontrerons dans la suite du cours.

Supposons, par exemple, qu'il s'agisse de la densité du
cuivre, et que les pesées, faites à 15°, aient donné pour P,
12^{gr}635 et pour P'., 1^{gr}436. On trouve dans la table $d = 0,999125$.
Enfin admettons que le calcul de la formule nous ait donné pour
densité de l'air, dans les conditions de la pesée : 0,00129276.
On aura :

$$D - \delta = \frac{P}{P'}\,(d - \delta)$$

$$D = \frac{P}{P'}\,d - \frac{P-P'}{P'}\,\delta$$

$$\frac{D_0}{1+K.15} = \frac{12,635 \times 0,999125}{1,436} - \frac{11,199 \times 0,00129276}{1,436}$$

K pour le cuivre est $0,0000513$.
Donc :

$$D_0 = \frac{12.6239 - 0,0144776}{1,436} \times 1,0007695 = 8,787.$$

Pendules compensés. — Le balancier, ou pendule, qui
règle par ses oscillations d'égale durée le mouvement d'une
horloge, ne remplit cette fonction qu'à la condition que sa
longueur restera absolument la même. Or, les variations de
la température ont au contraire pour effet d'allonger la tige
du pendule quand la température monte, de la raccourcir
quand la température descend. Dans le premier cas, le pendule oscille plus lentement et l'horloge retarde ; dans le
second, au contraire, le pendule oscille plus vite et l'horloge
avance. Mais en composant le pendule de pièces métalliques
de natures différentes, se dilatant en sens inverse les unes des
autres, on arrive à maintenir sensiblement fixe le centre de

gravité : or, c'est de la distance de ce point au centre de suspension que dépend la durée d'oscillation ; en rendant cette distance invariable, on rend par cela même la durée de l'oscillation constante.

On a employé pour cela divers moyens. Ainsi quelquefois la tige du pendule est en platine et supporte une lentille en zinc simplement posée sur un bouton qui termine la tige. La tige se dilatant de haut en bas, et le diamètre de la lentille de bas en haut, comme le zinc est d'ailleurs beaucoup plus dilatable que le platine on. comprend que les effets puissent se compenser. Mais on emploie plus souvent le système compensateur à cadres de Leroy. Il se compose (fig. 125) d'un cadre en fer suspendu par une lame d'acier flexible à un point fixe. Sur la traverse inférieure de ce premier cadre repose un cadre en cuivre, supportant par sa traverse supérieure un second cadre en fer, dont la traverse inférieure porte un second cadre en cuivre. Enfin à la traverse supérieure de ce dernier s'attache une tige, qui passe librement dans des trous percés dans les deux traverses inférieures, et porte la lentille. On voit facilement que si la dilatation des tiges de fer abaisse le centre de la lentille, la dilatation des tiges de cuivre le relève ; celles-ci sont en somme notablement plus courtes ; mais, comme le cuivre est plus dilatable que le fer, les deux effets se trouvent compensés.

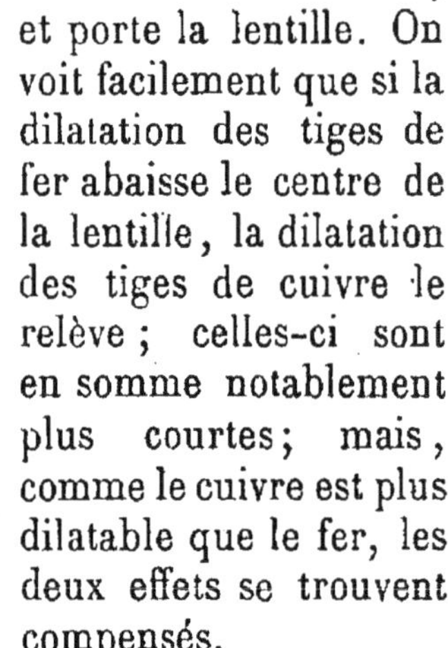

deux lames, de telle sorte que la lame qui doit être la plus longue forme la surface convexe. Si la température s'élève, le métal le plus dilatable formera la surface convexe; si la température s'abaisse, il formera au contraire la surface concave.

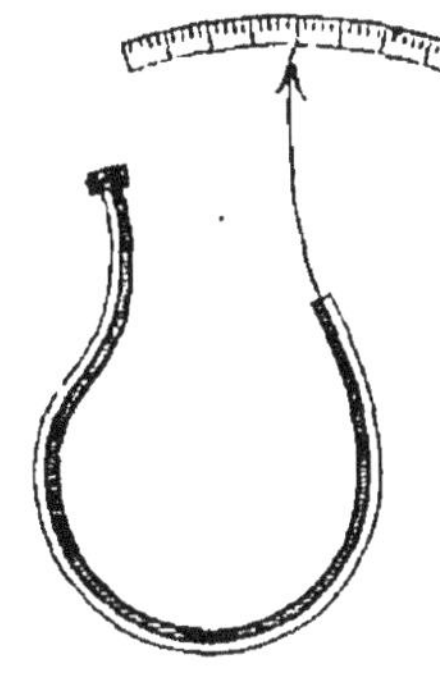

Fig. 127.

L'une des extrémités de la double barre étant fixe, l'autre porte un style qui passe sur les divisions d'un cadran, gradué par comparaison avec un thermomètre à mercure. C'est sur ce principe que sont construits les thermomètres métalliques de Regnier (fig. 127) et de Breguet (fig. 128). Dans ce dernier, le système des deux rubans est replié en tire-bouchon. Les variations de température ont pour effet de resserrer ou de dilater les spires de manière à faire tourner l'aiguille dans un sens, ou dans le sens opposé, sur un cadran, gradué aussi par comparaison avec un thermomètre à mercure. Ce thermomètre est d'une extrême sensibilité.

Ce système a été appliqué à la compensation des pendules. On établit transversalement à la tige une double règle dont le métal le plus dilatable est au-dessous (fig. 129). Aux deux extrémités sont fixées des balles d'or d'un poids assez considérable. Lorsque l'élévation de la température, en dilatant la tige du pendule, abaisse le centre de gravité, les tiges transversales se recourbent vers le haut; les balles d'or se trouvent ainsi relevées d'une certaine quantité, ce qui remonte le centre de gravité.

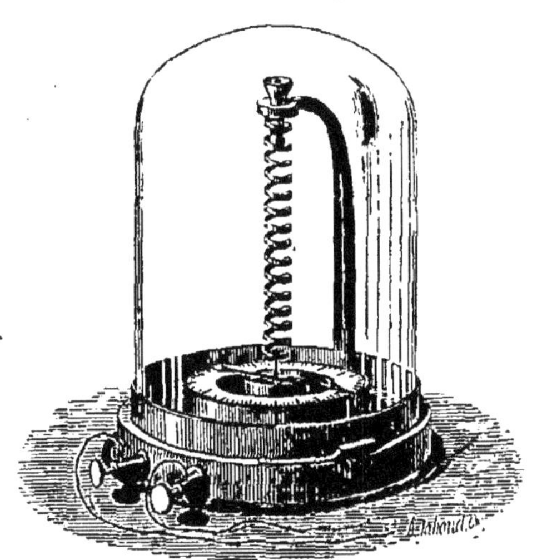

Fig. 128.

Les variations de la température changeant la longueur, le diamètre, des divers organes d'une machine, on comprend tous les désordres qui en résulteraient, si l'on n'avait le soin de laisser un certain jeu aux pièces qui la composent. Comme au surplus les corps solides sont peu dilatables et que la température ne varie habituellement que dans des limites très-restreintes, on peut le faire sans compromettre d'une manière sensible les rapports des diverses pièces entre elles.

Fig. 129.

C'est aussi pour laisser un jeu libre à la dilatation qu'on laisse toujours entre les rails d'un chemin de fer un petit intervalle, et que les tuyaux de conduite pour les eaux, ou pour le gaz, présentent à l'une de leurs extrémités une tête cylindrique (fig. 130), dont le diamètre intérieur est égal au diamètre extérieur du

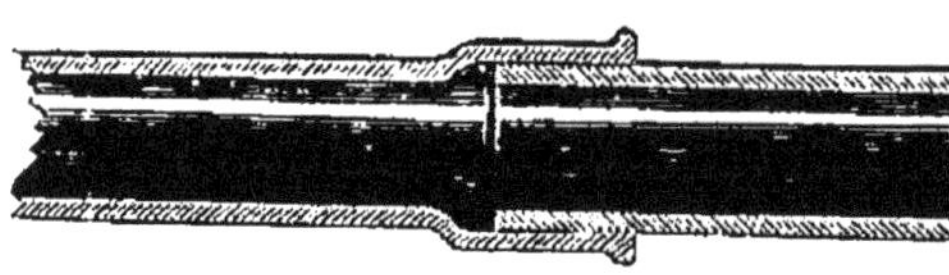

Fig. 130.

corps de tuyau, afin de recevoir le tube suivant. De cette façon il n'y a pas interruption dans le tuyau, et cependant les pièces qui le composent peuvent se dilater ou se raccourcir.

Pour donner une idée de la force énorme qu'il faudrait employer pour empêcher une barre de se dilater ou de se raccourcir, nous ne pouvons mieux faire que de citer l'application ingénieuse qu'en a fait, il y a quarante ans environ, M. Molard, pour redresser les murs de la grande galerie du conservatoire des Arts et Métiers à Paris. Ces murs sortis de leur aplomb menaçaient de s'écrouler en dehors, M. Molard les traversa à une petite distance de la voûte par de longues barres de fer, terminées par de forts pas de vis. Il les fit alors chauffer fortement, de manière à ce que, se dilatant par l'effet de la chaleur, elles fissent une assez forte saillie en dehors des murs. Alors pendant qu'elles étaient ainsi échauffées, il fit serrer des écrous extérieurs sur leurs pas de vis jusqu'au contact du mur, et laissa ensuite les barres se refroidir; en se contractant elles redressèrent les murs, et les replacèrent d'aplomb.

Tirage des cheminées. — L'appel d'air qui se fait dans un corps de cheminée dont le foyer est allumé, et qui sert à la fois à alimenter la combustion et à renouveler l'air de la salle où se trouve ce foyer, est une des conséquences pratiques de la dilatation des gaz.

Si l'on suppose que la température moyenne de l'air chaud contenue dans le corps de cheminée soit T, et celle de l'air froid extérieur t, $\dfrac{\delta}{1+\alpha T}$, et $\dfrac{\delta}{1+\alpha t}$ seront les densités moyennes de ces deux masses d'air, δ représentant la densité, par rapport à l'eau, de l'air pris à zéro et sous la pression atmosphérique au moment que l'on considère. Pour faire équilibre à la pression qu'exerce sur sa base la colonne d'air chaud d'une hauteur égale à celle de la cheminée l, il faudrait une hauteur l' de colonne d'air froid déterminée, d'après le principe des vases communiquants, par la relation

$$\frac{l'}{l} = \frac{\dfrac{\delta}{1+\alpha T}}{\dfrac{\delta}{1+\alpha t}} = \frac{1+\alpha t}{1+\alpha T}$$

tandis que l' est égal à l. L'équilibre est donc impossible. La colonne d'air froid soulève par-dessous la colonne d'air chaud, qui se répand dans l'atmosphère, en même temps que l'air froid s'échauffe en passant sur le foyer. Les circonstances se retrouvent donc toujours les mêmes, et le mouvement doit continuer indéfiniment : de là le tirage.

Il est évident que pour que ce tirage se produise, il faut que l'air froid de la chambre communique avec l'extérieur.

Cette communication existe presque toujours par les joints imparfaits des portes et des fenêtres; mais alors elle a le grave inconvénient de remplacer l'air, quelque peu échauffé de la salle, par de l'air complétement froid, et l'on n'arrive à une température convenable que par une dépense énorme de combustible. Alors on calfeutre exactement portes et fenêtres, et pour avoir l'alimentation d'air on établit sous le parquet un conduit appelé *ventouse*, qui va prendre l'air au dehors et l'amène dans la pièce; pour que cet air n'arrive pas froid, on le fait circuler d'abord dans des tuyaux placés dans la cheminée même, derrière le foyer ou au-dessus.

On arrive donc à ce double résultat d'introduire incessamment de l'air pur et chaud dans la chambre pour y remplacer celui qui est appelé dans le corps de cheminée; on fournit à la fois au tirage de la cheminée et à la ventilation de la salle.

Plus la cheminée est élevée, et plus le tirage est considérable. Évidemment la différence entre le poids de la colonne d'air froid et le poids de la colonne d'air chaud est d'autant plus grande, que leur hauteur commune est plus considérable. Toutefois, au delà d'une certaine limite, il n'y a plus intérêt à augmenter l'élévation, parce que les couches d'air se refroidissent en s'éloignant du foyer. On comprend qu'alors il serait parfaitement inutile de prolonger le corps de cheminée au delà du point où ces couches ont repris à peu près la température extérieure. En outre, les frottements croissent avec la longueur du conduit, et diminuent la vitesse du courant.

Il est essentiel aussi que le corps de cheminée soit assez étroit pour qu'il ne puisse pas s'y produire des contre-courants, des remous le long des parois, qui feraient obstacle au tirage. Il faut éviter également les coudes multipliés et trop brusques qui diminuent beaucoup la vitesse.

Nous venons d'expliquer comment une cheminée servait activement à la ventilation d'une pièce. Quant à l'échauffement, son efficacité est beaucoup plus faible, car la majeure partie de la chaleur se perd sans utilité dans le corps de cheminée. Plus le feu est flambant, plus on perd de chaleur; c'est au contraire lorsque le bois est en braise ardente qu'il envoie le plus de chaleur dans la pièce. Il en est autrement des poêles qui, s'échauffant dans toute leur masse, donnent une grande chaleur avec une faible dépense, mais qui précisément, en raison de la petite quantité de combustible qu'ils brûlent, n'exigent pour la combustion qu'une faible masse d'air, et produisent alors une ventilation presque nulle. On construit cependant des poêles ventilateurs en fonte, entourés d'un fourreau, à la partie inférieure duquel une ventouse amène l'air du dehors. Cet air s'échauffe alors au contact des parois du poêle, puis s'échappe par des ouvertures fermées de grillages, et, gagnant les couches supérieures de l'atmosphère de la salle, refoule de haut en bas l'air vicié et l'oblige à s'échapper par des ouvertures pratiquées au bas des murs ou à mi-hauteur.

Calorifères. — Pour chauffer les grands édifices et même les maisons particulières, on fait usage d'appareils de chauffage établis dans les caves, et que l'on appelle *calorifères*. Le chauffage se fait soit par une circulation d'air chaud, ou par circulation d'eau chaude, soit même par la vapeur, mais ce dernier mode est à peu près complétement abandonné.

Le calorifère à air chaud se compose d'un foyer en maçonnerie, avec son appel d'air et sa cheminée de tirage. Dans ce foyer se trouve établie une caisse recevant l'air du dehors par une ventouse, et surmontée d'un système de conduits qui, montant dans l'épaisseur des murs, vont distribuer aux divers étages, et dans chaque pièce, l'air chaud, par des ouvertures munies de grillages et de registres de fermeture. Quant au mode de chauffage de la caisse d'air, tantôt la fumée et les gaz chauds de la combustion, avant de s'échapper par la cheminée de tirage, circulent dans des conduits établis dans l'intérieur de cette caisse; tantôt au contraire c'est la caisse elle-même qui se subdivise en un certain nombre de cylindres enveloppés de toutes parts par le feu. L'une, comme l'autre, de ces dispositions a pour but d'augmenter l'étendue de la surface de chauffe.

Les calorifères à circulation d'eau chaude ont une disposition toute différente (fig. 131). Le foyer établi dans les caves sert à chauffer une vaste chaudière A, au-dessus de laquelle s'élève un conduit cylindrique montant jusque dans les combles de l'édifice, et débouchant au centre d'une caisse B,

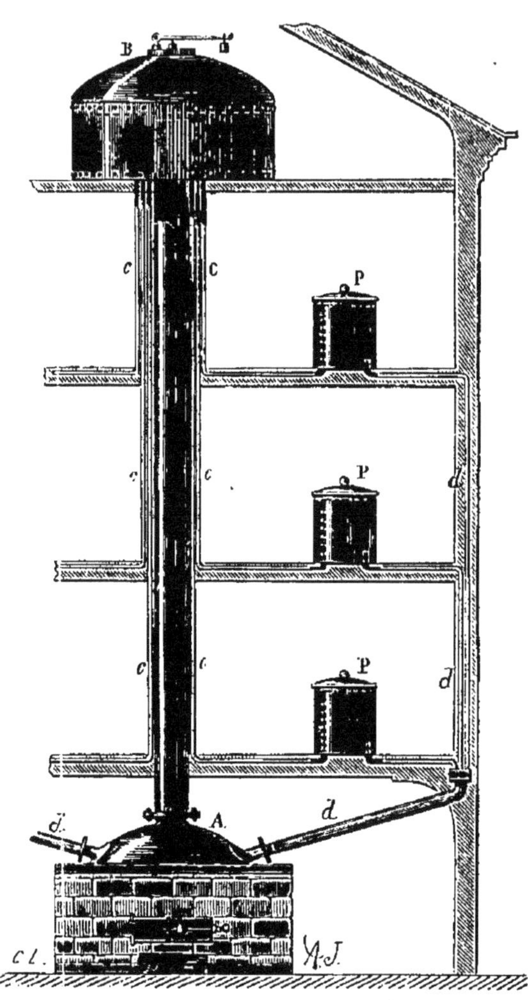

Fig. 131.

fermée par un couvercle boulonné, et munie de soupapes de sûreté, comme une chaudière à vapeur. De ce réservoir supérieur partent des conduits ccc..., qui, se portant de haut en bas. vont se rendre à des récipients cylindriques PP, disposés comme des poêles au centre des pièces à chauffer. Le conduit c y arrive par la partie inférieure et remonte jusqu'au haut du cylindre; puis du fond de ce cylindre part un autre conduit dd, qui redescend dans les caves pour revenir à la chaudière.

L'eau chaude est moins dense que l'eau froide, au moins dès que la température dépasse 4°; par conséquent l'appareil étant complétement plein d'eau dans tout son développement, si l'on allume le foyer, l'eau en s'échauffant s'élèvera dans le tube central, remplacée par de l'eau froide venant des tubes et des cylindres latéraux, et celle-ci s'échauffera à son tour pour s'élever de la même façon. Dans le réservoir supérieur B, l'eau chaude gagnant les couches les plus élevées, refoulera par les conduits *ccc* l'eau froide, ou moins chaude qu'elle, qui descendra alors aux calorifères PP. Dans les calorifères, le même déplacement s'opérera, l'eau chaude gagnant les couches supérieures et refoulant de haut en bas l'eau plus froide qu'elle trouve dans ces appareils, et qui va se réchauffer à la chaudière où elle descend. Les poêles PP répandront ainsi une douce chaleur tout autour d'eux dans les salles où ils sont établis; il seront, par suite de cette déperdition de chaleur, à une température toujours plus basse que le conduit central; ainsi la circulation devra se poursuivre indéfiniment, puisque c'est précisément cette inégalité de température qui en est la cause déterminante.

CHAPITRE XI.

DENSITÉS DES GAZ.

La densité d'un gaz, dans certaines conditions de pression et de température, peut s'estimer en comparant le poids de cette masse gazeuse au poids d'un égal volume d'eau à 4°. Le rapport représente alors, comme nous l'avons déjà expliqué, le poids du gaz sous l'unité de volume. Si d représente cette densité supposée connue, et v le volume, vd donnera le poids de la masse gazeuse, en grammes, si le volume est mesuré en litres.

Mais les nombres qui donnent la densité des gaz par rapport à l'eau étant des fractions toujours très-petites et dont l'usage dans le calcul peut n'être pas commode, on préfère généralement rapporter le poids de la masse gazeuse à celle d'un égal volume d'air pur et sec, pris dans les mêmes conditions que le gaz lui-même. On a alors ce que l'on appelle la *densité du gaz par rapport à l'air*. Cette densité Δ n'est plus le poids de l'unité de volume du gaz, et l'on ne peut plus exprimer le poids du volume v par $v\Delta$.

Mais si l'on connaît la densité du gaz par rapport à l'air Δ, et celle de l'air par rapport à l'eau δ, on a évidemment pour la densité du gaz par rapport à l'eau :

$$d = \Delta\delta$$

Car si on représente par p, et p', le poids du gaz et de l'air, sous le même volume, et dans les mêmes conditions de température et de pression, à 0°, pression $0^m,76$ par exemple ; si on représente en outre par p'' le poids d'un volume d'eau égal, à 4° ; on a

$$\Delta = \frac{p}{p'}$$

$$\delta = \frac{p'}{p''}$$

On a donc

$$\Delta\delta = \frac{p}{p''}$$

fraction qui est la valeur de d.

Le poids P d'une masse gazeuse se mesurera donc par le produit vd, ou par son équivalent $V\Delta\delta$.

Il suffira donc de connaître la densité des gaz par rapport à l'air, et celle de l'air lui-même par rapport à l'eau, pour pouvoir toujours calculer le poids P.

La densité de l'air à 0°, pression $0^m,76$, par rapport à l'eau étant connue, il sera toujours facile de calculer ce qu'elle devient à toute autre pression, à toute autre température. Nous avons vu qu'à la température T et à la pression H, cette densité, variant proportionnellement à la pression et en raison inverse du module, devenait :

$$D' = D.\frac{H}{0,76}.\frac{1}{1+\alpha T} \qquad \alpha = 0,00366.$$

Il en sera de même de tout autre gaz, permanent comme l'air, c'est-à-dire non liquéfiable, suivant sans écart bien sensible la loi de Mariote, même aux plus fortes pressions et ayant le même coefficient. En appelant D_1 la densité de ce gaz par rapport à l'eau, à 0°, pression $0^m,76$, et D_1' sa densité a $t°$, pression H, on aura aussi :

$$D_1' = D_1\frac{H}{0,76}.\frac{1}{1+\alpha T}$$

On tirera de là, en divisant ces deux égalités l'une par l'autre :

$$\frac{D_1'}{D'} = \frac{D_1}{D}$$

Le rapport entre le poids de volumes égaux du gaz et de

l'air restera donc le même, quelles que soient la pression et la température, pourvu qu'elles soient les mêmes pour tous deux. En un mot Δ sera indépendant de la pression et de la température.

Mais si l'on a affaire à des gaz comme l'acide carbonique, l'acide sulfureux, l'ammoniaque, le cyanogène, liquéfiables, s'écartant très-notablement de la loi de Mariote, même sous des pressions voisines de la pression atmosphérique, ayant un coefficient notablement différent de celui de l'air, la formule qui donnait plus haut la valeur de D_t' ne sera plus exacte, et l'on n'aura plus

$$\frac{D_t'}{D'} = \frac{D_t}{D}$$

à toute température et à toute pression ; il faudra nécessairement spécifier à quelle température et à quelle pression l'on compare les deux gaz.

Nous prendrons donc les densités, soit par rapport à l'air, soit par rapport à l'eau, les gaz étant à $0°$ et à la pression normale $0^m,76$.

La densité des gaz se détermine par une méthode analogue à celle du flacon et de la manière suivante.

On prend un ballon en verre (fig. 132) d'une dizaine de litres de capacité et dont la garniture métallique porte un robinet fermant hermétiquement. Sur ce robinet se trouve vissé un tube métallique en forme de T renversé. La branche supérieure porte un tube à robinet pouvant s'adapter par son autre extrémité à la machine pneumatique. La branche transverse porte également un tube à robinet se rattachant à un système de tubes en U contenant, les plus éloignés du ballon, les diverses substances propres à débarrasser les gaz des principes étrangers qui peuvent les accompagner, les plus proches du ballon, des substances desséchantes, ponce imbibée d'acide sulfurique, chlorure de calcium anhydre, chaux vive, suivant la nature du gaz, pour lui enlever toute trace d'humidité.

Le ballon est établi dans une grande caisse en fer-blanc, dont le fond est percé de trous, et qu'on remplit de glace pilée, de manière à amener le ballon à $0°$.

Les choses disposées de cette façon, on fait le vide dans le
ballon, puis fermant le robinet a, on ouvre le robinet b, de
manière à laisser entrer le gaz. Le gaz arrive pur et sec dans

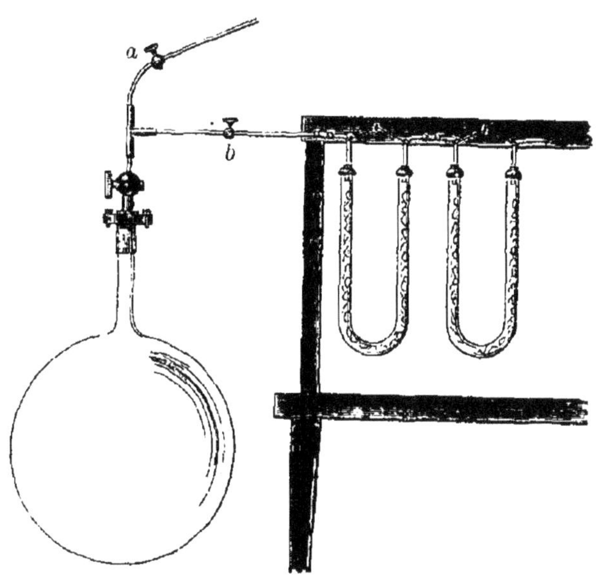

Fig. 132.

le ballon; mais comme les parois intérieures sont humides
il se recharge de vapeur d'eau. Alors on fait le vide une seconde fois, puis on laisse rentrer le gaz, on refait le vide de
nouveau, et ainsi de suite. A chaque fois le gaz enlève de l'humidité aux parois, qui finissent par se dessécher complétement.
Après avoir fait le vide une trentaine de fois, on laisse le
ballon se remplir de gaz. On rompt la communication à l'extrémité de la série de tubes avec le gazomètre qui fournit le
gaz, et on la laisse pendant quelques instants établie avec
l'atmosphère, pour que le gaz soit à la pression atmosphérique; on note cette pression H, et l'on ferme le robinet b et
le robinet du ballon. On retire alors celui-ci, et après l'avoir
essuyé avec soin, on le porte dans la pièce où se trouve la
balance, et on l'y laisse assez longtemps pour qu'il puisse
prendre la température de l'air. On le suspend alors sous l'un
des plateaux d'une balance, posée sur une sorte d'armoire à

volets. Le ballon est suspendu dans l'intérieur de cette armoire pour être soustrait aux agitations de l'air extérieur. On fait sa tare, non point avec de la grenaille de plomb, mais avec un ballon du même verre et de même volume extérieur. (fig. 133). On complète la tare avec un peu de grenaille.

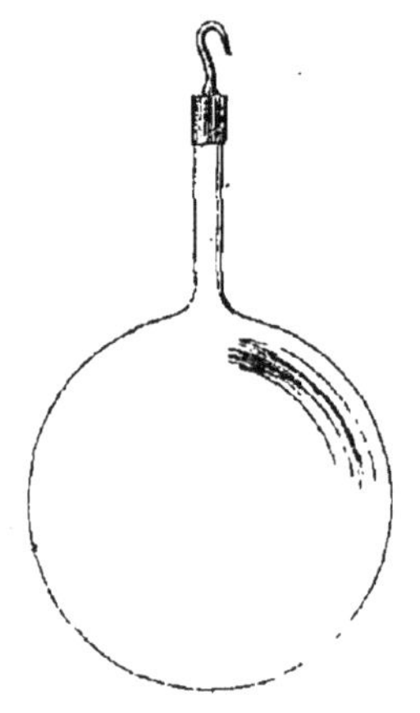

Fig. 133.

Grâce à cet artifice d'expérience, imaginé par M. Regnault, on n'a plus aucune correction à faire, relative à la poussée de l'air sur le ballon de pesée, puisque cette poussée est équilibrée par une poussée exactement égale sur le ballon de tare. On n'a pas davantage à s'occuper de l'humidité qui pourrait se déposer à la surface extérieure du ballon, puisqu'il s'en déposera tout autant sur le ballon de tare.

La tare du ballon étant faite, on le reporte dans la caisse pleine de glace, on rétablit sa communication avec la machine pneumatique, et l'on y fait le vide à une approximation de h millimètres. On tire de nouveau le ballon de la glace, on l'essuie, on le porte à la balance, sous laquelle on le suspend de nouveau quand il a pris la température de la salle.

L'équilibre est évidemment rompu, et le poids P qu'il faut ajouter sur le plateau qui porte le ballon de pesée, pour le rétablir, représente le poids du gaz qui est sorti du ballon. Ce gaz était à *zéro* ; mélangé à la masse de gaz qui reste actuellement dans le ballon sous la pression h, il avait l'élasticité $H-h$, puisque l'élasticité totale était H.

Ainsi P est le poids de la masse de gaz; à $0°$, pression $H-h$, qui remplirait la capacité du ballon. Sous la pression 1 le gaz qui remplirait le même volume pèserait $\dfrac{P}{H-h}$, et sous la pression 760^{mm}, $\dfrac{P \times 760^{mm}}{H-h}$.

On remet le ballon dans la caisse réfrigérante. On remplace la série des tubes purificateurs relatifs au gaz par la série de tubes convenable pour l'air (tubes à potasse pour absorber l'acide carbonique, tubes à ponce imbibée d'acide sulfurique pour dessécher), et on laisse rentrer l'air dans le ballon, puis on refait le vide, et on laisse rentrer l'air dix ou douze fois de suite, non pas pour enlever l'humidité, puisque le ballon est sec, mais pour balayer les dernières traces du premier gaz. Le ballon étant plein d'air à zéro, sous la pression H', on fait la tare, toujours avec le ballon de même volume et le complément convenable de grenaille. Puis on fait le vide à h' millimètres près. On reporte le ballon à la balance, et la somme de poids P' qu'il faut mettre sur le plateau, qui porte le ballon de pesée, pour rétablir l'équilibre, est le poids d'air pur et sec qui remplirait ce ballon sous la pression $H'-h'$ et à la température zéro. Le poids d'air qui le remplirait sous la pression 760^{mm} serait donc

$$\frac{P'\times 760}{H'-h'}.$$

J'ai ainsi déterminé successivement le poids de gaz et le poids d'air à 0^0, pression $0^m,760$, qui remplissent le même ballon. La densité du gaz par rapport à l'air sera donc le quotient du premier nombre par le second

$$\Delta = \frac{P}{P'}\cdot\frac{H'-h'}{H-h}.$$

L'emploi de cette méthode dispense de toutes les corrections relatives aux variations de la température. Il faudrait en effet pour la première série d'opérations tenir compte de la température t^0 du gaz au moment du remplissage, pour déduire, du poids du gaz à t^0 qui remplit le ballon à t^0, le poids du gaz à zéro qui remplirait le ballon à zéro. Il faudrait aussi déterminer la température t' de l'air qui serait toujours différente, vu le temps qui s'écoule entre les deux opérations, et faire les mêmes calculs; sans parler des corrections de poussée dont la méthode de Regnault dispense complétement, et enfin des erreurs relatives à l'humidité déposée sur la surface extérieure du ballon, et à l'air adhérent à cette même surface, erreurs qu'il est absolument impossible d'évaluer, et que le mode particulier de tare fait disparaître.

Pour avoir un ballon de tare d'un volume extérieur égal à celui du ballon de pesée, on pèse ce dernier plein d'eau sous une forte balance, pouvant peser, au gramme près, 10 à 12 kilogrammes. Puis on pèse de nouveau le ballon plein d'eau et plongeant dans l'eau. La différence donne le poids de l'eau déplacée. On choisit alors un ballon dont le volume paraisse sensiblement le même, ou plutôt un peu plus petit. On le pèse de même plein d'eau, d'abord dans l'air, puis plongeant dans l'eau. La différence donne le poids du volume d'eau déplacée. Cette différence sera généralement un peu plus petite que la précédente, soit une différence de 15^{gr}. On prendra alors un petit tube de verre fermé à un de ses bouts, et on réglera sa longueur de telle sorte que, plongé dans une éprouvette pleine d'eau divisée en centimètres cubes, il en fasse sortir le liquide qui remplirait 15 divisions. On le coupe à cette longueur, on le ferme à la lampe, et on l'accroche à côté du ballon de tare auquel on a mastiqué une garniture simple sans robinet, destinée à le fermer d'une manière permanente.

Voyons actuellement comment on détermine la densité de l'air par rapport à l'eau. Nous avons vu comment on déterminait le poids de l'air, à 0°, pression 760^{mm}, qui remplirait notre ballon. Ce poids est, avec les données de notre expérience,

$$\frac{P'.760}{H'-h'}.$$

Nous allons maintenant remplir le ballon d'eau distillée, bien purgée de l'air qu'elle pourrait tenir en dissolution. Pour cela nous introduisons deux litres d'eau environ dans le ballon, en dévissant sa garniture que nous remettons ensuite en place, puis nous attachons au robinet un tube, coudé deux fois à angle droit. Nous plaçons un fourneau sous le ballon de manière à faire bouillir pendant une heure l'eau qu'il contient. Cette ébullition chasse complétement l'air dissous; on plonge alors le tube coudé dans une masse d'eau, en pleine ébullition également, puis on supprime les deux foyers. La

vapeur qui remplit le ballon se condense par le refroidissement, et la pression atmosphérique refoule l'eau du vase
extérieur dans le ballon, qui se trouve plein en un instant.
On laisse refroidir ce ballon, puis on le plonge dans la caisse
pleine de glace, en laissant d'ailleurs toujours le tube coudé
plongé dans l'eau. Lorsque le ballon est à 0°, on enlève le
tube coudé; puis on retire le ballon, on l'essuie, et on le
suspend sous le plateau d'une balance suffisamment solide,
et aussi juste que possible. Quand il s'est mis en équilibre de
température, on le tare avec le second ballon, et on ajoute le
complément de grenaille nécessaire*. Ceci fait, on retire l'eau
du ballon; on le remet dans la caisse pleine de glace, et on y
refait le vide un grand nombre de fois pour en chasser toute
l'humidité. On fera le vide une dernière fois à h'' millimètres.
Puis on portera le ballon à la balance, et on ajoutera la quantité de poids Q nécessaire pour rétablir l'équilibre. On aura
ainsi la différence entre le poids de l'eau qui remplissait le
ballon à zéro, et le poids de l'air, à zéro, sous la pression h'',
qui restait dans ce même ballon.

Cette dernière quantité est facile à calculer. Car, si P' est
le poids d'air à zéro remplissant le ballon sous la pression
$H' - h'$, le poids d'air qu'il contiendrait sous la pression 1 est
$\dfrac{P'}{H' - h'}$, et sous la pression h'', $\dfrac{P'h''}{H' - h'}$.

Le poids de l'eau à zéro sera donc égal à

$$Q + \frac{P'h''}{H' - h'}.$$

D'ailleurs le poids de l'eau à 4°, c'est-à-dire le volume
même du ballon, s'obtiendra en divisant le poids à zéro par
la densité à zéro qui est 0,999873, ou, ce qui revient au

---

* A partir de zéro, l'eau diminue de volume jusqu'à 4°, puis reprend vers
8° le volume qu'elle avait à zéro; au delà elle occupe un volume plus grand.
Il faudra donc, si l'on veut tenir fermé le robinet du ballon, faire en sorte
que la température de la salle de pesée reste au-dessous de 8°; sinon, peser le
ballon avec son robinet ouvert. Sans cette précaution, on le verrait infailliblement se briser.

même, en multipliant par le module 1,0001269, dont la valeur est réciproque de la densité *.

Ainsi la densité de l'air, à 0°, pression 0^m,760, par rapport à l'eau, prise à 4°, est

$$\frac{\dfrac{P.'760}{H'-h'}}{\left(Q+\dfrac{P'h''}{H'-h'}\right)1,0001269}.$$

L'expérience a donné pour valeur de cette densité 0,001293. Un décimètre cube d'air, dans ces conditions, pèse donc 0^{kg},001293 ou 1^{gr},293.

La méthode générale que nous venons de donner pour déterminer la densité des gaz ne peut s'appliquer aux gaz susceptibles d'attaquer les garnitures métalliques, comme le chlore, par exemple. Voici alors comment on procède.

On remplit d'eau pure un flacon de deux litres environ de capacité, plongeant dans la glace, puis on le ferme avec un bouchon usé à l'émeri ou un obturateur, et l'on fait sa tare avec un flacon de même volume, en ajoutant dans ce flacon la quantité de mercure nécessaire pour compléter la tare. On enlève le flacon de pesée ; on le vide, on le sèche, puis on le remet dans la glace, et on le remplit de chlore sec sous la pression H. On ferme le flacon, on le porte à la balance, et on ajoute la quantité de poids Q nécessaire pour rétablir l'équilibre. Puis on replace le flacon dans la glace et on balaye le chlore par de l'air sec ; quand le flacon est plein d'air à 0°, pression H', on le bouche et on le reporte à la balance ; l'air étant moins dense que le chlore, il faudra ajouter un poids q pour rétablir l'équilibre. Si le gaz était moins dense que l'air, on changerait l'ordre des deux opérations.

Q est la différence entre le poids de l'eau à zéro, et le poids du chlore à zéro, pression H, qui remplissaient le flacon ; q est

---

* On a évidemment pour les poids de volumes égaux d'eau à t^0 et à 4°

$$\frac{\text{P à } 4^0}{\text{P à } t^0}=\frac{\text{D à } 4^0}{\text{D à } t^0}=\frac{\text{module à } t^0}{\text{module à } 4^0}$$

$$=\frac{1}{\text{D à } t^0}=\frac{\text{module à } t^0}{1}.$$

la différence entre ce dernier poids et celui de l'air à zéro, pression H'.

Si donc on appelle V le volume du flacon, d la densité du chlore par rapport à l'eau, à 0°, pression 0^m,760, là densité de l'eau à 0° étant 0,99987, celle de l'air dans les conditions normales 0,001293, nous aurons

$$V \times 0,99987 - Vd \frac{H}{0,76} = Q$$

$$Vd \frac{H}{0,76} - V \times 0,001293 \frac{H'}{0,76} = q.$$

On tire de là, en divisant les deux équations l'une par l'autre,

$$\frac{0,99987 - d \dfrac{H}{0.76}}{d \dfrac{H}{0,76} - 0,001293 \dfrac{H'}{0,76}} = \frac{Q}{q}.$$

D'où

$$d = \frac{0,99987 . q + 0,001293 . \dfrac{H'}{0,76} Q}{(Q + q) \dfrac{H}{0,76}}.$$

Densités des principaux gaz.

Noms.	Densités par rapport à l'air.	Densités par rapport à l'eau.	Symbole chimique.	Volume que représente l'équivalent.	Equivalent.
Air	1	0,001293	—	—	—
Hydrogène	0,0692	0,000089	H	2	1
Azote	0,971	0,001253	Az	2	14
Chlore	2,44	0,003154	Cl	2	35,5
Oxygène	1,1056	0,001429	O	1	8
Oxyde de carbone	0,967	0,001250	CO	2	14
Acide carbonique	1,527	0,001974	CO^2	2	22
Protoxyde d'azote	1,527	0,001974	AzO	2	22
Bioxyde d'azote	1,038	0,001342	AzO^2	4	30
Ammoniaque	0,596	0,000771	AzH^3	4	17
Acide chlorhydrique	1,247	0,001612	HCl	4	36,5
Acide sulfhydrique	1,1912	0,001540	HS	2	17
Protocarb. d'hydrog.	0,556	0,000719	C^2H^4	4	16
Bicarbure d'hydrogène	0,985	0,001273	C^4H^4	4	28
Acide sulfureux	2,234	0,002890	SO^2	2	32
Cyanogène	1,806	0,002405	C^2Az	2	26

Remarque. — Les équivalents chimiques, dont on fait un usage si fréquent, se gravent dans la mémoire plus facilement que les densités, d'autant mieux qu'ils sont représentés à peu près tous par des nombres entiers. Or si nous considérons l'azote, dont l'équivalent Az représente 2 volumes gazeux, et l'hydrogène, dont l'équivalent H représente aussi 2 volumes (l'unité de volume étant le volume de la masse d'oxygène qui pèse 8), on voit qu'à volume égal l'azote pèse 14 fois autant que l'hydrogène. La densité de l'azote est donc égale à 14 fois la densité de l'hydrogène ; on trouve en effet $0,0692 \times 14 = 0,97$. Pour la même raison la densité du chlore, de l'oxyde de carbone, de l'acide carbonique, de tous les gaz dont l'équivalent représente 2 volumes, sera égale à celle de l'hydrogène multipliée par l'équivalent du corps.

Pour l'oxygène, dont l'équivalent ne représente qu'un volume, on peut dire que les poids de volumes égaux d'oxygène et d'hydrogène seront entre eux comme 2×8 est à 1. La densité de l'oxygène, comme celle de tous les gaz dont l'équivalent représente *un* volume, s'obtiendra en multipliant la densité de l'hydrogène par le double de l'équivalent. On trouve en effet $0,0692 \times 16 = 1,107$.

Au contraire, pour les corps dont l'équivalent représente 4 volumes, les poids de volumes égaux du gaz et de l'hydrogène seront entre eux comme le demi-équivalent du corps est à l'équivalent de l'hydrogène. Ainsi, pour le bioxyde d'azote on trouve $0,0692 \times 15 = 1,038$.

Ainsi, pour tous les gaz dont l'équivalent représente 2 volumes

$$\text{Densité} = 0,0692 \times \text{équivalent.}$$

Pour tous les gaz dont l'équivalent représente un volume

$$\text{Densité} = 0,0692 \times 2 \times \text{équivalent.}$$

Enfin pour tous les gaz dont l'équivalent représente 4 volumes

$$\text{Densité} = 0,0692 \times \frac{\text{équivalent}}{2}.$$

CHAPITRE XII.

FUSION. — SOLIDIFICATION. — CHALEUR LATENTE DE FUSION. — MÉLANGES RÉFRIGÉRANTS.

Nous savons déjà qu'un corps solide, soumis à l'action d'un foyer de chaleur, s'échauffe et se dilate jusqu'à ce que, arrivé à une certaine température plus ou moins élevée, suivant la nature du corps, il passe de l'état solide à l'état liquide. Pendant toute la durée du changement d'état, qui, *pour le même corps, se fait toujours à la même température*, la portion encore solide conserve invariablement cette température, jusqu'à ce qu'elle ait disparu. Il est évident, en effet, que si le plomb fond à 334°, il ne peut pas, sous l'état solide, dépasser cette température. Il nous restera seulement à expliquer ce que devient la chaleur que le foyer ne cesse pas de fournir, et qui cependant n'élève pas la température.

Points de fusion de quelques corps solides.

Fer	1500°	Étain	228°
Acier	1350°	Soufre	111°
Or	1250°	Iode	107°
Fonte	1200°	Alliage Darcet	94°
Or à $\frac{900}{1000}$	1180°	Acide stéarique	70°
Argent	1000°	Cire	67°
Bronze	950°	Phosphore	44°
Cuivre	950°	Suif	33°
Zinc	423°	Glace	0°
Plomb	334°		

Les températures au-dessus de 500° ne peuvent être données qu'avec une approximation grossière, car on manque de procédés pour déterminer les hautes températures.

Il est une classe assez nombreuse de corps pour lesquels on ne peut pas donner de point de fusion, ce sont ceux chez lesquels la cohésion, au lieu de se détruire brusquement, s'affaiblit progressivement, à mesure que la température s'élève, et qui passent par l'état pâteux avant de devenir fluides. Le verre est dans ce cas, et l'on pourrait en dire autant du fer.

Le soufre présente une anomalie très-singulière. Il fond à 111° et est alors parfaitement fluide; mais si on continue à le chauffer, il s'épaissit vers 160 à 170°, et, arrivé vers 230°, il est devenu tellement épais qu'on peut quelquefois retourner le vase qui le contient sans que rien en puisse sortir. Vers 260° il perd de sa viscosité, et à 290° il est redevenu fluide.

Solidification. — Si l'on prend maintenant de l'étain, du soufre fondu, et si on les laisse refroidir à une certaine température, que l'expérience a montré être la même que la température de fusion, le corps reprend l'état solide; et pendant la durée de la solidification, la portion liquide du corps conserve invariablement cette température, bien que la cause refroidissante existe toujours, jusqu'à ce que la solidification soit complète.

Si nous soumettons de l'eau à l'action du froid, elle se congèle à zéro. Si nous refroidissons du mercure, il se congèle à 40° au-dessous de zéro. Le phénomène de la solidification des liquides par le froid a tout autant de généralité que celui de la fusion; on pourrait même dire qu'il en a davantage, car un abaissement de température n'est pas une cause de décomposition, et s'il est un grand nombre de liquides que l'on n'ait pas encore pu congeler, cela tient uniquement à l'extrême imperfection des moyens dont nous disposons pour produire du froid. Nous pouvons produire des températures de plus de 2000° au-dessus de zéro, tandis que le froid le plus intense que nous ayons pu produire est de 130° au-dessous de zéro.

Retard de la congélation. — Fahrenheit a constaté que l'eau pouvait conserver l'état liquide au-dessous de zéro, si elle était maintenue dans un état d'immobilité complète. Ce fait a été depuis vérifié par de nombreuses expériences, et l'on a même reconnu que quelques autres corps, entre autres le phosphore, présentaient ce curieux phénomène auquel on a donné le nom de *surfusion*.

Si l'on place de l'eau dans un vase étroit, en la recouvrant d'une petite couche d'huile pour empêcher les mouvements de l'air extérieur de se communiquer au liquide, et si on expose ce vase dans un lieu bien tranquille, à un froid rigoureux, la température peut descendre à $-12°$ sans que l'eau cesse d'être liquide. Mais si l'on vient à agiter le vase ou seulement à frapper ses mains l'une contre l'autre auprès du liquide, on voit immédiatement la masse perdre sa transparence par une solidification confuse. Une partie seulement se congèle, mais toute la masse, solide et liquide, remonte instantanément à zéro.

Avec le phosphore, le point de solidification peut s'abaisser à près de $30°$ au-dessous du point normal.

La plupart des dissolutions salines offrent aussi le phénomène de la surfusion comme l'eau elle-même. On a pu ainsi constater que beaucoup avaient un maximum de densité au-dessous de leur point normal de solidification.

Dilatation de l'eau par la congélation. — Lorsqu'un corps passe de l'état solide à l'état liquide, il augmente généralement de volume, et par suite diminue de densité; et *vice versa* lorsque le corps passe de l'état liquide à l'état solide.

La masse solide reste au fond du vase.

L'eau présente le phénomène inverse, ainsi que la fonte, le bismuth, l'antimoine et un alliage d'une composition analogue à celle de l'alliage de Darcet. Aussi voit-on les glaçons flotter sur l'eau. La densité de la glace est environ 0,93.

Cette augmentation considérable de volume qu'offre l'eau en se solidifiant explique les effets désastreux de la gelée sur les plantes. L'eau contenue dans les tissus se congèle et alors brise et déchire les cellules et les vaisseaux qui la renferment. Lorsque ensuite la température se radoucit, les tissus se décomposent.

Toutefois, il faut remarquer qu'en hiver le mouvement de la séve est complétement suspendu. Les liquides se trouvent donc dans des espaces capillaires, et immobiles, circonstances qui retardent leur solidification. De plus, l'eau qui contient des sels en dissolution, et c'est ce qui a lieu pour la séve, se congèle à plus basse température que l'eau pure. Enfin, comme l'eau est un corps mauvais conducteur de la chaleur, surtout quand elle est immobile, il faut toujours un certain temps à la séve pour se mettre en équilibre de température avec le milieu extérieur, de telle sorte que si le froid n'est pas de longue durée et s'il n'est pas par trop intense, le plus grand nombre des végétaux échappera aux effets de la gelée.

La force d'expansion de la glace est énorme; que de fois ne voit-on pas en hiver un vase plein d'eau, exposé au froid, se fendre et se briser par l'effet de la congélation! Hall a pu, en Norvége, faire éclater ainsi des canons de pistolet et des obus, en les exposant quelques instants, remplis d'eau, au froid.

Les pierres calcaires que l'on emploie dans les constructions, sont quelquefois beaucoup trop poreuses; l'eau qui pénètre dans leurs pores s'y gèle quand viennent les froids. La pierre perd alors toute solidité, s'écaille, se gerce et se détache par fragments. On donne à ces pierres le nom de pierres *gélives*.

Comme il importe beaucoup de constater si un calcaire offre ce défaut, on en suspend quelques échantillons au-dessus d'une dissolution bouillante de sulfate de soude. Le sel est entraîné mécaniquement avec l'eau dans les pores de la pierre; en y cristallisant, il augmente aussi de volume, comme le fait l'eau en se gelant; or, si la pierre est gélive, on la verra se déliter et tomber en petits fragments dans le vase.

Cristallisation. — La chaleur, en faisant passer un corps de l'état solide à l'état liquide, détruit la cohésion qui liait entre elles ses molécules. Si on laisse refroidir le liquide très-lentement, les particules se groupent d'une façon régulière en couches planes superposées, se coupant sous certains angles déterminés, de telle sorte que le corps présente la forme d'un polyèdre. C'est là ce que l'on appelle un *cristal*. L'étude des formes cristallines a une très-grande importance en chimie. Nous réserverons donc pour le cours de chimie les détails qu'exige cette question toute spéciale.

Dissolution. — Le passage d'un corps de l'état solide à

l'état liquide ne se fait pas seulement sous l'influence de la chaleur; il peut être aussi déterminé par le seul contact d'un corps liquide convenablement choisi. Ainsi, lorsqu'on met du sucre dans de l'eau, il s'y dissout, c'est-à-dire qu'il y perd sa cohésion, de telle sorte que ses molécules, séparées les unes des autres, se mêlent intimement à celles du liquide. Le corps conserve d'ailleurs dans la dissolution toutes les propriétés qui le caractérisent. S'il en était autrement, on n'aurait plus affaire à une simple dissolution, mais à une combinaison chimique.

Le corps solide peut se dissoudre dans le liquide en toutes proportions, jusqu'à une certaine limite supérieure. Lorsque cette limite est atteinte, la liqueur est dite *saturée*. La quantité maximum d'une substance solide qu'un poids donné de liquide peut dissoudre, change avec la nature du solide, avec celle du dissolvant et avec la température. Généralement l'élévation de température augmente la capacité de saturation. Il y a cependant quelques corps moins solubles à chaud qu'à froid.

Si on fait donc une solution saturée à $100°$, par exemple, et si on la laisse refroidir, le corps dissous devra se séparer de la dissolution; si le refroidissement s'opère lentement, le corps cristallise au sein de la liqueur. Les formes cristallines obtenues ainsi sont souvent très-différentes de celles que l'on obtient par la voie sèche.

Chaleur latente de fusion. — Lorsqu'un corps passe de l'état solide à l'état liquide, pendant tout le temps que dure la fusion, la température demeure invariable, bien que le foyer continue à fournir de la chaleur et le corps à en absorber. Il est facile de s'assurer que le corps qui fond absorbe réellement de la chaleur. Si l'on met dans un même vase un kilogramme de glace à zéro et un kilogramme d'eau à $79°$, on voit la glace fondre en même temps que l'eau se refroidit, et quand la glace est tout entière fondue, on a 2 kilogrammes d'eau à zéro. Or, l'eau, qui est descendue de $79°$ à zéro, a nécessairement perdu pour cela de la chaleur, et aucun corps autre que la glace n'a profité de cette chaleur. Il est donc évident que la glace a absorbé de la chaleur, bien que sa température n'ait pas varié. Ainsi, cette absorption de chaleur n'a pas été rendue *sensible* par une élévation de température. Quel rôle joue-t-elle dans le corps? Lorsque la chaleur pénètre dans un corps, elle en écarte les particules; elle tend donc à affaiblir les liens de la cohésion entre ces particules. Or, dans un corps à l'état liquide, la cohésion est à peu près nulle; il y a donc, au moment de la liquéfaction, une diminution brusque et considérable de la cohésion, et il est naturel d'admettre que cette destruction de la cohésion est due à l'excès de chaleur qui pénètre dans le corps.

Cela revient à dire que pour maintenir le plomb liquide à 334°, il faut plus de chaleur que pour le maintenir solide à cette même température; le foyer devra donc fournir cet excédant de chaleur pour déterminer la liquéfaction, et cela sans élever la température. S'il en fournit plus que la liquéfaction n'en exige, alors, après la liquéfaction, la température s'élèvera.

On appelle *chaleur latente* de fusion la différence entre la quantité de chaleur qu'un kilogramme du corps contient à l'état liquide à la température où s'opère le changement d'état, et la quantité de chaleur qu'il contient à l'état solide à cette même température. C'est la quantité de chaleur qu'il faudra fournir à ce kilogramme arrivé à son point de fusion, pour déterminer cette fusion sans élever la température.

On voit d'après cela que si, par l'action d'une certaine cause autre que la chaleur, le corps solide venait à être liquéfié, comme il ne posséderait pas la quantité de chaleur qui lui est nécessaire pour être liquide, à la même température qu'il avait, étant solide, il subirait naturellement un refroidissement, et il prendrait la température qui correspond à la quantité de chaleur qu'il possède.

Or, c'est précisément ce qui arrive lorsqu'un corps solide se dissout dans un liquide par le fait d'une affinité chimique faible qui détermine simplement le changement d'état sans donner lieu à une combinaison chimique véritable, c'est-à-dire à un corps nouveau jouissant de propriétés autres que celles du corps dissous.

Ainsi, quand on dissout du sel de cuisine dans l'eau, il y a un abaissement très-appréciable de la température.

Mais il arrive quelquefois qu'il y a en même temps combinaison du corps solide avec le liquide, et de plus dissolution du composé formé. Or, toute combinaison chimique produit de la chaleur. Si cette combinaison produit juste autant de chaleur qu'en exige la *liquéfaction,* et nous ajouterons même la *dilution* du liquide dans l'excès de dissolvant, il n'y aura aucun changement de température. Si elle en produit moins, la température baissera; si plus, la température s'élèvera.

Dissolvons par exemple, dans l'eau, du sulfate de soude ou du chlorure de calcium hydraté, c'est-à-dire déjà en combinaison avec l'eau, il y aura simple dissolution et abaissement de la température. Si, au contraire, nous faisons dissoudre dans l'eau du sulfate de soude anhydre, ou du chlorure de calcium anhydre, c'est-à-dire sans eau, il y aura échauffement, parce que l'action chimique produit plus de chaleur qu'il n'en faut pour le changement d'état.

Si l'on mêle ensemble 1 kilogramme d'acide sulfurique avec 4 kilogrammes de neige, on verra la température descendre à 15° environ au-dessous de zéro. Que l'on mêle, au contraire, 4 kilogrammes d'acide avec 1 kilogramme de neige, et la température montera à plus de 50°.

Si au lieu de mettre du sel de cuisine dans l'eau, on mélange ce sel avec de la glace pilée, l'affinité entre le sel et l'eau, toute faible qu'elle est, suffit cependant pour détermi-ner la liquéfaction de la glace et la dissolution du sel ; il y a donc là changement d'état à la fois pour les deux corps solides, et abaissement considérable de température. La quantité totale de chaleur que possédaient les deux corps pris à l'état solide est insuffisante pour les maintenir à leur température initiale, quand ils sont devenus liquides; ils prendront donc en commun une température beaucoup plus basse.

On donne à tous ces mélanges de corps solides entre eux, ou de solides avec des liquides, qui produisent un abaissement de température, le nom de *mélanges réfrigérants* ou *frigorifiques.* Le froid qu'ils produisent est d'autant plus grand que les éléments du mélange sont pris eux-mêmes à une température plus basse. Cependant il ne faudrait pas croire qu'il soit possible d'abaisser ainsi indéfiniment la température du mélange. Car au-dessous d'une certaine limite les corps n'agissent plus l'un sur l'autre, ne se liquéfient plus, et d'ailleurs les objets environnants restituent, soit par contact, soit par rayonnement, de la chaleur; ils en donnent d'autant plus qu'ils sont plus chauds, *relativement au mélange réfrigérant;* et s'ils en fournissent assez pour déterminer le changement d'état, il n'y aura plus abaissement de tempérarature.

Nous donnons dans le tableau suivant la composition des mélanges réfrigérants le plus fréquemment employés.

Noms des substances.	Proportions.	Abaissement de tempér.
Neige	1	de 0° à — 21°
Sel marin	1	
Neige	3	de 0° à — 48°
Chlorure de calcium hydraté	4	
Eau	1	de + 10° à — 15°
Azotate d'ammoniaque	1	
Chlorhydrate d'ammoniaque	5	
Azotate de potasse	5	de + 10° à — 15°
Sulfate de soude	8	
Eau	16	
Sulfate de soude	8	de + 10° à — 17°
Acide chlorhydrique	5	

Lorsqu'un corps en dissolution revient brusquement à l'état solide, il doit y avoir élévation de température puisque la quantité de chaleur qu'il contenait, étant liquide, est plus grande que celle dont il a besoin, devenu solide, pour rester à cette même température; elle peut donc le porter à une température plus élevée. Aussi remarque-t-on, quand la cristallisation est rapide, une élévation notable de température. Ce phénomène est surtout sensible dans le cas de *sursaturation* des dissolutions salines. On a remarqué qu'une dissolution saturée à chaud, qui se refroidit en vase fermé, à l'abri de l'air, peut subir un abaissement considérable de température sans qu'il y ait cristallisation. Ainsi, qu'on introduise dans un tube de verre, fermé à un bout et effilé à l'autre, une solution saturée et bouillante de sulfate de soude, et qu'on ferme à la lampe la pointe effilée pendant que le liquide est en pleine ébullition. L'air se trouve ainsi complétement expulsé, et le tube, avec son contenu, se refroidit jusqu'à la température ordinaire sans qu'il y ait cristallisation, alors même que le liquide serait agité. Mais si l'on vient à briser la pointe de telle sorte que l'air rentre brusquement, la cristallisation commence immédiatement dans les couches supérieures, et se propage rapidement jusqu'au fond. On remarque alors que le tube s'échauffe d'une manière très-marquée.

Le retour de l'eau et du phosphore en état de surfusion à leur température normale de solidification est dû évidemment à la même cause. La quantité de chaleur que possède 1 kilogramme d'eau liquide à -12° est plus grande que celle que demandent ensemble la portion solidifiée et la portion restée liquide, pour demeurer à -12°; elles monteront donc ensemble à une température plus élevée.

CHAPITRE XIII.

PASSAGE DE L'ÉTAT LIQUIDE A L'ÉTAT DE VAPEUR.
FORCE ÉLASTIQUE DES VAPEURS.

L'eau, l'alcool, l'éther, les essences exposées à l'air libre passent spontanément de l'état liquide à l'état gazéiforme et se mélangent aux éléments gazeux de l'air. Cette transformation en *vapeurs*, qui s'opère lentement à la température ordinaire, devient de plus en plus rapide si on élève la température. Des liquides qui ne se gazéifient point dans les conditions ordinaires de température passent à l'état gazeux si on élève la température. Ainsi, le mercure qui ne donne point de vapeurs sensibles à basse température en fournit au contraire si on l'échauffe jusqu'à 30° ou 40°. Qu'on place au fond d'un petit flacon une couche de mercure et qu'on suspende au goulot une feuille d'or descendant à quelques millimètres au-dessus du mercure. Si la température du flacon reste à 0°, la feuille d'or, quelque long que soit le temps de l'exposition, n'éprouve aucune altération. A la température ordinaire, elle finirait par blanchir au bout de quelques semaines. Si l'on plonge le flacon dans de l'eau à 30°, en quelques instants la feuille devient blanche. Il y a eu amalgamation de l'or, c'est-à-dire combinaison avec le mercure.

L'acide sulfurique fournit des vapeurs quand on le chauffe; le phosphore, le soufre, liquides, également; le cuivre, l'argent fondus se transforment en vapeurs quand ils sont portés à la chaleur blanche.

En un mot, tout corps que la chaleur ne décompose pas peut être transformé en vapeurs lorsqu'il est porté à une température assez élevée.

Généralement on applique le mot d'*évaporation* au cas où la vapeur se forme à la température ordinaire; et le mot de *vaporisation* lorsqu'on fait intervenir la chaleur, soit pour déterminer, soit pour accélérer la transformation en vapeurs.

Quelques corps passent directement de l'état solide à l'état de vapeurs : tels sont le camphre, l'arsenic. La glace même disparaît peu à peu en vapeurs. Ce mode de transformation sur lequel nous reviendrons plus tard porte un nom particulier, surtout quand il est déterminé par l'influence de la chaleur : on l'appelle *sublimation*.

Si maintenant nous posons sur la platine de la machine pneumatique deux gouttes à peu près égales, d'un même liquide volatil, d'alcool par exemple, placées de telle sorte que l'une d'elles puisse être recouverte par la cloche, l'autre restant au contraire en dehors, et si nous raréfions l'air sous la cloche, nous verrons la goutte intérieure disparaître rapidement, tandis que la goutte extérieure ne s'évapore que très-lentement. La disparition de la première est d'autant plus rapide que le vide est plus complet. Ainsi la diminution de la pression que l'air exerce sur le liquide volatil favorise l'évaporation.

Il suit de là que si l'on combine ensemble les deux moyens, échauffement du liquide et diminution de la pression, on rendra plus rapide encore la transformation complète en vapeur. Par cela même qu'on diminue la pression on n'aura pas besoin d'élever autant la température pour volatiliser le liquide.

Liquéfaction des vapeurs. — Si on soumet au contraire une vapeur à une pression croissante, ou si on abaisse sa température, on la ramène à l'état liquide. Ce retour d'une vapeur à l'état liquide a reçu le nom de *condensation*. Ainsi quand dans un air humide on apporte un corps froid, comme une carafe venant de la cave, on voit se déposer sur le verre une multitude de gouttelettes d'eau qui, en réfléchissant la lumière dans tous les sens, troublent la transparence du verre. Ceux qui portent des lunettes savent que lorsqu'en hiver ils arrivent du dehors dans une pièce où l'air est chaud et humide, les verres de leurs lunettes perdent tout à coup leur transparence par un dépôt de gouttelettes d'eau. Mais peu à peu l'eau déposée se vaporise de nouveau, et les verres redeviennent nets et secs comme auparavant. C'est toujours par cette même raison que la vapeur d'eau qui s'échappe de nos poumons avec l'air expiré, lancée en hiver dans l'air froid, s'y liquéfie en petites gouttelettes qui forment un brouillard visible, tandis qu'en été elle trouve l'air assez chaud pour se mêler à lui sans s'y condenser.

On liquéfierait aussi la vapeur qui est toujours mélangée à l'air atmosphérique, en comprimant celui-ci dans le briquet à air, assez lentement pour ne pas produire d'élévation de température appréciable.

Les vapeurs nous offrent tous les caractères des gaz proprement dits ; comme eux elles sont indéfiniment expansibles, et tendent toujours à occuper toute l'étendue de l'espace qu'on leur fournit. Nous allons facilement montrer, en effet, qu'elles sont douées comme les gaz de force élastique.

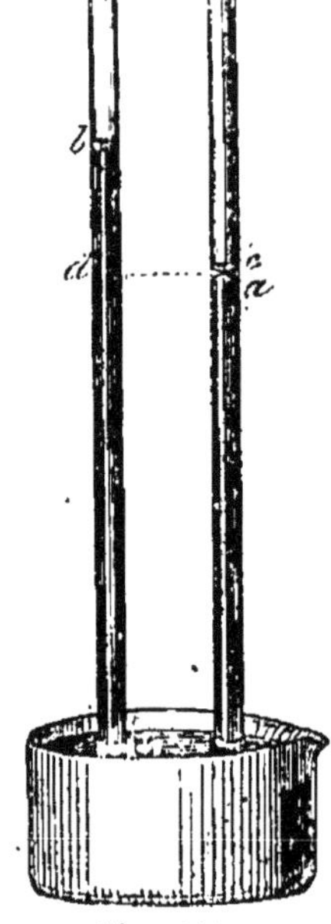

Prenons un tube barométrique rempli de mercure bien purgé d'air, puis faisant sortir 1 centimètre cube environ de mercure, remplaçons-le par un volume égal d'un liquide volatil, de l'alcool par exemple, fermons maintenant le tube avec le doigt et dressons-le sur une cuvette pleine de mercure, à côté d'un baromètre ordinaire. A peine le doigt a-t-il, en se retirant, découvert l'orifice du tube, que le mercure surmonté d'une petite couche de liquide volatil s'abaisse subitement à un niveau notablement plus bas que dans le baromètre sec, et s'y fixe invariablement après quelques oscillations (fig. 134).

Fig. 134.

L'abaissement du niveau ne peut être attribué à la pression qu'exerce la petite couche ac, car l'alcool étant environ dix-huit fois moins dense que le mercure, la hauteur de la couche d'alcool ac devrait être dix-huit fois celle de la colonne de mercure *bd* qui lui fait équilibre, et elle est au contraire beaucoup plus petite ; en outre, que la petite couche qui surnage ait un, deux, trois millimètres d'épaisseur, la dépression du mercure ne s'en trouve pas modifiée d'une manière sensible. Il faut admettre d'après cela que la pression est exercée, non par le liquide, mais par la vapeur qu'il a fournie dans le vide barométrique. La vapeur d'alcool est donc un fluide élastique. L'expérience donne d'ailleurs le même résultat avec tous les liquides volatils. Ainsi on peut la faire comparativement avec un certain nombre de baromètres dans lesquels on mettra, avec le mercure, quelques gouttes d'eau, d'alcool, d'éther ordinaire ou d'éther chlorhydrique, et l'on verra à la température ordinaire le mercure descendre instantanément :

Dans le baromètre à eau, d'un centimètre ;

Dans le baromètre à alcool, de 4 à 5 centimètres ;

Dans le baromètre à éther, de 35 centimètres ;

Dans le baromètre à éther chlorhydrique, de près de 60 centimètres, au-dessous du niveau dans le baromètre normal.

Cette expérience nous montre 1° que les vapeurs sont des fluides élastiques ; 2° que la vapeur se forme dans le vide instantanément ; 3° que, lorsque cette vapeur reste en présence d'un excès du liquide qui l'a fournie, elle acquiert dans un espace fermé une élasticité et par conséquent une densité invariables et *maximum* ; 4° que cette élasticité limite varie avec la nature des liquides qui fournissent ces vapeurs.

Si au lieu de procéder comme nous venons de l'indiquer, on dresse à côté du baromètre normal un second baromètre construit identiquement de la même façon, et si, au moyen d'une petite pipette à bec courbe on fait passer goutte à goutte le liquide par-dessous le bord du tube, voici ce que l'on observera : les premières gouttes, en arrivant au haut de la colonne de mercure, disparaîtront instantanément en déprimant de plus en plus la colonne mercurielle. Mais il arrive un moment où la goutte introduite ne disparaît plus, ne fait plus baisser le niveau du mercure ; elle ne se vaporise plus. L'espace contient la quantité maximum de vapeur qu'il peut contenir dans les conditions de température de l'expérience.

La différence des niveaux dans les deux baromètres est celle qu'on obtenait du premier coup en introduisant tout d'abord un excès de liquide.

Nous avons actuellement à rechercher si les lois de la compressibilité des vapeurs sont les mêmes que celles que nous avons trouvées pour les gaz; si la force élastique d'une masse donnée de vapeur varie en raison inverse de son volume, et si les variations de la température affectent la force élastique de la vapeur comme celle du gaz.

Pour étudier l'influence du volume, prenons un tube barométrique d'un mètre et demi à deux mètres de longueur, et après l'avoir rempli complétement de mercure pur et purgé d'air par l'ébullition, remplaçons à son orifice, comme nous l'avons déjà fait précédemment, un demi-centimètre cube environ de mercure, par un égal volume d'alcool pur; puis, fermant le tube avec le doigt, renversons-le, plongé à moitié de sa hauteur, sur une cuvette profonde (fig. 135.) Nous voyons le mercure descendre subitement et s'arrêter à 5 centimètres environ au-dessous du niveau dans le baromètre normal placé à côté comme terme de comparaison. Une mince couche

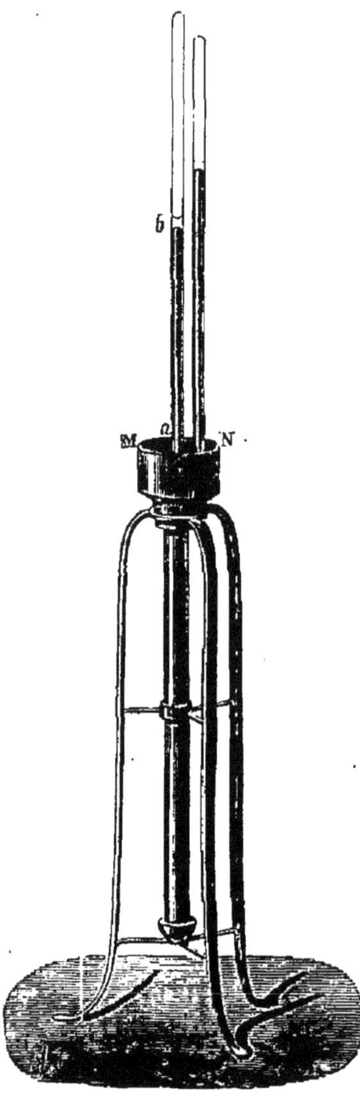

Fig. 135.

d'alcool mouille la surface du mercure. Tous les points de la couche horizontale MN supportant la même pression, je vois que la pression due à la force élastique de la vapeur, mesurée en colonne de mercure, ajoutée à celle qu'exerce la colonne *ba* ou *h*, donne une pression totale égale à la pression atmosphérique mesurée par le baromètre normal

$$e + h = H$$
$$\text{D'où} \quad e = H - h,$$

c'est-à-dire la distance verticale des niveaux dans les deux baromètres.

Si, partant de cet état initial, nous soulevons progressivement le tube, nous voyons, contrairement à ce qui aurait lieu pour un gaz en pareille circonstance, la hauteur de la colonne mercurielle *h* demeurer invariable jusqu'au moment où le liquide volatil a complétement disparu. La force élastique de la vapeur est donc aussi restée toujours la même, mais en même temps la couche du liquide volatil a diminué progressivement jusqu'à disparaître entièrement. Nous n'avons pas affaire à une masse constante de gaz puisque le liquide volatil fournit, à mesure que l'espace s'agrandit, de nouvelle vapeur, toujours avec la même force élastique et la même densité jusqu'à volatilisation complète.

Nous sommes donc bien loin des conditions auxquelles pourront s'appliquer la loi de Mariote, et il est naturel qu'elle soit en défaut.

Revenons maintenant sur nos pas et enfonçons au contraire le tube dans la cuvette; nous voyons que la hauteur *h* reste encore complétement invariable; mais la couche liquide reparaît à la surface du mercure et augmente d'épaisseur à mesure que le tube descend; et s'il n'y a dans le tube aucun fluide élastique autre que la vapeur, on arrivera ainsi à liquéfier toute la vapeur et à amener le sommet même du tube en contact avec la couche liquide, sans que la hauteur *h* ait le moins du monde varié.

Donc, tant que la vapeur est en présence du liquide qui la fournit, elle possède, dans un espace vide de tout autre fluide élastique, à une température donnée, une force élastique et une densité toujours les mêmes, complétement indépendantes de la grandeur de l'espace dans lequel elle se forme. Le poids de vapeur formée est par suite évidemment proportionnel au volume de l'espace qui lui est offert.

Si on agrandit l'espace, il se forme de nouvelle vapeur; si on le diminue, la vapeur se *condense* en partie, c'est-à-dire se liquéfie.

Replaçons maintenant le tube dans la position élevée où il avait fallu l'amener pour volatiliser complétement le liquide et, partant de cette position, élevons-le davantage. A dater de ce moment, la masse de vapeur ne pouvant plus varier, nous voyons le mercure monter dans le tube, ce qui indique une diminution progressive d'élasticité.

En comparant le volume occupé par la vapeur à sa force élastique, on voit que cette vapeur suit la loi de Mariote, sinon immédiatement, à partir du point de volatilisation complète, au moins lorsqu'elle a pris une certaine expansion. La vapeur d'eau se conforme à la loi de Mariote dès que l'excès de liquide a disparu.

Si nous redescendons le tube, la colonne de mercure s'abaisse jusqu'à ce qu'elle atteigne la hauteur qu'elle avait, la vapeur étant en présence de son liquide; continue-t-on à descendre le tube, la colonne mercurielle reprend son invariabilité et le liquide se remonte à la surface du mercure en quantité de plus en plus grande.

La vapeur ne peut donc jamais avoir, hors de la présence de son liquide, une force élastique supérieure à celle qu'elle prend en présence même de ce liquide. Aussi désigne-t-on cette dernière sous le nom de *force élastique maximum* ou de *tension maximum*. On dit que la vapeur est *saturée* ou à *saturation* quand elle possède sa force élastique maximum, et par suite aussi sa densité maximum; on dit encore en pareil cas que l'espace est *saturé* de vapeurs.

On voit donc d'après cela que, si l'on prend une vapeur éloignée du point de saturation, c'est-à-dire ayant une force élastique plus faible que celle qu'elle posséderait en présence de son liquide, on pourra toujours, en diminuant son volume, amener son élasticité à atteindre cette limite, et si alors on continue à diminuer le volume, la vapeur se condensera en partie; on pourra même l'amener à complète condensation.

Influence de la température. — Toutes les expériences que nous venons de décrire ont été exécutées à une certaine température, à 10° par exemple; supposons qu'on les répète à une température différente, en entourant le système des baromètres d'un cylindre rempli d'eau, maintenu à une température constante. L'ensemble des résultats obtenus sera exactement le même. Ainsi, à toute température, la vapeur en présence de son liquide conserve une force élastique indépendante de l'étendue de l'espace dans lequel se forme la vapeur; mais, dès qu'elle n'est plus en contact avec son liquide, la vapeur change de force élastique, suivant que son volume grandit ou diminue, en suivant la loi de Mariote, pourvu qu'elle soit convenablement éloignée du point de saturation; enfin il y a pour chaque température une tension maximum et une densité maximum particulières; et ces deux quantités grandissent avec la température suivant une loi très-rapide, comme on peut s'en convaincre par l'expérience suivante due à Dalton.

On remplit de mercure la branche fermée d'un tube de

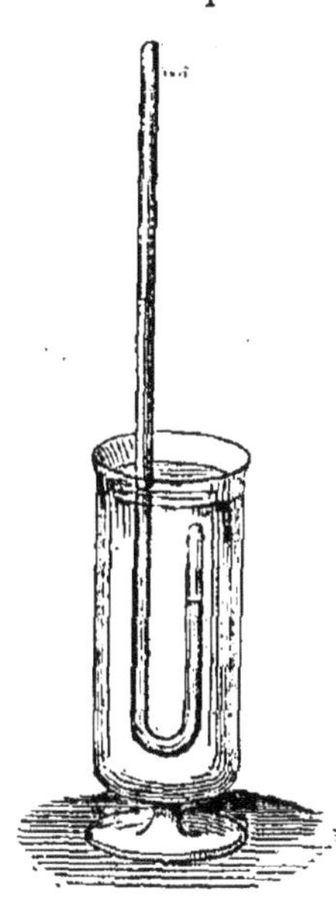

Mariote, puis on le redresse et on verse dans la courbure quelques gouttes d'éther, que l'on fait parvenir, à l'aide de quelques secousses, au-dessus du mercure. On plonge alors le tube (fig. 136) dans de l'eau froide que l'on réchauffe peu à peu en la soutirant avec un siphon qui plonge jusqu'au fond, et la remplaçant par de l'eau chaude. Si la branche fermée a 25 centimètres environ, la vapeur ne commencera à se former au haut du tube, en refoulant le mercure, que lorsque l'eau du vase aura atteint une température d'environ 25°. Ce qui indique qu'au-dessous de cette température la tension de la vapeur d'éther est moindre que 76 — 25 ou 51 centimètres. Elle ne peut pas se former, en effet, sous une pression

Fig. 136.

qui dépasse sa tension maximum. A 37°, les deux niveaux seront sur un même plan. Ce qui montre qu'à cette température

la force élastique maximum est déjà égale à la pression atmosphérique; au-dessus de 37°, la tension de la vapeur pourra
équilibrer, en sus de la pression atmosphérique, une colonne
de mercure dont la hauteur croît très-rapidement à mesure
que la température s'élève. Ainsi vers 60° elle sera égale à la
hauteur barométrique. La tension sera donc de deux atmosphères.

La force élastique de la vapeur d'eau est une force industrielle d'un usage général. Son emploi se substitue de plus
en plus au travail des moteurs anciens, hommes ou animaux,
ainsi qu'au travail si irrégulier de l'air ou de l'eau en mouvement. Aussi a-t-on attaché la plus haute importance à la connaissance exacte des valeurs de la force élastique maximum
de la vapeur d'eau aux diverses températures. D'éminents
physiciens, Dalton, Watt, Dulong, Arago, Regnault, ont attaché leurs noms à des travaux devenus célèbres et qui sont de
véritables modèles de recherches scientifiques.

Les limites étroites de notre programme ne nous permettent pas d'exposer et de discuter *in extenso* ces recherches,
nous donnerons plus loin quelques détails sur le procédé que
Dalton a employé pour déterminer les tensions maximum
entre 0° et 100°.

A toutes les températures auxquelles nous porterons un
liquide volatil, la vapeur qu'il fournira aura la tension maximum et la densité maximum correspondantes à cette température. Nous venons de dire que cette tension croissait très-
rapidement. Ainsi, tandis qu'en passant de 0° à 100° la force
élastique d'une masse d'air grandit dans le rapport marqué
par le module. $1 + \frac{100}{273}$, ou $\frac{373}{273}$, c'est-à-dire qu'elle augmente
à peine de la moitié de sa valeur, la force élastique maxi-
mum de la vapeur d'eau passe de la valeur $4^{mm},6$ à la valeur 760^{mm}, c'est-à-dire qu'elle devient 165 fois plus grande.
Mais si la vapeur est chauffée hors de la présence de son
liquide, alors elle se comporte comme un gaz. Son coefficient
de dilatation est sensiblement le même; et, si elle est dans
un vase inextensible, la variation de sa force élastique est
réglée par la même loi. Elle est, comme pour un gaz, proportionnelle à la variation de la température.

Si donc on prend une vapeur saturée à une certaine température t, le moindre abaissement de la température déterminera la condensation d'une partie de la vapeur ; car à une température t' plus basse que t, la tension et la densité maximum étant moindres, il faudra nécessairement qu'une partie de la vapeur retourne à l'état liquide.

Si, en second lieu, la vapeur est éloignée de la saturation, un refroidissement progressif, tout en diminuant la force élastique, la rapprochera de la tension maximum qui diminue beaucoup plus rapidement. De même que si, sur un fil vertical, on faisait descendre deux balles, l'une la plus basse glissant très-lentement, l'autre la plus élevée descendant au contraire très-vite, la seconde évidemment finirait par rejoindre la première. Si bien qu'à une certaine température la vapeur se trouvera saturée, et, le refroidissement continuant, la vapeur se condensera.

Évidemment si, en même temps que l'on refroidit la vapeur, on la comprime pour augmenter sa force élastique, on obtiendra la condensation sans avoir besoin d'un refroidissement aussi considérable, car la force élastique croissante de la vapeur va pour ainsi dire au-devant de la tension maximum qui décroît avec la température, comme si, dans la comparaison que nous faisions tout à l'heure, la boule inférieure remontait au lieu de descendre.

Mesure des tensions maximum de la vapeur d'eau dans le vide, entre 0° et 100°. — Pour déterminer les tensions de la vapeur d'eau, Dalton monta sur une large cuvette à mercure en fonte H, établie sur un fourneau K, deux tubes barométriques A, B, dans l'un desquels une petite couche d'eau surmontait la colonne de mercure (fig. 137). Des anneaux rattachés à une tige CD, établie dans une position parfaitement fixe, soutenaient les deux tubes. Un manchon en verre, reposant sur la surface du mercure et rempli d'eau, entourait les deux baromètres. Des thermomètres m, n, plongeant à des profondeurs différentes dans le liquide du manchon, en donnaient la température. Enfin un agitateur annulaire pq servait à mélanger les couches d'eau pour rendre leur température plus uniforme.

La force élastique de la vapeur aura pour mesure, comme nous l'avons déjà dit, la distance verticale des niveaux du mercure dans les deux tubes. Cette distance se mesurera soit au moyen d'une échelle dressée le long du système des deux tubes dans l'intérieur du manchon, soit au moyen d'une règle extérieure verticale le long de laquelle descend une alidade ou une lunette horizontale, que l'on amène successivement à la hauteur des deux niveaux ; le déplacement de la lunette sur la règle, pour passer d'une position à l'autre, donne évidemment la hauteur à mesurer. Cette hauteur doit être ramenée à zéro par la formule déjà connue

$$H_o = H_t \frac{5550}{5550+t}.$$

Pour faire l'expérience, on commence par remplir le manchon de glace pilée, que l'on écarte légèrement pour apercevoir les niveaux ; on détermine ainsi la tension de la vapeur à

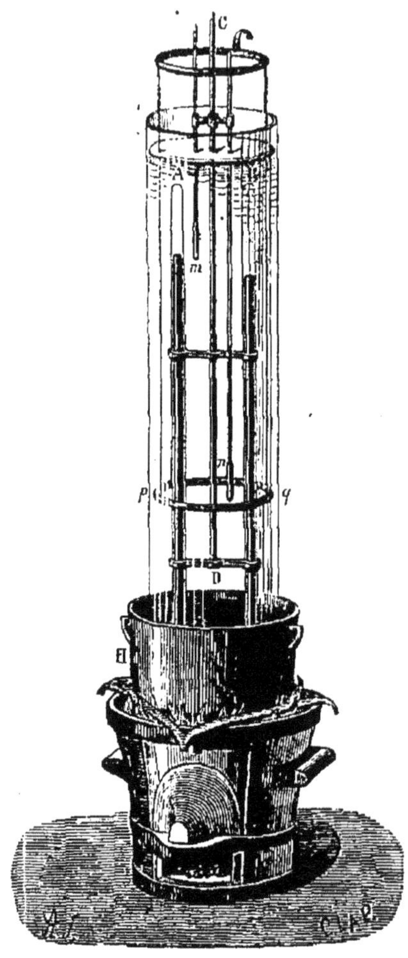

Fig. 137.

zéro. On enlève ensuite la glace pour la remplacer par de l'eau qu'on refroidit en y faisant fondre quelques morceaux de glace. On peut arriver ainsi à une température voisine de zéro. On agite l'eau et l'on saisit le moment où les deux thermomètres donnent une température égale, à quelques dixièmes de degrés près, pour mesurer ces deux indications dont on prendra la moyenne, et relever la différence des niveaux.

On laisse ensuite la température s'élever à la température ordinaire, et l'on fait les mêmes mesures. Puis on met des charbons dans le fourneau. Le mercure s'échauffe, échauffe l'eau du manchon et par suite les baromètres. Lorsque les deux thermomètres marquent à peu près 20°, on ferme les ouvertures du fourneau, on agite le liquide. Le fourneau étant fermé, la température doit s'élever encore quelque peu, puis redescendre. Elle reste alors stationnaire quelques instants. On saisit ce moment pour prendre les indications sensiblement égales des deux thermomètres et la différence des niveaux.

On rouvre le fourneau pour laisser la température s'élever jusqu'à 25° environ, alors on referme les ouvertures et l'on fait une nouvelle observation.

Aux approches de 100°, la colonne du baromètre à vapeur se trouve à peu près complétement refoulée dans la cuve. Si la pression atmosphérique est de 760^{mm}, la colonne mercurielle est exactement à la hauteur du niveau extérieur de la cuve quand la température du manchon est de 100°. Au delà, les observations seraient impossibles puisque le niveau ne serait plus visible.

M. Regnault a même remarqué qu'au delà de 60° les observations devenaient difficiles, à cause de l'impossibilité d'établir une uniformité satisfaisante de température dans le liquide du manchon. Il se produit des courants, des stries, dans la masse liquide, qui rendent les lectures, soit des thermomètres, soit des hauteurs, très-incertaines.

Aux températures élevées, on mesure les tensions de la vapeur d'eau en mettant une chaudière en communication avec un manomètre à air libre ou à air comprimé. Le manomètre donne la pression; des thermomètres, plongeant dans l'atmosphère de vapeurs de la chaudière, donnent la température.

Gay-Lussac a même mesuré, par un procédé analogue à celui de Dalton, les tensions de la vapeur d'eau à des températures inférieures à zéro. Il s'appuyait pour cette détermination sur le principe suivant, connu sous le nom de *principe de Watt.*

Si l'on vient à refroidir un point d'un espace fermé contenant de la vapeur saturée ou non saturée, et à le porter à une température pour laquelle la tension maximum est moindre que celle que possédait la vapeur, cette vapeur se condensera en ce point jusqu'à ce qu'elle n'ait plus dans tout l'espace qu'une tension égale à la tension maximum correspondante à la température du point froid. Supposons que nous ayons dans une chambre à 20° de la vapeur ayant une tension de 15^{mm}. Je refroidis à 0° un point de la chambre, et par suite la masse de vapeur qui est en contact avec ce point. Or à 0° la tension de la vapeur ne peut dépasser 4^{mm},6. Il y aura donc là condensation de la vapeur jusqu'à ce qu'elle soit descendue à cette limite. Mais on a alors en présence de la vapeur à 4^{mm},6 de tension et de la vapeur à 15^{mm}; l'équilibre est impossible. Il y a donc mélange des deux masses de vapeur, par suite nouvelle condensation au point froid, jusqu'à ce que la masse de vapeur ait en tous ses points la même élasticité; et, comme au point froid cette élasticité ne peut dépasser 4^{mm},6, la vapeur va s'y condenser jusqu'à ce qu'elle n'ait plus en tous les points de sa masse que cette tension de 4^{mm},6.

Pour appliquer ce principe, Gay-Lussac recourbait le baromètre à vapeur de Dalton et faisait plonger son extrémité dans un mélange réfrigérant (fig. 138). Quand le niveau du mercure était devenu stationnaire, la différence des niveaux donnait la tension maximum correspondant à la température du mélange réfrigérant. Nous nous bornerons à donner les résultats de ces expé-

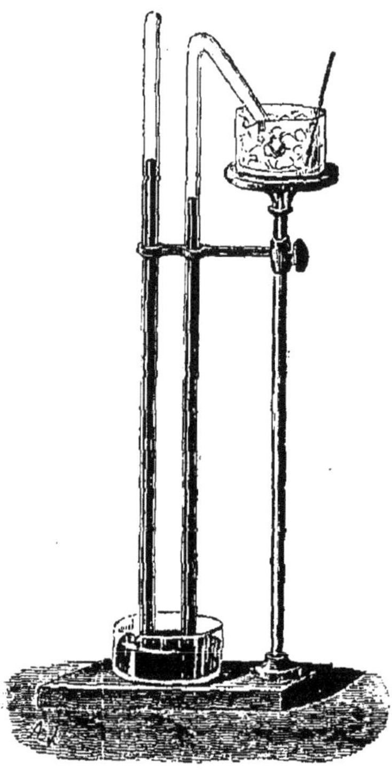

Fig. 138.

riences diverses, rectifiés par les travaux plus récents de M. Regnault sur lesquels nous reviendrons plus tard.

Nous donnerons, dans un premier tableau, de 5° en 5°, les tensions maximum de 0° à 100°. Ensuite nous donnerons les tensions de — 10° à + 20°, de degré en degré; et enfin, aux températures voisines de 100°, les tensions pour des températures croissant par dixièmes de degrés depuis 700^{mm} jusqu'à 790. L'usage de ces deux tableaux s'expliquera plus tard.

Quant aux tensions relatives aux températures élevées, nous donnerons les températures correspondant à des tensions de 2, 3, 4 atmosphères, etc.

TABLEAU 1.

Tensions maximum de 0° à 100°.

Températures.	Tensions.	Températures.	Tensions.
0°	4^{mm},6	55°	117^{mm},48
5°	6 ,53	60°	148 ,79
10°	9 ,17	65°	186 ,95
15°	12 ,70	70°	233 ,09
20°	17 ,39	75°	288 ,52
25°	23 ,55	80°	354 ,64
30°	31 ,56	85°	433 ,04
35°	41 ,83	90°	525 ,45
40°	54 ,91	95°	633 ,78
45°	71 ,39	100°	760 ,00
50°	91 ,98		

TABLEAU 2.

Tensions maximum de — 10° à + 20°.

Températures.	Tensions.	Températures.	Tensions.
— 10°	2^{mm},078	+ 6°	6^{mm},998
— 9°	2 ,261	+ 7°	7 ,492
— 8°	2 ,456	+ 8°	8 ,017
— 7°	2 ,666	+ 9°	8 ,574
— 6°	2 ,890	+ 10°	9 ,165
— 5°	3 ,131	+ 11°	9 ,792
— 4°	3 ,387	+ 12°	10 ,457
— 3°	3 ,662	+ 13°	11 ,062
— 2°	3 ,955	+ 14°	11 ,906
— 1°	4 ,267	+ 15°	12 ,699
0°	4 ,600	+ 16°	13 ,635
+ 1°	4 ,940	+ 17°	14 ,421
+ 2°	5 ,302	+ 18°	15 ,357
+ 3°	5 ,687	+ 19°	16 ,346
+ 4°	6 ,097	+ 20°	17 ,391
+ 5°	6 ,534		

TABLEAU 3.

Tensions maximum de la vapeur d'eau de 700^{mm} à 790^{mm} par $\frac{1}{10}$ de degrés.

Températures.	Tensions.	Températures.	Tensions.
97°,7........	700^{mm},	99°,5:.......	746^{mm},50
97°,8........	702 ,15	99°,6........	749 ,18
97°,9........	704 ,70	99°,7........	751 ,87
98°	707 ,26	99°,8........	754 ,57
98°,1........	709 ,82	99°,9........	757 ,28
98°,2........	712 ,39	100°	760 ,00
98°,3........	714 ,97	100°,1........	762 ,73
98°,4........	717 ,56	100°,2........	765 ,46
98°,5........	720 ,15	100°,3........	768 ,20
98°,6........	722 ,75	100°,4........	770 ,95
98°,7........	725 ,35	100°,5........	773 ,71
98°,8........	727 ,96	100°,6........	776 ,48
98°,9........	730 ,58	100°,7........	779 ,26
99°	733 ,21	100°,8........	782 ,04
99°,1........	735 ,85	100°,9........	784 ,83
99°,2........	738 ,56	101°	787 ,63
99°,3........	741 ,16	101°,1........	790 ,43
99°,4........	743 ,83		

TABLEAU 4.

Tensions maximum aux températures supérieures à 100°.

Tensions en atmosphères de 76 centimètres de mercure.	Température.
1......................	100°
2......................	120°,5
3......................	134°
4......................	144°
5......................	152°,5
6	159°,5
7......................	165°,5
8......................	171°
9......................	175°,5
10.....................	180°,5
15.....................	199°
20.....................	212°,5
25.....................	223°
30.....................	236°
40.....................	252°
50.....................	266°

Courbe des tensions. — Il est facile de comprendre que les nombres compris dans ces tableaux ne peuvent pas être tous des résultats d'expérience, que les observateurs n'ont pas pu déterminer les tensions de la vapeur d'eau en suivant la marche ascendante du thermomètre de degré en degré. C'est à l'aide d'un certain nombre de données expérimentales, correspondant à des températures plus ou moins rapprochées, qu'ils sont arrivés à *calculer* les résultats intermédiaires. On peut employer pour cela des méthodes particulières de calcul appelées méthodes d'*interpolation*, dont il ne peut être question dans un ouvrage élémentaire, mais le plus souvent on emploie une méthode graphique dont nous allons dire quelques mots.

Supposons qu'on ait déterminé les tensions de la vapeur d'eau aux températures ci-dessous :

Températures.	Tensions.	
0°....................	$4^{mm},6$	
6°....................	7	
11°....................	9	,79
18°....................	15	,36
26°....................	25	
35°....................	41	,83
40°....................	54	,91
50°....................	91	,98
60°....................	148	,79
Etc.		

Sur une droite horizontale OX (fig. 139), nous marquerons à partir d'une origine donnée O des points équidistants destinés à représenter les degrés de l'échelle thermométrique, de telle sorte que les longueurs prises sur cette droite, à partir de O, représentent des variations de température comptées à partir de zéro. Sur ces points de divisions nous élèverons des perpendiculaires à l'ho-

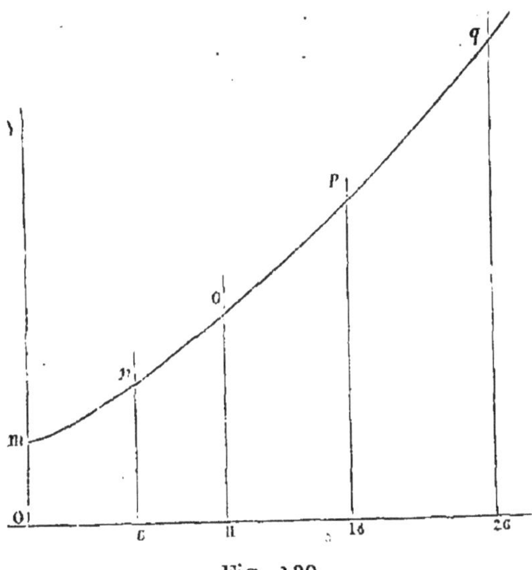

Fig. 139.

rizontale OX. Sur la perpendiculaire passant par l'origine O nous prendrons, à partir de O, une longueur O*m* égale à $4^{mm},6$, ou tout au moins représentant, à une échelle donnée, cette longueur. De même sur la perpendiculaire menée par le 6e point de division représentant la température 6°, je prendrai une distance égale à 7mm, ou représentant à l'échelle cette longueur ; je prendrai de même sur la perpendiculaire correspondant à 11°, la longueur représentant 9mm,79, et ainsi de suite.

Ayant ainsi déterminé les points m, n, o, p, q, r, s, etc., je joindrai tous ces points par un trait continu qui me représentera la loi de la variation continue de la force élastique avec d'autant plus d'exactitude, que les points de repère qui servent à le tracer sont plus rapprochés et déterminés avec plus de soin.

Si maintenant j'ai besoin de connaître la tension qui correspond à la température 22° par exemple, j'élèverai au point de la droite horizontale, qui représente cette température, une verticale jusqu'à la rencontre de la courbe ; la hauteur de cette verticale, rapportée à l'échelle verticale des tensions, me donnera le nombre cherché.

Pour montrer l'usage qu'on peut faire de cette courbe, supposons qu'il s'agisse de déterminer quel abaissement de température il faudra faire subir à une masse de vapeur non saturée pour l'amener au point de saturation ; soit 30° la température de cette vapeur, et 25mm sa tension. La tension maximum à 30° est 31mm,6 : soit AC (fig. 140) la hauteur représentant 25mm.

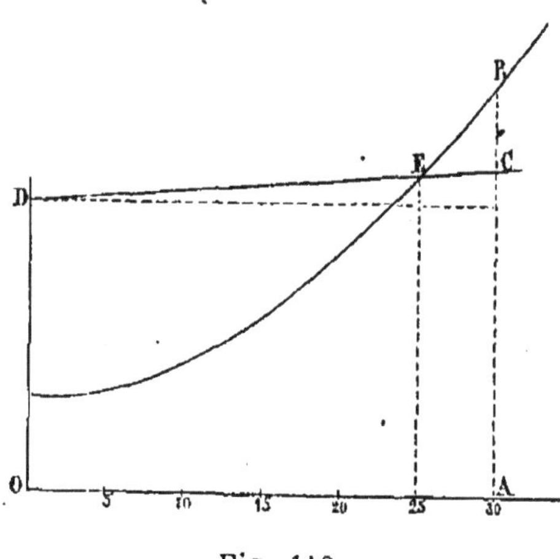

Fig. 140.

La vapeur non saturée se comporte comme un gaz pendant le refroidissement : sa force élastique varie proportionnellement au module de dilatation ; et de plus, le coefficient de la vapeur d'eau est le même très-sensiblement que celui de l'air. Si la vapeur pouvait descendre jusqu'à zéro sans se condenser, elle prendrait la tension $\dfrac{25}{1 + 0,00366.30} = 23^{mm},4$. Je porterai cette hauteur en OD sur la verticale qui correspond à la température 0°. Or si je joins les points D, C par une droite, cette droite représentera la loi continue du décroissement de la force élastique de la vapeur non saturée, car le décroissement de la force élastique est proportionnel à l'abaissement de la température, par conséquent si les hauteurs AD, $A'D'$, $A''D''$, etc. (fig. 142), représentent les tensions de la vapeur non saturées aux températures t, t', t'', etc., on doit

avoir $\dfrac{A'D' - AD}{AA'} = \dfrac{A''D'' - A'D'}{A'A''} = \dfrac{A'''D''' - A''D''}{A''A'''}$, etc., ce qui

exige que ces points D, D', D'', etc., soient en ligne droite.

La droite DC (fig. 140) coupe la courbe des tensions maximum en un point E, c'est-à-dire qu'à la température $25°,5$ marquée par la division F de la droite horizontale, la tension de la vapeur refroidie se trouve être la tension maximum : donc à cette température la vapeur sera à saturation. Pour peu que la température s'abaisse davantage, la vapeur se condensera.

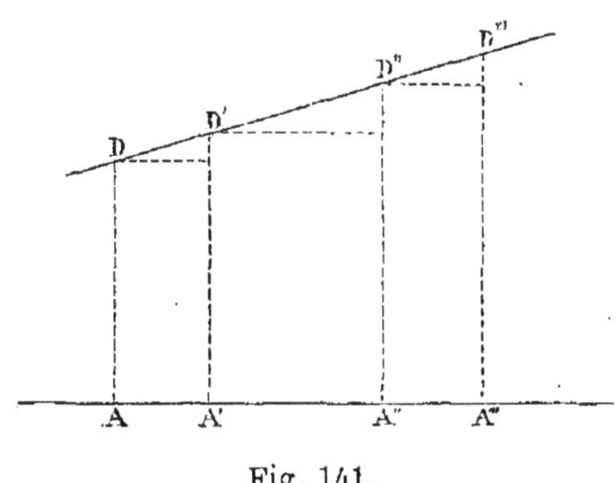

Fig. 141.

Densité de la vapeur d'eau. — M. Gay-Lussac a déterminé la densité de la vapeur d'eau par rapport à l'air en transformant complétement en vapeur un poids d'eau déterminé, et mesurant le volume qu'occupe cette vapeur à une température et à une pression connues, puis en divisant le poids de la vapeur par le poids calculé d'un volume égal d'air, pris dans les mêmes conditions de température et de pression.

Voici comme il procédait. Il remplissait complétement d'eau pure une petite ampoule en verre soufflé très-mince. La différence entre le poids de l'ampoule pleine et le poids de l'ampoule vide lui donnait le poids d'eau p qui y était contenu. Il établissait alors sur un fourneau une cuvette en fonte pleine de mercure, et sur ce mercure une cloche divisée en parties d'égale capacité, en centimètres cubes, par exemple, et enveloppée d'un manchon plein d'eau, disposition analogue à celle de Dalton (fig. 142), les diverses pièces de l'appareil étant soutenues à l'aide de supports convenables que nous supprimons sur la figure. Il fit alors passer l'ampoule sous la cloche, et il chauffa l'appareil à une température assez éle-

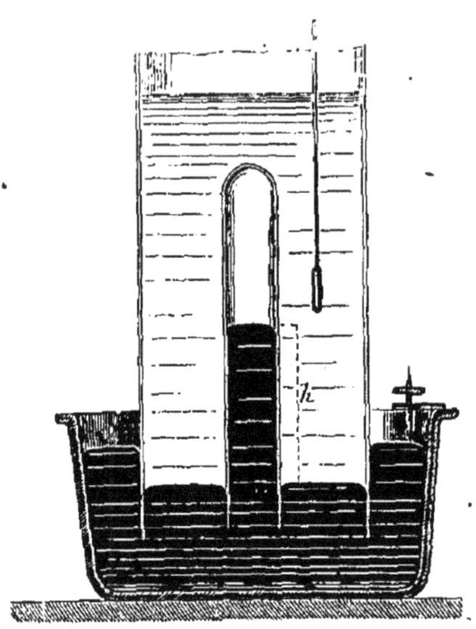

Fig. 142.

vée pour que l'eau, brisant son ampoule, disparût complétement en vapeur sans laisser la moindre apparence d'humidité sur les parois intérieures dans la cloche; des thermomètres plongeant dans le liquide du manchon donnent la température. On lit le nombre de divisions occupées dans la cloche par la vapeur; enfin la tension de cette vapeur est telle, qu'ajoutée au poids de la colonne de mercure h elle fait équilibre à la pression atmosphérique. Elle est donc égale à H—h, H étant la hauteur du baromètre, et h la hauteur verticale du niveau du mercure dans la cloche au-dessus du niveau extérieur du mercure dans la cuve. On mesure cette hauteur au moyen d'une lunette horizontale glissant sur une règle divisée verticale, et comme les parois opaques de la cuve ne permettent pas de visser le niveau du mercure, on établit à demeure sur le bord un petit support portant une vis de longueur connue qui affleure le niveau du mercure. On mesure alors la distance de la pointe supérieure de cette vis au niveau du mercure dans la cloche, et on ajoute la hauteur de la pointe *.

h doit être ramené à 0° aussi bien que H par la formule connue.

Soit V le nombre de centimètres cubes occupés par la vapeur; V n'est que le volume apparent : le volume réel est

---

* Remarquons qu'on sera sûr qu'il ne reste plus de liquide si H — h est moindre que la tension maximum de la vapeur à la température donnée par le thermomètre du manchon.

$V(1 + Kt)$, K étant le coefficient du verre de la cloche. On voit donc qu'on a un volume de vapeur $V(1 + Kt)$ à la température t sous la pression $H-h$, et pesant p. Or le même volume d'air, dans les mêmes conditions, pèse en grammes

$$V(1+Kt) . \frac{H-h}{0,76} \times \frac{1}{1+\alpha t} \times 0,001293$$

La densité de la vapeur d'eau s'obtiendra donc en divisant par cette expression le poids p de la vapeur.

$$D = \frac{p . 0,76 \times (1+\alpha t)}{V(1+Kt) \times 0,001293 \times (H-h)}$$

On a trouvé ainsi, à des températures et à des pressions très-différentes, toujours la même valeur de $D = 0,622$; ou approximativement $\frac{5}{8}$ en fraction ordinaire.

M. Dumas a donné un autre procédé d'un emploi beaucoup plus général et plus exact. Il consiste à porter et à maintenir dans un bain, à une température plus ou moins élevée, un ballon à col effilé communiquant librement avec l'air, et dans lequel on a introduit une quantité arbitraire du liquide ou du solide volatil ; on chauffe assez longtemps pour qu'il n'y ait plus que de la vapeur dans le ballon et que l'air en ait été complétement expulsé. La vapeur étant en équilibre de tension avec l'air extérieur, on note avec soin la température T du bain et la pression barométrique H, puis on ferme le bec du ballon par un jet de flamme ; on retire alors le ballon, on le laisse refroidir et on le pèse : soit P, son poids. On connaissait à l'avance le poids du ballon plein d'air à la température t de l'air ambiant et à la pression H', soit p ce poids. La différence $P - p$ représente la différence entre le poids de la vapeur à T^o, pression H, qui remplit le ballon, et le poids de l'air à t^o, pression H', qui le remplissait d'abord. Si le volume du ballon à zéro V_0 était connu, on aurait pour exprimer le second poids

$$V_0(1+Kt)0,001293 . \frac{H'}{0,76} . \frac{1}{1+\alpha t}$$

et pour exprimer le premier

$$V_0(1+KT)0,001293 \frac{H.}{0,76} . \frac{1}{1+\alpha T.} D.$$

D étant la densité de la vapeur par rapport à l'air.

On tirerait de là

$$D = \frac{P - p + V^{o}(1 + Kt)\,0,001293\,\dfrac{H'}{0.76} \cdot \dfrac{1}{1 + \alpha t}}{V^{o}(1 + KT)\,0,001293\,\dfrac{H}{0,76} \cdot \dfrac{1}{1 + \alpha T}}$$

Pour trouver le volume, on casse la pointe du ballon dans le mercure, qui remplit alors immédiatement sa capacité. On connaîtra le volume de ce mercure soit en le versant dans une éprouvette graduée, soit en le pesant et divisant le poids par la densité du mercure à la température t' de la pesée ; on ramènera ensuite ce volume à zéro, en divisant par le module du verre $1 + Kt'$.

CHAPITRE XIV.

MÉLANGE DES GAZ ET DES VAPEURS. — HYGROMÉTRIE.

Mélange des gaz et des vapeurs. — Nous avons exposé comment les vapeurs se formaient dans le vide ; il nous reste maintenant à rechercher si dans l'air ou dans un milieu gazeux, où elles ne se développent jamais que lentement, elles acquièrent la même tension et la même densité que dans le vide.

Nous prendrons un appareil manométrique formé d'un gros tube cylindrique AB en verre (fig. 143), mastiqué à son extrémité inférieure dans une garniture en fer à robinet. Sur cette garniture se trouve montée une branche en fer portant un tube droit CD, librement ouvert à son extrémité D. Une seconde garniture en fer est également mastiquée en A, et porte un robinet r'. Une planchette métallique établie entre les deux tubes porte une échelle en centimètres.

Le robinet r étant fermé et le robinet r' ouvert, on verse du mercure par l'ouverture D, de manière à remplir l'appareil jusqu'au-dessus de la clef du robinet r_1. On adapte alors au pas de vis de ce robinet un ballon M que l'on a à l'avance rempli d'air pur et sec; puis l'on ouvre r, r' et le robinet du ballon. Le mercure s'abaisse progressivement et inégalement dans les deux branches, puisque CD communique librement avec l'atmosphère, tandis que le ballon est fermé. La pression reste constante par conséquent dans la branche CD; elle diminue au contraire dans la branche AB, et le niveau y baissera moins rapidement que dans l'autre. Après avoir fait écouler ainsi une certaine quantité de mercure, on fermera les trois robinets; on dévissera le ballon; puis, en versant du mercure par l'ouverture D, on amènera les deux niveaux à être sur un même plan. Soit alors m le point d'affleurement dans la branche AB.

Cela fait, on établit sur le pas de vis de r' un troisième robinet r'' dont la clef représentée, quelque peu grossie, en haut et à gauche de la figure, au lieu d'être percée de part en part comme dans les robinets ordinaires, présente simplement une petite cuvette.

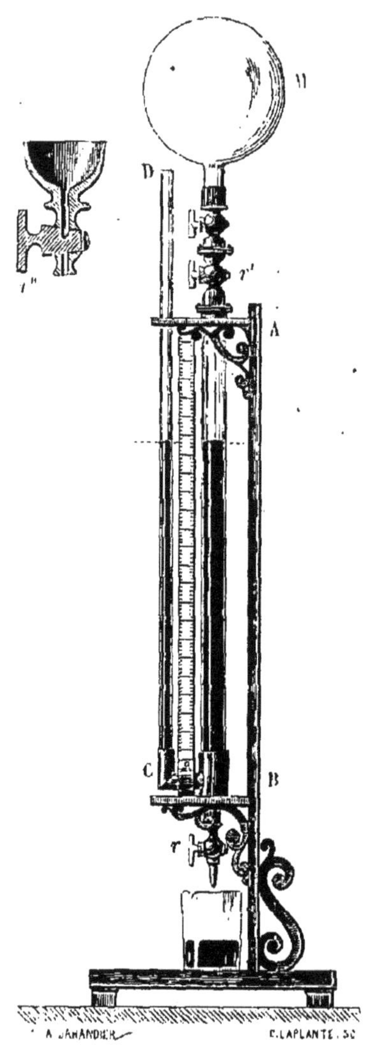

Fig. 143.

La cuvette étant tournée vers le haut, on verse dans l'entonnoir une petite quantité du liquide volatil sur lequel on veut faire l'expérience, eau, alcool, ou éther, puis, tournant la clef plusieurs fois sur elle-même, on fait tomber dans le tube AB assez de liquide pour qu'il en reste un petit excès à la surface du mercure. On remarque qu'à mesure que le liquide pénètre dans le tube, la vapeur qu'il fournit déprime le mercure dans la branche AB, et le repousse dans CD. Lorsque la différence de niveau est devenue fixe, on verse du mercure dans la branche CD, de manière à ramener le niveau en m. L'air sec, reprenant son volume primitif, reprend donc par cela même son élasticité, qui était égale à la pression atmosphérique, puisque les deux niveaux étaient d'abord sur un même plan horizontal. L'excédant de la pression intérieure sur la pression extérieure, mesuré par une certaine différence de niveau mn, donne la valeur de la tension de la vapeur dans le mélange gazeux. Or, si l'on prend, dans les tables des tensions maximum, la force élastique maximum, dans le vide, de la vapeur, on trouve qu'elle est précisément égale à *mn*.

Il suit de là que la vapeur se forme dans un mélange gazeux avec la même tension maximum et la même densité que dans le vide, et que par suite la force élastique d'un mélange de gaz et de vapeur est égale à la somme des forces élastiques du gaz et de la vapeur, chacun des éléments constituants du mélange ayant la force élastique qu'il prendrait *s'il était seul* dans le même espace.

Si donc nous avons un mélange d'un gaz et d'une vapeur saturée, si la force élastique du mélange est H, et la tension maximum de la vapeur F, le gaz qui accompagne la vapeur doit être regardé comme ayant l'élasticité H—F.

1° *Étant donné le volume* V *d'une certaine masse de vapeur à la température* T *et à la pression* H, *trouver le volume de cette masse de vapeur à la température* T' *et à la pression* H'.

Il est évident d'abord que le problème n'est point acceptable avec des données T, T', H, H' quelconques. Il faut nécessairement que H soit au plus égal à la tension maximum F qui correspond à la température T; et H' au plus égal à la tension maximum F' qui correspond à la température T'.

Cette condition posée, la formule sera toujours la même, que T' soit plus grand que T ou plus petit que T, mais le raisonnement qui y conduit ne peut pas être toujours le même. Si T' > T, H' peut être supérieur à F. Il faut alors calculer le volume en supposant que, la pression restant H, la température devienne T', puis faire ensuite l'application de la loi de Mariote, ce qui donne pour le volume

$$V' = V . \frac{1+\alpha T'}{1+\alpha T} . \frac{H}{H'}.$$

On ne peut intervertir l'ordre dans le raisonnement qui conduit à la formule, car on ne peut pas avoir, à la température T, de la vapeur ayant une tension H' supérieure à la tension maximum F.

Si T' < T, H' est nécessairement moindre que F, mais H

peut être supérieur à F'. Il faut donc commencer par calculer le volume à la température T, pression H'; puis tenir compte du changement de température, et le volume est

$$V' = V \frac{H}{H'} \cdot \frac{1 + \alpha T'}{1 + \alpha T} \cdot$$

La différence, je le répète, n'est pas dans la formule elle-même, mais dans le raisonnement qui y conduit.

2° *Trouver le poids d'un volume* V *de vapeur d'eau saturée à la température* T.

La tension maximum de la vapeur d'eau F à la température T est donnée par les tables. Nous cherchons donc le poids d'un volume V d'air sec à la température T et à la pression F, et nous multiplions ce nombre par la densité de la vapeur d'eau par rapport à l'air, $\frac{5}{8}$ ou 0,622; ce qui nous donne

$$P = V . 0{,}001293 . \frac{F}{0{,}76} \cdot \frac{1}{1 + \alpha T} \frac{5}{8},$$

l'unité de poids et l'unité de volume étant en relation convenable l'une avec l'autre; ainsi si V est exprimé en litres, ce produit donnera la valeur de P en kilogrammes.

La vapeur pourrait ne pas être saturée; on donnerait alors la valeur particulière de la tension, qu'on substituerait à F dans la formule.

3° *Trouver le volume de vapeur saturée que fournirait à la température* T *un poids d'eau* P, F *étant la tension maximum de la vapeur fournie par les tables.*

L'unité de volume de la vapeur pèserait

$$0{,}001293 . \frac{F}{0{,}76} \cdot \frac{1}{1 + \alpha T} \cdot \frac{5}{8}.$$

Le volume s'obtiendrait donc en divisant par ce nombre le poids P :

$$V = \frac{P}{0{,}001293 . \dfrac{F}{0{,}76} \cdot \dfrac{1}{1 + \alpha T} \cdot \dfrac{5}{8}}$$

$$= \frac{P . 0{,}76 (1 + \alpha T) . 8}{0{,}001293 . F . 5} \cdot$$

C'est la valeur qu'on aurait tirée de l'équation du problème précédent.

En prenant en particulier $T = 100$ et par suite $F = 0^m,76$, on trouverait qu'un litre d'eau pesant un kilogramme, fournirait 1690 litres de vapeur d'eau saturée.

4° Trouver quel serait, à la température T, *et sous la pression* H, *le poids d'un volume* V *d'air saturé de vapeur d'eau.*

Le mélange étant sous la pression H, et la vapeur ayant la tension maximum F correspondant à la température T, l'air sec du mélange occupe le volume V sous la pression $H-F$; il pèse par conséquent

$$V.0,001293 \cdot \frac{H-F}{0,76} \cdot \frac{1}{1+\alpha T}.$$

La vapeur pèse

$$V.0,001293 \cdot \frac{F}{0,76} \cdot \frac{1}{1+\alpha T} \cdot \frac{5}{8}.$$

Le mélange pèse donc, en faisant la somme de ces deux poids, et mettant en facteur le produit des termes communs,

$$\frac{V.0,001293 \cdot}{0,76\,(1+\alpha T)} \left[H - F + \frac{5}{8} F \right]$$

$$\text{ou} \quad V.0,001293 \cdot \frac{H - \frac{3}{8} F}{0,76} \cdot \frac{1}{1+\alpha T}.$$

S'il s'agissait d'un gaz autre que l'air, le poids du gaz sec sous la pression $H-F$ serait, en appelant d la densité de ce gaz par rapport à l'air :

$$V.0,001293 \cdot \frac{H-F}{0,76} \cdot \frac{1}{1+\alpha T} \cdot d.$$

Le poids de la vapeur serait encore

$$V.0,001293 \cdot \frac{F}{0,76} \cdot \frac{1}{1+\alpha T} \cdot \frac{5}{8}$$

et la somme serait

$$V.0,001293 \cdot \frac{(H-F)\,d + \frac{5}{8} F}{0,76} \cdot \frac{1}{1+\alpha T}$$

$$\text{ou} \quad V.0,01293 \cdot \frac{H-F+\frac{5}{8}\frac{F}{d}}{0,76} \cdot \frac{1}{1+\alpha T} \cdot d.$$

Ainsi le calcul peut se faire pour un mélange de gaz et de vapeur sous la pression H, comme s'il s'agissait du gaz sec sous la pression $H - F + \dfrac{5}{8}\dfrac{F}{d}$.

Dans le cas de l'air, $d = 1$, et l'on retombe sur le facteur $H - \dfrac{3}{8} F$.

L'emploi de la formule ne suppose pas d'ailleurs que la vapeur soit saturée. F y représentera la tension de cette vapeur telle qu'elle est donnée, égale ou inférieure à la tension maximum.

Hygrométrie. — L'air atmosphérique contient constamment de la vapeur d'eau en quantité plus ou moins grande et avec une tension plus ou moins rapprochée de la tension maximum. Nous en trouvons la preuve évidente dans la formation des divers météores aqueux, brouillards, nuages, pluie, etc. Si l'on abandonne à l'air de la potasse ou du carbonate de potasse bien secs, on les voit rapidement se couvrir d'humidité, puis se dissoudre dans l'eau qu'ils ont absorbée. Expose-t-on à l'air un corps ayant une température notablement plus basse, on voit presque immédiatement sa surface se couvrir d'une multitude de petites gouttelettes d'eau dues à la condensation, par refroidissement, de la vapeur atmosphérique.

L'évaporation de l'eau des mers, des lacs, des rivières, de l'eau qui rend toujours le sol plus ou moins humide, puis la combustion des substances hydrogénées, la respiration des animaux, sont autant de causes qui apportent dans l'air de la vapeur d'eau, et y remplacent celle qui s'en précipite sous la forme de pluie, de neige ou de grêle.

On dit que l'air est *humide* lorsque la vapeur qu'il contient a une tension très-voisine de la tension maximum, de telle sorte qu'un très-léger refroidissement ou une très-faible augmentation de pression suffit pour faire condenser la vapeur. On dit au contraire que l'air est *sec* lorsque la vapeur, étant éloignée de la saturation, ne peut être condensée que par un refroidissement considérable, ou une augmentation très-grande de la pression. L'air est au maximum d'humidité quand la vapeur y est saturée ; il serait au maximum de sé-cheresse s'il ne renfermait pas du tout de vapeur.

Le degré d'*humidité* de l'air ne dépend pas uniquement de la quantité de vapeur d'eau qu'il contient sous un volume donné ; il dépend aussi de la température. Car un même poids de vapeur d'eau s'éloigne d'autant plus de la saturation que la température est plus élevée.

On définit l'*état hygrométrique* de l'air, le rapport entre le poids de vapeur d'eau que contient un mètre cube de cet air, et le poids de vapeur qui s'y trouverait si la vapeur était saturée à la même température.

C'est donc évidemment le rapport entre la densité actuelle de la vapeur, et la densité maximum à la même température. Et enfin, comme à même température les densités sont proportionnelles aux pressions ou aux forces élastiques, c'est aussi le rapport entre la force élastique que possède la vapeur dans l'air, et la force élastique maximum à la même température.

On appelle méthodes hygrométriques et *hygromètres*, les méthodes expérimentales et les instruments qui servent à déterminer l'état hygrométrique sous l'une ou l'autre de ces trois formes :

$$e = \frac{q}{Q} = \frac{d}{D} = \frac{f}{F}.$$

Méthode chimique. — Dans cette méthode on dose par pesée la quantité de vapeur que contient un volume connu d'air atmosphérique, et qu'on lui a enlevée en le faisant passer dans des tubes contenant de la pierre ponce imbibée d'acide sulfurique concentré. Puis on calcule le poids de vapeur saturée que contiendrait le même volume d'air. Le quotient du premier poids par le second donne l'état hygrométrique cherché.

Pour faire cette détermination, on se sert d'un aspirateur simple (fig. 144), composé d'un cylindre AAAA en fer-blanc ou en cuivre, fermé par deux cônes. Le sommet du cône inférieur porte un tube d'écoulement *ab* à bec recourbé et à robinet *r* ; le cône supérieur porte un tube droit *dc* à robinet *r'*, une tubulure latérale sert à établir un thermomètre.

On remplit d'eau l'instrument en dévissant le tube dc de la douille qui le porte, et versant l'eau par l'ouverture qu'il laisse libre; puis on remet le tube en place, et on rattache, au moyen d'un tube de verre ou de caoutchouc, l'aspirateur à une série de 6 tubes en U pleins de ponce, en petits fragments, imbibée d'acide sulfurique concentré, et dont on a taré avec soin, à l'aide de tubes pareils, les trois derniers seulement (4)(5)(6). Les tubes (2) et (3) n'éprouvent jamais d'augmentation de poids appréciable; quant au tube (1), il empêche l'aspirateur de céder de la vapeur aux tubes de dosage.

Les choses disposées de la sorte, on ouvre les robinets r et r';

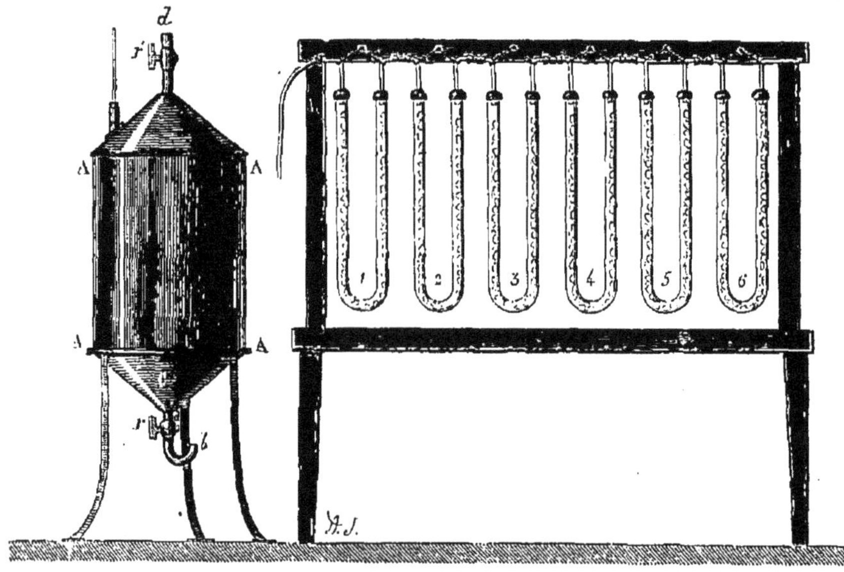

Fig. 144.

l'eau s'écoule et l'air qui la refoule, et vient la remplacer, traverse les tubes (6)(5)(4) et leur abandonne sa vapeur d'eau. Lorsque l'eau est complétement écoulée, on pèse de nouveau les tubes (4) (5)(6); soit q l'augmentation du poids. Appelons V le volume de l'aspirateur, que l'on peut connaître en recevant l'eau qui s'en écoule dans des vases jaugés avec soin. L'air qui remplit le volume V s'est de nouveau chargé de vapeur d'eau dans l'aspirateur, et il est évidemment saturé. Si donc on appelle F' la tension maximum de la vapeur d'eau à la température t' donnée par le thermomètre de l'appareil, cet air occupe actuellement le volume V à la température t' et à la pression H — F', H étant la pression atmosphérique extérieure.

Si donc t est la température donnée par le thermomètre dans l'air, et si x est la tension inconnue de la vapeur dans l'atmosphère, il sera facile de calculer le volume que cet air occupait avant son entrée dans l'instrument, à la température t, à la pression $H - x$; il était

$$V . \frac{H-F}{H-x} \cdot \frac{1+\alpha t}{1+\alpha t'}.$$

La vapeur qui occupait ce même volume sous la tension x avait le poids q; mais on trouve aussi par la formule connue qu'elle pèse

$$V \frac{H-F}{H-x} \cdot \frac{1+\alpha t}{1+\alpha t'} \cdot 0,001293 \cdot \frac{x}{0,76} \cdot \frac{1}{1+\alpha t} \cdot 0,622.$$

On a donc, en égalant cette expression à q, simplifiant et tirant la valeur de x,

$$x = \frac{q . 0,76 . (1+\alpha t') H}{V (H - F) 0,001293 . 0,622 + q . 0,76 (1+\alpha t')}.$$

L'état hygrométrique s'obtiendra en divisant cette valeur par F :

$$m = \frac{q . 0,76 . H (1+\alpha t')}{[V (H-F) 0,001293 . 0,622 + q . 0,76 . (1+\alpha t')] F}.$$

Il est essentiel que l'aspirateur soit établi assez loin des tubes de dosage pour que l'eau qui s'en écoule ne puisse pas modifier l'état hygrométrique de l'air qui doit les traverser. Un long tube de caoutchouc servira à relier ces deux pièces de l'appareil.

Méthode de condensation. — Si l'on met dans l'air un vase métallique à surface parfaitement brillante, et si par un moyen quelconque on refroidit progressivement la paroi intérieure de ce vase, l'air en contact avec la paroi extérieure se refroidit également; mais il ne cesse pas de conserver une force élastique égale à la pression atmosphérique. L'air sec et la vapeur conservent toujours leur même tension. Or, il arrivera un moment où la vapeur se trouvera amenée par le refroidissement à la température pour laquelle la force élastique qu'elle possède est précisément la force élastique maximum. Elle sera à saturation, et, le refroidissement continuant, elle se déposera en *buée* sur la paroi du vase, qui perdra à l'instant son brillant. Si donc on peut connaître à l'aide d'un thermomètre la température t de la couche d'air refroidie, ou au moins du vase, il suffira de chercher dans les tables la tension maximum f correspondante à cette température. Ce sera aussi la tension de la vapeur non saturée de l'air ambiant. En divisant f par la tension maximum F qui correspond à la température T de l'air ambiant, on aura l'état hygrométrique.

Pour appliquer cette méthode, Leroy se servait d'une timbale d'argent dont il refroidissait l'intérieur avec de l'eau à laquelle il ajoutait de la glace, ou bien encore par un mélange de glace et de sel, quand l'air était assez sec pour exiger un refroidissement plus considérable. Un thermomètre plongeant dans l'eau ou dans le mélange en indiquait la température. Daniel substitua à cet instrument, souvent insuffisant, un tube recourbé à deux branches inégales (fig. 145), terminées par deux boules. La boule inférieure en verre bleu A contient de l'éther, et un petit thermomètre t. L'autre boule B est enveloppée d'une gaze. Un second thermomètre t' est établi sur le pied qui sert de support au tube.

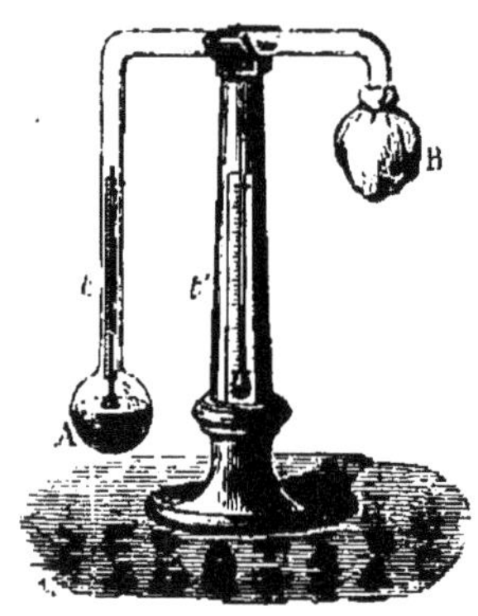

Fig. 145.

En versant sur la gaze et goutte à goutte de l'éther, qui s'évapore à mesure, on produit sur la surface extérieure de la boule B un refroidissement qui détermine la condensation de la vapeur d'éther répandue dans l'intérieur du tube. L'espace intérieur cessant d'être saturé, le liquide de la boule A s'évapore à son tour, et refroidit par cette évaporation la boule A, et par suite la couche d'air en contact avec la paroi extérieure de cette boule. On continue ainsi jusqu'à ce que l'on voie apparaître le dépôt de rosée sur la boule bleue. Alors on lit l'indication du thermomètre t et celle du thermomètre t'. On prend dans les tables les tensions maximum correspondantes F et F': le rapport $\dfrac{F}{F'}$ donne l'état hygrométrique.

L'inconvénient le plus grave de cet instrument est que l'on

n'arrive à déterminer la condensation de la rosée sur la boule bleue qu'en versant sur la gaze une quantité assez considérable d'éther, surtout si l'air est un peu sec, et encore n'y arrive-t-on pas toujours. Et cet éther, rarement exempt d'eau, modifie l'état hygrométrique de l'air, et rend le résultat inexact. La température t peut en outre ne pas être la même que celle de la couche d'air extérieure.

M. Regnault a substitué à cet instrument celui que nous allons décrire et dont l'emploi est beaucoup préférable. Sur les branches transversales d'un pied en forme de T et creux à l'intérieur (fig. 146), sont montés deux petits tubes cylindriques en verre de deux centimètres de diamètre, fermés à leur extrémité inférieure par un dé d'argent poli, dans lequel ils entrent à frottement un peu dur. Un petit bouchon de liége ferme leur ouverture supérieure. Ce bouchon sert de support à un thermomètre donnant les dixièmes de degré depuis —15° jusqu'à +30°. Un des deux bouchons porte en outre un petit tube plongeant jusqu'au fond du dé, et débouchant à l'extérieur. Dans ce dé on verse de l'éther.

A la base du pied tubulaire se trouve un petit tube, qu'on fait communiquer par un long tuyau de caoutchouc

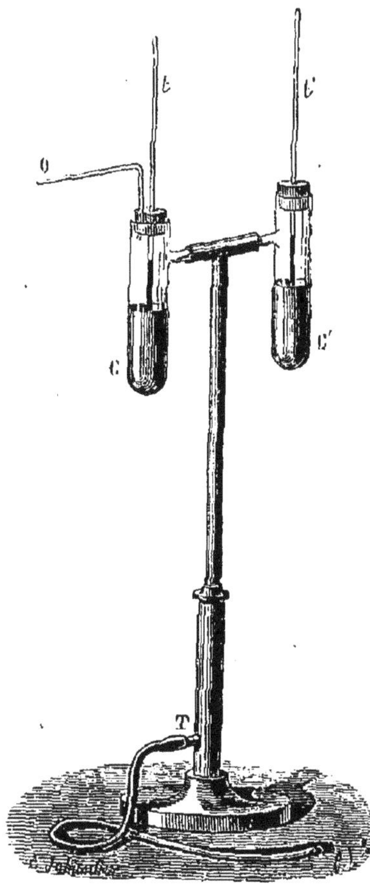

Fig. 146.

avec un aspirateur placé le plus loin possible de l'appareil et rempli d'eau. Si l'on ouvre cet aspirateur, l'air qui vient remplacer l'eau écoulée arrive par le petit tube o, barbote dans l'éther dont il détermine l'évaporation rapide. De là refroidissement du dé d'argent et de l'air en contact, et bientôt dépôt de rosée. On observe à distance la surface des dés d'argent, et la comparaison fait ressortir plus nettement la formation de la rosée. On note alors l'indication du thermomètre t, on ferme le robinet de l'aspirateur, alors le dé d'argent A se réchauffe, et le dépôt de rosée disparaît; on note de nouveau la température lorsque la surface de l'argent a repris son brillant. En prenant la moyenne de ces deux nombres, on a avec la plus faible erreur possible la température du point de rosée. Quant à la température du milieu ambiant, elle est donnée par le thermomètre de comparaison t', ou par un thermomètre extérieur.

Méthode d'absorption. — Un assez grand nombre de substances, surtout parmi les substances organiques, absorbent de l'eau quand l'air est humide, en abandonnent au contraire quand il est sec, de manière à se constituer par rapport à lui dans un certain équilibre relatif. On les désigne en général par l'expression de substances *hygroscopiques*. Il en résulte pour ces corps des variations de poids ou de volume qui peuvent servir à faire apprécier l'état d'humidité de l'air.

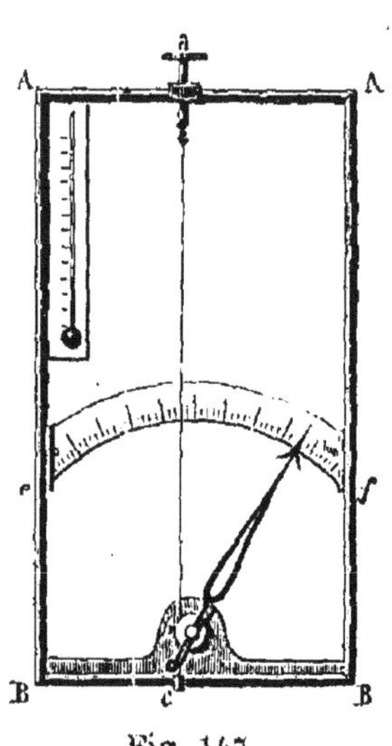

Fig. 147.

Parmi les diverses substances employées à cet usage les cheveux sont de beaucoup préférables, parce que leurs variations de longueur sont faciles à mettre en évidence, et parce que leur ténuité les met en contact parfait avec le milieu, et leur permet de se mettre rapidement en équilibre hygroscopique avec lui.

L'hygromètre à cheveu de Saussure (fig. 147) se compose d'un cadre en laiton de forme rectangulaire AABB. Sur la branche supérieure AA se trouve montée dans un écrou une vis a formant pince à son extrémité inférieure pour saisir une des extrémités du cheveu. L'autre extrémité va s'enrouler sur la gorge d'une petite poulie b très-légère et très-mobile, sur laquelle elle est fixée. Un fil de soie très-fin est enroulé en sens inverse sur cette même gorge, ou plutôt sur une seconde creusée à côté de la première, et supporte un petit contre-poids c, pesant 3 à 4 décigrammes. Ce poids est suffisant pour tendre le fil; une charge plus forte pourrait l'allonger d'une manière lente et continue, et troubler les indications de l'instrument. Une aiguille fixée à la poulie parcourt les divisions d'un arc gradué ef. Enfin un petit thermomètre est établi à demeure sur le cadre.

On doit prendre un cheveu de femme, blond et fin, bien dépouillé de toute matière grasse par une immersion de quelques heures dans de l'éther, ou le contact pendant un temps plus court d'une solution chaude de carbonate de soude. L'emploi de l'éther est préférable et altère moins la matière propre du cheveu. Le cheveu étant mis en place et tendu de telle sorte que l'aiguille soit à peu près vers le milieu de l'arc, on colle une petite bande de papier sur l'arc métallique et l'on trace sur ce papier des divisions complétement arbitraires mais très-rapprochées, et numérotées bien visiblement de 10 en 10. Puis on établit l'instrument sous une cloche dont les parois intérieures ont été fortement mouillées d'eau distillée. L'air de la cloche ne tarde pas à être saturé; le cheveu se détend, s'allonge, et le contre-poids fait marcher l'aiguille vers l'extrémité e de l'arc. On lit à travers la cloche la division sur laquelle s'arrête l'aiguille, quand elle est devenue bien stationnaire. Puis on retire l'hygromètre, et avec un burin on marque sur le cuivre à travers le papier le point où elle s'est arrêtée. Ce sera le point 100^0 de la graduation. On transporte ensuite l'instrument sous une seconde cloche bien sèche, et dans laquelle on a disposé une soucoupe contenant de la chaux vive, ou du chlorure de calcium anhydre, ou de la pierre ponce, ou encore du carbonate de potasse, ou de l'acide phosphorique solide et anhydre, enfin une substance propre à absorber toute l'humidité de la cloche. L'aiguille marche rapidement en sens contraire, tirée par le fil qui se dessèche et se raccourcit. Quand elle est devenue stationnaire, on établit l'instrument au soleil; si l'air n'est pas complétement dépouillé de toute humidité, l'aiguille avancera encore un peu plus vers le point f. Quand elle est immobile, on note sa nouvelle position, puis on enlève l'instrument, on marque le point zéro comme on a marqué le point 100°, et en levant la bande de papier, devenue inutile, on divise en cent parties égales l'intervalle des deux points.

La vis a sert à relever ou abaisser le cheveu, de telle sorte que le milieu de l'intervalle des points 0° et 100° soit au milieu de l'arc ef. On devrait changer le cheveu si ces points se trouvaient trop rapprochés l'un de l'autre, ou s'ils sortaient des limites de l'arc métallique.

L'air est d'autant plus humide que l'instrument y marque un degré plus élevé. Mais on ne voit a $priori$ aucune raison pour qu'il y ait proportionnalité entre le nombre de degrés marqué et l'état hygrométrique. D'ailleurs l'expérience montre que cette proportionnalité n'existe pas le moins du monde. Si on introduit l'hygromètre sous une cloche fermée contenant de l'air saturé, l'aiguille marque 100°, et si l'on fait communiquer cette cloche avec une seconde de même capacité, et vide d'air comme de vapeur, ou ne contenant que de l'air parfaitement sec, la vapeur de la première cloche en se partageant entre elle et la seconde doit tomber à demi-saturation ; l'instrument marque alors environ 72°, au lieu de 50° qu'il devrait marquer s'il y avait proportionnalité.

Si donc on veut tirer de l'indication directe de l'instrument l'état hygrométrique, il faut dresser par une série d'expériences une table qui donne l'état hygrométrique correspondant à chacune des divisions de l'instrument. Voici comment Gay-Lussac y parvint. Il profita de ce que les dissolutions des sels dans l'eau, ou les mélanges d'acide sulfurique et d'eau, fournissent par évaporation de la vapeur d'eau pure, avec une tension maximum toujours inférieure à celle que donnerait l'eau distillée à la même température. En faisant varier la nature du mélange et les proportions des éléments, il obtint des liqueurs qui lui fournissaient, à la température de 15°, de la vapeur à des tensions f, f', f'', qu'il mesurait avec soin par la méthode de Dalton, et égales sensiblement à $\dfrac{1}{10}$, $\dfrac{2}{10}$, $\dfrac{3}{10}$, etc., de la tension maximum à cette même température F. Il établit alors l'instrument dans une chambre à 15°, sous une cloche, et plaça à côté de lui une petite soucoupe contenant une certaine quantité de la première liqueur. Lorsque l'aiguille fut devenue stationnaire il nota l'indication n, puis il remplaça la première liqueur par la seconde, et nota l'indication n', et ainsi de suite; il avait donc les indications n, n', n''.... pour correspondre aux états hygrométriques $\dfrac{f}{F}$, $\dfrac{f'}{F}$, $\dfrac{f''}{F}$, etc.

Pour compléter la table, il fit usage des méthodes d'interpolation qu'on peut remplacer par un tracé graphique, en suivant la marche déjà indiquée pour la courbe des tensions maximum de la vapeur d'eau. A partir d'une origine A, prise sur une droite indéfinie AB, on marquera des points équidistants représentant les degrés de la division de $0°$ à $100°$, puis on élèvera au point n une perpendiculaire mesurant, à une échelle convenue, la longueur $\dfrac{f}{F}$; de même au point n' on élèvera une perpendiculaire mesurant, à la même échelle, la longueur $\dfrac{f'}{F}$, et ainsi de suite : la perpendiculaire élevée au point 100 ayant l'unité de longueur. On joindra toutes les extrémités de ces perpendiculaires par une ligne courbe continue. Cette courbe une fois tracée, si on élève les perpendiculaires aux points 5, 10, 15, 20, etc., ou même aux points 1, 2, 3, 4, 5.... leur longueur comprise entre la droite AB et la courbe, et rapportée à l'échelle convenue, donnera l'état hygrométrique correspondant.

Table hygrométrique pour la température de 11°.

Degré de l'hygromètre.	État hygrométrique.
0°.........................	0
22°........................	0,1
40°........................	0,2
53°........................	0,3
64°........................	0,4
72°........................	0,5
79°........................	0,6
85°........................	0,7
90°........................	0,8
95°........................	0,9
100°.......................	1

Il faut remarquer maintenant que la table dressée pour la température 11° cesse d'être exacte si la température s'élève ou s'abaisse d'une manière un peu notable. Gay-Lussac a donné une formule qui permet, dans certaines limites, de faire la correction de cette erreur. De là nécessité de connaître la température de l'instrument ; elle est donnée par le thermomètre. En outre, la table dressée pour un hygromètre ne convient point à un autre, car si on place sous une même cloche deux ou trois hygromètres, il est très-rare qu'ils donnent la même indication. Et enfin, si l'on est obligé de remplacer le cheveu de l'hygromètre, on est forcé également de refaire la table. Celle que nous donnons et qui était très-exacte pour l'instrument pour lequel elle avait été faite, ne donnera donc, avec un autre instrument, que d'une manière approximative l'état hygrométrique.

Quelque exacte que soit d'ailleurs une table, il est bon de la vérifier de loin en loin avec les dissolutions salines qui ont servi à l'établir, pour s'assurer que le cheveu ne s'est point altéré.

On voit d'après ces observations à quel point l'hygromètre de Saussure est encore un instrument imparfait. L'appareil de Regnault lui est de beaucoup préférable, au moins pour les déterminations météorologiques.

M. Regnault a apporté à la graduation de l'hygromètre à cheveu une modification importante. L'état hygrométrique de l'air ne descend jamais au-dessous de $\frac{1}{4}$; il est donc complétement superflu de marquer le point de sécheresse extrême, et sa détermination a le grave inconvénient de provoquer une altération presque inévitable du cheveu, qui se gerce et se tord dans un air trop sec. M. Regnault trace sur le cadran une division tout à fait arbitraire, et dresse la table de corrélation entre ces indications et les états hygrométriques correspondants sans descendre au-dessous du point de dessiccation qui altérerait le cheveu.

L'hygromètre n'indique évidemment que l'état hygrométrique de l'air au lieu même où il se trouve. Ainsi, placé près du sol, il ne peut évidemment donner aucun renseignement sur l'état hygrométrique dans les couches élevées de l'atmosphère. Aussi voit-on fréquemment l'hygromètre marquer la sécheresse à un moment où il pleut, et au contraire l'humidité par un ciel très-serein.

Dans nos climats l'air est, en moyenne, à demi-saturation. Il n'est jamais complétement sec, et il est très-rare qu'il soit complétement saturé, même par un temps de pluie, à moins que ce ne soit une pluie très-persistante.

L'hygromètre marque chaque jour un maximum un peu après le lever du soleil, puis il marche vers la sécheresse à mesure que la température s'élève. Le minimum a lieu vers deux heures de l'après-midi. L'aiguille retourne ensuite vers l'humidité, et atteint un nouveau maximum après le coucher du soleil, puis elle retourne vers un minimum qu'elle atteint dans le milieu de la nuit, vers deux ou trois heures du matin. L'état hygrométrique de l'air passe ainsi chaque jour par deux maximum et deux minimum. C'est en hiver que l'air contient la plus petite quantité de vapeur d'eau, et en été qu'il en contient le plus. Néanmoins c'est en hiver que l'état hygrométrique est le plus élevé, et en été que l'air est le plus sèc. Ceci montre d'une manière évidente l'influence de la température sur l'état hygrométrique. Les vents de l'ouest, du sud-ouest, du sud nous arrivent chargés de vapeur d'eau; ils font généralement monter l'hygromètre, à moins que leur température ne soit assez élevée.

CHAPITRE XV.

ÉBULLITION. — CHALEUR LATENTE DE VAPORISATION.
CONDENSATION. — DISTILLATION. — ALAMBICS.

Lorsqu'on élève progressivement la température d'un liquide volatil, il arrive un moment où la vapeur, au lieu de se former comme elle l'a fait jusqu'alors à la surface libre, et sans mouvement appréciable dans la masse, se manifeste au contraire en bulles visibles partant de tous les points, mais plus particulièrement des points voisins du fond et des parois, et venant crever à la surface du liquide. On dit alors qu'il y a *ébullition*.

Les premières bulles qui se forment au fond, dans les couches les plus rapprochées du foyer, disparaissent à une certaine distance de leur point de départ, parce que rencontrant des couches plus froides, elles se condensent. Il en résulte une agitation, une vibration brusque du liquide, et par suite un bruit que tout le monde a entendu dans de l'eau qui commence à bouillir, et qui fait dire que l'*eau chante*. Mais cette condensation est précisément, comme nous l'expliquerons tout à l'heure, une cause d'échauffement pour le liquide, de sorte que petit à petit les bulles peuvent atteindre une plus grande hauteur et enfin arriver jusqu'à la surface libre.

A partir de ce moment, si la pression atmosphérique reste la même, la température du liquide en ébullition demeure invariable, fait complétement analogue à celui que nous avons observé dans le phénomène de la fusion.

On comprend facilement que les bulles qui se forment au sein de la masse liquide, étant nécessairement saturées, ne peuvent supporter une pression supérieure à leur tension maximum sans se condenser. Elles ne peuvent donc se former qu'autant que cette tension sera au moins égale à la pression que supporte le liquide. Lors donc que la température du liquide aura atteint le point pour lequel la tension de la vapeur est égale à la pression qui s'exerce sur le liquide, l'ébullition se produira, et la température cessera de s'élever.

Si la pression augmente, l'ébullition s'arrête jusqu'à ce que la température s'élève, par l'influence du foyer de chaleur, au point où la tension de la vapeur sera égale à la nouvelle pression ; alors l'ébullition recommence.

Si la pression diminue, l'ébullition continue, mais le liquide se refroidit par la formation même de la vapeur et descend au point pour lequel la tension ne sera plus qu'égale à la nouvelle pression.

Dulong a constaté ces résultats fondamentaux de la théorie

Fig. 148.

de l'ébullition en disposant une cornue, à demi pleine d'eau, sur un foyer (fig. 148), et faisant communiquer par un tube cette cornue avec un grand ballon contenant de l'air à des pressions plus ou moins grandes mesurées par un manomètre. D'une autre part, la température du liquide était donnée par un thermomètre qui effleurait ses couches superficielles. La vapeur était condensée, au fur et à mesure qu'elle se formait, dans le col incliné de la cornue et dans le tube, par un courant d'eau froide qui circulait dans un manchon. Quelle que fût la pression H exercée sur le liquide, Dulong trouva que la température donnée par le thermomètre t était celle qui, dans la table des tensions maximum, correspondait à la tension H.

Nous admettons donc comme loi fondamentale du phénomène que la température d'ébullition est celle pour laquelle la tension maximum de la vapeur fournie par le liquide est exactement égale à la pression qu'il supporte.

Ainsi, si nous plaçons sous le récipient de la machine pneumatique une éprouvette contenant de l'eau à 30°, par exemple, il suffira, pour provoquer l'ébullition du liquide, d'abaisser la pression intérieure à 31^{mm}, hauteur qui mesure la tension maximum de la vapeur d'eau à cette température. Pour faire bouillir de l'eau à 10°, il faudrait abaisser la pression à 9^{mm}, et pour la faire bouillir à 0° il faudrait l'abaisser à 4^{mm},6. Dans de pareilles conditions d'expériences, l'ébullition s'arrête, dès qu'on cesse de faire marcher les pistons, parce que, la vapeur formée saturant rapidement l'espace, il ne peut plus y avoir ébullition, ni même évaporation. En continuant la manœuvre, on enlève la vapeur à mesure qu'elle se forme. On arrive au même résultat en plaçant sous le récipient un vase contenant une substance fortement hygroscopique, comme l'acide sulfurique concentré. Toutefois, même dans ce cas, l'ébullition doit encore s'arrêter, quoique moins rapidement, puisque le liquide se refroidit; et dès qu'il atteindra une température t, correspondant à une tension moindre que la pression sous le récipient, l'ébullition ne sera plus possible; il ne pourra plus y avoir qu'évaporation.

On peut encore constater le fait de l'ébullition à basse température de la manière suivante. On prend un ballon à long col, ou matras, aux trois quarts plein d'eau, et l'on porte

cette eau en ébullition. On ferme alors le col avec un bouchon, et on renverse le ballon en plongeant son orifice dans
de l'eau pour avoir une fermeture plus complète (fig. 149).

L'ébullition, très-vive encore pendant quelques instants,
finit par s'arrê-
ter complétement.
Mais si l'on vient
à verser de l'eau
froide sur le fond
du ballon, on voit
l'ébullition recom-
mencer immédia-
tement. Ce phé-
nomène peut se
reproduire même
longtemps après
que le ballon est
complétement re-
froidi, si l'on pose
sur le fond un mor-
ceau de glace. En
refroidissant la pa-
roi de la chambre
de vapeur, on con-
dense en partie

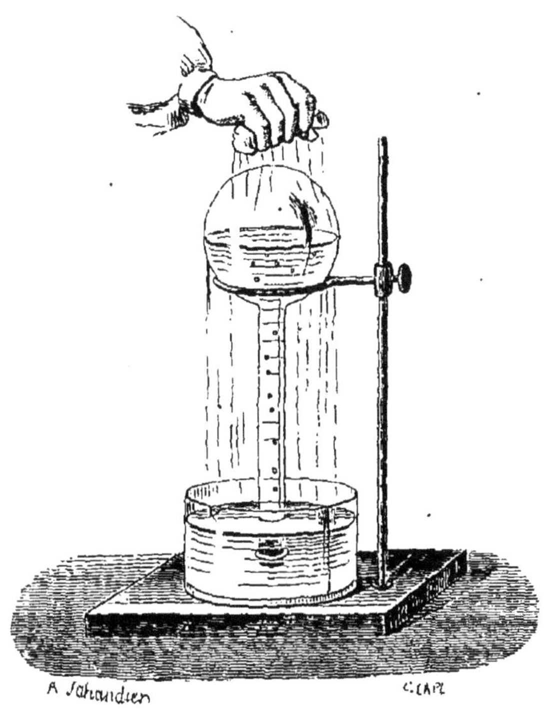

Fig. 149.

cette vapeur, qui n'exerce plus dès lors qu'une pression inférieure à la tension maximum; l'ébullition redevient donc
possible.

Nous savons qu'à 100° la tension maximum de la vapeur
d'eau est de 0^m,760. Lors donc que la pression atmosphérique sera précisément 0^m,76, l'eau entrera en ébullition à
100°. A Paris, la pression barométrique moyenne est 0^m,756;
la température moyenne d'ébullition de l'eau pure sera donc
non pas 100°, mais la température qui correspond à la tension maximum 0,756 et qui est 99°,85. La pression varie à
Paris de 0^m,72 à 0^m,79; la température d'ébullition varie
alors de 98°,5 à 101°,1, c'est-à-dire de près de 3°. En marquant 100° au point d'ébullition de l'eau, quelle que soit la

pression, on commet une erreur qui peut aller au maximum à $1°,5$: la grandeur du degré est donc affectée d'une erreur possible de $0,015$. Ainsi lorsque le thermomètre donne la température $20°$, l'erreur possible est de $20 \times 0,015$, ou $0,3$.

Il faut donc inscrire sur la tige du thermomètre, non pas $100°$, mais la température qui correspond exactement, dans la table des tensions maximum, à la pression barométrique observée au moment de l'opération.

Si l'on observe les nombres donnés par cette table, dans le voisinage de $100°$, on voit que, depuis $99°$ jusqu'à $101°$, pour chaque dixième de degré dont s'élève la température, la tension grandit d'une quantité très-sensiblement constante et égale à $2^{mm},7$. Inversement, pour chaque millimètre en plus ou en moins dans la pression, la température s'élève ou s'abaisse de $\frac{1}{27}$ de degré. Ainsi quand la pression sera $760 \pm n$ millimètres, la température d'ébullition devra être marquée non pas $100°$, mais $100 \pm \dfrac{n}{27}$.

Variation du point d'ébullition avec l'altitude. — Si on s'élève dans l'atmosphère la pression diminue, par suite le point d'ébullition s'abaisse. Ainsi sur le sommet du mont Blanc, à une hauteur de 4800 mètres au-dessus du niveau de l'Océan, la hauteur barométrique est 420^{mm}, et la température d'ébullition $84°$ environ. Voici pour quelques lieux habités du globe, d'altitudes très-différentes, les températures d'ébullition de l'eau.

Noms des localités.	Altitude.	Point d'ébullition.
Métairie d'Antisana	4101^m	$86°,3$
Quito	2908	$90°,1$
Hospice du Saint-Gothard	2075	$92°,9$
Village de Gavarnie	1444	$95°$
— de Baréges	1269	$95°,6$
Bains du mont Dore	1040	$96°,5$
Madrid	608	$97°,8$
Plombières	421	$98°,5$
Moscou	300	$99°$
Paris, Observatoire, 1er étage	65	$99°,7$
Niveau de l'Océan	0	$100°$

Marmite de Papin. — Pour élever le point d'ébullition de l'eau au-dessus de 100°, condition essentielle dans certaines opérations industrielles, on n'a qu'à soumettre le liquide à une pression supérieure à 760^{mm}. Sous une pression de 2, 3, 4 atmosphères, l'ébullition serait portée à 121°, 135°, 145°, etc.

Dans un vase fermé hermétiquement, l'ébullition est indéfiniment retardée, car à toutes les températures par lesquelles passe le liquide, l'espace que remplit la vapeur étant immédiatement saturé, la pression est toujours *au moins* égale à la tension de la vapeur; elle peut être supérieure, s'il y a de l'air renfermé dans l'appareil. On comprend cependant que dans la pratique on ne peut pas élever au delà d'une certaine limite la température d'ébullition, la résistance des vases à la pression étant loin d'être indéfinie.

Pour limiter la température que doit atteindre le liquide, et la pression que la vapeur peut exercer sur les parois, on fait usage des soupapes de sûreté.

La marmite de Papin (fig. 150) nous représente un appareil de ce genre, destiné à attaquer et à dissoudre par l'eau des substances sur lesquelles elle n'agit qu'à des températures supérieures à 100°. Elle se compose d'un vase cylindrique à très-fortes parois, rempli d'eau au tiers et fermé par un couvercle, serré par une vis de pression v. Ce couvercle est percé d'une ouverture, de forme conique, que ferme un bouchon métallique de même forme, pressé par un levier l, à l'extrémité duquel agit un poids p. Si l'on veut limiter la pression à quatre atmosphères, on remarquera que sur un centimètre carré la pression d'une atmosphère est égale à 1 kilogramme; celle de quatre atmosphères à 4 kilogrammes. Si donc la surface de la base de la soupape s est exprimée en centimètres carrés, il faudra que la pression du levier sur la soupape soit $4^{kil} \times s$.

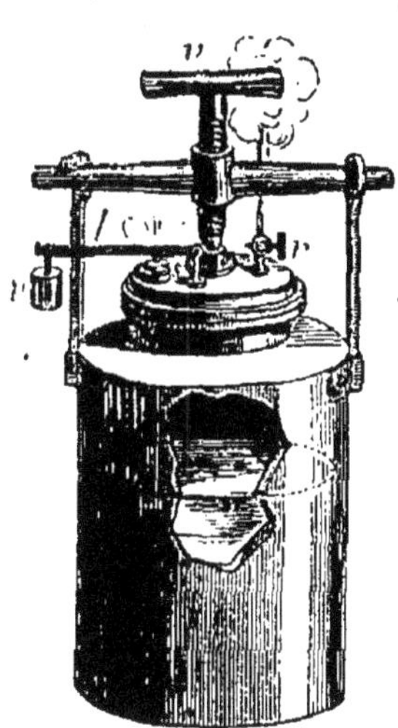

Fig. 150.

La marmite autoclave (fig. 151) est une espèce de marmite de Papin, fermée par un couvercle elliptique logé à l'intérieur du vase, et qui appuie, contre les bords rabattus en dedans, par la pression même de la vapeur. Une soupape à poids garantit également contre les explosions.

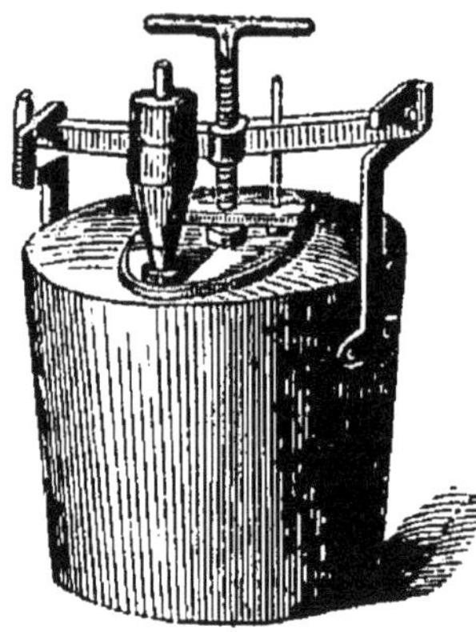

Fig. 151.

Influence des substances dissoutes. — La présence de matières étrangères fixes, en dissolution dans l'eau, a pour effet d'élever le point d'ébullition. Le retard apporté par une substance donnée est d'autant plus grand que la dissolution est plus rapprochée de la saturation. A poids égal, il varie avec la nature des substances dissoutes. Si la liqueur est saturée, sa température reste absolument fixe pendant toute la durée de l'ébullition. Si elle n'est point saturée, le point d'ébullition s'élève jusqu'à ce que, l'eau s'évaporant peu à peu, le liquide soit arrivé au point de saturation, et dès lors la température reste invariable. La vapeur, identique avec celle que donnerait de l'eau pure, reprend, dès qu'elle est dégagée du liquide, la température de l'ébullition de l'eau pure, c'est-à-dire celle qui correspond à une tension maximum égale à la pression extérieure.

Température d'ébullition de quelques dissolutions salines saturées
(H = 0,76).

Carbonate de soude	104°,5
Chlorure de sodium (sel marin)	108°,5
Sel ammoniac	114°,2
Salpêtre	116°
Carbonate de potasse	135°
Nitrate d'ammoniaque	180°

On se sert de ces solutions saturées pour faire ce que l'on appelle des bains-marie, ayant une température fixe et supérieure à 100°.

Influence de la matière du vase. — La nature de la

substance qui forme les parois du vase a aussi une influence marquée sur la température d'ébullition de l'eau.

On a constaté que l'eau bout à plus haute température dans un vase en verre que dans un vase de métal, et la différence peut aller jusqu'à un degré et demi, suivant la nature du verre; mais la vapeur fournie a la même température. Si l'on retire du feu un vase en verre plein d'eau en ébullition, l'ébullition s'arrête presque aussitôt, mais elle reprend pour quelques instants si l'on jette dans le vase quelques fragments de métal.

Méthode de Regnault pour la mesure des tensions maximum. — M. Regnault admettant en principe que la température d'ébullition d'un liquide est celle pour laquelle la tension maximum correspondante de la vapeur est égale à la pression supportée par le liquide, en a déduit une méthode de détermination des tensions maximum qui n'est autre chose que l'expérience de Dulong renversée; son appareil se composait d'une chaudière à demi pleine d'eau, dont le couvercle portait des thermomètres plongeant, les uns dans les premières couches d'eau, les autres dans la chambre de vapeur. Un tube incliné de bas en haut et enveloppé d'un manchon où circulait un courant d'eau à la température ambiante, faisait communiquer cette chaudière avec un vaste gazomètre en cuivre rouge, où des pompes foulantes comprimaient de l'air, sous une pression plus ou moins forte. Pour maintenir ce gazomètre à température constante, il était baigné par de l'eau que l'on renouvelait continuellement. La pression était mesurée par un manomètre à air libre dont la grandeur permettait de mesurer des pressions de 28 à 30 atmosphères, ou par un manomètre ordinaire (fig. 152), quand les tensions ne devaient dépasser que de très-peu la pression atmosphérique.

Il suffisait évidemment de mesurer la pression et la température d'ébullition du liquide quand celle-ci était devenue bien stationnaire. La pression était la mesure de la tension maximum de la vapeur fournie par le liquide à cette température.

Chaleur latente d'ébullition et d'évaporation. — Nous avons dit que la température d'ébullition d'un liquide de-

meure invariable pendant toute la durée du phénomène, à la
seule condition que la pression extérieure reste constante,

Fig 152.

bien que le foyer continue toujours de fournir de la chaleur.
Ainsi il y a, au moment du passage de l'état liquide à l'état
gazeux, aussi bien qu'au moment du passage de l'état solide
à l'état liquide, absorption d'une certaine quantité de chaleur
qui achève de détruire la cohésion entre les molécules, et
établit en outre entre elles l'action répulsive mutuelle qui
constitue l'état gazeux, sans modifier la température du corps.
Ce qui revient à dire qu'à une température donnée, un corps
possède une somme de chaleur plus grande à l'état gazeux
qu'à l'état liquide. La différence entre ces deux sommes de
chaleur est ce que l'on appelle *chaleur latente de vaporisation.*

L'ébullition peut se produire à toute température, si l'on règle convenablement la pression ; nous aurons à rechercher si la quantité de chaleur nécessaire pour déterminer le changement d'état est toujours la même, ou si au contraire elle dépend de la température.

Il n'existe d'ailleurs aucune différence entre la vapeur formée par ébullition et la vapeur formée par simple évaporation ; en toutes circonstances, elles se comportent identiquement de la même façon. Ainsi, bien que ce soit en particulier la constance de la température dans le phénomène de l'ébullition qui nous ait révélé le fait de l'absorption de chaleur, nous devons admettre d'une manière générale que le passage d'un liquide à l'état de vapeur, soit par ébullition, soit par évaporation, exige l'absorption d'une certaine quantité de chaleur. Inversement, quand la vapeur se condense, elle doit abandonner de la chaleur et déterminer une élévation de température des corps sur lesquels elle se condense, et la constatation de ce fait peut être une preuve manifeste de l'absorption dans le cas inverse.

Ainsi, que l'on mélange un kilogramme d'eau à 100^0 avec un kilogramme d'eau à 0^0, on obtient une masse de deux kilogrammes d'eau à 50^0. Mais si on fait arriver un kilogramme de vapeur d'eau à 100^0 dans un kilogramme d'eau à 0^0, cette dernière masse monte à 100^0, et il reste encore plus des quatre cinquièmes de la masse de vapeur non condensés. On voit donc que l'eau qui est devenue, de vapeur à 100^0, eau liquide à 100^0, a abandonné une quantité de chaleur suffisante pour faire passer le kilogramme d'eau de 0^0 à 100^0.

Un kilogramme de vapeur qui se condense complétement dans une masse d'eau de $5^k,37$ prise à 0^0, amène la température de cette eau à 100^0, de sorte que l'on a $6^k,37$ d'eau à 100^0.

Le chauffage par la vapeur s'emploie très-fréquemment dans l'industrie : tantôt on fait arriver directement la vapeur au milieu de la masse liquide à échauffer toutes les fois que l'introduction de l'eau n'aura aucune influence fâcheuse ; tantôt on fait circuler la vapeur dans des tuyaux en cuivre, roulés en serpentin ou en spirale, dans l'intérieur du vase qui contient le liquide.

Froid produit par l'évaporation. — Lorsqu'un liquide s'évapore librement à l'air, sans être exposé à l'action d'un foyer de chaleur, il subit un refroidissement d'autant plus grand que l'évaporation est plus rapide. Il ressort en effet de ce que nous venons de dire que la quantité de chaleur possédée par la masse liquide est insuffisante pour maintenir à la même température cette masse devenue vapeur. Que sur 1000 grammes d'eau à 10°, un gramme seul se vaporise; comme les 999 + 1 grammes d'eau possèdent, à 10°, moins de chaleur que n'en doivent avoir, à 10° également, 999 grammes d'eau + 1 gramme de vapeur, la température ne pourra pas se maintenir à 10°, et il y aura abaissement de température pour le liquide et pour la vapeur.

L'abaissement de température est nécessairement limité. A mesure que la température s'abaisse par le fait de l'évaporation progressive, la tension et la densité de la vapeur diminuent; il y a donc moins de vapeur formée ; d'un autre côté, le liquide, se trouvant plus froid que les corps environnants, reçoit d'eux de la chaleur ; et, quand il en arrivera à recevoir la quantité de chaleur nécessaire au changement d'état, la température ne s'abaissera plus.

On s'expliquera facilement maintenant la sensation de froid que produit l'évaporation de l'éther, de l'alcool, et même de l'eau sur la peau. Si les deux premiers liquides produisent un froid plus marqué, c'est que la tension et la densité de leurs vapeurs sont plus grandes que celles de l'eau, et que leur évaporation est beaucoup plus rapide. L'agitation de l'air rend l'évaporation plus rapide encore, en remplaçant l'air saturé par des masses d'air sec qui viennent se saturer à leur tour. De là le danger de s'exposer à des courants d'air lorsque l'on est en sueur ou trempé par la pluie; le froid qui en résulte peut être mortel.

Tout le monde sait que pour avoir de l'eau fraîche, même au plus fort de l'été, il suffit de la renfermer dans un vase poreux et de placer ce vase dans un courant d'air. L'eau suinte lentement au travers des pores, et, s'évaporant à la surface extérieure, refroidit le vase et ce qu'il contient. La mode de ces vases, appelés *alcarazas*, nous est venue d'Espagne.

Congélation de l'eau dans le vide. — Le refroidissement produit par l'évaporation peut être assez grand pour
congeler le liquide. Il faut pour cela que le changement d'état
ait lieu rapidement, pour ne point laisser au liquide le temps

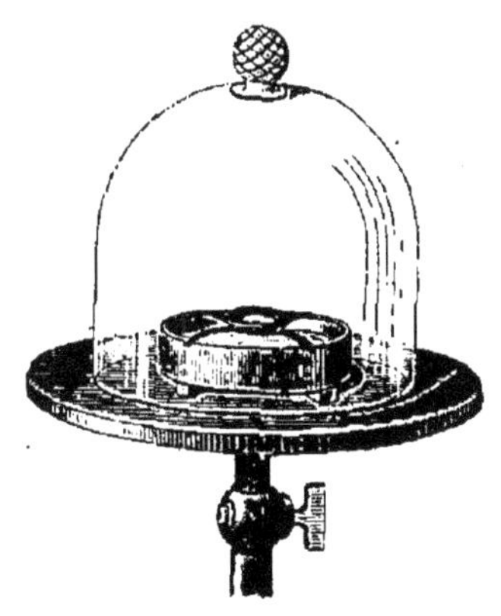

Fig. 153.

de se réchauffer sous l'influence
des corps qui l'entourent. Mettons sur la platine de la machine
pneumatique un vase en verre
large et peu profond, contenant de
l'acide sulfurique concentré, à 66⁰
du pèse-acide. Disposons au-dessus une petite capsule très-mince,
en laiton ou en verre, dans laquelle
nous verserons une couche d'eau ;
puis recouvrons avec la cloche et
faisons le vide (fig. 153). La vapeur dans ces conditions se forme

avec rapidité, et est au fur et à mesure absorbée par l'acide
sulfurique ; aussi voit-on promptement des aiguilles de glace
se former à la surface de l'eau et sur les parois de la capsule.

Distillation. — L'eau des sources, des rivières, des mers
est loin d'être pure ; elle contient une assez forte proportion
de matières étrangères fixes qui s'y trouvent dissoutes. Lorsqu'on abandonne l'eau à l'air libre, elle se transforme en vapeur complétement pure, et laisse pour résidu la totalité des
matières dissoutes ; si on élève la température, l'évaporation
s'effectue plus rapidement ; si le vase où s'opère l'évaporation
est mis en communication par sa partie supérieure avec un
espace froid, la vapeur va s'y condenser en vertu du principe
de Watt. Cette opération, qui est d'un usage continuel dans
l'industrie, soit que l'on veuille isoler l'eau pure, soit qu'on
se propose au contraire d'isoler les substances dissoutes, porte
le nom de *distillation*. Elle ne s'applique pas seulement à
l'eau, mais à tous les liquides volatils, alcools, éthers, essences, mélangés à des substances fixes. Elle peut servir aussi à
séparer des liquides de volatilité inégale, le liquide le plus volatil passant nécessairement dans les premiers produits de la
distillation.

Lorsqu'on n'a à opérer que sur de petites quantités de liquide, et surtout sur un liquide peu volatil dont la vapeur se condense facilement, on fait usage d'une cornue tubulée, chauffée, soit à feu nu, soit au bain-marie, dont le col s'engage à frottement dans le col d'un ballon tubulé plongeant dans une terrine pleine d'eau froide (fig. 154). La tubulure

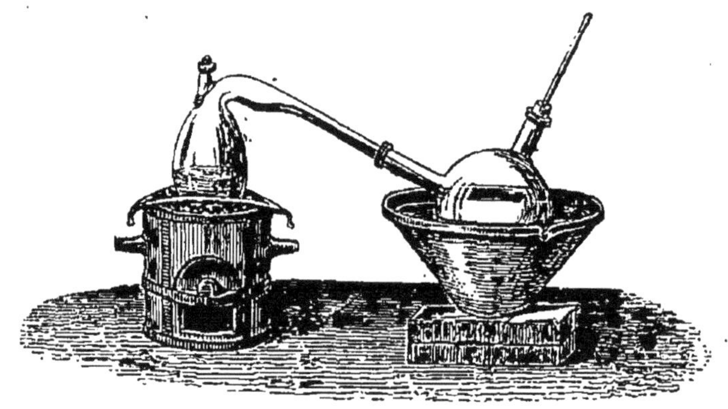

Fig. 154.

du ballon laisse sortir par un petit tube effilé l'excès de vapeur qui échappe à la condensation. Cette vapeur a la tension maximum qui correspond à la température du ballon. Il importe donc que ce ballon soit maintenu froid, ce qui obligera à renouveler l'eau dans laquelle il plonge, dès l'instant que cette eau s'échauffe d'une manière sensible ; on peut la faire écouler d'une manière continue en la remplaçant par de l'eau froide arrivant aussi d'une manière continue.

Lorsqu'on veut obtenir une condensation plus complète, on fait passer la vapeur, dans son trajet de la cornue au récipient, dans un tube entouré d'un manchon cylindrique au travers duquel on fait circuler un courant d'eau fraîche. Cette eau entre par la partie inférieure du manchon et ressort par l'extrémité supérieure (fig. 155).

Pour opérer en grand on emploie l'*alambic*. Le vase distillatoire est une chaudière en cuivre appelée *cucurbite*, d'une capacité qui peut varier d'un ou deux litres à deux ou trois cents (fig. 156). Elle est établie sur un fourneau en maçonnerie et surmontée d'un couvercle bombé appelé *chapiteau*. Le chapiteau se rattache, par un tube latéral, avec un tuyau appelé *serpentin*, logé dans un grand vase nommé *réfrigérant*.

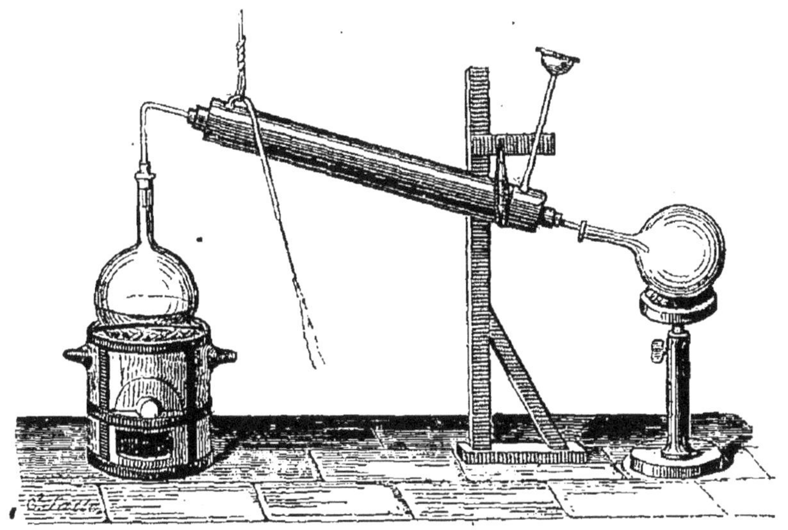

Fig. 155.

Ce vase est constamment rempli d'eau froide qui se renouvelle sans cesse par un tube qui l'amène jusqu'au fond; l'eau

Fig. 156.

chaude monte dans les couches supérieures et se déverse par un trop-plein. Au lieu de mettre de l'eau dans le serpentin,

on y met très-souvent le liquide à distiller; il s'échauffe par
la condensation de la vapeur, et on l'introduit, ainsi chauffé à
l'avance, dans la chaudière; on utilise de cette façon la chaleur
abandonnée par la vapeur.

Le liquide provenant de la condensation de la vapeur tombe
du serpentin dans un vase placé au-dessous.

Il est essentiel que la portion de la chaudière qui reçoit
l'action directe du feu, soit toujours couverte par le liquide;
elle ne peut alors prendre une température supérieure à celle
du liquide lui-même; tandis que si le niveau du liquide s'a-
baisse au-dessous de la limite de la surface de chauffe, les parois recevront un coup de feu et seront presque infailliblement
brûlées et percées par l'action de l'air à haute température.

Beaucoup de liquides ne peuvent supporter le chauffage à
feu nu sans s'altérer. L'alambic est disposé alors de manière à
recevoir à l'intérieur de sa cucurbite, qui fait l'office de bain-
marie, un vase cylindrique dans lequel on met le liquide à dis-

Fig. 157.

tiller, et qui porte le chapiteau (fig. 157).

Une ouverture spéciale
à la cucurbite permet d'y
renouveler la provision
d'eau pour y entretenir le
niveau à bonne hauteur;
elle doit évidemment rester
ouverte quand la cucurbite
fonctionne comme bain-
marie. Mais quand la cu-
curbite est le vase distillatoire, on ferme l'ouverture
avec un bouchon à vis. Il
existe une ouverture analogue au sommet du chapiteau; elle
sert surtout dans le cas du bain-marie pour renouveler, sans
démonter l'appareil, la provision du liquide à distiller dans le
vase intérieur.

Lorsque le contenu de la chaudière est un mélange de deux
liquides volatils dont les points d'ébullition sont assez rapprochés pour que tous les deux se volatilisent en même temps, on

ne conduit point immédiatement au serpentin leurs vapeurs, car la condensation les redonnerait de nouveau réunis; on en opère le *départ*, c'est-à-dire la séparation dans un appareil spécial appelé *rectificateur*, à une température moins élevée que celle de la chaudière, et telle que le liquide le plus volatil puisse s'y maintenir à l'état de vapeur et passer de là au condenseur, tandis que le moins volatil se condensant retournera à la chaudière. C'est ainsi que sont disposés les appareils qui servent à distiller les vins pour en retirer l'alcool et le séparer de l'eau.

Liquéfaction des gaz. — Nous avons vu que les vapeurs *éloignées de leur point de saturation* se comportent comme les gaz; elles suivent la loi de Mariote assez exactement pour que leur densité par rapport à l'air soit un nombre sensiblement constant, indépendant de la température et de la pression. Mais si on les comprime ou si on les refroidit de manière à les rapprocher notablement du point de saturation, on remarque que bientôt le nombre qui mesure leur densité relative à l'air va en croissant; elles cessent de suivre la loi de Mariote; enfin elles se condensent. Or nous savons que, pour la plupart des gaz, la loi de Mariote ne représente pas exactement la loi de la variation de la densité; que presque tous se compriment plus que ne l'indique la loi; en un mot, en renversant ce qui vient d'être dit plus haut, on peut dire que les gaz se comportent comme des vapeurs éloignées de leur point de condensation, de telle sorte qu'en les comprimant indéfiniment ou en les refroidissant indéfiniment, ou en combinant ensemble les deux moyens, on doit arriver à les liquéfier, et c'est en effet ce que l'expérience a vérifié. Tous les gaz, à l'exception de six, l'oxygène, l'azote, l'hydrogène, l'oxyde de carbone, le bioxyde d'azote, et le protocarbure d'hydrogène, ont pu être liquéfiés; quelques-uns ont même été solidifiés; et remarquons bien que les six gaz non liquéfiés jusqu'à présent ne sont pas pour cela *non liquéfiables*. Leur retour à l'état liquide n'est qu'une question de moyens.

Pour quelques gaz, un abaissement de température de 18 à 20 degrés au-dessous de zéro, sans augmentation de pression, suffit à amener leur liquéfaction. Ainsi, l'acide sulfureux se

liquéfie à — 10°, le cyanogène à — 25°, sous la pression 0,76;
0,76 est donc la tension maximum de la vapeur donnée par
l'acide sulfureux à la température de — 10°, par le cyanogène
à la température — 25°. Voici comme on procède pour opérer la liquéfaction. Le gaz arrive, purifié et desséché par les
moyens qu'indique la chimie, dans un tube en U établi dans
une cloche renversée où l'on a mis un mélange réfrigérant à
température convenablement basse (fig. 158). A la courbure

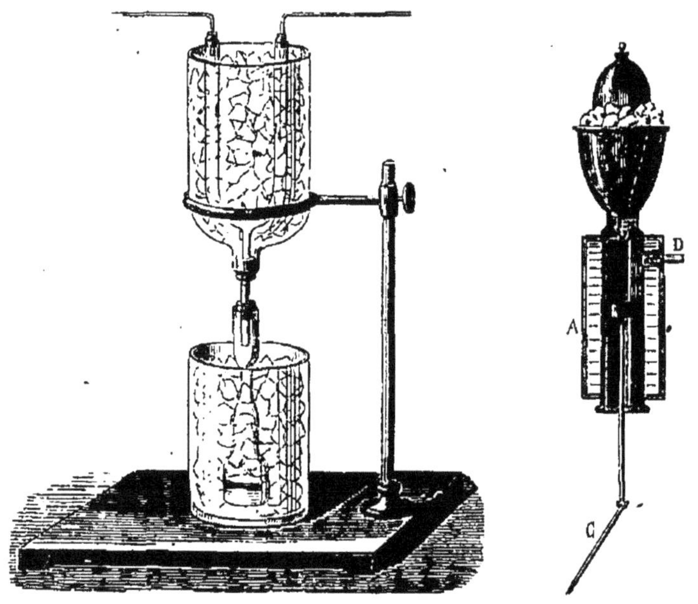

Fig. 158.   Fig. 159.

du tube en U se trouve soudé un tube qui conduit le liquide
condensé dans un petit matras, entouré du même mélange réfrigérant, et dont le col a été étiré à lampe. Lorsqu'on a obtenu une quantité suffisante de liquide, on démonte l'appareil
en laissant le petit matras dans le mélange réfrigérant, et on
ferme à l'aide du chalumeau l'étranglement du col; on peut
alors sortir le matras du mélange. Le liquide se trouve maintenu par la pression de sa propre vapeur.

Pour liquéfier les gaz par l'effet d'une compression progressive, on peut se servir de l'appareil de Bianchi (fig. 159). Il se
compose d'une pompe de compression renversée A dont le

piston est mis en mouvement par une bielle *c* montée sur un axe animé d'un mouvement de rotation continue. Le gaz, amené par le tuyau latéral D, est comprimé dans un récipient de forme ovoïde à parois très-épaisses. Une soupape s'ouvrant de bas en haut permet au gaz de pénétrer dans le récipient, et lui ferme la sortie. Pour empêcher le récipient de s'échauffer, on l'entoure d'un manchon rempli de glace concassée; l'eau résultant de la fusion de cette glace s'écoule par un conduit formant également manchon autour de la pompe.

Au lieu de recourir à des moyens mécaniques pour comprimer les gaz, on peut, comme l'a fait Faraday, les soumettre à leur propre pression, en enfermant dans un vase, clos hermétiquement, les matières propres à les produire. Il est évident que si l'action chimique développe une masse de gaz capable d'occuper sous la pression de l'atmosphère un volume dix, vingt, cent fois plus grand que celui de l'appareil, le gaz qui y reste renfermé se trouve, par cela même, sous une pression de dix, vingt, cent atmosphères. Faraday employait pour opérer la liquéfaction un tube en forme d'U à branches inégales, fermé à l'extrémité de sa branche la plus longue (fig. 160). Il

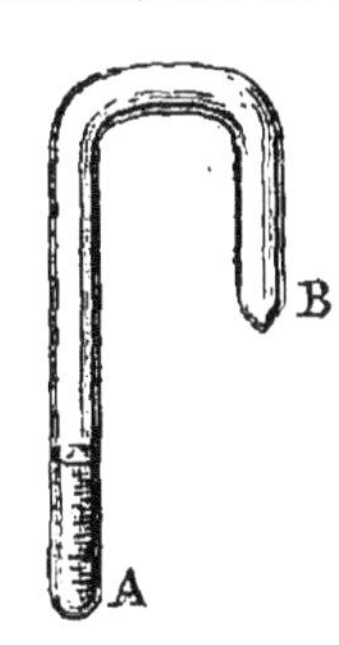

Fig. 160.

introduisait alors dans cette branche les matières propres à dégager le gaz : pour le chlore, par exemple, des cristaux d'hydrate de chlore; pour l'ammoniaque, du chlorure d'argent saturé de ce gaz; pour l'acide sulfhydrique, du bisulfure d'hydrogène. En maintenant froide cette branche, il pouvait facilement sceller l'autre à la lampe; alors il chauffait avec ménagement la longue branche en entourant l'autre de glace, ou d'un mélange réfrigérant, pour déterminer la condensation du liquide au point froid, et le séparer ainsi des corps qui l'avaient produit.

L'appareil de Thilorier pour liquéfier l'acide carbonique, dont on trouvera la description dans le cours de chimie, n'est autre chose que le tube de Faraday dont les deux branches seraient remplacées par des vases métalliques à fortes parois, l'un des vases faisant l'office de générateur, l'autre l'office de condenseur.

Si on met en communication libre avec l'air extérieur le récipient qui contient le gaz liquéfié sous une forte pression, ou si l'on expose à la température ordinaire le liquide formé sous l'influence d'un refroidissement plus ou moins grand, ce liquide se met à bouillir tumultueusement; car, dans l'un et l'autre cas, il ne supporte plus qu'une pression beaucoup moindre que celle qui ferait équilibre à la tension de sa vapeur. Il y a nécessairement refroidissement par suite de ce rapide changement d'état; et le refroidissement, dans certains cas, peut être assez grand pour solidifier le liquide ou pour amener à l'état de flocons neigeux la vapeur elle-même. Si le refroidissement n'est pas assez grand pour solidifier la masse liquide, il pourra l'être assez toutefois pour que l'ébullition cesse et qu'il n'y ait plus qu'évaporation à la surface; c'est ce qui arrivera dès que la température sera telle que la tension de la vapeur fournie par le liquide soit inférieure à la pression atmosphérique.

Sublimation. — Nous avons signalé quelques corps qui passent, sous l'influence de la chaleur, de l'état solide à l'état gazeux, sans la transition ordinaire de l'état liquide : le camphre, l'arsenic, par exemple. Il n'en résulte pas que ces corps ne puissent pas être obtenus, comme la glace, à l'état liquide. La tension de leur vapeur augmente à mesure que la température s'élève. Si elle atteint la pression atmosphérique, le corps étant encore à l'état solide, il est évident qu'il ne peut être liquéfié, *tant qu'il ne subira que la pression atmosphérique*. Car, en supposant qu'il pût y avoir liquéfaction d'une partie de la masse, le liquide disparaîtrait par ébullition. Mais si l'on augmente indéfiniment la pression, de manière à élever indéfiniment le point d'ébullition, on atteindra à coup sûr le point de fusion. C'est précisément, comme nous l'avons vu, le résultat que l'on atteint quand on chauffe l'arsenic, ou tout autre corps dans le même cas, dans un tube de verre scellé à la lampe.

CHAPITRE XVI.

CALORIMÉTRIE.

Nous avons décrit les deux phénomènes physiques que la chaleur produit dans les corps : 1° la variation de température et la dilatation qui en est la conséquence ; 2° le changement d'état ; nous avons donné les lois qui les régissent. Il nous faut actuellement exposer les procédés qui permettent de comparer et de mesurer par conséquent les quantités de chaleur nécessaires pour produire ces phénomènes sur un corps déterminé.

Proposons-nous d'abord la mesure de la quantité de chaleur nécessaire pour produire sur un corps un changement de température quelconque. Cette quantité de chaleur doit varier évidemment avec le poids du corps, avec l'étendue de la variation de température qu'on lui fait subir, et enfin elle peut varier avec la nature même du corps.

Nous admettons *a priori* qu'un corps qui gagne une certaine quantité de chaleur quand sa température monte de t^0 à t'^0, perd la même quantité de chaleur si sa température descend de t'^0 à t^0.

Nous pouvons admettre également *a priori*, et sans démonstration, que pour porter de 0^0 à t^0, ou de t^0 à t'^0, 10 kilogrammes de cuivre, il faut dix fois autant de chaleur que pour porter de 0^0 à t^0, ou de t^0 à t'^0, un seul kilogramme de la même substance. *Toutes circonstances restant les mêmes, la quantité de chaleur que gagne ou perd un corps, pour subir une certaine variation de température, est proportionnelle à son poids.*

Quant à la relation existant entre la variation de température et la quantité de chaleur qui la produit, on ne peut l'admettre *a priori* aussi simple. S'il faut une certaine quantité de chaleur pour porter un kilogramme de cuivre de $0°$ à $t°$, il y a tout lieu de penser que pour le porter de $t°$ à $2\,t°$, il faudra une quantité de chaleur différente, car il n'est plus, à $t°$, ce qu'il était à $0°$: le volume, la densité, l'écart des molécules sont autres. La quantité de chaleur qu'il faut pour le porter de $0°$ à $2\,t°$ ne peut donc être exactement le double de celle qui est nécessaire pour le porter de $0°$ à $t°$. Voyons ce que nous apprendra à cet égard l'expérience.

Si l'on mélange ensemble un kilogramme d'eau à $10°$, et un autre kilogramme d'eau à $30°$, on obtient une masse de deux kilogrammes d'eau à $20°$. Si l'on prend un kilogramme d'eau à $10°$ et un second kilogramme d'eau à $50°$, le mélange est très-sensiblement à $30°$. Ainsi, dans le premier cas, la quantité qui porte un kilogramme d'eau de $10°$ à $20°$, a été cédée par un autre kilogramme qui descend de $30°$ à $20°$, et celle-ci étant la même que celle qu'il faudrait pour le porter de $20°$ à $30°$, la conclusion est qu'il faut des quantités de chaleur équivalentes pour porter un kilogramme d'eau de $10°$ à $20°$, et de $20°$ à $30°$; ou que, s'il y a une différence, elle n'est pas appréciable. Le second exemple nous fournit une conclusion analogue. On voit donc que pour élever la température d'un kilogramme d'eau de $20°$, il faut une quantité de chaleur double de celle qui est nécessaire pour l'élever seulement de $10°$. Que pour l'élever de $40°$, il faut une quantité de chaleur double de celle qui est nécessaire pour l'élever de $20°$. Ainsi, dans ces limites, la quantité de chaleur est proportionnelle à la variation de température. Mais si nous mélangeons un kilogramme de mercure à $0°$ avec un kilogramme de mercure à $300°$, nous ne trouvons plus deux kilogrammes à $150°$, mais à $153°$ environ. La quantité de chaleur qui porte le premier kilogramme de $0°$ à $153°$, est celle que lui cède le second kilogramme qui descend de $300°$ à $153°$, et qu'exigerait ce même kilogramme pour passer de $153°$ à $300°$. La quantité de chaleur nécessaire pour porter un kilogramme de $0°$ à $300°$ est donc double, non pas de celle qui le porterait de $0°$ à $150°$, mais de celle qui le porterait à $153°$. Dans ces limites étendues, il n'y a plus proportionnalité.

L'expérience nous montre donc que *la quantité de chaleur nécessaire pour produire sur un poids donné d'un corps une certaine variation de température est proportionnelle à cette variation, tant que celle-ci ne dépasse pas une centaine de degrés.*

La quantité de chaleur qui porte un corps de 0^0 à 1^0, est aussi sensiblement celle qui le porte de t^0 à $(t+1)^0$, tant que t^0 n'est pas trop éloigné de 0^0.

Mettons actuellement en contact un kilogramme d'eau à 0^0, et un kilogramme de mercure à 100^0, nous verrons que la température du mélange est d'environ 3^0. Ainsi la quantité de chaleur que cède un kilogramme de mercure descendant de 100^0 à 3^0, de 97^0 par conséquent, n'élève la température d'un kilogramme d'eau que de 3^0. La même quantité de chaleur produit donc sur un kilogramme d'eau une variation de température 32 fois moindre que celle qu'elle produirait sur un kilogramme de mercure. Pour produire sur des poids égaux de ces deux corps la même variation de température, il faudrait donc fournir au mercure 32 fois moins de chaleur qu'à l'eau. C'est ce que l'on exprime en disant que la *capacité calorifique* du mercure est 32 fois moindre que celle de l'eau. De sorte qu'en prenant celle de l'eau pour unité, celle du mercure serait mesurée par la fraction $\frac{1}{32}$.

Ainsi l'expérience nous montre encore que pour faire subir à des poids égaux de diverses substances une même variation de température, il faut leur fournir des quantités de chaleur plus ou moins grandes. Les divers corps ont des capacités calorifiques inégales; et nous appellerons *chaleur spécifique* d'un corps, la quantité de chaleur nécessaire pour élever de 0^0 à 1^0 l'unité de poids du corps.

Cette quantité de chaleur ne peut être connue que par le nombre qui mesure son rapport à une certaine quantité de chaleur prise pour unité, de même qu'une longueur s'exprime par son rapport à l'unité de longueur, un poids par son rapport à l'unité de poids.

L'unité de chaleur adoptée est la quantité de chaleur nécessaire pour élever de 0^0 à 1^0 l'unité de poids de l'eau. On lui donne assez souvent le nom de *calorie*. On voit d'après sa définition qu'elle n'est autre chose que la chaleur spécifique de l'eau.

D'après ce qui a été dit plus haut, la chaleur spécifique d'un corps pourra être définie aussi : la quantité de chaleur qui élève la température de l'unité de poids du corps de t^0 à $(t+1)^0$ pourvu que t ne s'éloigne pas trop de 0^0.

On pourrait évidemment définir aussi la chaleur spécifique, la quantité de chaleur qui dilate l'unité de volume du corps de la fraction égale à son coefficient de dilatation.

Si l'on veut exprimer la quantité de chaleur que gagne ou perd un poids p d'un certain corps, dont la chaleur spécifique est c, quand la température monte de t^0 à t'^0, ou descend de t'^0 à t^0, on dira : l'unité de poids du corps gagne ou perd un nombre d'unités de chaleur égal à c, quand la température monte ou baisse d'un degré ; le poids p doit donc pour cette même variation de température gagner ou perdre pc unités de chaleur. La température variant, non plus de 1^0, mais de 2^0, 3^0, 4^0..., la quantité de chaleur gagnée ou perdue sera donc $pc \times 2$, $pc \times 3$, $pc \times 4$... Ici la variation est $(t'-t)^0$, la quantité de chaleur gagnée ou perdue sera donc

$$pc\,(t'-t)$$

Si le corps est de l'eau, la chaleur spécifique est l'unité de chaleur elle-même ; $c = 1$; l'expression se réduit donc à

$$p\,(t'-t).$$

Méthode des mélanges. — Ceci posé, je suppose qu'on mette en contact intime un certain nombre de corps liquides, solides et gazeux. Soient p, p', p'', p''', p'''' les poids de ces corps ; t, t', t'', t''', t'''' leurs températures au moment où ils arrivent en contact ; c, c', c'', c''', c'''' leurs chaleurs spécifiques. Par le fait du mélange, il se fera un échange de chaleur, tel qu'au bout d'un certain temps tous ces corps se trouveront à une certaine température d'équilibre θ comprise évidemment entre la plus basse et la plus élevée des températures initiales. Admettons θ au-dessous de t et t' ; au-dessus de t'', t''' et t''''. Nous supposons en outre qu'entre t et t'''' les corps mis en présence n'ont à subir aucun changement d'état. Les deux premiers corps ont donc en définitive cédé de la chaleur, et les trois autres en ont gagné, et précisément ce que les deux premiers avaient perdu.

Or, le premier corps qui pèse p, et qui est descendu de t à θ, a perdu une quantité de chaleur exprimée par $pc\,(t-\theta)$.

Le second a perdu une quantité de chaleur qui s'exprimera d'une façon analogue par $p'c'\,(t'-\theta)$.

Les trois autres corps de poids p'', p''', p'''', sont au contraire montés de t'', t''', t'''' à θ ; ils ont donc gagné des quantités de chaleur représentées par

$$p''c''\,(\theta-t''),\quad p'''c'''\,(\theta-t'''),\quad p''''c''''\,(\theta-t'''').$$

Il ne reste plus qu'à écrire que la quantité de chaleur perdue en totalité par les deux premiers corps, est égale à la quantité de chaleur gagnée en somme par les trois autres :

$$pc\,(t-\theta)+p'c'\,(t'-\theta)=p''c''\,(\theta-t'')+p'''c'''\,(\theta-t''')+p''''c''''\,(\theta-t'''').$$

C'est là ce que l'on appelle l'*équation des mélanges*.

Toutes les quantités p, c, t, p', c', t'... θ, étant connues, sauf une, cette équation permettra de la déterminer.

Supposons par exemple que dans une masse d'eau de 1240 grammes, prise à 12^0, on introduise un morceau de cuivre pesant 355 grammes et à 125^0, et que l'on trouve que la température d'équilibre du mélange est 15^0 : il sera facile avec ces données de trouver la chaleur spécifique du cuivre.

En effet, la masse d'eau de 1240^0, montant de 12^0 à 15^0, gagne une quantité de chaleur exprimée par :

$$1240\times 3 \text{ unités de chaleur.}$$

D'un autre côté la masse de cuivre de 355 grammes descendant de 125 à 15, par conséquent de 110^0, perd :

$$355\times 110\times c.$$

En appelant c la chaleur spécifique du cuivre. Ces deux quantités sont égales.

D'où

(a) $$355\times 110\times c=1240\times 3.$$

$$\text{D'où}\quad c=\frac{1240\times 3}{355\times 110}=0{,}095.$$

Tel est en effet le principe fondamental de la méthode dite des mélanges, employée généralement pour la détermination des chaleurs spécifiques.

Mais si l'on remarque que l'eau doit être nécessairement contenue dans un vase, qui participe à ses variations de température, prenant une partie de la chaleur cédée par le cuivre ; que le thermomètre formé de verre et de mercure et qui sert à accuser la variation de température de l'eau, passant comme elle de 12 à 15°, prend également une partie de la chaleur cédée, on voit que l'équation (a) est loin d'être complète, avec ses deux termes.

Ne nous occupons pour le moment que du vase, en supposant le thermomètre d'assez petite masse pour que son influence soit négligeable.

$$\text{Soient } m \text{ la masse de l'eau,}$$
$$m' \text{ celle du vase,}$$
$$c' \text{ sa chaleur spécifique,}$$
$$t \text{ leur température initiale commune,}$$
$$\text{Soient aussi P le poids du cuivre,}$$
$$c \text{ sa chaleur spécifique,}$$
$$\text{T sa température,}$$
$$\text{Et enfin } \theta \text{ la température du mélange.}$$

On aura pour équation des mélanges, en remarquant que le cuivre est descendu de T à θ et que la chaleur qu'il a abandonnée a fait monter l'eau et le vase de t à θ,

$$(1) \qquad Pc\,(T - \theta) = m\,(\theta - t) + m'c'(\theta - t).$$

Mais c' n'étant pas connu, on ne peut déterminer c. Pour tourner cette difficulté, on peut faire une seconde opération en choisissant d'autres données, un autre poids de cuivre P_1 et une autre température initiale T_1 ; un autre poids d'eau m_1, et une autre température initiale t_1, la température finale sera par suite généralement différente θ_1. Le même vase servira au mélange ; on aura alors une seconde équation

$$(2) \qquad P_1\,c\,(T_1 - \theta_1) = m_1(\theta_1 - t_1) + m'c'(\theta_1 - t_1).$$

et ces deux équations permettront de déterminer à la fois c' et c.

Mais le plus ordinairement on fait une opération préliminaire en prenant, pour le corps dont on détermine la chaleur spécifique, un fragment de la substance même des parois du vase. Soit P le poids de ce fragment, on aura alors une équation analogue à l'équation (1), mais où le facteur c du premier membre sera remplacé par c'. Ce sera la seule inconnue de cette équation. On en déduira sa valeur, et c' une fois connu, la détermination de c dans une autre recherche n'offre plus de difficulté.

L'équation (1) peut s'écrire :

$$Pc\,(T - \theta) = (m + m'\,c')\,(\theta - t).$$

Or, $m'c'$ est précisément le poids d'eau qui, prenant la *même quantité de chaleur qu'a prise le vase, subirait la même variation de température*. Car si l'on appelait q ce poids d'eau, on devrait écrire pour indiquer que la quantité de chaleur est la même :

$$m'\,c'\,(\theta - t) = q\,(\theta - t)$$
$$\text{ou} \quad m'c' = q.$$

Aussi le produit $m'c'$ s'appelle-t-il habituellement le *vase transformé en eau*. On peut alors regarder la somme $m + m'c'$ comme représentant une masse d'eau ; c'est le vase des mélanges, ou *calorimètre*, contenu et contenant, exprimé en eau.

Revenons maintenant aux termes que nous avons négligés et relatifs au thermomètre. Il faudrait ajouter au second membre de l'équation (1), un terme pour le verre du thermomètre $m''c''\,(\theta - t)$, et un terme pour le mercure $m'''c'''\,(\theta - t)$. On peut les réunir ensemble :

$$(m''\,c'' + m'''\,c''')\,(\theta - t).$$

Si l'on se sert du même thermomètre dans la série des expériences, on pourra remplacer $m''c'' + m'''c'''$ par K, et il suffira de connaître la valeur de ce facteur K une fois pour toutes.

On le fera en déterminant la capacité c' de la matière du

vase, et faisant deux opérations avec des données différentes. Dans ces deux opérations on aura pour données.

	1re opération.	2e opération.
Poids de l'échantillon de la matière du vase.	p	p_1
Sa température..........................	T	T_1
Poids de l'eau	m	m_1
Poids du vase..........................	m'	m'_1
Facteur relatif au thermomètre...........	K	K
Température de l'eau....................	t	t_1
Température finale.....................	0	θ_1

J'aurai pour la première série de données :

$$p\, c'\, (T - \theta) = (m + m'\, c' + K)\, (\theta - t)$$

et pour la seconde :

$$p_1\, c'\, (T_1 - \theta_1) = (m_1 + m'_1\, c' + K)\, (\theta_1 - t_1)$$

et ces deux équations me feront connaître c' et K.

Restent encore d'autres causes d'erreurs, également importantes à éliminer. Le vase communique à ses supports, et à l'air qui l'entoure, une partie de la chaleur qu'il reçoit; il en cède aussi à distance aux corps environnants, moins chauds que lui. Ainsi la température finale θ, donnée par le thermomètre, est trop basse de la variation de température que produirait sur le liquide toute cette quantité de chaleur perdue par contact et par rayonnement à distance. On arrive à annuler à peu près complétement la première cause de déperdition par les dispositions suivantes. Le vase des mélanges est posé sur deux fils tendus en croix au fond d'un second vase d'un diamètre un peu plus grand. On réduit ainsi autant que possible l'étendue des surface de contact, et on enveloppe le vase d'une couche d'air qui ne peut point se renouveler et qui n'enlève alors qu'une quantité de chaleur insignifiante, l'air étant un corps très-mauvais conducteur.

Quant à la déperdition par rayonnement, Rumford a indiqué un artifice d'expérience qui l'annule ou plutôt qui la compense d'une manière à peu près complète. Il consiste à prendre l'eau du vase des mélanges à une température t, inférieure à celle du milieu ambiant, t', d'un petit nombre de degrés, et à prendre le poids du corps dont on veut déterminer la chaleur spécifique assez fort, ou sa température assez élevée, pour que la température finale θ dépasse la température du milieu ambiant du même nombre de degrés $t' - t$. Tant que le liquide est plus froid que le milieu ambiant, il reçoit de lui de la chaleur; il en perd au contraire dès l'instant que sa température est plus élevée. Rumford admet que, si $\theta - t' = t' - t$, les deux quantités de chaleur gagnée et perdues se compensent[1].

Appareil de M. Regnault. — Il nous faut maintenant décrire la disposition générale de l'appareil. Une des plus grandes difficultés de l'expérience était la détermination exacte de la température T du corps. A-t-on affaire à un liquide, la chose semble facile, puisqu'il ne s'agirait que d'y plonger le thermomètre. Mais entre le moment de la lecture et le moment où le liquide sera versé dans l'eau, il y aura nécessairement un refroidissement d'autant plus marqué que le liquide sera à une température plus élevée. S'il s'agit d'un corps solide la détermination est plus difficile encore, le thermomètre ne pouvant être mis en contact qu'avec la surface extérieure. On a imaginé alors de prendre le corps solide sous la forme d'anneau, pour rendre plus intime son contact avec l'eau, et de le chauffer dans un bain à température fixe dont on détermine la température. Mais nous retrouvons le même inconvénient que nous signalions tout à l'heure pour les liquides, et de plus le corps solide entraînera avec lui une portion du liquide s'il en est mouillé, et une quantité qu'il est impossible de déterminer. M. Regnault, pour éviter ces inconvénients, a imaginé de chauffer le corps dans une étuve à vapeur, disposée de la manière suivante. Sur un trépied en fer (fig. 161) repose une caisse en fer-blanc MN pliée en équerre et pleine d'eau; sur cette caisse on établit une étuve formée de trois enveloppes concentriques. Dans le compartiment moyen arrive la vapeur fournie par une chaudière V; la vapeur est conduite au dehors ou à son serpentin par un tuyau D. Le compartiment extérieur complétement fermé contient de l'air. Il empêche le contact

---

* On a cependant reconnu que la compensation n'est pas rigoureuse, et qu'elle est plus complète si $\theta - t'$ est un peu plus petit que $t' - t$.

de l'étuve avec l'air froid extérieur. Enfin le compartimen central A est fermé à sa partie supérieure par un bouchon creux en métal ; à sa partie inférieure il est continué par un tube cylindrique de même diamètre qui traverse l'épaisseur de la caisse MN. Un double registre à poignée E permet de fermer ou d'ouvrir à volonté ce tube. Dans le cylindre A se trouve suspendue par un fil au bouchon K, une petite corbeille

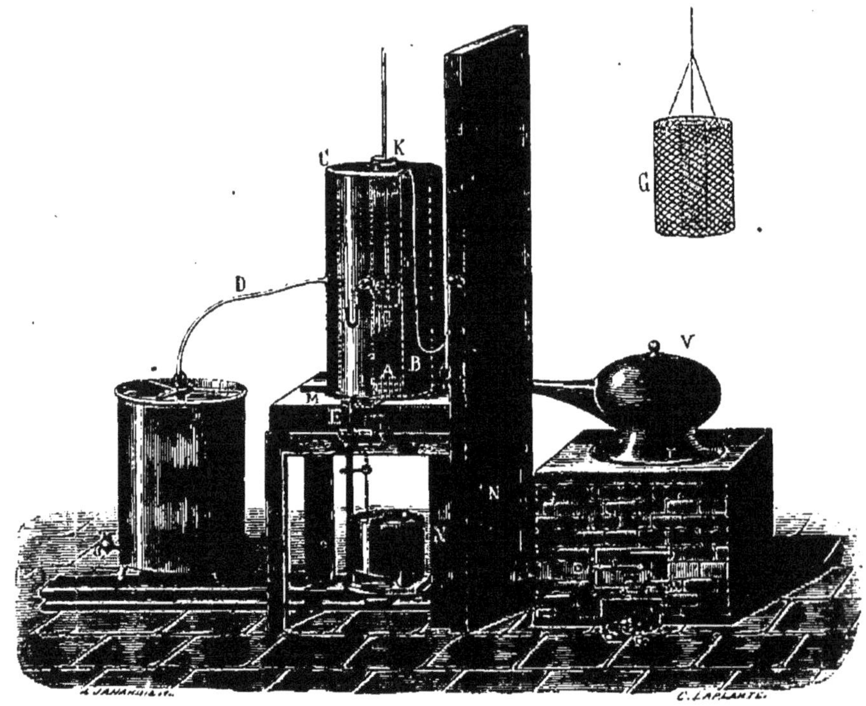

Fig. 161.

en fil de laiton très-fin, formée de deux cylindres concentriques G. Le cylindre intérieur reçoit le réservoir d'un thermomètre t dont la tige traverse un trou percé dans le bouchon K. On règle la hauteur de la corbeille dans l'étuve de telle sorte que le niveau du mercure, lorsqu'il approche de 100°, puisse être vu du dehors au-dessus du bouchon K. Le corps en fragments, pesés avec soin, est logé dans l'espace compris entre les deux cylindres.

Le vase des mélanges, en laiton très-mince et poli, est

disposé, comme nous l'avons dit plus haut, dans un second vase en laiton, également poli. On verra plus tard, quand nous exposerons les lois du rayonnement, que cette circonstance du poli de la surface extérieure diminue considérablement la déperdition de la chaleur. Le tout est posé sur un système de trois pieds en bois plantés dans une petite planche, formant chariot, dont la face inférieure est creusée de deux rainures reposant sur deux rails parallèles bien savonnés. L'un des trois pieds porte une petite potence servant de support au thermomètre t' qui donne la température de l'eau. Ce thermomètre, dont la course est de $0°$ à $+30°$, est divisé en dixièmes de degrés.

Le chariot qui porte le vase des mélanges étant éloigné, sur ses deux rails, à la plus grande distance possible de l'étuvé, on porte à l'ébullition l'eau de la chaudière. Lorsque la vapeur qui remplit l'étuve est en équilibre de tension avec la pression atmosphérique, ce que l'on constate par l'égalité de niveau dans un petit manomètre à air libre qui communique avec la chambre moyenne de l'étuve, on surveille la marche du thermomètre t, et lorsqu'il est devenu parfaitement stationnaire, on note la pression atmosphérique, à l'aide de laquelle on trouve dans la table des tensions maximum la température de l'étuve, qui est celle du corps T. On note aussi la température de l'eau donnée par le thermomètre t', on amène le chariot sous l'étuve, comme le représente la figure, puis on enlève le double registre, et détachant le fil qui soutient la corbeille, on la fait descendre rapidement dans le vase des mélanges ; son thermomètre reste suspendu au bouchon K. On comprend sans peine que la caisse MN a pour but d'empêcher le vase, et l'eau qu'il contient, de subir pendant cette opération le rayonnement de la chaudière. On ramène le chariot au bout des rails, et pendant qu'un aide agite la corbeille dans l'eau, pour aider à l'échange de chaleur, l'observateur suit à distance, au moyen d'une lunette, la marche ascendante du thermomètre t', et note la température maximum θ.

Quant au poids de l'eau, on le connaît, soit par une pesée, soit par la mesure de son volume à l'aide d'un petit vase exactement jaugé.

La méthode que M. Regnault a mise en usage pour corriger l'erreur due à la déperdition par rayonnement, n'a rien de commun avec celle de Rumford. Rumford se plaçait dans des conditions expérimentales qui dispensaient de faire la correction. M. Regnault détermine au contraire la fraction de degré qu'il faut ajouter à 0 pour avoir la température qu'eût marquée le thermomètre s'il n'y avait pas eu rayonnement. Pour les corps liquides, Regnault les enfermait dans de petits tubes en verre mince qu'il disposait dans la petite corbeille autour du thermomètre. On connaissait le poids des petits tubes, ainsi que la chaleur spécifique du verre dont ils sont faits. Le même moyen s'employait pour les corps qui se dissolvent dans l'eau, ou qui exercent sur elle une action chimique.

Chaleur spécifique de quelques corps solides et liquides.

Eau	1
Essence de térébenthine	0,4259
Charbon de bois	0,2415
Plombagine	0,2180
Soufre	0,2026
Verre	0,1977
Phosphore	0,1887
Diamant	0,1468
Fonte	0,1293
Acier	0,1185
Fer	0,1138
Nickel	0,1086
Cobalt	0,1069
Zinc	0,0955
Cuivre	0,0951
Laiton	0,0939
Arsenic	0,0814
Argent	0,0570
Étain	0,0562
Iode	0,0541
Antimoine	0,0507
Mercure	0,0333
Or	0,0324
Platine	0,0324
Plomb	0,0314
Bismuth	0,0308

Les nombres que nous donnons ici représentent pour

chaque corps la quantité de chaleur nécessaire pour élever la température de l'unité de poids de $0°$ à $1°$. Nous avons dit que l'expérience avait montré que cette quantité de chaleur est encore celle qui élèverait l'unité de poids de $t°$ à $(t+1)°$, tant que t ne dépasse pas $100°$. Mais si l'on prend du cuivre à $200°$ ou à $300°$, si on détermine par la méthode des mélanges la quantité de chaleur qu'il abandonne en descendant à zéro, et si on divise le résultat par 200 ou par 300, le nombre que l'on obtient ainsi est de plus en plus grand à mesure que la température initiale du cuivre est plus élevée. Ainsi de $0°$ à $100°$ la chaleur spécifique *moyenne* reste sensiblement constante et égale à la chaleur spécifique de définition; mais de $0°$ à $200°$, elle prend une valeur plus élevée, et plus élevée encore de $0°$ à $300°$. Il en est ainsi pour tous les corps solides et liquides, sur lesquels on a opéré à des températures élevées.

Détermination des températures. — Je suppose que l'on place dans une étuve dont on veut connaître la température un anneau d'argent pesant 275 grammes; lorsqu'il a pris la température de l'étuve, on le jette dans un vase de mélanges contenant de l'eau à $12°,2$. Soit 1225^{gr} le poids de l'eau, augmenté de celui du calorimètre transformé en eau, et $15°$ la température d'équilibre. Admettons pour une première approximation que l'argent ait une capacité calorifique constante à toute température, c'est-à-dire que le nombre 0,057 qui représente le nombre de calories nécessaires pour élever l'unité de poids de $0°$ à $1°$, représente aussi la quantité de chaleur nécessaire pour l'élever de $t°$ à $(t + 1)°$, quel que soit t, on aura alors, en appelant x la température approchée,

$$275 \times 0,057 \times (x - 15) = 1225 \times (15 - 12,2)$$

$$\text{D'où} \quad x - 15 = \frac{1225 \times 2,8}{275 \times 0,057} = 218,8$$

x sera donc à coup sûr entre $200°$ et $300°$. Or, la chaleur spécifique moyenne de l'argent entre zéro et $300°$ est 0,061. Le seul changement à apporter dans l'équation du mélange serait d'écrire au lieu du terme

$$275 \cdot 0,057 (x - 15)$$

le terme

$$275 \cdot 0,061 (y - 15)$$

en appelant y la température cherchée. On doit donc avoir
alors

$$0,057 \cdot 218,8 = 0,061 \cdot (y - 15)$$

$$y - 15 = \frac{0,057 \cdot 218,8}{0,061} = 204,4$$

D'où $\quad y = 219°,4$.

Chaleurs latentes. — La détermination des chaleurs latentes, soit de fusion, soit de vaporisation, se fait par une
méthode complétement analogue à celle qui nous a conduits à
la mesure des chaleurs spécifiques.

Nous admettons d'abord qu'il revient au même de déterminer la quantité de chaleur nécessaire pour fondre l'unité
de poids du corps, ou la quantité de chaleur qu'elle abandonne en revenant de l'état liquide à l'état solide. Pour les
corps dont le poids de fusion est voisin de zéro, on appliquera la méthode de la première manière ; on appliquera la
seconde manière pour les corps dont le point de fusion est
élevé.

Soit p le poids du corps pris à son point même de fusion T ;
soit M le poids de l'eau (eau et vase transformé en eau), t sa
température (nous supposons $t < T$). Le corps étant mis au
contact de l'eau se solidifie, et en se refroidissant, amène l'eau
à la température θ. La quantité de chaleur gagnée par la
masse M est M $(\theta - t)$; la quantité de chaleur cédée par le
corps se compose de celle qu'il abandonne en se solidifiant,
plus de celle qu'il perd, une fois devenu solide, pour descendre de T à θ. En désignant par λ la chaleur cédée par
l'unité de poids du corps au moment de la solidification, $p\lambda$
représentera la première portion de chaleur cédée ; c étant
la chaleur spécifique du corps solide, supposée connue,
pc $(T - \theta)$ sera la seconde ; on aura donc

$$pc(T - \theta) + p\lambda = M(\theta - t)$$

Pour corriger l'influence du rayonnement on adoptera la
méthode de compensation de Rumford, comme il a été dit
pour les chaleurs spécifiques.

Il est difficile de prendre le corps à son point même de
fusion ; on le prendra à quelques degrés au-dessus de cette

température T ; alors, connaissant la chaleur spécifique du corps à l'état liquide, c', on aura à ajouter au premier membre de l'équation la quantité de chaleur que le corps cède, à l'état liquide, en descendant de T_1 à T.

$$pc'(T_1 - T) + p\lambda + pc(T - \theta) = M(\theta - t).$$

Il est facile de voir que si l'on avait affaire à un corps dont le point de fusion serait voisin de zéro, en le mettant, solide, au contact de l'eau à la température ordinaire, ou quelque peu chauffée, on trouverait pour équation

$$pc(T - T_1) + p\lambda + pc'(\theta - T) = M(t - \theta).$$

Prenons comme exemple la détermination de la chaleur de fusion de la glace : soit M le poids de la masse d'eau (eau et vase transformé en eau), t sa température initiale. On prend un petit morceau de glace qu'on laisse quelque temps dans la salle, pour qu'il ait le temps de remonter à zéro, dans le cas où il aurait eu une température plus basse ; on l'essuie avec du papier buvard, et, sans le peser, on le met dans l'eau ; soit θ la température d'équilibre que prend l'eau après la fusion complète de la glace, soit aussi p l'augmentation du poids du vase après l'expérience, par conséquent le poids de la glace.

On aura pour exprimer la quantité de chaleur cédée par M, $M(t - \theta)$; la glace en fondant absorbe $p\lambda$; puis devenue de l'eau, elle gagne, pour monter de 0^0 à θ^0, $p\theta$; on a donc

$$p\lambda + p\theta = M(t - \theta).$$

$$\text{D'où} \quad \lambda = \frac{M(t - \theta) - p\theta}{p}.$$

On comprend pourquoi l'on n'a pas pesé le morceau de glace. Pendant la pesée, et entre la pesée et le moment de l'immersion dans l'eau, il y aurait eu fusion à la surface par le contact de l'air et le rayonnement des corps environnants ; p aurait représenté alors non pas le poids de la glace, mais un poids de glace et d'eau. On n'aurait d'ailleurs pas pu essuyer le morceau de glace, car alors on aurait enlevé la partie du poids p formée par l'eau résultant de ce commencement de fusion. Ces inconvénients disparaissent en pesant, non pas la glace, mais l'eau qui résulte de sa fusion complète.

En procédant de la façon que nous venons d'indiquer, MM. Laprovostaye et Desains ont trouvé pour la chaleur latente de fusion de la glace 79,25 calories. Ainsi la quantité de chaleur nécessaire pour fondre un kilogramme de glace est celle qu'il faudrait fournir à un poids d'eau de $79^k,25$ pour l'élever de $0°$ à $1°$, ou à un kilogramme d'eau pour l'élever de $0°$ à $79°,25$.

Lavoisier avait trouvé jadis par la même méthode, mais avec des instruments moins parfaits, le nombre 75.

La connaissance de la chaleur latente de fusion de la glace permet de déterminer la chaleur spécifique d'un corps par la mesure du poids de glace dont un poids connu de ce corps, pris à une température connue, évidemment supérieure à $0°$, déterminera la fusion.

On prend un dé en glace, dans lequel on creuse avec un fer chaud une cavité (fig. 162), puis on ferme la cavité avec une

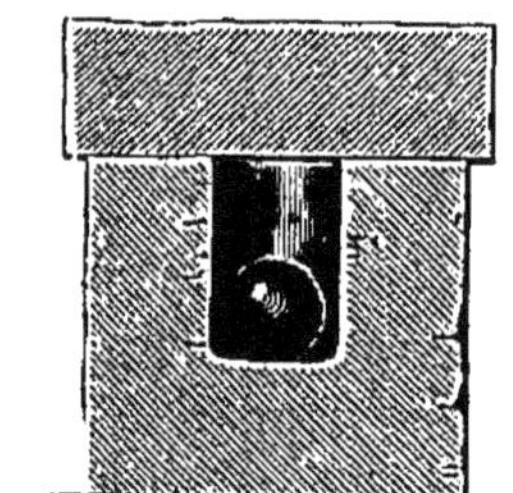
Fig. 162.

plaque épaisse de glace usée sur le bloc. On prend alors un poids p du corps à une température T, et on l'introduit rapidement dans le puits de glace, que l'on a bien égoutté à l'intérieur, mais non essuyé. On remet en place le couvercle, puis, au bout d'un temps assez long, pour que le corps ait pu se mettre en équilibre de température avec la glace, par conséquent descendre à $0°$, on le retire, et l'on fait couler dans un vase l'eau résultant de la fusion. Soit q le poids qu'on retire ainsi du puits de glace, on aura

$$PcT = q.79,25.$$

D'où
$$c = \frac{q.79.25}{PT}.$$

La difficulté que l'on a à déterminer T et q ne permet d'obtenir par cette méthode que des nombres assez grossièrement approximatifs.

Chaleur latente de vaporisation. — Un liquide volatil peut se transformer en vapeur soit par ébullition, soit par évaporation, à toute température. La quantité de chaleur qui est nécessaire pour opérer cette transformation varie avec la température à laquelle elle s'opère, et l'on appelle *chaleur latente de vaporisation*, à une certaine température donnée, la quantité de chaleur qu'il faut fournir à l'unité de poids du liquide, pris à cette température, pour déterminer son passage à l'état de vapeur, ou, ce qui revient au même, la quantité de chaleur qu'abandonne l'unité de poids de la vapeur quand elle repasse, à cette température, à l'état liquide.

On détermine ce coefficient numérique, pour la vapeur d'eau, en amenant la vapeur d'une chaudière, pleine d'eau en ébullition, dans un serpentin S entouré d'un réfrigérant, plein d'eau à une température initiale connue. Ce serpentin débouche dans une caisse *a*, où vient se réunir l'eau condensée. Un tube *b* fait communiquer la partie supérieure de cette caisse avec un gazomètre contenant de l'air à une pression plus ou moins grande, de manière à pouvoir faire varier la température de l'ébullition (fig. 163).

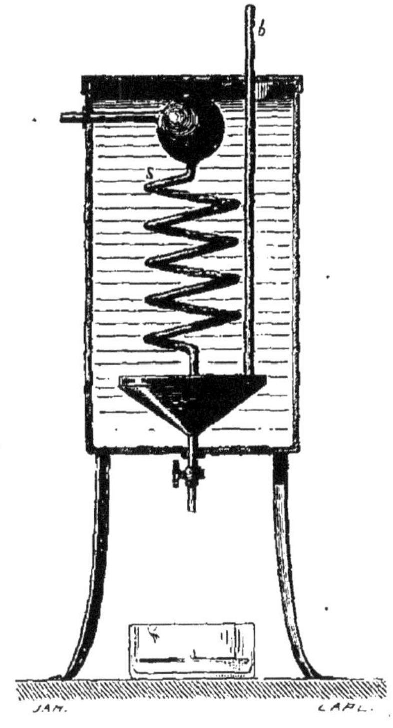

Fig. 163.

La vapeur d'eau en se condensant, élève rapidement la température de l'eau du calorimètre. La température initiale t étant de 4 à 5 degrés au-dessous de celle du milieu ambiant t', on arrêtera l'expérience lorsque le liquide arrivera à dépasser t' à peu près du même nombre de degrés : soit θ la température à laquelle ce liquide est arrivé au moment où l'on suspend l'arrivée de la vapeur. — Soient aussi M le poids de l'eau du calorimètre, en y joignant le calorimètre lui-même transformé en eau ; et p le poids de l'eau réunie en a, et que l'on fait écouler à la fin de l'expérience pour la peser. — Cette eau a la même température que le liquide du calorimètre qui l'enveloppe de toutes parts. La chaleur gagnée par le calorimètre est représentée par

$$M (\theta - t)$$

La chaleur cédée par la vapeur au moment de sa liquéfaction est $p\lambda$, en appelant λ la chaleur latente pour la température T. L'eau résultant de cette condensation descend de T à θ, et abandonne encore $p (T - \theta)$; on a donc

$$p\lambda + p (T - \theta) = M (\theta - t).$$

D'où $\quad \lambda = \dfrac{M (\theta - t) - p (T - \theta)}{p}.$

Pour $T = 100^0$ on trouve $\lambda = 537,5$.

λ est la quantité de chaleur nécessaire pour transformer en vapeur à T l'unité de poids de l'eau pure à T ; comme pour amener cette unité de poids de 0^0 à T^0, il faut T unités de chaleur, il faudra $T + \lambda$ unités de chaleur pour transformer, en vapeur à T^0, l'unité de poids de l'eau prise à zéro. C'est là ce que l'on appelle la *chaleur totale* de vaporisation ; à 100^0 elle est $637,5$.

Watt avait avancé que la somme $T + \lambda$ est la même à toute température. Il faudrait $637,5$ calories pour transformer en vapeur, à une température quelconque, un kilogramme d'eau pris à zéro. La chaleur latente de vaporisation serait donc

à 0^0	$637,5$
à 100^0	$537,5$
à 200^0	$437,5$
à 300^0	$337,5$

et ainsi de suite, en admettant, ce que Watt n'affirmait pas au surplus, que la constance de $T + \lambda$ se maintient aux températures élevées. Southern prétendait au contraire que λ était le même à toute température, de telle sorte que la chaleur totale irait en croissant avec la température, et serait

$$
\begin{aligned}
&\text{à } \quad 0^0 \ldots\ldots\ldots\ldots\ldots\ldots\ldots & 537,5 \\
&\text{à } 100^0 \ldots\ldots\ldots\ldots\ldots\ldots\ldots & 637,5 \\
&\text{à } 200^0 \ldots\ldots\ldots\ldots\ldots\ldots\ldots & 737,5 \\
&\text{à } 300^0 \ldots\ldots\ldots\ldots\ldots\ldots\ldots & 837,5 \\
&\text{Etc.}
\end{aligned}
$$

Quelques déterminations faites par Dulong le conduisirent à mettre en doute ces deux lois hypothétiques, ou plutôt à chercher la vraie loi entre ces deux lois fausses, et à penser que si la chaleur totale allait en croissant, comme le disait Southern, la chaleur latente d'évaporation allait cependant en diminuant à mesure que la température s'élève. C'est ce qu'ont en effet démontré plus tard les expériences de M. Regnault.

M. Regnault, en comparant entre eux les résultats de l'expérience, a reconnu qu'ils pouvaient être d'une manière très-satisfaisante compris dans la formule empirique

$$T + \lambda = 606,5 + 0,315 \,.\, T. \tag{A}$$

ce qui donnerait pour λ

$$\lambda = 606,5 - 0,685 \,.\, T. \tag{B}$$

On pourra, à l'aide de la formule A, calculer la quantité de chaleur totale nécessaire pour transformer un kilogramme d'eau, pris à zéro, en vapeur saturée à T ; et, à l'aide de la formule B, trouver la quantité de chaleur latente de vaporisation à T. On trouvera ainsi :

Température.	Chaleur totale. $T + \lambda$	Chaleur latente. λ
0^0	606,5	606,5
50^0	622,25	578,25
100^0	638	538
150^0	653,75	503,75
Etc.	Etc.	Etc.

CHAPITRE XVII.

CONDUCTIBILITÉ. — RAYONNEMENT.

Les changements de température qu'éprouvent les corps montrent qu'ils peuvent donner ou recevoir de la chaleur : cette communication du calorique se fait, soit au contact, soit à distance.

Conductibilité. — L'expérience de tous les jours démontre à l'évidence la propriété que possèdent les corps, à des degrés divers d'ailleurs, de transmettre la chaleur d'un point à un autre de leur masse, ou de la communiquer à un second corps, placé en contact avec eux. Lorsqu'une barre de fer est chauffée par un de ses bouts, l'autre extrémité, et avant elle - les points intermédiaires, s'échauffent aussi, mais de plus en plus faiblement à mesure que l'on prend la barre plus longue, ou que l'on considère un point plus éloigné de l'extrémité directement en contact avec la source de chaleur. Que l'on touche cette barre de fer avec une seconde barre, celle-ci s'échauffera encore. Cette propriété que possèdent les corps de .transmettre ainsi la chaleur s'appelle *conductibilité : conductibilité intérieure*, tant que l'on considère la chaleur se propageant dans la masse homogène d'un même corps ; *conductibilité extérieure*, si la chaleur passe de ce corps pour entrer dans un second corps, en contact avec lui.

On sait aussi que tous les corps sont loin d'être doués au même degré de la conductibilité : que, par exemple, tandis que la barre de fer s'échauffe rapidement d'une extrémité à l'autre, le verre au contraire transmet la chaleur si lentement qu'une baguette de verre peut être, en un de ces points, chauffée jusqu'à se ramollir, sans que les doigts qui la tiennent, à deux ou trois centimètres de distance de la partie chauffée, éprouvent une sensation de chaleur bien marquée.

L'expérience suivante due à Ingenhousz peut rendre sensibles ces inégalités dans le pouvoir conducteur des corps solides.

Une caisse en laiton (fig. 164) porte sur une de ses parois une douzaine de petites douilles dans lesquelles sont mastiquées des tiges de diverses substances solides, métaux, verre, porcelaine, bois.—Toutes ces tiges ont même diamètre et même longueur. On les plonge toutes ensemble dans un

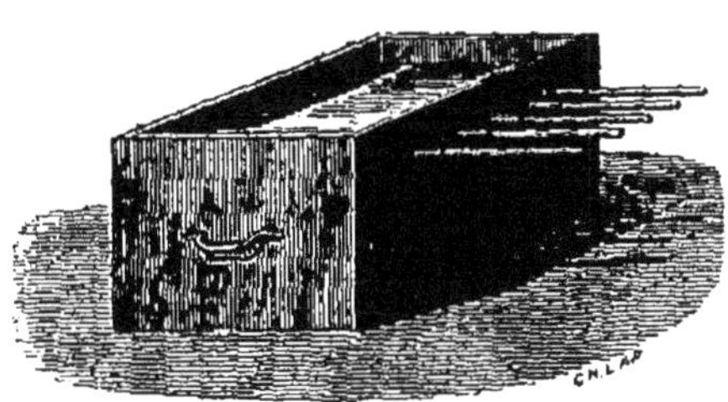

Fig. 164.

bain de cire ondue, de telle sorte que, retirées du bain, elles gardent une couche de cire refroidie, et solidifiée, d'égale épaisseur sur toutes. On remplit alors la caisse d'eau bouillante. Les extrémités de ces tiges attachées à la paroi seront donc toutes à 100°.—La chaleur se transmettra sur chacune d'elles à partir de ce point, de manière à donner à chaque tranche une température inférieure à 100°, et d'autant plus basse que la tranche est plus éloignée de la paroi. Si toutes ces tiges avaient même conductibilité, la tranche qui est à la température 67° (point de fusion de la cire) serait sur toutes à la même distance de la paroi. Mais s'il y a des inégalités dans le pouvoir conducteur, il est évident que la tranche à 67° sera reportée d'autant plus loin, que la tige conduira mieux la chaleur. Entre cette tranche et la paroi la cire sera fondue, et laissera à découvert la tige ; au delà la couche de cire sera restée intacte. — En faisant l'expérience, on voit la cire se fondre à une distance assez grande sur les métaux, très-faible au contraire sur le verre, la porcelaine, presque nulle sur le bois.

Cette expérience, bonne pour faire connaître l'ordre des conductibilités de divers corps solides, serait toutefois insuffisante s'il s'agissait d'établir des rapports numériques entre les pouvoirs conducteurs. On a dû recourir à des méthodes plus précises pour cette détermination.

Fourier a établi par le calcul que si une barre prismatique a une de ses bases B, maintenue à une température T (fig. 165), l'autre base B′ étant à une distance assez grande pour ne point éprouver d'échauffement appréciable, les excès de température des tranches équidistantes a, a', a'', a''', etc., sur la température du milieu ambiant, devront, lorsque ces températures seront devenues stationnaires, décroître de B en B′, en progression géométrique. La raison de cette progression, liée au pouvoir conducteur par une formule algébrique que donne le calcul, con-

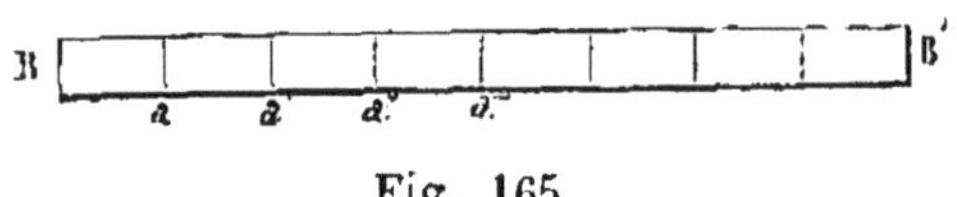

Fig. 165.

duira, lorsqu'elle aura été déterminée par l'expérience, à la mesure de ce pouvoir.

M. Desprez a vérifié la loi de la progression de la manière suivante. Il pratiquait dans une barre prismatique de petites cavités équidistantes dans lesquelles il établissait la boule de petits thermomètres très-sensibles, en tassant tout autour de la limaille du métal même de la barre. Pour rendre la distribution intérieure de la chaleur autant que possible indépendante de la conductibilité extérieure du métal à l'air, élément qui varierait nécessairement avec la nature du métal employé, il recouvrait toutes ses barres d'un même vernis. De petits thermomètres suspendus dans l'air à peu de distance de la barre donnaient la température du milieu ambiant.; la barre était chauffée à l'une de ses extrémités par le contact d'un bain d'alliage fusible, à température fixe. L'expérience a confirmé d'une manière très-satisfaisante la loi de Fourier. Quant aux pouvoirs conducteurs, ils ont été déterminés par cette méthode, mais avec quelques perfectionnements dans les détails d'expérience, sur lesquels nous ne nous étendrons pas. Voici les nombres obtenus par MM. Franz et Wiedemann, en représentant par 1000 le pouvoir conducteur de l'argent.

Pouvoirs conducteurs.

Argent....................	1000
Cuirre....................	776
Or	532
Laiton...................	236
Zinc.....................	190
Étain....................	145
Fer......................	119
Acier....................	116
Plomb....................	85
Platine..................	84
Bismuth	18

Le verre, le marbre, la porcelaine ne manifestent pas la loi d'une manière assez évidente pour qu'on puisse établir leur coefficient de conductibilité, qui est d'ailleurs notablement moindre que celui du métal le moins conducteur.

Le charbon de bois est mauvais conducteur, et d'autant plus qu'il a été préparé à plus basse température. — Le charbon fortement calciné, le coke, la braise, ont au contraire un pouvoir conducteur assez grand ; aussi la braise s'éteint-elle rapidement dès qu'elle est soustraite au courant d'air qui entretient sa combustion. Le charbon compacte, ou graphite, qui tapisse l'intérieur des cornues à gaz, a une conductibilité plus grande encore et comparable à celle des métaux médiocres conducteurs.

Le peu de conductibilité du marbre, de la faïence, des poteries, justifie la préférence qu'on leur donne dans la construction des poêles toutes les fois qu'on leur demande une chaleur soutenue. Les poêles de fonte s'échauffent rapidement, se refroidissent de même, et servent surtout dans les pièces faites pour être fortement chauffées pour un laps de temps très-court, deux ou trois heures. Les poêles de faïence s'échauffent lentement, mais aussi conservent longtemps leur chaleur, qu'une faible dépense de combustible suffit à entretenir. Dans les pays du nord, ce sont les seuls dont on fasse usage.

Conductibilité des liquides. — Les liquides sont de mauvais conducteurs de la chaleur, à part le mercure dont la conductibilité est à peu près égale à celle du bismuth. Ils ne s'en échauffent pas moins rapidement, quand le foyer de chaleur est appliqué sous les vases qui les contiennent. Cet échauffement rapide est dû aux mouvements qui s'opèrent dans la masse liquide, et que l'on peut facilement mettre en évidence. Il suffit de mettre de l'eau dans un vase en verre (fig. 166) en ajoutant un peu de sciure de bois très-fine. — Si on chauffe par-dessous, on voit promptement s'établir des courants dans la masse, indiqués par le déplacement des particules solides. Les couches qui reçoivent les premières l'action du feu, se dilatent, deviennent moins denses, et montent à la surface, remplacées

par d'autres plus froides qui viennent s'échauffer à leur tour,
et monter comme les premières.

Les mouvements des brins de sciure indiquent une colonne

Fig. 166.

ascendante dans l'axe du vase, et
des courants descendants le long
des parois, là où la température
est abaissée par le contact de l'air.
Nous avons déjà vu appliquer cette
circulation du liquide dans les calorifères à eau chaude.

Si l'on chauffait le vase par ses
parois latérales, la circulation se
ferait en sens inverse ; les courants ascendants glissant le long
de ses parois, et la colonne descendante dans l'axe.

Mais si l'on fait agir la source
de chaleur sur la surface libre du
liquide, ces mouvements ne peu-
vent plus se produire, puisque les couches échauffées, et par
conséquent dilatées, se trouvent déjà au-dessus des autres.
Aussi dans ce cas l'échauffement est presque nul, même à une
très-petite distance de la surface.

Prenons un verre dont la paroi présente un petit trou dans
lequel on mastique la tige d'un thermomètre, de telle sorte
que la boule soit dans l'axe du verre et à une faible distance
du bord ; puis remplissons le verre d'eau en laissant place à
une couche d'éther que nous enflammerons. On peut aussi
faire reposer sur la surface de l'eau une boîte en fer-blanc
dans laquelle on fait circuler un courant de vapeur d'eau à
100°. Dans l'un comme l'autre cas, le thermomètre ne manifeste pas, *si ce n'est au bout d'un temps assez long*, d'élévation de température sensible.

La conductibilité n'est pas nulle cependant, puisque cette
élévation de température finit par se manifester. Elle n'est
point due à la transmission par les parois, car elle se produirait de même si les parois du vase étaient revêtues d'une
couche de glace. La glace arrivée à zéro se fondrait sans

s'échauffer. Elle n'est point due non plus au rayonnement à travers la masse liquide, car l'échauffement ne se produirait plus si le vase de fer-blanc dans lequel circule la vapeur était éloigné seulement d'un millimètre de la surface libre.

Ainsi nous devons admettre que les liquides sont conducteurs, mais doués d'une conductibilité extrêmement faible.

Conductibilité des gaz. — Les gaz conduisent encore plus mal la chaleur que les liquides. Mais comme leurs particules ont une liberté complète, que la moindre différence de densité, et aussi d'élasticité, suffit pour produire des mouvements dans la masse, il s'ensuit qu'ils s'échauffent aussi rapidement. Vient-on à empêcher les courants de s'établir, en créant des résistances, des frottements qui éteignent le mouvement, alors la chaleur ne se propage plus. C'est ainsi qu'en enveloppant un thermomètre d'une couche un peu épaisse de ouate on la rend à peu près insensible aux variations de température du dehors. L'air emprisonné dans les filaments de la ouate y est condamné à une immobilité complète, et ne peut plus servir à transmettre la chaleur du thermomètre au dehors, ni de l'air extérieur au thermomètre.

C'est pour la même raison que le froid le plus intense ne gèle point la terre et les racines des plantes, si le sol est protégé par une couche un peu épaisse de neige. L'air qu'elle enferme forme une enveloppe non conductrice qui empêche la chaleur du sol de se perdre, et par suite la température de s'abaisser à un point dangereux pour les récoltes.

Les vêtements dont nous couvrons notre corps jouent un rôle analogue, et nous préservent des variations de la température de l'air. En hiver, ils s'opposent à la déperdition de notre propre chaleur; en été, ils empêchent la chaleur du dehors de pénétrer jusqu'à nous.

Rayonnement. — La chaleur que nous envoie le soleil nous arrive à travers le vide des espaces planétaires. Ainsi nous ne pouvons douter que la chaleur ne puisse se transmettre, à distance, sans l'intermédiaire d'un milieu conducteur, au moins en ce qui regarde la chaleur accompagnée de lumière, la chaleur lumineuse. Une expérience directe de

Rumford a mis le fait également hors de doute pour ce que l'on peut appeler la chaleur obscure.

Il prit un ballon de verre dont le col avait environ 80 centimètres de longueur, et après avoir soudé au fond la tige d'un petit thermomètre dont le réservoir a occupait le centre du ballon, il le remplit complétement de mercure, exactement comme s'il s'agissait de construire un baromètre, et plongea l'extrémité du col dans une cuvette pleine de mercure (fig. 167). Le vide le plus parfait que l'on connaisse se trouvait fait dans le ballon. Si l'on présentait alors un corps chaud à petite distance du ballon, on voyait le thermomètre monter instantanément. Cette instantanéité prouve clairement que ce n'est pas par le verre des parois et de la tige du thermomètre que la chaleur est arrivée à la boule, et que cette chaleur a bien traversé directement le vide du ballon.

La chaleur se propage en ligne droite dans un milieu homogène. On le démontre en prenant deux écrans en carton percés chacun d'un petit trou; tendant une corde qui passe par les deux trous de manière à fixer la position de deux points A et B situés sur la droite qui passe par ces trous : l'un à droite des deux écrans, l'autre à gauche (fig. 111). On place alors un thermomètre très-sensible en A, et l'on présente en B un corps chaud. Immédiatement le thermomètre monte. Il reste au contraire stationnaire si on déplace latéralement un des écrans, ou si l'on sort le thermomètre, ou le corps chaud, de la ligne droite AB.

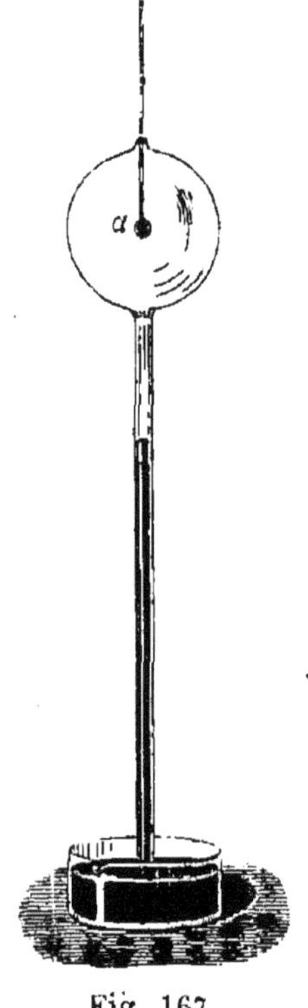

Fig. 167.

Rayon. — On appelle *rayon* la route rectiligne que suit la chaleur pour aller d'un centre calorifique à un point donné de l'espace, et aussi à la chaleur même qui se transmet suivant cette direction. Toutefois, quand nous parlons des effets sensibles produits par un rayon calorifique, il est évident que

nous ne nous en tenons pas à cette définition purement géométrique, et que nous supposons au rayon une certaine
épaisseur, si petite qu'elle soit. C'est un mince faisceau de
rayons que nous considérons et non un rayon seul.

Loi de la distance. — Si nous supposons un corps chaud
de dimensions aussi petites que possible, placé au centre
d'une enceinte sphérique d'un mètre de rayon, la surface
intérieure S de cette sphère recevra dans l'unité de temps
une certaine somme de chaleur Q, et comme la chaleur doit
évidemment se transmettre également dans toutes les directions, l'unité de surface aura reçu la quantité de chaleur $\frac{Q}{S}$.

Ce même corps placé au centre d'une sphère de rayon double
aurait envoyé la même quantité de chaleur Q, à une surface
4 fois plus grande. Ainsi l'unité de surface ne recevrait plus
que la quantité $\frac{Q}{4S}$. *La quantité de chaleur que reçoit perpendiculairement une même étendue de surface placée à différentes distances d'une même source de chaleur est donc en
raison inverse du carré de la distance à la source.*

L'expérience montre en outre que, à distance égale, la
quantité de chaleur que reçoit
cette surface est d'autant plus
petite que les rayons arrivent
à elle sous une incidence plus
oblique. La figure 168 rend le
principe évident, au moins pour
un faisceau de rayons parallèles, *ss'*.

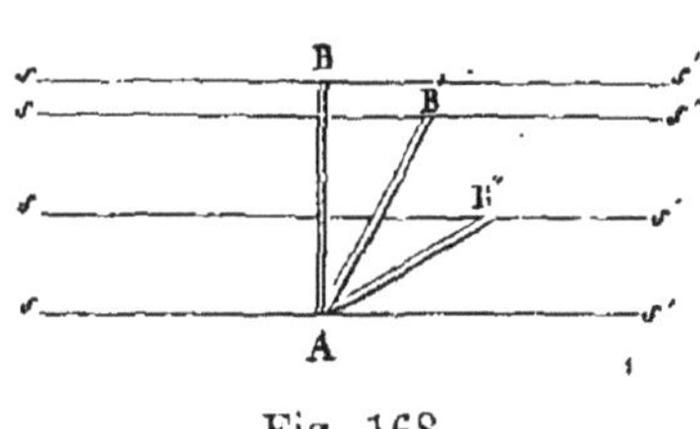

Fig. 168.

Appareils thermoscopiques. — Pour comparer entre
elles les intensités des faisceaux calorifiques, on fait usage
d'instruments appelés *thermoscopes* ou *thermomètres diffé-
rentiels.*

Le thermomètre différentiel de Leslie (fig. 169) se compose
d'un tube calibré, deux fois coudé à angle droit. Au sommet
des branches verticales sont soufflées deux boules d'égal volume. Le tube contient une colonne d'acide sulfurique qui
remplit la branche horizontale et la moitié environ des bran-

ches verticales. Les deux boules étant enveloppées de glace, ou maintenues toutes deux à une même température, les deux niveaux libres doivent être sur un même plan horizon-

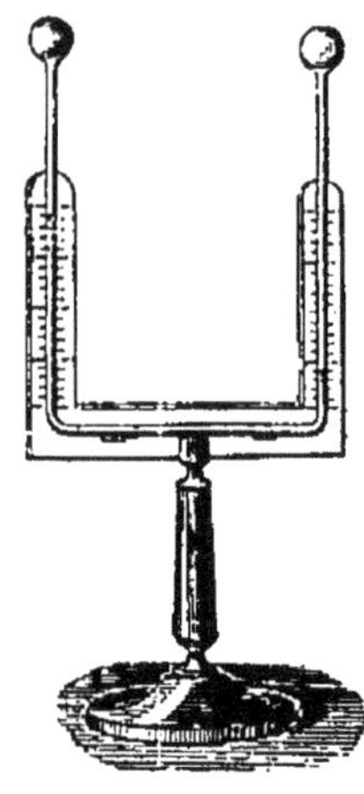

Fig. 169.

tal. Si cette condition n'est pas remplie, on chauffe celle des deux boules qui correspond au niveau' le plus bas, de manière à refouler la colonne liquide dans l'autre branche et à faire passer un peu d'air de cette boule dans l'autre; puis on ramène les deux boules à la même température. Si la condition n'est pas encore remplie, on chauffe de nouveau la boule correspondant au niveau le plus bas, jusqu'à ce qu'on soit arrivé à avoir les deux niveaux exactement à la même hauteur, quand les deux boules sont à la même température. On a ainsi deux masses d'air d'égal volume, ayant même élasticité, à la même température, par conséquent exactement égales. Sur ce niveau commun on marque *zéro*, pour indiquer que la différence de température des deux boules est nulle.

Cela fait, on maintient l'une des deux boules couverte de glace pilée, et l'on entoure l'autre d'un petit manchon contenant de l'eau à 10°. Du côté de cette dernière le niveau s'abaisse; il monte de l'autre d'une quantité égale. On marque 10 à chacun des deux points d'affleurement et on divise l'intervalle en 10 parties égales, puis on poursuit la division au delà de 10 et en deçà de zéro. L'instrument ainsi gradué est propre à mesurer les différences des températures de ces deux boules.

En effet, les deux boules ayant un diamètre beaucoup plus grand que le tube, les déplacements du niveau liquide peuvent être considérés comme n'apportant pas de changement appréciable dans le volume de chacune des deux masses gazeuses, au moins tant qu'il ne s'agira que de petites variations de température. Dès lors il n'y a, par le fait du changement de température, que l'élasticité qui varie. Or nous savons que pour une masse gazeuse dont le volume ne varie pas, les *variations* de l'élasticité sont proportionnelles aux *variations* de la température. On peut dire aussi, car cela revient évidemment au même, que pour deux masses gazeuses, égales et de même volume, invariable d'ailleurs, les différences d'élasticité sont proportionnelles aux différences de température. Or les différences d'élasticité sont mesurées par les différences de niveau. Donc ces différences de niveau sont proportionnelles aux différences de température.

Ainsi lorsque la différence de température des deux boules est de 10^0, la différence de niveau est 2×10 divisions de l'échelle. Réciproquement, lorsque chacun des niveaux sera devant la division t de son échelle, la différence de niveau sera $2 \times t$ divisions et la différence de température t^0.

Le thermoscope ou *thermomultiplicateur* de Melloni est un instrument bien autrement sensible que le thermomètre différentiel de Leslie. Nous ne pouvons actuellement en donner qu'une description très-sommaire ; nous le retrouverons plus tard dans l'étude que nous ferons de l'électricité développée dans les corps conducteurs sous l'influence de la chaleur.

Il se compose (fig. 170) d'une chaîne formée de petites baguettes de bismuth et d'antimoine soudées bout à bout, et repliées l'une sur l'autre sur plusieurs rangées que séparent des feuilles de papier ou de caoutchouc. La masse réunie a la forme d'un dé cubique d'un centimètre environ d'épaisseur, et se loge dans une petite caisse à parois isolantes. Aux deux extrémités, bismuth et antimoine, de la chaîne, s'attachent des fils de cuivre qui vont rejoindre un instrument électroscopique spécialement destiné à constater l'existence, le sens d'un courant voltaïque et à mesurer son intensité, et que l'on appelle un *galvanomètre*. Deux étuis prismatiques, que la figure ne représente point, protégent les faces découvertes de la pile du rayonnement latéral.

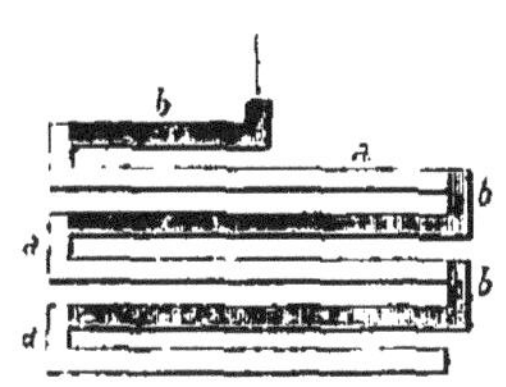

Fig. 170.

D'après l'arrangement des baguettes, toutes les soudures de rang pair sont sur une même face *abcd* du cube (fig. 171), toutes les soudures de rang impair sur la face opposée.

Or l'expérience a montré que lorsqu'on maintient toutes les soudures paires à une certaine température t, et toutes les soudures impaires à une autre température t', il en résulte un

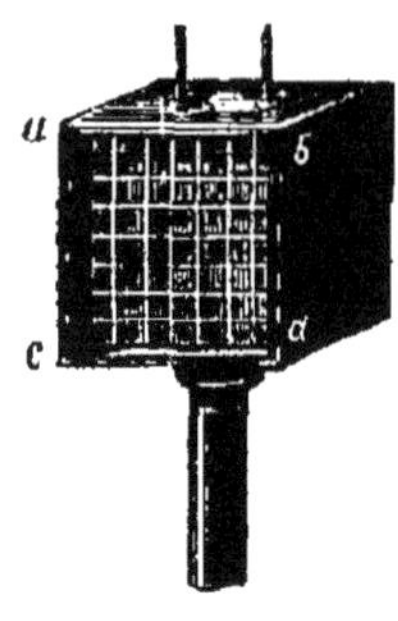
Fig. 171.

développement d'électricité, un courant dans le circuit formé par le thermomultiplicateur, le fil et le galvanomètre. L'expérience a prouvé, en outre, que l'intensité de ce courant, mesurée par le galvanomètre, est proportionnelle à la différence de température des deux ordres de soudures, pourvu que cette différence ne soit pas trop grande. On voit que cet instrument est un véritable thermomètre différentiel.

Voyons maintenant comment ces instruments thermoscopiques peuvent servir à comparer les intensités des faisceaux calorifiques.

Loi de Newton. — Si, dans une enceinte assez vaste pour qu'on puisse admettre que dans un temps donné sa température ne variera pas sensiblement, on place un thermomètre, ayant une température supérieure à celle de l'enceinte, on constate, en observant sa marche descendante, que la température ne s'abaisse pas d'une manière uniforme, c'est-à-dire que pour des intervalles de temps égaux, successifs, elle ne descend pas du même nombre de degrés : en un mot, sa *vitesse* de refroidissement est variable. Pour se faire une idée nette de la vitesse de refroidissement, à un moment donné, supposons qu'à ce moment une cause extérieure quelconque vienne restituer au corps la chaleur au fur et à mesure qu'il la perd, de telle sorte que sa température se maintienne constante en présence de l'enceinte, également à température constante. Dès lors il perdra dans chaque unité de temps une certaine quantité constante de chaleur, qui mesurera sa vitesse de refroidissement dans les conditions où il est pris. L'abaissement de température θ, qui résulterait pour ce corps de la perte de cette quantité de chaleur q, serait tel qu'on aurait $q = pc\theta$; p étant le poids du corps et c sa chaleur spécifique ; θ est donc proportionnel à q.

Or, Newton a établi, sans le démontrer il est vrai, que

dans ces conditions les quantités de chaleur que perd un *même* corps sont proportionnelles aux excès de sa température sur celle de l'enceinte ou du milieu ambiant. L'expérience n'a pas complétement vérifié cette loi, mais elle a montré qu'on pouvait la considérer comme suffisamment exacte quand l'excès de température ne dépasse pas une vingtaine de degrés. Dans ces limites la loi de Newton va nous servir à la comparaison des intensités des faisceaux calorifiques.

Sur le passage d'un faisceau calorifique, limité par deux écrans percés de trous égaux, plaçons l'une des boules A du thermomètre différentiel; l'autre boule B restant en dehors de ce faisceau, dans l'air ambiant, et préservée du rayonnement de la première boule par un petit écran. La boule A va s'échauffer graduellement, ce qu'indiquera le déplacement progressif des niveaux. Mais à mesure qu'elle s'échauffe, elle perd de la chaleur par rayonnement, et d'autant plus qu'elle s'échauffe davantage, et que l'excès de sa température sur celle du milieu ambiant est plus grand, tandis que la quantité de chaleur que le faisceau lui apporte dans l'unité de temps est toujours la même. Il arrivera donc un moment où il y aura égalité entre la quantité de chaleur perdue dans l'unité de temps et la quantité de chaleur reçue. En ce moment la température de la boule A est devenue fixe, ainsi que la différence des niveaux. On se trouve donc dans les conditions où la loi de Newton est applicable, car la vitesse de refroidissement est devenue constante, et l'on peut toujours faire en sorte, par un éloignement convenable de la source calorifique, que la différence de température soit dans les limites voulues. Dès lors la quantité de chaleur perdue dans l'unité de temps par la boule A est proportionnelle à l'excès de sa température sur celle du milieu ambiant, ou à la différence de température des deux boules, mesurée par l'instrument. Donc aussi la quantité de chaleur apportée par le faisceau calorifique dans l'unité de temps, et qui donne la mesure de son intensité, est proportionnelle à la différence des niveaux de l'instrument.

En plaçant de même l'un des systèmes de soudures du thermomultiplicateur à l'encontre du faisceau, tandis que l'autre système de soudures reste à la température du milieu ambiant, le galvanomètre indiquera bientôt l'état stationnaire du thermoscope, correspondant à l'égalité entre la quantité de chaleur reçue par la face échauffée et la quantité de chaleur qu'elle perd par le rayonnement, exactement comme dans le cas précédent; alors la seconde de ces quantités, et par conséquent aussi la première, seront proportionnelles à l'excès de la température de la face échauffée sur la température du milieu ambiant, c'est-à-dire à la différence de température des deux faces de la pile, laquelle est donnée par le galvanomètre.

Nous pouvons envisager la chaleur rayonnée à deux points de vue : par rapport au corps qui l'émet, et par rapport au corps qui la reçoit.

Pouvoirs rayonnants. — Si l'on met un thermoscope en présence, dans des conditions identiques, de surfaces rayonnantes égales de corps de natures diverses, tous pris à la même température, on voit que l'instrument n'est pas affecté de la même façon; c'est ce que l'on exprime en disant que les corps ont des *pouvoirs rayonnants* différents.

En prenant pour unité l'intensité du faisceau calorifique envoyé par l'un de ces corps vers le thermoscope, dans certaines conditions données de température et de position, et lui comparant l'intensité des faisceaux envoyés par les autres corps pris dans des conditions identiques, les nombres qui mesureront les rapports de ces intensités donneront en même temps les pouvoirs rayonnants relatifs, au moins pour les conditions de température de l'expérience.

Voici comment Leslie procédait pour faire cette comparaison. Il prenait pour source de chaleur un cube creux A dont les quatre faces latérales sont formées de substances de nature diverses, laiton, fer, zinc, cuivre par exemple. Ce cube était rempli d'eau qu'il maintenait à une température constante. Le moyen le plus sûr est de la maintenir en ébullition, en plaçant au-dessous du cube une lampe, comme l'indique la figure 172. Leslie avait ainsi quatre lames métalliques d'égale surface, à la même température, 100°. Il tournait alors l'une des faces vers un miroir concave M, destiné à concentrer par la réflexion les rayons qui tombent sur toute sa surface en un point, le foyer, où il plaçait l'une des boules a de son thermomètre différentiel. En outre, pour que la chaleur que reçoit cette boule ne la traverse pas sans l'échauffer, ce que pouvait faire prévoir la transparence du verre, Leslie la recouvrait de noir de fumée. Des écrans B, C, percés de larges

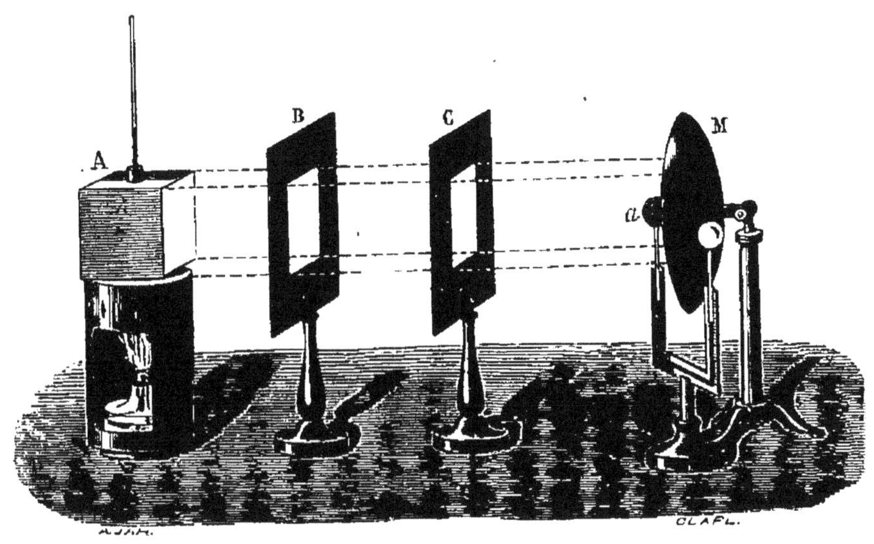

Fig. 172.

trous déterminaient la forme et les dimensions du faisceau calorifique. Enfin un écran opaque, qu'on n'a pas représenté sur la figure, préservait de tout rayonnement la seconde boule du thermoscope, que l'on pouvait d'ailleurs cacher derrière le miroir. Pendant l'ajustement des diverses parties de l'appareil, un large écran, supprimé également sur le dessin, masquait le cube. Toutes choses étant mises en place, Leslie abattait cet écran et attendait que le thermomètre différentiel fût devenu stationnaire; il notait alors la différence des niveaux $2t$, puis remettant l'écran en place, il laissait le thermomètre différentiel revenir au zéro. Il tournait alors une autre face du cube vers le miroir, abattait l'écran, et quand les niveaux avaient pris leur position d'équilibre, il mesurait la nouvelle différence $2t'$. Les intensités des deux faisceaux sont entre elles, d'après ce qui a été expliqué précédemment, comme les nombres t et t'. Or elles sont aussi évidemment entre elles comme les pouvoirs rayonnants R et R' des substances qui forment les deux faces, puisque toutes les circonstances sont identiquement les mêmes, sauf les différences de pouvoirs rayonnants. On a donc

$$\frac{R}{R'} = \frac{t}{t'}.$$

On peut maintenant appliquer sur l'une des faces du cube du noir de fumée, une couche de blanc de céruse, du vernis, etc., et l'on aura ainsi les pouvoirs rayonnants de ces corps. En effet, Leslie a fait voir que lorsque l'on applique sur une des faces du cube une couche très-mince de vernis, puis une seconde, une troisième, etc., à chaque couche surajoutée, l'intensité du faisceau calorifique change, jusqu'à ce que la couche totale ait atteint une certaine limite d'épaisseur toujours très-faible, au delà de laquelle l'intensité ne change plus. Cette intensité constante est d'ailleurs la même, quelle que soit la nature de la face du cube sur laquelle elle est appliquée. Il en résulte que l'intensité du faisceau émis ne dépend que de l'état de la couche superficielle, et qu'une plaque de ferblanc recouverte d'une couche suffisamment épaisse de noir de fumée ou de céruse donne le pouvoir rayonnant du noir de fumée ou de la céruse.

Depuis la découverte du thermo-multiplicateur, ces expériences ont été reprises avec cet appareil, plus délicat que le thermomètre différentiel; d'ailleurs la méthode expérimentale reste la même.

De tous les corps le noir de fumée est celui qui a le pouvoir rayonnant le plus grand. Si on suppose ce pouvoir rayonnant égal à 100^0, on aura pour les corps suivants, et dans le cas où tous ces corps sont à 100^0 :

Noir de fumée...	100
Céruse...	100
Papier...	98
Verre...	90
Encre de Chine...	85
Feuille d'argent sur verre...	27
Fonte et fer...	24

Acier poli.................. ⎞
Platine.................... ⎬ 17
Métal de miroir .... ⎠
Étain .... ⎱
Cuivre verni............. ⎰ 14
Laiton fondu.............. ... 14
Laiton battu et poli. 7
Cuivre rouge non verni...... 7
Or plaqué................. 5
Or sur acier, poli.......... 3
Argent battu poli.......... 3

On voit sur ce tableau combien sont faibles les pouvoirs rayonnants des métaux relativement à ceux des substances non métalliques. Plus leur surface est polie, plus le pouvoir rayonnant est faible. Si on strie la surface d'un métal battu ou laminé, on augmente son pouvoir rayonnant; le contraire a lieu si l'on a affaire à un métal fondu et dont la couche superficielle n'a pas subi de tassement sous l'influence d'actions mécaniques. Quant aux corps qui ne s'écrouissent pas sensiblement, marbre, pierre calcaire, le striage de la surface n'apporte aucune modification dans le pouvoir rayonnant.

Leslie croyait que d'une manière générale les corps de couleur sombre ont un pouvoir rayonnant plus grand que les autres. On voit que cela est faux, au moins pour les basses températures, puisque le blanc de céruse a un pouvoir rayonnant égal à celui du noir de fumée, et que le papier a un pouvoir rayonnant supérieur à celui de l'encre de Chine.

Réflexion. — Diffusion. — Transmission. — Absorption. — Si nous considérons maintenant le faisceau calorifique à son arrivée sur le corps qui le reçoit, nous trouvons qu'une partie de ce faisceau franchit la surface pour pénétrer dans la masse; le reste est renvoyé en avant du corps par réflexion. Sur la portion qui pénètre dans le corps, une certaine fraction peut rester *absorbée* et déterminer l'échauffement du corps; la fraction complémentaire traverse le corps, comme la lumière traverse l'air ou le verre, par *transparence*. Sur la portion qui se trouve renvoyée en avant, une fraction plus ou moins considérable est réfléchie régulièrement, suivant la loi que nous avons déjà énoncée pour la réflexion lumineuse. La fraction complémentaire se dissémine dans toutes les directions par une sorte de réflexion irrégulière qu'on appelle la *diffusion* et qui se manifeste également à l'incidence de la lumière ; c'est la diffusion qui nous rend visibles les corps qui ne sont point lumineux par eux-mêmes.

La chaleur peut donc être réfléchie, diffusée, transmise ou absorbée.

Si l'on compare, à l'aide des appareils thermoscopiques, l'intensité du faisceau réfléchi, transmis, absorbé, diffusé, à celle du faisceau incident, le nombre qui donnera la valeur de ce rapport sera la mesure, au moins dans les conditions de l'expérience, de ce que l'on appelle le pouvoir *réflecteur, diathermane, absorbant, diffusif* de la substance sur laquelle on opère.

Démontrons d'abord l'existence de ces quatre pouvoirs, nous verrons ensuite comment on les mesure.

Si on fait tomber sur une plaque d'acier poli un faisceau de rayons calorifiques parallèles, envoyé par le cube de Leslie ou par un boulet chauffé au rouge, et limité par deux écrans percés de trous (fig. 173), on trouvera que pour une

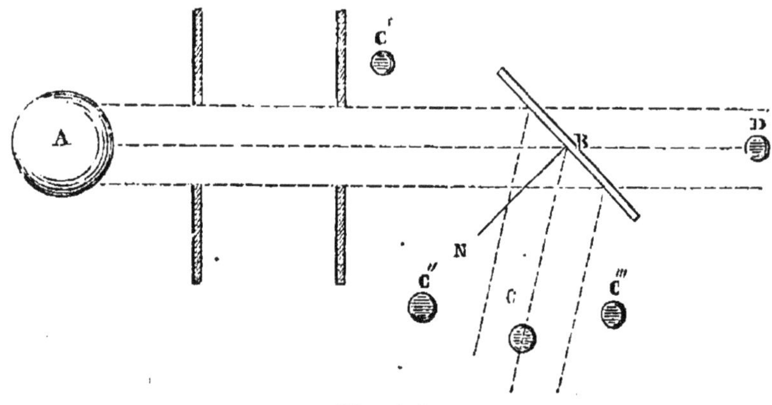

Fig. 173.

certaine direction donnée AB du faisceau incident il y a toujours une direction correspondante BC, telle que si l'on y place la boule du thermomètre différentiel, ou l'une des faces du thermo-multiplicateur, l'instrument indique immédiatement une élévation de température notable ; tandis que dans toute autre position C′, C″, C‴, prise en dehors de cette direction, l'instrument reste, *à très-peu de chose près*, stationnaire. Cette direction BC et la direction AB satisfont aux deux lois suivantes que nous rappelons : 1° elles sont comprises dans un même plan perpendiculaire à la surface réfléchissante ; 2° elles font des angles égaux avec la surface, ou avec la perpendiculaire à cette surface menée au point d'incidence.

Ce sont précisément les lois de la réflexion lumineuse. De là un moyen indirect de vérification.

Si on dispose en face l'un de l'autre deux miroirs sphéri-

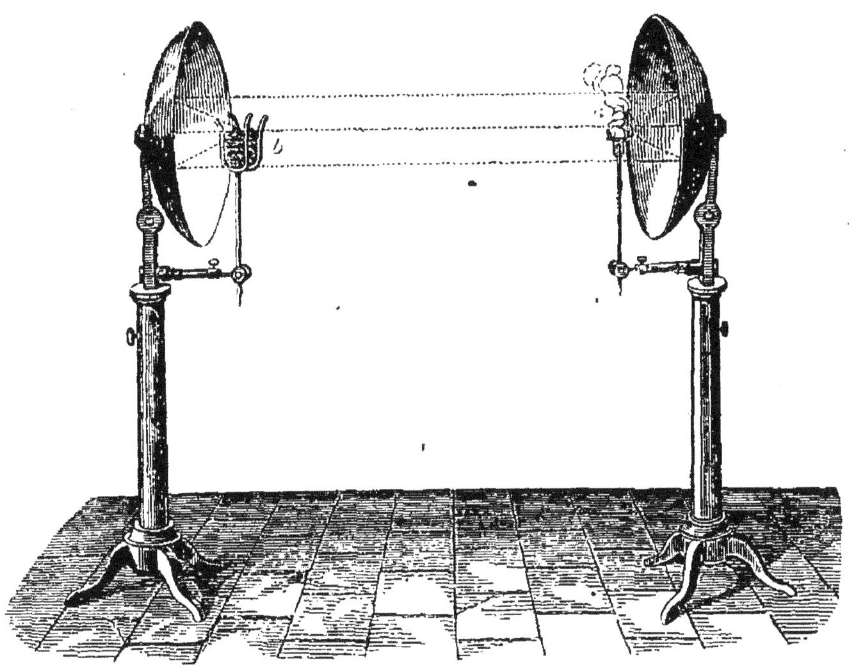

Fig. 174.

ques concaves, de telle sorte que les deux centres et les deux points milieux des surfaces (pôles) soient sur une même droite (fig. 174) ; la théorie de la réflexion lumineuse et l'expérience montrent que quand on placera au point *b*, milieu du rayon de l'un des deux miroirs, la flamme d'une bougie, les rayons émanant de *b* iront se réfléchir sur ce miroir, puis, rendus par la réflexion parallèles à la ligne des centres, tomberont sur le second miroir et viendront après cette seconde réflexion se croiser au point *a*, milieu du rayon, pour y former, sur un écran que l'on placerait en ce point, une image très-nette de la flamme. Or si les lois de la réflexion calorifique sont les mêmes que celles de la réflexion lumineuse, les rayons calorifiques partis de la même façon du point *b*, doivent venir aussi se concentrer en *a* ; de telle sorte, que si on place en *b* un boulet chauffé au rouge, ou une grille chargée de charbons bien allumés, on devra voir de l'amadou, du coton-poudre, exposés en *a*, prendre feu rapidement ; et c'est en effet ce qui arrive. D'ailleurs les miroirs eux-mêmes s'échauffent à peine s'ils sont bien polis. Cette expérience est connue sous le nom d'expérience des miroirs d'Archimède.

Il est inutile de démontrer l'existence du pouvoir absorbant ; dès l'instant qu'un corps, mis en présence d'une source de chaleur s'échauffe, comme il n'y a pas à en douter, cela indique à coup sûr qu'il retient et absorbe de la chaleur.

On sait depuis longtemps qu'un corps, séparé d'un foyer de chaleur par une plaque de verre, s'échauffe rapidement. Ainsi nous voyons la chaleur que nous apporte le soleil traverser les vitres d'une fenêtre fermée, avec la lumière elle-même. Mais on a pu se demander si c'était bien par une sorte de transparence analogue à la diaphanéité, ou si cette transmission ne serait pas simplement la conséquence de l'échauffement du verre, qui rayonnerait ensuite par sa face postérieure la chaleur reçue sur sa face antérieure, et propagée de l'une à l'autre par conductibilité.

Mais nous savons que la conductibilité du verre est presque nulle, et cependant l'effet calorifique se produit, sur un thermomètre sensible, d'une manière instantanée. De plus, mettons à la place du verre une plaque de glace à zéro. La glace ne peut s'échauffer, elle ne peut que fondre sans dépasser la température zéro ; et cependant le thermomètre monte encore instantanément.

En laissant écouler par une fente horizontale l'eau contenue dans un bassin, on obtient une nappe parabolique d'une certaine épaisseur, et qui, se renouvelant incessamment devant un foyer de chaleur, n'a évidemment pas le temps de s'échauffer d'une manière sensible. Or un thermoscope placé derrière la nappe indique une élévation de température, tout aussi grande, et tout aussi rapide, que si la nappe était immobile.

Enfin s'il était vrai que l'échauffement par absorption, puis le rayonnement du corps interposé, fussent la cause de l'échauffement du thermoscope, n'est-il pas évident que tout ce qui tendrait à augmenter le pouvoir absorbant et le pouvoir rayonnant de ce corps devrait par cela même augmenter l'effet thermométrique produit? Or, l'expérience prouve tout le contraire. Couvrons la plaque de verre de noir de fumée, qui est la substance qui rayonne et absorbe le mieux la chaleur, et dans ces conditions le thermoscope placé derrière n'indique plus aucun échauffement, si ce n'est au bout d'un temps considérable.

Toutes ces expériences et bien d'autres encore faites par Prévost de Genève, Delaroche, Melloni, mettent hors de doute la propriété que possèdent certains corps de transmettre instantanément la chaleur par une sorte de transparence que nous appellerons *diathermanéité.*

Quant au pouvoir diffusif, nous disions plus haut qu'en plaçant le thermoscope dans la direction BC, déterminée par les lois de la réflexion lumineuse, on avait, avec l'acier poli, un maximum d'échauffement; et que dans toute autre position, C', C", C''', le thermoscope restait *à peu près* stationnaire. Dès l'instant où il ne l'est pas *complétement*, c'est qu'il y a de la chaleur envoyée dans d'autres directions que dans celle de la réflexion régulière. Si la surface est rugueuse, l'indication thermoscopique s'élève notablement et peut devenir comparable à celle que l'on obtient dans la direction BC, supérieure même. Il est vrai qu'on pourrait encore reproduire ici l'objection faite pour la diathermanéité, et dire que la plaque s'échauffe pour rayonner ensuite ; d'autant mieux que le plus ou moins de conductibilité de la substance serait ici sans influence, puisque ce serait la même face qui s'échaufferait et rayonnerait ensuite. Or l'expérience a montré que le verre, diathermane pour la chaleur venant d'une source à la fois calorifique et lumineuse, comme la flamme d'une lampe ou d'un boulet chauffé à blanc, ne l'est plus d'une manière sensible pour la chaleur venant d'une source calorifique obscure, comme une plaque chauffée à 100° ou 200°. Si l'on interpose une plaque de verre entre la plaque réfléchissante recevant les rayons d'une lampe et le thermoscope placé en C', C'', C''', celui-ci monte encore. La chaleur a donc été renvoyée par la face antérieure de cette plaque, telle que la source la donnait, et sans pénétrer dans le corps pour l'échauffer, car si elle eût été absorbée, elle serait devenue chaleur obscure et ne serait plus transmise par le verre.

Voyons maintenant ce que l'expérience a fait connaître relativement aux valeurs des pouvoirs réflecteurs, diffusifs, etc., dans les divers corps.

Pouvoir diathermane. — Pour mesurer le pouvoir diathermane, voici comment procédait M. Melloni :

Sur une règle horizontale dressée de champ (fig. 175) et

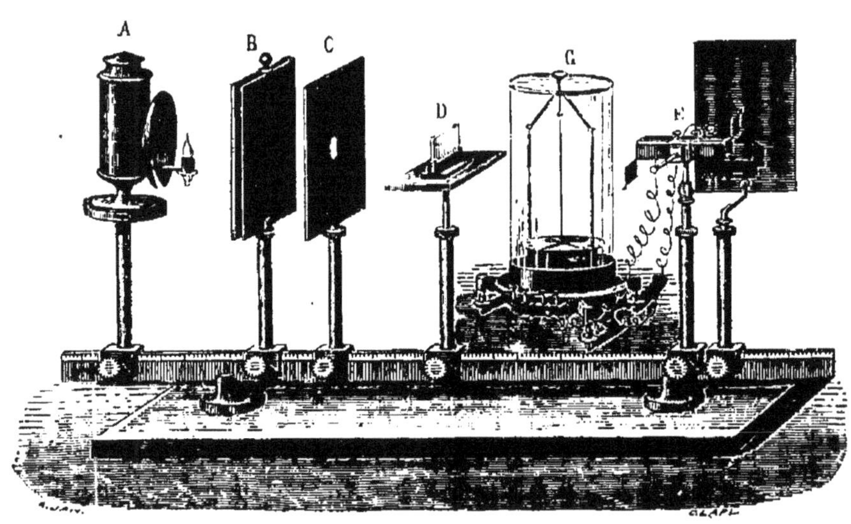

Fig. 175.

divisée en millimètres se montent, au moyen de tiges à pinces, munies de vis de pression, successivement une lampe ou un cube de Leslie A, un écran à genouillère B, un second écran C, percé d un trou rond, pour limiter l'étendue du faisceau, puis une tablette D, destinée à recevoir les corps que l'on placera sur le passage du faisceau, enfin le thermo-multiplicateur E, protégé par des écrans contre le rayonnement latéral des objets voisins.

Toutes choses étant mises en place, et le galvanomètre G relié par des fils de cuivre au thermo-multiplicateur, on abaisse l'écran de manière à faire tomber le faisceau calorifique sur la face noircie de la pile thermo-électrique, puis, quand le galvanomètre indique l'état d'équilibre, on note son indication. On relève alors l'écran ; on laisse la face échauffée de la pile se refroidir, ou l'on échauffe l'autre face pour arriver plus vite à l'égalité de température. On pose sur la tablette le corps taillé sous forme de plaque, et l'on abaisse l'écran. On note l'indication du galvanomètre, correspondant au nouvel état d'équilibre. En divisant le second nombre par le premier, on a évidemment le rapport entre l'intensité du faisceau transmis et celle du faisceau incident.

Pour les liquides, on les enferme dans une petite auge en verre, parallélipipédique, et l'on compare alors l'intensité du faisceau transmis par l'auge pleine à celle du faisceau transmis par l'auge vide, ce qui évite de tenir compte de l'absorption produite par le verre.

Les principaux résultats fournis par ces expériences sont les suivants :

1° La quantité de chaleur transmise par une plaque est d'autant plus grande, que sa surface a un poli plus parfait, toutes circonstances égales d'ailleurs.

2° L'intensité du faisceau transmis diminue à mesure que l'épaisseur de la plaque augmente, mais la perte n'est pas proportionnelle à l'épaisseur; et, pour les corps cristallisés, la perte n'augmente plus au delà d'une certaine limite d'épaisseur. Il suit de là que la chaleur traverse d'autant plus facilement un corps, qu'elle a déjà traversé une certaine épaisseur de la même substance.

3° Pour des plaques de même épaisseur des diverses substances, placées dans des conditions identiques, le rapport

entre l'intensité du faisceau transmis et celle du faisceau incident, *rapport qui mesure alors le pouvoir diathermane*, varie
avec la nature de ces substances, comme on peut le voir dans
le tableau suivant :

La source de chaleur était la flamme d'une lampe à mèche
pleine, sans verre, dite lampe Locatelli.

Substances interposées.	Intensité du faisceau transmis, faisceau incident = 100.
Solides, épaisseur 2ᵐᵐ,6.	
Sel gemme incolore.............	92
Fluorine incolore.................	78
Spath d'Islande....	39
Verre de glace......	39
Borax	18
Gypse	14
Acide citrique....................	11
Alun...........	9
Sucre candi......................	8
Glace	6
Liquides, épais. 2ᵐᵐ,2.	
Chlorure de soufre................	63
Sulfure de carbone................	53
Essence de térébenthine...........	31
Éther.............................	21
Acide sulfurique incolore..........	17
— nitrique —	15
Alcool............................	15
Eau sucrée...........	12
Eau distillée......................	12

4° La chaleur, suivant qu'elle émane d'une source calorifique lumineuse, ou d'une source calorifique obscure, n'est pas
transmissible par un même corps dans la même proportion.
Melloni l'a constaté, en employant successivement comme
source de chaleur une lampe Locatelli, une spirale de platine
portée à l'incandescence, une plaque de cuivre chauffée à
400°, enfin le cube de Leslie, chauffée à 100°. Chaque fois
qu'il commençait une série d'expériences avec l'une de ces
sources, il avait soin de la placer à distance telle que le
faisceau incident, tombant directement sur le thermoscope,
donnât la même indication, pour que ces quatre faisceaux aient
même intensité.

S'ils sont de même intensité, ils ne sont pas de même na-

ture, puisqu'ils ne sont pas transmis dans la même proportion, comme le montre le tableau suivant :

	Lampe Locatelli.	Platine incandescent.	Cuivre à 400°.	Cube à 100°.
Rayonnement direct.	100	100	100	100
Sel gemme.........	92	92	92	92
Fluorine..........	78	69	42	33
Spath.............	39	28	6	0
Verre de glace......	39	24	6	0
Quartz.............	37	28	6	0
Acide citrique.......	11	2	0	0
Alun..............	9	2	0	0
Glace	6	0	0	0

Le sel gemme se montre le seul corps également transparent pour les quatre faisceaux ; tous les autres corps se montrent plus transparents pour la chaleur lumineuse que pour
la chaleur obscure. Le verre paraît dénué de la faculté de
transmettre les rayons venant d'une source calorifique au
dessous de 100°. Nous avons vu comment on tirait parti de
cette propriété pour la démonstration du pouvoir diffusif.
L'emploi des cloches à melons, des serres et des châssis vitrés
est fondé sur cette propriété du verre. La chaleur solaire traversant le verre, arrive échauffer la plante et le sol. Mais elle
devient alors chaleur obscure, et ne peut plus ressortir.

Contrairement à la loi générale, le sel gemme couvert d'une
couche mince de noir de fumée, le verre vert, la tourmaline
sont plus transparents pour la chaleur obscure que pour la
chaleur lumineuse.

La conclusion de ces expériences, c'est que la chaleur venant des diverses sources n'a pas, à intensité égale, la même
nature : qu'elle se compose, comme la lumière, de rayons de
diverses natures, inégalement absorbables par les corps, j'a-
jouterai même inégalement réfrangibles ; car on a démontré
que la chaleur se réfracte comme la lumière, et que les rayons
les plus réfrangibles sont ceux qui dominent dans les faisceaux
calorifiques des sources lumineuses. On peut donc dire que
les corps diathermanes sont plus ou moins transparents pour
telle ou telle catégorie de rayons calorifiques, comme les corps

diaphanes sont plus ou moins transparents pour telle ou telle
espèce de rayons lumineux, jaunes, verts, bleus, etc. Ce qui
revient à dire qu'il existe une sorte de *coloration* pour la
chaleur, et Melloni a proposé pour l'exprimer le mot de
thermochroïsme.

Pouvoir réflecteur. — Leslie a mesuré les pouvoirs réflecteurs relatifs des corps de la manière suivante. — Il disposait
comme nous l'avons déjà indiqué l'une des faces du cube à
100° devant un miroir réflecteur, mais au lieu de placer la
boule focale de son thermoscope au' foyer du miroir, il établissait une petite plaque *ab* de la substance dont il voulait
mesurer le pouvoir réflecteur entre ce foyer F et le miroir,
de telle sorte qu'une seconde réflexion renvoyât les rayons au
point O (fig. 176) ; et c'est en ce point O qu'il mettait la boule

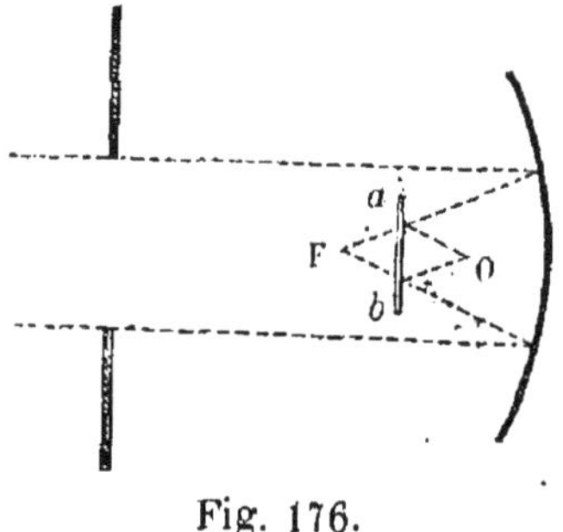

Fig. 176.

noircie de son thermomètre différentiel. Toutes choses restant les
mêmes dans les diverses expériences, sauf la nature de la plaque
réfléchissante *ab*, il est évident que
le faisceau qui tombait sur cette
plaque conservait toujours la même
intensité ; Leslie admettait alors
que les quantités de chaleur ren-
voyées en O et absorbées par la
boule locale, sont proportionnelles aux pouvoirs réflecteurs
des plaques que l'on mettra successivement en *ab*.

Toutefois, cette méthode ne donne que les rapports des pouvoirs réflecteurs, et non le rapport du faisceau réfléchi au
faisceau incident. — De plus ce faisceau incident qui est convergent, se compose de rayons inégalement inclinés sur la
plaque, ce qui rend le résultat complexe.

Aussi M. Melloni a-t-il repris ces expériences dans des
conditions qui pussent fournir un résultat plus satisfaisant.

Sur la règle que nous avons décrite déjà, supposons montés
de la même façon la source calorifique A, les écrans B, C, la
colonne D portant la tablette sur laquelle nous avons à poser
la plaque réfléchissante (fig. 177). Le fût de cette colonne servira de pivot à une seconde règle HH mobile dans un plan

horizontal, et qui portera la pile thermo-électrique et ses écrans protecteurs.

On placera d'abord la règle mobile au-dessus de la règle fixe, de telle sorte que le faisceau calorifique puisse tomber directement de la source sur la face extérieure de la pile, et l'on notera l'indication du galvanomètre; puis, relevant l'écran à genouillère B, on posera sur la tablette D une plaque de

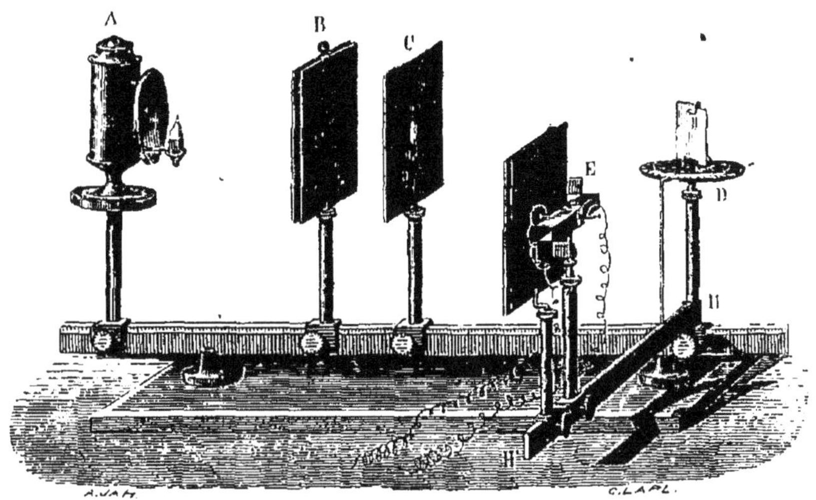

Fig. 177.

laiton, de glace, de carton, sous un certain angle avec la direction de la règle, fixe. On fera tourner alors la règle mobile, de manière à l'amener sur la direction de la réflexion régulière. — Un cercle divisé tracé sur la tablette D permettra de trouver facilement cette direction, déterminée comme on l'a vu (fig. 173) par la relation

$$\text{angle ABN} = \text{angle CBN},$$

relation que l'appareil même peut servir à vérifier.

. Un large écran que la figure ne représente pas, garantira la pile du rayonnement direct de la source de chaleur.

Les choses ainsi placées, on abaisse l'écran B; le faisceau réfléchi arrive ainsi sur la pile en parcourant d'ailleurs la même distance que le faisceau direct. — Si on prend le rapport de l'indication actuelle du galvanomètre à l'indication qui correspondait à l'incidence directe, on a le pouvoir réflecteur de la substance.

Une fois qu'on a le pouvoir réflecteur pour un corps, on peut ensuite procéder par comparaison pour les autres, en se bornant à changer la nature de la plaque réfléchissante, mais en conservant exactement sa position. — Les rapports des indications du galvanomètre donneront les pouvoirs réflecteurs relatifs. — Il suffira de multiplier par ces rapports le pouvoir réflecteur du premier corps, pour avoir les pouvoirs réflecteurs de tous les autres.

De temps en temps on ramènera le thermoscope sur la direction de la règle fixe, pour s'assurer que le faisceau incident conserve bien la même intensité.

Cette disposition d'expérience permet de faire varier à volonté la grandeur de l'angle d'incidence : et aussi de changer la nature de la source.

Le pouvoir réflecteur reste sensiblement le même depuis l'incidence normale jusqu'à 30° environ de cette incidence ; au delà il augmente rapidement et suivant la même loi que pour la réflexion lumineuse.

En représentant par 100 l'intensité du faisceau incident, donné par la lampe Locatelli, l'intensité du faisceau réfléchi, sous l'incidence normale, est représentée par les nombres suivants, en regard desquels nous mettons le pouvoir rayonnant :

	P. réflect.	P. rayonnant.
Plaqué d'argent.................	97	3
Cuivre rouge..................	93	7
Laiton......................	93	7
Acier......................	82,5	17,5
Zinc......................	81	19
Fer........................	76	24

Les corps dont nous donnons les noms ne sont point diathermanes ; et quand ils sont polis, comme cela avait lieu dans ces expériences, ils n'ont pas non plus de pouvoir diffusible sensible. Il en résulte que toute la chaleur qui n'est pas réfléchie est absorbée ; le pouvoir absorbant est complémentaire, pour ces corps, du pouvoir réflecteur. Or les nombres qui mesurent les pouvoirs rayonnants sont précisément complémentaires du pouvoir réflecteur. Il en résulte évidemment l'égalité du pouvoir absorbant et du pouvoir rayonnant.

Melloni avait cru observer que le pouvoir réflecteur des métaux est indépendant de l'origine du faisceau, qu'il est le même pour la chaleur lumineuse que pour la chaleur obscure. — Mais des expériences plus exactes faites par MM. Jamin et Laprovostaye ont montré qu'il y avait là encore un parallélisme complet entre les effets produits par la lumière et ceux que produit la chaleur : que les rayons calorifiques d'inégale réfrangibilité sont réfléchis dans des proportions différentes, et que le pouvoir réflecteur est sensiblement le même pour les rayons calorifiques et pour les rayons lumineux ayant même réfrangibilité.

Les métaux et surtout le laiton paraissent réfléchir en plus forte proportion les rayons les moins réfrangibles, qui dominent, comme nous l'avons dit, dans les faisceaux émanant des sources obscures.

Pouvoir absorbant. — Leslie a essayé de mesurer directement les pouvoirs absorbants relatifs, en plaçant au foyer de son réflecteur la boule de son thermoscope, recouverte d'une couche, ou d'une feuille, du corps dont il voulait connaître le pouvoir absorbant. — Il admettait que les indications du thermomètre différentiel étaient proportionnelles aux quantités de chaleur perdues, par suite aux quantités de chaleur absorbées dans l'unité de temps, c'est-à-dire au pouvoir absorbant. Mais il est clair qu'il y avait là une extension non justifiée de la loi de Newton. Cette loi s'applique aux quantités de chaleur que perd un *même* corps placé successivement dans des conditions différentes par rapport au milieu ambiant, mais non point aux quantités de chaleur perdues par des corps différents. L'expérience prouve qu'interprétée dans ce sens, elle est complétement fausse. Cette méthode ne pourrait être appliquée qu'au cas où l'on voudrait étudier les variations du pouvoir absorbant d'un même corps, placé en présence de sources calorifiques de natures différentes, lumineuses et obscures, et c'est ce qu'a fait Melloni, ce qu'ont fait aussi MM. Laprovostaye et Desains.

En s'appuyant sur le fait que nous avons signalé tout à

l'heure pour les corps athermanes polis, et de plus sur une expérience de Dulong, qui a constaté qu'un thermomètre placé à $0°$ dans une enceinte à $10°$, met le même temps à se refroidir, qu'il met à s'échauffer lorsqu'il est placé à $0°$ dans la même enceinte à $10°$, on admet l'égalité des pouvoirs rayonnant et absorbant pour un même corps. — Toutefois cette égalité ne se soutient pas à toute température.

Les expériences de Melloni ont démontré que le pouvoir absorbant d'un corps varie avec la nature du faisceau calorifique. Ainsi nous avons vu que le noir de fumée et la céruse avaient le même pouvoir rayonnant, par suite le même pouvoir absorbant, pour la chaleur obscure. — Il s'en faut de beaucoup qu'il en soit ainsi pour la chaleur lumineuse.

	Ch. solaire.	Lampe Locatelli.	Plat. incand.	Cuivre à 100°.
Noir de fumée	100	100	100	100
Céruse...........	9	24	56	100

Il est probable qu'il en est de même, d'une manière générale, pour les objets noirs, vêtements, cuirs teints, qui s'échauffent si rapidement au soleil, tandis que les mêmes objets en blanc ne s'échauffent pas sensiblement.

Pouvoir diffusif. —Nous venons de voir comment on mesurait le pouvoir diathermane et le pouvoir réflecteur; le pouvoir rayonnant donne la mesure du pouvoir absorbant; il ne reste plus que le pouvoir diffusif, dont il est à peu près impossible d'avoir la mesure directe, mais dont on peut calculer la valeur, puisqu'il est complémentaire de la somme des trois autres pouvoirs.

Équilibre mobile de température. — Nous avons dit, lorsque nous avons posé les définitions des mots température et thermomètre, que lorsque l'on plaçait en présence les uns des autres des corps pris dans des conditions de température quelconque, les uns s'échauffent, les autres se refroidissent, jusqu'à un moment où chacun d'eux se maintient à un état de température stationnaire. Cet état établi, faut-il admettre que les corps qui s'étaient jusque-là refroidis par rayonnement ne rayonnent plus? Évidemment il est à la fois plus logique et plus simple d'admettre que tous rayonnent encore de la chaleur, que tous en absorbent encore; — seulement qu'à partir du moment d'équilibre, chacun d'eux reçoit autant de chaleur qu'il en perd. Nous avons déjà admis implicitement ce principe en expliquant l'emploi du thermomètre différentiel. Il est connu dans la science sous le nom de principe de l'*équilibre mobile* de température.

Lorsqu'un corps est en présence d'un corps plus chaud que lui, il en reçoit de la chaleur, mais il lui en envoie également. — Seulement il en reçoit plus qu'il n'en envoie, et s'échauffe. Quant au premier, il se refroidit, non pas que l'autre lui envoie du *froid;* ce ne serait là qu'une expression figurée, mais il perd plus de chaleur qu'il n'en reçoit, voilà pourquoi sa température s'abaisse.

CHAPITRE XVIII.

MÉTÉOROLOGIE.

La météorologie a pour but l'étude des grands phénomènes physiques qui s'accomplissent dans notre atmosphère, et
que l'on appelle *météores*, les vents, la pluie, la neige, la
grêle, les orages, les trombes, etc. L'étude de ces phénomènes ne peut être qu'une statistique raisonnée. Il est évident que dans cet ordre de faits nous ne pouvons appeler à
notre aide l'expérience; que nous ne pouvons qu'observer et
enregistrer les faits, noter leurs relations de concomitance,
quand elles apparaissent nettement. Or, bien que depuis le
commencement du monde l'homme ait été à même d'observer ces phénomènes, et d'en ressentir les effets, ce n'est que
depuis bien peu de temps, un siècle à peine, que ces observations ont pris, par l'usage fréquent du thermomètre, du baromètre, etc., un caractère d'ensemble et de méthode, une
forme scientifique; on a imaginé des instruments destinés à
mesurer les quantités de pluie tombées, la fréquence, la direction, la force du vent, etc.

Les phénomènes observés dépendent de causes si multiples, si complexes, qu'on comprend là nécessité d'un grand
nombre d'observations, dans les circonstances les plus diverses, pour arriver à démêler la part, plus ou moins importante, que telle ou telle cause peut avoir dans la production
d'un phénomène météorologique. De là le peu de progrès
que cette science a faits jusqu'ici; aussi, laissant de côté les
théories plus ou moins hasardées qu'a enfantées l'esprit de
système, nous bornerons-nous à l'énoncé des résultats généraux les plus saillants sur la climatologie, et sur les principaux météores aqueux.

L'un des éléments les plus importants desquels dépend le climat d'une localité, est à coup sûr la température. Voyons comment on peut étudier ses variations.

Température. — Un thermomètre appliqué contre un mur n'accuse pas uniquement la température de l'air ambiant. Il subit l'influence de son support, et aussi celle des corps environnants qui rayonnent vers lui; et comme l'air est un corps d'une très-petite masse et d'une chaleur spécifique très-faible, ces influences étrangères ont une grande importance, et il faut autant que possible chercher à les annuler.

Il faudra donc employer un thermomètre gradué sur tige, donnant, de $-20°$ à $+40°$, le cinquième de degré; établir ce thermomètre au moyen de deux tringles horizontales à environ un mètre du mur; ce mur doit être exposé au nord, pour que le thermomètre ne reçoive jamais les rayons du soleil. Une sorte de chapeau placé au-dessus du thermomètre, le garantira de la pluie. Enfin, les lectures devront se faire à distance, pour que l'observateur n'influe pas par son voisinage trop immédiat sur la température de l'instrument.

Maintenant comment devra-t-on observer? Il est certain que plus les observations seront rapprochées, plus on sera à même de connaître la loi continue de la variation. On a en effet commencé par observer d'heure en heure. Mais au bout d'un certain temps, on a reconnu que la moyenne de ces vingt-quatre observations ne différait pas sensiblement de celle qu'on obtenait avec quatre observations seulement prises vers le lever du soleil, vers dix heures, quatre heures et dix heures du soir. On se borne donc actuellement à ces quatre observations; en en prenant la moyenne arithmétique, on aura la température moyenne du jour. Si l'on fait la somme des moyennes de chaque jour d'un mois, et si l'on divise par le nombre de jours, on aura la *moyenne mensuelle*. Enfin, si on fait la somme des moyennes mensuelles et qu'on la divise par douze, on aura la *moyenne annuelle*.

Chaque jour la température passe par un *maximum* et par un *minimum*. Le *maximum* a lieu généralement vers deux heures de l'après midi. Le *minimum* dans la nuit, aux approches du lever du soleil, ou même un peu après. En prenant la moyenne arithmétique de ces deux nombres, on a encore une valeur approchée de la température moyenne du jour.

Les températures *maximum* et *minimum*, se déterminent à l'aide de thermomètres construits d'une façon particulière.

Thermomètre à maximum. — Le thermomètre à maximum AB (fig. 178) est un thermomètre à mercure établi horizontalement, et dont le tube contient un petit index en acier, entouré d'un cheveu qui presse légèrement par son élasticité sur la paroi du tube. En communiquant au tube légèrement incliné, de petites secousses on amène l'index à reposer sur la surface du mercure. La température venant à s'élever, le mercure, en se dilatant, pousse l'index devant lui. Si au contraire la température s'abaisse, le mercure

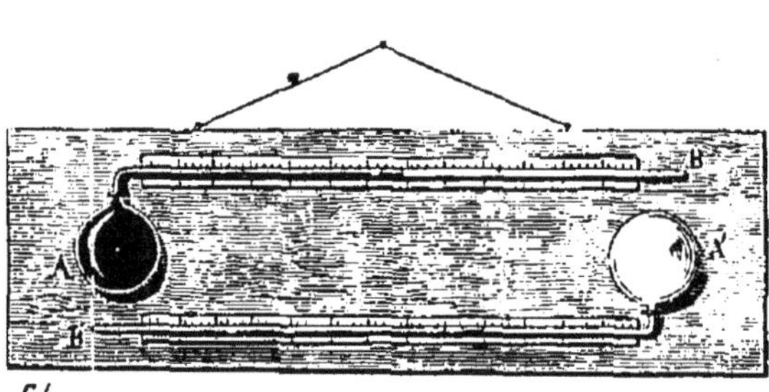

Fig. 178.

en se retirant laissera l'index en place. Celui-ci indiquera donc par son extrémité la plus rapprochée de la boule, la température maximum du jour.

Thermomètre à minimum (fig. 178 A′B′). — Ici l'alcool remplace le mercure, et l'index d'acier est remplacé par un index en ivoire, que mouille l'alcool. Lorsque l'index sera complétement enveloppé par le liquide, celui-ci pourra se déplacer dans un sens ou dans l'autre, sans l'entraîner; mais lorsqu'il sera en affleurement avec le liquide, alors celui-ci en se retirant fera reculer l'index en vertu de cette adhérence mutuelle qui existe entre eux. La baguette d'ivoire donnera donc, par son extrémité la plus éloignée de la boule A′, la température minimum du jour.

Les deux thermomètres sont d'ordinaire réunis sur une même planchette.

La lecture du maximum doit se faire, autant que possible,

vers le soir, lorsque la température approche de son minimum. Au contraire l'observation du minimum doit se faire
dans le milieu du jour.

On donne le nom de *thermométrographe* à un instrument
construit de manière à pouvoir servir à la fois
de thermomètre à maximum et de thermomètre
à minimum.

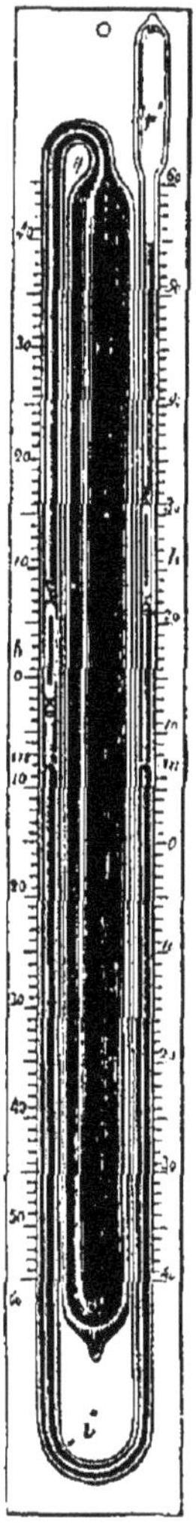

C'est un thermomètre à alcool à tige renversée, et recourbée deux fois en forme de siphon
(fig. 179). A la colonne d'alcool thermométrique,
fait suite une longue colonne de mercure *mim'*,
qui remplit toute la courbure du siphon. De
petits index en émail, *h, h'*, reposent de chaque
côté sur la colonne de mercure. La température
vient-elle à monter, l'alcool, en se dilatant, pousse
devant lui la colonne de mercure, celle-ci pousse
l'index *h'* qui monte dans le tube *ir'*. Si la température redescend, cet index reste suspendu,
retenu par le cheveu qui l'entoure et qui presse
sur le verre. Mais alors l'autre index *h* se met
à monter dans le tube *im'* poussé par le mercure
qui suit l'alcool dans son mouvement de contraction. Ce second index *h* donnera la température minimum.

On emploie aussi des instruments enregis-
treurs, qui donnent d'une manière continue la
marche de la température. Que l'on se représente le thermomètre métallique de Regnier
(fig. 180) *cd* muni à son extrémité libre et mobile *d* d'une pointe formant crayon, qui posera
légèrement sur une bande de papier, animée d'un
mouvement de glissement dans le sens parallèle
à la tige. Ce mouvement de glissement uniforme est dû à un mécanisme d'horlogerie logé

Fig. 179.

dans la boîte D ; il fait tourner le rouleau G, sur lequel s'enroule la feuille de papier, à mesure qu'elle se déroule du
cylindre H. Le crayon trace ainsi une ligne sinueuse qui représente la loi continue de la variation de la température.

Résultats. — Nous avons déjà dit comment la température varie chaque jour, passant par un maximum qui a lieu une heure ou deux après le passage du soleil au méridien, puis redescendant ensuite, surtout après le coucher du soleil et pendant la nuit, pour atteindre un minimum vers l'heure du lever de l'astre, ou même un peu après. Ces variations sont liées évidemment à la marche apparente du soleil autour de la terre. La température doit être à coup sûr plus élevée lorsque

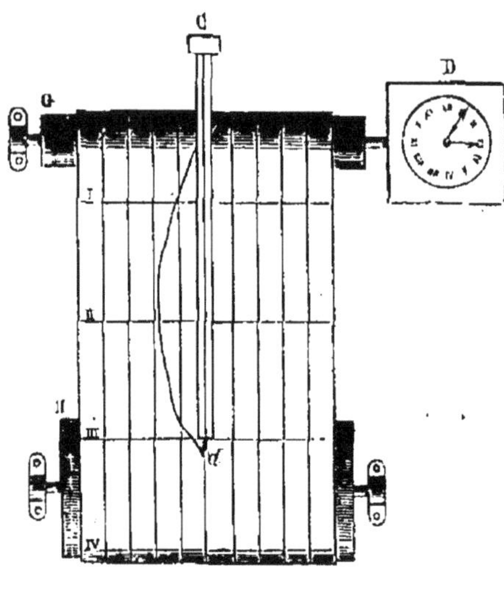

Fig. 180.

le soleil est au-dessus de l'horizon, que lorsqu'il est au-dessous. C'est en outre à midi, à l'heure où sa hauteur est la plus grande, où ses rayons tombent sous une incidence plus rapprochée de la verticale, qu'il donne le plus de chaleur à la terre. D'autre part la terre rayonne dans l'espace infini où elle se meut. Si l'on considère une localité déterminée de la surface, elle doit évidemment, du moment où le soleil descend au-dessous de l'horizon, prendre une température de plus en plus basse, puisqu'elle perd de la chaleur par le rayonnement, sans en recevoir comme compensation. Arrive le moment où le soleil paraît à l'horizon ; mais il ne lance encore ses rayons que très-obliquement, de sorte que dans les premiers instants, la terre perd encore plus de chaleur qu'elle n'en reçoit, elle doit continuer quelque temps à se refroidir ; bientôt le soleil s'élevant peu à peu, ses rayons nous arrivent moins obliquement et traversent par conséquent une couche d'air et de vapeurs moins épaisse, aussi prennent-ils plus de force. Vient un moment où ils apportent par seconde autant de chaleur que le rayonnement en fait perdre. La température devient stationnaire, puis se met à monter, une fois que la chaleur versée par le soleil dépasse la chaleur perdue. C'est au moment du passage au méridien que les rayons apportent le plus de chaleur; mais, même après midi, ils en apportent plus que la terre n'en perd. Le soleil s'abaisse de plus en plus, la chaleur apportée diminue, et comme la terre rayonne elle-même davantage, précisément parce qu'elle s'échauffe, il arrive un moment où la chaleur apportée n'est plus qu'égale à la chaleur perdue, puis devient plus faible. La température cesse dès lors de monter, et se met à redescendre. Ce maximum arrive vers une heure en hiver, vers deux heures en été.

Si nous considérons maintenant la marche du thermomètre de jour en jour, nous voyons en Europe la température s'élever progressivement à partir des premiers mois de l'année, atteindre un maximum vers le 15 juillet, puis redescendre, et atteindre un minimum vers le 15 janvier.

En hiver les rayons nous arrivent très-obliquement, la hauteur du soleil au-dessous de l'horizon étant très-petite, même à midi. En outre, les nuits sont plus longues que les journées. Il en résulte que la somme de chaleur apportée dans les vingt-quatre heures du jour est moindre que la somme de chaleur perdue par le rayonnement. Aussi la terre se refroidit-elle de plus en plus, aussi bien que l'air en contact avec elle. Mais peu à peu le soleil s'élève, les nuits diminuent de longueur; viendra un moment où le soleil donnera autant de chaleur que la terre en perd, puis où il en donnera davantage : dès lors la température va s'élever progressivement, et cela, tant que la chaleur apportée par le soleil l'emportera sur celle que perd la terre. C'est au solstice de juin que le soleil darde ses rayons les plus intenses et que les jours ont la plus grande longueur; mais après cette époque, s'il donne un peu moins de chaleur, il en donne cependant encore plus que la terre n'en perd; toutefois, comme cette quantité de chaleur versée diminue et que la terre rayonne davantage parce qu'elle s'échauffe, l'époque de l'égalité ne tardera pas à arriver. C'est, avons-nous dit, vers le 15 juillet qu'elle a lieu : à partir de ce moment le soleil commence à donner moins de chaleur qu'il n'y en a de perdue par le rayonnement, et la température s'abaisse. C'est au solstice d'hiver, 21 décembre, que le soleil a la plus petite hauteur, et que les jours sont le plus courts ; c'est donc à ce moment que le soleil donne le moins de chaleur; pendant les jours qui suivent il en donne un peu plus, il est vrai, mais moins encore que la terre n'en perd. Aussi la température baisse-t-elle encore quelque peu, et le minimum n'a lieu qu'au milieu de janvier.

Pour l'hémisphère austral les mêmes alternatives se représentent, mais évidemment à une différence de six mois; notre hiver répond à l'été dans les régions australes, *et vice versa.*

Dans les régions intertropicales le soleil passe deux fois au zénith. Cette époque est toujours signalée par des pluies abondantes et continues.

Moyenne thermométrique d'un lieu. — Nous avons dit qu'en faisant la somme des douze moyennes mensuelles d'une année et divisant cette somme par 12 on avait la moyenne annuelle. Or, si l'on compare les moyennes annuelles d'un lieu donné, pour un assez grand nombre d'années consécutives, on trouve toutes ces moyennes égales, à quelques dixièmes de degré près, tantôt en plus, tantôt en moins.

La température du lieu oscille donc autour d'une moyenne dont on peut avoir la valeur, en faisant la somme d'un certain nombre de moyennes annuelles consécutives, et la divisant par ce nombre. Le résultat sera évidemment d'autant plus exact que l'observation aura fourni un plus grand nombre de moyennes annuelles. On a trouvé ainsi pour moyenne thermométrique de Paris 10°,8.

Voici, d'après Muhlmann, les moyennes thermométriques d'un certain nombre de points du globe :

Localités.	Temp. moy.	Latitude.
Iakoutsk (Sibérie)	— 9,7	62°,1′
Saint-Bernard	— 1	45 ,50
Cap Nord	0,1	71
Pétersbourg	3,5	59 ,56
Stockholm	5,6	59 ,21
Varsovie	7,5	52 ,13
Copenhague	8,2	55 ,41
Iéna	8,5	50 ,56

Localités.	Temps moy.	Latitude.
Dublin	9,5	53° ,23
Genève	9,7	46 ,12
Strasbourg	9,8	48 ,35
Bruxelles	10,2	50 ,51
Londres	10,4	51 ,31
Paris	10,8	48 ,50
Sébastopol	11,5	44 ,36
Toulouse	12,9	43 ,46
Montpellier	14,1	43 ,36
Santa-Fé de Bogota	15	4 ,36
Naples	16,7	40 ,51
Barcelone	17	41 ,22
Gibraltar	17,9	36 ,7
Cap de Bonne-Espérance	19,1	33 ,55
Tunis	20,3	36 ,48
Canton	21	23 ,8
Caracas	22	10 ,31
Rio-Janeiro	23,1	22 ,55
Saint-Louis (Sénégal)	24,6	16
La Havane	25	23
Bombay	26	18 ,56
Côte de Guinée	27,4	5 ,30
Maracaybo	29	11 ,19

Lignes isothermes. — Prenons dans l'hémisphère boréal un point dont la température moyenne soit de 10°, et, partant de ce point, notons sur une carte de l'hémisphère boréal ou sur une sphère, tous les points pour lesquels des observations météorologiques, d'une certaine durée, ont donné une moyenne annuelle ayant la même valeur. A l'aide de ces points il sera possible de tracer une ligne continue qui, suppléant les résultats que l'observation n'a point fournis, représentera, à de petites erreurs près, le lieu des points pour lesquels la température moyenne est 10°. C'est ce que l'on appelle la ligne *isotherme* de 10°. On pourra tracer de la même façon les lignes isothermes de —10° — 5°, 0°, 5°, 10°, 15°, 20°, 25°, etc., et même les lignes intermédiaires. On se fera ainsi une première idée d'ensemble sur la répartition de la température dans notre hémisphère. Je ne parlerai point de l'hémisphère austral, pour lequel les résultats d'observation sont beaucoup plus incomplets.

Or, si l'on jette un coup d'œil sur ce système de courbes,

on verra qu'il s'en faut de beaucoup que les points situés sur un même parallèle géographique, pour lesquels l'inclinaison des rayons solaires varie rigoureusement de la même façon, appartiennent à la même courbe isotherme. Dans la région européenne ces courbes se rapprochent considérablement du nord. Ainsi, à latitude égale, la température moyenne est plus élevée en Europe qu'en Asie, ou en Amérique (côte occidentale). Ce relèvement des courbes vers le nord est de plus en plus marqué à mesure que la température de l'isotherme s'abaisse. Et en examinant une projection sur le plan de l'équateur, on voit que ces courbes prennent une forme approchant de celle d'un 8 et finissent par se séparer en deux courbes fermées distinctes, ce qui indique évidemment deux pôles de froid.

L'isotherme de 10^0 suit à peu de chose près le tracé suivant :

Fort-Georges (embouchure de la Colombie).

Fort-Vançouver.

Côte sud du lac Érié.

New-York.

De là elle traverse l'Atlantique en remontant vers le nord, passe en Irlande au-dessous de Dublin, coupe l'Angleterre un peu au-dessus de Londres, redescend vers le sud, passe au-dessus de Paris, descend à Prague, à Vienne, en Crimée, quelque peu au-dessus de Sébastopol, puis elle se perd dans le continent Asiatique où elle n'a point été suivie ; elle reparaît en Chine, quelques degrés au-dessus de Pékin, coupe la mer du Japon, passant entre les îles Niphon et Iéno du Japon, et, à travers le grand Océan, va reprendre la côte occidentale de l'Amérique du Nord à l'embouchure de la Colombie.

Si nous recherchons maintenant quelles peuvent être les causes de cette inflexion des courbes, nous trouvons que l'influence de la latitude tendant évidemment à abaisser la moyenne thermométrique, à mesure qu'elle s'élève elle-même, peut se trouver contre-balancée par l'influence non moins puissante de l'*altitude*, c'est-à-dire de la hauteur au-dessus du niveau moyen des mers, puis, par des circonstances toutes locales, le voisinage de la mer, la configuration du sol, la proximité de chaînes de montagnes qui arrêteront les vents froids du Nord, ou au contraire détourneront les courants d'air chaud venant du Midi. Examinons successivement les faits que l'observation nous a fournis sur ces diverses causes.

Influence de la latitude. —Elle ressort d'une manière bien nette du tableau que nous avons donné plus haut des températures moyennes de divers lieux du globe. Ainsi l'on voit que, à quelques irrégularités près, la température moyenne s'accroît à mesure que la latitude diminue, et nous en avons dit la raison, facile à comprendre.

Influence de l'altitude. — Si à une latitude donnée, on s'élève à des hauteurs croissantes sur le flanc d'une montagne, ou bien encore dans l'air à l'aide d'un aérostat, on constate un abaissement progressif de la température. Cela tient à ce que l'air devient d'autant plus diathermane qu'il est moins dense, aussi s'échauffe-t-il moins sous l'influence du rayonnement solaire ; et d'une autre part, le sol lui-même perd plus facilement sa chaleur à travers la couche d'air qui l'enveloppe. En outre, plus le point que l'on considère est élevé, et plus est grande l'étendue du ciel vers laquelle il rayonne ; et cela sera surtout vrai pour des sommets de montagnes, des pics aigus. Aussi voyons-nous Santa-Fé de Bogota présenter à la latitude de 4⁰ une température moyenne de 15⁰ seulement, parce que cette ville se trouve sur un plateau élevé à 2600 mètres au-dessus du niveau de la mer. Quito qui est sur l'équateur même, mais à une altitude de 2900 mètres, n'a que la température moyenne de 15⁰,6, c'est-à-dire la température de Nice ou de Naples.

La loi de décroissement de la température avec l'altitude varie beaucoup avec la latitude et la configuration du sol et même avec la saison. Ainsi M. de Humboldt l'a trouvé de 1⁰ par 191 mètres dans les montagnes de l'Amérique du Sud, de 1⁰ par 240 mètres sur les plateaux du Thibet. Les observations de M. Martin donnent pour le mont Ventoux, en Provence, 1⁰ par 188 mètres en hiver, par 120 mètres en été.

Si on gravit une chaîne de montagnes élevées on atteint bientôt des plateaux ou des sommets sur lesquels la neige se maintient toute l'année, non pas qu'elle ne se fonde point du tout, mais il s'en fond ou il s'en évapore, pendant l'été, tout autant qu'il s'en accumule pendant l'hiver. Cette limite des neiges éternelles est à coup sûr d'autant plus élevée que le point d'observation est plus rapproché de l'équateur. Ainsi en Norwége la limite des neiges éternelles est à 720 mètres seulement au-dessus du niveau de la mer. Dans l'Oural septentrional à 1400 mètres; dans les Alpes à 2700 mètres; au Caucase à 3300 mètres, au Mexique à 4500 mètres; à l'équateur, aux Andes de Quito à 4800 mètres.

Voisinage de la mer. — Le voisinage de la mer, ou tout au moins des grandes masses d'eau, tend à élever la température moyenne. L'air constamment chargé de brouillards, absorbe en plus notable quantité la chaleur solaire, puisqu'il est moins diathermane. Il l'est surtout beaucoup moins pour la chaleur obscure, aussi en résulte-t-il naturellement une diminution dans le rayonnement terrestre. Ces deux causes concourent évidement à élever la température moyenne du lieu. Aussi voyons nous Copenhague à la latitude de 55° avoir une température moyenne plus élevée que Varsovie à la latitude de 53°; égale à celle d'Iéna qui n'est qu'à la latitude 50°. Il faut ajouter encore que l'eau ayant une capacité calorifique considérable, ses variations de température sont notablement moindres que celles du sol, on comprend par là que l'atmosphère en contact avec de grandes étendues d'eau, comme cela a lieu pour les côtes et les îles, doive conserver une température plus uniforme que celle des continents, moins froide en hiver, et aussi moins chaude en été. Sur toutes les côtes occidentales de l'Europe, les vents soufflent surtout de l'ouest en hiver; aussi la température de l'hiver se trouvera-t-elle relevée, et avec elle la moyenne générale.

Cette influence sera bien plus marquée encore dans les iles, ou dans les presqu'îles; de là la douceur si remarquable du climat de l'Écosse, de l'Irlande, de la Norwége, et même de l'Islande, en égard à la latitude élevée de ces derniers pays.

Les vents alisés et les courants chauds de la mer ou *gulfstream* jouent encore un rôle important, comme nous le dirons bientôt, dans cet adoucissement si remarquable du climat de toutes les côtes de l'Europe.

Climats. — On commettrait à coup sûr une très-grave erreur si l'on croyait pouvoir juger du climat d'un pays uniquement par sa température moyenne. Le climat dépend d'un ensemble de circonstances météorologiques exerçant son influence sur le développement de certaines espèces de plantes ou d'animaux, sur leur santé, comme aussi sur celle de l'homme.

On pourra bien dire d'une manière générale que le climat devient de plus en plus froid à mesure que l'on s'éloigne de l'équateur, ou bien à mesure qu'on s'élève à une altitude plus grande, et l'on observera même une analogie remarquable dans la succession et la disparition progressive des espèces végétales. Le voyageur qui gravit le flanc des Alpes, comme aussi celui qui remonte de plus en plus vers les régions glaciales du pôle nord, voit successivement disparaître la vigne, le maïs, les céréales, puis les hêtres, les bouleaux, les sapins, les pins, puis les pâturages eux-mêmes, et bientôt il ne trouve plus que quelques lichens sur le sol nu et désolé.

Mais à part cette indication générale, il en est d'autres non moins importantes dont il est essentiel de tenir compte. Prenons deux localités ayant toutes deux pour température moyenne 12°, Pékin et Toulouse, par exemple. Dans la première, la température moyenne des trois mois d'hiver est — 3°,2 ; la température moyenne de l'été + 28°,1 ; excursion totale 31°,3. Dans la seconde, la température moyenne de l'hiver est + 5°,2 ; celle de l'été + 19°,9 ; excursion totale 14°,7. Il est évident que les conditions hygiéniques pour l'homme, pour les animaux, pour les plantes, sont bien inégales; que bien peu d'espèces animales ou végétales subiront sans inconvénient à Pékin l'effet de températures aussi différentes; et qu'une température moyenne plus basse, mais avec des températures extrêmes moins éloignées leur serait moins nuisible. La faune et la flore de ces deux climats seront toutes différentes.

On donne le nom de ligne *isochimène* au lieu des points qui, dans un même hémisphère, ont la même moyenne hivernale, et le nom de *ligne isothère* au lieu des points qui ont la même moyenne estivale.

On dira qu'un climat est *constant* lorsque sa moyenne estivale et sa moyenne hivernale ne diffèrent que de 8 à 10 degrés au plus. Exemple :

	Hiver.	Été.	Différence.
Feroë	3,90	11,6	7,7
Iles du Man	3,05	11,92	8,87
Funchal	16,3	21,1	4,8
Santa-Fé	15,1	15,3	0,2

Le climat est dit *tempéré* lorsque la différence atteint 15 à 18 degrés.

Londres	3,22	16,75	13,53
Dunkerque	3,56	17,68	14,12
Paris	3,59	18,96	15,37
Dantzig	1,11	16,62	15,51
Munich	0,12	17,96	17,84
Vienne	0,18	20,36	20,18

On voit que l'étendue de l'excursion devient plus grande à mesure que l'on s'éloigne des côtes pour pénétrer dans l'intérieur des continents.

Si la différence dépasse notablement 20° et arrive à 25°, à 30° ou au delà, alors le climat est dit *excessif*.

	Hiver.	Été.	Différence.
Pétersbourg	—8,7	15,96	24,66
Moscou	—10,22	17,55	27,77
Irkutsk	—17,88	16	33,88
Iakousk	—38,90	17,20	56,10

Le voisinage de la mer, comme cela ressort évidemment de ces tableaux, tend à égaliser les températures de l'hiver et de l'été, et nous en avons déjà donné la raison ; nous avons dit comment l'interposition d'un air constamment chargé de vapeurs tendait à diminuer l'absorption de chaleur par la terre en été, le rayonnement en hiver, comme aussi la chaleur spéfique considérable de l'eau atténuait encore les variations de température résultant soit du rayonnement, soit de l'absorption. Aussi voyons-nous que les localités à climat constant sont surtout des îles ; ainsi Feroë, Funchal (capitale de Madère). On emploie quelquefois l'expression de *climats des îles* comme équivalent de *climats constants;* et celle de *climats continentaux* comme équivalent de climats excessifs, ou tempérés à différence élevée (18° à 20°).

Température du sol. — Si l'on fait pénétrer le thermomètre dans des puits de mine ou dans des trous de sonde, on constate que les différences entre les températures hivernales et estivales s'effacent de plus en plus, et qu'à une certaine profondeur la température reste constante. Ainsi à Paris le thermomètre établi par Lavoisier dans les caves de l'Observatoire à $27^m,7$ au-dessous du niveau du sol n'a pas varié de plus de 2 dixièmes de degré depuis son installation.

Déjà pour un thermomètre enfoui dans le sol à moins d'un mètre de profondeur les variations horaires deviennent insensibles. Le peu de conductibilité du sol ne permet pas à ces variations de se transmettre au delà d'une très-petite distance de la surface. La température dans les couches souterraines va croissant ou décroissant d'une manière continue. Le maximum et le minimum se produisent à une époque plus tardive qu'à la surface, et le retard est d'autant plus grand que la couche est prise à une plus grande profondeur. A 8 ou 10 mètres de la surface, le retard arrive à atteindre six mois; au surplus, à cette profondeur la variation est déjà à peine sensible.

La profondeur de la couche invariable est évidemment d'autant moindre que la température est, à la surface même du sol, comprise entre des limites plus resserrées. Là où le climat est constant, la couche invariable pourra se trouver à moins d'un mètre, comme M. Boussingault l'a observé pour Quito.

A Paris, Bruxelles, Strasbourg, la variation devient nulle à 25^m.

La température de la couche invariable est sensiblement égale à la température moyenne à la surface du sol : à Paris elle est de 11°.

A partir de la couche invariable, toutes les couches qui viennent au-dessous ont aussi une température fixe, mais qui va croissant avec la profondeur. La loi d'accroissement dépend surtout de la nature géologique des couches; on l'estime en moyenne à 1° par 33^m. Il est évident que cette loi, en la supposant exacte, ne peut s'appliquer que dans une limite d'épaisseur très-restreinte.

Quoi qu'il en soit, on peut toujours affirmer que la température de la masse intérieure du globe est très-élevée, et que la masse centrale est à l'état líquide sous l'influence de cette haute température.

Des vents. — Les conditions générales d'équilibre d'une masse gazeuse pesante sont les mêmes à peu de chose près que pour une masse liquide. Tous les points d'une même couche sphérique doivent supporter des pressions égales; en chaque point d'ailleurs l'élasticité doit être égale à la pression.

Ces conditions sont évidemment irréalisables dans l'ensemble de la masse atmosphérique. La différence considérable de température entre les régions équatoriales et polaires d'un même méridien, d'une part; de l'autre, la différence analogue qui résulte, pour un même parallèle, de la rotation diurne apparente du soleil, doivent produire des différences correspondantes de densité et d'élasticité qui provoquent nécessairement des déplacements continuels des masses d'air d'un point à l'autre de l'atmosphère. Le refroidissement en un point amène la condensation de la vapeur; de là diminution brusque de la pression, appel d'air vers le point où s'est produite cette condensation.

Aussi l'atmosphère est-elle constamment en mouvement. C'est ce transport des masses d'air qui constitue le *vent*.

Il est assez rare que le mouvement des couches d'air en un lieu donné se fasse dans le même sens à toutes les hauteurs où nous pouvons l'apprécier. Ainsi on voit très-souvent la marche des nuages en désaccord avec celle de la fumée qui s'échappe des cheminées élevées, ou avec celle des girouettes.

On indique la direction du vent par la désignation du point de l'horizon d'où le vent arrive ; on se sert pour cette désignation des quatre points cardinaux N., E., S., O.; et des quatre points intermédiaires, nord-est, N. E.; sud-est, S. E.; sud-ouest, S. O., et nord-ouest, N. O. Les huit bissectrices de ces angles peuvent encore indiquer des directions intermédiaires que l'on désigne de la manière suivante : N. N. E., E. N. E., E. S. E., S. S. E., S. S. O., O. S. O., O. N. O., N. N. O.

Enfin, pour désigner d'une manière plus précise encore le *rhomb* de vent, on indique la valeur en degrés de l'angle que le vent fait avec la direction désignée par la première lettre : N. 35° E. désigne le vent soufflant d'un point intermédiaire entre le N. et l'E., et à 35° de la direction N.

On emploie des *anémoscopes* pour reconnaître la direction du vent dans les régions inférieures de l'air. La *girouette* est le plus simple des anémoscopes ; c'est à peu près le seul que l'on emploie, mais en y ajoutant des perfectionnements qui ont pour but d'indiquer dans quel ordre s'opèrent les changements de direction, et le temps pendant lequel le vent souffle dans une direction donnée. Il suffit pour cela que la tige verticale de la girouette, traversant la toiture pour pénétrer dans la salle des observations, porte à l'extrémité d'un bras perpendiculaire un pinceau parallèle à la tige elle-même, et qu'une feuille de papier animée d'un mouvement de glissement uniforme se déplace sous ce pinceau. Celui-ci tracera alors sur le papier une ligne sinueuse à l'aide de laquelle on pourra connaître quelle était à tel moment que l'on voudra, la position du crayon, par suite celle de la girouette.

La vitesse du vent se mesure avec les *anémomètres*. On en emploie de divers genres. On peut se représenter par exemple un petit moulinet, dont l'axe est orienté par une girouette dans la direction du vent, et fait tourner un compteur analogue à celui de la sirène ; on déduit la vitesse du vent de celle de la rotation de l'axe, donnée par le compteur, à l'aide d'une formule, dont les constantes numériques sont données par quelques observations directes.

Pour les vents supérieurs, on apprécie leur direction par le sens du déplacement des nuages ; et leur vitesse, par la vitesse de l'ombre de ces nuages sur le sol quand on a mesuré leur hauteur : on comprend que ces observations doivent être souvent impossibles.

La vitesse du vent varie de 1 à 2 mètres par seconde jusqu'à 40 ou 45 mètres. Le vent que les marins appellent *bon frais* correspond à environ 10 mètres par seconde. C'est aussi le meilleur régime de vent pour les moulins.

On distingue trois espèces différentes de vents : les vents *constants* ou *alizés*, qui, dans certaines régions du globe, soufflent toute l'année avec plus ou moins de force, mais constamment dans la même direction ; les vents *périodiques*, comme les *moussons*, la *brise* des côtes, qui pendant une moitié de l'année ou du jour soufflent dans une direction donnée, puis pendant le reste du temps soufflent en sens contraire ; enfin les vents *irréguliers*.

Alizés. — Les vents alizés soufflent dans l'Atlantique et aussi dans le grand Océan.

Dans l'hémisphère boréal les alizés de l'Atlantique soufflent dans la région équatoriale, par 8 à 10° de lat. N., de l'E. à l'O. ; sur les parallèles plus élevées, par 28 à 30° lat. N., du N. E. au S. O. Dans l'hémisphère austral on retrouve un alizé de l'E. à l'O. par 3° lat. N., puis au-dessous de l'équateur sa direction s'infléchit et va du S. E. au N. O. Entre les deux alizés de l'équateur s'étend la région des calmes. Dans le grand Océan l'alizé souffle de la côte occidentale de l'Amérique vers la côte orientale de la nouvelle Hollande ; du N. E. au S. O. dans le voisinage du 25ᵉ degré lat. N.; de l'E. à l'O. près de l'équateur. La région australe offre aussi un alizé du S. E. au N. O.

Voici comment on les explique. L'air des régions équatoriales, fortement échauffé par le contact d'un sol dont la température est constamment élevée, se dilate et monte dans les régions supérieures ; il en résulte un appel des couches froides appartenant aux parallèles plus élevés, puis de proche en proche jusqu'aux couches d'air de la région polaire. Sur les continents ces courants des régions inférieures de l'air, allant du pôle à l'équateur, sont troublés par les accidents du sol et perdent toute régularité ; mais sur la mer ils s'établissent sans obstacle, et comme ils passent par des parallèles où la vitesse de rotation est de plus en plus grande, ils se trouvent par cela même de plus en plus en retard sur le mouvement propre de l'O. à l'E. des régions qu'ils traversent, de là un mouvement relatif de l'E. à l'O. d'autant plus prononcé qu'ils arrivent à des latitudes plus basses. Ainsi dans l'hémisphère nord leur direction d'abord N.—S., doit devenir plus tard N. E.—S. O. et enfin E. O.; dans l'hémisphère austral leur direction passe du S.—N. au S. E.—N. O., puis à l'E.—O.

Dans les régions supérieures de l'atmosphère l'air chaud

des régions équatoriales doit alors se déverser vers les pôles et créer des alizés soufflant du S. O. au N. E.

Des mouvements analogues s'établissent dans l'immense masse d'eau des mers. Dans la région équatoriale leur lit s'échauffe parce que l'eau, diathermane pour la chaleur lumineuse, laisse arriver la chaleur solaire jusqu'au fond; de là ascension des couches échauffées, appel de couches froides rasant le fond de la mer et venant des pôles, et à la surface, au contraire, mouvement de transport des couches échauffées vers les régions polaires. C'est ce vaste courant d'eaux chaudes et fortement salées qui forme le *gulf-stream*, et partant des tropiques remonte le long des côtes de l'Europe, puis se portant vers l'O., va réchauffer les côtes glacées de Terre-Neuve.

Vents périodiques. Moussons. — Les vents périodiques de l'océan Indien soufflent, d'avril en octobre, de la pointe sud de l'Afrique vers les péninsules indiennes; au contraire d'octobre en avril la mousson souffle du N. E., c'est-à-dire de l'Inde vers l'Afrique méridionale. Dans la première période, le sol de l'Inde étant beaucoup plus fortement échauffé que celui de l'Afrique inférieure, il s'y produit encore un mouvement d'ascension des couches d'air chaudes, déterminant, à travers la mer des Indes, un appel d'air plus froid de l'Afrique. La période d'octobre à avril est au contraire la saison d'été pour l'Afrique méridionale, et le courant s'établit en sens inverse.

Brise marine. — La brise qui se produit sur les côtes est un vent périodique diurne. La mer s'échauffe et se refroidit moins rapidement que le sol, à cause de la chaleur spécifique considérable de l'eau. Dans le jour, à partir du lever du soleil, il doit donc se produire un appel d'air froid de la mer vers la terre; et au contraire le soir, et dans la nuit, le courant s'établira de la terre vers la mer; aussi les pêcheurs profitent-ils de la brise du soir pour quitter le port, et de la brise du matin pour y rentrer.

Vents irréguliers. — Nous avons dit comment on les observait. Leurs changements de direction tiennent à des causes si variées, si complexes, qu'il a été impossible de saisir aucune loi dans leur ordre de succession. Bien qu'en un lieu donné le vent puisse souffler dans toutes les directions, cependant il y a toujours pour une localité donnée une direction prédominante. Ainsi en France le vent du sud-ouest est celui qui souffle le plus fréquemment, surtout en hiver et au printemps.

Météores aqueux. — Rosée. — Au printemps, mais plus encore en automne, c'est-à-dire dans les deux saisons où la température du jour est assez élevée, celle de la nuit étant au contraire généralement fraîche, on voit au matin les divers corps disséminés à la surface du sol, les plantes, la terre végétale, le bois, etc., couverts de fines gouttelettes d'eau, comme si une pluie légère était tombée pendant quelques instants : c'est la *rosée*.

Un examen attentif du phénomène montre, à n'en pouvoir douter, que la rosée n'est point une pluie.

Ainsi elle apparaît surtout quand le ciel est serein et complétement exempt de nuages. Le dépôt de rosée est fort inégalement réparti sur les différents corps, abondant sur le sol végétal et sur les plantes, très-faible au contraire sur les pierres et presque nul sur les métaux; évidemment ces circonstances excluent complétement l'idée d'une pluie. D'ailleurs, en disposant à quelques centimètres au-dessus du sol une plaque de verre, on n'empêche point le dépôt de rosée de se former, bien qu'il soit cependant moins abondant. Au contraire, une planche mise à la place du verre empêche complétement la formation de la rosée. Cette dernière observation prouve que la rosée n'est pas due non plus à de l'humidité sortie du sol ou des objets eux-mêmes, car la planche n'y devrait pas mettre obstacle plus que le verre.

Wells a donné de la rosée la théorie suivante, qui rend parfaitement compte de toutes les circonstances du phénomène.

La terre rayonne de la chaleur tout autour d'elle, vers les espaces infinis qui l'entourent. En un lieu donné, pendant le temps que le soleil est au-dessus de l'horizon, la chaleur versée par l'astre l'emporte sur la chaleur perdue, et il y a élévation de température. La vapeur que contient l'air, et dont l'évaporation à la surface du sol échauffé augmente la quantité, est, à cause de l'élévation de température, assez éloignée du point de saturation. Mais une fois le soleil couché, le sol se refroidit, et, avec lui, l'air qui l'entoure et la vapeur que cet air renferme. Ce refroidissement continue jusqu'au lever du soleil et même un peu au delà, comme nous l'avons expliqué. On comprend dès lors que si la nuit est très-fraîche comparativement au jour, il arrivera un moment où les corps répandus à la surface du sol, et refroidis par ce rayonnement, détermineront dans les couches d'air qui les enveloppent un abaissement de température suffisant pour amener à saturation la vapeur, qui se condensera alors en gouttelettes à leur surface. Les couches voisines céderont à leur tour de la vapeur, qui viendra se condenser également, et c'est ainsi que ce dépôt de rosée arrivera à produire des gouttelettes assez volumineuses pour ressembler à des gouttes de pluie. On retrouve là le principe des hygromètres de condensation.

Plus le ciel est serein, plus évidemment le rayonnement est intense. Des nuages, des brouillards forment des écrans athermanes pour la chaleur obscure et qui d'ailleurs rayonnent vers la terre. La lune et les étoiles, en dépit du préjugé répandu dans les campagnes, ne sont pour rien dans ce refroidissement considérable du sol aux approches du matin; elles attestent uniquement que le ciel est serein; témoin des désastres produits par les gelées matinales du printemps, la lune d'avril, ou lune rousse, en est tout aussi innocente que la lune de janvier le peut être du maximum de froid, ou la lune de juillet du maximum de chaleur. L'interposition d'un écran de verre n'empêche point complétement le dépôt de rosée parce qu'il n'arrête point complétement le rayonnement, mais il le diminue. Une planche, une plaque de métal sont au contraire athermanes, aussi la rosée ne se dépose-t-elle point au-dessous.

Les corps qui reçoivent le dépôt le plus abondant sont précisément ceux qui ont le pouvoir rayonnant le plus grand et qui se refroidissent le plus.

Une légère brise, en renouvelant lentement les couches d'air au contact des corps refroidis, augmente le dépôt. Un vent violent le fait disparaître, ou l'empêche de se former.

Quant au *givre* ou *gelée blanche*, c'est le résultat d'un abaissement de température allant jusqu'à la solidification de l'eau déposée. C'est la rosée gelée sur place.

Serein. — Brouillards. — Nuages. — Dans les soirées d'automne, après le coucher du soleil, la transparence de l'air se trouble par une sorte de pluie fine, à peine visible, et qui mouille légèrement les vêtements. C'est ce qu'on appelle le *serein*, et c'est le résultat de l'abaissement de température qui se produit brusquement dans l'air au moment du coucher du soleil. Puis l'air se réchauffe quelque peu, en reprenant de la chaleur au sol par conductibilité, et le serein disparaît. On voit que c'est une véritable rosée qui se forme dans les couches d'air elles-mêmes.

Le *brouillard* et les *nuages* ont une origine analogue. Toutes les fois que des couches d'air, contenant de la vapeur assez près du point de saturation, seront soumises à l'action d'une cause refroidissante qui abaisse la température au-dessous du point de saturation, il y aura formation de brouillard. Si le phénomène se passe dans les couches élevées de l'air, le brouillard prend le nom de *nuage*.

Celui qui, gravissant une montagne élevée, ou s'élevant dans l'air en ballon, se trouve traverser un nuage, peut constater l'identité la plus complète entre le nuage et le brouillard.

Comment les nuages peuvent-ils rester en suspension dans l'atmosphère? Il faut remarquer d'abord qu'ils sont entraînés dans le mouvement général des couches d'air où ils se sont formés. Leur densité moyenne est très-faible, car ils sont formés d'une agglomération de gouttelettes d'eau, dont la plupart sont creuses, et d'air saturé de vapeur d'eau, moins dense par conséquent que l'air sec ambiant. Enfin il n'est pas vrai de dire que les gouttes restent suspendues; elles tombent comme une véritable pluie. Seulement, arrivant dans des couches non saturées ou plus chaudes, elles disparaissent en vapeur, qui remonte dans les couches plus élevées pour s'y condenser de nouveau. Un nuage, c'est de la pluie dans les régions élevées et qui n'arrive pas jusqu'à terre. Que les couches d'air inférieures se refroidissent, se rapprochent du point de saturation, et les gouttes pourront arriver jusqu'au sol. Elles se grossiront sur leur trajet en condensant à leur surface la vapeur saturée des couches qu'elles traversent.

Les nuages se forment d'ordinaire à la rencontre de courants d'air chargés de vapeur avec des courants d'air froid, d'où résulte la condensation de cette vapeur. Même origine pour le brouillard. Il se formera aussi au passage d'une colonne d'air tiède et humide sur une nappe d'eau froide, ou de glace; ou au contraire sur les ruisseaux d'un cours peu étendu qui gardent en hiver la température relativement élevée de la source, et dégagent ainsi de la vapeur saturée dans l'air ambiant plus froid.

La région des nuages ne dépasse guère en hauteur 5000 à 6000 mètres. Les nuages les plus élevés sont ces petits nuages floconneux et déliés qui troublent à peine la transparence de l'atmosphère; on les appelle des *cirrhus*. Les gros nuages arrondis à leur partie supérieure, et que l'on appelle *cumulus*, sont dans des régions beaucoup plus basses. Les nuages descendent rarement au-dessous de 300 mètres, à moins qu'ils ne se résolvent en pluie; ils prennent alors le nom de *nimbus*. On voit de loin ces derniers rayer le ciel d'une sorte de bande sombre, plus ou moins oblique, qui descend du cumulus vers la terre.

On se sert pour apprécier la quantité de pluie qui tombe en un lieu donné d'instruments appelés *udomètres, pluviomètres, imbromètres*. Ces appareils se composent en général d'un réservoir A ayant exactement la forme d'un aspirateur (fig. 181), et qui porte un entonnoir B d'un diamètre égal à celui du cylindre. On dose l'eau tombée en la recueillant chaque jour par le robinet *r*, la pesant, calculant son volume, et, par suite, l'épaisseur de la couche d'eau tombée sur la base circulaire de l'entonnoir; c'est en même temps l'épaisseur d'eau tombée sur une base quelconque dans le lieu de l'observation.

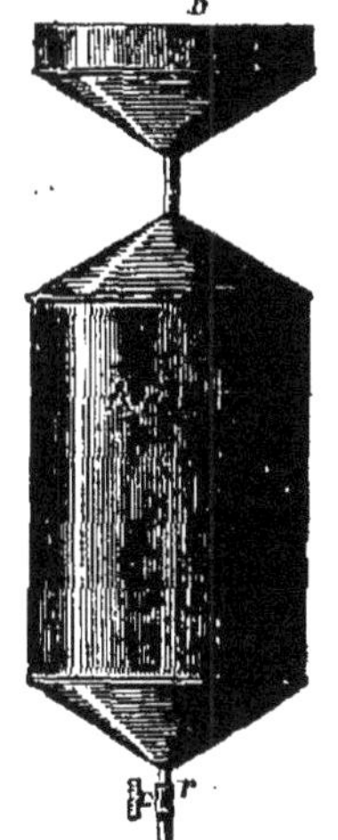

Fig. 181.

Dans toute la région sud-ouest de l'Europe, c'est en automne que tombe la plus grande quantité de pluie. Dans la région nord-est c'est au contraire en été. Ce sont surtout les vents du sud-ouest venant de l'Atlantique qui nous apportent la pluie.

Verglas. — Grésil. — Si la pluie traverse des couches d'air assez froides pour que les gouttes d'eau se solidifient dans leur trajet, elle forme le *grésil*.

Que la pluie ou même le brouillard vienne à tomber sur un sol refroidi au-dessous de zéro, elle s'y congèle et forme le *verglas*. C'est surtout à la suite d'une série de jours très-froids que se produit le verglas. Des courants d'air plus tièdes arrivant du sud-ouest ou du sud viennent se mêler à l'air froid de la contrée et donnent le brouillard ou la pluie qui, en se gelant sur le sol, forme le verglas.

Neige. — Grêle. — Si les nuages se forment dans des couches d'air dont la température soit au-dessous de zéro, il y a cristallisation confuse, et c'est alors que se forme la *neige*. En recevant des flocons de neige sur un lambeau de drap noir refroidi à zéro, on peut reconnaître que les cristaux affectent des formes étoilées, dérivant de l'hexagone. La neige tombe tantôt en larges flocons, tantôt en fine poussière; c'est le dernier cas qui se présente surtout dans les régions polaires.

La *grêle* n'est autre chose que du grésil, en grains souvent très-volumineux, et nous ferons plus tard connaître la théorie de Volta sur la suspension des grêlons et leur grossissement.

CHAPITRE XIX.

ÉLECTRICITÉ. — PHÉNOMÈNES GÉNÉRAUX.

L'ambre jaune (ἤλεκτρον), les résines, le verre sec et beaucoup d'autres corps acquièrent par le frottement sur la laine, ou une peau de chat bien sèche, la propriété d'attirer les corps légers, tels que de très-petits morceaux de papier, ou de paille, de la sciure de bois. Les métaux, lorsqu'on les tient à la main, et même le verre humide, paraissent au premier abord dénués de cette faculté. L'état dans lequel se trouvent les corps de la première catégorie, après le frottement, s'exprime en disant qu'ils sont *électrisés*. Ceux de la seconde, considérés comme non susceptibles de s'électriser, ont été dans l'origine appelés *anélectriques*. Mais une observation plus attentive a montré qu'eux aussi, placés dans des conditions convenables, étaient capables de s'électriser.

Grey, en frottant un tube de verre sec, à l'une des extrémités duquel se trouvait un bouchon de liége, substance regardée jusqu'alors comme anélectrique, vit que, dans ces conditions, le liége frotté avec le tube, s'électrisait comme lui. En plantant une tige de cuivre dans le bouchon, il vit le métal manifester la propriété électrique, non-seulement aux points voisins du bouchon et qui avaient pu être frottés en même temps que lui, mais encore à l'extrémité la plus éloignée. Il monta sur la terrasse de sa maison, et attachant une chaîne de laiton à la tige de métal plantée dans le bouchon, la fit descendre jusqu'à une très-petite distance du sol. Il constata encore que la chaîne, ainsi rattachée à la tige métallique, et au bouchon planté dans le verre, s'électrisait jusqu'à l'extrémité voisine du sol, attirant les petites pailles répandues sur la terre dans le voisinage de son extrémité.

Au contraire le bâton de verre sec, frotté à l'un de ses bouts, ne manifestait nullement à l'autre bout les caractères électriques.

Grey suspendit par des fils de soie au plafond un long fil métallique s'attachant par l'une de ses extrémités à une boule de laiton posée sur un pied de verre, par l'autre au bouchon de liége planté dans le tube ; quand il frottait le liége, la boule de laiton manifestait nettement les caractères électriques ; mais l'un des fils de soie étant venu à se casser et ayant été remplacé par un fil de fer, les caractères électriques cessèrent de se produire.

Il vint naturellement à la pensée de considérer l'agent qui produit ces phénomènes, comme un fluide analogue au calorique, pour lequel certains corps sont conducteurs, comme les métaux, l'eau, le bois humide, les tissus végétaux et animaux ; tandis que d'autres corps, le verre sec, les résines, la soie, sont dénués de la faculté de le transmettre. Car l'expérience a montré que les corps anélectriques étaient tous plus ou moins bons conducteurs.

Le frottement développant l'électricité, et peu nous importe comment il la produit, si le corps frotté est mauvais conducteur, l'électricité *restera* là où elle a été développée, et manifestera ses caractères aux points frottés. Si le corps est bon conducteur, et tenu à l'extrémité d'une baguette de verre ou de gomme laque, l'électricité pourra bien *se répandre* sur tout le conducteur, mais elle n'en pourra point sortir, puisque le mauvais conducteur l'empêche de s'écouler. Mais si on tient le corps bon conducteur à la main, alors l'électricité se répandra par le corps de l'observateur sur la terre, et il ne restera sur le corps électrisé qu'une fraction de la charge absolument inappréciable, et qu'on peut regarder comme nulle.

Ainsi les corps prétendus anélectriques ne semblent dénués de la faculté de s'électriser que parce qu'ils sont conducteurs, et lorsqu'ils sont rattachés au sol par un support conducteur lui-même.

L'expérience montre que sous le rapport de la conductibilité électrique les corps peuvent se ranger dans l'ordre suivant relatif à la température ordinaire :

Ordre de conductibilité.

Conducteurs.
{
Métaux.
Braise.
Solutions salines.
Eau pure.
Tissus végétaux.
— animaux.
Air chaud.
Vapeur d'eau.
Air raréfié.
Oxydes secs.
}

Non conducteurs
ou
isolants.
{
Glace.
Caoutchouc.
Marbre.
Porcelaine.
Gaz secs.
Papier.
Laine.
Soie.
Diamant. .
Verre.
Cire.
Soufre.
Résine.
Gomme laque.
}

Le verre, bon isolant quand il est parfaitement sec, devient bon conducteur quand il y a de l'humidité déposée à sa surface. C'est une des grandes difficultés que l'on rencontre dans les expériences électriques. L'air contenant toujours de l'humidité, et le verre étant très-hygroscopique, tous les supports en verre des appareils, au lieu d'être isolants, sont conducteurs, si l'on n'a pas le soin de les tenir chauds et secs, en plaçant des fourneaux allumés dans le voisinage. En recouvrant le verre de vernis à la gomme laque, ou même simplement de suif, on annule à peu près complétement sa tendance à condenser l'humidité.

Il est important de remarquer que l'élévation de la température augmente notablement la faculté conductrice. Le verre ramolli par la chaleur est bon conducteur. L'air sec, mauvais

conducteur quand il est froid, devient, en s'échauffant fortement, bon conducteur.

Distinction des deux électricités. — Sur la fin du dix-
huitième siècle un habile expérimentateur français, Dufay,
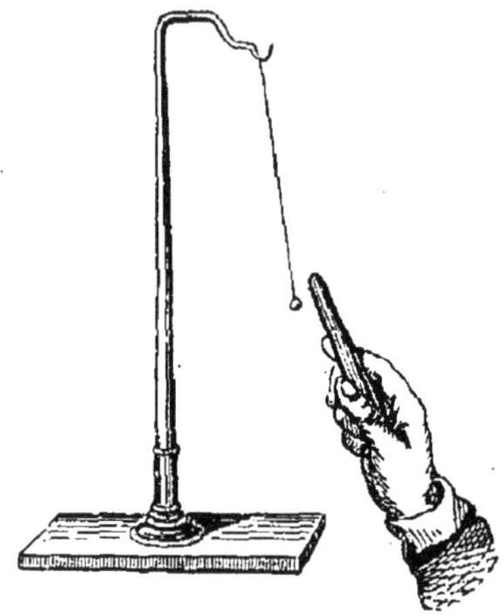
constata les faits suivants pro-
pres à jeter un grand jour sur
les phénomènes électriques.
Suspendons à un fil de soie
une balle de sureau, dorée à
la surface. Le fil sera attaché
à un support en verre parfaitement sec (fig. 182). Ce petit
appareil porte le nom de *pendule électrique*. On lui donne
quelquefois une autre forme
encore plus favorable. On
prend une longue aiguille en
verre, très-mince et très-

Fig. 182.

légère, posant en son milieu sur un pivot vertical, autour duquel elle tourne très-librement. A l'une de ses extrémités on
adapte une petite balle de sureau dorée, à l'autre un léger
contre-poids (fig. 183).

Touchons la balle de sureau avec un corps conducteur élec-
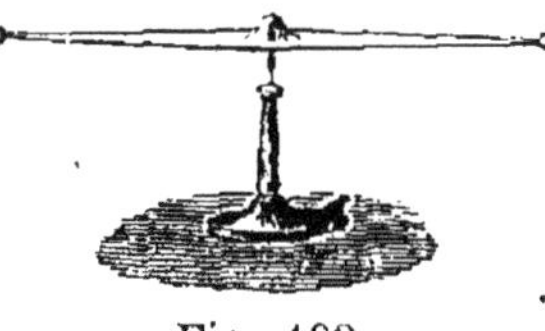
trisé. Puis présentons successive-
ment à cette balle un bâton de verre
et un bâton de résine, frottés avec de
la laine, et nous verrons alors l'un
des deux bâtons attirer la petite
balle et l'autre la repousser. Sui-

Fig. 183.

vant les conditions d'électrisation du corps qui a touché à
l'avance la petite balle, le verre attirera cette balle, ou la repoussera, mais quel que soit celui de ces deux mouvements qu'il
aura produit, la résine produira toujours le mouvement inverse.

Nous voyons par là : 1° qu'un corps électrisé n'agit pas toujours par attraction sur les corps légers, puisqu'il peut exercer
une répulsion, si la petite balle isolée a été touchée avec un
corps électrisé; 2°, et c'est le point essentiel à relever dans
cette expérience, le verre et la résine, électrisés tous deux dans

les mêmes conditions, par le frottement avec la laine, sont cependant électrisés différemment, puisqu'ils excitent des mouvements différents dans la balle.

Présentons actuellement à la balle des corps quelconques électrisés, et nous les verrons agir sur la balle, ou par attraction, ou par répulsion.

Nous sommes conduits par ces deux expériences à admettre l'existence de deux modes différents d'électrisation. Symner en a conclu l'existence de deux électricités différentes, et c'est l'hypothèse généralement adoptée dans la science. On les a d'abord appelées électricité *vitrée*, électricité *résineuse*; mais on a bientôt remarqué que le verre, comme la plupart des corps d'ailleurs, pouvait, suivant les circonstances de son électrisation, prendre tantôt l'une, tantôt l'autre des deux électricités. Alors on a substitué à ces deux dénominations celles d'*électricité positive*, *électricité négative*, empruntées à une théorie de Franklin actuellement abandonnée.

On appellera électricité *positive* ou *vitrée*, celle que l'on développe sur le verre poli, frotté à la température ordinaire avec de la laine; et électricité *résineuse* ou *négative*, celle qu'on produit dans les mêmes circonstances sur la résine.

Actions mutuelles des fluides électriques. — Si nous plaçons à cheval sur un support de verre bien sec un fil de soie supportant à chacune de ses extrémités une balle de sureau (fig. 184), et si nous venons à les toucher toutes les deux avec un bâton de verre électrisé, ou toutes les deux avec un bâton de résine, également électrisé, une fois le corps électrisant éloigné, les deux petites balles restent écartées l'une de l'autre.

Deux corps chargés de la même électricité se repoussent mutuellement.

Attachons ces deux petites balles à des supports différents (fig. 185), mais voisins, et touchons-les, l'une avec le verre positif, l'autre avec la résine négative, nous les verrons se porter l'une vers l'autre.

Deux corps chargés d'électricités différentes s'attirent mutuellement.

Ainsi, quand la balle n'est point électrisée, elle est attirée

indifféremment par le verre ou par la résine, ceux-ci étant
électrisés. Si la balle est touchée par le verre, elle lui prend

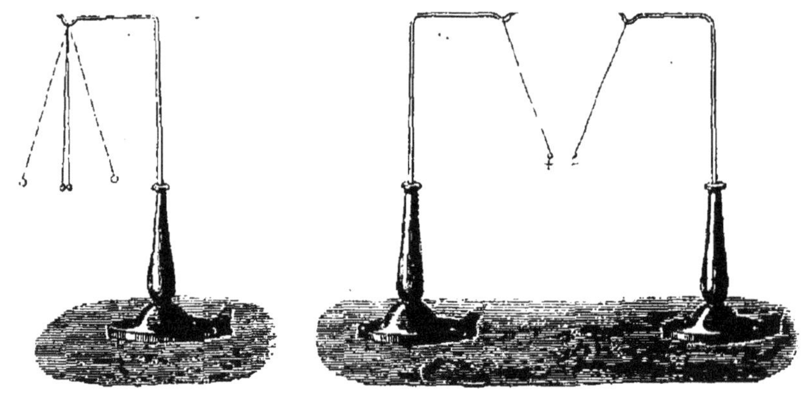

Fig. 184.   Fig. 185.

par conductibilité une partie de sa propre charge ; aussi
quand on lui présente le bâton de verre, elle est repoussée
par lui ; mais si on lui présente la résine, elle est attirée. Si
elle a au contraire touché la résine, elle sera dorénavant repoussée par la résine et attirée par le verre.

Hypothèses théoriques. — On résume ces faits d'expérience dans les hypothèses théoriques suivantes, qui servent
de bases à la théorie de l'électricité.

On admet l'existence de deux *fluides* électriques antagonistes : le *fluide positif* et le *fluide négatif*. Ces fluides existent
en quantités indéfinies dans les corps. On dit qu'un corps non
électrisé est à l'état neutre, c'est-à-dire que les deux fluides
y sont en quantités égales ou plutôt en quantités telles que
leurs effets s'équilibrent. *Électriser* un corps c'est mettre l'un
des deux fluides en excès sur l'autre de telle sorte que l'équilibre soit rompu. Le corps sera *électrisé positivement*, si c'est
le fluide positif qui domine sur le négatif. Dans le cas contraire
il sera *électrisé négativement.*

On admet enfin que chacun des deux fluides agit par répulsion sur lui-même et par attraction sur l'autre fluide.

Mode d'électrisation des corps. — En général toute
cause qui tend à troubler l'équilibre moléculaire dans un

corps, le frottement, la pression, l'élévation de la température; si elle est inégale dans les différents points de la masse, les actions chimiques, tend aussi à troubler l'équilibre électrique et à constituer les corps à l'état d'électrisation.

Lorsque deux corps frottent l'un contre l'autre, si l'un s'électrise positivement, l'autre s'électrise toujours en même temps, et négativement. C'est ce qu'il sera toujours facile de constater si les deux corps qui frottent l'un contre l'autre sont isolés, et s'ils ne sont pas conducteurs à ce point que les charges électriques développées par le frottement puissent se recombiner, dès que le frottement cesse.

Ainsi prenons deux disques, l'un en verre, l'autre en métal (fig. 186), portés par des manches de verre bien vernis, adaptés en leur centre, et, tenant ces disques par les manches, frottons-les vivement l'un sur l'autre, puis séparons-les. Si nous les présentons successivement à un petit pendule électrique chargé positivement, nous verrons le disque de métal attirer la balle, et le disque de verre la repousser ; le métal s'est donc électrisé négativement, et le verre positivement. Recouvrons le métal d'une flanelle bien sèche, et répétons l'expérience ; nous trouverons encore le verre positif, et la flanelle négative. Mais remplaçons la flanelle par une peau de chat recouverte de ses poils, et nous verrons dans ce cas que le verre sera négatif et la peau de chat positive. Frottons l'un sur l'autre un disque de verre poli, et un de verre dépoli, et nous trouverons le premier positif et le second négatif.

Fig. 186.

Ainsi nous voyons que le mode d'électrisation d'un corps dépend de sa nature, et de l'état de sa surface. Il est à peu près impossible de fixer à cet égard de loi générale. On peut cependant dire que, à d'assez rares exceptions près, celui des deux corps qui s'échauffe le plus dans le frottement prend l'électricité négative.

Les corps de la liste suivante sont rangés dans un ordre tel

que chacun d'eux est électrisé négativement par ceux qui le
précèdent, positivement par ceux qui le suivent.

Peau de chat.
Verre poli.
Étoffe de laine.
Plumes.
Bois.
Papier.
Soie.
Gomme laque.
Verre dépoli.

CHAPITRE XX.

LOIS DES ATTRACTIONS ET DES RÉPULSIONS ÉLECTRIQUES. DÉPERDITION, DISTRIBUTION DE L'ÉLECTRICITÉ.

Lois des attractions et des répulsions électriques. — L'étude de ces lois a été faite par Coulomb; il a démontré par l'expérience que, pour des corps de dimensions très-petites par rapport à leurs distances, l'énergie de la répulsion ou de l'attraction est à la fois en raison inverse du carré de la distance, et proportionnelle aux charges électriques.

L'appareil dont il s'est servi est fondé sur la connaissance des lois de l'élasticité de torsion.

La torsion que produit une force, appliquée tangentiellement au contour de la base circulaire d'un fil métallique, est d'auant plus grande que le fil est plus long et plus mince. On pourra donc, avec des forces très-faibles, obtenir une torsion assez grande pour être facilement mesurée, si le fil est suffisamment long et suffisamment mince. En second lieu, tant que l'angle de torsion ne dépasse pas les limites d'élasticité du fil, cet angle est proportionnel à la force de torsion, en donnant ce nom soit à la force qui tord le fil, soit à la réaction élastique du fil qui fait équilibre à cette force.

L'appareil de Coulomb, appelé *balance de torsion* (fig. 187), se compose d'une cage cylindrique en verre AAAA, portant à mi-hauteur environ une bande de papier circulaire *aa* divisée en 360°. Sur le fond de la caisse est placée une assiette V, contenant de la chaux vive pour dessécher l'air à l'intérieur.

Cette cage est fermée par une plaque de glace BB, maintenue par trois petits boutons en bois *ccc*, de telle sorte qu'elle ne puisse que tourner sur la cage sans glisser latéralement; au centre de cette plaque se trouve dressé un cylindre de petit diamètre DD, portant à sa partie supérieure un appareil me-sureur qu'on appelle le *micromètre.*

Ce micromètre, dont le détail est donné à gauche de la fi-gure, se compose de deux tambours cylindriques glissant à frottement doux l'un sur l'autre. L'infé-rieur *a* est mastiqué sur le cylindre de verre; le supérieur *b*, tournant sur l'autre, porte un plateau divisé en 360°. Au centre de ce plateau se trouve une douille dans laquelle passe, à frottement doux, une pièce *dd*, formant pince à son extrémité in-férieure, et portant un bouton, à l'aide duquel on peut la faire tourner dans la douille. Un re-père C, fixé au tambour inférieur, sert à mesurer

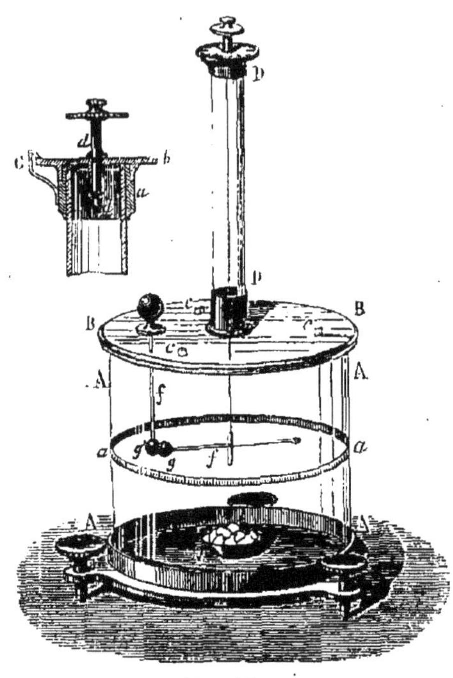

Fig. 187.

la rotation du tambour mobile par rapport au tambour fixe. Le fil, qui est en argent, est saisi par la pince, où il est fixé par la pression d'un écrou *d*; il tombe dans la cage, tendu par un lest. Ce lest est un petit cylindre de cuivre percé d'un trou horizontal dans lequel on fixe une longue aiguille de gomme laque *f* portant à un de ses bouts une petite balle de sureau dorée *g*, à l'autre un contre-poids. On règle la longueur du fil de telle sorte que l'aiguille soit dans le plan de la bande di-visée *aa*. Dans ce même plan se trouve une seconde balle *g'*, portée par une aiguille de gomme laque *f'* qui est passée dans un trou de la plaque BB. Les deux balles *gg'* sont sur une même circonférence fictive, concentrique à la circonférence divisée *aa*.

Pour mettre l'instrument en expérience on amène d'abord le zéro du cercle divisé *bb* du micromètre devant le repère C;

puis on tourne la plaque BB sur la cage de manière à amener
la boule g' en face du 0° du cercle aa de la cage ; on enlève
pour un moment la baguette f' pour amener, à l'aide du bouton d, l'aiguille de gomme laque dans la direction de ce même
zéro ; on replace alors la baguette f'. La balle g' écarte quelque peu la balle g, qui vient appuyer légèrement sur elle. Les
deux balles gg' peuvent être considérées comme placées au
zéro, sans torsion du fil, car la très-petite torsion qu'il subit
actuellement est précisément celle qui ramènerait g au zéro.

On communique à la balle g' une petite charge électrique,
en la portant au contact d'un corps faiblement électrisé. Lorsqu'on la remet en place, elle touche g, lui donne une partie de sa propre charge, et la repousse à une certaine distance,
soit 36°, comme dans l'expérience même de Coulomb. On
tord alors le micromètre supérieur dans le sens de la flèche z'
(fig. 188), pour forcer l'aiguille de gomme laque à se rapprocher

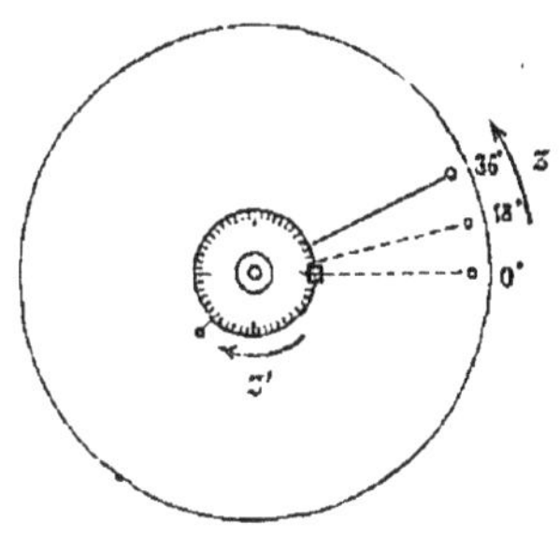

Fig. 188.

à la distance 18°. Il faut pour cela
tourner de 126°, ce qui donne pour
torsion totale $126° + 18° = 144°$. Puis
on tourne de nouveau le micromètre
pour réduire la distance à 9° ; il faut
pour cela tourner de 567°, ce qui fait
pour torsion totale $567° + 9° = 576°$.
Si l'on prend pour unité de force de
torsion la force qui répond à un angle
de torsion d'un degré, on voit que dans
les trois positions successives de l'aiguille, la force de torsion
qui fait équilibre à l'action répulsive est successivement,

Distance.	Force.
36°	36
18°	$144 = 4 \times 36$
9°	$576 = 16 \times 36$

Ainsi, la distance devenant deux fois, quatre fois plus petite,
la force de répulsion est quatre fois, seize fois plus grande.
La force de répulsion est donc, pour des charges constantes
prises à des distances différentes, en raison inverse du carré
de la distance.

Coulomb a démontré que l'attraction suivait la même loi. L'expérience peut se faire de la même façon, à de légères différences près. Il faut prendre d'abord les balles à une certaine distance en tournant le micromètre, puis les charger d'électricités contraires. La balle mobile se portera vers la balle fixe; à l'aide du micromètre supérieur on réglera sa distance, comme on l'a fait pour l'expérience précédente. Nous n'insisterons pas sur les détails d'expérimentation, les résultats sont les mêmes.

Pour la loi des charges, Coulomb, après avoir communiqué une charge électrique à g', qui en donnait une partie à g, réduisit à 18^0 la distance de ces balles par une torsion du micromètre supérieur égale à 126^0. La torsion totale, pour les charges en présence et à la distance 18^0, était donc 144^0. Il toucha alors la boule g', avec une autre balle absolument identique, qui lui prenait la moitié de sa charge. La balle g se rapprocha alors de g', la répulsion se trouvant diminuée par l'affaiblissement de la charge; mais en détordant le micromètre, Coulomb permit à la balle mobile de se replacer à la distance 18^0. La torsion du micromètre n'était plus alors que de 54^0; ce qui faisait pour la torsion totale 54^0+18^0 ou 72^0. Ainsi, tandis que dans le premier cas la force de torsion qui équilibrait la répulsion était 144, dans le second, après que la charge d'une des balles est réduite à moitié, la distance étant d'ailleurs encore la même, la force de torsion qui équilibre la répulsion n'est plus que 72. L'énergie de la répulsion, à distance constante, est proportionnelle à la charge de la balle g', celle de la balle g restant la même : l'expérience donne le même résultat si on touche la balle g.

En résumé les actions, soit attractives soit répulsives, entre deux balles de petit diamètre, sont en raison inverse du carré des distances, et proportionnelles au produit des deux charges électriques. Coulomb a admis, et l'on admet avec lui que c'est là la loi qui régit l'action de deux éléments électriques.

Déperdition de l'électricité. — Coulomb s'est servi de la balance de torsion pour étudier la loi de déperdition de l'électricité dans l'air. Deux causes concourent à diminuer la charge d'un corps dans l'air : le contact de l'air, toujours plus ou moins humide, par conséquent plus ou moins conducteur, et le contact du support, qui a toujours une certaine conductibilité, quelque faible qu'elle soit.

Coulomb a reconnu d'abord que l'on pouvait toujours trouver pour le fil isolant qui porte le corps électrisé, une longueur assez grande pour que, en suspendant le corps à deux, trois fils exactement égaux, la déperdition reste la même. On peut donc dire alors que chacun de ces fils, ajouté comme support, n'enlève ni plus ni moins d'électricité que le cylindre d'air dont il occupe la place. Il en est de même alors du premier fil. Le corps est donc comme s'il se trouvait suspendu dans l'air sans support aucun. Dans ces conditions, Coulomb a trouvé que, dans une atmosphère à température constante, et ayant un certain degré déterminé et invariable d'humidité, la diminution, dans l'unité de temps, de l'action répulsive à distance constante, mesurée par la torsion, était une fraction constante de la torsion moyenne. Ainsi si l'on appelle A, A′, A″ les torsions mesurées dans la balance de torsion, à une minute d'intervalle, les balles étant toujours ramenées à la même distance, on a

$$\frac{A - A'}{\frac{1}{2}(A + A')} = \frac{A' - A''}{\frac{1}{2}(A' + A'')} = \frac{A'' - A'''}{\frac{1}{2}(A'' + A''')}, \text{ etc.}$$

La valeur de cette fraction change avec la température et l'état hygrométrique du milieu ambiant.

Comme application de cette loi, supposons que A soit, à un moment donné, la torsion mesurant la répulsion entre deux balles isolées, et que l'on veuille connaître ce que sera cette torsion au bout de cinq minutes, en supposant que la fraction qui mesure la déperdition soit $\frac{1}{20}$ par minute écoulée; on aura, en appelant A′, A″, A‴, A^{iv}, A^{v} les torsions après la 1re, la 2e, la 3e, la 4e, la 5e minute,

$$\frac{A - A'}{\frac{1}{2}(A + A')} = \frac{1}{20} \quad \text{ou} \quad A - A' = \frac{1}{40}(A + A')$$

et de même :

$$A' - A'' = \frac{1}{40}(A + A'),$$
$$A'' - A''' = \frac{1}{40}(A'' + A'''),$$
$$A''' - A^{\mathrm{iv}} = \frac{1}{40}(A''' + A^{\mathrm{iv}}),$$
$$A^{\mathrm{iv}} - A^{\mathrm{v}} = \frac{1}{40}(A^{\mathrm{iv}} + A^{\mathrm{v}}).$$

Ces équations peuvent s'écrire :

$$A\left(1 - \tfrac{1}{40}\right) = A'\left(1 + \tfrac{1}{40}\right),$$
$$A'\left(1 - \tfrac{1}{40}\right) = A''\left(1 + \tfrac{1}{40}\right),$$
$$\vdots$$
$$A^{\mathrm{iv}}\left(1 - \tfrac{1}{40}\right) = A^{\mathrm{v}}\left(1 + \tfrac{1}{40}\right).$$

Multiplions-les membre à membre, en divisant les deux membres par le produit A′ A″... A^{iv} :

$$A \left(1 - \tfrac{1}{40}\right)^5 = A^{\text{v}} \left(1 + \tfrac{1}{40}\right)^5.$$

D'où :

$$\frac{A}{A^{\text{v}}} = \left(\frac{41}{39}\right)^5.$$

D'une manière générale, $\dfrac{1}{n}$ étant la fraction de déperdition et t le nombre de minutes écoulées

$$\frac{A}{A_t} = \left(\frac{2n+1}{2n-1}\right)^t.$$

Il sera facile, dès lors, de calculer par logarithmes la valeur de A_t.

Or, puisque la distance est toujours restée la même, les torsions mesurant les actions répulsives sont entre elles comme les produits des charges.

En appelant Q, q les charges primitives des deux balles, Q_t, q_t leurs charges au bout du temps t, on a :

$$\frac{A}{A_t} = \frac{Qq}{Q_t q_t}$$

Coulomb a admis que la loi de déperdition était la même pour les deux balles, de sorte que

$$\frac{Q}{Q_t} = \frac{q}{q_t}$$

donc

$$\frac{A}{A_t} = \left(\frac{Q}{Q_t}\right)^2 \text{ ou } \left(\frac{q}{q_t}\right)^2$$

d'où,

$$\frac{Q}{Q_t} = \frac{q}{q_t} = \sqrt[2]{\left(\frac{2\,n+1}{2\,n-1}\right)^t}.$$

On pourra connaître ainsi les charges elles-mêmes.

Quant à la perte par les supports, on n'en connaît nullement la loi. Coulomb a seulement constaté que la longueur qu'il faut donner à un support isolant, pour qu'il isole juste autant que le cylindre d'air dont il tient la place, est proportionnelle au carré de la charge électrique.

Distribution de l'électricité sur les corps conducteurs. — Sur les corps bons conducteurs une charge, développée directement, ou communiquée par contact, se répand *sur la surface* uniquement, et suivant un mode de distribution qui dépend de la forme du corps.

Parmi les diverses expériences qui démontrent que l'électricité se porte toujours à la surface, nous citerons les suivantes :

On prend une sphère en laiton (fig. 189), portée sur un pied de verre verni à la gomme laque, et d'une assez grande

Fig. 189.

hauteur, et on lui communique une charge électrique en le touchant avec un corps électrisé ; on vérifie son état d'électrisation en le présentant à un petit pendule électrique à l'état neutre. On a deux calottes hémisphériques en laiton, pouvant s'appliquer exactement sur la sphère, et portant un manche isolant. On les prend par l'extrémité de ce manche, et on les applique de manière à recouvrir la boule un instant. On les retire, et l'on trouve alors que la boule n'agit plus sur le pendule, tandis que les calottes attirent la balle. La charge électrique s'est donc portée tout entière sur la surface extérieure, formée par les calottes.

2° On se sert aussi d'une boule creuse en laiton isolée A, et présentant un trou de petit diamètre *a* (fig. 190). On la charge par contact, et on applique sur un point quelconque de sa surface un très-petit disque en clinquant doré, porté par une longue aiguille de gomme laque. Si l'on présente ce disque, appelé *plan d'épreuve*, au pendule horizontal à l'état neutre, on constate, par l'attraction de la balle, qu'il est électrisé. Si

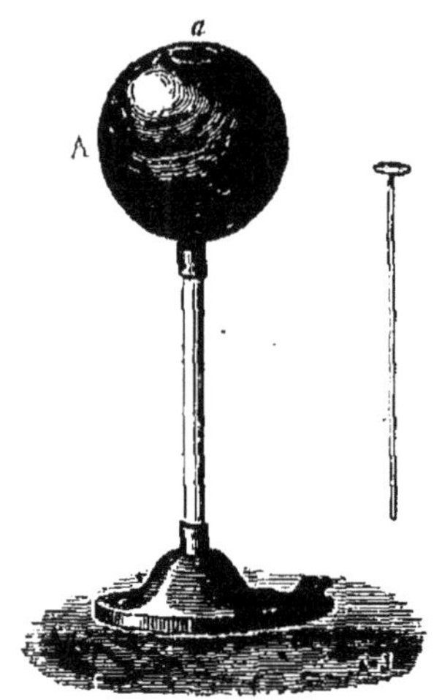

Fig. 190.

au contraire on le fait pénétrer dans la sphère, et toucher la surface intérieure, puis si on le présente à la balle, on reconnaît qu'il n'est point électrisé.

3° On prend une boule pleine en laiton A, et une boule creuse B de même diamètre extérieur (fig. 191). On électrise l'une d'elles, puis on la touche avec la seconde. Si maintenant on les présente successivement, et dans les mêmes conditions de position, à un même pendule électrique vertical, on voit qu'elles écartent le fil de la verticale d'un

même angle ; ou bien si on les introduit toutes les deux dans la balance de torsion à la place de l'aiguille *f*, elles

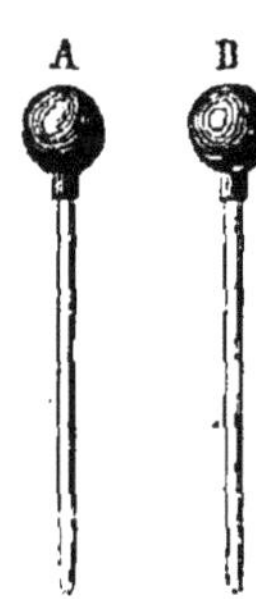

Fig. 191.

donnent la même torsion au fil; elles se sont donc partagé la charge par moitié. Ce résultat serait le même si la balle B était en bois recouvert simplement d'une feuille mince de laiton. Ainsi la charge ne se porte que dans la couche superficielle.

4° On cite encore les expériences suivantes de Faraday. Une sorte de gaze à papillon en toile de lin, substance conductrice, est portée sur un anneau isolant, monté lui-même

sur un pied de verre (fig. 192). Deux fils de soie sont fixés, l'un au sommet extérieur du sac conique, l'autre à son sommet intérieur. On communique par contact une charge électrique au sac. Si l'on vient à toucher avec le plan d'épreuve la surface extérieure, et si on porte le disque au pendule horizontal, on le voit attirer la balle. Si au contraire on a touché avec le disque la surface intérieure, on trouve qu'il n'est point électrisé. On retourne alors le sac en tirant le fil de soie fixé au sommet intérieur, et le plan d'épreuve montre que la surface

extérieure actuelle, qui tout à l'heure était surface intérieure
et neutre, est électrisée, et que la surface intérieure, qui tout

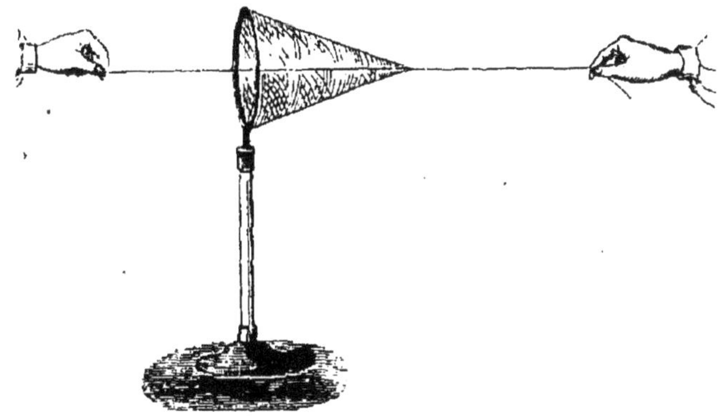

Fig. 192.

à l'heure était extérieure et électrisée, est maintenant à l'état
neutre.

5° Faraday prit aussi un petit cylindre isolant en verre,
monté en forme de treuil sur deux supports. Il enroula sur ce
cylindre une longue bande de toile de lin, ou un ruban mé-

Fig. 193.

tallique portant à sa partie inférieure deux fils conducteurs
munis de balles (fig. 193). Puis
il communiqua au ruban une
charge électrique qui fit écarter
l'une de l'autre les deux balles. En déroulant le ruban il
vit les balles se rapprocher de
plus en plus, et s'écarter au
contraire quand il enroulait de
nouveau le ruban sur le treuil.
Or, si la charge était répandue
dans la masse entière du ruban, le changement de forme
qu'on lui donne, en l'enroulant ou le déroulant, ne modifierait
pas la charge particulière du point qui porte les balles; tandis qu'au contraire, si la charge est tout entière à la surface,
en augmentant la surface extérieure, comme on le fait en dé-

roulant le ruban, on diminue la charge de chaque point; tandis qu'en diminuant cette surface, comme on le fait en enroulant, la charge de chaque point devient plus forte.

Toutes ces expériences démontrent surabondamment que dans les conducteurs l'électricité se porte à la surface. On comprend en effet que les particules d'un même fluide se repoussant mutuellement doivent s'éloigner du centre et se porter vers la surface. Si le milieu ambiant n'offrait aucune résistance à l'écoulement du fluide, celui-ci abandonnerait le corps pour se répandre dans l'espace, et c'est en effet ce qui arrive dans le vide; mais l'air est mauvais conducteur, au moins relativement au corps lui-même, et alors l'électricité reste appliquée sur la surface, et, au lieu de se dissiper instantanément, ne se perd que lentement, d'autant plus lentement que l'air est dans des conditions qui le rendent plus isolant.

En chaque point de la surface, une molécule de fluide est repoussée de dedans en dehors par ses voisines; l'action totale dépend évidemment de l'épaisseur de la couche électrique en ce point, si on suppose que la couche ait partout la même densité, ou de sa densité si on la suppose partout également épaisse. C'est cette force que l'on appelle la *tension électrique* au point que l'on considère.

Pour étudier le mode de distribution de l'électricité, Coulomb portait le plan d'épreuve sur les différents points de la surface du corps, et l'introduisait dans la balance de torsion, pour y jouer le rôle de la balle g'. A chaque expérience, il modifiait la torsion du micromètre supérieur, de telle sorte que la distance angulaire restât constamment la même. Dès lors la force répulsive, ne dépendant plus que des charges électriques, permettait de mesurer ces charges.

Coulomb avait d'ailleurs démontré préalablement par l'expérience que le plan d'épreuve enlève au point qu'il touche une quantité d'électricité proportionnelle à la charge du point touché.

Pour remédier à la déperdition qui s'opère dans la charge électrique du corps pendant la durée des expériences, Coulomb touchait d'abord le corps en un point A, à un moment déterminé, et faisait rapidement dans la balance la mesure de

la torsion. Au bout de 5 minutes il venait toucher B, et faisait de même les opérations de mesure, puis après un nouvel
intervalle de 5 minutes, venait retoucher A. Si on appelle
A et A′ les torsions données dans la balance après les deux
contacts au point A, et B la torsion après
le contact au point B, il est évident qu'on
ne peut comparer directement A à B, ni
A′ à B, puisque ces mesures ne sont pas
prises au même moment; mais on peut,
sans erreur préjudiciable, comparer B
à la moyenne $\frac{1}{2}$ (A+A′), qui représentera
très-sensiblement la charge du point A,
au moment où on a touché B.

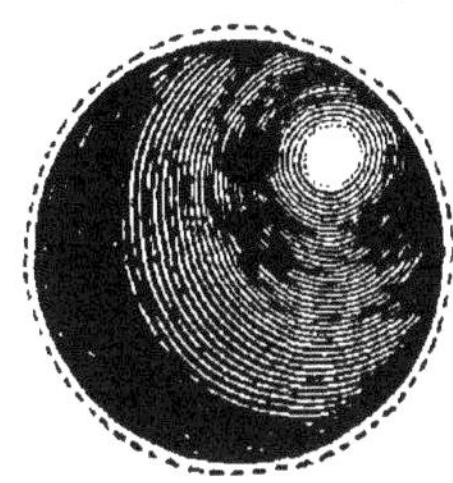

Fig. 194.

En procédant ainsi, Coulomb a trouvé que :

1° Sur une sphère (fig. 194) la tension électrique est la
même en chaque point.

Fig. 195.

L'épaisseur de la couche
est la même sur toute la
surface, comme on pou-
vait s'y attendre, puisqu'il n'y a pas de raison pour qu'elle
soit plus forte en un point qu'en un autre.

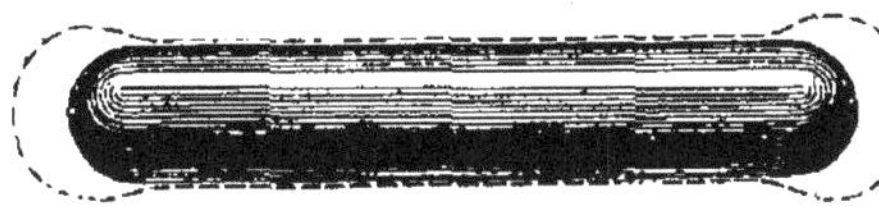

Fig. 196.

2° Sur un disque cir-
culaire (fig. 195), l'é-
paisseur, presque nulle
au centre, augmente
vers les bords.

3° De même sur un cylindre terminé par des demi-sphères,
la tension est presque nulle sur presque toute la longueur
des arêtes, et devient
maximum sur les ca-
lottes (fig. 196).

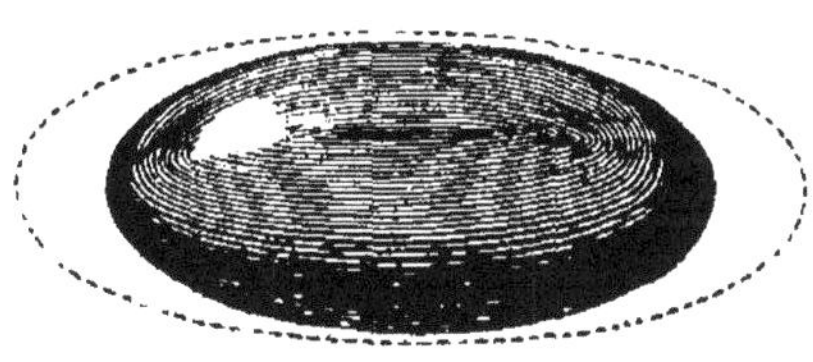

Fig 197.

4° Sur un corps de
forme ovoïde (fig. 197)
présentant un grand axe
et un petit axe, la charge
électrique est à peu près tout entière réunie aux extrémités
du grand axe.

5° Enfin si un corps présente sur sa surface des points où

la courbure soit très-forte, des angles, des pointes, la tension y devient assez grande pour vaincre la résistance du milieu ambiant, quelque peu conducteur qu'il soit, et la charge électrique du corps se perd, comme un liquide se perd par un trou percé dans le fond du vase qui le contient.

C'est là ce que l'on est convenu d'appeler le *pouvoir des pointes*; nous en verrons de nombreuses et importantes applications.

CHAPITRE XXI.

ÉLECTRISATION PAR INFLUENCE. — ÉLECTROSCOPE.
ÉLECTROPHORE. — MACHINES ÉLECTRIQUES.

Un corps conducteur isolé, ou non isolé, que l'on met en présence d'un corps chargé d'électricité, à distance suffisamment petite, manifeste immédiatement lui-même des signes d'électrisation. On dit alors que ce conducteur est *électrisé par influence*, ou par *induction*. Nous emploierons fréquemment l'expression de corps *inducteur* pour désigner le corps électrisé qui détermine par son voisinage l'action d'influence, et celle de corps *induit* pour désigner celui qui subit cette même action.

Soit un cylindre AB en laiton, porté par une colonne de

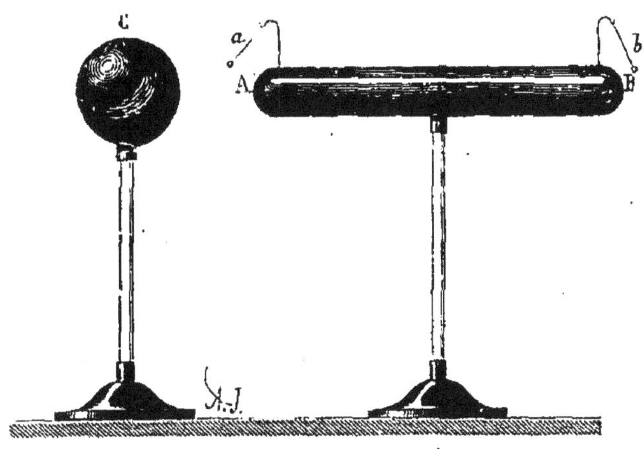

Fig. 198.

verre (fig. 198). Aux deux extrémités du cylindre sont disposés deux petits pendules *a*, *b*, à balles de sureau portées par des fils conducteurs.

Le cylindre étant à l'état neutre, les pendules sont verticaux.

On approche à la distance de 15 à 20 centimètres une sphère de laiton C portée par un pied de verre, et chargée positivement, par exemple. Immédiatement les pendules *a* et *b* s'écartent de la verticale et *en sens inverse l'un de l'autre*. Le cylindre AB est donc électrisé ; il charge par contact les petites balles qui le touchent, et les repousse. Il est vrai que le mouvement du pendule *a* pourrait être expliqué par l'action attractive de la charge du corps C : mais si telle était la cause du mouvement de ces pendules, *b* devrait être attiré aussi par C, bien que plus faiblement ; or, dans son mouvement il s'écarte de C. Il faut donc attribuer les mouvements de ces pendules à l'état d'électrisation du cylindre AB lui-même.

On peut au surplus, pour faire cesser toute incertitude, disposer l'expérience comme l'a indiqué Riess, en plaçant le cylindre induit verticalement au-dessus de la boule (fig. 199) ; les deux pendules s'écartent encore du cylindre qui les porte, et en même temps leurs balles s'éloignent de la boule. Ainsi leur mouvement n'est pas déterminé par une action du genre de celle que la charge de C exercerait sur la balle d'un pendule électrique.

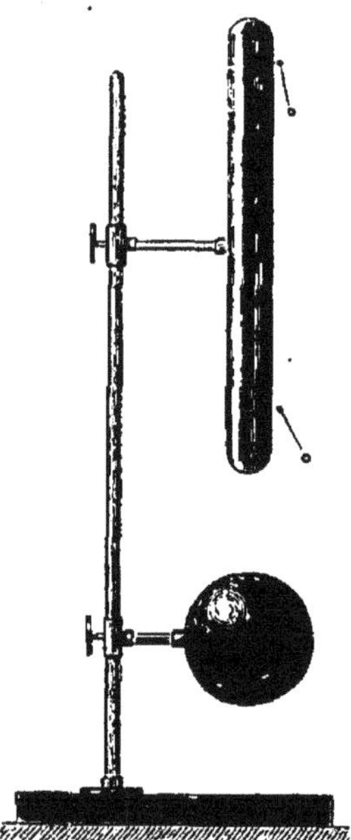

Fig. 199.

Si l'on présente un corps électrisé positivement, comme un bâton de verre frotté avec de la laine, au pendule *a*, il augmente son écart, en attirant vers lui la balle. Ce mouvement d'attraction indique donc que la balle *a*, et par suite la région A du cylindre, qui lui a communiqué par contact son électricité, sont électrisées négativement. Présente-t-on, en l'approchant avec précaution, le bâton de verre à la balle *b*, on la voit se rapprocher de la verticale, repoussée par la charge positive du bâton. On peut en conclure de même que cette région B du cylindre est électrisée positivement. On pourrait aussi porter successivement le plan d'épreuve aux deux extrémités A et B, et le présenter à chaque fois à la balle, électrisée positivement, d'un petit pendule horizontal très-mobile. On verrait dans le premier cas la balle attirée ; dans le second cas elle serait repoussée.

Nous pouvons déjà affirmer que l'électricité que possède AB, n'est pas venue, à travers l'air, du corps C ; car C ne pouvait fournir que de l'électricité positive, la seule qui y fût à l'état libre, et nous trouvons sur AB les deux fluides.

On peut voir que le pendule b a toujours un écart moindre que le pendule a.

Si l'on approche davantage C, l'écart des deux pendules augmente, a restant toujours plus élevé que b ; enfin, au moment où les deux corps sont près de se toucher, une vive étincelle jaillit entre C et A. Et quand les deux corps sont arrivés en contact, il ne reste plus sur les deux corps que de l'électricité positive. Si l'on éloigne au contraire C, à partir de la position initiale, l'écart des pendules diminue de plus en plus, et de-

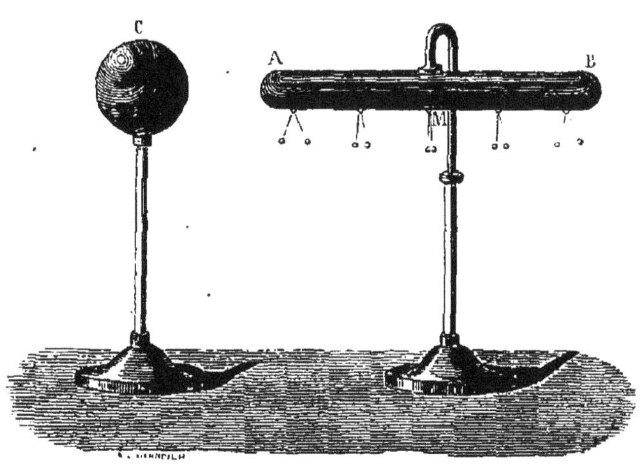

Fig. 200.

vient bientôt complétement insensible. AB est rentré à l'état neutre.

Si, sur le cylindre AB (fig. 200), on a adapté, en différents points de l'arête inférieure, de. petits pendules doubles, on trouve qu'en un point M, qui est à peu près le milieu de la longueur, plus près cependant de A que de B, les fils du pendule double sont verticaux. A partir de cette région, qu'on appellé *la ligne neutre*, l'écart des fils va en augmentant jusqu'aux extrémités. Tous les pendules de la région MA sont attirés par le bâton de verre positif. Ainsi toute cette région est négative, et la tension va en croissant de M en A. Tous les pendules de la région MB sont repoussés par le bâton de verre positif; cette région est donc positive, et la tension va aussi en croissant de M en B.

Ajoutons que si le corps C avait été électrisé négativement, nous aurions constaté les mêmes phénomènes, avec cette seule différence que la région MA serait positive et la région MB négative comme le corps C lui-même.

Étudions maintenant les phénomènes secondaires.

Si l'on vient à toucher avec la main le corps inducteur, de manière à le mettre en communication avec le sol, ce qui le ramène à l'état neutre, AB revient aussi immédiatement à l'état neutre; les pendules retombent verticaux. Toutefois, si l'influence a eu une longue durée, les pendules conservent un léger écart, mais alors on ne trouve plus sur le cylindre AB qu'un seul des deux fluides : le fluide de nom contraire à celui de C, si les charges électriques étaient peu considérables, et l'air ambiant assez humide; du fluide de même nom si les charges étaient fortes.

Prenons maintenant le cas où le cylindre AB serait mis en communication avec le sol, pendant la durée de l'action d'influence, soit au moyen d'une chaîne attachée à un point quelconque de sa longueur, soit simplement par le contact de la main de l'opérateur. Alors le pendule *a* est *un peu plus élevé* qu'il ne l'était dans le cas précédent. Le pendule *b* n'a plus qu'un très-léger écart, ou même est complétement vertical. On ne trouve plus sur le cylindre que du fluide négatif, accumulé surtout dans la région A. La ligne neutre est rejetée au delà des limites du corps sur le fil ou dans le sol.

Si le cylindre AB était isolé pendant la durée de l'action d'influence, et qu'on vînt à le toucher alors avec la main

en un point quelconque, au mode d'électrisation correspondant à l'état d'isolement, et que nous avons décrit plus haut,
succéderait immédiatement le mode d'électrisation indiqué en
dernier lieu. Le pendule *b*, d'abord électrisé positivement et
notablement écarté, redeviendrait vertical, ne possédant plus
que des traces d'électricité négative. La ligne neutre serait
rejetée en dehors du corps.

Le corps induit, lorsqu'il est isolé, peut à son tour agir par
influence sur d'autres conducteurs.

Si l'on place à la suite du conducteur AB isolé, un second
conducteur A'B' (fig. 201), puis un troisième A″B″, chacun d'eux

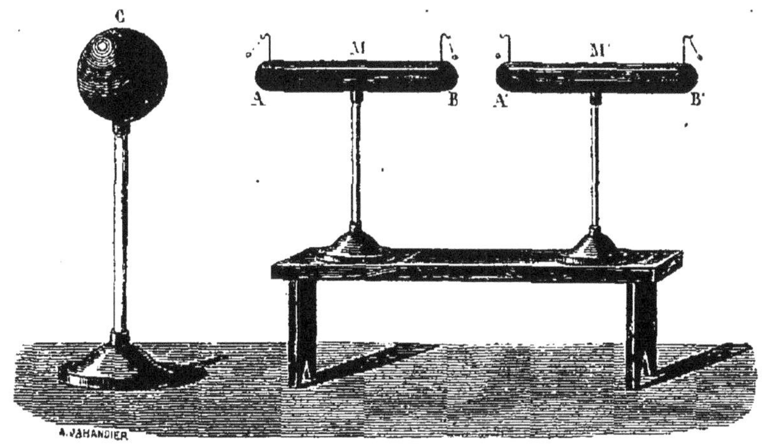

Fig. 201.

présentera une ligne neutre M, M', M″; une région négative
MA, M'A', M″A″; une région positive MB, M'B', M″B″....
L'écart des pendules ira en diminuant rapidement à mesure
que le conducteur sera à un rang plus éloigné. On peut d'ailleurs se convaincre facilement par une mesure directe, soit de
l'écart des pendules, soit de la charge des points A', B', par
le plan d'épreuve et la balance de torsion, que le conducteur
A'B' est plus fortement chargé qu'il ne le serait étant mis
seul à la même distance A'C du corps C. Il y a donc une influence exercée par le conducteur précédent AB.

Mais si l'on met AB en communication avec le sol, les conducteurs suivants restent ou retombent à l'état neutre.

Explication théorique. — Les phénomènes que nous venons de décrire peuvent tous s'expliquer en s'appuyant uniquement sur les hypothèses fondamentales, basées elles-mêmes sur l'expérience, et que nous avons résumées à la fin du chapitre XIX.

Le cylindre AB contient, dispersé dans sa masse, une quantité indéfinie de fluide neutre. Le fluide positif de C agissant par répulsion sur le fluide positif de AB, par attraction sur son fluide négatif, ces deux fluides se séparent, et, obéissant à ces actions attractives ou répulsives, se portent sur la surface du conducteur, le premier dans la région la plus éloignée de C, le second dans la région la plus rapprochée ; une ligne neutre sépare nécessairement les deux charges contraires. La charge attirée subit une action attractive plus grande que n'est l'action répulsive sur la charge repoussée, puisque la première action s'exerce à plus petite distance. La ligne neutre doit donc être un peu plus rapprochée de A que de B.

La charge totale développée par l'influence atteint rapidement une limite supérieure qu'elle ne dépasse plus.

En effet, si nous considérons les actions exercées sur une molécule m de fluide neutre prise sur le conducteur (fig. 202), nous voyons que le fluide positif de C tend à repousser la molécule positive de m vers B, et à attirer la molécule négative de m vers A.

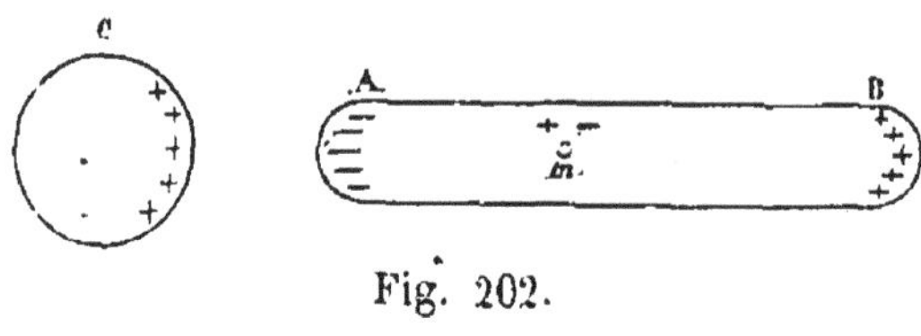

Fig. 202.

Au contraire, la charge négative déjà en A, et la charge positive déjà en B, tendent à porter la molécule positive vers A, la première par attraction, la seconde par répulsion. En même temps ces mêmes charges tendent à porter, la première par répulsion, la seconde par attraction, la molécule négative vers B. Ainsi les charges déjà développées par l'influence combattent l'action séparante de C. On comprend alors que, pour une certaine limite de charge amassée en A et B, l'action décomposante sera équilibrée, c'est-à-dire que la décomposition s'arrêtera. Si C se rapproche de AB, les

actions attractives ou répulsives qui émanent de C, augmentant
d'énergie, à mesure que la distance diminue, les charges de
fluide en A et en B, nécessaires pour leur faire équilibre, doivent augmenter en même temps. Les fluides de nom contraire
accumulés en A et en C, tendent à se réunir pour constituer
du fluide neutre, et lorsque la couche d'air qui les sépare
n'aura plus une épaisseur suffisamment grande, la résistance
qu'elle oppose ne sera plus capable d'empêcher la combinaison des fluides à travers l'air, et il y aura *étincelle*. L'étincelle
accompagne toujours la combinaison des électricités à travers
un milieu mauvais conducteur.

Le fluide négatif de A s'est combiné avec une quantité
équivalente de fluide positif. Il reste donc sur l'ensemble des
deux corps du fluide positif.

Si l'on éloigne C au contraire, l'action décomposante diminuant d'intensité, il suffira de charges plus faibles en A et
en B pour lui faire équilibre ; ces fluides se recombineront en
partie pour former du fluide neutre, et cela sans étincelle, la
recomposition se faisant sur un corps bon conducteur.

Si l'on supprime instantanément la charge de C, la cause
qui maintenait séparés les deux fluides en A et B n'existant
plus, ces deux fluides se recombinent complétement, et sans
étincelle.

Toutefois, si l'influence a duré un temps un peu long, il y
a lieu de tenir compte de la déperdition d'électricité sur AB.
Or, si les charges sont faibles, et le milieu ambiant humide,
le fluide positif répandu sur la plus grande surface doit éprouver la plus forte déperdition ; il restera donc, après le retour
de C à l'état neutre, un petit excès de fluide négatif. Si, au
contraire, les charges sont fortes, et la distance de C à A peu
considérable, il s'opère entre ces deux points une décharge
lente et sans étincelle visible, au moins au grand jour, de
sorte que le fluide positif se·trouvera en excès quand on ramènera C subitement à l'état neutre.

Prenons AB en communication avec le sol. Nous avons
alors un conducteur formé par le cylindre AB, par la chaîne
et par la terre. La ligne neutre doit donc être repoussée hors
des limites du corps, et l'on ne doit plus trouver sur AB que

du fluide négatif. De telle sorte que si on rompt ensuite la communication avec la terre, AB restera chargé de fluide négatif quand on enlèvera C.

La charge négative en A est plus grande qu'elle ne l'était dans le cas précédent, puisque le fluide négatif a maintenant à faire équilibre, lui seul, à l'action décomposante. On peut même dire que cette charge sera sensiblement double de ce qu'elle était avant la communication avec le sol.

On voit que tous les faits d'expérience énoncés trouvent leur explication dans les phénomènes fondamentaux qui ont servi de base aux hypothèses théoriques.

Il est un point théorique important à noter, c'est que l'action décomposante de C, qui s'exerce à distance, étant équilibrée par les actions du fluide développé sur AB, actions qui s'exercent à *moindre distance*, on peut en conclure que l'influence développe sur le corps induit une charge moindre que celle de l'inducteur. Pour que l'équilibre existe, il faut que la charge de l'inducteur dépasse celle de l'induit dans un certain rapport, dépendant de la distance des deux corps. Si elle la dépasse dans un rapport plus grand, l'induction recommence; si dans un rapport plus faible, une partie des fluides séparés se reconstitue à l'état neutre.

La conséquence nécessaire, c'est qu'il ne peut pas y avoir en même temps influence de AB sur C. L'induction n'est jamais réciproque. Aussi le plan d'épreuve, porté sur les différents points de la surface de C, montrera-t-il que sa charge positive reflue vers la région qui regarde A, mais il ne révèle jamais la présence du fluide négatif, en quelque point que ce soit.

Influence sur un corps déjà électrisé. — Mettons en présence d'un corps conducteur AB chargé négativement, un second corps C chargé d'électricité positive. Nous savons déjà qu'il ne peut y avoir influence de C sur AB qu'autant que la charge de ce dernier sera moindre, et moindre dans un rapport déterminé, dont la valeur dépend de leur distance.

Les charges, positive et négative, s'attirant mutuellement, reflueront dans les régions des deux corps qui se regardent (fig. 203). Si la charge négative de A est précisément celle que C y aurait développée, AB étant mis à l'état neutre en présence de C, et en communication avec le sol ; si, par consé-

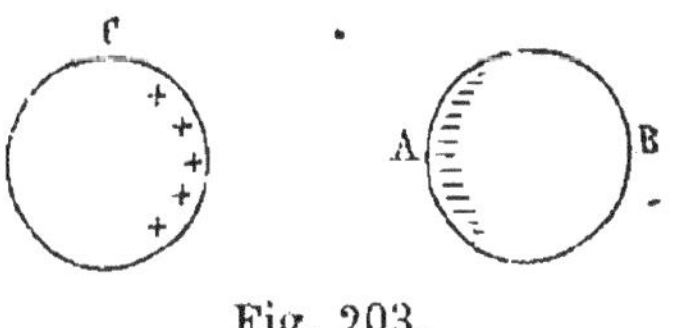

Fig. 203.

quent, les actions émanant de A équilibrent l'action décomposante de C, évidemment il n'y aura pas induction de C sur AB. *A fortiori* n'y en aura-t-il pas si la charge de A est plus grande, quoique inférieure à celle de C. Si elle est moindre, au contraire, il y aura induction. De nouveau fluide négatif s'ajoutera en A à celui qui y est déjà ; une quantité équivalente de fluide positif apparaîtra en B, jusqu'à ce que l'équilibre des actions de C, de A et de B s'établisse. D'ailleurs aucune induction sur C.

Si on met C en présence de AB, mais à très-grande distance (fig. 204), les charges, n'exerçant pas l'une sur l'autre

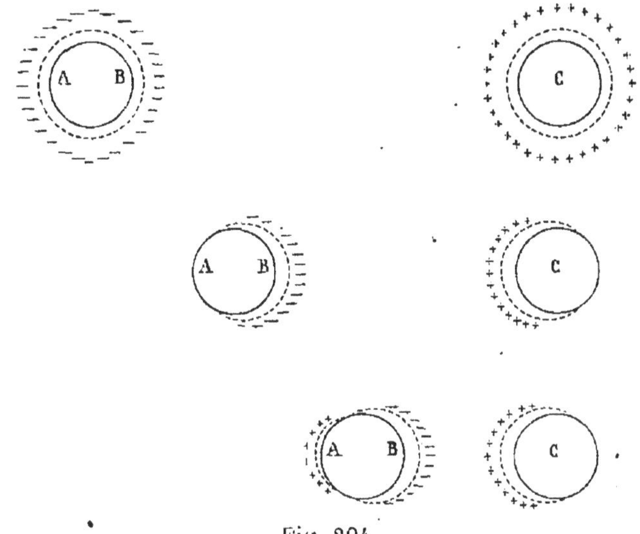

Fig. 204.

d'action sensible, resteront répandues uniformément sur les deux surfaces. Si on approche AB, le mode de distribution changera peu à peu sur les deux corps, les charges se portant en regard l'une de l'autre. La distance diminuant, les actions décomposantes, émanant de la charge C, que nous supposons la plus forte, augmenteront d'intensité, et finiront par ne plus être équilibrées par celles qui émanent de la charge accumulée en A ; alors l'influence commencera sur AB, accumulant du fluide négatif en A, et faisant apparaître du fluide positif en B. Enfin, quand la distance sera suffisamment petite, l'étincelle jaillira entre A et C, et, après l'étincelle, le système restera chargé positivement. La charge restante sera l'excès de la charge positive de C sur la charge de AB.

Si les deux corps sont chargés de fluides de même nom, ces deux fluides se repoussent mutuellement, et tendront à s'accumuler sur les surfaces les plus éloignées des deux corps (fig. 205). Il est facile de voir que le fluide réuni en B combat l'action décomposante, et que, s'il est en quantité suffisante, il pourra l'équilibrer. Agissant à moindre distance, il devra, pour exercer des actions égales, être en quantité moindre, et le rapport correspondant à l'équilibre devra varier avec la distance des deux corps.

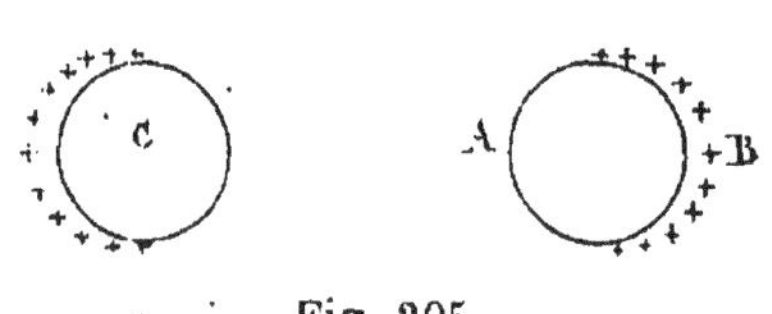

Fig. 205.

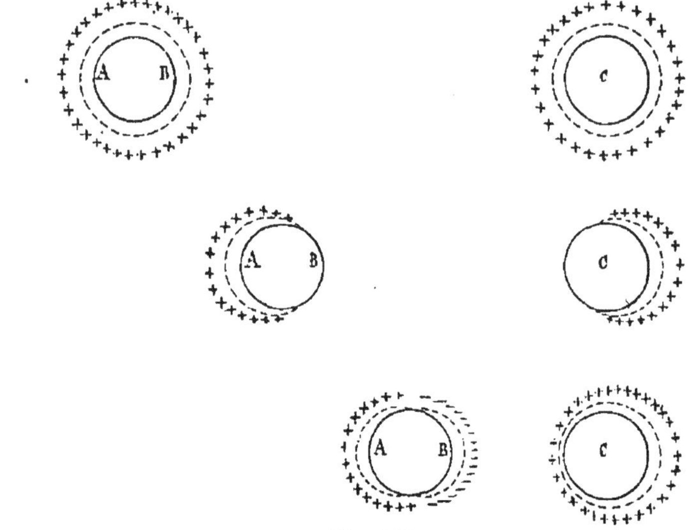

Fig. 206.

Si donc on met C en présence de AB, mais à grande distance (fig. 206), les deux charges positives seront distribuées uniformément sur les deux corps. Si on approche AB, les deux charges se porteront vers les régions les plus éloignées; puis, à distance plus petite encore, l'action d'influence s'établira, portant du fluide négatif en B, et augmentant la dose positive en A. L'attraction de B, plus forte que la répulsion de A, puisqu'elle s'exerce à plus petite distance, ramènera de nouveau la charge de C vers la région qui regarde B, et, à distance suffisamment petite, l'étincelle jaillira entre les deux corps. Après la décharge, le système restera chargé de fluide positif, comme dans le cas précédent. La charge restante sera la somme des deux charges primitives de C et de AB.

Mouvements des corps électrisés. — Remarquons d'abord que, lorsqu'un corps mauvais conducteur est chargé d'électricité, on peut admettre, puisque le fluide ne peut se déplacer sur le corps, qu'il y a des liaisons entre les particules du fluide et celles du corps, bien que l'on ne puisse rien dire de la nature de ces liaisons. Toute action attractive ou répulsive qui tendra à entraîner la masse du fluide entraînera donc en même temps le corps, s'il n'est pas trop lourd.

Si donc on présente un bâton de verre, électrisé positivement, à un corps léger mauvais conducteur, et électrisé aussi positivement, celui-ci devra être repoussé, puisque les charges de même nom se repoussent mutuellement. Si le corps léger mauvais conducteur est électrisé négativement, il devra être attiré, puisque les charges de nom contraire s'attirent.

Si le corps est bon conducteur, sa charge électrique se distribue sur la surface, soit par l'action répulsive seule de ses molécules, soit par cette action, combinée avec des actions extérieures attractives ou répulsives, et elle y est retenue par le pouvoir isolant de l'air ambiant. Elle se trouve donc liée au corps, tout aussi bien que dans le cas précédent, mais par une cause différente et extérieure. Dans ce cas encore, toute action qui tendra à déplacer la masse du fluide déplacera le corps en même temps, s'il n'est pas trop lourd.

Seulement, le corps étant bon conducteur, il y a ici lieu de tenir compte des actions d'influence qui peuvent s'exercer.

Soit d'abord un corps électrisé positivement, mis en présence d'une balle de sureau dorée, portée par un fil de soie, et à l'état neutre (fig. 207). C, étant électrisé positivement, décomposera le fluide neutre de la balle, attirera en *a* le fluide négatif, et repoussera en *b* le fluide positif. L'équilibre établi, ces charges seront maintenues adhérentes au corps par le défaut de conductibilité de l'air ambiant. Les charges réunies en *a* et *b* sont équivalentes, puisqu'elles se neutralisent avant la décomposition. L'action attractive de la charge de C sur le fluide de nom contraire, accumulé en *a*, sera donc plus forte que l'action répulsive sur la quantité équivalente de fluide de même nom, accumulé en *b*, puisque la première s'exerce à plus petite distance. Ainsi, l'action qui l'emporte est l'action attractive ; aussi la balle, dont les fluides ne peuvent se détacher, est-elle entraînée vers C.

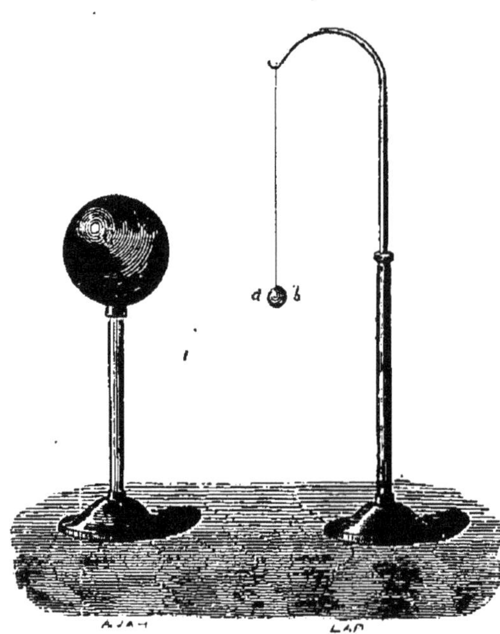

Fig. 207.

Si le fil qui porte la balle est un fil conducteur, le fluide positif est repoussé dans le sol ; l'action attractive n'est plus affaiblie par l'action répulsive, et la balle est plus rapidement encore entraînée vers C.

Supposons maintenant la balle isolée et électrisée négativement : il peut se faire qu'il n'y ait pas action d'influence, si la charge de C ne dépasse pas celle de *ab* dans le rapport voulu pour que l'influence s'exerce, à la distance où sont ces deux balles l'une de l'autre. Alors la charge négative se portera simplement dans la région de la balle qui regarde C, puis, retenue sur la surface par le pouvoir isolant de l'air ambiant, elle entraînera la balle vers C.

Si la distance de C à la balle est assez petite pour qu'il

puisse y avoir influence, cette influence ajoutera en *a* une nouvelle dose de fluide négatif à celle qui y est déjà, en portant en *b* une charge égale de fluide positif. L'action attractive l'emportera, et parce que la charge attirée est plus grande que la charge repoussée, et parce qu'elle est à plus petite distance. Ainsi, qu'il y ait ou non action d'influence, la balle, chargée à l'avance d'électricité contraire à celle de C, sera toujours entraînée vers C.

Prenons enfin la balle chargée de fluide positif, comme C. Si la distance est telle, pour le rapport des charges, qu'il n'y ait point induction, l'action réciproque se bornera à un changement de distribution des fluides; les deux charges s'accumuleront dans les régions les plus éloignées des deux corps, et la répulsion mutuelle des deux fluides déterminera l'écart de la balle. Mais supposons que l'influence s'établisse : elle aura pour effet de porter une nouvelle charge positive dans la région *b*, en amenant en même temps une charge négative équivalente en *a*. La charge en *b* dépassera toujours la charge en *a* de la quantité de fluide positif qui existait originairement sur la balle. L'action répulsive sur *b* s'exerce sur une charge plus forte, mais à plus grande distance que l'action attractive exercée sur *a*. Tant que *ab* sera assez éloigné de C, les distances C*a* et C*b* ne différant entre elles que d'une quantité très-petite par rapport à elles-mêmes, la différence des charges positive et négative donnera la prépondérance à l'action répulsive. Mais si on agit à distance de plus en plus petite, C*a* deviendra, par cela même, de plus en plus petit par rapport à C*b*, et l'action répulsive finira par se changer en action attractive. Ainsi, l'attraction à petite distance entre des corps électrisés ne prouve pas, à coup sûr, que leurs charges électriques sont de signes contraires, puisqu'elle peut se produire, par suite d'une action d'influence, entre des corps chargés d'électricités de même nom.

Lorsqu'on présente un bâton de verre électrisé à une balle de sureau à l'état neutre et isolée, on voit la balle d'abord attirée par le bâton, et elle le sera tant qu'elle n'aura pas touché le corps électrisé ; nous avons expliqué ce mouvement d'attraction. A peine la balle a-t-elle touché le bâton, qu'elle est ordinairement repoussée. Nous savons, en effet, qu'après le contact, les deux corps se trouvent chargés de la même électricité. Cependant il arrive parfois que la balle reste collée à la surface du corps électrisé, si celui-ci est très-mauvais conducteur, comme le serait, par exemple, un bâton de verre bien sec, électrisé positivement. Si on la sépare du corps, et qu'on le lui représente, elle est repoussée. Ces effets, assez singuliers en apparence, s'expliquent cependant facilement. La balle apporte au point de contact du fluide négatif pour neutraliser une dose équivalente du fluide de C. Si celui-ci est bon conducteur, la neutralisation est immédiate, et les deux corps, chargés de l'excédant du fluide de C, se repoussent. Si au contraire C est mauvais conducteur, elle ne s'opère que lentement et progressivement; de là l'attraction persistante entre les deux corps. Si on les force à se séparer, ab ne retourne pas à l'état neutre, puisqu'une portion de son fluide négatif a disparu; il lui reste un excédant de fluide positif; aussi, quand on lui représentera C, y aura-t-il répulsion.

CHAPITRE XXII.

ÉLECTROPHORE. — ÉLECTROSCOPES. — MACHINES ÉLECTRIQUES.

Dans la plupart des appareils produisant l'électricité à l'état de tension, cette électricité est mise en liberté par le frottement exercé sur un corps mauvais conducteur. Si l'on veut prendre, par le contact direct, de l'électricité sur un point de la surface de ce corps, on ne décharge absolument que le point touché; on ne peut donc obtenir ainsi que des effets très-restreints. Mais si on se sert des actions d'influence pour électriser à distance un corps bon conducteur, alors on prendra sur ce conducteur une charge électrique plus grande.

Aussi ces appareils producteurs de l'électricité sont-ils accompagnés d'un système conducteur isolé, s'électrisant par influence.

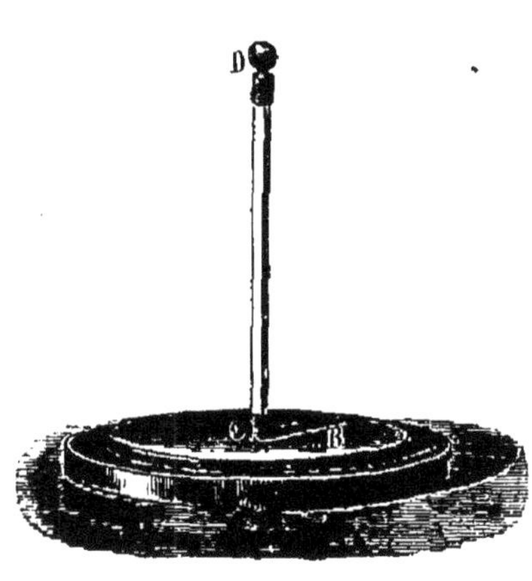

Fig. 208.

Électrophore. — L'électrophore se compose d'un gâteau de résine, coulé dans un moule en bois ou même en métal (fig. 208); on aplanit sa surface, toujours soulevée par des bulles, en promenant à distance un fer à repasser, un peu chaud, qui fait fondre la couche superficielle et l'égalise. En battant la résine avec une peau de chat bien sèche, on l'électrise négativement. Alors on pose sur le gâteau un disque de laiton ou de bois recouvert d'une feuille d'étain, B, et au centre duquel·

se trouve fixé un manche isolant en verre, verni à la gomme laque. On tient le manche par la garniture métallique D, et on pose le disque sur la résine. Bien qu'il y ait contact, l'électricité du gâteau ne passe pas sur le métal, à cause du défaut presque absolu de conductibilité de la résine; il n'y a qu'action d'influence. L'électricité neutre du plateau est décomposée; le fluide positif s'accumule sur la face inférieure, le fluide négatif sur la face supérieure. Si l'on enlevait le disque, il rentrerait à l'état neutre, et l'on n'y trouverait point d'électricité libre. Mais en le touchant avec le doigt, on lui fait perdre son fluide négatif, qui s'écoule dans le sol, et il n'y reste plus que du fluide positif. Si alors on retire le doigt, et si on soulève le disque, toujours par le bouton D, on le trouvera chargé de fluide positif. Si on décharge le disque et qu'on le repose sur la résine, il s'électrisera de nouveau. On pourra ainsi tirer un grand nombre de petites décharges successives du plateau. Le gâteau de résine peut garder très-longtemps sa charge négative, si on l'enferme dans une armoire dont on dessèche l'air par de la chaux vive.

L'électrophore est fréquemment employé dans les laboratoires de chimie, pour les analyses eudiométriques.

Machines électriques. — La première machine électrique a été inventée vers 1670, par Otto de Guericke, à qui nous avons vu que l'on devait déjà la machine pneumatique. Cette machine, des plus simples, se composait d'une assez grosse boule de soufre ou de résine, que l'on faisait tourner sur un axe horizontal, au moyen d'une manivelle. On appuyait la main bien sèche sur le globe, que ce frottement chargeait d'électricité négative. L'addition d'un système conducteur s'électrisant par influence est due à Boze (1741). En 1766, Ramsden remplaça le globe de soufre par un plateau de verre. Voici la disposition de la machine de Ramsden, telle qu'on la trouve dans tous les cabinets de physique.

Machine de Ramsden. — Au centre d'un large plateau circulaire en verre vert, A, se trouve fixé un axe posant sur deux montants verticaux en bois, réunis par leur partie supérieure et plantés dans une forte table en chêne (fig. 209). Une manivelle à tige de verre donne au plateau un mouvement de

rotation. Deux paires de coussins sont adaptées aux montants,
l'une au-dessus de l'axe, l'autre au-dessous. Le plateau passe,

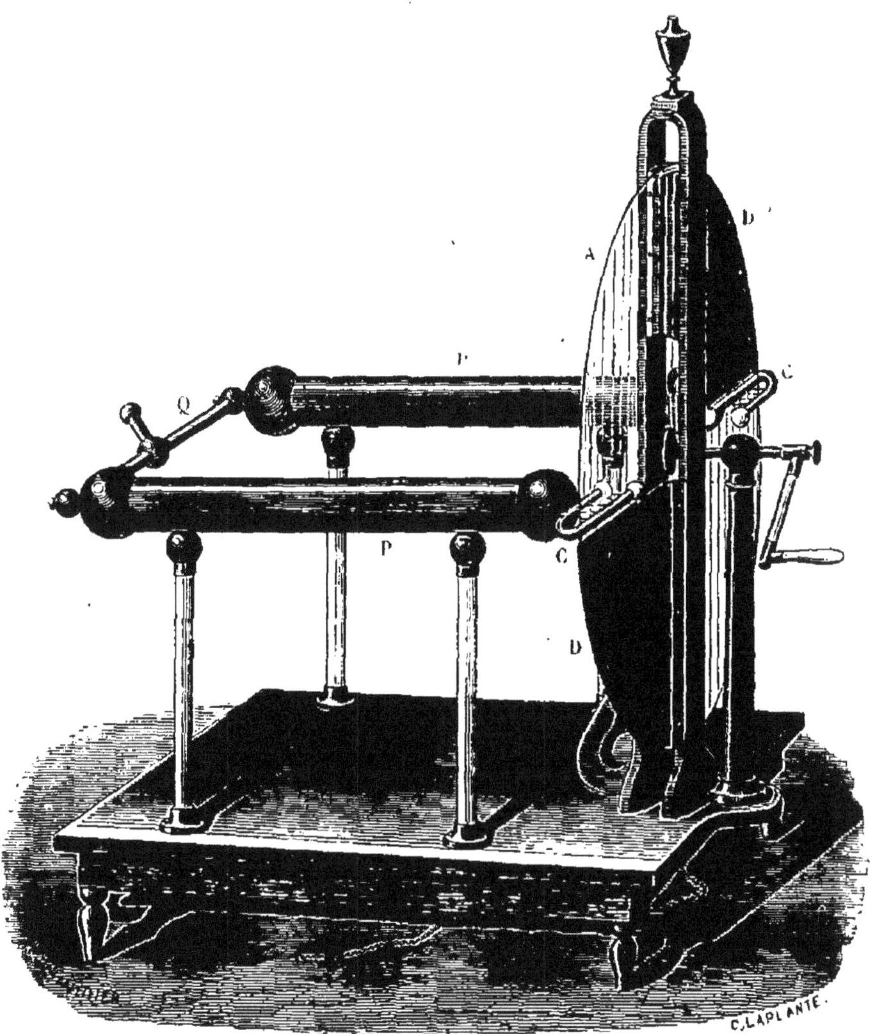

Fig. 209.

dans son mouvement de rotation, entre les coussins, qui, par
le frottement, s'électrisent négativement, en chargeant le plateau d'électricité positive.

Chacun de ces coussins est formé, dans les machines modernes, d'une plaque rectangulaire en bois, sur laquelle sont

appliquées des feuilles de taffetas, séparées par des feuilles d'étain. Sur la feuille de taffetas extérieure, on étend d'abord un peu de suif, puis une couche d'un amalgame d'étain et de zinc, ou simplement de bisulfure d'étain (or musif).

Le système conducteur se compose de deux gros cylindres creux en laiton PP, réunis par une tige transversale Q, et portés par des colonnes en verre. Ce conducteur ne doit présenter que des surfaces arrondies. A la tête de ces conducteurs, voisine du plateau de verre, se trouve montée une tige de cuivre recourbée en forme d'U, et qu'on appelle *mâchoire* c, c. Elle embrasse le plateau en lui présentant une double rangée de pointes, qui approchent du plateau le plus possible sans le toucher.

Le verre, étant électrisé positivement par le frottement des coussins, agit par influence sur le fluide neutre du conducteur, repousse son fluide positif, qui se répand sur ce conducteur en s'éloignant du plateau; le fluide négatif se rend au contraire dans les mâchoires, dont les pointes le laissent échapper; il va neutraliser le fluide positif du verre; mais le frottement le reproduit sans cesse. Il ne doit point y avoir de fluide négatif ailleurs que sur les coussins. Il y a même tout avantage à laisser perdre le fluide des coussins, qui exerce une influence inverse de celle du plateau; aussi les réunit-on par une bande d'étain appliquée à la face intérieure des montants, et qui, par une chaîne, se prolonge jusqu'au sol.

C'est évidemment lorsque chaque portion de la surface du plateau passe devant la tête du conducteur, qu'elle exerce le plus énergiquement son action d'influence. Alors, pour empêcher l'électricité de se perdre par le contact de l'air dans le trajet des coussins aux cylindres, on dispose sur deux quadrants opposés, DD, une sorte d'étui formé d'une feuille double de taffetas. Le taffetas isole suffisamment l'air logé entre les deux plis, de l'air extérieur, et empêche la dispersion du fluide du plateau.

Pour que la machine fonctionne bien et se charge fortement, il faut que le plateau de verre soit propre et sec, et surtout que les pieds de verre de l'appareil soient bien dépouillés de toute humidité. En maintenant l'air ambiant chaud et, par suite, sec, on empêche le verre de prendre l'humidité. Aussi place-t-on, par les temps humides, des fourneaux allumés sur la table de la machine.

La charge est mesurée par un petit pendule électrique de Henley (fig. 210). Il est formé d'une tige conductrice sur laquelle se trouve fixé un demi-cadran en ivoire. Au centre de ce cadran est une petite aiguille conductrice portant à son extrémité libre une petite balle de sureau. L'aiguille s'écarte de la verticale et monte sur le cadran d'un angle d'autant plus grand que la machine est plus fortement chargée. Ce pendule est planté à l'extrémité d'un des conducteurs.

Fig. 210.

Pour électriser positivement un corps conducteur isolé, il suffit de le mettre en contact avec l'un des cylindres pendant que le plateau tourne. Pour l'électriser négativement, il faut le présenter à distance au conducteur, en le touchant avec le doigt pour établir sa communication avec le sol. En retirant ensuite le doigt, on laissera le corps isolé chargé d'électricité négative.

On construit des machines électriques disposées de telle sorte qu'elles puissent donner, par contact direct, du fluide positif sur un conducteur, et du fluide négatif sur un autre conducteur. Telles sont les machines de Nairne et de Van Marum.

Machine de Nairne (fig. 211). — Le plateau de verre de Ramsden est remplacé par un gros cylindre en verre, fermé par deux calottes hémisphériques, enduites de vernis isolant. Ce cylindre repose, par deux tourillons, dans une position horizontale, sur deux montants verticaux, de manière à pouvoir tourner autour de son axe. Il est flanqué de chaque côté d'un cylindre en cuivre isolé sur des pieds en verre. L'un de ces cylindres porte un frottoir, l'autre une scie de pointes tournées vers la surface du cylindre de verre. Ce dernier s'électrise positivement par influence ; l'autre reçoit directement l'électricité négative du coussin. Pour obtenir sur chacun

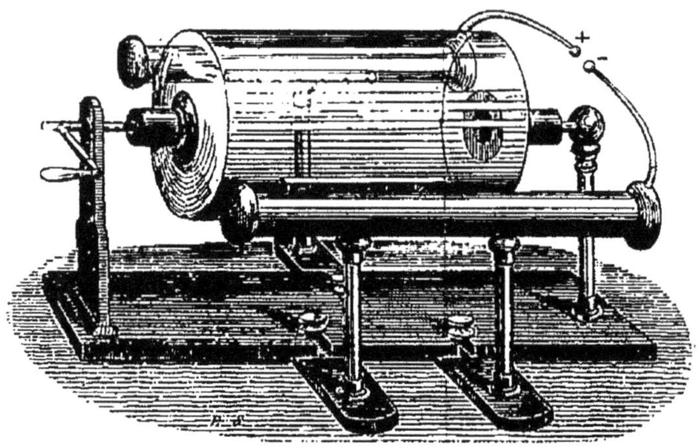

Fig. 211.

d'eux le maximum de charge positive ou négative, il faut mettre l'autre en communication avec le sol.

Machine de Van Marum. — Le conducteur est courbé en forme de demi-cercle, et peut tourner autour d'un pivot horizontal, de telle sorte qu'on puisse mettre ses têtes armées de pointes en regard du plateau de verre, disposé, à peu de chose près, comme celui de la machine de Ramsden, et alors il s'électrise positivement, ou en regard des coussins, et alors il s'électrise négativement. Dans le premier cas, un second arc métallique, portant une chaîne qui pend à terre, est disposé de manière à faire communiquer les coussins avec le sol ; dans le second cas, il est disposé de manière à décharger le verre de son électricité positive.

Électroscopes. — On donne ce nom aux instruments destinés à faire reconnaître sur un corps la présence de l'électricité, et à faire constater la nature de l'électricité. Le pendule électrique, vertical ou horizontal, dont nous avons déjà à plusieurs reprises fait usage, est un électroscope, et le plus simple de tous. Mais quand il s'agit de corps n'ayant qu'une faible tension électrique, il ne présente pas une mobilité suffisante. Il faut alors recourir à l'électroscope à pailles ou à feuilles d'or, que nous allons décrire.

Une cloche en verre porte à sa partie supérieure une douille
métallique traversée par une tige de laiton, portant en haut
une bóule *a*, et à son extrémité inférieure deux petites pailles,

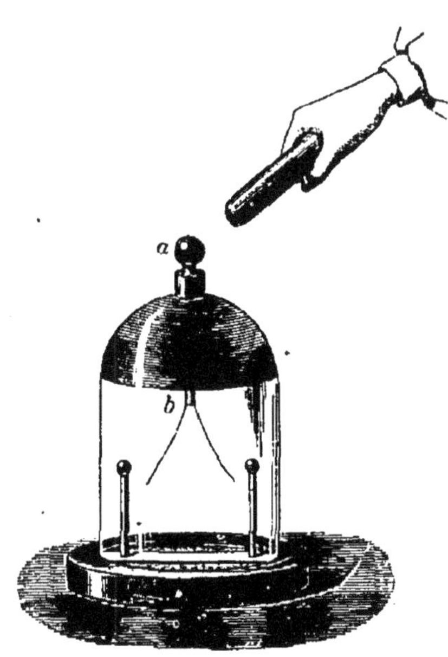

Fig. 212.

ou deux balles de sureau
suspendues à des fils mé-
talliques, ou deux lames
d'or (fig. 212). La cloche
fait l'office de support
isolant, et est recouverte
sur sa zone supérieure
d'une couche de vernis à
la gomme laque. Elle re-
pose sur une tablette en
bois ou en métal, creu-
sée pour recevoir un ti-
roir rempli de chaux vive,
afin de tenir l'air inté-
rieur parfaitement sec.
Deux tiges en laiton sont
plantées dans cette table,
et portent à leur sommet
des boules disposées à
hauteur des pailles, de telle sorte que celles-ci puissent les
toucher, dès l'instant que leur écart dépasse 100° à 120°.

Pour reconnaître avec cet instrument si un corps est électrisé, on l'approche *lentement* de la boule *a*. Il est évident
que si le corps n'est point électrisé, il ne modifie en rien l'état
de l'instrument, quelque petite que soit la distance qui l'en
sépare. S'il est électrisé, au contraire, il décompose par influence le fluide neutre de la tige *ab*, appelle vers lui dans la
boule *a* le fluide de nom contraire au sien, et repousse en *b*
et dans les pailles le fluide de même nom. Ces deux pailles,
se trouvant chargées du même fluide, se repoussent mutuellement, et manifestent alors par leur écart l'état d'électrisation
du corps présenté. Il ne faut jamais présenter le corps brusquement à petite distance de la boule ; car s'il arrivait que ce
corps fût fortement chargé, il en résulterait un écart violent des
pailles ou des lames d'or, qui les détacherait ou les briserait.

Pour connaître la nature de l'électricité, on touche la boule a avec le doigt pendant que l'instrument est sous l'influence du corps électrisé, alors l'électricité *de même nom que celle du corps inducteur* se perd dans le sol, et la tige ab ne conserve que le fluide de nom contraire. Cette électricité étant accumulée dans la boule a, les pailles sont verticales. On retire le doigt, puis on enlève le corps inducteur, et l'instrument reste chargé d'électricité de nom contraire à celle du corps, qui, se répandant alors sur tout le conducteur ab, fait diverger les pailles.

On va maintenant chercher de quelle nature est l'électricité qui charge l'instrument, et pour cela on approchera lentement de la boule a un corps chargé d'une électricité connue : soit un bâton de verre C électrisé positivement.

Si l'instrument est chargé aussi positivement, en approchant le bâton C de la boule a, on verra la divergence des pailles augmenter, jusqu'au moment où elles arriveront à toucher les tiges de laiton qui les déchargent.

En effet si la distance est telle que l'action de C sur ab ne puisse y déterminer encore qu'un changement dans la distribution de l'électricité, la charge positive de ab repoussée par celle du corps C refluera dans les pailles, et augmentera leur écart. Si, à distance plus petite, l'influence s'établit, elle portera encore dans les pailles du fluide positif; la divergence ne peut donc qu'augmenter de plus en plus à mesure que C se rapproche.

Si l'instrument est chargé d'électricité contraire à celle du corps C, les pailles se rapprocheront; mais il pourra arriver qu'après s'être rapprochées jusqu'au contact, la distance de C diminuant de plus en plus, elles s'écartent de nouveau, et même qu'elles arrivent à faire un angle plus grand que celui qu'elles faisaient avant qu'on présentât le corps C.

Supposons en effet que la charge positive de C soit trop faible ou à trop grande distance pour exercer une action d'influence sur ab; elle pourra cependant y changer la distribution de l'électricité négative; elle appellera dans la boule a une partie du fluide, de telle sorte que les pailles, étant moins chargées, se rapprocheront. Si C a une tension électrique plus faible que *ab*, il ne pourra jamais exercer d'action d'influence, ainsi le seul effet qu'il pourra produire sera, à mesure qu'on l'approchera davantage de *a*, de décharger progressivement les pailles au profit de la boule; de telle sorte que leur écart diminue de plus en plus. Admettons au contraire que l'action d'influence puisse s'exercer à une certaine distance, elle aura pour effet de porter du fluide négatif dans la boule, qui s'ajoutera à celui qui s'y est déjà accumulé, et de chasser dans les pailles du fluide positif qui y neutralisera une quantité équivalente de fluide négatif, de sorte que tout se passe comme si le fluide négatif se transportait des pailles à la boule. La divergence des pailles diminue donc encore. Quand l'influence aura ainsi ramené les pailles à l'état neutre, elles se trouveront verticales; si l'on continue à rapprocher le corps C, le fluide positif qu'il enverra dorénavant, par influence, dans les pailles, les fera diverger de nouveau, et de plus en plus à mesure que le corps C agira à plus petite distance. Il peut se faire même, comme nous l'avons dit, si C est fortement électrisé, et si l'électroscope l'était au contraire très-peu dans l'origine, que l'écart final dépasse l'écart primitif.

En résumé C étant chargé de même électricité que *ab*, il ne peut y avoir qu'augmentation de divergence. C étant chargé d'électricité de nom contraire à celle de l'instrument, il peut y avoir simplement rapprochement des pailles, ou bien rapprochement suivi d'un écart, et même d'un écart plus grand que l'écart primitif.

Le rapprochement des pailles indique donc, *à coup sûr*, que l'instrument est chargé d'électricité de nom contraire à celle du verre, négative par conséquent.

Un écart plus grand n'indiquera un état d'électrisation positive de l'instrument que si on a approché assez lentement pour bien constater qu'à toute distance l'approche du verre positif détermine bien toujours une augmentation d'écart, et non pas un rapprochement suivi d'un écart.

Les tiges de laiton, en s'électrisant sous l'influence des pailles, agiront sur elles par attraction, et augmenteront leur écart; leur présence rend donc l'instrument plus sensible. De

plus elles servent à limiter l'écart des pailles, et à les empêcher d'aller toucher la paroi intérieure de la cloche. L'électricité qu'elles y déposeraient et qui y resterait, vu l'état de
sécheresse du verre, altérerait évidemment les indications de
l'instrument.

CHAPITRE XXIII.

CONDENSATION DE L'ÉLECTRICITÉ. — CONDENSATEURS. BOUTEILLE DE LEYDE. — BATTERIE ÉLECTRIQUE.

Découverte de la bouteille de Leyde. — Un jour Muschenbroëke de Leyde approcha de la machine électrique un verre rempli d'eau qu'il tenait à la main, et, pour charger cette eau d'électricité, faisait jaillir de nombreuses étincelles entre elle et la machine; quand, approchant sa main par mégarde du conducteur, il reçut une commotion tellement violente qu'il faillit en être renversé, et qu'il écrivit à un de ses amis de Paris que pour tout l'or du royaume de France il ne voudrait point en refaire l'expérience. Il la refit cependant, et devinant qu'il y avait eu accumulation d'électricité dans l'eau et dans la main, par une action d'influence, il imagina de substituer à l'eau un corps meilleur conducteur, comme de minces feuilles de métal; puis il en fit autant pour la surface extérieure du verre, et y colla une feuille d'étain. La bouteille de Leyde se trouvait inventée, et les physiciens s'empressèrent à l'envi d'étudier les effets qu'elle peut produire.

Avant d'entrer dans le détail des expériences diverses, faites tant avant cet instrument qu'avec la machine électrique, et qui nous feront connaître les propriétés de l'électricité, il nous faut indiquer les causes théoriques de l'accumulation de l'électricité.

Théorie de la condensation. — Plaçons auprès de la machine électrique un disque métallique A isolé sur un pied de verre, et établissons la communication avec la machine par un conducteur *ef* (fig. 213). La machine, que nous supposerons chargée, fournira de l'électricité au conducteur *ef* et au disque A, réparant d'ailleurs ses pertes par la rotation du plateau A. Cette électricité se distribuera suivant la loi particulière de distribution relative à la forme même de ces conducteurs, et l'équilibre sera établi lorsque la tension en un point m quelconque pris sur le disque, et la tension sur un point M pris sur le conducteur de la machine, seront, dans un certain rapport, déterminées par la position de ces points.

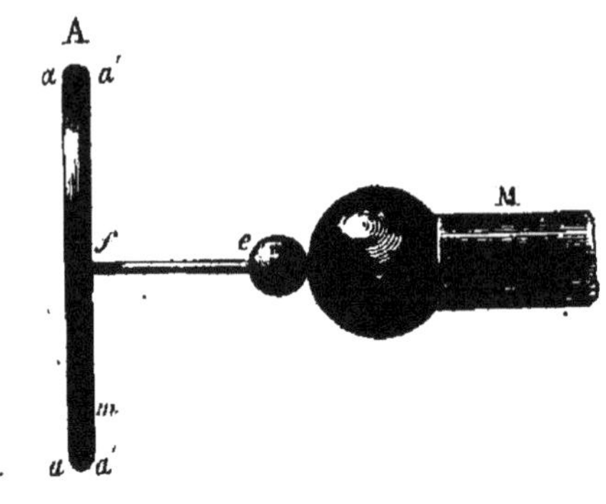

Plaçons maintenant un second disque B, porté aussi sur un pied de verre, en face du premier (fig. 213). Ces deux disques sont séparés l'un de l'autre soit par une couche d'air, soit par un corps isolant, verre, gomme laque, et nous admettrons pour le moment que le milieu interposé offre une résistance indéfinie à l'écoulement de l'électricité.

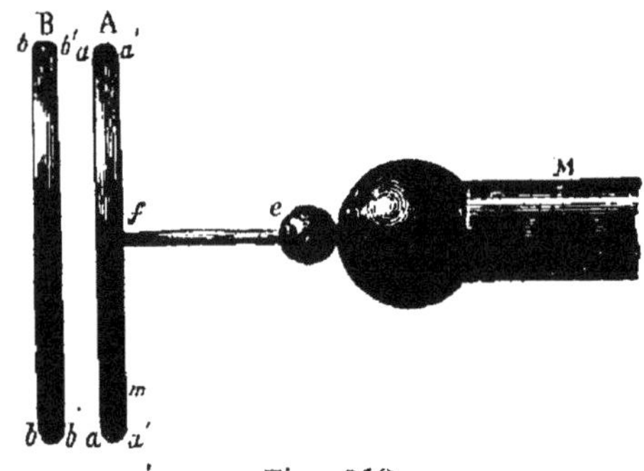

Fig. 213.

Le disque B étant à l'état neutre subit l'action d'influence du disque A. Du fluide négatif est appelé vers la face interne $b'b'$, une quantité équivalente de fluide positif repoussée sur la face externe bb. Nous savons qu'il ne peut pas y avoir action réciproque d'influence sur A; mais la charge positive libre de A est attirée par le fluide négatif réuni en $b'b'$, repoussée d'autre part par le fluide positif de bb. Cette dernière action s'exerce à plus grande distance, et est par conséquent plus faible. Il y aura donc une action résultante attractive qui changera la distribution sur A, et fera passer une partie de la charge de $a'a'$ sur aa. Dès lors la tension se trouvant affai-

blie sur la face externe, l'équilibre sera rompu entre le conducteur de la machine et le disque A. Une nouvelle quantité
d'électricité passera du conducteur sur A pour rétablir le rapport voulu de tension.

Mais cette nouvelle dose d'électricité positive qui arrive
sur A va provoquer une nouvelle décomposition par influence
du fluide neutre de B. Les fluides mis ainsi en liberté sur B
exerceront sur le nouveau fluide venu en A une action, en
définitive attractive, qui la fera passer en grande partie sur la
face interne ; de là nouvelle dose d'électricité fournie par la
machine, et ainsi de suite.

Si B communique avec le sol, l'accumulation sera plus
grande encore : l'action attractive du fluide négatif réuni en
$b'b'$ ne sera plus combattue par l'action répulsive du fluide positif, puisque ce dernier fluide disparaît du disque B. La fraction de la charge totale qui passera de $a'a'$ sur aa sera donc
beaucoup plus grande. Dès lors la tension en $a'a'$ étant beaucoup plus faible, la machine fournira un surcroît de charge
plus grand pour rétablir l'équilibre de tension. Cette nouvelle
charge agira par influence sur une nouvelle dose de fluide
neutre de B, pour attirer du fluide négatif en $b'b'$, repousser le
fluide positif dans le sol, en un mot la condensation s'expliquera dans ce cas comme dans le précédent. Mais elle est évidemment plus grande.

La condensation a une certaine limite ; car chaque fois qu'une
nouvelle charge d'électricité arrive de la machine sur A, elle
se porte, il est vrai, en majeure partie sur la face interne,
mais ce qui en reste sur la face externe y augmente la tension,
et quand cette tension sera telle qu'entre m et M il y ait le
rapport voulu pour l'équilibre, la condensation sera arrivée à
son maximum.

A étant l'inducteur de B, la charge négative de ce dernier
sera toujours inférieure à la charge positive de A. Le rapport
de ces charges sera d'ailleurs d'autant plus voisin de l'unité
que les disques seront à plus petite distance.

Force condensante. — En représentant par m $(m < 1)$
le rapport de la charge négative de B à la charge positive de
A, on a $B = m A$.

Admettons que la portion de charge positive que B retient sur A, accumulée à la face interne, est dans le même rapport avec la charge B; elle sera représentée par mB, ou m^2A. La portion complémentaire, dont la tension équilibre celle de la machine, et que l'on appelle ordinairement l'électricité libre, sera :

$$A - m^2A \quad \text{ou} \quad A(1 - m^2).$$

On peut admettre que c'est cette charge seule que A eût reçue s'il n'y avait pas eu condensation de fluide sur la face interne.

La fraction $\dfrac{A}{A(1-m^2)}$ ou $\dfrac{1}{1-m^2}$ mesurera donc le rapport entre la charge totale que prend le disque A, ou *disque collecteur*, lorsqu'il fait partie d'un système condensateur, et la charge qu'il aurait prise s'il eût été mis seul en présence de la machine. C'est ce que l'on appelle la force condensante du condensateur.

Cette fraction est d'autant plus grande que m est plus voisin de l'unité, et nous venons de dire tout à l'heure que m prenait une valeur d'autant plus rapprochée de 1 que les disques, collecteur et condenseur, A et B, sont plus près l'un de l'autre. Ainsi la force condensante d'un système de disques est d'autant plus grande qu'ils sont à plus petite distance. Il est d'ailleurs évident que la quantité d'électricité accumulée sur A et sur B est d'autant plus considérable qu'ils offrent une plus grande surface.

Condensateur d'Œpinus. —On réalise facilement par l'expérience les indications de la théorie, au moyen du condensateur d'Œpinus (fig. 214). Il se compose de deux disques en laiton portés par des colonnes de verre. Les pieds de ces colonnes sont engagés dans une rainure longitudinale, creusée dans une tablette en bois, ce qui permet de les éloigner ou de les rapprocher à volonté. On peut se contenter de laisser entre les disques, pour les séparer, une simple couche d'air, ou placer entre eux une lame de verre, contre laquelle on les applique, et que porte aussi une troisième colonne de verre, mobile dans la même rainure. De petits pendules sont disposés sur deux sphères faisant corps avec les disques. On fait communiquer A avec la machine électrique au moyen d'une

Fig. 214.

tige à crochets, et B avec le sol, à l'aide d'une chaine. Si l'on tourne le plateau de la machine, on voit le pendule a monter lentement, tandis que b reste toujours sensiblement vertical. Lorsque a a atteint son maximum d'écart, on rompt les communications de A avec la machine, de B avec le sol, et le condensateur se trouve chargé.

Décharge par contacts alternatifs.—Si l'on approche la main du disque B, le pendule b reste immobile. Il n'y a pas de fluide libre sur la face externe de ce disque, puisque toute la charge y est accumulée sur la face interne. Il ne peut donc y avoir d'action d'influence sur la main. Le contact même ne change rien à l'état d'équilibre, pas plus que si on rattachait la chaine de communication C.

Mais il en sera tout autrement si l'on approche la main du disque A. L'électricité positive libre sur la face externe de ce disque décomposera le fluide neutre de la main, appelant du fluide négatif, repoussant dans le sol du fluide positif, et au moment du contact une étincelle jaillira entre la main et le disque. A l'instant même le pendule a retombe vertical, le pendule b s'élève au contraire, mais un peu moins que a ne le faisait précédemment. La charge libre de A a été neutralisée par le fluide négatif de la main, voilà pourquoi a est retombé. La charge positive restante est tout entière accumulée sur la face interne, retenue par le fluide de B. Quant à ce dernier il ne peut plus être retenu en totalité sur la face interne, puisqu'une partie de la charge positive qui l'attirait a disparu. Il en passe donc une certaine portion sur la face externe, qui manifeste sa tension par l'écart du pendule b.

En admettant encore que la charge positive restant sur A, m^2A, retienne sur la face interne de B une charge qui soit la fraction m de m^2A, on voit que l'électricité libre sur B sera mA $- m^2$A. m ou mA $(1 - m^2)$. Elle est donc moindre, et précisément dans le rapport m, que la charge précédemment libre sur A. Aussi le pendule b est-il moins élevé que n'était auparavant le pendule a.

Que l'on touche maintenant B, le pendule b va retomber, et a s'élever de nouveau, mais avec un écart moindre que celui de b, moindre à plus forte raison que l'écart primitif de a lui-même. B perd son fluide négatif libre, neutralisé par le fluide positif que l'influence développe dans la main, et alors une partie de la charge positive de A se porte sur la face externe.

Ainsi, en touchant successivement les disques A et B, on tirera à chaque contact une petite étincelle ; sur le disque touché la tension de la face externe deviendra nulle, en même temps que l'autre disque manifestera au contraire une tension par l'écart de son pendule. On pourra obtenir de la sorte un nombre considérable de petites étincelles, et le condensateur finira par se trouver déchargé, ou, ce qui revient au même pour nous, par ne plus conserver qu'une charge inappréciable.

Décharge par le contact de l'air. — Lorsqu'on abandonne le condensateur chargé au contact de l'air, on voit le pendule a s'abaisser peu à peu, et en même temps le pendule b s'élever jusqu'à ce qu'ils soient à la même hauteur, alors ils retombent tous les deux lentement et également. Ces effets sont dus évidemment à la déperdition par l'air. A a d'abord seul du fluide libre, il doit donc perdre un peu de sa charge. Mais pour peu qu'il en perde, une portion de la charge négative de B devient libre sur la face externe et manifeste sa tension, qui va croissant à mesure que celle de A diminue.

Puis une fois que les deux tensions sont devenues les mêmes, la déperdition est la même aussi pour les deux disques.

Décharge instantanée. — Si l'on prend un conducteur métallique formé de deux branches en laiton articulées à charnière, et munies de manches en verre (fig. 215), et si, tenant les manches avec les mains, on applique la boule M contre l'un des disques, en présentant l'autre boule N au second, on voit, lorsque la distance est suffi-

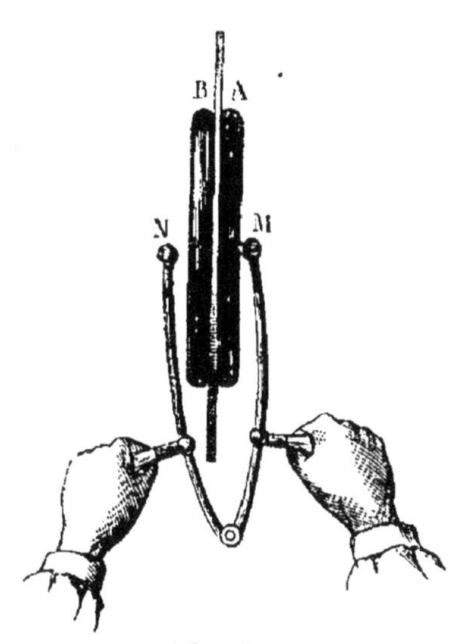

Fig. 215.

samment diminuée, une étincelle vive et bruyante jaillir entre N et le disque; et le condensateur se trouve déchargé.

Le fluide positif libre de A décompose le fluide neutre de MN, attire à lui le fluide négatif, et repousse en N le fluide positif. Ainsi le fluide positif, neutralisé en A par le fluide négatif qu'il a attiré, se trouve remplacé par une charge égale transportée en N; du fluide négatif va donc passer de la face interne de B à la face externe. Alors une nouvelle dose d'électricité devient libre sur A, et, par suite de l'influence sur MN, se trouve transportée en N, jusqu'à ce que la tension entre B et N soit assez forte pour qu'il y ait étincelle. Immédiatement de l'électricité redevient libre sur A, et les mêmes faits se reproduisent. On a donc entre N et B, non pas une étincelle unique, mais une série d'étincelles. Seulement ces phénomènes s'accomplissent dans un intervalle de temps inappréciable pour nous, de telle sorte que ces étincelles successives se confondent en une seule.

Un condensateur à lame d'air est déchargé par une seule étincelle; mais le condensateur à lame de verre, après une première étincelle très-forte, peut en fournir quelques autres plus faibles.

Cela tient à ce que les électricités de noms contraires, accumulées sur les faces internes des disques, passent sur les faces de la lame de verre, et y sont maintenues adhérentes, et par leur attraction mutuelle, et par le défaut de conductibilité du verre. Aussi quand, après avoir chargé le condensateur, on écarte les supports de manière à bien séparer les trois pièces, et à pouvoir mettre chacun des disques en communication avec le sol ; puis quand on rassemble ensuite les pièces, et qu'on met, à l'aide de l'excitateur, les deux disques en communication, on obtient une étincelle tout aussi vive que si l'appareil n'avait pas été démonté.

Si pendant que l'appareil est démonté on touche avec les deux mains les faces de la lame de verre, on reçoit une décharge, faible il est vrai, parce que l'on n'enlève que la charge électrique des points directement touchés. Si au contraire les disques métalliques sont appliqués sur le verre, et si on en approche les mains, on reçoit une commotion violente, tous les points électrisés pouvant alors se décharger à la fois par le conducteur métallique.

Ce sont donc en réalité les faces de la lame de verre qui reçoivent et emmagasinent la charge électrique des disques ; ceux-ci servent de conducteurs, à la fois pour fournir l'électricité, et pour la décharger.

Dès lors on comprend que le verre, étant très-mauvais conducteur, n'abandonne que lentement les charges électriques accumulées sur ses faces. Au moment de la décharge principale, il reste encore de l'électricité sur le verre, capable de fournir au bout de quelques instants une seconde décharge plus faible que la première, puis une troisième et ainsi de suite.

L'expérience a fait reconnaître que la force condensante d'un système de disques ne dépendait pas seulement de leur étendue en surface, et de leur distance, mais qu'elle variait aussi avec la nature du corps isolant qui les sépare. A épaisseur égale une lame de verre donne une condensation plus forte qu'une couche d'air, mais moindre qu'une couche de gomme laque, et surtout qu'une couche de soufre ; et cette différence ne peut pas s'expliquer uniquement par le fait d'un pouvoir isolant plus ou moins grand ; car la gomme laque isole mieux que le soufre, et pourtant son pouvoir condensant est moindre.

Bouteille de Leyde. — La bouteille de Leyde, inventée par Cunéus et Muschenbroeke, n'est autre chose qu'un flacon en verre, recouvert extérieurement, sur les trois quarts de sa partie cylindrique, d'une feuille d'étain qui forme son *armature* extérieure, et remplie, à l'intérieur, de feuilles d'or qui sont l'*armature* intérieure ; une tige métallique fixée dans le goulot par un bouchon et terminée en pointe à son extrémité inférieure vient toucher ces feuilles d'or. Au dehors cette tige forme ordinairement un crochet et se termine par une boule. On vernit à la gomme laque le goulot et la partie supérieure du flacon, jusqu'à la naissance de l'armature extérieure (fig. 216). Pour la charger on la prend à la main par la partie recouverte d'étain, et l'on fait toucher son crochet au conducteur de la machine

Fig. 216.

électrique, pendant que l'on tourne le plateau. On suit de l'œil le mouvement d'ascension du pendule de la machine, et quand l'écart est devenu constant, la bouteille est chargée.

Il est facile de voir que le verre du flacon joue le rôle de la lame isolante interposée entre les disques métalliques d'un condensateur ; que le disque collecteur est représenté par l'armature intérieure de la bouteille, qui se charge de fluide positif, et que le disque condenseur est représenté par l'armature extérieure, qui se charge négativement. On pourrait aussi charger la bouteille en prenant la tige à la main, et appuyant la feuille d'étain sur le conducteur. Alors ce serait l'armature extérieure qui serait le collecteur chargé positivement, et l'armature intérieure qui jouerait le rôle du disque condenseur.

Si l'on pose la bouteille chargée sur un support isolant, comme le plateau de résine de l'électrophore, on pourra, en approchant successivement le doigt du crochet, puis de la feuille, puis encore du crochet, et ainsi de suite, décharger la bouteille par un grand nombre de décharges partielles successives. Avec de petits pendules montés sur ces armatures, on pourrait constater leur mouvement alternatif d'élévation et de chute, comme dans le condensateur à plateau.

On fait aussi quelquefois l'expérience de la manière suivante : la tige de l'armature intérieure porte un timbre a. Une seconde tige métallique plantée sur la tablette qui porte la bouteille, et communiquant avec son armature extérieure par un ruban d'étain, porte également un timbre b à la hauteur du premier. Au-dessus de ce timbre s'élève une tige de laiton recourbée qui supporte par un fil isolant une petite balle de laiton (fig. 217). Si, après avoir chargé faiblement la bouteille, on vient la poser sur la tablette, de telle sorte que son armature extérieure touche le ruban d'étain, on voit la petite balle aller frapper alternativement le timbre a, puis le timbre

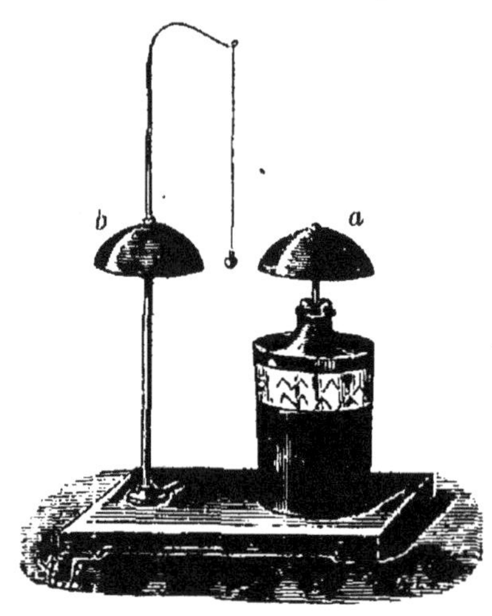

Fig. 217.

b, puis revenir au timbre a, et ainsi de suite, en les faisant vibrer, et en tirant à chaque contact une petite étincelle.

Le timbre a, ayant seul au commencement une tension positive, agit par influence sur la petite balle et l'attire jusqu'au contact; le fluide négatif de cette balle neutralise le fluide libre du timbre a, alors elle retombe, chargée de fluide positif, et attirée alors par le fluide négatif devenu libre sur b, elle va heurter ce timbre et neutraliser son fluide libre; mais alors a, ayant de nouveau du fluide positif libre agit, par attraction sur la balle, etc.

Si, la bouteille étant chargée et isolée on met l'un des boutons de l'excitateur (fig. 215) en contact avec l'une quelconque des armatures, et que l'on approche l'autre bouton de la seconde armature on opère la décharge par une vive étincelle. On peut d'ailleurs tirer aussi quelques petites étincelles secondaires.

On construit des bouteilles susceptibles de se démonter comme le condensateur. On remplace pour cela le flacon par un large vase en verre, qui se loge dans une enveloppe de fer-blanc représentant l'armature extérieure (fig. 218). Quant à l'armature intérieure elle est formée par une seconde boîte en fer-blanc, munie d'un crochet, qui s'introduit dans le vase de verre. Les trois pièces étant ainsi emboîtées l'une dans l'autre, on prend à la main la boîte intérieure, et on charge la bouteille en faisant toucher son crochet à la machine électrique, puis on la place chargée sur le plateau de l'électrophore ; on sépare les trois pièces, en enlevant par son crochet avec un bâton de verre l'armature intérieure, puis avec la main le vase de verre. On met en communication avec le sol chacune des

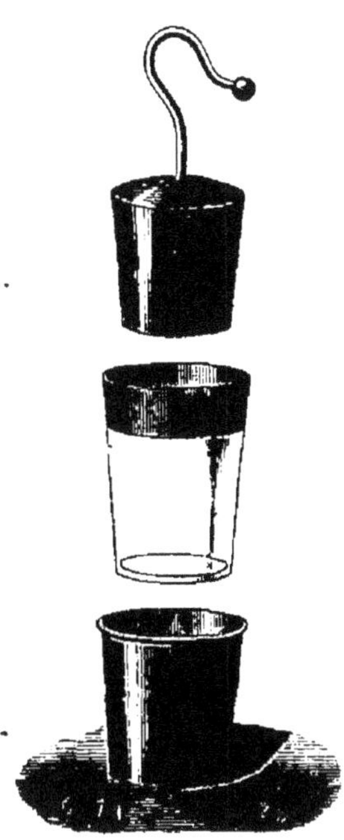

Fig. 218.

deux armatures, puis on rassemble les pièces de la même façon, et en approchant l'excitateur des armatures on obtient une étincelle tout aussi vive que si l'appareil n'avait pas été démonté.

Lorsqu'on veut décharger la bouteille à l'aide de l'excitateur, et qu'elle n'est point isolée, il faut avoir soin de poser le bouton de l'excitateur sur l'armature dénuée de tension, pour présenter ensuite le second bouton à l'autre armature. Si l'on faisait l'inverse on recevrait une violente commotion ; car, dans ce cas, la décharge s'opérerait par le support de la bouteille, le sol et le corps de l'opérateur. Tandis que, dans le premier cas, le métal de l'excitateur offrant une conductibilité de beaucoup supérieure, c'est à travers sa masse que s'opère la décharge, et l'opérateur n'en éprouve aucun effet.

Jarres électriques. — On a vu que la charge d'un condensateur à lame de verre est d'autant plus grande que ses armatures métalliques offrent une plus grande surface, et que la lame isolante qui les sépare est plus mince. Or il est difficile de diminuer beaucoup l'épaisseur de la lame de verre, car, trop mince, elle n'offrirait plus une résistance suffisante. Les charges électriques accumulées sur ses deux faces se recombineraient, en la perçant ou la brisant.

On peut augmenter plus facilement l'étendue des armatures, en prenant un bocal de grande capacité recouvert d'étain sur sa surface extérieure, et sur sa surface intérieure, jusqu'aux $\frac{3}{4}$ de la hauteur. On attache alors à la tige qui traverse le goulot, où elle est fixée par un large bouchon, quelques fils métalliques qui touchent, en se repliant à l'intérieur, la feuille d'étain en un assez grand nombre de points (fig. 219). Enfin, pour ajouter au pouvoir isolant du verre, on recouvre le goulot et toute la partie supérieure du bocal d'une couche de vernis isolant. C'est là ce qu'on appelle une *jarre électrique*.

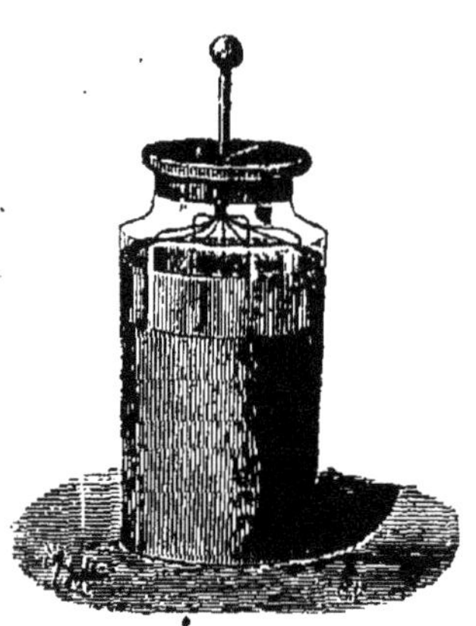

Fig. 219.

Batterie électrique. — Si maintenant on réunit dans une caisse, doublée intérieurement d'une feuille d'étain, une douzaine de jarres électriques dont les boutons seront rattachés entre eux par un système de tiges métalliques, on aura évidemment l'équivalent d'une grande jarre dont l'armature extérieure serait égale à la somme des surfaces des armatures extérieures des jarres, puisqu'elles communiquent toutes entre elles par la feuille d'étain ; et dont l'armature intérieure serait aussi équivalente à la somme des armatures intérieures des jarres associées. C'est ce qu'on appelle une *batterie* (fig. 220).

On pourrait charger la batterie en chargeant séparément chaque jarre, puis les rassemblant ensuite dans la boîte, et

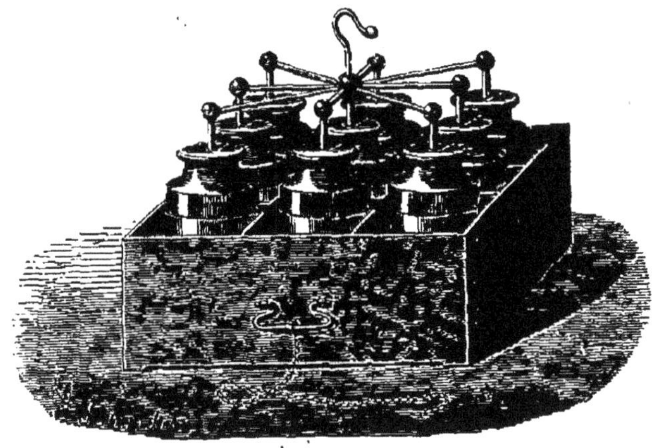

Fig. 220.

réunissant enfin les boutons des armatures intérieures. Mais on serait exposé à recevoir la décharge, qui serait des plus dangereuses. Il vaut mieux, la batterie étant montée, mettre, par une chaîne qui s'attache à une des poignées en fer de la caisse, l'armature extérieure commune en communication avec le sol ; relier d'autre part, par une seconde chaine, le bouton central avec la machine, et tourner le plateau de celle-ci jusqu'à ce que son pendule, qui ne s'élève alors que très-lentement, arrive à son maximum de hauteur.

Il existe un moyen très-simple de mesurer la charge d'une batterie, ou plutôt de comparer entre eux deux états différents de charge d'une même batterie, ou de deux batteries. Au lieu de faire communiquer l'armature extérieure avec le sol par un conducteur continu, on rompt le fil de communication en un point M, et l'on arme les extrémités en regard de deux petites boules a et b maintenues à distance invariable. Dans ces conditions, le fluide positif qui doit s'écouler dans le sol arrivera en a, attirera par influence du fluide négatif en b jusqu'à ce que la tension des électricités accumulées sur les deux points surmonte la résistance de l'air, et qu'il y ait étincelle ; alors, de nouveau fluide positif, arrivant en a, déterminera une nouvelle influence en b, puis une nouvelle étincelle ; les conditions restant les mêmes, l'étincelle jaillira quand la charge positive accumulée en a sera redevenue ce qu'elle était au moment de la première étincelle ; et cela continuera ainsi jusqu'à ce que les étincelles deviennent de plus en plus éloignées, et que le pendule de la machine soit arrivé à son maximum d'écart, ou tout au moins à un degré d'écart déterminé. On voit, d'après cela, que la charge positive totale de l'armature extérieure, refoulée dans le sol, est proportionnelle au nombre d'étincelles qui ont jailli entre *a* et *b*. Mais elle est égale à la charge négative restée sur cette même armature, et proportionnelle par cela même à la somme totale des électricités accumulées sur la batterie. Ainsi la charge totale est proportionnelle à ce nombre d'étincelles.

La bouteille électrométrique de Lane, dont on fait usage également pour ces mesures comparatives, est fondée sur le même principe. Nous renverrons nos lecteurs à des ouvrages plus étendus et plus complets, où ils trouveront la description et l'emploi de cet instrument.

Électromètre condensateur. — L'électroscope ordinaire cesse de donner des indications appréciables dès l'instant que la tension électrique du corps avec lequel on le charge descend au-dessous d'une certaine limite. Volta a imaginé, pour reculer cette limite, de lui adjoindre un condensateur. Voici comment il le disposa. Il remplaça le bouton par un disque en laiton A recouvert, sur sa face supérieure, d'une couche de vernis à la gomme laque, et, sur ce disque, en posa un second B, verni comme le premier à la gomme laque, mais sur sa face inférieure seulement. Ce disque peut être manié au moyen d'un manche en verre C planté en son milieu (fig. 221). Quant à la disposition dans l'intérieur de la cloche, elle est exactement celle de l'instrument ordinaire.

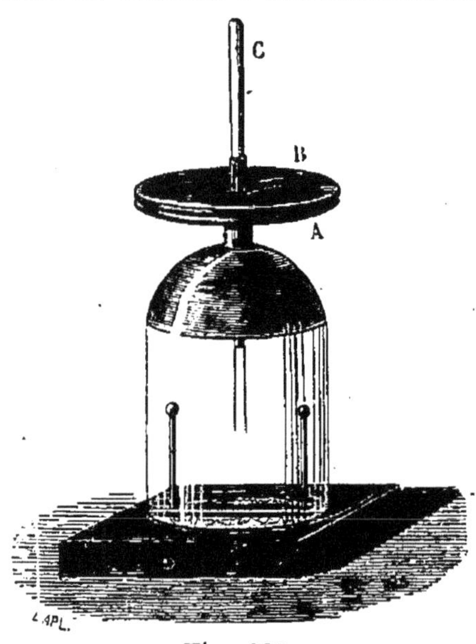

Fig. 221.

Pour charger cet électroscope, on mettra la source électrique en contact, ou en communication, par un conducteur,
avec la face inférieure non vernie du plateau A, et en même
temps on met la face supérieure du plateau B en communication avec le sol. Il n'est point nécessaire de recommencer
ici la théorie de la condensation : on voit que A recevra de la
source la charge électrique qu'elle lui eût donnée, s'il eût été
seul mis en présence de cette source, mais qu'il en recevra en
outre toute la charge qui vient se condenser sur sa face supérieure, contre la couche de vernis; elle y est retenue par l'électricité de nom contraire que l'influence développe sur le disque B, et qui s'applique tout entière sur la couche de vernis
de ce disque. Jusque-là les pailles n'ont pas un écart plus
marqué que s'il n'y avait point d'appareil condensateur, car
la tension de la *charge libre* sur A n'a toujours à équilibrer
que celle de la source.

Mais enlevons le disque B. Ici nous remarquerons que la
lame isolante se trouve dédoublée, s'en allant par moitié avec
le disque B, tandis que l'autre moitié reste avec A. Ainsi,
dans ce condensateur, les armatures, en se séparant, empor-
tent avec elles leur charge, et comme rien ne retient plus sur
la face supérieure du disque A la charge qui y était accumulée, et qui cesse d'être sous l'influence attractive du fluide
contraire de B, cette charge va se répandre sur la tige et les
lames d'or, et en déterminer l'écart.

Il ne restera plus qu'à chercher la nature de l'électricité,
ce que l'on fera par la méthode ordinaire.

On pourrait aussi mettre la source en contact avec le plateau supérieur, en mettant le plateau inférieur en communication avec le sol. Alors l'instrument serait chargé d'électricité contraire à celle de la source.

CHAPITRE XXIV.

EFFETS DE L'ÉLECTRICITÉ.

Les effets produits par l'électricité peuvent se diviser en un certain nombre de catégories : effets produits sur les organes de l'homme ou des animaux, ou *effets physiologiques ;* effets modifiant l'état physique des corps : effets *mécaniques, calorifiques* et *lumineux ;* enfin modifications apportées à la nature même des corps, combinaisons ou décompositions : *effets chimiques.* Nous allons examiner rapidement ces divers phénomènes.

Effets physiologiques. — Les effets produits par les corps mauvais conducteurs électrisés sont toujours très-bornés, parce qu'en les touchant on n'enlève que la charge électrique du point touché. Nous examinerons donc surtout ceux qu'on obtient avec la machine électrique, la bouteille de Leyde, ou la batterie.

Lorsqu'on approche la main du conducteur chargé de la machine électrique, il y a une action d'influence exercée qui appelle dans la main du fluide négatif. A distance suffisamment petite l'étincelle jaillit, et le conducteur se trouve déchargé. Cette étincelle est accompagnée d'une commotion qui se fait sentir surtout aux articulations. Si le plateau tourne d'une manière continue, et que la main soit très-près du conducteur, on tire une série d'étincelles, très-rapprochées, et qui ne produisent guère qu'une sorte de picotement, sans secousse. Mais si, éloignant la main davantage, on oblige par là l'électricité à atteindre une plus forte tension, pour vaincre une résistance devenue plus grande, alors les étincelles sont plus éloignées, plus bruyantes, et provoquent des secousses jusque dans le coude. En présentant au conducteur un plateau métallique tenu à la main, qui offre une surface plus étendue, et surtout conduisant beaucoup mieux l'électricité, on a des commotions plus fortes encore, et qui ébranlent tout le bras.

Si une personne monte, auprès de la machine, sur un tabouret à pieds de verre, et qu'elle pose la main sur le conducteur de la machine, alors elle devient par cela même une annexe de ce conducteur, et s'électrise en même temps que lui. Ses cheveux se dressent sur sa tête, et elle y éprouve un singulier sentiment de picotement. Qu'une autre personne vienne à approcher sa main d'une partie quelconque du corps de la première, et une étincelle jaillira, accompagnée d'une commotion ressentie par l'un et l'autre des deux individus.

Ces divers phénomènes cessent de se produire si l'on visse une pointe sur le conducteur, ou si on lui présente une pointe communiquant avec le sol. Dans le premier cas, l'électricité du conducteur se perd dans l'air par la pointe; dans le second, le fluide de nom contraire, appelé par influence sur la pointe, s'écoule, et se répandant sur le conducteur, neutralise sa charge.

En touchant avec une des mains l'armature extérieure de la bouteille de Leyde chargée, et approchant l'autre main du bouton de l'armature intérieure, on ressent, au moment où jaillit l'étincelle, une vive commotion, qui se fait sentir dans les articulations des phalanges, du poignet, du coude, et même dans la poitrine, si la bouteille est un peu fortement chargée.

On peut donner cette commotion à un grand nombre de personnes à la fois. Si, toutes ces personnes se tenant par la main, la première de la série prend l'une des armatures, et que la dernière approche sa main de l'autre armature, à l'instant même tous les individus composant la chaîne reçoivent la commotion, et avec la même violence, sauf les différences de sensibilité, qui peuvent dépendre du tempérament plus ou moins nerveux de chacun.

L'abbé Nollet fit, dit-on, cette expérience devant Louis XVI, sur un régiment entier de gardes françaises.

Il ne faudrait pas tenter l'expérience avec une jarre, la

commotion pourrait être dangereuse ; encore moins avec une batterie. Avec une batterie de douze jarres fortement chargées on pourrait tuer un chien et même un animal de plus grande taille.

On a remarqué que le sang d'un animal tué par une forte décharge a perdu la faculté de se coaguler. La décomposition putride se manifeste très-rapidement, sans doute parce qu'il y a lacération des tissus.

Effets mécaniques. — Les effets mécaniques se produisent surtout au passage d'un conducteur à un autre conducteur, ou dans la masse d'un corps hétérogène dont les diverses parties offrent des conductibilités très-inégales, ou enfin lorsque l'électricité traverse un corps mauvais conducteur, dont l'épaisseur n'est pas assez grande pour empêcher les électricités de nom contraire, accumulées au voisinage de ses faces extrêmes, de se recombiner à travers sa masse.

Les effets produits sont la séparation violente des parties, la dislocation, la perforation, etc. Nous allons en donner quelques exemples.

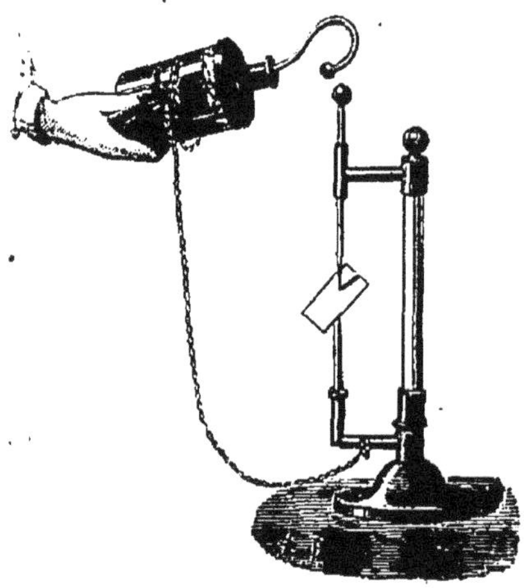

Fig. 222.

Perce-carte. — On dispose une carte épaisse entre deux pointes isolées (fig. 222). A la base de la pointe inférieure, on attache une chaîne qu'on tient à la main en l'appliquant contre l'armature extérieure de la bouteille, et l'on présente alors le bouton à la garniture de la pointe supérieure. L'étincelle jaillit simultanément entre ces deux boutons et entre les deux pointes. La carte se trouve percée, toujours plus près de la pointe négative que de la pointe positive, et le papier forme bourrelet des deux côtés du trou.

Perce-verre (fig. 223). — On peut aussi percer, avec une bouteille un peu fortement chargée, une lame de verre d'un à deux millimètres d'épaisseur, placée entre deux pointes. Il

faut que la plaque soit bien sèche, et que la pointe supérieure
très-voisine du verre soit mouillée d'une goutte d'huile qui
empêche l'électricité de se diffuser sur la surface du verre.

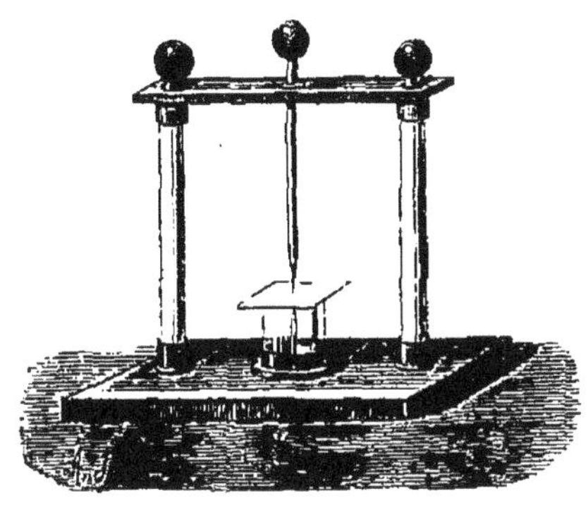

Fig. 223.

La plaque est percée, et comme pulvérisée sur le trajet même de l'étincelle.

Lorsqu'on excite entre deux conducteurs métalliques un grand nombre de fortes étincelles, on constate au bout d'un certain temps une altération des surfaces en regard. Il y a généralement des particules solides arrachées du corps positif et transportées sur le corps négatif en regard. Aussi la couleur de l'étincelle change-t-elle avec la nature des conducteurs. La présence de ces corpuscules disséminés entre les deux conducteurs doit évidemment augmenter la conductibilité de l'air interposé

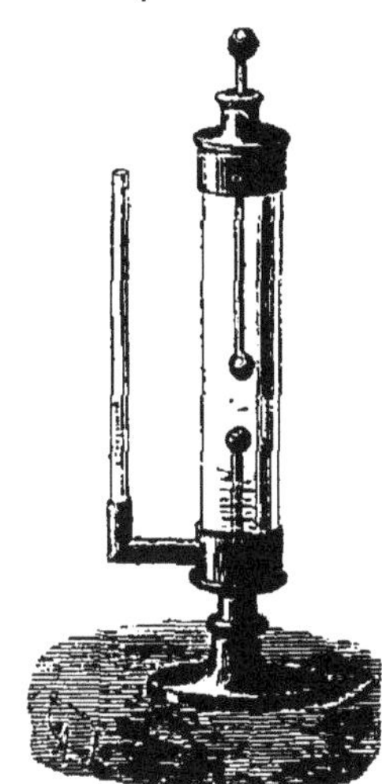

Fig. 224.

Le passage de l'étincelle dans l'air y produit une augmentation subite de l'élasticité, et un ébranlement qui explique le bruit qui l'accompagne. On peut rendre apparent cette expansion subite et passagère de l'air au moyen du *thermomètre de Kinnersley* (fig. 224). C'est un système de tubes communiquants, contenant de l'eau à un certain niveau. Le plus large des deux tubes, se ferme par une garniture vissée, portant une tige terminée à ses deux extrémités par une boule. Une autre boule se rattache de même à la garniture inférieure ; elles doivent être, l'une et l'autre, hors de l'eau. En faisant jaillir l'étincelle entre ces deux boules, on voit le niveau monter dans le petit tube, puis redescendre immédiatement après. Kinnersley avait cru voir dans cette expérience la preuve d'une élévation de tempé-

rature de l'air sur le trajet de l'étincelle. Mais le retour subit
de l'eau à son niveau prouve suffisamment qu'il n'y a là
qu'un effet mécanique. Aussi le nom de thermomètre, donné
à cet instrument, est-il tout à fait impropre.

Effets calorifiques. — Ces effets se produisent dans les
corps, bons, ou médiocres conducteurs, que le fluide traverse
sans étincelle. On ne peut guère les obtenir qu'en mettant en
mouvement dans ces corps d'assez grandes masses d'électricité, ce qui exige l'emploi des jarres électriques et même
des batteries.

L'excitateur (fig. 225) dont on sert pour ces expériences, et

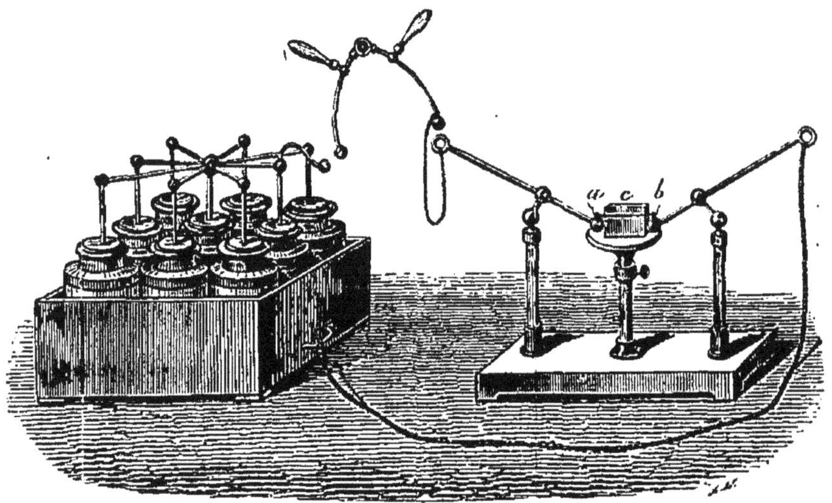

Fig. 225.

que l'on pourrait d'ailleurs employer aussi pour les précédentes, se compose·de deux colonnes en verre montées sur
une tablette. Elles portent chacune une tige métallique montée dans une tête à genouillère, ce qui permet d'incliner à
volonté ces tiges, comme aussi de les rapprocher ou de les
écarter l'une de l'autre. Une tablette dressée sur un pied isolant entre les deux colonnes sert à recevoir les corps que l'on
veut soumettre à la décharge.

Les extrémités en regard des deux tiges portent des boules
ou de petits anneaux. Un anneau termine l'autre extrémité.

Si l'on tend entre les deux boules en regard a, b, un fil fin de cuivre, et si, faisant communiquer l'un des anneaux extérieurs avec l'armature extérieure d'une jarre fortement chargée et isolée, on met l'armature intérieure en communication, au moyen de l'excitateur à manches de verre, avec l'autre anneau, le fil métallique rougit instantanément et disparaît, complétement volatilisé. Un fil un peu plus gros rougit sans se réduire en vapeurs.

En plaçant entre deux feuilles de satin une mince feuille d'or, telle qu'on les obtient par le battage au marteau, et une découpure de carton, et excitant la décharge à travers la feuille d'or, celle-ci est volatilisée, et l'or, passant en vapeur à travers la découpure, vient tracer en violet sur le satin le dessin du carton.

Effets lumineux. — Ces expériences, pour être observées dans tout leur éclat, doivent être exécutées dans une chambre obscure. Si l'on présente au conducteur d'une machine électrique, dont le plateau est tourné d'une manière continue, une tige conductrice, à petite distance, on obtient une série rapide d'étincelles, formant en apparence à l'œil, par suite de la persistance de la sensation, une ligne blanche continue et droite; en même temps il y a aussi continuité dans le bruit de ces étincelles; il semble qu'on entende déchirer du calicot ou de la soie.

Si la machine est fortement chargée, ces effets persistent, même avec une distance de quatre à cinq centimètres entre le corps et le conducteur. Pour une distance plus grande, les étincelles deviennent distinctes, aussi bien que les petites explosions qu'elles produisent dans l'air. Elles perdent alors la forme rectiligne et dessinent des zigzags très-irréguliers; quelquefois même, quand elles sont très-longues, elles se bifurquent ou projettent des décharges latérales. En même temps la lumière n'est plus aussi blanche et prend une teinte violacée.

Il n'est pas nécessaire de présenter un conducteur aux cylindres de la machine pour obtenir des phénomènes lumineux. Lorsqu'elle est fortement chargée elle laisse échapper par divers points de sa surface, surtout là où la courbure est très-forte, son fluide positif sous forme d'aigrettes lumineuses, avec une sorte de petillement. En agitant la main étendue à une certaine distance de ces aigrettes, elles prennent un plus grand développement et semblent suivre ses mouvements. Il

Fig. 226.

y a là évidemment attraction du fluide de la machine par le fluide de nom contraire que l'influence amène sur la main.

Dans l'air ou les gaz raréfiés l'étincelle jaillit encore, mais avec des apparences toutes différentes. On fait ces expériences dans un ballon de forme ovoïde appelé *œuf électrique*. Il présente (fig. 226) deux cols opposés, mastiqués dans des garnitures métalliques, l'une armée d'un robinet qu'on peut visser sur un large pied; l'autre traversée par une tige métallique à bouton, qui glisse à frottement dur entre des anneaux de cuir. La garniture inférieure porte également une tige à bouton, établie à demeure. On visse le globe sur la machine pneumatique, et l'on y fait le vide. Puis on ferme le robinet et on va l'établir sur le pied. On fait alors communiquer, par une chaîne métallique, la garniture inférieure avec le sol; et l'on fait aussi communiquer l'anneau adapté à la tige supérieure avec le conducteur de la machine électrique, au moyen d'une tige qu'on y accroche ou qu'on présente à petite distance de ce conducteur.

Le phénomène change d'aspect suivant qu'on établit une communication continue avec la machine, ou que, laissant au contraire une petite distance, on fait jaillir l'étincelle; il varie aussi avec la distance des boules intérieures. En les plaçant à petite distance, on voit partir de la boule positive une aigrette serrée de lumière violette, en même temps que la boule négative et la tige s'entourent comme d'une couche de lumière plus blanche. Si on éloigne les boules, l'aigrette s'écarte et se divise en un nombre plus ou moins grand de courants de lumière violette; en même temps l'auréole blanche de la boule négative diminue d'étendue.

Tubes et carreaux étincelants.— On obtient aussi des phénomènes très-élégants en approchant des conducteurs de la machine des tubes de verre, bien secs, sur lesquels on a collé de petits losanges d'étain, disposés en hélice sur toute la longueur du tube. Une boule termine le tube à chaque extrémité. On tient une de ces garnitures à la main, et l'on présente l'autre au conducteur. L'étincelle jaillit simultanément à toutes les solutions de continuité, et éclaire brillamment le tube. On peut encore coller en zigzag sur une plaque de verre, vernie à la gomme laque, un mince ruban d'étain, que l'on coupe en divers points, disposés de manière à former un dessin (fig. 227) : l'étincelle, en jaillissant encore à toutes les solutions de continuité, fait paraître ce dessin tout illuminé.

Fig. 227.

Effets chimiques. — Lorsqu'on approche du conducteur de la machine électrique un godet évasé, en métal, contenant de l'éther ou de l'essence de térébenthine, l'étincelle, en jaillissant sur le liquide, en provoque l'inflammation dans l'air. L'effet étant instantané, il n'est pas probable que l'inflammation soit uniquement la conséquence de l'élévation de la température du liquide ou de sa vapeur sur le trajet de l'étincelle. On enflamme facilement aussi de la résine et de la poudre à canon par l'étincelle de la bouteille de Leyde, en couvrant la boule de l'excitateur d'un peu d'ouate sur laquelle on met une pincée de poudre.

On provoque la combinaison instantanée du mélange détonant d'oxygène et d'hydrogène, en y faisant passer l'étincelle soit d'une machine électrique, soit de l'électrophore. On fait cette expérience avec le pistolet de Volta (fig. 228). C'est un petit flacon en tôle portant, sur une de ses parois, une douille dans laquelle se trouve mastiqué un tube de verre. Le calibre intérieur du tube est rempli par une mince tige métallique, qui forme un bouton, ou une petite boucle, à l'extérieur, et, à l'intérieur, vient se terminer à un millimètre environ de la paroi opposée. On introduit dans le flacon de l'hydrogène et de l'oxygène dans la proportion de deux volumes du premier gaz contre un du second. On ferme alors le goulot avec un bouchon, et, tenant le flacon à la main, on présente le bouton de la tige métallique au conducteur de la machine, ou au plateau chargé de l'électrophore; l'étincelle jaillit à la fois entre le conducteur et le bouton extérieur, et entre le bouton intérieur et la paroi; cette dernière étincelle provoque l'inflammation du mélange, qui détone violemment

Fig. 228.

en lançant au loin le bouchon. On peut de même faire détoner un mélange de chlore et d'hydrogène, d'oxygène et d'oxyde de carbone, de gaz d'éclairage et d'oxygène, etc. Nous renverrons aux traités de chimie pour y trouver la description d'un instrument d'analyse chimique, l'*eudiomètre*, dont le principe est le même que celui du pistolet de Volta, et que l'on emploie pour faire l'analyse des mélanges gazeux susceptibles de détoner sous l'influence de l'étincelle.

Une seule étincelle ne produit pas toujours la combinaison complète des éléments mis en présence. Ainsi, tandis que la combinaison entre l'oxygène et l'hydrogène, introduits dans le rapport voulu, est rendue complète par une seule étincelle, il faut, pour provoquer la combinaison de l'oxygène et de l'azote et former une quantité notable d'acide azotique un nombre assez considérable d'étincelles. La combinaison est beaucoup plus rapide si l'on met en présence une base alcaline comme la potasse. L'azotate de potasse se forme plus rapidement dans ce cas que l'acide azotique dans le cas précédent.

L'étincelle électrique provoque aussi des décompositions; mais ici il faut toujours un grand nombre d'étincelles pour

les rendre complètes. Introduisons sur la cuve à mercure, et
sous une cloche divisée qui offre à sa partie fermée deux fils

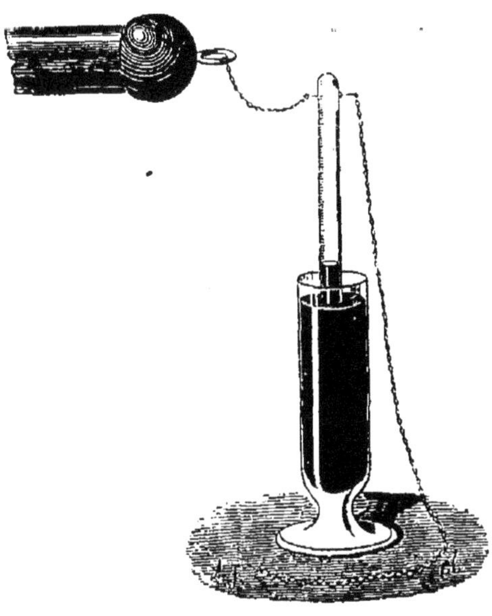

Fig. 229.

métalliques, formant
excitateur (fig. 229), un
certain volume de gaz
ammoniac ; mettons l'un
des fils en communica-
tion avec le sol, l'autre
avec le conducteur de la
machine, et faisons tour-
ner le plateau de telle
sorte que de nombreuses
étincelles puissent jaillir
entre les deux fils ; au
bout de quelques heu-
res, le volume, devenu
double de ce qu'il était
d'abord, n'augmentera
plus, et, au lieu d'am-
moniaque, la cloche
ne contiendra plus qu'un mélange d'azote et d'hydrogène.

Nous n'étudions ici que les effets physiques ou chimiques
de la décharge électrique, plus tard nous reviendrons sur
l'étude des phénomènes produits par l'électricité circulant
d'une manière continue dans des conducteurs, et nous aurons
alors occasion de parler des applications importantes que l'on
a faites de l'électricité comme agent chimique.

CHAPITRE XXV.

ÉLECTRICITÉ ATMOSPHÉRIQUE.

Dès l'instant qu'on put obtenir de fortes étincelles des machines électriques, on remarqua immédiatement l'analogie singulière entre cette étincelle et la foudre. Son éclat instantané, sa couleur violacée, sa forme sinueuse, le bruit qui l'accompagne, jusqu'à l'odeur même qu'elle laisse dans l'air, et qui est due, comme on l'a su plus tard, à une modification d'un des éléments de l'air, l'oxygène, tous ces phénomènes étaient en petit ceux que nous présentent l'éclair et le tonnerre.

Franklin fut le premier qui, en rassemblant en un faisceau toutes ces analogies, affirma que la foudre était un phénomène électrique, et que l'on devait trouver de l'électricité dans les nuages d'orage. Il indiqua même le moyen d'aller l'y chercher. En dressant, disait-il, en rase campagne une pointe isolée, d'une grande hauteur, cette pointe devait *soutirer* l'électricité des nuages, de telle sorte que la partie inférieure de la tige s'en trouverait chargée, et manifesterait par des étincelles, par des attractions sur les corps légers, la présence de cette électricité. Il fit, en conséquence de cette idée, commencer la construction d'une tour élevée dans les environs de Philadelphie, et comptait y établir la tige qui servirait à ses expériences. Il indiqua également l'usage qu'on pourrait faire d'un cerf-volant comme moyen d'exploration. Peu de temps après, Dalibard, en France, mit à exécution cette dernière idée de Franklin. Franklin lui-même, impatient de la lenteur que l'on mettait à la construction de sa tour, lança également un cerf-volant à grande hauteur dans les airs. Dans les expériences de Franklin, comme dans celles de Dalibard, de Romas, de Charles, qui répétèrent à l'envi ces intéressants et dangereux essais, la corde du cerf-volant, rendue conductrice par l'adjonction d'un fil métallique, et fixée à terre par un support isolant, donna de brillantes étincelles, longues quelquefois de 2 à 3 mètres, et produisant une détonation aussi bruyante que celle d'un pistolet. Les pailles et en général les corps légers répandus sur le sol, au-dessous du point d'attache de la corde, sautaient ou se dressaient sur la terre, et, quand la distance se trouvait suffisamment diminuée, une étincelle jaillissait du corps attiré à la corde. Tels étaient les phénomènes qu'on obtenait par les temps orageux (voir la notice d'Arago dans l'*Annuaire du Bureau des longitudes*, année 1838).

Toutes ces expériences mettaient hors de doute que les nuages d'orage étaient bien réellement chargés d'électricité, mais on arriva même à reconnaître que, en tout temps, et même quand le ciel est d'une sérénité parfaite, l'atmosphère donne des signes d'électrisation.

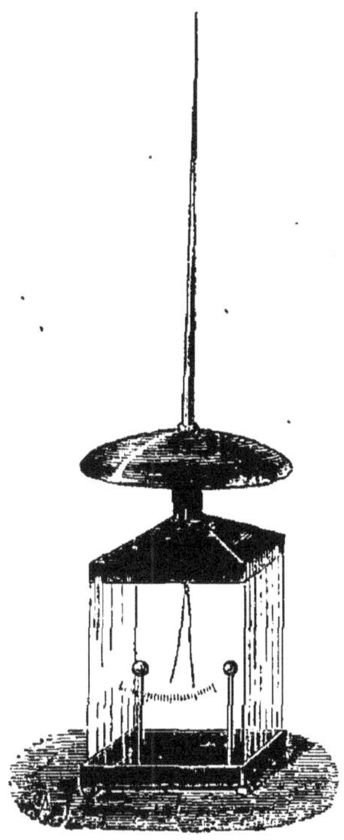

Fig. 230.

L'électroscope ordinaire, à pailles ou à feuilles d'or, peut nous servir pour cette recherche ; il suffira d'y remplacer la boule extérieure par une tige élevée terminée en pointe (fig. 230). Une sorte de dôme attaché à cette tige empêchera la pluie, dans le cas où il en tomberait, de mouiller la cloche, ce qui mettrait la tige en communication avec le sol et empêcherait l'instrument de se charger ; une fine division, tracée sur un des côtés carrés de la cloche, permet d'apprécier le degré d'écartement des pailles.

Pour explorer des couches un peu élevées sans avoir à déplacer l'instrument, Saussure imagina de passer sur la tige un anneau, d'un diamètre assez grand pour pouvoir glisser en toute liberté ; il attachait à cet anneau un long fil métallique, que terminait une assez grosse boule en laiton, et lançait cette boule en l'air ; elle attirait à elle le fil et l'anneau lui-même, qui finissait par abandonner la tige, laissant l'électroscope chargé de l'électricité qu'il lui avait transmise pendant le mouvement d'ascension de la boule. M. Becquerel, pour atteindre des régions plus élevées encore, substitua à la boule une flèche qu'on lançait avec un arc dans les airs. En lançant la flèche horizontalement et à une petite distance du sol, il reconnut que l'électroscope ne donnait aucun signe d'électrisation. On peut conclure de cette expérience que le frottement de l'anneau contre la tige n'est pour rien dans la charge de l'instrument, car dans ce dernier cas le frottement existe encore, et l'instrument ne se charge pas. On en peut conclure encore que les couches en contact avec le sol sont dépouillées d'électricité.

Nous allons maintenant faire connaître les résultats des recherches sur l'état électrique de l'atmosphère.

Temps serein. — En présence d'un ciel pur, l'électroscope accuse toujours des signes d'électricité *positive*. La présence de quelques nuages ne change pas le sens de l'indication ; seulement quand ils passent au-dessus de l'instrument, l'angle d'écart des pailles augmente. En transportant l'électroscope à des hauteurs de plus en plus grandes dans l'atmosphère, soit sur le flanc des montagnes, soit dans des ascensions aérostatiques, on a constaté que sa charge électrique augmentait avec la hauteur.

Or l'électroscope s'électrise par influence ; le fluide de même nom que celui des couches atmosphériques supérieures est repoussé dans la partie inférieure de la garniture métallique et dans les pailles, dont il détermine l'écartement ; le fluide de nom contraire appelé dans la pointe s'écoule et se perd dans l'air. Dans une expérience aérostatique, Gay-Lussac supprima la pointe de l'électroscope et la remplaça par une boule ; puis attachant un fil métallique à la boule, il le laissa pendre au-dessous du ballon ; alors l'instrument se chargea négativement ; c'est en effet ce qui devait arriver par suite de l'action d'influence : ici c'est le fluide repoussé qui s'écoule par l'extrémité aiguë du fil métallique pendant sous l'instrument ; le fluide attiré reste au contraire sur la garniture métallique, et charge les pailles.

Le mode d'électrisation de l'électroscope nous montre donc qu'en temps serein l'atmosphère est électrisée positivement.

Les variations de l'angle d'écart des pailles accusent les variations de la charge de l'instrument ; or on a remarqué que l'angle d'écart, presque nul au lever du soleil, va en croissant peu à peu jusque vers neuf ou dix heures du matin, puis diminue, atteint un minimum vers deux heures de l'après-midi, remonte vers un maximum qu'il atteint après le coucher du soleil et redescend de nouveau pendant la nuit.

Au premier abord, on pourrait croire qu'à ces variations dans la charge de l'instrument doivent correspondre des variations de même sens dans la charge électrique de l'atmosphère.

Mais, bien que les orages soient très-rares en hiver et au contraire très-fréquents en été, on observe que l'électroscope donne en hiver des indications plus élevées en moyenne que pendant l'été.

Les indications de *quantité* de l'électroscope dépendent donc d'un autre élément que la charge électrique de l'atmosphère.

Or, on peut voir facilement que ces heures de maximum et de minimum correspondent à peu près exactement aux heures de maximum et de minimum d'humidité atmosphérique, par conséquent de conductibilité de l'air dans les couches inférieures de l'atmosphère ; l'air est aussi plus humide et plus conducteur en hiver qu'en été. D'une autre part, plus l'air est conducteur, plus l'électricité négative se diffusera rapidement par la pointe. Tandis que s'il est sec et mauvais conducteur, cette électricité restant dans les couches voisines de la pointe y retiendra par répulsion le fluide négatif, l'empêchera de s'écouler, et par là diminuera la charge positive que l'instrument peut prendre.

Ainsi les variations de l'angle d'écart accusent plutôt les variations dans le degré de conductibilité de l'atmosphère, que les variations dans la charge électrique.

Du reste, il n'en peut résulter aucune erreur sur le signe de l'électrisation.

Temps orageux. — Lorsque le ciel se charge de nuages sombres, et que l'abaissement subit du baromètre indique la menace d'un orage, si l'on observe l'électroscope, on voit que chaque nuage qui passe au-dessus de l'instrument influe fortement sur son mode d'électrisation ; et que, contrairement à ce qui arrive pour le cas d'un ciel pur, ou dans lequel courent quelques nuages, les nuages orageux donnent aux pailles une électrisation tantôt positive, tantôt négative. Ainsi ces nuages d'orage sont donc les uns positifs, les autres négatifs.

Quelle peut être la source de cette électricité dont sont chargées les couches élevées de l'atmosphère ? A cet égard les physiciens sont encore dans l'ignorance la plus complète. Le frottement de deux courants d'air l'un contre l'autre ne produit point d'électricité : on s'en est assuré directement par l'expérience. Ainsi ce n'est pas dans les mouvements qui s'opèrent au sein de l'atmosphère, et dans les frottements qui en résultent, qu'il faut chercher la cause de l'électricité atmosphérique. M. Pouillet a cru la trouver dans le phénomène de l'évaporation ; mais les expériences directes qu'il a faites pour montrer que la vapeur qui se dégage de l'eau est positive ont été faites dans des conditions qui ne ressemblent en rien à celles qui se présentent dans l'évaporation lente de l'eau des mers, des rivières, des étangs, du sol lui-même. Dans les expériences de M. Pouillet l'eau était à température élevée, puisqu'il y avait ébullition ; il y avait des gouttelettes liquides entraînées avec la vapeur, il y avait même des particules de substances salines en dissolution, entraînées également. On a constaté, en effet, que dans ces circonstances il y a de l'électricité dégagée, et même avec une forte tension. On a construit une machine électrique très-puissante, la machine d'Armstrong, qui n'est autre chose qu'une chaudière à vapeur isolée sur des colonnes de verre, et dont la vapeur, qu'on a soin de refroidir à son passage par l'orifice de sortie, est lancée toute chargée de globules d'eau liquide contre un conducteur isolé. Ce conducteur prend une forte charge positive, en même temps que la chaudière se charge négativement.

M. Gaugain, et, avant lui, M. Faraday, ont démontré que l'évaporation lente, sans entraînement de gouttelettes liquides, ne produit aucun dégagement d'électricité.

D'autres ont pensé que les nombreux phénomènes chimiques qui s'opèrent à la surface du globe, combustions lentes ou vives, étaient la cause de la production de l'électricité. Quelques-uns ont vu la source de l'électricité atmosphérique dans la germination et le développement des végétaux. Les diverses expériences faites pour constater la production de l'électricité positive dans ces divers phénomènes sont encore trop peu nombreuses et trop peu concluantes, pour que l'on puisse être en droit d'en tirer une conclusion certaine.

Nous nous bornerons donc à admettre la présence de l'électricité positive dans l'air, toujours plus ou moins chargé de vapeur d'eau. Il nous reste à montrer comment les nuages peuvent devenir les réservoirs où s'accumule cette électricité, qui y atteint une si forte tension; et aussi comment il peut y avoir des nuages négatifs, en même temps que des nuages positifs.

Nuages positifs. — La formation des nuages positifs ne présente aucune difficulté. Si l'on se représente une masse d'air chargée de vapeur d'eau, amenée tout à coup à la saturation par le fait d'un abaissement de température, les globules d'eau, pleins ou vésiculaires, peu importe, qui se trouveront alors disséminés dans sa masse et dont l'agglomération forme le nuage, lui donneront une conductibilité qui lui manquait quand le même espace n'était occupé que par des fluides élastiques. L'électricité viendra donc se porter de tous les points de la masse sur la surface, où elle se trouvera avoir en chaque point une tension d'autant plus grande que le nuage aura un plus grand volume.

Nuages négatifs. — La formation des nuages négatifs a des causes diverses.

Les couches supérieures de l'atmosphère étant positives, la surface de la terre doit être négative par action d'influence, et la tension doit être d'autant plus forte en un point donné que ce point s'élève davantage au-dessus du niveau moyen de la surface. Saussure a, au surplus, constaté directement que les gouttelettes d'eau d'une cascade, en tombant sur un plateau mis en communication avec la garniture métallique d'un électroscope, chargeaient l'instrument négativement. Or, les sommets élevés des montagnes sont presque constamment couronnés de nuages, qui se trouvent alors chargés de l'électricité négative du sol, et qui, détachés par les vents et entraînés dans l'atmosphère, y circulent chargés d'électricité négative. Il en est de même des brouillards formés dans les plaines et qui, s'élevant dans les airs, y deviennent des nuages négatifs.

D'autres fois un nuage positif, mais faiblement chargé, venant à rencontrer un pic élevé, pourra, après neutralisation de son fluide, prendre un excès de fluide négatif.

Enfin, si l'on se représente deux couches de nuages à des hauteurs différentes, la couche supérieure, ayant une tension électrique plus forte que la couche inférieure, agira sur celle-ci par influence, décomposera le fluide neutre, attirera du fluide négatif à la surface la plus élevée, repoussera en dessous le fluide positif. Si l'air compris entre la couche inférieure et la terre offre un degré d'humidité et de conductibilité notable, l'électricité positive s'écoulera peu à peu, et le nuage ne gardera plus que de l'électricité négative. Que des courants d'air inverses viennent alors à séparer et à disperser ces nuages, les nuages inférieurs se trouveront rester à l'état négatif.

Foudre. — La foudre n'est autre chose que l'étincelle électrique jaillissant entre un nuage positif et un nuage négatif, ou même entre deux nuages chargés d'électricité de même nom, s'il peut y avoir de l'un à l'autre action d'influence; ou enfin entre un nuage et le sol, électrisé aussi par influence; et l'étincelle jaillira dès que la distance sera assez petite et la tension assez grande pour vaincre la résistance de l'air interposé.

L'éclair, c'est le phénomène lumineux, l'étincelle elle-même; le tonnerre, c'est le bruit qui résulte de l'ébranlement de l'atmosphère sur le trajet des fluides.

Éclair. — On distingue plusieurs sortes d'éclairs :

1° Les éclairs du premier genre, ou éclairs *fulgurants*, formant une ligne brisée, quelquefois bifide ou trifide, d'une longueur souvent prodigieuse, puisqu'on en voit qui, à en juger par la hauteur des nuages entre lesquels ils jaillissent, et leur distance angulaire, peuvent embrasser une étendue de trois à quatre lieues. Il est probable qu'il y a alors plusieurs étincelles, jaillissant simultanément entre de petits nuages disséminés dans l'intervalle des deux nuages principaux. La durée de l'éclair est tellement courte qu'elle échappe à tous nos moyens de mesure. Un disque sillonné de raies alternativement blanches et noires, et animé d'un mouvement de rotation aussi rapide qu'on le puisse produire, de telle sorte que l'œil n'y distingue plus qu'une surface d'un gris uniforme, paraît complétement immobile, avec ses raies nettement distinctes, au moment où il est illuminé par l'éclair.

2° Les éclairs du second genre, ou éclairs *diffus*. Ceux-ci illuminent tout à coup une vaste étendue du ciel, sans qu'on y voie de ligne droite ou sinueuse indiquant le passage de l'étincelle. Ils sont dus sans doute à des décharges qui s'opèrent entre la face supérieure des nuages les plus bas et d'autres nuages situés au-dessus, de telle sorte que nous n'en voyons que la lueur, réfléchie irrégulièrement par les nuages ou par l'atmosphère.

3° Les éclairs en *boule*, dont on ne connait encore qu'un petit nombre de cas bien constatés. Ils se présentent sous la forme d'un globe de feu plus ou moins volumineux, se déplaçant d'un mouvement en général assez lent, puis faisant tout à coup explosion avec violence, en projetant en divers sens deux ou trois éclairs fulgurants.

Tonnerre. — Le bruit du tonnerre succède toujours, avec un intervalle de temps plus ou moins long, à la vue de l'éclair. Cela tient à ce que la transmission de la lumière est presque instantanée (72 000 lieues par seconde), tandis qu'il s'en faut de beaucoup pour le son, qui ne parcourt dans l'air que 340^m par seconde. Si donc le point le plus rapproché du trajet de l'étincelle est à 1000^m de notre oreille, il s'écoulera $\frac{1000}{340}$ secondes, 3 secondes environ, entre la vue de l'étincelle et l'audition du bruit. On peut juger ainsi de la distance minimum qui nous sépare de l'étincelle. Si l'intervalle de temps est de 10″, la distance sera 3400^m.

Le tonnerre n'est pas une détonation violente et de courte durée, c'est au contraire d'ordinaire un bruit prolongé, avec des inégalités d'intensité que l'on caractérise assez bien par le nom de *roulements*.

La durée du son est encore une conséquence de la non-instantanéité de la propagation du son. Qu'on se figure l'observateur placé en A, et l'éclair jaillissant entre les points B et C (fig. 231). Le bruit se produit simultanément

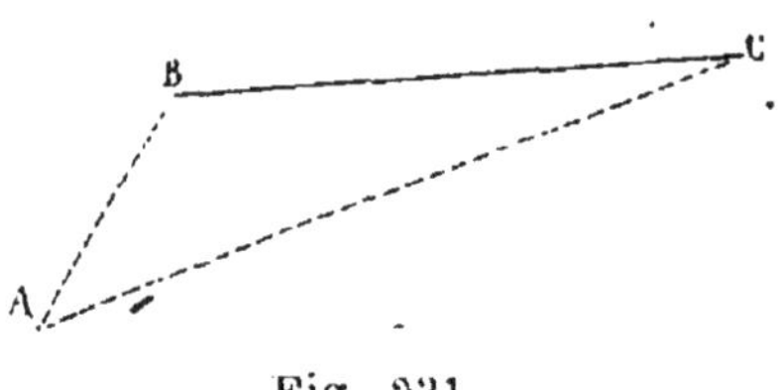

Fig. 231.

sur tous les points de la ligne BC, mais il est évident que le bruit produit en B arrivera à l'oreille avant le bruit produit en C. Si la distance de ces deux points est de 1000 mètres, la durée du bruit sera au moins de 3″; nous disons *au moins*, parce que la réflexion du son sur les nuages, sur des collines, peut donner lieu à des résonnances et à des échos qui prolongent la durée du son. Quant aux inégalités du son, aux roulements, ces échos et ces résonnances contribuent à coup sûr à les produire; mais elles sont dues aussi à la forme sinueuse de l'éclair.

Supposons l'observateur en A, et l'éclair parcourant la ligne brisée MNPQRS (fig. 232). Il est facile de comprendre que l'oreille percevra d'abord un son graduellement décroissant d'intensité, donné par les

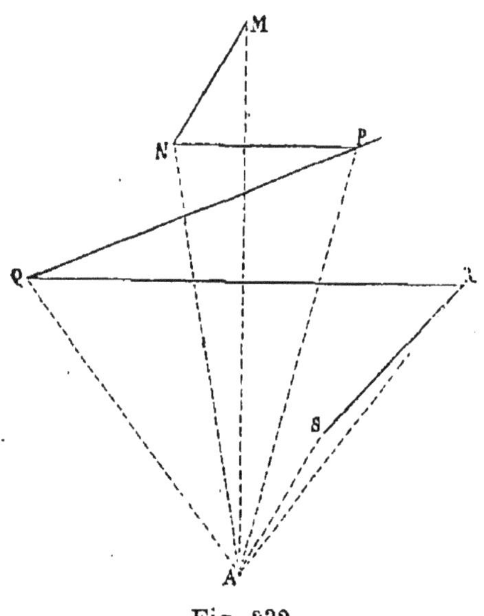

Fig. 232.

points situés sur le trajet fuyant SR; mais alors les points du trajet QR étant, à peu de chose près, tous à la même distance de l'oreille, leurs bruits arriveront à peu près simultanément; de là un redoublement subit d'intensité; puis le trajet fuyant QP donnera de nouveau un bruit décroissant; nouveau redoublement, plus faible que le premier, pour le trajet NP, dont les divers points sont encore à distances sensiblement égales de l'oreille, et enfin le son va s'affaiblissant de plus en plus pour le trajet fuyant NM.

Éclairs sans tonnerre, et tonnerre sans éclairs. — Dans la saison chaude, il n'est pas rare de voir à l'horizon des éclairs diffus, souvent assez brillants, sans entendre cependant le moindre bruit de tonnerre. C'est ce que l'on appelle vulgairement des *éclairs de chaleur*. Ils sont sans doute le résultat d'orages éloignés, dont le bruit ne nous arrive pas, mais dont les éclairs illuminent des nuages placés aux limites de l'horizon. — On a aussi des exemples de tonnerres sans éclairs par un temps couvert, et même dans un ciel serein. Les premiers sont sans doute dus à des orages élevés, et dont les éclairs sont interceptés par les nuages opaques interposés. Quant aux derniers, on n'en a pas donné jusqu'à présent d'explications satisfaisantes.

Effets de la foudre. — Choc direct. — Choc en retour. — Les corps frappés de la foudre peuvent l'être de deux façons différentes, par *choc direct*, par *choc en retour*. Dans le premier cas, le corps, étant électrisé par l'influence d'un nuage très-voisin, pourra acquérir une tension telle que la résistance de la couche d'air qui les sépare soit vaincue, et que l'étincelle jaillisse de l'un à l'autre sous forme d'éclair fulgurant. C'est là le choc direct. On dit alors assez improprement que la foudre *tombe*. La foudre ne tombe pas plus qu'elle ne monte. Tous les points du trajet de l'étincelle sont illuminés simultanément.

Dans le choc en retour, le corps ne reçoit pas de décharge par étincelle. Sous l'influence du nuage, ses fluides se sont séparés, le fluide de nom contraire au fluide du nuage s'accumulant à la partie supérieure du corps, le fluide de même nom s'écoulant dans le sol. Mais que le nuage vienne à se décharger, soit en totalité, soit partiellement, sur un autre nuage, ou sur un point du sol plus voisin de lui, alors l'influence cessant complétement, ou tout au moins diminuant subitement d'intensité, les fluides séparés se recombinent tout à coup. Le corps est foudroyé par ses propres fluides, foudroyé à l'intérieur, sans étincelle.

Les effets de la foudre sont, en grand, les mêmes que ceux de l'étincelle. Elle brise, perce, réduit en fragments ou en poussière les corps mauvais ou médiocres conducteurs qu'elle rencontre sur son trajet. Quelquefois, elle les projette ou les entraîne à d'assez grandes distances. Suit-elle un bon conducteur, elle l'échauffe au point de le fondre, de le volatiliser, si sa section n'a pas un diamètre suffisant. Il n'est pas rare de voir, dans une maison frappée de la foudre, tous les fils de fer des sonnettes disparaître volatilisés, en laissant seulement sur le mur une trace brunâtre, ou sur le sol quelques gouttelettes de fer fondu. Si la foudre frappe des substances combustibles, des meules, des chaumiers, des amas de bois, elle y met le feu.

Elle produit aussi dans l'atmosphère qu'elle traverse des phénomènes chimiques, détermine la combinaison de l'azote et de l'oxygène; de là la présence de l'acide azotique dans les pluies d'orage.

Enfin elle frappe de mort presque toujours, ou parfois seulement de paralysie totale ou partielle, persistante ou passagère, les animaux et les hommes sur lesquels elle tombe. Les arbres qu'elle touche survivent aussi bien rarement à ses profondes atteintes. Les brûlures, les lacérations du tissu sont telles, qu'un arbre foudroyé est presque toujours un arbre mort.

On ne saurait trop recommander aux gens de fuir l'abri des arbres; la foudre frappe naturellement les points du sol qui, offrant une plus grande saillie, ont, par cela même, une plus forte tension. Dans un orage violent, l'abri d'une haie même peut être dangereux; et si l'on est en rase campagne, il est sage de s'étendre sur la terre, pour éviter précisément de former le point saillant d'une surface trop également unie.

Quant à ce qui est de marcher ou de courir, le danger n'est pas plus grand qu'à rester debout immobile. En dépit du préjugé si répandu, les courants d'air ne paraissent avoir aucune influence sur la marche de la foudre; le danger ne paraît pas plus grand avec des fenêtres ouvertes qu'avec des fenêtres fermées.

La foudre suivant de préférence les conducteurs métalliques, et manifestant une tendance marquée à passer de l'un à l'autre, à travers les corps moins conducteurs qui les séparent, il est prudent, en cas d'orage violent, de se débarrasser de toute masse métallique un peu considérable que l'on pourrait porter sur soi, et surtout d'aller, en pareil cas, s'appuyer contre des pièces en métal offrant une assez grande surface.

On cite le fait d'une troupe en marche surprise par un orage et dont les hommes étaient allés s'appuyer contre un mur pour s'abriter contre le vent et la pluie ; la foudre frappe le mur, et deux hommes tombent foudroyés. Inspection faite de la position qu'ils occupaient, on trouva que chacun d'eux avait le dos appuyé contre une portion de mur qui cachait des ferrements destinés à lier ensemble les pierres.

Dans beaucoup de villages se maintient encore la déplorable coutume de sonner les cloches pendant l'orage. Le bruit des cloches ne dissipe point les nuages ; et comme le clocher est, par son élévation, le point le plus menacé, le malheureux sonneur est toujours la première victime, si la foudre vient à éclater.

Dans d'autres localités on allume de grands feux, dans la conviction qu'ils peuvent détourner ou décharger les nuages orageux. Bien qu'en effet une colonne ascendante d'air chaud puisse, dans une certaine mesure, contribuer à l'écoulement lent de l'électricité du sol, puisque l'air chaud est meilleur conducteur que l'air froid, cependant ce n'est encore là qu'une défense bien insuffisante. Ainsi, en 1858, un incendie épouvantable consuma à Orléans, pendant un violent orage, une immense usine appelée la Motte-Sanguin. On croit que le feu avait été mis par un premier coup de foudre. A deux reprises le tonnerre tomba sur cet immense brasier, qui projetait dans l'air une colonne de flammes de plus de 100 mètres de hauteur.

Paratonnerre. — S'il est impossible de donner l'indication de moyens préservatifs sûrs pour les individus isolés, du moins peut-on en indiquer un qui détourne le danger des édifices : c'est le *paratonnerre*. C'est Franklin qui le premier en a indiqué l'usage et a formulé les conditions qu'il devait remplir.

On sait que lorsqu'on présente à la machine électrique chargée la main armée d'une pointe, aucune étincelle ne peut plus jaillir de la pointe à la machine, si petite que soit la distance qui les sépare. De plus, le pendule indicateur de la tension sur le conducteur retombe complétement. La pointe laisse écouler le fluide négatif que l'influence y appelle, et ce fluide négatif va neutraliser le fluide positif du conducteur.

Tel est précisément le principe du paratonnerre. Si l'on établit sur le faîte d'un édifice une tige métallique d'une hauteur suffisante, terminée en pointe à son extrémité supérieure, en *communication parfaite* avec l'édifice et avec le sol, l'électricité qu'un nuage appellera par influence s'écoulera d'une manière continue dans l'air et ira peu à peu, sans étincelle, affaiblir la tension du nuage. La maison se trouvera préservée du choc direct, et elle diminuera le danger pour les lieux environnants, puisque le nuage sera en partie déchargé. Enfin, elle ne peut pas davantage être frappée par le choc en retour, puisque l'un de ses fluides a disparu dans l'air. On voit, d'après cela, que le paratonnerre doit être construit de manière à fournir un écoulement facile aux fluides provenant de la décomposition du fluide neutre : au fluide appelé par le fluide du nuage et qui doit se dissiper par la pointe, au fluide repoussé qui doit se perdre dans le sol. Il est donc très-essentiel que la tige et le conducteur qui la rattache au sol soient parfaitement continus, et que leur conductibilité soit maintenue aussi parfaite que possible.

On donne généralement à la tige une hauteur de 8 à 10 mètres.

Sa partie inférieure est en fer, et doit avoir à la base un diamètre de 6 à 7 centimètres. Comme la tige va en s'amincissant et que le fer n'a qu'une conductibilité médiocre, la partie supérieure, n'offrant plus qu'une section trop petite, s'échaufferait considérablement sous l'action du flux électrique ; elle pourrait se fondre ou tout au moins s'oxyder, ce qui diminuerait encore la conductibilité. Cette partie supérieure de la tige est alors faite en cuivre rouge dont la conductibilité est presque six fois celle du fer. Enfin, l'extrême pointe est en platine, qui est le moins fusible de tous les métaux industriels. Ces trois parties sont vissées l'une sur l'autre.

La base de la tige est implantée dans la maîtresse poutre de la toiture, et assurée par des tenons et des jambes de force en fer. Une tige d'environ 2 centimètres de diamètre s'attache par un anneau à la base du paratonnerre, et, suivant l'une des arêtes de la toiture, puis contournant les corniches par des courbes arrondies, elle descend sur un des flancs de l'édifice et s'enfonce dans le sol. Quelquefois, au lieu d'une tige c'est une corde formée de fils de fer tordus. Une chaîne ne vaudrait rien, car les anneaux pourraient ne pas être en contact suffisant. Ce conducteur, tige ou corde, que l'on appelle ordinairement la *chaîne* du paratonnerre, doit être maintenu sur tout son parcours, au moyen de tenons, à une distance de 12 à 15 centimètres du toit ou du mur sur lequel il court. Il est très-essentiel qu'il soit rattaché par des conducteurs à toutes les pièces métalliques importantes du bâtiment, gouttières, conduites d'eaux, planchers en fer, etc. Ces masses, par le fait même de leur conductibilité, seront, plus que tout autre point, le siége d'une action d'influence énergique; il est donc nécessaire de fournir un écoulement à leurs fluides, sans quoi on s'exposerait à des décharges entre ces masses isolées et le nuage, ou le conducteur du paratonnerre.

Quant à la communication avec le sol, il importe de l'établir aussi complète, aussi étendue que possible.

Si l'édifice est construit sur un sol contenant, à petite profondeur, une nappe d'eau souterraine, et il est bien rare qu'il n'en soit pas ainsi, puisqu'on ne construit guère que là où l'on peut avoir facilement de l'eau, on creuse un puits ou simplement un puisard à quelques mètres des fondations, et l'on y conduit, sous le sol, la chaîne du paratonnerre que l'on fait plonger dans l'eau en la divisant en trois ou quatre branches. On ne pourrait point remplacer le puisard par une citerne à parois étanches, et dont l'eau n'aurait pas de courant, car alors on se trouverait précisément isoler la partie inférieure du conducteur. S'il arrivait que le sol fût de nature très-sèche et qu'on ne pût utiliser la conductibilité de . l'eau, alors il faudrait creuser un puisard avec quelques ramifications en divers sens, qu'on remplirait de braise de boulanger.

On estime, d'après l'observation des faits, qu'un paratonnerre préserve d'une manière efficace un espace circulaire d'un rayon double de sa hauteur. De là la nécessité d'établir, sur un édifice d'un assez grand développement en surface, un nombre plus ou moins grand de paratonnerres, de telle sorte qu'un point quelconque de la toiture ne soit jamais éloigné du paratonnerre le plus voisin, d'une distance supérieure au double de sa hauteur.

Les édifices isolés et d'une grande élévation sont exposés à des coups de foudre de côté, dont les paratonnerres plantés sur la toiture ne les préservent pas toujours. On plante alors sur la corniche, ou sur l'angle du bâtiment, des paratonnerres inclinés. Dans nos climats, les nuées orageuses nous viennent du sud ou du sud-ouest. C'est donc aux angles tournés vers ces points de l'horizon qu'il faut adapter ces paratonnerres latéraux. On en voit de ce genre à la Bourse de Paris, et au pavillon des Tuileries voisin de la Seine.

Il ne faudrait pas croire qu'un paratonnerre ne soit jamais frappé de la foudre ; mais, en pareil cas, s'il est construit dans de bonnes conditions, la décharge électrique s'opère tout entière sur lui, et il n'en résulte aucun dommage pour l'édifice. Il est prudent alors de vérifier de temps en temps, et surtout après de violents orages, l'état dans lequel il se trouve, et de s'assurer qu'il n'y a eu de dégâts, de ruptures, de fusions en aucun point de la chaîne, et que la continuité du conducteur est encore bien entière.

Grêle et Trombes. — Les nuages de grêle sont toujours fortement électriques ; il est assez fréquent d'en voir jaillir la foudre, comme il arrive assez fréquemment de voir tomber une averse de grêle pendant un orage.

L'électricité est-elle pour quelque chose dans la formation de la grêle et dans la suspension des grêlons au sein de l'atmosphère ? A cet égard, on n'a encore aucune espèce de données sur lesquelles on puisse baser une théorie. Volta avait bien essayé de comparer la suspension des grêlons à l'expérience bien connue de la danse des pantins. Si l'on suspend au conducteur de la machine un plateau métallique, et si l'on place un peu au-dessous un second plateau communiquant avec le sol, et sur lequel on a déposé de petites balles ou de petites figures taillées en moelle de sureau (fig. 233), on voit, quand on tourne la manivelle de la machine, les balles et les figures sauter vers le plateau supérieur, puis, si elles le touchent, retomber sur le plateau inférieur, et sauter de nouveau pour retomber encore. Ces mouvements s'expliquent absolument comme ceux du carillon électrique dont nous avons donné la théorie.

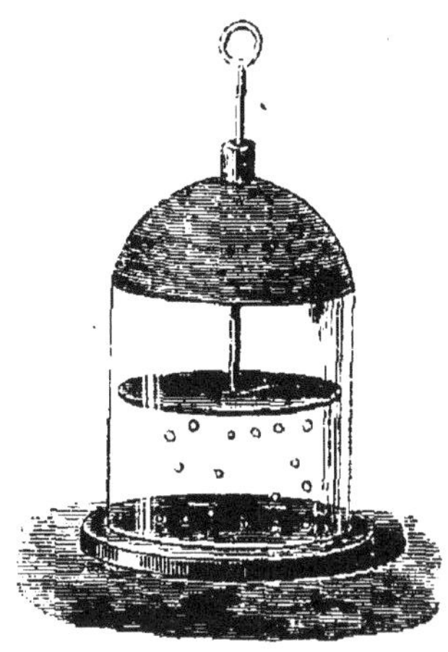

Fig. 233.

Suivant Volta, les grêlons, se formant entre deux couches de nuages électrisés, seraient dans les mêmes conditions que les pantins sans cesse en mouvement entre les deux couches; montant vers l'une, redescendant vers l'autre, ils pourraient grossir rapidement par la condensation sur leur surface de la vapeur d'eau, jusqu'à ce que la décharge des nuages, ou bien l'augmentation de leur poids, leur permît de traverser les nuages inférieurs et de tomber à terre. Quelque ingénieuse que soit cette théorie, elle pèche par un point essentiel : on ne peut évidemment assimiler la résistance qu'oppose un plateau métallique à celle que peut opposer un nuage. Les grêlons, si petits qu'ils soient, en tombant sur le nuage inférieur, doivent pénétrer dans sa masse, et dès lors ils cessent d'être soumis à l'attraction du nuage supérieur et continuent nécessairement leur route vers la terre.

Quant au fait même du mouvement incessant des grêlons, il est hors de doute. Des observateurs se sont trouvés sur les flancs des montagnes, enveloppés par des nuages de grêle, et ont constaté le bruit que font les grêlons en s'entre-choquant :

ils l'ont comparé à celui que feraient des noix agitées fortement dans un sac.

Les *trombes* ou *tornados* sont produites par des courants
d'air parallèles, mais en sens contraire, qui, se rencontrant
dans l'espace, donnent lieu à un mouvement de rotation de
l'air, généralement accompagné d'un mouvement ascension-
nel. On en voit à chaque instant des exemples, mais dans
d'infiniment petites proportions, lorsque, par un grand vent,
la poussière se soulève sur les routes en tourbillons. On la
voit d'abord tourner en cercle sur le sol, puis s'élever, en
continuant ce mouvement de rotation, souvent jusqu'à une
grande hauteur. Mais, dans les orages des mers équatoriales,
ce phénomène prend des proportions gigantesques. La mer,
bouleversée par ces courants tournants, attirée en outre par
des nuages fortement chargés d'électricité, se soulève en colonne conique tourbillonnante. En même temps, les nuages
eux-mêmes, attirés par cette masse liquide, se déforment, se
portent à sa rencontre, et bientôt on voit ces deux cônes se
fondre par leurs sommets et courir dans l'espace, souvent
avec une grande rapidité, lançant l'éclair et la foudre. Mal-
heur au vaisseau qui se trouve enveloppé dans ce puissant
tourbillon! il est en un instant rasé de ses agrès, soulevé de
la mer comme un fétu, pour y retomber précipité et sombrer
dans ses profondeurs. Les tornados se produisent aussi sur les
continents; ils sont fréquents aux Antilles, au Mexique. En
quelques instants, sur le passage de la trombe, les récoltes
sont arrachées et dispersées au vent, des arbres séculaires
arrachés du sol avec une puissance irrésistible; les toitures
des maisons sont enlevées, les édifices eux-mêmes renversés.
Un tremblement de terre produit à peine plus de ravages.
L'Europe n'est pas complétement exempte de ce redoutable
fléau. Tout le monde se rappelle les désastres de la vallée de
Monville et Malaunay en 1845, et ceux qu'eurent à subir les
flottes alliées, française et anglaise, sur la mer Noire, à l'é-
poque de la guerre de Crimée.

CHAPITRE XXVI.

MAGNÉTISME.

Aimants naturels et artificiels. — Pôles des aimants. — Leurs actions
mutuelles.

On désigne sous le nom d'*aimant* un minéral qui n'est
autre chose que l'oxyde salin du fer, Fe^3O^4. On le trouve en
abondance en Suède, où il est exploité comme minerai de
fer. Il forme en divers points du globe des dépôts plus ou
moins importants, appartenant toujours aux terrains de cristallisation.

L'aimant présente cette propriété curieuse, et bien connue
d'ailleurs, que si on le roule dans de la limaille de fer, cette
limaille s'attache à sa surface, plus particulièrement en certains points, où elle forme des houppes serrées qu'on n'arrive
à détacher qu'avec une certaine difficulté.

On peut communiquer cette propriété à des barreaux d'a-
cier par des opérations que nous aurons à décrire plus tard.
Ces aimants artificiels présentent, aussi bien que les aimants
naturels, des points où la limaille s'attache en grande quantité, séparés par une région dénuée de toute vertu attractive.
Les centres d'attraction s'appellent *pôles*, la ligne inactive qui
les sépare, *ligne neutre*. Les aimants artificiels ont d'ordinaire
deux pôles placés à une petite distance des extrémités du barreau, et une ligne neutre au milieu. Jamais ils n'ont moins
de deux pôles, mais ils peuvent en avoir davantage. Ces pôles
sont alors distribués sur la longueur du barreau, séparés
toujours deux à deux par une ligne neutre.

Dans le voisinage des extrémités sont toujours deux pôles;

les pôles intermédiaires sont appelés *points conséquents*. Nous nous occuperons à peu près uniquement des aimants à deux pôles.

Lorsque l'on roule un barreau aimanté dans la limaille de fer, elle ne s'attache point en quantité sensible sur la région moyenne, mais elle forme tout autour des extrémités des houppes (fig. 234) produites par des espèces de chapelets de

Fig. 234.

grains de limaille attachés les uns aux autres, et qui rayonnent tout autour d'un point, placé, dans les barreaux dont la longueur est d'au moins 15 à 20 centimètres, à environ 4 centimètres de l'extrémité; et dans les petites aiguilles aimantées, à peu près au sixième de la longueur.

Un fort barreau aimanté peut soulever, attachés à ses pôles, des pointes, des clous de fer d'un poids souvent très-considérable.

Cette action attractive s'exerce à distance, mais elle décroît rapidement à mesure que la distance augmente. Elle peut d'ailleurs se produire à travers le bois, le verre, le carton, etc., sans autre diminution que celle qui résulte de l'éloignement.

Lorsque l'on veut rendre bien apparents la position des pôles et l'arrangement de la limaille tout autour de ces pôles, on place un fort barreau sur une table, on pose dessus une vitre, et sur la vitre une feuille de papier bien unie; puis, avec un tamis, on projette de haut, sur le papier, de la limaille neuve, en frappant légèrement avec le doigt sur la plaque de verre pour permettre aux grains de limaille de glisser plus facilement sur le papier. On voit alors se dessiner très-nettement tout autour des deux pôles les lignes rayonnantes formées par les files de particules de fer (fig. 235). De chaque

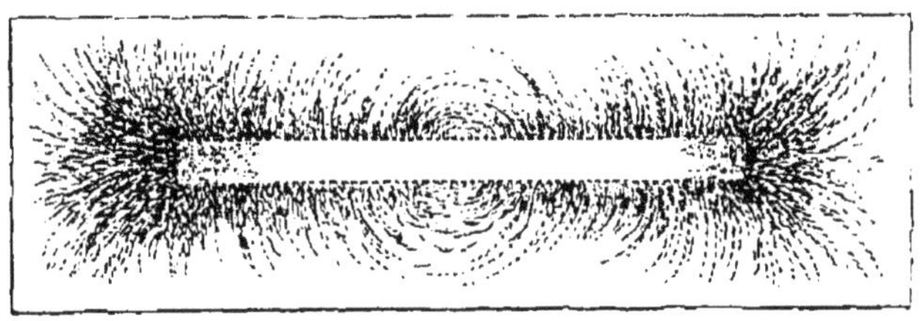

Fig. 235.

côté de la région moyenne du barreau, les lignes s'incurvent et forment comme des arceaux.

Au-dessus même des pôles, de petits grains s'empilent les uns sur les autres, et forment comme des pointes dressées sur la surface du papier.

Propriétés distinctives des pôles d'un aimant. — Bien que les deux pôles d'un barreau attirent également le fer, et soient réciproquement attirés par lui, il est facile de reconnaître cependant qu'ils manifestent des actions différentes; de même que le verre et la résine, électrisés tous deux par le frottement avec la laine, attirent également les corps légers à l'état neutre, et cependant ne sont pas électrisés de la même manière.

Suspendons un barreau aimanté à un fil, de manière qu'il se tienne horizontal, et marquons d'un signe quelconque l'une de ses extrémités; approchons maintenant du pôle marqué de ce barreau mobile, successivement les deux pôles d'un second barreau que nous tiendrons à la main, puis d'un troisième, d'un quatrième, enfin d'autant de barreaux qu'il nous plaira, nous verrons que, pour tous ces barreaux sans exception, l'un des pôles attirera à lui le pôle marqué du pôle mobile; l'autre, au contraire, le repoussera. Les deux pôles de ces barreaux sont donc doués de propriétés contraires, quant à l'action qu'ils exercent sur un pôle étranger. Il en est de même du barreau mobile : car, si l'on recommence les mêmes épreuves sur le pôle non marqué, on constate que tous les pôles qui tout à l'heure repoussaient le pôle marqué attirent le pôle non marqué, et *vice versa*. Le fait est donc complétement général pour les aimants réguliers à deux pôles. Quant à ceux qui offrent des points conséquents, on pourrait s'assurer facilement que l'action change de signe quand on passe d'un pôle au pôle qui le suit immédiatement.

Ceci bien constaté, marquons d'un même signe, de la lettre A, par exemple, tous les pôles qui agissent par répulsion sur le pôle marqué du barreau mobile, et appelons-les *pôles de même nom*. Marquons de la lettre B tous les autres, qui sont aussi, les uns par rapport aux autres, des pôles de même nom, mais qui sont des *pôles de nom contraire* par rapport aux premiers, et suspendons un de ces barreaux horizontalement à un fil. Si on vient à présenter à son pôle A tous les pôles A des autres barreaux, on constate une répulsion. Il en est de même si on présente à son pôle B les pôles B des autres barreaux. Mais si on présente à son pôle A un des pôles B, ou à son pôle B un des pôles A, il y a au contraire attraction. Ainsi :

Les pôles de même nature, de même nom, se repoussent. Les pôles de nom contraire s'attirent.

Le pôle marqué du premier aimant mobile que repoussaient les pôles A était donc lui-même un pôle A, et son autre pôle, par conséquent, un pôle B.

Si, tenant un barreau aimanté dans une position verticale, on le fait glisser de haut en bas devant le pôle A de l'aiguille mobile suspendue à un fil métallique, on voit que sa ligne moyenne, sa ligne neutre, n'exerce aucune action ni répulsive ni attractive ; que toutes les tranches successives de sa moitié A, à partir d'une petite distance de la ligne neutre, agissent par répulsion, l'action allant en croissant jusqu'à l'extrémité ; que, dans l'autre moitié, les actions sont attractives et vont aussi en croissant à partir de la ligne neutre.

On voit, dans la constitution d'un barreau, une sorte d'analogie avec l'état d'un cylindre métallique isolé, et électrisé par influence. Mais cette analogie est bien incomplète, car si le cylindre est mis en communication avec le sol, il ne garde plus qu'un de ses fluides, tandis qu'un aimant garde toujours ses *deux* pôles. Un corps électrisé perd sa charge quand il est mis en communication avec le sol; l'aimant conserve la sienne.

Direction de l'aiguille aimantée. — L'aiguille aimantée suspendue à un fil sans torsion, ou posée sur un pivot (fig. 236), qui nous servait aux expériences précédentes, libre de tourner dans un plan horizontal, affecte dans ce plan une position d'équilibre déterminée, toujours la même, si on ne place pas dans son voisinage des masses de fer, ou des barreaux aimantés qui pourraient agir sur elle. La déplace-t-on de sa direction, elle y revient par un mouvement oscillatoire plus ou moins lent. A Paris, cette direction fait un angle d'environ 20⁰ avec la méridienne. Négligeons pour le moment cet angle de 20⁰ et admettons que l'aiguille regarde vers le nord ; nous appellerons *extrémité nord* la pointe de l'aiguille tournée invariablement vers le nord ; et *extrémité sud*, celle qui regarde vers le sud. On trouve dans le fait de cette

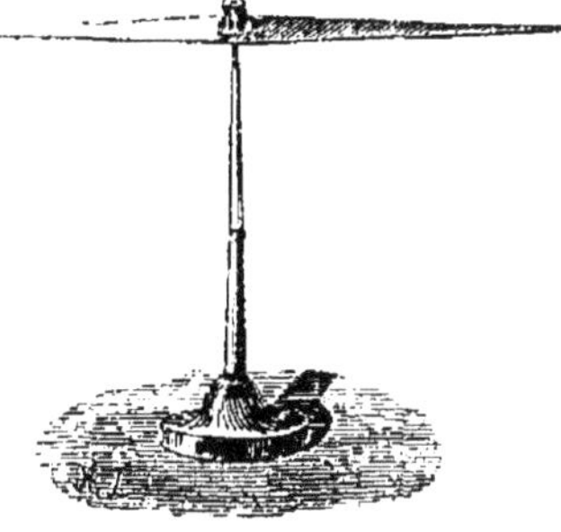

Fig. 236.

direction une preuve nouvelle de l'opposition de caractère des deux pôles. Suspendons de la même façon, dans un même salle et à d'assez grandes distances, les barreaux qui nous ont servi dans nos précédentes expériences, et nous verrons tous les pôles marqués du même signe se diriger vers le même point de l'horizon, les pôles contraires se dirigeant vers le point opposé.

Ainsi nous pouvons remplacer les désignations vagues de pôle A et de pôle B, par celles d'extrémité nord et d'extrémité sud, qui nous indiquent de plus le mode d'orientation de la ligne des pôles.

Quelle raison pouvons nous donner de cette direction de l'aiguille ?

Si nous plaçons une aiguille aimantée sur un pivot, posé

lui-même sur le milieu d'une règle de bois, que nous tournerons sur elle-même dans le plan horizontal, nous verrons l'aiguille garder invariablement sa direction dans l'espace, sans être en rien dérangée par le mouvement de la règle; remplaçons la règle par un barreau d'acier aimanté, et les phénomènes changent du tout au tout, l'aiguille se place parallèle à la ligne des pôles du barreau, tournant chacun de ses pôles vers le pôle de nom contraire du barreau, d'après la loi connue de leurs actions. Si l'on fait tourner le barreau, comme on faisait tout à l'heure tourner la règle, l'aiguille suit le barreau, lui reste parallèle, la position respective des pôles restant toujours la même.

Or, en présence de la terre, l'aiguille aimantée se comporte de la même façon; on peut donc admettre que la terre agit sur les aiguilles comme si elle était elle-même un barreau aimanté, ayant un pôle magnétique quelque part dans l'hémisphère austral, et un autre pôle magnétique dans l'hémisphère boréal. Adoptons cette conception purement hypothétique : nous appellerons *pôle austral magnétique* de la terre le premier de ces pôles, et *pôle boréal magnétique* le second. Pour la terre, pôle boréal et pôle nord seront synonymes; et de même, pôle austral et pôle sud.

Comme l'aiguille présente aux pôles de l'aimant terrestre des pôles de nom contraire, son extrémité nord qui regarde le pôle boréal magnétique de la terre est un pôle de même nom que le pôle austral terrestre, on peut donc l'appeler pôle austral de l'aiguille. Pour une raison analogue, son extrémité sud s'appellera pôle boréal de l'aiguille. Ainsi pour un barreau aimanté la dénomination de pôle austral, et celle de pôle nord, ou extrémité nord, sont synonymes. De même celles de pôle boréal et de pôle sud, ou extrémité sud.

Ce sont dorénavant les noms que nous emploierons.

Aimantation par influence. — L'aimantation, comme l'électrisation, se développe par influence, dans le fer et l'acier mis en présence d'un barreau aimanté.

Prenons un morceau de fer MN, bien doux, c'est-à-dire parfaitement affiné, et n'ayant subi aucune action mécanique susceptible de l'écrouir sensiblement. Si nous le présentons à de la limaille dé fer neuve *, il n'exerce sur elle par aucun de ses points aucune attraction appréciable ; présentons-le aux pôles d'une aiguille aimantée, il les attirera également, en même temps qu'il sera attiré par eux.

Si maintenant nous plaçons ce petit barreau de fer, bout à bout, soit au contact, soit à petite distance d'un barreau aimanté qui présente, par exemple, son pôle austral à l'extrémité M (fig. 237) : le petit barreau acquiert instantanément

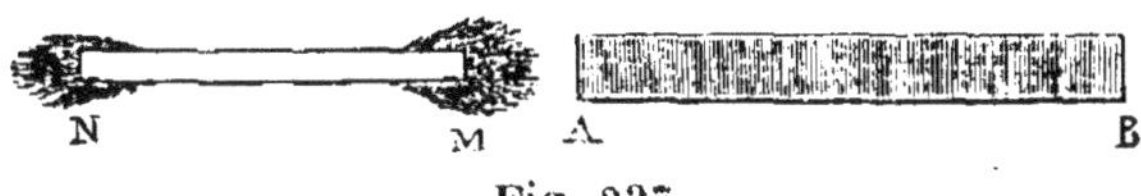

Fig. 237.

tous les caractères d'un aimant. Si l'on projette sur lui de la limaille, elle s'attache à ses extrémités en quantités d'autant plus grandes, que l'action du pôle A s'exerce à plus petite distance.

Si l'on présente une aiguille aimantée mobile à l'extrémité N, elle a son pôle austral repoussé, et son pôle boréal attiré, par cette extrémité N ; ainsi N a tous les caractères d'un pôle austral. Nous pouvons en induire que l'extrémité M est un pôle boréal. Si on présentait à M l'aiguille aimantée, son action serait masquée par celle du pôle A, toujours plus fort, à moins d'adopter un dispositif particulier qui rendrait insensible l'action de ce pôle A ; comme par exemple de rendre cette aiguille mobile autour d'un axe parallèle à la direction MN, dans un plan perpendiculaire à cette direction, et qui passerait par le pôle M. Dès lors l'action de A, s'exerçant presque perpendiculairement à ce plan, surtout si A est un peu éloigné, n'a plus d'influence sensible sur le mouvement de l'aiguille, et l'action de M devient très-prononcée. M repousse alors le pôle boréal de l'aiguille et attire son pôle austral.

Si l'on avait présenté au barreau de fer doux MN, le pôle boréal du barreau aimanté, M eût été un pôle austral et N un pôle boréal. Les extrémités en regard du barreau inducteur et du barreau induit sont toujours des pôles de nom contraire.

<hr>

* Il est assez important de prendre de la limaille neuve, qui n'ait pas été déjà mise en présence d'aimants, ce qui aurait pu l'aimanter.

Si, pendant que MN est soumis à l'influence du pôle A, on approche, dans les mêmes conditions de distance, le pôle B d'un barreau de même force (fig. 238), les effets d'influence s'annulent, et MN redevient inactif sur la limaille et sur l'aiguille aimantée. Est-il suspendu au pôle A, il s'en détache et tombe, au moment où B arrive lui-même au contact.

Fig. 238.

On comprend maintenant pourquoi un morceau de fer présenté à un pôle quelconque d'une aiguille aimantée agit toujours sur lui par attraction. Il doit en être ainsi, puisque le pôle de l'aimant fera toujours naître dans la partie du fer tournée vers lui un pôle de nom contraire qu'il attirera, et dans la partie opposée un pôle de même nom qu'il repoussera, mais beaucoup plus faiblement, cette dernière action s'exerçant à plus grande distance.

Force coercitive. — L'aimantation par influence du fer parfaitement doux se développe instantanément, ou du moins elle arrive à son maximum dans un intervalle de temps inappréciable. Le barreau inducteur vient-il à être enlevé, l'aimantation disparaît avec la même rapidité. Si MN, étant présenté à un pôle austral (fig. 237), on le retourne bout pour bout, ou si l'on retourne l'aimant, l'aimantation change immédiatement de signe.

L'acier est susceptible de s'aimanter par influence comme le fer, et suivant le même mode. Mais l'aimantation ne s'y développe que progressivement et lentement; et si le barreau inducteur est éloigné, l'acier conserve son état magnétique. Il en est de même pour le fer écroui ou trempé. Ainsi tout ce qui tend à troubler l'équilibre magnétique, à augmenter ou à diminuer la force magnétique, à faire naître ou à faire disparaître l'état d'aimantation, rencontre dans l'acier et dans le fer écroui une résistance spéciale, qui ne se manifeste point dans le fer doux. Cette résistance, sur la nature de laquelle on n'a aucune espèce de données, on l'appelle la *force coercitive.* Elle augmente dans l'acier par la *trempe;*

elle diminue par le *recuit*. On la fait naître dans le fer le plus doux en le tordant, en le battant au marteau. Aussi est-il très-difficile de trouver du fer entièrement dénué de force coercitive.

Un barreau aimanté par influence peut à son tour agir sur un autre barreau, et celui-ci sur un troisième. Seulement la force de ces barreaux décroît rapidement. Ainsi (fig. 239) MN pourra porter un autre barreau plus petit que lui, et ce dernier un autre beaucoup plus petit, ou une aiguille. Vient-on à enlever le barreau inducteur, tous ces petits barreaux retombent à la fois, ramenés complétement à l'état neutre s'ils sont en fer doux, conservant des traces d'aimantation s'ils sont en acier et s'ils ont subi l'action d'influence pendant un temps un peu long.

Fig. 239.

Hypothèses théoriques. — Pour expliquer, ou plutôt pour coordonner ces divers phénomènes, les physiciens ont créé un système d'hypothèses analogues à celles que nous avons vues admises pour les phénomènes électriques.

On admet dans l'acier, dans le fer, l'existence d'un fluide particulier, le *fluide magnétique*. Comme le fluide neutre électrique, ce fluide résulterait de l'union et de la neutralisation mutuelle de deux fluides antagonistes; l'un, celui dont l'action prédomine dans l'hémisphère boréal de la terre, dans la moitié boréale d'une aiguille : on l'appelle le *fluide boréal;* l'autre, celui dont l'action prédomine dans l'hémisphère austral de la terre, et dans la moitié australe d'une aiguille aimantée : c'est le *fluide austral.*

D'après les phénomènes observés entre les pôles des aimants, nous admettrons que *chacun de ces fluides repousse ses propres molécules et attire celles de l'autre fluide.*

Toutefois là s'arrêteront les ressemblances entre les hypothèses électriques et les hypothèses magnétiques. Car nous avons vu que le magnétisme d'un barreau ne pouvait s'en échapper par aucun conducteur, ni passer de ce barreau à un autre barreau. Ainsi il n'y a pas pour le fluide magnétique de conductibilité extérieure. Il n'y a pas davantage de conductibilité intérieure. Les fluides magnétiques ne se déplacent point dans un barreau d'un point à l'autre de la surface, ou de la masse. C'est ce que démontre l'expérience suivante. Si l'on prend une aiguille à tricoter, aimantée, présentant un pôle austral en A et un pôle boréal en B, et si on la brise en deux morceaux, puis ceux-ci à leur tour en deux, et ainsi de suite, aussi loin que la division peut être poussée, chaque fragment, si petit qu'il soit, présente invariablement deux pôles contraires (fig. 240). Aux deux points séparés par la rupture se manifestent immédiatement deux pôles a', b', de nom contraire au pôle déjà existant sur le fragment avant la séparation. Or, s'il y avait eu transport réel des fluides, comme cela a lieu dans l'induction électrique, transport du

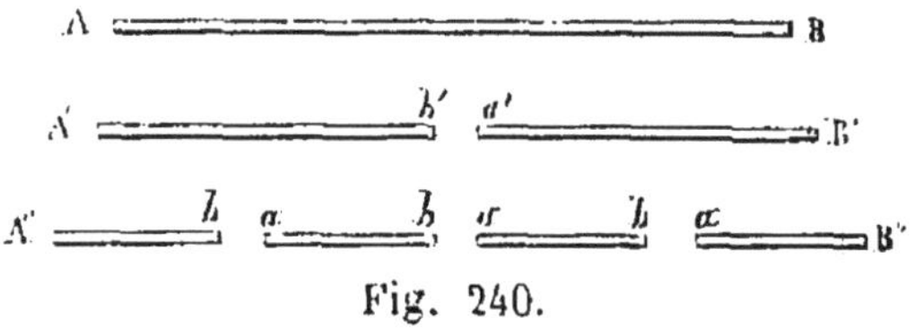

Fig. 240.

fluide austral de tout le barreau en A, du fluide boréal en B, au moment de la séparation la moitié A resterait australe et la moitié B boréale. De même que lorsqu'un conducteur en communication avec le sol est électrisé par influence par la machine électrique, si l'on vient à rompre la communication, le conducteur reste électrisé négativement, le sol gardant l'électricité positive que l'influence lui a envoyée.

On admet alors que le fluide magnétique neutre est réparti

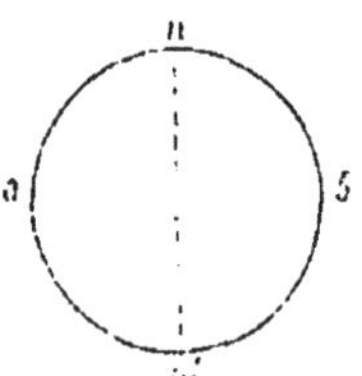

Fig. 241.

par atmosphères distinctes dans la masse des corps susceptibles d'aimantation; que dans chacune de ces atmosphères, formées de masses *équivalentes* et *indéfinies* de fluide austral et boréal, ces deux fluides peuvent, sous une influence extérieure, se séparer l'un de l'autre (fig. 241), de telle sorte qu'il y ait, dans chacune, un hémisphère austral et un hémisphère boréal, par conséquent un pôle austral a, un pôle boréal b, et une zone neutre nn'; mais qu'il n'y a jamais passage du fluide d'une atmosphère sur une autre atmosphère voisine, quelque petite que soit la distance de ces atmosphères relativement à leur diamètre.

L'aimantation, sous l'influence d'un centre magnétique extérieur, ou sous une influence quelconque, ne sera alors autre chose que le résultat de la *polarisation* de toutes ces atmosphères suivant une même direction, un même sens (fig. 242). On comprend alors une résultante australe à un bout de la file, une résultante boréale à l'autre extrémité.

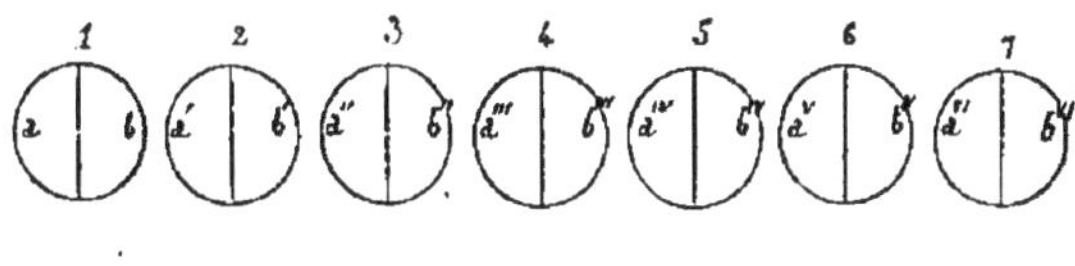

Fig. 242.

Dans le fer doux, les actions attractives et répulsives émanant d'un centre magnétique extérieur, et qui tendent à séparer sur chaque atmosphère les fluides composants, ne trouveront aucune résistance, autre que l'attraction mutuelle de ces fluides mêmes ; et quand ce centre inducteur sera éloigné, les fluides se recombineront immédiatement, chaque atmosphère rentrant à l'état neutre.

Dans le fer aciéreux, aigre, ou écroui, et dans l'acier, les actions décomposantes rencontreront à la fois comme résistances les attractions mutuelles des deux fluides de chaque atmosphère, et la force coercitive ; et la décomposition s'arrêtera, la charge sera à son maximum, lorsqu'il y aura équilibre entre le système des actions décomposantes d'une part, et les actions résistantes de l'autre. Si le centre inducteur est supprimé, les charges australes et boréales tendent à se recombiner, mais alors la force coercitive s'oppose maintenant à la recomposition comme elle s'opposait tout à l'heure à la décomposition, et le barreau conservera une certaine charge magnétique.

Théorie. Si l'action décomposante extérieure a mis en liberté, dans une atmosphère magnétique isolée, des quantités de fluide telles que leurs attractions mutuelles équilibrent précisément la force coercitive, cette atmosphère sera alors à saturation, et conservera sa charge. Elle la conservera aussi, si cette charge est inférieure à celle de l'équilibre ; seulement il n'y aura pas saturation. Enfin, si l'action décomposante a mis en liberté plus de fluides que la force coercitive n'en peut maintenir séparés, dès l'instant que le centre inducteur sera éloigné, la charge s'abaissera et redescendra de ce maximum temporaire à son maximum normal, c'est-à-dire à la saturation.

Si, au lieu de considérer une atmosphère isolée, nous considérons une file d'atmosphères, il est facile de voir que, par suite des actions qu'elles exercent les unes sur les autres, chacune d'elles sera plus fortement chargée que si elle était seule.

Considérons d'abord deux atmosphères polarisées (fig. 243) a' repousse a et attire b : ces deux actions font donc obstacle à la recombinaison des fluides a et b ; b' repousse b et attire a; ces deux actions favorisent au contraire la combinaison. Mais les actions de a' sur a et de b' sur b s'exercent à distance égale entre des charges égales ($a = b$, $a' = b'$); elles s'annulent mutuellement. a' attire b et s'oppose par là à la combinaison des deux fluides; b' attire a et favorise cette combinaison; mais comme cette dernière action s'exerce à plus grande distance que la précédente, elle lui est inférieure en intensité. Le système des quatre actions diminue donc l'attraction mutuelle des charges a et b, et la rend insuffisante pour équilibrer la force coercitive; dès lors les fluides a' et b', agiront par influence sur le fluide neutre de la première molécule pour le décomposer et augmenter la charge magnétique sur cette atmosphère jusqu'à ce que la force coercitive se trouve équilibrée. Le voisinage de l'atmosphère $a'b'$ donne donc à ab

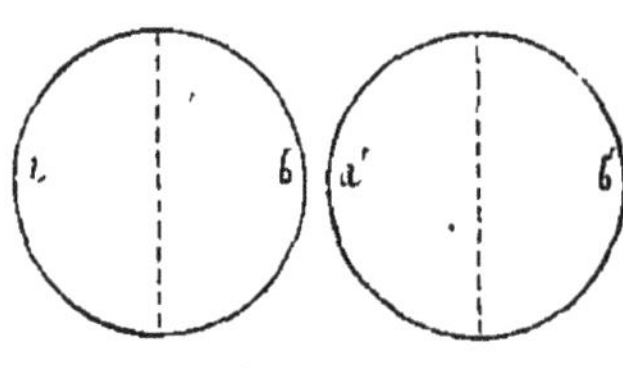

Fig. 243.

un supplément de charge. Et le même mode de raisonnement conduira à admettre que le voisinage de ab augmentera réciproquement la charge de $a'b'$. La symétrie complète indique d'ailleurs que les deux charges de ab et de $a'b'$ devront être égales.

Il est évident aussi que plus ces molécules s'éloigneront l'une de l'autre, plus l'influence qu'elles exercent l'une sur l'autre s'affaiblira, de telle sorte qu'à une certaine distance cette influence deviendra insensible.

Ceci posé, soit une file de sept molécules, *fig.* 242, la molécule du milieu, 4, aura, pour accroître sa charge, l'influence de

2 molécules au premier rang...............	3 et 5
2 — second rang..	2 et 6
2 — troisième rang....	1 et 7

La molécule 3 et la molécule 5, placées toutes les deux dans les mêmes conditions, ont à subir l'influence de

2 molécules au premier rang,
    savoir : pour 3 .... 2 et 4
        pour 5 .... 4 et 6
2 molécules de second rang,
    savoir : pour 3 .... 1 et 5
        pour 5 .... 3 et 7

et, au lieu de deux molécules de troisième rang,

1 molécule de troisième rang,
    savoir : pour 3 6
        pour 5 2
et 1 molécule de quatrième rang,
    savoir : pour 3 7
        pour 5 1

Évidemment l'action d'une molécule de quatrième rang est plus faible que celle d'une molécule de troisième rang qu'elle remplace. Les molécules 3 et 5 seront donc plus faiblement chargées que 4.

On verrait que les molécules 2 et 6 subiront l'influence de

2 molécules de premier rang.
1   —   seulement de second rang.
1   —   de 3° rang.
1   —   de 4ᵉ rang.
1   —   de 5ᵉ rang.

Elles seront donc plus faiblement chargées que les molécules 3 et 5, et à plus forte raison que la molécule 4.

Enfin les molécules 1 et 7, subiront l'influence de

1 molécule de 1ᵉʳ rang.
1   —   de 2ᵉ —
1   —   de 3ᵉ —
1   —   de 4ᵉ —
1   —   de 5ᵉ —
1   —   de 6ᵉ —

Les charges magnétiques vont donc en décroissant depuis le milieu de la file jusqu'à ses extrémités.

Si de plus on remarque que quand on passe de la molécule 4 aux molécules 3 et 5, la diminution de charge est due à l'échange d'une molécule de troisième rang, contre une de quatrième; tandis qu'en passant de 3-5 à 2-6 la diminution est due à l'échange d'une molécule de deuxième rang contre une de cinquième,

on reconnaît que cette seconde diminution doit être plus forte
que la première. De même, en passant de 2-6 à 1-7, la diminution est due à l'échange d'une molécule de premier rang contre
une du sixième. Ainsi la charge diminue de plus en plus à mesure
que l'on s'éloigne du milieu, et la quantité dont la charge décroît est de plus en plus grande.

De sorte que si on appelle

$$ab\ldots. \, a'b'\ldots. \, a''b''\ldots. \, a'''b'''\ldots\ldots\ldots A'''B'''\ldots A''B''\ldots A'B'\ldots AB.$$

les charges de chaque atmosphère, en prenant une file d'atmosphères dans toute sa longueur, on aura :

$$a'>b; \; a''>b'; \; a'''>b''\ldots.. \quad B'>A; \; B''>A'; \; B'''>A''\ldots..$$

et, en même temps,

$$a'-b>a''-b'>a'''-b'', \text{ etc.,} \quad \text{et } B'-A>B''-A'>B'''-A'', \text{ etc.}$$

. Or, si l'on considère les actions exercées sur un centre magnétique extérieur, austral, par exemple, α, placé à une distance très-
grande par rapport aux distances qui séparent les atmosphères de la
file, fig. 244, on voit que α exercera sur a une action répulsive ; sur

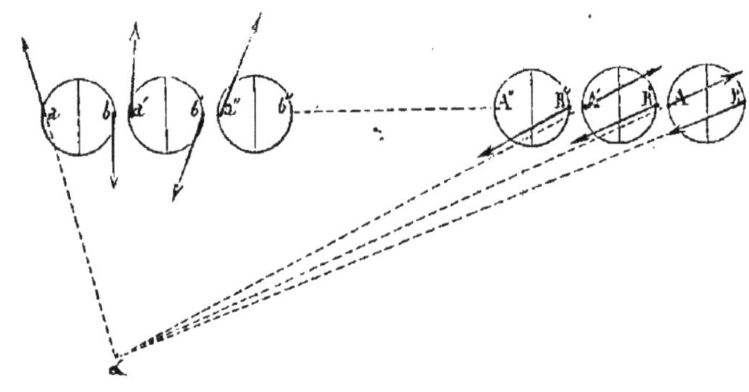

Fig. 244.

a' une action répulsive et sur b une action attractive, toutes deux parallèles et de signe contraire, et comme a' est plus grand que b, on
pourra regarder l'action comme équivalente à l'action répulsive
qui s'exercerait sur une charge australe $a'-b$. De même α agira
par répulsion sur a'', par attraction sur b' ; ces deux actions sont
parallèles et de sens contraire, et, comme a'' est plus grand que b',
elles équivalent à une action répulsive s'exerçant sur une charge
australe $a''-b'$; et ainsi de suite. A l'autre bout de la file α agira
par attraction sur la charge boréale B ; il agira par attraction

sur B′, par répulsion sur A, et comme B′ > A et que les deux actions sont parallèles et de signe contraire, elles équivalent à une action attractive s'exerçant sur une charge boréale B′—A. De même les actions exercées en B″ A′ équivaudront à l'action attractive exercée sur une charge boréale B″—A′.

Ainsi, toutes les tranches de la moitié gauche de la file subiront de la part de α des actions répulsives croissantes depuis le point milieu jusqu'à l'extrémité, exactement comme s'il n'y avait que du fluide austral dans cette moitié du barreau, et en quantité graduellement croissante du centre au bout de la file. Dans la moitié droite toutes les tranches subiront des actions attractives comme s'il n'y avait que du fluide boréal dans cette moitié du barreau, et en quantité croissante du point milieu jusqu'à l'extrémité.

Il y aura dès lors une résultante répulsive appliquée en un point voisin de l'extrémité gauche : ce sera le *pôle austral* de l'aiguille ; de même, il y aura une résultante attractive appliquée en un point voisin de l'extrémité de droite ; ce sera le *pôle boréal*. Leurs positions varient quelque peu avec celles du point α ; et à mesure que ce point α s'éloigne, elles tendent vers.de certaines positions limites qui sont les pôles théoriques.

Telles sont les explications que l'on peut donner de la constitution des aimants dans l'hypothèse des fluides magnétiques ; nous verrons plus tard qu'Ampère en a donné une autre, plus générale, qui rattache les phénomènes du magnétisme à ceux de l'électricité, et qui groupe dans une même théorie ces deux ordres de phénomènes.

CHAPITRE XXVII.

DÉCLINAISON ET INCLINAISON MAGNÉTIQUES.

Nous avons dit qu'une aiguille aimantée suspendue à un fil sans torsion, ou placée sur un pivot vertical, de manière à pouvoir tourner librement dans un plan horizontal, prend une position d'équilibre faisant un angle déterminé avec la méridienne du lieu, c'est-à-dire la trace, sur le plan de l'horizon, du plan du méridien géographique. Le plan vertical qui comprend la position d'équilibre de l'aiguille, a reçu le nom de *méridien magnétique*. Les deux plans verticaux du méridien géographique et du méridien magnétique se coupent suivant la verticale passant par le point de suspension de l'aiguille. Leur angle dièdre a pour mesure l'angle rectiligne formé par la méridienne et l'aiguille horizontale libre, en équilibre. Cet angle est ce que l'on appelle la *déclinaison magnétique*.

Cette déclinaison est dite *orientale* ou *occidentale*, suivant que l'extrémité australe de l'aiguille, en s'écartant du nord, se porte vers l'est ou vers l'ouest. Nous avons déjà dit qu'à Paris la déclinaison est occidentale et de 19°, 30′.

Si, au lieu de s'attacher à rendre l'aiguille aimantée horizontale, on la suspend par son centre de gravité, on la voit encore s'arrêter à une position d'équilibre stable comprise dans le plan du méridien magnétique, mais sa direction n'est plus horizontale ; elle fait avec l'horizon un certain angle. A Paris, la moitié australe de l'aiguille s'abaisse au-dessous du plan de l'horizon, faisant avec lui un angle de 66°. Cet angle est ce que l'on appelle l'*inclinaison magnétique*.

Sous l'influence de la terre, l'aiguille prend seulement une direction déterminée, mais elle ne subit aucune action tendant à la *transporter*. Il est facile de se convaincre par l'expérience qu'elle n'éprouve aucun mouvement de transport dans le sens vertical. En effet, là force qui produirait ce mouvement devrait modifier le poids d'une aiguille, le rendre plus grand ou plus petit après l'aimantation, suivant qu'elle agirait dans le sens de la pesanteur, ou en sens inverse. Or l'aimantation d'un barreau, quelque énergique qu'elle soit, ne change en rien son poids. Il n'y a pas non plus d'action horizontale tendant à déplacer l'aiguille : car si l'on pose sur une eau bien tranquille un flotteur de liége, et sur ce flotteur une aiguille aimantée montée sur un pivot, l'aiguille prend sa direction d'équilibre, mais le flotteur demeure parfaitement immobile.

On peut au surplus, en partant de l'hypothèse de l'aimant terrestre, rendre compte de cette action directrice de la manière suivante.

Soient A et B les pôles de l'aimant terrestre (fig. 245); soient aussi a, b ceux de l'aiguille aimantée qu'il faut toujours supposer à une distance de l'aimant terrestre infiniment grande par rapport à la distance qui les sépare l'un de l'autre, de telle sorte que les droites Aa, Ab peuvent être regardées comme parallèles, de même que les droites Ba et Bb. L'action de A sur b est attractive, son action sur a est répulsive; ces deux actions sont parallèles et de sens contraire; elles sont de plus égales, car les distances Aa et Ab sont égales, leur différence étant négligeable par rapport aux distances elles-mêmes, et les charges en a et b sont aussi égales. Représentons-les par les lignes bc et ag, égales, parallèles et de sens contraire. L'action de B sur a est attractive, son action sur b est répulsive. Ces deux actions sont encore égales, parallèles et de signes contraires; représentons-les par les doites bd et af. Les deux forces af et ag donnent pour résultante la diagonale ak. Les deux forces bd et bc donnent pour résultante la diagonale bh. Or les deux parallélogrammes sont égaux et ont leurs côtés égaux

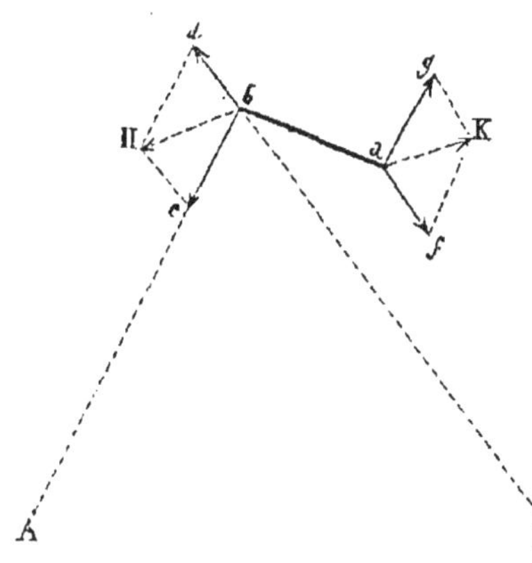

Fig. 245.

parallèles, les deux résultantes *bh*, *ak* sont donc parallèles, égales et de sens contraires. Or un pareil système, appelé en mécanique un *couple*, ne peut jamais être remplacé par une force unique, donnant un mouvement de translation ; il ne peut qu'imprimer à l'aiguille un mouvement de rotation autour de son point milieu, si ce point est fixe. Il faut remarquer, en outre, que, lorsque l'aiguille tournera autour de son centre, le déplacement des points *a* et *b* n'entraînera aucun changement sensible dans les directions des lignes A*a*, A*b*, B*a*, B*b*, ni dans les distances à cause de l'énorme éloignement des points A et B ; les composantes resteront donc constantes d'intensité et de direction, il en sera par conséquent de même des deux résultantes *ak* et *bh*. Elles constituent le *couple directeur*. Chacune d'elles porte le nom de *force directrice*.

Boussoles. — Pour mesurer en un lieu donné la valeur de la déclinaison et de l'inclinaison, on fait usage d'instruments spéciaux appelés *boussoles*. On donne aussi ce nom aux instruments qui servent, une fois la déclinaison connue en un certain lieu, à déterminer la direction de la méridienne et par suite la position des points cardinaux (boussole marine, boussole d'arpentage).

Fig. 246.

Boussole de déclinaison (fig. 246). La boussole de déclinaison se compose d'une aiguille aimantée en forme de losange très-aigu, portant en son centre une agate un peu évidée, qui repose sur un pivot au centre d'un cercle divisé formant le fond d'une boîte en cuivre MN. Cette boîte est elle-même montée sur un cercle divisé en cuivre, ou limbe horizontal, porté par un trépied à vis calantes, et elle peut tourner librement autour de l'axe du pied. Des verniers, formant index, servent à mesurer le déplacement angulaire. En deux points du contour de la boîte, placés aux extrémités du diamètre perpendiculaire à la ligne $0^0 - 180^0$, appelée ligne de foi dans les boussoles ordinaires, se trouvent fixés deux montants verticaux d'égale hauteur, terminés par une fourchette. Sur ces deux fourchettes reposent les extrémités d'un axe horizontal aa' portant en son milieu une lunette LL' qui lui est perpendiculaire, et qui peut tourner dans un plan vertical comprenant la ligne de foi du cercle de la boîte. Un arc divisé est adapté à l'un des montants, et l'axe horizontal porte une alidade qui parcourt les degrés de cet arc et mesure l'angle que la lunette fait avec l'horizon. Un niveau à bulle d'air NN est fixé à l'axe aa' de la lunette. Il sert à régler l'horizontalité de cet axe et, par suite, du limbe et du cercle de la boîte auxquels cet axe est parallèle. Il suffit, pour atteindre ce résultat, d'amener d'abord le plan des deux montants à être à peu près parallèle au plan passant par deux des vis calantes, et à agir sur ces vis de manière à amener la bulle au point milieu du tube ; puis de tourner de 90^0, et d'agir sur la troisième vis de manière aussi à amener la bulle au milieu du tube. Le plan de rotation du niveau comprenant ainsi deux lignes horizontales est donc horizontal lui-même, ainsi que les plans des deux cercles divisés.

Alors, au moyen de la lunette, on cherche une étoile ou une planète bien connue, et, quand on l'a trouvée, on lit l'angle que la lunette fait avec l'horizon : c'est ce qu'on appelle la *hauteur* de l'astre. Les tables astronomiques donnent alors l'heure correspondante, et l'angle que le plan vertical de l'astre fait avec le plan du méridien astronomique ou géographique. Soit α cet angle, on fera alors tourner la boîte sur le limbe divisé, de l'angle α, dans le sens convenable pour amener le plan vertical de la lunette et de la ligne de foi à coïncider avec le plan du méridien. Cette dernière ligne se trouve donc dirigée exactement dans la direction nord-sud ; aussi marque-t-on ses extrémités des lettres NS. Il ne reste plus qu'à lire sur le cercle de la boîte l'angle que l'aiguille elle-même fait avec la ligne de foi; cet angle sera précisément la déclinaison.

L'extrême mobilité de l'aiguille fait qu'elle est continuellement en mouvement, oscillant de part et d'autre de sa position d'équilibre. On prendra alors la moyenne des angles correspondant à deux positions consécutives,

$$\frac{\delta + \delta'}{2} = \gamma.$$

En second lieu, le centre de rotation de l'aiguille pouvant ne pas coïncider avec le centre du cercle divisé, on devra faire la même observation à l'autre extrémité de l'aiguille, déterminer $\gamma_{\iota} = \dfrac{\delta_{\iota} + \delta_{\iota}'}{2}$ et prendre la demi-somme des angles γ et γ_{ι}, $\dfrac{\gamma + \gamma_{\iota}}{2} = \delta$.

Enfin, il arrive assez souvent que la ligne des pôles de l'aiguille losange ne coïncide pas exactement avec sa grande diagonale. Or c'est la ligne des pôles qui est dirigée dans le plan du méridien. Il faut donc chercher à constater et à corriger l'erreur qui résulte de la non-coïncidence. Pour cela, l'aiguille, au lieu d'être fixée à sa chape d'agate, est simplement percée d'un trou rond s'emboîtant sur la pierre. Quand on a déterminé δ, comme nous l'avons dit plus haut, on retourne l'aiguille de telle sorte que sa face inférieure devienne la face supérieure, et l'on recommence les mesures. S'il y a coïncidence parfaite entre la ligne des pôles et la diagonale, on retrouvera exactement les mêmes nombres; sinon, on arrivera à un nombre δ' différent de δ; il ne restera plus qu'à prendre la moyenne de δ et δ', et l'on aura ainsi la valeur de la déclinaison :

$$D = \frac{\delta + \delta'}{2}.$$

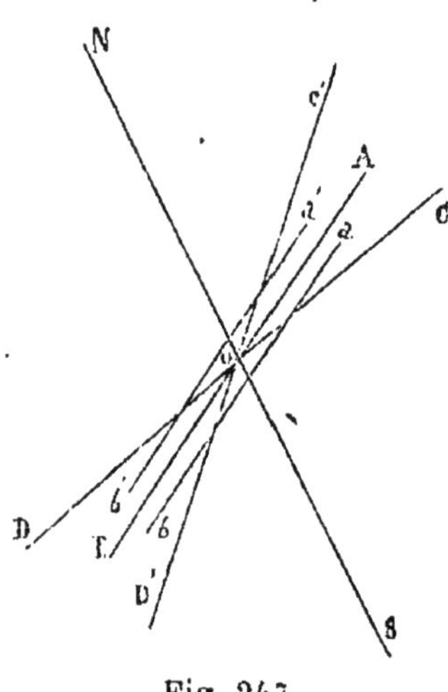

Fig. 247.

Soit, en effet (fig. 247), NS la méridienne, CD la position de l'aiguille avant le retournement (NOC $= \delta$); soit ab la véritable direction de la ligne des pôles. En retournant l'aiguille sur elle-même, elle doit prendre une position C'D' telle que la ligne des pôles se retrouve parallèle à elle-même et se place en $a'b'$. Cette ligne $a'b'$ est donc dans une position symétrique à ab par rapport à une droite AB qui leur est parallèle, qui passe par le centre d'appui et représente la trace du plan du méridien magnétique mené par le centre. Tous les points de l'aiguille ont aussi tourné autour de cette ligne fixe : de sorte que C'OA = COA. Donc NOA, qui est la déclinaison, est bien la moyenne des deux angles NOC et NOC', c'est-à-dire δ et δ'.

$$\text{D'où} \quad D = \frac{\delta + \delta'}{2}.$$

La boussole de Gambey présente les mêmes parties essentielles que celle que nous venons de décrire; nous ne la décrirons point, et nous nous bornerons à renvoyer aux ouvrages qui en donnent une description détaillée (Pouillet, Jamin, etc.).

On désigne sous le nom de *boussole des variations* une boussole munie de microscopes disposés au-dessus des extrémités de l'aiguille, et à l'aide desquels on peut mesurer avec une très-grande exactitude les petits déplacements que l'aiguille éprouve chaque jour. Car il n'est pas vrai de dire que la direction de l'aiguille en équilibre demeure rigoureusement la même ; nous verrons bientôt que dans un intervalle de trois siècles cette position a varié à Paris de plus de 30° ; seulement cette variation est très-lente, et ne peut être rendue sensible, dans un petit intervalle de temps, que par des instruments très-délicats.

Boussole d'inclinaison. — Dans la boussole d'inclinaison nous retrouvons encore le limbe horizontal divisé AB, porté sur un trépied à vis calantes. La boîte mobile est remplacée par une règle plate CD à alidade, et portant deux montants d'égale hauteur ; ceux-ci supportent un limbe divisé A'B', dont le plan est exactement perpendiculaire au plan du premier limbe, de telle sorte que lorsque celui-ci sera horizontal, l'autre sera par cela même vertical. Un niveau à bulle d'air monté sur la règle CD permet de régler l'instrument. Ce limbe vertical est logé dans une boîte plate en cuivre fermée par deux glaces dont une peut s'enlever facilement.

Deux tringles horizontales supportent, au centre du cercle divisé, les extrémités d'un petit axe en acier, traversant exactement en son centre de gravité une aiguille aimantée, taillée en losange. Le zéro du cercle vertical divisé est placé d'ordinaire au bas du diamètre vertical. On mesure alors l'angle complémentaire de l'inclinaison.

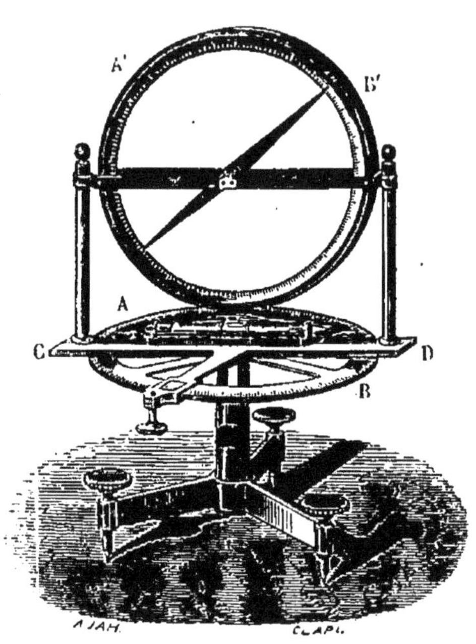

Fig. 248.

Après avoir obtenu, à l'aide des vis calantes et du niveau, la verticalité de l'axe de l'appareil, on cherche à amener le plan du limbe à coïncider avec le plan du méridien magnétique.

On remarquera que si le plan du limbe vertical est exactement perpendiculaire au plan du méridien magnétique, tout étant symétrique de part et d'autre de ce plan, il n'y a aucune raison pour que le pôle austral se porte d'un côté de la verticale plutôt que de l'autre; l'aiguille doit donc être verticale, et c'est en effet ce qui a lieu. Alors on commencera par tourner le plan du limbe A′B′ autour de l'axe vertical jusqu'à ce que l'aiguille soit au zéro; puis on tournera le limbe de 90°, ce que l'on fera en suivant le mouvement de l'alidade sur le cercle horizontal.

Le limbe vertical réglé, on lira l'angle que fait l'aiguille avec le diamètre vertical; le complément de cet angle sera l'inclinaison.

Toutes les corrections que nous avons indiquées pour la mesure de la déclinaison, y compris le retournement de l'aiguille, face pour face, doivent se faire aussi avec la boussole d'inclinaison. Mais il y a une autre correction à faire, provenant de ce que l'axe de l'aiguille peut ne pas passer exactement par son centre de gravité. Supposons, en effet, la moitié australe plus lourde que la moitié boréale, l'aiguille s'inclinera trop, et la valeur i trouvée pour l'inclinaison sera trop grande. Pour constater et corriger cette cause d'erreur, on retire l'aiguille de la boîte, et on l'aimante de nouveau à saturation, mais en sens contraire, de telle sorte que sa ligne des pôles soit renversée. Pour s'assurer qu'elle est aimantée au même degré, il suffira de comparer les nombres d'oscillations qu'elle donne en un même temps dans les deux cas; ils devront être les mêmes si l'aimantation est la même.

On répétera alors exactement la même série de mesures; la valeur trouvée i' sera différente de i; et comme maintenant c'est l'extrémité boréale qui est la plus lourde, i' sera un peu moindre que l'inclinaison véritable. En prenant la moyenne des deux nombres i et i' on a une valeur suffisamment exacte de l'inclinaison I.

Le calcul donnerait, pour une valeur juste,

$$\text{Tang I} = \frac{\text{tang } i + \text{tang } i}{2}.$$

Résultats. — La déclinaison magnétique n'a guère été observée d'une manière un peu suivie que depuis un siècle environ. Les résultats sur l'inclinaison sont plus incomplets encore. Mais depuis le commencement de ce siècle les observatoires magnétiques se sont multipliés. De nombreuses déterminations ont été faites tant en mer que sur le continent; ce sont ces données de l'expérience que nous allons faire connaître.

Nous avons dit qu'à Paris la déclinaison est occidentale et d'environ 19° 30'. Supposons qu'un voyageur, partant de Paris, se déplace constamment vers l'ouest en se dirigeant par exemple vers New-York : il verra la déclinaison, toujours occidentale, augmenter progressivement jusque vers le méridien des Açores, puis diminuer et devenir nulle quelque peu avant l'entrée dans la mer des Antilles. On l'aurait trouvée nulle également à New-York même. Si de New-York le voyageur traverse dans sa largeur l'Amérique du Nord pour gagner San-Francisco, il voit la déclinaison, devenue orientale, augmenter graduellement; et cette augmentation sera surtout très-marquée s'il marche vers le nord, à des latitudes un peu élevées ; en continuant sa marche vers l'Asie, il trouvera bientôt la déclinaison décroissante, et dans la mer du Japon, ou près de Java, il trouvera encore une seconde fois la déclinaison nulle. Au delà elle redevient occidentale et ne cessera pas de l'être jusqu'au retour à Paris.

Si l'on se représente une ligne, assez peu sinueuse, descendant presque parallèlement à la grande chaîne qui partage en deux versants le continent des Amériques ; sur cette ligne, qu'on appelle *ligne sans déclinaison*, la déclinaison magnétique est nulle. A l'est de cette ligne la déclinaison est occidentale ; à l'ouest elle est orientale. Elle traverse le Canada, quitte à New-York l'Amérique du Nord, traverse l'Océan du nord au sud pour aller couper l'angle de l'Amérique du Sud dont le cap Saint-Roch forme la pointe, rentre à San-Salvador (Brésil) dans l'Océan méridional et s'enfonce dans les mers australes vers le pôle sud. L'autre ligne sans déclinaison, infiniment plus sinueuse, se montre au nord de l'Europe, rase la côte orientale du Spitzberg, traverse la Laponie, la mer Blanche, s'enfonce dans la Russie à Arkhangel, traverse la Sibérie de l'ouest à l'est, reparaît à Yakoutsk, suit la mer du Japon du nord au sud, pénètre en Chine non loin de Nankin, à l'embouchure du Peï-ho, traverse de l'est à l'ouest la Chine, l'Hindoustan, entre dans la mer des Indes à Bombay, puis, retournant vers l'est, traverse la mer des Indes, longe Java, coupe toute l'Australie du nord au sud et s'enfonce aussi dans les mers australes. A l'est de cette ligne la déclinaison est orientale, à l'ouest elle est occidentale.

Ainsi pour l'Europe et l'Afrique tout entières, pour l'Asie centrale, et les parties de l'Amérique les plus avancées vers l'est, la déclinaison est occidentale. Pour la presque totalité du continent des deux Amériques, pour le nord de l'Asie, et les deux presqu'îles de l'Inde et de l'Indo-Chine, les mers de la Sonde, de la Chine, et l'océan Pacifique, la déclinaison est au contraire orientale.

Telle est, *à l'époque actuelle*, la loi suivant laquelle se trouve répartie la déclinaison sur la surface de notre globe.

Mais cet état est variable, bien que d'une manière assez

lente, et déjà les cartes dressées par l'amiral Duperrey et par Barlow ne sont plus exactes.

Ainsi, à Paris même, à la fin du seizième siècle (1580), la déclinaison était orientale, et de 11° 30' environ; elle est devenue nulle en 1663. A partir de cette époque elle a été constamment occidentale, et croissante jusqu'en 1814; elle était alors de 23° 34'. Elle est maintenant en voie de décroissance. Ainsi la ligne sans déclinaison, qui longe actuellement les deux Amériques, coupait en 1660 l'Europe, et passait à Paris.

Ces grandes variations sont ce que l'on appelle les variations *séculaires* de la déclinaison.

L'accroissement ou le décroissement de la déclinaison ne se fait pas d'une manière continue, mais par oscillations régulières. Si l'on observe heure par heure l'aiguille aimantée, sur la boussole des variations, on constate qu'il y a chaque jour une période d'accroissement (période du matin), l'aiguille se portant un peu plus vers l'ouest, et une période de décroissement (période du soir), l'aiguille revenant vers l'est. L'amplitude de cette oscillation est de quelques minutes seulement, et un peu plus grande en été qu'en hiver.

Voyons quels sont actuellement les résultats d'observation pour l'inclinaison magnétique. Supposons un voyageur partant de Paris et se dirigeant vers le nord. L'observation de l'aiguille d'inclinaison lui montrera le pôle austral de cette aiguille s'abaissant de plus en plus vers la terre ; arrivé dans les contrées polaires, à l'extrême nord de l'Amérique septentrionale (terre de Boothia), il verra l'aiguille dans une position verticale. Le pôle magnétique boréal de la terre est évidemment sur cette verticale plongeant dans la masse du globe.

Revenu à Paris l'observateur tourne maintenant ses pas vers le sud, et voit l'aiguille se relever de plus en plus. Dans le voisinage de l'équateur l'inclinaison est nulle, l'aiguille est horizontale. Au delà l'aiguille s'incline en sens inverse, le pôle boréal s'abaissant vers le sol, et de plus en plus à mesure qu'on s'éloigne de l'équateur. Enfin, vers 80° latitude australe et 135° longitude orientale, l'aiguille est de nouveau verticale. Sur cette verticale, plongeant dans la masse du globe, se trouve le pôle austral magnétique.

A égale distance de ces deux pôles, serpente sur la surface du globe, une ligne qui s'écarte assez peu de l'équateur géographique, et sur laquelle l'aiguille est exactement horizontale, c'est la *ligne sans inclinaison*. Elle aborde la côte ouest de l'Afrique en face de l'ile Saint-Thomas où elle coupe l'équateur même, traverse l'Afrique centrale et ressort à l'embouchure du golfe d'Aden, coupe la pointe de l'Hindoustan, passant entre elle et l'ile de Ceylan, vient de nouveau couper l'équateur par 170° environ de longitude orientale, touche l'Amérique du Sud au-dessus de Lima, traverse le Pérou et le Brésil, quitte la côte du Brésil au-dessous de San-Salvador, puis, traversant l'Océan, revient par l'Ascension à Saint-Thomas.

L'inclinaison varie en un lieu donné, comme la déclinaison. Ainsi à Paris elle était en 1660 de 75°; en 1810 de 69°; elle n'est plus maintenant, comme nous l'avons déjà dit, que de 66°.

Si l'on admet l'hypothèse de l'aimant terrestre central, il faut admettre aussi que la position de ses pôles n'est point fixe, qu'elle varie lentement; de telle sorte que l'axe magnétique du globe ait un mouvement d'oscillation dont la loi n'est point encore connue, et ne peut l'être, si elle existe, que dans un avenir extrêmement éloigné.

Indépendamment de ces oscillations diverses, de ces grandes variations séculaires, l'aiguille aimantée éprouve des *variations accidentelles*, qui semblent liées aux aurores boréales, peut-être même aux mouvements du soleil. Les orages exercent aussi une influence marquée sur les mouvements de l'aiguille.

Boussole marine. — La déclinaison étant connue en un lieu donné, l'aiguille aimantée horizontale, mobile sur un cercle divisé, donnera la trace du plan du méridien magnétique sur le plan de ce cercle; il sera facile alors d'en déduire la direction de la méridienne, et par suite la position des quatre points cardinaux. Si l'on sait que la déclinaison est de 20°, et occidentale, il suffira de prendre la droite qui fait avec la pointe australe de l'aiguille, et à droite, un angle de 20°, ce sera la méridienne; on amènera la ligne 0°—180° ou NS, sur cette direction, et le cadran se trouvera orienté. Cela revient évidemment à tourner le cercle divisé jusqu'à ce que l'aiguille soit précisément au point du cercle qui mesure sa déclinaison, c'est-à-dire 20° O.

Si le cercle divisé était collé à l'aiguille et mobile avec elle, l'aiguille étant fixée au point du cercle qui donne précisément sa déclinaison, en même temps que cette aiguille se dirigerait sous l'influence du couple directeur, elle orienterait le cadran.

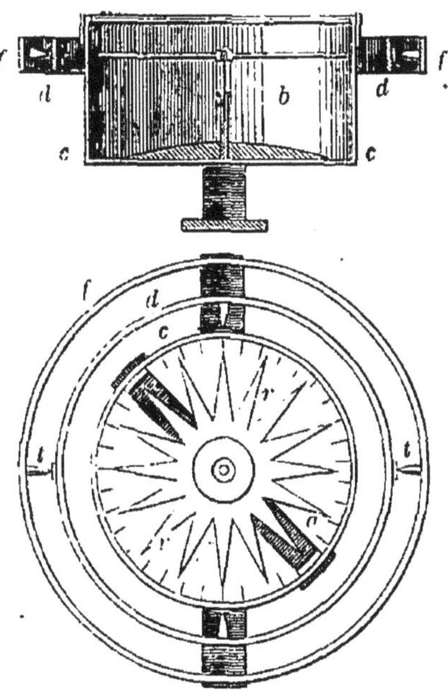

Fig. 249.

Pour assurer l'horizontalité du cercle divisé, la boîte de la boussole est suspendue à un système de deux anneaux concentriques d, f, formant la suspension de Cardan que nous avons déjà décrite à propos du baromètre de voyage (fig. 249).

L'aiguille est montée sur un pivot au centre de la boîte; sur la même chape qui la porte repose un cercle divisé tracé sur une feuille de mica très-légère; une petite vis de pression serrant l'aiguille sur la chape permet de la fixer sur tel ou tel rayon du cadran; on pourra donc la placer au point qui répond à la déclinaison, et alors le cercle divisé sera dirigé par l'aiguille elle-même. Il ne restera plus qu'à orienter, à l'aide des voiles, l'axe du bâtiment sous l'angle voulu pour la marche qu'on se propose.

La *boussole d'arpenteur* se monte sur une genouillère posée sur un trépied; à l'aide d'un niveau à bulle d'air on établit l'horizontalité de son plan. La boîte est carrée, et la ligne NS est parallèle à un des côtés. Une alidade à pinnules est montée sur ce côté et peut tourner dans un plan vertical. La boussole étant mise en place, si l'on veut avoir l'angle que fait avec la méridienne une droite passant par le pivot et par une mire placée à une certaine distance, on tourne la boussole dans son plan de manière à diriger l'alidade vers la mire, et on lit, sur le cadran divisé, l'angle A de l'aiguille avec la ligne de foi. La déclinaison D étant connue, l'angle cherché sera, suivant la position de la droite par rapport à l'aiguille, $A \pm D$.

CHAPITRE XXVIII.

PROCÉDÉS D'AIMANTATION. — ARMURES DES AIMANTS.

Pour aimanter d'une manière permanente un barreau d'acier nous savons qu'il suffit de le soumettre à l'action d'influence d'un barreau déjà aimanté. Il est susceptible d'acquérir un certain maximum de charge dépendant de la valeur particulière de la force coercitive dans ce barreau, et tel que cette force coercitive équilibre la tendance mutuelle des deux fluides, austral et boréal, à se recombiner pour constituer du fluide neutre. Lorsqu'il atteint ce maximum de charge, on dit qu'il est aimanté à *saturation*. Il gardera cette charge tant que des actions extérieures, telles que l'influence de forts barreaux aimantés, placés à demeure dans son voisinage, ou bien encore des variations considérables de température qui modifieraient son degré de trempe, et par suite la force coercitive, ne viendront pas la changer. Il la gardera aussi si elle est inférieure à la charge maximum. Mais s'il arrive que, sous l'influence du barreau aimantant, il prenne momentanément une charge supérieure à celle de la saturation, dès que cette influence sera éloignée, la charge décroîtra pour redescendre au point de saturation.

Il n'est pas rare de trouver des barreaux d'acier, des limes, des ciseaux, etc., aimantés naturellement et sous la seule influence de l'aimant terrestre. Cette aimantation, d'ailleurs toujours très-faible, est aidée par des actions mécaniques, telles que la percussion ou la torsion. Ainsi en plaçant une barre d'acier dans la position de l'aiguille d'inclinaison, et la frappant à petits coups répétés, on arrive à lui donner une charge magnétique très-sensible.

Pour aimanter un barreau on le soumet à des frictions exercées avec des barreaux aimantés. Nous allons indiquer rapidement les méthodes mises en usage.

Simple touche. — La méthode la plus anciennement connue et la plus simple consiste à frotter l'aiguille à aimanter, suivant sa longueur et toujours dans le même sens, sur le pôle d'un barreau, ou à promener le pôle d'un barreau sur l'aiguille. On développe ainsi, par l'action d'influence, aidée du léger ébranlement mécanique que

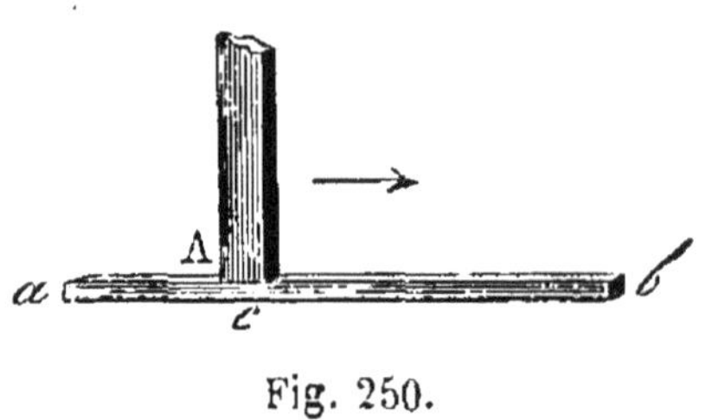

Fig. 250.

produit la friction, un pôle de même nom que le pôle inducteur à l'extrémité *a*, de laquelle il s'éloigne dans le mouvement de friction, et un pôle de nom contraire à l'extrémité *b*, dont il s'approche et qu'il quitte la dernière (fig. 250).

Double touche. — La friction par un seul aimant ne permet jamais d'atteindre la saturation. Knight a substitué à ce procédé celui de la double touche, qui consiste à frotter la barre à aimanter avec les pôles contraires, A, B, de deux forts barreaux aimantés couchés à peu près à plat (fig. 251). On pose

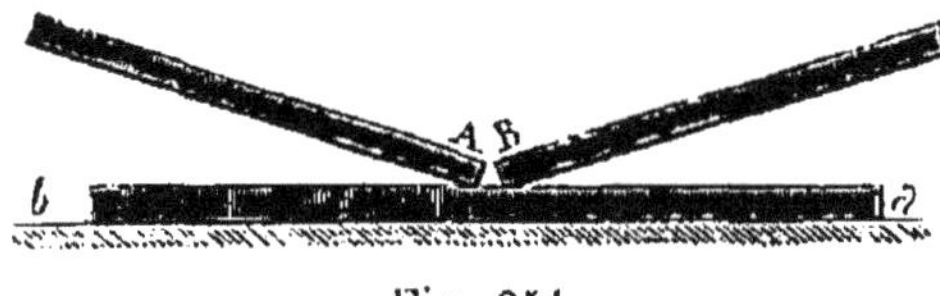

Fig. 251.

leurs pôles au milieu de la barre, puis on écarte les mains en frottant; quand les pôles sont arrivés aux extrémités, on les relève pour les reposer au milieu, et l'on répète les frictions jusqu'à ce que la charge n'augmente plus. Le pôle A développe un pôle *a* à l'extrémité de laquelle il s'éloigne, un pôle *b* à l'extrémité dont il se rapproche. De même B développe un pôle *b* à l'extrémité dont il s'éloigne, un pôle *a* à l'extrémité dont il se rapproche. Ces deux actions concourent à donner à la barre la même aimantation.

Duhamel, vers 1750, a perfectionné ce procédé en ajoutant à l'influence des barreaux en mouvement celle de deux barreaux fixes dont il met en regard les pôles de noms contraires, de telle sorte que leur action concoure avec celle des barreaux mobiles. La barre repose par ses extrémités sur les pôles A′, B′ de ces deux aimants. Les deux barreaux mobiles font entre eux un angle d'environ 120°; l'un frotte avec son pôle A, c'est celui qui agit du côté du pôle fixe A′. L'autre agit avec son pôle B.

En même temps, pour arriver plus promptement à la saturation et préparer du même coup l'aimantation d'un second barreau, Duhamel dispose (fig. 252) un second barreau $a'b'$

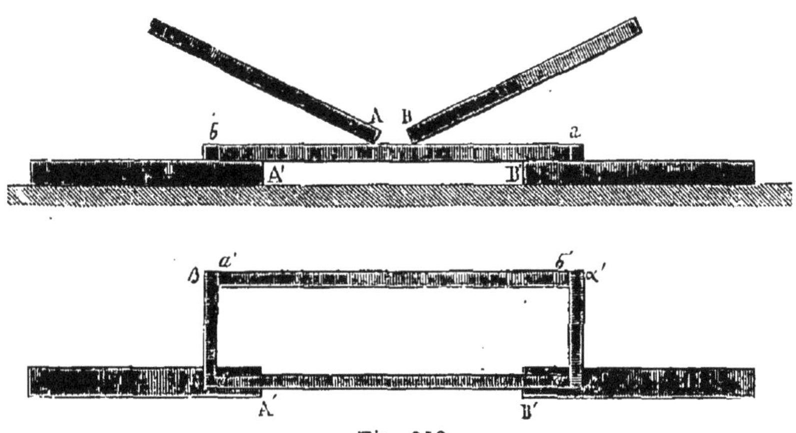

Fig. 252.

parallèle au premier, et il unit leurs extrémités en regard par deux petites baguettes prismatiques de fer doux. A mesure que ab se charge, il aimante par influence les petites barres de fer doux de manière à y développer en α et α' un pôle austral, en β et β' un pôle boréal. A leur tour ces pôles aident au développement de la charge de ab, et déterminent dans $a'b'$ un commencement d'aimantation que l'on peut compléter ensuite en le substituant à ab.

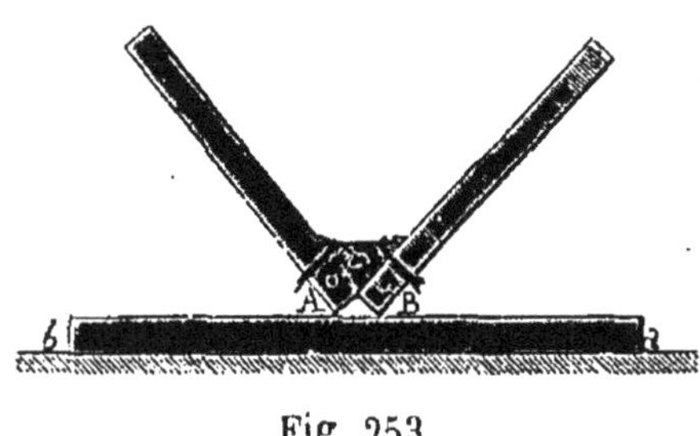

Fig. 253.

Æpinus (1760), en adoptant la disposition générale employée par Duhamel, y introduit ce changement essentiel que les deux barreaux mobiles sont liés l'un à l'autre (fig. 253) par leurs pôles contraires, faisant entre eux un angle de 40 à 50°, et séparés par un petit prisme triangulaire en bois. Il les pose tous deux au milieu, puis les fait glisser vers une extré- mité, de là vers la seconde, puis vers la première et ainsi de suite, jusqu'à saturation du barreau; enfin il les ramène au milieu, après leur avoir ainsi fait parcourir un nombre pair de fois la longueur du barreau, et les enlève.

Les atmosphères magnétiques comprises entre les deux plans transversaux qui passent par A et B (fig. 254) supportent de la part de ces pôles des actions concourantes, tendant à porter dans chacune le pôle b vers A, le pôle a vers B. En dehors de cette limite, les actions des pôles sont opposées; à droite B l'emporte, à gauche c'est A; et il doit en résulter une aiman-

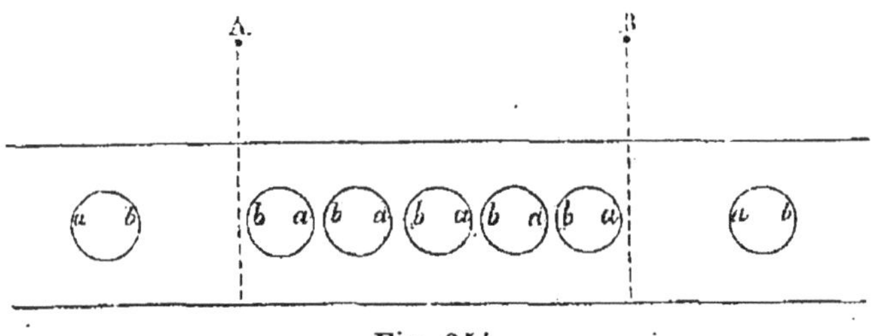

Fig. 254.

tation élémentaire inverse, mais beaucoup plus faible, puisqu'elle n'est due qu'à une différence des actions au lieu d'être due à leur somme, de sorte que lorsque les pôles A, B se transporteront en glissant, ils constitueront, sur toute la longueur du barreau, la même aimantation qui s'établit entre leurs pôles, donnant un pôle boréal à gauche du côté du pôle A, un pôle austral à droite, et cela quel que soit le sens suivant lequel s'opère le glissement.

Quand on veut mettre en jeu l'action des deux pôles d'un barreau, on lui donne la forme d'un fer à cheval (fig. 255). Les procédés d'aimantation sont d'ailleurs les mêmes.

Pour avoir des barreaux puissants on réunit en faisceau des barreaux aimantés, en mettant du même côté tous les pôles de même nom (fig. 256).

Nous donnerons plus tard d'autres procédés d'aimantation,

plus puissants, plus rapides surtout, et actuellement employés par tous les constructeurs.

Causes d'affaiblissement des aimants. — Diverses causes contribuent à diminuer plus ou moins rapidement la force des barreaux. Ce sont ou des actions d'influence qui tendent à établir une aimantation inverse; ou encore des variations de température, ou des modifications dans la structure moléculaire de l'acier qui affaiblissent sa trempe, par suite sa force coercitive, et sa charge de saturation.

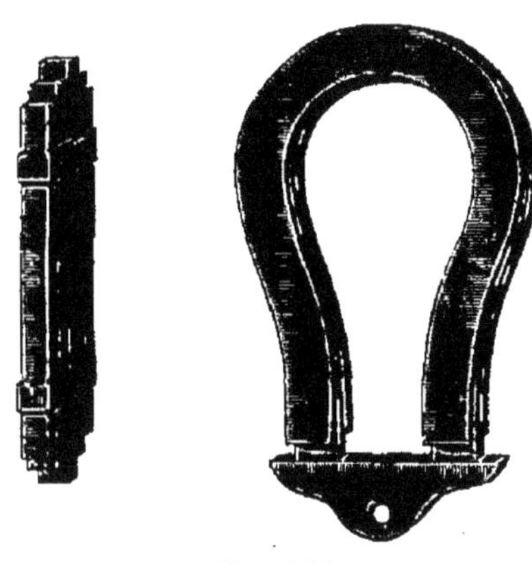

Fig. 256.

Qu'on place un barreau aimanté dans la position même de l'aiguille d'inclinaison: il est évident que l'influence de l'aimant terrestre devrait donner au barreau le mode d'aimantation qu'il possède; en pareil cas l'influence de la terre est conservatrice. Retournons bout pour bout le barreau, et l'influence de la terre va, au contraire, agir pour renverser le sens de l'aimantation, non pas instantanément, mais peu à peu. Il y aura à coup sûr affaiblissement de la charge.

Il y aurait donc avantage, au moins pour un barreau isolé, à le laisser se diriger librement sous l'action de l'aimant terrestre.

Si l'on place à côté l'un de l'autre, parallèlement et dans le même sens, deux barreaux aimantés, chacun d'eux agit pour renverser, par influence, le sens d'aimantation de son voisin. Aussi a-t-on remarqué que, lorsque des barreaux sont restés quelque temps associés en faisceaux, si l'on vient à démonter ce faisceau et à essayer la force de ces aimants, on trouve qu'elle s'est affaiblie chez tous, et d'une manière plus marquée chez ceux qui occupent le centre du faisceau. On atténue cet effet fâcheux en donnant à ces derniers une plus grande longueur (fig. 256).

Quant aux variations de la température, on sait que de

très-petites variations n'influent pas d'une manière sensible, et surtout permanente, sur la trempe et par suite sur la charge, si l'acier est fortement trempé. Mais l'affaiblissement est déjà sensible quand on élève la température à 60° ou 70°. Au rouge blanc l'aimantation est complétement annulée.

Pour combattre ces causes d'affaiblissement, on associe les barreaux rectilignes par couples, disposés comme dans la figure 252, avec de petites baguettes de fer doux joignant leurs pôles de noms contraires. Les actions d'influence qui s'établissent d'un barreau à l'autre, et de plus, entre ces barreaux et les pièces de fer doux, les maintiennent au point de saturation. On donne à ces baguettes de fer doux le nom d'*armures*.

Les aimants à fer à cheval n'ont besoin que d'une seule armure qui pose à la fois sur les deux pôles (fig. 256). On lui donne assez souvent le nom de *contact*.

On a remarqué en outre, pour ces derniers, qu'on accroissait leur force en leur donnant à porter une certaine charge, qu'on augmente peu à peu, en évitant toutefois de la faire assez forte pour déterminer la séparation brusque de l'armure. Car alors, il en résulterait une diminution subite de la force. Il faudrait alors réaimanter à saturation et recharger progressivement l'armure, en s'arrêtant au-dessous de la charge qui limite la force portative.

Les aimants naturels peuvent aussi recevoir des armures. On taille deux facettes planes perpendiculaires à la ligne des pôles, et l'on y applique deux petites armures de fer doux qu'on maintient en place avec des cercles en laiton, serrés à l'aide de vis. On adapte à ces baguettes de fer une troisième armure transversale, ou *contact*, portant un seau chargé de poids.

CHAPITRE XXIX.

PILES VOLTAÏQUES.

Électricité développée par les actions chimiques. — Lorsqu'on met en contact un métal et un acide susceptible d'agir sur ce métal, et dans les circonstances où l'action chimique peut s'exercer, si le métal communique avec le plateau collecteur d'un condensateur (fig. 257), et l'acide avec le plateau condenseur, ou bien encore, l'acide et ce dernier plateau communiquant tous deux avec le sol, on constate, en séparant les deux plateaux, que le collecteur s'est chargé d'électricité négative. Si l'on renverse les communications, l'acide communiquant avec le plateau collecteur et le métal avec le sol, on trouve, au contraire, l'instrument chargé d'électricité positive.

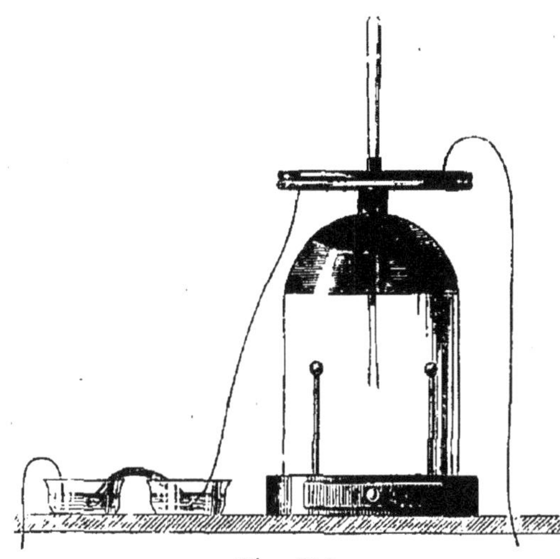

Fig. 257.

Si, de même, on met une mèche d'amiante à cheval sur les bords rapprochés de deux vases contenant, l'un une solution alcaline, l'autre un acide, de telle sorte que, par ascension capillaire, les deux liquides puissent se rencontrer sur la mèche ; si en même temps on fait communiquer l'une des capsules avec le plateau collecteur (fig. 258), en même temps que l'autre plateau et la seconde capsule communiquent ensemble, ou avec le sol : on verra l'instrument indiquer une charge positive si le collecteur communique avec l'acide, une charge négative s'il communique avec la solution alcaline.

On obtiendrait encore des résultats analogues avec des sels à des degrés divers de saturation ; un sel acide vis-à-vis un sel neutre, ou à plus forte raison, alcalin, se comportera comme un acide vis-à-vis une base.

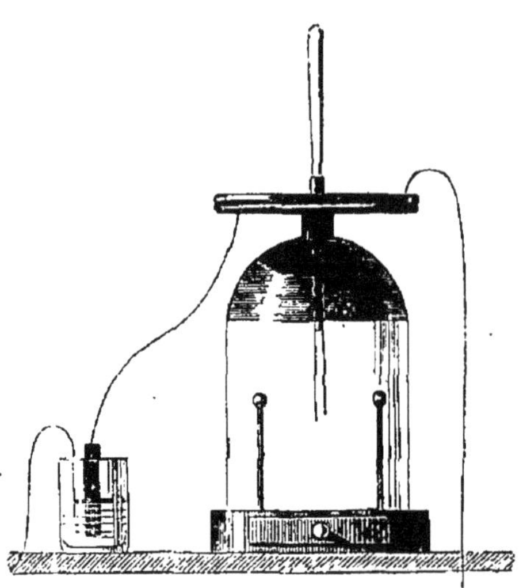

Fig. 258.

Tout acide, tout sel acide produit de l'électricité positive quand il est mis au contact d'un métal, d'une base, d'un sel neutre ou basique sur lequel il peut agir chimiquement. Il en est de même d'un métalloïde agissant sur un métal, comme le soufre fondu sur le fer, par exemple. Toutefois, la conductibilité électrique des métalloïdes est tellement faible qu'il est difficile de constater ces faits avec l'électromètre condensateur : mais des instruments plus délicats, que nous décrirons bientôt, les rendent sensibles.

Dans l'acte de la combinaison, un métalloïde peut être négatif vis-à-vis certains métalloïdes, et positif par rapport aux autres. Ainsi, le chlore, qui est négatif par rapport à l'oxygène, est positif par rapport à tous les autres. L'oxygène est positif par rapport à tous les corps. L'hydrogène est, au contraire, essentiellement négatif.

Toutes les fois qu'il y a action chimique entre deux corps placés au contact, il y a production d'électricité : d'électricité positive sur l'un des deux corps, d'électricité négative sur l'autre. S'il y a contact sans action chimique quelconque, rapide ou lente, point d'électricité dégagée. Tel est le principe théorique de la pile voltaïque, inventée par Volta en 1789.

Volta, cependant, partait d'un principe tout opposé, car il admettait, au contraire, que c'était le seul contact de deux corps de nature différente qui produisait l'électricité.

Donnons rapidement quelques détails historiques sur la découverte de ce merveilleux instrument dont l'emploi a produit, on peut le dire, une véritable révolution dans la science, en ouvrant aux recherches physiques et chimiques des voies nouvelles, et fécondes en résultats théoriques et pratiques.

Historique de la découverte de la pile. — Dans la seconde moitié du siècle dernier, les physiciens, les physiologistes surtout, étudiaient avec une ardeur passionnée les phénomènes que l'électricité produit dans l'organisme animal, espérant peut-être découvrir là le mystère insondable de la vie. Quelques faits mal expliqués de choc en retour conduisirent Galvani, savant médecin de Bologne, à étudier de plus près les phénomènes de contractilité musculaire que présente la grenouille. Il vit un jour avec surprise une grenouille, qu'il avait coupée en deux et dépouillée, puis accrochée à la barre horizontale d'un balcon en fer par un fil de laiton passé dans l'épine dorsale, éprouver des secousses brusques, chaque fois que le vent, en l'agitant, portait ses pattes au contact des barres verticales, comme si elle eût reçu la décharge d'une bouteille de Leyde. Il crut voir là la preuve de l'existence d'une électricité propre aux tissus organiques, et posant en principe que le tissu nerveux et le tissu musculaire étaient chargés de fluides différents, assimilant l'enveloppe spéciale des cordons nerveux, le névrilemme, à la lame de verre isolante d'un condensateur ou d'une bouteille de Leyde, il expliqua la commotion par la décharge de ces électricités, accumulées dans les nerfs sciatiques et dans les muscles cruraux, à travers le conducteur formé par les barres de fer du balcon.

Cette expérience fit grand bruit, aussi bien que l'explication ingénieuse qu'en donnait Galvani. Les physiciens la répétèrent à l'envi. Volta, professeur à Pavie, tout en vérifiant l'exactitude du fait, contesta la justesse des idées théoriques. Il observa que les commotions étaient presque nulles quand le fil suspenseur était en fer comme les barres du balcon, et mit alors en avant cette idée que l'électricité se produisait au contact du laiton et du fer, de telle sorte que la grenouille, au lieu d'être la source de l'électricité, n'était plus qu'un électroscope très-sensible.

Galvani montra alors qu'on pouvait obtenir des commotions avec un conducteur formé d'un seul métal, comme un arc d'argent, ou la surface d'un bain de mercure.

A cela, Volta répondit qu'il n'entrait pas dans sa pensée que les deux corps de nature différente, qui produisaient l'électricité, dussent être nécessairement des métaux ; que le contact de l'argent avec le tissu nerveux, ou avec le tissu musculaire, pourrait aussi bien la développer.

Alors Galvani, ne se tenant pas pour battu, parvint à obtenir des commotions en faisant toucher les muscles des jambes d'une grenouille, directement et sans intermédiaire, avec ses nerfs sciatiques. « Qu'importe la présence ou l'absence d'un conducteur métallique! répondit Volta : le tissu nerveux et le tissu musculaire sont des corps de nature très-différente, propres à développer de l'électricité. C'est là que gît la force *électromotrice.* »

Enfin, Galvani plaça à côté l'une de l'autre deux grenouilles dépouillées, fit toucher les muscles cruraux de l'une aux muscles cruraux de l'autre, et constata qu'au moment où les nerfs sciatiques arrivaient aussi à se toucher, il y avait encore commotion.

Cette expérience remarquable donnait complétement gain de cause à Galvani, et la science moderne a confirmé ces résultats et démontré pleinement l'existence de l'électricité animale.

Heureusement pour la science, Volta n'avoua pas sa défaite, et, sortant du domaine de la physiologie, il s'attacha à démontrer par l'expérience la réalité de l'électricité de contact. Les électroscopes ordinaires ne lui donnant pas de résultats assez sensibles, il imagina l'électromètre condensateur dont nous avons déjà donné la théorie. Il posa alors l'un sur l'autre un disque en zinc et un disque en laiton, isolés par des manches en verre ; puis, les séparant, il fit toucher le disque de laiton avec le plateau collecteur, en même temps qu'il mettait le plateau condenseur en communication avec le sol. Il sépara enfin les deux plateaux, et reconnut que l'instrument était chargé d'électricité négative. Comme on lui objectait que la pression ou le frottement entre les deux disques pouvait avoir produit cette électrisation, il souda bout à bout une lame de zinc et une de cuivre, et, tenant la lame de zinc à la main, il mit la lame de cuivre en contact avec le collecteur, l'autre plateau communiquant au sol, et il trouva encore l'instrument chargé négativement. On pouvait en conclure que le zinc devait s'électriser positivement. Volta essaya d'abord de le constater en plaçant à son tour le zinc en contact avec le collecteur, tandis qu'il tenait le cuivre à la main ; mais il n'obtint rien, ou seulement des traces d'électricité négative. Cet insuccès ne le déconcerta pas, il y vit même une confirmation de sa théorie. En effet, le zinc (fig. 259) se trouvait alors entre deux cuivres. Si, en a, il y

avait sur le zinc électrisé production d'électricité positive qui passait en partie sur le plateau, en b il y avait production d'électricité négative sur le plateau lui-même, et l'on comprenait que les deux charges positive et négative du plateau pussent s'y neutraliser. Il imagina alors d'interposer entre le disque de zinc et le plateau du condensateur un corps qu'il considérait comme un *simple conducteur*, dénué de la faculté de développer par contact l'électricité.

Fig. 259.

Les acides, l'eau acidulée lui semblaient offrir ce caractère. Il prit donc une petite rondelle de drap imbibée d'eau acidulée par l'acide sulfurique, et, l'intercalant entre le zinc et le plateau, il obtint alors de l'électricité positive.

Convaincu dès lors de la légitimité de sa théorie, il chercha à associer des couples de disques dans des conditions qui permissent d'accumuler de plus grandes quantités d'électricité. Il superposa des couples de disques de zinc et de cuivre, tous placés dans le même ordre, zinc en bas, cuivre en haut, par exemple, en interposant entre ces couples de disques des rondelles de drap imbibées d'eau acidulée par l'acide sulfurique.

A chaque surface de contact, entre les corps que Volta appelait les *électromoteurs*, il se développait, suivant lui, du fluide positif sur le zinc, qui se répandait dans le système conducteur placé au-dessous (fig. 260), et du fluide négatif sur le cuivre, qui se répandait de même dans le système conducteur placé au-dessus. A ne considérer que le fluide positif, la charge devrait aller en croissant d'une manière continue du sommet à la base de la pile; de même, à ne considérer que le fluide négatif, la charge irait en croissant de la base au sommet. Au milieu de la pile, la tension doit donc être nulle puisque les deux fluides y seront en quantités égales.

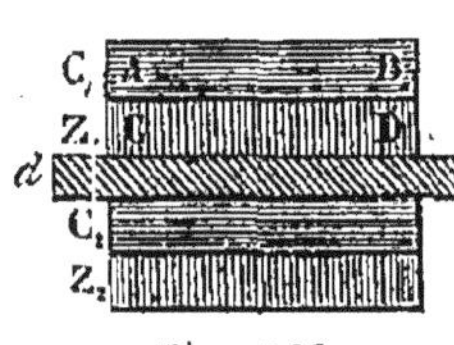

Fig. 260.

Dans la moitié inférieure de la pile, la tension sera positive, et ira en croissant depuis le milieu jusqu'à la base; dans la moitié supérieure, elle sera négative, et ira en croissant du milieu jusqu'au sommet. Le maximum de tension négative sera donc, dans la théorie du contact, au cuivre soudé, qui commence en haut la série des couples : c'est, pour Volta, le *pôle négatif de la pile;* le maximum de tension positive sera au zinc soudé, qui termine la série des couples à l'autre extrémité : ce sera le *pôle positif.*

Si nous examinons de plus près les expériences de Volta, nous verrons que dans toutes intervient une action chimique qui rend compte du développement d'électricité. Le zinc étant un métal beaucoup plus oxydable que le cuivre, le seul contact de l'air avec sa surface décapée doit déterminer un commencement d'oxydation ; on sait, en effet, que cette surface se ternit rapidement par la formation d'une couche mince d'oxyde. D'après la règle générale que nous avons donnée, le zinc doit donc se constituer à l'état négatif et céder par conductibilité ce fluide au cuivre, qui le transmet à son tour au plateau. Si l'on tient le zinc à la main, toujours un peu humide, l'action chimique est plus marquée, et le plateau se charge plus fortement. Met-on le zinc sur le plateau, l'humidité de la main n'a plus sur le cuivre qu'une action beaucoup plus faible; le plateau ne se charge pas, ou prend encore une charge négative. Interpose-t-on, entre le zinc et le plateau, la rondelle de drap imbibée d'eau acidulée, c'est en ce point que s'exerce l'action chimique, action de l'acide sur le zinc; l'acide, d'après la loi générale, dégage de l'électricité positive qui charge le plateau*. Ainsi tous les faits attribués, par Volta, au contact, peuvent tout aussi bien s'expliquer par l'action chimique. Maintenant dans cette même expérience retournons le couple métallique, de telle sorte que ce soit le cuivre qui touche maintenant la rondelle imbibée d'eau acidulée, et nous prendrons l'acide nitrique qui attaque le cuivre comme le zinc. Dans la théorie de Volta, le cuivre étant toujours négatif par rapport au zinc, le plateau devrait se charger négativement; or il se charge encore positivement. Voilà donc un fait en opposition complète avec la théorie du contact, justifié d'ailleurs parfaitement par la théorie chimique, puisque l'acide est toujours positif par rapport au métal.

La véritable surface électromotrice, c'est la surface de contact entre les éléments qui réagissent chimiquement l'un sur l'autre, l'acide et le métal attaqué; l'autre métal n'est plus qu'un conducteur. Ainsi, dans la pile de Volta, la surface électromotrice sera la surface de contact entre le zinc et l'eau acidulée par l'acide sulfurique. Cet acide, étendu d'eau, n'attaquant pas sensiblement le cuivre à la température ordinaire, à chacune de ces surfaces (fig. 260), se développera, sur la couche d'acide, du fluide positif qui partira de là pour se répandre dans le système conducteur placé au-dessous; et sur le zinc, du fluide négatif qui se répandra sur le système conducteur placé au-dessus. Nous arrivons encore au même résultat, tension nulle au milieu de la pile, charge négative

* Les plateaux du condensateur sont dorés et n'éprouvent aucune action de la part de l'acide.

dans la moitié supérieure, charge positive dans la moitié inférieure.

Seulement, nous remarquerons qu'en haut le cuivre soudé
au dernier zinc n'est plus un électromoteur, mais un simple
conducteur qui pourrait être supprimé, de sorte que, le cuivre enlevé, le zinc terminal d'en haut est le véritable pôle
négatif, de même que dans chaque couple électromoteur il
est l'élément négatif ; en bas le dernier couple zinc-cuivre
est superflu et ne fait que recevoir par conductibilité le fluide
positif de la rondelle acidulée qui est au-dessus ; on peut
donc le supprimer, et le pôle positif est le pôle acide, comme
dans chaque couple l'acide est l'élément positif. Seulement on
laissera sous cette rondelle une lame de cuivre qui deviendra
alors le pôle positif. Si on laisse aussi en
haut la lame de cuivre, on pourra toujours
reconnaître celle des deux lames qui est le
pôle négatif, c'est celle qui touche *immédiatement* le zinc ; l'autre cuivre, séparé du
zinc par une couche d'acide, est le pôle
positif.

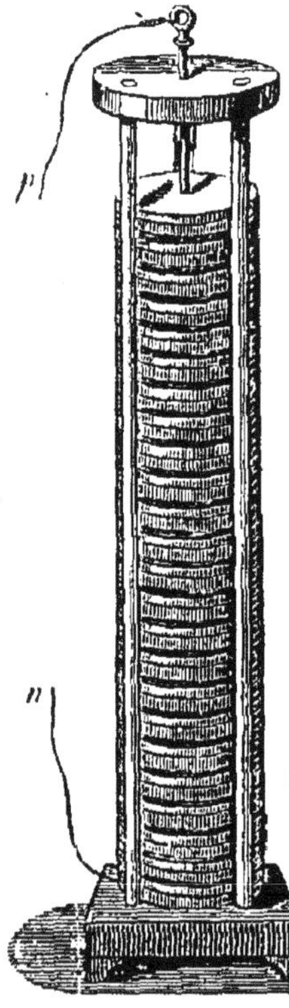

La pile étant montée comme nous venons
de le dire (fig. 261), on constate facilement
la distribution de l'électricité en mettant
successivement chacun de ses points en
communication avec le plateau
collecteur d'un électromètre
condensateur, l'autre plateau
communiquant au sol.

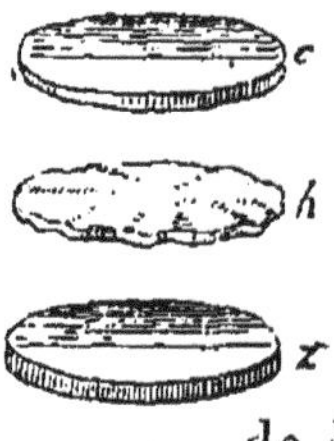

Si l'on vient à toucher avec
les deux mains les deux pôles
de la pile, on ressent une commotion analogue à celle que donnerait
une bouteille de Leyde faiblement
chargée. Une fois le contact établi,
cet effet ne se produit plus. Il est
remplacé par une sensation de cha-
leur et une espèce de fourmillement dans les doigts. Si l'on
rompt le contact, nouvelle commotion ; le rétablit-on, la com-

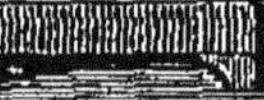

Fig. 261.

motion se reproduit encore. Ainsi la pile se recharge continuellement d'elle-même, bien différente de la bouteille de Leyde, qui, une fois déchargée, doit être remise en contact avec la machine électrique pour pouvoir reproduire les mêmes effets.

Quand les deux pôles communiquent l'un avec l'autre par un conducteur continu, comme un fil métallique, par exemple, les phénomènes de tension disparaissènt à peu près complétement. Cependant la pile ne cesse pas de fournir de l'électricité, puisque la cause productrice existe toujours. Le conducteur interpolaire devient d'ailleurs, comme nous le verrons dans le chapitre suivant, le siége de phénomènes calorifiques, lumineux, chimiques, que l'on ne peut attribuer qu'à l'électricité. Que deviennent alors ces électricités? On admet *hypothétiquement* que les fluides de noms contraires, accumulés aux pôles, se portent à la rencontre l'un de l'autre sur le fil interpolaire, et se recombinent de proche en proche sur toute l'étendue du fil; et qu'en même temps les surfaces électromotrices zinc-acide reproduisent incessamment les électricités qui se portent vers les pôles et s'écoulent par le conducteur. Cela revient à admettre l'existence d'une double circulation continue : le fluide positif allant, dans le fil interpolaire, du pôle positif au pôle négatif, et dans la pile, du pôle négatif au pôle positif; le fluide négatif allant au contraire, dans le fil interpolaire, du pôle négatif au pôle positif, et, dans la pile, du pôle positif au pôle négatif.

Comme ces deux fluides sont doués de propriétés antagonistes, s'ils circulaient dans le même sens dans le fil, ils détruiraient mutuellement leurs effets; mais comme ils circulent en sens inverse, leurs effets se trouvent être les mêmes. On convient alors de ne considérer que le courant positif, auquel il est bien entendu qu'on ne doit attribuer qu'une existence tout hypothétique; c'est lui que l'on appelle proprement *courant de la pile*. Ainsi le courant de la pile va du pôle positif au pôle négatif dans le conducteur interpolaire, et dans la pile du pôle négatif au pôle positif. Il n'y a d'ailleurs courant que s'il y a un circuit complet fermé. Si le circuit est ouvert, la pile se constitue à l'état de tension. Le maximum de tension négative étant à l'extrémité du conducteur fixé au pôle négatif, le maximum de tension positive à l'extrémité du conducteur fixé au pôle positif. Ces conducteurs adaptés à chaque pôle portent le nom de *réophores*.

Diverses formes données à la pile. — La pile primitive en colonne de Volta (fig. 261) avait de graves inconvénients; elle est assez longue à monter, lors même que les disques zinc et cuivre sont soudés deux à deux par leur plat; en outre, ses effets décroissent rapidement d'intensité. La pression des disques superposés exprime des rondelles le liquide acidulé et le fait suinter le long de la pile. De là une diminution dans la conductibilité intérieure et dans l'action chimique. Le liquide acide qui coule sur la surface extérieure de la colonne produit l'effet de conducteurs interpolaires, et affaiblit la tension, ou bien détourne en partie le courant du fil interpolaire quand le circuit est fermé. Toutefois ce dernier effet est très-faible parce que la conductibilité des métaux étant excessivement grande par rapport à celle des liquides, la presque totalité du courant passe par le conducteur interpolaire, ordinairement métallique. Aussi en modifiant dans sa forme la pile de Volta a-t-on cherché autant que possible à faire disparaître cette conductibilité extérieure, et à augmenter au contraire la conductibilité intérieure.

Pile à tasses. — Prenons des verres à fond plat disposés en cercle, et à demi pleins d'eau acidulée, puis sur les bords

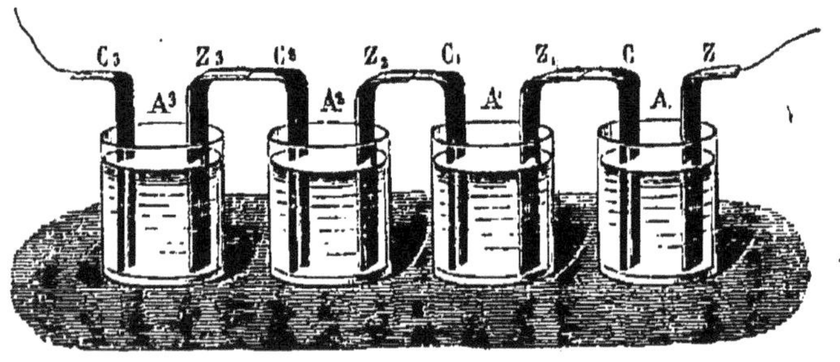

Fig. 262.

de ces verres, rapprochés au contact, plaçons à cheval des lames en forme d'U renversé, dont une des branches sera en zinc, l'autre en cuivre (fig. 262), de telle sorte que chaque verre reçoive la lame de zinc d'un couple métallique, et la lame de cuivre du couple voisin, sauf le premier qui ne reçoit qu'un zinc et le dernier qui ne reçoit qu'un cuivre. Dans le premier, qui représente le pôle acide ou positif, plongeons une lame de cuivre armée d'un fil de cuivre, ce sera le réophore positif. Dans le dernier, plongeons une lame de zinc armée aussi d'un fil de cuivre : cette lame de zinc formera le pôle négatif et son fil sera le réophore négatif.

Pile à auge (fig. 263). — La pile à auge, inventée par Cruiksbank, représente la pile à colonne couchée horizonta-

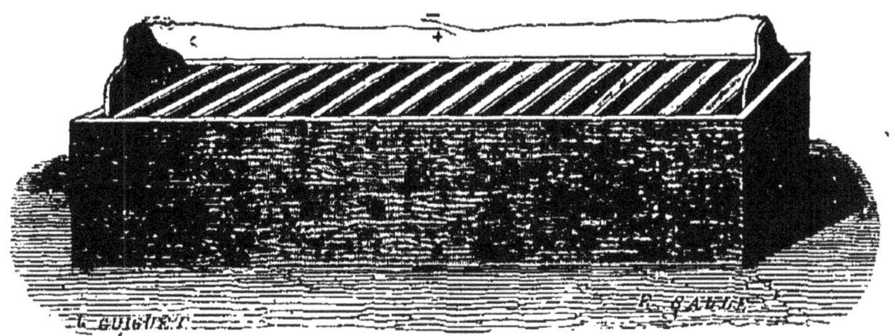

Fig. 263.

lement. Elle est formée d'une caisse rectangulaire en bois, mastiquée à l'intérieur, et partagée en cases très-étroites par des cloisons verticales et parallèles, composées chacune d'une lame de zinc et d'une lame de cuivre, accolées par leur plat dans le même ordre, de telle sorte que la paroi droite, par exemple, de chaque case, soit formée par une lame de zinc, et la paroi gauche par une lame de cuivre. On verse de l'eau acidulée dans l'auge de manière à remplir les cases, sans cependant que le liquide déborde par-dessus les cloisons.

La case extérieure de droite est pleine d'eau acidulée qui reçoit, par l'intermédiaire du cuivre, le fluide négatif du pôle zinc, pôle négatif. La case extrême de gauche a, pour paroi droite, une lame de zinc. L'acide qui la remplit représente le pôle positif. Des lames de cuivre, armées de fils de cuivre, plongeant dans ces cases extrêmes, forment les réophores, à droite le réophore négatif, à gauche le réophore positif.

Pile de Wollaston (fig. 264). — Dans la pile à auge, on n'utilise, pour l'action chimique, qu'une des faces de chaque

lame de zinc; Wollaston a imaginé la disposition suivante qui
les laisse toutes les deux en contact avec l'acide. Chaque lame

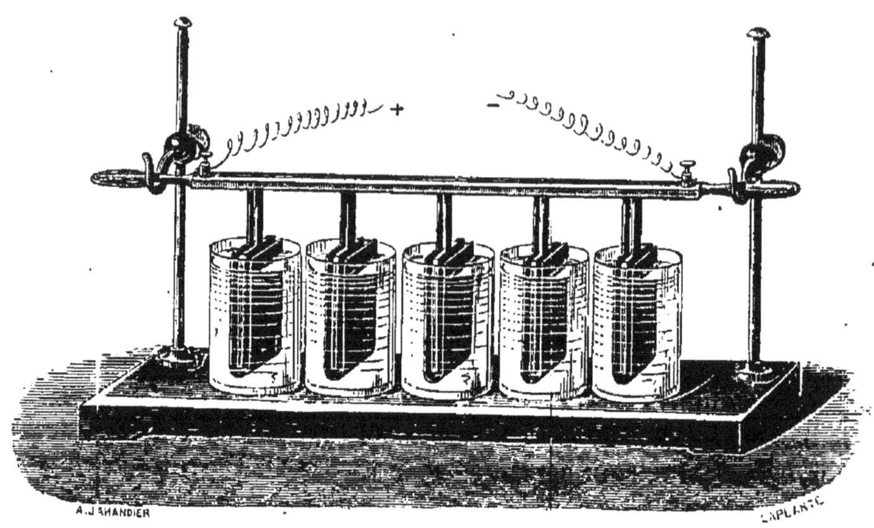

Fig. 264.

de zinc a (fig. 265) a la forme d'un rectangle, de 6 à 7 millimètres d'épaisseur; sur son petit côté supérieur est soudé
un ruban de cuivre b, courbé deux fois à angle droit, puis

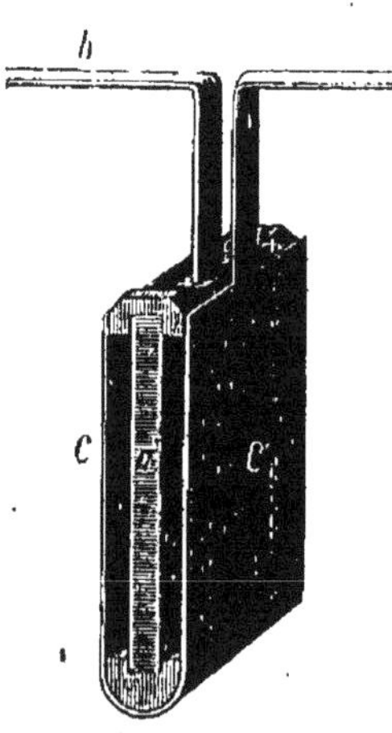

Fig. 265.

qui s'étale en forme de lame d'une largeur égale à celle de la lame de zinc
voisine, enveloppant celle-ci sans la toucher. La lame cc' vient du zinc de l'élément voisin de droite; celle qui part de
a enveloppe de la même façon le zinc
de l'élément voisin, à gauche. De petites
encoignures en bois les maintiennent à
distance. Chaque système $a'c$ plonge dans
un bocal d'eau acidulée distinct. Tous
ces couples métalliques sont fixés, par
leurs rubans de cuivre, à une traverse en
bois soutenue par deux montants verticaux. De sorte que lorsque l'on veut sus-
pendre pour un moment l'action de la pile, on enlève avec la
traverse tous les couples métalliques hors des bocaux. Ne

perdons pas de vue que dans cette pile, comme dans toutes les précédentes, chaque couple électromoteur est formé du zinc et de l'acide qui le mouille. Ainsi chaque bocal contient bien un couple électromoteur, distinct de ce que nous avons appelé, pour la commodité du langage, un couple métallique.

Nous avons à une des extrémités de la pile un ruban de cuivre soudé à un zinc, c'est le réophore négatif ; à l'autre un fil de cuivre qui s'attache à la lame de cuivre baignant dans l'acide, sans toucher le zinc, c'est le réophore positif.

L'eau des bocaux est acidulée à un dixième d'acide sulfurique et à un vingtième d'acide nitrique ; nous verrons bientôt l'utilité de cette addition de l'acide nitrique.

Pile de Munch. — La pile de Wollaston a l'inconvénient de ne contenir sur un assez grand espace qu'un petit nombre d'éléments ; Munch, par la disposition suivante (fig. 266), arrive à rassembler au contraire sous un petit volume un nombre d'éléments presque décuple de celui des éléments de Wollaston qu'on pourrait loger dans le même espace. Un premier système de couples métalliques en forme d'U, formés chacun de lames zinc et cuivre, et juxtaposés, se trouve enchevêtré avec un second système pareil disposé en sens inverse, de telle sorte que chaque lame de zinc soit placée entre deux cuivres, et chaque cuivre entre deux zincs.

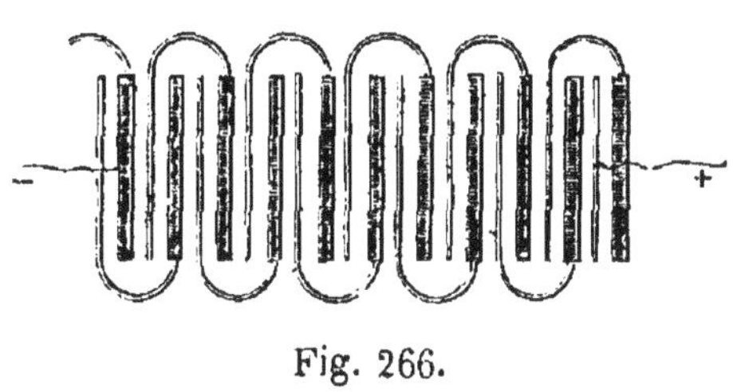

Fig. 266.

chaque cuivre entre deux zincs. Le tout est monté sur un cadre en bois, et se plonge dans une grande auge mastiquée, remplie d'eau acidulée. La lame zinc libre forme le pôle négatif, et la lame cuivre libre, plongeant dans l'acide, le pôle positif.

Pile en hélice. — Quand on a besoin d'éléments à grande surface, pour pouvoir les loger dans des vases dont les dimensions ne soient pas gênantes, on forme chacun de ces éléments de deux bandes de cuivre et de zinc, de trente à quarante centimètres de largeur sur trois à quatre mètres de longueur, que l'on enroule simultanément sur un rouleau de bois, en ayant soin de les tenir séparées par de petites baguettes d'osier. Chacun de ces éléments porte un ruban de cuivre soudé au zinc, et un second soudé au cuivre. On plonge alors ce couple métallique dans un vase cylindrique contenant de l'eau acidulée. En disposant une dizaine d'éléments de ce genre, appelés fort improprement *éléments en hélice*, à côté les uns des autres, et rattachant le cuivre du premier élément avec le zinc du second, etc., on a une pile, dont le fil du premier cuivre libre sera le pôle positif, et le fil du dernier zinc le pôle négatif.

Toutes les piles que nous venons de décrire présentent un défaut commun. Le courant voltaïque, énergique au début, s'affaiblit rapidement, et diverses causes concourent à cet affaiblissement. Le liquide des auges s'appauvrit nécessairement de plus en plus en acide, à mesure que la quantité de sel de zinc formée augmente. Il y a donc par suite diminution dans l'activité du phénomène chimique qui donne naissance au courant. La liqueur saline conduit moins bien que l'acide lui-même, de là une plus grande résistance intérieure; nouvelle cause d'affaiblissement. Sous l'influence du courant l'hydrogène de l'eau, mis en liberté dans l'action chimique, est transporté sur le cuivre; la présence de ces bulles gazeuses diminue encore dans une proportion énorme la conductibilité intérieure. Enfin le sulfate de zinc formé par l'action chimique est en partie réduit par le courant, et du zinc va se déposer sur le cuivre; de là doit naître nécessairement un courant inverse du courant de la pile et qui diminue son intensité.

On a imaginé alors des dispositions qui missent au contact des deux éléments du couple des liquides différents, de nature à détruire les dépôts étrangers, gaz ou solides, qui tendent à s'y former, ou de nature à n'en point donner, ou à n'en donner que de même nature que l'élément lui-même.

Ces dispositions varient à l'infini; nous ne décrirons que les plus usitées, celles de la pile de Daniell, et de la pile de Bunsen.

Pile de Daniell (fig. 267). — Dans un bocal en verre, ou en terre vernissée, entre un vase en terre poreux (terre à pipe, porcelaine dégourdie et sans couverte) d'un diamètre à peu

près moitié moindre. Dans le vase intérieur, que l'on remplit
d'une solution saturée de sulfate de cuivre, plonge un cylindre

Fig. 267.

en cuivre rouge. Dans le vase extérieur, contenant de l'eau
acidulée au 1/15ᵉ d'acide sulfurique, plonge une lame de zinc,
contournée en tube et enveloppant le vase poreux. Des rubans
de cuivre sont fixés au zinc et au cuivre de chaque élément.
Pour monter une pile, on place ces éléments à côté les uns des
autres, en rattachant le zinc de chaque élément au cuivre de
l'élément voisin, à l'aide de pinces métalliques qui serrent fortement l'un contre l'autre leurs rubans de cuivre. Le dernier
cuivre libre forme le pôle positif de la pile. Le ruban fixé au
zinc libre, à l'autre extrémité de la pile, forme le pôle négatif.

Nous expliquerons plus tard comment le courant, décompo-
sant le sulfate de cuivre, transporte de l'acide sulfurique et de
l'oxygène dans le vase extérieur pour continuer l'attaque du
zinc, et dépose au contraire du cuivre sur le cuivre du vase
intérieur.

La cause principale d'affaiblissement est l'appauvrissement
du sulfate de cuivre ; on y remédie en mettant des cristaux de
sulfate dans un petit sac en contact avec la liqueur, pour la
maintenir à saturation. D'autre fois le cylindre de cuivre portera à sa partie supérieure une galerie percée de trous, et
noyée dans la dissolution, et sur cette galerie on pose des
cristaux.

On remplace quelquefois le vase poreux intérieur, par un

simple sac en toile à voile très-serrée qui s'attache autour de la galerie, et contient la dissolution du sulfate.

On peut remplacer aussi l'eau acidulée du vase extérieur par une solution de sel marin.

Pile de Bunsen (fig. 268). — En conservant la disposition précédente, substituant à la dissolution de sulfate de cuivre de l'acide nitrique à 40°, et au cylindre de cuivre une baguette prismatique en charbon de cornues*, nous aurons l'élément

Fig. 268.

de Bunsen, non pas tel qu'il a été imaginé dans l'origine, mais tel qu'on le construit maintenant. En réunissant par des rubans de cuivre le zinc de chaque élément au charbon de l'élément voisin, on aura une pile dont le dernier charbon libre sera le pôle positif.

La pile de Grove diffère de celle de Daniell, en ce qu'une lame de platine y remplace le charbon, qui a l'inconvénient de donner, au contact de l'acide azotique et de l'hydrogène qu'apporte le courant, des vapeurs malsaines d'acide cyanhydrique.

La pile de Daniell, bien entretenue, débarrassée de temps en temps des dépôts de sulfate de zinc qui se forment à la surface ou dans l'épaisseur du vase poreux, a, au point de vue

---

* C'est ce charbon très-dense, très-conducteur, qui tapisse l'intérieur des cornues où l'on distille la houille pour la préparation du gaz d'éclairage; sa dureté est presque égale à celle de l'acier.

de la constance d'action, une supériorité marquée sur celle de Bunsen.

En amalgamant la surface des zincs on rend encore la marche de la pile plus régulière, et de plus on supprime complétement l'action de l'acide sur le zinc, lorsque le circuit dè la pile est ouvert; ce qui constitue une économie considérable, car on n'a ·plus alors de dépense de métal qu'en raison de l'effet voltaïque qu'on en obtient.

CHAPITRE XXX.

EFFETS DE LA PILE.

Nous diviserons les effets produits par les courants, en trois catégories, comme nous l'avons déjà fait pour l'étude des effets de l'électricité statique. Effets physiologiques, effets physiques et effets chimiques. Quant aux effets mécaniques nous n'en ferons point une étude à part ; ils se trouveront compris dans l'étude des phénomènes physiques.

Phénomènes physiologiques. — Nous savons déjà que les phénomènes physiologiques, commotion ou sentiment de douleur, ne se produisent dans l'organe vivant placé sur le trajet du courant, qu'au moment où l'on ferme le circuit. Une fois le courant établi, ces phénomènes disparaissent. Au moment où l'on rompt le circuit il ne se produit aucun effet appréciable, à moins que l'organe ne soit dans un état morbide particulier qui exagère la sensibilité nerveuse, ou que le courant n'ait une grande intensité.

C'est particulièrement lorsqu'on fait agir le courant sur un cordon nerveux que ces phénomènes se manifestent. Et il y a lieu de faire ici une distinction ; on sait que les nerfs sont formés de deux cordons ayant leurs racines distinctes au point d'attache à la moelle épinière ; l'un des deux cordons chargé exclusivement de transmettre les sensations au centre nerveux, l'autre au contraire dont l'excitation, partant du centre nerveux, détermine les mouvements des muscles auxquels se rend le nerf.

Si l'on agit sur un nerf appartenant à un animal vivant, au delà du point de soudure des faisceaux des racines antérieures et postérieures, il y aura, au moment de la fermeture du circuit, à la fois contraction musculaire et sensation douloureuse dans l'organe auquel se rend le nerf. Si l'un des réophores restant sur le corps du nerf, l'autre va toucher aux racines de la sensibilité, il y aura au moment de la fermeture du circuit, douleur sans commotion. Pose-t-on au contraire le fil sur les racines du mouvement, il y aura contraction sans douleur.

Dans un organe appartenant à un cadavre, on peut, en agissant sur les nerfs des divers systèmes de muscles, arriver à faire reproduire au cadavre tous les mouvements d'extension, de flexion des membres, contractions des muscles de la face, donnant avec une effrayante vérité tous les jeux de physionomie dont les passions animent le visage de l'homme vivant. On peut provoquer les mouvements de la respiration, les contractions et dilatations du cœur lui-même.

Le tissu propre des muscles subit aussi l'influence du courant voltaïque, même lorsqu'on a, par l'emploi d'agents chimiques convenables, produit la paralysie complète des cordons nerveux. Les phénomènes produits sur la fibre musculaire sont uniquement des contractions. Il faut au surplus des courants plus puissants pour agir sur les muscles.

La médecine et la chirurgie ont cherché à tirer parti des effets physiologiques produits par les courants sur le système nerveux, pour ranimer la motilité ou la sensibilité d'un organe frappé d'une paralysie incomplète; et dans ce cas il faut soumettre cet organe à une série de décharges convenablement réglées et pour l'intensité et pour le nombre. Les réophores étant mis aux points convenables de l'organe, on interpose dans le courant un petit appareil interrupteur dont la disposition varie au gré des constructeurs. On peut prendre entre autres une roue métallique dentée (fig. 269) communiquant par son axe avec l'un des réophores. Les intervalles des dents sont remplis par de l'ivoire ou toute autre matière isolante. Le second réophore vient s'attacher à une petite lame élastique qui presse contre le contour de la roue. Ce second réophore est coupé en M; les deux bouts séparés m et n, généralement munis de poignées en métal, sont mis en contact avec le sujet en expérience. On voit qu'il suffira d'imprimer un mouvement de rotation plus ou moins rapide à la roue pour provoquer les interruptions du courant. Chaque fois que la lame *f* sera en contact avec l'ivoire, le courant

Fig. 269.

sera interrompu; il se rétablira au moment où la lame touchera la dent suivante, et alors se produira la commotion.

L'énergie des effets physiologiques produits par une pile est complétement indépendante de l'étendue en surface de chacun de ses éléments; mais elle grandit avec le nombre des éléments. Ces effets sont dus à la décharge brusque des fluides accumulés aux pôles; ils augmentent avec la tension de la pile; or la théorie électrochimique de la pile démontre que la tension est proportionnelle, sauf les causes de déperdition, au nombre des éléments.

Ainsi une pile de Wollaston de douze éléments qui produit des effets calorifiques très-intenses ne donne aucune commotion; tandis qu'une pile à colonne de cinquante couples, impuissante à rougir un fil métallique, donne des secousses très-sensibles.

Nous verrons plus tard, dans l'étude des phénomènes d'induction, comment on peut obtenir des phénomènes de tension très-énergique avec une pile d'un très-petit nombre d'éléments.

Effets calorifiques. — Lorsqu'on rattache les deux larges rubans de cuivre d'un élément de Wollaston par un fil de fer de deux ou trois centimètres de longueur, et d'un très-petit diamètre, on voit le fil devenir rouge sombre, puis rouge clair, puis incandescent, et disparaître volatilisé. Ainsi l'effet qu'on n'obtient qu'avec une forte batterie électrique, un seul élément de Wollaston de moyenne dimension peut le donner. En attachant aux réophores d'une pile de Wollaston de douze éléments un fil de fer d'un demi-millimètre de diamètre, et de 25 à 30 centimètres de longueur, on le voit rougir sur toute son étendue. Un fil de cuivre ne rougira qu'à la condition d'avoir un diamètre notablement plus petit. D'une manière générale, l'échauffement du fil sera d'autant plus marqué que ce fil offrira une plus grande résistance au passage du flux électrique. Ainsi, à dimensions égales, un fil de platine s'échauffera plus qu'un fil d'argent, parce qu'il est moins bon conducteur. On peut le mettre en évidence en attachant aux pôles de la pile de Munch une chaîne formée de fils d'argent et de fils de platine, de même diamètre et de même longueur, noués l'un au bout de l'autre. On voit tous les chaînons de platine devenir incandescents, et même se fondre, à côté des chaînons d'argent qui restent sombres, et relativement froids. C'est qu'en effet la conductibilité de l'argent est environ douze fois celle du platine. Deux fils de même nature, mais de diamètres très-différents, s'échaufferont très-inégalement, le fil de plus gros diamètre offrant une résistance beaucoup moindre. Aussi dans l'expérience de la fusion du platine, avec la pile de Wollaston, remarque-t-on que les réophores mêmes de la pile, dont le diamètre est toujours d'au moins 2 millimètres, ne s'échauffent que très-peu.

Avec une pile de Bunsen de quarante grands éléments, on peut fondre des tiges de fer ou de platine de plus de 2 millimètres de diamètre. Le platine fond en gouttelettes d'un éclat éblouissant. Le fer projette en tous sens des parcelles incandescentes qui brûlent dans l'air. Le zinc brûle avec une flamme blanche, en répandant des flocons neigeux d'oxyde blanc. Le cuivre brûle avec une flamme verte. La production de la flamme indique la volatilisation de ces métaux.

L'échauffement d'un fil métallique n'est plus un phénomène de tension; il ne se produit pas au moment où les fluides sont lancés dans le circuit, mais pendant la durée du passage continu. Aussi pour obtenir des phénomènes calorifiques très-intenses, importe-t-il beaucoup moins d'accroître la tension de la pile, en augmentant le nombre des éléments, que d'accroître leur étendue en surface. La conductibilité des liquides, même les meilleurs conducteurs, est incomparablement plus faible que celle des métaux. La résistance des éléments de la pile est donc de beaucoup supérieure à celle du fil métallique. On conçoit alors qu'on n'ait rien, ou très-peu de chose, à gagner, en augmentant le nombre des éléments, puisque si, d'une part, on augmente la force électromotrice dans une certaine proportion, on accroît de l'autre la résistance du circuit dans une proportion à peu près égale, et l'intensité du courant n'y gagne rien.

Phénomènes lumineux. — Si l'on approche à très-petite distance et jusqu'au contact les réophores d'une pile de Wollaston, on remarque qu'au moment même où s'établit le contact, et à une distance inappréciable, jaillit une petite étincelle, verte si les fils sont en cuivre, incolore si les extrémités des réophores sont formées par des baguettes de charbon de cornue. Une fois le courant établi d'une manière continue, le phénomène de l'étincelle ne se manifeste plus. Que l'on vienne maintenant à écarter les fils, l'étincelle se reproduit de nouveau, et même, si l'on écarte progressivement les extrémités des réophores, on remarquera, dans le cas où la pile a une assez forte tension, que l'étincelle peut jaillir alors à distance plus grande; de sorte qu'en maintenant les réophores très-peu éloignés l'un de l'autre, il s'établit, en permanence entre leurs extrémités, un courant lumineux formé par une série d'étincelles qui se succèdent avec une rapidité telle qu'il en résulte pour nous la sensation de la continuité. La distance vient-elle à augmenter par trop, l'arc s'éteint avec un petit crépitement; il suffit, pour le rétablir, de rapprocher les charbons au contact, puis de les écarter de nouveau.

Avec une pile de 50 à 60 grands éléments de Bunsen, on obtient entre les deux pointes de charbon un arc lumineux de près de 2 millimètres de longueur. Avec une pile à auges de 2000 couples, Davy, à qui l'on doit les premières expériences sur la lumière électrique, obtint un *arc voltaïque* de

près de 10 centimètres de longueur, présentant une courbure
très-prononcée, et, phénomène des plus curieux, attirable à
l'aimant. Les travaux d'Ampère devaient plus tard donner
l'explication de cette dernière propriété.

Mais dans l'air l'arc lumineux ne tarde pas à s'éteindre,
car les charbons, devenant incandescents, brûlent en dégageant de l'acide carbonique, de sorte que bientôt la distance
devient telle que le courant électrique se trouve rompu.

L'expérience peut aussi se faire dans l'eau ; on se sert d'un
ballon ovoïde en verre, disposé comme l'œuf électrique (fig.
270). A ses deux garnitures métalliques viennent s'attacher
les réophores de la pile. Les tiges qui portent les crayons de
charbon, peuvent glisser à frottement dur dans des boîtes à
cuir. Une tubulure permet d'introduire l'eau dans le bal-

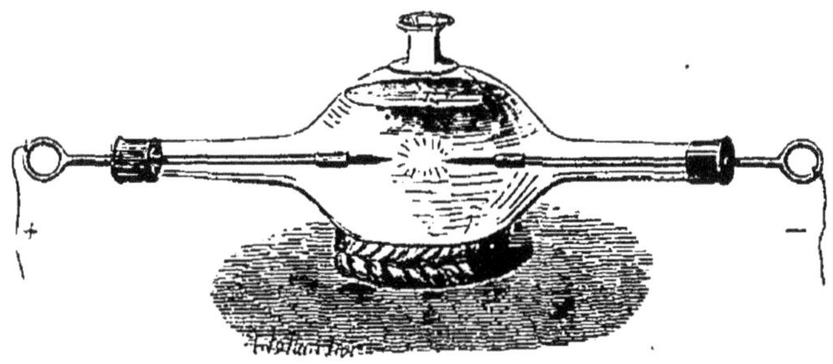

Fig. 270.

lon. On approche les charbons au contact, puis on les sépare
et l'on obtient un arc voltaïque aussi brillant que dans l'air.
Mais il se produit un dégagement tumultueux de bulles
gazeuses, dû à la fois à l'action chimique du courant sur l'eau,
et aussi à l'action sur ce liquide des charbons incandescents,
qui dégage de l'hydrogène, des carbures d'hydrogène, de
l'oxyde de carbone.

L'œuf électrique ordinaire peut servir pour faire l'expérience de la lumière dans le vide. Toutes ces expériences sont
beaucoup plus brillantes lorsqu'on fait usage, pour produire
l'électricité, des appareils d'induction que nous étudierons un
peu plus tard. Nous reviendrons alors avec quelques détails
sur les circonstances du phénomène. Nous verrons aussi

comment on est parvenu à maintenir les charbons à distance convenable, à l'aide d'un dispositif qui les rapproche l'un de l'autre à mesure qu'ils s'usent.

Ce n'est point seulement dans un milieu capable d'agir chimiquement sur les charbons ardents que ceux-ci se détruisent peu à peu et s'éloignent. Même dans le vide barométrique il y a altération des pointes. On remarque alors que la pointe positive se ronge rapidement, et qu'au contraire la pointe négative s'accroît, preuve évidente du transport mécanique des particules solides dans l'arc voltaïque, et dans le sens du courant lui-même. Si l'on remplace la pointe de charbon positive par une petite cuvette contenant du cuivre, du zinc, de l'argent, l'arc prend une couleur spéciale, verte, pourpre, due précisément à la présence de ces corps dans le flux lumineux.

Le charbon positif se creuse; le négatif s'accroît à la fois par sa pointe, et sur ses côtés, de sorte que la distance s'augmente peu à peu, jusqu'au moment où le courant se trouve rompu.

La présence de ces particules solides dans le flux électrique augmente évidemment la conductibilité du milieu interposé entre les pointes ; de là la possibilité d'éloigner progressivement les charbons, jusqu'au moment où la résistance devient trop grande, et où le courant cesse de passer.

Cette lumière de l'arc voltaïque présente un éclat éblouissant, et une puissance d'irradiation qui ne peut guère être comparée qu'à celle de la lumière de Drummond, produite avec la flamme du gaz oxyhydrogène projetée sur la chaux. A l'aide de réflecteurs convenablement disposés on peut la projeter à une très-grande distance. On l'a vu employer à Paris pour les travaux de nuit de la construction des docks Napoléon, du nouveau canal Saint-Martin, du pont Saint-Michel, et à Kehl pour la construction du pont jeté sur le Rhin. Dans nos théâtres on en fait usage pour produire des effets merveilleux d'éclairage.

Si l'on veut employer, pour obtenir la lumière, la pile seule, sans recourir aux effets d'induction, il faut une pile ayant un grand nombre d'éléments à grande surface, car il faut vaincre la résistance que crée la solution de continuité du conducteur. Dès lors la dépense des métaux dans la pile devient considérable, et le mode d'éclairage très-coûteux ; mais en faisant intervenir les effets de l'induction on peut obtenir les mêmes résultats avec une dépense beaucoup moindre.

Phénomènes chimiques. — L'électricité à l'état de courant est un puissant agent de décomposition, et l'on ne connaît pas de corps composé qui puisse résister à son action, dès l'instant que ce corps est placé dans des conditions qui lui permettent de transmettre le courant. La décomposition de l'eau par Carlisle et Nicholson, celle des alkalis par Davy, ont ouvert la voie aux physiciens et aux chimistes, qui ont trouvé dans l'emploi du courant de la pile un puissant auxiliaire pour leurs travaux d'analyse. Les recherches de Faraday nous ont fait connaître les lois de la décomposition chimique, en même temps qu'elles jetaient un nouveau jour sur la théorie de la pile. Nous nous bornerons à indiquer les résultats principaux.

Décomposition de l'eau. — Le fond d'un verre M (fig. 271) est percé de deux trous dans lesquels passent des fils de platine qui viennent se rattacher à deux petites bornes ou poupées $a\,b$, plantées sur le support de l'appareil. Du mastic de fontainier, coulé dans le verre, fixe les fils dans les trous. On remplit le verre avec de l'eau distillée, à laquelle on ajoute quelques gouttes d'acide sulfurique, afin d'augmenter sa conductibilité et de lui permettre de transmettre le courant d'une pile de Wollaston ordinaire. Sans cette addition d'acide on n'arriverait à vaincre la résistance de la petite couche d'eau qui sépare

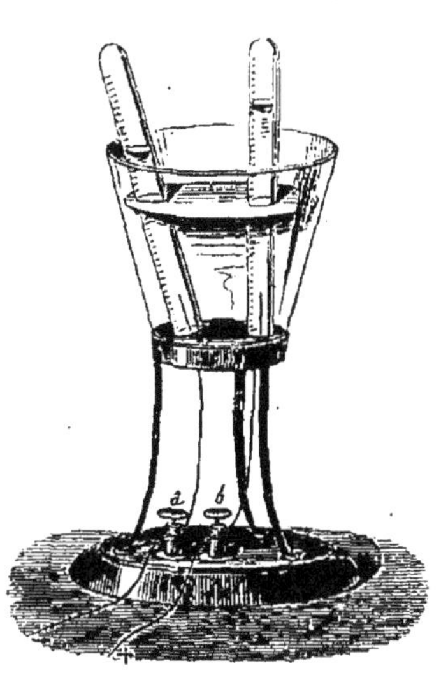

Fig. 271.

les deux fils qu'en employant un courant à très-forte tension, fourni par une pile d'un nombre considérable d'éléments.

Les choses disposées de cette façon, on attache les réophores de la pile aux poupées *a*, *b*, à l'aide de vis de pression; et immédiatement on voit se dégager autour des fils d'innombrables petites bulles de gaz qui viennent crever à la surface du liquide. En plaçant au-dessus de chaque fil une petite cloche divisée en centimètres cubes et pleine aussi d'eau acidulée, on peut recueillir les gaz dégagés. A tout instant de l'opération, le volume recueilli dans une des deux cloches, celle qui est au-dessus du fil rattaché au réophore négatif, est double du volume gazeux recueilli dans l'autre cloche. On peut facilement reconnaître le premier gaz pour de l'hydrogène, à la faculté de brûler avec une flamme d'un pouvoir éclairant si faible, qu'elle est à peine visible; l'autre gaz rallume les corps en ignition, c'est l'oxygène. Il se dégage autour du fil qui se rattache au réophore positif.

Faraday désigne d'une manière générale par l'expression d'*électrolysation* (ἤλεκτρον, λύειν) la décomposition d'un composé rendu conducteur par le courant voltaïque. Ce corps composé, il l'appelle l'*électrolyte*; et il appelle *électrodes* les lames ou les fils plongeant dans l'électrolyte, rattachés aux extrémités des réophores, et qui servent à amener ou à remmener le courant. L'*électrode positive*, c'est celle qui, attachée au réophore positif, apporte le courant dans l'électrolyte; l'*électrode négative*, c'est celle qui, rattachée au réophore négatif, ramène le courant dans le circuit conducteur de la pile.

Ainsi, dans l'expérience de la décomposition de l'eau, l'hydrogène se dégage à l'électrode négative, l'oxygène à l'électrode positive.

Décomposition des alcalis. — La décomposition de ces oxydes offrait une difficulté très-grande, tenant à l'oxydabilité extrême de leur radical métallique. Ce métal, mis en liberté, soit au sein de l'eau, soit dans l'air, devait immédiatement se réoxyder, et reconstituer l'oxyde; on ne pouvait donc constater la décomposition. Davy imagina alors de le recevoir dans le mercure, avec lequel il peut former un amalgame, et il disposa l'expérience de la manière suivante. Il prit une plaque de potasse, un peu humide, pour qu'elle fût conductrice, et il la posa sur une lame de platine à laquelle il attacha le réophore positif de la pile. Cette lame devenait ainsi l'électrode positive; puis, dans une cavité qu'il avait creusée à la face supérieure de la plaque, il mit du mercure, dans lequel il plongea le réophore négatif; le mercure formait donc l'électrode négative. Il obtint alors un amalgame volumineux de potassium, en même temps que l'oxygène se portait sur le platine, métal inoxydable, et se perdait dans l'air.

Si l'on substituait à la lame de platine une lame de cuivre, celle-ci s'oxyderait fortement. Mais comme l'oxyde sec est un mauvais conducteur de l'électricité, le courant se trouverait promptement interrompu.

En agissant de la même façon sur la soude, la baryte, la chaux, Davy a pu, pour la première fois, mettre en liberté leurs radicaux métalliques, jusqu'alors inconnus.

Les oxydes terreux, la magnésie, l'alumine, offrent une résistance beaucoup plus grande au courant; on n'est point arrivé à les décomposer. Mais on a pu agir sur les chlorures correspondants, que la fusion rend conducteurs.

M. Bunsen fond le chlorure de magnésium dans un creuset où plonge un vase en terre poreuse, contenant aussi du chlorure de magnésium également en fusion. Dans le vase extérieur plonge une baguette de charbon destinée à jouer le rôle d'électrode positive. Dans le vase intérieur plonge un simple fil de platine, qui sera l'électrode négative.

Dès que le courant est établi, il se dégage du chlore autour de la lame de charbon, en même temps que le fil de platine intérieur se recouvre d'une couche de magnésium. L'interposition du vase poreux a pour but d'empêcher le chlore mis en liberté de se recombiner au magnésium.

Le chlorure d'aluminium donne un résultat complétement analogue, le métal se portant toujours à l'électrode négative, le métalloïde à l'électrode positive. Et il en est de même de toutes les combinaisons binaires formées par l'union d'un métalloïde et d'un métal.

On dit alors que le métalloïde est, dans la décomposition électro-chimique, *électro-négatif* par rapport au métal, lequel est *électro-positif*. Reste à justifier ces dénominations, qui paraissent de prime abord paradoxales.

Nous avons dit, en nous appuyant sur des résultats d'expériences qui seront décrites plus tard, que, dans toute combinaison d'un métalloïde et d'un métal, le métalloïde dégage de l'électricité positive, et le métal de l'électricité négative; de là le courant qui s'établit du métalloïde au métal par le conducteur, et du métal au métalloïde par leur surface de contact. Après la combinaison, il reste donc au métalloïde de l'électricité négative, au métal de l'électricité positive, dont les tensions s'équilibrent dans le composé, ainsi ramené à l'état neutre. Si maintenant on détermine leur séparation, le métalloïde reparaîtra avec son fluide négatif, et se portera à l'électrode positive pour y prendre le fluide nécessaire pour le constituer à l'état neutre; et de même le métal reparaîtra avec sa charge positive; il ira donc se reconstituer à l'état neutre au contact de l'électrode négative, qui lui fournira de l'électricité négative.

Comment s'effectue ce transport des molécules dans l'électrolyte, transport dont l'œil ne peut saisir aucun indice? On admet, avec Grotthus et Faraday, que les molécules d'eau 1, 2, 3, 4, 5, 6, sont polarisées par le passage du courant

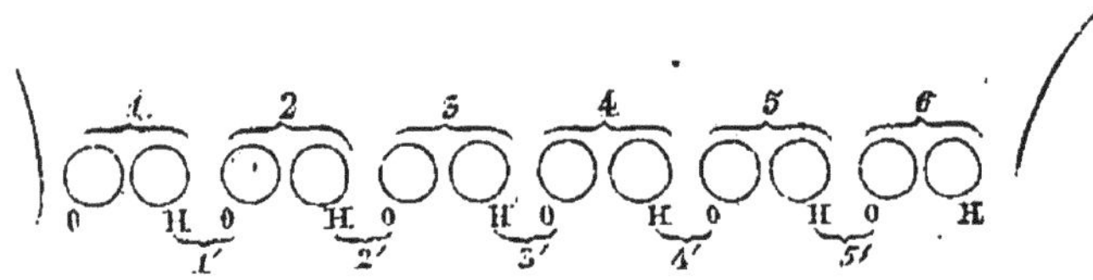

Fig. 272.

(fig. 272), de telle sorte que l'oxygène de chaque molécule soit tourné du côté de l'électrode positive, et l'hydrogène du côté de l'électrode négative; et qu'ensuite ces molécules d'eau se dédoublant sous l'influence électrolytique, leurs éléments, mis en liberté, se recombinent immédiatement avec les éléments des molécules voisines, de manière à former une nouvelle série, 1', 2', 3', 4', 5'...; alors la dernière molécule d'hydrogène mise en liberté à l'électrode négative se dégage; et de même, à l'autre extrémité de la série, l'oxygène se dégagera à l'électrode positive. Les mêmes phénomènes se reproduiront sur la série actuelle, sans cesse complétée par l'afflux des molécules venant du reste de la masse liquide.

La même explication s'appliquera évidemment à l'électrolysie de tous les composés binaires.

Décomposition des sels. — Lorsqu'on soumet un sel en dissolution à l'action du courant, si l'on a affaire à un sel formé par les métaux des quatre dernières sections, qui ne décomposent l'eau qu'à température élevée, ou même ne la décomposent pas du tout, on constate sur l'électrode négative un dépôt du métal du sel, et autour de l'électrode positive un dégagement d'oxygène avec accumulation de l'acide du sel.

Si l'électrode positive est formée d'un métal attaquable par l'oxygène, elle se trouvera peu à peu dissoute par l'action combinée de l'oxygène et de l'acide.

Ainsi, plongeons dans une dissolution de sulfate cuivrique deux électrodes en platine et rattachons-les aux réophores : immédiatement on voit le cuivre se déposer sur la lame négative ; en même temps des bulles d'oxygène se dégagent autour de la lame positive. La liqueur devient de plus en plus acide autour de cette lame, comme on peut le constater avec les papiers réactifs. Remplaçons cette lame de platine par une lame de cuivre, tout dégagement de gaz cesse, et la liqueur se maintient au même degré de saturation. Il est évident, en effet, que la quantité de sulfate reformée par l'action chimique à l'électrode positive est exactement égale à celle que l'électrolyse a décomposée. Car chaque équivalent de sulfate de cuivre, décomposé par le courant, fournit à l'électrode positive un équivalent d'oxygène et un équivalent d'acide, pour reconstituer un nouvel équivalent de sel.

S'agit-il maintenant d'un sel alcalin ou terreux, les phénomènes changent d'aspect à l'électrode négative ; on y constate un dégagement d'hydrogène, et en même temps la liqueur voisine de l'électrode devient fortement alcaline. Mettons dans un tube en U une solution de sulfate de potasse, colorée par quelques gouttes de teinture de violettes ; plongeons dans les branches des fils de platine formant électrodes, et attachons-les aux réophores de la pile (fig. 273). La teinture de violettes rougit tout autour de l'électrode positive, signe de la présence de l'acide sulfurique. Des bulles gazeuses se dégagent autour de ce fil ; on peut facilement les recueillir dans

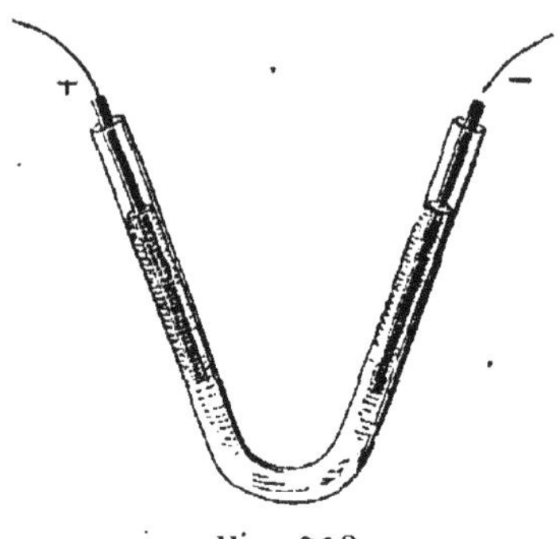

Fig. 273.

une petite cloche renversée et les reconnaître pour de l'oxygène. Autour de l'électrode négative, la teinture verdit, preuve de la présence de la base alcaline, et l'on peut recueillir de l'hydrogène en volume double de l'oxygène recueilli à l'autre électrode.

Il semble donc ici que le courant ne fasse que séparer les deux éléments binaires du sel, l'acide et la base, mais qu'en même temps il décompose l'eau. — On pourrait admettre, en effet, que la potasse, plus stable que l'oxyde de cuivre, résiste à l'action d'un courant qui décompose ce dernier ; mais pourquoi l'eau serait-elle décomposée dans ce dernier cas, quand elle ne l'est pas dans l'électrolyse du sulfate de cuivre ? Il vaut mieux alors rentrer dans l'explication générale, admettre que le sulfate de potasse est encore décomposé en potassium transporté à l'électrode négative, et acide sulfurique transporté avec l'oxygène à l'électrode positive ; puis que, par une action chimique consécutive, le potassium décompose l'eau pour reconstituer de la potasse en dégageant de l'hydrogène ; l'oxygène que reprend le potassium est exactement égal à celui qui s'est porté à l'électrode positive ; l'hydrogène et l'oxygène mis en liberté sont donc bien dans les proportions qui constituent l'eau.

Cette manière de voir est confirmée par l'expérience suivante : Si au lieu de mettre l'électrode négative en contact même avec la dissolution, on l'établit dans un vase poreux contenant du mercure et plongé dans la liqueur, on voit ce mercure se changer en amalgame de potassium.

Le transport des particules peut s'expliquer exactement comme pour l'électrolyse des composés binaires, en admettant que le sel est lui-même un groupe binaire formé de l'union du métal avec le groupe composé, acide $+$ oxygène.

Ainsi, le sulfate de potasse sera K,SO^4; l'azotate de cuivre Cu,AzO^6, etc.

Lois de Faraday. — Si l'on établit un petit appareil à décomposer l'eau successivement en différents points d'un même circuit, si hétérogène qu'il puisse être, traversé par un courant que fournit une pile de Daniell, d'intensité bien constante, on trouve que, dans un même temps, les quantités de gaz mises en liberté restent exactement les mêmes.

En l'interposant entre les éléments de la pile on obtiendrait encore le même résultat. Ainsi le courant a exactement la même intensité en tous les points du circuit.

Si l'on place dans ce même circuit, et en un même point, successivement divers appareils à décomposer l'eau, tous ne donneront pas la même quantité de gaz dans le même temps. Il suffit, en effet, d'une très-petite différence dans la distance des fils de platine, dans le degré d'acidité de l'eau, pour changer d'une manière très-notable la résistance qu'oppose au courant la couche liquide, et par conséquent pour modifier son intensité.

Mais si l'on place dans le circuit tous ces appareils en même temps, alors, dans tous, la quantité de gaz dégagée est la même. On comprend, en effet, que dans ce cas, le courant aura à vaincre l'ensemble de toutes ces résistances; il subira une grande diminution d'intensité, mais il aura la même intensité en tous ses points, quelle que soit l'hétérogénéité du circuit.

Prenons maintenant trois appareils à décomposer l'eau, parfaitement identiques, c'est-à-dire tels, que substitués l'un à l'autre au même point d'un circuit, ils donnent dans le même temps des quantités égales de gaz.

Coupons un circuit en A, B, et réunissons les extrémités séparées par deux fils de cuivre (fig. 274), pris sur un même fil,

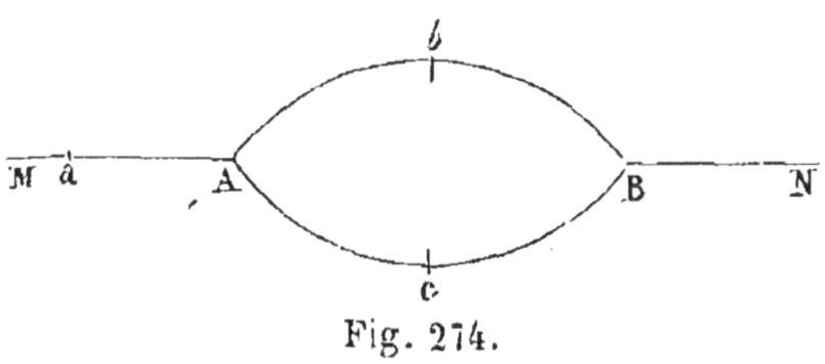

Fig. 274.

et ayant exactement la même longueur. Il est évident, *a priori*, que le courant, arrivant de M en A, se bifurquera en deux courants d'égale intensité, moitié du courant principal, qui se réuniront en B pour reconstituer le courant total. Or, si, rompant les fils en a, b, c, nous établissons en ces points nos trois appareils, nous verrons que les deux appareils b

et *c* donnent des quantités de gaz exactement égales, comme on pouvait s'y attendre, et moitié de celle que fournit l'appareil en *a*.

On est en droit de conclure de cette expérience que la quantité d'eau décomposée dans l'appareil est proportionnelle à l'intensité du courant. Ainsi, si un même appareil, placé successivement dans deux circuits traversés par des courants d'intensités inconnues I et I', donne des quantités d'hydrogène *a* et *a'*, on aura

$$\frac{I}{I'} = \frac{a}{a'}.$$

Si l'on prend, par exemple, pour unité d'intensité celle du courant qui fournit dans l'unité de temps 1 gramme d'hydrogène, un courant qui donnera dans l'unité de temps 10 grammes d'hydrogène aura l'intensité 10.

L'appareil à décomposer l'eau est donc éminemment propre à mesurer l'intensité relative des courants ; à condition toutefois que le courant sera assez fort pour vaincre la résistance de l'eau. De là le nom de *voltamètre* appliqué à cet appareil, et que nous emploierons désormais pour le désigner.

Si l'on établit dans un même circuit un voltamètre, un appareil à décomposer le sulfate de cuivre, un autre où l'on décomposera un sel d'argent, ou de zinc, ou de plomb etc., le courant étant lancé dans ce circuit fermé, les quantités d'hydrogène, de cuivre, d'argent, etc., mises en liberté, sont exactement proportionnelles aux équivalents chimiques de ces corps. Ainsi, il faut la même quantité d'électricité pour mettre en liberté un poids de chacun de ces corps égal à son équivalent.

Nous nous bornerons à l'exposé de ces lois qui justifient l'emploi du voltamètre comme instrument mesureur de l'intensité des courants.

Quant aux lois de la résistance des conducteurs, nous croirions sortir des bornes d'un cours élémentaire en développant leur démonstration. Nous nous bornerons à les donner comme résultats d'expérience, de la manière suivante.

L'intensité du courant, fourni par un électromoteur quelconque à un circuit fermé, est en raison inverse de la résistance totale de ce circuit.

La résistance d'un conducteur cylindrique est proportionnelle à sa longueur et en raison inverse de sa section. Elle varie, d'ailleurs, à égalité de dimensions, avec la nature du conducteur.

On peut toujours la considérer comme égale à celle qu'opposerait un fil de cuivre d'un millimètre carré de section, et de longueur convenable. Cette longueur du fil normal de cuivre est ce qu'on appelle la *longueur réduite* du conducteur.

Les éléments de la pile opposent eux-mêmes une certaine résistance, qui peut s'exprimer par une longueur convenable du fil normal de cuivre. Cette longueur, en s'ajoutant à la longueur réduite du circuit interpolaire, donne la mesure de ce que j'ai appelé la résistance totale du circuit.

Ainsi, en appelant R la longueur réduite qui mesure la résistance de la pile, r la résistance du conducteur interpolaire, exprimée aussi en longueur de fil, l'intensité pourra être exprimée par

$$I = \frac{E}{R + r}.$$

E représente évidemment la valeur particulière qu'aurait l'intensité, si $R + r$ était égale à l'unité. On le prend pour mesure de la force électromotrice de l'électromoteur.

Si l'on suppose une pile formée de n éléments égaux en force et en résistance, on pourra écrire alors :

$$I = \frac{n\,E}{n\,R + r}.$$

Si r est très-petit par rapport à R, cette fraction ne différera pas sensiblement de la précédente, et l'on ne gagnera rien, ou peu de chose, à augmenter le nombre des éléments; c'est ce que nous avons constaté pour les effets calorifiques dans les fils métalliques. Si, au contraire, r est comparable à R, il est évident que cette fraction sera d'autant plus grande que n sera plus grand lui-même. Ainsi, dès qu'on introduit dans le circuit des liquides à électrolyser, il y a avantage à augmenter le nombre des éléments de la pile.

Polarisation des électrodes. — Lorsque les électrodes ont servi pendant quelques instants à une action électrolytique, si, rompant leur communication avec la pile, on les réunit par un conducteur, on constate, non pas à l'aide du voltamètre, qui ne serait pas dans cette expérience un instrument assez sensible, mais à l'aide d'un autre instrument que nous décrirons plus tard, le galvanomètre, que le fil est traversé par un courant de sens contraire à celui qui a produit l'électrolyse.

Ainsi, supposons qu'une pile de Bunsen M (fig. 275) soit employée à produire par les électrodes A et B la décomposition d'une dissolution de sulfate de potasse, A étant l'électrode positive, B l'électrode négative, de telle sorte que le courant marche de A à B dans le liquide, de B à A dans le circuit BMA. Si, après une ou deux heures d'action, on détache les réophores et qu'on

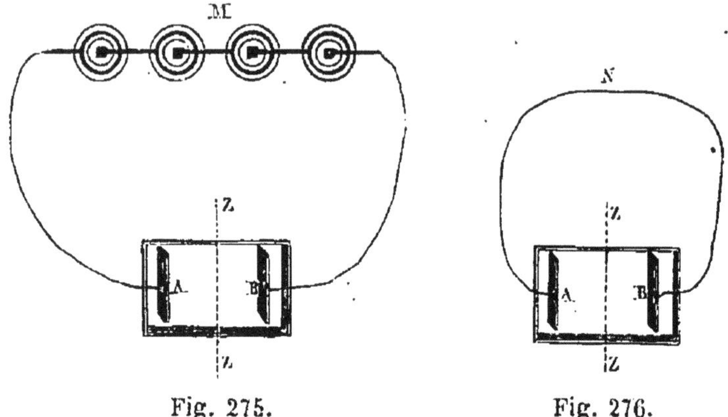

Fig. 275.   Fig. 276.

les remplace par un fil ANB (fig. 276), on remarquera que le circuit actuel est traversé par un courant marchant de B à A dans le liquide, de A à B par le circuit ANB.

Il y a lieu de penser que le courant est dû à une action mutuelle des substances que l'action électrolytique du courant amène au contact des électrodes. L'électrolysation du sulfate de potasse amène, dans le voisinage de l'électrode positive A, de l'acide sulfurique; au contact de l'électrode négative B, de la potasse. Or, ces deux corps ne sont pas tellement maintenus isolés dans le liquide qu'il ne puisse y avoir, dans l'espace intermédiaire, action de l'un sur l'autre. S'il y a action de l'acide sur l'alcali, l'acide dégage du fluide positif, l'alcali du fluide négatif, et cela à partir de la surface électromotrice zz; de là le courant dans le sens ANB.

Toutefois, comme ce phénomène se produit encore, alors même qu'on retirerait les électrodes du liquide soumis à la décomposition pour les plonger dans une solution neuve, il est plus probable qu'il faut attribuer le courant à une action propre des éléments électrolysés sur les électrodes mêmes, qui constituerait le platine positif par rapport à l'acide, négatif par rapport à l'alcali.

M. Becquerel, qui a fait une étude approfondie de ces phénomènes, a remarqué, en effet, que si on laisse pendant quelque temps deux lames de platine bien neuves plongées, l'une dans l'acide sulfurique, l'autre dans la potasse; et si ensuite, les retirant, on les établit toutes deux dans une même dissolution de sulfate de potasse, en les réunissant par un fil métallique, il y a courant de la première lame à la seconde par le fil.

Quelle que soit, au surplus, l'explication de ce courant secondaire, inverse du courant qui produit l'électrolyse, il n'y a pas à contester le fait. Les électrodes sont dites alors *polarisées*.

Cette polarisation se produit pendant la durée même de l'action électrolytique, et elle donne naissance à un courant qui a pour effet de diminuer le courant de la pile ; et comme il va croissant d'intensité, il doit finir par l'annuler. C'est là la cause principale de l'affaiblissement des piles de Wollaston, de Munch, etc.; en un mot, des piles à un seul liquide.

Pour maintenir au courant principal son intensité il suffira d'empêcher la polarisation des électrodes, que produit le courant secondaire.

Dans la pile de Grove et de Bunsen, l'acide azotique empêche la polarisation du charbon ou du platine, en brûlant l'hydrogène que l'électrolyse de l'eau y apporte. Toutefois le liquide du vase extérieur s'appauvrit en acide et se charge en sulfate de zinc ; de là une diminution dans la conductibilité et dans l'action chimique. Aussi ces deux systèmes sont-ils loin de donner un courant constant.

Dans la pile de Daniell il y a électrolyse du sulfate de cuivre ; le cuivre se dépose sur l'électrode négative qui, dans chaque élément de la pile, est lui-même en cuivre ; il n'y a donc point là de polarisation ; de plus l'acide sulfurique et l'oxygène sont portés à l'électrode positive qui est le zinc : or, cet acide et cet oxygène sont précisément les agents nécessaires de l'action chimique qui donne naissance au courant. Le liquide extérieur se maintiendra, dès lors, au même degré d'acidité, car il ne fournit plus rien à l'action chimique. Resteraient encore, comme cause d'affaiblissement, l'appauvrissement de la solution cuivrique, et au contraire dans le vase extérieur la quantité croissante de sel de zinc. On a vu comment on pouvait maintenir le sel de cuivre à saturation. Quant à la présence du sulfate de zinc, elle n'a pas grand inconvénient du moment où l'acide ne s'affaiblit pas. On peut au surplus, retirer de temps en temps, par un siphon plongeant au fond du vase, l'excès du sulfate formé.

Galvanoplastie, dorure et argenture électrochimique. — La galvanoplastie est l'art d'appliquer, par l'électrolysation, un dépôt cohérent de cuivre, d'or, d'argent, sur un moule dont il reproduit fidèlement tous les détails. On peut se proposer de rendre ce dépôt adhérent au moule, comme lorsqu'il s'agit de cuivrer, de dorer ou d'argenter les objets. La couche dé-

posée doit alors être très-mince pour que la forme extérieure
soit la reproduction fidèle du moule intérieur dans tous ses
détails, dans toutes ses proportions. On peut aussi se proposer
de former un dépôt toujours cohérent, mais non adhérent au
moule; par exemple de tirer des reproductions en relief d'un
moule en creux de médaille, et inversement de faire des clichés
de formes d'impression ou de planches gravées. La première
opération c'est la *galvanoplastie* proprement dite; la seconde
c'est l'*électrotypie*.

Supposons qu'il s'agisse de cuivrer de menus objets en
zinc ou en fonte. Il faut d'abord commencer par rendre leur
surface métallique parfaitement nette et exempte de tous corps
étrangers. Pour cela on les chauffe fortement, puis on les
plonge à plusieurs reprises dans un bain d'acide sulfurique
étendu d'eau; c'est ce qu'on appelle le *dérochage*. De là les
objets passent dans un bain d'acide azotique, additionné d'un
peu d'acide sulfurique et de sel marin; c'est le *décapage*. On
a ainsi décomposé, carbonisé les matières organiques, brûlé et
rendu solubles toutes les substances qui pouvaient souiller la
surface du métal. Les objets sont passés à l'eau et conservés
dans du son bien sec; au moment de les cuivrer on les passe
une dernière fois au bain de décapage, et on les plonge dans
un bain de sulfate de cuivre, tous suspendus à un fil de cuivre formant anneau. Cet anneau s'attache à une tringle, placée
en travers au-dessus de la cuve, et à laquelle vient se rendre
le réophore négatif de la pile. Une seconde tringle, parallèle
à la première, reçoit le fil positif; elle supporte une lame de
cuivre, mise en regard des objets à cuivrer, et qui, formant
l'électrode soluble, remplacera, molécule pour molécule, dans
la liqueur, le cuivre déposé sur ces objets. A la tringle négative on peut accrocher une dizaine de paquets pareils, en ayant
soin de suspendre en regard de chacun, sur l'autre tringle,
une lame de cuivre.

Si l'on veut cuivrer des objets volumineux, des candélabres,
des statues en fonte, il faudra comme ci-dessus dérocher et
décaper l'objet, que l'on manœuvre alors avec une grue;
puis l'établir dans le bain, mettre en relation un grand nombre de points de sa surface, à l'aide de fils de cuivre, avec

le réophore négatif, et disséminer dans le liquide tout autour de lui des lames de cuivre se rattachant au réophore positif.

On peut aussi cuivrer des objets en plâtre, en cire; mais comme ces corps ne sont pas conducteurs, il faut rendre leur surface conductrice en la recouvrant, avec une brosse fine, d'une couche de plombagine ou de bronze florentin. Avec le plâtre, il est de plus nécessaire de le plonger à l'avance dans de la cire ou de la stéarine fondue, afin de remplir ses pores, et d'empêcher la solution cuivrique d'y pénétrer. Une fois la surface métallisée, on procède exactement comme il a été dit plus haut.

On peut même de cette façon cuivrer des fruits, des feuilles, etc.

La dorure et l'argenture galvaniques prennent particulièrement bien sur le cuivre et le laiton; et comme certains métaux, le fer, le zinc par exemple, prennent mal directement le dépôt d'or ou d'argent, on commence toujours par les cuivrer, pour les dorer ou les argenter ensuite.

L'objet en cuivre, ou à surface de cuivre, étant parfaitement décapé, on le plonge dans le bain attaché au réophore négatif. Pour l'argenture, le bain est une solution de cyanure d'argent dans le cyanure de potassium; pour la dorure, une solution de chlorure d'or dans le cyanure de potassium ou le carbonate de potasse. Au réophore positif doit s'attacher une lame d'argent ou d'or, pour jouer le rôle d'électrode soluble, et remplacer le métal déposé.

Électrotypie. — Voyons actuellement comment on s'y prend pour reproduire une médaille, une forme, une planche gravée.

Pour les médailles, on commence par prendre une empreinte de la face que l'on veut reproduire, soit avec le plâtre, avec le soufre, la cire, soit avec l'alliage Darcet. Dans le dernier cas le moule obtenu sera conducteur par lui-même; dans les autres, il faut, après avoir remédié à la porosité du moule, métalliser la face dont on veut prendre l'empreinte avec la plombagine ou le bronze florentin. On roule alors un fil de cuivre autour du bord de la médaille, puis on le couvre de cire, ainsi que le bord et la face qu'on ne veut point reproduire. Le moule ainsi préparé, on passe deux ou trois fois sa face métallique dans la fumée d'une lampe, pour y former un léger dépôt de noir de fumée ; sans cette précaution le cuivre adhérerait au moule. Enfin l'on plonge la médaille dans le bain de sulfate de cuivre en rattachant son fil au réophore négatif. En face on dispose une lame de cuivre suspendue au réophore positif.

Quand on n'opère qu'en petit, on peut se servir de l'appareil de M. Boquillon. On prend un vase cylindrique en porcelaine poreuse, ou encore un cylindre de verre fermé par une membrane de vessie (fig. 277). On établit ce vase au moyen d'un collier qui l'embrasse aux deux tiers de sa hauteur, et de trois pattes horizontales, sur un second vase en

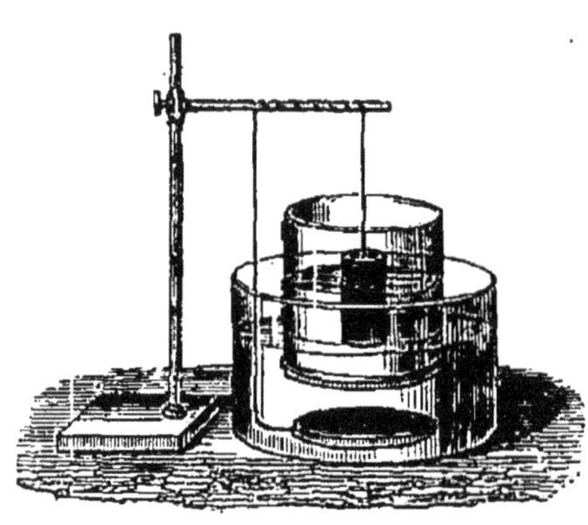

Fig. 277.

verre. Le vase intérieur contient de l'eau acidulée ; on y fait plonger un fil de laiton portant une petite masse de zinc ; le vase extérieur contient du sulfate de cuivre. Le moule y est immergé et placé en regard du fond du vase poreux ; il est supporté par un fil de cuivre, qui va rejoindre par l'intermédiaire d'une tringle le fil de laiton qui porte le zinc. On voit que l'appareil fournit lui-même le courant nécessaire à l'action électrolytique.

Pour faire les clichés, on en prend actuellement un moule en creux, à l'aide de la gutta percha légèrement ramollie par une double chaleur, et pressée avec force contre la forme. On fait de même pour les planches gravées, et après avoir métallisé à la plombagine le moule de gutta percha, on le porte au bain de sulfate de cuivre.

Il est essentiel de remarquer que les dépôts formés dans ces diverses opérations, soit de galvanoplastie, soit d'électrotypie, n'ont de cohérence qu'à la condition que le courant aura une intensité moyenne convenable. Le courant est-il trop fort, le cuivre déposé est cassant ou même pulvérulent. Si le courant est trop faible, le cuivre ne se dépose que par plaques irrégulières, ou même ne se dépose pas du tout.

CHAPITRE XXXI.

ÉLECTRO-MAGNÉTISME. — EXPÉRIENCES D'OERSTED, AMPÈRE, FARADAY. — GALVANOMÈTRE.

On sait depuis longtemps que des décharges électriques puissantes, comme celles de la foudre, par exemple, venant à s'opérer sur une aiguille aimantée ou dans son voisinage, peuvent changer son mode d'aimantation, déplacer la ligne de ses pôles ou même la retourner complétement. On en a vu de fréquents exemples dans les boussoles de navires frappés par le tonnerre. Il y avait donc à coup sûr une connexion entre les phénomènes électriques et les phénomènes magnétiques; mais, jusqu'en 1820, aucun physicien n'avait entrepris de recherches méthodiques dans le but de découvrir ces relations. C'est alors qu'Œrsted observa qu'un circuit métallique traversé par un courant et placé dans le voisinage d'une aiguille de déclinaison, déplaçait l'aiguille de sa position normale. Il varia l'expérience, fit passer le courant tantôt au-dessus, tantôt au-dessous de l'aiguille, dans un sens ou dans le sens inverse, dans le plan du méridien ou dans tout autre plan, et reconnut que l'aiguille se déviait tantôt dans un sens, tantôt dans l'autre, mais sans saisir de lien entre ces divers phénomènes de déviation. Ampère imagina alors d'attribuer au courant une droite et une gauche; et dès lors il fut facile de grouper tous ces cas, en apparence si divers, de l'expérience, sous un même énoncé. Que l'on suppose une petite figure, un bonhomme de papier, collé sur le fil dans sa longueur, de telle sorte que le courant le traverse des pieds à la tête, et qu'il tourne la face vers l'aiguille, et convenons d'appeler gauche et droite du courant la gauche et la droite de la petite figure. Quelle que soit la position du fil par rapport à l'aiguille, l'aiguille sera déviée, et tendra à se mettre en croix sur le fil, son pôle austral se portant vers la gauche du courant, son pôle boréal vers la droite.

Ainsi, qu'on étende le fil *au-dessus* de l'aiguille, dans le plan du méridien magnétique, et qu'on fasse passer le courant du nord au sud, le pôle austral se portera alors vers l'est; qu'on fasse passer le courant du sud au nord, le pôle austral passera du côté de l'ouest. L'inverse aura lieu quand le fil sera en dessous de l'aiguille. Qu'on place au contraire le courant dans la direction perpendiculaire au plan du méridien, au-dessus de l'aiguille, et marchant de l'est à l'ouest, l'aiguille se retournera bout pour bout, son pôle austral pointant vers le sud. Qu'on fasse aller le courant de l'ouest à l'est, et alors l'aiguille restera dans sa position normale. Si l'on se représente la position de la petite figure d'Ampère dans les divers cas, il sera facile de voir que toutes ces positions particulières de l'aiguille, signalées par Œrsted, s'expliquent par la formule générale d'Ampère. Si on éloigne progressivement le fil de l'aiguille, la déviation décroît rapidement, comme on peut s'y attendre.

Lorsque, pour faire l'expérience, on se borne à tendre un fil en ligne droite, près de l'aimant, et à y faire passer le courant, la déviation est toujours peu considérable, à moins que le courant ne soit d'une grande intensité. On comprend, en effet, d'après ce que nous venons de dire de l'influence de la distance, que l'aiguille, ne subissant que l'action des parties du courant les plus voisines, l'effet des autres portions se trouve complétement perdu.

Mais imaginons que le circuit soit assez long pour qu'on puisse le replier en rectangle, dans un plan (fig. 278), et plaçons l'aiguille dans l'intérieur

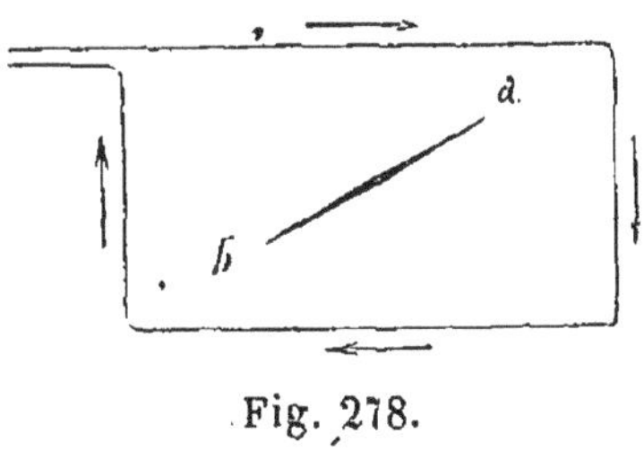

Fig. 278.

de ce rectangle; indiquons par des flèches le sens du courant dans le fil. Il est aisé de voir que la petite figure d'Ampère placée dans la position convenue sur les quatre côtés du rectangle, aura toujours sa gauche du même côté, en arrière du plan de la figure.

Les quatre portions du courant rectangulaire concourent donc à produire le même effet, qui est de porter le pôle austral de l'aiguille derrière le plan du rectangle, et le pôle boréal en avant.

Multiplicateur. — Faisons faire au fil plusieurs tours rectangulaires serrés l'un près de l'autre; et il faudra alors que le fil soit recouvert de soie ou d'une couche isolante quelconque, caoutchouc, gutta-percha, etc., pour que le courant suive le fil dans toute sa longueur et ne passe pas directement dans l'ensemble des spires enroulées, comme si elles ne faisaient qu'un seul tour d'une section égale à la somme de leurs sections. Dans ces conditions, chaque rectangle ajouté exercera la même action que le rectangle primitif, et l'action totale sera proportionnelle au nombre de tours. On donne le nom de *multiplicateur* de Schweiger, du nom de son inventeur, à un cadre en bois sur lequel se trouve ainsi enroulé un long fil de cuivre recouvert de soie (fig. 279).

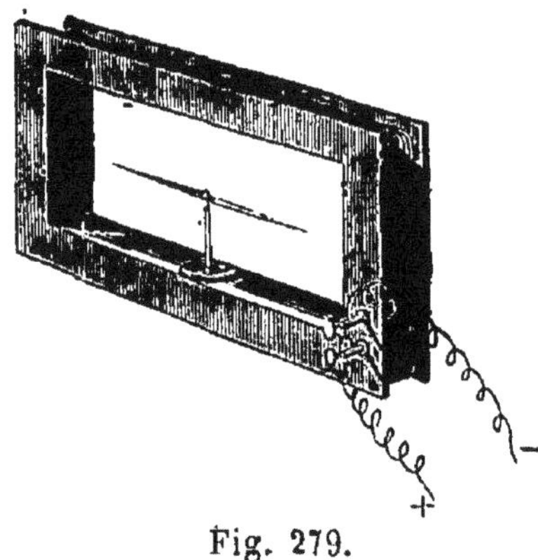

Fig. 279.

Pour obtenir une déviation très-grande de l'aiguille aimantée, il suffit, disposant ce cadre dans le plan du méridien magnétique, et établissant l'aiguille sur un pivot au centre du cadre, d'attacher aux extrémités de son fil les réophores d'un circuit voltaïque ouvert. Immédiatement l'aiguille vient se placer dans une position presque perpendiculaire au plan, son pôle austral à la gauche du courant.

Établissons ici d'une manière bien nette le mode de multiplication que produit l'emploi du cadre de Schweiger.

Si le courant est lancé dans un circuit formé par un fil de cuivre de 10 mètres de long, et si on roule sur un cadre d'abord un tour, puis deux, puis trois, etc., de ce fil, les tours rectangulaires ayant tous le même périmètre, étant tous enroulés de la même façon, et on pourra admettre qu'il en est ainsi si le fil est fin et le cadre un peu grand, l'action exercée sur l'aiguille sera proportionnelle au nombre de tours. Avec vingt tours formés, l'action sera vingt fois ce qu'elle est avec un seul tour du même fil.

Lançons maintenant le même courant dans un fil de cuivre de même diamètre, qui aurait 100 mètres de longueur, et faisons faire deux cents tours à ce fil sur le cadre ; l'action sera deux cents fois ce qu'elle serait avec un seul tour du même fil, si le fil est assez fin pour que les deux cents rectangles soient encore identiques ; mais elle ne sera pas décuple de ce qu'elle était avec le multiplicateur précédent, à vingt tours. Car le second multiplicateur, placé dans le circuit total y introduit une résistance dix fois plus grande que celle qu'avait introduite le premier, puisque la longueur du fil est dix fois plus grande, et le courant se trouve diminué d'intensité.

Soit AA′ la projection du cadre sur le plan horizontal ; ab l'aiguille (fig. 280). A mesure que le pôle austral s'éloigne du plan du cadre, l'énergie de l'action déviatrice se trouve évidemment diminuée ; en même temps la force directrice de la terre agit par sa composante tangente au cercle décrit, pour ramener l'aiguille à sa position initiale dans le plan du méridien. Le calcul démontre que, quelles que soient l'intensité du courant et la grandeur de la force directrice, il y aura toujours une position d'équilibre stable pour l'aiguille dans l'angle droit MON. Mais on comprend aussi que, pour un même courant et une même aiguille, la déviation aOM sera d'autant plus grande que l'on rendra plus faible l'action directrice.

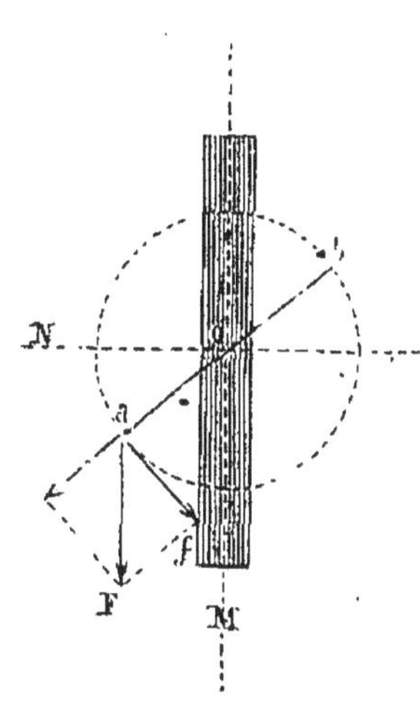

Fig. 280.

On peut soustraire complétement une aiguille à l'action directrice de la terre par divers moyens. On peut placer un fort barreau aimanté dans le voisinage de l'aiguille, en sens inverse du barreau terrestre, de telle sorte qu'il équilibre son action directrice par une action directrice inverse, et qui pourra toujours être rendue égale, bien que ce barreau soit plus faible que le barreau terrestre, parce qu'il agit à beaucoup plus petite distance.

On peut aussi rendre l'aiguille mobile autour d'un axe passant par son centre de gravité et parallèle à l'aiguille d'inclinaison, car alors, la force directrice, agissant perpendiculairement au plan dans lequel tourne l'aiguille, ne peut déterminer aucun mouvement dans ce plan ; elle est dès lors sans influence sur l'aiguille, qui s'arrête indifféremment dans toute position qu'on veut bien lui donner.

Une aiguille ainsi soustraite à l'action directrice de la terre est dite *astatique :* c'est-à-dire qu'elle ne prend pas de position d'équilibre déterminée. Elle est indifférente.

Or, si l'on fait agir sur une aiguille complétement astatique un courant, si faible qu'il soit, on voit toujours l'aiguille se mettre rigoureusement perpendiculaire au courant, son pôle austral à la gauche de ce courant. On comprend alors que dès l'instant qu'il y a une force directrice, elle doit ramener l'aiguille dans l'angle MON.

L'angle que fait la position d'équilibre avec OM sera évidemment d'autant plus petit que la force directrice sera plus grande ; d'autant plus grand que le courant sera plus énergique.

Ainsi, en mettant un multiplicateur en communication avec un circuit fermé, on reconnaîtra l'existence d'un courant dans ce circuit au seul fait de la déviation de l'aiguille ; le sens de la marche du courant dans le cadre et, par conséquent, dans le circuit, au sens même de la déviation de l'aiguille, le pôle austral devant toujours être à la gauche du courant ; et enfin on comprend qu'on puisse comparer les intensités relatives des courants par la grandeur de la déviation.

Le multiplicateur, employé de cette façon, devient alors un *galvanomètre.*

Nous reviendrons avec plus de détails, dans le chapitre suivant, sur la construction et l'usage de ce précieux instrument; continuons, pour le moment, l'étude des actions des courants sur les aimants.

On sait qu'un des principes les plus importants de la mécanique, c'est que toute action exercée par un corps sur un autre, pression, attraction, répulsion, etc., est accompagnée d'une réaction du second corps sur le premier, exactement égale et en sens inverse.

Il doit donc y avoir aussi une réaction de l'aimant sur le fil, tendant à déplacer ce fil en sens inverse du mouvement qu'aurait pris l'aiguille, ce qui mettra toujours d'ailleurs le pôle austral à la gauche du courant.

Le fait de cette réaction se constate facilement par l'expérience.

Prenons un support, composé d'une double potence, dont les branches horizontales portent chacune un petit godet rempli de mercure c, d. Le fond de l'un de ces godets est formé d'une petite plaque de verre. Un fil de cuivre replié, comme le montre la figure 281, de manière à former un double rectangle, se termine par deux petits crochets avec pointes d'acier, placés dans l'axe MN du double rectangle. Ces pointes reposent, l'une sur le fond en verre, l'autre sur le mercure, dont elle ne fait qu'effleurer la surface. Ce petit équipage peut ainsi tourner librement autour de la droite passant par les deux pointes. On a soin de bien l'équilibrer, de telle sorte qu'il soit en équilibre indifférent. Les branches des potences l'empêcheront cependant de faire le tour complet.

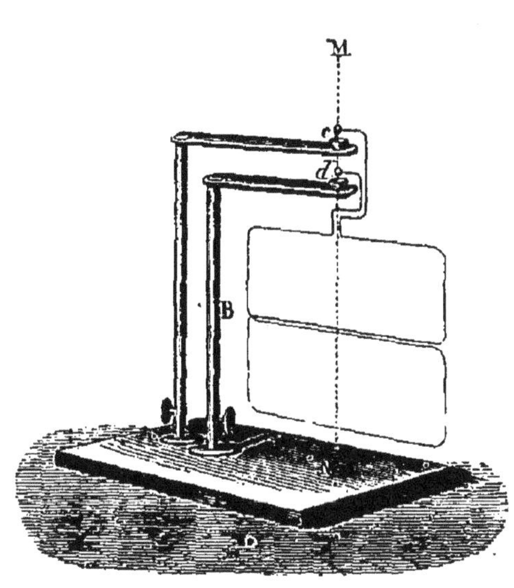

Fig. 281.

Pour donner liberté entière à l'appareil, on peut remplacer

le système des deux potences par deux colonnes (fig. 282), dont l'une est cachée dans l'intérieur de l'autre. Un tube de verre interposé entre elles les isole. La colonne intérieure

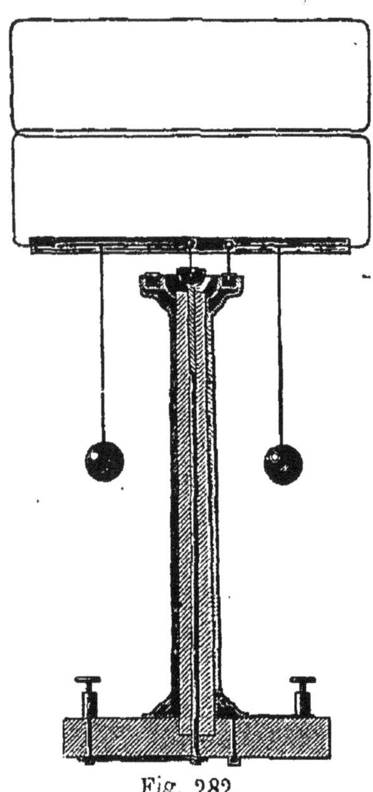

Fig. 282.

porte un petit godet à son extrémité supérieure. La colonne creuse porte une cuvette annulaire. L'équipage repose par une de ses pointes sur le godet. L'autre pointe effleure le mercure de la cuvette. Des contre-poids abaissent le centre de gravité de l'équipage, de manière à le constituer en équilibre stable. Le courant est amené dans l'équipage par les poupées p, q, qui communiquent, l'une avec la colonne intérieure, l'autre avec la colonne extérieure.

Si l'on place un barreau dans l'un des rectangles, l'appareil tourne autour de son axe vertical, de telle sorte que son plan devienne perpendiculaire à l'axe du barreau, et que le pôle austral du barreau soit à la gauche du courant. Dans le second rectangle, l'enroulement du fil est inverse; aussi vient-on à y placer de la même façon le barreau, l'équipage se retourne de 180°.

Si l'on vient à renverser le sens du courant en changeant de place les réophores attachés aux poupées p, q, l'appareil se retourne de 180°, de telle sorte que le pôle austral soit encore à la gauche du courant.

Commutateurs. — Interrupteurs. — Le renversement du sens du courant peut s'exécuter instantanément à l'aide d'un petit appareil appelé *commutateur* ou *rhéotrope*. Depuis Ampère, qui a imaginé le premier commutateur, la forme de ces appareils a varié à l'infini, au gré des constructeurs. Nous

nous bornerons à en décrire deux, qui sont plus habituellement employés.

Ces appareils sont construits de manière à pouvoir également servir d'*interrupteur* ou *rhéotome* pour ouvrir le circuit
et interrompre le courant.

Le premier commutateur (fig. 283) se compose d'un petit
disque rond en bois qu'on peut faire
tourner à la main à l'aide d'un bouton.
Sur le contour de ce disque sont fixés
deux demi-anneaux métalliques laissant
entre eux un petit intervalle. Sur la petite tablette qui porte l'axe de ce disque
se trouvent plantées quatre poupées métalliques destinées à recevoir les conducteurs que l'on y fixe à l'aide de vis de pression. Elles portent chacune une lame de
ressort venant appuyer sur le contour du
disque, de telle sorte que deux des lames
touchent toujours à la fois l'une des deux
couronnes. Les extrémités du circuit,
destinées à recevoir le courant, étant attachées aux poupées
3 et 4, et les réophores de la pile aux poupées 1 et 2, le courant arrive à la poupée·1, de là, par le
ressort à la demi-couronne de gauche,
au ressort et à la poupée 4, traverse le fil
de 4 à 3, puis revient par la demi-couronne de droite à la poupée 2 et à la pile.
Si on tourne le bouton de 90°, les interruptions viendront se placer entre 1 et 4,
et entre 2 et 3. Le courant passera donc
directement de 1 à 2, sans traverser le fil
placé entre 4 et 3.

L'appareil fonctionne alors comme
rhéotome. Attachons au contraire les
réophores en 1 et 3 (fig. 284); et les extrémités du fil où on veut faire passer le
courant en 2 et 4. Le bouton étant placé dans la première position, le courant arrivant en 1, passera à 4 par la demi-cou-

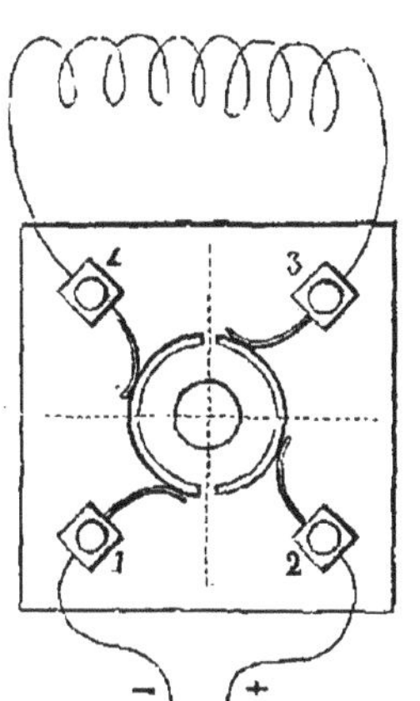

Fig. 283.

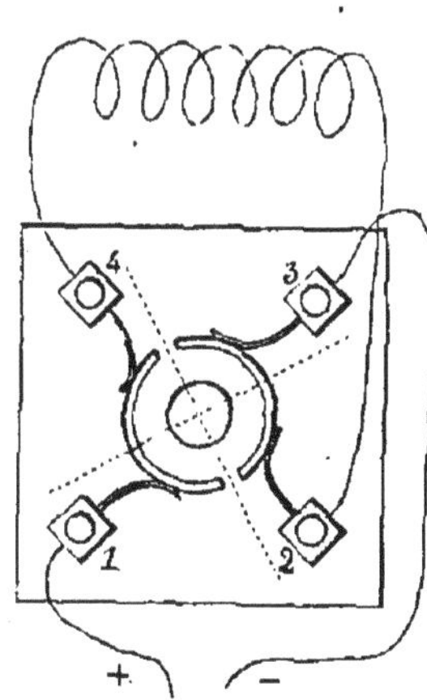

Fig. 284.

ronne, de 4 à 2 par le fil, de 2 à 3 par la seconde demi-couronne, et de là à la pile. Tournons le bouton de manière à placer les interruptions entre 1 et 4, et entre 2 et 3. Le courant arrivant par 1 passera à 2 par la demi-couronne, de 2 à 4 par le fil, de 4 à 3 par la seconde demi-couronne, et de là fera retour à la pile. Ainsi, suivant la position du bouton, le courant passera dans le fil de 4 à 2 ou de 2 à 4.

Cet appareil peut être à volonté rhéotome ou rhéotrope; mais il ne peut pas être l'un et l'autre en même temps. Il faut, pour qu'il puisse jouer l'un ou l'autre de ces deux rôles, un arrangement différent des fils.

L'appareil de Rhumkorff peut, au contraire, être simultanément rhéotome ou rhéotrope sans rien changer à l'agencement des conducteurs.

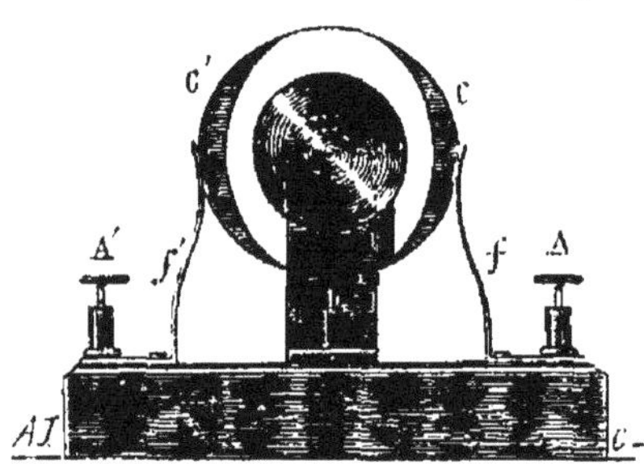

C'est un cylindre en buis (fig. 285), portant sur sa surface convexe deux petites lames de cuivre c, c' appliquées suivant sa longueur, et couvrant chacune un quart environ de la surface du cylindre. Perpendiculairement aux plans des bases se trouvent implantées deux tiges formant tourillons, qui reposent sur deux montants métalliques DD' dressés sur une tablette, ce qui donne au commutateur l'apparence d'un treuil de puits. L'un de ces tourillons communique par une vis qui traverse le bois du cylindre avec une des deux lames de cuivre. Le second tourillon communique de la

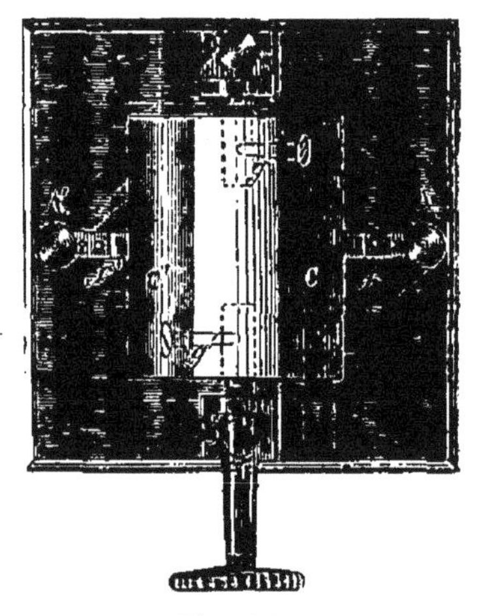

Fig. 285.

même façon avec l'autre lame. Sur le côté, la tablette porte deux petites poupées A, A′ destinées à recevoir les réophores, et garnies de ressorts qui viennent appuyer contre le cylindre. Aux supports métalliques du treuil s'attachent les extrémités du fil qui doit recevoir le courant. Le cylindre étant tourné de telle sorte que les ressorts appuient contre les lames de cuivre, le courant arrive par la poupée A, passe par le ressort f à la lame c, de là par la vis au tourillon et au montant D, traverse le circuit pour revenir en D', passe par la vis g' à la seconde lame c', au ressort f', et enfin à la poupée A' qui le ramène à la pile. Tourne-t-on de 180°, le ressort f touchera alors c' et le ressort f' touchera c. Le courant suivra donc la route A$fc'g'$D'...Dgcf'A'. Enfin si on tourne de 90° seulement, les ressorts f et f' porteront sur le bois du cylindre au lieu de porter sur les lames de cuivre, et le courant sera interrompu.

Mouvements de rotation continue.—On a vu comment on pouvait, à l'aide d'un courant, amener un aimant à une position d'équilibre, et inversement, comment on pouvait faire prendre à un courant mobile, sous l'influence d'un aimant, une position d'équilibre. Mais en se plaçant dans des conditions d'expérience telles que l'aimant ou le courant déplacé se retrouve, après son déplacement, encore dans les mêmes conditions par rapport au courant ou à l'aimant qui l'a écarté de sa position initiale, alors il n'y aura plus de position d'équilibre, et le mouvement devra se continuer.

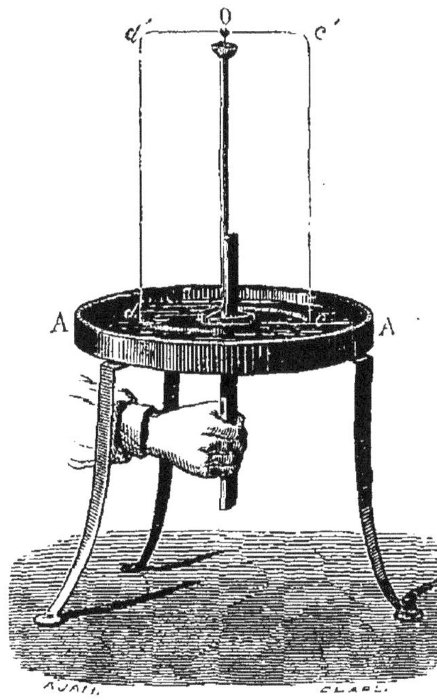

Fig. 286.

Rotation d'un courant vertical. — Une cuvette de zinc AA (fig. 286) présente en son centre une assez large ouverture garnie d'un rebord aussi élevé que les bords mêmes de la cuvette. Une tige métallique, fixée par trois pattes sur ce rebord, se dresse verticalement, portant à son extrémité supérieure un godet à fond de verre, plein de mercure. Sur ce godet pose la pointe d'acier d'un petit équipage en fil de cuivre, ayant une branche horizontale $c'd'$, et deux branches verticales cc', dd' qui viennent plonger dans la cuvette. Un anneau en ruban de cuivre très-mince maintient ces deux branches parallèles. Si l'on verse de l'eau un peu fortement acidulée dans la cuvette, l'action chimique exercée sur le zinc donne lieu à un courant qui va de l'acide au métal par le conducteur, et du métal à l'acide par leur surface de contact. Ainsi le courant remontera les deux fil verticaux cc', dd', puis par les branches horizontales et la tige centrale regagnera la cuvette de zinc.

Si l'on vient à dresser contre la tige centrale un fort barreau aimanté, le pôle austral en haut, on voit immédiatement l'équipage se mettre à tourner d'une manière continue autour de la tige centrale ; cc' se porte en dd', en passant en arrière du plan de la figure, puis revient de dd' en cc', en passant en avant du plan. Un observateur, qui se placerait au-dessus de l'appareil, verrait ainsi tourner tout l'équipage dans le sens inverse du mouvement des aiguilles d'une montre. S'il se suppose appuyé contre l'axe, il verra l'équipage tourner autour de lui de sa droite à sa gauche.

Si on enlève le barreau, ou si on place à côté de lui un second barreau de même force, mais ayant son pôle boréal en haut, le mouvement de rotation ne tarde pas à s'arrêter par l'effet des résistances et des frottements. Laisse-t-on seulement le dernier aimant en place, le mouvement s'établit en sens contraire, c'est-à dire dans le sens même du mouvement des aiguilles d'une montre, ou de la gauche à la droite de l'observateur placé dans l'axe.

Ces mouvements peuvent s'expliquer facilement en appliquant la loi d'Ampère et le principe de l'égalité de l'action et de la réaction. Le courant ascendant dd' tend à porter le pôle a à sa gauche, derrière le tableau ; mais le pôle étant fixe et le courant mobile, c'est le courant qui se porte vers sa droite à lui-même, ou vers la gauche de l'aimant qui le regarde. Ainsi, il se portera en avant du plan du tableau ; mais par suite de sa liaison à l'axe central, il ne peut que se déplacer cylindriquement autour de cet axe. Quelle que soit la position nouvelle qu'il prenne, il se retrouvera toujours dans la même situation par rapport à l'aimant, appuyé contre l'axe; il sera donc encore porté vers sa propre droite, et le mouvement se continuera indéfiniment. Vient-on à retourner l'aimant en plaçant son pôle boréal en haut, alors le pôle boréal est repoussé vers la droite du courant; mais comme il est fixe, c'est alors le courant qui se déplace vers sa propre gauche, ou vers la droite de l'aimant. Le mouvement s'établit en sens inverse. Avec deux aimants égaux placés côte à côte et en sens contraire, les actions inverses s'équilibrent, et l'appareil reste indifférent.

Rotation d'un aimant. — Cette expérience remarquable est due à Faraday; en voici une non moins curieuse qui est due à Ampère, et qui est la contre-partie de la précédente. Ici nous allons imprimer un mouvement de rotation continue à un aimant sous l'influence d'un courant.

On a une éprouvette à pied A remplie de mercure (fig. 287).

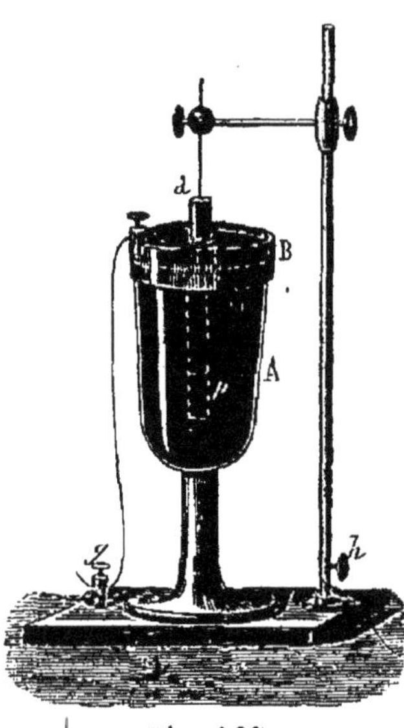

Fig. 287.

Sur le bord de l'éprouvette est fixé un anneau métallique BB que vient toucher le mercure. Dans le mercure plonge un petit aimant ab, lesté par un cylindre de platine p qui lui permet de rester dans une position verticale. Un tout petit godet se trouve creusé dans l'extrémité supérieure du barreau; on dépose dans ce godet une goutte de mercure. Un fil de cuivre, attaché à l'anneau, vient se fixer par son autre bout à la poupée g. Une potence métallique porte une pointe que l'on fait descendre jusqu'à plonger dans le godet du barreau. On attache en h et en g des fils qui se rendent aux poupées d'un commutateur qui reçoit les réophores de la pile. Le courant établi, on voit immédiatement l'aimant tourner sur lui-même autour de son axe de figure, d'une manière continue.

L'aimant ayant son pôle austral en haut, si le courant, arrivant en *h*, monte par la potence pour descendre par la pointe, le godet et l'aimant, à la surface du mercure, gagner l'anneau, la poupée *g* et retourner à la pile, l'aimant tournera, pour un observateur qui le regarde d'en haut, l'œil au-dessus de la pointe, dans le sens du mouvement des aiguilles d'une montre. Si, avec un commutateur, on renverse le sens du courant, le mouvement s'arrête, puis se rétablit en sens inverse. Avec le pôle boréal en haut, les deux mouvements seraient changés de sens.

Représentons-nous le barreau comme formé de petits barreaux linéaires accolés l'un contre l'autre (fig. 288), et admettons que le courant *descende* suivant l'axe du barreau. Voyons son action sur l'aimant *ab*. La gauche du courant descendant, dont la petite figure regarde *ab*, est en avant du plan du tableau ; *ab* devra donc se porter en avant du plan, mais maintenu par la pointe et par le lest, il ne peut que tourner cylindriquement autour de l'axe. Or, quelle que soit sa nouvelle position, il sera encore dans la même situation par rapport au courant descendant ; il devra toujours se porter en avant du plan qu'il forme avec l'axe ; d'où le mouvement de rotation, et dans le sens que nous avons indiqué. Il serait facile de voir que *a'b'* tendrait à se porter en arrière de ce même plan, car c'est de ce côté que la petite figure du courant descendant aurait sa gauche, si elle regardait *a'b'*. Ces deux actions concourent pour faire tourner le plan *aba'b'* autour de l'axe, dans le sens du mouvement des aiguilles d'une montre.

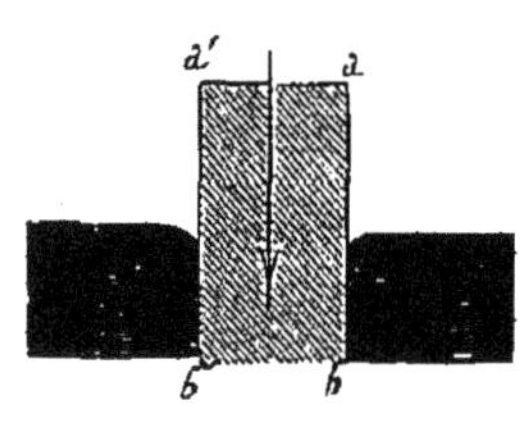

Fig. 288.

Ampère fit aussi l'expérience d'une autre façon ; il faisait plonger la pointe dans le mercure, et plaçait l'aimant le plus près possible de cette pointe. Le courant établi, l'aimant se transporte parallèlement à lui-même, en tournant autour de la pointe. Avec le pôle austral en haut, et le courant arrivant par la pointe, le mouvement de révolution du barreau est encore dans le sens du mouvement des aiguilles d'une montre. L'explication de ce phénomène est la même que pour le précédent.

Action de la terre sur les courants. — Pour expliquer
le phénomène de la direction de l'aiguille aimantée, nous
avons établi l'hypothèse que la terre se comportait à la façon
d'un barreau aimanté, ayant un pôle magnétique dans chacun
de ses deux hémisphères géographiques; nous avons même
fait connaître les résultats des observations faites aux divers
lieux du globe sur la distribution du magnétisme terrestre.
Or, si la terre agit à la façon d'un barreau, ce n'est pas seulement vis-à-vis des aimants qu'elle doit présenter les mêmes
actions, c'est aussi vis-à-vis des courants. Ampère a reconnu,
en effet, qu'un courant rectangulaire mobile, soustrait à l'influence de courants ou d'aimants voisins, prend une certaine
orientation déterminée, analogue à celle que lui donnerait
un barreau placé dans la position que l'on a supposée à l'aimant terrestre dans l'intérieur du globe.

Sur la double potence déjà décrite (fig. 281), plaçons un
équipage formé d'un fil replié en rectangle (fig. 289); et parfaitement équilibré, en ayant soin, pour laisser plus de liberté
de mouvement à l'appareil, de placer le plan de la potence
dans le plan du méridien magnétique. Si nous lançons le courant dans le fil, l'équipage tourne autour de ses pointes et
vient se fixer dans une position d'équilibre stable dont le plan
est exactement perpendiculaire au plan du méridien magnétique ; de telle sorte qu'une droite perpendiculaire au plan du
cadre, en son centre de figure, droite qu'on peut appeler l'axe
du rectangle, se trouve être parallèle à l'aiguille de déclinaison. De plus, si l'on suit la marche du courant dans le fil,
on voit que le courant est descendant dans
la branche verticale qui regarde vers l'est,
ascendant par conséquent dans l'autre branche, celle qui s'est portée vers l'ouest, de
telle sorte que, dans la branche horizontale la plus rapprochée du sol, le courant
va de l'est à l'ouest. Si, à l'aide du commutateur, on renverse le sens du courant,
l'appareil tourne de 180° sur son axe ver-
tical, et le sens du courant se retrouve ainsi, dans les branches est et ouest, ce qu'il était tout à l'heure.

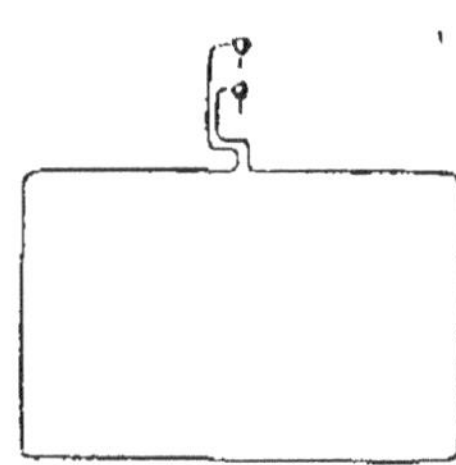

Fig. 289.

L'axe s'est retourné bout pour bout comme une aiguille dont on aurait renversé l'aimantation.

Que l'on se représente la petite figure collée sur le fil horizontal inférieur, les pieds à l'est, la tête à l'ouest, et la face tournée vers l'aimant terrestre, elle aura bien sa gauche du côté du pôle austral de la terre.

Toutefois, comme l'aimant terrestre agit à très-grande distance sur les deux branches horizontales du rectangle, qui sont suivies par le courant en sens contraire, ces deux actions, égales en intensité, doivent se détruire; aussi ne faut-il pas chercher là la cause directrice.

M. Pouillet a alors recherché séparément l'action de la terre sur un fil vertical mobile autour d'un axe vertical : c'est la condition où se trouvent les côtés verticaux du rectangle; et, en second lieu, son action sur un fil horizontal pouvant tourner autour d'un de ses points dans un plan horizontal : c'est la condition où se trouvent les côtés horizontaux du rectangle.

Pour étudier l'action sur un fil vertical, M. Pouillet prit une colonne métallique AB sur laquelle se trouvent montées deux cuvettes en cuivre CC, DD, portant un étui central, doublé intérieurement d'un étui en buis isolant, pour que le métal des cuvettes ne touche pas la colonne (fig. 290). Pour la cuvette supérieure, il doit y avoir cependant communication ; elle est établie par une languette métallique d partant de la colonne et plongeant dans la cuvette. Au haut de la colonne se trouve un petit godet sur lequel pose, par une pointe d'acier, un équipage mobile

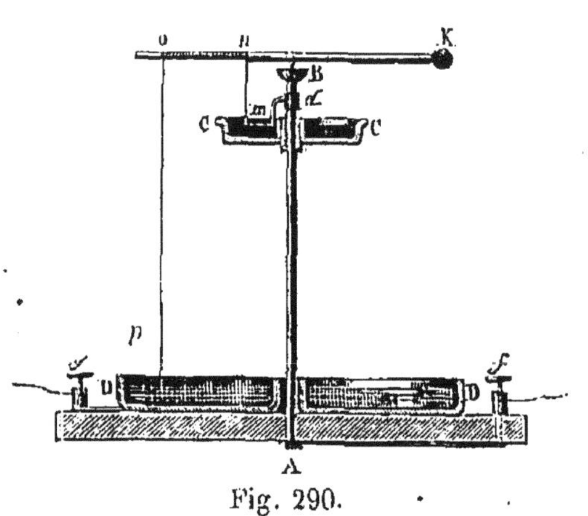

Fig. 290.

formé d'une baguette de bois léger, sur l'une des branches de laquelle est enroulé un fil de cuivre dont les extrémités pendent verticalement; la plus courte descend dans la cuvette supérieure, l'autre dans la cuvette inférieure, qui est d'un diamètre un peu plus grand. Ue petit contre-poids K équilibre à l'autre bout de la baguette le poids de ce fil. Un ruban de cuivre, partant du pied A de la colonne, vient rejoindre une poupée f; un autre ruban de cuivre en contact avec la cuvette inférieure vient aboutir à une seconde poupée g. Après avoir rempli les cuvettes d'eau acidulée, on attache les réophores de la pile à ces poupées; le courant arrive, je suppose, par f, gagne la colonne centrale qu'il remonte, descend par d dans le liquide de la cuvette supérieure, suit le fil $mnop$, arrive au liquide de la cuvette inférieure, à la cuvette elle-même, et de là à la seconde poupée g et à la pile. Le courant est descendant dans le fil op, ascendant dans le fil mn. Mais comme mn est beaucoup plus court, l'action subie par op déterminera évidemment l'effet résultant.

Or, le courant une fois établi, on voit l'appareil tourner et se fixer dans une position d'équilibre stable, telle que le plan vertical déterminé par l'axe et le fil soit perpendiculaire au plan du méridien magnétique, et que de plus le fil, suivi par le courant descendant, se trouve *à l'est de l'axe*.

Change-t-on avec le commutateur le sens du courant dans l'appareil, de telle sorte qu'il suive la route $gDponmCdBAf$, et que le courant soit ascendant dans le fil, l'équipage tourne de 180°, et le fil se place à l'ouest de l'axe.

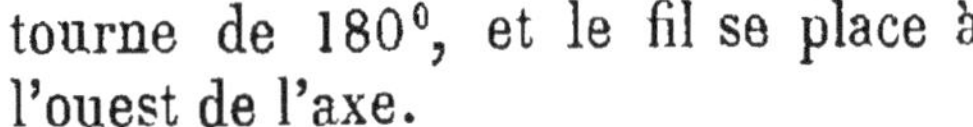

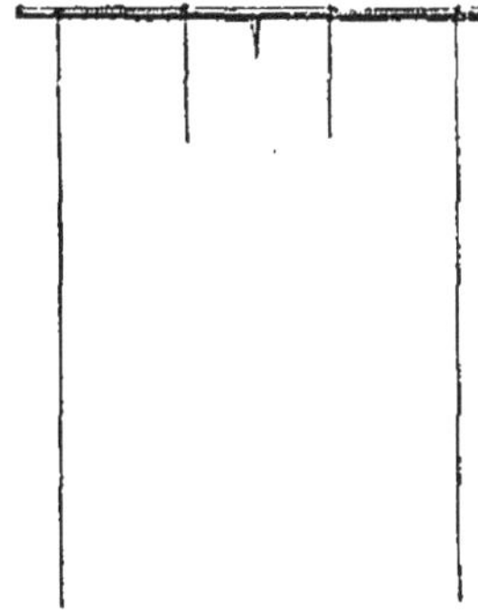

Fig. 291.

Si on remplace le contre-poids par un second fil disposé comme le premier (fig. 291), l'appareil devient astatique, c'est-à-dire indifférent à l'action terrestre; il ne prend plus de position d'équilibre déterminée. Le courant est, en effet, descendant dans les deux fils, ou ascendant dans les deux fils, et les deux actions s'équilibrent dans toutes les positions de l'équipage.

Dans le cadre rectangulaire de l'expérience d'Ampère, le courant est ascendant dans l'une des branches, descendant dans l'autre ; l'action de la terre tend donc à porter la première à l'ouest, la seconde à l'est ; ces actions sont concourantes pour diriger l'appareil dans la position que nous lui avons vu prendre.

Pour étudier l'action que la terre exerce sur les branches horizontales, M. Pouillet s'est servi de l'appareil suivant (fig. 292). C'est l'appareil de l'expérience précédente, avec une colonne centrale beaucoup plus courte, débarrassée de la cuvette supérieure. L'équipage est formé d'un fil présentant deux courtes branches verticales très-rapprochées de l'axe, et deux branches horizontales se recourbant à angle droit à leur extrémité, pour plonger dans l'eau acidulée qui remplit la cuvette. Le courant arrivant par la poupée f montera par la colonne centrale, puis suivra les deux moitiés du fil mobile, depuis l'axe jusqu'à l'extrémité, et, descendant au liquide,

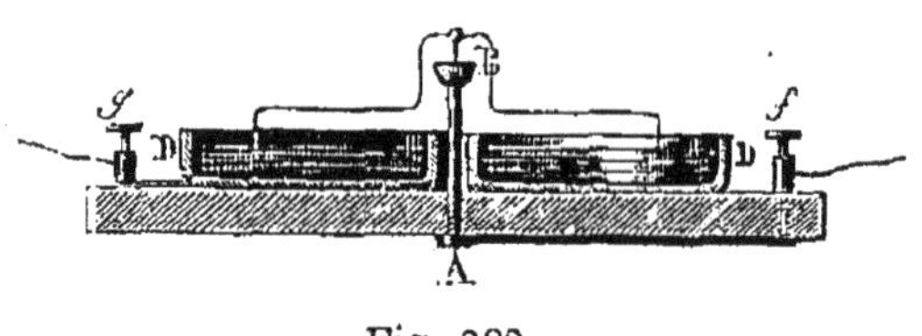

Fig. 292.

arrivera par la cuvette à la poupée g. Chacune des moitiés du fil représente un fil horizontal pouvant tourner autour de son extrémité dans un plan horizontal, et se trouve suivi par un courant qui s'éloigne du centre de rotation.

Le courant établi, on voit l'équipage se mettre à tourner lentement et d'un mouvement continu autour de l'axe : et le mouvement est, pour l'observateur qui se placerait au-dessus de l'appareil, inverse de celui des aiguilles d'une montre. Ou bien encore, l'observateur, se supposant placé debout dans l'axe de la colonne, verra l'appareil tourner devant lui de sa droite à sa gauche.

Change-t-on avec un commutateur le sens du courant, de telle sorte qu'il aille dans les deux moitiés de l'équipage mobile de l'extrémité au centre de rotation, le mouvement primitif s'arrête, puis s'établit en sens contraire : dans le sens du mouvement des aiguilles d'une montre, pour l'observateur qui regarde d'en haut l'appareil ; ou de gauche à droite pour l'observateur qui se suppose placé dans l'axe.

On voit d'après cela que, si la disposition pouvait être telle que le courant, entrant par une des extrémités du fil, ressortît par l'autre, en passant par le centre de rotation, l'équipage serait indifférent, car l'une de ses moitiés tendrait à tourner de droite à gauche, et l'autre de gauche à droite; ces deux actions se détruisent si les deux portions du fil sont égales.

Or c'est là précisément ce qui se présente dans l'équipage rectangulaire d'Ampère; dans chacune des branches horizontales, le courant va d'une extrémité à l'autre en passant par le centre de rotation. L'action de la terre est donc nulle sur ces deux branches, et la direction de l'appareil est due uniquement à l'action sur les branches verticales.

Équipages astatiques. — La terre pouvant exercer des actions *directrices* ou *rotatives* sur les branches d'un équipage mobile, il importe, dans l'étude des actions que les aimants exercent sur les courants mobiles, et aussi dans l'étude que nous allons faire des actions réciproques des courants, d'éliminer cette cause de mouvement, afin de ne point être exposé à attribuer à l'action de ces aimants, ou de ces courants, des mouvements qui seraient déterminés par l'aimant terrestre. Ampère a donc imaginé des équipages astatiques, c'est-à-dire insensibles à l'action terrestre. Les seuls que nous aurons à employer sont les deux suivants.

Premier équipage (fig. 293). — Mode de plication du fil *aicdfeghbk*. Dans cet équipage, le courant ira, dans toutes les branches horizontales, d'une extrémité à l'autre, en passant par le centre de rotation. Ces branches horizontales sont donc astatiques, chacune par elle-même. Chaque branche verticale est composée de deux moitiés où les courants sont nécessairement de sens contraires. Elle est donc aussi évidemment indifférente à l'action terrestre. Nous avons déjà employé cet ap-

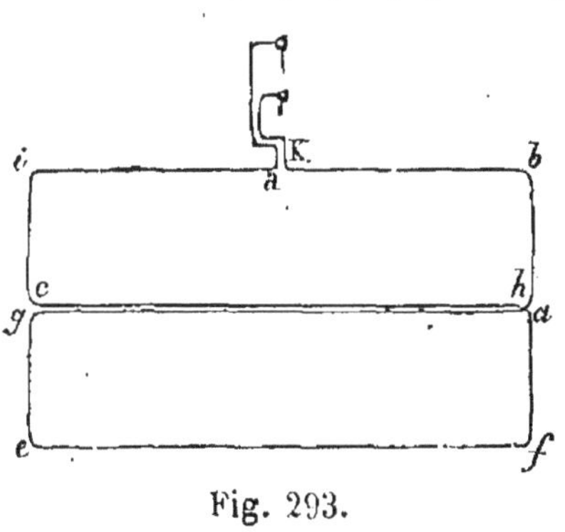

Fig. 293.

de sens contraires. Elle est donc aussi évidemment indifférente à l'action terrestre. Nous avons déjà employé cet appareil pour l'expérience de la réaction d'un aimant sur un courant mobile.

Deuxième équipage (fig. 294). — Mode de plication *abcdefghk*. Ici les branches ne sont plus astatiques par elles-mêmes. Mais elles forment deux à deux des systèmes astatiques. Ainsi *bc* et *fg* forment un système astatique, car le courant sera de même sens dans les deux.

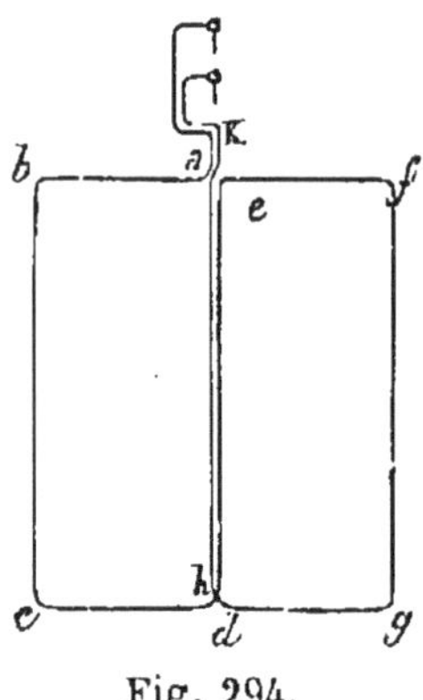

Fig. 294.

cg et *bf* forment aussi un système astatique, car si *cg* tend à tourner de gauche à droite autour du centre, *bf* tendra à tourner de droite à gauche.

Les portions de fil qui se croisent, ou se touchent sur leurs longueurs, doivent être évidemment entourées de soie, ou recouvertes d'un enduit isolant.

Nous avons vu comment Ampère avait démontré que la terre dirigeait un courant rectangulaire, mobile autour d'un axe vertical, de telle sorte que l'axe de ce courant ait la position de l'aiguille de déclinaison. Il est arrivé également à réaliser l'inclinaison. Sur deux colonnes verticales, dont le plan était perpendiculaire au méridien magnétique, il posait les extrémités d'un fil, replié comme l'indique la figure 295,

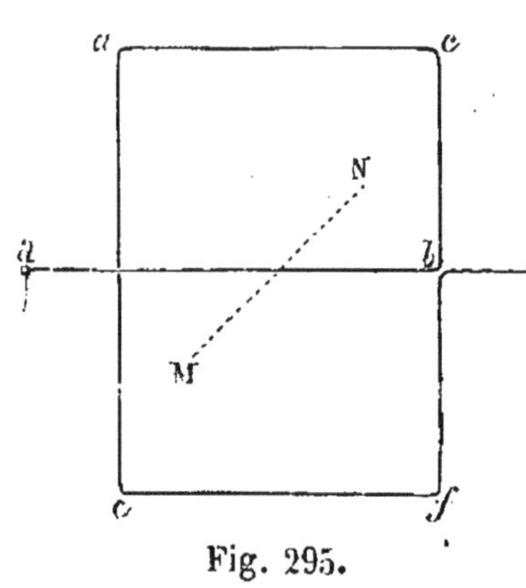

Fig. 295.

abcdefg. Il faisait passer le courant de telle sorte que, dans la branche horizontale inférieure *ef*, le courant marchât de l'est à l'ouest. On voit qu'on a là le cadre rectangulaire de la première expérience, mais inobile autour d'un axe horizontal *ag*. Dès que le courant passe dans l'appareil, l'équipage s'incline de façon que son axe MN devient parallèle à l'aiguille d'inclinaison, si cet équipage est bien équilibré. Vient-on à renverser le sens du courant, l'équipage se retourne sens dessus dessous, *cd* devenant la branche inférieure, et MN reprend son inclinaison, N se plaçant en M et M en N.

On voit déjà, par l'exposé que nous venons de faire, comment Ampère, en partant de l'expérience d'Œrstedt, est arrivé à découvrir tout un ensemble de lois expérimentales rattachant étroitement les phénomènes du magnétisme à ceux de l'électricité. Nous allons voir maintenant comment, en se lançant dans un autre ordre de faits, parallèle au premier, il est parvenu à expliquer tous les phénomènes du magnétisme par des actions purement électriques, de telle sorte que son génie, éminemment classificateur, a ramené à l'action d'une seule et même cause ces deux classes de phénomènes, qui, à un premier examen, nous semblaient ne pouvoir s'expliquer qu'à l'aide d'hypothèses théoriques différentes.

Mais, avant d'aborder cette étude si intéressante, nous reviendrons, dans le chapitre suivant, sur le galvanomètre, dont nous n'avons qu'en passant indiqué très-légèrement le principe et les usages.

CHAPITRE XXXII.

GALVANOMÈTRE.

Nous avons vu comment une aiguille de déclinaison placée dans l'intérieur d'un cadre multiplicateur, dont le plan est placé parallèlement au plan du méridien magnétique, et par suite à l'aiguille dans sa position normale, accusait, par sa déviation, le passage d'un courant dans le cadre, et, par le sens de cette déviation, le sens du courant. Nous avons dit aussi que la déviation grandissait avec l'intensité du courant, la position d'équilibre correspondant à une intensité quelconque ne dépassant jamais 90°.

A *priori* on peut affirmer que la déviation ne sera pas proportionnelle à l'intensité, puisque l'intensité peut dépasser toute limite, tandis que la déviation ne dépasse pas 90°. Un premier courant lancé dans le fil dévie l'aiguille de 10°, je suppose; un second courant, superposé au premier, ne peut pas augmenter la déviation de 10°, puisqu'il trouve l'aiguille dans des conditions différentes, de distance et de direction, de ce qu'elles étaient quand le premier courant a agi; un courant d'intensité double ne donnera donc pas une déviation double.

Mais on comprend qu'il soit possible de trouver, au moins par des mesures expérimentales, une relation entre ces deux éléments, comme on en a trouvé une entre les degrés de l'hygromètre de Saussure et l'état hygrométrique. Alors le multiplicateur sera non-seulement un *galvanoscope*, mais un *galvanomètre*.

On donne plus particulièrement le nom de *rhéomètres* aux instruments galvanométriques composés d'un cadre multiplicateur, à l'intérieur duquel se trouve établie une aiguille aimantée tournant sur un cercle divisé.

Suivant la manière dont on les emploie, et avec de très-légères différences dans leur agencement, on les désigne sous les noms de *boussole des sinus* ou de *boussole des tangentes*. Ces instruments, sur lesquels nous ne nous étendrons pas, sont surtout employés pour étudier les courants ayant une assez grande intensité. Mais pour des courants très-faibles, ils n'ont point une sensibilité suffisante, à cause de l'action directrice de la terre sur leur aiguille.

Il n'en est plus ainsi du galvanomètre de Nobili, où le courant agit non point sur une seule aiguille, mais sur un système d'aiguilles sensiblement astatique, et, par conséquent, ne subissant·de la part de la terre qu'une action directrice très-faible.

Plantons dans une paille (fig. 296) deux petites aiguilles à coudre ab, $a'b'$ du même acier, de même taille, également trempées, aimantées toutes deux à saturation, et par suite à très-peu de chose également aimantées. Elles seront plantées l'une au-dessus de l'autre perpendiculairement à la paille, et en sens inverse, de telle sorte que leurs pôles de nom contraire se regardent.

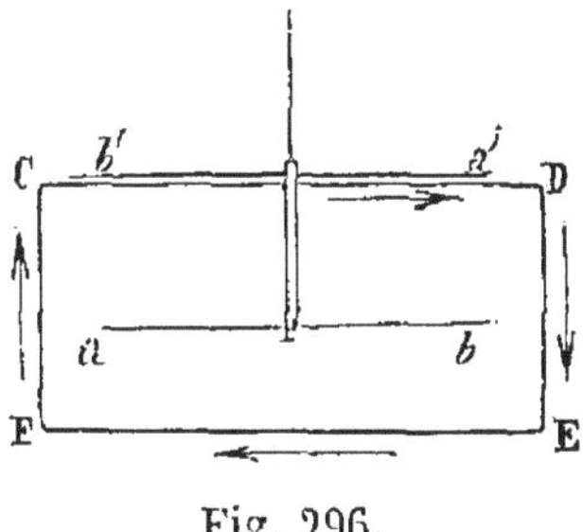

Fig. 296.

La paille suspendue à un fil de cocon, sans élasticité de torsion appréciable, passe à travers le côté supérieur du cadre CD. L'aiguille inférieure se trouve placée au milieu du cadre; l'aiguille supérieure au-dessus du côté CD, et le plus près possible.

Supposons le fil du cadre suivi par un courant dans le sens CDEF. Les quatre portions du cadre concourent à porter le pôle austral de l'aiguille intérieure ab en arrière du plan, le pôle boréal en avant. Ainsi, l'aiguille tend à tourner de gauche à droite pour l'observateur qui se suppose dans l'axe. Plaçons maintenant la petite figure d'Ampère sur le fil CD, les pieds vers C, la tête en D, et regardant l'aiguille $a'b'$ au-dessus d'elle: sa gauche sera en avant du plan du tableau. Ainsi le fil CD tend à porter a' en avant du plan du tableau, b' en arrière, c'est-à-dire à faire tourner encore de gauche à droite cette aiguille. Cette action concourt donc avec celle du cadre sur l'aiguille intérieure. Il est vrai que les trois autres branches ED, EF, FC, tendent à produire le mouvement inverse; mais comme elles agissent à distance beaucoup plus grande, elles diminueront seulement quelque peu l'action de CD. L'aiguille $a'b'$ placée dans les conditions indiquées rend donc presque nulle l'action de la terre sur l'aiguille intérieure, en même temps qu'elle renforce l'action du courant. De là l'extrême sensibilité de l'appareil.

On comprend qu'il ne faut pas que le système des deux aiguilles soit complétement astatique, car alors l'action directrice de la terre étant nulle, le plan des deux aiguilles se placerait toujours perpendiculaire au plan du cadre, quelle que fût l'intensité, grande ou petite, du courant; l'appareil ne serait plus qu'un galvanoscope, et non un galvanomètre.

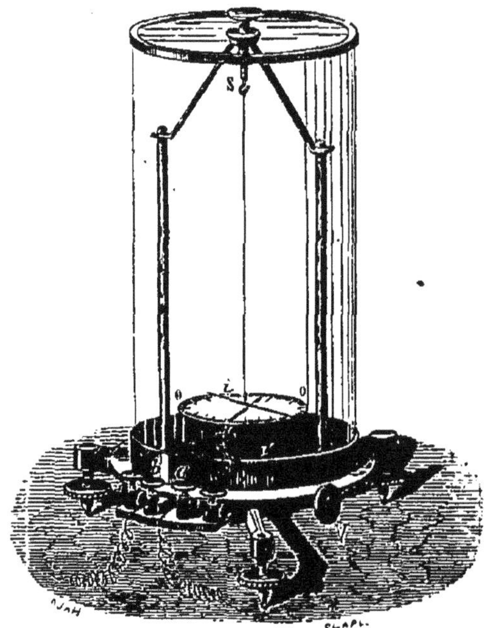

Fig. 297.

Donnons maintenant quelques détails sur la disposition de l'appareil (fig. 297).

Le cadre C est monté d'une manière fixe sur un disque établi au centre d'un cercle muni de trois pieds à vis calantes. Le disque peut pivoter autour du centre de ce cercle, conduit par une vis de rappel V, de manière à être amené dans le plan du méridien magnétique.

Sur le cadre s'enroule un fil de cuivre dont le diamètre peut varier d'un demi-millimètre à un vingtième de millimètre. Ce fil est enveloppé de soie dans toute sa longueur, et ses extrémités viennent s'attacher à deux poupées a, b, placées sur le pied de l'instrument. Il est roulé en deux faisceaux bien symétriques par rapport au plan vertical médian du cadre, de manière à laisser un passage pour la paille qui porte les aiguilles.

Le fil de cocon qui supporte cette paille s'attache à un crochet S qu'une vis peut faire monter ou descendre à volonté. L'écrou dans lequel tourne cette vis est porté par deux montants verticaux, fixés sur le pied circulaire de l'appareil. Enfin, une cloche en verre recouvre tout le système, pour préserver les aiguilles des agitations de l'air extérieur. La tête de la vis s'élève au-dessus de la cloche, de manière à pouvoir être mise en mouvement du dehors.

Sur le côté supérieur du cadre, et au-dessous de l'aiguille extérieure, est appliqué un cercle divisé OO. Le zéro de sa division est sur le diamètre compris dans le plan médian du cadre. Les deux quadrans, à droite et à gauche de ce diamètre, dans la portion qui correspond à la moitié australe de l'aiguille intérieure, sont divisés en degrés.

Comme les aiguilles sont assez courtes, on allonge quelquefois l'aiguille supérieure à l'aide d'une petite paille très-légère, dont l'extrémité parcourt les divisions du cercle.

Lorsque l'instrument est au repos, la vis est descendue, le fil de cocon détendu, l'aiguille supérieure reposant sur le plan du cercle.

Pour le metfre en activité, on l'établit sur un support bien fixe. On relève la vis de manière à remettre en état de suspension les deux aiguilles, et on agit sur les vis calantes, de sorte que la paille qui porte les aiguilles soit bien au centre du cercle, et qu'il n'y ait aucun frottement. Le cercle divisé est, par cela même, rendu horizontal.

L'appareil a été d'avance posé sur ses trois pieds, de telle sorte que le plan médian de son cadre soit, à peu de chose près, dans le plan du méridien magnétique. Au moyen de la vis de rappel, qui conduit une alidade, solidaire du disque mobile sur lequel pose ce cadre, on achève d'établir la coïncidence; et elle est établie lorsque l'aiguille se trouve sur le zéro de la division, ou du moins s'écarte également de ce point dans son mouvement d'oscillation.

Pour rattacher un circuit voltaïque au galvanomètre, il

suffit d'ouvrir ce circuit et d'attacher ses extrémités séparées aux deux boutons *ab*. Par une expérience préalable, faite avec un courant de direction connue, on saura de quel côté se porte l'aiguille lorsque le courant entre par le bouton *a*.

Table des intensités. — Pour dresser la table des intensités, on enroule sur le cadre du galvanomètre deux fils bien égaux entre eux, et l'on constate l'identité de leur mode d'enroulement en les mettant successivement en rapport avec un même élément de Daniell très-faiblement chargé, et s'assurant que la déviation de l'aiguille est la même pour les deux courants.

Cela fait, on choisit un second élément de Daniell de même force que le premier, ce que l'on reconnaîtra si les deux éléments attachés, l'un après l'autre, au même fil, donnent la même déviation ; ou bien si, agissant simultanément, l'un sur un des fils, l'autre sur le second fil, mais de manière à donner des courants de sens inverse, ils maintiennent l'aiguille au zéro.

Soit, par exemple, d^0, la déviation obtenue avec chacun d'eux isolément. On attache chacun des éléments à l'un des fils, mais de manière à lancer cette fois les deux courants dans le même sens. Ils agissent alors sur l'aiguille comme un courant unique, d'intensité $2i$, double de l'intensité primitive. On obtient une déviation d'.

On acidule l'un des deux éléments, de telle sorte qu'agissant sur un des fils, il donne à lui seul la déviation d'. Il fournit donc au galvanomètre un courant d'intensité $2i$. On lance alors en même temps dans le second fil le courant du second élément non altéré. Ils produisent évidemment à eux deux l'effet d'un courant unique d'intensité $3i$, et l'on note la déviation correspondante d''.

On acidule de nouveau le premier élément, de telle sorte qu'agissant seul, il donne à l'aiguille la déviation d''; il fournit donc un courant d'intensité $3i$. On lance les deux courants en même temps, et l'on a la déviation correspondante à l'intensité $4i$, et ainsi de suite.

L'expérience a montré que, pour presque tous les galvanomètres, la déviation est proportionnelle à l'intensité, tant que cette déviation ne dépasse pas 20°; de sorte qu'en prenant pour unité le courant qui dévie d'un degré, des courants qui dévient l'aiguille de 5°, 10°, 15°, 20°, ont pour intensité 5, 10, 15, 20. Mais au delà, la déviation croît moins rapidement que l'intensité. Ainsi, deux courants capables de dévier isolément l'aiguille de 20°, lancés ensemble dans les deux fils, ne dévient l'aiguille que de 37°environ. La déviation 37° correspond alors à l'intensité 40.

Avec un certain nombre de couples de valeurs correspondantes de d et de i, on tracera une courbe, dont on se servira ensuite pour dresser un tableau des intensités, pour tous les degrés de déviation de 0° à 60°, par exemple.

Ce tableau une fois dressé, on déroule le double fil, et on enroule à la place et de la même façon un seul de ces fils, de manière à avoir le même nombre de tours. On peut ensuite vérifier si ce changement n'a pas apporté de modification notable dans les relations entre i et d, en lançant dans le fil les courants qui ont servi à dresser le tableau.

On laisse au surplus très-souvent au galvanomètre ces deux fils, et on lui donne alors le nom de *galvanomètre différentiel;* les poupées a, b (fig. 297) reçoivent alors les deux extrémités d'un des fils; les poupées a', b', celles du second. On voit que si on lance dans les deux fils des courants de sens contraires, l'effet résultant sera celui d'un courant unique, égal à la différence des courants eux-mêmes. Le sens de la déviation fera connaître le sens du plus fort des deux courants, et, si la déviation résultante d est moindre que 20°, on aura $i - i' = d$. Si la déviation est nulle, $i = i'$.

Suivant la nature des courants que l'on fait agir sur le galvanomètre, on doit faire usage d'un galvanomètre à fil fin et long, ou d'un galvanomètre à fil gros et court.

L'appareil électromoteur contient-il des liquides (eau acidulée, dissolutions salines), et c'est le caractère des éléments des piles que nous avons étudiées jusqu'à présent, la résistance propre de cet appareil sera toujours incomparablement plus grande que celle du conducteur métallique qui réunit ses pôles, alors même que la longueur de celui-ci varierait dans des proportions considérables; l'expérience a montré par exemple qu'une colonne de sulfate de cuivre, en dissolution saturée, exerce une résistance qui est environ *onze millions* de fois celle d'un cylindre de cuivre de même dimension.

Il suit de là qu'on peut, dans ce cas, donner au fil du galvanomètre une grande longueur, et en même temps une grande finesse, deux circonstances qui augmentent sa résistance, sans qu'il en résulte d'accroissement notable dans la résistance totale, de diminution notable dans l'intensité du circuit. Dans de pareilles conditions, on pourra faire faire au fil un grand nombre de tours sur le cadre, afin de multiplier considérablement l'action exercée sur l'aiguille. On a ainsi des galvanomètres dont le fil fait jusqu'à 20 000 tours.

Si au contraire l'appareil électromoteur n'oppose qu'une résistance très-faible, et nous trouverons précisément ce caractère dans les couples *thermo-électriques* dont nous parlerons plus tard, alors la résistance du circuit interpolaire fera la plus grande partie de la résistance totale. Il importe donc de ne la point faire trop grande, et de mettre au galvanomètre un fil d'assez fort diamètre, et de peu de longueur. D'ailleurs, par cela même qu'il est gros, il ne peut faire utilement un grand nombre de tours, les tours extérieurs agiraient à trop grande distance de l'aiguille.

C'est avec le galvanomètre qu'on constate l'électricité développée par les actions chimiques, et que l'on détermine le rôle électrique des éléments. Attachons par exemple deux fils de cuivre aux poupées du galvanomètre et plongeons-les dans l'acide sulfurique du commerce; l'aiguille reste immobile parce que l'acide est sans action sur le cuivre à la température ordinaire. Mais vient-on à verser quelques gouttes d'acide nitrique dans le voisinage d'un des fils, immédiatement l'aiguille indique un courant, entrant dans le galvanomètre par le fil intact, et sortant par le fil attaqué. Le courant va donc de l'acide au métal attaqué, par le conducteur; du métal à l'acide, par la surface de contact.

On pourrait aussi remplacer les fils de cuivre par des fils d'or ou de platine, et l'acide sulfurique par l'acide chlorhydrique; l'acide nitrique versé près d'une des lames formerait de l'eau régale qui attaque le métal, et le courant se produirait encore dans le sens indiqué.

En mettant bord à bord deux capsules de porcelaine contenant l'une de l'acide chlorhydrique, l'autre de la potasse, et, à cheval sur les bords, une mèche d'amiante baignant dans les deux liquides; si l'on attache aux poupées du galvanomètre deux fils de platine plongeant dans les capsules, on remarque, dès que la capillarité a amené les deux liquides au contact, un courant marchant de l'acide à l'alcali par le fil du galvanomètre. Nous n'avions encore indiqué que l'électromètre condensateur pour constater le dégagement d'électricité, le galvanomètre est plus sensible et plus sûr.

Le galvanomètre nous révèle aussi les courants secondaires dus à la polarisation des électrodes. C'est en attachant les lames polarisées aux fils du galvanomètre que l'on constate l'existence et le sens de ces courants.

Enfin c'est à l'aide des galvanomètres et des rhéomètres qu'on a établi les lois relatives aux résistances, dont nous avons donné l'énoncé dans une des précédentes leçons.

CHAPITRE XXXIII.

ÉLECTRO-DYNAMIQUE. — ACTIONS RÉCIPROQUES DES COURANTS.

Ampère, après avoir étudié, comme nous l'avons vu dans les chapitres précédents, les actions réciproques des aimants et des courants, rechercha aussi, par l'expérience et par le calcul, les lois des actions mutuelles des courants.

Les phénomènes qui peuvent se produire entre deux courants de forme quelconque pourront toujours être connus à l'avance par le calcul, du moment que l'on connaîtra l'action qui s'exerce entre deux éléments rectilignes quelconques, et ces actions sont soumises aux lois suivantes.

Courants parallèles. Deux portions de courants, rectilignes et parallèles, s'attirent si les courants sont de même sens, se repoussent si les courants sont de sens contraire.   ·

Courants angulaires. Deux courants formant angle s'attirent, s'ils sont de même sens par rapport au sommet de l'angle, c'est-à-dire s'ils se portent tous deux vers le sommet de l'angle, ou si tous deux s'en éloignent; *ils se repoussent s'ils sont de sens contraire*, c'est-à-dire si l'un se porte vers le sommet de l'angle, tandis que l'autre s'en éloigne.

Par le sommet de l'angle, il faut entendre la perpendiculaire commune aux deux droites, qui est leur plus courte distance.

Voici comment ces deux lois fondamentales s'établissent par l'expérience.

Sur le support à deux colonnes concentriques (fig. 298) plaçons l'équipage astatique n° 2 dont les branches verticales sont continues, et dressons devant lui le cadre multiplicateur; nous rendrons avec ce cadre les actions plus sensibles.

Un premier commutateur sera mis en communication par deux de ses poupées en diagonale *ad* avec les deux colonnes.

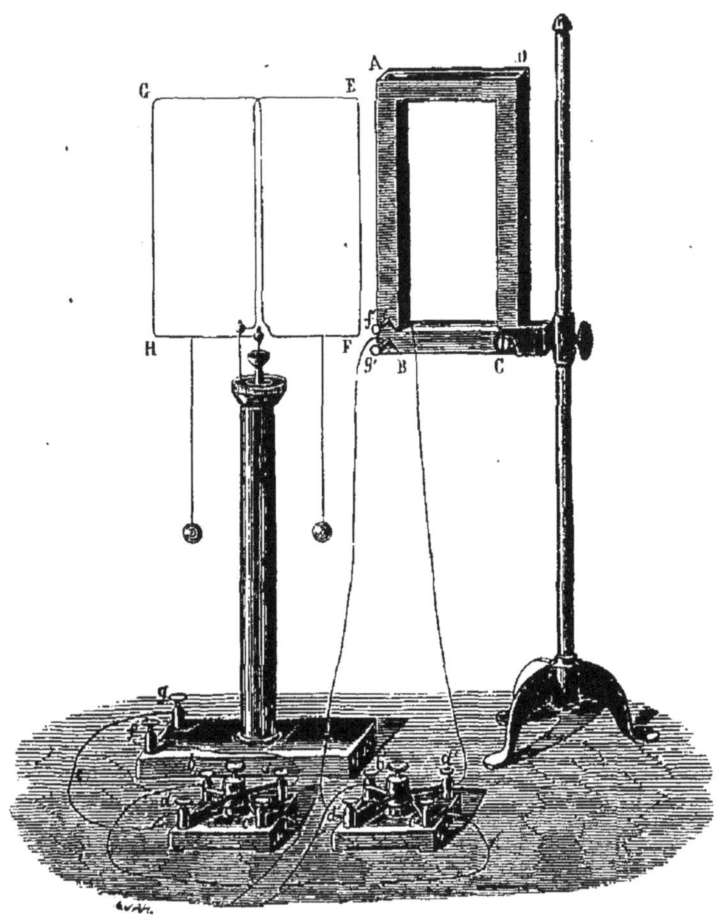

Fig. 298.

Un second commutateur sera mis en relation de la même façon avec les extrémités du fil du multiplicateur par ses poupées *d'd'*. Ils seront reliés l'un à l'autre par un fil joignant les poupées *bc'*. Enfin on attachera à *c* et à *b'* les deux réophores d'une pile de trois ou quatre éléments. De cette façon le circuit sera complet et fermé. Le courant, arrivant par *c*, traversera l'équipage mobile, reviendra au premier commutateur, ... au second, traversera le cadre, retournera au second ...teur et enfin à la pile.

Si les commutateurs sont placés de telle sorte que les courants soient ascendants dans le côté AB du cadre et dans les côtés verticaux du rectangle, celui de ces deux derniers qui se trouvera en ce moment le plus rapproché de AB se portera vivement vers lui, et, après quelques oscillations, se fixera à la plus petite distance possible du cadre, dans une position d'équilibre stable.

Si on tourne les deux commutateurs à la fois, de manière à rendre les deux courants en regard descendants, la position d'équilibre reste exactement la même.

Mais si l'on tourne seulement l'un des commutateurs, de telle sorte que le courant soit ascendant dans AB, descendant dans EF et GH, celui de ces deux courants qui se trouve le plus près de AB, EF par exemple, s'éloigne repoussé. Bientôt tous deux sont à même distance, puis GH se trouve le plus près, alors GH repoussé à son tour s'éloigne, et l'appareil finit par s'établir à 90° de sa position d'équilibre dans le cas d'attraction, de sorte que EF et GH soient à même distance de AB.

Si l'on cesse de faire passer le courant dans l'un ou dans l'autre des deux appareils, il ne se manifeste plus ni attraction ni répulsion. Ainsi ces phénomènes sont bien dus aux actions mutuelles des courants.

On peut employer encore, pour cette démonstration, les deux appareils suivants, le premier servant pour le cas des attractions, le second pour le cas de la répulsion.

Le support (fig. 299) est formé par deux colonnes métalliques AB, CD, réunies à leur sommet par une traverse en bois; sous cette traverse sont appliquées deux branches de potence, l'une venant de la colonne de droite, l'autre de la colonne de gauche. Chacune d'elles porte un petit godet, et l'on fait poser sur les godets les pointes d'un équipage rectangulaire simple. Les réophores s'attachent aux pieds des deux colonnes. Le courant remonte ainsi l'une des colonnes, arrive par la potence à l'équipage mobile, qu'il parcourt, puis, revenant à la seconde colonne, la descend pour retourner à la pile. Dans l'équipage mobile le courant est descendant sur une des branches verticales, ascendant dans l'autre.

L'appareil mobile étant placé d'abord perpendiculaire au plan des colonnes, on lance le courant, et on voit alors le plan

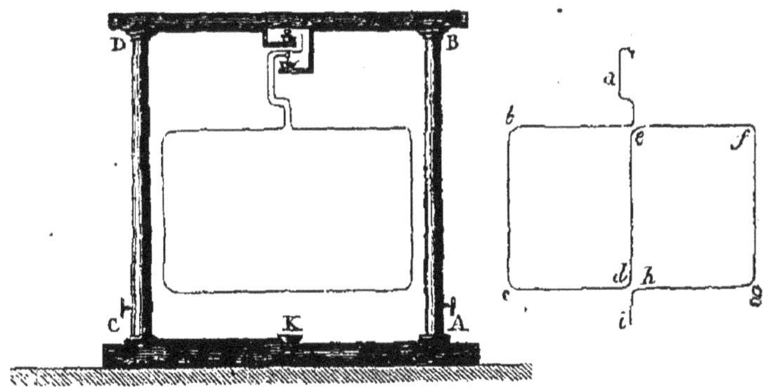

Fig. 299.

de l'équipage se rapprocher du plan des colonnes, la branche descendante se portant vers la colonne où le courant est descendant, et la branche ascendante vers la colonne où le courant est ascendant également.

Il faut remarquer que le rectangle simple n'est pas astatique; il subit l'influence de la terre, qui tend à le diriger dans le plan perpendiculaire au méridien magnétique. Pour qu'il ne soit pas possible d'attribuer la direction de l'appareil à l'action terrestre, il faut que sa position initiale soit précisément celle que lui donnerait la terre. Ainsi le plan des colonnes devra être parallèle au plan du méridien. Le déplacement de l'équipage, qui se produit aussi bien dans ces conditions, prouve évidemment l'action mutuelle des courants. Seulement on voit que le plan du courant ne pourra pas coïncider avec le plan des colonnes, puisqu'il est rappelé en arrière par l'action de la terre; il prendra une position intermédiaire.

Si l'on change de place les réophores, le courant change de sens à la fois dans les colonnes et dans l'équipage, aussi la position d'équilibre de cet équipage reste-t-elle la même.

Pour les répulsions, l'équipage que l'on emploie est plié de la manière qu'indique, à droite, la figure *abcdefghi*; il est par conséquent astatique; sa pointe supérieure plonge dans le godet d'une des potences, sa pointe inférieure effleure le mercure placé dans un petit godet K qui communique avec le pied de la seconde colonne, CD.

De cette façon le courant arrivant par A sera ascendant dans la colonne AB, descendant dans les deux branches verticales de l'appareil, puis, par le godet K il rejoindra la seconde colonne et la pile. On voit, dès que le courant est établi, l'équipage se placer à angle droit du plan des colonnes.

On n'a pas à s'occuper de l'action de la terre, l'équipage étant astatique.

Pour l'action des courants angulaires, on substituera, dans le premier appareil décrit, à l'équipage astatique n° 2 l'équipage astatique n° 1, dont les branches horizontales sont continues, et l'on disposera le cadre multiplicateur au-dessus de l'appareil (fig. 300).

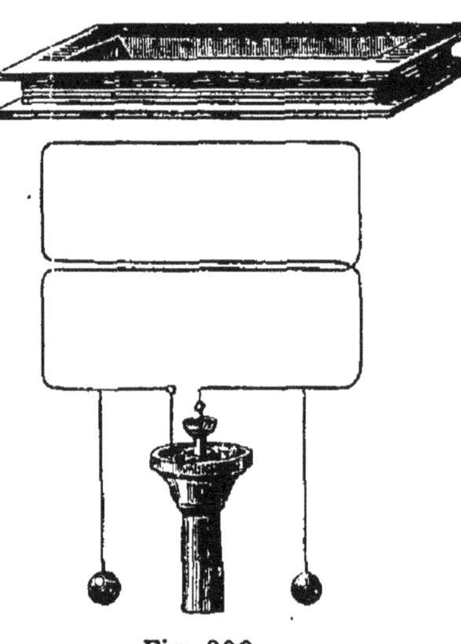

Fig. 300.

Dans ces conditions l'équipage mobile, quelle qu'ait été sa position initiale, vient toujours se placer de telle sorte que son fil supérieur soit parallèle au côté voisin du cadre, et que le courant y soit de même sens. Ainsi AB étant le courant fixe (fig. 301), ab le courant mobile ; celui-ci tourne de manière à prendre la position stable $a'b'$. On voit donc qu'il y a attraction dans l'angle BOb

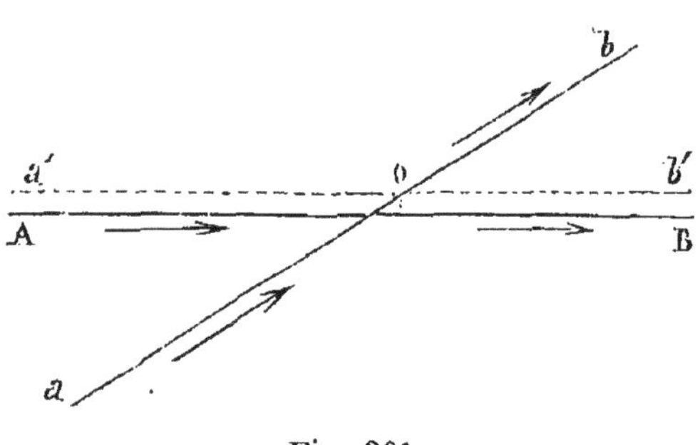

Fig. 301.

et dans l'angle Aoa, où les courants sont de même sens par rapport au sommet O ; répulsion dans les angles Aob, Boa, où les courants sont de sens contraire.

L'équipage mobile ayant pris la position d'équilibre que nous venons d'indiquer, si l'on renverse le sens du courant dans le cadre ou dans l'équipage, celui-ci se retourne de 180° et les courants se retrouvent parallèles et de même sens. Si l'on renverse les courants à la fois dans le cadre et dans l'équipage, celui-ci conserve la même position d'équilibre.

On fait encore la vérification de cette seconde loi de la manière suivante. Sur une planche ou bois (fig. 302) sont creusées deux rigoles demi-circulaires AB, CD séparées par deux petites cloisons et pleines de mercure; une bande de cuivre rouge *rs* va de l'une à l'autre, en passant par le centre du cercle. Au centre même la bande est percée d'un trou circulaire assez large pour qu'une pointe puisse être plantée dans le bois sans toucher le cuivre. Sur cette pointe pose un fil *gh*, dont les pointes

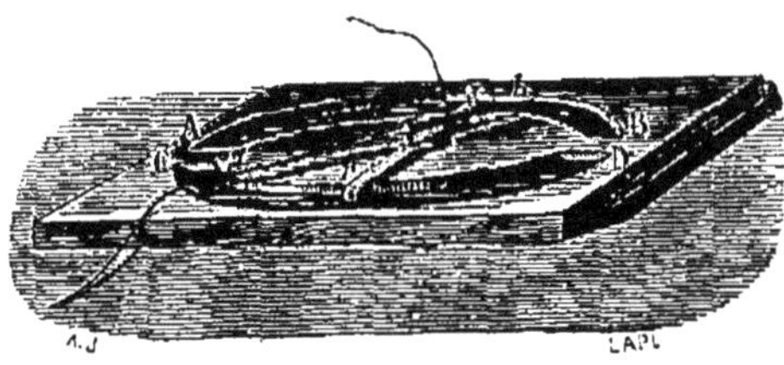

Fig. 302.

un peu recourbées viennent toucher la surface du mercure. Dès qu'on plonge l'un des réophores dans la rigole AB, l'autre dans la rigole CD, le courant se partage entre le fil et le ruban, et l'on voit le fil venir se placer exactement au-dessus du ruban.

Nous savons d'ailleurs que l'action de la terre sur le fil est nulle, puisque le courant va d'une extrémité à l'autre en passant par le centre.

Si l'on considère un fil ABC, plié en B (fig. 303), les deux portions AB, BC agissent l'une sur l'autre par répulsion, car les courants y sont de sens contraire par rapport au sommet de l'angle. Le calcul montre que cette action, variable d'intensité avec l'angle, n'est cependant pas nulle, lorsque

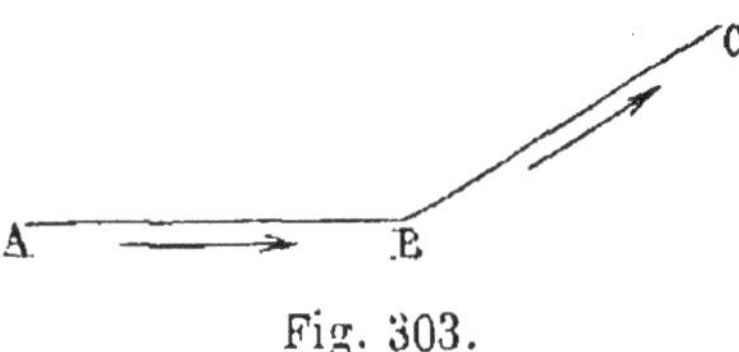

Fig. 303.

l'angle des deux portions est de 180°. Il doit donc y avoir répulsion entre deux éléments consécutifs d'un même circuit.

Ampère a imaginé pour le démontrer le petit appareil suivant (fig. 304). C'est une petite caisse rectangulaire plate, partagée dans sa longueur en deux compartiments distincts par une cloison. On remplit les deux cases de mercure bien pur,

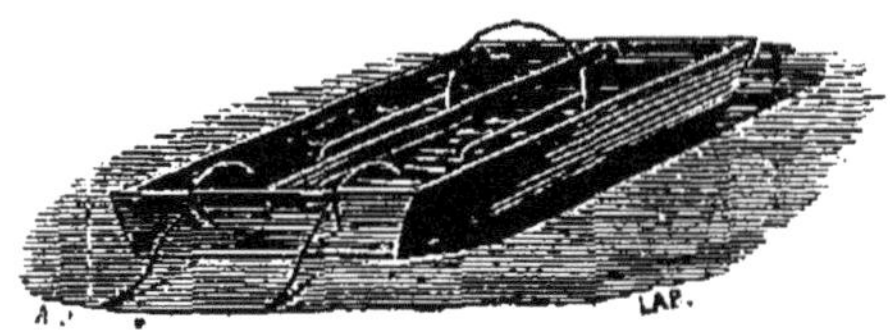

Fig. 304.

et bien fluide; puis on dépose sur le mercure, et à cheval sur la cloison, un fil de cuivre recourbé. Si l'on plonge les deux réophores dans le mercure en face des pointes du fil mobile, celui-ci est vivement repoussé jusqu'au bout de la caisse. Le courant, en passant de la surface du mercure au fil mobile, serait, d'après Ampère, la cause de cette répulsion.

L'expérience n'est cependant pas tout à fait satisfaisante, et peut s'expliquer par des phénomènes de tension analogues à ceux qui produisent la rotation du tourniquet électrique.

Courants sinueux. — Ampère a en outre constaté que lorsque l'on présente à l'une des branches d'un équipage mobile, un fil replié sur lui-même, de telle sorte que la

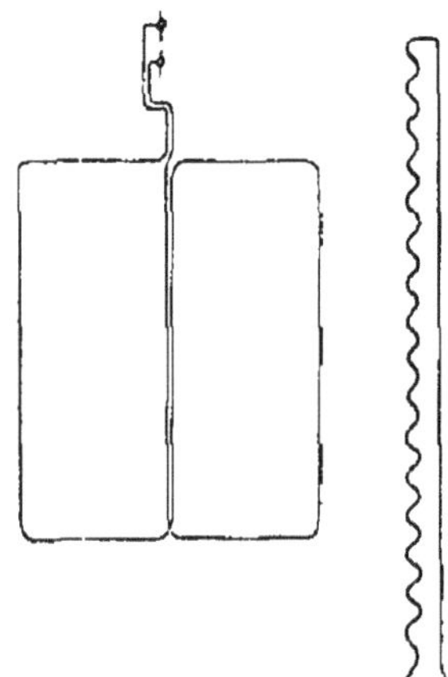

Fig. 305.

moitié du fil qui fait retour s'enroule en hélice serrée sur la première moitié (fig. 305) ou redescende en zigzags très-étroits, ce fil double est sans action aucune sur l'équipage, comme si la seconde moitié du fil était rectiligne comme la première.

Ainsi, un fil rectiligne, ou même courbe, produit le même effet qu'un fil sinueux qui s'en écarte *très-peu*, relativement à la distance qui les sépare tous deux du fil mobile sur lequel on les fait agir.

On pourra donc remplacer une portion de fil, droite ou courbe, *ab*, par une série d'éléments successivement horizontaux et verticaux (fig. 306).

C'est ainsi qu'on voit, par exemple, un équipage circulaire (fig. 307) placé sur l'appareil à colonnes et traversé par un courant, se diriger exactement comme un courant rectangu-

laire, sous l'influence de l'action qui s'exerce sur les éléments
de courants verticaux, tous ascendants d'un côté du diamètre
vertical, et descendants de l'autre côté.

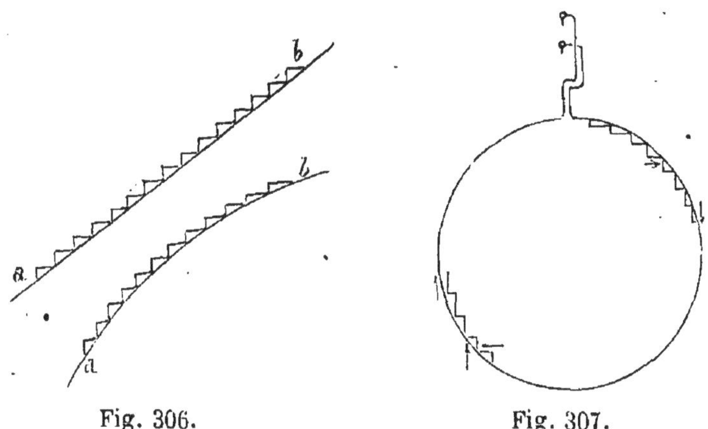

Fig. 306.Fig. 307.

Étude de quelques cas particuliers. — Nous avons dit
que par la connaissance de l'action qui s'exerce entre deux
portions rectilignes de courant, on pouvait toujours arriver à
connaître l'action totale qu'un courant de forme quelconque
exerce sur un autre courant. Nous ne pouvons évidemment
traiter le problème général; nous traiterons seulement deux
cas particuliers : celui d'un courant rectiligne fixe indéfini,
agissant sur une portion de courant rectiligne, perpendiculaire à sa direction, et libre dans l'espace; et, en second lieu,
celui d'un courant indéfini agissant sur une portion de courant
rectiligne qui peut tourner autour d'une de ses extrémités.

Premier cas. — Si l'on présente (fig. 308) à un courant
rectiligne indéfini MN, un courant rectiligne limité, complétement libre, AB, et tout entier d'un même côté de la droite
de plus courte distance CD; celui-ci se transporte parallèlement à lui-même et au fil indéfini, en remontant le courant indéfini, si dans AB le courant marche vers MN (*figure
supérieure*); en le descendant, dans le cas contraire (*figure
inférieure*).

Nous remarquerons que MN étant indéfini, il y a symétrie
complète de part et d'autre du plan ADC.

Dans les branches AB et MC (1er cas), les deux courants

marchent vers le sommet de l'angle. Il y a donc attraction entre ces deux branches. Cette action peut se représenter par une certaine force f, tirant d'un certain point m de AB, vers un autre point p de MC. Dans les branches AB et NC, les courants sont de sens contraire, l'action mutuelle est répulsive, et, à cause de la symétrie complète que nous signalions, cette action peut se représenter par une force agissant de m sur un point p' symétrique de p par rapport à C. Cette action

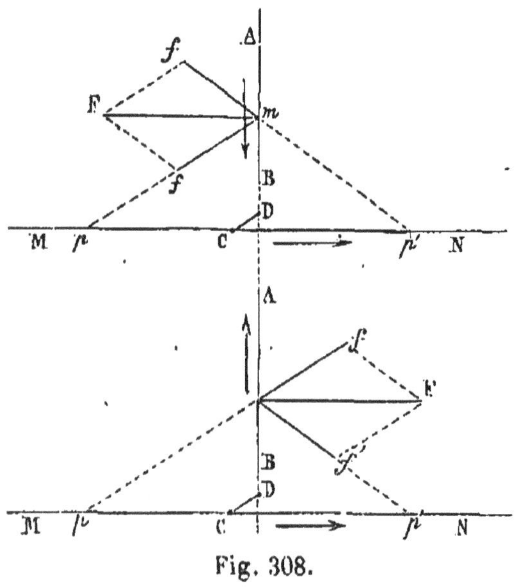

Fig. 308.

est égale à la première; représentons-la par $f' = f$. Ces deux forces égales peuvent se remplacer par une résultante F, bissectrice de leur angle, et par conséquent parallèle à MN. On voit donc qu'elle entraînera AB parallèlement à lui-même, et à MN, et qu'elle lui fera remonter le courant MN.

Dans le cas où, dans le fil AB, le courant s'éloignerait de MN (2e cas), l'action de MC sur AB serait répulsive; celle de NC serait attractive; et l'on aurait une action résultante F, entraînant AB parallèlement à lui-même et à MN, et dans le sens même du courant indéfini.

Si maintenant AB, au lieu d'être libre complétement, était lié à un axe parallèle, on comprend facilement que, dans le premier cas, il tournerait autour de cet axe de N vers M jusqu'à ce qu'il s'arrêtât dans une position d'équilibre, située *en amont* de cet axe, c'est-à-dire au-dessus de cet axe par rapport au sens du courant MN, assimilé au courant d'une rivière; et, dans le second cas, il viendrait se placer *en aval* de l'axe, c'est-à-dire au-dessous de cet axe par rapport au sens du courant indéfini.

Si le courant AB était en partie d'un côté de D, en partie de l'autre côté (fig. 309), il y aurait évidemment deux actions inverses, l'une F tendant à faire remonter le sens du courant, puisqu'au-dessus de D le courant marche vers MN ; l'autre F' tendant à le faire descendre, car au-dessous de D le courant s'éloigne de MN. Le mouvement résultant se fera dans le premier sens ou dans le second, suivant que la portion du fil qui est au-dessus de D sera plus longue ou plus courte que celle qui est au-dessous, ce qui fera F plus grand ou plus petit que F'.

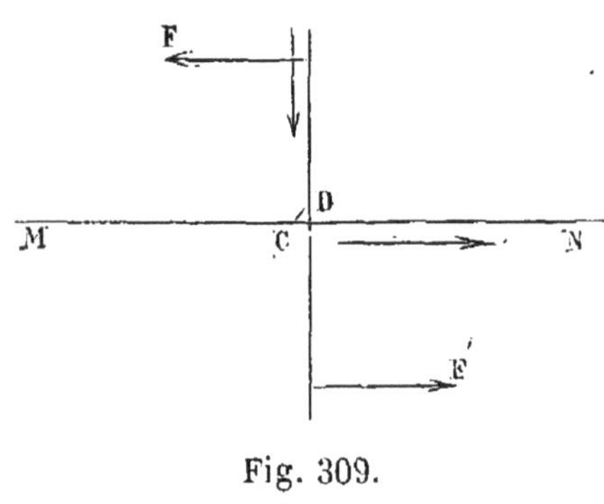
Fig. 309.

Si les deux portions du fil vertical ont même longueur, les deux actions sont égales, et, dans ce cas, elles ne se font pas équilibre, mais elles feront tourner le fil autour de D pour le rabattre sur le plan MCD, parallèlement à MN et dans le même sens.

Que l'on suppose maintenant un fil circulaire suivi par un courant continu, et une portion de courant rectiligne AB perpendiculaire au plan du cercle (fig. 310), il serait facile de démontrer que tous les éléments de la demi-circonférence cpc' agissent par attraction sur AB, et tous les éléments de la demi-circonférence $cp'c'$ par répulsion ; et que la résultante totale est une force F, parallèle à la corde pp' menée par le pied D de AB perpendiculairement au diamètre cc', et tendant à faire remonter

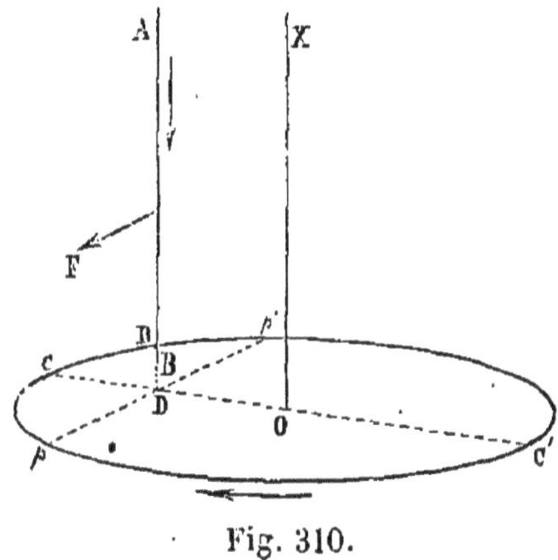
Fig. 310.

à AB le courant circulaire. Dès que AB s'est déplacé quelque peu, il se retrouve sur un autre diamètre, mais dans les.

mêmes conditions par rapport à la circonférence ; il va donc tourner d'une manière continue autour de l'axe OX, décrivant un cylindre, et remontant le courant circulaire. Si on y change le sens du courant de telle sorte qu'il aille de B en A, s'éloignant du plan du cercle, alors il tournera en sens inverse, descendant le courant circulaire.

Le cas théorique général était impossible à réaliser ; celui-ci est au contraire facile à vérifier par l'expérience. Le même appareil qui nous a servi pour l'expérience de la rotation d'un fil horizontal sous l'influence de la terre, va nous servir encore pour l'expérience actuelle. La tige centrale, plus élevée, (fig. 311) portera un équipage mobile à longues branches verticales, pareil à celui de l'expérience de Faraday (rotation

Fig. 311.

d'un courant par un aimant) ; et nous enroulerons sur un multiplicateur annulaire, caché par les rebords de la cuvette, un long fil de cuivre faisant une vingtaine de tours. Les deux petites poupées aa' reçoivent les extrémités de ce fil. La poupée b communique avec l'axe central, b' avec la cuvette.

Adaptons les réophores de la pile en a et b, en faisant communiquer a' avec b' par un petit arc métallique. Soit en a le réophore positif ; le courant traverse le fil circulaire dans le sens de la flèche, passe de a' à b', arrive à la cuvette, *remonte* les fils verticaux, redescend par l'axe, et regagne par b le réophore négatif. Dès que le courant est établi, on voit l'équipage se mettre à tourner dans le sens de la flèche f, c'est-à-dire dans le sens du courant circulaire qu'il descend.

Faisons maintenant communiquer a' avec b par l'arc métallique, en adaptant le réophore négatif à la poupée b'. Le courant aura encore le même sens dans le fil circulaire, mais il passera de a' à b, montera par l'axe, descendra les fils verticaux pour arriver à la cuvette et de là à b'. Immédiatement le mouvement de l'équipage s'établit en sens inverse de la flèche. Il remonte le courant.

Replaçons les communications dans l'état primitif ; a' communiquant avec b'. L'équipage se remet à tourner dans le sens de la flèche. Changeons les réophores de place, le réophore positif en b, le négatif en a ; la rotation persiste dans le même sens. C'est qu'en effet on change ainsi le sens du courant à la fois dans le fil circulaire et dans l'équipage. L'équipage doit remonter le courant au lieu de le descendre puisqu'il s'en rapproche, mais le courant circulaire a lui-même changé de sens, le mouvement reste donc le même.

On ne manquera pas d'observer que, suivant le mode de communication que l'on adopte, la rotation est plus rapide dans un sens que dans l'autre. Cela tient évidemment à l'action que la terre exerce sur les branches horizontales de l'équipage, action qui tend à faire tourner l'équipage autour de l'axe, soit de droite à gauche, soit de gauche à droite, suivant que le courant va de l'axe aux extrémités de ces branches, ou qu'il marche au contraire des extrémités vers l'axe.

Ainsi, dans le premier cas de l'expérience, le courant va des extrémités vers l'axe, la terre tend donc à le faire tourner de gauche à droite autour de cet axe. Son action doit diminuer la vitesse de la rotation. Dans le second cas, elle la diminuera encore, car l'appareil doit remonter le courant, tourner par conséquent de gauche à droite, mais le courant horizontal va maintenant de l'axe aux extrémités, et alors la terre tend à le faire tourner de droite à gauche.

Dans le troisième cas, au contraire, les deux actions tendent à faire tourner l'équipage de droite à gauche.

Deuxième cas théorique. Si, en présence d'un courant rectiligne indéfini MN (fig. 312), on place un courant rectiligne limité AB pouvant tourner autour du point A dans un plan parallèle à MN, AB prendra un mouvement de rotation con

tinu. Si le courant part du centre A, la rotation sera de sens
tel que lorsque B passera dans le voisinage de MN, il remon-

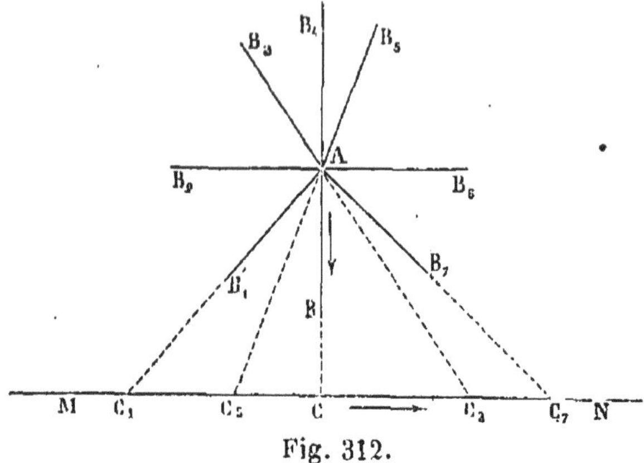

Fig. 312.

tera le sens du courant indéfini. Il le descendra, au contraire,
si le courant va de B vers le centre de rotation.

Il est facile de voir, en effet, que dans toutes les positions
que l'on suppose à AB autour du point A, l'action mutuelle
tendra toujours à le pousser pour le faire tourner dans le
même sens.

Dans la position AB, attraction de MC sur AB; répulsion
de la part de NC. Dans la position AB_1, répulsion de la part
de NC_1, attraction de la part de MC_1. Dans la position AB_2,
les courants sont parallèles et de sens inverse, d'où répulsion.
Dans la position AB_3, attraction de la part de NC_3, répulsion
de MC_3, et ainsi de suite.

On voit donc que la rotation aura bien lieu dans le sens
$B_1B_2...B_7B_0B_1$, le point B remontant le courant MN. Qu'on
suppose le courant marchant de B vers le centre A, toutes les
actions changent de sens, et la rotation s'établit dans le sens
inverse B_2, B_1, B, B_7...; B descendant alors le courant MN.

Remplaçons le courant rectiligne indéfini par un courant
circulaire dont A sera le centre (fig. 313). Tous les éléments
de la demi-circonférence CEC' agissent par attraction sur AB.
Les uns (quadrant EC), tels que n, marchent comme AB
vers le sommet de l'angle, K; les autres (quadrant EC'), tels
que n', s'éloignent comme AB du sommet K'. Tous les élé-

ments de la demi-circonférence CDC′ agissent au contraire par répulsion, comme on peut le voir pour m et m'. Ces ac-

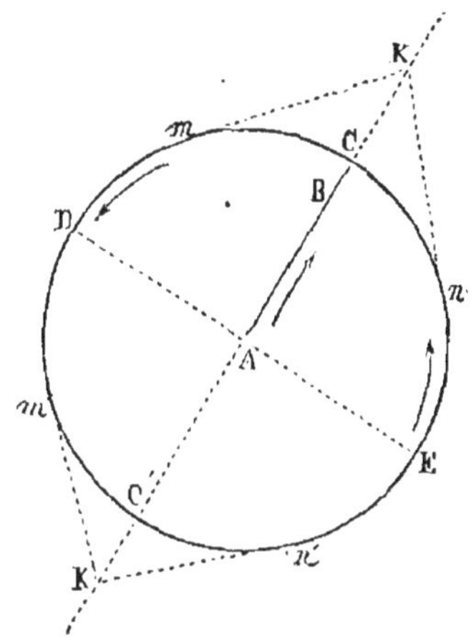

Fig. 313.

tions concourent évidemment à faire tourner le fil AB dans le sens CE, mais de quelque quantité qu'il se déplace, il se retrouve sur un autre diamètre, mais dans les mêmes conditions par rapport à la circonférence entière ; la rotation sera donc continue, B remontant le courant circulaire. On verrait facilement que, dans le cas où le courant irait de B vers A, toutes les actions changeraient de sens ; B descendrait alors le courant circulaire.

Le même appareil qui nous a servi pour l'expérience précédente nous servira pour l'expérience actuelle, en abaissant la colonne centrale (fig. 314), et employant un équipage à branches verticales très-courtes, pour que l'action qu'elles subissent puisse être considérée

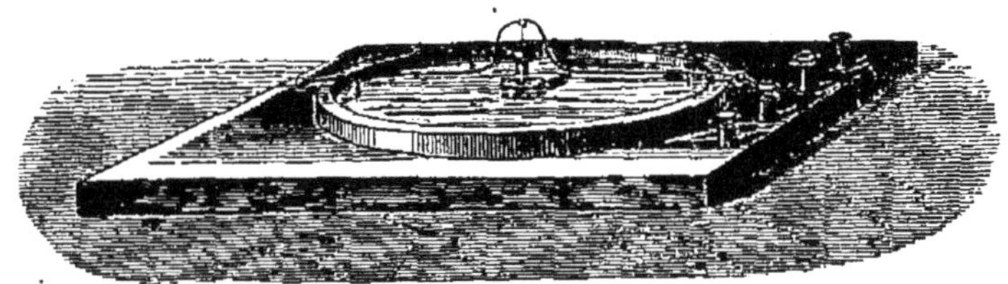

Fig. 314.

comme nulle. Les résultats de l'expérience, facile à exécuter, confirment complétement la théorie.

Il faut remarquer aussi que la terre peut, suivant le sens des communications, agir de manière à favoriser l'action du courant ou à la combattre.

Cette série nombreuse d'expériences, toutes justifiées ou annoncées par le calcul, est un des plus beaux titres de gloire de notre Ampère ; nous allons voir maintenant comment, en les comparant et les complétant, il arriva à sa théorie nouvelle du magnétisme.

CHAPITRE XXXIV.

SOLÉNOÏDES. — ACTIONS MUTUELLES DES SOLÉNOÏDES. THÉORIE D'AMPÈRE.

On a vu qu'un courant rectangulaire, ou circulaire, mobile autour d'un axe vertical, se dirigeait dans un plan perpendiculaire au plan du méridien magnétique, de telle sorte que sa branche descendante fût du côté de l'est, sa branche ascendante du côté de l'ouest.

Supposons maintenant un grand nombre de courants circulaires, ayant tous leur centre sur une même droite, leurs plans perpendiculaires à cette droite, qui devient leur axe commun. Si en outre le courant a dans tous le même sens, toutes leurs actions concourront évidemment à placer l'axe dans la position de l'aiguille de déclinaison. Ainsi un pareil système se dirigera comme une aiguille aimantée et s'arrêtera dans la même position d'équilibre stable.

C'est là ce qu'on a appelé un *tube* ou *cylindre électro-dynamique*, ou encore un *solénoïde* (σωλήν, tube).

Solénoïdes. — Pour réaliser cette combinaison et fournir à tous ces cercles un même courant, Ampère imagina diverses dispositions (fig. 315), A, B. Tous les cercles, formés par le même fil tordu sur un mandrin, en carton ou en bois, étaient reliés l'un à l'autre par le fil lui-même dont les extrémités venaient ensuite se rejoindre au milieu du cylindre. Alors il est facile de voir que les courants rectilignes successifs *ab*, *cd*, *ef*, etc., pouvant être considérés comme équilibrés par le courant rectiligne *gh*, qui est nécessairement de sens contraire, tout se passe comme si les cercles étaient isolés les uns des autres. Mais bientôt Ampère abandonna cette disposition difficile à obtenir régulière, et il y substitua un fil roulé en hélice C, admettant que chaque spire d'hélice *an*

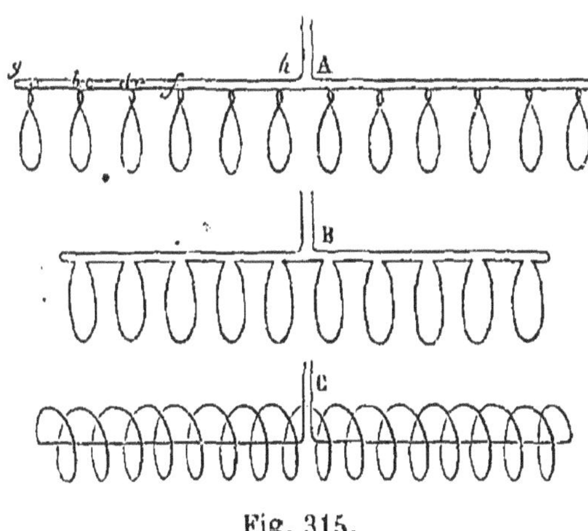

(fig. 316), quand ces spires sont très-serrées, équivaut à une circonférence *ac*, suivie d'un élément rectiligne *ab*. On retrouve donc l'équivalent des systèmes primitifs, A, B.

Les fils qui reviennent au milieu se recourbent à angle droit, et leurs extrémités sont munies

Fig. 315.

de pointes d'acier qu'on peut disposer sur le support à double potence.

Direction des solénoïdes. — Le solénoïde étant mis en place, l'on y lance le courant, et on le voit se diriger parallè-

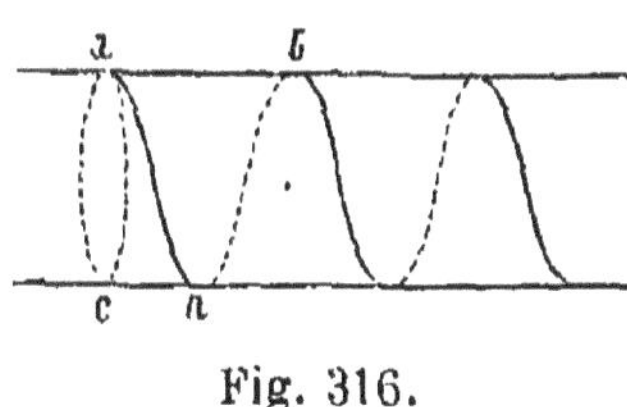

lement à l'aiguille de déclinaison. Observe-t-on la marche du courant dans les spires, on voit, si on se représente chacun de ces cercles divisé par un diamètre vertical, que la demi-circonférence où le courant est descendant se trouve

Fig. 316.

à l'est, l'autre demi-circonférence à l'ouest. Dans la partie inférieure de chaque spire le courant marche de l'est à l'ouest.

De sorte qu'en se plaçant en face de l'extrémité qui regarde le nord, et que nous pouvons appeler le pôle *austral*, le courant se trouve y tourner en sens inverse du mouvement des aiguilles d'une montre. En regardant, au contraire, en face l'autre extrémité, qui est le pôle *boréal*, le courant y tournera dans le sens du mouvement des aiguilles.

Renversons par un commutateur le sens du courant; immédiatement le solénoïde se déplace d'abord lentement, puis plus vite, et finit par se retourner de 180°, ce qui place encore ses spires de telle sorte que la partie ascendante soit à l'ouest, et la partie descendante à l'est.

On fait actuellement, pour ces expériences, des solénoïdes en fil d'aluminium, très-légers et très-mobiles.

Actions mutuelles des pôles des solénoïdes. — Là ne se bornent point les analogies des solénoïdes avec les aimants. Prenons un autre solénoïde à la main, et recevant aussi un courant. D'après le sens de la circulation du courant nous pouvons connaître quelle est l'extrémité de ce solénoïde qui est le pôle austral : c'est l'extrémité qui, regardée en face, présente son courant tournant en sens inverse du mouvement des aiguilles d'une montre.

Or, approchons ce pôle austral du pôle austral du solénoïde mobile, celui-ci est vivement repoussé. Il en sera de même si je présente le pôle boréal du solénoïde à main au pôle boréal du solénoïde mobile. Mais si je présente le pôle austral du solénoïde à main au pôle boréal du solénoïde mobile, je constate au contraire une attraction.

Ainsi, *les pôles de même nom de deux solénoïdes se repoussent; les pôles de nom contraire s'attirent.* Nous retrouvons exactement les mêmes lois que pour les aimants.

Rien de plus facile d'ailleurs que de s'expliquer ces actions. J'approche l'un de l'autre le pôle austral A et le pôle austral A′ (fig. 317); de quelque façon que je les présente l'un à

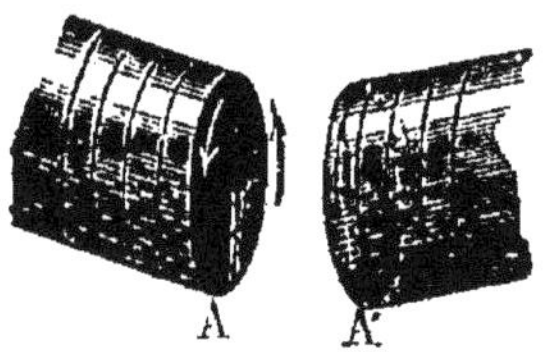

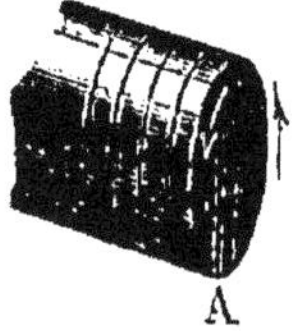

Fig. 317.   Fig. 318.

l'autre, soit par les côtés, soit en face (c'est ce dernier cas que donne la figure), les courants en regard seront nécessairement de sens contraire. Ils devront donc se repousser. Que je présente, au contraire, un pôle austral à un pôle boréal (fig. 318), les courants mis en regard seront de même sens, et s'attireront.

Il y a plus : présentons le pôle austral du solénoïde à main
au pôle austral d'une aiguille de déclinaison montée sur son
pivot, ou le pôle austral d'un barreau au pôle austral d'un solénoïde mobile, il y aura répulsion. Présentons les pôles de
nom contraire d'un aimant et d'un solénoïde, et nous aurons
attraction.

Pour compléter ces analogies, mettons un solénoïde à la
place du barreau aimanté, soit dans l'expérience de l'action
directrice exercée par un barreau sur un cadre (fig. 281), soit
dans l'expérience de la rotation d'un courant vertical par un
aimant (fig. 286), et nous obtiendrons des résultats identiques.

Une réciprocité aussi complète entre les phénomènes produits par les aimants et les courants mis en présence, un parallélisme aussi parfait entre les actions des aimants et celle
des courants solénoïdaux, ont conduit Ampère aux hypothèses
théoriques suivantes.

La terre n'est plus un barreau aimanté à deux pôles. Les
actions chimiques diverses qui s'opèrent dans la masse conductrice du globe peuvent être considérées comme donnant lieu
à des courants électriques, d'intensité et de directions diverses,
variables même ; mais admettons qu'elles produisent dans leur
ensemble l'effet d'un courant unique résultant, circulant dans
le plan de l'équateur magnétique et dans le sens du mouvement apparent du soleil, de l'est à l'ouest. La gauche de ce
courant, pour l'observateur placé dans la position indiquée
par Ampère, *et regardant le centre du globe*, c'est le pôle sud,
le pôle austral magnétique de l'ancien aimant terrestre. Qu'il
se retourne, au contraire, pour regarder une aiguille aimantée
suspendue au-dessus de lui, sa gauche devient le pôle nord ;
c'est vers ce point que se dirige le pôle austral de l'aiguille.
Ainsi se trouve expliquée la direction de l'aiguille aimantée.

Un courant rectangulaire, mobile autour d'un axe vertical,
doit s'orienter de telle sorte que sa branche descendante soit
en amont de l'axe par rapport au sens du courant terrestre,
à l'est par conséquent ; la branche ascendante doit, au contraire, se placer *en aval* de l'axe, donc à l'ouest.

Enfin, un courant horizontal tournant autour d'une de ses

extrémités, et partant du centre de rotation, doit tourner d'une manière continue, de telle sorte que lorsque son extrémité passe le plus près du courant équatorial, elle remonte le sens du courant. La rotation a donc lieu de droite à gauche autour de l'axe, ou en sens inverse du mouvement des aiguilles d'une montre. Que le courant marche, au contraire, vers le centre de rotation, alors il tourne encore d'une manière continue, son extrémité descend le courant quand elle en est le plus rapprochée; c'est bien le mouvement de gauche à droite, ou le mouvement même des aiguilles d'une montre.

On voit que les actions exercées par la terre sur les courants se trouvent expliquées par des faits d'expérience directs et bien connus.

Quant aux aimants, voici l'hypothèse ingénieuse qu'Ampère a faite pour rendre compte de leur constitution. Il admet dans le fer et dans l'acier, l'existence de courants élémentaires, circulant autour de chaque particule. A l'état neutre, ces courants circulent dans des sens indéterminés, de telle sorte que l'effet extérieur résultant soit nul. L'aimantation consiste dans

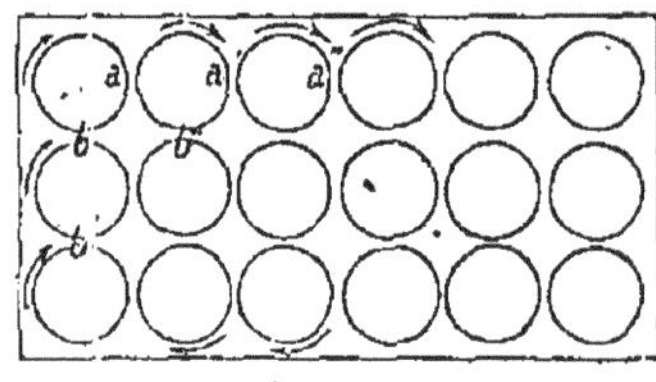

Fig. 319.

l'orientation de tous ces courants; telle que, dans une même section transversale, les courants particulaires de toutes les molécules seront compris dans le plan de la section, et auront tous le même sens (fig 319). Si on admet qu'en a, a', a''..., aussi bien qu'en b, b', b''..., les courants de sens inverse donnent un effet extérieur résultant nul, il ne restera plus à considérer que l'ensemble des éléments de courants circulant sur le contour extérieur de la tranche. Ainsi, ce système de

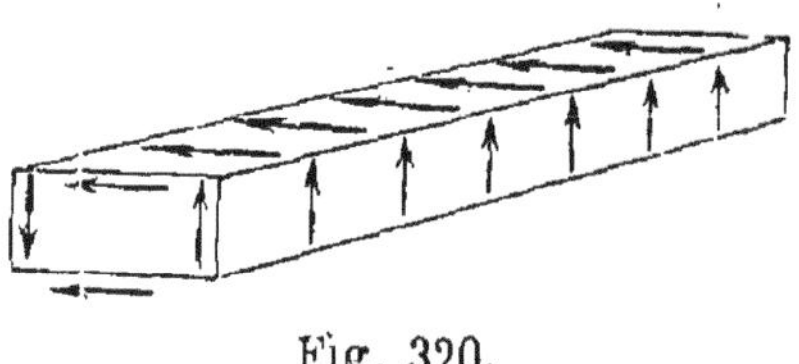

Fig. 320.

courants particulaires équivaut donc à un courant circulant sur le contour de la section. Il en sera de même dans toutes les sections. L'aimant devient alors un véritable cylindre électro-dynamique, un solénoïde (fig. 320).

Cet aimant sera dirigé par le courant équatorial de telle

sorte que dans chacune de ses sections, le courant descendant soit à l'est, le courant ascendant à l'ouest; dès lors sa position devient celle d'un solénoïde.

Nous garderons le nom de pôle austral à l'extrémité qui présente à l'observateur, la regardant en face, un courant circulant en sens inverse du mouvement des aiguilles d'une montre. Si l'observateur, tournant autour du barreau, va se placer en face de l'autre extrémité, il aura encore devant lui ce même courant, mais tournant alors dans le sens du mouvement des aiguilles d'une montre; cela, par le fait du changement de position relative de l'aimant et de l'observateur.

L'aimant suspendu au-dessus d'un fil rectiligne, parcouru par un courant tendra à s'orienter de telle sorte que chacune de ses tranches ait son plan parallèle au fil, la branche du courant marchant vers le fil se plaçant en amont, la branche qui s'en éloigne, en aval (fig. 321). L'aimant tend donc à se mettre en croix sur le courant, son pôle austral se portant vers la gauche du courant, son pôle boréal vers la droite. Mais

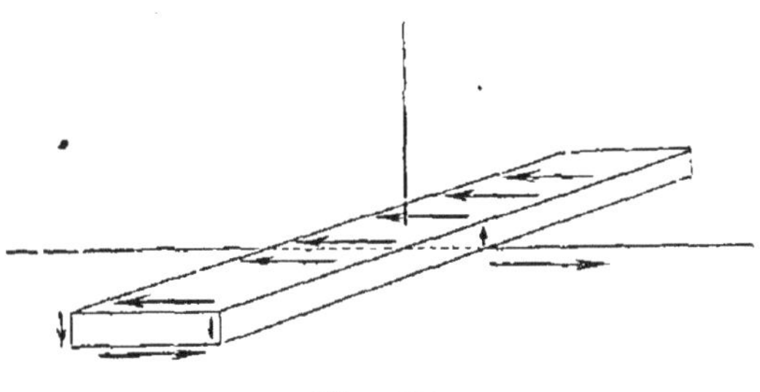

Fig. 321.

comme il reste soumis à l'action directrice du courant équatorial, la position perpendiculaire est une position limite vers laquelle il tend, à mesure que le courant rectiligne a une intensité plus grande, mais qu'il n'atteint point.

L'expérience de Faraday s'explique facilement. Les branches verticales ascendantes s'éloignent du courant circulaire tournant en sens inverse du mouvement des aiguilles d'une montre, que leur présente le pôle austral du barreau; elles doivent donc descendre ce courant d'un mouvement continu (fig. 322). Aussi l'appareil tourne-t-il de droite à gauche autour de l'axe. Remplace-t-on le pôle austral par le pôle boréal, alors le courant polaire tourne dans le sens du mouvement des aiguilles d'une montre, et le fil vertical qui doit encore le descendre se met à tourner de gauche à droite.

L'expérience d'Ampère s'expliquera par l'action des courants, rayonnant à la surface du mercure, sur les courants circulaires de l'aimant.

Le courant CD (fig.323), venant de la pointe au pôle austral de l'aimant et de l'aimant à la couronne annulaire, agit par attraction sur les éléments de *cm*, qui s'éloignent comme lui du sommet de l'angle ; il agit, au contraire, par répulsion sur les éléments de *cn*, qui marchent en sens contraire ; il tend donc à déplacer ces éléments dans le sens *mcn* ; il en est de même pour toutes les directions autour du point A.

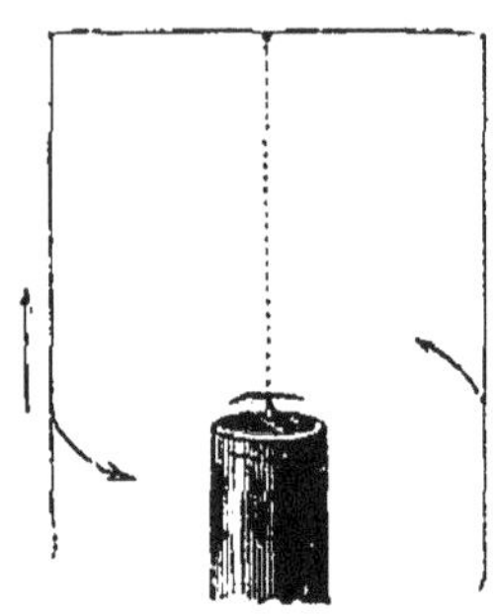

Fig. 322.

L'aimant doit par conséquent tourner sur lui-même dans le sens du mouvement des aiguilles d'une montre.

Dans le second cas d'expérience, si l'on prend deux courants rayonnants symétriques par rapport à l'aimant, OC, OD (fig. 324), on voit facilement qu'il y a attraction entre OC et

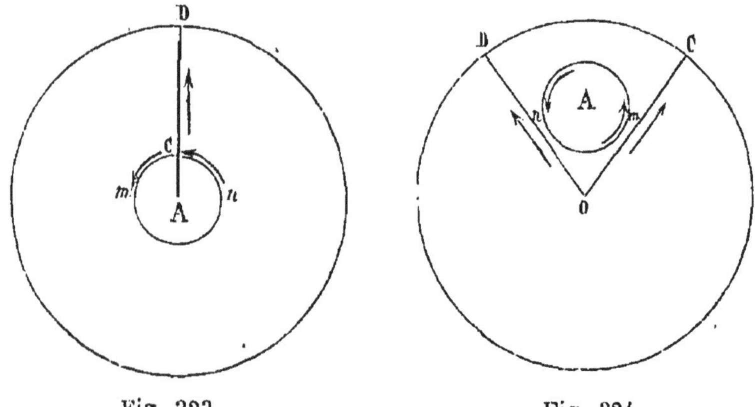

Fig. 323.   Fig. 324.

la partie la plus rapprochée *m* du courant circulaire de l'aimant, et cette action l'emportera évidemment sur l'action répulsive qui s'exerce de OC sur *n*, à plus grande distance. OD agit par répulsion sur *n* avec plus d'intensité qu'il n'agit par attraction sur *m*. Il est clair, d'après cela, que le système d'actions doit porter l'aimant de OD sur OC. Mais dans toutes les positions qu'il pourra occuper sur le mercure, il se trouvera toujours entre des couples de courants symétriques le portant dans le même sens ; ainsi l'aimant tournera autour du point O, de gauche à droite, ou dans le sens du mouvement des aiguilles d'une montre.

Il serait fort difficile de reproduire, avec un solénoïde à la place d'aimant, l'expérience d'Ampère ; toutefois M. Savary est parvenu à un résultat analogue par la disposition suivante.

Prenons la cuvette en cuivre qui a servi à l'expérience de la rotation d'un courant horizontal sous l'influence de la terre, et sur le godet de l'axe posons le petit équipage représenté fig. 325, A ; l'une de ses branches verticales est coupée, et

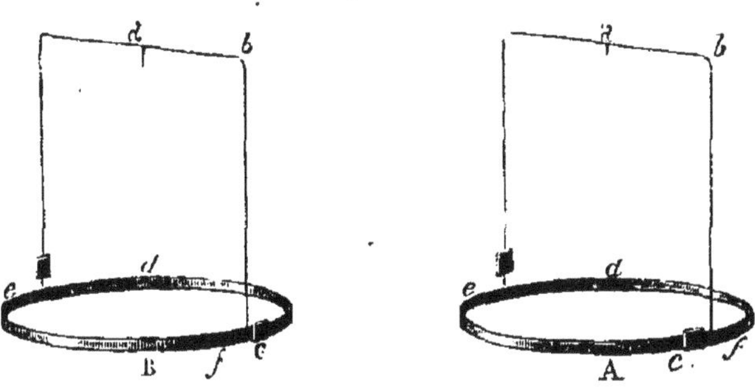

Fig. 325.

les deux bouts séparés sont réunis par une petite attache isolante en ivoire ; cette branche est donc fermée au courant. L'anneau en cuivre, qui porte les deux branches verticales, présente aussi, à côté du point d'attache de la branche intacte, une solution de continuité, avec une attache d'ivoire c. Le courant, arrivant par la pointe, descendra la branche bf, et suivra la couronne dans le sens $fdec$, si la solution de continuité est en avant du point f ; dans le sens inverse $fedc$, si elle est en arrière. Ainsi, dans la fig. 325, A, l'anneau nous offre le courant que nous présenterait un pôle austral, celui de la figure B le sens du courant d'un pôle boréal.

Dès qu'on lance le courant dans l'appareil, l'équipage se met à tourner d'un mouvement continu, de gauche à droite, si l'on a pris l'équipage A ; de droite à gauche, si c'est l'équipage B. En effet, le courant descendant en f, par la branche verticale, suit la couronne qui lui offre la moins grande résistance, jusqu'à la solution de continuité, puis, de ce point, le courant rayonne vers le bord de la cuvette (fig. 326). Comme la couronne n'est pas isolée dans le liquide, il y a, en outre, une infinité de courants rayonnants, partant de tous les

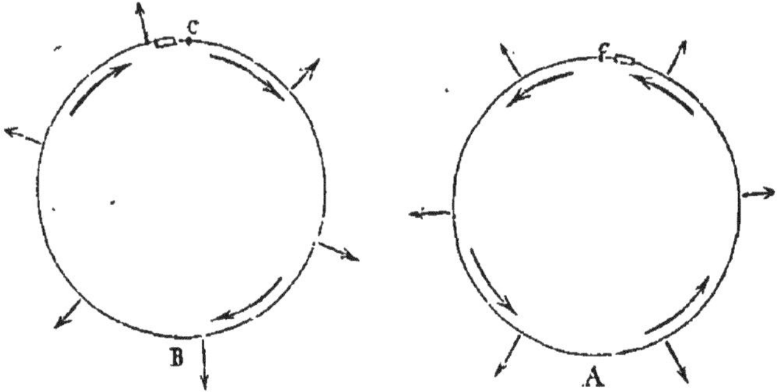

Fig. 326.

points de cette couronne. Ces courants, qui peuvent être regardés comme fixes, agissent sur les éléments de courant de la couronne pour la faire tourner en sens inverse du sens même du courant, par conséquent de droite à gauche autour du centre dans l'appareil fig. B, de gauche à droite, au contraire, dans la figure A.

Le courant arrive-t-il par la cuvette, il change de sens dans la couronne, puisqu'il devra gagner le point d'attache du fil vertical, au lieu de s'en éloigner; mais, en même temps, il va, sur la surface du liquide, de la cuvette vers la couronne. Ce double changement de sens dans le courant fait que le sens du mouvement de rotation reste le même.

CHAPITRE XXXV.

ÉLECTRO-AIMANTS. — TÉLÉGRAPHES ÉLECTRIQUES.

Aimantation par les courants. — Les courants électriques n'agissent pas seulement pour écarter de sa position d'équilibre un barreau dont les courants particulaires ont déjà une direction.commune, ils peuvent aussi déterminer précisément cette direction, c'est-à-dire développer l'aimantation dans le fer ou l'acier à l'état neutre. On savait, au surplus, depuis longtemps, nous l'avons déjà dit, que la foudre peut détruire ou renverser l'aimantation d'un barreau ; on comprend alors que l'électricité puisse le faire naître.

Arago observa d'abord qu'un fil de cuivre parcouru par un courant un peu énergique attire la limaille de fer, qui vient s'attacher en filaments transversaux sur son contour. Puis, guidé par l'expérience fondamentale d'Œrsted, il mit une aiguille de fer ou d'acier en croix sur un fil de cuivre, et, lançant le courant dans le fil, il constata l'aimantation de l'aiguille ; le pôle austral se développait à la gauche du courant. En plaçant l'aiguille en travers dans un cadre multiplicateur très-étroit, on devait arriver à un résultat bien plus marqué encore.

Si donc on enroule sur un tube de verre un fil de cuivre enveloppé de soie, cette bobine forme un véritable multiplicateur ; en glissant dans le tube une aiguille à tricoter et lançant le courant dans la bobine, on aura développé instantanément l'aimantation.

D'après le mode d'enroulement du fil sur le tube, on peut savoir à l'avance à quelle extrémité de l'aiguille se formera le pôle austral.

Lorsqu'on enroule un fil sur un tube, on tient d'ordinaire

le tube de la main gauche, devant soi, dans une position horizontale, et la main droite, qui enroule le fil, tourne autour du tube en remontant le long du corps. Or, si la main a commencé l'enroulement à droite, le poursuivant de droite à gauche, l'hélice est dite *dextrorsùm* (fig. 327, B). Si le mouvement d'enroulement commence à gauche pour se poursuivre de gauche à droite, l'hélice est dite *sinistrorsùm* (fig. 327, A).

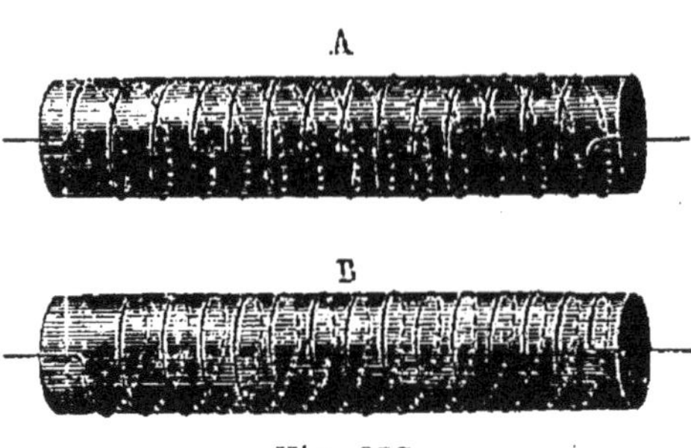

Fig. 327.

Une hélice sinistrorsùm, dans laquelle on place une aiguille, développe toujours un pôle austral à l'extrémité de l'aiguille la plus rapprochée de celle de l'hélice par laquelle entre le courant. L'hélice dextrorsùm développe, au contraire, le pôle austral à l'extrémité par laquelle sort le courant.

Il sera facile de s'en rendre compte en se supposant placé dans le courant, dans la position indiquée par Ampère, la face tournée vers l'intérieur de l'hélice pour regarder l'aiguille ; on aura toujours après l'aimantation le pôle austral à sa gauche.

L'acier et le fer doux nous offriront cette différence essentielle, déjà constatée dans l'étude que nous avons faite des aimants, que dans le fer doux l'aimantation n'est que passagère, et ne dure que pendant que s'exerce l'action du courant, tandis que dans l'acier l'aimantation persiste après la rupture du courant.

Si on enveloppe les branches d'un fer à cheval en fer doux (fig. 328) de deux hélices de même sens d'enroulement, le courant, en passant de l'une dans l'autre, développera nécessairement en B et C des pôles de noms contraires. Les hélices sont sinistrorsùm ; nous

Fig. 328.

aurons donc un pôle boréal en C, et un pôle austral en B, si le courant entre par cette dernière extrémité. Cet état s'établira au moment même où le courant sera lancé dans les bobines ; l'aimantation y atteindra immédiatement son maximum, et quand le courant sera rompu, toute trace d'aimantation disparaîtra par cela même. Cette disparition subite de l'état magnétique ne se constate toutefois qu'avec du fer parfaitement doux ; or les actions mécaniques développent dans le fer le plus pur une force coercitive sensible ; on n'a pu tordre une barre de fer pour lui donner la forme de fer à cheval, sans lui communiquer par cela même une force coercitive, qu'il faut avoir soin de détruire par le recuit au-dessous de 400°.

On évite cet inconvénient en remplaçant le fer à cheval par deux cylindres de fer doux parallèles, dont on réunit deux bases par une traverse en fer doux. Les deux autres bases peuvent être réunies par une traverse en cuivre rouge. Autour des cylindres sont montées les bobines aimantantes (fig. 329).

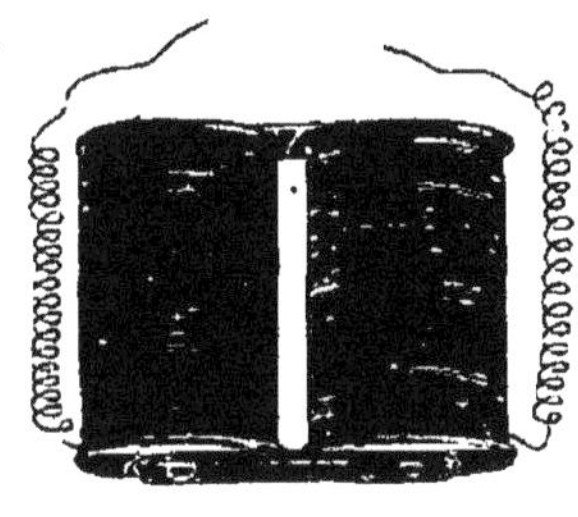

Fig. 329.

On a observé aussi que, lorsqu'on adapte une armure aux pôles de l'aimant de fer doux et que l'armure touche immédiatement les surfaces polaires, il y a, après la rupture du courant, persistance du magnétisme, si doux que soit le fer ; l'armure ne se détache qu'avec un certain effort. Ce phénomène singulier, que l'on appelle *magnétisme rémanent*, cesse complétement si l'armure est arrêtée à une très-petite distance des pôles sans les toucher. L'interposition d'une mince feuille de carton suffit pour en empêcher les effets.

Lors donc qu'on voudra utiliser la propriété du fer doux, de s'aimanter et de se désaimanter instantanément, il faudra avoir soin de ne lui point donner d'armure, ou, si on lui en donne une, d'empêcher le contact de l'armure avec les surfaces polaires ; mais, si on veut utiliser la force portative, il faut, au contraire, laisser l'armure arriver au contact, car la force avec laquelle l'aimant attire son armure augmente, suivant une loi très-rapide, à mesure que la distance diminue; et l'on perdrait une grande partie de la force si l'on maintenait l'armure à distance.

On donne aux aimants de fer doux, aimantés par le courant électrique, le nom d'*électro-aimant.*

Dans l'acier, l'état magnétique n'atteint pas immédiatement son maximum au moment de la fermeture du courant, et, pour arriver à la saturation, il faut combiner avec l'action du courant des actions d'influence énergiques. On place la barre d'acier à aimanter entre les pôles de nom contraire de deux fort barreaux aimantés, ou de deux électro-aimants, puis on promène sur toute sa longueur, en partant du milieu, et comme on le fait dans la méthode d'Æpinus, une bobine dans laquelle la barre est passée, et qui reçoit un courant dont le sens doit être tel qu'il place le pôle austral à l'extrémité où tendent à le placer les aimants fixes.

Avec les hélices aimantantes, on peut, avec la plus grande facilité, produire dans les barreaux d'acier des points conséquents. Il suffit pour cela, après avoir enroulé d'abord le fil dans un certain sens, de renverser le sens d'enroulement. Autant il y aura, dans la longueur de l'hélice, de renversements de sens, autant il y aura de points conséquents.

Ainsi, de *a* en *b* l'hélice (fig. 330) est *dextrorsùm*, de *b* en *c* elle est *sinistrorsùm*, de *c* en *d* elle redevient *dextrorsùm*; si donc le courant arrive par l'extrémité *a*, l'aiguille

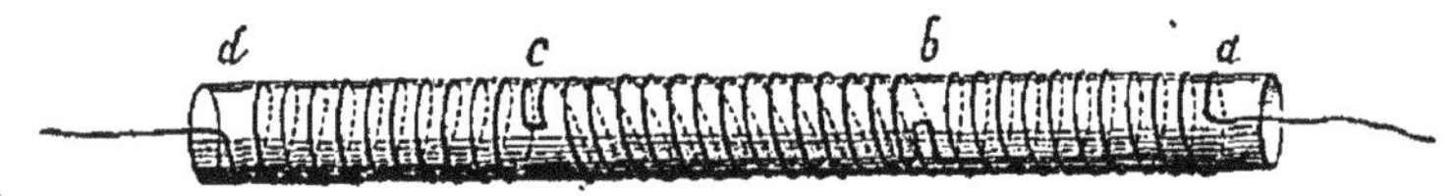

Fig. 330.

d'acier placée dans le tube présentera un pôle boréal en *a* et en *c*; un pôle austral en *b* et en *d*. Si le courant arrivait par *d*, il y aurait un pôle austral à chacun des points *c* et *a*, un pôle boréal en *d*, et un en *b*.

Application des électro-aimants. — On a cherché à utiliser dans les arts et dans l'industrie la puissance attractive des électro-aimants, et à en faire les agents essentiels du mouvement de diverses machines. On n'a obtenu, jusqu'à présent, dans cette voie, que des résultats assez médiocres ; le travail utile que fournissent ces machines est toujours très-faible. Elles peuvent donner une très-grande vitesse à des masses d'un poids très-petit, ou déplacer d'une très-petite quantité des corps d'un grand poids. Dans l'un comme dans l'autre cas, le travail produit est trop faible et la dépense trop grande pour qu'on en puisse tirer parti, au point de vue industriel.

Voici, au surplus, le principe commun à toutes ces machines.

Devant les pôles d'un électro-aimant (fig. 331) se trouve placée une armure en fer doux, qu'un butoir empêche d'arriver au contact immédiat des surfaces polaires. Un ressort la tire en arrière, de manière à la maintenir, lorsque le courant ne passe pas, à quelques millimètres de distance des pôles. Si on lance le courant dans les bobines, l'armure se rapproche de l'aimant ; si le courant est rompu, le ressort l'attire en arrière. On peut ainsi, à l'aide d'un interrupteur marchant d'une manière régulière, provoquer un mouvement alternatif de l'armure, mouvement qui, à l'aide de leviers, de bielles, etc., peut produire sur d'autres pièces, en rapport avec cette armure, un mouvement de rotation continu. L'interrupteur peut être monté sur l'arbre de couche, de telle sorte que les interruptions résultent précisément du mouvement de rotation.

Fig. 331.

On peut aussi mettre en présence deux tambours, l'un fixe B, l'autre A monté sur un axe D tournant dans des coussinets (fig. 332). Le tambour fixe porte un système d'électro-aimants dont les pôles, alternativement austral et boréal, conservent constamment le même mode d'aimantation. L'autre tambour porte un nombre égal d'électro-aimants dont les pôles alterneront également. Mais leurs bobines * seront en relation avec un commutateur disposé sur l'axe même de ce tambour. Supposons huit bobines sur chacun de ces tambours, de telle sorte que la distance de deux bobines soit un huitième de la circonférence sur laquelle elles sont montées. Le commutateur se compose de deux couronnes dentées, ayant chacune quatre dents; elles sont engrenées l'une dans l'autre, mais sans se toucher. Chacune d'elles reçoit une des extrémités du fil qui circule dans toutes les bobines du tambour A. Au-dessous de ce commutateur se trouve un prisme en bois portant deux plaques métalliques, qui reçoivent, l'une un fil venant du pôle positif de la pile, l'autre un fil venant du pôle négatif, en passant par le premier système de bobines fixes. Ces règles métalliques portent chacune un petit ressort

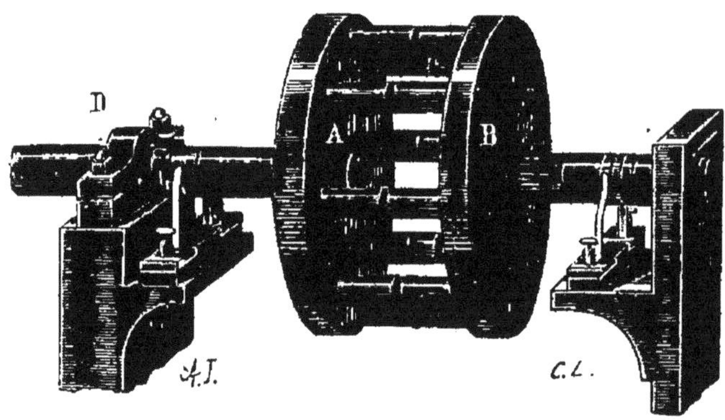

Fig. 332.

qui appuie sur la partie dentée des couronnes, de telle sorte que, pendant que l'un touche une dent de l'une de ces couronnes, l'autre touche une dent de la seconde (fig. 333). Dans la position actuelle du commutateur, le courant, arrivant au ressort antérieur, traversera le système de bobines en allant de la couronne de droite à celle de gauche. Mais si l'axe tourne de $\frac{1}{8}$ de tour, les contacts des ressorts passeront d'une couronne sur l'autre, et le courant ira de la couronne de gauche à la couronne de droite à travers les bobines

* On a supprimé de la figure les bobines, pour rendre bien visible la position relative des cylindres de fer doux sur les deux tambours.

Ceci posé, au moment où les deux systèmes de bobines se trouvent à peu près face à face, les pôles en regard se trou-

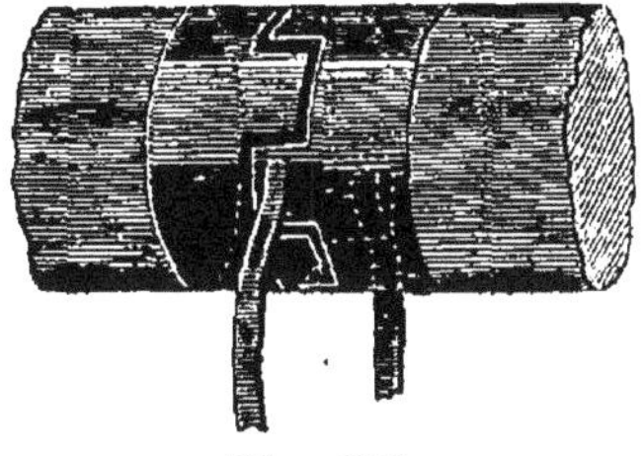

Fig. 333.

vent être de même signe et se repoussent (fig. 334), le système mobile va tourner d'un huitième de tour ; car, en même temps que a est repoussé par A, il est attiré par B ; il arrive en face de B, dépasse un peu la position, et arrive à la position qu'avait précédemment b ; mais en ce moment les ressorts changent leur contact : a devient un pôle b ; il est alors re-

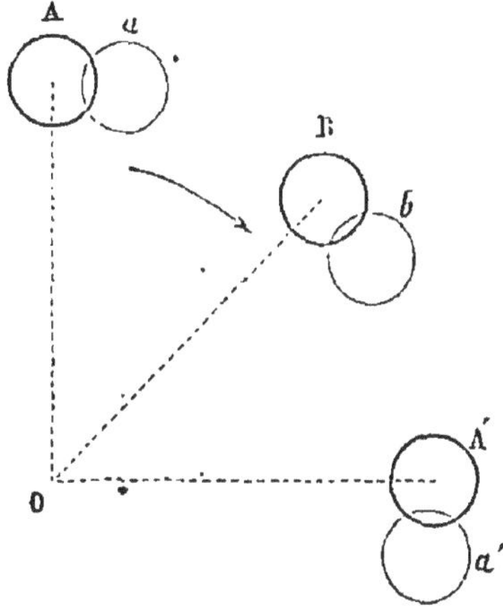

Fig. 334.

poussé par B, et attiré par le pôle suivant A'. Il va donc continuer son mouvement dans le sens de la flèche. La même explication s'appliquera à tous les fers doux du système mobile, et tous tendront à imprimer le même mouvement.

Il existe bien d'autres systèmes, mais on comprend que nous ne pouvons entrer dans le détail de leur description. Il nous suffit d'avoir montré comment on peut imprimer, soit indirectement, soit directement, un mouvement de rotation continu à un arbre de couche, qui devient à son tour l'organe moteur de divers mécanismes.

Appareil de Ritchie. — On peut obtenir un mouvement de rotation excessivement rapide avec le petit appareil suivant, qui rentre dans le dernier système que nous venons de décrire : un fer à cheval en acier, aimanté, est dressé sur un pied, dans une position verticale, les pôles en haut (fig. 335). Entre ses pôles se trouve couché un petit barreau de fer doux monté sur un pivot vertical. Une même bobine, partagée en deux faisceaux de même sens d'enroulement, recouvre ses deux moitiés. Les extrémités du fil pendent au-dessous du barreau et viennent toucher la surface convexe du mercure, qui remplit une petite cuvette d'ivoire annulaire. Une cloison

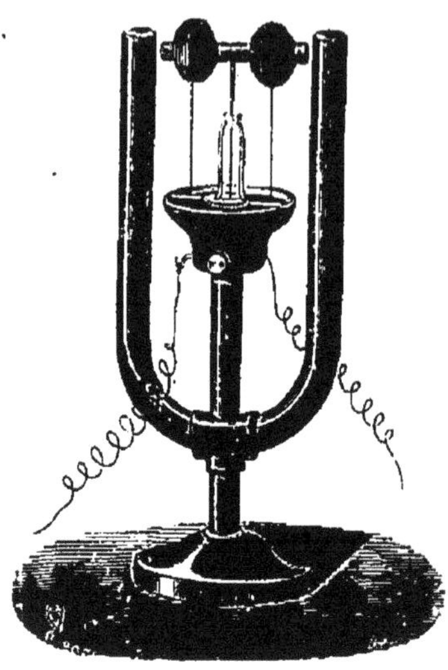

Fig. 335.

un peu oblique au plan des branches du fer à cheval coupe cette cuvette en deux compartiments semi-annulaires. Deux fils traversant la paroi, viennent apporter le courant au mercure des demi-cuvettes. Si l'on attache ces fils à un élément de Daniell, et qu'on imprime avec le doigt un petit déplacement au fer doux, immédiatement il se met à tourner autour de son pivot avec une prodigieuse rapidité. On voit facilement que la cuvette annulaire fait l'office de commutateur, et renverse à chaque demi-tour le sens du courant dans les bobines, de telle sorte que l'une des extrémités du barreau de fer doux arrivant pôle boréal devant le pôle austral de l'aimant, A, le dépasse en vertu de la vitesse acquise. Alors le fil métallique saute, par-dessus la cloison, du mercure de la demi-cuvette postérieure au mercure de la demi-cuvette antérieure; l'extrémité du fer doux devient alors un pôle austral et, repoussé par A, continue son mouvement au lieu de revenir vers lui.

Appareil régulateur de la lumière électrique. — Nous avons dit que les charbons entre lesquels on fait jaillir l'arc voltaïque s'usent bientôt, soit dans l'air, soit même dans le vide, de telle sorte que le courant ne peut plus passer et que l'arc s'éteint. Il faut alors rapprocher les charbons au contact pour refermer le circuit, puis les écarter de nouveau. On a imaginé des appareils destinés à les maintenir à distance toujours convenable, et, entre autres, des appareils où le courant est chargé lui-même de régler la position des charbons. Ces charbons sont sans cesse poussés l'un vers l'autre par un mécanisme d'horlogerie; un encliquetage les maintient convenablement éloignés; cet encliquetage est tenu en place par un électro-aimant placé sur le trajet du courant. Si le courant vient à s'interrompre, ou même seulement à s'affaiblir par trop, l'armure s'éloigne, l'encliquetage redevient libre, le mécanisme d'horlogerie se met en mouvement et rapproche quelque peu les charbons. Le courant reprend alors une intensité suffisante pour rappeler l'armure vers les pôles de l'électro-aimant, rétablir l'encliquetage et arrêter le mécanisme. Jusqu'à ce que, l'usure des charbons déterminant une nouvelle diminution d'intensité du courant, l'armure abandonne de nouveau l'encliquetage et, par suite, le mécanisme, qui ramène les charbons à bonne distance.

Télégraphie électrique. — L'art de transmettre à de grandes distances, avec une rapidité équivalant presque à l'instantanéité, l'expression de la pensée humaine, est tout moderne. Jusqu'à la fin du siècle dernier, on en était encore aux moyens usités des anciens, les feux allumés sur les hauteurs, les courriers échelonnés sur la route à parcourir, etc. En 1792, l'abbé Chappe établit les premiers télégraphes aériens, qui annoncèrent à la Convention les succès de nos armées du Nord. On sait combien ce moyen de communication, bien qu'il réalisât un progrès immense, était encore imparfait. La nuit, le brouillard, suspendaient forcément l'emploi du télégraphe.

Les premiers essais de télégraphie électrique furent faits par Nollet et par Franklin, qui cherchèrent à tirer parti des effets produits par l'étincelle électrique. Ces essais furent bientôt abandonnés. La découverte d'Œrsted ouvrit une voie toute nouvelle. Ampère imagina un système de vingt-cinq circuits bien distincts, agissant chacun sur une aiguille aimantée qui représentait une lettre de l'alphabet. Au moyen d'un petit pédalier analogue à celui du piano, et à vingt-cinq touches, on pouvait lancer le même courant dans tel de ces circuits que l'on voulait, de manière à imprimer un déplacement à l'aiguille correspondante; et comme on peut allonger le circuit autant que l'on veut, à la condition de donner au fil une section proportionnelle à la longueur, sans qu'il en résulte d'augmentation dans la résistance, de diminution, par conséquent, dans l'intensité du courant, on voit qu'on pourra éloigner le système d'aiguilles à très-grande distance du pédalier sans nuire au jeu de l'appareil.

Ce système est encore employé en Angleterre et en Belgique, mais considérablement simplifié. On a d'abord réduit les systèmes d'aiguilles et de circuits à quatre, puis à deux, en employant des commutateurs qui permettent de lancer le courant soit dans un sens, soit dans le sens inverse, et en lançant le courant dans un seul circuit ou dans deux à la fois.

Ainsi, avec deux aiguilles, on peut écrire les lettres de l'alphabet de la manière suivante :

	1re aiguille.	2e aiguille.	Les deux à la fois.
a....	1 vibration à droite..		
b....	1 — à gauche.		
c....		1 vibration à droite..	
d....		1 — à gauche.	
e....			vibration à droite.
f....			vibration à gauche.
g....	2 vibrations à droite.		
h....	2 — à gauche		
i....		2 vibrations à droite.	
k....		2 — à gauche	
l....			2 vibrations à droite.
m...			2 — à gauche
n....	1 à droite, 1 à gauche		
o....	1 à gauche, 1 à droite		
p....		1 à droite, 1 à gauche	
q....		1 à gauche, 1 à droite	
r....			1 à droite, 1 à gauche
s....			1 à gauche, 1 à droite
t....	2 à droite, 1 à gauche		
u....	1 à droite, 2 à gauche		
v....		2 à droite, 1 à gauche	
x....		1 à droite, 2 à gauche	
y....			2 à droite, 1 à gauche
z....			1 à droite, 2 à gauche

On en est même arrivé à ne plus employer qu'une seule aiguille, pouvant donner jusqu'à quatre vibrations consécutives pour une même lettre.

Le système des télégraphes à cadran a maintenant remplacé généralement celui des télégraphes à aiguilles. Un cadran porte vingt-six divisions, vingt-cinq portant inscrites les vingt-

cinq lettres de l'alphabet, et une division de repos, à laquelle
l'aiguille revient après chaque mot écrit.

Cette aiguille peut être mise en mouvement à l'aide d'un
système de levier et d'encliquetage rattaché à l'armure d'un
électro-aimant dépendant de l'appareil. Mais on préfère lui
donner le mouvement par un mécanisme d'horlogerie, et alors
l'armure n'a plus qu'à agir sur un cliquet d'échappement qui
met le mouvement d'horlogerie et l'aiguille en liberté, ou
qui au contraire l'arrête pour un instant dans une position déterminée. Ce dernier système est évidemment préférable
puisqu'il exige une dépense de force beaucoup moindre, et
permet l'emploi de courants plus faibles.

Disons d'abord quelques mots de la première disposition.
Il faut pour la transmission des dépêches une pile, et, dans
le circuit de cette pile, un appareil qui écrit la dépêche, ou
manipulateur, et un appareil qui la reçoit, ou *récepteur*; en
outre des appareils accessoires tels qu'*avertisseurs*, *paratonnerres*, dont nous reporterons plus loin la description.

Le récepteur se compose d'un cadran vertical à vingt-six
cases (fig. 336). L'aiguille est fixée au centre d'une roue à

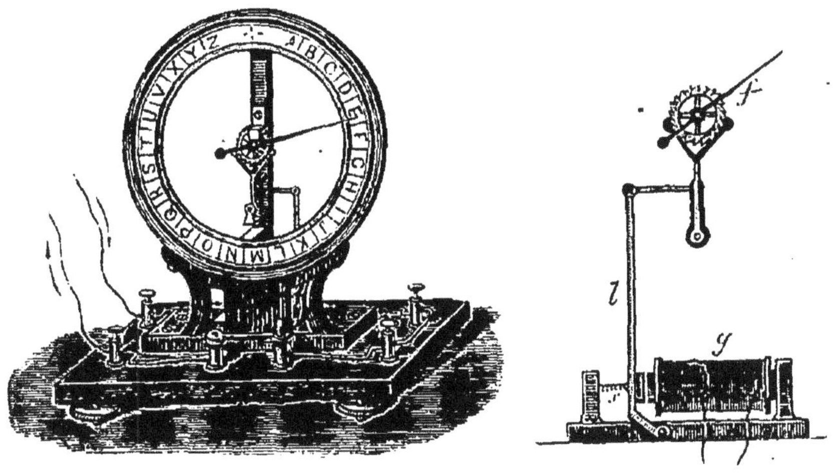

Fig. 336.

rochet, à 13 dents toutes inclinées dans le même sens. Une
pièce métallique, en forme d'Y, est disposée au-dessous de

cette roue, et porte aux extrémités de ses branches deux petites goupilles destinées à presser, l'une après l'autre, sur les dents obliques de la roue. Cet Y, mobile autour d'un pivot placé à sa base, est mis en mouvement par un levier coudé l, mobile autour de son extrémité inférieure et qui porte, un peu au-dessous de son centre de rotation, une petite pièce de fer ou armure, placée en regard des pôles d'un électro-aimant g. Un petit ressort s attaché à cette armure la rappelle en arrière. Des butoirs convenablement réglés s'opposent au contact de l'armure avec les pôles, afin d'empêcher les effets de magnétisme rémanent. L'une des extrémités du fil de la bobine communique avec le pôle négatif de la pile, l'autre avec le pôle positif; mais sur le dernier trajet se trouve le fil de ligne allant au manipulateur de la station qui envoie la dépêche, et le fil qui revient de ce manipulateur à la pile.. Mais supposons pour un moment ces intermédiaires supprimés et le fil allant directement au pôle positif.

Le circuit est ouvert, et l'aiguille au signe de repos $+$. Fermons le circuit, le courant lancé dans les bobines fait du fer doux un aimant; l'armure est appelée vers les pôles; le levier l et l'Y se portent de gauche à droite. La goupille de la branche gauche de l'Y appuie sur la surface oblique d'une dent de la roue et la fait glisser de bas en haut d'une quantité égale à la moitié de sa largeur; par conséquent la roue tourne, dans le sens du mouvement des aiguilles d'une montre, d'un $\frac{1}{26}$ de circonférence. L'aiguille du cadran a donc passé à la lettre A. Ouvrons le circuit, toute aimantation cesse dans le fer doux; le ressort s rappelle l'armure en arrière, le levier l et l'Y se reportent de droite à gauche; la goupille de la branche droite vient à son tour appuyer sur une dent de la roue, et la pousser de haut en bas d'une quantité égale à sa demi largeur. La roue tourne donc encore, dans le sens des mouvements des aiguilles d'une montre, d'un $\frac{1}{26}$ de circonférence, l'aiguille du cadran a passé de A à B. Veut-on maintenant la faire arriver à la lettre I, il faudra sept mouvements alternatifs de l'Y; ainsi il faudra alternativement établir le courant quatre fois et le rompre trois fois; pour passer de I à M, il faudra ouvrir et fermer deux fois le courant; et enfin pour amener l'aiguille à E, il faudra ouvrir et fermer neuf fois le circuit. L'aiguille aura ainsi montré sur le cadran les lettres du mot ABIME. Il faudra maintenant ouvrir onze fois le circuit, et le fermer dix fois, alternativement pour ramener l'aiguille au signe de repos +.

Le manipulateur (fig. 337) sert à produire ces alternatives de fermeture et d'ouverture du circuit.

Il se compose d'une roue métallique dentée, à treize dents, séparées par des échancrures vides, ou remplies d'une matière isolante comme l'ivoire. L'axe com-

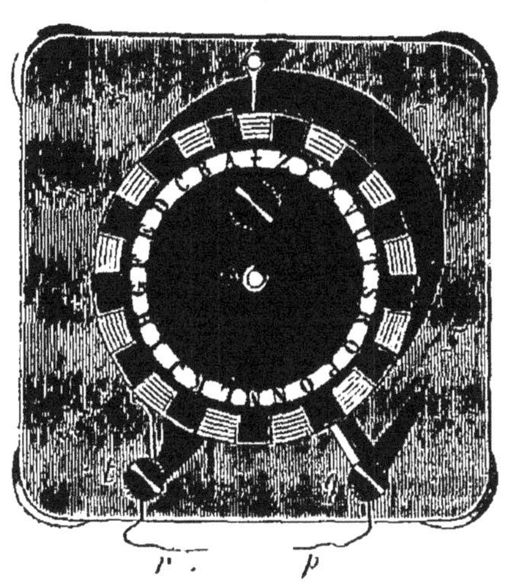

Fig. 337.

munique par un ruban avec la poupée q, et celle-ci, par le fil p, avec le pôle positif de la pile. Un ressort attaché à la poupée t, et pressant sur le contour de la roue, communique par le fil r avec le récepteur, qui complète le circuit. En même temps que l'aiguille du récepteur est sur la croix +, le ressort touche un espace d'ivoire, et le signe index ↓ est en face d'une touche d'ivoire portant aussi le signe +; les lettres A, B, C, D... sont inscrites alternativement sur les dents métalliques et les dents d'ivoire. On voit facilement qu'en faisant tourner la roue, de manière à amener l'A devant la flèche, le ressort a passé d'une dent d'ivoire à la dent métallique suivante, le circuit se trouve alors fermé, le courant passe, et l'aiguille du récepteur saute sur l'A. En amenant le B devant la flèche on rompt le contact du ressort qui passe sur l'ivoire, l'aiguille du récepteur passe en B. En amenant l'I devant la flèche, on produit précisément les sept alternatives de fermeture et d'ouverture du circuit qui amèneront l'aiguille du récepteur sur l'I de son cadran. L'aiguille du récepteur indiquera, l'une après l'autre, les lettres que le manipulateur amènera devant l'index.

Nous avons supposé jusqu'ici un circuit complet réunissant

sur son parcours une pile, un manipulateur, un récepteur.
Comme il faut que chaque station télégraphique puisse recevoir les dépêches, et les transmettre, il lui faut un manipulateur, et un récepteur. Ainsi le circuit, compris entre deux
stations, doit contenir deux manipulateurs, deux récepteurs
et une pile; et en outre un appareil avertisseur, une sonnerie,
pour prévenir l'employé de la station qu'il va recevoir une dépêche. Ces appareils ne sont pas, nécessairement, tous en
même temps introduits dans le circuit; ils peuvent en être
séparés, ou y être rattachés à l'aide de communications convenables. A l'état de repos la sonnerie seule est dans le circuit;
au premier signal l'employé y introduit le récepteur; puis,
s'il a à répondre, le manipulateur. Nous verrons bientôt
comment s'établissent ces communications.

Le fil de ligne comprenait jadis un fil d'aller et un fil de
retour; mais on n'a pas tardé à supprimer le fil de retour et

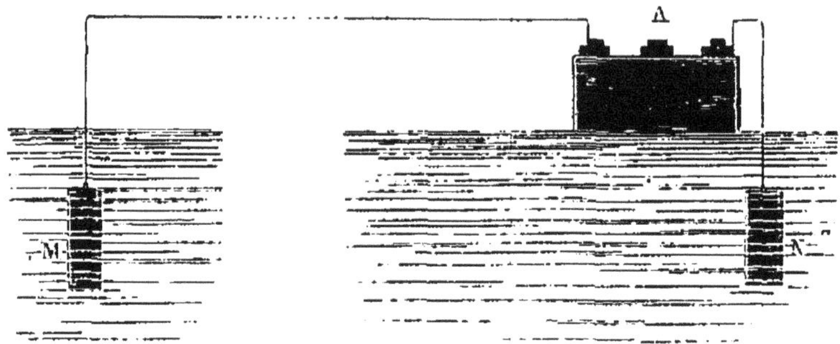

Fig. 338.

à compléter le circuit par la terre. Qu'on se représente par
exemple une pile A dont le réophore positif se rattache à une
plaque M plongeant dans la terre, à grande distance de la
pile (fig. 338); le réophore négatif se rattachant de la même
façon à une plaque N également plongée dans le sol. L'électricité positive, développée aux surfaces électromotrices de la
pile, au lieu de s'accumuler en M, s'écoulera d'une manière
continue dans le sol qui joue le rôle d'un conducteur indéfini;
de même le fluide négatif, au lieu de s'accumuler en N,
s'écoulera aussi dans le sol. Ces électricités, sans cesse enlevées, seront sans cesse remplacées. Le résultat est donc ri-

goureusement le même qu'avec un fil métallique entre M et N.

Mais on y trouve le double avantage de supprimer la dépense du fil de retour, et de supprimer aussi la résistance de
ce fil, pour y substituer celle de la terre que l'on peut considérer comme négligeable.

Les appareils que nous avons décrits plus haut et qui nous
ont servi à faire comprendre le principe général sont sujets à
se déranger ; aussi ne dirons nous rien des dispositions adoptées pour les établir dans le circuit. Nous donnerons de préférence la description des appareils télégraphiques Breguet,
actuellement employés, en montrant comment ils fonctionnent
dans tous les cas qui peuvent se présenter.

Télégraphe de Breguet. — Sur un axe O, dépendant d'un
mouvement d'horlogerie appuyé contre la cloison verticale
MM (fig. 339 et 340), et que nous avons supprimé de la
figure, se trouvent montées deux roues à rochet à treize dents

Fig. 339.

bien égales, et placées de telle sorte que les dents de l'une
soient en face des intervalles des dents de la seconde. Une

goupille i montée sur l'axe transversal ab pourra, suivant qu'elle sera placée entre les deux roues, ou qu'elle se portera à l'encontre des dents de la roue antérieure ou de la roue postérieure, laisser à la double roue toute liberté de tourner, ou au contraire arrêter complétement son mouvement. Cette goupille d'échappement est commandée par un électro-aimant que nous avons supprimé de la figure, pour laisser complétement en vue son armure A. Cette armure peut pivoter autour des deux vis VV'. Elle porte une tige coudée l dont la traverse c vient passer entre les branches d'une fourchette d liée à l'axe ab. Si le courant ne passe pas dans l'électro-aimant, la goupille i est en prise avec les dents de la roue postérieure, le mouvement d'horlogerie est au repos. Vient-on à lancer le courant, l'armure A se porte en avant vers les surfaces polaires de l'électro aimant, par suite la tige l se portant en arrière, pousse en arrière la branche postérieure de la fourchette d. Il en résulte que la goupille i va quitter la roue postérieure pour se porter en avant. La roue à rochet est rendue libre pour un

Fig. 340.

instant, et le mouvement d'horlogerie se met en marche; mais la goupille i est maintenant sur le trajet des dents de la roue antérieure. Si bien qu'après avoir tourné d'un $\frac{1}{26}$ de tour, la double roue se trouve de nouveau arrêtée par la goupille. Si l'on ouvre le circuit, un ressort f rappelle l en avant; la traverse c quitte la branche postérieure de la fourchette d pour amener en avant la branche antérieure. Par suite la goupille i se reporte en arrière, abandonne pour un instant la double roue qui se remet à tourner, jusqu'à ce qu'elle se trouve de nouveau arrêtée après $\frac{1}{26}$ de tour, par la goupille qui est revenue se placer sur le trajet des dents de la roue postérieure.

L'axe de la double roue porte une aiguille qui se meut sur un cadran à vingt-six cases, comme dans le récepteur déjà décrit.

Les poupées PQ reçoivent les extrémités du fil des bobines, ainsi que les fils qui placeront le récepteur dans le circuit.

Passons maintenant au manipulateur (fig. 341). Nous y retrouvons le plateau métallique fixe à vingt-six cases, décrit dans le système précédent, ainsi que la manette M. La roue mobile cachée sous ce plateau s'y retrouve aussi, avec une modification à signaler. La denture y est remplacée par une rigole sinueuse ayant treize alternatives convexes et treize concaves ; les sommets convexes correspondant aux lettres de rang impair A,C,E, etc.; les sommets concaves au signe $+$ et

Fig. 341.

aux lettres de rang pair B,D,F, etc. Sur les trois colonnes métalliques qui supportent le plateau-cadran, l'une communique d'une manière permanente, à l'aide de rubans de cuivre cachés sous la table, avec les deux languettes métalliques mm'; une seconde, a, sert de pivot à un levier coudé T, qui porte une petite goupille cylindrique engagée dans la rainure sinueuse, et à son autre extrémité une lame métallique, l, qui vient se placer entre deux vis P,Q. La vis P communique avec la pile, la vis Q par le ruban caché QR, et le fil attaché en R, avec le récepteur du poste. Ce fil va s'attacher à la poupée P (fig. 339) placée sur la table du récepteur, et qui reçoit une des extrémités du fil des bobines, dont l'autre extrémité se rend à une seconde poupée Q qui communique par un fil et une plaque avec le sol. La manette M étant au signe +, la goupille est dans une des concavités de la courbe; la pointe l du levier T ne touche point la vis P, mais appuie contre Q et communique avec le récepteur du poste.

Le fil de ligne, venant de la station de gauche, arrive à la plaque métallique ou goutte de suif L; le fil de droite arrive de même à L'. L et L' communiquent d'une manière permanente avec les pivots métalliques O, O'; sur chacun de ces pivots tourne une pièce à languette r, r' que l'on manœuvre avec une poignée. Cette languette peut se poser à volonté sur la goutte de suif S ou S', qui communique avec la sonnerie du poste, ou sur m, m', pour être en relation avec le manipulateur, ou sur la traverse métallique CD. Au repos, chaque commutateur, c'est le nom qu'on lui donne, repose sur S, S'. Si la station de droite veut envoyer une dépêche, son courant arrive par L', passe à O', à S', à la sonnerie de droite. L'employé averti porte alors la languette r' sur m', et le courant de droite arrive par L'O',m', le disque du manipulateur, la tige T,l,Q,R au récepteur. Veut-on répondre? on tourne alors la manette M de manière à la faire passer sur chaque lettre du premier mot, puis on la ramène au signe +; on la porte ensuite sur les lettres du second mot, et ainsi de suite. Une petite échancrure taillée sur le plateau, devant chaque lettre, permet d'arrêter exactement la manette à la case voulue.

On voit facilement qu'en partant du signe + et portant la manette sur l'A, la roue à gorge tournant de $\frac{1}{26}$ de circonférence, la goupille i passe d'un sommet concave à un sommet convexe, elle se trouve portée de gauche à droite; alors T se porte inversement de droite à gauche et vient toucher la vis P, le circuit de la pile se trouve fermé, et le courant est lancé par la route P,T,i, le disque métallique, m',O',L'. La manette passe ensuite sur le B; la roue à gorge tourne encore de $\frac{1}{26}$; la goupille passe d'une convexité à la concavité suivante, T quitte la vis P, et le courant est interrompu, et ainsi de suite.

Au lieu de répondre à la station de droite, veut-on transmettre la dépêche à la station de gauche; alors on ramène r' sur S', et l'on met r sur m. La communication se trouve ainsi établie par m, r, O, L avec la station de gauche.

Si l'on reçoit l'avis qu'une dépêche doit passer directement sans arrêt de la station de droite à celle de gauche, on place la languette r sur C, la languette r' sur D, et la communication directe a lieu par LO,rCDr'O'L', sans que le courant traverse les appareils du poste.

Disons maintenant quelques mots des dispositions accessoires.

Sonnerie. — La sonnerie (fig. 342), qui avertit l'employé du poste qu'une dépêche va lui être transmise, se compose d'une boîte, dans l'intérieur de laquelle se trouve caché un électro-aimant e, devant les pôles duquel se trouve une armure en fer doux f, fixée au pied de la boîte par une tige élastique qui, la rappelant sans cesse en arrière, la fait appuyer contre un ressort g fixé dans une poupée m. En p et p' sont les poupées auxquelles s'attachent les extrémités du fil des bobines. p communique en outre avec le pied n de la tige élastique qui porte l'armure par une bande de cuivre; l'armure f se prolonge par une petite tige mince portant un marteau K placé devant un timbre T disposé à l'extérieur de la boîte. Le fil de ligne vient s'attacher en m; à la poupée p' s'attache un fil qui établit la communication avec le sol. Dès que le courant est lancé dans le circuit, il suit la route m, g, f, n, p, e, p'; aussitôt e attire l'armure vers ses

Fig. 342.

pôles, et K vient battre contre le timbre; mais, par cela même que l'armure f a quitté le ressort g, le courant est interrompu, *f* est rappelé en arrière par l'élasticité de son support, il revient au contact du ressort *g*, le courant se rétablit; alors *c* attire de nouveau l'armure, etc.

La mise en vibration de ce trembleur *f* par le courant même de la ligne présente un inconvénient. Il faut que la sonnerie puisse se faire entendre à une assez grande distance, dans le cas où l'employé se trouverait accidentellement quelque peu éloigné de ses appareils. Il faut donc un grand timbre et un marteau d'une force proportionnée; dès lors il faut aussi un gros électro-aimant. Le passage du courant de la ligne dans les bobines de cet électro-aimant affaiblit donc le courant, qui pourrait ne plus être d'intensité suffisante pour le faire marcher. Alors on a dans le poste une pile spéciale d'un petit

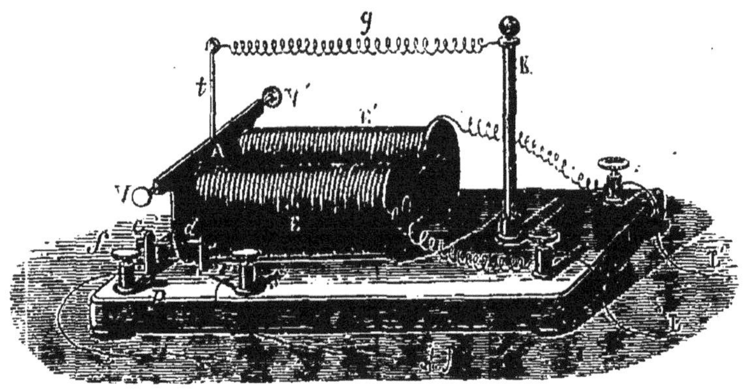

Fig. 343.

nombre d'éléments, dont les réophores viennent se rattacher aux poupées *mp'*. Sur le trajet de l'un de ces fils se trouve placé un petit appareil qu'on appelle un *relais de sonnerie*. Il comprend un électro-aimant EE' (fig. 343) placé, par les fils LL', dans le circuit de la ligne télégraphique; son armure A, portée par des montants que nous avons supprimés, pivote autour des vis V, V'; elle porte une tige qu'un ressort *g* rapproche de la colonne K, ce qui maintient l'armure à distance des pôles et appuyée contre le butoir isolant *c*. En regard de ce butoir et de l'autre côté de l'armure se trouve une vis *d* dont l'armure vient toucher la pointe quand elle se porte vers les pôles; *d* reçoit, par la poupée *f'*, un des fils de la pile locale; à la poupée f s'attache un fil qui va à la sonnerie; enfin, f communique avec le pied p d'un des supports de l'armure, celui qui porte la vis V.

Le courant, étant lancé dans la ligne, traverse l'électro-aimant EE'. L'armure A vient alors s'appuyer contre d. Alors le circuit de la pile locale se trouve fermé en d, le courant passant par d, l'armure, le support de la vis V, la poupée f.

Pendant toute la durée du passage du courant dans l'électro-aimant EE', le trembleur de la sonnerie frappera sur son timbre.

Dès que le courant de la ligne cessera de traverser l'électro-aimant E, le ressort g rappellera l'armure au contact de la pointe isolante c; le circuit de la pile locale et de la sonnerie sera de nouveau ouvert, et le trembleur rentrera au repos.

Paratonnerre. — En temps d'orage, les fils de la ligne subissent, de la part des nuages, des actions d'influence souvent énergiques, qui peuvent donner lieu à des décharges dans l'intérieur des postes, brûler les fils des électro-aimants, etc. Pour se mettre à l'abri de ces effets, on établit dans chaque station, sur le trajet du fil et dans le voisinage des appareils du poste, un petit appareil spécial, qui, du moment où l'électricité atteint une tension sensible dans les fils, lui permet de s'écouler dans le sol.

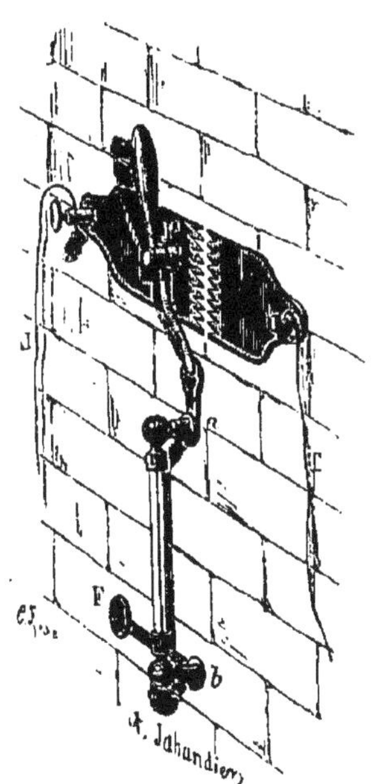

Fig. 344.

Le fil de ligne L (fig. 344) vient s'attacher à un peigne métallique P dont les pointes sont placées en regard des pointes d'un second peigne communiquant avec la terre. Un commutateur à ressort fait communiquer P avec la goutte de suif a; de cette plaque a part un fil de fer très-fin, logé dans un tube de verre, et qui se rend à la plaque b; b communique avec le bouton F, relié lui-même aux appareils du poste. L'électricité voltaïque qui circule dans la ligne n'atteindra jamais une tension capable de donner lieu à une décharge entre les pointes des deux peignes; elle s'écoulera par le trajet EPabF. Si un orage survient, alors, dans le cas où l'électricité développée atteindrait une tension un peu grande, elle se déchargera par les deux peignes PP' et s'écoulera dans le sol. Mais malgré cette décharge partielle, elle pourrait encore porter des perturbations dans les appareils du poste, sans l'interposition du fil de fer ab, qui, se fondant, rompt toute communication. Alors la décharge s'opère tout entière par les peignes. Au surplus, dès que l'orage prend des proportions inquiétantes, il est plus prudent de porter le commutateur sur la plaque P', et alors l'électricité s'écoule directement dans le sol.

Ligne. — Nous n'avons encore rien dit de la disposition des fils employés pour rattacher les stations entre elles. Quant aux fils qui circulent dans l'intérieur des postes, ce sont des fils de cuivre, d'un demi-millimètre de diamètre, recouverts de gutta-percha. Les fils de ligne sont en fer galvanisé, et atteignent un diamètre de deux à trois millimètres. On comprend que, vu la longueur du circuit, il faut donner au fil un très-fort diamètre. Ces fils sont portés par des poteaux dressés sur le parcours des voies ferrées, ce qui rend inutile un personnel spécial de surveillants. Ils sont soutenus par des supports en porcelaine, garantis de la pluie par de petits godets renversés, placés au-dessus.

Pour les communications sous-marines, le conducteur est formé de quatre fils de cuivre logés dans une corde de gutta-percha, que protége une enveloppe formée de fils métalliques tordus tout autour du câble (fig. 345).

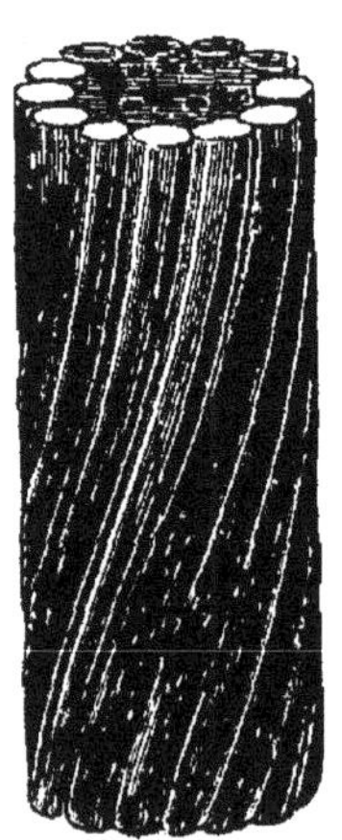

Fig. 345.

Télégraphe écrivant de Morse. — Les lignes américaines emploient un appareil dû à Morse, et qui écrit la dépêche en signes conventionnels. L'avantage de ce procédé est évident, et les appareils de Morse doivent, dans un avenir prochain et déterminé, remplacer sur toutes nos lignes, dépendantes de l'État, les appareils de Bréguet.

Le principe de ces appareils est facile à comprendre. L'armure de l'électro-aimant AA est fixée à un levier BB' mobile autour d'un pivot C (fig. 346). Un ressort D, attaché en B', tient l'armure à distance des pôles, tant que le courant ne passe pas dans les bobines; mais dès qu'il y est lancé, l'armure s'abaisse, et l'extrémité B' se relève; cette extrémité porte un style émoussé *t* qui appuie légèrement sur une feuille de papier, glissant d'un mouvement continu et lent sous un

Fig. 346.

tambour cylindrique H constamment imprégné d'une encre grasse par un rouleau L. La feuille de papier *ppp* se trouve pressée par le style contre la surface du cylindre, et reçoit une trace qui sera un point, une ligne courte, une ligne longue, suivant la durée du passage du courant. Ces trois signes différents, combinés ensemble, permettront de représenter toutes les lettres de l'alphabet.

Lá feuille de papier est mise en mouvement par deux cylindres formant laminoir, m,n, mus par un mécanisme d'horlogerie, et qui la forcent à passer entre eux en se déroulant du tambour K.

Le manipulateur (fig. 347) est une simple pédale métallique basculant autour du pivot A, dont le pied reçoit le fil de ligne. A l'une de ces extrémités, la pédale porte une vis a, que le ressort f fait appuyer contre une petite enclume b, en rela-

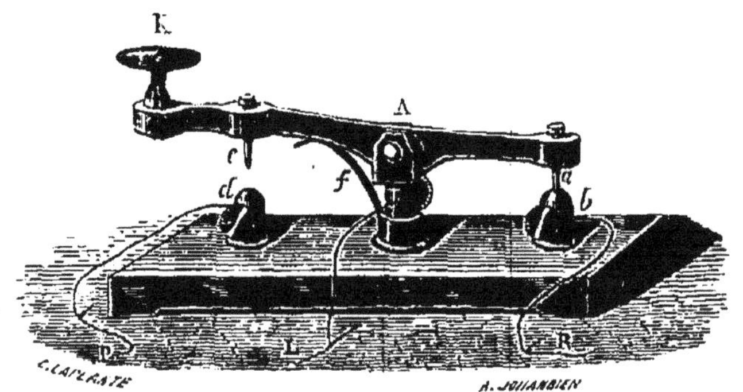

Fig. 347.

tion avec le récepteur ou la sonnerie du poste. L'autre extrémité de la pédale porte également une vis c, tenue, par le ressort f, un peu au-dessus d'une seconde enclume d qui communique avec la pile. Il suffit d'appuyer le doigt sur le bouton d'ivoire K pour fermer le circuit, en abaissant la vis c sur l'enclume d, et lancer le courant dans le fil de ligne. En retirant le doigt, la pédale se lève, et le courant se trouve de nouveau interrompu. La durée du contact de c avec d réglera la longueur du trait marqué sur le récepteur.

CHAPITRE XXXVI.

INDUCTION.

Nous avons vu comment on pouvait, à l'aide d'aimants, faire apparaître les signes d'une aimantation passagère, ou persistante, dans des barreaux de fer ou d'acier; nous avons vu, dans le dernier chapitre, que l'on pouvait également obtenir l'aimantation à l'aide de courants. Il ne resterait plus, pour montrer l'étroite liaison des phénomènes magnétiques et des phénomènes électriques, et l'identité des causes qui les produisent, qu'à obtenir inversement des courants produits par l'influence d'aimants ou d'autres courants. C'est ce qu'Ampère a cherché vainement, parce qu'il ne se plaçait pas dans les circonstances toutes spéciales qui les font naître, et qu'il ne pouvait prévoir *a priori*. C'est à Faraday qu'est due la découverte de ces courants produits *par influence*, et qu'on appelle courants d'*induction*.

Toutes les fois qu'un barreau aimanté ou un courant voltaïque se trouve en présence d'un circuit conducteur fermé, tant qu'il persistera rigoureusement dans les mêmes conditions par rapport au circuit, celui-ci restera complétement à l'état neutre; aucun signe révélateur des courants n'indiquera que l'équilibre électrique soit troublé sur ce conducteur. Mais si les conditions sont modifiées, si la distance varie, si l'intensité du barreau ou du courant change, à l'instant même on constate la production d'un courant. Si les conditions nouvelles se maintiennent les mêmes, tout signe de courant disparaîtra; les conditions viennent-elles à changer, le courant se manifeste de nouveau.

Induction voltaïque. — Tendons en regard l'un de l'autre, sur deux planchettes, deux fils de cuivre, l'un communiquant avec un galvanomètre très-sensible, l'autre avec les pôles d'une pile. Ces deux planchettes étant établies l'une devant l'autre, nous observons que, tant qu'elles conservent cette position relative, l'aiguille du galvanomètre demeure immobile. Éloigne-t-on d'un mouvement brusque l'une des planchettes, instantanément l'aiguille est déviée dans un sens, puis revient au zéro, après quelques oscillations, une fois que les deux planches ont repris une position relative fixe. Rapproche-t-on la planchette mobile, l'aiguille se dévie vivement dans le sens inverse, mais revient au zéro une fois que le mouvement de rapprochement a cessé.

Le sens de la déviation de l'aiguille du galvanomètre nous fait connaître le sens même du courant dans le fil induit, et nous trouvons que le courant d'influence est de même sens que le courant inducteur dans le cas de l'augmentation de la distance, de sens contraire dans le cas du rapprochement.

Pour rendre les phénomènes plus sensibles, Faraday ne tarda pas à substituer, à de simples fils tendus, des bobines portant cinq à six cents tours de fil enroulé. Ainsi on peut prendre deux bobines, dont l'une A vient se loger dans l'intérieur de l'autre B, plus large. Cette dernière, par exemple, communiquera par les fils f, f' avec le galvanomètre (fig. 348), l'autre par les fils l, l' avec la pile. Si ces deux bobines sont dans des conditions fixes de distance, l'aiguille du galvanomètre demeure immobile. Porte-t-on vivement la bobine A dans l'intérieur de B, l'aiguille du galvanomètre se dévie brusquement et fortement dans un sens qui indique un courant *inverse*; la retire-t-on, au contraire, la déviation change de signe et indique un courant de même sens que le courant inducteur, un courant *direct*.

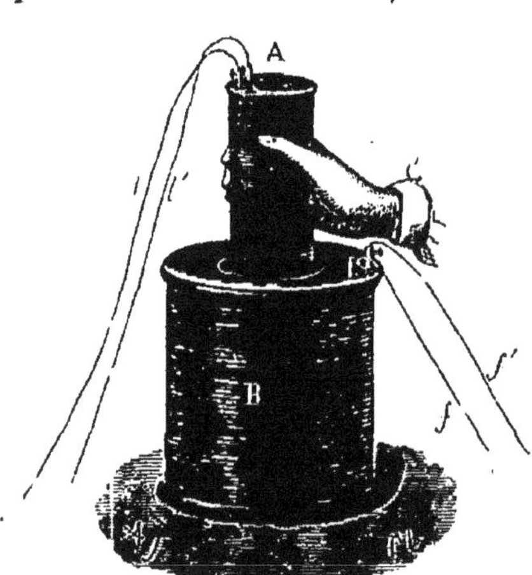

Fig. 348.

Remarquons tout de suite que le mouvement de rapprochement a développé un courant induit inverse de l'inducteur. Ces deux courants, parallèles et de sens contraire, exercent l'un sur l'autre. une action répulsive, qui les ferait s'écarter l'un de l'autre s'ils étaient mobiles. De même le mouvement d'écart a fait naître un courant induit de même sens que le courant inducteur; et l'on sait que deux courants de même sens s'attirent.

Ainsi, comme l'a fait observer Lenz, le sens du courant est, dans les deux cas, juste l'inverse de celui qu'il faudrait supposer dans le fil induit pour provoquer le mouvement qui a causé l'induction.

Nous allons maintenant le produire d'une autre façon, par une augmentation où une diminution d'intensité. On prévoit à l'avance qu'une augmentation d'intensité produira le même effet qu'une diminution de distance, *et vice versâ*. C'est, en effet, ce que confirme l'expérience.

Pour augmenter ou diminuer brusquement l'intensité du courant inducteur, voici le moyen très-simple que nous emploierons. Nous avons dit qu'un conducteur liquide introduit dans un circuit métallique une résistance considérable, qui doit, pour un même électromoteur, diminuer tout à coup dans une forte proportion l'intensité du courant.

Coupons, en un de ses points, l'un des fils qui vient, de la pile, rejoindre la bobine A, et plongeons les deux bouts séparés dans une longue cuvette remplie d'eau acidulée. En amenant les deux fils au contact, le passage par le conducteur liquide sera supprimé. En écartant au contraire l'un de l'autre les deux fils, on interposera entre eux une colonne plus ou moins longue du liquide, et l'intensité du courant s'en trouvera tout à coup affaiblie.

Or, on observe que toutes les fois que les fils se rapprochent, le galvanomètre indique que la bobine B est parcourue par un courant de sens contraire à celui de la bobine A; que si, au contraire, on écarte les deux fils, la bobine B est traversée par un courant direct.

Ainsi, toute augmentation d'intensité dans le courant inducteur développe dans le circuit voisin un courant induit *inverse;* toute diminution d'intensité un courant induit *direct.*

Rompre le courant inducteur, c'est porter son intensité de sa valeur première à zéro ; le rétablir, c'est augmenter son intensité à partir de zéro.

Aussi, la bobine A et la bobine B étant en présence l'une de l'autre, l'aiguille du galvanomètre au zéro, si l'on vient à ouvrir le circuit A et à interrompre le courant, immédiatement l'aiguille est déviée, indiquant un courant d'induction de même sens que l'inducteur, un courant direct. Si l'on referme le circuit, l'aiguille se dévie en sens contraire, ce qui indique un courant direct ; puis l'aiguille revient au zéro.

En rompant et ouvrant alternativement le circuit, on arrivera à donner à l'aiguille du galvanomètre une amplitude d'oscillation considérable, si l'on a soin de faire agir le courant d'induction dans le sens qui aide au mouvement de l'aiguille.

Induction Leyde-électrique. — Au lieu de rattacher les extrémités du fil de la bobine A aux pôles d'une pile, armons-les de deux pointes fixes que nous présenterons à petite distance aux armatures d'une jarre électrique fortement chargée. L'armature intérieure agit par influence sur le fluide neutre du fil, appelle à elle le fluide négatif, repoussant le fluide positif vers l'armature extérieure. Ces fluides, mis en liberté par l'influence, s'écoulent d'une manière continue par les deux pointes, jusqu'à neutralisation complète des fluides des armatures ; on a donc ainsi, pendant un temps encore assez long, un double courant de fluide positif et de fluide négatif sur le fil, exactement comme sur le conducteur interpolaire d'une pile ; et l'on peut alors, en se servant des mêmes conventions, prendre pour sens de ce courant celui du fluide positif, qui va, dans le fil, de la pointe présentée à l'armature intérieure à la pointe présentée à l'armature extérieure. Or, un pareil courant produit les phénomènes d'induction tout aussi bien que le courant voltaïque. Si, pendant la durée du passage de ce courant Leyde-électrique, on éloigne ou rapproche A de B, on constatera, à l'aide du galvanomètre, dans le premier cas, un courant d'induction direct, dans le second, un courant d'induction inverse.

Jusqu'à présent, nous n'avons employé que le galvanomètre

pour révéler l'existence et le sens de ces courants; mais on peut aussi employer les hélices aimantantes de la manière suivante. Attachons à la bobine B une hélice aimantante dans laquelle nous glisserons une petite aiguille à tricoter non-aimantée. Le circuit A, rattaché à la pile, est ouvert. Fermons-le; et, pendant qu'il est fermé, retirons l'aiguille d'acier, nous la trouverons aimantée. Et la position de son pôle austral nous montrera que le courant qui l'a aimantée est bien de sens inverse au courant inducteur A. Pendant que ce courant inducteur A demeure fermé, plaçons une autre aiguille non-aimantée; elle persistera dans l'état de neutralité la plus absolue pendant toute la durée du passage du courant A. Mais vient-on à rompre ce courant, si alors on retire l'aiguille aimantée, on la trouve aimantée en sens inverse de la première; ainsi, le courant aimantant est bien un courant direct.

Induction magnéto-électrique. — Les aimants produisent les courants d'induction tout aussi bien que les courants eux-mêmes et dans les mêmes circonstances. On devait s'y attendre, puisque les aimants se comportent comme des systèmes de courants circulaires, à axe commun, ou solénoïdes. Ils doivent jouer le même rôle que les bobines inductrices.

Si nous présentons un aimant AB dans l'axe d'une bobine C mise en relation avec un galvanomètre (fig. 349), et si l'aimant demeure immobile relativement à la bobine, l'aiguille du galvanomètre reste au zéro; si l'on pousse l'aimant vers l'intérieur de la bobine, à chaque mouvement exécuté dans ce sens, l'aiguille sera déviée de manière à indiquer un courant d'induction *inverse* de celui que représente

Fig. 349.

l'aimant lui-même, considéré comme solénoïde, ou, si l'on veut, inverse de celui qui donnerait au barreau l'aimantation qu'il possède. Éloigne-t-on le barreau, l'aiguille se dévie en sens contraire. Ainsi le courant d'induction est maintenant direct.

Augmenter la force magnétique d'un barreau mis en présence d'une bobine revient évidemment à le présenter à plus petite distance ; de même que diminuer cette force équivaut à le faire agir à distance plus grande. Or nous savons qu'en appliquant à un aimant une armure en fer doux, il en résulte une augmentation de la force magnétique du barreau lui-même.

Prenons donc un fer à cheval aimanté dont les branches seront entourées de bobines rattachées à un galvanomètre. Si nous venons à rapprocher brusquement l'armure des pôles, l'aiguille sera déviée dans un sens qui indique que les bobines sont parcourues par un courant inverse du courant hypothétique de l'aimant lui-même. Éloigne-t-on l'armure, déviation en sens contraire ; par conséquent, courant induit direct.

Induction tellurique. — La terre se comporte à la façon d'un aimant ; quelle que soit d'ailleurs l'hypothèse que l'on fasse pour l'expliquer, elle doit donc, comme les aimants, donner lieu à des phénomènes d'induction. Et, en effet, si on place une longue et forte bobine, en relation avec un galvanomètre, dans la position de l'aiguille d'inclinaison, tant qu'elle conservera cette direction, elle laissera l'aiguille parfaitement immobile ; mais vient-on à la tourner d'un certain angle autour de son point milieu dans le plan du méridien, elle provoque immédiatement, par ce déplacement, la déviation de l'aiguille. La déviation de l'aiguille indique un courant descendant dans la branche *est* de chaque tour de spire, ascendant dans la branche *ouest*. C'est bien ce que l'on peut appeler un courant direct. Si l'on ramène la bobine vers sa première position, la déviation change de signe.

Si l'on fait faire à la bobine un demi-tour entier, on aura, pendant toute la durée de ce déplacement, un courant direct. En continuant le mouvement dans le même sens, pour ramener la bobine à sa première position, on aura, pendant cette seconde demi-révolution, un courant inverse. De sorte qu'en continuant à tourner la bobine, on aura un courant changeant de sens à chaque demi-révolution. En montant sur l'axe de rotation un système de commutateur analogue à celui que nous avons déjà décrit dans le chapitre précédent pour la machine à deux tambours, mais à deux dents au lieu de huit, on pourrait lancer ce courant dans un circuit, en lui maintenant une direction constante. Nous verrons cette disposition réalisée dans les machines de Pixii et de Clarke, et nous pourrons constater alors que ces courants d'induction jouissent exactement des mêmes propriétés que les courants fournis par la pile.

Courants induits de divers ordres. — En particulier, ils jouissent, comme le courant inducteur, de la faculté d'agir eux-mêmes par induction sur des circuits voisins et d'y faire naître des courants. Ceux-ci peuvent aussi agir sur d'autres circuits. Il se forme ainsi des courants induits de divers ordres. Remarquons que le premier courant induit (courant de premier ordre) n'a qu'une très-courte durée, pendant laquelle il doit agir d'abord comme courant commençant, puis comme courant finissant. Il semble alors que les deux effets devraient se détruire, quant à l'action exercée sur la bobine suivante. Toutefois, si l'on place dans le circuit de cette seconde bobine une hélice aimantante, avec une petite aiguille, on constate que cette aiguille est aimantée après le passage du premier courant induit, et le sens de son aimantation indique un courant inverse. Le courant induit de second ordre agit de même sur un circuit fermé, pour y développer un courant induit de troisième ordre, inverse par rapport à lui-même, et ainsi de suite. Les courants des divers ordres vont donc en alternant leur signe, à partir du courant induit du premier ordre.

Nous ne pousserons pas plus loin l'étude de cette question, dont l'intérêt est trop exclusivement théorique.

Le caractère distinctif des courants d'induction, c'est leur tension considérable, infiniment plus grande que celle du courant inducteur qui leur donne naissance. Ainsi, tandis que les réophores de la pile qu'on a mise en relation avec la bobine A ne donnent qu'une étincelle à peine visible, quand, après les avoir mis en contact, on vient à les séparer, tandis qu'on ne peut produire cette étincelle en rapprochant les fils, si près qu'on les puisse mettre l'un de l'autre, tout au contraire, en tenant les fils de la bobine B à une distance très-sensible, on voit jaillir de l'un à l'autre une vive étincelle au moment où le courant inducteur est lancé dans A. On la voit jaillir également au moment où le circuit A est de nouveau ouvert. Cette tension est encore rendue sensible par la commotion que l'on ressent lorsqu'on tient à la main les extrémités du fil de la bobine B, au moment où a lieu l'induction.

Induction d'un courant sur lui-même. — Extra-courant. — Lorsque l'on réunit les pôles d'une pile de quelques éléments, d'abord par un conducteur court, puis, en second lieu, par un conducteur d'une grande longueur, on sait que, dans le second cas, il y a diminution d'intensité du courant, due à l'augmentation dans la résistance introduite. Ainsi, la déviation galvanométrique est moindre, les quantités de gaz mises en liberté dans le voltamètre sont plus petites. Cependant, si les effets dus à la circulation continue de l'électricité sont diminués, les effets de décharge, de tension, qui se produisent au moment où le circuit est ouvert ou fermé, reçoivent au contraire une certaine augmentation; l'étincelle est plus vive, la commotion plus forte. On rendra les effets particulièrement sensibles, si l'on enroule le long fil sur une bobine. Alors l'étincelle devient très-vive, très-bruyante, et la commotion douloureuse, surtout au moment de l'ouverture du circuit.

Il est facile de préjuger que c'est là un véritable phénomène d'induction des diverses parties du fil sur les portions voisines, des tours de spire les uns sur les autres. Au moment de la rupture du courant, chaque spire doit agir sur les spires voisines, comme la bobine A sur la bobine B, pour y développer un courant *direct*, qui superpose son effet à celui du courant principal : de là l'énergie des effets de tension. Au contraire, au moment de la fermeture du circuit, tous ces courants d'induction élémentaires sont inverses du courant principal. La tension n'est plus due alors qu'à la différence des deux courants.

Faraday, qui a le premier révélé l'existence de ces courants induits, circulant dans le fil même de la pile, a, par l'expérience même, montré que le courant d'induction était direct au moment de la rupture du courant, inverse au moment de sa fermeture. Nous n'entrerons pas dans le détail de cette expérience, non plus que de celles de M. Masson, qui sont venues confirmer et étendre les résultats de Faraday. On a donné le nom d'*extra-courant* au courant d'induction direct, qui renforce la tension du courant principal au moment de sa rupture.

Les appareils dont on se sert pour soumettre au traitement de l'électricité les maladies nerveuses, les paralysies locales, etc., comprennent ordinairement une petite pile ; dans le trajet du conducteur se trouvent interposées une bobine et une roue dentée de Masson, ou même quelquefois un simple trembleur analogue à celui des sonneries électriques. Veut-on augmenter encore l'énergie des effets produits, on place dans l'intérieur de la bobine un faisceau de fils de fer bien doux, destiné à jouer le rôle d'un électro-aimant, c'est-à-dire d'un courant hélicoïdal de même sens que le courant inducteur, de même durée que lui, commençant et finissant avec lui, ajoutant, par conséquent, son action inductrice à celle du courant.

On pourra ainsi graduer la force des commotions et leur nombre, en réglant convenablement la vitesse de l'interrupteur.

Bobine de Rumkorff (fig. 359). — M. Rumkorff a construit un système de bobines avec lequel on obtient du courant d'induction des effets de tension d'une puissance remarquable, comparables, supérieurs même à ceux que donnent les plus fortes batteries.

Son appareil se compose de deux bobines logées l'une dans l'autre. La bobine intérieure qui doit être mise en communication, alternativement interrompue et rétablie, avec une pile, est formée d'un fil gros et court, pour réduire le moins possible l'intensité du courant inducteur. Il n'a guère que 60 mètres de longueur, et fait environ deux cents tours sur le noyau central. La bobine extérieure, dans laquelle se développera le courant induit, est au contraire formée d'un fil

très-fin, dont la longueur peut aller jusqu'à 20 000 ou
30 000 mètres. Les extrémités de ce fil vont s'attacher au
sommet de deux colonnes isolantes A, B.

L'une des extrémités *f* du fil inducteur vient se rattacher,

Fig. 350.

par l'intermédiaire de rubans de cuivre fixés sur la table, à
l'un des montants d'un commutateur-interrupteur de Rumkorff, C (fig. 350); l'autre *f'* vient rejoindre la base d'une petite
colonne métallique surmontée d'un godet en verre M, à fond
métallique, en partie rempli de mercure. Un ressort porté par
une seconde colonne soutient une tige transversale conductrice L, portant d'une part une pointe qui se présente à petite
distance de la surface du mercure; de l'autre une masse de
fer doux *m* qui vient également se placer au-dessus d'un faisceau de fils de fer doux logé dans l'intérieur de l'hélice inductrice. Du pied de cette dernière colonne part un fil de
cuivre qui vient rejoindre le second montant du commutateur.
Enfin, les fils venant de la pile s'attachent aux poupées latérales du commutateur.

Supposons que la pointe effleure la surface du mercure, le

courant arrivant, je suppose, par le montant droit du commutateur passera à la colonne *e*, au levier L, à la pointe, puis
par le mercure du vase M et la colonne qui le porte, entrera
par le fil *f'* dans la bobine inductrice, pour ressortir par *f* et
revenir au commutateur et à la pile. Mais ce courant, ainsi
lancé dans la bobine intérieure, agit par induction sur la bobine extérieure, et en même temps aimante le faisceau de fer
doux, qui attire l'armure *m*. Celle-ci se rapproche donc de
l'électro-aimant; mais alors la pointe quitte la surface du mercure, et le courant est rompu. L'aimantation cessant par cela
même dans le faisceau de fil, l'armure n'est plus attirée;
l'élasticité du ressort le fait se redresser, et la pointe va de
nouveau, par ce mouvement de retour, plonger dans le mercure : le courant se trouve rétabli. Alors les mêmes faits se
reproduisent, *m* est encore attiré par l'électro-aimant, le courant se trouve rompu, et ainsi de suite.

Ce sont ces interruptions qui lancent dans le circuit de la
bobine extérieure, si ce circuit est fermé, les courants d'induction; s'il est ouvert entre A et B, on aura, au point de
rupture, des phénomènes de tension des plus remarquables;
par exemple des étincelles de 30 à 40 centimètres de longueur, produisant un bruit comparable à celui d'un fort coup
de fouet. Quant aux commotions, il ne faut point songer à s'y
exposer, à moins que le courant inducteur ne soit des plus
faibles. On doit même avoir grand soin, toutes les fois que
l'on a à changer quelque chose à l'agencement de la machine,
de tourner le commutateur de manière à ouvrir le circuit inducteur.

Le courant inducteur, se trouvant alternativement ouvert et
fermé, développe dans le fil induit successivement un courant
direct et un courant inverse. L'expérience montre toutefois
que le courant direct est le seul qui fasse sentir ses effets, sa
tension l'emportant de beaucoup, comme le démontre la théorie, sur celle du courant inverse, qui, dans la rapidité de leur
succession, se trouve complétement annulé.

Si l'on interpose entre les supports A, B, l'œuf électrique
dans lequel on aura fait le vide, on voit une lueur d'un rouge
violet magnifique remplir la capacité de l'œuf. La lumière

part en gerbes violettes de la boule qui apporte le courant direct; l'autre boule, et la tige qui la porte, sont entourées d'une double ou triple couche lumineuse très-brillante. Si l'on remplit l'œuf électrique de gaz de natures diverses, convenablement raréfiés, on voit la couleur se modifier, verte avec le chlore et l'acide carbonique, cramoisie avec l'hydrogène, blanche avec l'acide chlorhydrique. Introduit-on des vapeurs essentielles (benzine, essence de térébenthine), alors la lumière se répand en ondes alternativement brillantes et obscures.

Ces expériences sont on ne peut plus curieuses. Quant aux causes de ces apparences diverses du flux lumineux, on n'a encore aucune donnée sur leur nature.

C'est avec une bobine de Rumkorff, induite par le courant d'une pile de faible intensité, et ne donnant lieu, par conséquent, qu'à une dépense relativement très-petite, qu'on obtient maintenant l'éclairage électrique.

Appareil de Pixii. — Les découvertes de Faraday suggérèrent à Ampère l'idée de la construction d'une machine où l'action inductive d'un aimant mobile en présence d'une bobine fixe, s'en éloignant et s'en approchant alternativement, développerait dans cette bobine des courants continus. Ces courants devaient être, il est vrai, tantôt dans un sens, tantôt dans le sens contraire; mais, à l'aide d'un commutateur adapté au moteur même de l'aimant, il devenait possible de leur maintenir, dans une portion déterminée de circuit, un sens invariable. C'est cette idée d'Ampère que Pixii réalisa de la manière suivante.

Un électro-aimant en fer à cheval BB', garni de deux bobines de même sens d'enroulement, est suspendu, dans une position fixe, à une traverse horizontale établie entre deux forts montants en bois (fig. 351). Sur un axe vertical, dont la direction passe à égale distance des branches de l'électro-aimant, se trouve monté un faisceau aimanté en fer à cheval A. Cet axe reçoit un mouvement de rotation d'un système de roues d'angle P, R, et d'une manivelle. Les pôles de cet aimant tournent ainsi dans un plan horizontal, à la plus petite distance possible des branches de l'électro-aimant.

Prenons maintenant ce plan horizontal pour plan de la figure. L'électro-aimant étant alors **tout** entier derrière le plan et tournant ses facettes polaires vers le spectateur ; l'aimant étant au contraire en avant du tableau, de telle sorte qu'on ne voie ses surfaces polaires que par derrière, il faudra, par conséquent, figurer le sens du courant du pôle austral dans le sens du mouvement des aiguilles d'une montre, comme si l'on avait devant soi un pôle boréal, *et vice versá* pour le pôle boréal lui-même.

Soient C, D, les faces terminales des branches de l'électro-aimant fixe. Nous les figurons

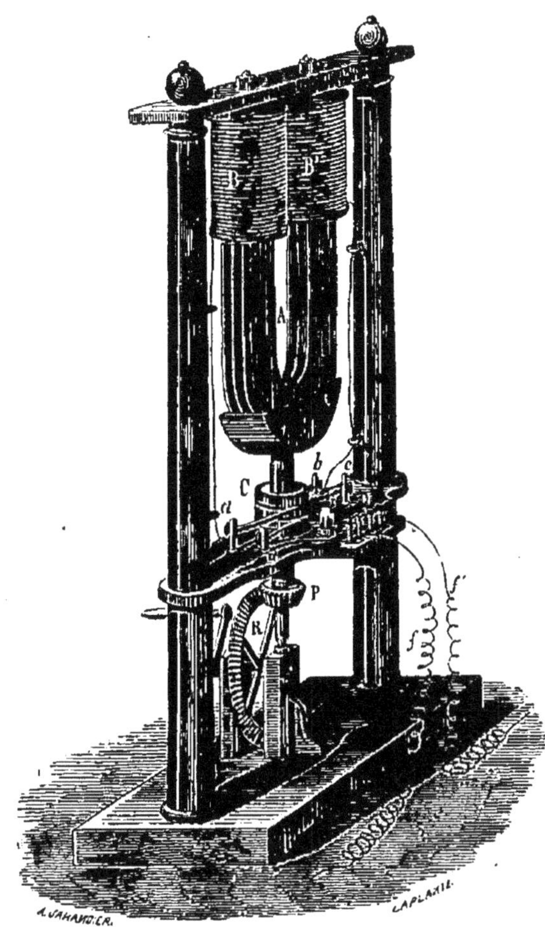

Fig. 351.

par une circonférence en ligne pleine avec les bobines qui les enveloppent (fig. 352). Soient de même A, B, les faces polaires de l'aimant mobile, représentées par des rectangles en lignes ponctuées.

Prenons d'abord (fig. 352) le pôle austral A devant la face C, et le pôle boréal devant la face D. Le fer à cheval CD présente donc un pôle boréal en C, un pôle austral en D ; ces deux pôles sont vus de face, et leurs courants se présentent alors sous le même sens que ceux des pôles A et B.

— Supposons que le système des deux pôles A et B tourne dans le sens indiqué par les flèches concentriques au point O.

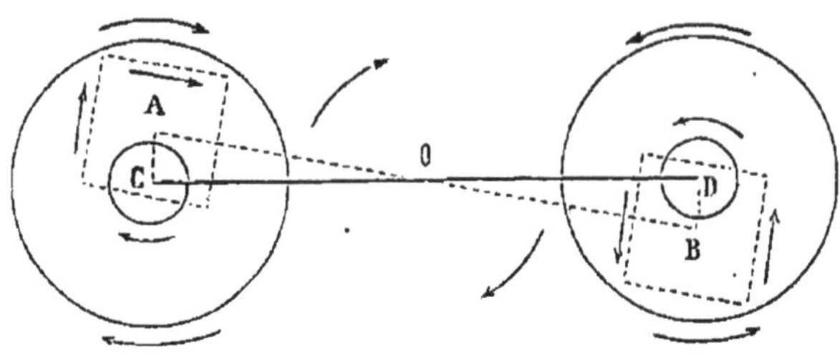

Fig. 352.

Dans le premier quart de circonférence, A s'éloigne de C; il doit donc développer dans la bobine même un courant d'induction direct ayant précisément le sens des petites flèches. En même temps la force magnétique du fer doux due à l'influence de l'aimant va s'affaiblissant, ou, ce qui revient au même, le courant hélicoïdal qui le représente théoriquement va diminuant d'intensité. Ainsi ce solénoïde central doit développer dans la bobine un courant direct. On voit que ces deux actions agissent dans le même sens ; le pôle B agira évidemment et par lui-même, et indirectement par le fer doux logé dans la bobine, pour développer dans cette bobine un courant de même sens que le sien. Comme les deux bobines sont de mêmes sens, et repliées l'une sur l'autre, ces deux courants se superposent, bien que la figure semble les montrer contraires.

Dans la position perpendiculaire, C est à même distance de A et de B. Dépasse-t-il cette position, l'influence de B sur C l'emporte sur celle de A, comme l'influence de A sur D l'emporte sur celle de B (fig. 353).

B *s'approchant* de C, tend à y développer un courant inverse au sien, de même sens, par conséquent, que celui de A, par suite de celui que possédait déjà la bobine C dans le premier quart de rotation. En même temps le fer doux prend un état d'aimantation *renversé*, mais *augmentant;* il doit donc produire dans la bobine un courant inverse au sien, c'est-à-dire du même sens qu'il avait précédemment. Même raisonnement pour la bobine D. De sorte que, pendant toute la demi-révolution, le courant aura conservé le même sens dans le fil qui passe sur les deux bobines.

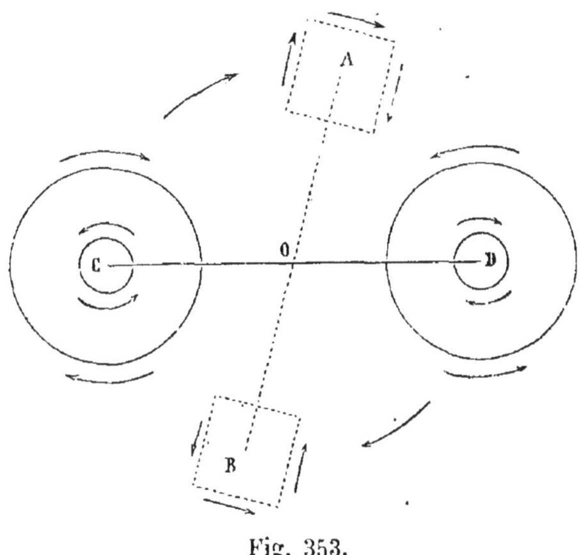

Fig. 353.

Dans le troisième quart (fig. 354), A s'éloigne de D et doit y développer un-courant de même sens que le sien, par conséquent de sens contraire au courant précédent. Pour la même raison, le courant se renverse dans la bobine C, dont B s'éloigne

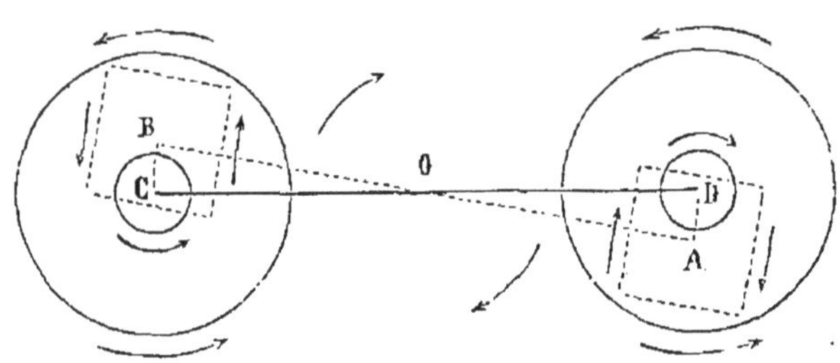

Fig. 354.

maintenant. En outre, l'état de magnétisme diminuant des branches du fer doux, tend à développer, dans les bobines qui les enveloppent, des courants directs concourant avec ceux que produit l'aimant.

Enfin, dans le quatrième quart (fig. 355), A agit sur C plus que sur D ; B agit sur D plus que sur C. Le signe du pôle

inducteur le plus voisin est renversé, mais il va se rapprochant au lieu d'aller s'éloignant. Le courant induit conserve

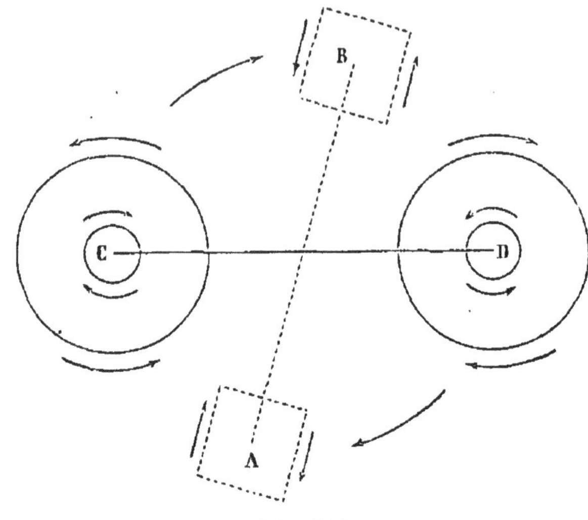

Fig. 355.

donc le même sens ; et le courant donné par le fer doux reste
aussi le même, parce que l'aimantation est renversée, mais en
même temps croissante.

Ainsi, dans la première demi-révolution, courant dans un
sens, dans la seconde demi-révolution, courant de sens contraire ; le mouvement de rotation se continuant, on aura donc
des courants alternés,
que l'on pourra réta-
blir de même sens, au
moyen d'un commu-
tateur placé sur l'axe.
En le réduisant à sa
plus simple expres-
sion, il se composera
de deux anneaux iso-
lés M, N (fig. 356),
représentant chacun
une couronne à *une*

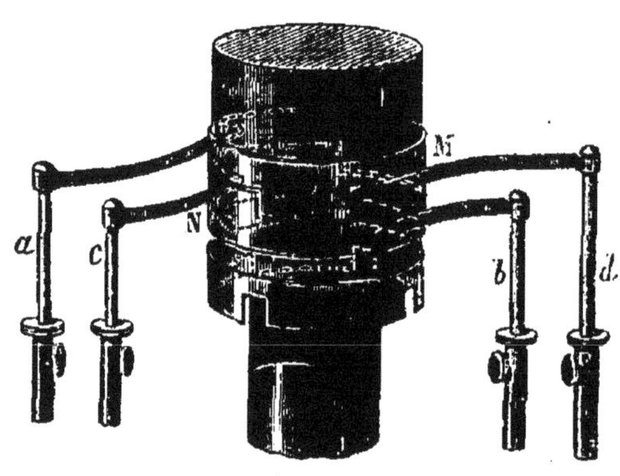

Fig. 356.

seule dent. Les deux dents s'enchevêtrent à côté l'une de
l'autre ; les extrémités du fil des bobines arrivent, l'une au

support a, l'autre au support b. Tous deux portent des ressorts appuyant sur la partie continue des couronnes. Les extrémités du fil qui doit recevoir le courant de sens invariable arrivent aux colonnes c, d, dont les ressorts posent chacun sur la surface d'une dent. A chaque demi-tour, le contact du ressort passera d'une dent à l'autre ; mais, comme en même temps les colonnes a et b représentent des pôles dont le signe se renverse à chaque demi-tour, il en résulte que, dans le fil dont les extrémités sont en c et d, le courant conservera le même sens.

Cette disposition est celle que nous supposions adaptée à l'appareil d'induction tellurique.

L'anneau à quatre échancrures placé au-dessous du commutateur est un interrupteur qui sert pour produire les commotions. On descend les ressorts des colonnes a et b de telle sorte que l'un d'eux vienne toucher la surface continue de la couronne, l'autre la surface discontinue, et l'on attache à ces mêmes colonnes deux fils munis de poignées, que saisit la personne qui doit recevoir les commotions. Pendant que les deux ressorts touchent l'anneau, le circuit se trouve fermé par cet anneau, et le courant ne passe pas par le corps, à cause de la résistance considérable qu'il représente comparativement à la couronne. Mais lorsque l'un des ressorts passe sur l'échancrure, force est bien au courant tout entier de passer par le reste du circuit, c'est-à-dire par le corps de l'observateur. Aussi, dans la durée d'un tour entier, celui-ci reçoit quatre fois le courant. Le changement de sens est d'ailleurs sans influence sensible sur la commotion.

Machine de Clarke (fig. 357). — La machine de Clarke, moins encombrante que celle de Pixii, la remplace maintenant dans tous les cabinets de physique. Dans cette machine, l'aimant ou fer à cheval est fixe, et le système des bobines tourne devant lui. Il est évident que cela revient évidemment au même.

L'aimant AB est dressé les pôles en bas le long d'une planche verticale. Devant les pôles fixes de cet aimant tournent, autour d'un axe horizontal, deux cylindres de fer doux, entourés de bobines et réunis par une traverse en fer doux tt', de ma-

nière à former un fer à cheval (fig. 357, 358, 359). Leurs autres
bases sont réunies par une traverse en cuivre *ss'* sur laquelle

Fig. 357.

vient se visser l'axe de rotation. Une chaîne sans fin et une
grande roue à manivelle servent à lui donner le mouvement.

Les deux bobines sont de sens d'enroulement inverse, l'une
dextrorsùm, l'autre *sinistrorsùm*. Deux des bouts viennent se
réunir en *c* pour former un fil unique *cc'* qui traverse une
masse de matière isolante. Les deux autres bouts se réunissent en *d* pour former un second fil unique *dd'*. *cc'* vient se
fixer à l'axe métallique intérieur, qui, par une vis V, communique à travers l'épaisseur de l'étui isolant LL', avec la demi-

couronne métallique E. *dd'* arrive à l'anneau métallique *e'*, qu'une petite patte, *g*, fait communiquer à la seconde demi-couronne E'. Ces demi-couronnes sont séparées suivant deux arêtes du cylindre, comprises dans un plan qui fait un petit angle avec celui des axes des bobines. Elles représentent les extrémités, les pôles du fil induit. A chaque demi-révolution, les signes changeront, comme nous le démontrerions en répétant absolument le même raisonnement que nous avons fait pour la machine de Pixii.

Au-dessous du cylindre qui porte ces demi-couronnes se trouve placé sur la table de l'instrument un

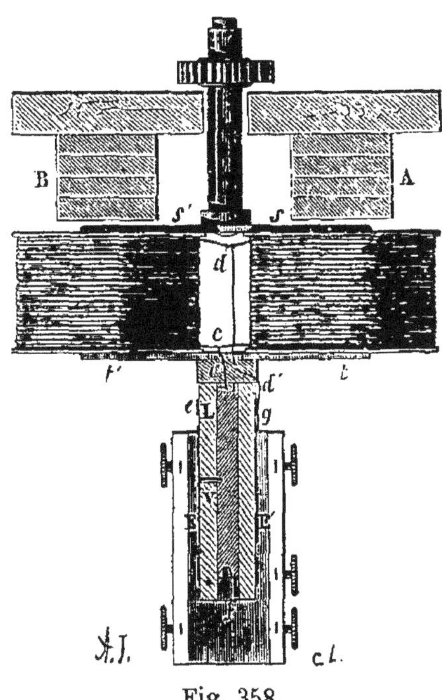

Fig. 358.

prisme en bois P (fig. 359) portant deux baguettes métalliques OO, O'O'. Chacune d'elles est armée d'un ressort *r*, *r'* qui vient appuyer contre les demi-couronnes; en N, N' s'attachent les extrémités du fil qui doit recevoir le courant de direction constante. On voit qu'à chaque demi-tour le signe polaire des demi-couronnes sera renversé; mais en même temps chacune d'elles passera du contact d'un des ressorts au contact de l'autre ressort. Les bandes OO, O'O' conserveront donc au contraire invariablement le même signe polaire, et le fil qui les réunit sera parcouru par un courant dont le sens ne variera pas.

Chacune des demi-couronnes est escortée d'une petite plaquette *q* qui, se portant au delà de la ligne de séparation, se trouve ainsi à la hauteur de l'autre demi-couronne. Cette disposition, comme nous le verrons bientôt, sert à produire les interruptions nécessaires aux commotions.

Il est facile de montrer, soit avec la machine de Pixii, soit avec celle de Clarke, que les courants d'induction jouissent des mêmes propriétés que les courants fournis directement par la pile.

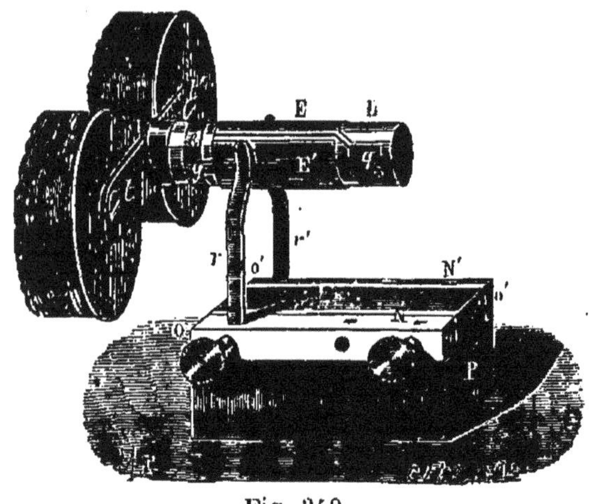

Fig. 359.

Pour obtenir les effets physiologiques qui demandent une grande tension, il faut employer une double bobine à fil fin et très-long. C'est celle que nous avons figurée dans le dessin d'ensemble de l'appareil. Pour les phénomènes calorifiques et lumineux, il faut, au contraire, une double bobine à fil gros et court (fig. 360).

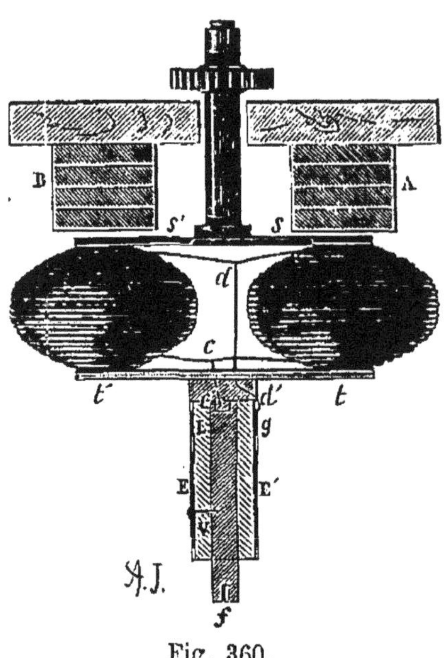

Fig. 360.

Veut-on produire la décomposition de l'eau, on attachera en N et N' deux fils, que l'on conduira aux fils de platine d'un voltamètre, et l'on obtiendra dans l'une des cloches de l'hydrogène, dans l'autre de l'oxygène, dans le rapport en volumes de 2 à 1.

Pour produire les commotions, on ajoutera aux deux ressorts r, r' un troisième ressort r'' venant se présenter sur le trajet des plaquettes q. Tant que cette plaquette ne viendra pas se placer sous le ressort, le courant induit passera de N à N' par les deux fils armés de poignées que l'observateur tiendra à la main. Mais dès que la plaquette q touchera le ressort, on voit

que le courant, arrivant, je suppose, par la demi-couronne E,
trouvera son trajet complété par la plaquette q, le ressort r''
et la bande OO, qui le ramène à l'autre demi-couronne E'.
Le courant cessera donc de passer par le corps de l'observateur, qui offre une résistance trop grande. Cette interruption
du courant donnera lieu à la commotion, dont la violence
sera renforcée par l'extracourant direct, qui traverse le
circuit au moment même où le courant s'y trouve interrompu.

La commotion se produira à chaque demi-révolution.

Pour fondre ou tout au moins rendre incandescent un fil
métallique, substituons à la bobine à fil fin et long la bobine
à fil gros et court, et mettons dans les deux trous NN' deux

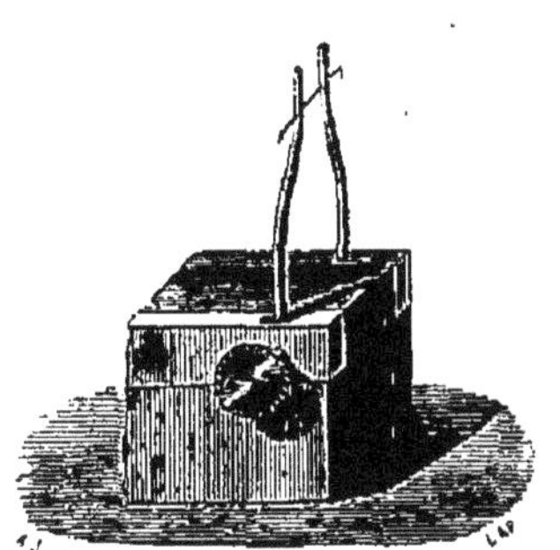

Fig. 361.

Fig. 362.

tiges, réunies l'une à l'autre par un fil fin de platine (fig. 361).
En tournant la roue, on amènera rapidement ce fil à l'incandescence.

Pour produire l'étincelle, nous monterons sur le prolongement de l'axe une petite pièce de cuivre à deux pointes
(fig. 362), et sur l'un des trous N ou N' une tige coudée, portant
un godet rempli de mercure, que les pointes puissent effleurer
légèrement dans le mouvement de rotation. Le circuit sera
alors complété par l'axe, la pointe, le mercure, la tige coudée
et la bande métallique. L'étincelle jaillit au moment où la
pointe quitte le mercure. Il n'y a qu'une étincelle à chaque
tour, car le courant n'est fermé que pendant une demi-révolution : celle pendant laquelle la demi-couronne que vient

toucher le ressort communiquant avec la tige coudée n'est pas celle qui communique avec l'axe.

Enfin, si on adapte en N et N' deux fils se rattachant aux bobines d'un électro-aimant, on constatera l'aimantation du fer doux sous l'influence du courant d'induction.

CHAPITRE XXXVII.

COURANTS THERMO-ÉLECTRIQUES. THERMO-MULTIPLICATEUR.

En 1821, Seebeck reconnut que si l'on forme un circuit fermé avec deux métaux de natures différentes, et si l'on chauffe une des deux soudures, le circuit se trouve parcouru par un courant. On obtient de même un courant, si l'on chauffe les deux soudures, mais à des températures différentes, ou bien encore si on les refroidit toutes deux, mais inégalement.

Pour faire l'expérience d'une manière bien nette, on prend un cylindre de bismuth, soudé à ses deux bouts à un ruban de cuivre qui forme trois côtés d'un rectangle, dont le bismuth fait le quatrième (fig. 363); puis on établit dans le rectangle, sur un pivot, une aiguille aimantée, en amenant le plan vertical du rectangle à coïncider avec le plan du méridien magnétique. Si l'on chauffe alors une de ses soudures, on voit l'aiguille se déplacer, et le sens de sa déviation indique un courant qui circule, dans le cuivre, de la soudure chaude à la soudure froide; ou, ce qui revient au même, qui traverse la soudure chaude du bismuth au cuivre. On est convenu de dire alors que le bismuth est positif par rapport au cuivre. On peut rendre la déviation plus sensible encore en appliquant et soudant sur une règle de bismuth une lame de cuivre, re-

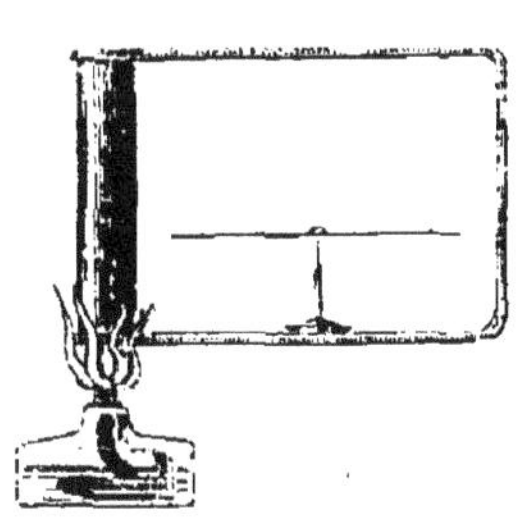

Fig. 363.

pliée de manière à former un rectangle au centre duquel on établit, sur une chape, un couple d'aiguilles astatiques, dont l'une est à l'intérieur du rectangle et l'autre à l'extérieur, comme dans le galvanomètre (fig. 364). La force directrice de la terre étant alors très-faible, il suffira de chauffer une des soudures *a* ou *b* pour obtenir immédiatement une forte déviation.

Fig. 364.

Si l'on remplace le bismuth par le zinc, le courant s'établit dans le cuivre de la soudure froide à la soudure chaude ; il traverse donc la soudure chaude du cuivre au zinc. Ici le cuivre est, d'après notre convention, positif par rapport au zinc. Il était tout à l'heure négatif par rapport au bismuth.

On voit par là qu'un même métal peut se trouver positif ou négatif, suivant le corps auquel il est associé.

Ainsi, si l'on range les métaux dans l'ordre suivant :

Bismuth, — nickel, — platine, — cobalt, — argent, — étain, — plomb, — cuivre, — or, — zinc, — fer, — antimoine, chacun d'eux sera positif par rapport à ceux qui le suivent, négatif par rapport à ceux qui le précèdent.

Remarquons que, dans le couple voltaïque zinc-cuivre, le courant développé par l'action de l'acide sur le zinc traverse le couple lui-même, en passant du cuivre au zinc par la soudure. Ainsi le sens du courant est le même.

Seebeck a proposé l'expression de courants *thermo-électriques* pour désigner ces courants, développés dans un circuit hétérogène, sous l'influence de différences de température.

L'hétérogénéité ne suppose pas nécessairement une différence de *nature* dans les métaux qui composent le circuit.

Un circuit formé d'un seul métal peut donner naissance à un courant thermo-électrique, s'il présente en quelques points des différences de *structure*.

Soit un fil d'acier trempé, puis recuit sur une portion de sa longueur. Si l'on vient à chauffer la partie recuite, à petite distance de la portion qui a conservé sa trempe, on obtiendra un courant.

De même, tirons un fil métallique à la filière, de manière à l'écrouir d'une manière notable, et détruisons sur une certaine longueur cet écrouissage par le recuit. En chauffant à petite distance de la ligne de séparation, nous obtiendrons un courant.

Prenons un fil de platine, et en un de ses points tordons-le en hélice serrée, ou nouons-le sur lui-même; nous déterminerons là aussi un changement de structure, qui, dès l'instant qu'on chauffera dans le voisinage des points ainsi modifiés, donnera naissance à un courant (fig. 365).

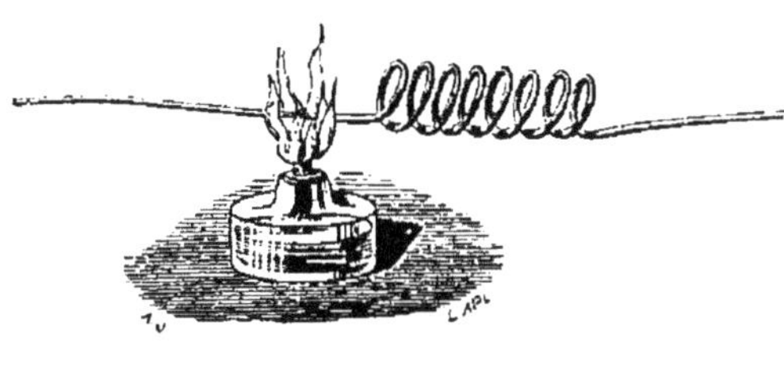

Fig. 365.

Le courant marche, tantôt de la partie écrouie ou trempée à la partie recuite, à travers leur surface de séparation, tantôt dans le sens inverse. Le fer, le zinc nous offrent des exemples du premier cas; le cuivre, l'argent, l'or, le platine, du second.

Mais si le circuit offre une homogénéité parfaite de nature et de structure, alors les inégalités de température ne donnent naissance à aucun courant.

Nous devons ajouter tout de suite que, bien que ces courants aient été surtout constatés et étudiés dans les circuits formés de métaux, on en a obtenu également avec le graphite, le charbon de cornues, la pyrite, mais, comme ils sont beaucoup plus faibles, nous les laisserons complétement de côté.

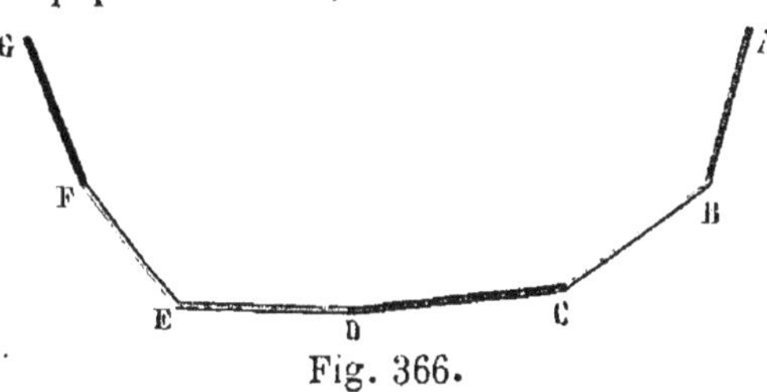

Fig. 366.

En formant une chaîne de fils métalliques de natures différentes, soudés les uns au bout des autres (fig. 366), et attachant les deux extrémités de cette chaîne à un galvanomètre d'une très-grande sensibilité, on pourra, si l'on porte successivement chaque soudure à une température déterminée, toutes les autres étant maintenues à zéro, constater le sens des courants donnés par les divers couples, et, de plus, comparer leurs intensités, puisque ces courants auront tous à traverser le même circuit total. On aura déterminé de cette façon les pouvoirs thermo-électriques relatifs des couples de la chaîne, *au moins pour la température à laquelle on a opéré.*

Pour étudier l'influence de la température, coulons dans un moule du bismuth de manière à lui donner la forme d'un rectangle ABCD, auquel il manquerait un de ses grands côtés (fig. 367), et aux extrémités des petites branches, A, D, soudons deux rubans de cuivre *f*, *f*. Il devient facile alors de

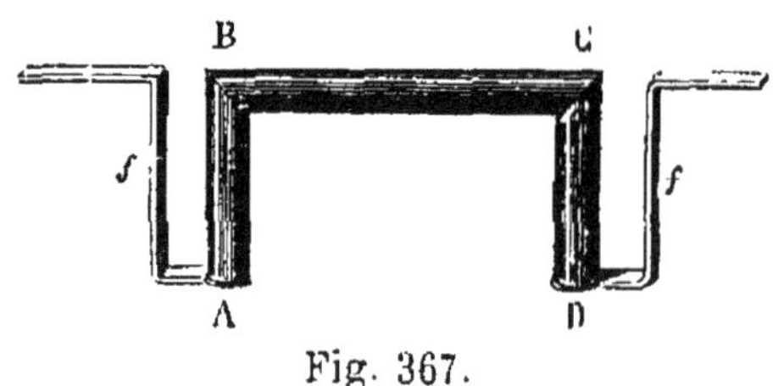

Fig. 367.

plonger l'une des soudures dans un bocal plein de glace fondante, l'autre dans un vase où l'on maintiendra de l'eau à une température bien constante, mais que l'on pourra faire varier à volonté, il ne restera plus qu'à rattacher les deux rubans de cuivre à un galvanomètre pour reconnaître l'existence du courant, son sens, et mesurer son intensité.

Or, tant que les températures des deux soudures resteront les mêmes, la déviation de l'aiguille du galvanomètre ne variera point; le courant produit a donc une intensité constante.

En second lieu, si, maintenant l'une des soudures à zéro, on porte l'autre à t^0, à t'^0, à t''^0..., on trouve que l'intensité déduite de l'indication du galvanomètre est proportionnelle à la différence des températures, pourvu toutefois que cette différence ne soit pas trop considérable. Pour le circuit bismuth-cuivre, la loi de proportionnalité cesse d'être vraie dès que la différence de température des deux soudures dépasse une cinquantaine de degrés. Pour le couple cuivre-fer, elle se maintient jusqu'à des valeurs de la différence voisines de 140°. Au delà, l'intensité du courant augmente moins rapidement que la différence de température, si bien que, pour une certaine valeur de cette différence, l'intensité atteint un maximum, puis décroît. Ainsi, pour le circuit cuivre-fer, l'intensité du courant est nulle si la différence de température est de 300°; et, si elle est plus grande, le courant change de sens.

On voit d'après cela que le sens et l'intensité du courant dépendent à la fois de $t-t'$ et de t' lui-même. Le courant ne sera pas le même si les deux soudures sont l'une à zéro, l'autre à 20°, que si elles sont, la première à 100°, l'autre à 120°, et à plus forte raison l'une à 300°, l'autre à 320°.

Nous rappellerons ici que, pour cette étude comparative des courants, il ne faut point faire usage du galvanomètre ordinaire à fil long et mince, mais d'un galvanomètre à fil gros et court; car ici le couple thermo-électrique, formé en général de baguettes ou de rubans métalliques d'une grande section et d'une petite longueur, n'offre au courant qu'une très-faible résistance, comparativement à celle du fil du galvanomètre, qui représente alors à elle seule la presque totalité de la résistance ; il importe donc, si on ne veut point affaiblir par trop le courant, de réduire autant que possible la résistance du galvanomètre et d'enrouler sur son cadre un fil gros et court, faisant une cinquantaine de tours seulement.

Un couple thermo-électrique ne fournit jamais qu'un courant très-faible, et sur lequel il serait à peu près impossible de faire une étude des propriétés de ce genre de courants.

Mais on peut grouper les couples de manière à en former des piles, exactement comme Volta a groupé ses éléments.

Pile thermo-électrique (fig. 368). — Parmi les diverses dispositions successivement imaginées par Seebeck, Magnus,

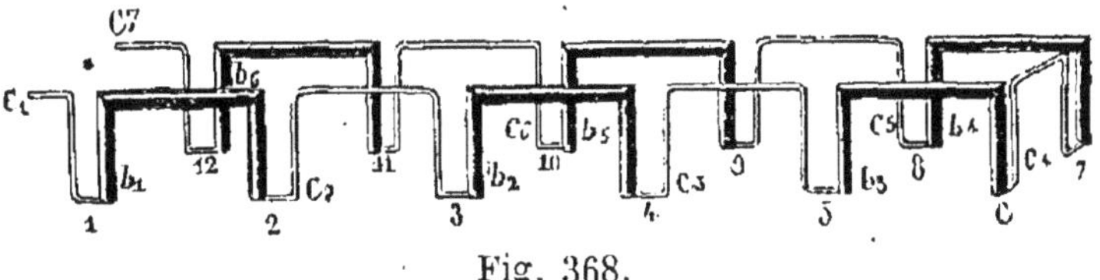

Fig. 368.

Becquerel, Pouillet, nous citerons de préférence la dernière, dont l'agencement est très-simple.

Pour former une pile de douze éléments, prenons six bismuths rectangles, comme ceux du couple thermo-électrique que nous décrivions tout à l'heure, et rattachons-les par cinq rubans de cuivre, soudés à chaque bout, et pliés aussi en rectangles, comme l'indique la figure. Au premier et au dernier bismuth fixons deux rubans de cuivre C_1, C_7 qui formeront les pôles de la pile. Ces couples seront montés sur un cadre rectangulaire en bois, qui permettra de les soulever ou de les abaisser en même temps (nous l'avons supprimé de la figure). Au-dessus de chaque soudure est disposé un bocal de verre. Pour mettre la pile en activité, il suffira de remplir de glace les vases où plongent les soudures de rang pair, et de mettre dans les autres vases de l'eau à 20° par exemple.

Il est facile de voir que tous les courants donnés par les soudures chaudes marchent dans le même sens ; de telle sorte que, si l'on rattache ensemble les cuivres C_1 et C_7. on aura un circuit fermé, où C_1 sera le réophore positif, et C_7 le réophore négatif, le courant marchant de la soudure 1 à la soudure 12 par le fil de cuivre $C_1 C_7$, et de la soudure 12 à la soudure 1, dans la pile elle-même.

M. Pouillet a constaté par l'expérience que, lorsque le circuit était formé par la pile elle-même, les extrémités C_1, C_7 étant mises directement en contact, l'intensité du courant était indépendante du nombre de couples, et cela se comprend facilement : car, si avec deux couples on a une force électro-motrice double, on a aussi une résistance double, et l'intensité $\dfrac{I}{R}$ doit rester la même.

Mais si on unit les pôles C_1, C_7 par un conducteur interpolaire offrant une résistance assez grande pour que celle de chaque élément soit relativement négligeable, alors l'intensité sera proportionnelle au nombre des couples, car, en mettant n couples, on a une force électro-motrice n fois aussi grande, mais la résistance totale n'a pas sensiblement changé ; l'intensité du courant est donc n fois ce qu'il était avec un seul couple.

Enfin, pour la pile thermo-électrique, comme pour chacun de ses couples pris isolément, l'intensité du courant est proportionnelle à la différence de température des soudures paires et impaires, pourvu que cette différence ne dépasse pas quarante à cinquante degrés.

Propriétés des courants thermo-électriques. — Les courants thermo-électriques jouissent absolument des mêmes propriétés que les courants produits par les actions chimiques, mais leur force électro-motrice est très-faible, ainsi que leur tension. Aussi faut-il un grand nombre d'éléments pour produire ce qu'on obtient d'un seul élément de Bunsen ou de Wollaston. C'est surtout lorsqu'il s'agit de provoquer des décompositions chimiques que ces piles sont inférieures aux piles ordinaires; leur tension est insuffisante pour vaincre la résistance des conducteurs liquides, que nous savons être très-considérable. Ainsi, il faut employer trois ou quatre cents couples, si l'on veut décomposer l'eau.

Thermo-multiplicateur. — Le thermo-multiplicateur de Nobili et de Melloni est une pile thermo-électrique, formée, comme nous l'avons déjà vu dans l'étude de la chaleur rayonnante, de baguettes de bismuth et d'antimoine, soudées bout à bout, et repliées pour pouvoir se loger côte à côte dans une boîte cubique A ; on réunit ainsi sous un volume de quelques centimètres cubes une centaine d'éléments. Toutes les soudures paires sont tournées vers une des faces du cube, toutes les soudures impaires vers la face opposée. Ces faces sont enlevées de manière à laisser les soudures à découvert.

Pour que ces soudures ne soient soumises qu'à l'influence du faisceau calorifique, qu'on amène normalement à leur plan, on les préserve de tout rayonnement latéral au moyen d'un petit étui

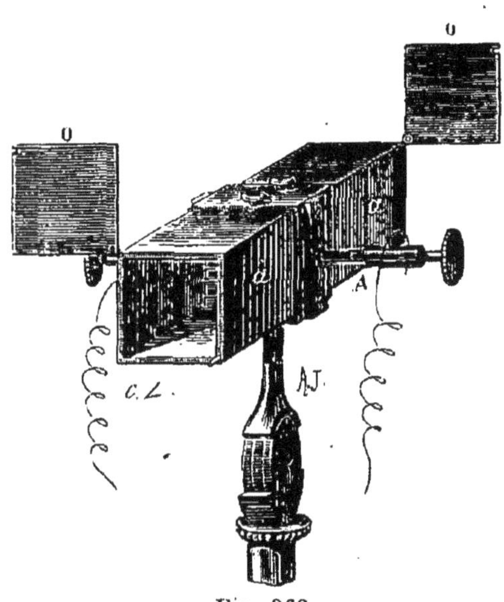

Fig. 369.

prismatique a, a, d'une profondeur à peu près égale à la largeur même de la face. De petits opercules OO, montés sur un des angles, permettent de soustraire, à volonté, les faces du cube au rayonnement. Lorsqu'on a affaire à des faisceaux de faible intensité et qu'on veut alors concentrer sur la pile un plus grand nombre de rayons, on remplace cet étui prismatique par un étui en forme de tronc de pyramide évasée, ou de cône (fig. 370), qui rassemble les rayons tombés sur sa large base et les ramène par une série de réflexions sur les soudures.

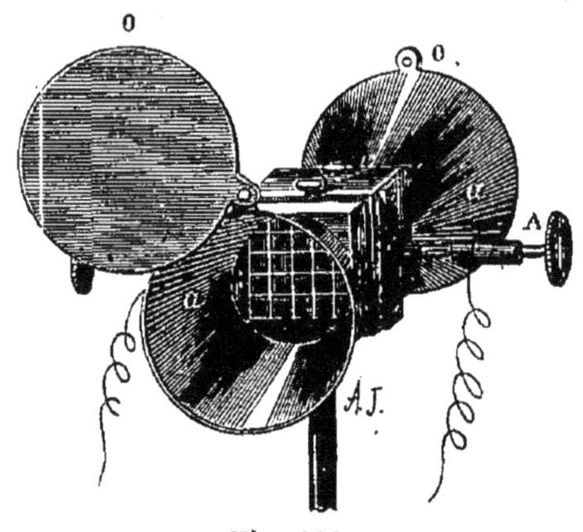

Fig. 370

Les deux faces de soudure doivent toujours être armées de la même façon.

Le premier bismuth et le dernier antimoine communiquent avec deux petites goupilles, placées sur le haut de la caisse ou sur les côtés. Ce sont les pôles de la pile. Chacune d'elles pourra être pôle positif ou pôle négatif, suivant que les soudures paires seront plus chaudes ou plus froides que les soudures impaires. En rattachant ces goupilles par des fils à un galvanomètre à fil gros et court, on verra, d'après le sens de la déviation de l'aiguille, quel est le sens du courant, et, par conséquent, dans quel sens s'offre la différence de température des deux faces. La grandeur de la déviation galvanométrique donnera l'intensité du courant, à l'aide d'une table des intensités, spéciale au galvanomètre que l'on emploie. Enfin, comme cette intensité est proportionnelle à la différence de température des soudures, au moins tant que cette différence ne dépasse pas une cinquantaine de degrés, on voit qu'on sera conduit par là à connaître la différence de température des deux faces. Nous avons déjà expliqué comment on en déduisait l'intensité relative du faisceau calorifique qui produit l'échauffement des soudures; nous ne reviendrons point sur cette explication.

On comprend pourquoi, lorsqu'il s'agit de mesurer de petites différences de température, on choisit, comme éléments du couple, les métaux les plus éloignés dans la série thermo-électrique, le bismuth et l'antimoine.

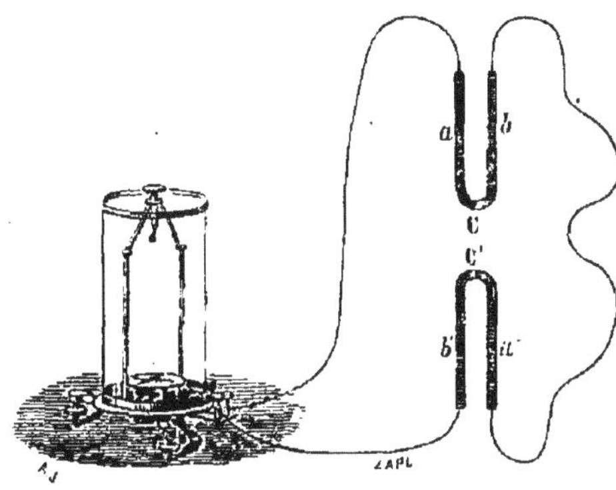

Fig. 371.

Thermomètres thermo-électriques. C'est encore le même motif qui a fait adopter par M. Peltier le .bismuth et l'antimoine pour la construction de ses pinces thermo-électriques (fig. 371), avec lesquelles il a étudié les inégalités de température provoquées par le passage d'un courant dans un circuit hétérogène, fait très-curieux et qui est la contre-partie de celui que nous étudions dans ce chapitre.

Pour comparer les températures de deux points M et N du circuit, il suffira de porter l'une des soudures C au point M, l'autre C' au point N ; l'indication galvano-métrique permettra de connaître la différence de température.

Toutefois, des métaux, moins éloignés dans la série, comme le fer et le cuivre, le platine et le fer, peuvent encore donner, surtout avec un galvanomètre très-sensible, ou s'il s'agit de différences de température un peu notables, des indications très-suffisantes.

Ainsi, M. Pouillet a fait usage, comme pyromètre, d'un canon de fusil en fer (fig. 372), aux deux extrémités duquel se trouvaient soudés des fils de platine, rattachés à un galvanomètre. En portant l'une des soudures au contact du point dont on voulait connaître

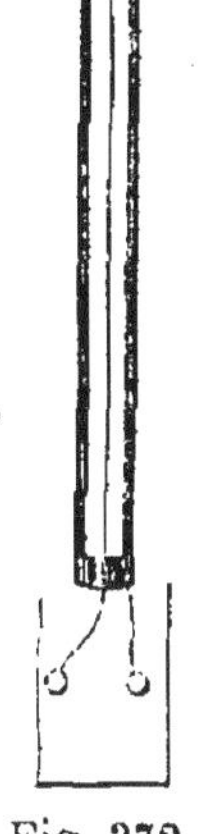

Fig. 372.

la température, et maintenant l'autre soudure à une température connue, à zéro par exemple, on pouvait déduire de l'indication galvanométrique l'intensité du courant et, par suite, la différence de température, pourvu que l'on connaisse la loi qui lie l'un à l'autre ces deux éléments.

On a fait usage aussi d'aiguilles thermo-électriques cuivre-fer pour rechercher la loi de distribution des températures, ou la variation de ces températures, dans les organes végétaux ou animaux. Les recherches de M. Becquerel sont d'un intérêt trop spécial pour que nous croyions devoir nous y étendre.

CHAPITRE XXXVIII.

ACOUSTIQUE. — PRODUCTION ET PROPAGATION DU SON.

On se rappelle que tout corps solide, liquide ou gazeux, modifié dans sa fórme ou dans son volume par une action extérieure, revient à son état primitif dès que cette force suspend son action, à la condition toutefois que l'écart n'aura pas dépassé certaines limites, variables d'ailleurs suivant la nature des corps.

Fig. 372 *bis*.

En un mot, dans ces limites, le corps est parfaitement *élastique*.

Lorsqu'il revient ainsi à sa forme première sous l'influence des actions mutuelles de ses propres particules, il ne s'y arrête pas du premier coup; il dépasse cette position d'équilibre, se déforme en sens inverse, puis revient vers sa forme d'équilibre, la dépasse de nouveau, l'amplitude de ces écarts décroissant de plus en plus, jusqu'à ce qu'enfin il soit rentré complétement au repos. C'est ce mouvement de va-et-vient que l'on appelle *mouvement vibratoire* ou *vibration*.

Il suffit, pour se rendre compte de ce genre de mouvement, de fixer dans un étau (fig. 372 *bis*), par une de ses extrémités, une règle métallique d'un mètre à un mètre et demi de longueur, et de l'écarter de la ligne droite ; on suivra parfaitement de l'œil son mouvement vibratoire. Si l'on raccourcit notablement la longueur vibrante, on ne pourra plus suivre la tige dans son mouvement et compter ses vibrations, parce qu'elles sont trop rapides ; mais alors, à cause de la persistance des impressions sur l'organe de la vue, on apercevra la tige sous la forme un peu confuse d'un triangle, comme si elle occupait simultanément toutes les positions qu'elle n'occupe en réalité que successivement. C'est ce même fait de la persistance des impressions dans l'œil qui nous fait voir, sous la forme d'une ligne de feu continue, un charbon rouge qui tourne rapidement devant nous.

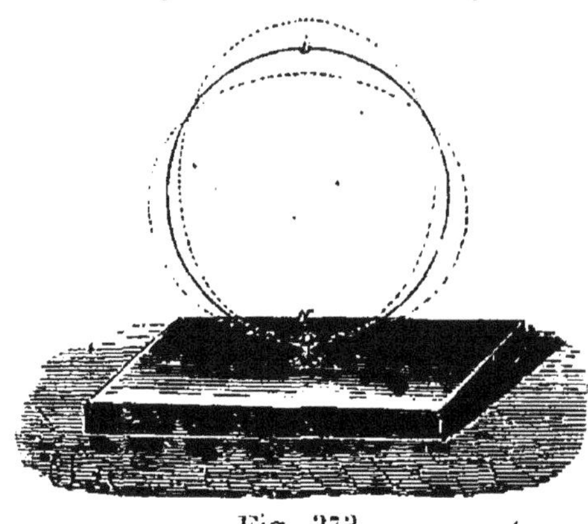

Fig. 373.

On pourra encore prendre un ruban d'acier plié en anneau (fig. 373), et fixé par un de ses points a ; puis, le tirant quelque peu au point diamétralement opposé, l'abandonner à lui-même ; on le verra passer alternativement de la forme allongée dans le sens vertical à la forme allongée dans le sens horizontal, jusqu'à ce que, les amplitudes décroissant petit à petit, l'anneau soit revenu définitivement à la forme circulaire.

Ces mouvements vibratoires, dus à l'élasticité, sont exactement *isochrones*, c'est-à-dire que, pendant toute la durée du mouvement, les vibrations ont la même durée, comme les oscillations d'un pendule. — On peut s'en assurer, dans le cas où la verge oscille assez lentement pour que l'on puisse compter ses vibrations, en comptant aux diverses époques de son mouvement, alors que l'amplitude est la plus grande, et alors qu'elle est la plus petite, le nombre de vibrations effectuées dans une minute ; on trouve toujours le même nombre.

Lorsque le corps vibre devant nous lentement, la vue seule nous fait connaître son état de mouvement ; mais si la vibration s'accélère, comme cela aura lieu si c'est une tige vibrant par flexion, et dont on raccourcit de plus en plus la longueur vibrante, ou une corde que l'on tende progressivement, il arrivera bientôt que notre oreille percevra un son. On peut facilement se convaincre par l'expérience que toutes les fois qu'un corps produit un son, il est en vibration. Ce que l'on a observé sur une verge, on l'observe aussi sur une corde ; elle forme, quand elle donne un son, comme une sorte de fuseau (fig. 374), dont la production s'explique également par la persistance de l'impression lumineuse.

Frappons un timbre ou une cloche (fig. 375) pour les faire

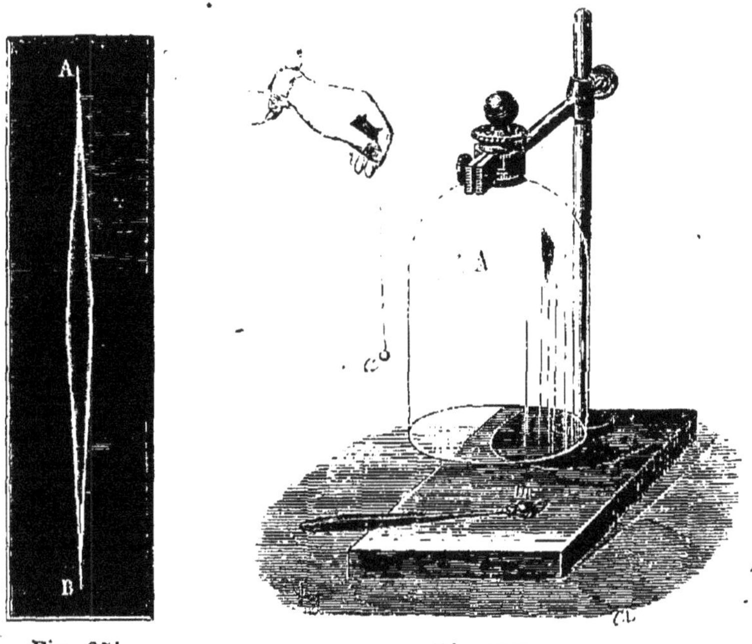

Fig. 374.   Fig. 375.

sonner, et approchons avec précaution une pointe d'acier près du bord, nous ne tarderons pas à entendre les chocs répétés de la paroi contre la pointe. Si, au lieu de la pointe, c'est une petite balle, *a*, suspendue à un fil, que nous approchons ainsi, nous la verrons, dès qu'elle viendra à toucher la cloche, vivement repoussée, sauter, puis retomber, sauter encore d'une manière assez irrégulière, parce que, pendant l'excursion de la balle, la cloche exécute un nombre plus ou moins grand de vibrations, et que, en retombant, la balle peut trouver la paroi en train de se déplacer soit dans un sens, soit dans l'autre, ou même immobile, ce qui a lieu évidemment au moment où le mouvement change de sens.

Prenons encore une plaque carrée en laiton (fig. 376) fixée en son centre dans une position horizontale sur un pied massif bien fixe, et frottons-en le bord avec un archet enduit de colophane, la plaque rend un son soutenu; mais son mouvement de vibration n'est pas sensible à l'œil. Répandons sur sa surface du sable fin bien sec, et immédiatement le mouvement devient apparent; les grains de sable sautent sur la plaque et viennent

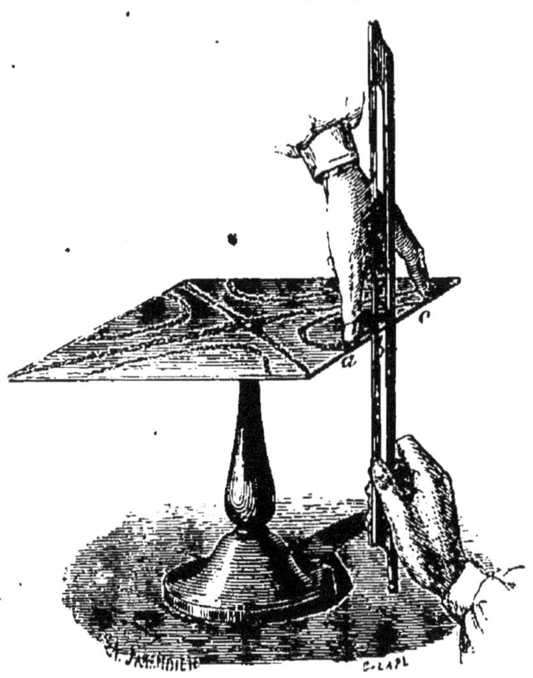

Fig. 376.

se rassembler suivant certaines lignes immobiles, dont l'ensemble forme sur la plaque un dessin très-régulier et très-élégant. On obtiendrait un résultat analogue avec une membrane tendue.

Dans ces divers cas, la cause du mouvement vibratoire n'est pas à chercher, puisqu'on l'a provoqué soi-même soit en pinçant la corde ou en la frottant avec l'archet, soit en battant la cloche ou le timbre. Cherchons quelque autre exemple où le mouvement vibratoire soit moins évident à l'avance, celui d'un tuyau d'orgue.

Un tuyau d'orgue (fig. 377) se compose d'une embouchure, sorte de petite caisse où l'air est injecté par une soufflerie,

et d'où il s'échappe par une fente étroite pour venir frapper
et se diviser sur une lame mince de bois placée en regard et
présentant son tranchant. Cette
lame, ou *biseau*, est formée par
l'une des parois d'un tuyau prismatique ou cylindrique fixé sur
l'embouchure.

Si, à l'aide du soufflet, on lance
l'air dans le tuyau, on constate immédiatement la production d'un
son. Pour reconnaître maintenant
le mouvement vibratoire de la colonne d'air du tuyau, il suffira de
faire descendre dans le tuyau un
petit anneau en carton porté par
trois fils de soie et fermé par une
membrane mince, m, sur laquelle
on aura mis quelque peu de poudre
bien sèche; à peine cette membrane
pénètre-t-elle dans le tuyau, pendant qu'il est en train de parler,
que le sable est projeté au loin et
la membrane balayée. Pour rendre
le phénomène bien apparent, on
peut faire l'une des parois du tuyau
en verre, comme le représente la
figure.

Fig. 377.

**Le son ne se propage pas
dans le vide.** — Pour que nous
percevions le son, il ne suffit pas qu'il y ait un corps vibrant
près de nous; il faut encore qu'il y ait entre ce corps et notre
oreille un milieu élastique, homogène ou non, peu importe.
En un mot, le son ne se produit pas et ne se propage pas
dans le vide.

Prenons un petit mouvement d'horlogerie A, muni d'un
timbre a, dont le marteau b, retenu par un encliquetage c,
frappera à coups répétés dès que le cliquet d aura abandonné
la roue à rochet avec laquelle il est en prise (fig. 378). Pla-

çons-le sur un coussin *f*, ou sur un bloc de plomb, posé sur la platine de la machine pneumatique; puis recouvrons le tout

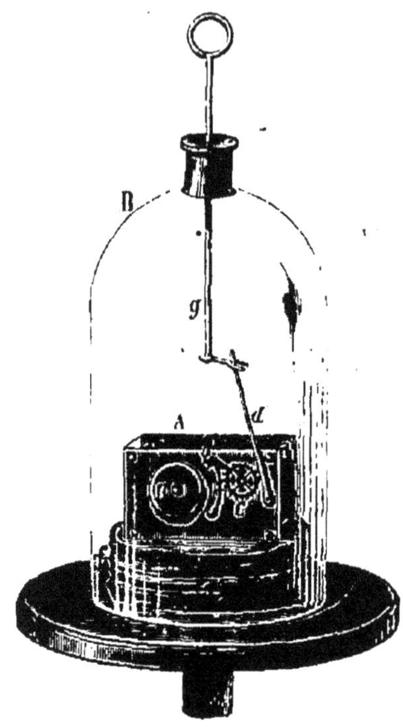

avec une cloche B dont la douille porte une tige à fourchette *g*. On règle la hauteur de cette tige de telle sorte, que la fourchette embrasse le levier du cliquet, et qu'un très-léger mouvement suffise pour dégager la roue à rochet et rendre la liberté au marteau.

Tout étant disposé, on fait le vide aussi complet que possible sous la cloche, et, quand il est fait, on tourne la fourchette; on voit alors, sans l'entendre, le marteau frapper sur le timbre. Mais, si l'on fait rentrer l'air sous la cloche, le son redevient perceptible, et d'autant plus intense que l'on a laissé entrer une plus grande quantité d'air. Il est impossible

Fig. 378.

d'arriver à une extinction complète du son, d'abord parce que le vide produit n'est pas parfait, et, en outre, parce que le plomb

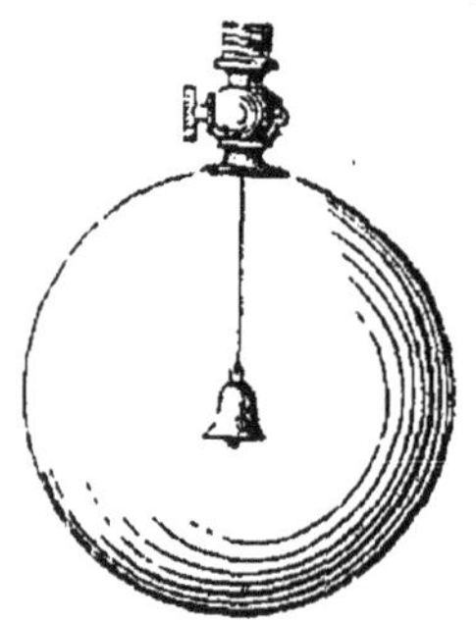

ou le coussin, si mou qu'il soit, n'empêche point d'une manière absolue la transmission du mouvement vibratoire au plateau, et, par suite, à l'air extérieur.

On peut aussi faire l'expérience avec un ballon à douille, supportant, au moyen d'une tige qui pénètre jusqu'au centre, une petite clochette (fig. 379). Le vide une fois fait, si l'on agite la clochette, elle ne rend aucun son; fait-on rentrer l'air

Fig. 379.

ou tout autre gaz, hydrogène, acide carbonique, le son redevient sensible et d'autant plus intense que le gaz dont se remplit le ballon a une plus grande densité. Tous ceux qui ont fait des ascensions sur des montagnes un peu élevées ont pu constater à quel point le son de la voix s'affaiblit dans les couches supérieures de l'air, là où sa densité est devenue notablement moindre qu'en plaine. — L'effet en est bien plus marqué encore dans les ascensions aérostatiques. Gay-Lussac et Biot en ont fait l'épreuve dans leur ascension de 1811, et furent frappés de la faiblesse de leur organe; ils s'entendaient à peine l'un l'autre.

Les liquides transmettent très-bien le son ; on peut même dire qu'ils le transmettent mieux que les gaz, plus rapidement et avec une plus grande intensité. Un plongeur entend avec netteté tout ce qui se dit ou se fait sur le rivage, ou sous la surface de l'eau, même à de grandes distances. Nous verrons bientôt que la vitesse de propagation du son dans l'eau est à peu près quatre fois la vitesse dans l'air.

Enfin les corps solides transmettent aussi le mouvement vibratoire, cause directe du son, et avec une vitesse plus grande encore que celle des liquides.

On sait que, en posant l'oreille sur la terre sèche et bien battue d'une grande route, on peut entendre le roulement d'une voiture ou le pas d'un piéton à une distance considérable. En se penchant sur les rails d'un chemin de fer, on entend la marche d'un train à plusieurs lieues de distance.

Si l'on gratte avec la pointe d'une épingle l'extrémité d'une longue poutre, le bruit, complétement insensible pour celui qui le produit, devient, au contraire, très-marqué pour une personne qui, placée à l'autre extrémité de la poutre, aurait l'oreille appuyée sur le bois.

Vitesse de propagation du son dans l'air. — La transmission du son dans l'air n'est point instantanée, pas plus que celle de la lumière. Toutefois cette dernière est si rapide (72 000 lieues par seconde) que, pour les faibles distances que nous pouvons mesurer à la surface de la terre, elle peut être regardée, à une très-petite erreur près, comme instantanée. La vitesse du son est relativement très-faible; car l'expérience a montré que le son ne parcourait dans l'air que 340 mètres par seconde, à la température moyenne de 10°. C'est une vitesse moindre que celle d'un boulet à sa

sortie de la pièce ; aussi le soldat, frappé à petite distance, voit
le feu de la pièce avant de recevoir le coup, mais il est atteint avant d'avoir entendu la détonation. — Il n'en est plus
ainsi si la distance devient plus grande, parce que le mouvement du boulet se ralentit, et qu'alors le son peut arriver
avant lui.

Lorsqu'on voit de loin dans une plaine un chasseur tirer
un coup de fusil, on aperçoit la fumée avant d'entendre l'explosion ; et l'intervalle qui s'écoule entre ces deux perceptions,
par la vue et par l'ouïe, est d'autant plus grand que le chasseur est plus éloigné. Il sera de 10″, par exemple, si la distance est de 3400 mètres. Si l'on supposait une file de tireurs
tirant tous *en même temps*, au signal donné par un drapeau,
on entendrait, au lieu d'une seule détonation, un roulement,
parce que les sons, partant de points plus ou moins éloignés
de l'oreille, ne lui arrivent que l'un après l'autre.

'Nous nous sommes déjà appuyé sur ces faits bien connus
pour expliquer le retard du bruit du tonnerre sur l'apparition
de l'éclair, comme aussi la durée, les roulements, les inégalités d'intensité de ce bruit.

En 1738, une commission, dont faisaient partie Cassini et
Lacaille, fut chargée par l'Académie des sciences de déterminer par l'expérience la vitesse de transmission du son dans
l'air. La commission se partagea en deux groupes, l'un établi
à l'Observatoire, l'autre sur la hauteur de Montlhéry. La distance des deux stations était 22912ᵐ. Une boîte fut tirée à
l'Observatoire. Les observateurs de Montlhéry notaient sur
un chronomètre le temps écoulé entre le moment où ils
voyaient le feu et le moment où ils entendaient la détonation.
Deux expériences donnèrent le même résultat : 1′8″5. Ce qui
donnait par seconde $\dfrac{22912}{68,5} = 334^{m},5$ à la température de 6°.

Pour corriger l'influence du vent, qui pouvait hâter la propagation s'il soufflait dans le sens même de la transmission, ou
la retarder s'il soufflait en sens inverse, on fit, le même jour,
l'épreuve inverse : on tira deux coups de canon à Montlhéry et
on nota à l'Observatoire le temps écoulé entre l'apparition du
feu et l'audition du bruit ; ce temps était 1′7″75, la vitesse

correspondante serait 338,2. En prenant la moyenne de ces deux nombres, ce qui compense l'influence du vent, on trouve 336^m,3.

Ce résultat était basé sur un trop petit nombre d'expériences. En outre, le choix de la station de l'Observatoire pouvait avoir cet inconvénient qu'une partie de la colonne d'air se trouvait comprise dans l'atmosphère, relativement agitée, de Paris. On reprit alors ces expériences en 1822; les stations choisies furent Montlhéry, où s'établirent MM. Gay-Lussac, Humboldt et Bouvard, et Villejuif, où s'étaient transportés MM. Prony, Mathieu et Arago. Chaque groupe avait avec lui une pièce de canon.

Les coups de canon se succédaient à chaque station, à 10 minutes d'intervalle, et chaque groupe d'observateurs mesurait, comme dans les expériences de 1738, le temps qui s'écoulait entre le moment où il voyait le feu et celui où il entendait l'explosion. La distance était 18612^m,50. La moyenne de toutes les observations de temps fut 54″6, ce qui donne par seconde, à la température de 15°, 337^m,2.

La vitesse est indépendante de la pression, mais elle varie avec la température. On peut la représenter d'une manière générale par

$$v = 333 \sqrt{1 + \alpha t}$$

α étant le coefficient de la dilatation du gaz 0,00366; 333 mètres, la vitesse à 0°.

Nous verrons bientôt comment on a pu déterminer la vitesse du son dans les autres gaz. En prenant pour unité la vitesse dans l'air, la vitesse dans les autres gaz est donnée par les nombres suivants :

Vitesse dans l'air.	1
Oxygène	0,952
Hydrogène	3,812
Acide carbonique	0,785
Oxyde de carbone	1,013

Ces nombres sont sensiblement en raison inverse des racines carrées des densités relatives des gaz.

L'expérience montre d'ailleurs que dans un milieu indéfini,

comme l'air, la propagation se fait avec la même vitesse dans tous les sens, de haut en bas, comme de bas en haut, ou horizontalement. En outre, elle est la même pour tous les sons, graves ou aigus, forts ou faibles. Aussi un air que l'on entend jouer au loin par le cor ou la flûte n'est-il point altéré dans son rhythme par la distance, si grande qu'elle soit, ce qui arriverait infailliblement si la vitesse de tous les sons n'était pas la même.

Vitesse du son dans les liquides. — MM. Sturm et Colladon ont déterminé directement la vitesse de la transmission du son dans l'eau par une méthode analogue à celle que nous venons de décrire. Les expériences furent faites sur le lac de Genève, au point le plus large du lac, entre Rolle et Thonon. Une première barque était amarrée près de Rolle, portant une cloche qui plongeait complétement dans l'eau ; le marteau qui devait la faire vibrer tournait autour d'un axe horizontal qui traversait son manche. L'extrémité du manche opposée à la panne du marteau était armée d'une mèche d'artifice dont la longueur était réglée de telle sorte que, lorsque le marteau tombait sur la cloche et arrivait au contact, la mèche mettait en même temps le feu à un tas de poudre à canon disposé sur le pont à hauteur convenable. L'autre barque était amarrée près de Thonon. Les observateurs qui la montaient avaient un excellent compteur à pointage*, et un tube, en forme de cône largement évasé et un peu recourbé, dont l'orifice, plongé

---

* Le compteur à pointage est une sorte de montre dont l'aiguille parcourt le cadran en une minute, non pas d'un mouvement continu, mais par sauts brusques correspondant à la durée d'une seconde ou d'une demi-seconde. Un petit mécanisme très-simple permet d'arrêter l'aiguille en un point quelconque de sa course, ou de la remettre en liberté. Ce passage brusque de l'état de repos à l'état de mouvement, ou inversement de l'état de mouvement à l'état de repos, et l'action même du levier d'arrêt, impriment à cette aiguille, longue et très-mince, un mouvement de vibration perpendiculaire au plan du cadran. Or l'aiguille est double ; sa branche inférieure, assez rigide, porte à son extrémité un petit godet percé dans lequel on dépose une très-petite gouttelette d'une encre au carmin un peu épaisse. La branche supérieure, plus flexible, se recourbe en une pointe effilée placée juste au-dessus du trou du godet. A chaque départ, ou à chaque arrêt, la vibration de la branche supérieure fait passer la pointe à travers le godet ; dans le passage elle se charge d'encre, et va déposer une tache ronde sur le cadran.

dans l'eau et tourné vers la première barque, était fermé par une membrane tendue. L'observateur tenait l'oreille posée sur le cône, en même temps qu'il avait l'œil sur la première barque. Au moment où il apercevait la flamme de la poudre, il mettait en mouvement son compteur dont l'aiguille pointait sur le cadran la seconde de départ; puis il l'arrêtait au moment où le son parvenait à son oreille. La moyenne des valeurs de temps fournies par plusieurs expériences consécutives fut de 9″25 pour une distance de 13 487 mètres, ce qui donne 1435 mètres par seconde, vitesse plus que quadruple de celle qui avait été trouvée pour l'air.

Vitesse dans les solides. — M. Biot a essayé de déterminer directement la vitesse du son dans les solides, en se servant de la longue colonne de tuyaux en fonte qui porte les eaux de la Seine de la machine de Marly à l'aqueduc de Luciennes. Il profita d'un moment de chômage, nécessité par des réparations à faire aux machines. La longueur des tuyaux était de 951 mètres. Un petit timbre était suspendu à l'un des orifices de ce cylindre. M. Biot appliqua son oreille à l'autre extrémité et constata que chaque coup du timbre lui envoyait deux sons : l'un, apporté par les parois solides du tuyau, et qui lui arrivait presque instantanément; l'autre, plus tardif, apporté par la colonne d'air qui remplissait le tuyau. L'intervalle de temps écoulé entre les deux sons était 2″5.

Si v désigne la vitesse du son dans la fonte, $\dfrac{951}{v}$ représente le temps que met le son à arriver, par la fonte, à l'oreille. D'autre part, $\dfrac{951}{333}$ est le temps que met le même son à arriver par l'intermédiaire de l'air, on a donc

$$\frac{951}{333} - \frac{951}{v} = 2,5.$$

D'où $v = 2672$ mètres.

Vitesse qui serait environ 8 fois celle du son dans l'air. Mais des expériences plus rigoureuses ont montré que le nombre était trop faible. Il faut remarquer en effet que la colonne des tuyaux n'était pas continue; des anneaux de cuir reliaient les portions de tuyaux entre elles; de là une diminution notable dans la vitesse de transmission. Nous verrons plus tard comment on a pu déterminer rigoureusement ces rapports de vitesse. Tenons-nous pour le moment à l'indication de quelques-uns de ces résultats d'expérience, en prenant encore la vitesse de l'air pour unité.

Noms des substances.	Vitesses.
Bois de sapin	18
Fer	16,67
Verre	16,5
Acajou, ébène, charme	14,4
Cuivre	12
Laiton	10
Noyer, chêne	10
Argent	9
Étain	7,5

(Ces résultats ont été donnés par Chladni. *)

Réflexion du son. — Le son se réfléchit comme la lumière, comme la chaleur, et suivant les mêmes lois; on peut constater l'identité des lois par l'expérience des miroirs d'Archimède. Les miroirs étant disposés en face l'un de l'autre, on suspend une montre au foyer de l'un d'eux, et l'on va placer son oreille au foyer de l'autre; on entend alors distinctement le battement du balancier. Mais si l'on vient à quitter cette position, on cesse immédiatement d'entendre le bruit, alors même que l'oreille se rapprocherait de la montre.

Échos et résonnances. — C'est la réflexion du son qui donne naissance au phénomène des échos et des résonnances. L'impression produite par un son sur l'organe de l'ouïe ne s'éteint pas immédiatement avec la cause qui l'a provoquée; elle persiste encore pendant un certain temps, très-court il est vrai, car il n'est guère que d'un dixième de seconde. Supposons maintenant que MN (fig. 380) représente la projection horizontale d'un mur; soit A le point où se produit un

---

* Chladni, né à Wittemberg en 1756, a rendu son nom célèbre par ses remarquables recherches expérimentales sur l'acoustique. Il a laissé sur cette science un traité fort précieux à consulter. Il est mort en 1824.

son, B la position de l'oreille de l'observateur. Le son arrive d'abord directement de A à B, dans un temps égal à $\dfrac{AB}{337}$ (nous prendrons la vitesse relative à la température moyenne 10°); mais en même temps il arrive par la réflexion en suivant la route ACB, dans un temps égal à $\dfrac{AC+CB}{337}$.

Si la différence des deux temps $\dfrac{AC+CB-AB}{337}$ est de beau-

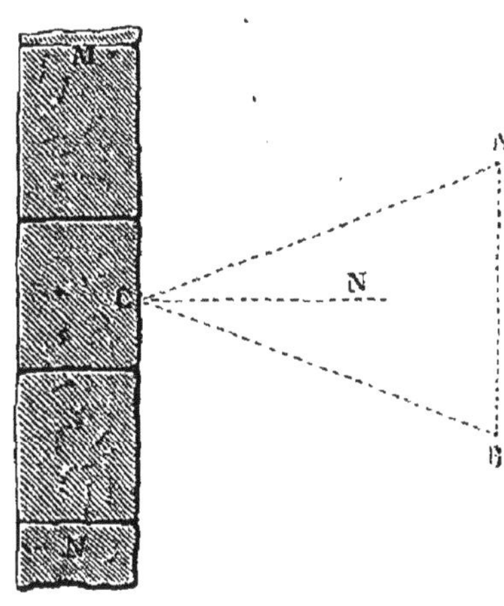

coup inférieure à $\frac{1}{10}$ de seconde, le son réfléchi vient se superposer au son direct, sans modifier sensiblement sa durée, mais en augmentant son intensité. On voit que cette disposition sera favorable à l'échange des sons entre A et B. C'est celle qui se présente dans une petite salle, dans un petit amphithéâtre, où la voix de l'orateur se fait entendre avec netteté et sonorité.

Fig. 380.

Mais supposons que le mur s'éloigne de telle sorte que la différence $\dfrac{AC+CB-AB}{337}$ soit à peu près $\frac{1}{10}$ de seconde. Alors le son réfléchi vient prolonger, et peut peut-être doubler la durée du son direct. C'est alors qu'on dit qu'il y a *résonnance*. On comprend que dans ce cas les sons émis successivement par l'orateur ou le chanteur se superposeront les uns aux autres, enlevant ainsi toute netteté au débit. On voit qu'il suffira pour cela que

$$\frac{AC+CB-AB}{337} = \frac{1}{10}$$

ou
$$AC+CB-AB = 33,7;$$

en supposant AC = CB et AB négligeable devant chacun de ces deux termes, cela donnerait pour AC environ 16 à 17 mètres.

Si le mur s'éloigne davantage, alors le son réfléchi devient nettement distinct du son direct, la résonnance est devenue un *écho*.

En parlant nettement et à haute voix, on peut prononcer quatre syllabes par seconde. Pour qu'un mot de n syllabes soit rapporté distinctement par l'écho, il faut que la première syllabe ne revienne à l'oreille qu'après que la dernière se trouve émise et éteinte. Il faut donc au moins n quarts de seconde, et, en plus, un dixième. L'espace à franchir par le son réfléchi devra donc être, en supposant AB négligeable,

$$AC + CB > \left(\frac{n}{4} + \frac{1}{10}\right) 337^m.$$

Si le son est envoyé perpendiculairement à l'obstacle réfléchissant, $AC + CB$ mesure le double de la distance au mur; alors

$$D > \left(\frac{n}{4} + \frac{1}{10}\right) \frac{337}{2},$$

soit par exemple $n = 5$.

$$D > \left(\frac{5}{4} + \frac{1}{10}\right) \frac{337}{2} \text{ ou } 227^m,5.$$

En pleine campagne les échos sont produits par des édifices, quelquefois de simples rideaux d'arbres, des collines, des rochers, et même les nuages.

Il n'est pas rare de trouver des échos multiples, c'est-à-dire qui répètent plusieurs fois le même son, le même mot, la même phrase. Deux murs parallèles placés à une assez grande distance l'un de l'autre peuvent produire cet effet. Le P. Kircher cite un écho, en Italie, au château de Simonetta, formé par deux ailes de bâtiment parallèles, et qui répète jusqu'à cinquante fois la détonation d'une arme à feu. Quand il y a à la fois écho multiple et résonnance, le moindre bruit peut prendre, par suite de la réflexion, une intensité prodigieuse. C'est ainsi que, dans un des caveaux du Panthéon, à Paris, il suffit au gardien qui les fait visiter de donner un coup sec sur le pan de sa redingote pour faire éclater, sous ces voûtes retentissantes, un bruit presque égal à celui d'une pièce de canon.

Les cornets acoustiques (fig. 381) sont des tubes de forme conique, dont les personnes à demi sourdes se servent pour

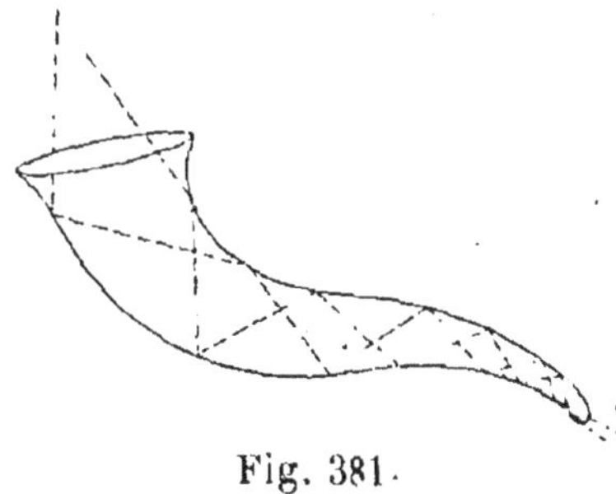

Fig. 381.

concentrer, par des réflexions successives, dans le conduit de l'oreille, les sons qui leur viennent du dehors, et par là en augmenter l'intensité à un point suffisant pour qu'ils deviennent perceptibles. L'ouverture étroite s'engage dans le conduit externe de l'oreille, en même temps que la large base du cône est tournée vers le point d'où partent les sons.

Le porte-voix (fig. 382) sert, au contraire, à transformer le faisceau de rayons sonores divergents qui s'échappent de la bouche en un faisceau de rayons sensiblement parallèles, qui

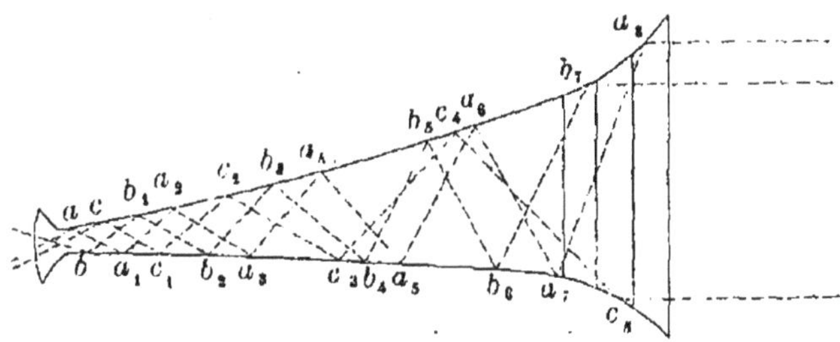

Fig. 382.

peuvent alors se transmettre à une distance beaucoup plus grande, parce que la perte d'intensité est moindre.

Théorie de la propagation du son. — Nous allons d'abord nous proposer d'étudier la propagation du mouvement vibratoire dans une colonne d'air cylindrique, ébranlée à une de ses extrémités.

Supposons un tube cylindrique indéfini dans le sens MN, (fig. 383) contenant de l'air à la pression H, à la densité D. Une lame ab, perpendiculaire à l'axe du cylindre, est écartée de sa position d'équilibre et amenée en $a''b''$; elle forme l'extrémité d'une longue règle, vibrant à l'extrémité du tube, et nous admettrons que l'écart est assez petit, relativement à la longueur de la règle, pour que la lame ne cesse pas de rester parallèle à elle-même. Amenée en $a''b''$, elle est ramenée en ab par l'élasticité de la tige dont elle fait partie, dépasse cette position en vertu de la vitesse acquise; cette vitesse diminue de ab jusqu'en $a'b'$, où elle se trouve annulée; puis la lame revient de $a'b'$ vers $a''b''$, et ainsi de suite. De $a''b''$ en $a'b'$, la

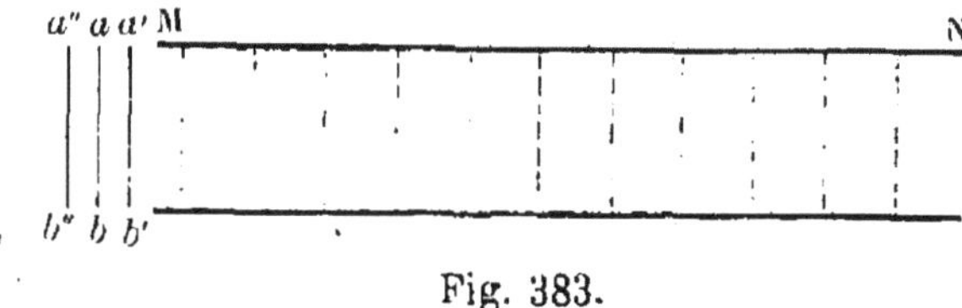

Fig. 383.

vitesse est toujours dirigée dans le même sens, soit positive, nulle en $a''b''$, maximum en ab, nulle en $a'b'$. De $a'b'$ à $a''b''$, la vitesse change de signe et devient négative, nulle en $a'b'$, maximum en ab, nulle en $a''b''$. La lame se trouve avoir ainsi exécuté une vibration double.

Pour nous rendre compte des modifications qui en résultent pour l'air, représentons-nous la durée de la première vibration simple (de $a''b''$ à $a'b'$) décomposée en intervalles de temps égaux, θ, que nous pourrons supposer aussi petits que nous le voudrons. Supposons aussi la colonne d'air décomposée en tranches minces successives, d'égale épaisseur.

Dans le premier instant θ, la lame se déplace de $a''b''$ vers ab d'une petite quantité; elle comprime alors la première couche d'air qui prend une élasticité et une densité un peu plus grandes. Mais en vertu de cette élasticité même, la couche tend à revenir à son état primitif; elle ne peut repousser la lame solide, elle refoule alors la seconde couche, en se détendant elle-même *complétement;* de telle sorte que la seconde couche prenne à son tour l'accroissement de densité d et d'élasticité e qu'avait pris la première. C'est ce qu'a démontré Euler par un raisonnement qui ne peut trouver place ici, et dont nous ne pouvons donner que le résultat théorique. A son tour, la seconde couche comprime la troisième, puis celle-ci la quatrième, chacune d'elles revenant à son état normal après qu'elle a agi sur celle qui la suit. On voit donc que le déplacement δ, que la lame a reçu dans le temps θ, se transmet de proche en proche, aussi bien que la variation d'élasticité e et de densité d qui en sont la conséquence ; le calcul démontre même que cette variation est proportionnelle à la vitesse du déplacement. Au bout d'une seconde, le déplacement sera arrivé à la distance 337 mètres ; au bout de deux secondes, à $337^{m} \times 2$; et, d'une manière générale, au bout du nombre de secondes t, entier ou fractionnaire, à $337^{m} \times t$.

Dans le second instant θ, la lame s'est déplacée d'une quantité $\delta' > \delta$, car la vitesse va en croissant : la première couche reçoit immédiatement ce déplacement, aussi bien qu'un accroissement de densité d' et d'élasticité e', correspondant ; puis elle le transmet à la seconde couche, en revenant elle-même à l'état normal ; la seconde les transmet à la troisième, celle-ci à la quatrième, etc.; et comme en réalité le déplacement δ' succède au déplacement δ sans intervalle de repos pour la lame, il en est de même pour les couches d'air, et chacune d'elles passe, en réalité, de l'élasticité $H + e$ à l'élasticité $H + e'$, sans revenir à l'élasticité première H ; de la densité $D + d$ à la densité $D + d'$, sans revenir à la densité D.

Il en sera de même pour les déplacements correspondant au 3e, au 4e instant θ, etc. Ces déplacements se poursuivront de couche en couche avec la vitesse 337^{m}.

C'est au passage de la lame par la position ab que correspondront la plus grande vitesse de déplacement, la plus grande variation de densité et d'élasticité.

T étant la durée d'une vibration double, aller et retour, $\frac{1}{2} T$ le temps de la vibration simple ou demi-vibration, voyons quel sera l'état des couches d'air, à partir de la lame, au bout du temps $\frac{1}{2} T$. Je prends à partir de la lame une distance $AA_1 = 337 \times \dfrac{T}{2}$ (fig. 384). Au delà de A_1 les couches d'air sont encore au repos, en deçà elles sont toutes animées d'une certaine vitesse. La couche placée en C, milieu de AA_1, est animée de la vitesse correspondant au moment $\dfrac{T}{4}$, c'est-à-dire au passage de la lame par la position ab : c'est la vitesse maximum. Aux points D, D₁, les couches sont animées des vitesses qu'avait la lame aux moments $\frac{T}{8}$, $\frac{3T}{8}$, et enfin en A, qui correspond à la position extrême $a'b'$ de la lame, la vitesse est nulle. On peut représenter ces vitesses par des perpendiculaires à la droite AA₁, auxquelles on donnera des hauteurs proportionnelles à ces

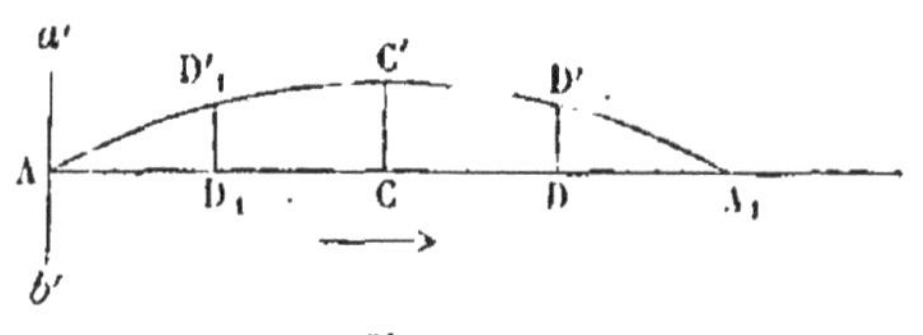

Fig. 384.

vitesses; en joignant les sommets de ces perpendiculaires par une ligne continue, on aura une courbe qui représentera l'état de vitesse de toutes les couches comprises entre A et A₁, au moment $\frac{T}{2}$.

Toutes les couches d'air comprises entre A et A₁ sont comprimées, et, comme nous avons dit que les accroissements de densité étaient proportionnels aux vitesses, cette même courbe pourra aussi représenter les états de compression des couches.

Maintenant la lame revient de $a'b'$ vers $a''b''$. Dans le premier instant θ, elle recule d'une petite quantité δ, et la couche d'air en contact recule avec elle et se dilate, puis revient à son état normal, refoulée par la seconde couche qui se dilate à son tour, puis revient à son état normal, en transmettant le déplacement et la dilatation à la troisième, et ainsi de suite. Dans le second instant θ, nouveau déplacement δ', nouvelle dilatation, se transmettant à la suite des premiers; ainsi sauf le renversement de sens du déplacement et le changement de compression en dilatation, tout se passera dans la demi-vibration de retour comme dans la demi-vibration d'aller.

A la fin du temps T, quel sera l'état des couches d'air à partir de la lame?

Si nous prenons à partir de A₁ une distance A₁A₂ = AA₁ = 337 × $\frac{T}{2}$ (fig. 385), les couches y seront précisément dans l'état où étaient, à la fin de la demi-vibration précédente, les couches comprises entre A et A₁. Maintenant entre A₁ et A les couches seront animées de vitesses en arrière. En E, milieu de AA$_1$, se trouve la couche animée de la plus grande vitesse, celle qui correspond au moment du 2ᵉ passage de la lame par la position ab, au moment $3\,\dfrac{T}{4}$. En F, F$_1$, les couches sont animées des vitesses que possédait la lame aux moments $\dfrac{5T}{8}$, $\dfrac{7T}{8}$. Ces vitesses pourront se représenter comme les précédentes; mais pour indiquer que la vitesse a changé de sens,

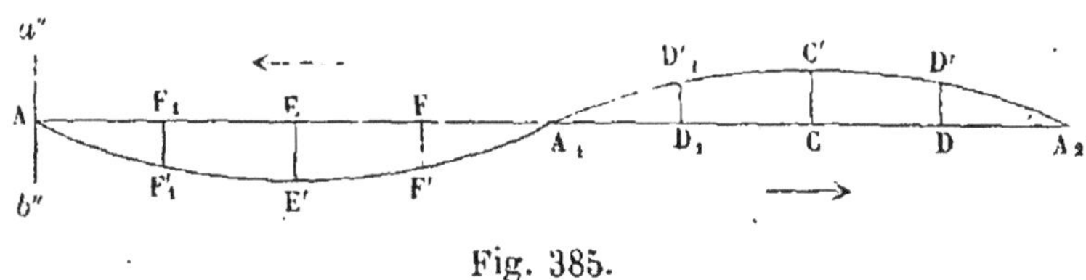

Fig. 385.

on prendra les perpendiculaires au-dessous de l'axe, et l'on aura la courbe AF$_1'$ E' F'A$_1$. Elle représente aussi les décroissements de densité en ces différents points.

La distance AA$_2$ = 337 × T est ce qu'on appelle la *longueur d'onde*. L'ensemble des couches réparties sur cette longueur, et dans les divers états de vitesse et de densité que représente la courbe AE'A$_1$C'A$_2$, constitue une onde; A$_1$A$_2$ est la demi-onde condensée, AA$_1$ la demi-onde dilatée.

La seconde vibration de la lame, la troisième, la quatrième donneront de même naissance à des ébranlements ou à des variations de densité qui se transmettront rigoureusement de la même façon, de couche en couche dans la colonne d'air. Il est facile de voir que, au bout du temps 2T, l'onde AA$_2$ se sera transportée d'une quantité égale à sa propre longueur, en même temps que, entre la lame et A$_2$, les couches d'air se seront constituées dans un état absolument semblable. — Ainsi tout se passe comme si la courbe de l'onde, se répétant à l'infini avec les mêmes dimensions, glissait sur l'axe avec la vitesse 337, chaque point de l'espace se trouvant animé de la vitesse positive ou négative, et constitué à l'état de compression ou de dilatation, que représente chaque ordonnée

verticale de la courbe, à mesure que ces ordonnées se succèdent au point en question.

Il va de soi que c'est la courbe seule qui se transporte et
non les molécules de l'air. — Chaque couche vibre sur place,
et l'amplitude de sa vibration est égale à celle de la lame elle-
même.

Ainsi la courbe, répétée indéfiniment et prise dans une
certaine position déterminée sur l'axe, représente les états
simultanés de toutes les couches d'air à un certain moment ;
en second lieu, si on la suppose glissant sur l'axe, de telle
sorte que tous ses points passent les uns après les autres par
une même couche, elle fera connaître alors les états successifs
de cette couche.

La longueur d'onde est égale à la vitesse de la propagation
dans le milieu gazeux multipliée par la durée de la vibration
..(aller et retour)

$$\lambda = VT.$$

Si la lame exécute n vibrations par seconde, T est égal à
$\dfrac{1''}{n}$; on peut donc écrire aussi :

$$\lambda = \frac{V}{n} \quad \text{ou} \quad V = n\lambda.$$

Nous avons supposé jusqu'ici que les vibrations se pro-
pageaient dans une colonne cylindrique, de telle sorte que
chaque couche transmettait le mouvement à une couche de
même section, de même épaisseur, de même masse ; par conséquent, il en résulte que le mouvement doit se transmettre
sans diminution dans la vitesse et dans l'amplitude, sur toute
la longueur de la colonne. Le son aura la même intensité
dans toute la longueur du tube, en faisant abstraction complète du mouvement qui peut se communiquer aux parois.

Supprimons actuellement le tuyau, la transmission du
mouvement vibratoire se fera dans toutes les directions autour du centre d'ébranlement, comme nous trouvions qu'elle
se fait sur une direction unique. Ainsi tous les points placés
à une même distance du centre d'ébranlement se trouveront, à
un moment donné, constitués au même état de vitesse, au

même état de compression ou de dilatation. Le lieu de tous ces points est évidemment une surface sphérique dont le centre d'ébranlement est le centre de figure.

Il est maintenant facile de comprendre que le son devra s'affaiblir de plus en plus à mesure qu'il s'éloigne de son origine, puisque le nombre des points ébranlés sera d'autant plus grand que les points appartiendront à une surface d'*onde* de plus grand rayon. Pour chacun d'eux, l'amplitude de la vibration devra dès lors être d'autant plus petite qu'il sera pris plus loin du centre.

Théorie de la réflexion du son. — Soit une surface plane AB (fig. 386) que je supposerai indéfiniment résistante

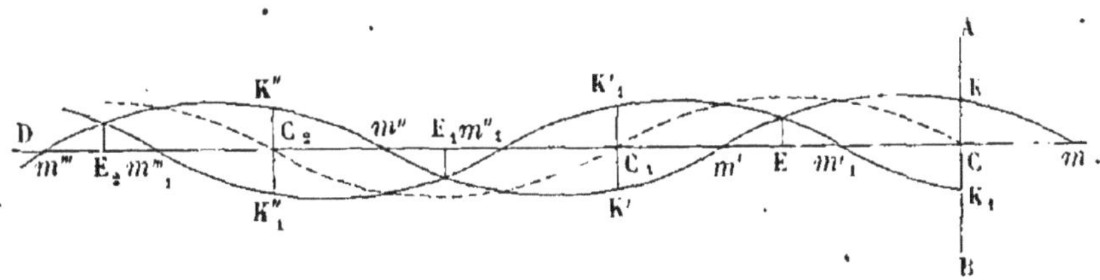

Fig. 386.

et incompressible. Sur la droite CD, perpendiculaire à AB, je supposerai, placé à une distance très-grande par rapport à AB, un centre d'ébranlement sonore, qui donnera naissance à des ondes dont les surfaces sont nécessairement normales à CD et pourront être considérées, dans leur portion égale en étendue à AB, comme planes.

Supposons que le système d'ondes, se propageant librement de D en C, arrive à AB à un moment où la courbe de l'onde aurait la position $mm'm''m'''$, si elle avait pu continuer librement sa route. — La couche en contact avec AB est animée d'une certaine vitesse dans le sens $m'C$; elle est, de plus, comprimée. Elle ne peut plus transmettre réellement son déplacement ni sa variation de densité et d'élasticité à la couche suivante dans le sens Cm, puisque la paroi AB est fixe et incompressible; dès lors elle se détend dans le sens CD, c'est-à-dire qu'elle renvoie le déplacement à la couche qui la précède, celle-ci à la précédente, etc. Le déplacement revient sur lui-même, *et changé de signe,* comme si un second centre d'ébranlement était placé de l'autre côté de AB, dans une position symétrique du premier et dans la même phase de vibration ; seulement, à cause du changement de sens du déplacement, il nous faut, si nous voulons représenter ce second mouvement, supposer que la courbe se replie d'abord symétriquement sur AB, puis ensuite sur DC pour prendre la position $K_1 m'_1 m''_1 m'''_1$, et ce mode de figuration du mouvement réfléchi peut s'appliquer, quel que soit le point de la courbe d'onde qui vient rencontrer AB. — On voit donc qu'on aura deux systèmes d'ondes superposés en sens inverse : le système des ondes directes, $m''' m'' m' K$, et le système des ondes réfléchies, $K_1 m'_1 m''_1 m_1'''$.

On a $KC = K_1 C$. — Ces deux vitesses, égales et de signe contraire, s'annulent. De même au point C_1', milieu de la distance $m'm''_1$, on a encore $C_1 K' = C_1 K'_1$; en C_2, milieu de $m'' m'''_1$, on aura $K'' C_2 = K''_1 C_2$, et ainsi de suite. D'ailleurs on a $CC_1 = C_1 C_2 = \frac{1}{2} \lambda$. — D'autre part, en E, milieu de $m' m'_1$, en E_1, milieu de $m'' m''_1$, etc., les deux vitesses seront égales et de même sens, et s'ajouteront, tantôt positives, tantôt négatives. A partir de ces points, la vitesse sera décroissante jusqu'aux points C, C_1, C_2, où elle est nulle.

Il en sera ainsi, quel que soit le point de la courbe qui vient toucher AB.

Ainsi les points C, C_1, C_2, ..., séparés l'un de l'autre par la distance $\frac{1}{2} \lambda$ où la demi-longueur d'onde, sont constamment à l'état de repos ; on les appelle des *nœuds*. Au contraire, les points E, E_1, E_2, ..., équidistants entre eux et placés au milieu des intervalles des premiers, par conséquent encore à la distance $\frac{1}{2}\lambda$, représentent constamment les points de vitesse maximum. En chacun d'eux, la vitesse est alternativement et successivement positive et négative, et si l'on passe de l'un à l'autre, la vitesse change également de signe. On appelle ces points des *ventres* de vibration. — La courbe ponctuée $CC_1 C_2$.... représente, pour chaque point, l'état résultant, quant aux vitesses.

Nous n'avons encore parlé que des états de vitesse ; voyons ce qui arrive pour les variations de densité. L'onde comprimée revient sur elle-même ; il en résulte évidemment pour chaque couche, pressée dans les deux sens, une augmentation plus grande de densité. Si nous regardons la courbe comme représentant non plus les états de vitesse, mais les états de densité, il faut la supposer se repliant autour de AB, mais sans se rabattre autour de CD ; car il n'y a pas changement de signe au point de vue de la variation de densité. La courbe se rabattra donc en $Km'_1m''_1m'''_1$ (fig. 387). On voit qu'en C, C_1, C_2....

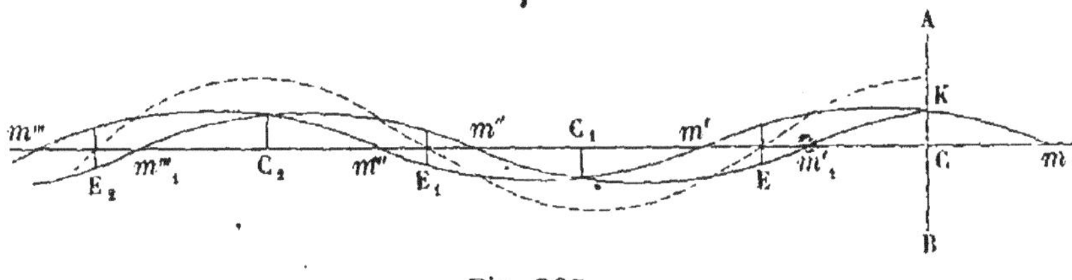

Fig. 387.

la variation de densité est double de ce qu'elle était précédemment ; en E, E_1, E_2, les ordonnées qui mesurent les variations de densité sont égales et de signe contraire, c'est-à-dire que la variation de densité est nulle. — Les points C, C_1, C_2... sont précisément ceux que nous appelions tout à l'heure les nœuds ; c'est là que se produit le maximum de variation de densité. Les points E, E_1, E_2... sont ceux que nous appelions les ventres ; la densité y reste constante, aussi bien que l'élasticité. La courbe ponctuée représente la courbe résultante des variations de densité.

Si la lame AB, sans offrir une résistance indéfinie, une incompressibilité complète, présente une résistance supérieure à celle du gaz, alors la couche en contact avec AB se détendra quelque peu dans le sens Cm, mais beaucoup plus dans le sens Cm'. Il y a donc encore déplacement dans le sens Cm', c'est-à-dire en sens inverse du déplacement apporté par l'onde directe, et il y a compression dans ce même sens Cm'. Les choses se passent donc encore comme nous le disions plus haut. Il n'y aurait de différence qu'en ce que l'origine de l'onde réfléchie se trouverait déplacée quelque peu dans le sens Cm, puisque AB aurait cédé à la pression ; mais ce déplacement peut être considéré comme négligeable par rapport à la longueur d'onde, et il n'y aura rien à changer à la construction graphique. Ce cas est celui que nous rencontrerons dans la réflexion des ondes sonores sur le fond d'un tuyau fermé.

Enfin supposons, comme dernier cas, celui où la surface AB est la surface limite d'un milieu moins résistant que le milieu qui est en avant, et qui apporte les ondes directes; considérons encore la couche d'air en contact avec le nouveau milieu, dans une phase de condensation due à l'onde directe. Au cas où le milieu qui s'étend dans le sens Cm (fig. 388) se-

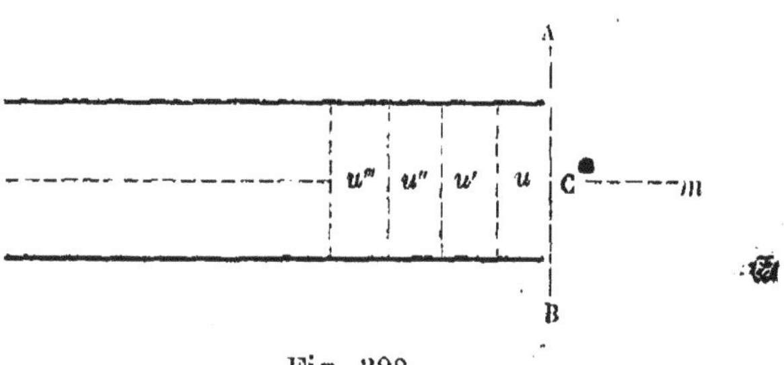

Fig. 388.

rait le même que celui qui apporte l'onde directe, la couche u se détendrait dans ce sens juste d'une quantité égale à celle dont elle s'est comprimée, et transmettrait alors à la couche suivante son déplacement, sa variation d'élasticité et de densité, etc.; mais le milieu Cm est supposé moins résistant, alors la couche se détend plus qu'elle ne s'est comprimée et se trouve en définitive dilatée. Ainsi elle reçoit un certain déplacement *dans le sens* Cm et, de plus, se dilate; alors la couche précédente u' se détend à son tour sur elle, en la ramenant elle-même à son état initial. La couche u'' se détend sur u', etc. — Il y a donc superposition, sur le système d'ondes directes, d'un système d'ondes réfléchies. — Pour ce nouveau système d'ondes, il n'y a point de changement de signe dans le sens du déplacement, mais il y a changement de signe dans le sens de la variation d'élasticité et de densité, et le système d'ondes réfléchies devra se figurer : pour les vitesses, $Km_1'm''_1...$ (fig. 387); pour la variation de densité, $K_1m_1'm_1''...$ (fig. 386). En C, il y aura à la fois maximum de vitesse dans le sens Cm, si c'est une demi-onde comprimée qui se réfléchit; dans le sens inverse, si c'est une demi-onde dilatée. En même temps variation nulle (ou tout au moins minimum) de densité. — Il en sera de même aux points C_1, C_2, distants d'une demi-longueur d'onde; ce seront les *ventres*. — Au contraire, aux points E, E_1, E_2, etc., placés au milieu des intervalles des premiers points, la vitesse sera nulle, tandis que la variation de densité sera maximum; ce sont des *nœuds*.

Nous verrons plus tard que c'est là précisément le cas de réflexion qui se présente dans les tuyaux ouverts.

CHAPITRE XXXIX.

QUALITÉS DU SON. — TONALITÉ. —'INTENSITÉ. — TIMBRE. MESURE DU NOMBRE DES VIBRATIONS. — INTERVALLES MUSICAUX.

Caractères du son. — Le son prolongé, soutenu pendant un temps appréciable qui nous permette de le comparer à d'autres sons, se présente à nous avec un certain ensemble de caractères à l'aide desquels nous pouvons établir cette comparaison. — Faisons résonner l'une après l'autre les quatre cordes d'un violoncelle convenablement accordé, en commençant par la plus grosse corde pour finir par la chanterelle, il n'est point d'oreille, si rebelle qu'elle soit à la musique, qui ne reconnaisse que ces quatre sons procèdent du grave à l'aigu. Il en sera de même si l'on promène un doigt sur les touches d'un clavier de piano, de la gauche à la droite du clavier; là encore les sons, d'abord très-graves, s'élèvent de plus en plus vers l'aigu. Ce premier caractère de différentiation, le plus important, est le caractère de *tonalité*.

Deux sons identiques par la tonalité peuvent différer encore en ce que l'un sera faible et l'autre fort. Si l'on pince une corde de violoncelle ou de basse pour la faire vibrer, elle donne d'abord un son très-fort, mais qui va s'affaiblissant de plus en plus, tout en gardant sa tonalité; ce second caractère est celui de l'*intensité*.

Enfin on peut tirer d'une flûte, d'un hautbois, d'un cor, d'un violon, d'une plaque métallique, des sons identiques pour la tonalité et pour l'intensité, et cependant tellement différents l'un de l'autre qu'il est impossible de s'y méprendre et de les confondre; ce caractère est ce qu'on appelle le *timbre*.

La tonalité dépend du nombre de vibrations isochrones
que le corps producteur du son exécute dans l'unité de temps.
Il est facile de se convaincre que plus la vibration est rapide,
plus le son est aigu.

Prenons une tige en laiton d'environ 2 mètres de longueur, et fixons-la par une de ses extrémités dans un étau
massif fortement serré ; si nous l'écartons de sa position
d'équilibre, elle vibre avec assez de lenteur pour que nous
puissions suivre son mouvement et compter le nombre de vibrations qu'elle donne. — Raccourcissons de plus en plus la
longueur vibrante, la tige vibre de plus en plus rapidement,
et nous remarquons que le son s'élève et devient toujours plus
aigu ; mais ce mode d'expérience est bien imparfait, car notre
œil cesse bientôt de pouvoir distinguer la tige dans ses positions successives. Il est cependant possible de les rendre distinctes et, par suite, de juger de leur plus ou moins de rapidité. — Il suffit pour cela de fixer à l'extrémité de la tige une
petite pointe fine et d'approcher jusqu'au contact une lame de
verre qu'on a recouverte de noir de fumée, en la laissant
quelques instants au-dessus de la flamme d'une lampe à alcool remplie avec de l'essence de térébenthine ; cette lame est
portée entre deux coulisses verticales, où elle glisse librement,
et maintenue en place le plus haut possible au moyen d'un
petit arrêt (fig. 389). Si l'on fait vibrer la tige dans le sens
horizontal, sa pointe trace sur le noir de fumée une petite
ligne horizontale ; mais, si l'on vient à retirer l'arrêt pour
laisser tomber la plaque, alors la pointe tracera sur toute la
hauteur de chute une ligne en zigzag dont chaque double
trait correspond évidemment à une vibration double de la
tige.

Or, en opérant de la sorte, on voit que le nombre de si-
nuosités comprises, sur la plaque, dans la hauteur verticale de
chute, est d'autant plus grand que la tige donne un son plus
aigu.

On peut à la tige substituer une corde dont on augmentera
progressivement la tension, ou tout autre corps solide vibrant, et l'on constatera toujours que la tonalité s'élève à
mesure que le mouvement vibratoire est plus rapide.

Il y a plus : on constatera que dès l'instant que la corde, la tige, la plaque vibrante, donnent trois sons ayant même tona-

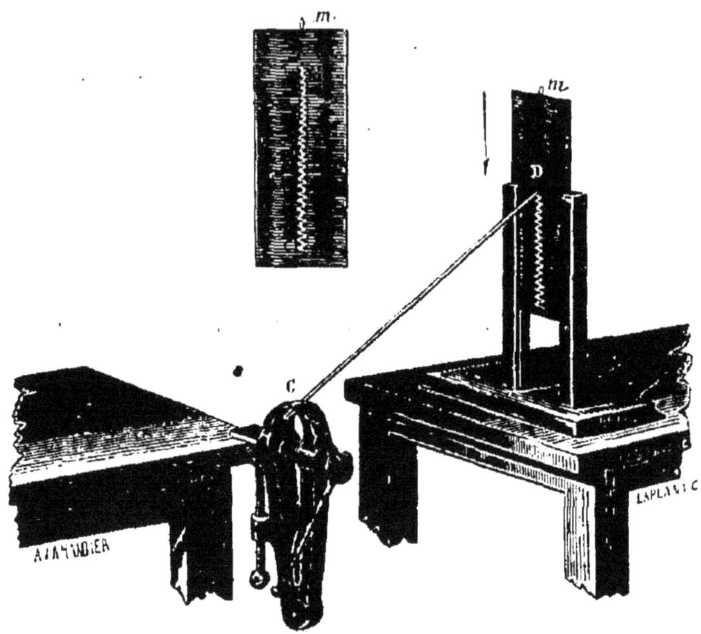

Fig. 389.

lité, le nombre des zigzags tracés sur la lame de verre dans la hauteur de chute, qui est la même pour toutes les expériences, et qui, par conséquent, répond au même temps de chute, ne change pas.

Donc la tonalité d'un son est exactement déterminée par le nombre de vibrations qu'exécute le corps sonore dans un temps donné, la *seconde*, par exemple, quels que soient la nature du corps sonore et le mode de production du son.

Pour le physicien, ce nombre définit aussi bien un son qu'un nombre de millimètres définit une longueur, ou un nombre de grammes un poids.

L'intensité du son produit par un corps vibrant dans l'air dépend de l'*amplitude* de la vibration, mais non de sa durée. Ainsi, lorsqu'une corde vibre, son mouvement de vibration est complétement isochrone, c'est-à-dire que le nombre de vibrations exécutées dans une seconde est exactement le même à toutes les époques du mouvement; aussi la tonalité reste-t-elle invariable. Mais à mesure que l'étendue du déplacement de la corde, que nous désignons par le nom d'*amplitude*, va en décroissant, le son s'affaiblit, et le mouvement vibratoire existe encore que le son est déjà complétement éteint, parce que l'ébranlement donné à l'air, et transmis à l'oreille, n'est plus suffisant pour affecter nos organes.

Nous savons aussi que l'intensité dépend encore de la densité du milieu gazeux dans lequel s'effectue la vibration; qu'elle est d'autant plus faible que l'air est plus raréfié; et qu'à tension égale, elle est plus grande dans l'acide carbonique que dans l'hydrogène.

Quant au timbre, nous n'avons que bien peu de données sur cet élément, que tout nous démontre dépendre de la nature même du corps vibrant et du mode d'ébranlement des molécules. La pratique en enseigne à cet égard beaucoup plus long que la théorie, et nous serons obligés d'abandonner cette question pour nous borner à l'étude de la tonalité.

Roue dentée de Savart (fig. 390 et 391). — L'appareil que Savart a imaginé pour mesurer le nombre de vibrations correspondant à un son donné se compose d'un banc solide en chêne, sur lequel se trouvent montés les axes horizontaux et parallèles de deux roues, A, B, dont les diamètres sont entre eux dans un rapport commun. Les contours de ces deux roues sont reliés par une courroie sans fin tendue, de telle sorte qu'en imprimant, à l'aide d'une manivelle, un mouvement de rotation à la plus grande, la seconde tourne en même temps et avec une vitesse plus grande. Si le rayon de la seconde n'est que le vingtième du rayon de la grande roue, elle fera vingt tours pendant que cette dernière en fera un. Sur l'axe qui porte la petite roue se trouve montée une autre roue C, dentée sur son contour. Ces dents, qui sont au nombre de 100, taillées avec le plus grand soin, sont égales et également espacées. Une petite carte métallique *d*, glissant dans une rainure *g*, vient présenter son bord libre aux dents de la roue.

L'axe qui porte les deux roues B et C se prolonge d'un côté au delà du coussinet; il porte un filet de vis sans fin engrenant

Fig. 390.

avec une roue dentée à dents obliques, *a*, de telle sorte qu'un tour de la vis fait tourner la roue *a* d'une dent. Le pivot de cette roue *a* porte une aiguille mobile au centre d'un cadran, dont le limbe est divisé en autant de parties égales qu'il y a de dents à la roue, soit 100. On voit qu'à chaque tour de la roue dentée C l'aiguille avance d'une division sur son cadran. Pour compter les tours entiers de cette aiguille, par conséquent les centaines de tour de la roue C, la roue *a* est armée d'un doigt *f* qui vient battre contre une dent d'une seconde roue *b*, et la fait tourner de la largeur de cette dent. La roue *b* a 60 dents, et porte une aiguille tournant sur un cadran divisé en soixante parties égales. La plaque qui porte les deux cadrans est supposée enlevée pour laisser à découvert l'appareil de roues dentées.

Le système de ces deux petites roues a et b, qui constitue

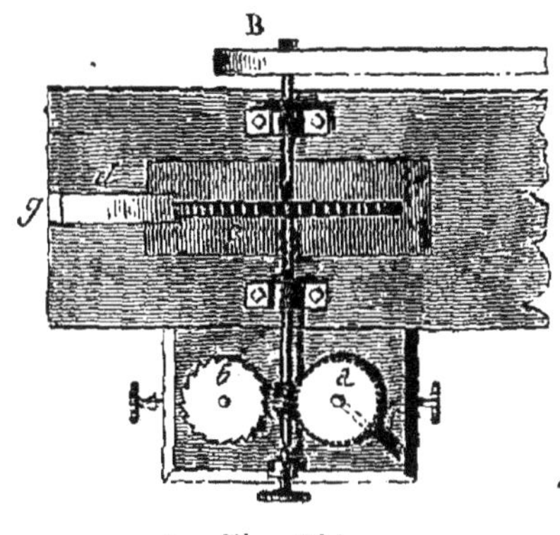

Fig. 391.

ce que l'on appelle le *compteur*, est monté sur une tablette qui peut recevoir un petit mouvement de glissement latéral, permettant de dégager la roue a de la vis sans fin, ou, au contraire, de l'engager. Dans le premier cas, la roue C tournera sans faire marcher le compteur ; dans le second cas, au contraire, le compteur marchera pour indiquer le nombre de tours faits par C.

Si l'on constate, par exemple, que, dans un temps donné, l'aiguille b a avancé sur son cadran de n divisions, et que l'aiguille a a passé de la division N à la division N $+ n'$, on en conclura que l'aiguille a a fait n tours entiers de son cadran, représentant un déplacement de $n \times 100$ divisions ; et, en outre, a parcouru n' divisions. La roue C a donc fait $(100\, n + n')$ tours pendant le temps en question.

Or, pendant que la roue C est animée de son mouvement de rotation, si l'on vient à approcher la carte jusqu'à ce qu'elle reçoive le choc des dents, chaque dent qui passe l'abaissera pour la laisser remonter après son passage et recevoir le choc de la dent suivante. Ainsi, chaque passage de dent correspondra pour la carte à une vibration double. En augmentant petit à petit la vitesse de rotation, on produira donc, par la vibration de la carte, un son de plus en plus aigu, aussi aigu que l'on voudra, en donnant à la roue C une vitesse de rotation suffisante. Avec un tour par seconde, la carte donnera 100 vibrations (nous sommes convenus de prendre pour la vibration le double mouvement d'aller et retour), puisqu'il y a 100 dents à la roue ; avec dix tours, 1000 vibrations, etc.

En augmentant progressivement la vitesse de rotation, on

obtiendra un son de plus en plus aigu, dont la tonalité arrivera à l'unisson du son que l'on veut mesurer, donné par une corde, par un tuyau, une plaque, un corps sonore quelconque, vibrant dans le voisinage. Arrivé là, on s'étudiera à maintenir une vitesse de rotation bien constante, de manière à garder au son produit une tonalité invariable, à l'unisson parfait du son à mesurer. Jusque-là, le compteur est resté libre et immobile. C'est alors qu'on devra pousser la tablette de manière à embrayer avec la vis sans fin, *en même temps* qu'on mettra en marche un compte-secondes à pointage. On continuera le mouvement pendant deux ou trois minutes ; ce temps écoulé, on dégagera le compteur, en même temps qu'on arrêtera le compte-secondes.

Admettant que le compte-secondes marque 130″ pour le temps écoulé ; que, sur le compteur, l'aiguille b se soit déplacée de 16 divisions, et que l'aiguille a, partie de zéro, se trouve arrêtée à la division 125, on voit que l'aiguille a a. parcouru $16 \times 100 + 125$ divisions, ou 1725. C'est le nombre *entier* de tours fait par la roue C. Le nombre de vibrations exécutées par la carte est donc compris entre 100×1725 et 100×1726, car le compteur n'apprécie point les fractions de tour de la roue C. L'erreur sur le nombre total peut aller jusqu'à 99 vibrations. L'erreur relative sera donc moindre que $\dfrac{100}{100 \times 1725}$ ou $\dfrac{1}{1725}$; elle sera d'autant plus petite que le nombre de tours de la roue C sera plus grand ; de là la nécessité de prolonger un peu plus l'expérience pour les sons graves que pour les sons aigus.

Le son en question donne donc, à une erreur relative moindre que $\frac{1}{1000}$, 172 500 vibrations par 130 secondes, ou 1327 vibrations par seconde.

Pour obtenir un son plus intense, Savart montait sur le même axe quatre roues dentées égales, avec une carte métallique pour chacune. L'intensité du son se trouvait ainsi quadruplée, les quatre sons étant égaux.

L'emploi de la roue dentée présente des inconvénients dont le plus grave est la difficulté très-grande de maintenir constante la vitesse de rotation de la grande roue ; en outre, il se fait toujours un certain glissement de la courroie, qui empêche une transmission régulière du mouvement. Il faut deux personnes pour faire l'opération : l'une, chargée de tourner la roue et de bien maintenir la vitesse convenable ; l'autre, chargée de la manœuvre du compteur et du compte-secondes. Enfin, l'appareil est volumineux et d'une installation fort encombrante.

Tous ces inconvénients disparaissent dans le petit instrument dont nous allons parler maintenant, et dont l'invention est due à Cagnard-Latour.

Sirène. — La sirène (fig. 392) se compose d'une caisse ou porte-vent, cylindrique, munie d'une douille qu'on monte sur l'un des trous du sommier d'une soufflerie. Le fond supérieur de cette caisse est percé de 25 trous disposés en cercle autour du centre du disque; l'axe de ces trous est perpendiculaire au rayon, mais incliné de 45° sur le plan du fond. Une petite cavité est creusée au centre du plateau et reçoit l'extrémité, taillée en pointe émoussée, d'une tige d'acier qui supporte un disque épais renforcé sur ses bords, et percé aussi de 25 trous, inclinés comme les premiers, mais en sens inverse; de telle sorte que si les deux séries sont placées l'une au-dessus de l'autre, les axes des trous en regard seront perpendiculaires l'un sur l'autre. A son extrémité supérieure, la tige porte une petite cavité où descend la pointe d'une vis, qui traverse le côté horizontal d'un cadre monté sur le porte-vent.

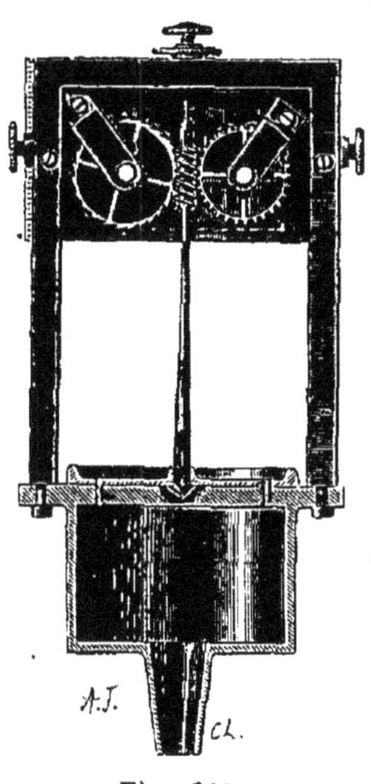

Fig. 392.

En graduant convenablement la pression de cette vis, on pourra laisser à la tige une très-grande mobilité autour de son axe de figure, tout en l'empêchant de se déplacer latéralement. Ces deux disques, fixe et mobile, doivent être à la plus petite distance possible, sans se toucher toutefois.

La partie supérieure de la tige porte un compteur, en tous points semblable à celui que nous venons de décrire pour l'appareil de Savart.

L'air, lancé dans la caisse par le jeu du soufflet, n'a pour sortir que les ouvertures percées dans le fond supérieur et celles du disque mobile. En s'échappant par les trous du premier disque, il vient frapper perpendiculairement sur la paroi du trou en regard, si ces trous se trouvent se correspondre (fig. 393). (Cette figure représente une section perpendiculaire au plan des deux disques, et au rayon qui aboutit à l'un des trous, de manière à comprendre les axes de deux trous en regard.) Cette pression perpendiculaire f peut se décomposer en deux forces, l'une parallèle à l'axe, f', et qui ne peut avoir d'effet, l'axe se trouvant maintenu entre la vis et le

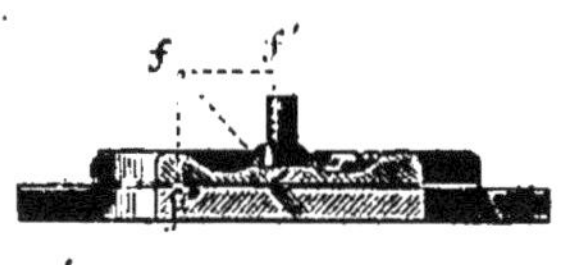

Fig. 393.

fond fixe ; l'autre horizontale, f'', et dirigée suivant la tangente à la circonférence sur laquelle les trous sont rangés. Cette dernière composante aura pour effet de faire tourner le disque, et la tige qui le porte, autour de leur axe commun. Aux 25 trous du plateau mobile, les composantes tangentielles agissent dans le même sens, et à chaque passage des trous mobiles au-dessus des trous fixes, la pression se reproduira pour accélérer sans cesse le mouvement. Ainsi déjà la sortie périodique de l'air par les deux systèmes de trous aura pour effet de produire le mouvement de rotation du disque et de l'accélérer. Quand on aura obtenu une certaine vitesse, il suffira, pour la maintenir, de modérer la vitesse d'insufflation, de telle sorte que l'accélération donnée par la sortie de l'air soit simplement suffisante pour équilibrer les résistances et les frottements des pièces mobiles sur leurs appuis. L'égalité complète, absolue, entre ces deux ordres de forces motrices, et résistantes, est impossible à maintenir. Il y aura toujours un léger excès tantôt des premières, tantôt des secondes, mais les petits changements de vitesse qui en résulteront pour le disque mobile seront d'autant moins sensibles que ce disque sera plus lourd. Ainsi, bien loin de chercher à le rendre très-léger, comme on faisait dans les premières sirènes, il faut au contraire lui donner une assez grande masse.

Chaque fois que l'air, se présentant pour sortir par les orifices du disque inférieur, rencontrera la partie pleine du disque tournant, il se trouvera arrêté ; mais quand les orifices du disque mobile viendront se présenter, alors l'air en s'échappant refoulera l'air du dehors, celui-ci se trouvera comprimé, puis reviendra sur lui-même quand le passage se trouvera de nouveau fermé, et se comprimera encore au moment où le passage se rouvrant de nouveau laissera sortir l'air de la caisse, et ainsi de suite. Ces alternatives de compression et de dilatation de l'air en contact avec le disque mobile produiront un son, dont la tonalité ira en s'élevant à mesure que la vitesse de rotation du disque augmentera, et restera constante, au contraire, si l'on maintient au disque une vitesse de rotation invariable. Pour un tour entier du plateau mobile, les 25 trous du disque fixe auront été vingt-cinq fois fermés en même temps, vingt-cinq fois ouverts en même temps. Ils auront donc, chacun, donné vingt-cinq vibrations doubles, les vibrations de chacun d'eux concordant avec celles des vingt-quatre autres ; c'est le même son, avec une intensité vingt-cinq fois plus grande que s'il n'y avait qu'un seul trou au disque fixe.

La soufflerie est formée d'un soufflet double V, dont une pédale P met en mouvement la valve inférieure. La valve supérieure se soulève peu à peu. Pour ne point exposer le soufflet à se crever sous une insufflation trop violente, la valve vient, lorsqu'elle est arrivée au point le plus élevé, heurter contre un butoir qui presse sur une soupape et laisse sortir l'excédant d'air. Le tuyau de sortie de l'air est un tube prismatique qui apporte l'air dans une caisse C, en forme de parallélipipède rectangle, et appelée *sommier*. Le plafond du sommier est percé d'un certain nombre de trous ronds égaux que ferment en dessous des plaquettes de bois K, doublées d'une peau souple ; un ressort R appuie de bas en haut ces petites plaques sur les trous. Pour les ouvrir, il suffit d'appuyer le doigt sur un bouton *a* placé au dehors, qui refoule le ressort et abaisse la plaquette ; un petit arrêt permet de maintenir le bouton abaissé aussi longtemps qu'on le veut sans qu'il soit nécessaire de laisser le doigt dessus.

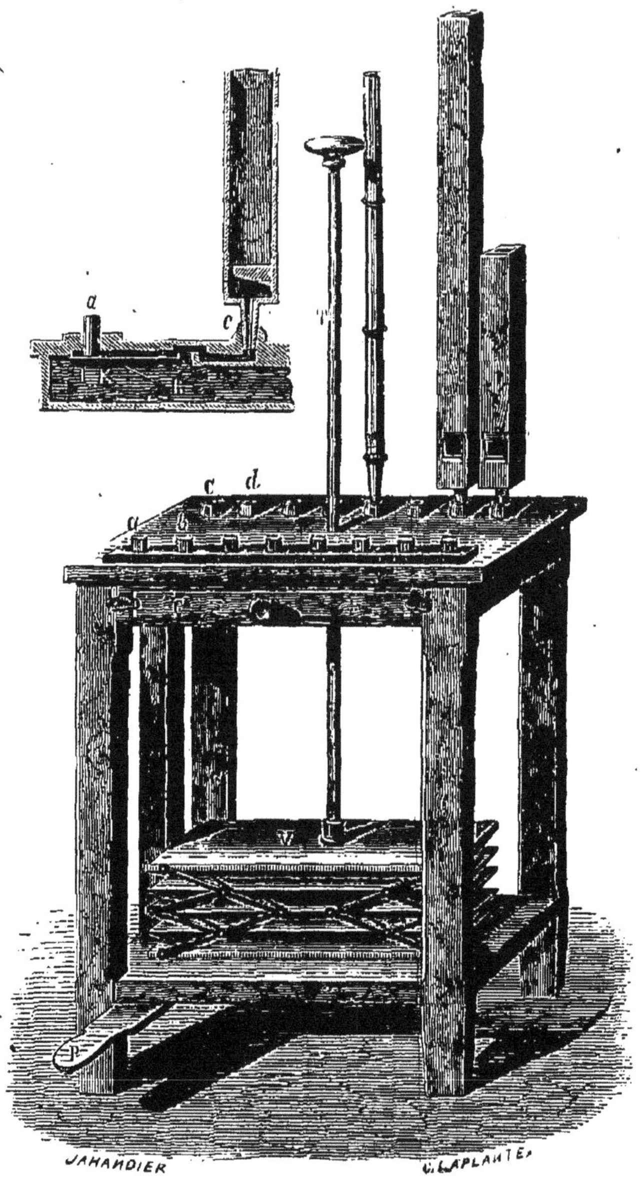

Fig. 394.

Pour se servir de la sirène, on la monte sur un des trous, et il est très-essentiel que sa douille remplisse bien exactement le trou, et qu'il n'y ait point de fuite d'air. On maintient le compteur libre, et l'on donne avec les doigts une première impulsion à l'axe ; puis ouvrant le trou qui porte la sirène, on pousse le vent jusqu'à ce que le son qu'elle produit, d'abord sourd et grave, puis de plus en plus aigu, arrive à l'unisson de celui que l'on veut mesurer, et que l'on a soin de faire entendre de temps à autre à l'oreille. Lorsqu'on est arrivé à l'unisson, on engage le compteur dont les aiguilles ont été mises au zéro de leur cadran, en même temps que l'on met en mouvement l'aiguille du compte-secondes. On maintient le son bien constant de tonalité pendant 2 à 3 minutes ; puis on dégage le compteur, en même temps qu'on arrête le compte-secondes. Le compte-secondes marque un temps d'expérience, égal, je suppose, à $140''$. L'aiguille de la roue, qui engrenait directement avec la vis sans fin, a passé de 0 à 69. La seconde aiguille, qui marque les tours entiers de la première aiguille, c'est-à-dire les centaines de tours du plateau, a marché de 40 divisions.

Nous avons donc pour le nombre entier des tours du plateau $40 \times 100 + 69$ ou 4069. Le nombre des vibrations doubles est donc compris entre

$$4069 \times 25 \quad \text{et} \quad 4070 \times 25.$$

Ainsi, avec une erreur par défaut moindre que 25 unités, il est 101725. L'erreur relative est moindre que $\dfrac{1}{4000}$.

Le nombre de vibrations par seconde, à la même erreur relative près, est $\dfrac{101725}{140} = 727$.

Méthode graphique.—Nous avons déjà indiqué le principe de cette méthode. On a imaginé des appareils divers pour l'appliquer, et qui ne diffèrent que par la disposition de l'appareil destiné à enregistrer les vibrations. Ce peut être, comme dans le thermomètre enregistreur, ou le télégraphe de Morse, un système de rouleaux entre lesquels se déroule une bande continue de papier, ou bien un cylindre dont la surface parfaitement lisse, et même vernissée, est recouverte d'une couche mince de noir de fumée. Le corps vibrant est armé d'une pointe ou d'un crayon qui trace sur le papier, ou sur le cylindre, en mouvement, la ligne brisée, dont chaque élément rectiligne répond à une demi-vibration du corps.

Si l'expérience se prolonge assez pour que le cylindre tournant doive faire plus d'un tour, alors on adopte la disposition suivante : l'axe de ce cylindre porte un filet de vis, d'un pas assez allongé, qui tourne dans un écrou fixe (fig. 395). De cette façon, les portions de courbe, au lieu de se superposer, comme elles le feraient si l'axe du cylindre était fixe, formeront les spires successives d'une hélice, puisque en imprimant le mouvement de rotation au cylindre, on lui donne en même temps un mouvement de translation dans le sens de son axe.

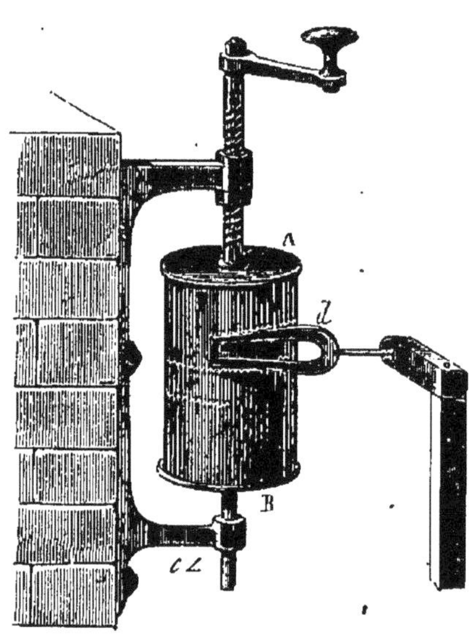

Fig. 395.

Le mouvement peut être donné au cylindre par un rouage d'horlogerie, réglé de telle sorte que le cylindre fasse, par exemple, un tour par seconde. Si la surface du cylindre est divisée par des génératrices équidistantes, il sera facile de compter le nombre d'éléments rectilignes compris entre deux de ces génératrices. S'il y a par exemple 10 génératrices équidistantes, et *en moyenne*, de chacune d'elles à la suivante 36 brisures, on en déduira 180 vibrations par seconde.

On fait rarement usage de cet appareil pour mesurer directement un nombre de vibrations. Il sert plutôt à comparer les nombres de vibrations exécutées dans un même temps par deux corps vibrants, dont l'un sera, par exemple, le diapason normal donnant le *la* à 435 vibrations doubles par seconde. L'une des deux branches du diapason est armée d'une petite pointe mousse. L'autre corps vibrant, corde, lame, tige, plaque, etc., est armé de la même façon; les deux pointes sont sur une même verticale devant une génératrice du cylindre et à la plus petite distance possible. On met en vibration les deux corps, puis on fait tourner à la main et à l'aide de la manivelle le cylindre. Les pointes tracent alors sur le noir de fumée leurs courbes sinueuses (fig. 396). Les deux courbes tracées, il suffira de chercher de l'œil sur les deux courbes deux sommets situés sur une même verticale zz, puis, à partir de cette droite, chercher la verticale la plus rapprochée $z'z'$, sur laquelle cette coïncidence se rencontrera encore. On trouve alors sur la première courbe, celle donnée par le diapason, cinq brisures doubles; sur l'autre courbe,

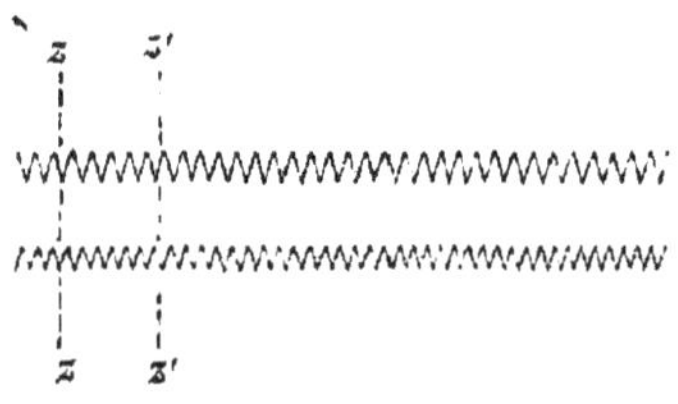

Fig. 396.

neuf. Ainsi dans un même temps, dont la durée est d'ailleurs indifférente, les nombres de vibrations exécutées par le corps et par le diapason sont dans le rapport de neuf à cinq. Ce rapport sera le même pour toute durée de temps, puisque les deux mouvements sont *isochrones*. On a donc, en appelant n le nombre de vibrations doubles que le corps fait en une seconde,

$$\frac{n}{435} = \frac{9}{5},$$

d'où
$$n = 783.$$

Méthode du père Mersenne. — Enfin il est une dernière méthode basée sur la connaissance des lois des vibrations des cordes, et d'un emploi très-rapide et très-commode.

La loi dont nous allons faire l'application est la suivante :

Les nombres de vibrations données par deux cordes métalliques de même nature, de même diamètre, tendues également, mais de longueurs différentes, sont en raison inverse de ces longueurs.

Sonomètre (fig. 397). Une caisse rectangulaire en sapin AA, ayant environ $1^m,20$ de longueur sur 12 à 15 centimètres de largeur et d'épaisseur, est établie dans une position horizontale sur deux montants. Deux chevalets, a, b, sont montés sur la face horizontale supérieure, distants l'un de l'autre d'un mètre. Une règle divisée en millimètres est appliquée sur la table entre les deux chevalets. Sur ces chevalets sont tendues deux fines cordes de laiton filé. Par une de leurs extrémités, elles sont nouées à une goupille fixe, m,m, solidement enfon-

Fig. 397.

cée dans la caisse. L'autre extrémité est roulée sur une cheville à tête carrée, n,n, tournant à frottement très-dur dans la cavité où elle est engagée. Une clef à douille carrée sert à tourner ces dernières chevilles pour tendre les cordes.

On règle la tension de l'une d'elles jusqu'à ce que le son qu'elle produit, lorsqu'on la frotte avec un archet de basse, enduit de colophane, soit à l'unisson d'un diapason spécial donnant 261 vibrations par seconde (ce son, que l'on dénomme ut_3 ou do_3, est, comme nous le verrons bientôt, le premier degré ou *tonique* de la gamme diatonique majeure dont le *la* normal, à 435 vibrations doubles par seconde, est le sixième degré)[1].

---

[1] La figure porte une troisième corde fixée à la goupille p et passant sur les deux chevalets, pour être tendue par un poids P. Elle sert, comme nous le verrons plus tard, pour la vérification des lois relatives aux cordes, mais on la supprime pour les déterminations sonométriques.

On met alors la seconde corde à l'unisson de la première ; puis on place sous cette corde un curseur g faisant office de chevalet mobile.

Soit maintenant à mesurer le nombre de vibrations d'un son, plus aigu que celui que donnent les deux cordes vibrant dans toute leur longueur. On produit ce son, puis on glisse le chevalet mobile sous la corde, de manière à réduire sa longueur au point où elle donne l'unisson du son à mesurer. La règle placée sous la corde permet de mesurer la longueur vibrante ; soit 238 cette longueur. On dira alors :

Avec une longueur de 1 mètre ou 1,000 millimètres, la corde donne 261 vibrations par seconde ; d'après la loi, avec une longueur de 1 millimètre, elle donnerait 261 000 vibrations ; avec la longueur 238 millimètres, elle donne donc, toujours d'après la même loi, $\dfrac{261000}{238}$ ou 1096 vibrations par seconde.

On voit qu'on peut, par cette méthode, faire un grand grand nombre de déterminations en un très-court intervalle de temps. Il est bon de s'assurer que la tension de la corde n'a pas changé, ce que l'on reconnaîtra en la faisant vibrer dans toute sa longueur, et voyant si elle est restée à l'unisson de la seconde corde qui est restée inactive, et qui sert seulement de repère.

Le père Mersenne appliquait une méthode de comparaison analogue à des tiges vibrant transversalement : Savart y a substitué des cordes, pour lesquelles la loi est plus simple que celle des tiges.

Gammes, intervalles musicaux.—L'emploi des diverses méthodes que nous venons d'exposer n'exige, de la part de ceux qui les appliquent, que tout juste ce qu'il faut d'oreille pour apprécier l'*unisson*, c'est-à-dire l'identité de tonalité de deux sons, qui peuvent d'ailleurs être différents d'intensité et de timbre. On peut même dire que la méthode graphique n'en demande pas tant ; elle pourrait être employée par un sourd, car il suffit de comparer à l'œil les deux courbes tracées par le corps vibrant et par le diapason.

Mais l'oreille peut acquérir la faculté de comparer deux

sons simultanés ou successifs, et d'apprécier, sinon rigoureusement, au moins avec une assez grande approximation, leur rapport de tonalité, toutes les fois que le rapport est suffisamment simple. Ce rapport est ce que l'on appelle l'*intervalle musical* des deux sons.

Nous allons dire quelques mots de ces intervalles et de la constitution des gammes.

Tant que l'art musical s'est borné à ce que l'on appellé la mélodie, c'est-à-dire à l'émission successive de sons, différents les uns des autres par la tonalité et par la durée, les intervalles des sons n'ont été déterminés par aucune règle bien précise. Il n'en a plus été ainsi du moment que l'artiste, s'élevant à des conceptions plus hardies et plus complexes, a imaginé de faire entendre plusieurs mélodies simultanées, formant *harmonie*, et de produire ce que l'on appelle des *accords*.

Si l'on fait entendre deux sons, produits simultanément, il en peut résulter pour l'oreille une sensation agréable, sur laquelle elle aime à se reposer : c'est une *consonnance*. Mais il en peut résulter aussi une sensation pénible, que l'oreille ne supporte qu'autant qu'à ces deux sons en succèdent immédiatement d'autres formant consonnance : c'est une *dissonance*.

La consonnance est d'autant plus complète, que les deux nombres de vibrations ont entre eux un rapport plus simple. La dissonance est d'autant plus dure, que le rapport est moins simple. Ainsi deux nombres de vibrations qui seront entre eux dans le rapport de 1 à 2, ou de 1 à 3, ou de 2 à 3, ou de 3 à 4, ou de 4 à 5, formeront consonnance ; mais deux sons dont les nombres de vibrations seront entre eux comme 15 et 16, ou 24 et 25, formeront une dissonance des plus désagréables.

C'est d'après les nécessités de l'harmonie que s'est créée la tonalité moderne. Les musiciens emploient deux séries diatoniques, qui diffèrent l'une de l'autre par le mode de distribution des intervalles : la *gamme majeure* et la *gamme mineure*.

Gamme majeure. — Prenons un son quelconque pour

tonique, c'est-à-dire pour premier degré de cette gamme, les autres sons, dans l'ordre ascendant, auront leurs nombres de vibrations liés au premier, que nous prenons pour unité, par les rapports numériques suivants :

Désignation du degré.	Rapport du nombre de vibrations du son au nombre de vibrat. de la tonique	Nom donné à ce rapport.
1ᵉʳ degré ou tonique..........	1	unisson.
2ᵉ degré ou sustonique........	$\dfrac{9}{8}$	seconde.
3ᵉ degré ou médiante........	$\dfrac{5}{4}$	tierce.
4ᵉ degré ou sous-dominante...	$\dfrac{4}{3}$	quarte.
5ᵉ degré ou dominante.......	$\dfrac{3}{2}$	quinte.
6ᵉ degré ou sus-dominante....	$\dfrac{5}{3}$	sixte.
7ᵉ degré ou sensible..........	$\dfrac{15}{8}$	septième.
8ᵉ degré ou octave..........	2	octave.

Au lieu de comparer tous les sons au premier, comparons chacun d'eux à celui qui le précède, en divisant le rapport qui le caractérise par le rapport précédent; nous trouvons ainsi les intervalles consécutifs :

$$\frac{9}{8} : 1 = \frac{9}{8}$$

$$\frac{5}{4} : \frac{9}{8} = \frac{10}{9}$$

$$\frac{4}{3} : \frac{5}{4} = \frac{16}{15}$$

$$\frac{3}{2} : \frac{4}{3} = \frac{9}{8}$$

$$\frac{5}{3} : \frac{3}{2} = \frac{10}{9}$$

$$\frac{15}{8} : \frac{5}{3} = \frac{9}{8}$$

$$2 : \frac{15}{8} = \frac{16}{15}$$

Ainsi les intervalles *successifs* de la gamme sont :

Degrés.	1er	2^e	3^e	4^e	5^e	6^e	7^e	8^e
Intervalles successifs.	$\frac{9}{8}$	$\frac{10}{9}$	$\frac{16}{15}$	$\frac{9}{8}$	$\frac{10}{9}$	$\frac{9}{8}$	$\frac{16}{15}$	

Si nous comparons les deux rapports $\frac{9}{8}$ et $\frac{10}{9}$ par division, nous trouvons $\frac{9}{8} : \frac{10}{9} = \frac{81}{80}$; le premier s'appelle un intervalle de *ton majeur*, le second un intervalle de *ton mineur*. Mais l'oreille est à peu près insensible à la différence de ces deux intervalles; et, d'une manière générale, l'observation montre qu'elle reste insensible à la différence de deux intervalles, dès l'instant que le rapport du plus grand au plus petit est égal à $\frac{81}{80}$, ou compris entre $\frac{81}{80}$ et l'unité. Cette limite moyenne de sensibilité de l'oreille est ce que l'on appelle le *comma*.

Mais si nous comparons $\frac{10}{9}$ à $\frac{16}{15}$, nous trouvons pour rapport $\frac{10}{9} : \frac{16}{15} = \frac{25}{24}$, rapport de beaucoup supérieur au comma. Ainsi les deux intervalles $\frac{10}{9}$ et $\frac{16}{15}$, et à plus forte raison $\frac{9}{8}$ et $\frac{16}{15}$, ne peuvent se confondre. On appelle *demi-ton majeur* l'intervalle caractérisé par le rapport $\frac{16}{15}$.

On a, d'après ce que l'on vient de voir,

$$\frac{16}{15} \times \frac{25}{24} = \frac{10}{9}.$$

L'intervalle $\frac{25}{24}$, moindre que $\frac{16}{15}$, est ce que l'on appelle le *demi-ton mineur*. Si l'on prend le rapport de ces deux intervalles $\frac{16}{15} : \frac{25}{24}$, on le trouve égal à $\frac{128}{125}$, supérieur sensiblement au comma $\frac{81}{80}$. Ainsi, tandis que l'oreille peut confondre l'intervalle du ton majeur au ton mineur, elle reste sensible à la différence du demi-ton majeur au demi-ton mineur, et ne peut les confondre l'un avec l'autre.

On voit en outre, d'après l'égalité précédente, que le *ton* (en confondant le ton majeur et le ton mineur) résulte de la superposition d'un demi-ton majeur et d'un demi-ton mineur.

Intervalles majeurs et mineurs. — Si à la gamme, ayant pour tonique 1, nous faisons suivre une seconde gamme, ayant pour tonique l'octave de la première, 2, et constituée par la succession des mêmes intervalles, $2 \times \frac{9}{8}$; $2 \times \frac{5}{4}$; $2 \times \frac{4}{3}$, etc., on voit que tous les sons de cette gamme seront à l'octave des sons correspondants de la première, puisque les nombres de vibrations sont doubles :

1re	2e	3e	4e	5e	6e	7e	8e	9e	10e	11e	12e	13e	14e	15e
1	$\frac{9}{8}$	$\frac{5}{4}$	$\frac{4}{3}$	$\frac{3}{2}$	$\frac{5}{3}$	$\frac{15}{8}$	2	$\frac{9}{4}$	$\frac{5}{2}$	$\frac{8}{3}$	3	$\frac{10}{3}$	$\frac{15}{4}$	4

Pour avoir les diverses valeurs de la tierce, nous prendrons le rapport du 3e degré au 1er, du 4e au 2e, et ainsi de suite, jusqu'à ce que tous les sons de la première gamme aient été épuisés.

Nous ferons de même pour la quarte et les divers autres intervalles.

VALEURS DE LA TIERCE.

Observations.

$$\frac{5}{4} : 1 = \frac{5}{4}$$

3 valeurs différentes pour la tierce $\frac{5}{4}$, $\frac{6}{5}$, $\frac{32}{27}$.

$$\frac{4}{3} : \frac{9}{8} = \frac{32}{27}$$

$$\frac{6}{5} = \frac{32}{27} \times \frac{81}{80}.$$

Ces deux intervalles peuvent être considérés comme égaux.

$$\frac{3}{2} : \frac{5}{4} = \frac{6}{5}$$

$$\frac{5}{3} : \frac{4}{3} = \frac{5}{4}$$

$$\frac{5}{4} : \frac{6}{5} = \frac{25}{24}.$$

$$\frac{15}{8} : \frac{3}{2} = \frac{5}{4}$$

Rapport supérieur au comma, et équivalent au demi-ton mineur.

$$\frac{5}{4} = \frac{6}{5} \times \frac{25}{24}.$$

$$2 : \frac{5}{3} = \frac{6}{5}$$

$\frac{5}{4}$ s'appelle tierce majeure.

$$\frac{9}{4} : \frac{15}{8} = \frac{6}{5}$$

$\frac{6}{5}$ ou $\frac{32}{27}$ s'appelle tierce mineure.

VALEURS DE LA QUARTE.

Observations.

$$\frac{4}{3} : 1 = \frac{4}{3}$$

$$\frac{3}{2} : \frac{9}{8} = \frac{4}{3}$$

Trois valeurs différentes pour la quarte se réduisant à deux; car $\frac{27}{20} : \frac{4}{3} = \frac{81}{80}$;

$$\frac{5}{3} : \frac{5}{4} = \frac{4}{3}$$

mais $\frac{45}{32} : \frac{4}{3} = \frac{135}{128}$, rapport supérieur au comma.

$$\frac{15}{8} : \frac{4}{3} = \frac{45}{32}.$$

$$2 : \frac{3}{2} = \frac{4}{3}$$

$$\frac{9}{4} : \frac{5}{3} = \frac{27}{20}$$

$$\frac{5}{2} : \frac{15}{8} = \frac{4}{3}$$

mais égal, au comma près, au rapport $\frac{25}{24}$;

$$\frac{45}{32} = \left(\frac{4}{3} \times \frac{25}{24}\right) \frac{81}{80} = \frac{25}{18} \cdot \frac{81}{80}.$$

On a donc deux quartes :

$\frac{27}{20}$ ou $\frac{4}{3}$ s'appelle quarte juste,

$\frac{25}{18}$ ou $\frac{45}{32}$ quarte augmentée.

VALEURS DE LA QUINTE.

Observations.

$$\frac{3}{2} : 1 = \frac{3}{2}$$

$$\frac{5}{3} : \frac{9}{8} = \frac{40}{27}$$

$$\frac{15}{8} : \frac{5}{4} = \frac{3}{2}$$

$$2 : \frac{4}{3} = \frac{3}{2}$$

$$\frac{9}{4} : \frac{3}{2} = \frac{3}{2}$$

$$\frac{5}{2} : \frac{5}{3} = \frac{3}{2}$$

$$\frac{8}{3} : \frac{15}{8} = \frac{64}{45}$$

Trois valeurs différentes se réduisant à deux ;
car $\frac{3}{2} : \frac{40}{27} = \frac{81}{80}$;

mais $\frac{3}{2} = \frac{64}{45} \times \frac{25}{24}$, au comma près, $= \frac{36}{25} : \frac{81}{80}.$

$\frac{3}{2}$ ou $\frac{40}{27}$, quinte juste.

$\frac{64}{45}$ ou $\frac{36}{25}$, quinte diminuée.

Différent de la quinte juste du demi-ton mineur.

VALEURS DE LA SIXTE.

Observations.

$$\frac{5}{3} : 1 = \frac{5}{3}$$

$$\frac{15}{8} : \frac{9}{8} = \frac{5}{3}$$

$$2 : \frac{5}{4} = \frac{8}{5}$$

$$\frac{9}{4} : \frac{4}{3} = \frac{27}{16}$$

$$\frac{5}{2} : \frac{3}{2} = \frac{5}{3}$$

$$\frac{8}{3} : \frac{5}{3} = \frac{8}{5}$$

$$3 : \frac{15}{8} = \frac{8}{5}$$

Trois valeurs se réduisant à deux ; car $\frac{27}{16}$

$= \frac{5}{3} \cdot \frac{81}{80}$;

mais $\frac{5}{3} = \frac{8}{5} \times \frac{25}{24}.$

$\frac{5}{3}$ ou $\frac{27}{16}$ sixte majeure.

$\frac{8}{5}$ sixte mineure.

Observations.

$$\frac{15}{8} : 1 = \frac{15}{8}$$

$$2 : \frac{9}{8} = \frac{16}{9}$$

$$\frac{9}{4} : \frac{5}{4} = \frac{9}{5}$$

$$\frac{5}{2} : \frac{4}{3} = \frac{15}{8}$$

$$\frac{8}{3} : \frac{3}{2} = \frac{16}{9}$$

$$3 : \frac{5}{3} = \frac{9}{5}$$

$$\frac{10}{3} : \frac{15}{8} = \frac{16}{9}$$

Trois valeurs différentes se réduisant à deux :

car $\dfrac{9}{5} = \dfrac{16}{9} \cdot \dfrac{81}{80}$;

mais $\dfrac{15}{8} = \dfrac{9}{5} \times \dfrac{25}{24}$.

$\dfrac{15}{8}$ septième majeure.

$\dfrac{9}{5}$ ou $\dfrac{16}{9}$ septième mineure.

La quarte juste et la quinte juste sont des intervalles complémentaires : superposés, ils constituent l'octave $\dfrac{4}{3} \times \dfrac{3}{2} = 2$.

Dans les autres séries d'intervalles, chaque intervalle majeur ou augmenté, a pour complémentaire un intervalle mineur ou diminué. Ainsi la tierce majeure a pour complémentaire, ou *renversement*, la sixte mineure $\dfrac{5}{4} \times \dfrac{8}{5} = 2$. La quinte diminuée a pour complémentaire la quarte augmentée.

$$\frac{25}{18} \times \frac{36}{25} = 2.$$

Gamme mineure. — La gamme majeure se présente invariablement avec la même forme. Il n'en est pas de même pour la gamme mineure, dont le type est loin d'être fixé avec la même rigueur. Voici la forme la plus usitée. Nous représentons encore les degrés successifs par les rapports des nombres de vibrations au nombre de vibrations de la tonique pris pour unité.

Degrés.	1	$\frac{9}{8}$	$\frac{6}{5}$	$\frac{4}{3}$	$\frac{3}{2}$	$\frac{8}{5}$	$\frac{15}{8}$	2
Intervalles successifs.		$\frac{9}{8}$	$\frac{16}{15}$	$\frac{10}{9}$	$\frac{9}{8}$	$\frac{16}{15}$	$\frac{9}{8} \times \frac{25}{24}$	$\frac{16}{15}$

On voit quelle irrégularité présente cette gamme. Tandis que la gamme majeure n'offre que deux demi-tons, placés entre le 3ᵉ et le 4ᵉ degré et entre le 7ᵉ et le 8ᵉ, ici nous en trouvons trois : l'un placé entre le 2ᵉ et le 3ᵉ degré, de telle sorte que la 1ʳᵉ tierce soit mineure; les deux autres entre le 5ᵉ et le 6ᵉ, et entre le 7ᵉ et le 8ᵉ. Et enfin, pour surcroît d'irrégularité, l'intervalle du 6ᵉ au 7ᵉ degré est d'un ton et demi $\frac{9}{8} \times \frac{25}{24}$.

On la fait quelquefois, *en montant*, sous la forme :

$$1 \qquad \frac{9}{8} \qquad \frac{6}{5} \qquad \frac{4}{3} \qquad \frac{3}{2} \qquad \frac{5}{3} \qquad \frac{15}{8} \qquad 2.$$

Et quelquefois, *en descendant*, sous la forme :

$$2 \qquad \frac{9}{5} \qquad \frac{8}{5} \qquad \frac{3}{2} \qquad \frac{4}{3} \qquad \frac{6}{5} \qquad \frac{9}{8} \qquad 1.$$

Dièzes et bémols. — Pour le physicien, il n'y a de fixe que les intervalles; mais, pour les musiciens, il n'en est plus ainsi : les sons eux-mêmes sont fixes et portent des noms. On règle la valeur de toutes les notes en les comparant, par leurs intervalles, à une d'entre elles, fixée conventionnellement et qu'on appelle le *la* d'orchestre. — Par une convention récente, le *la* normal compte 435 vibrations doubles par seconde, ou 870 vibrations simples. Si l'on prend pour tonique d'une gamme majeure la note dont ce *la* est la sixte mineure, on a pour désigner les notes successives de cette gamme les noms :

do	ré	mi	fa	sol	la	si	do
261	$261.\frac{9}{8}$	$261.\frac{5}{4}$	$261.\frac{4}{3}$	$261.\frac{3}{2}$	$261.\frac{5}{3}$	$261.\frac{15}{8}$	261.2
261	294	326	348	391	435	489	522.

Si l'on double tous ces nombres, puis si on les multiplie par 4, par 8, par 16, etc., on aura une série de gammes majeures de plus en plus aiguës. — Si on les divise par 2, par 4, par 8, par 16, on aura une série de gammes de plus en plus graves. Le clavier du piano comprend généralement sept octaves, ayant pour toniques :

do_{-1}	do_1	do_2	do_3	do_4	do_5	do_6
32,8	65,75	130,5	261	522	1044	2088

L'orgue descend encore à des sons plus graves, car on y emploie en outre l'octave ayant pour tonique do$_{-2}$ = 16,4

$$\begin{array}{ccc} \text{do}_1 & \text{do}_{-1} & \text{do}_{-2} \\ 65,75 & 32,8 & 16,4. \end{array}$$

Si toutes les mélodies étaient écrites avec les seules notes que fournit cette gamme de *do*, il en résulterait une monotonie insupportable. — Il faut, pour jeter de la variété dans les chants, changer de tonique, soit en passant d'un chant à un autre, soit encore dans le cours d'une même mélodie; c'est ce qu'on appelle *moduler*. Mais nous allons facilement reconnaître que, si nous voulons prendre pour tonique d'une nouvelle gamme majeure la dominante de *do*, *sol*, les notes de la gamme de *do* ne pourront pas toutes nous servir, et qu'il faudra faire subir à l'une d'elles, le *fa*, qui va devenir la *sensible* de la nouvelle tonique, une modification pour la rapprocher de la tonique *sol*, dont elle se trouve trop éloignée.

Si nous négligeons la différence du comma entre le ton majeur et le ton mineur, nous voyons que la gamme majeure est constituée de la manière suivante :

Degrés.	1er	2^e	3^e	4°	5^e	6^e	7^e	8^e
	un ton	un ton	un demi-ton	un ton	un ton	un ton	un demi-ton.

Or, prenons l'octave à partir du *sol* :

Degrés.	sol	la	si	do	ré	mi	fa	sol
	$\frac{3}{2}$	$\frac{5}{3}$	$\frac{15}{8}$	2	$\frac{9}{4}$	$\frac{5}{2}$	$\frac{8}{3}$	3
Intervalles successifs.	$\frac{10}{9}$	$\frac{9}{8}$	$\frac{16}{15}$	$\frac{9}{8}$	$\frac{10}{9}$	$\frac{16}{15}$	$\frac{9}{8}$
	un ton	un ton	un demi-ton	un ton	un ton	un demi-ton	un ton.

Nous voyons que, jusqu'au 6e degré, les intervalles successifs sont exactement ce qu'ils doivent être; mais, pour les deux derniers intervalles, nous trouvons, au lieu d'un ton et un $\frac{1}{2}$ ton, ces mêmes intervalles dans l'ordre inverse. Le *fa* naturel est trop rapproché du *mi* et trop éloigné du *sol*.

Pour le rétablir à la distance convenable du *sol*, dont il doit être la sensible, il faut l'altérer. Nous substituons alors au *fa* naturel une nouvelle note que nous appelons *fa dièze* (*fa* ♯), et qui s'obtient en surélevant d'un demi-ton mineur le *fa* naturel :

$$\frac{8}{3} \times \frac{25}{24}.$$

Nous savons que l'intervalle d'un ton résulte de la superposition d'un demi-ton majeur et d'un demi-ton mineur, et nous avons effectivement :

$$\frac{8}{3} \times \frac{25}{24} \times \frac{16}{15} = 3 : \frac{81}{80}$$

ou 3, au comma près.

Ainsi le *fa* ♯ est bien à l'intervalle de demi-ton majeur de sa tonique.

L'intervalle du *fa* ♯ au *mi* se retrouve, en outre, rétabli égal à un ton :

$$\frac{8}{3} \times \frac{25}{24} : \frac{5}{2} = \frac{10}{9}.$$

Cette altération du *fa* replace donc le 7ᵉ degré à la distance convenable du 6ᵉ et du 8ᵉ.

La gamme de *sol* sera alors :

sol   la   si   do   ré   mi   fa♯   sol.

Si, de la gamme de *sol*, nous passons à celle qui aura pour tonique la dominante de *sol*, *ré*, toutes les notes de la gamme de *sol* pourront nous servir, sauf la sensible de *ré*, *do*, qu'il faudra diézer comme nous faisions tout à l'heure pour le *fa*, et la gamme de *ré* sera

ré   mi   fa♯   sol   la   si   do♯   ré ;

On trouvera de même, en passant chaque fois de la tonique à la dominante, les gammes suivantes :

la   si   do♯   ré   mi   fa♯   sol♯   la
mi   fa♯   sol♯   la   si   do♯   ré♯   mi,

et ainsi de suite.

Passons maintenant de la tonique *do* à sa quarte *fa*, et

voyons de la même façon à constituer une gamme majeure sur cette nouvelle tonique :

	fa	sol	la	si	do	ré	mi	fa
Degrés.	$\dfrac{4}{3}$	$\dfrac{3}{2}$	$\dfrac{5}{3}$	$\dfrac{15}{8}$	2	$\dfrac{9}{4}$	$\dfrac{5}{2}$	$\dfrac{8}{3}$
Intervalles successifs.	$\dfrac{9}{8}$	$\dfrac{10}{9}$	$\dfrac{9}{8}$	$\dfrac{16}{15}$	$\dfrac{9}{8}$	$\dfrac{10}{9}$	$\dfrac{16}{15}$

Ici la sensible est bien à la distance voulue de sa tonique, mais le premier demi-ton, au lieu d'être placé entre le 3ᵉ et le 4ᵉ degré, est placé entre le 4ᵉ et le 5ᵉ. Le 4ᵉ degré est donc à la fois trop rapproché du 5ᵉ et trop éloigné du 4ᵉ. A un défaut inverse nous remédierons par un moyen inverse également. Nous abaisserons le 4ᵉ degré d'un demi-ton mineur; nous substituerons au *si* naturel $\dfrac{15}{8}$ le *si* abaissé d'un demi-ton mineur $\dfrac{15}{8} \times \dfrac{24}{25}$, et nous donnerons le nom de *si bémol* (*si* ♭) à cette note altérée. Il est facile de voir que, grâce à cette altération, les intervalles sont rétablis tels qu'ils doivent être, au moins au comma près.

$$\frac{\text{do}}{\text{si}\,\flat} = 2 : \frac{15}{8} \times \frac{24}{25} = \frac{10}{9} \quad \text{ton.}$$

$$\frac{\text{si}\,\flat}{\text{la}} = \frac{15}{8} \times \frac{24}{25} : \frac{5}{3} = \frac{27}{25} = \frac{16}{15} \times \frac{81}{80}.$$

Si nous passons du *fa* à sa quarte *si* ♭, nous verrons que toutes les notes de la gamme de *fa* peuvent être conservées, sauf la quarte de *si* ♭, le *mi*, qui devra être aussi abaissé d'un demi-ton mineur, et nous formerons de la sorte les gamme suivantes :

fa	sol	la	si♭	do	ré	mi	fa
si♭	do	ré	mi♭	fa	sol	la	si♭,

et ainsi des autres.

Le dièze sert donc à rétablir la relation ascendante, par demi-ton majeur, de la sensible à la tonique; le bémol, à rétablir la relation descendante, par demi-ton majeur, du 4ᵉ degré au 3ᵉ.

Enharmoniques. — Examinons maintenant les relations de position du dièze et du bémol dans l'intervalle d'un ton.

Ces relations de position sont indiquées immédiatement par les rapports qui donnent les intervalles :

$$\begin{array}{ccccc} \text{do} & \text{do}\sharp & & \text{ré}\flat & \text{ré} \\[4pt] 1 & \dfrac{25}{24} & \dfrac{9}{8}\times & \dfrac{24}{25} & \dfrac{9}{8}. \end{array}$$

L'intervalle du *do*♯ au *ré* est un demi-ton majeur, au comma près, $\dfrac{16}{15}\times\dfrac{81}{80}$. L'intervalle de *ré*♭ au *ré* n'est qu'un demi-ton mineur $\dfrac{25}{24}$: nous avons d'ailleurs vu que la différence du demi-ton majeur au demi-ton mineur est plus grande que le comma; il est évident, d'après cela, que le *ré*♭ est sensiblement au-dessus du *do*♯ [*].

Mais si on élève le *do*♯ d'un comma, en même temps qu'on abaisse le *ré*♭ d'un comma également, on obtient deux sons entre lesquels le rapport est notablement plus petit que le comma, et que l'on peut considérer comme n'en faisant qu'un seul, qui jouera à la fois le rôle de *do*♯ ou de *ré*♭. C'est ce que l'on fait pour les instruments à touches fixes, comme le piano, où l'on annule l'intervalle *enharmonique do*♯ — *ré*♭, en confondant ces deux sons en un seul.

On réduit ainsi les 22 sons d'une gamme enharmonique complète :

do — do♯ — ré♭ — ré — ré♯ — mi♭ — mi — mi♯ — fa♭ — fa — fa♯ — sol♭ — sol — sol♯ — la♭ — la — la♯ — si♭ — si — si♯ — do♭ — do,

à 13, formant une gamme *chromatique* :

$$\text{do} - \left\{\begin{array}{c}\text{do}\sharp\\ \text{ré}\flat\end{array}\right\} - \text{ré} - \left\{\begin{array}{c}\text{ré}\sharp\\ \text{mi}\flat\end{array}\right\} - \left\{\begin{array}{c}\text{mi}\\ \text{fa}\flat\end{array}\right\} - \left\{\begin{array}{c}\text{mi}\sharp\\ \text{fa}\end{array}\right\} - \left\{\begin{array}{c}\text{la}\sharp\\ \text{sol}\flat\end{array}\right\} - \text{sol}$$

$$- \left\{\begin{array}{c}\text{sol}\sharp\\ \text{la}\flat\end{array}\right\} - \text{la} - \left\{\begin{array}{c}\text{la}\sharp\\ \text{si}\flat\end{array}\right\} - \left\{\begin{array}{c}\text{si}\\ \text{do}\flat\end{array}\right\} - \left\{\begin{array}{c}\text{si}\sharp\\ \text{do}\end{array}\right\}. [*]$$

[*] Dans la pratique musicale il en est autrement. Le *ré*♭, quarte de la tonique *la*♭, tend à descendre sur le *do*; au contraire le *do*♯, sensible de *ré*, tend à monter à sa tonique : aussi dans l'exécution les instruments à sons libres, violon, violoncelle, etc., font-ils le *do*♯ plus élevé que le *ré*♭.

2. On voit tout de suite quelles difficultés doit présenter l'accord d'un piano. On se trouve obligé, si l'on veut garder aux notes naturelles leur exacte tonalité, à altérer les quintes; ou, si l'on conserve aux quintes successives

Accord parfait. — La consonnance la plus parfaite, celle qui satisfait le mieux l'oreille, après l'unisson et l'octave, est à coup sûr la quinte; elle donne la sensation d'un repos achevé, complet, si bien que l'oreille ne supporte point le passage immédiat d'un accord de quinte à un autre accord de quinte.

Ainsi, après l'unisson

$$\frac{1}{1}$$

et l'octave

$$\frac{2}{1}$$

vient la quinte

$$\frac{3}{2}.$$

La tierce, majeure ou mineure, intercalée entre la tonique et sa quinte, complète l'accord et le rend encore plus harmonieux.

L'accord parfait majeur se trouve ainsi constitué :

$$1 \quad . \quad \frac{5}{4} \quad . \quad \frac{3}{2},$$

ou, pour avoir les mêmes rapports en nombres entiers :

$$4 \quad . \quad 5 \quad . \quad 6.$$

L'accord parfait mineur sera formé des intervalles

$$1 \quad \frac{6}{5} \quad \frac{3}{2},$$

ou $\qquad 10 \quad 12 \quad 15,$

relation déjà moins simple que la précédente. Si nous

leur valeur exacte, on est forcé d'arriver à des altérations, inacceptables pour l'oreille, des notes élevées qui devraient garder leur tonalité. Les relations d'octaves sont en lutte avec les relations de quintes. On échappe à cette difficulté en distribuant cette altération sur tous les intervalles, et en faisant égaux les 13 intervalles successifs de la gamme chromatique, dont les degrés deviennent alors les puissances successives de $\sqrt[12]{2}$, depuis la puissance 0 jusqu'à la puissance 12, on obtient ainsi ce que l'on appelle la gamme *tempérée*.

prenons les notes de la gamme majeure distribuées par groupes

$$\begin{array}{l} \text{do} - \text{mi} - \text{sol} \\ \quad - \text{sol} - \text{si} - \text{ré} \\ \text{fa} - \text{la} - \text{do.} \end{array}$$

On voit qu'elles constituent trois groupes d'accords parfaits

$$1 - \frac{5}{4} - \frac{3}{2}$$
$$- \frac{3}{2} - \frac{3}{2} \times \frac{5}{4} - \left(\frac{3}{2}\right)^{2}$$
$$\frac{4}{3} - \frac{4}{3} \times \frac{5}{4} - \frac{4}{3} \times \frac{3}{2} -$$

On peut donc considérer la gamme majeure, telle qu'elle est constituée, comme ayant pour bases les éléments de l'accord parfait.

Nous ne saurions nous étendre davantage sur ces questions sans sortir par trop du domaine de la physique, et empiéter sur celui de la théorie musicale.

Nous allons actuellement nous occuper, dans les chapitres suivants, des lois expérimentales des vibrations des corps élastiques, mises en évidence par l'étude des sons qu'ils produisent.

CHAPITRE XL.

LOIS DES VIBRATIONS DES CORDES, DES VERGES ET DES PLAQUES.

Une corde tendue peut vibrer de deux façons, transversalement ou longitudinalement. Le premier mode de vibration, le seul dont on fasse usage, est celui qu'on détermine quand on écarte la corde de la ligne droite en la pinçant ou en la frappant, ou qu'on la frotte avec un archet dans un sens perpendiculaire à sa longueur. C'est de cette façon que vibrent les cordes de la harpe, du piano, du violon, du violoncelle, de la contre-basse.

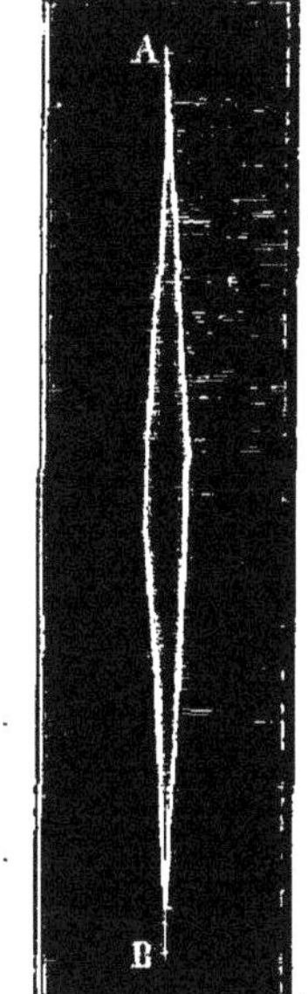

Fig. 398.

Pour faire vibrer la corde longitudinalement, il faut la frotter avec les doigts enduits de colophane, dans le sens de la longueur, ou encore glisser l'archet en appuyant très-légèrement, toujours dans le sens de la longueur.

Les lois de ces deux modes de vibration sont très-différentes.

Vibrations transversales. — Une corde fixée et tendue par ses deux bouts peut vibrer de telle sorte que tous ses points, sauf les extrémités fixées, soient en mouvement (fig. 398), se portant tous en même temps dans un certain sens pour accomplir une vibration simple, puis tous en même temps dans le sens inverse pour accomplir une seconde vibration simple, et recommençant ensuite ce même double mouvement jusqu'à l'extinction du mouvement vibratoire. La corde donne alors le son le plus grave qu'elle puisse donner dans les conditions de tension où elle se trouve; c'est le *son fondamental* de la corde.

Mais elle peut encore présenter d'autres modes de vibration. Qu'on touche très-légèrement avec le doigt (fig. 399) le

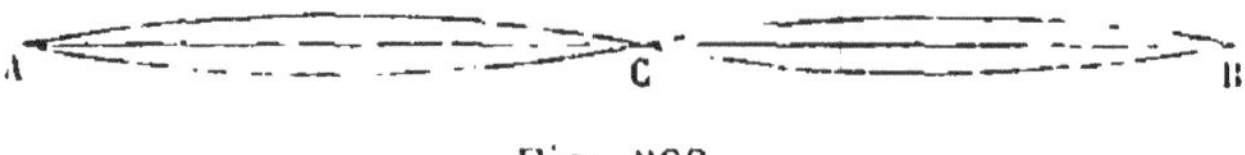

Fig. 399.

point milieu *c* de la corde, en attaquant avec l'archet l'une des deux moitiés. Alors on obtient un son à l'octave aigu du précédent, et qui se maintient même alors qu'on enlève le doigt. Le point milieu demeure immobile, comme on peut s'en assurer en plaçant un petit chevron de papier sur ce point; il y reste parfaitement tranquille; mais pour peu qu'il soit déplacé de ce point, il est bien vite jeté à bas de la corde. La corde se trouve ainsi partagée en deux parties d'égale longueur, vibrant simultanément, mais en sens inverse l'une de l'autre, qu'on appelle des *concamérations*. Le point de partage s'appelle un *nœud*. On prouve facilement que les deux concamérations vibrent en sens inverse l'une de l'autre. Car

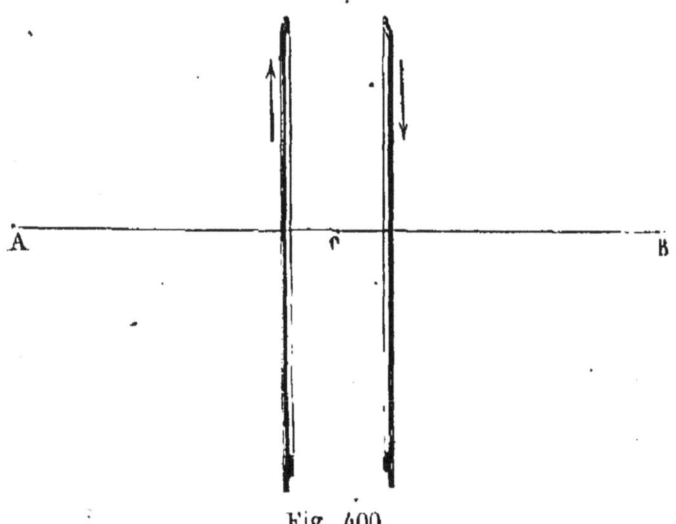

Fig. 400.

on peut donner à la corde ce mode de division, sans la toucher au milieu, en l'ébranlant avec deux archets (fig. 400) placés de part et d'autre du point milieu, et frottant en sens inverse l'un de l'autre. Au contraire, si les deux archets frottent dans le même sens, on n'obtient aucun son, ou bien l'on n'obtient que le son fondamental.

On peut aussi déterminer, par une position convenable des doigts, la formation de trois, quatre, cinq.... concamérations (fig. 401). On obtient ainsi des sons de plus en plus aigus qu'on appelle les *harmoniques* de la corde. La série des sons fournis

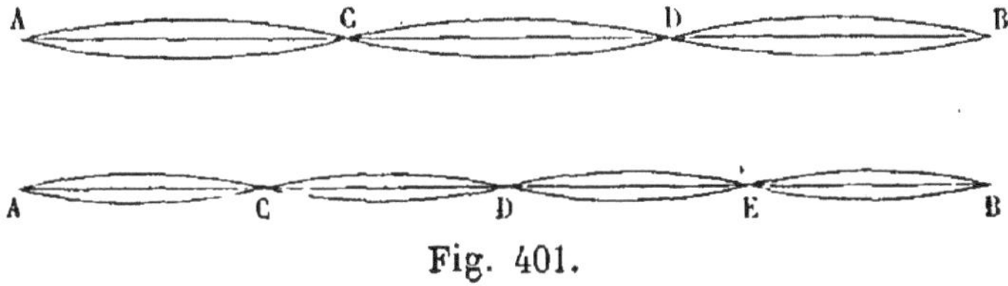

Fig. 401.

par la corde comprend le son fondamental et un nombre in-défini d'harmoniques. La position des nœuds se reconnaîtra en plaçant de petit chevrons de papier aux points de division aliquotes de la corde. On peut encore faire l'expérience avec une longue corde filée argentée, vibrant sur une table noire. La corde paraît alors formée d'une série de fuseaux égaux, placés bout à bout. Leurs points de raccord sont les nœuds de vibration.

Étudions d'abord les lois relatives au mode de vibration qui donne le son fondamental.

Lois des vibrations transversales. — Le nombre de vibrations exécutées dans l'unité de temps par une corde métallique homogène tendue, qui donne le son fondamental, dépend de sa longueur (c'est-à-dire de la distance qui sépare ses extrémités fixes), de son diamètre, de la force qui la tend, et qui peut être évaluée en kilogrammes; enfin de la densité de la substance de la corde.

Il est *en raison inverse de la longueur et du rayon, proportionnel à la racine carrée du poids tenseur, et en raison inverse de la racine carrée de la densité de la substance.*

Toutes ces lois sont comprises dans la formule suivante, à laquelle on est conduit par le calcul, en appliquant les lois de l'élasticité :

$$n = \frac{1}{2rl} \sqrt{\frac{g\,\mathrm{P}}{\pi d}},$$

n représente le nombre de vibrations doubles exécuté par la corde dans une seconde, r et l sont le rayon et la longueur de la corde, P le poids tenseur, d le *poids spécifique* de la matière de la corde, g la vitesse acquise donnée à un corps par la pesanteur à la fin de la première seconde de chute $9^m,80896$, et enfin π le rapport constant de la circonférence au diamètre. Les unités employées doivent être mises en relation les unes avec les autres; si l'on adopte le centimètre pour unité linéaire, il faut prendre le gramme pour unité de poids.

Ainsi une corde de cuivre de $1^m,15$ de longueur, de $1^{mm},5$ de diamètre, tendue par un poids de 20 kilogrammes, donnera le son correspondant au nombre de vibrations doubles

$$n = \frac{1}{2\cdot0.15\cdot115} \sqrt{\frac{980,896\cdot20000}{3,1416\cdot8,8}}.$$

Pour vérifier ces lois par l'expérience, voici comment l'on procède :

1° On prend le sonomètre que nous avons déjà décrit (fig. 397), et dont les deux cordes sont tendues à l'unisson. Puis on place le chevalet mobile sous l'une des deux cordes, de manière à réduire la longueur vibrante à moitié; si alors on fait vibrer la corde, on obtient l'octave aigu du son donné par la seconde corde qui vibre dans toute sa longueur. En réduisant la corde au tiers de sa longueur, on obtient l'octave de la quinte $\frac{3}{2}\times2$ ou 3. Ainsi avec les longueurs $1-\frac{1}{2}-\frac{1}{3}$, on obtient les nombres de vibrations, 1, 2, 3. La loi des longueurs est donc bien vérifiée.

On peut déplacer le chevalet de manière à réduire successivement la longueur vibrante de la corde aux $\frac{8}{9}$, aux $\frac{4}{5}$, aux $\frac{3}{4}$, aux $\frac{2}{3}$, aux $\frac{3}{5}$, aux $\frac{8}{15}$, et enfin à la $\frac{1}{2}$ de sa longueur totale, et l'on obtient les sons successifs de la gamme majeure, ayant pour tonique le son fondamental de la corde :

$$1 \quad \frac{9}{8} \quad \frac{5}{4} \quad \frac{4}{3} \quad \frac{3}{2} \quad \frac{5}{3} \quad \frac{15}{8} \quad 2.$$

2° Pour vérifier la loi des diamètres, nous prendrons deux cordes de laiton filé, dont l'une ait un diamètre double de l'autre. On fixe la plus grosse des deux cordes à une goupille p plantée entre celles qui portent les cordes du sonomètre, puis on la fait passer sur les deux chevalets et sur une petite poulie montée à l'autre extrémité de la table. A son extrémité libre, on suspend un plateau que l'on charge de poids, jusqu'à ce que la corde soit assez tendue pour donner un son plus aigu que celles que donnent les cordes du sonomètre, vibrant dans toute leur longueur. On place alors sous l'une d'elles le chevalet mobile dans une position telle que la partie vibrante donne l'unisson du son de la corde en expérience, et l'on note la longueur. Cela fait, on remplace la corde par celle qui a le diamètre moitié moindre ; on la dispose de la même façon, on y adapte le même poids tenseur, et l'on constate que le son actuel est à l'octave aigu du précédent, car il faut réduire la longueur vibrante de la corde du sonomètre à la moitié de sa valeur précédente pour obtenir l'unisson du son actuel. Le nombre de vibrations est donc double, quand, toutes les autres circonstances restant les mêmes, le diamètre est réduit à moitié.

3° Pour la loi des tensions, on prendra un fil de fer qu'on tendra jusqu'à ce qu'on obtienne un son un peu plus élevé que celui que donnent les cordes du sonomètre vibrant dans toute leur longueur. A l'aide du chevalet mobile, on cherchera l'unisson sur l'une des deux cordes. Puis on rendra la charge quatre fois plus grande, et l'on constatera que le son passe à l'octave aigu, car il faudra réduire à moitié la longueur de la partie vibrante de la corde pour obtenir l'unisson du dernier son. Ainsi pour une charge quadruple, le nombre de vibrations est double. Pour une charge neuf fois plus grande, on obtiendrait l'octave de la quinte, c'est-à-dire un nombre de vibrations triple, et il faudrait réduire au tiers la longueur de la partie vibrante de la corde du sonomètre pour trouver l'unisson.

4° Enfin pour la loi des densités, nous prendrons deux fils de même diamètre, l'un de platine (densité 21), l'autre d'acier (densité 7,5); nous mettrons d'abord en place le fil de platine, et nous augmenterons la charge de manière qu'il donne un son plus aigu que celui que donnent les cordes du sonomètre.

A l'aide du chevalet mobile, nous chercherons l'unisson sur l'une des deux cordes. Nous substituerons alors le fil d'acier au fil de platine en lui donnant la même charge, et nous chercherons de même, avec le chevalet, l'unisson du son actuel. En appelant l et l' les deux longueurs de corde qu donnent l'unisson des sons fournis par le fil de platine et par le fil d'acier, nous trouverons que l'on a

$$\frac{l}{l'} = \sqrt{\frac{d}{d'}} = 1,673 \text{ (sixte mineure)};$$

mais on a d'autre part

$$\frac{l}{l'} = \frac{n'}{n},$$

donc

$$\frac{n'}{n} = \sqrt{\frac{d}{d'}}.$$

Ce qui vérifie la loi.

Pour assurer pendant la durée de ces expériences une tension bien constante aux cordes du sonomètre, on les serre sur les deux chevalets au moyen de petites plaques de plomb serrées par des vis.

L'application de ces diverses lois se présente à chaque instant dans la construction et l'emploi des instruments à cordes.

Ainsi dans le violon, dans la basse, la contre-basse, les quatre cordes ont la même longueur. Mais leur diamètre va en décroissant à partir de la corde qui donne, à vide, le son le plus grave. On règle leurs tensions, de telle sorte que le son donné à vide aille en montant par quinte de la plus grosse à la plus petite. En posant ensuite les doigts de la main gauche sur le manche de l'instrument, on raccourcit la longueur de la partie vibrante de chaque corde, de manière à ajouter aux quatre sons produits à vide tous ceux qu'on peut obtenir de chaque corde en appliquant la loi des longueurs.

Dans le piano, la harpe, les cordes sont d'autant plus longues et plus grosses, qu'elles ont à produire un son plus grave. On emploie même dans les pianos droits, pour l'octave la plus grave, des cordes de platine pour éviter d'avoir à don-

ner à ces dernières cordes une trop grande longueur ou un
diamètre qui les ferait trop rigides.

Loi des harmoniques dans la vibration transversale.
—Les sons harmoniques qu'on peut tirer d'une corde sont liés
entre eux par une relation des plus simples. On pourra obtenir, comme nous l'avons déjà dit, la séparation de la corde en
2, 3, 4.... n parties vibrantes égales, ce qui suppose 1, 2, 3....
$n-1$, nœuds intermédiaires. Or il résulte immédiatement de
la loi des longueurs qu'en prenant pour unité le nombre de
vibrations donné par la corde vibrant dans toute sa longueur,
les nombres de vibrations des harmoniques successifs seront
2, 3, 4, 5.... n, c'est-à-dire la série des nombres entiers.
Définis musicalement, ces sons seront l'octave du son fondamental (2), l'octave de la quinte (3), la double octave de la
tonique fondamentale (4), la double octave de la tierce (5),
la double octave de la quinte (6), la double octave de la sixte
augmentée, à moins d'un comma, $(\frac{5}{3}.4.\frac{25}{24}).\frac{126}{125}=7)$, la triple
octave de la tonique (8), de la seconde (9),
de la tierce (10), etc.

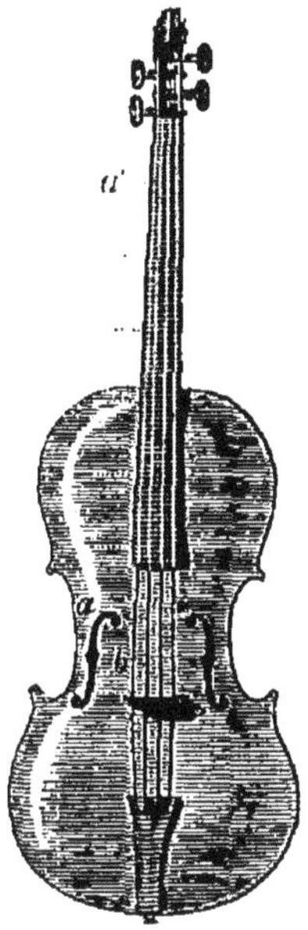

Les exécutants tirent parti de ces sons
harmoniques pour exécuter sur les instruments à cordes des chants dans les registres
élevés. Ils n'obtiendraient ces sons aigus
qu'en plaçant le doigt très-près du chevalet ;
les sons obtenus ainsi n'auraient qu'une
faible intensité à cause du peu d'amplitude
de la vibration ; ils auraient en outre un timbre d'une aigreur insupportable. Ainsi, la
chanterelle du violon donnant le mi_4, pour
avoir le mi_7 il faudrait placer le doigt au 8e
de la corde (fig. 402) en a, en faisant agir
l'archet entre a et le chevalet, en b, position
désavantageuse pour l'archet : le violoniste
préférera effleurer légèrement du doigt la
corde au premier 8e, en a', et faire agir l'ar-

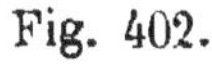

Fig. 402.

chet un peu au-dessus de a ; les 8 divisions de la corde vibrant
en même temps, donnent toutes le son mi_7, avec un timbre
argentin tout particulier aux sons harmoniques.

Non-seulement ces sons harmoniques peuvent être obtenus *successivement*, en provoquant un mode de division convenable de la corde; mais on observe, quand on fait vibrer la corde de manière à ce qu'elle donne le son fondamental, qu'elle fait entendre en même temps un certain nombre de ses premiers harmoniques. Ils sont surtout très-sensibles quand le son fondamental de la corde est un peu grave. Ainsi en frappant l'une des touches des octaves graves d'un piano, le do_1 par exemple, on entendra, pour peu que l'on ait l'oreille exercée, le do_2, le sol_2, le do_3, le mi_3, et même le sol_3.

On s'explique facilement que la corde puisse avoir le mouvement qui donne le son fondamental, et en même temps prendre le mode de division relatif à un quelconque de ses harmoniques; les figures 403 (1.2.3.4) donneront une idée

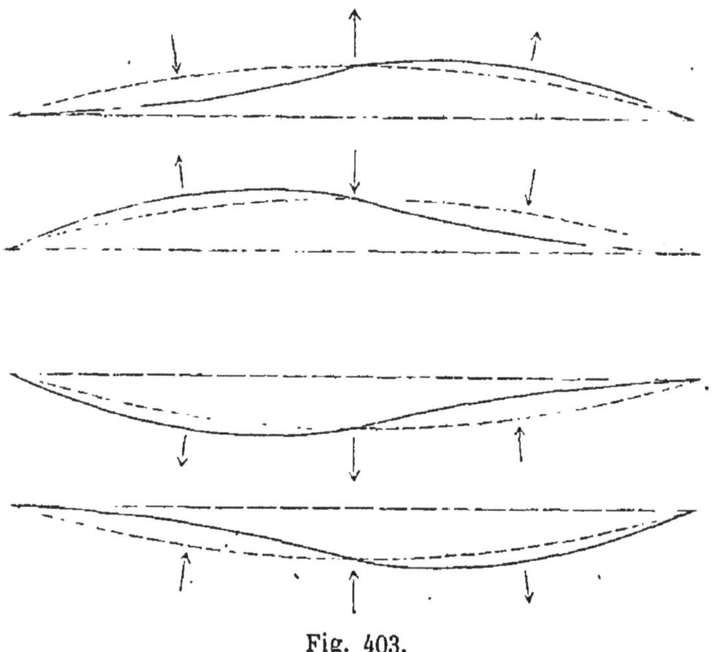

Fig. 403.

de la coexistence des deux mouvements vibratoires qui donnent les sons 1 et 2.

Vibrations longitudinales des cordes. — Nous avons déjà dit comment il fallait ébranler les cordes pour produire la vibration longitudinale.

Ici, les tranches de la corde, au lieu de se déplacer perpendiculairement à l'axe, glissant pour ainsi dire l'une sur l'autre, comme cela avait lieu dans la vibration transversale, vont se porter toutes de A vers B, puis revenir de B vers A (fig. 404), pour se déplacer de nouveau dans le sens AB, et

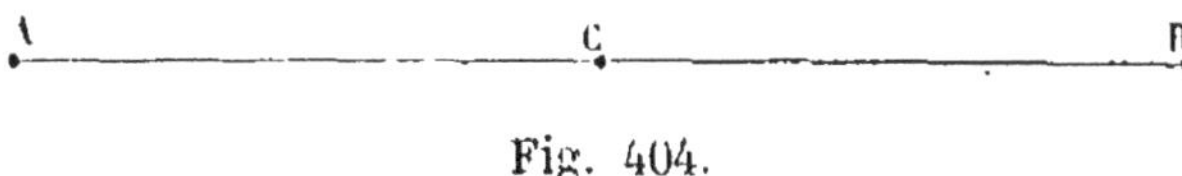

Fig. 404.

ainsi de suite. L'écart maximum aura lieu pour la couche moyenne C ; l'amplitude du déplacement, soit dans un sens, soit dans l'autre, ira en diminuant de C vers A et vers B. — Il est évident que, pour les points A et B même, le déplacement est nul. Ce sont des *nœuds*; C représente un *ventre* de vibration. Il est évident aussi que, dans le mouvement de transport de A vers B, les couches comprises entre C et B sont comprimées, les couches entre C et A dilatées, au contraire. — Ce sera l'inverse dans le mouvement de B vers A ; C sera une position limite où la variation de densité sera nulle.

Le mode de vibration que nous venons de décrire est celui qui donne le son fondamental *longitudinal* de la corde; mais la corde peut aussi se subdiviser en parties vibrantes, d'égale longueur, séparées par des nœuds, chaque nœud séparant deux parties vibrant en sens inverse (fig. 405). Ainsi, pendant

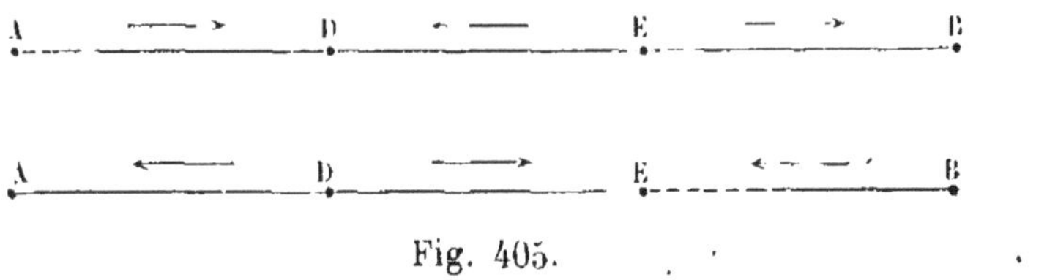

Fig. 405.

la durée d'une vibration simple, D sera le point de concours vers lequel se porteront les tranches de AD et de DE; pendant la durée de la vibration simple suivante, D sera, au contraire, le point dont ces tranches s'éloigneront. Si l'on compare deux nœuds voisins D, E, pendant que D sera point de concours, E sera point de départ, et *vice versa*. Tous ces résultats sont indiqués par le calcul et se vérifient par l'expérience, comme nous le verrons tout à l'heure.

Loi des vibrations longitudinales. — Dans le cas où la corde donne en vibrant longitudinalement le son fondamental, le nombre de vibrations est indépendant du diamètre du fil, et de la force qui le tend ; il est en raison inverse de la longueur et de la racine carrée de la densité, et proportionnel à la racine carrée d'un coefficient numérique spécial qui donne la mesure de l'élasticité de traction ou de compressibilité du métal :

$$n_1 = \frac{1}{2l}\sqrt{\frac{g\mathrm{Q}}{d}}.$$

Si on appelle l la longueur d'un fil métallique, s sa section, P le poids qui le tend, l'allongement λ, qu'il prend sous la charge P, est proportionnel à la longueur du fil, à la charge P, en raison inverse de la section et du coefficient numérique Q, spécial à la substance, et que l'on appelle son *coefficient d'élasticité.*

$$\lambda = \frac{l\mathrm{P}}{\mathrm{Q}s},$$

$$\mathrm{Q} = \frac{\mathrm{P}l}{s\lambda}.$$

Introduisant cette valeur dans l'équation précédente :

$$n_1 = \frac{1}{2l}\sqrt{\frac{g}{d}\cdot\frac{\mathrm{P}l}{s\lambda}},$$

et comme $s = \pi r^2$, r étant le rayon du fil,

$$n_1 = \frac{1}{2rl}\sqrt{\frac{g\mathrm{P}}{\pi d}\cdot\frac{l}{\lambda}}.$$

or $\dfrac{1}{2rl}\sqrt{\dfrac{g\mathrm{P}}{\pi d}}$ est le nombre de vibrations transversales que donnerait la corde, prise exactement dans les mêmes conditions.

On a donc

$$\frac{n_1}{n} = \sqrt{\frac{l}{\lambda}}.$$

λ, étant toujours une très-petite fraction de l, n_1 est toujours très-grand par rapport à n ; les sons de la vibration longitudinale sont toujours très-aigus relativement à ceux de la vibration transversale.

La vérification expérimentale des lois des vibrations longitudinales peut se faire avec le sonomètre, en suivant la même marche que pour les vibrations transversales.

A cause de l'acuité de ces sons, on prend un sonomètre spécial dont les cordes ont trois ou quatre mètres de longueur.

Loi des harmoniques. — La loi des harmoniques longitudinales est la même que pour les vibrations transversales. — Ainsi on peut, en pinçant d'une manière passagère la corde successivement à la moitié, au tiers, au quart, au cinquième de sa longueur, provoquer sa division en 2, 3, 4, 5..... n parties vibrantes égales, séparées par 1, 2, 3..... $n-1$ nœuds intermédiaires; et, comme les nombres de vibrations sont en raison inverse des longueurs, il s'ensuit que, en prenant le nombre de vibrations du son fondamental pour unité, on obtiendra pour les harmoniques successives les sons

$$2.3.4.5.6...... \quad n$$

que nous avons déjà définis musicalement.

Vibrations des tiges et des verges. — Une corde ne peut être mise en vibration qu'à la condition d'être rendue rigide par une tension convenable, au moins quand il s'agit de la vibration transversale; mais une tige [*] est rigide par elle-même. Il suffira de la fixer par un de ses points. Elle peut d'ailleurs vibrer transversalement ou longitudinalement, avoir tous ses points en mouvement, sauf le point fixé au support, donnant ainsi le son fondamental, ou se diviser en un certain nombre de parties vibrantes séparées par des nœuds immobiles, de manière à donner des sons harmoniques.

---

[*] Il est à peine nécessaire de dire que l'on doit entendre par les mots *tige* ou *verge*, un corps de forme cylindrique ou prismatique, dans lequel la dimension suivant l'axe est de beaucoup plus grande que les deux autres dimensions : c'est celle qu'on appelle *longueur* de la tige. Une *plaque* sera au contraire un cylindre ou un prisme dont la hauteur sera très-petite relativement aux deux dimensions de la base. — Cette hauteur s'appellera alors l'*épaisseur* de la plaque.

Loi des vibrations transversales. — Dans le cas où la tige donne le son fondamental, qu'elle soit fixée par une seule de ses extrémités dans un étau massif, ou fixée par ses deux bouts, les lois restent les mêmes, pourvu que l'on compare des tiges fixées de la même façon. Les nombres de vibrations donnant le son fondamental sont en raison inverse des carrés des longueurs, proportionnels aux épaisseurs, c'est-à-dire à la dimension parallèle au sens même du déplacement, mais indépendant de la largeur..

$$n = A\,\frac{e}{l^2}.$$

Le coefficient numérique A variera d'une substance à une autre, et, pour une même tige, il variera suivant qu'elle sera fixée par un bout ou par les deux, ou par le milieu, etc.; mais il restera le même tant qu'il s'agira de tiges de même nature, fixées de la même façon, et différant seulement par leurs dimensions.

Quant aux harmoniques, les séries changent avec la manière dont la tige est fixée, suivant qu'elle sera encastrée, simplement appuyée ou libre à ses deux bouts, ou qu'elle aura une extrémité encastrée et l'autre simplement appuyée ou libre.

Dans les cas où la tige est fixée par ses deux bouts, libre à ses deux bouts, ou fixée à un bout et libre à l'autre, les nombres de vibrations des sons harmoniques, y compris le son fondamental, croissent comme les *carrés* des nombres impairs successifs

$$1 - (3)^2 - (5)^2 - (7)^2 - (9)^2 \ldots \ldots \quad (2n-1)^2.$$

Quand les deux bouts sont simplement appuyés, les nombres de vibrations croissent comme les *carrés* des nombres entiers successifs

$$1 - (2)^2 - (3)^2 - (4)^2 - (5)^2 - (6)^2 \ldots \ldots \quad n^2.$$

Vibrations longitudinales des tiges. — Pour faire vibrer les tiges longitudinalement, on les fixe, dans un étau, par une de leurs extrémités, ou par leur milieu, ou par leurs deux extrémités, et on les frotte, dans le sens de la longueur, entre le pouce et l'index chargés de colophane en poudre; avec des baguettes de verre, il vaut mieux prendre un petit morceau de drap imbibé d'eau acidulée.

Les lois sont les mêmes que pour les vibrations longitudinales des cordes, à la condition de comparer des verges fixées de la même façon. Le nombre de vibrations relatif au son fondamental est en raison inverse de la longueur et de la racine carrée de la densité, proportionnel à la racine carrée du coefficient d'élasticité propre à la substance dont est formée la tige.

Quant aux harmoniques, dans le cas où la verge est fixée par une de ses extrémités ou par son milieu, les nombres de vibrations suivent la série des nombres impairs $1 - 3 - 5 - 7 \ldots\, 2n - 1$; quand la tige est fixée à ses deux bouts, elle est dans le même cas qu'une corde tendue, et la série des harmoniques est celle des nombres entiers consécutifs $1 - 2 - 3 - 4 - 5 \ldots n$.

Comme application des lois des vibrations transversales, nous citerons le triangle d'acier dont on fait usage dans les musiques militaires, et le diapason, qui sert à fournir un son fixe pour l'accord des instruments d'un orchestre : il donne le la_3 (435 vibrations doubles par seconde). Nous ferons remarquer que les lois que nous avons données s'appliquent aux tiges courbes tout aussi bien qu'aux verges droites. On fait vibrer le diapason en faisant passer de force entre ses deux branches une tige d'un diamètre un peu plus grand que la distance des extrémités, ou encore en frottant avec un archet de basse l'une des branches dans le voisinage de l'extrémité libre.

Pour renforcer le son du diapason, on le monte quelquefois (fig. 406) sur une caisse prismatique en sapin, de dimensions convenables, et dont une des petites bases est enlevée ; on verra plus tard, dans la théorie des tuyaux, les motifs de cet arrangement.

En appliquant à la propagation et à la réflexion du mouvement vibratoire dans un cylindre solide ce que nous avons dit pour l'air, on arriverait exactement aux lois que nous venons d'énoncer, et à cette conséquence que la vitesse de propagation dans la substance qui forme ce cylindre est égale au produit du nombre de vibrations doubles par la longueur de l'onde, longueur double de la distance de deux nœuds. — On n'aura donc, pour trouver la vitesse de propagation dans le laiton, qu'à faire vibrer longitudinalement une verge de ce métal, à déterminer avec la syrène ou le sonomètre le nombre de vibrations du son qu'elle rend, n; en second lieu, à mesurer la distance de deux nœuds, $\frac{\lambda}{2}$ et l'on aura $V = n\lambda$. C'est ainsi

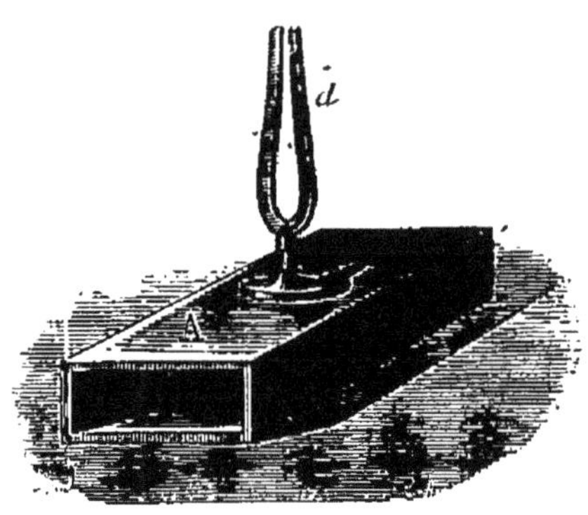

Fig. 406.

qu'ont été déterminés les nombres donnés au chapitre XXXVIII.

Vibrations des plaques. — Prenons une plaque métallique, circulaire ou carrée, percée d'un trou en son centre, et fixons-la solidement sur un pied massif à l'aide d'une vis, dont le filet s'engagera dans un écrou monté au haut du pied, et dont la tête pressera la plaque; posons le tout sur une table, munie de vis calantes, qui nous permettent de rendre parfaitement horizontal le plan de la plaque. Il suffira maintenant, pour mettre cette plaque en vibration, de l'ébranler avec un archet de basse, agissant sur un point de son bord, à peu près perpendiculairement au plan de la plaque.

Si l'on projette, sur la surface, du sable fin et sec, ou de la poudre de chasse, on voit les grains sauter sur la plaque et venir se ramasser sur certaines lignes fixes formant un dessin régulier; ce sont les *lignes nodales*, c'est-à-dire les lieux des points immobiles. Elles séparent des portions de surface, des concamérations, qui vibrent en sens inverse l'une de l'autre. Si, par exemple, on a obtenu sur une plaque la figure 407, il sera facile de la reproduire en frottant avec deux archets marchant en sens contraire l'un de l'autre, l'un à droite du nœud a, l'autre à gauche; il sera, au contraire, absolument impossible de l'obtenir en frottant aux mêmes points, mais avec les deux archets agissant dans le même sens.

On peut obtenir d'une plaque une infinité de figures nodales différentes. En fixant, avec les doigts de la main gauche, un, deux, trois points quelconques sur les bords ou sur la surface, on déterminera par là la formation de lignes nodales passant par ces points, ainsi rendus immobiles ; il est même à peu près impossible d'obtenir des figures si l'on ne fixe pas ainsi quelques points de la plaque. En variant la position de ces points et le point d'attaque de l'archet, on changera à volonté le nombre et la disposition des lignes nodales. Il est facile de comprendre que plus ces lignes sont nombreuses, plus les aires des concamérations sont petites et, par suite, le son produit plus aigu.

Une même figure nodale correspond toujours, pour une plaque donnée, au même son ; mais la réciproque n'est pas vraie : un même son peut être donné par des figures nodales différentes.

Des plaques de même forme donnent les mêmes séries de figures, et les sons qui y correspondent sont liés entre eux par les mêmes relations d'intervalles. Ainsi toutes les plaques carrées donneront les deux figures 407 et 408, et, pour

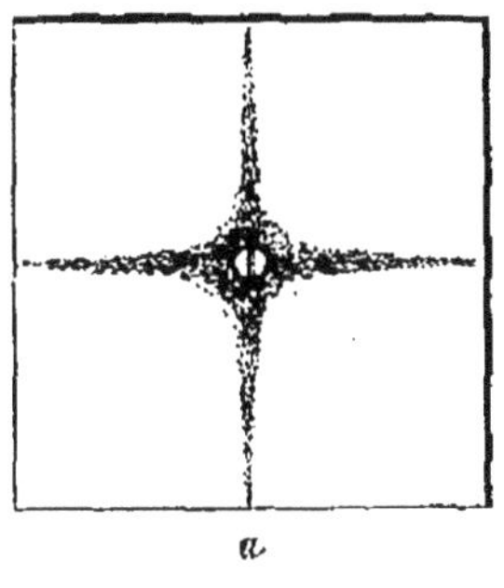
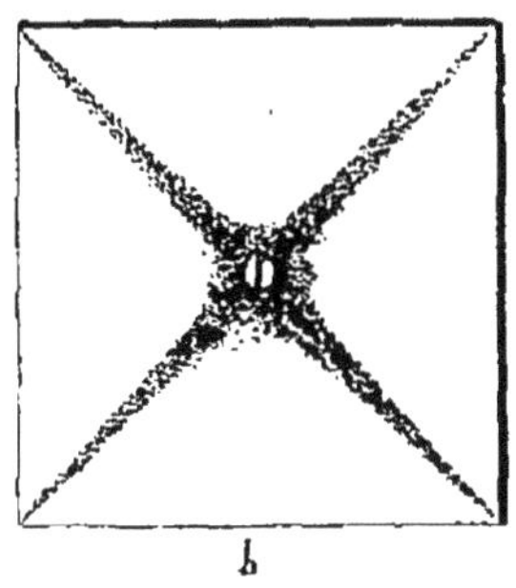

a   b

Fig. 407.   Fig. 408.

toutes, les deux sons seront à l'intervalle de quinte.

Si l'on prend deux plaques dont les surfaces soient les mêmes, mais les épaisseurs différentes, les nombres de vibrations correspondant à une même figure nodale, quelconque d'ailleurs, sont proportionnels aux épaisseurs. Si l'on prend, au contraire, deux plaques de même épaisseur et dont les surfaces soient semblables, mais d'aires différentes, les nombres de vibrations correspondant aux mêmes figures nodales sont en raison inverse de ces aires ou, ce qui revient au même, en raison inverse des carrés des dimensions homologues des deux surfaces.

Il suit de là que, si les plaques sont des prismes semblables, c'est-à-dire si les épaisseurs sont dans le même rapport que les dimensions homologues des surfaces, les nombres de vibrations seront en raison inverse des dimensions homologues des deux solides.

On démontre ce principe au moyen de quatre plaques carrées, A, B, C, D (fig. 409), montées sur un même banc. A et

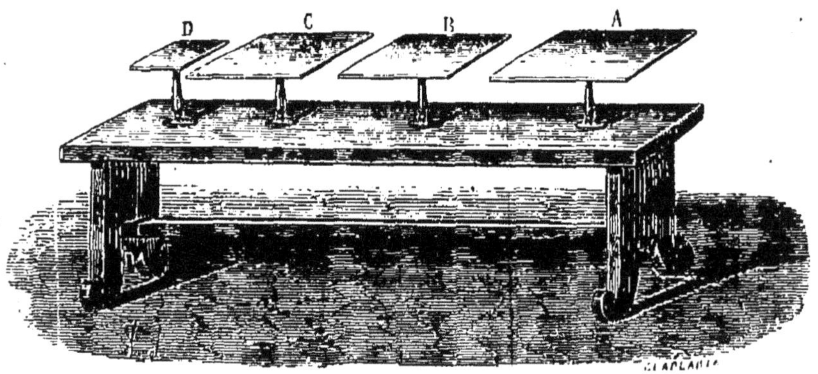

Fig. 409.

B ont même épaisseur, mais le côté de A est égal à la diagonale de B; ce qui met les deux côtés dans le rapport $\dfrac{\sqrt{2}}{1}$. B et C ont même aire, mais l'épaisseur de C est double de celle de B. Enfin D a son côté et son épaisseur moitié du côté et de l'épaisseur de C.

On trouve dans ces conditions, en faisant produire aux quatre plaques la même figure nodale, que le son de B est à l'octave aigu de celui de A, le son C à l'octave aigu de B, et enfin le son D à l'octave aigu de C.

On ne sait absolument rien des lois qui règlent les rapports entre les formes des plaques, ou des figures nodales qu'elles peuvent produire, et les nombres de vibrations qu'elles exécutent.

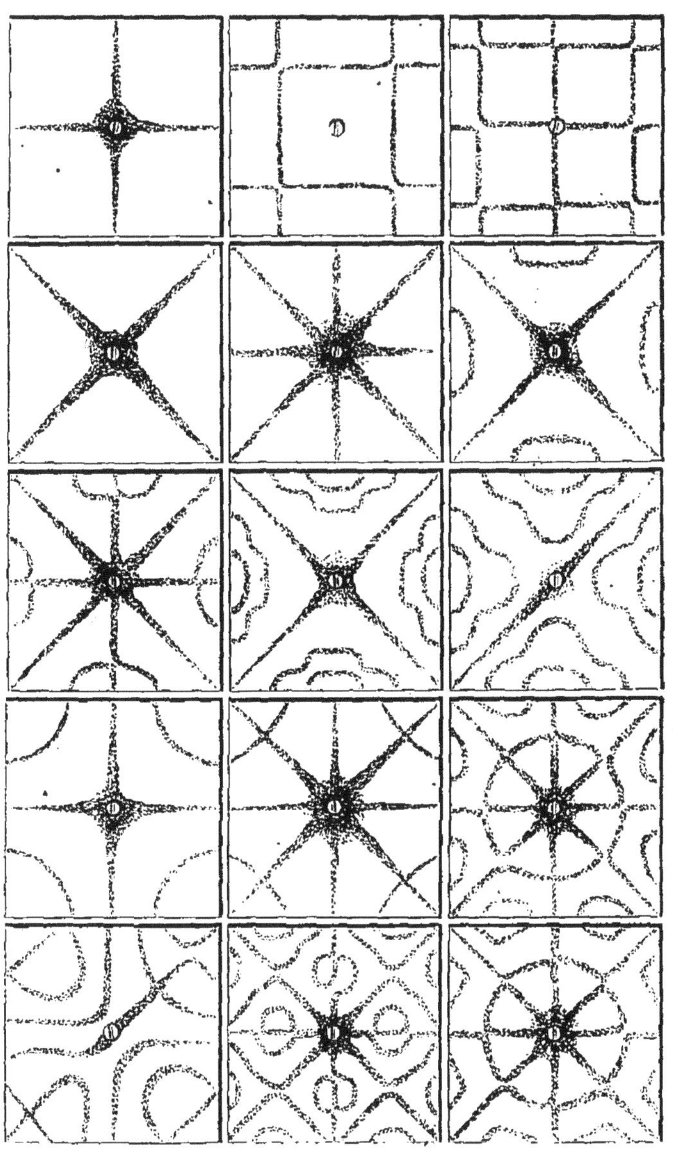

Fig. 410.

Quant aux figures en elles-mêmes, elles peuvent en général se ramener assez facilement, dans le cas où la surface est un polygone régulier, à un double système de lignes parallèles aux rayons et aux apothèmes, si le nombre des côtés est pair; parallèles aux rayons et aux côtés, si le nombre des côtés est impair.

Les plaques circulaires rentrent dans l'un et l'autre de ces deux cas; aussi donnent-elles des lignes diamétrales et des circonférences concentriques.

Aux points de croisement de ces systèmes de lignes, il y a toujours une déformation plus ou moins grande, qui rend quelquefois assez difficile de décomposer la figure en ses éléments primitifs.

Nous donnons ici quelques-unes des figures nodales qu'on peut obtenir le plus facilement d'une plaque carrée (fig. 410).

CHAPITRE XLI.

VIBRATIONS DES COLONNES D'AIR. — TUYAUX.

Une colonne d'air contenue dans un tube cylindrique ou prismatique, pouvant être mise en vibration par l'une de ses extrémités, voilà ce qui constitue un tuyau.

Pour déterminer le mouvement de vibration de la colonne d'air, il suffit de présenter à l'une de ses extrémités un corps vibrant, un diapason, une plaque, dont les vibrations s'exécutent dans un sens parallèle à l'axe du tuyau. Une lame d'air vibrante peut aussi servir à mettre en vibration la colonne. C'est ce qui a lieu précisément dans les *tuyaux de flûte*; à l'une des extrémités se trouve montée une embouchure qui sert à faire *parler* le tuyau. Cette embouchure (fig. 411) se compose d'une petite caisse conique ou cylindrique A, dans laquelle l'air se trouve lancé par la douille *a*, montée sur le sommier d'une soufflerie; l'air s'échappe par une fente étroite, appelée la *lumière*, *e*, et vient se briser contre une lame mince de bois ou de métal, *c*, taillée en biseau, et qu'on appelle la *lèvre*.

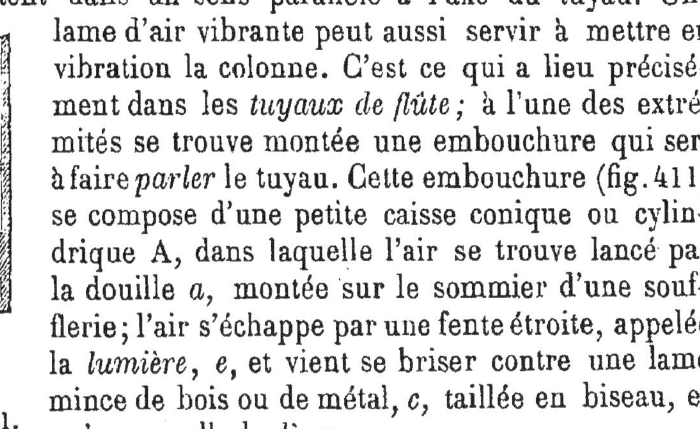

Fig. 411.

La lame d'air, coupée en deux par le biseau, s'ouvre en éventail; puis, ramenée par l'élasticité à sa forme première, vibre à peu près comme le ferait une lame métallique; toutefois elle s'échappe en grande partie par l'espace libre *b*, qui reste ouvert entre la lumière et la lèvre; mais une autre lame vient prendre sa place et continuer le mouvement de vibration.

L'embouchure suffit à elle seule pour produire le son; on peut s'en convaincre en faisant parler sur la soufflerie l'embouchure (fig. 412), que n'accompagne aucun tuyau. On sait, d'ailleurs, combien il est facile de produire un son en soufflant avec la bouche sur une feuille de papier ou de métal placée devant les lèvres. Les sifflets sont des embouchures sans tuyau.

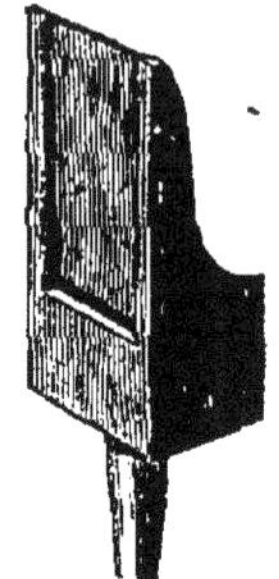

Le tuyau, ou plutôt la colonne d'air qu'il contient, ne sert qu'à renforcer le son de l'embouchure, en vibrant à l'unisson, ce qui aura lieu toutes les fois que les dimensions du tuyau satisferont à certaines conditions que nous nous proposons d'examiner dans cette leçon.

Du moment que le tuyau parle, c'est-à-dire qu'il renforce le son de la plaque ou de l'embouchure à laquelle on l'adapte, il est facile de se

Fig. 412.

convaincre que l'air qu'il contient est en vibration. Il suffit, comme nous l'avons déjà indiqué, de faire descendre dans le tuyau une membrane tendue sur un anneau que supportent quelques fils de soie (fig. 377). Si l'on a mis à l'avance une pincée de poudre bien sèche sur la membrane, on voit, dès que l'on fait parler le tuyau, les grains sauter vivement sur la membrane. L'air est évidemment l'intermédiaire qui transmet le mouvement vibratoire à la membrane, et, par suite, au sable ; il est donc bien lui-même en vibration. Le mouvement des grains de sable, perpendiculaire au plan de la membrane, indique, en outre, que le son de la vibration de l'air est longitudinal.

Le son que donne l'embouchure dépend principalement de la distance de la lèvre à l'embouchure, ou plutôt du rapport de cette distance à la largeur même de la lumière ; le son est d'autant plus aigu que le rapport est plus petit, dans une certaine limite toutefois, car si le biseau est trop rapproché de la lumière, l'embouchure ne parle plus.

Tuyaux à anche. — On fait encore usage dans la construction des orgues d'un autre système de tuyaux ; ce sont les tuyaux à *anche*. Le porte-vent prend ici les dimensions d'un véritable tuyau (fig. 413 et 414). Il est fermé à sa partie supérieure par une pièce de bois creusée suivant son axe d'un trou cylindrique *a*, que continue, à l'intérieur du porte-vent, une sorte de gouttière *b*, à section rectangulaire ou demi-circulaire, présentant une fenêtre *c*, que ferme une languette métallique *d*, tantôt un peu plus large que l'ouverture rectangulaire, de manière à venir battre contre ses bords ; tantôt d'une largeur exactement égale., de manière à pouvoir jouer librement dans l'ouverture. Cette languette est ce que l'on appelle une *anche*. Dans le premier cas, on la dit *anche battante* ; dans le second cas, *anche libre*. Une petite tige métallique *t*, que l'on appelle *rasette*, traverse l'épaisseur de la plaque de bois et vient appuyer, par son extrémité recourbée en crochet, sur la base de la languette. En l'abaissant ou en la relevant, on. fait varier la longueur vibrante de la languette, et par suite, le son qu'elle fera rendre au tuyau.

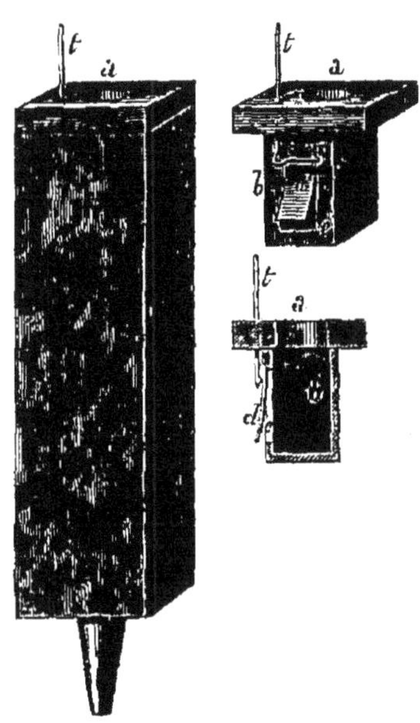

Fig. 413 et 414.

L'air lancé dans le porte-vent vient presser sur l'anche placée devant la fenêtre qui doit lui donner issue. Dans le cas de l'anche libre, il la repousse au delà de l'ouverture et se détend ; alors l'élasticité de la languette se trouvant mise en jeu, celle-ci va vibrer devant l'ouverture, l'ouvrant et la fermant périodiquement à intervalles égaux. Dans le cas de l'anche battante, la lame sera mise en vibration par la même cause ; seulement elle viendra battre contre les bords de l'ouverture, au lieu de passer au travers. L'air se trouvera donc, à peu de chose près, mais par une cause différente, dans des états successifs de compression et de dilatation périodiques, comparables à ceux que nous avons signalés dans le jeu de la sirène ; de là le son.

On comprend facilement qu'en augmentant la longueur vibrante de l'anche, on ralentit ses oscillations, et on abaisse par cela même le son. Le contraire aura lieu quand on descendra la *rasette*.

Le déplacement de la rasette, d'ailleurs très-limité, permet d'accorder facilement le tuyau.

Nous voyons bien ici un porte-vent ou une embouchure d'une nature particulière, nous ne voyons point de tuyau. La colonne d'air du porte-vent en tient lieu dans une certaine mesure, car elle-même entre en vibration. On a peu étudié jusqu'ici le mode de vibration de l'air du porte-vent; tout ce qu'on sait, c'est que le son que rend le tuyau à anche n'est pas le même que celui que donnerait l'anche seule; il n'est pas non plus celui que donnerait ce même tuyau, monté sur une embouchure de flûte convenablement réglée pour le faire parler. Il y a réaction du mouvement de l'anche sur celui de l'air, et réciproquement de l'air sur l'anche.

Les sons donnés par deux tuyaux à l'unisson, l'un à anche libre, l'autre à anche battante, diffèrent considérablement par le timbre. Le son donné par l'anche battante est aigu et criard. Tous deux ont d'ailleurs une complète analogie avec les sons de la clarinette, du hautbois, du basson ou du cor anglais, qui sont autant d'instruments à anche.

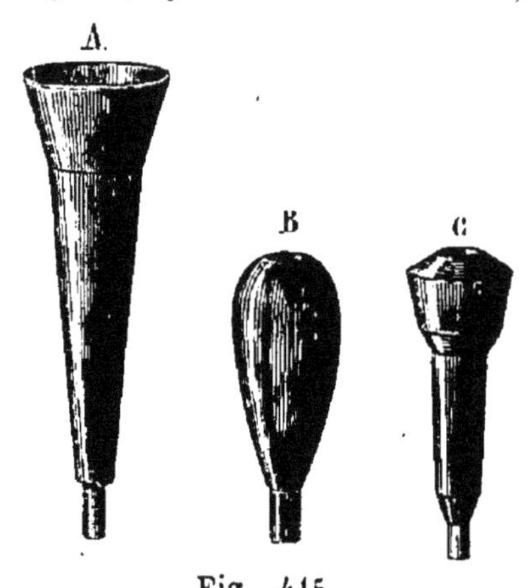

Fig. 415.

La force du vent ne modifie pas sensiblement la tonalité du tuyau à anche libre ; au contraire, pour le tuyau à anche battante, le son s'élève quand le vent est lancé avec plus de force.

On varie le timbre et quelque peu la tonalité des tuyaux à anche en montant sur l'ouverture par laquelle s'échappe l'air des cornets de formes diverses (fig. 415), qui leur font rendre des sons analogues à ceux du clairon, du hautbois, de la voix humaine, etc. Les dimensions du cornet devront être réglées sur celles du tuyau, d'après certaines lois empiriques, que le tâtonnement a fait connaître aux facteurs d'orgues.

Tuyaux de flûte. — Si les lois du mouvement vibratoire de l'air dans les tuyaux à anche sont peu connues, en revanche celles du mouvement vibratoire dans les tuyaux de flûte ont été établies par le calcul avec une grande rigueur par Daniel Bernouilli, dans l'hypothèse de *tuyaux linéaires*, c'est-à-dire dont les dimensions latérales sont négligeables par rapport à la longueur. L'expérience les a vérifiées, dans les cas où les dimensions des tuyaux se sont le plus rapprochées de cette condition théorique ; et, pour les autres cas, les recherches expérimentales de Chladni, et plus tard de Savart, Wertheim, Masson, Lissajous, etc., ont fait connaître les lois particulières qui les régissent.

Lois des tuyaux linéaires. — Lois de Bernouilli. — Les sons qu'on peut tirer des tuyaux ne dépendent nullement de la nature ou de l'épaisseur des parois, du moment que ces parois ont une rigidité suffisante.

Si l'on prend trois tuyaux, un en laiton, le second en bois, le troisième en carton, de même calibre et de même épaisseur (3 millimètres environ), embouchés de la même façon, tous trois donnent exactement le même son.

Si l'on prend deux tuyaux en bois de même calibre, l'un ayant une épaisseur de paroi de 2 à 3 centimètres, l'autre 3 à 4 millimètres seulement, et embouchés de la même façon, ils donneront encore le même son.

Mais si l'on prend un tuyau de carton très-mince, du même calibre, il donnera un son notablement plus grave.

Nous supposerons donc, dans tout ce qui va suivre, que l'épaisseur des parois sera assez grande pour n'exercer aucune influence sur la vibration de la colonne d'air.

On distingue et on emploie, dans la construction des orgues, deux espèces de tuyaux de flûte, les tuyaux *ouverts* à leurs deux extrémités, et les tuyaux *fermés* à l'extrémité opposée à l'embouchure : on donne souvent à ces derniers le nom de *bourdons*. Nous allons voir que les lois sont différentes pour ces deux espèces de tuyaux.

1° TUYAUX DONT LA LONGUEUR EST AU MOINS ÉGALE A DIX FOIS LES DIMENSIONS LATÉRALES.

Première loi expérimentale. — *Un même son peut être renforcé par des tuyaux de longueurs différentes. Si l'on*

*prend pour unité la plus petite longueur du tuyau, soit ou-
vert, soit fermé, qui renforce le son donné, les autres longueurs sont :*

*Pour les tuyaux fermés, comme les nombres impairs consé-
cutifs,*

$$1 . 3 . 5 . 7 \ldots\ldots 2n - 1;$$

*Pour les tuyaux ouverts, comme les nombres entiers con-
sécutifs,*

$$1 . 2 . 3 . 4 \ldots\ldots n.$$

Voici comment Savart s'y est pris pour constater cette loi.
Il prenait un long tube cylindrique (fig. 416) qu'il établissait
verticalement au-dessus d'une plaque donnant un son bien
pur; l'ouverture du tuyau devait être placée à petite distance
au-dessus d'un ventre de vibration. Un piston, glissant à
frottement dur, était poussé à l'intérieur à l'aide d'une tige,
et de haut en bas; il transformait le tuyau ouvert en un tuyau
fermé, dont la longueur était la distance du piston à l'ouverture inférieure. Pour chaque position donnée successivement
au piston, on comparait le son produit par la plaque, quand
le tube était enlevé, au son qu'elle donnait quand le tube lui
était présenté dans la position indiquée. Pour certaines positions du piston, l'influence renforçante est très-grande; hors
de ces positions, cette influence est nulle, ou sensiblement
nulle.

En enfonçant le piston peu à peu, Savart arriva à déterminer par tâtonnement la plus petite longueur du tuyau
fermé qui renforce le son; il retirait alors le piston, en notant
les positions qui correspondent à un renforcement bien accusé,
et trouva que les distances du piston, dans ces diverses positions, à l'ouverture inférieure du tube, sont successivement
3, 4, 5, 7.... fois la longueur minimum renforçante.

Une fois qu'on a déterminé la longueur minimum a, on
peut construire un tuyau fermé en bois A (fig. 417), ayant
ces dimensions et portant un pas d'écrou qui permettra de
visser, à son extrémité libre, une, deux, trois, quatre rallonges,
de même calibre intérieur et de longueur double $2a$. On
pourra présenter ce tube fermé à la plaque vibrante, comme

nous l'indiquions tout à l'heure, ou le monter sur une embouchure de flûte donnant le son de la plaque. Le son restera le même quand on montera sur l'embouchure la pièce A, toute seule, de longueur a, ou cette pièce vissée à une, deux, trois rallonges ; ce qui donne les longueurs $3a$, $5a$, $7a$, etc. Mais si l'on substitue une rallonge d'une longueur un peu plus petite, ou un peu plus grande que $2a$, alors le tuyau ne parle plus, ou donne un son tout différent.

Pour les tuyaux ouverts, Savart opérait la

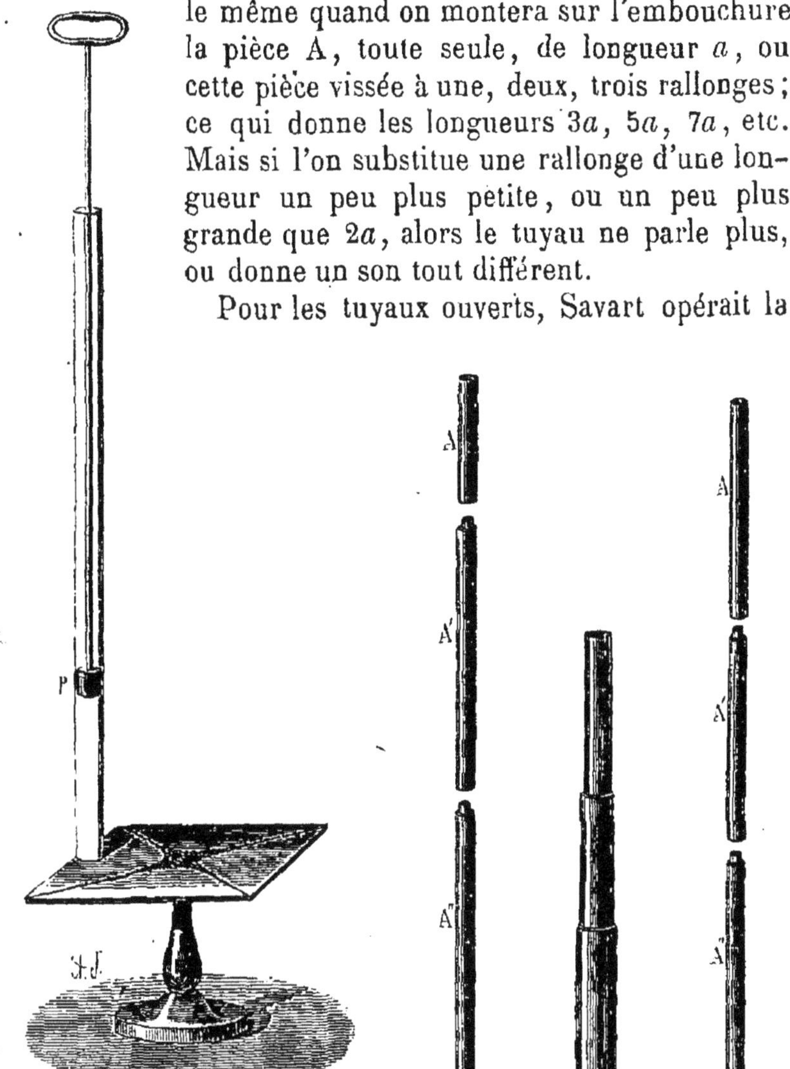

Fig. 416.   Fig. 417.   Fig. 418.   Fig. 419.

même recherche avec un tube à tirage, disposé comme ceux d'une lunette (fig. 418). Quand on aura déterminé la longueur minimum renforçante a, on construira un certain nombre de tubes ouverts aux deux bouts, de calibre égal, munis de pas de vis et d'écrous à leurs extrémités, et tous de longueur a (fig. 419), et l'on verra qu'en montant sur une embouchure qui donne le son de la plaque, un de ces tubes, ou deux, vissés l'un sur l'autre, ou trois, quatre, etc., le son reste le même, avec un notable renforcement; et que si l'on substitue dans l'ensemble un tube de longueur un peu moindre, ou un peu plus grande que a, le tuyau ne parle plus, ou donne un son différent.

Seconde loi expérimentale. — Un même tuyau peut renforcer des sons différents.

Si l'on détermine le son le plus grave que ce tuyau peut renforcer, le nombre de vibrations qui y correspond étant pris pour unité, les nombres de vibrations des sons, de plus en plus élevés, que renforce le tuyau seront :

Pour un tuyau fermé, comme les nombres impairs consécutifs,

$$1.3.5.7\ldots\ldots 2n-1;$$

Pour un tuyau ouvert, comme les nombres entiers consécutifs,

$$1.2.3.4\ldots\ldots n.$$

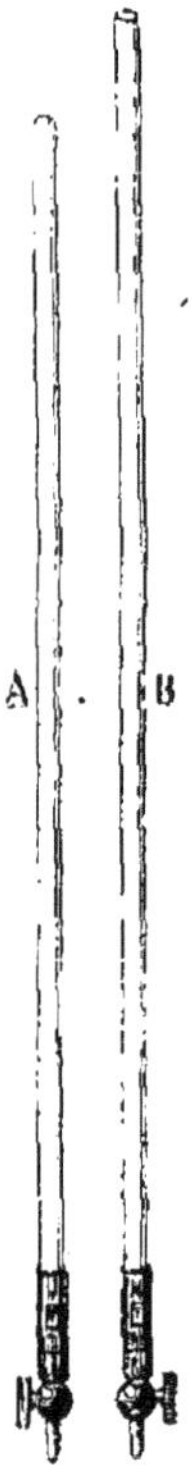

Ces sons sont les *harmoniques* des tuyaux. Pour les obtenir, on prend un long tube de verre A (fig. 420), fermé à l'une de ses extrémités, et l'on engage l'autre dans une embouchure de flûte, montée elle-même sur un robinet que l'on enfonce dans un des trous de la soufflerie. En modérant le jeu du soufflet, et fermant de plus en plus le robinet, on arrive à tirer du tuyau le son le plus grave, le *son fondamental;* alors on ouvre peu à peu le robinet, en augmentant la pression sur le soufflet, et l'on obtient successivement l'octave de la quinte (3), la double octave de la tierce majeure (5), de la sixte augmentée (7), etc.

Fig. 420.

En montant de la même façon un tube ouvert aux deux bouts, on obtiendra, après avoir fait rendre au tuyau le son fondamental, d'abord l'octave (2), puis l'octave de la quinte (3), puis la double octave de la tonique (4), de la tierce (5), de la quinte (6), etc.

Il est important de remarquer que, pour les deux espèces de tuyaux, la loi des harmoniques donnés par un même tuyau est la même que la loi des longueurs renforçant un même son.

Troisième loi. — Si l'on compare les sons fondamentaux que donnent deux tuyaux fermés, ou deux tuyaux ouverts de longueurs différentes, on trouve que

Les nombres de vibrations sont en raison inverse des longueurs.

Ainsi, si l'on monte sur le sommet d'une soufflerie, trois tuyaux ouverts, dont les longueurs soient entre elles comme les nombres

$$1 \qquad \frac{4}{5} \qquad \frac{2}{3},$$

ces quatre tuyaux donneront les notes de l'accord parfait

$$1 \qquad \frac{5}{4} \qquad \frac{3}{2}.$$

Même résultat avec des tuyaux fermés, dont les longueurs seront prises dans le même rapport.

La loi s'étend aux harmoniques de même ordre pour chacune des deux espèces de tuyaux.

Ainsi, si l'on règle l'insufflation de telle sorte que les trois tuyaux donnent leur n^e harmonique, les trois sons formeront encore accord parfait.

Quatrième loi. — *La longueur d'un tuyau ouvert, donnant le son fondamental, est double de celle du tuyau fermé, qui donne le même son.*

On démontre expérimentalement ce principe au moyen d'un tuyau ouvert (fig. 421), qui présente au milieu de sa longueur un tiroir, formé d'une plaque p, que l'on peut faire glisser dans une fente percée transversalement dans une des parois. En retirant la plaque, on laisse le tuyau librement ouvert dans toute sa longueur; en la poussant, on transforme le tuyau ouvert en un tuyau fermé de longueur moitié, et le son conserve sa tonalité.

Il suit de ce principe et de la loi des longueurs *qu'un tuyau ouvert donne l'octave aigu du son donné par un tuyau fermé de même longueur.*

Nœuds et ventres. — Du moment qu'un tuyau peut, comme une corde, ou comme une tige, donner une série de sons harmoniques, il est évident que la colonne d'air qu'il contient, et qui vibre longitudinalement, se divise en un certain nombre de parties vibrantes, de concamérations, séparées' par des nœuds. Ces nœuds seront, comme dans le cas des cordes vibrant longitudinalement, des surfaces planes perpendiculaires à l'axe du cylindre, et séparant des portions de colonnes où le mouvement d'air est contraire. En chaque nœud, la vitesse d'ébranlement de l'air sera nulle, mais la densité sera alternativement maximum et minimum. Aux points qui divisent en deux parties égales la distance des·nœuds, ou *ventres*, la vitesse de déplacement sera maximum, et la variation de densité nulle.

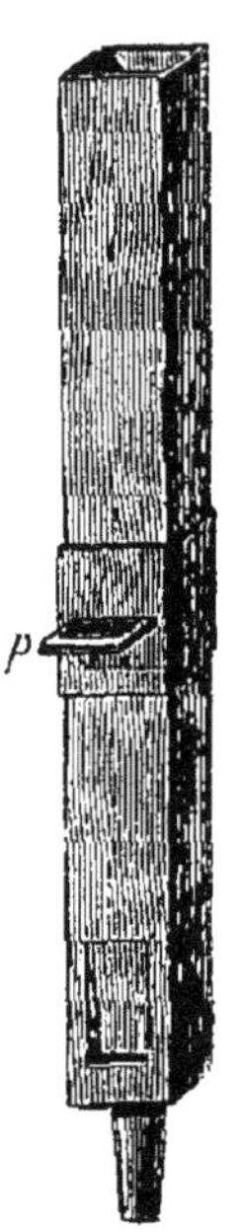

Fig. 421.

Or, si l'on considère un tuyau fermé, la couche d'air en contact avec le fond résistant sur lequel s'opère la réflexion du mouvement vibratoire est immobile comme le fond lui-même, elle sera donc toujours à l'état de nœud. Au contraire, la couche d'air, qui est à la bouche du tuyau, est en communication libre avec l'air extérieur; sa densité et son élasticité devront être constamment égales à la densité ou à l'élasticité de l'air ambiant; cette couche nous représente alors un ventre de vibrations.

Les divers modes de division de la colonne d'air contenue dans un tuyau fermé en parties vibrantes, devront donc satisfaire à cette condition que le fond soit toujours un nœud, et la couche à l'orifice, un ventre.

La distance de deux nœuds consécutifs ou de deux ventres consécutifs est égale, suivant les lois de la réflexion dans un tuyau cylindrique, à la demi-longueur de l'onde complète. La distance d'un nœud au ventre suivant est le quart de cette longueur.

On voit que pour satisfaire à la loi, le tuyau fermé devra présenter (fig. 422) :

$$
\begin{array}{ll}
& \text{1 nœud et 1 ventre} \\
\text{ou} & \text{2 nœuds et 2 ventres} \\
& \text{3 nœuds et 3 ventres} \\
& \cdots\cdots\cdots\cdots\cdots\cdots \\
& n \text{ nœuds et } n \text{ ventres.}
\end{array}
$$

La longueur du tuyau devra se trouver partagée en un nombre impair de quarts de longueur d'onde.

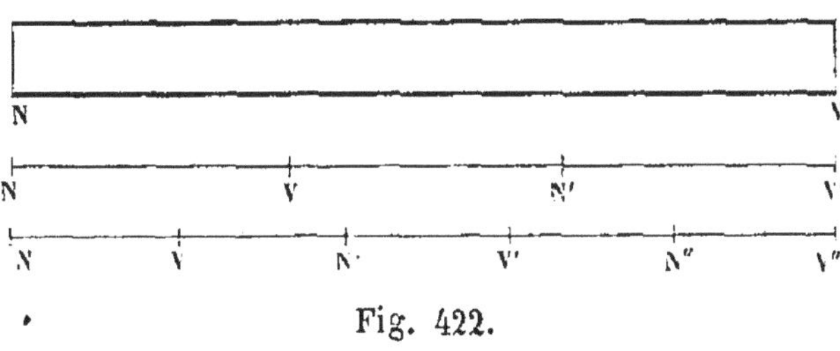

Fig. 422.

De telle sorte qu'en appelant L sa longueur, et λ la longueur de l'onde complète, on aura :

$$L=(2p-1)\frac{\lambda}{4},$$

p prenant toutes les valeurs entières, 1, 2, 3, 4, etc.

Mais on a vu que l'on avait, en appelant v la vitesse de propagation du son, n le nombre de vibrations doubles.

$$v=n\lambda, \quad \text{d'où } \lambda=\frac{v}{n}.$$

On a donc :

$$L=(2p-1)\frac{v}{4n}.$$

Il suit de là que si l'on suppose n constant, les valeurs de L seront proportionnelles aux valeurs impaires que prendra $2p-1$, quand on attribuera successivement à p les valeurs 1, 2, 3, 4, etc. C'est la loi :

Les longueurs de tuyaux fermés qui donnent ou renforcent un même son, sont proportionnelles aux nombres impairs successifs, 1, 3, 5, 7, etc.

Si on suppose L constant, les valeurs de n seront proportionnelles aux valeurs de $2p-1$; c'est la seconde loi :

Les sons que donne ou renforce un même tuyau fermé ont leurs nombres de vibrations proportionnels aux nombres impairs consécutifs.

Dans les tuyaux ouverts, la réflexion ne s'opère plus sur une plaque fixe, mais sur l'air extérieur qui oppose une résistance moindre que les couches du tuyau lui-même ; car ses molécules peuvent se déplacer librement dans tous les sens, tandis que les couches du tuyau ne peuvent se déplacer que dans le sens de l'axe. On se trouve donc dans le second cas de la réflexion, celui où l'obstacle contre lequel s'opère la réflexion oppose une résistance moindre que le gaz qui compose la colonne logée dans le cylindre. Alors la couche placée au contact de l'obstacle *moins résistant*, au lieu d'être un nœud, devient, comme nous l'avons vu dans l'étude de la réflexion, un ventre, c'est-à-dire que la vitesse de déplacement y est maximum, et la variation de densité nulle, ou du moins minimum. D'ailleurs la couche d'air à la bouche du tuyau doit, tout aussi bien que dans le cas du tuyau fermé, conserver la densité et l'élasticité de l'air extérieur. Il suit de là que, dans un tuyau ouvert, les couches placées aux deux extrémités devront être des ventres. Il y aura donc *au moins un nœud* entre ces deux couches extrêmes.

L'intervalle de deux nœuds consécutifs, ou de deux ventres consécutifs, sera égal à une demi-longueur d'onde complète ; la distance d'un nœud au ventre suivant, au quart de la longueur d'onde.

Un voit que, pour satisfaire à la condition que nous venons d'énoncer, le tuyau devra présenter (fig. 423) :

2 ventres et 1 nœud

ou 3 ventres et 2 nœuds

4 ventres et 3 nœuds

. . . .

$n + 1$ ventres et n nœuds.

La longueur du tuyau comprendra donc un nombre pair de quarts de longueur d'onde :

$$L = 2p \cdot \frac{\lambda}{4} = p\,\frac{\lambda}{2} = p\,\frac{v}{2n},$$

p prenant toutes les valeurs entières, 1, 2, 3, 4, etc.

Il suit de là que, pour une valeur constante de n, les longueurs du tuyau L seront proportionnelles aux valeurs de p. D'où :

Les longueurs des tuyaux ouverts, qui renforcent un même son, sont proportionnelles aux nombres entiers consécutifs.

Si on suppose L constant, les valeurs de n sont aussi proportionnelles à celles de p. Donc :

Les divers sons que donne ou renforce un même tuyau ouvert ont leurs nombres de vibrations dans le rapport des nombres entiers consécutifs.

Reste à confirmer, par l'expérience, cette théorie, en montrant la position des nœuds et des ventres.

Avec un tuyau ouvert, nous pourrons prendre la membrane

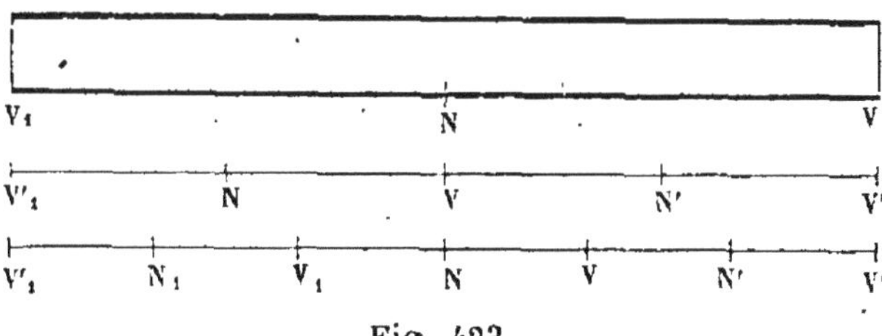

Fig. 423.

couverte de sable et la descendre, à l'aide des fils qui la supportent, au point milieu du tuyau ; en réglant l'insufflation de manière à obtenir le son fondamental, on verra le sable rester immobile sur la membrane : pour toute autre position, donnée à l'avance à la membrane, le sable sautera d'autant plus vivement que la membrane s'éloignera plus du point milieu. Si l'on tire du tuyau son premier harmonique, il faudra, pour que le sable reste immobile, suspendre la membrane au 1er ou au 3e quart de la longueur.

S'il donne son second harmonique, on devra suspendre la membrane au 1er, au 3e ou au 5e sixième de la longueur, et ainsi de suite.

On peut aussi procéder à cette vérification de la manière suivante : Un tuyau prismatique en bois (fig. 424) porte sur un de ses pans trois ouvertures, placées, l'une a, au milieu de sa longueur, l'autre b au tiers, la troisième c au quart. Ces ouvertures sont fermées par de petits opercules, tournant autour de pivots implantés perpendiculairement dans la paroi, ou glissant dans des coulisses. On fait rendre au tuyau le son fondamental, puis on découvre l'ouverture *a*. En mettant la couche d'air placée à la hauteur de cette ouverture en communication libre avec l'air extérieur, on la force à devenir un ventre, et le tuyau donne immédiatement son premier harmonique, c'est-à-dire l'octave du son fondamental.

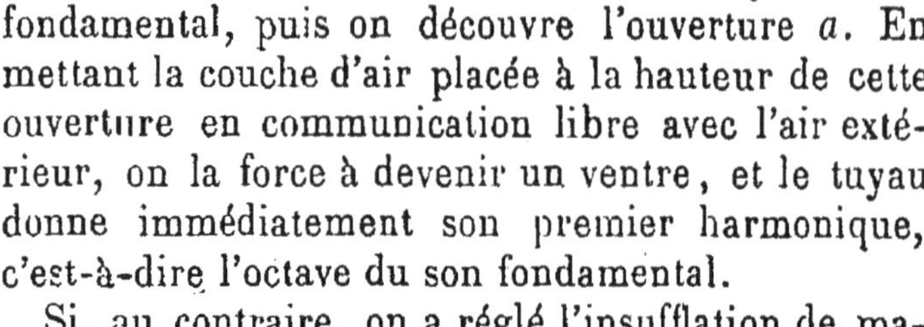

Si, au contraire, on a réglé l'insufflation de manière à obtenir tout d'abord ce premier harmonique, on peut alors ouvrir ou fermer l'opercule *a* sans rien changer au son. La couche placée en *a* est donc, lorsque le tuyau produit son premier harmonique, un ventre de vibration.

Ramenons le tuyau au son fondamental en fermant tous les orifices et diminuant le vent, puis ouvrons l'orifice *b*; nous obtenons immédiatement la quinte octaviée, c'est-à-dire le second harmonique. En tirant d'ailleurs directement du tuyau ce second harmonique par une insufflation convenable, on peut alors ouvrir ou fermer l'orifice *b* sans changer le son.

Fig. 424.   Enfin, en rétablissant le son fondamental, toutes les ouvertures fermées, et ouvrant *c*, on aura la double octave, troisième harmonique.

La même expérience peut se faire avec un tuyau fermé; mais il faut que les opercules soient placés au premier tiers, au premier cinquième de la longueur, à partir du fond, et en les découvrant l'un après l'autre, on aura successivement la quinte octaviée (3), puis la double octave de la tierce (5).

Lorsque nous doublons la longueur d'un tuyau ouvert, nous pouvons obtenir le même son, à condition que le tuyau double donne son premier harmonique. Lorsque nous triplons la longueur, nous obtenons le même son, si le tuyau triple donne son second harmonique, etc. Ainsi se trouve effacé le désaccord apparent qui semblait exister entre la loi des longueurs de tuyaux qui renforcent le même son et la loi des longueurs de tuyaux donnant le son fondamental.

On voit maintenant combien il est facile de déterminer la

longueur d'un tuyau, soit ouvert, soit fermé, donnant un son quelconque, soit le *la* normal, par exemple.

La longueur d'onde correspondante à ce son est

$$\lambda = \frac{v}{n} = \frac{337}{435} = 0^m,774.$$

La longueur du tuyau ouvert, donnant pour son fondamental le la_3, sera donc $0^m,387$; celle du tuyau fermé sera $0^m,1935$.

Les lois que nous venons de donner se vérifient d'autant plus exactement que les dimensions latérales du tuyau sont plus petites, relativement à la longueur. Dans les tuyaux d'orgue ordinaire, où la longueur dépasse rarement 10 à 12 fois la largeur, ces lois cessent d'être complétement vraies, en ce sens que, si la distance de deux nœuds est bien égale à la demi-longueur d'onde, la distance des ventres extrêmes au nœud le plus voisin est toujours un peu moindre que la moitié de la distance de deux nœuds, c'est-à-dire que le quart de la longueur d'onde. — Cette irrégularité est due principalement à ce que l'embouchure n'ébranle les tranches d'air que par leur bord, au lieu de les ébranler sur toute leur étendue. Elle disparaît en grande partie lorsqu'on emploie la méthode de Savart et qu'on met la colonne d'air en vibration à l'aide d'une plaque normale à l'axe du tuyau.

L'écart de la loi sera évidemment d'autant moins sensible qu'on aura affaire à un harmonique plus élevé, la distance sur laquelle porte l'erreur n'étant alors qu'une petite fraction de la longueur totale. Il sera le plus grand possible pour le son fondamental ; aussi les longueurs de tuyaux donnant le son fondamental ne sont-elles pas exactement en raison inverse des nombres de vibrations. Le tuyau donne un son fondamental un peu plus grave que celui que l'on déduirait de la formule

$$L = \frac{v}{2n} \text{ pour le tuyau ouvert,}$$

$$L = \frac{v}{4n} \text{ pour le tuyau fermé.}$$

Nous ajouterons enfin, pour terminer ce qui est relatif à cette première catégorie de tuyaux, où la longueur l'emporte de beaucoup sur les dimensions latérales, que, bien que les expériences que nous venons d'exposer aient été faites sur des tuyaux droits, les lois restent exactement les mêmes pour des tuyaux courbes. Ainsi un tuyau recourbé comme l'est le cor anglais, ou mieux encore le cor de chasse, donne le même son et les mêmes harmoniques qu'un tuyau droit de même longueur.

2° TUYAUX DONT LA LONGUEUR N'EXCÈDE PAS CINQ OU SIX FOIS LES DIMENSIONS LATÉRALES.

Ici, les dimensions latérales vont exercer une influence marquée sur le son rendu par le tuyau.

Nous appellerons *largeur* du tuyau sa dimension latérale dans le sens parallèle à l'embouchure ; *profondeur*, la dimension latérale perpendiculaire à la largeur ; enfin nous nommerons *tranche latérale* la section faite dans la colonne d'air perpendiculairement à l'embouchure. Cette section rectangulaire a pour base la profondeur du tuyau et pour hauteur sa longueur.

L'influence de la largeur est nulle si l'embouchure l'occupe tout entière ; mais le son s'abaisse si le rapport de la longueur de la lumière à la largeur du tuyau diminue, soit parce que, laissant au tuyau la même largeur, on raccourcira la lumière, soit parce que, laissant à la lumière la même longueur, on augmentera la largeur du tuyau. En réduisant la lumière à une petite ouverture placée dans l'angle, on fait descendre le son de près d'une octave.

On tire parti de ce fait pour l'accord des tuyaux d'orgue. En prenant le tuyau de dimensions telles, qu'il donne un son quelque peu plus élevé que le son qu'il devra donner, on rabat ensuite sur la lumière de petites ailes en étain qui en obstruent une partie, et ramènent le son au nombre de vibrations voulu.

Le son d'un tuyau dépend de la profondeur. Il s'abaisse à mesure que la profondeur augmente ; mais *il conserve la même tonalité si le produit de la profondeur par la longueur reste constant.*

Savart a reconnu par l'expérience que le nombre de vibrations est en raison inverse de la racine carrée du produit de ces deux dimensions :

$$\frac{n}{n'} = \sqrt{\frac{l'p'}{lp}}$$

(dans l'hypothèse où p, p' sont au moins $\frac{1}{6}$ de l et l').

Cela revient à dire que ce nombre est proportionnel à la racine carrée de l'aire de la tranche latérale.

Loi des tuyaux semblables. — Pour des tuyaux de volumes semblables, on a

$$\frac{l'}{l} = \frac{p'}{p} = \sqrt{\frac{l'p'}{lp}}.$$

Les nombres de vibrations seront donc en raison inverse des dimensions homologues.

Le principe s'étend même à des tuyaux semblables à base quelconque, triangulaire, circulaire, et même à des tuyaux sphériques.

Ainsi, en prenant (fig. 425) deux tuyaux cylindriques ou

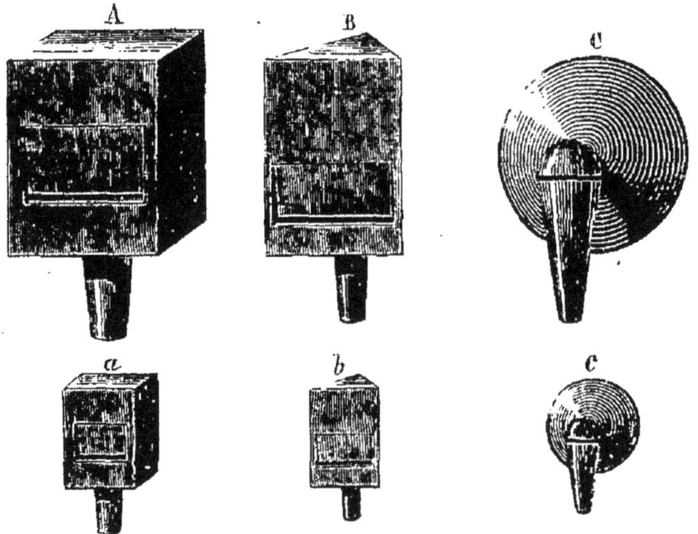

Fig. 425.

sphériques, ou prismatiques, dont les dimensions seront dans le rapport de 1 à 2, le petit tuyau donnera l'octave aiguë du grand. Si les dimensions sont dans le rapport de 3 à 4, les deux tuyaux donneront la quarte ; dans le rapport de 2 à 3, la quinte, etc.

Influence de la largeur de l'orifice. — Pour un tuyau
ouvert, les dimensions de l'orifice opposé à l'embouchure
exercent sur la tonalité une influence sensible. Si on rétrécit
cet orifice, on abaisse le son; en fermant complétement cet
orifice, on abaisserait le son sensiblement à l'octave grave,
puisqu'on sait qu'un tuyau fermé donne l'octave grave du son
fourni par un tuyau ouvert de même longueur, sauf l'effet dû
à l'action perturbatrice de l'embouchure elle-même.

Pour accorder les tuyaux d'orgue en étain, on agit sur l'orifice à l'aide d'un outil en fer (fig. 426). On élargit l'orifice, en

écartant les bords avec l'extrémité *a*, si
le tuyau donne un son trop grave; on le
rétrécit, au contraire, en appuyant sur
les bords l'extrémité en cornet, *b*, si le
tuyau donne un son trop élevé.

Pour les tuyaux en bois, on atteint le
même but en écartant ou en abaissant
une petite lame de plomb, *c*, fixée sur un
des bords de l'orifice.

Instruments à vent. — Le plus simple de tous les instruments à vent est la
trompe de chasse, formée, comme l'on
sait, d'un long tube conique de cuivre
replié de manière à faire un tour et demi
sur lui-même. L'une de ses extrémités,
la plus large, porte une bouche fortement évasée : c'est le *pavillon*. L'autre
est armée d'une embouchure contre laquelle l'exécutant applique ses lèvres,

Fig. 426.

qui jouent alors le rôle d'une anche double, à tension variable au gré du musicien. Le porte-vent est formé par la
cavité de la bouche.—La grande longueur du tuyau fait qu'il
est presque impossible d'obtenir le son fondamental; on
produit immédiatement des harmoniques assez élevés,

8	9	10	11	12	13	14	15	16
do	ré	mi	fa♯	sol	la♭	la♯	si	do
			faible		fort	faible		

que l'on force à rentrer dans la gamme diatonique, en modifiant la tension des lèvres, mais surtout en bouchant en partie avec le poing l'ouverture du pavillon. La trompette et le clairon sont des instruments analogues à la trompe; mais leur peu de longueur réduit considérablement le nombre des harmoniques. Ils ne donnent, avec une netteté et une justesse suffisantes, que les sons 3, 4, 5, 6 : *sol, do, mi, sol.*

Le trombone nous représente un tuyau à anche de grande longueur, comme le cor de chasse, mais un tuyau dont la longueur est variable, grâce au jeu du tirage, qui l'augmente de près de moitié. On comprend qu'on puisse alors, dans l'émission des harmoniques, modifier facilement leur tonalité de manière à obtenir avec une grande justesse la série diatonique, chromatique, et même enharmonique complète.

Fig. 427.

Le cornet, le cor, la trompette à pistons offrent des ressources analogues. Le jeu de ces pistons a pour effet d'introduire dans la longueur de la colonne d'air courbe des longueurs supplémentaires. — Ainsi, dans la position normale du piston P (fig. 427), la vibration se transmet dans les tuyaux *a*, *b*, *c*; mais si l'on abaisse quelque peu le piston, alors la colonne se trouve augmentée de la longueur du tuyau latéral *d*.

Si nous examinons la flûte, nous nous trouvons en présence d'un système tout différent. Nous avons une colonne d'air de longueur invariable, mise en vibration par l'insufflation de l'air contre le bord en biseau d'une ouverture placée à l'une des extrémités du tube. Le plus ou moins de force dans l'insufflation ne suffirait pas à déterminer la production d'un grand nombre d'harmoniques; mais on recourt alors à un moyen indiqué par la théorie. On ouvre, en des points convenablement choisis sur la longueur du tuyau, des trous, fermés par les doigts ou par des clefs; dès que le trou est ouvert, la tranche placée en face devient forcément un ventre de vibration. On oblige ainsi la colonne d'air à se diviser suivant le mode qui correspond au son que l'on veut produire.

Même jeu avec la clarinette, le hautbois, le cor anglais, le basson, l'ophycléide, la trompette à clefs, etc. Dans ces derniers, comme dans la trompe, les lèvres jouent le rôle d'anche à tensions variables. Les quatre premiers ont leur anche spéciale formée par une lame mince de roseau, fixée par quelques tours de fil sur le bec de l'instrument.

STRUCTURE ET FONCTIONS DE L'OREILLE.

Les organes de l'audition sont placés de chaque côté de la tête. Chez l'homme et tous les mammifères, ils se composent de trois chambres distinctes et successives : l'oreille externe, l'oreille moyenne et l'oreille interne (fig. 428).

L'oreille externe est formée d'un tube quelque peu flexueux et conique, C (*conduit auditif externe*), s'ouvrant au dehors à la base de l'os temporal; ses bords sont entourés par un organe charnu,

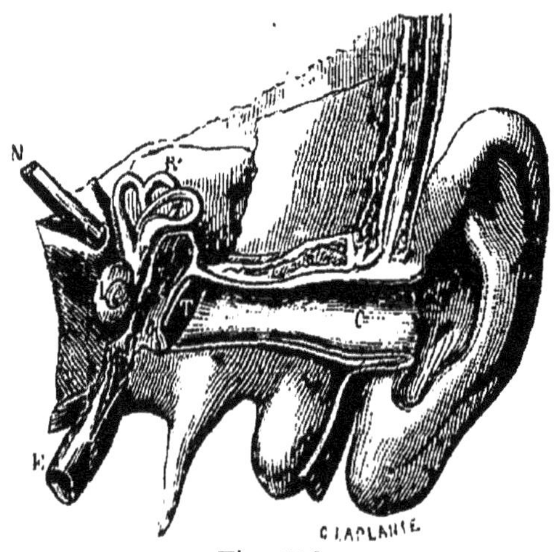

Fig. 428.

renforcé de cartilages, qui forme ce que l'on appelle le *pavillon* de l'oreille. Le pavillon de l'oreille joue évidemment le rôle d'un cornet acoustique, destiné à concentrer par la réflexion les ondes sonores dans le conduit auditif externe; ses éléments superficiels étant inclinés dans les sens les plus variés, il y aura toujours, quelle que soit la direction d'arrivée des ondes sonores, un certain nombre de ces éléments orientés de manière à les réfléchir dans le conduit. Beaucoup d'animaux ont, en outre, la faculté de mouvoir le pavillon et de le porter dans la direction d'arrivée du son. La suppression du pavillon, sans produire la surdité, a cependant pour effet de diminuer notablement la sensibilité de l'ouïe.

Le fond du conduit auditif est formé par une membrane tendue obliquement, T, et appelée le *tympan*. Cette obliquité augmente évidemment son étendue, par conséquent la somme des chocs qu'elle peut recevoir de l'air.

Chez beaucoup d'animaux, les oiseaux, les reptiles, le tympan est à fleur de tête, ou précédé d'un conduit externe très-court.

Derrière le tympan vient l'*oreille moyenne*, sorte de *caisse* creusée dans la portion la plus dure de l'os temporal. Cette caisse est en communication avec le dehors par un conduit membraneux, appelé *trompe d'Eustachi*, E, qui s'ouvre dans l'arrière-bouche. Par ce conduit, l'air de la caisse se met en équilibre de pression avec l'air extérieur. Son occlusion accidentelle ou permanente diminue notablement la sensibilité auditive. On entend moins bien la bouche fermée que lorsqu'elle est ouverte. Nul doute, d'après cela, que les vibrations sonores ne puissent aussi arriver à l'oreille par la bouche, l'arrière-bouche et la trompe d'Eustachi; mais les parois molles de ces cavités doivent les éteindre en grande partie.

La paroi de la caisse opposée au tympan est percée de deux petites ouvertures placées l'une au-dessus de l'autre. L'ouverture inférieure *o*, placée au fond d'une sorte d'entonnoir osseux (*fenêtre ronde*), est fermée par une membrane tendue sur ses bords; l'autre ouverture *o'*, placée au-dessus (*fenêtre ovale*), ne porte point de membrane. Elle est obstruée par un des petits osselets dont il nous reste à parler pour compléter la description de l'oreille moyenne. De la membrane du tympan à la fenêtre ovale s'étend une chaîne de petits osselets (fig. 429) : 1° le *marteau m*, dont la queue vient s'insérer à la face interne de la membrane du tympan. Il présente, en outre, une apophyse grêle qui sert de point d'attache à un muscle allant se fixer aux parois de la caisse. 2° *L'enclume n*, qui présente une facette concave contre laquelle pose

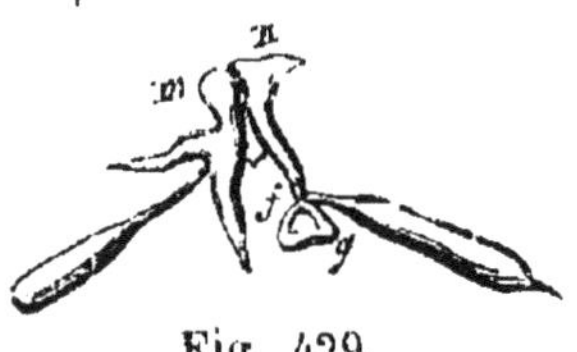

Fig. 429.

la tête arrondie du marteau; elle se prolonge par une sorte de queue suivie d'un petit os *f*, qui est : 3° *l'os lenticulaire*. Enfin, à la suite de l'os lenticulaire, 4° *l'étrier g*, dont le nom indique très-bien la forme et dont une des apophyses vient remplir exactement le contour de la fenêtre ovale. D'autres muscles se rattachent à l'étrier ou à l'enclume d'une part, de l'autre aux parois de la caisse.

Cette chaîne d'osselets joue un double rôle. Par l'action des muscles qui s'y insèrent, elle sert à augmenter ou à diminuer la tension du tympan; mais elle contribue aussi, comme conducteur solide, à transmettre le mouvement vibratoire du tympan à la fenêtre ovale et aux organes placés dans l'oreille interne.

L'oreille interne est une cavité irrégulière où vient se rendre le *nerf acoustique*, N (portion du nerf de la 7ᵉ paire). Il arrive par le conduit auditif interne, et vient se distribuer dans des appareils, osseux à l'extérieur, membraneux à l'intérieur, qui sont adossés contre la paroi de la caisse. Le *vestibule*, V, sorte de sac de forme ovoïde irrégulière, présente deux ouvertures en communication avec les deux fenêtres, ronde et ovale, percées dans la paroi de la caisse. Sur la paroi supérieure du vestibule se trouvent montés trois tubes courbés en demi-cercle, constitués de la même façon, même à l'extérieur, et doublés à l'intérieur d'une membrane non adhérente; ce sont les *conduits semi-circulaires*, R. Deux de ces demi-cercles ont leur plan vertical et se soudent entre eux par une de leurs branches, l'autre se dilatant en ampoule; le troisième demi-cercle est couché horizontalement. Sur la partie inférieure du vestibule repose le *limaçon*, L, organe plutôt cartilagineux qu'osseux, et ayant très-exactement la forme extérieure et intérieure de la coquille turbinée d'un limaçon. Le conduit auditif interne vient s'aboucher à la partie postérieure du vestibule, et le nerf acoustique, qu'il y amène, se divise en rameaux qui se partagent entre le limaçon et les conduits semi-circu-

laires. Ces filets nerveux sont flottants dans un liquide analogue à l'humeur vitrée de l'œil, et qu'on a appelé la *vitrée
acoustique.*

Le mouvement vibratoire, apporté par l'air de la caisse et
par la chaîne des osselets aux fenêtres ronde et ovale, trouve
immédiatement accès dans le vestibule, ou plutôt dans le liquide qui le remplit et où nagent les rameaux du nerf acoustique. Maintenant, comment cet ébranlement donné au nerf
produit-il la sensation? Cette question sort du domaine de la
physique, et d'ailleurs la physiologie n'en donne pas davantage la solution, qui nous échappe complétement.

L'oreille interne est véritablement l'organe de l'audition.
L'oreille moyenne n'est encore qu'un intermédiaire utile,
mais non indispensable. Ainsi la destruction de la membrane
du tympan n'est point une cause de surdité, pas plus que la
disparition des osselets, tant que les deux fenêtres, ronde et
ovale, restent intactes et fermées. La caisse n'existe point chez
la plupart des poissons ; les fenêtres, ronde et ovale, formées
toutes deux par une membrane, sont à fleur de tête.

. Mais si les fenêtres sont lacérées, alors le liquide qui bai-
gne les organes internes s'écoule. Les organes se dessèchent,
s'atrophient, aussi bien que le nerf lui-même, et la surdité
complète en est la conséquence.

Les articulés n'offrent pas d'organe apparent de l'audition,
bien qu'ils soient certainement capables de percevoir les
sons. Et parmi les mollusques on ne connaît guère que les
céphalopodes supérieurs qui en possèdent un : il se réduit au
vestibule et au nerf acoustique. Ce sont là les organes essentiels de l'audition, ceux qui ne manquent jamais dans l'appareil auditif, dès qu'on en peut constater l'existence.

Limite des sons perceptibles. — Notre oreille cesse de
percevoir les sons, dès l'instant que le nombre de vibrations,
correspondant à la durée d'une seconde, descend au-dessous
d'une certaine limite. D'après les expériences de Savart, et
plus tard de M. Despretz, le nombre minimum de vibrations
doubles qui puisse donner naissance à un son appréciable est
égal à 16 par seconde. C'est le son que donne le bourdon le
plus grave de l'orgue. Quant aux sons aigus, Savart, en se

servant de la roue dentée, est parvenu à obtenir des sons perceptibles correspondant à 24 000 vibrations doubles; et M. Despretz, à l'aide de diapasons, montés sur des caisses renforçantes, et dont les sons s'élevaient par octaves, a reculé la limite donnée d'abord par Savart jusqu'à 37 000 vibrations doubles par seconde. On comprend facilement qu'un mouvement de vibration aussi rapide ne peut avoir lieu qu'à la condition que l'amplitude de l'oscillation soit très-petite, et alors l'ébranlement donné à l'air, et communiqué aux organes auditifs, n'est plus suffisant pour produire une sensation.

Quant à la durée de la sensation, Savart l'a déterminée approximativement, en enlevant à la roue dentée sonométrique une dent, puis deux, puis trois, etc., jusqu'à ce que l'interruption du son devînt sensible. La durée de la sensation était alors moindre que le temps que mettait la carte à franchir l'intervalle vide de dents, sans quoi il y aurait encore eu continuité dans la sensation. Or, la vitesse de rotation de la roue étant donnée par le compteur, on en déduisait immédiatement le temps en question. Ainsi la roue porte 100 dents et fait, je suppose, un tour par seconde; Savart trouvait qu'il fallait enlever 10 dents pour que la discontinuité devînt sensible. La durée de la sensation est donc moindre que $\frac{10}{100}$ ou dixième de seconde, mais elle est plus grande que $\frac{9}{100}$. Ainsi nous pouvons l'estimer à environ un dixième de seconde.

CHAPITRE XLII.

OPTIQUE.

Notions préliminaires. — Méthodes photométriques.

La lumière est l'agent qui nous rend les objets visibles. Les corps qui la produisent sont appelés corps *lumineux :* le soleil, les étoiles fixes, puis tous les corps portés à l'incandescence par la chaleur, par l'électricité, les substances phosphorescentes, etc.

Quant à la nature même de la lumière, nous l'ignorons absolument, tout aussi bien que celle de la chaleur ou de l'électricité. La science en est réduite à cet égard à faire des hypothèses qu'elle cherche à mettre d'accord avec les faits observés. Au surplus, les phénomènes que nous allons avoir à étudier, et les lois qui les régissent, peuvent être exposés indépendamment de toutes notions sur la nature de la lumière, et nous laisserons de côté ces questions purement théoriques, en nous bornant aux résultats de l'expérience.

Les corps non lumineux par eux-mêmes nous deviennent visibles dès l'instant qu'ils reçoivent la lumière d'autres corps et qu'ils peuvent la renvoyer à notre œil. Quelques-uns, comme l'air, l'eau, le verre poli, placés entre l'œil et les objets extérieurs, transmettent la lumière que ceux-ci leur envoient et les laissent voir avec une parfaite netteté : ce sont les corps *transparents.* D'autres, comme le verre dépoli, le lait, l'agate, sont traversés par la lumière, qui s'y éteint toutefois en partie; mais ils ne permettent pas de distinguer les objets placés derrière; on les appelle corps *translucides.* Enfin, on donne le nom de *corps opaques* à ceux que la lumière ne peut traverser.

Il n'existe pas de corps ayant une transparence absolue, c'est-à-dire laissant passer la lumière sans aucune perte ; cette perte augmente avec l'épaisseur que la lumière a à traverser. Insensible pour des épaisseurs très-faibles, elle devient appréciable pour des épaisseurs plus grandes.

Inversement, il n'est point de corps doué d'une opacité absolue. Les corps qui nous semblent le plus complétement opaques sont traversés par la lumière si on les prend en lames suffisamment minces. Une feuille d'or, comme celles qu'on obtient par le battage au marteau, appliquée entre deux plaques minces de verre blanc, laisse passer la lumière solaire, en la colorant en vert. Cette coloration particulière prouve, à l'évidence, que la lumière qui arrive à l'œil n'a pas seulement traversé le verre en passant par les déchirures de la feuille métallique, mais qu'elle a été transmise par le métal, qui l'a modifiée de manière à la rendre colorée.

Propagation rectiligne de la lumière. — Dans un milieu homogène, la lumière se propage en ligne droite, au moins tant qu'elle ne rencontre point sur son trajet de corps étranger, opaque ou transparent, qui la dévie de sa route.

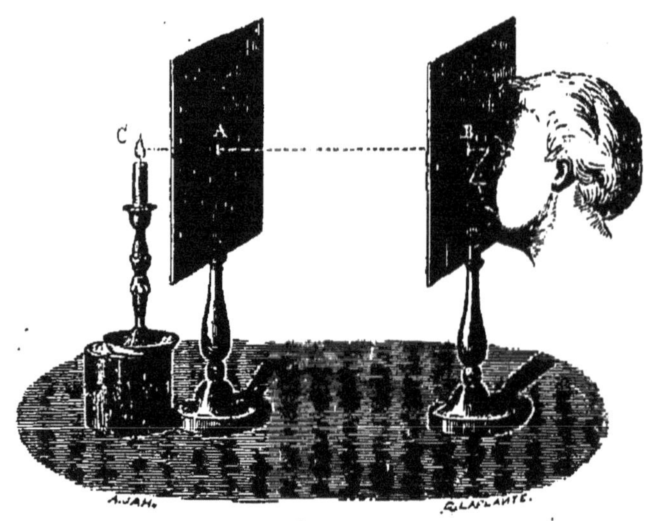

Fig. 430.

Pour le démontrer, nous prenons deux cartons percés d'un trou rond ; nous les plaçons en face l'un de l'autre (fig. 430),

et nous mettons la flamme d'une bougie allumée derrière
l'un des deux trous. Si nous allons placer notre œil devant
l'autre trou, nous recevons la lumière que nous envoie la
flamme, et qui nous arrive en suivant la ligne droite que déterminent les deux trous; mais si nous déplaçons de côté
l'œil, ou la bougie, ou l'un des deux cartons, la flamme disparaît immédiatement.

Rayon lumineux. — On appelle *rayon* la route rectiligne
que suit la lumière pour passer d'un point à un autre de l'espace. Si l'on se représente un corps lumineux de dimensions
assez petites pour qu'il puisse être regardé comme un point,
de ce point lumineux comme d'un centre, et dans toutes les
directions, partiront des rayons lumineux divergents. Ainsi
tout corps placé sur le trajet de rayons, venant directement
du centre lumineux, les reçoit toujours divergents. Toutefois, si les dimensions de ce corps sont très-petites relativement à la distance qui le sépare du point lumineux, on peut
considérer le faisceau comme formé de rayons parallèles.

Ombre et pénombre. — Si le corps qui se trouve ainsi placé
sur le trajet des rayons est opaque, ces rayons se trouvent
arrêtés et ne peuvent aller éclairer l'espace derrière le corps.
Cet espace obscur est ce que l'on appelle l'*ombre* projetée
par le corps. Il est
facile d'en déter-
miner les limites
géométriques.

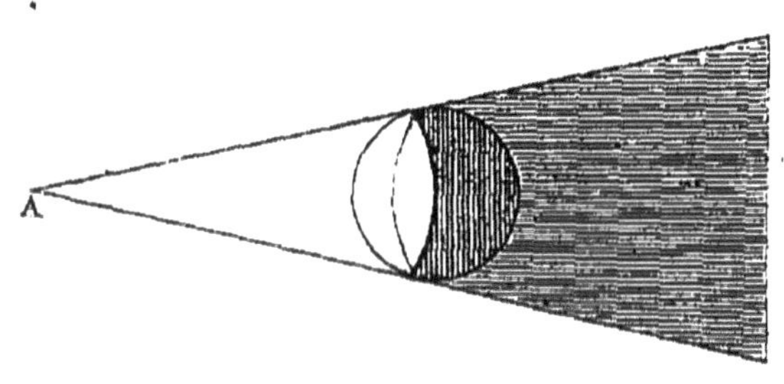

Fig. 431.

Soit une boule
sphérique opaque
placée sur le pas-
sage des rayons
venant d'un point
lumineux A (fig. 431). Du point A comme sommet, menons
un cône tangent à la sphère. La ligne de contact sera un
petit cercle dont le plan sera perpendiculaire à la droite qui
joint le point A au centre.

La marche des rayons étant rectiligne, aucun des rayons
qui partent du point A, en dehors du cône, ne peut y rentrer plus tard. Tous ceux dont la direction était comprise

dans l'angle du cône rencontrent le corps en un point de la surface convexe, limitée par la ligne de contact, et sont arrêtés. Il suit de là que toute la portion de la surface du corps en arrière de la ligne de contact, et, au delà du corps, l'espace indéfini limité par la nappe du cône, sont dans l'obscurité complète, dans l'ombre.

La ligne de contact sur la surface du corps, la surface du cône dans l'espace séparent nettement les points éclairés des points qui ne reçoivent aucune lumière.

La séparation cesse d'être aussi nette si le corps est éclairé par plusieurs points lumineux à la fois, ou par un corps lumineux dont les dimensions ne sont plus négligeables. Entre la région complétement éclairée et la région complétement

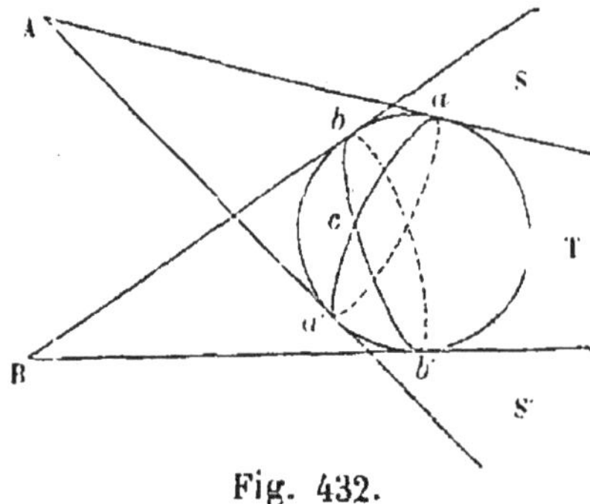

Fig. 432.

obscure, s'étend une zone plus ou moins large qu'on appelle la *pénombre*, et où l'intensité d'éclairement va en s'affaiblissant graduellement.

Prenons d'abord le cas simple de deux points lumineux A et B (fig. 432). Les rayons partis de A qui éclairent la sphère sont tous compris dans le cône tangent qui a pour ligne de contact *aca'*. De même les rayons venus de B qui éclairent le corps sont tous compris dans le cône ayant B pour sommet, et *bcb'* pour ligne de contact.

Si nous considérons maintenant la surface de la sphère, nous voyons que les points situés à la fois en arrière des deux lignes de contact (*acb'* limite cette région en avant du plan du tableau) ne recevront de lumière ni de A ni de B : ils seront dans l'ombre complète.

Les points situés en avant des deux lignes de contact (*bca'* limite cette région en avant du plan du tableau) seront éclairés à la fois par A et par B.

Mais les points situés entre les deux lignes de contact ne seront éclairés que par un seul des deux points lumineux. Ainsi les points pris dans la région *abc* sont en arrière de la

ligne de contact du cône qui a B pour sommet, et en avant
de la ligne de contact de l'autre cône. Ils seront donc éclairés
par A et non par B. Les points pris dans l'espace $a'cb'$ seront,
au contraire, par une raison analogue, éclairés par B et
non par A. Ces deux espèces de fuseaux représentent la
pénombre.

Dans l'espace, maintenant, la région T, commune aux deux
cônes d'ombre, ne recevra de lumière ni de A ni de B;
c'est l'ombre complète. La région S appartient au cône d'ombre de B, mais elle est éclairée par A; au contraire, la région S′ est éclairée par B et dans le cône d'ombre de A. Elles
appartiennent à la pénombre. Quant aux points pris en dehors
des deux cônes, ils sont éclairés à la fois par A et par B.

Prenons enfin deux sphères dont l'une sera lumineuse, et
l'autre éclairée par la première.

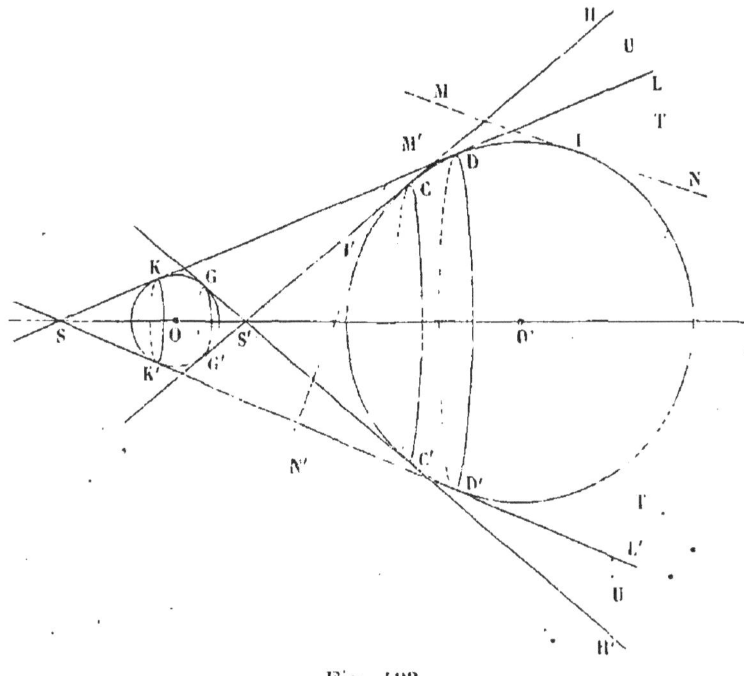

Fig. 433.

Soient O et O′ (fig. 433) les centres des deux sphères;
soit S le sommet du cône tangent qui enveloppe les deux
sphères dans une seule de ses nappes; S′ le sommet du cône

tangent qui enveloppe l'une des sphères dans une de ses nappes, et, dans l'autre, la seconde sphère : KK', DD' seront les lignes de contact du premier cône ; CC', GG', les lignes de contact du second. Supposons que O soit la sphère lumineuse. Si nous prenons un point I sur la portion de la sphère O', en arrière de la ligne de contact DD', et si nous menons en I le plan tangent à la sphère, ou plan d'*horizon* de ce point, la sphère lumineuse O sera tout entière au-dessous de ce plan ; elle sera donc invisible pour le point I. Aucun rayon, parti de quelque point que ce soit de la sphère O, ne pourra atteindre le point I. Si je prends un point I' dans la portion de surface, en avant de la courbe de contact CC', et si je mène le plan tangent M'N' en I', la sphère tout entière sera au-dessus de ce plan. I' verra une calotte sphérique complète, qui sera déterminée par le cône tangent à la sphère O, et ayant I' pour sommet.

Transportons le point I au point C, le plan d'horizon qui a pour trace sur le plan du tableau la tangente CG', laissera encore la sphère O tout entière au-dessus de lui. Mais si le point I se transporte progressivement de C vers D, le plan d'horizon se relèvera peu à peu, coupant la sphère O, de telle sorte que le point I verra une fraction de plus en plus petite du corps lumineux. Enfin, arrivé en D, le plan tangent, devenu DK, laissera la sphère tout entière au-dessous de lui, sauf le point K, qui sera le seul visible. Ainsi la zone à une base, en avant de CC', est la région éclairée ; la zone à une base, en arrière de DD', est dans l'ombre complète ; la zone à deux bases, comprise entre CC' et DD', est la pénombre, et l'ombre y va se fonçant de plus en plus, de CC' à DD'.

Quant à l'espace lui-même, la région T, commune aux deux cônes, intérieur et extérieur, ne peut recevoir de lumière d'aucun des points de la sphère O ; c'est l'ombre complète. La région U est la pénombre ; et il est facile de voir qu'un point pris dans cette région, et qui se déplacerait de CH vers DL, verrait une étendue de plus en plus restreinte de la sphère éclairante jusqu'à ce que, arrivé sur DL, il ne vît plus que le seul point K.

En plaçant un écran perpendiculaire à l'axe OO', et à une

certaine distance en arrière de la sphère O', on aurait un cercle central d'ombre complète, déterminée par l'intersection du cône S, puis tout autour un anneau de pénombre, s'étendant jusqu'au bord du cône S', et au delà l'espace de complète lumière.

On pourrait tout aussi bien prendre la sphère O' pour sphère lumineuse, et O pour la sphère opaque. La zone GG'KK' serait alors la zone de pénombre, et la calotte en arrière de KK' serait dans l'ombre complète. Le cône d'ombre complète serait ici limité et s'arrêterait au sommet S. La seconde nappe de ce cône est comprise dans la pénombre. En plaçant l'écran au delà de S, on aurait un cercle de pénombre, mais pas de cercle d'ombre complète. De tous les points de ce cercle de pénombre, on apercevrait une portion de la sphère lumineuse.

Quant aux dimensions des zones d'ombre et de pénombre, soit sur les sphères elles-mêmes, soit sur un écran pris dans une certaine position déterminée, elles sont faciles à calculer géométriquement quand on donnera les rayons des deux sphères et la distance de leurs centres. C'est une question de géométrie élémentaire que nous laissons à nos lecteurs le soin de résoudre et de discuter.

Chambre obscure. — Si l'on ferme hermétiquement une chambre, de telle sorte que la lumière ne puisse y pénétrer que par une très-petite ouverture percée dans un des volets pleins qui ferment les fenêtres, et si l'on vient à présenter dans l'intérieur de la chambre, devant le trou et à une distance de 25 à 30 centimètres, une large feuille de papier huilé, collée sur un cadre en bois, on voit se peindre sur cette feuille, avec une étonnante fidélité de formes et de couleurs, tous les objets du paysage extérieur, avec leurs positions relatives ; mais le tableau est renversé par rapport aux objets eux-mêmes : le ciel est en bas, le sol en haut; les objets à droite dans le paysage sont à gauche dans le dessin, etc.

La marche rectiligne de la lumière va encore nous permettre d'expliquer facilement la formation de ces images. Soit M, la paroi de la chambre où se trouve percée l'ouverture O (fig. 434); N représente le plan de l'écran que nous supposons parallèle au plan M.

Un point lumineux A envoie tout autour de lui des rayons.

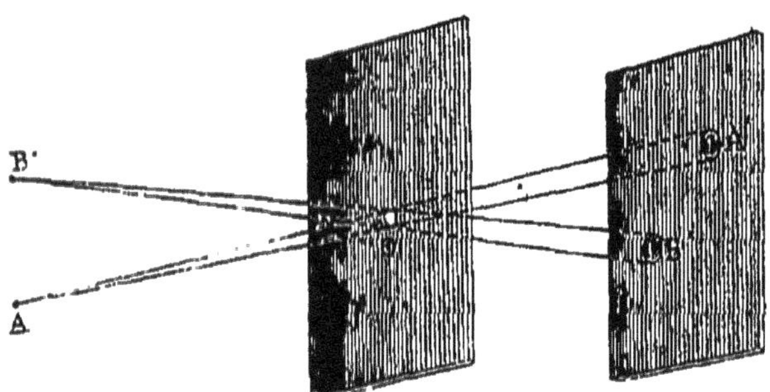

Fig. 434.

Il en envoie à la paroi M ; un pinceau conique, ayant pour sommet le point A et pour base l'ouverture, pénètre dans la chambre, et vient tomber en A', dessinant en ce point un petit espace éclairé, qui est une section du cône *semblable* à l'ouverture. Un autre point lumineux B, placé au-dessus de A, donnera de même, en envoyant un faisceau conique dans la chambre par l'ouverture O, une image éclairée de l'ouverture en B'. Ces faisceaux se croisant en O, les positions relatives des images A' et B' seront les mêmes que celles des points A et B, mais leurs positions absolues sont renversées. A donne son image de l'ouverture en haut, B la donne en bas.

C'est là ce que l'on obtiendrait avec des points lumineux proprement dits, sans dimensions appréciables; chacun d'eux serait représenté sur le tableau par une image de l'ouverture. Mais si l'on a affaire à des *objets* lumineux (par eux-mêmes ou par réflexion de la lumière reçue), alors on ne voit plus d'images de l'ouverture; ce sont les images des objets qui apparaissent sur l'écran, formées par la juxtaposition d'images de l'ouverture, correspondant chacune à un des points lumineux de l'objet.

Ainsi, pour prendre un exemple simple, supposons un disque circulaire. De tous les points de son contour partiront des faisceaux prismatiques ou coniques, ayant pour base l'ouverture. Ils viendront donner tous des images de l'ouverture, rangées sur une circonférence. Les points intérieurs donneront des faisceaux enveloppés par les premiers, et iront loger leur image de l'ouverture dans l'espace circulaire. Toutes ces images juxtaposées de l'ouverture, quelle que soit sa forme, ronde, carrée ou triangulaire, donneront ainsi une image totale *circulaire* du disque. Maintenant, si *à droite* de ce cercle se trouve placé un objet carré, le système des faisceaux coniques, ayant pour base l'ouverture, et qui partent des différents points de cet objet carré, formera sur l'écran une image carrée, produite par la juxtaposition des images de l'ouverture. Ce système de faisceaux se croisera d'ailleurs en O avec celui qui forme l'image du disque. Ainsi, l'image carrée se formera sur l'écran, *à gauche* de l'image circulaire. Plus l'ouverture est petite, plus les images de l'ouverture formées sur l'écran sont petites elles-mêmes. Le contour de l'image totale de chaque objet est alors plus nettement tracé. Il est vrai que, d'un autre côté, la quantité de lumière répandue sur cette image est moins grande. Nous verrons plus tard comment, par l'addition d'un verre bombé encadré dans l'ouverture de la chambre, on peut donner une grande netteté et un éclairement suffisant aux images. On remplace d'ailleurs maintenant la chambre par une boîte fermée, de forme carrée, portant sur une de ses parois verticales un tube court où se trouve enchâssée la lentille de verre, et sur l'autre paroi une plaque de verre dépoli qui sert d'écran pour recevoir l'image. C'est cette boîte, qui joue actuellement un si grand rôle dans la photographie, que l'on appelle la *chambre obscure*. Nous y reviendrons plus tard avec détails, quand nous décrirons les principaux instruments d'optique.

Vitesse de la lumière. — Nous avons déjà, à plusieurs reprises, parlé de la vitesse prodigieuse avec laquelle la lumière se propage dans l'espace. Maintes fois on a cherché à la déterminer en prenant à la surface de la terre deux stations très-éloignées l'une de l'autre, et tentant de mesurer le temps qui s'écoulait entre le moment où se produisait un phénomène lumineux à l'une des deux stations, et le moment où on l'observait à l'autre. Si grande que fût la distance

entre ces deux lieux, il fut toujours impossible d'observer
une différence entre les indications des deux instruments
chronométriques. Nous avons dit que la vitesse de la lumière
était d'environ trois cents millions de mètres par seconde. On
comprend que les plus grandes distances entre deux stations,
visibles l'une pour l'autre à la surface de notre globe, ne sont
encore que des fractions tellement petites de cette prodigieuse
distance, que la fraction de seconde qui y correspond échappe
aux méthodes chronométriques ordinaires.

Plus tard, diverses méthodes furent proposées, basées sur
l'observation des phénomènes astronomiques, en particulier
des éclipses. Descartes tenta de déterminer la vitesse par
l'étude des éclipses de lune, mais la distance était encore trop
petite pour donner des résultats suffisamment concordants.
Enfin Rœmer recourut à l'observation des éclipses des satel-
lites de Jupiter, et en particulier du premier satellite, celui
dont l'orbite est la plus étroite et la révolution la plus rapide.

Si l'on détermine, pour différentes positions de la terre et de
Jupiter sur leurs orbites respectives, le temps qui s'écoule entre
deux immersions consécutives du satellite dans le cône d'ombre
que le soleil projette derrière Jupiter, on trouve, en faisant la
moyenne d'un grand nombre de résultats, $42^h,28',35''$. On
élimine ainsi, par ce calcul de moyennes, les différences de
durée qui tiendront à ce que la terre sera tantôt plus près,
tantôt plus loin de Jupiter, à ce que la lumière aura par
conséquent à parcourir, pour aller du soleil au satellite, et
revenir à l'observateur, une distance variable. Ce résultat est
celui que l'on trouverait si la terre restait pendant la durée
d'une révolution du satellite invariablement à la même distance de Jupiter.

Cette durée est aussi celle que l'on observe lorsque les
trois astres sont en conjonction STJ, ou en opposition JST₁
(fig. 435). En effet, dans ce cas, la terre se déplace sur son
orbite, pendant la durée de la révolution du satellite, d'un
très-petit arc (environ 2°). Cet arc se confond sensiblement
avec celui qu'on décrirait du point J comme centre, avec JT
ou JT₁ pour rayon, les deux arcs étant tangents. C'est dire
que, dans ces deux positions, la distance de Jupiter à la

terre ne varie pas d'une quantité sensible pendant la durée
d'une révolution. On obtiendra donc alors, à une très-faible

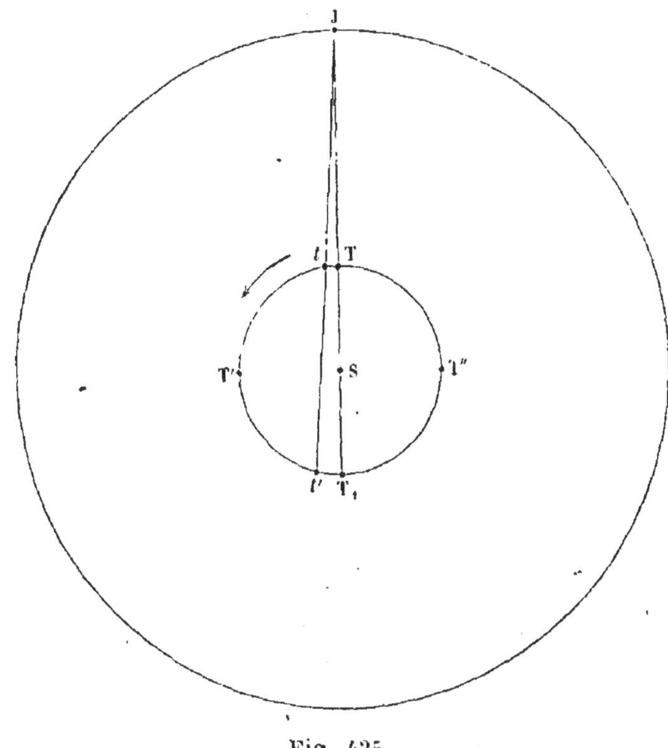

Fig. 435.

différence près, le même résultat. Il n'en sera plus ainsi si la
terre occupe la position T' ou la position T'''. C'est en T' qu'elle
s'éloigne le plus rapidement de Jupiter ; c'est en T''' qu'elle
s'en rapproche le plus rapidement. Aussi l'observation faite
en T' donne-t-elle, pour l'intervalle de deux immersions consécutives, un temps un peu plus long, car la lumière a de
plus à parcourir l'espace que la terre elle-même a franchi sur
son orbite entre les deux immersions. En T''' la durée doit
être au contraire, et est en effet, plus courte. On connaît la
marche de la terre ; on peut donc calculer, d'une part, la
distance a que la terre a parcourue, c'est-à-dire celle que la
lumière a à franchir en plus ou en moins ; l'observation
donne la différence, en plus ou en moins, δ, sur le temps

moyen de la durée de la révolution ; $\frac{a}{\delta}$ est alors l'espace parcouru dans l'unité de temps, ou la vitesse. Mais pour rendre le résultat plus sensible, Rœmer imagina d'accumuler les différences.

Pour cela, il détermina le moment précis d'une éclipse pour une position de la terre très-voisine d'une conjonction, puis il calcula le nombre n d'éclipses qui s'opéreraient jusqu'au moment où la terre viendrait occuper une nouvelle position t', voisine de l'opposition, et le moment théorique précis de la n^e éclipse; il devait être à n fois $42^h,28',35''$ du moment initial. Or le moment observé de cette n^e éclipse était très-notablement en retard sur le moment donné par le calcul.

La différence $16'26''$ représente le temps que la lumière doit mettre pour franchir la distance tt', sensiblement égale au diamètre de l'écliptique.

Ainsi la lumière met $8'13''$ à nous venir du soleil. C'est une vitesse d'environ 77 000 lieues métriques, ou 300 000 000 mètres par seconde.

Des expériences spéciales que nous ne décrirons pas, ont montré que la lumière des étoiles nous arrive avec la même vitesse.

L'épaisseur de l'atmosphère terrestre est nulle devant l'immense distance que Rœmer prenait pour base de sa détermination. Cette vitesse est donc celle que possède la lumière dans le vide planétaire.

M. Fizeau a déterminé la vitesse dans l'air par une méthode dont nous nous bornerons à faire comprendre le principe. Supposons une roue dentée, R, montée sur un axe horizontal (fig. 436), et animée d'un mouvement de rotation rapide. Mettons qu'elle ait 250 dents et qu'elle fasse 100 tours par seconde. La largeur d'une dent, ou l'intervalle vide d'une dent à la suivante représente $\frac{1}{500}$ de la circonférence. Cet intervalle passe donc devant un repère fixe dans un temps égal à $\frac{1}{50000}$ de seconde. Ce repère fixe sera un point lumineux brillant placé en a.

En admettant pour un moment que la vitesse de la lumière dans l'air soit la même que dans le vide, l'espace que la lumière peut franchir en $\dfrac{1}{50000}$ de seconde, est $\dfrac{300000000}{50000}$ mètres ou 6000 mètres. Sur la direction horizontale, perpendi-

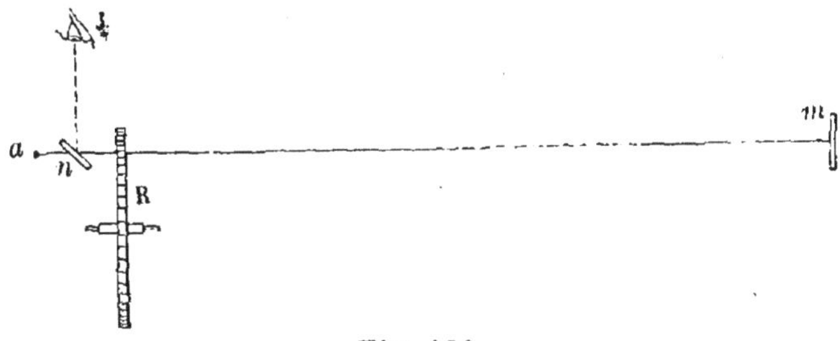

Fig. 436.

culaire au plan de la roue et passant par a, plaçons, à 3000 mètres, un miroir plan m parallèle à la roue. La lumière partant de a, si les dents de la roue laissent devant elle un intervalle vide qui lui permette de passer, aura à parcourir 3000 mètres pour arriver en m et s'y réfléchir, puis 3000 mètres pour revenir à son point de départ. Il lui faudra donc juste un $\dfrac{1}{50000}$ de seconde pour faire ce double trajet. Or pendant ce temps la roue aura tourné d'une demi-largeur de dent, et les rayons partis à travers l'intervalle de deux dents consécutives rencontreront à leur retour le plein de la dent, et ne pourront pas passer pour revenir en a.

Si le mouvement de la roue se ralentit, la lumière mettra pour faire son double trajet un temps plus court que celui que la roue met à tourner d'une demi-largeur de dent, et quelques-uns des rayons arriveront encore à temps pour passer. Plus la roue tournera lentement, plus le nombre des rayons qui pourra passer sera grand.

M. Fizeau plaçait alors entre a et la roue une plaque de glace sans tain n inclinée à 45° qui réfléchissait les rayons de retour vers l'œil posté en J. La lumière étant placée en a, il donnait à la roue une vitesse croissante tant qu'il pouvait recevoir en b les rayons de retour. Puis arrivait un moment où ces rayons cessaient de passer et où la glace n'était plus éclairée par eux. Le temps t que la lumière mettait à exécuter son double trajet était donc au moins égal au temps que la roue mettait à tourner d'une demi-largeur de dent. Un compteur analogue à celui de la sirène donnait alors le nombre de tours faits par la roue en une seconde ; soit n ce nombre.

Le temps en question était donc *au moins* la fraction $\dfrac{1}{500n}$ de la seconde, et la vitesse de la lumière est *au plus* égale à $\dfrac{6000^{\mathrm{m}}}{t}$ ou $6000 \times 500 \times n$.

On trouve ainsi pour la transmission dans l'air une vitesse un peu moindre que pour la propagation dans le vide. La différence en moins est environ $\dfrac{3}{10000}$ de cette dernière valeur.

Méthodes photométriques. — La quantité de lumière, versée par une source lumineuse sur une étendue de surface plane donnée, varie avec la distance de la source à la surface et avec l'inclinaison des rayons.

Elle est d'autant plus faible que les rayons font un angle plus petit avec la surface ; il suffit d'un coup d'œil jeté sur la figure qui nous a déjà servi pour la chaleur, pour s'en rendre compte.

La quantité de lumière reçue normalement est en raison inverse du carré de la distance à la source ; nous ne répéterons point le raisonnement déjà fait dans la théorie de la chaleur rayonnante, et auquel il n'y aurait rien à changer.

On peut faire une vérification approchée de cette loi de la manière suivante :

Prenons un cadre à ombres chinoises, formé d'un cadre en bois sur lequel se trouve tendue une feuille de papier huilé, et dressons-le à l'extrémité d'une longue table rectangulaire. Dressons en outre sur cette table une longue planche très-mince, noircie sur ses deux faces, et perpendiculaire au plan du cadre, de manière à former avec lui un T.

Ceci fait, choisissons, dans un paquet de bougies, toutes celles qui, placées à la même distance du cadre, l'éclairent également. Pour faire cette comparaison, on en placera une, bien allumée, d'un côté de la cloison, à une distance du cadre égale à un mètre, pour qu'elle en éclaire une des moitiés. On placera en même temps de l'autre côté de la planche une autre bougie allumée que l'on éloignera ou que l'on rapprochera du cadre, jusqu'à ce qu'il soit impossible à l'œil de saisir la moindre différence d'éclairement entre les deux moitiés du cadre. Si l'on trouve que la distance est d'un mètre également, on en peut conclure évidemment l'égalité des deux sources lumineuses.

Or, si laissant la première bougie à un mètre du cadre, l'on place à une distance de deux mètres un faisceau de quatre de ces bougies, on trouve encore les deux moitiés du cadre également éclairées.

Ce faisceau, ramené à la distance d'un mètre, donnerait quatre fois autant de lumière que la bougie unique. Donc quand la distance devient double, la quantité de lumière reçue est quatre fois plus petite.

La loi admise, la méthode expérimentale qui nous sert à la vérifier peut devenir une méthode pour la comparaison des intensités lumineuses de deux sources.

L'unité lumineuse que nous adopterons sera, je suppose, la flamme d'une lampe Carcel, grand modèle, réglée de manière à brûler 45 grammes d'huile à l'heure.

Nous voulons lui comparer, par exemple, l'intensité lumineuse d'une bougie. Nous placerons la lampe à la plus grande distance possible du cadre, d'un côté de la cloison, puis de l'autre côté nous mettrons la bougie en la rapprochant du cadre, jusqu'à ce que l'œil ne saisisse plus de différence d'éclairement entre les deux moitiés de la feuille. Ce résultat obtenu, on mesure les distances D et D' de la lampe et de la bougie au cadre.

Si alors on appelle I et I' les intensités de la lampe et la bougie, c'est-à-dire les quantités de lumière qu'elles envoient sous l'incidence normale, sur l'unité de surface, à l'unité de distance, d'après la loi précédente, la quantité de lumière envoyée par la lampe à la distance D est $\frac{I}{D^2}$. Celle qu'envoie la bougie à la distance D′ est $\dfrac{I'}{D'^2}$. Et, puisque les deux moitiés du cadre n'offrent pas de différence d'éclairement,

$$\frac{I}{D^2} = \frac{I'}{D'^2},$$

d'où

$$\frac{I'}{I} = \frac{D'^2}{D^2}.$$

Les intensités lumineuses de deux sources sont entre elles comme les carrés des distances qui les séparent d'une surface qu'elles éclairent également.

L'œil ne compare pas facilement de grandes surfaces éclairées. Aussi Rumford a-t-il un peu modifié le procédé primitif tel que nous venons de l'exposer, et qui est dû à Bouguer.

Rumford supprime la cloison opaque et dresse devant le cadre à une petite distance une tige verticale noircie (fig. 437).

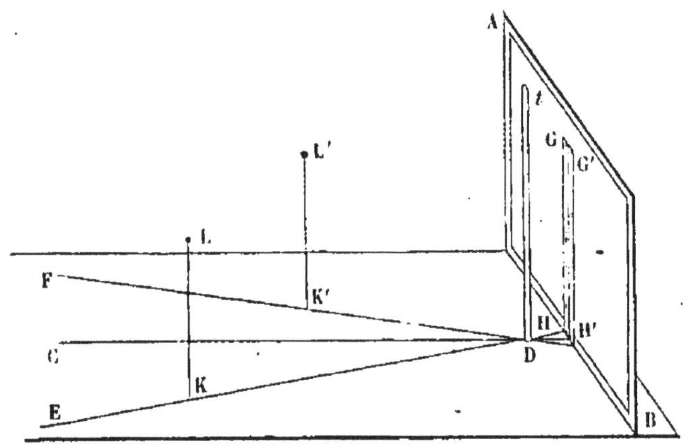

Fig. 437.

Soit AB le cadre et *t* la tige. Sur la table, Rumford trace trois droites, passant par le pied de la tige, l'une CD perpendiculaire au plan du cadre ; les deux autres, ED, FD, faisant avec la première des angles égaux et assez petits. Les deux droites sont divisées en millimètres à partir du point D. L'une des sources lumineuses, L, placée sur la droite DE, projette en GH l'ombre de la tige. L'autre source, L′, placée sur l'autre ligne, projette l'ombre de la tige en G'H'. Ce ne sont là toutefois que des pénombres. Car GH, ombre donnée par L, est éclairée par L', et de même G'H', ombre donnée par L', est éclairée par L. La distance de la tige t au cadre est telle que les deux bandes de pénombre se touchent. Le reste de la surface du cadre est éclairé par les deux lumières à la fois.

On réglera alors les positions des deux sources L et L' sur les droites DE, DF, de telle sorte que les deux pénombres soient également éclairées.

La distance de L' à GH est sensiblement K'D. La distance de L à G'H' est de même, à une petite erreur près, KD. Il suffira, pour que ces petites erreurs soient négligeables, que les deux points K et K' soient assez loin du cadre.

On aura alors, d'après la loi donnée plus haut :

$$\frac{I}{I'} = \frac{\overline{KD}^2}{\overline{K'D}^2}.$$

Bien que ces méthodes soient préférables à la précédente, elles offrent encore un grave inconvénient. Les lumières que l'on compare ne sont pas seulement différentes d'intensité, elles diffèrent aussi de couleur. La lumière d'une chandelle bien mouchée est plus vive que celle d'une bougie, mais elle est en même temps moins blanche. Or rien n'est plus difficile que de discerner, dans la comparaison des deux pénombres, la différence tenant à l'inégalité d'intensité de la différence de couleur.

Ce défaut se retrouve dans toutes les méthodes photométriques usuelles, même dans celle de Bunsen, quoiqu'il y soit moins prononcé.

Dans cette dernière méthode, on se sert d'un écran en papier au centre duquel on a déposé une petite tache d'huile. On place les deux sources de part et d'autre de l'écran sur une même droite perpendiculaire à son plan, et passant par le centre de la tache. Tant que les quantités de lumière versées par les deux sources sur la tache sont inégales, celle-ci apparaît brillante sur le fond relativement sombre du papier sec. Mais du moment que les distances des sources lumineuses à l'écran auront été réglées de telle sorte que les quantités de lumière arrivant de part et d'autre soient égales, la tache deviendra obscure, comme si les deux faisceaux s'annulaient mutuellement. Il ne reste plus, pour avoir les intensités relatives, qu'à appliquer la formule $\dfrac{l'}{l} = \dfrac{D''^2}{D'^2}$.

CHAPITRE XLIII.

RÉFLEXION. — LOI DE LA RÉFLEXION. — MIROIRS, PLANS ET MIROIRS SPHÉRIQUES.

Lorsqu'un faisceau de rayons lumineux pénètre par le trou percé dans le volet d'une chambre obscure et tombe sur la surface d'un corps opaque, il y a toujours une portion plus ou moins considérable du faisceau qui se trouve renvoyée par la surface, suivant une certaine direction déterminée, liée à la direction d'arrivée par une relation géométrique très-simple dont nous allons donner tout à l'heure l'énoncé. La trace des deux faisceaux dans l'espace est rendue visible par les petits corpuscules en suspension dans l'air qu'ils éclairent sur leur passage; ce phénomène est ce qu'on appelle la *réflexion régulière*. Le reste du faisceau se dissémine dans toutes les directions, de telle sorte que le point d'incidence devient alors, par le fait de cette réflexion irrégulière ou *diffusion*, un véritable centre de rayonnement lumineux. C'est ainsi que ce point nous devient visible.

La portion de lumière réfléchie régulièrement est d'autant plus grande que la surface offre un poli plus parfait, et alors la diffusion est presque nulle; au contraire, sur une surface rugueuse, comme le bois, le papier, toute la lumière est diffusée. Il n'y a point de réflexion régulière.

Les corps transparents ou translucides produisent aussi le phénomène de la réflexion régulière et irrégulière, surtout si le faisceau arrive sous une incidence très-oblique; mais la portion du faisceau qui se réfléchit est d'autant moindre que le corps a une transparence plus complète.

Lois de la réflexion. — 1° Le rayon incident *ac* et le rayon réfléchi *cb* sont dans un même plan perpendiculaire à la surface plane réfléchissante, et comprenant, par conséquent, la droite *cn*, perpendiculaire à cette surface (fig. 438). Cette

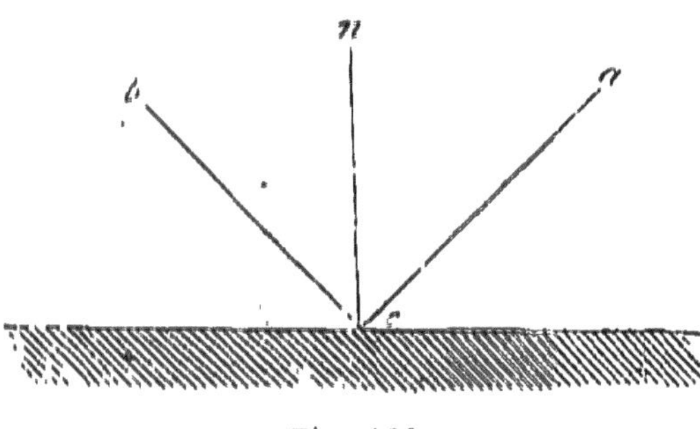

Fig. 438.

droite *cn* s'appelle la *normale* du point *c*.

2° L'angle *acn*, que le rayon incident fait avec la normale, est égal à l'angle *bcn* que cette même normale fait avec le rayon réfléchi. Ce que l'on énonce ainsi l'*angle d'incidence est égal à l'angle de réflexion*.

Ces deux lois peuvent se démontrer expérimentalement avec l'appareil suivant :

Un cercle gradué, ou limbe, vertical (fig. 439) porte, ajustée en son centre, une petite plaque métallique polie, dont le plan, perpendiculaire au plan du limbe, est amené dans une position horizontale au moyen d'un niveau à bulle d'air; deux alidades mobiles autour du centre du cercle portent des tubes noircis à l'intérieur et exactement dirigés vers le centre.

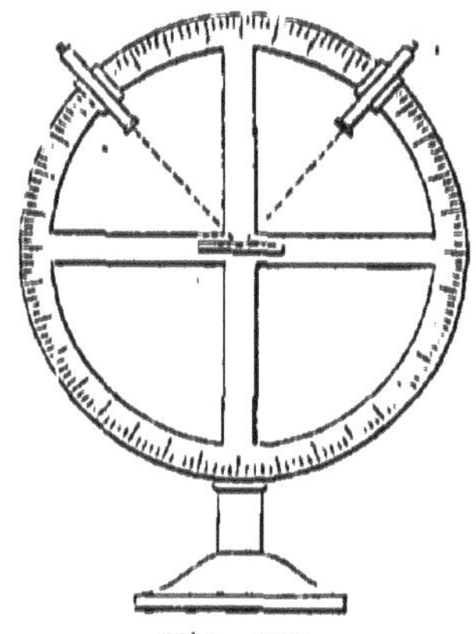

Fig. 439.

Le diamètre vertical du cercle sert d'origine à la division des deux demi-circonférences qu'il sépare.

Pour faire l'expérience, on place devant l'extrémité extérieure d'un des tubes la flamme d'une bougie, de telle sorte qu'un faisceau étroit de rayons arrive suivant son axe sur la surface du miroir. Un large écran noir, qui entoure le tube, intercepte tous les rayons qui pourraient tomber sur les autres parties de l'appareil. On place alors l'œil à l'extrémité extérieure du second tube, et l'on fait mouvoir l'alidade qui le porte, de manière à voir la flamme par réflexion sur le miroir; et on arrive toujours à trouver la position cherchée, position dans laquelle le second tube donne la direction des rayons réfléchis. Ainsi le plan dans lequel s'opère la réflexion est parallèle au plan du limbe, par conséquent perpendiculaire à la surface de la plaque sur laquelle s'opère la réflexion.

Si, de plus, on fait sur le limbe gradué la lecture des arcs compris entre le diamètre vertical et chacune des alidades, on trouve toujours ces deux arcs égaux ; donc les angles qu'ils mesurent, et qui sont précisément ceux que nous avons appelés angles d'incidence et de réflexion, sont égaux.

On fait encore la démonstration de ces lois de la manière suivante :

Au centre d'un limbe gradué vertical L se trouve montée une lunette, ou même un simple tube noirci à l'intérieur, pouvant tourner dans un plan parallèle à celui du limbe

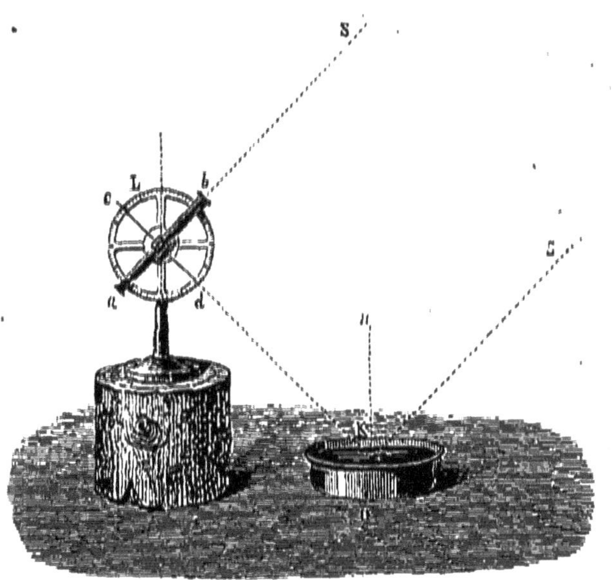

Fig. 440.

(fig. 440). On dirige l'axe de la lunette vers une étoile brillante, dans la direction ab; puis, plaçant à quelque distance, en avant de l'appareil, une soucoupe Q contenant du mercure propre et bien brillant, on abaisse la lunette et l'on déplace la soucoupe jusqu'à ce qu'on aperçoive la même étoile par la réflexion des rayons qu'elle envoie sur la surface du mercure. On arrive toujours à trouver cette position *cd* de la lunette, ce qui démontre déjà la première partie de la loi.

En effet, à cause de l'immense distance de l'étoile à la terre, les deux rayons qu'elle envoie, l'un dans l'axe *ab* du tube à sa première position, l'autre SK sur la surface du mercure au point K, sont rigoureusement parallèles. Le plan que forment en K les rayons incidents et réfléchis comprend donc la droite *cd* et une parallèle à *ab* ; il est par conséquent parallèle au plan vertical du limbe. D'autre part, d'après les conditions d'équilibre des liquides, la surface du mercure est horizontale ; donc la réflexion s'opère dans un plan perpendiculaire à la surface réfléchissante. Si maintenant on mesure sur le limbe les angles que font les deux directions de la lunette avec le diamètre vertical du limbe, on les trouve toujours égaux.

Mais ces angles sont égaux aux angles formés en K, avec la normale K*n*, par les rayons, incident et réfléchi, comme ayant les côtés parallèles deux à deux, donc les angles d'incidence et de réflexion sont égaux.

Construction du rayon réfléchi. — Ces lois admises, il va nous être facile maintenant de déterminer géométriquement la route suivie par un rayon ou par un faisceau réfléchi sur une surface plane, correspondant à un rayon ou à un faisceau incident quelconque. Soit MN la surface plane réfléchissante, S le point de départ des rayons, et SI un rayon incident (fig. 441) ; pour trouver la direction du rayon réfléchi, il faudrait, en se conformant aux deux lois de la réflexion, élever au point I la droite IN, normale à la surface ; on déterminerait ainsi le plan de la réflexion SIN

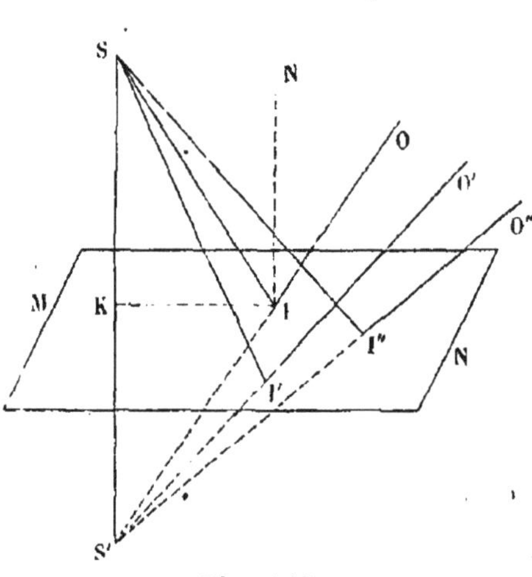

Fig. 441.

normal à la surface réfléchissante; puis, dans ce plan, mener une droite IO, faisant, avec IN, l'angle $OIN = SIN$; IO sera le rayon réfléchi.

Ce mode de construction, complétement conforme aux deux lois, a toutefois l'inconvénient que, si l'on change le point d'incidence, il faut recommencer à nouveau la construction pour ce point.

Mais, abaissons du point S une perpendiculaire sur le plan MN, elle est comprise dans le plan des droites SI, IN, IO, puisqu'elle est parallèle à IN; soit S' le point où elle est rencontrée par le prolongement de OI.

Les angles OIN, IS'K sont égaux (correspondants). Il en est de même des angles NIS, ISK (alternes-internes); le triangle SIS' est donc isocèle.

De plus, SK, perpendiculaire au plan, est perpendiculaire par suite à IK; d'où il suit que, la droite IK tombant du sommet I, perpendiculaire sur la base du triangle isocèle SIS', le point K est le milieu de cette base.

Le point S' est donc le symétrique du point S par rapport au plan réfléchissant, quelle que soit la direction SI du rayon incident.

Ainsi, du point lumineux S, abaissons une perpendiculaire sur MN, et prolongeons cette perpendiculaire SK d'une quantité égale à elle-même; nous déterminerons ainsi S' symétrique de S.

Lorsque maintenant on donnera un rayon incident quelconque partant de S, tel que SI, SI', SI'', il suffira, pour avoir le rayon réfléchi, de joindre le point S' au point d'incidence I, I', I''; le prolongement IO, I'O', I''O'' donne le rayon réfléchi.

C'est une réciproque facile à établir. KI étant perpendiculaire au milieu de SS', le triangle SIS' est isocèle et les angles S et S' sont égaux.

Ainsi le plan SS'IO, mené suivant SK, perpendiculaire au plan MN, est lui-même perpendiculaire à ce plan; il comprend alors la normale IN. De plus, on a

$$OIN = S',$$
$$NIS = S.$$

Donc les angles OIN et NIS sont égaux.

Ainsi la direction IO satisfait aux deux lois de la réflexion.

Miroirs plans. — Soit alors un point lumineux S, placé devant un miroir plan ABCD, et soit O la position de l'œil, que nous figurons par le cercle de la pupille, qui est, comme l'on sait, l'ouverture par laquelle les rayons lumineux pénètrent dans l'œil.

Pour déterminer le système de rayons que l'œil recevra du point S, nous construirons, comme il vient d'être dit, le symétrique de S, en abaissant sur le plan MN la perpendiculaire SK et la prolongeant d'une quantité KS' = KS (fig. 442).

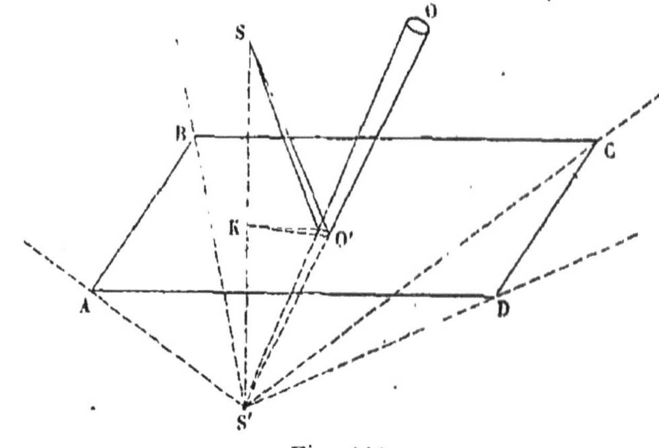

Fig. 442.

Si nous menons du point S', comme sommet, un cône ayant pour base le cercle de la pupille O, ce cône vient couper en O' le plan du miroir. Tous les rayons tombant de S sur la surface O' sont réfléchis dans l'intérieur du tronc de cône O'O et arriveront à l'œil *comme s'ils partaient de S'*. C'est en S' que l'œil rapporte la position du point lumineux qui lui envoie ces rayons; c'est là qu'il voit le point S.

Si l'on se représente une pyramide ayant pour sommet le point S' et pour base la surface du miroir, tous les faisceaux de rayons, qui, partis du point S, viennent se réfléchir sur la surface ABCD, seront réfléchis dans l'intérieur de la pyramide dont S' est le sommet. Ainsi, tant que l'œil se maintiendra dans cette pyramide, il recevra des rayons du point S et le verra en S′; mais, s'il s'écarte de ses limites, alors il ne peut plus recevoir de rayons : S cesse de lui être visible. Cette pyramide S′ABCD, dans sa portion indéfinie au-dessus du plan réfléchissant, peut s'appeler le *champ de vision* du miroir relatif au point S.

Quelle que soit la position de l'œil dans l'étendue du champ, il verra toujours le point S dans la position symétrique S′; mais la région O′, sur laquelle s'opère la réflexion des rayons qui lui arrivent, changera avec la position qu'il occupe lui-même.

Image d'un objet. — Plaçons actuellement un objet AB devant un miroir plan (fig. 443); tous les rayons qui partent

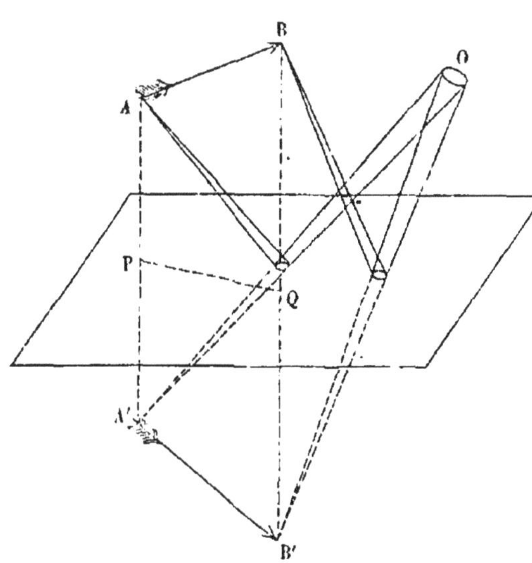

Fig. 443.

du point A et tombent sur la surface du miroir sont renvoyés, par la réflexion sur le miroir, comme s'ils partaient du point A′, symétrique de A; c'est en A′ que l'œil verra le point A. De même les rayons envoyés par B arriveront à l'œil comme s'ils partaient de B′, son symétrique. Le système de tous ces points A′, B′, qui sont les points de départ fictifs, *virtuels*, des rayons arrivant à l'œil, forme ce que l'on appelle l'*image* de l'objet AB.

L'image A′B′ est égale en grandeur à AB ; mais elle ne lui est point égale en éclat, parce qu'il y a toujours, au point d'incidence des faisceaux lumineux, une portion de la lumière qui se diffuse, ou qui pénètre dans l'épaisseur du corps réfléchissant si ce corps est translucide.

Des expériences, dans le détail desquelles nous ne saurions

entrer, ont montré que la portion de lumière qui se réfléchit régulièrement est d'autant plus grande que l'incidence est plus oblique, et cela est surtout sensible pour les corps transparents. Ainsi on ne voit bien, par réflexion sur une vitre, que les objets placés de côté et qui envoient leurs rayons très-obliquement sur sa surface.

Les miroirs métalliques ne donnent par la réflexion qu'une seule image des objets placés au devant; mais les glaces étamées se comportent tout autrement. Elles ont, en effet, deux surfaces réfléchissantes : leur surface antérieure et la surface postérieure garnie de tain. Elles doivent donc donner *au moins* deux images du même point lumineux ou du même objet.

Une partie des rayons partis du point A se réfléchit régulièrement sur la surface antérieure MN et donne une image A_1, symétrique de A par rapport à cette surface (fig. 444); une autre portion du faisceau de rayons pénètre dans le verre, en se rapprochant quelque peu de la perpendiculaire au point d'incidence a, par suite du changement de milieu; ces rayons viennent se réfléchir sur la surface postérieure au point b, puis,

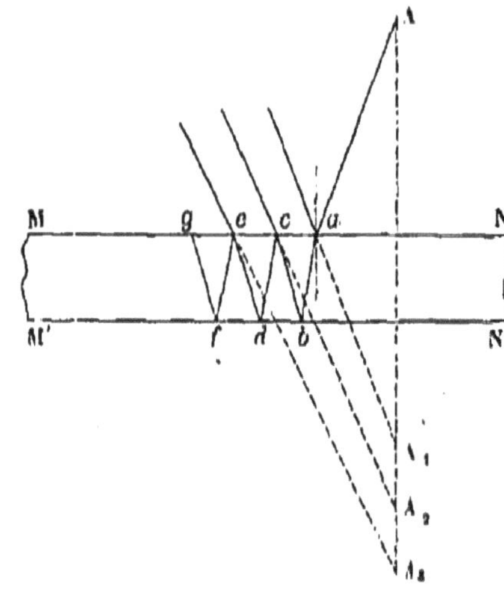

Fig. 444.

remontant en c, émergent dans l'air, où ils viennent donner à l'œil la sensation d'une seconde image placée en A_2. Cette image A_2 est beaucoup plus brillante que A_1; car, en a, il passe dans le verre beaucoup plus de lumière qu'il ne s'en réfléchit, tandis que, en b, toute la lumière qui y arrive se réfléchit. Il n'y a, en ce point, de déperdition que par diffusion, et le poli de la surface du tain rend cette diffusion presque nulle.

Il se forme encore d'autres images, car il y a toujours une

petite portion de la lumière arrivant en c qui retourne par réflexion dans le verre, va de nouveau se réfléchir en d sur la surface étamée pour venir sortir en e; de là la formation d'une troisième image, extrêmement faible, en A_3. Toute la lumière qui arrive en e n'émerge pas. Il y en a aussi une portion qui se réfléchit en e, puis en f, pour venir sortir en g; de là une quatrième image, et ainsi de suite. On ne distingue guère d'ordinaire que les deux premières images A_1 et A_2; les autres sont tellement peu éclairées qu'elles disparaissent devant l'image A_2. Toutefois, en regardant très-obliquement le miroir, on peut encore les apercevoir si le point A est vivement éclairé, et surtout si la glace est épaisse. La distance A_1A_2 ou A_2A_3, est, en effet, d'autant plus grande que l'épaisseur du miroir est plus grande elle-même.

Miroirs parallèles (fig. 445). — Les réflexions multiples qui s'opèrent entre les deux surfaces MN, M'N', d'une glace étamée, se reproduisent beaucoup plus vives entre deux miroirs parallèles placés en face l'un de l'autre. Si on suspend entre deux glaces, placées ainsi en regard, un lustre allumé, l'œil aperçoit des deux côtés une série indéfinie de lustres, comme s'il y avait de part et d'autre une galerie sans fin, brillamment éclairée.

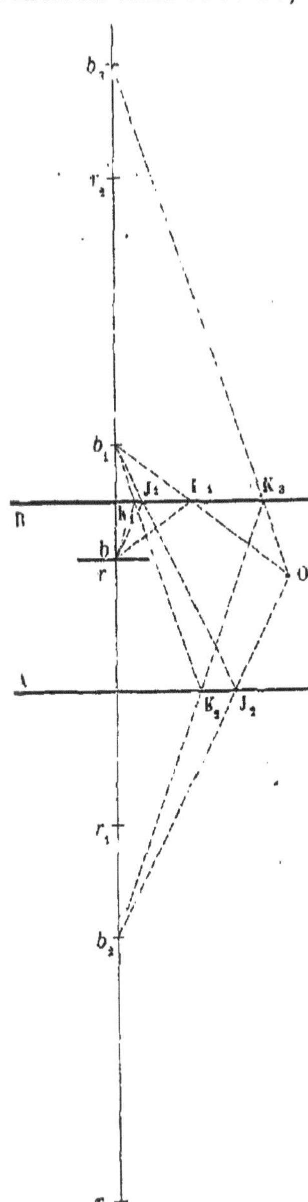

Fig. 445.

Soit un disque, bleu d'un côté, rouge de l'autre, placé entre deux miroirs parallèles A, B. Voyons d'abord les images données par la face bleue. Une première réflexion sur le miroir B donne une image b_1, symétrique de b, de telle sorte que la distance bb_1 soit double de la distance de b au miroir. Les rayons réfléchis par B viennent tomber sur A comme s'ils partaient de b_1. Cette réflexion donnera donc une image b_2, symétrique de b_1, par rapport à A. Les rayons réfléchis par A reviennent à B, comme s'ils venaient de b_2. De là une nouvelle image b_3, due à la réflexion sur B, et symétrique de b_2 par rapport à B ; les rayons réfléchis de B sur A donneront une quatrième image b_4, symétrique de b_3, par rapport à A..., etc.

De même les rayons partis de la face rouge donneront, par une première réflexion sur A, une image r_1, symétrique de r par rapport à A, de telle sorte que rr_1 soit double de la distance de r à A. Les rayons réfléchis par A viennent se réfléchir sur B, comme s'ils partaient de r_1, et former une image r_2, symétrique de r_1, par rapport à B ; puis ces rayons réfléchis retombent sur A, pour former une image r_3, symétrique de r_2, et ainsi de suite indéfiniment. Chacune de ces réflexions est accompagnée d'une certaine perte de lumière par diffusion, de sorte que ces images nous apparaissent de plus en plus faibles comme éclat, ce qui ajoute encore à l'illusion.

Il serait facile maintenant de montrer que l'on a

$$bb_1 = b_2r_1 = b_3r_2 = b_4r_3\ldots\ldots = 2\,b\mathrm{B}$$

et
$$rr_1 = b_1r_2 = b_2r_3 = b_3r_4\ldots\ldots = 2\,r\mathrm{A}.$$

Pour trouver la marche des rayons qui viennent donner à l'œil O la sensation d'une quelconque de ces images, b_3 par exemple, nous joignons le point O au point b_3. Soit K_3 le point de rencontre avec B ; c'est le point où les rayons partis de b_2 viendraient frapper la surface B pour arriver à l'œil. Joignons donc K_3 à b_2. Cette ligne coupe la surface A en K_2. C'est le point où les rayons partis de b_1 doivent venir frapper la surface du miroir A, pour suivre après réflexion la route $b_2\mathrm{K}_3$. Enfin, joignons de même K_2b_1 et K_1b. La route brisée des rayons qui arrivent à l'œil après ces trois réflexions sera donc $b\mathrm{K}_1\mathrm{K}_2\mathrm{K}_3\mathrm{O}$.

Miroirs formant angle. — Si les surfaces réfléchissantes forment entre elles un angle dièdre, il s'opère encore des réflexions multiples, mais non plus indéfinies, sur ces surfaces, donnant naissance à des images, en nombre limité, distribuées symétriquement autour de l'arête de l'angle. Le nombre des images formées dépend du rapport de l'arc qui mesure l'angle à la circonférence, et variera suivant que l'arc sera compris un nombre pair ou un nombre impair de fois dans la circonférence, exactement ou avec un reste; et aussi suivant la position de l'objet dans l'angle des miroirs.

Supposons une section faite dans l'angle dièdre par un plan perpendiculaire à l'arête (fig. 446). Soit AOB l'angle des miroirs égal à $\frac{1}{8}$ de la circonférence. Le miroir OA considéré comme objet donne, par réflexion sur le miroir OB, une image OA_1. Ces premiers rayons réfléchis retournent se réfléchir sur OA pour donner une image OA_2, symétrique de OA_1, par rapport à OA. Les points de cette image OA_2 étant situés sur le plan du miroir OB, il ne peut plus y avoir de réflexion pour les rayons.

De même les rayons partis de OB donnent, par une première réflexion sur OA, une image OB_1, symétrique de OB. Quelques-uns de ces rayons vont retomber sur OB comme s'ils partaient de OB_1, et donnent alors une image OB_2, symétrique de OB_1, par rapport à OB. Mais là s'arrêtent pour les rayons les réflexions, puisque OB_2 est sur le prolongement de OA.

L'œil verra donc autour du point O six miroirs, dont quatre dus à des images par réflexions.

Prenons maintenant un point M situé sur la bissectrice de l'angle. Les rayons partis de M et tombant sur le miroir OB se réfléchissent comme s'ils partaient de M'; ceux qui se réfléchissent dans l'angle $AM'B$ n'auront plus à subir de nouvelles réflexions. Ils donneront à l'œil la sensation de l'image M' seule. Mais ceux qui se réfléchissent dans l'angle $AM'O$ retournent au miroir OA, et y sont réfléchis une seconde fois comme s'ils partaient de M'', symétrique de M', par rapport à OA. Les rayons qui se réfléchissent dans l'angle $AM''B$ sortiront de l'angle des miroirs sans subir de nouvelle réflexion, et donneront à l'œil la sensation de l'image M'' seule.

Ceux qui sont compris dans l'angle $BM''O$ retourneront au miroir OB pour s'y réfléchir une troisième fois, et donneront

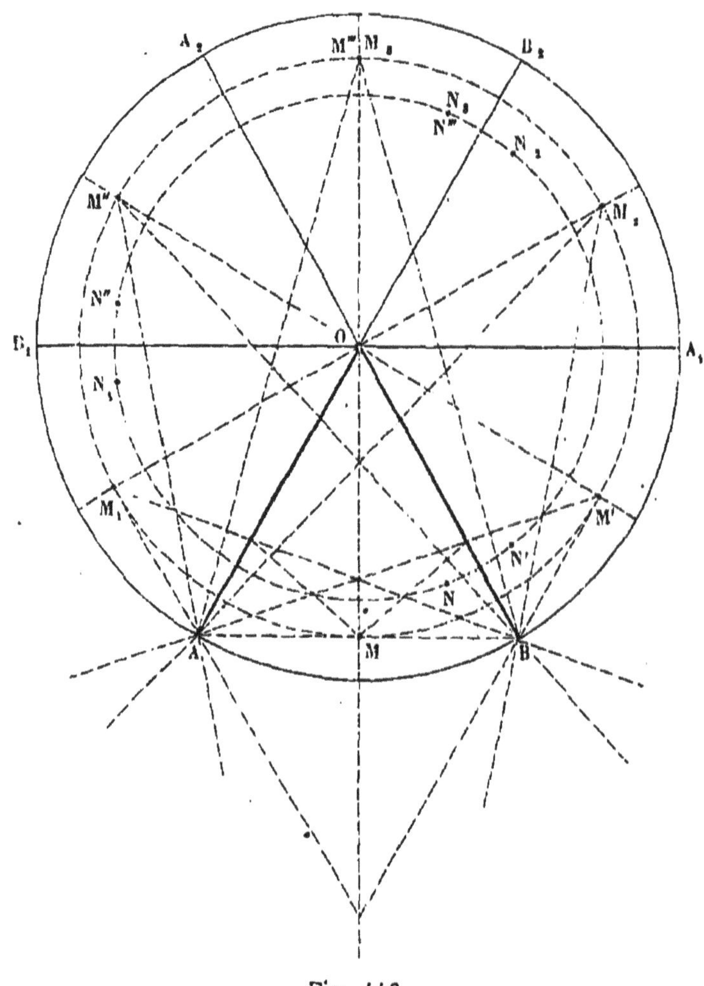

Fig. 446.

à l'œil la sensation de l'image symétrique M'''. Ce point M''', étant à la fois derrière les deux surfaces réfléchissantes OA et OB, ne donne plus de nouvelle image.

Si l'on prend de même les rayons qui tombent de M sur OA, ils donnent d'abord une image M_1. Les rayons partis de M_1 dans l'angle BM_1O vont subir une seconde réflexion sur OB, et donnent ainsi l'image M_2. Parmi ces rayons, ceux qui sont compris dans l'angle AM_2O vont subir une troisième réflexion sur OA et donner l'image M_3, symétrique de M'', et qui se superpose sur l'image M'''. L'œil verra donc, avec le point M, six images dont deux confondues en une seule. Ce qui fera en tout six points lumineux.

On trouverait le même résultat pour un point N situé en dehors de la bissectrice.

On traitera d'une façon analogue le cas où l'angle serait $\frac{1}{5}$ de la circonférence; celui où il serait compris six fois plus un reste, ou cinq fois plus un reste.

Le *kaléidoscope*, jouet bien connu des enfants, et dont on fait un assez grand usage dans les fabriques de papiers peints ou de tapis, présente une application ingénieuse et très-simple des miroirs angulaires. Il se compose d'un tube cylindrique contenant deux miroirs, inclinés l'un sur l'autre de 60°. L'arête de l'angle dièdre est couchée sur une des génératrices du cylindre. A l'une des extrémités du tube, se trouve un diaphragme percé d'un petit trou, derrière lequel on place l'œil. A l'autre extrémité, est montée une petite boîte faisant suite au cylindre. Son fond extérieur est formé d'une plaque de verre dépoli; son fond intérieur d'une lame de verre transparent. Entre ces deux plaques sont rassemblés de petits objets, fragments de verre colorés, de fils métalliques, de clinquant, de chenille, etc. Quel que soit le mode irrégulier suivant lequel se groupent ces divers objets, la reproduction symétrique de ce groupe, six fois autour du centre, dessinera tout de suite une rosace dont la forme variera à l'infini, au moindre déplacement donné à l'instrument.

Porte lumière (447). — On a fréquemment besoin, dans les expériences d'optique, de faire pénétrer dans la salle un faisceau de rayons solaires suivant une direction déterminée. On dispose pour cela à l'extérieur de la chambre, sur les bords de l'ouverture par laquelle pénétrera la lumière, un miroir rectangulaire M, auquel on donne l'inclinaison convenable. Ce miroir est suspendu par les points milieux i, i', de ses grands côtés, à deux fortes tiges parallèles b, b', montées sur un anneau qui est logé dans une rainure circulaire a de la plaque A où il peut glisser à frottement doux. On conduit cet

anneau à l'aide d'un pignon P engrenant avec une denture
taillée sur le contour extérieur, pour amener le plan, déter-

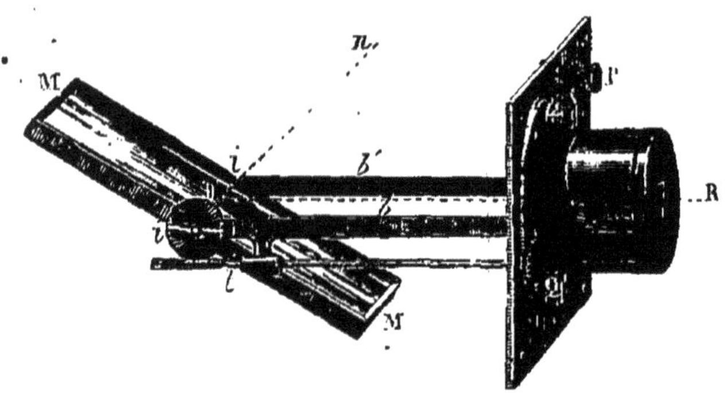

Fig. 447.

miné par la droite IR et par la normale à la plaque, In, à
passer par le soleil. Reste ensuite à régler l'inclinaison du
miroir, de telle sorte que le rayon réfléchi ait la direction IR ;
on y arrive en tournant par le bouton Q la tige t, qui porte à
son extrémité un filet de vis sans fin, engrenant avec un pignon denté fixé à l'axe horizontal ii', autour duquel bascule
le miroir.

On comprend que le soleil, se déplaçant d'une manière
continue dans le ciel, on ne pourra avoir un rayon de directrice à peu près fixe qu'en touchant de temps à autre aux pi-
gnons P et Q pour corriger l'effet du déplacement du rayon
incident.

Il existe au surplus des appareils appelés *héliostats*, où le
mouvement du miroir est réglé par une horloge de manière
à suivre le mouvement du soleil lui-même.

Réflexion sur les surfaces courbes. — Lorsqu'un faisceau
étroit de rayons lumineux tombe sur un point d'une surface
courbe, on peut, au point d'incidence, mener le plan tangent à
la surface, et considérer le petit élément superficiel, que vient
couvrir le faisceau lumineux, comme étant commun à la surface courbe et au plan tangent. Alors la loi de la réflexion se
trouve modifiée dans son énoncé de la manière suivante :

Le rayon incident et le rayon réfléchi sont dans un même
plan perpendiculaire au plan tangent, et forment des angles

égaux avec la normale, c'est-à-dire la perpendiculaire menée
à ce plan tangent par le point d'incidence.

L'industrie emploie exclusivement, comme miroirs courbes,
des miroirs à surface de révolution. La courbe génératrice de
la surface est ordinairement un arc de cercle ou un arc de pa-
rabole. Dans le premier cas, la surface est une calotte sphérique ; dans le second, une calotte de paraboloïde. Nous ne
nous occuperons que des miroirs sphériques.

Miroirs sphériques.— Soit un arc AB (fig. 448) tournant
autour de son rayon OA, il va dans ce mouvement de révolution engendrer une
calotte , ou zone à
une base. Le point
B décrit un petit
cercle dont le plan
est perpendiculaire
à l'*axe* AO. Le point
A est ce que l'on
appelle le *pôle* de
ce petit cercle , ou
le *milieu du miroir.*
AO prolongé indé-
finiment de part et

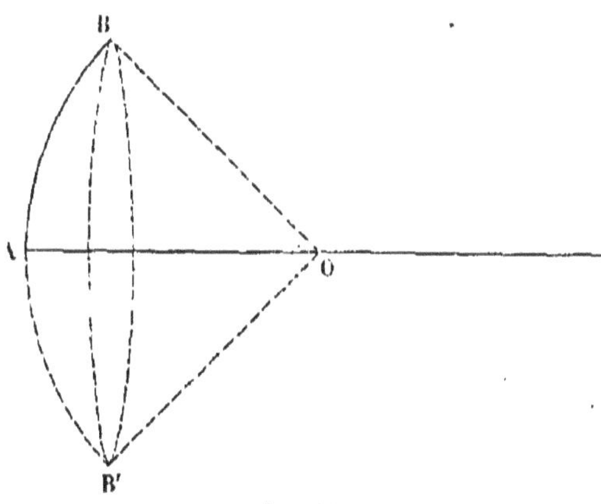

Fig. 448.

d'autre est l'*axe principal.* L'angle BOB' s'appelle l'*angle
d'ouverture* du miroir. Il est d'autant moindre, que l'arc AB
comprend sur la circonférence un plus petit nombre de degrés, ou, ce qui revient au même, que AB est plus petit
par rapport au rayon, quelle que soit d'ailleurs sa grandeur
absolue.

En supposant à la surface une certaine épaisseur, égale en
tous ses points, on a un miroir sphérique *concave* si la surface
intérieure est polie ; un miroir *convexe*, si c'est au contraire
la surface extérieure.

Nous allons examiner successivement les phénomènes de
réflexion sur ces deux espèces de miroirs, en étudiant d'abord
le cas d'un point lumineux, puis le cas plus complexe d'un
objet placé devant le miroir.

Miroirs concaves.—La surface de la zone étant symétrique par rapport à l'axe principal, nous commencerons par supposer le point lumineux placé sur cet axe. Toutes les sections faites dans le miroir par des plans menés par cette droite sont identiques ; la réflexion s'y opère de la même façon ; nous n'avons donc qu'à étudier ce qu'elle est dans l'une d'elles pour savoir en même temps ce qu'elle est dans toutes les autres.

Foyer principal (fig. 449). — Prenons d'abord le point lumineux à une très-grande distance sur l'axe, de telle sorte

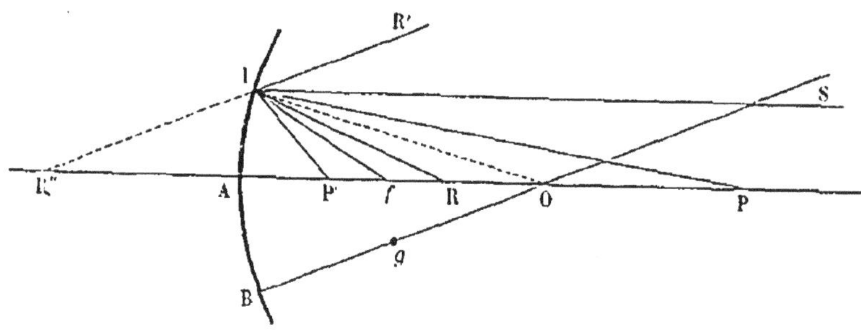

Fig. 449.

que les rayons qui, partis de ce point, tombent sur le miroir, puissent être regardés comme parallèles entre eux et à l'axe principal, qui se trouve être lui-même un des rayons du faisceau. Nous allons montrer que, si le miroir n'a qu'un très-petit angle d'ouverture, ou si le faisceau ne couvre sur le miroir qu'un arc d'un très-petit nombre de degrés, tous les rayons, réfléchis dans le plan du faisceau, vont couper l'axe principal en un même point, qui est le milieu du rayon OA.

Soit un rayon lumineux SI parallèle à l'axe, l'arc AI étant très-petit par rapport à OA.

Si nous menons le rayon * de courbure OI, il est, comme nous le savons, perpendiculaire au plan tangent à la sphère mené au point I ; il représente par conséquent la normale. La réflexion s'opérera donc dans le plan SIO, qui comprend AO parallèle à IS. Pour trouver le rayon réfléchi, il nous

---

* Nous sommes obligés d'employer le mot rayon pour désigner le rayon lumineux, et le rayon de la sphère ; pour éviter la confusion d'acception, nous dirons toujours dans ce dernier cas, rayon de courbure.

suffit de tracer une droite If faisant avec OI l'angle $f\text{IO} = \text{OIS}$.

Soit f le point où cette droite coupe l'axe.

Je dis que, quel que soit SI, pourvu que AI soit très-petit, le rayon réfléchi passera par ce même point f.

En effet, on a par construction

$$f\text{IO} = \text{SIO}.$$

De plus

$$\text{SIO} = \text{IOA}$$

comme alternes-internes.

Donc

$$f\text{IO} = \text{IOA},$$

et, par suite,

$$\text{O}f = f\text{I}.$$

Mais, d'un autre côté, si AI est un arc d'un très-petit nombre de degrés, il peut être, sans erreur sensible, considéré comme l'élément commun aux deux circonférences tangentes en A, décrites, l'une du point O comme centre, l'autre du point f. C'est-à-dire que l'on a, sauf une petite erreur négligeable,

$$f\text{I} = f\text{A}.$$

En rapprochant cette égalité de la dernière, on en déduit

$$\text{O}f = f\text{A}.$$

Le point f est donc le milieu du rayon de courbure OA, à cette seule condition que AI sera un arc très-petit. C'est ce qu'il fallait établir.

Il en sera de même dans tous les plans autour de l'axe.

Ainsi le faisceau de rayons parallèles à l'axe, couvrant sur la partie centrale du miroir une zone d'une très-petite ouverture, est transformé par la réflexion en un faisceau conique dont le sommet est au point f, milieu du rayon de courbure OA (fig. 450). L'œil qui reçoit ce faisceau réfléchi, après le croisement des rayons, voit donc en f un véritable centre de rayonnement lumineux. f s'appelle le *foyer principal* du miroir.

Foyers conjugués.—Prenons maintenant le point P, toujours sur l'axe principal, mais dans des conditions de distance qui ne nous permettent plus de regarder le rayon incident PI comme parallèle à l'axe PA (fig. 449).

Menons toujours le rayon de courbure OI, qui nous représente la normale.

Un rayon SI, parallèle à l'axe principal, nous donnerait,

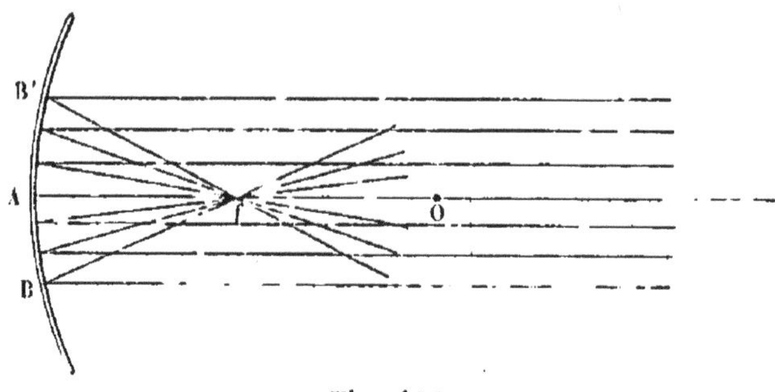

Fig. 450.

comme nous venons de le voir, un rayon réfléchi passant par le foyer principal f.

L'angle d'incidence actuel PIO étant plus petit que SIO, l'angle de réflexion OIR doit être plus petit que OIf. Ainsi le rayon réfléchi va couper l'axe principal en un point R situé entre le foyer principal et le centre du miroir O.

Je dis maintenant que si l'arc AI est très-petit, la position du point R est indépendante du choix particulier du point I; et sera la même, par conséquent, pour tous les rayons partis de P, à la seule condition qu'ils n'intercepteront sur le miroir qu'un très-petit arc.

En effet, IO étant, dans le triangle PIR, la bissectrice de l'angle I, on a, d'après une propriété connue,

$$\frac{RI}{RO} = \frac{PI}{PO}.$$

L'arc AI étant très-petit, on peut le regarder comme l'élément commun aux trois circonférences, tangentes en A, et décrites des points R, O, P, comme centre, ce qui donne, sauf une erreur négligeable,

$$RA = RI, \quad PA = PI.$$

La relation devient donc

$$\frac{RA}{RO} = \frac{PA}{PO},$$

Relation indépendante de la position particulière du point d'incidence I, et qui montre que R partage la distance OA en deux segments proportionnels à PA et PO *.

Tous les rayons partis de P et formant un cône divergent, venant couvrir, sur la partie centrale de la surface du miroir, une zone d'un très-petit angle, donneront par la réflexion un cône de rayon, convergent vers un même point de l'axe placé entre f et O. L'œil, recevant ces rayons après leur croisement en R, verra donc R comme un centre réel de rayonnement lumineux.

R est le foyer particulier du point P.

Il est de plus facile de voir que, si R était le point de départ des rayons, P serait le point de croisement des rayons réfléchis : en prenant RI pour rayon incident, IP serait évidemment le rayon réfléchi, puisque la construction donne PIO = OIR.

Ces deux points sont dits, à cause de cette réciprocité, *conjugués* l'un de l'autre.

Si l'on suppose que le point P se rapproche de plus en plus du centre O, l'angle PIO allant en diminuant jusqu'à zéro, son égal RIO doit aller aussi en diminuant jusqu'à zéro. Le point R se rapproche aussi du centre.

Lorsque P est placé au centre même, tous les rayons, tombant perpendiculairement sur la surface du miroir, sont réfléchis sur leur propre direction et repassent par le centre.

Si P vient se placer entre O et f, alors son conjugué passe

---

* En représentant PA par p, RA par p', et appelant R le rayon de courbure, cette relation conduit facilement à cette autre

$$\frac{1}{p} + \frac{1}{p'} = \frac{2}{R},$$

dont la discussion algébrique fournirait tous les résultats que nous présentons ici géométriquement. Nous laissons à nos lecteurs le soin de faire cette discussion.

derrière le centre, et s'en éloigne de plus en plus à mesure que P s'approche de f.

Lorsque le point lumineux atteint la position f, le rayon tombant en I se réfléchit suivant la direction IS parallèle à l'axe, puisque fIO $=$ IOS. Le cône réfléchi se trouve transformé en un faisceau de rayons parallèles à l'axe.

Enfin reste à examiner le cas où le point lumineux viendrait se placer entre le foyer principal et le miroir. Soit P′ (fig. 449) sa position. L'angle d'incidence P′IO étant plus grand que que fIO formé par le rayon parti du foyer et tombant au même point, l'angle de réflexion doit être plus grand que IOS. Ainsi le rayon réfléchi IR′ passe au-dessus du rayon parallèle à l'axe. Dès lors plus de rencontre avec l'axe en avant du miroir. Mais si l'on prolonge derrière le miroir le rayon réfléchi, il vient rencontrer le prolongement de l'axe en R″. Et l'on peut encore démontrer que tous les rayons partis de P′ donneront le même point de croisement R″, toujours à cette même condition que l'arc AI soit très-petit.

IO est la bissectrice de l'angle P′IR′ extérieur au triangle P′IR″, et, dans ce cas, l'on a encore

$$\frac{R''I}{R''O} = \frac{P'I}{P'O}.$$

L'arc AI, étant très-petit, peut être regardé comme élément commun aux trois circonférences, tangentes en A, et ayant pour centres P′,O,R″; — par conséquent R″I $=$ R″A, et P′I $=$ P′A; la relation précédente devient encore

$$\frac{R''A}{R''O} = \frac{P'A}{P'O}.$$

La position du point R″ est donc indépendante du choix particulier du point d'incidence I. Tous les rayons partis de P′, et réfléchis par le miroir, forment un cône divergent, dont le sommet est en R″ derrière le miroir. L'œil recevra tous ces rayons comme s'ils lui venaient du point R″. Mais ils ne passent pas réellement par ce point. Aussi R″ s'appelle-t-il le foyer *virtuel* de P′.

R″ et P′ sont encore des points conjugués, en ce sens que

si l'on supposait lancé sur le miroir un faisceau de rayons, rendus convergents par un moyen quelconque, et ayant pour point de concours *virtuel* le point R″, la réflexion les amènerait à passer par le point P′. Car R′I se réfléchit suivant IP′, faisant l'angle P′IO = R′IO.

C'est dans ce cas seulement qu'un foyer réel peut se former entre *f* et A. Car nous avons vu que, dans tous les cas possibles de position du point lumineux sur l'axe, le foyer ne se forme jamais qu'au delà du foyer principal, et réel alors; ou bien derrière le miroir, et dans ce cas virtuel.

Si l'on place un écran en papier au point de croisement *réel* d'un faisceau de rayons réfléchis, ces rayons, en tombant sur la surface du papier, se diffusent dans tous les sens. Ce point devient ainsi le centre d'un rayonnement lumineux. Il est bien évident que si on place au contraire l'écran au point où se forme un foyer virtuel, comme ce ne sont point les rayons qui arrivent sur le papier, mais seulement leurs prolongements géométriques, l'éclairement est nul.

En résumé, lorsque le point lumineux placé sur l'axe principal, d'abord à une distance infinie du miroir, se rapproche du centre, le foyer conjugué marche en sens inverse du point *f* vers le centre. Au centre, le point lumineux et le foyer se confondent. Si le point lumineux marche du centre vers le foyer principal, le foyer conjugué passe derrière le centre et s'éloigne indéfiniment. Quand le point lumineux sera arrivé en *f*, les rayons réfléchis seront parallèles à l'axe. Enfin, le point lumineux continuant à se rapprocher du miroir, et se plaçant entre la surface et le foyer principal, les rayons forment un foyer virtuel placé derrière le miroir sur le prolongement de l'axe principal.

Dans le cas où le foyer est réel on a (fig. 449)

$$\frac{OP}{OR} = \frac{AP}{AR}.$$

Ainsi OP sera toujours plus grand que OR puisque AP est nécessairement plus grand que AR. On voit donc que, si le point lumineux est au delà du centre, il sera plus loin du centre que son foyer conjugué. Si le point lumineux est entre le foyer principal et le centre, il est plus près du centre que son foyer conjugué.

Dans le cas où le foyer est virtuel, la même relation $\dfrac{OP'}{OR''}=\dfrac{AP'}{AR''}$ nous montre que le foyer conjugué est toujours plus loin du miroir que le point lumineux. Car on a $AP' < AR''$ puisque OP' est nécessairement moindre que OR''.

Axes secondaires. — Jusqu'à présent nous avons pris le point lumineux sur l'axe principal ; mais nous savons que tous les diamètres d'une sphère sont dans les mêmes conditions par rapport à la surface. Toute droite OB (fig. 449), menée parle centre O, jouit, par rapport à la petite zone qui entoure le point B, son pôle, exactement des mêmes propriétés géométriques que OA par rapport à la zone étroite dont A est le pôle.

Nous établirions donc, pour la droite OB, que nous appellerons un *axe secondaire*, exactement comme nous venons de le faire pour l'axe principal, que

1° Si le point lumineux est situé sur cette droite OB, à une distance tellement grande que les rayons qui tombent de ce point sur le miroir puissent être regardés comme parallèles entre eux et parallèles à OB, les rayons réfléchis formeront un cône convergent dont le sommet sera en g, milieu de OB. Ce sera le foyer principal sur l'axe secondaire en question ;

2° Le point lumineux occupant une position quelconque au delà du centre, aura son foyer conjugué entre O et g. A mesure que ce point lumineux P_1 se rapprochera du centre, son foyer P_1' s'en rapprochera également et l'on aura toujours $OP_1 > OP_1'$;

3° Le point lumineux étant au centre, le centre est en même temps le foyer conjugué ;

4° Le point lumineux P_1 passant entre O et g, le foyer conjugué P_1' passe au delà du centre, et s'en éloigne à mesure que P_1 s'approche du foyer. Ici $OP_1 < OP_1'$;

5° Le point lumineux étant placé au foyer principal g, les rayons réfléchis seront rendus parallèles à l'axe secondaire, il n'y aura plus de foyer ;

6° Enfin, si le point lumineux passe entre le foyer principal g et le miroir, son foyer conjugué devient virtuel et se trouve derrière le miroir. Il est toujours plus éloigné du miroir que ne l'est le point lumineux lui-même.

Images. — Plaçons maintenant un objet quelconque, lumineux par lui-même ou par éclairement, devant un miroir concave, nous pourrons facilement déterminer pour chacun de ses points, sur l'axe secondaire mené du point au centre, la position de son foyer conjugué. Le système de ces points conjugués constitue l'image de l'objet.

Prenons, par exemple, la position MN au delà du centre (fig. 451). Le point M donnera son foyer conjugué entre O

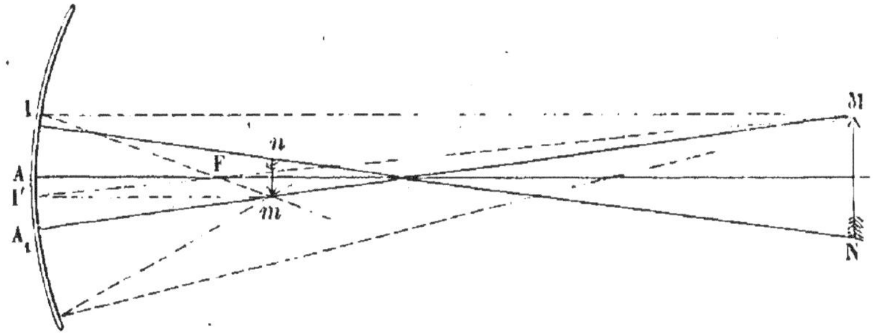

Fig. 451.

et le point milieu du rayon OA_1, et l'œil recevra ces rayons partis du point M comme s'ils lui venaient de leur point de croisement m.

Nous pouvons déterminer ce point m par deux constructions différentes, toutes deux très-simples. Parmi les rayons partis du point M choisissons en particulier le rayon parallèle à l'axe principal, MI; le rayon réfléchi coupe l'axe principal OA au foyer principal F, milieu de OA. Je mènerai donc la droite IF qui va couper l'axe secondaire en m, et ce point m sera, sur cet axe secondaire MA_1, le point de croisement de tous les rayons réfléchis. Nous pouvons aussi choisir le rayon parti de M et passant par le foyer principal F ; arrivé en I', ce rayon est rendu, par la réflexion, parallèle à l'axe principal, et le point m nous sera donné par la rencontre d'une parallèle à l'axe principal, menée du point I', avec l'axe secondaire MA_1.

Le point N de l'objet nous donnera, par une construction semblable, son conjugué n, sur l'axe secondaire NO. Il en sera de même des points intermédiaires. Ainsi se trouve formée l'image réelle mn.

On voit qu'elle est placée entre O et le foyer principal : qu'elle est renversée par rapport à l'objet, puisque les axes se croisent entre l'objet et son image. Enfin qu'elle est plus petite que l'objet, car les deux triangles Omn et OMN sont semblables, ce qui donne

$$\frac{mn}{\mathrm{MN}} = \frac{mo}{\mathrm{MO}},$$

et comme on a vu que l'on avait

$$mo < \mathrm{MO},$$

on a aussi

$$mn < \mathrm{MN}.$$

Si mn était l'objet, la même construction donnerait MN pour son image. Ainsi l'objet étant placé entre le foyer et le centre, l'image est réelle, placée au delà du centre, renversée par rapport à l'objet, et plus grande que lui.

Dans l'un comme dans l'autre de ces deux cas, l'image, si elle est plane, peut être reçue sur un écran, puisqu'elle est réelle. Elle y devient visible par la réflexion irrégulière.

Si l'objet venait se placer de telle sorte que chacun de ces points fût au foyer principal de son axe secondaire, alors tous les rayons partis de ces points formeraient, après la réflexion, autant de faisceaux parallèles aux axes secondaires. Il n'y aurait plus de foyer, partant plus d'image.

Enfin, si l'objet MN est mis entre le foyer et le miroir (fig. 452), les faisceaux de rayons partis de chacun de ses points seront rendus, par la réflexion, divergents par rapport à l'axe secondaire du point, et donneront un foyer virtuel sur cet axe derrière le miroir; de là la formation d'une image virtuelle mn située derrière le miroir, droite par rapport à l'objet, puisque l'image et l'objet sont du même côté du point de croisement des axes, et nécessairement plus grande que lui.

On trouvera encore le point m soit en menant MI parallèle

à l'axe principal; puis, de I au foyer principal, la droite If,
dont le prolongement ira couper l'axe secondaire OM en m;

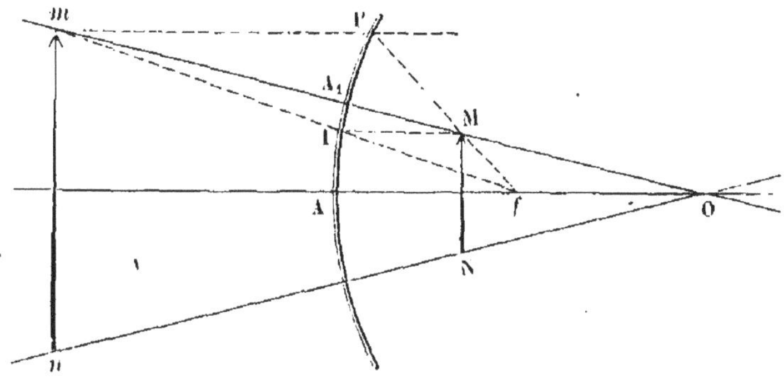

Fig. 452.

soit en menant fMI′, et par le point I′ une parallèle à l'axe
principal, qui va encore couper l'axe secondaire en m. L'œil
recevra tous les rayons partis de M comme s'ils lui venaient
de m; de même tous les rayons partis de N comme s'ils lui
venaient de n; et ainsi des autres points. Le système des
foyers virtuels, m,n, forme donc bien pour l'œil l'image
de MN.

Virification expérimentale et détermination du foyer.
— Nous commencerons par tourner le miroir vers le soleil.
La distance de l'astre au miroir, sans être infinie, puisqu'elle est mesurable, est toutefois assez grande pour que l'on
puisse, sans erreur appréciable, considérer l'image comme
se formant au foyer même.

En semant une poussière fine sur le trajet des rayons, on
distinguera très-nettement le cône convergent formé par les
rayons réfléchis.

On cherchera alors avec un petit écran la position qui
donne l'image la plus petite et la plus nette du disque du soleil. Cette position est en même temps celle du foyer. On en
déduira celle du centre, le rayon de courbure étant double
de la distance du foyer au miroir *.

* Si le miroir n'a pas un très-petit angle d'ouverture, ou si l'on ne prend
pas la précaution' de ne laisser arriver que les rayons très-voisins de l'axe

Pour vérifier les relations de position des objets et de leurs images, nous mettrons maintenant, dans une pièce tenue obscure, en face du miroir, et à une assez grande distance, une bougie allumée, et nous chercherons avec un petit écran la position qui donne une image nette et brillante ; nous la trouverons entre le centre et le foyer principal, points actuellement connus. Nous constaterons que l'image de la flamme est renversée et plus petite que l'objet. Si nous plaçons, au contraire, la bougie entre le centre et le foyer, il nous faudra aller chercher son image avec un large écran au delà du centre. Nous la trouverons encore renversée, mais plus grande que l'objet. Nous constaterons aussi facilement que, lorsque la flamme se rapproche du centre, l'écran doit aussi s'en rapprocher pour recevoir une image nette. Les dimensions de l'image tendent à devenir égales à celles de l'objet à mesure que la distance au centre diminue. Si la flamme est placée très-près du foyer, alors il devient impossible de placer l'écran à une distance assez grande pour y trouver une image nette.

Les distances de la flamme et de l'écran au miroir étant

principal, ces rayons, au lieu de former un foyer net en se coupant au même point de l'axe, viennent couper cet axe en des points de plus en plus rapprochés du miroir. La surface enveloppe de ces rayons, très-vivement éclairée,

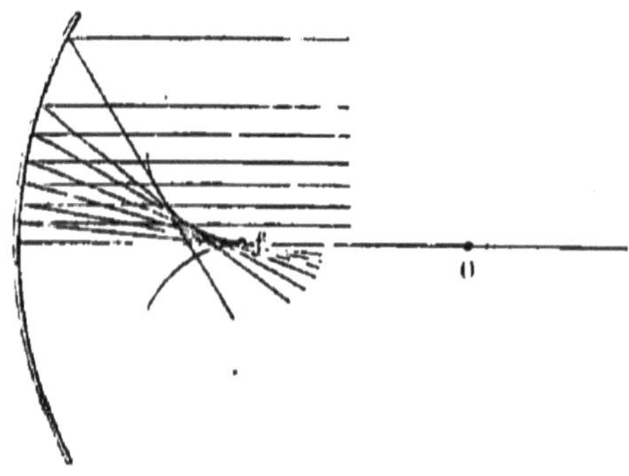

Fig. 453.

constitue ce que l'on appelle une *caustique* par réflexion (fig. 453). L'intervalle compris sur l'axe entre le point de croisement des rayons réfléchis les plus voisins de l'axe et celui des rayons venant des limites extrêmes du miroir est ce que l'on appelle l'*aberration de sphéricité*.

mesurées, on en peut déduire la position exacte du centre, puisque l'on a, comme on l'a vu,

$$\frac{MA}{mA} = \frac{MO}{mO}.$$

Il suffira de diviser la distance de l'objet à son image, Mm, dans le rapport $\dfrac{MA}{mA}$ pour avoir la position du centre et par suite celle du foyer.

Quant au cas où l'objet serait placé entre le foyer et le miroir on ne trouverait plus sur l'écran la moindre trace d'image, celle-ci étant virtuelle.

Miroirs convexes. — Foyer principal (fig. 454). — Pour traiter la question des miroirs convexes, nous suivrons

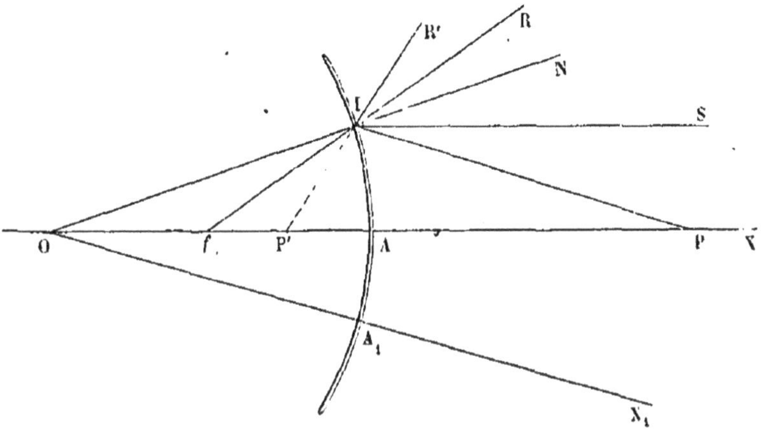

Fig. 454.

la même marche que pour les miroirs concaves. Nous supposons un point lumineux pris sur l'axe OX à une distance infinie, de telle sorte que les rayons qu'il envoie au miroir, tels que SI, puissent être regardés comme parallèles à l'axe. Nous menons le rayon de courbure OIN qui nous représente la normale, et pour avoir le rayon réfléchi il nous faut mener une droite IR formant l'angle RIN = NIS. Nous voyons immédiatement que ce rayon réfléchi va en s'écartant de l'axe, et qu'il ne peut y avoir de point de croisement réel; mais si nous prolongeons RI, il vient rencontrer l'axe en f. Ce point f est indépendant du choix du point d'incidence I, pourvu que l'arc AI soit très-petit, et il est placé au milieu du rayon de courbure OA. L'égalité de construction RIN = NIS donne en effet

$$OIf = fOI,$$

par suite

$$fI = fO.$$

Mais si l'arc AI est assez petit pour qu'on puisse le regarder comme l'élément commun aux deux circonférences tangentes en A, et ayant OA et fA comme rayon, on peut admettre fI = fA.
De là

$$fO = fA.$$

Le point f est le milieu de OA, quel que soit le point d'incidence I.

Ainsi, le faisceau de rayons parallèles à l'axe tombant sur la partie centrale du miroir, pour couvrir une zone d'un très-petit angle d'ouverture, donne, par la réflexion, un cône de rayons divergents dont le sommet *virtuel* est placé derrière le miroir, au milieu du rayon de courbure. C'est le *foyer principal* du miroir concave.

Foyers conjugués. — Soit maintenant un point P à une distance mesurable quelconque du miroir, et PI un rayon faisant avec PA un angle assez petit pour que l'arc AI soit très-petit par rapport à OA.

L'angle d'incidence PIN est plus grand que l'angle formé par le rayon SI parallèle à l'axe principal : on voit donc qu'en faisant NIR′ = NIP le rayon réfléchi IR′ passe encore au-dessus de IR et ne peut rencontrer l'axe que par son prolongement derrière le miroir, en un point P′ placé nécessairement entre f et A.

Maintenant ON, bissectrice de l'angle PIR′, supplémentaire de PIP′, nous donne la relation

$$\frac{P'O}{P'I} = \frac{PO}{PI},$$

La petitesse de l'arc AI nous permettant de remplacer P'I par P'A et PI par PA, cette relation devient

$$\frac{P'O}{P'A} = \frac{PO}{PA}.$$

Ainsi, quel que soit I, pourvu seulement que AI soit très-petit, le point P' partage la distance OA dans un rapport invariable. Donc le faisceau des rayons partis de P, et couvrant une zone d'un très-petit angle d'ouverture, donne par la réflexion un faisceau *divergent* dont le sommet virtuel est placé derrière le miroir, entre la surface et le foyer principal.

Le foyer du point lumineux P est toujours virtuel, quelle que soit sa distance au miroir.

P' et P sont encore des points conjugués en ce sens que si un faisceau de rayons rendus convergents par un moyen quelconque, à l'aide d'un miroir concave par exemple, tombe sur notre miroir convexe de telle sorte que leur point de concours virtuel soit le point P' placé derrière le miroir, entre le miroir et le foyer principal f, la réflexion amènera ces rayons à se croiser au point P, car la construction du rayon réfléchi nous conduirait précisément à faire PIN = R'IN.

C'est le seul cas où un miroir convexe puisse donner un foyer réel, et il faudra nécessairement que le point de concours soit placé entre le foyer principal et le miroir.

Il est facile de voir, en effet, qu'un rayon incident compris dans l'angle SIN aura son rayon réfléchi dans l'angle NIR, *et vice versâ*. Ainsi, à un point de concours *virtuel* placé entre O et F correspondra un foyer conjugué virtuel placé au delà de O, et inversement à un point de concours virtuel au delà de O correspondra un foyer conjugué virtuel entre le centre et le foyer principal.

Les mêmes relations de position des points conjugués se représenteront sur tout axe secondaire OX_1 passant par le centre.

Un point lumineux placé dans une position quelconque sur A_1X_1 donnera son foyer conjugué virtuel entre A_1 et F', F' étant le point de concours des rayons réfléchis fournis par un faisceau parallèle à l'axe OX_1. Si le miroir reçoit un fais-

ceau de rayons convergents dont le point de concours virtuel
soit sur la partie de l'axe secondaire derrière le miroir, le
foyer sera virtuel, comme le point de concours lui-même, si
celui-ci est au delà de F'. Il sera au contraire réel, en avant
du miroir par conséquent, si le point de concours virtuel est
entre le miroir et le foyer principal F'.

Images. — Les images données, par la réflexion, sur un
miroir convexe, des rayons venant directement de l'objet au
miroir sont toujours virtuelles, droites et plus petites que
l'objet (fig. 455).

Soit MN l'objet placé devant le miroir. Le foyer conjugué

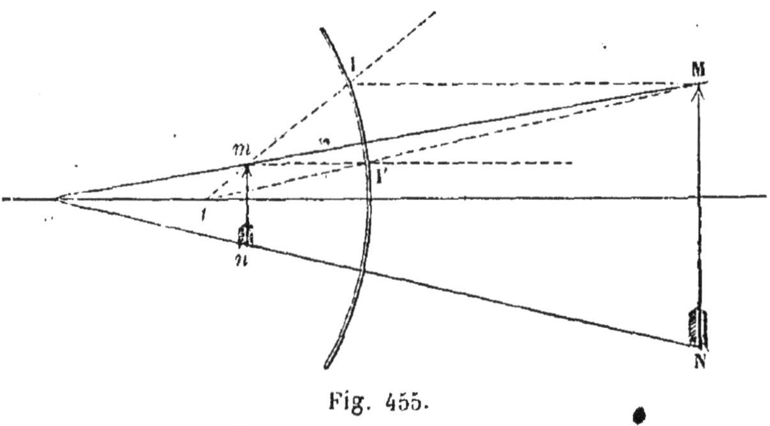

Fig. 455.

du point M se déterminera par l'une ou l'autre des constructions que nous avons déjà données dans le cas des miroirs
concaves. Nous menons MI parallèle à l'axe principal, puis
par le point I la droite I*f* passant par le foyer principal sur
l'axe principal. Le point de croisement *m* avec l'axe secondaire OM est le foyer conjugué de M. Nous pouvons aussi
joindre M*f*, et, par le point de rencontre avec le miroir, I',
mener la parallèle à l'axe principal qui va aussi couper
l'axe secondaire en *m*. La même construction donnera le
point *n*, foyer virtuel du point N, et les points intermédiai
res. Ainsi se trouvera déterminée de position et de grandeu
l'image *mn*.

Détermination du foyer. — En tournant le miroir vers
le soleil, nous n'obtenons qu'une image virtuelle derrière le

miroir; il n'y a donc point lieu de chercher à la recevoir sur un écran.

On peut cependant encore arriver à déterminer par ce moyen le foyer, mais avec une approximation assez grossière. Il faut pour cela couvrir la surface du miroir d'une feuille de papier noir, percée de deux petits trous pp', larges d'un centimètre environ, et placés sur la surface à égale distance du pôle A (fig. 456). Le miroir étant tourné vers le soleil,

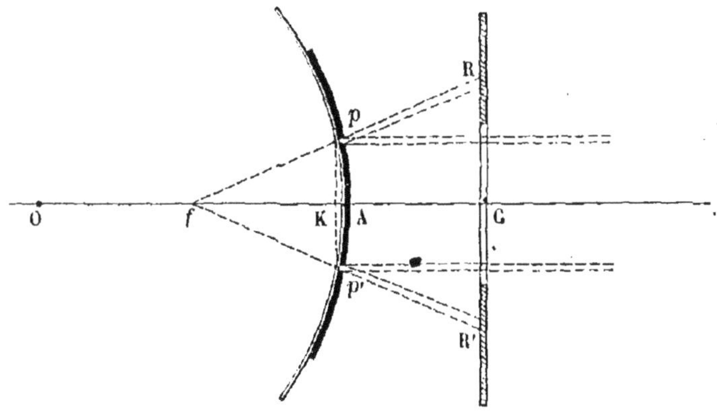

Fig. 456.

on limitera la largeur du faisceau de rayons parallèles venant de l'astre au moyen d'un large écran percé d'un trou, d'un diamètre un peu plus grand que la distance des trous pp'. Ces rayons vont se trouver éteints par la feuille noire qui recouvre le miroir, sauf les deux faisceaux qui tombent sur les petites surfaces à découvert pp'. Les deux faisceaux réfléchis pR, p'R', ayant pour point de départ virtuel le foyer principal, vont venir éclairer sur l'écran deux points RR' dont la distance est liée à la distance connue pp' par la relation

$$\frac{RR'}{pp'} = \frac{fG}{fK}.$$

Comme le miroir est toujours supposé d'une très-petite ouverture, l'arc pp' se confond sensiblement avec la corde : d'où $fK = fA$, à une très-petite erreur près.

En reculant ou en avançant l'écran, on arrivera à le placer

dans une position telle que RR′ soit double de pp', par conséquent fG double de fK ou fA. On aura alors AG $= f$A. La distance de l'écran au miroir sera donc égale à la distance focale.

On peut encore déterminer la distance focale de la manière suivante (fig. 457).

On fait tomber les rayons solaires parallèles sur un large

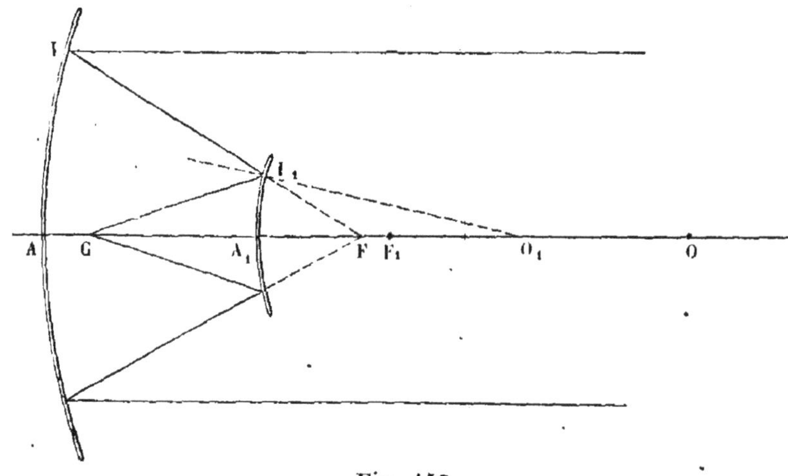

Fig. 457.

miroir concave de très-grand rayon dont on connaît d'avance le rayon de courbure et le foyer. Les rayons réfléchis vont converger au foyer F. Mais on les reçoit, avant leur arrivée en F, sur le miroir convexe, dont on règle la position de telle sorte que les rayons, réfléchis ainsi une seconde fois, viennent former un foyer réel en G. Nous savons qu'il faut pour cela que le point de concours des rayons incidents soit placé entre le miroir A_1 et son foyer principal F_1.

En appelant R le rayon du miroir concave, R_1 celui du miroir convexe, D la distance des miroirs AA_1, et d la distance mesurée du point G au miroir A_1, on a, toujours en remarquant que le rayon de la sphère O_1I_1 est, d'après la loi de la réflexion, la bissectrice de l'angle II_1G, et en admettant que l'arc A_1I_1 est assez petit pour pouvoir être considéré comme l'élément commun aux trois circonférences, tangentes en A_1, décrites des centres O_1, F_1, G.

$$\frac{O_1 F}{O_1 G} = \frac{FI_1}{GI_1} = \frac{FA_1}{GA_1},$$

$$\frac{D + R_1 - \frac{1}{2}R}{R_1 + d} = \frac{\frac{1}{2}R - D}{d}.$$

D'où on tirera :

$$R_1 = \frac{2d(2D - R)}{R - 2(D + d)}.$$

La distance focale du miroir convexe est égale à la moitié de R_1.

Quant à la vérification expérimentale des relations de position des objets et de leurs images, il nous y faut renoncer puisque ces images sont virtuelles, et que nous ne pouvons les obtenir sur un écran. Tout ce que nous pouvons faire, c'est de constater, par l'impression que produisent les rayons réfléchis arrivant à notre œil, que l'image d'un objet quelconque mis devant un miroir convexe nous apparaît, derrière ce miroir, droite et plus petite que l'objet, d'autant plus petite que l'objet est plus loin du miroir.

CHAPITRE XLIV.

RÉFRACTION. — PRISMES.

Lorsque la lumière passe d'un milieu dans un autre, les directions de propagation, rectilignes dans les deux milieux, ne sont point sur le prolongement l'une de l'autre, et font entre elles un certain angle, sauf dans le cas où le rayon incident serait normal à la surface de séparation des deux milieux. Ce changement brusque de direction du rayon est désigné par l'expression de *réfraction*.

Soit I le point d'incidence, MN la surface plane de séparation des deux milieux, ou le plan tangent à cette surface, si elle est courbe ; enfin AIA' la perpendiculaire au plan MN, qui représente la normale à la surface (fig. 458).

Si le rayon arrive au point I suivant la direction de la normale AI, il poursuit sa route sans déviation suivant IA'. Mais si le rayon arrive suivant une direction BI oblique à la surface, il ne poursuivra pas sa route suivant IB' ; mais, selon la nature du second milieu, il se rapprochera de la normale ou s'en écartera davantage.

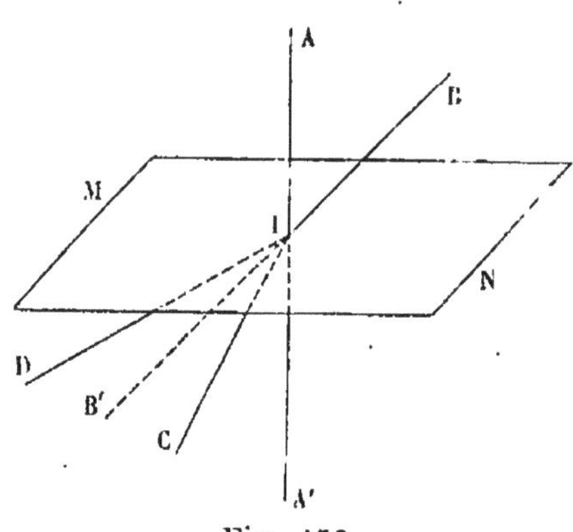

Fig. 458.

Le rayon se rapproche-t-il de la normale de telle sorte que le rayon réfracté IC fasse avec elle un angle CIA' (angle de réfraction) moindre que l'angle d'incidence BIA, alors le second milieu est dit *plus réfringent* que le premier.

Le rayon suit-il au contraire une route ID, telle que l'angle de réfraction DIA' soit plus grand que l'angle d'incidence, le second milieu est dit *moins réfringent* que le premier.

Loi de la réfraction. — La loi de la réfraction a été donnée par Descartes, savant physicien tout autant que grand philosophe.

1° Le rayon incident et le rayon réfracté sont compris dans un même plan normal à la surface de séparation des deux milieux;

2° Pour deux milieux de nature donnée, le rapport entre le sinus * de l'angle d'incidence et le sinus de l'angle de réfraction est constant.

* Si du sommet O d'un angle AOB on décrit une circonférence avec un rayon OA égal à l'unité (fig. 459), la perpendiculaire abaissée du point B sur

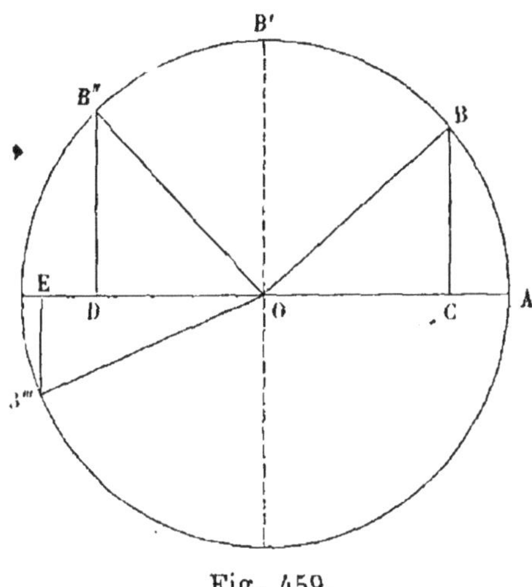

le côté OA est ce que l'on appelle le sinus de l'angle AOB. Ce sinus, nul quand l'angle est nul lui-même, prend des valeurs croissantes jusqu'à ce que l'angle soit devenu égal à un droit $\frac{\pi}{2}$: le sinus est alors égal au rayon, par conséquent à l'unité. L'angle dépasse-t-il $\frac{\pi}{2}$, alors le sinus décroît, pour redevenir égal à zéro, si l'angle atteint la valeur 180° ou π. On pourrait avoir à considérer des angles plus grands que 180°, comme celui que sous-tend l'arc AB'B'''. Il est facile de voir

Fig. 459.

que le sinus B'''E prend une valeur négative qui devient égale à — 1, quand l'angle est égal à 3 droits, pour remonter à zéro, si l'angle atteignait la valeur 2π. Le sinus reste invariablement compris entre — 1 et + 1.

Dans le cas qui nous occupe, nous n'avons jamais à envisager que des angles compris entre zéro et $\frac{\pi}{2}$. Le sinus doit donc toujours rester compris entre zéro et 1. Toute valeur numérique supérieure à l'unité, attribuée à un sinus, ne correspond à aucune valeur d'angle.

Il existe des tables spéciales donnant toutes les valeurs des sinus pour des valeurs d'angle comprises entre zéro et 90°. Mais on emploie plus souvent encore des tables qui donnent les logarithmes de ces sinus.

Cette loi peut se démontrer de la manière suivante.

Prenons l'appareil à limbe vertical qui nous a servi pour la démonstration de la loi de la réflexion, en substituant au petit miroir plan que nous établissions au centre, un vase de forme hémicylindrique ou un demi-cylindre en verre (fig. 460). La face rectangle ABCD, conduite suivant l'axe du cylindre, est l'ouverture du vase. On l'établit dans une position

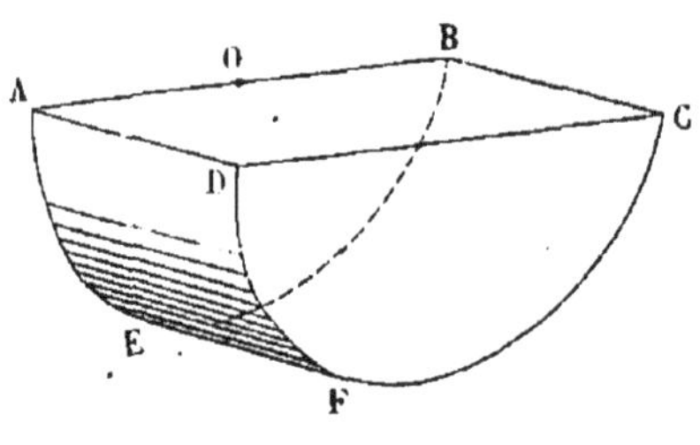

Fig. 460.

parfaitement horizontale, à l'aide d'un niveau à bulle d'air, la face demi-circulaire AEB étant appliquée contre le plan du limbe dont le centre I doit coïncider avec le centre du demi-cercle. On remplit alors complétement le vase d'un liquide transparent, eau, alcool, sulfure de carbone, etc.

On amène l'une des alidades, au-dessus du plan de la face ABCD (fig. 461) dans la position R, en plaçant devant son ouverture extérieure une bougie allumée, avec un écran qui éteint tous les rayons, sauf ceux qui traversent le tube de l'alidade. La seconde alidade est amenée dans le quadrant opposé, au-dessous du plan ABCD.

Si la loi de la réfraction est vraie, la réfraction doit s'opérer dans le plan vertical du limbe, qui contient la direction du rayon incident, et la verticale perpendiculaire à la surface horizontale ABCD. Le rayon réfracté, compris dans une section du demi-

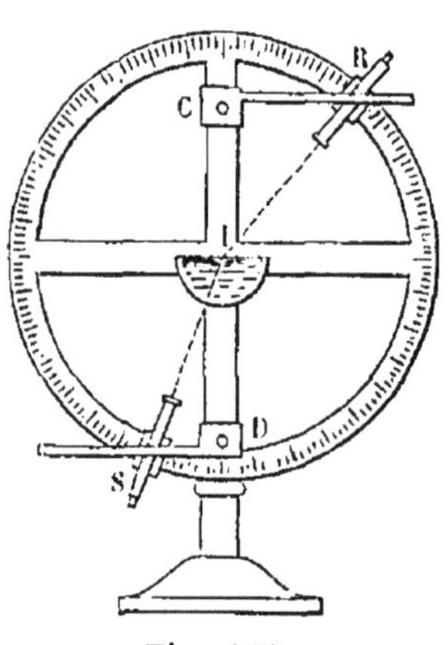

Fig. 461.

cylindre parallèle à sa base AEB, devra donc arriver à la face courbe suivant une direction normale à cette surface, et sortir sans déviation. Il n'y aura qu'une seule réfraction, celle qui s'opère au point I. On devra donc pouvoir placer la seconde alidade dans une position qui permette de recevoir le rayon réfracté IS ; et l'expérience montre qu'en effet cette position peut toujours se trouver dans le quadrant opposé au quadrant d'incidence.

Cette position obtenue, on lira sur le cercle divisé les arcs qui donnent la mesure des angles RIC, DIS, et l'on cherchera dans les tables de sinus les valeurs correspondantes des sinus. On prendra le rapport

$$\frac{\sin RIC}{\sin DIS},$$

puis on amènera l'alidade R dans une autre position, et l'on trouvera la position à donner à S pour recevoir le rayon réfracté. Si l'on désigne par i, i' i''.... les valeurs arbitraires données aux angles d'incidence, par r, r', r''..., les valeurs correspondantes des angles de réfraction, on trouvera, tant que le vase ABCD contiendra le même liquide,

$$\frac{\sin i}{\sin r} = \frac{\sin i'}{\sin r'} = \frac{\sin i''}{\sin r''}, \text{ etc.}$$

Au lieu de chercher les sinus dans les tables, on peut mesurer, sur l'appareil même, leurs longueurs, ou tout au moins des longueurs qui leur sont proportionnelles, au moyen de curseurs C, D, glissant le long du diamètre vertical et portant une petite règle horizontale qui se rabat dans le plan du limbe. A l'aide de ces deux règles amenées à hauteur convenable sur le diamètre, on lit immédiatement les distances CR, DS, qui sont bien les sinus des angles d'incidence et de réfraction, si l'on suppose que l'on prenne pour unité le rayon du limbe.

En changeant le liquide contenu dans le vase, et faisant une nouvelle série d'expériences, on reconnaîtra encore la constance du rapport $\dfrac{\sin i}{\sin r}$. Mais sa valeur changera avec la nature du liquide mis en expérience. On pourra enfin vérifier aussi la loi avec le demi-cylindre en verre.

Ce même appareil pourra servir aussi à constater que, si un certain rayon RI donne pour rayon réfracté IS, ce rayon IS, devenant à son tour rayon incident, donnera pour rayon réfracté IR. La lumière suit identiquement la même route en sens inverse. Il suffira, pour cela, après avoir placé les alidades dans une position telle que la flamme, étant placée en R, soit visible pour l'œil mis en S, d'aller ensuite mettre la flamme en S et l'œil en R.

Construction géométrique du rayon réfracté. — La loi admise, il est facile de trouver la direction refractée correspondant à une direction d'incidence donnée, quand le rapport $m = \dfrac{\sin i}{\sin r}$ est connu.

Soit I le point d'incidence, MM' le plan de séparation des deux milieux, perpendiculaire au plan du tableau, SI le rayon incident, NIN' la normale (fig. 462). Au point I menons IA perpendi-

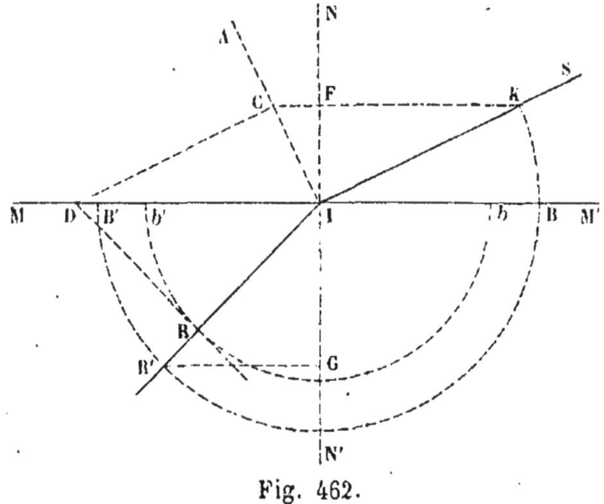

Fig. 462.

culaire au rayon incident, puis dans l'angle AIM inscrivons une droite CD parallèle à IS et égale à l'unité de longueur. Maintenant du point I comme centre, et avec un rayon Ib égal à $\dfrac{1}{m}$ décrivons au-dessous de MN une demi-circonférence, à laquelle nous mènerons du point D la tangente DR. La droite qui joint le point I au point de contact R est le rayon réfracté. — Les deux droites SI, IR sont comprises dans le plan de la figure, perpendiculaire au plan MN. Elles satisfont donc déjà à la première partie de la loi.

Du point I comme centre avec IB=IK=CD=1 décrivons la

circonférence KBB'. La droite KF, perpendiculaire au diamètre vertical, représente le sinus de l'angle d'incidence SIN. — La droite R'G représente de même le sinus de l'angle R'IN'.

Les deux triangles rectangles FIK, CID, qui ont les angles D et K égaux, sont semblables et nous donnent

$$\frac{FK}{CD} = \frac{IK}{ID},$$

et comme CD = IK = 1,

$$FK = \frac{1}{ID}.$$

Les deux triangles rectangles R'IG, DIR sont aussi équiangles et semblables, d'où

$$\frac{R'G}{IR} = \frac{IR'}{ID}.$$

IR' est égal à l'unité, et IR est égal à $\frac{1}{m}$, donc

$$R'G = \frac{1}{m.ID}.$$

On tirera de là

$$\frac{FK}{R'G} = m,$$

ou

$$\frac{\sin i}{\sin R'IN} = m,$$

R'IN est donc l'angle de réfraction.

Expériences diverses. — C'est par la réfraction qu'un vase plein d'eau nous paraît moins profond que quand il est vide, qu'un bâton plongé obliquement dans l'eau nous semble brisé au point d'affleurement du liquide.

Au fond d'un vase à parois opaques, plaçons un objet brillant et un peu lourd, une pièce de cinq francs en argent, par exemple, et reculons peu à peu notre œil jusqu'au moment où, placé quelque peu en arrière de la droite mA, il cesse d'apercevoir la pièce (fig. 463); il suffira de faire remplir le vase avec de l'eau versée doucement, afin de ne point déplacer la pièce, pour que celle-ci redevienne visible.

. Les rayons arrivant en I passent de l'eau dans l'air, qui est un milieu moins réfringent; ils s'écartent donc de la normale et s'abaissent vers le plan d'horizon. Ils pourront ainsi rencontrer l'œil que n'atteignait point le rayon direct mO, quand il n'y avait point d'eau dans le vase.

Le faisceau de rayons qui arrive à l'œil est divergent. L'angle

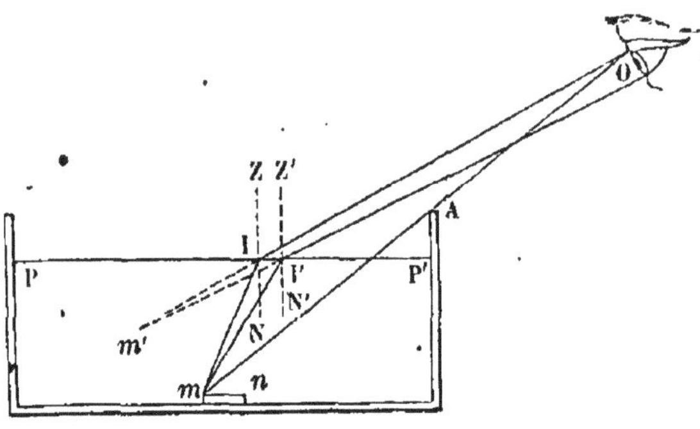

Fig. 463.

$mI'N'$ est en effet plus grand que mIN; par suite, $Z'I'O$ est aussi plus grand que ZIO. Les deux rayons émergents IO, $I'O$, ont ainsi un point de concours dans le liquide, m', où l'œil rapporte la position du point m, qui lui paraît relevé, ainsi que le fond même du vase.

L'apparence du bâton brisé s'explique encore de la même façon. Les rayons partant de l'extrémité plongée C (fig. 464),

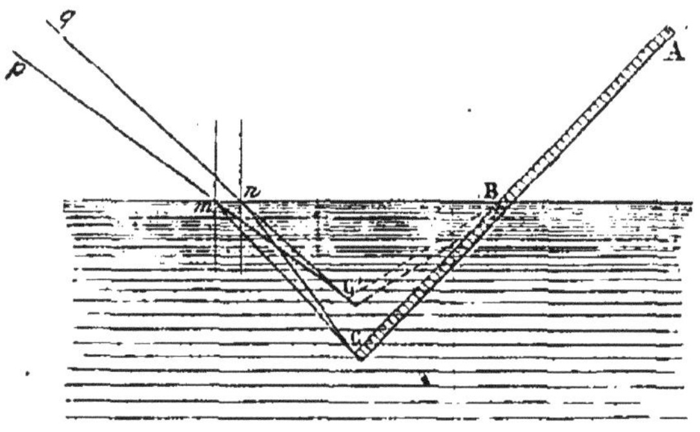

Fig. 464.

en arrivant en m,n, à la surface de séparation de l'eau et de l'air sont réfractés, s'éloignent de la normale, et forment à l'émergence un faisceau divergent dont le point de concours est C'. C'est sur ce point que l'œil, placé en pq pour recevoir les rayons, voit le point C. Il en est de même de tous les points intermédiaires entre B et C. Tous sont relevés par la réfraction, de sorte que la partie immergée du bâton apparaît en BC', faisant angle avec la partie AB restée en dehors de l'eau.

En traversant les couches d'air de notre atmosphère, de plus en plus denses à mesure qu'elles se rapprochent du sol, les rayons lumineux qui nous viennent des astres, soit directement, soit par réflexion, sont déviés de leur route rectiligne primitive et tracent une courbe concave vers la terre; car, en passant d'une couche d'air à celle qui est dessous et qui est plus dense, le rayon se rapproche de la normale au point d'incidence. Ainsi, un astre placé en S enverra au point I, limite supérieure de l'atmosphère, un rayon rectiligne; mais, à partir de ce point, le rayon s'abaissera de plus en plus au-dessous de sa direction première, jusqu'à ce qu'il arrive à l'observateur placé en C, avec la direction CS' (fig. 465).

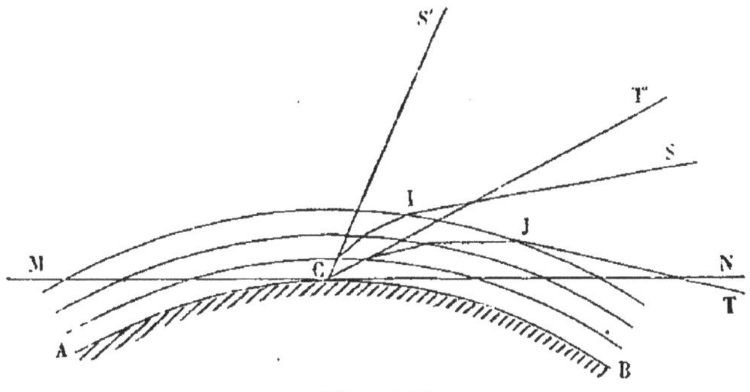

Fig. 465.

L'œil verra l'astre suivant la direction des rayons qui lui arrivent, avec une hauteur au-dessus de l'horizon S'CN, plus grande que la hauteur réelle.

Un astre au-dessous de l'horizon pourra même, s'il n'en est pas très-éloigné, paraître au-dessus, grâce à la réfraction qui amène le rayon TJ à la direction CT'. On voit, en effet, le soleil quelques minutes avant le moment où il dépasse en réalité le plan d'horizon, et aussi quelques minutes après qu'il s'est abaissé au-dessous.

Indices de réfraction, indice absolu, relatif.—Lorsque la lumière passe du vide dans un milieu quelconque, le rayon se rapproche toujours de la normale; le vide est, de tous les milieux, le moins réfringent.

La lumière passant ainsi du vide dans une certaine substance diaphane donnée, le rapport constant $\dfrac{\sin i}{\sin r} = m$ est ce que l'on appelle l'*indice de réfraction absolu* de cette substance.

On admet que cet indice $\dfrac{\sin i}{\sin r}$ est égal au rapport des vitesses de propagation de la lumière dans le vide et dans le milieu diaphane. Cette hypothèse, qui est la base de la théorie mathématique de la réfraction, a d'ailleurs été confirmée par des expériences directes de M. Foucault, dont il est fort inutile d'entretenir nos lecteurs.

Lorsque la lumière passe d'une substance diaphane à une autre, de l'air dans l'eau par exemple, le rapport constant, $\dfrac{\sin i}{\sin r} = m$, est appelé l'*indice relatif* de l'air à l'eau, ou de l'eau par rapport à l'air. Il donne encore le rapport de la vitesse de propagation de la lumière dans le premier milieu, l'air, à la vitesse de propagation dans le second, l'eau.

Ainsi, d'une manière générale, la lumière passant d'un milieu quelconque A, à un autre milieu quelconque B, l'indice m est le rapport de la vitesse de propagation dans le milieu A, à la vitesse dans le milieu B.

De là, une relation très-simple entre l'indice relatif de B par rapport à A, et les indices absolus de A et de B.

En effet on a

$$\text{indice absolu de A} = \frac{\text{vitesse de la lumière dans le vide}}{\text{vitesse de la lumière dans A}};$$

$$\text{indice absolu de B} = \frac{\text{vitesse de la lumière dans le vide}}{\text{vitesse de la lumière dans B}}.$$

Divisons la seconde égalité par la première,

$$\frac{\text{indice absolu de B}}{\text{indice absolu de A}} = \frac{\text{vitesse de la lumière dans A}}{\text{vitesse de la lumière dans B}}.$$

Or ce dernier rapport est précisément l'indice relatif de B par rapport à A.

Ainsi, l'indice relatif de l'eau par rapport à l'air est égal au quotient de l'indice absolu de l'eau par l'indice absolu de .'air.

Angle limite.—Lorsque la lumière passe d'un milieu dans un autre plus réfringent, le rayon se rapproche de la normale; l'angle d'incidence est plus grand que l'angle de réfraction; le sinus de l'angle d'incidence est aussi plus grand que le sinus de l'angle de réfraction, mais non dans le même rapport, car les sinus ne sont pas proportionnels aux angles.

Ainsi le rapport $\dfrac{\sin i}{\sin r} = m$ est plus grand que l'unité.

L'angle i allant croissant de 0e à 90°, son sinus va grandissant de 0 à 1; $\sin r = \dfrac{\sin i}{m}$ va donc, de son côté, grandissant de 0 à $\dfrac{1}{m}$, qui est sa valeur maximum.

Ainsi à mesure que le rayon incident s'abaisse depuis l'incidence normale jusqu'à l'incidence tangentielle, AI, A'I, A"I, le rayon réfracté s'éloigne peu à peu de la normale, mais moins rapidement, et quand le rayon arrive tangentiellement, A"I, le rayon réfracté correspondant fait avec la normale un angle BIB" tel que le sinus de cet angle soit égal à $\dfrac{1}{m}$. (Fig. 466.)

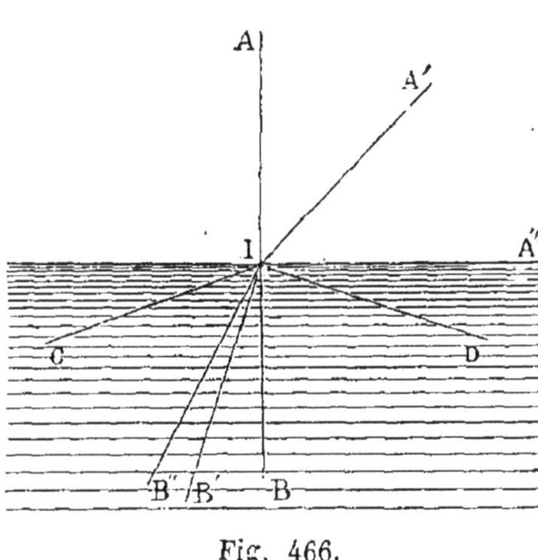

Fig. 466.

Si l'on suppose que l'on fasse tomber au point I des rayons convergents, sous toutes les incidences, leurs rayons réfractés formeront un cône dont le demi-angle sera cet angle BIB" qu'on appelle l'*angle limite*. Un point quelconque pris dans le milieu inférieur en dehors de ce cône ne recevra aucun des rayons tombés au point I.

L'indice relatif de l'eau par rapport à l'air est sensiblement égal à $\frac{4}{3}$. L'angle limite dans l'eau sera donc déterminé par la relation sin $r = \frac{3}{4}$. Les tables donnent alors pour $r = 48°, 35'$. Pour le verre, dont l'indice par rapport à l'air est sensiblement $\frac{3}{2}$, l'angle limite serait donné par la relation sin $r = \frac{2}{3}$, d'où $r = 41°, 48'$.

Réflexion totale. — Nous savons que la marche de la lumière est *réciproque*; cela ressort de la relation fondamentale :

$$\text{indice de A à B} = \frac{V_A}{V_B}$$

qui donne aussi :

$$\text{indice de B à A} = \frac{V_B}{V_A}.$$

Ainsi : Indice de B à A $= \dfrac{1}{\text{Indice de A à B}}$.

La lumière passant de l'air dans l'eau, on aura

$$\sin i = m \sin r, \quad m = \frac{4}{3}.$$

Si elle passe au contraire de l'eau à l'air, on aura

$$\sin i = \frac{1}{m} \sin r. \quad m = \frac{3}{4}.$$

C'est-à-dire que l'angle de réfraction dans le premier cas, r, devenant, dans le second, l'angle d'incidence, l'angle qui lui correspondait comme angle d'incidence devient, dans le second cas, l'angle de réfraction ou d'émergence.

BI sortira suivant la direction IA; B'I, suivant la direction IA'; B''I, suivant la direction tangentielle IA''. Mais au delà de l'angle B''IB, il n'y a plus de direction d'émergence correspondante. Lorsque sin i atteint la valeur $\frac{1}{m}$, sin r est égal à l'unité. En attribuant à sin i une valeur supérieure à $\frac{1}{m}$, il en résulterait pour sin r une valeur supérieure à l'unité, qui ne correspond à aucune valeur de l'angle r. Ainsi, pour le rayon CI, il n'y a plus émergence, mais *réflexion* au point I, comme si le milieu supérieur était doué d'opacité absolue. On dit alors qu'il y a *réflexion totale*.

C'est qu'en effet, dans tous les cas d'incidence où il pouvait y avoir émergence, il y avait toujours en même temps réflexion d'une fraction plus ou moins considérable du faisceau; ici il n'y a plus émergence, le faisceau est réfléchi en totalité comme si la surface de séparation était un miroir métallique.

Ainsi, lorsque la lumière se présente pour passer d'un milieu dans un milieu plus réfringent, il y a toujours passage ; mais lorsqu'elle se présente pour passer dans un milieu moins réfringent, il n'y a émergence qu'autant que l'angle d'incidence est au plus égal à l'angle limite, c'est-à-dire à l'angle dont le sinus est $\frac{1}{m}$; m étant l'indice relatif du milieu plus réfringent par rapport au milieu moins réfringent.

Lorsqu'on remplit à moitié d'eau une carafe, et que l'on place l'œil au-dessous du niveau liquide, la surface libre, vue ainsi par-dessous, paraît, par le fait de la réflexion totale, aussi brillante que du mercure.

C'est aussi la réflexion totale qui donne à des bulles d'air, prisonnières dans une masse liquide, ou dans du verre, l'aspect de perles métalliques.

Mirage. — La réflexion totale donne également l'explication du phénomène si curieux connu sous le nom de *mirage*.

On sait que dans les vastes plaines désertes de l'Afrique ou de l'Amérique centrale, le voyageur croit apercevoir au loin des bouquets d'arbres, des rochers accompagnés d'une image symétrique et renversée, pareille à celle que produirait une nappe d'eau qui en baignerait le pied. Il avance dans l'espoir d'apaiser sa soif, et l'image trompeuse s'éloigne sans cesse. Voici comment on explique ce phénomène singulier.

Dans l'état normal les couches d'air présentent une densité décroissante à partir du sol. Mais si ce dernier est fortement échauffé, comme cela arrive dans les déserts de la région intertropicale, alors les couches d'air les plus voisines du sol s'échauffent, se dilatent et prennent une densité moindre que celles qui sont au-dessus d'elles. De sorte que dans ces conditions anomales la densité va au contraire en croissant à partir de la terre jusqu'à une certaine hauteur au-dessus de laquelle la densité va de nouveau en décroissant.

Il suit de là qu'un point A placé à grande distance de l'œil peut lui envoyer d'abord un faisceau de rayons directs AO (fig. 467), puis un autre faisceau qui, descendant dans des cou-

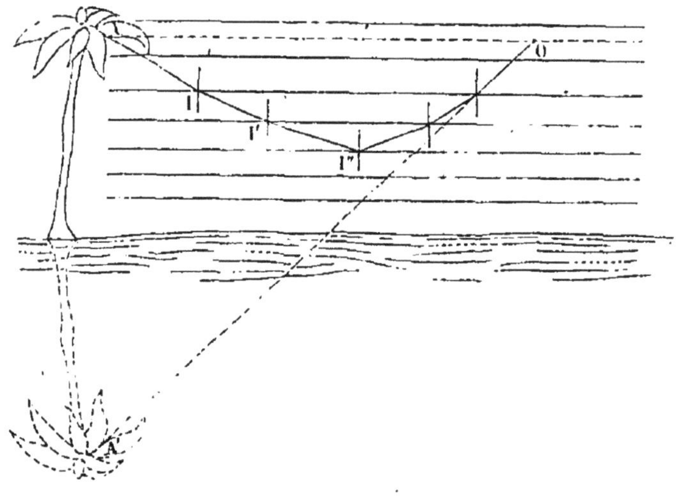

Fig. 467.

ches plus basses, et par suite moins denses, s'écarte de la normale en I, I'.... décrivant ainsi une courbe qui tourne sa *convexité* vers la terre, jusqu'à ce qu'arrivé en I" sous une incidence supérieure à l'angle limite, il se réfléchisse totalement; alors il remonte dans les couches supérieures, plus denses, décrivant une branche de courbe symétrique de la première, et arrive à l'œil qui voit alors le point A directement dans la direction OA, puis, par le fait de cette réflexion, dans la direction CA'. Il en sera de même de tous les autres points de l'objet. De là l'image renversée.

Ce phénomène du mirage se produit aussi quelquefois sur la haute mer, sur des falaises à pic, sur des montagnes arides frappées par un rayonnement intense, et peut toujours s'expliquer d'une façon analogue.

Lames à faces parallèles (fig. 468).—Lorsqu'un rayon traverse un milieu diaphane compris entre deux plans parallèles, il se retrouve, à sa sortie, parallèle à sa direction d'incidence, n'ayant reçu qu'un déplacement sans déviation.

Le rayon, arrivant en I, pénètre dans le corps diaphane et le traverse suivant la direction II'. Arrivé en I', il fait avec la

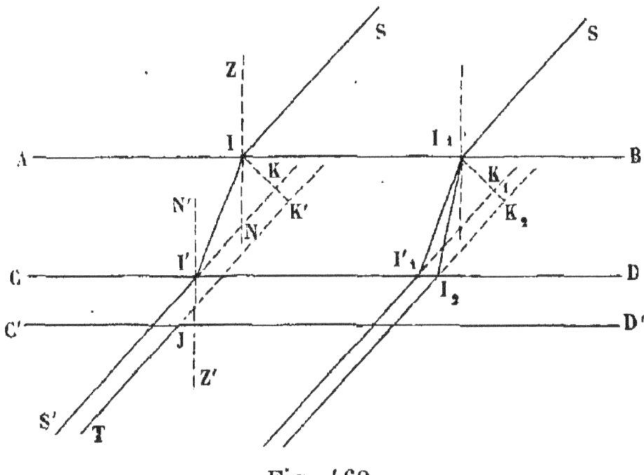

Fig. 468.

normale, en ce point I'N', un angle N'I'I égal à l'angle de réfraction en I, NII'. La marche de la lumière étant réciproque, le rayon doit sortir en faisant un angle Z'I'S' égal à ZIS. Il suit de là que SI et S'I' sont parallèles, puisque les normales le sont elles-mêmes.

Le déplacement du rayon, qui se mesure par la distance IK des deux directions d'incidence et d'émergence, est évidemment d'autant plus grand, pour une même incidence, que la plaque est plus épaisse. Ainsi, si la seconde face se transportait en C'D', le rayon continuerait sa route dans l'épaisseur de la plaque jusqu'en J et le déplacement serait alors IK' > IK.

Il est aussi facile de voir que pour une même incidence et pour une même épaisseur de plaque, le déplacement est d'autant plus grand que la substance de la plaque réfracte plus fortement la lumière. Ainsi, avec une plaque de verre, le rayon réfracté suivra, je suppose, dans la plaque, la route $I_1 I'_1$. Avec une plaque de cristal, substance plus réfringente, le rayon se rapprochera davantage de la normale; il viendra en I_2, et le déplacement sera alors I_4K_2 au lieu d'être I_4K_4.

Enfin, toutes circonstances égales d'ailleurs, le déplacement grandit avec l'obliquité de l'incidence; nul, quand l'incidence est normale; maximum, quand elle est tangentielle.

Il serait facile, en appliquant les formules de la trigonométrie, d'exprimer le déplacement en fonction de l'épaisseur, de l'incidence et de l'indice de réfraction de la substance, et inversement de déduire l'épaisseur de la plaque du déplacement du rayon.

Si le rayon a à traverser une série de plaques à faces parallèles juxtaposées, et *s'il peut sortir*, il aura à sa sortie une direction d'émergence encore parallèle à sa direction d'incidence (figure 469).

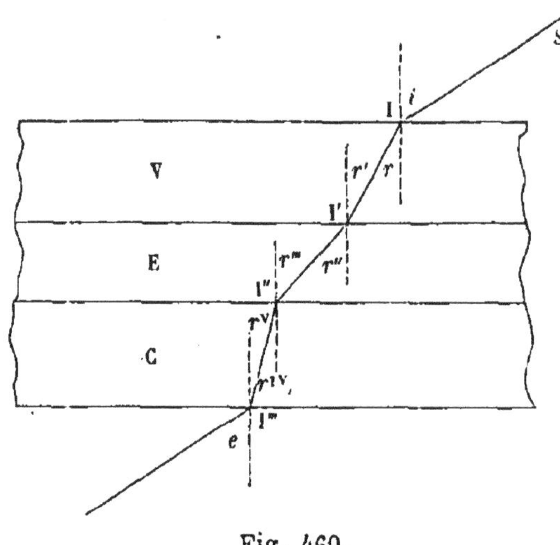

Fig. 469.

Dans le cas qui nous occupait tout à l'heure, il ne pouvait y avoir de doute sur l'émergence. N'I'I est moindre que l'angle limite, comme NII' qui lui est égal.

Dans le cas actuel il n'en est plus ainsi, le rayon ayant à traverser des milieux dont les indices sont différents.

Supposons, par exemple, une couche d'eau interposée entre deux plaques parallèles de verre et de cristal. Le rayon arrivant de l'air pénètre dans le verre suivant la direction II', l'angle en I' est égal à l'angle en I, $r' = r$; il est moindre que l'angle limite du verre par rapport à l'air, et, à plus forte raison, que l'angle limite du verre par rapport à l'eau, car ce dernier est plus grand puisque l'eau réfracte plus fortement que l'air. Mais l'angle en I' pourrait être plus grand que l'angle limite, si la substance logée entre les deux plaques réfractait moins que l'air. Supposons le moindre. Le rayon arrivera en I″. Ici le rayon passera à coup sûr dans le troisième milieu puisque le cristal est plus réfringent que l'eau. Mais s'il arrivait, au contraire, que le 3ᵉ milieu fût moins réfringent que l'eau, il pourrait se faire qu'il y eût réflexion totale. On voit donc que nous avions raison de poser la restriction : *s'il peut sortir.*

Admettons qu'il puisse arriver, sans réflexion totale, jusqu'à la dernière face.

On aura successivement, en appelant m, m', m'', m''', les indices absolus de l'air, du verre, de l'eau et du cristal, et en se rappelant la relation entre les indices relatifs et les indices absolus

$$\sin i = \frac{m'}{m}\ \sin r$$

$$\sin r' = \frac{m''}{m'}\ \sin r''$$

$$\sin r''' = \frac{m'''}{m''}\ \sin r^{IV}$$

$$\sin r^{V} = \frac{m}{m'''}\ \sin e.$$

En multipliant toutes ces équations membre à membre et remarquant qu'on a $r = r'$, $r'' = r'''$, $r^{IV} = r^{V}$; par conséquent $\sin r = \sin r'$, $\sin r'' = \sin r'''$, $\sin r^{IV} = \sin r^{V}$; on obtient

$$\sin i = \sin e,$$

d'où
$$i = e.$$

Et comme les normales en I et I‴ sont parallèles, les rayons émergent et incident le sont aussi.

Prismes. — Examinons actuellement le cas où le milieu diaphane est compris entre deux plans formant angle. Il constitue ce que l'on appelle en optique un *prisme.* Pour achever de le limiter, il faut fermer l'angle dièdre par une troisième face parallèle à son arête, et par deux plans perpendiculaires à cette même arête et qui forment alors les bases d'un prisme triangulaire. A bien prendre, le solide géométrique que nous appelons prisme offre autant de prismes optiques qu'il a d'arêtes.

On monte ordinairement les prismes dans une garniture métallique portée par un pied à tirage et à genou; ce qui permet de placer le prisme à telle hauteur et sous telle inclinaison que l'on juge convenable, Enfin le bouton g permet de tourner le prisme autour de son axe (fig. 470).

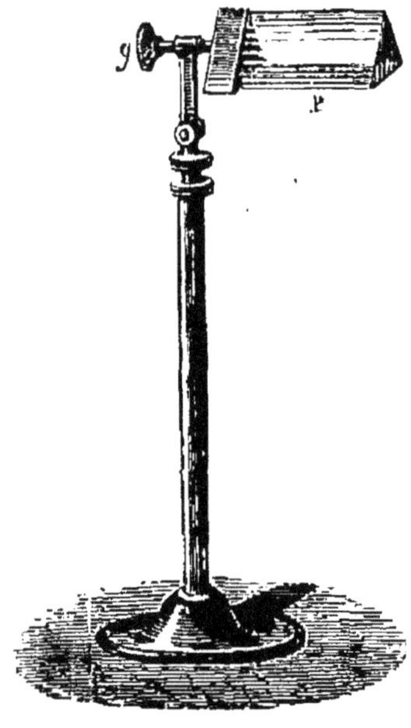

Fig. 470.

En appliquant les lois de la réfraction, il est toujours possible de déterminer la marche d'un rayon à travers un prisme sous quelque incidence qu'il se présente. Toutefois, cette recherche est beaucoup plus simple lorsque le plan de la réfraction est perpendiculaire à l'arête de l'angle dièdre ; c'est le seul cas que nous examinerons et que l'on réalise dans la pratique.

On donne le nom de *section principale* du prisme à la section perpendiculaire à l'arête. L'angle A mesure l'angle dièdre du prisme ; on l'appelle *angle de réfringence* (fig. 471).

Soit un rayon SI tombant sous une incidence quelconque sur la face AB ; le rayon pénétrant dans un milieu presque toujours plus réfringent que l'air, au lieu de poursuivre dans la direction SG, va se rapprocher de la normale nF et prendre la route II'. Arrivé en I', où il rencontre la face AC, il se réfléchira si l'angle d'incidence intérieur II'F est supérieur à l'angle limite relatif à la substance dont est formé le prisme; il émergera au contraire si l'angle II'F est égal ou inférieur à cette limite. Dans ce cas, rentrant dans l'air, il doit s'écarter de la normale et prendre une direction telle que I'S'.

On voit que les deux réfractions agissent pour l'abaisser de plus en plus au-dessous de sa direction première en l'éloignant du sommet de l'angle. Bien entendu elles agiraient pour l'élever au-dessus de cette direction, mais toujours en

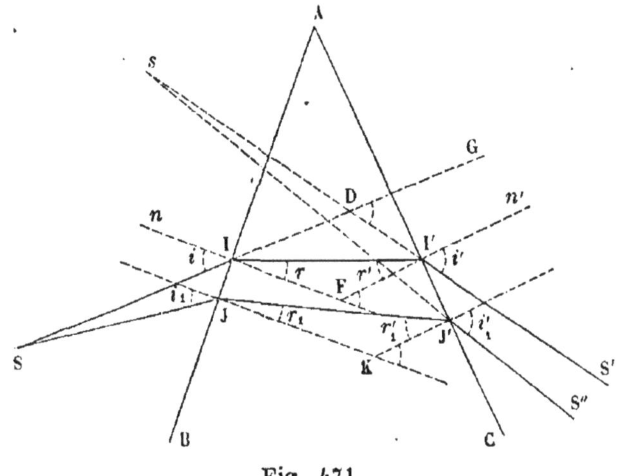

Fig. 471.

l'éloignant du sommet de l'angle, si cet angle était en bas au lieu d'être en haut.

L'angle GDS′ que font entre elles les directions d'incidence et d'émergence est ce que l'on appelle l'angle de déviation D.

L'angle de réfringence A est égal à l'angle F que forment les deux normales, et comme cet angle F, extérieur au triangle FII′, est égal à la somme des angles FII′ $= r$, et FI′I $= r'$.

On a

(1)
$$A = r + r'.$$

On a aussi

$$D = DII' + DI'I = DIF - FII' + DI'F - FI'I,$$
(2)
$$D = i - r + i' - r' = i + i' - (r + r') = i + i' - A.$$

Et enfin

(3)
$$\sin i = m \sin r,$$
(4)
$$\sin i' = m \sin r'.$$

Ces quatre équations permettent de déterminer rigoureusement la marche du rayon quand on connaîtra l'angle du prisme A, l'indice m de la substance dont il est formé et l'angle d'incidence i.

L'équation (3) donnera r; l'équation (1) r'; l'équation (4) i'; et enfin la déviation D sera donnée par l'équation (2).

Un rayon parallèle à SI donnera un rayon intérieur parallèle à II', et un rayon émergent parallèle à I'S'.

Prenons maintenant un rayon SJ formant avec SI un faisceau divergent. Nous avons évidemment $i_1 < i$, par suite $r_1 < r$. Mais on a aussi $r_1 + r'_1 = A$, par la même raison qu'on avait $r + r' = A$.

Par conséquent si $r_1 < r$, il faut qu'on ait $r'_1 > r'$, et par suite $i'_1 > i'$.

Ainsi dans l'intérieur du prisme JJ' reste divergent par rapport à II'; et, à l'émergence, J'T est divergent par rapport à I'S. Le faisceau, divergent à l'entrée, reste divergent à la sortie.

Les directions d'émergence se rencontrent par leurs prolongements en s. C'est en ce point que l'œil, placé sur le passage des rayons, verra le point S.

C'est précisément parce que la réfraction abaisse les rayons au sortir du prisme qu'elle relève l'image *virtuelle s*.

Rien de plus facile que de vérifier par l'expérience ces conséquences de la loi de la réfraction.

Faisons arriver, par un trou percé dans le volet de la chambre obscure, un faisceau de rayons parallèles ; il ira former au fond de la chambre une image ronde et blanche.

Plaçons maintenant un prisme derrière le trou, dans une position horizontale, de telle sorte que son arête supérieure coupe en deux le faisceau. Nous aurons ainsi une portion de l'image primitive conservée ; mais la portion du faisceau qui traverse le prisme, déviée de haut en bas, viendra former *au-dessous* de l'image blanche une seconde image, *allongée* dans le sens vertical, et *colorée* des nuances de l'arc-en-ciel. En semant dans l'espace de la poussière de craie très-fine, on matérialisera pour ainsi dire les deux faisceaux et on les rendra visibles.

Laissons pour le moment de côté ces circonstances particulières et inattendues de la forme divergente du faisceau et de la coloration de l'image ; nous en ferons plus tard une étude approfondie.

Ne considérons que la déviation du faisceau ; nous voyons qu'elle vérifie complétement l'indication théorique. En plaçant le prisme, toujours horizontal, au-dessus de l'ouverture, de manière à couper le faisceau par l'arête inférieure, la déviation se fera de bas en haut.

Place-t-on le prisme vertical, alors le déplacement se fera latéralement ; vers la gauche, si l'on reçoit le faisceau sur l'arête droite du prisme ; vers la droite, si l'on reçoit le faisceau sur l'arête gauche. Ainsi le faisceau s'éloigne toujours du sommet de l'angle.

Faisons la vérification d'une autre façon et regardons le trou à travers le prisme. Nous verrons toujours l'image déviée du côté de l'angle du prisme ; relevée, par exemple, si le prisme est horizontal et que nous regardions à travers la portion du prisme voisine de l'arête supérieure ; abaissée, au contraire, si nous regardons à travers la portion du prisme voisine de l'arête inférieure.

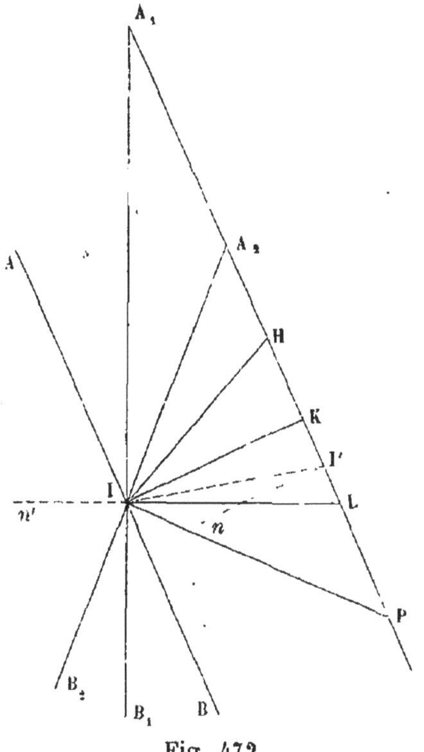

Fig. 472.

Là encore nous constatons des phénomènes d'irisation dont nous aurons à donner bientôt l'explication, et qui sont dus à la même cause qui produisait la coloration de l'image blanche dans l'expérience précédente.

Conditions d'émergence. — Soit A_1P la face de sortie, I un point pris sur la face d'incidence (fig. 472) ; du point I, abaissons sur MN la perpendiculaire IK et menons de part et d'autre les obliques IH, IL, faisant avec IK des angles égaux à l'angle limite ; tout rayon voyageant dans le prisme suivant

une direction comprise à l'intérieur de cet angle, telle que II',
pourra sortir, car l'angle d'incidence intérieure II'n = I'IK
est moindre que l'angle limite KIL. Or, ce fait ne se présentera pour le rayon intérieur qu'à certaines conditions d'inclinaison pour la face antérieure, de direction pour le rayon
incident. Représentons-nous la normale en I à la face d'entrée, et, de part et d'autre de cette normale, deux obliques,
faisant avec elle des angles égaux à l'angle limite. L'angle
total comprend tous les rayons qui pénètrent dans le prisme ;
appelons-le *l'angle d'entrée.*

Supposons d'abord la face antérieure parallèle à la face
d'émergence, de telle sorte que IK soit leur normale commune, l'angle HIL comprend alors tous les rayons réfractés
qui pénètrent au point I dans le. milieu transparent ; l'angle
d'entrée et l'angle *d'émergence possible* se superposent complétement ; ainsi tous ces rayons sortiront. C'est en effet ce que
nous avons déjà reconnu pour une plaque à faces parallèles.

Mais que le plan AB fasse maintenant avec MN un angle
de plus en plus grand, la normale en I s'abaissera au-dessous
de IK. L'angle d'entrée dont cette normale est la bissectrice
s'abaisse avec elle et aura, avec l'angle d'émergence possible HIL, une partie commune de plus en plus petite ; les
rayons qui sortiront seront donc de moins en moins nombreux.

Quand la face d'entrée sera arrivée à être normale à IL,
dans la position A_1B_1, l'angle d'entrée KIP n'aura plus que
sa moitié supérieure KIL commune avec l'angle d'émergence
possible. Ainsi tous les rayons qui, tombant en I dans l'angle
d'incidence $n'IB_1$ au-dessous de la normale, pénétreront dans
le prisme dans l'angle LIK, en pourront sortir ; mais tous ceux
qui tombent dans l'angle d'incidence $n'IA_1$ au-dessus de cette
normale viendront se réfracter au-dessous de IL et ne pourront plus sortir.

Remarquons qu'alors l'angle A_1 est égal à KIL, c'est-à-dire
à l'angle limite. Ils ont les côtés perpendiculaires.

Descendons encore le point A jusqu'en A_2, de telle sorte
que la normale à la face A_2B_2 soit IP, qui fait avec IL un
angle égal à l'angle limite ; alors l'angle d'entrée n'aura plus
absolument que la droite IL commune avec l'angle d'émer-

gence. C'est le seul rayon qui pourra sortir. Il sortira tangentiellement suivant LP′, et le rayon incident qui le fournit est celui qui arrive tangentiellement à la face antérieure, suivant B_2I.

L'angle $A_2 = A_4 + A_4IA_2$.

Or, ce dernier angle a ses côtés perpendiculaires à ceux de l'angle PIL qui est égal, comme A_4, à l'angle limite. A_2 est donc double de l'angle limite.

Enfin, si le point A s'abaissait encore, et avec lui la normale en I, de telle sorte que l'angle A fût plus grand que le double de l'angle limite, l'angle d'entrée n'aurait plus rien de commun avec l'angle d'émergence, et aucun des rayons qui pénètrent dans le prisme et arrivent à la seconde face ne pourrait sortir. Il y aurait réflexion totale sur la face MN.

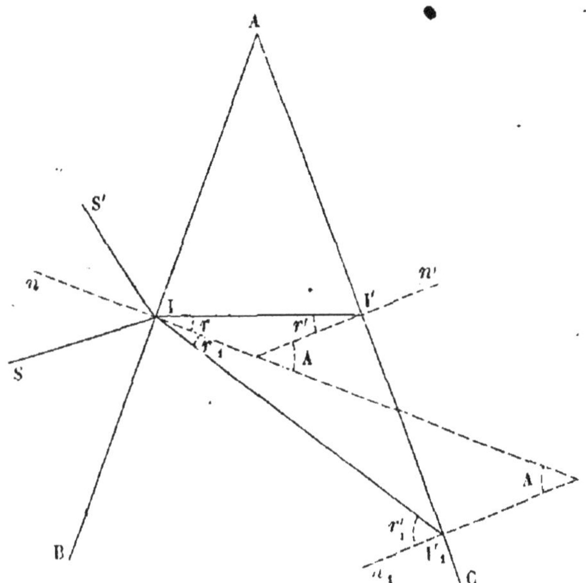

Fig. 473.

On peut aussi établir ces conditions de la manière suivante (fig. 473).

Pour un rayon SI arrivant dans l'angle d'incidence inférieur nIB, le rayon intérieur II′ passe au-dessus de la normale nI; l'angle des deux normales égal à A, équivaut à la somme des deux angles r et r'.

(a)　　　　　　　　　　$A = r + r'$.

Pour un rayon incident dans l'angle supérieur nIA, le rayon intérieur II'$_1$ passe au-dessous de la normale; et ici l'angle des deux normales, toujours égal à A, est la différence des deux angles r'_1 et r_1,

$$(b) \qquad A = r'_1 - r_1;$$

on a donc avec la première équation

$$(a') \qquad r' = A - r,$$

avec la seconde

$$(b') \qquad r'_1 = A + r_1;$$

r peut prendre toutes les valeurs depuis 0 jusqu'à l'angle limite λ.

Si donc on suppose que A aille en croissant de 0 à λ; $r' = A - r$ sera toujours moindre que λ; tous les rayons venant de l'angle nIB pourront sortir. $r'_1 = A + r_1$ pourra au contraire dépasser λ, d'autant plus sûrement que A et r_1 seront plus grands. A mesure que A grandira, le nombre des rayons qui sont réfléchis totalement deviendra de plus en plus grand; l'angle AIS' qui les contient ira en grandissant.

Pour $A = \lambda$, $r' = A - r$ sera encore moindre que l'angle limite, ou au plus égal; ainsi tous les rayons de l'angle inférieur nIP sortiront encore. Mais $r'_1 = A + r_1$ sera supérieur à l'angle limite, et aucun rayon de l'angle nIA ne pourra sortir. .

A dépassant λ, à coup sûr $r'_1 = A + r_1$ sera plus grand que l'angle limite, et nous n'avons plus à en parler; mais en outre $r' = A - r$ pourra être plus grand que λ, r grandissant avec A. Ainsi une portion des rayons de l'angle inférieur cessera de pouvoir sortir, et l'angle nIS qui les contient grandira à mesure que l'angle du prisme sera plus grand.

Si A atteint 2λ, $r' = A - r$ est nécessairement plus grand que λ, sauf le cas où r est lui-même λ. Ainsi il n'y a plus absolument que le rayon tangentiel BI donnant l'angle de réfraction $r = \lambda$ qui puisse sortir.

Enfin si A est plus grand que 2λ, $r' = A - r$ ne peut être que supérieur à λ, quel que soit r. Désormais aucun rayon ne peut plus sortir.

On peut vérifier toutes ces indications au moyen du *prisme à angle variable* (fig. 474). Entre deux plaques de laiton ayant la forme d'un secteur de cercle tronqué, se trouvent montées deux plaques de glace B, B', mobiles autour d'une charnière aa'.

On peut ainsi faire varier l'angle que ces plaques font entre
elles et le mesurer au moyen d'une division tracée sur le
contour d'un des secteurs. On
remplit l'intervalle des deux
plaques avec un liquide diaphane, comme l'eau. Alors, en
mettant les deux glaces verticales, on a tout d'abord une
plaque liquide à faces parallèles;
on incline ensuite soit l'une des
plaques, soit les deux, de manière à agrandir l'angle du
prisme, jusqu'à ce qu'on arrive,
pour un faisceau de rayons entrant par l'une des deux plaques, à la réflexion totale sur la
seconde.

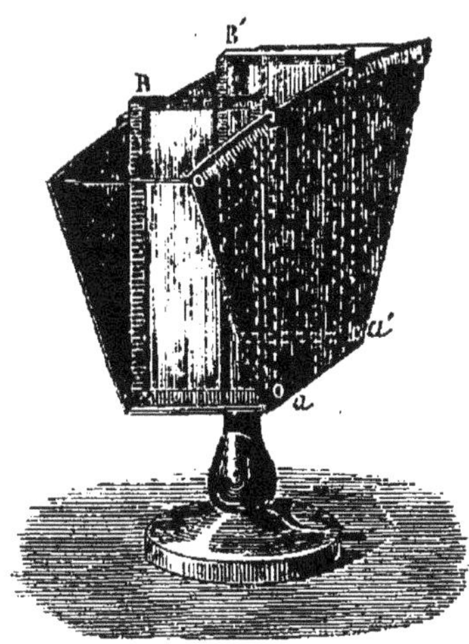

Fig. 474.

Déviation. — La déviation produite par un prisme augmente avec l'angle du prisme, avec l'indice de réfraction de
la substance dont il est formé, et avec l'angle d'incidence.
C'est ce que l'on établirait facilement par la discussion des
équations qui donnent la marche du rayon, et ce que l'on
peut d'ailleurs vérifier par l'expérience, à l'aide du prisme à
angle variable rempli d'eau.

Il suffit de faire arriver sur la première plaque, formant
la face antérieure du
prisme, un faisceau
de rayons parallèles
par l'ouverture du
volet de la chambre
obscure, sous une
incidence détermi-
née, l'incidence nor-
male, par exemple.

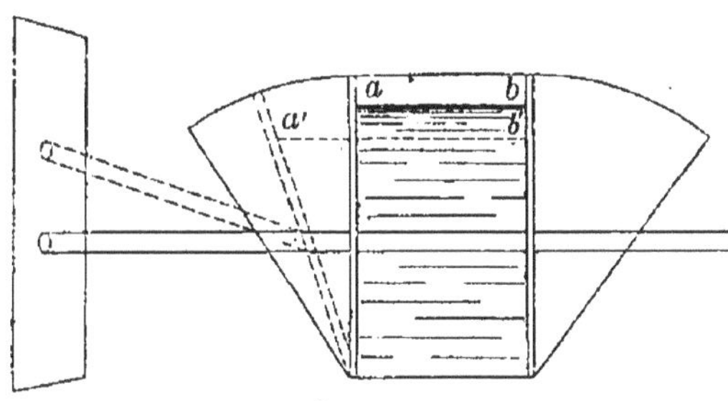

Fig. 475.

Pour vérifier l'influence de l'angle, on placera la seconde
lame parallèle à la première, et l'on recevra le faisceau émergent sur un écran; puis on fera tourner cette seconde lame
de manière à augmenter progressivement l'angle de réfrin-

gence (fig. 475). On verra alors l'image donnée sur l'écran s'élever de plus en plus, jusqu'au moment où la réflexion totale la fait disparaître.

Pour vérifier l'influence de l'indice de la substance, on prendra le prisme avec un certain degré d'écartement des deux lames, et on le remplira successivement de liquides ayant des indices de plus en plus forts, eau, alcool, sulfure de carbone ; on verra alors l'image se relever de plus en plus sur l'écran.

On peut aussi se servir du *polyprisme* pour constater ce même résultat. C'est un prisme triangulaire formé de tranches prismatiques accolées, de verres plus ou moins réfringents, verre ordinaire, cristal, etc. On fait alors glisser le prisme sur lui-même, de manière à présenter successivement au faisceau incident les diverses tranches.

Minimum de déviation. — Quant à l'influence de l'inclinaison, elle se constatera en tournant le prisme horizontal, à l'aide de son bouton, autour de son axe, de manière à augmenter peu à peu l'angle d'incidence à partir de l'incidence normale (fig. 476). On verra alors l'image se déplacer dans le même sens que le sommet de l'angle, en s'éloignant du faisceau incident, mais non pas indéfiniment. Lorsque l'angle d'incidence aura atteint une certaine grandeur, variable avec l'angle du prisme et avec son indice, l'image s'arrête ; puis, l'angle d'incidence continuant à grandir, l'image se déplace en sens contraire. Ainsi, le faisceau réfracté

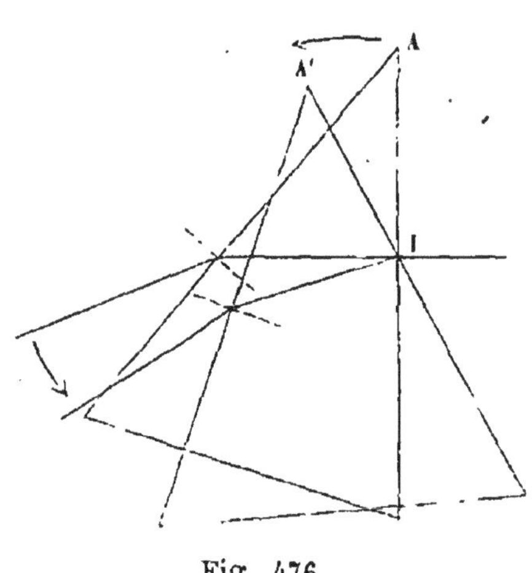

Fig. 476.

qui s'était d'abord éloigné rapidement, puis d'un mouvement plus lent, du faisceau incident, s'en rapproche maintenant. Il y a donc pour le faisceau réfracté un *minimum de déviation*.

Le calcul démontre que le minimum de déviation correspond au cas où le rayon intérieur est perpendiculaire au plan bissecteur du prisme (fig. 477), de telle sorte que l'angle d'émergence i' et l'angle d'incidence i soient égaux, comme les angles r et r'.

C'est cette position du prisme que l'on choisit en général pour mesurer l'indice de réfraction de la substance du prisme.

On a, en effet,

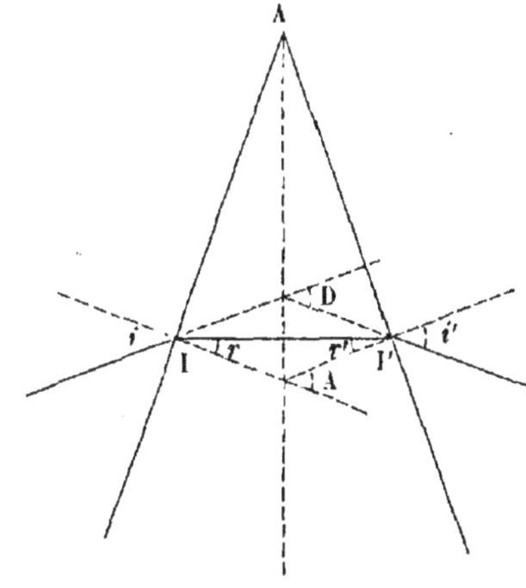

Fig. 477.

$$A = r + r' = 2r, \quad \text{d'où } r = \frac{A}{2},$$

$$D = i + i' - A = 2i - A, \quad \text{d'où } i = \frac{A + D}{2}.$$

On a donc pour l'indice :

$$m = \frac{\sin \dfrac{A + D}{2}}{\sin \dfrac{A}{2}}.$$

Il suffira donc de mesurer l'angle A du prisme, et l'angle D que fait le rayon émergent avec le rayon incident, pour avoir les éléments du calcul de l'indice.

INDICES ABSOLUS DE QUELQUES SUBSTANCES.

Solides...	Diamant	2,4	à 2,75
	Flint-glass	1,57	
	Cristal de roche	1,54	
	Crown-glass	1,5	
	Alun	1,46	
	Glace	1,31	
Liquides..	Sulfure de carbone	1,68	
	Huile d'olive	1,47	
	Acide sulfurique	1,43	
	— nitrique	1,41	
	Alcool	1,37	
	Ether	1,36	
	Eau	1,336	

$$
\text{Gaz} \ldots \ldots \left\{
\begin{array}{ll}
\text{Air} \ldots \ldots \ldots \ldots \ldots & 1{,}00029 \\
\text{Oxygène} \ldots \ldots \ldots \ldots & 1{,}00027 \\
\text{Azote} \ldots \ldots \ldots \ldots & 1{,}00030 \\
\text{Hydrogène} \ldots \ldots \ldots & 1{,}00014 \\
\text{Chlore} \ldots \ldots \ldots \ldots & 1{,}00077 \\
\text{Acide carbonique} \ldots \ldots & 1{,}00045 \\
\text{Cyanogène} \ldots \ldots \ldots & 1{,}00083
\end{array}
\right.
$$

Il est bon de remarquer à quel point l'indice absolu de réfraction des gaz est voisin de l'unité. La lumière, en passant du vide dans un milieu gazeux, ou d'un gaz dans un autre, ne subit qu'une très-faible déviation.

CHAPITRE XLV.

RÉFRACTION. — LENTILLES.

Un milieu diaphane compris entre deux portions de surface sphérique constitue ce que l'on appelle une *lentille*.

On peut grouper les diverses espèces de lentilles en deux catégories : les lentilles convergentes et les lentilles divergentes.

Première catégorie. — Lorsque les deux sphères se coupent, la partie commune AB forme une lentille *biconvexe* (fig. 478).

Si l'une des sphères a un rayon infini, ce qui en fait un plan, la lentille devient *plan-convexe* (fig. 479).

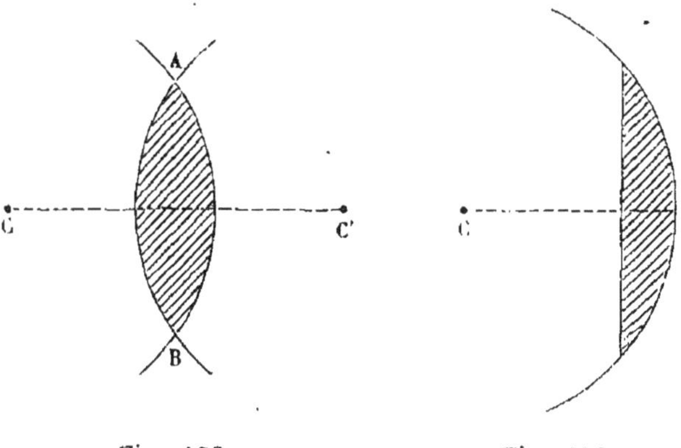

Fig. 478.   Fig. 479.

Les deux portions de volume non communes forment chacune une autre lentille, convexe d'un côté *m*, concave de l'autre *n*, que l'on nomme un *ménisque convergent* (fig. 480).

Deuxième catégorie. — Lorsque les deux sphères sont extérieures l'une à l'autre, et sans se couper, si l'on se repré-

sente l'intervalle qui les sépare rempli par une substance
diaphane, on a ce que l'on appelle une lentille *biconcave*
(fig. 481).

Que l'une des sphères prenne un rayon infini, de manière

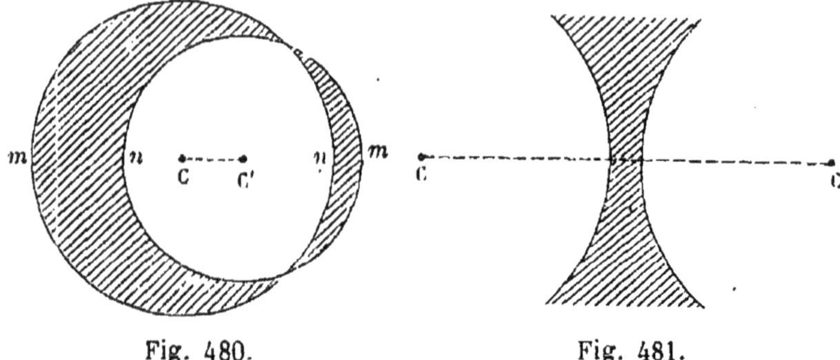

Fig. 480.   Fig. 481.

à se confondre avec un plan, on a la lentille *plan-concave*
(fig. 482).

Enfin, si les deux sphères sont intérieures l'une à l'autre,
mais non concentriques, elles formeront une autre espèce de

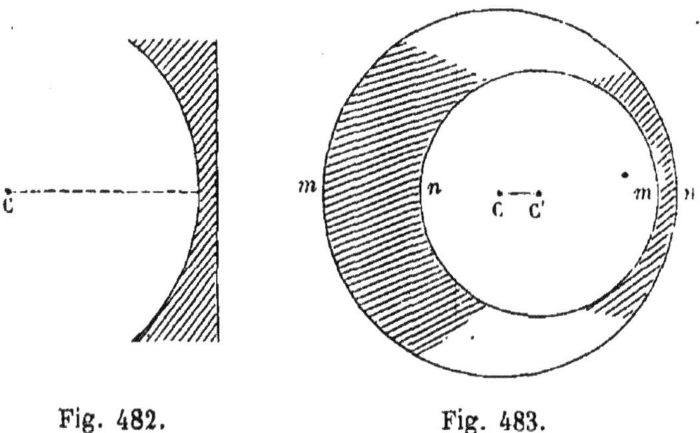

Fig. 482.   Fig. 483.

ménisque, convexe d'un côté, concave de l'autre, que l'on appelle *ménisque divergent* (fig. 483).

Nous choisirons dans chacun des deux groupes le premier
genre de lentilles, qui est le plus fréquemment employé,
pour en faire une étude spéciale. Nous allons démontrer que

la lentille biconvexe, type des verres convergents, recevant un faisceau divergent parti d'un point lumineux, le transforme en un faisceau convergent, ou en un faisceau moins divergent qu'il ne l'était à l'arrivée ; si le faisceau qu'elle reçoit est déjà convergent, elle augmente sa convergence. Nous démontrerons encore que la lentille biconcave, type des verres divergents, recevant un faisceau divergent parti d'un point lumineux, augmente sa divergence, et que si elle reçoit un faisceau convergent, elle diminue sa convergence, ou même le transforme en un faisceau divergent.

Lentilles biconvexes. — Nous donnons le nom d'*axe principal* de la lentille à la ligne des centres CC', prolongée indéfiniment de part et d'autre de la lentille. Cette droite est perpendiculaire au cercle qui sert de base commune aux deux zones entre lesquelles est comprise la substance transparente.

Le volume de la lentille est complétement symétrique par rapport à cette droite. Toutes les sections faites par un plan quelconque conduit suivant l'axe sont identiques. Nous nous bornerons donc à examiner ce qui se passe dans une de ces sections : dans toutes, les phénomènes seront les mêmes.

Foyer principal. — Soit donc C,C', les deux centres de courbure (fig. 484) ; MN la section faite dans la lentille par

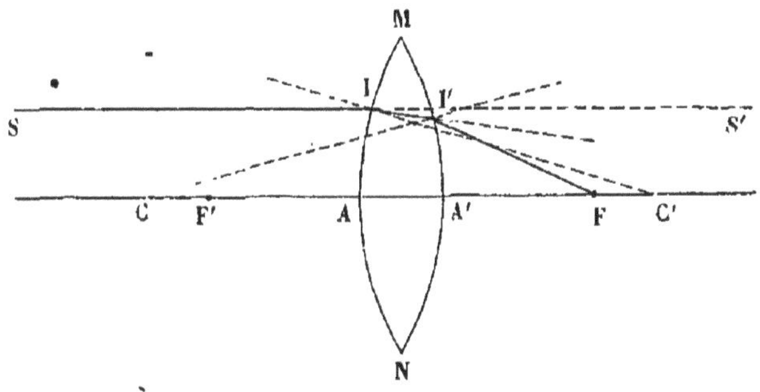

Fig. 484.

le plan vertical. Supposons un point lumineux pris sur l'axe principal à une distance infiniment grande de la lentille, de telle sorte que les rayons qui arrivent à la face MAN puissent être considérés comme parallèles entre eux et parallèles à l'axe principal. Soit SI un de ces rayons. Le point I appartient à la sphère dont C′ est le centre. Le rayon de courbure C′I représente la perpendiculaire au plan tangent en I, c'est la normale. Le plan de la réfraction dans la masse de la lentille est donc le plan SIC′. Ainsi, dans son voyage à travers la lentille, le rayon ne doit pas sortir du plan du tableau. La réfraction dans le verre de la lentille le rapproche de la normale; il prendra une direction II′ intermédiaire entre IC′ et le prolongement IS′ de sa direction d'incidence.

I′ appartient à la sphère dont C est le centre. La normale en I′ est le rayon de courbure CI′, et le plan de la réfraction du verre à l'air sera le plan II′C, qui est encore le plan du tableau. Le rayon deux fois réfracté, à l'entrée et à la sortie, restera donc toujours compris dans le plan de la section.

De plus, si la lentille n'a qu'un très-petit angle d'ouverture, ou tout au moins si l'on ne considère jamais que le faisceau tombant sur une zone centrale d'une très-petite ouverture, et telle que les arcs AI, A′I′, ne comprennent qu'un très-petit nombre de degrés, condition à laquelle on s'astreint toujours pour les lentilles comme pour les miroirs, les angles C et C′ seront assez petits pour que chacun d'eux et même pour que leur somme soit moindre que l'angle limite. Or, on a :

$$II'C + I'IC' = C + C'.$$

La somme des angles intérieurs étant moindre que l'angle limite, l'angle II′C sera, à plus forte raison, moindre que l'angle limite, et il y aura toujours émergence. Nous n'aurons donc jamais à nous inquiéter de la réflexion totale.

Le rayon sortant du verre dans l'air s'éloigne de la normale, et prendra une direction de sortie telle que I′F.

On voit que les deux réfractions en I et I′ ont abaissé le rayon au-dessous de sa direction initiale SIS′ pour le rabattre vers l'axe principal, qu'il va couper en un point F.

On peut démontrer par le calcul, et constater par l'expérience, que tous les rayons, tels que SI, parallèles à l'axe principal et qui tombent sur la lentille, à une distance de l'axe très-petite par rapport aux rayons de courbure, vont

couper l'axe au même point F. On appelle alors ce point le
foyer principal de la lentille.

Pour constater le fait expérimentalement, il suffit de
placer la lentille sur le passage d'un faisceau de rayons parallèles pénétrant dans une chambre obscure par le trou percé
dans le volet, de telle sorte que l'axe soit parallèle au faisceau;

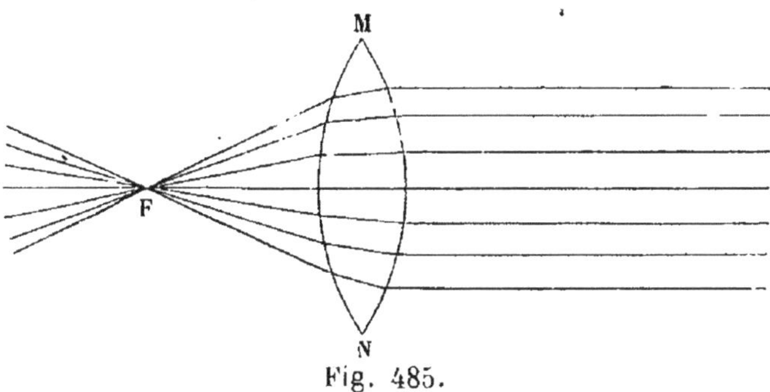

Fig. 485.

on voit alors, au sortir de la lentille, les rayons former un
faisceau conique convergent, dont le sommet est le foyer principal (fig. 485).

En faisant arriver les rayons parallèles dans le sens inverse
par rapport à la lentille, S'I, on aurait un second foyer F', que
le calcul et l'expérience montrent être à la même distance de
la lentille que le premier*.

* Si la lentille a une ouverture un peu grande, au lieu d'avoir un point
unique de croisement pour les rayons, on aura une surface éclairée formant

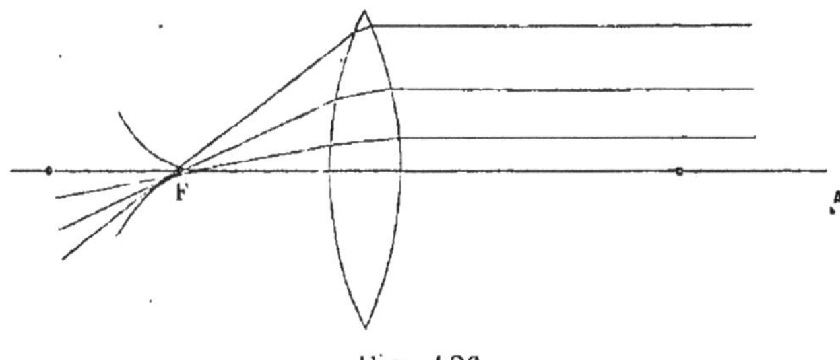

Fig. 486.

une sorte de pointe tournée vers la lentille et qu'on appelle une *caustique* par
réfraction (fig. 486). L'intervalle compris sur l'axe entre le point de croisement des rayons les plus voisins de l'axe, et le point de croisement des
rayons venant des bords de la lentille, mesure l'*aberration de sphéricité*.

Foyers conjugués. — Prenons actuellement un point lumineux I sur l'axe à une distance finie, bien qu'assez grande, de la lentille.

Si l'on compare la marche de ce rayon à la marche du rayon qui arrive parallèlement à l'axe, on peut voir que l'angle d'incidence formé en I par le rayon PI est plus grand que l'angle formé par le rayon SI (fig. 487); l'angle de réfraction

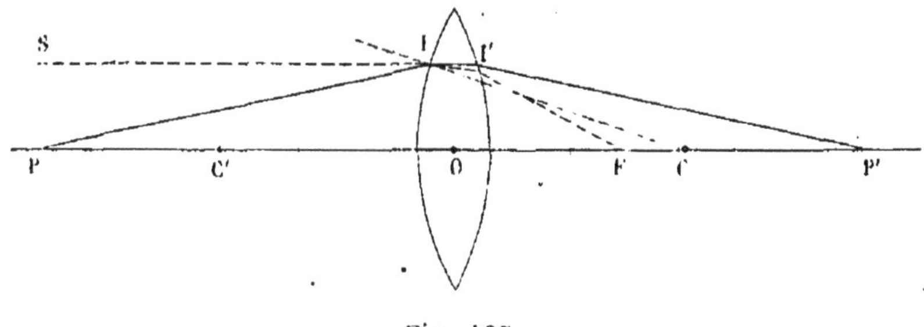

Fig. 487.

doit donc être aussi plus grand. Ainsi le point I' de rencontre avec la seconde surface sera placé un peu plus haut qu'il ne l'était tout à l'heure. L'angle en I' sera par suite un peu moindre, et par suite aussi l'angle de sortie. On voit donc que le rayon émergent ira rencontrer l'axe au delà du point F, en P'.

Le calcul et l'expérience peuvent démontrer que tous les rayons partis de P et tombant sur la partie centrale de la lentille, de telle sorte que l'arc intercepté soit toujours d'un très-petit nombre de degrés, vont, après la sortie, converger au même point P' situé de l'autre côté de la lentille sur l'axe principal; de telle sorte que l'œil placé au delà, recevant les rayons après leur croisement *réel* en ce point, verra P' comme un point lumineux. P' est le foyer de P.

Pour constater le fait par l'expérience, il suffit de placer devant une lentille L, à une distance double ou triple de son rayon de courbure (fig. 488), un écran A percé d'un petit trou O que l'on éclairera très-vivement par derrière. Ce trou, à travers lequel passent les rayons en se croisant dans tous les sens, devient alors un véritable centre de rayonnement pour la lentille. On recevra ce faisceau divergent sur un large écran noir percé d'une ouverture dans laquelle se trouve enchâssée la lentille; et l'on verra de l'autre côté les rayons

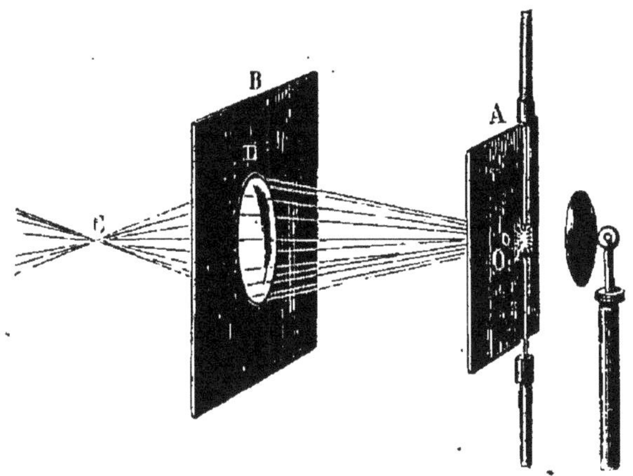

Fig. 488.

émergents former un faisceau conique très-net, dont le sommet C est le foyer conjugué du trou, considéré comme point lumineux.

En nous reportant toujours à la figure, nous voyons facilement que, à mesure que P va se rapprochant de la lentille, l'angle d'incidence en I augmente, et avec lui conséquemment l'angle de réfraction. I′ se relève de plus en plus sur la seconde surface; l'angle d'incidence intérieure en I′ est donc de plus en plus petit, et par suite aussi l'angle d'émergence; ce qui montre que le point P′ s'éloigne de plus en plus sur l'axe, de l'autre côté de la lentille.

P atteignant la position symétrique de F, position qui est, comme nous l'avons dit, le point de concours des rayons arrivant de l'autre côté de la lentille, parallèlement à l'axe, les rayons partis de ce point devront suivre la marche inverse et sortir de la lentille formant un faisceau parallèle à l'axe principal. Le sommet du cône convergent se trouve ainsi transporté à une distance infinie.

Continuons encore à porter P de plus en plus près de la lentille (fig. 489), et les rayons émergents, se relevant toujours, seront maintenant divergents par rapport à l'axe principal. Leurs prolongements iront rencontrer l'axe en arrière

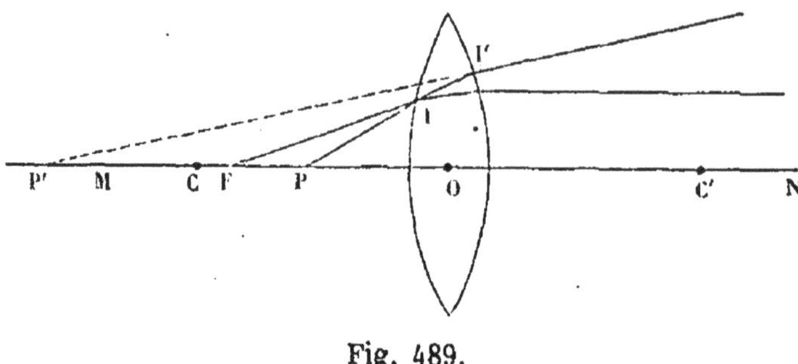

Fig. 489.

du point lumineux, en un point P', qui est le foyer *virtuel* du point P.

L'œil recevra, en effet, tous ces rayons comme s'ils lui venaient de P'. Mais P' n'est pas un point de passage réel pour les rayons; il n'est que le point de croisement de leurs prolongements géométriques. P' se rapproche d'ailleurs de la lentille en même temps que P s'en rapproche lui-même.

Si P' devenait le point lumineux, les rayons, suivant une route exactement inverse en vertu de la loi de réciprocité, iraient tous se croiser en P, et cela dans tous les cas que nous venons d'examiner, même dans le dernier, où P' ne serait qu'un point de concours virtuel des rayons rendus à l'avance convergents, soit à l'aide d'une lentille convexe, soit à l'aide d'un miroir. Il est bon de remarquer que c'est la seule circonstance où il puisse se former un foyer réel entre le foyer principal et la lentille. Ainsi, P et P' sont foyers conjugués l'un de l'autre, et leurs relations de position peuvent se résumer ainsi :

Le point lumineux se trouvant sur l'axe principal à une distance infinie, les rayons incidents parallèles à l'axe donnent à l'émergence un faisceau conique *convergent* et forment un foyer F, qui est le foyer principal; la distance de ce point à la lentille porte le nom de *distance focale*.

Il existe un foyer principal de chaque côté de la lentille, et la distance focale est la même des deux côtés.

Le point lumineux marchant vers la lentille, le faisceau divergent des rayons qui tombent sur elle devient à l'émergence un faisceau *convergent*, dont le sommet est le foyer conjugué du point lumineux. Le point lumineux et son foyer conjugué se déplacent dans le même sens absolu, mais en sens inverse par rapport à la lentille. Le point lumineux se déplaçant depuis l'infini jusqu'en F, son foyer s'éloigne de l'autre côté de la lentille, depuis la distance focale jusqu'à l'infini.

Lorsque le point lumineux est au foyer principal même, les rayons émergents forment un faisceau parallèle à l'axe.

Enfin, le point lumineux passant entre le foyer et la lentille, le faisceau de rayons, divergent à l'incidence, reste divergent à la sortie, mais moins divergent, puisque l'angle du cône est plus petit; son sommet, qui est le foyer virtuel du point lumineux, est du même côté de la lentille que lui, mais en arrière. Les deux points conjugués se déplacent encore dans le même sens absolu, mais, de plus, dans le même sens par rapport à la lentille *.

* Appelons i l'angle d'incidence PIN' (fig. 490),

> r l'angle de réfraction C'II',
> r' l'angle d'incidence intérieure CI'I,
> i' l'angle d'émergence P'I'N,
> enfin o et o' les angles I'CC' et IC'C,

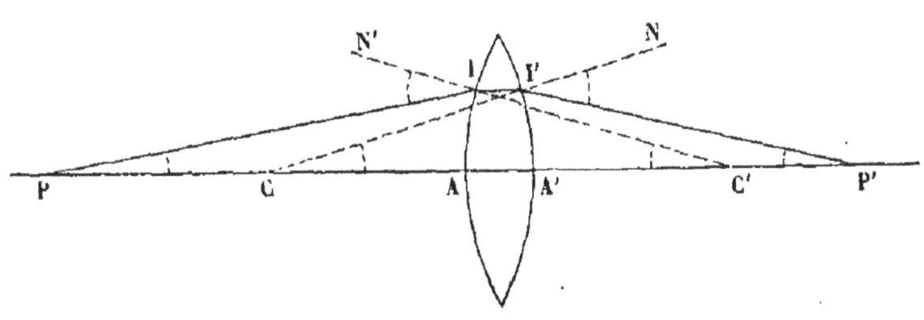

Fig. 490.

on a rigoureusement

$$\sin i = m \sin r,$$
$$\sin i' = m \sin r'.$$

Mais comme on suppose les arcs AI, A'I' extrêmement petits, il s'ensuit que les angles i et i', et à plus forte raison les angles r et r', sont eux-mêmes

En dernier lieu, un faisceau convergent en un point quelconque de l'axe principal, donne un faisceau émergent, plus

très-petits. Or dans ce cas la trigonométrie démontre que les sinus sont proportionnels aux angles eux-mêmes, de sorte qu'on peut écrire

$$i = mr,$$
$$i' = mr'.$$

D'où
$$i + i' = m(r + r'),$$

et comme on a
$$r + r' = o + o',$$
$$i + i' = m(o + o').$$

D'un autre côté, l'angle PIN' est extérieur au triangle PIC'; d'où

$$i = P + o'.$$

De même l'angle P'I'N est extérieur au triangle P'I'C; d'où

$$i' = P' + o,$$
$$i + i' = P + P' + o + o',$$

par conséquent

$$P + P' + o + o' = m(o + o'),$$
$$P + P' = (m - 1)(o + o').$$

L'arc AI peut être supposé décrit indifféremment du point P ou du point C' comme centre. De même l'arc A'I' peut être regardé comme ayant pour centre soit le point C, soit le point P'.

L'angle P se mesurera donc par le rapport $\dfrac{AI}{PA}$; l'angle P' par le rapport $\dfrac{A'I'}{P'A'}$; l'angle o par le rapport $\dfrac{A'I'}{CA'}$; et l'angle o' par le rapport $\dfrac{AI}{CA}$.

Notre équation devient alors

$$\frac{AI}{PA} + \frac{A'I'}{P'A'} = (m - 1)\left[\frac{AI}{CA} + \frac{A'I'}{C'A'}\right].$$

En considérant l'épaisseur de la lentille comme négligeable, AI peut être regardé comme égal à A'I', et l'équation peut s'écrire en divisant tous les termes par AI ou A'I'.

$$\frac{1}{PA} + \frac{1}{P'A'} = (m - 1)\left[\frac{1}{R} + \frac{1}{R'}\right].$$

Ainsi en appelant p la distance du point lumineux à la lentille, p' la distance du point P', on a

$$\frac{1}{p} + \frac{1}{p'} = (m - 1)\left[\frac{1}{R} + \frac{1}{R'}\right].$$

Le dernier membre ne contient que des quantités constantes, l'indice et les

convergent encore, formant un foyer réel entre le foyer principal et la lentille, et toujours plus près de la lentille que le point lumineux virtuel.

Centre optique (fig. 491). — Il existe dans l'intérieur de toute lentille biconvexe un point qui jouit de cette propriété

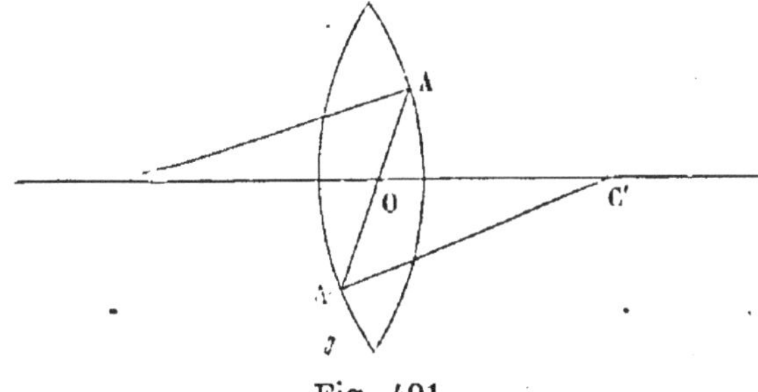

Fig. 491.

que tout rayon, qui traverse la lentille en passant par ce point, a sa direction de sortie parallèle à sa direction d'entrée.

Des points C et C', centres de courbure, menons les rayons

deux rayons de courbure; p' est donc complétement déterminé par la valeur de p et celle de cette constante. Ainsi tous les rayons partis d'un même point P vont bien couper l'axe en un même point. .

Posons

$$(m-1)\left[\frac{1}{R} + \frac{1}{R'}\right] = \frac{1}{F}.$$

L'équation

$$\frac{1}{p} + \frac{1}{p'} = \frac{1}{F}$$

nous montre que pour $p=\infty$, $p'=F$, p décroissant de l'infini jusqu'à F, $\frac{1}{p}$ va croissant de zéro à $\frac{1}{F}$, $\frac{1}{p'}$ va donc décroissant de $\frac{1}{F}$ à zéro; par suite p' va croissant de F à l'infini.

Pour $p=2F$ on a aussi $p'=2F$.

Pour $p=F$, $p=\infty$.

Pour $p < F$, $\frac{1}{p}$ est plus grand que $\frac{1}{F}$; dès lors le terme $\frac{1}{p'}$ doit devenir soustractif, p' change donc de signe et devient négatif. D'ailleurs $\frac{1}{p'}$ doit toujours être moindre que $\frac{1}{p}$, par conséquent $p' > p$. On voit que la discussion de l'équation fait passer en revue tous les cas qu'un simple examen géométrique nous avait fait connaître.

de courbure OA, O'A' parallèles entre eux. Il suit de là que les plans tangents en A et A', perpendiculaires à des droites parallèles, sont parallèles entre eux. Un rayon qui passera dans la lentille de A à A' sera donc exactement dans les mêmes conditions que s'il traversait une plaque à faces parallèles. Ainsi sa direction d'incidence et sa direction d'émergence seront parallèles.

Les triangles OCA, OC'A' donnent

$$\frac{OC}{OC'} = \frac{CA}{C'A'} = \frac{R}{R'}.$$

Cette relation montre que la position du point O ne dépend pas de la position particulière du point A, mais seulement de la grandeur des rayons de courbure.

Ainsi, tous les rayons tels que AA' qui sortent de la lentille, parallèles à leur direction d'entrée, passent par un même point de l'axe principal, déterminé de position par cette condition qu'il partage la distance des centres en segments proportionnels aux rayons. — C'est ce point qu'on appelle le *centre optique* de la lentille.

Axes secondaires.— Considérons en particulier un rayon II' passant dans l'intérieur de la lentille par le centre optique, et faisant avec l'axe principal un angle extrêmement petit (fig. 492). Dès lors, les arcs AI et A'I' peuvent être

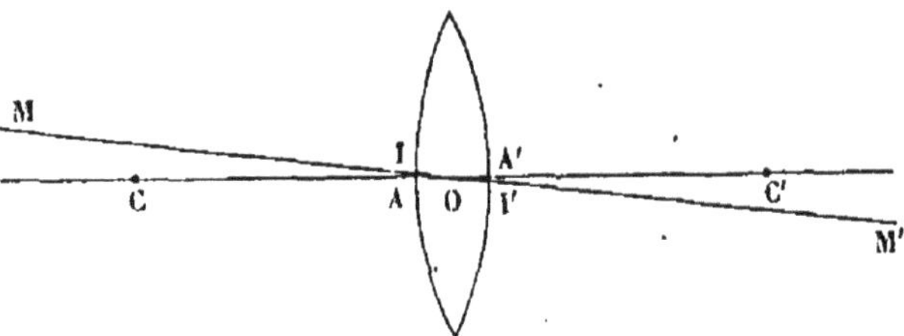

Fig. 492.

considérés comme ayant le point O pour centre de courbure. Ainsi II' sera normal aux deux surfaces sphériques en I et en I', comme l'axe principal leur est normal aussi en A et en A'. Les directions d'incidence et d'émergence pour le rayon II' sont donc sur le prolongement même de cette droite. C'est dire que ce rayon traverse la lentille sans déviation et sans déplacement, exactement comme un rayon qui se propagerait suivant l'axe principal.

Réciproquement, soit un point M placé en dehors de l'axe principal, mais à une distance de cet axe très-petite par rapport à la distance à la lentille elle-même. Si l'on joint ce point M au centre optique O, par une droite indéfinie MOM' coupant les surfaces en I et en I', cette droite fera avec l'axe un angle très-petit; elle sera sensiblement normale en I et I' aux surfaces de la sphère. De sorte que le rayon qui arrive de M en I, continuera sa route dans la lentille de I en I', puis sortira suivant le prolongement I'M'. De plus cette ligne est par rapport aux portions des surfaces limites de la lentille, voisines de I et de I', sensiblement dans les mêmes conditions que l'axe principal par rapport aux portions de surfaces voisines de A et de A'. — On peut donc dire que cette droite, que l'on appelle un *axe secondaire*, jouit des mêmes propriétés optiques que l'axe principal.

Si l'on suppose un point lumineux pris sur un axe secondaire à distance infinie de la lentille, fournissant un faisceau de rayons parallèles à cet axe, le passage à travers la lentille rendra ce faisceau convergent vers un point de l'axe secondaire situé de l'autre côté, à la distance F. Ce sera le foyer principal. Le point lumineux se rapprochant de l'infini jusqu'à la distance F, le faisceau émergent reste convergent, mais son sommet se transporte depuis F jusqu'à l'infini; quand le point lumineux est arrivé à la distance F, le faisceau convergent est parallèle à l'axe secondaire. Enfin le point passant entre F et la lentille, le faisceau émergent devient divergent, quoique moins divergent qu'à son entrée, et son sommet, qui est alors un foyer virtuel, passe derrière le point lumineux, et se rapproche en même temps que lui de la lentille.

Il est bien entendu, comme condition essentielle, que le faisceau incident ne doit jamais couvrir autour du point I qu'une zone d'une ouverture très-petite, par rapport au rayon de courbure, et aussi par rapport à la distance du point lumineux à la lentille.

Construction du foyer conjugué d'un point lumineux. — Il va nous être très-facile maintenant de trouver le foyer conjugué d'un point lumineux quelconque situé sur l'axe principal, ou sur un axe secondaire.

Soit le point M pris sur l'axe secondaire MO (fig. 493). Parmi les rayons qui partent de ce point M, il en est un dont

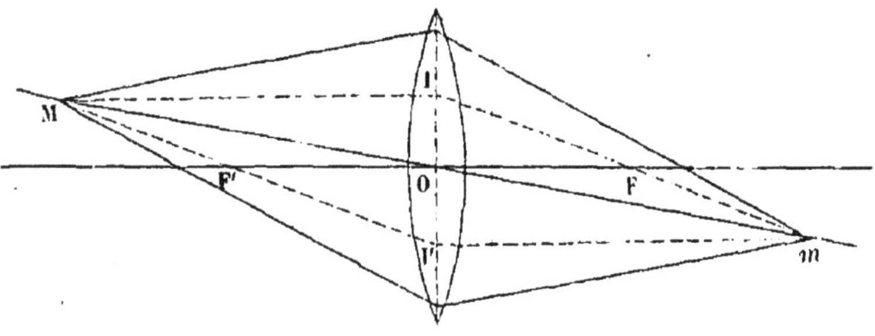

Fig. 493.

nous connaissons la marche, c'est celui qui est parallèle à l'axe principal, puisque nous savons qu'à l'émergence il doit aller passer par le foyer principal de l'axe principal. Comme l'épaisseur de la lentille peut être considérée comme négligeable, nous ne commettons qu'une erreur inappréciable en prolongeant le rayon incident dans l'épaisseur de la lentille, jusqu'au plan perpendiculaire à l'axe principal mené par le centre optique, et alors du point de rencontre avec ce plan, I, nous menons une droite qui passe par le foyer F; elle va couper l'axe secondaire MO en m. Ce point m est le point où les autres rayons partis de M viendront couper l'axe secondaire. C'est le foyer conjugué de M.

Il est facile de voir que l'on a

$$\frac{m\mathrm{M}}{m\mathrm{O}} = \frac{\mathrm{MI}}{\mathrm{FO}}.$$

On peut admettre MI = MO.

De sorte qu'en appelant p la distance du point lumineux à la lentille, c'est-à-dire MO ou MI, et p' la distance à la lentille de son foyer conjugué, on a

$$\frac{p+p'}{p'} = \frac{p}{\mathrm{F}},$$

ou

$$\frac{p}{p'} + 1 = \frac{p}{\mathrm{F}}.$$

Cette relation permet de déterminer très-facilement, par le calcul, p' en fonction de p.

$$p' = \frac{p}{\frac{p}{F} - 1}.$$

On voit en particulier que si on a MI = MO = 2FO, on en déduit mM double de MO. Par conséquent mO égal aussi à 2FO.

Ainsi, quand le point lumineux est au double de la distance focale, son foyer conjugué est de l'autre côté de la lentille, à la même distance 2F.

Pour trouver le foyer conjugué d'un point lumineux pris sur l'axe principal, on suivra une marche analogue (fig. 494).

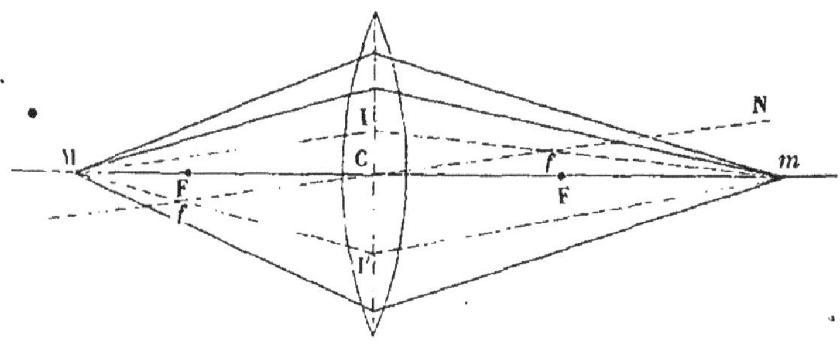

Fig. 494.

On mènera par le point M une droite MI faisant avec l'axe principal un angle assez petit pour que la parallèle CN, menée par le point C, puisse jouir des propriétés d'un axe secondaire. MI parallèle à l'axe secondaire CN, donne un rayon émergent qui passe par le foyer principal f de cet axe secondaire. If va couper l'axe principal en m, et ce point est le conjugué de M.

On trouverait comme dans le cas précédent, et de la même façon la relation

$$\frac{p + p'}{p'} = \frac{p}{F},$$

Et en particulier, lorsque M est égal au double de la distance focale, mC a la même valeur.

On voit donc que sur l'axe principal et sur un axe secondaire quelconque, tandis que le point lumineux vient de l'infini jusqu'à la distance 2 F, le foyer conjugué ne se déplace que de F à 2F. Mais lorsque le point lumineux va de 2F à F, le foyer, au contraire, s'éloigne de 2F jusqu'à l'infini.

Cette remarque complète ce que nous avions dit précédemment sur les relations de position des foyers conjugués.

On peut encore employer, dans l'un comme dans l'autre cas, un autre mode de construction.

M est-il sur un axe secondaire, on considérera le rayon qui passe par le foyer F' de l'axe principal, et qui, arrivé au point I', est rendu à l'émergence parallèle à l'axe principal, de sorte qu'en tirant du point I' la parallèle voulue, elle viendra couper l'axe secondaire de M au point m, qui est le foyer conjugué cherché.

Si M est sur l'axe principal, on mènera un axe secondaire quelconque CN, on joindra le point M au foyer f de cet axe, puis, à partir du point I', on mènera la parallèle à CN, qui viendra couper l'axe secondaire au point conjugué m.

Images. — Plaçons maintenant un objet en présence d'une lentille, avec cette seule condition que les dimensions de l'objet soient assez petites, par rapport à sa distance à la lentille, pour que toute droite menée du centre optique à un point quelconque de cet objet, fasse avec l'axe principal un très-petit angle, et jouisse des propriétés d'un axe secondaire. Dès lors chaque point de l'objet, lumineux par lui-même ou par diffusion, enverra un faisceau de rayons qui, en traversant la lentille, formera un foyer conjugué, réel ou virtuel, selon la position du point sur son axe. — Pour l'œil, placé derrière la lentille à une distance suffisante, les rayons paraîtront venir de ce foyer. Le système de ces foyers constitue l'*image* de l'objet : *image réelle* et saisissable sur un écran, si les foyers qui la forment sont réels ; *image virtuelle*, si les foyers sont virtuels eux-mêmes.

Supposons d'abord l'objet MN à une distance supérieure au double de la distance focale (fig. 495), M donnera son foyer conjugué sur l'axe secondaire MO, entre le foyer et le double de la distance focale. — Nous déterminerons la position m par l'une ou l'autre des méthodes que nous venons d'indiquer.

— L'œil placé au delà de m recevra tous les rayons partis de M, comme si m était leur point de départ. C'est en m qu'il

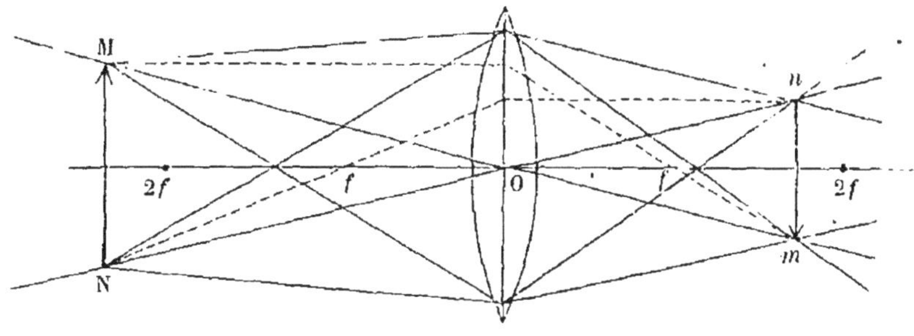

Fig. 495.

verra le point M; on fera de même pour l'axe secondaire NC ; on trouvera le foyer conjugué n du point N. Les foyers conjugués des points intermédiaires à M et N viendront se placer entre m et n, et l'on représentera l'image de la droite MN par la droite mn.

C'est une image réelle, renversée par rapport à l'objet, puisque les axes secondaires se croisent entre l'objet et l'image ; elle est formée entre f et $2f$, et la similitude des triangles MON, mOn, montre que l'image est plus petite que l'objet ; leur rapport est précisément celui de p', à p, par conséquent

$$\frac{1}{\dfrac{p}{F} - 1}.$$

Si l'objet était mn, la loi de réciprocité donnerait pour foyers conjugués de mn les points mêmes de MN. Ainsi, quand l'objet est placé entre le foyer et le double de la distance focale, l'image est encore réelle et renversée, mais plus grande que l'objet et plus loin que 2F.

Si l'objet était précisément au double de la distance focale f, le foyer conjugué de chaque point serait de l'autre côté de la lentille, à la même distance $2f$. L'image serait donc toujours réelle et renversée, mais égale en grandeur à l'objet, et à la même distance de la lentille.

Si l'objet était à la distance focale elle-même, les faisceaux divergents partant de chaque point sortiraient de la lentille parallèles à l'axe secondaire de ce point. L'image se trouverait ainsi transportée *à l'infini*, avec des dimensions infiniment grandes; — il n'y a donc plus véritablement d'image.

Enfin, prenant l'objet entre le foyer et la lentille (fig. 496), menons toujours les axes secondaires MO, NO. — Le foyer

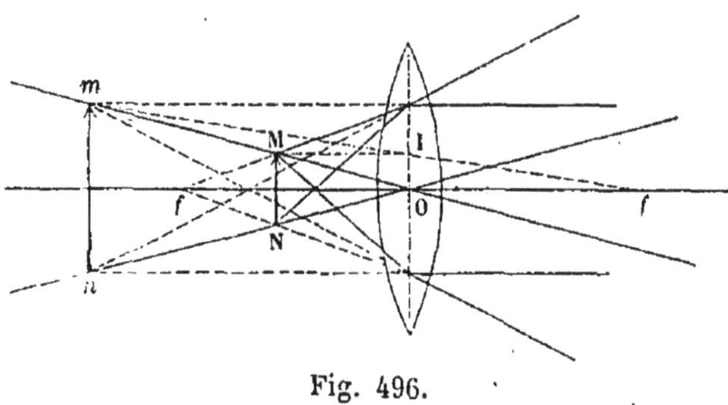

Fig. 496.

de M sera virtuel et placé en arrière de M. — Nous trouverons sa position, soit en menant le rayon parallèle à l'axe principal; puis, du point I, une droite passant par le foyer principal postérieur *f*. Cette droite, divergente par rapport à MO, va la rencontrer par son prolongement en *m*. On peut aussi mener du point M une droite passant par le foyer antérieur *f'*; elle représente un rayon qui, partant de *f'*, sortirait parallèle à l'axe principal; de telle sorte qu'en menant de J cette parallèle, on retrouvera encore le point *m*. La même construction donnera le conjugué *n* du point N. — On voit donc que l'image obtenue sera virtuelle, droite, du même côté de la lentille que l'objet, placée derrière lui, et par conséquent plus grande. — Plus l'objet MN se rapprochera de la lentille, plus l'image s'en rapprochera elle-même, et alors leur rapport de grandeur tendra vers l'unité. Si, au contraire, l'objet recule vers F, l'image s'éloigne et grandit indéfiniment.

Vérification expérimentale. — Pour constater par l'expérience cet ensemble de faits, il suffira de disposer dans une salle complétement obscure et sur une table longue et étroite, une lentille montée sur un pied à tirage (fig. 497). On placera d'un côté de la lentille une bougie allumée sur un support, en réglant la hauteur de la lentille, de telle sorte que son axe

principal traverse la flamme. — En plaçant la flamme à une
distance de quelques mètres de la lentille, on pourra recevoir

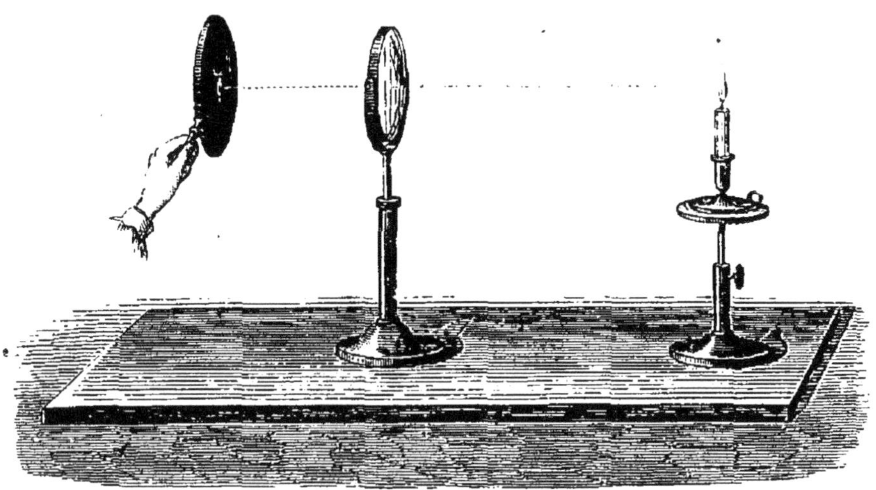

Fig. 497.

sur un écran, de l'autre côté de la lentille, l'image réelle renversée, et notablement plus rapprochée et plus petite que la
flamme elle-même. On poussera alors progressivement la
flamme vers la lentille, et l'on constatera qu'il faut éloigner
l'écran pour retrouver une image nette. L'image grandit à
mesure qu'elle s'éloigne. Quand elle sera arrivée à être de
même grandeur que la flamme elle-même, on verra que la
flamme et l'écran sont juste à même distance de la lentille.
Cette distance est le double de la distance focale. En en prenant le milieu, on aura la position du foyer. En rapprochant
de plus en plus la flamme du foyer, ainsi déterminé, on verra
l'image s'éloigner derrière la lentille et grandir rapidement.
Si la flamme vient se placer entre le foyer et la lentille, il devient impossible de recevoir l'image sur l'écran, puisqu'elle
est devenue virtuelle. — Mais en regardant à travers la lentille, on voit l'image de la flamme droite et notablement
agrandie, d'autant plus grande que la bougie est placée plus
près du foyer.

Lentilles biconcaves (fig. 498). — Soient C, C', les deux
centres de courbure de la lentille biconcave. CC' indéfiniment

prolongée des deux côtés, est l'axe principal. Nous considérons encore la marche des rayons dans une section quelconque

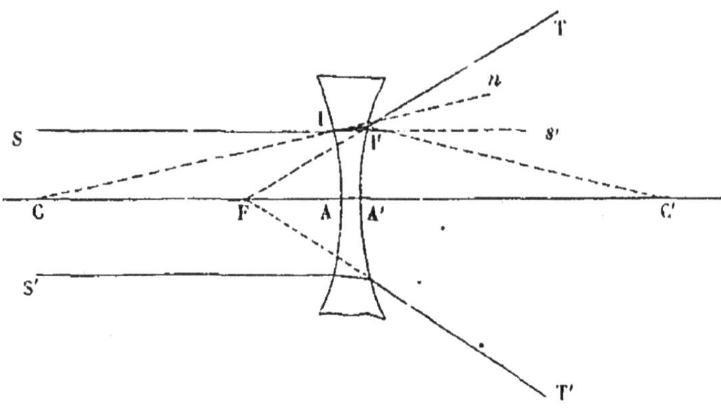

Fig. 498.

conduite suivant cet axe ; elle sera la même dans toute autre section.

Soit d'abord SI un rayon parallèle à l'axe, venant d'un point lumineux pris sur cet axe à une distance infinie de la lentille ; nous supposons toujours l'arc AI très-petit par rapport à CA. CI est la normale en I. Le rayon, au lieu de continuer sa route suivant le prolongement de SI, se rapproche de la normale et se relève par conséquent suivant II', en s'éloignant de l'axe ; — en I', la normale est C'I'. Il est facile de voir que l'on a encore $r + r' = o + o'$, en appelant o et o' les angles aux centres ICA, I'C'A' ; et, comme les arcs AI, A'I' sont extrêmement petits, la somme $o + o'$ sera moindre que l'angle limite, par suite aussi $r + r'$, et à plus forte raison r' tout seul ; il y aura donc toujours émergence. — En sortant dans l'air, le rayon doit s'éloigner de la normale, ce qui le fait se relever de nouveau et s'écarter encore davantage de l'axe principal. Ici, à l'inverse de ce qui a lieu pour les lentilles biconvexes, les deux réfractions, en I et en I', relèvent de plus en plus le rayon, en l'éloignant de l'axe.

Le rayon est donc divergent par rapport à l'axe, et par son prolongement vient le rencontrer en F. Le calcul démontre que tous les rayons parallèles à l'axe principal, et interceptant,

comme SI, un arc très-petit sur la lentille, concourent par
leurs prolongements au même point F, que nous appellerons le
foyer principal de la lentille. L'œil, placé de l'autre côté de la
lentille, recevra les rayons comme s'ils lui venaient de ce point.

Si nous prenons maintenant un point P, toujours sur l'axe
principal et à distance finie de la lentille (fig. 499), le rayon PI
forme un angle d'incidence PIC moindre que SIC ; l'angle de
réfraction correspondant doit donc être moindre que celui que
donne SI. — Ainsi, le rayon intérieur doit se rapprocher encore

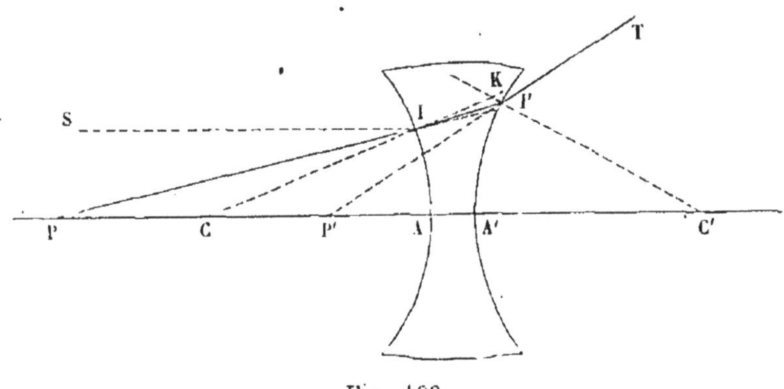

Fig. 499.

plus de la normale et se relever par conséquent davantage. —
I′ remonte sur la seconde surface. L'angle d'incidence intérieur est un peu plus grand que dans le cas du rayon parallèle, car il est le supplément de II′C′, qui doit nécessairement diminuer quand I′ remonte. — L'angle d'émergence
est donc plus grand aussi que le précédent, et le rayon sortant est plus divergent par rapport à l'axe. Son prolongement viendra rencontrer l'axe entre le foyer principal et la
lentille, en un point P′, que le calcul démontre être le point
de concours virtuel de tous les rayons partis de P et couvrant une très-petite zone autour du point A. — C'est le foyer
virtuel du point P. Quelle que soit la position de P en avant
de la lentille, les deux réfractions auront toujours pour effet de
relever de plus en plus le rayon. Ainsi le faisceau, divergent à
l'entrée, est encore plus divergent à la sortie. P se rapprochant
jusqu'à atteindre la lentille, le foyer correspondant se rap-

proche lui-même depuis F jusqu'à la lentille, dont il est toujours plus près que le point lumineux *.

* La formule s'établirait pour les lentilles concaves comme pour les lentilles biconvexes.

$$PIC = i \qquad ACI = o,$$
$$KII' = r \qquad A'C'I' = o' \quad \text{(fig. 499)},$$
$$KI'I = r',$$
$$TI'C' = i';$$

$$\left. \begin{array}{l} i = mr \\ i' = mr' \end{array} \right\} i + i' = m(r + i') = m(o + o');$$

$$\left. \begin{array}{l} i = o - P \\ i' = o' + P' \end{array} \right\} i + i' = o + o' - (P - P');$$

$$P - P' = -(m-1)[o + o'];$$

$$\frac{AI}{PA} - \frac{A'I'}{P'A'} = -(m-1)\left[\frac{AI}{R} + \frac{A'I'}{R'}\right].$$

En négligeant l'épaisseur de la lentille, et admettant $AI = A'I'$,

$$\frac{1}{p} - \frac{1}{p'} = -(m-1)\left[\frac{1}{R} + \frac{1}{R'}\right] = -\frac{1}{F},$$

en posant
$$F = \frac{1}{(m-1)\left[\frac{1}{R} + \frac{1}{R'}\right]},$$

pour $p = \infty$, on a $p' = F$.

p décroissant de l'infini à o, p' va aussi décroissant, mais de F à o.

En particulier pour $p = F$, $p' = \frac{F}{2}$.

Pour passer au cas d'un faisceau convergent, il faut supposer un point de
concours virtuel de l'autre côté de la lentille, et alors changer le signe de p.

L'équation devient

$$-\frac{1}{p} - \frac{1}{p'} = -\frac{1}{F},$$

ou
$$\frac{1}{p} + \frac{1}{p'} = \frac{1}{F}.$$

Ainsi les relations de position du point lumineux et du foyer conjugué sont
exactement les mêmes que pour une lentille biconvexe.

p décroissant de l'infini à F, p', de l'autre côté de la lentille, va en croissant de F à l'infini, le foyer conjugué est virtuel comme le point lumineux
lui-même.

p décroissant de F à o, p' change de signe, ce qui remet le foyer du même
côté de la lentille que le point lumineux virtuel. Mais ce foyer redevient réel,
et se rapproche de l'infini jusqu'à F.

Réciproquement, si l'on suppose un faisceau convergent, tombant sur la lentille, de telle sorte que le point de concours soit entre F et la lentille, en P′ par exemple, la loi de réciprocité nous montre que les rayons suivent la route TI′IP, et que le point de concours, réel alors, des rayons, sera le point P — le faisceau sera encore convergent, mais moins qu'il ne l'était à l'entrée. A mesure que P′ se rapprochera de F, P s'éloignera de plus en plus de la lentille. Enfin, F étant le point lumineux virtuel, les rayons sortiront parallèles à l'axe, et le foyer sera transporté à l'infini.

Si le point de concours virtuel des rayons incidents tels que T_iJ (fig. 500) est au delà de F, alors les rayons émergents I_iS_i

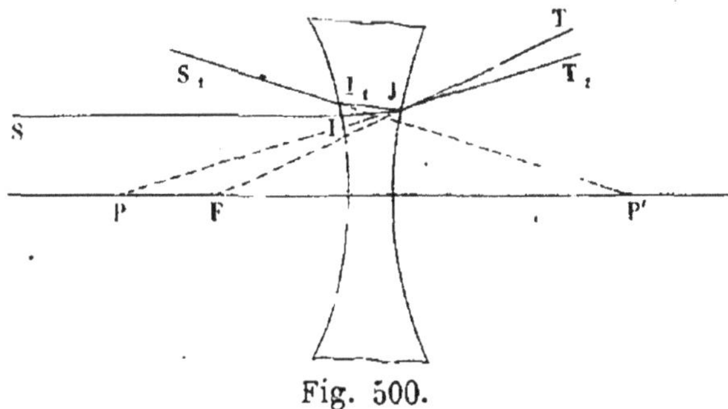

Fig. 500.

passent au-dessus de la direction parallèle à l'axe, et deviennent divergents ; leur point de concours est virtuel, comme le point lumineux, et de l'autre côté de la lentille.

Ces deux points conjugués virtuels sont dans les mêmes relations de position que les points conjugués réels donnés par une lentille biconvexe.

Centre optique et axes secondaires (fig. 501). — Le centre optique sera encore déterminé par la rencontre avec l'axe principal d'une droite joignant les extrémités A et A′ de deux rayons de courbures, CA, C′A′, parallèles entre eux. Cette droite AA′ se trouve encore dans les conditions d'un rayon qui traverse une lame à faces parallèles, de telle sorte que la direction d'émergence, sera parallèle à la direction d'incidence. La position du point O entre C et C′ est encore déterminée par la relation

$$\frac{CO}{C'O} = \frac{CA}{C'A'}.$$

Toute droite, telle que I I′, passant par le centre optique O, et faisant avec l'axe principal un angle extrêmement petit, pourra être considérée comme normale aux surfaces sphériques en I et en I′. — Si donc un rayon traverse la lentille

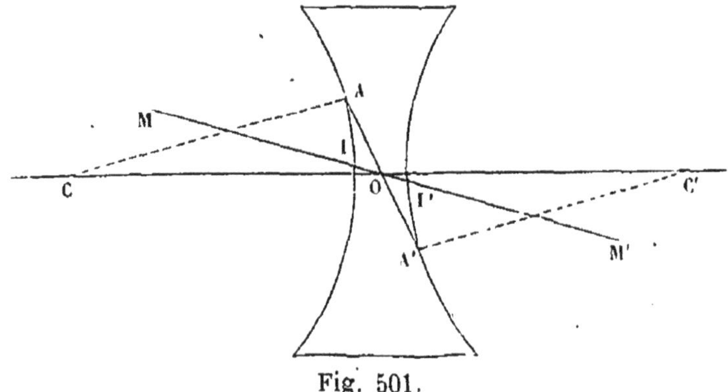

Fig. 501.

suivant cette droite I I′, il n'y aura de réfraction ni en I ni en I′ et le rayon traversera la lentille sans déviation ni déplacement. Cette droite prolongée indéfiniment sera un axe secondaire. Elle jouit des mêmes propriétés que l'axe principal, toujours à la condition que l'on ne considère que des rayons tombant très-près du point I.

Ainsi un point lumineux, pris à distance infinie sur un axe secondaire quelconque, donne à l'émergence un faisceau divergent, dont le point de concours virtuel est du même côté de la lentille que le point lumineux, et à la distance focale principale, F, distance qui est la même que sur l'axe principal. Le point lumineux se rapprochant, le faisceau émergent est toujours divergent, et son sommet ou foyer virtuel, situé sur l'axe secondaire et du même côté que le point lumineux, se rapproche de la lentille dont il est séparé par une distance moindre que F et qui tend vers zéro.

Un faisceau convergent vers un point de l'axe secondaire compris entre la lentille et le foyer principal, deviendra un faisceau d'une convergence moindre, qui donne un foyer *réel* placé au delà de F, et par conséquent au delà du point lumineux virtuel.

Si le faisceau converge vers un point de l'axe secondaire

situé au contraire au delà du foyer, le faisceau émergent est divergent, et son point de concours virtuel sur l'axe secondaire est de l'autre côté de la lentille et au delà de F. Les relations sont les mêmes que si les deux foyers conjugués étaient réels et que la lentille fut une lentille biconvexe.

Images. — Un objet étant placé devant une lentille biconcave, les faisceaux divergents partis de chacun des points de cet objet et tombant directement sur la lentille, deviennent à l'émergence plus divergents encore et forment des foyers virtuels placés du même côté de la lentille que l'objet lumineux, et toujours entre le foyer principal et la lentille. Le système de ces foyers constitue l'image virtuelle de l'objet. Les rayons arriveront à l'œil comme s'ils avaient pour points de départ les divers points de cette image, — mais il est parfaitement inutile d'aller chercher à saisir cette image avec un écran, puisque les rayons ne se croisent, au point où elle se forme, que par leurs prolongements géométriques.

Pour trouver la position de cette image nous avons à faire les mêmes constructions que pour le cas des lentilles biconvexes.

Soit MN l'objet auquel nous supposons des dimensions assez petites, relativement à sa distance à la lentille, pour que les droites MO, NO, menées au centre optique, fassent de

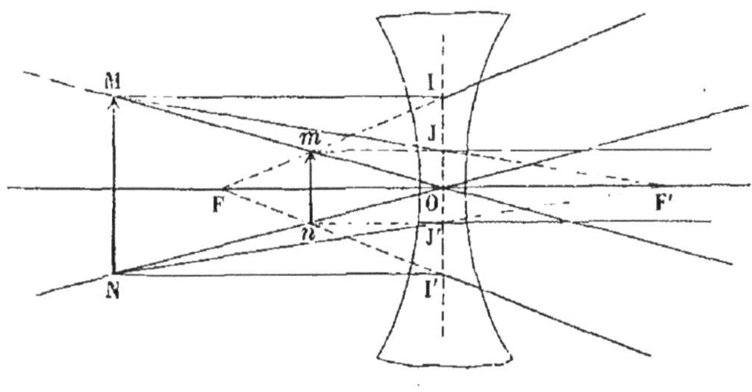

Fig. 502.

très-petits angles avec l'axe principal et jouissent des propriétés d'un axe secondaire.

Pour trouver le foyer conjugué de M, nous mènerons MI parallèle à l'axe principal, jusqu'à la rencontre du plan perpendiculaire à l'axe principal passant par le centre optique ; ce rayon MI sort de la lentille avec une direction dont le prolongement passe par le foyer principal F. — Nous aurons donc à joindre FI. Cette droite coupe l'axe secondaire MO en m, qui est le conjugué de M.

Nous pouvons aussi supposer un rayon partant de M et convergent vers le foyer F' pris de l'autre côté de la·lentille. Ce rayon est rendu par la réfraction parallèle à l'axe principal. En menant par le point J cette parallèle, elle va couper l'axe secondaire MO au même point m.

Les mêmes constructions donneront le conjugué n du point N, — ainsi se trouvera déterminée l'image virtuelle mn.

On voit qu'elle est droite par rapport à l'objet, plus près que lui de la lentille, et partant plus petite. Le rapport de mn à MN, qui est celui de Om à OM, tend vers l'unité à mesure que l'objet se rapproche de la lentille.

Les triangles semblables, OmF, MmI, donnent

$$\frac{Om}{OM} = \frac{FO}{FO + MI},$$

ou

$$\frac{p'}{p} = \frac{F}{F + p} = \frac{1}{1 + \frac{p}{F}}.$$

en admettant MI $=$ MO.

Cette relation permet de connaître les rapports de position de l'image et de l'objet, comme aussi leurs rapports de grandeur.

Détermination des foyers. — Nous avons vu comment on déterminait le foyer d'une lentille biconvexe, soit en l'exposant au rayonnement solaire, soit en plaçant devant la lentille un objet vivement éclairé et cherchant de l'autre côté avec un écran la position pour laquelle l'image nette est de même grandeur que l'objet, et à même distance de la lentille. Ce second moyen donne le double de la distance focale.

Pour les lentilles biconcaves, qui ne nous donnent que des images virtuelles, il nous faut employer un artifice analogue à celui qui nous a déjà servi pour les miroirs convexes. Nous couvrirons l'une des faces de la lentille d'une feuille de papier noir percée de deux petits trous à égale distance du milieu de

la face. Nous ferons tomber sur la lentille un faisceau de
rayons parallèles à l'axe, nous recevrons les faisceaux diver-

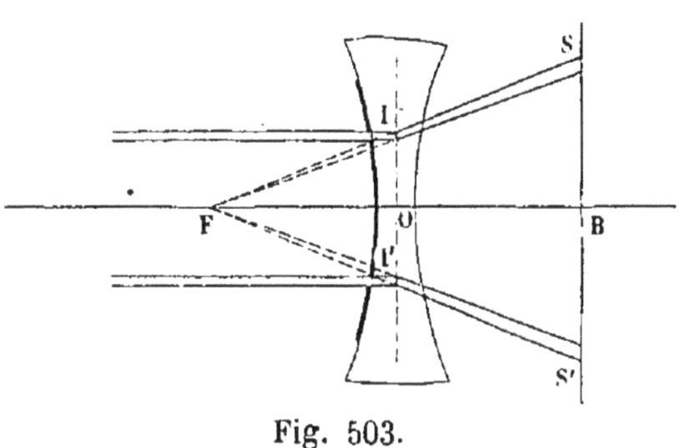

Fig. 503.

gents, dont la direc-
tion passe par le
foyer principal F
(fig. 503), sur un
écran que nous éloi-
gnerons de la len-
tille jusqu'à ce que
la distance SS′ soit
double de la dis-
tance II′. Ce qui
donne OB = OF.

Nous pouvons aussi recevoir sur la lentille biconcave le
faisceau convergent donné par une lentille biconvexe sur laquelle tombe un faisceau de rayons parallèles (fig. 504). Nous
réglerons la position de la lentille biconcave entre la lentille.

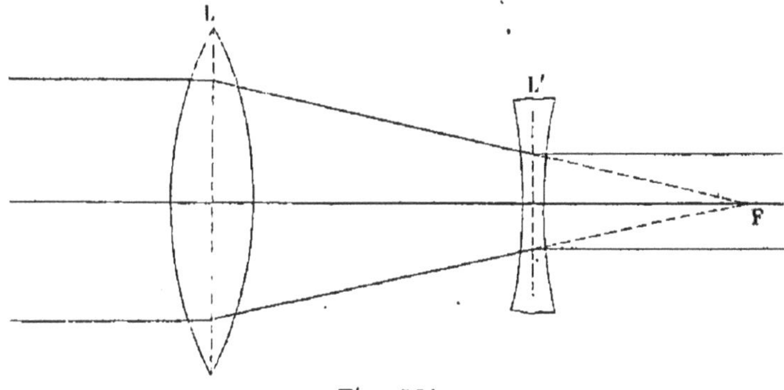

Fig. 504.

convexe et son foyer F, de telle sorte que le faisceau émergent se retrouve être un faisceau parallèle, ce qu'il est facile
de constater en le recevant sur un écran placé à des distances
très-différentes de la lentille, et voyant si l'espace circulaire
éclairé conserve le même diamètre ; le point F se trouvera
alors être en même temps le foyer principal de la lentille biconcave. La distance de ce point à la lentille sera la distance
focale principale.

CHAPITRE XLVI.

DISPERSION. — SPECTRE SOLAIRE. — COULEURS DES CORPS.

Nous avons dit qu'au passage à travers un prisme, un faisceau de rayons solaires était dévié de sa route ; et que, de parallèles qu'ils étaient à l'entrée, les rayons devenaient, en outre, divergents à la sortie ; enfin qu'au lieu de donner une image blanche, ils formaient une image déformée, allongée, et colorée de toutes les nuances de l'arc-en-ciel ; qu'en regardant un objet à travers un prisme, on le voyait déplacé vers le sommet de l'angle, et que son image offrait sur les bords des irisations. Nous nous étions bornés à signaler ces particularités, en nous attachant plus spécialement au phénomène de la déviation des rayons. Revenons maintenant sur les phénomènes de coloration de l'image, afin de compléter l'étude de la réfraction.

Précisons d'abord, plus nettement que nous ne l'avons fait jusqu'à présent, les circonstances particulières du phénomène.

Dans une chambre fermée à la lumière, faisons arriver, par une ouverture ronde de petit diamètre, un faisceau horizontal de rayons solaires parallèles (fig. 505). Il ira dessiner au fond de la chambre sur un écran une image ronde et blanche de même diamètre que l'ouverture. Maintenant plaçons en arrière de l'ouverture un prisme, d'angle assez petit pour qu'à la seconde face il y ait émergence et non réflexion totale. Nous le placerons dans une position telle que le rayon incident soit compris dans le plan de la section principale, et il suffira pour cela que les arêtes du prisme soient perpendiculaires à la direction du faisceau.

Mettons que le prisme est horizontal, l'un de ses angles de

réfringence en haut, l'autre en bas. Élevons-le, à l'aide du pied à tirage jusqu'à ce que son arête supérieure coupe à peu près à mi-épaisseur le faisceau de rayons. Nous verrons alors

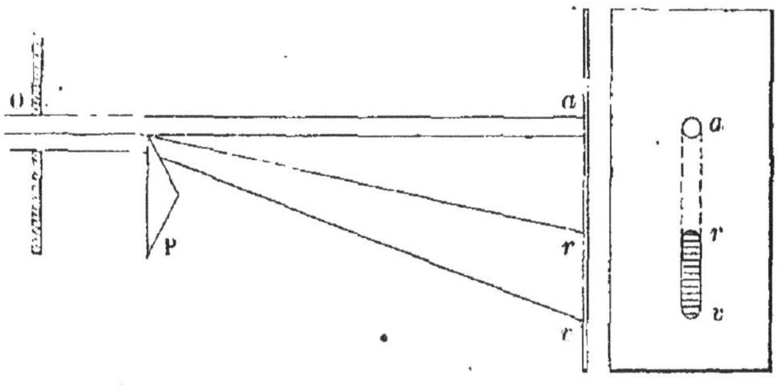

Fig. 505.

la portion supérieure du faisceau continuer sa route sans déviation pour aller former au fond de la chambre l'image blanche *a* de l'ouverture. La pŏrtion inférieure du faisceau va au contraire, s'abaissant, et s'étalant en éventail, dans le plan de la réfraction, pour former au-dessous de l'image blanche une image allongée *rv*, de même largeur que l'image blanche, mais d'autant plus longue, dans le sens vertical, que l'écran est placé plus loin du prisme. Elle est comprise entre deux droites parallèles, qui forment ses limites latérales, et deux demi-ellipses qui la ferment en haut et en bas. Enfin, et c'est là le point essentiel à noter, cette image n'est plus blanche, elle est composée de bandes horizontales colorées, en nombre infini, dont les nuances se fondent l'une dans l'autre par une dégradation insensible. Il serait, par conséquent, impossible de donner un nom à toutes ces nuances, mais en ne prenant que les principales, elles se suivent dans l'ordre : *rouge, orange, jaune, vert, bleu, bleu indigo, violet;* en commençant par la partie de l'image la plus rapprochée de l'image non déviée et blanche. C'est là ce que l'on appelle le *spectre solaire*.

Reportons le prisme plus haut de manière à lui faire couper le faisceau par son arête inférieure; alors la déviation s'opérera maintenant de bas en haut; c'est dans ce sens que s'allongera l'image dans laquelle nous retrouverons encore les mêmes couleurs dans le même ordre, à partir de l'image non déviée et blanche ; le rouge sera donc actuellement en bas, et le violet en haut.

Si l'on eût placé le prisme dans une position verticale, la déviation et la déformation de l'image se seraient faites latéralement, du côté opposé au sommet réfringent. On y retrouverait toujours la même succession de couleurs ; le rouge formant toujours la bande la plus voisine du faisceau direct, le violet, la bande la plus éloignée.

Le rouge occupe à peu près le quart de la longueur totale du spectre ; l'orange, le jaune et le vert, le quart suivant ; le reste est occupé par le bleu, l'indigo et le violet.

Théorie de Newton. — Pour expliquer la formation du spectre solaire, Newton admet qu'un faisceau de lumière blanche est composé de rayons en nombre infini, de toutes les nuances que l'on peut distinguer dans le spectre. La sensation du blanc est produite sur nous par la superposition des sensations particulières que produisent toutes ces couleurs. Les rayons jaunes, les rayons verts, les rayons rouges, etc., sont indécomposables, et ont chacun, dans une substance donnée, leur indice de réfraction propre, variable d'ailleurs d'une substance à l'autre ; et cet indice va croissant pour toutes les substances diaphanes, du rouge au violet. Dès lors un faisceau cylindrique de lumière blanche, qui tombe sur un prisme, cesse à la sortie d'être cylindrique, puisque les rayons de diverses couleurs qui le forment sont inégalement réfractés.

Ces rayons, par suite de leur inégale réfrangibilité, sont *dispersés ;* de là l'allongement et la coloration de l'image.

Voici sur quels faits d'expérience Newton a basé cette théorie de la *dispersion :*

1° Il recevait le spectre sur un écran E, percé d'un petit trou O' sur lequel il faisait passer successivement les diverses bandes du spectre (fig. 506). Il suffisait pour cela de faire tourner quelque peu sur son axe le prisme qui produisait la dispersion.

Dans chacune de ces diverses positions du premier prisme, Newton recevait le pinceau de rayons colorés qui passait à

travers le trou sur un second prisme B placé derrière l'écran,
ayant ses arêtes parallèles à celles du premier. Il constata alors
que les rayons, à leur sortie du second prisme, ne donnaient

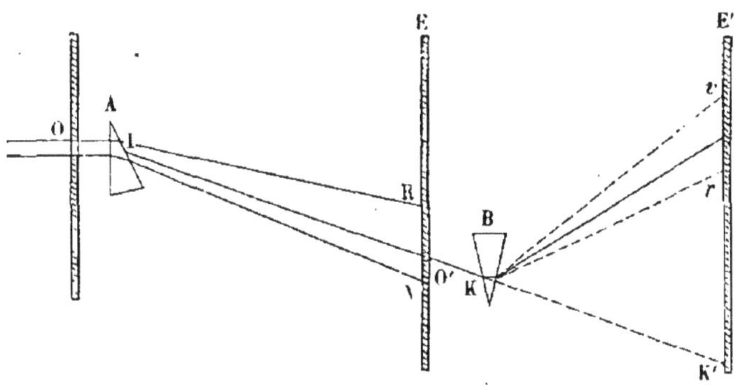

Fig. 506.

plus naissance à un spectre. Les rayons bleus, par exemple,
passant par le trou de l'écran et par le prisme B, donnaient une image bleue. On peut donc dire que les rayons
qui forment chacune des bandes du spectre sont indécomposables.

En second lieu, tous les rayons rouges, orange, jaunes,
verts, etc., que Newton faisait ainsi passer les uns après les
les autres par l'ouverture O′, arrivaient au second prisme,
fixe de position, suivant une incidence toujours la même ; or
l'expérience montre que les images rouge, orange, jaune,
verte, etc., vont se former, sur l'écran qui les reçoit, à une
distance de plus en plus grande du point K′, donné sur cet
écran par le prolongement de IK. Donc ces rayons sont inégalement réfrangibles et la réfrangibilité va croissant du
rouge au violet.

2° Plaçons sur le passage du faisceau parallèle entrant par
l'ouverture O un premier prisme horizontal ayant son sommet
en haut, il va nous donner un spectre vertical rv au-dessous
de l'image blanche que le faisceau direct eût donné s'il n'y
avait pas eu réfraction (fig. 507). Derrière ce prisme, plaçons-
en un second ayant les arêtes verticales, de telle sorte que le
faisceau soit obligé de les traverser l'un après l'autre. Immé-

diatement le spectre se trouve déplacé latéralement, dans le sens de la déviation que donne le second prisme, et dans une position oblique, dont la direction passe encore par a; r s'est transporté en r'', v en v''. On voit donc que les rayons rouges sont moins fortement réfractés que les rayons violets. rr'' est l'équivalent de la déviation ar' que le second prisme, agissant seul sur le faisceau direct, aurait donné aux rayons rouges; de même vv'' est l'équivalent de la déviation av' que ce même prisme aurait donné aux rayons violets du faisceau direct; $r''v''$ est donc la diagonale du rectangle dont les côtés

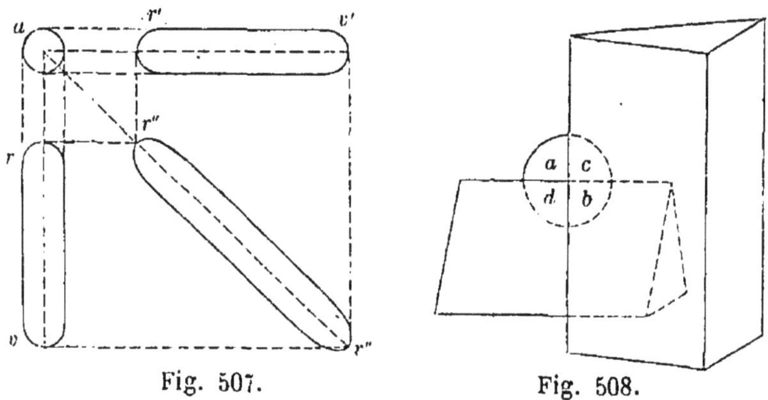

Fig. 507.   Fig. 508.

sont l'axe du premier spectre rv, et l'axe du spectre $r'v'$, donné par le second prisme agissant seul sur le faisceau incident.

On peut, d'ailleurs, facilement obtenir les quatre images a, rv, $r'v'$, $r''v''$, en même temps, ce qui fait mieux ressortir leurs relations de position. Il faut, pour cela, disposer les deux prismes de telle sorte qu'ils laissent libre un des quadrants de l'ouverture a, et qu'ils ne se croisent que sur le quadrant opposé b (fig. 508). Par le quadrant d passera le faisceau qui traversera le prisme horizontal seul et donnera l'image rv de la figure précédente; par le quadrant c passera le faisceau qui traversera le prisme vertical seul et donnera l'image $r'v'$; par le quadrant b arrive le faisceau qui aura à traverser les deux prismes et donnera l'image résultante $r''v''$. Quant au faisceau qui passe par le quadrant libre, il va donner l'image directe et blanche a.

3° On peut enfin constater d'une manière plus simple encore l'inégale réfrangibilité des rayons de couleurs différentes,
en regardant à travers un prisme horizontal, et par son angle
réfringent supérieur, une bande horizontale fixée sur un car-

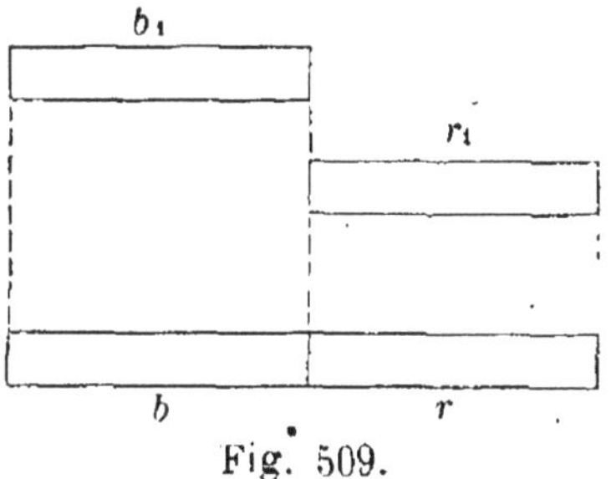

Fig. 509.

ton noir et composée de deux
rubans, bleu et rouge, cou-
sus l'un au bout de l'autre
(fig. 509). Dans l'image relevée qu'on voit à travers le
prisme, le ruban bleu et le ruban rouge ne sont plus bout
à bout : la bande bleue, b_1,
paraît notablement plus haute
que la bande rouge, r_1, ce qui prouve que les rayons bleus
sont plus fortement réfractés que les rayons rouges vers la
base du prisme.

Recomposition de la lumière blanche. — Restait à faire
voir qu'en concentrant sur un même point, ou en rassemblant
en un faisceau parallèle tous les rayons colorés dispersés par
le fait de leur inégale réfrangibilité, on reconstituerait la lumière blanche. Voici quelques-unes des expériences par lesquelles Newton le démontra :

1° Après avoir obtenu un spectre solaire assez largement
étalé, il établit dans chacune des sept bandes principales du
spectre un petit miroir concave, et dirigea tous les axes principaux vers un même point qui était sensiblement le foyer
commun de tous les miroirs ainsi orientés. L'image obtenue
sur un écran, placé à ce foyer, était blanche. On pourrait substituer aux miroirs des lentilles convergentes; on verrait de
même le point éclairé par de la lumière blanche.

2° Recevons un faisceau de rayons solaires parallèles sur
un prisme horizontal, ayant son angle réfringent en haut;
puis, après avoir constaté la formation du spectre, plaçons
derrière ce premier prisme un second prisme de même substance et de même angle, horizontal comme l'autre, mais
l'angle réfringent en bas, la face A_1B_1 exactement parallèle à la face AC (fig. 510). Le faisceau émergent des deux
prismes ressort parallèle au faisceau incident, et parfaite-

ment blanc, au moins dans sa partie centrale. Il y a encore irisation sur les bords supérieur et inférieur, parce que la superposition n'est pas complète.

Il est facile de faire voir qu'un rayon qui traverse un pareil système de prismes égaux et inverses doit ressortir exacte-

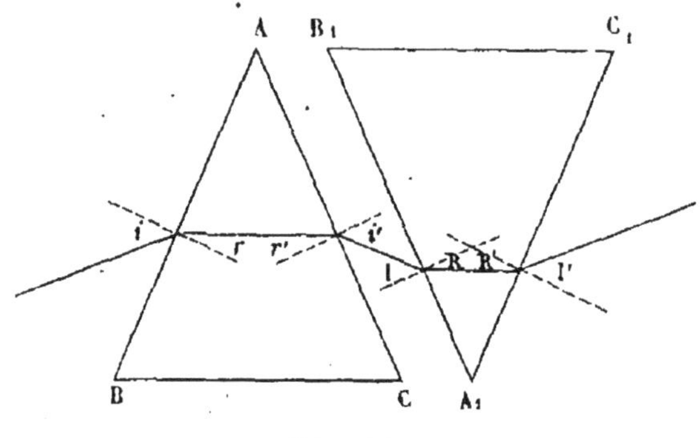

Fig. 510.

ment parallèle à sa direction d'incidence, quelle que soit sa réfrangibilité propre dans la substance du prisme.

Quelle que soit, en effet, la route suivie par le rayon, dans son passage à travers le premier prisme, on a , à cause du parallélisme des faces AC, A_1B_1, $i' = I$. Alors comme l'indice est le même pour les deux prismes, on a aussi $r' = R$. Or on a :

$$r + r' = A,$$
$$R + R' = A_1;$$

et comme $\qquad A = A_1,$

il en résulte $\qquad R' = r,$

par suite $\qquad I' = i;$

Or les faces AB, A_1C_1 sont parallèles ainsi que leurs normales, l'égalité des angles i et I' donne comme conséquence le parallélisme du rayon émergent et du rayon incident.

Évidemment aussi les rayons à l'intérieur des prismes sont parallèles.

Si donc on fait tomber un faisceau de lumière blanche sur la face antérieure (fig. 511), les rayons rouges qui subissent la plus faible réfraction formeront un faisceau parallèle dont les éléments rectilignes seront parallèles à ceux de la ligne brisée I K K₁ I₁, et sortiront suivant LS₁ L'S'₁, parallèles à S I. Les rayons violets qui éprouvent la plus forte réfraction suivront la route I H H₁ J et formeront un faisceau de sortie

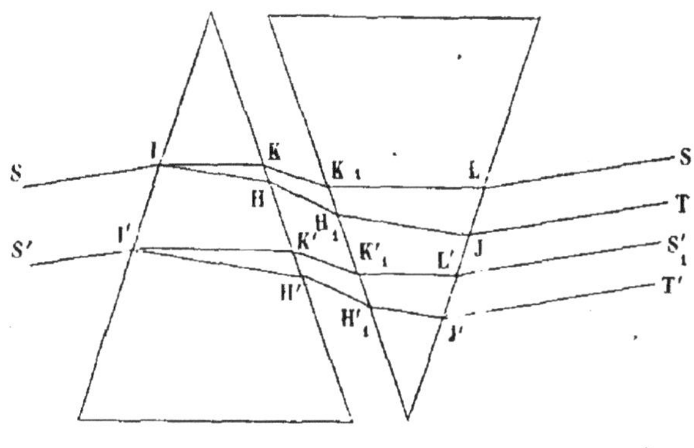

Fig. 511.

JT J'T' parallèle aussi à SI, et se superposeront en majeure partie sur le faisceau rouge. Il en sera de même de tous les rayons de réfrangibilité intermédiaire. Aussi la partie centrale du faisceau, J T L'S'₁ qui reçoit des rayons de toutes les couleurs, est-elle complétement blanche. La bande supérieure L S₁ J T présente des irisations terminées en LS₁ par le rouge. La bande L'S'₁ J'T' est irisée également, mais terminée, en J'T', par du violet.

3° La réflexion totale va nous fournir un résultat analogue.

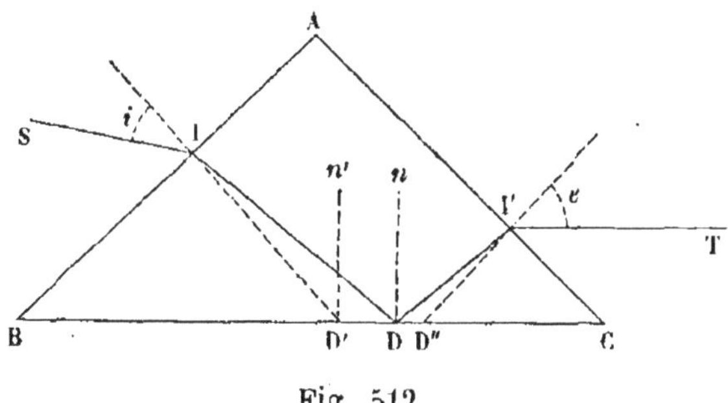

Fig. 512.

Soit un prisme à section principale rectangle et isocèle (fig. 512). Sur l'une des faces, AB, de l'angle droit A faisons

.tomber un rayon S I incliné sur I B ; il se réfracte suivant I D, et va former avec la normale en D un angle I D n, évidemment plus grand que l'angle I D′ n' que formerait la direction prolongée de la normale au point I. Or cet angle D′ est égal à B,

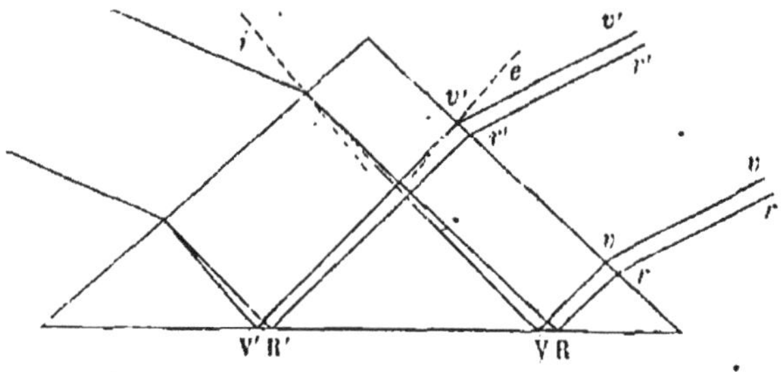

Fig. 513.

ou à 45°. L'angle limite pour le verre est de 41° 48′. Ainsi l'angle I D N est plus grand que l'angle limite ; il y aura en ce point D réflexion totale. J'aurai donc n D I′ $= n$ D I ; par suite I D B = I′ D C, et comme les angles B et C sont égaux par hypothèse, B I D = C I′ D. D'où D I′ D″ $=$ D I D′ ; ce qui entraîne l'égalité des angles d'émergence et d'entrée, quelle que soit la route suivie par le rayon à l'intérieur du prisme, à la seule condition qu'il y aura réflexion totale sur la face B C ; ce qui arrivera toujours si le faisceau incident est suffisamment incliné sur la face A B.

On voit donc que, en ne considérant encore dans le faisceau de lumière blanche incidente que les rayons rouges et les rayons violets, les rayons devront suivre dans l'intérieur du prisme des routes différentes, parce qu'ils sont inégalement réfractés (fig. 513) ; mais, à la sortie, ils se retrouveront parallèles puisqu'ils feront avec la face de sortie, le même angle, l'angle que faisait avec A B le faisceau incident. Il en sera de même des rayons de réfrangibilité intermédiaire. Comme dans le cas précédent, il y aura superposition dans la partie moyenne du faisceau qui sera blanche, irisations violettes à la limite supérieure, rouges au bord inférieur.

La dispersion redeviendrait au contraire sensible si les angles C et B étaient inégaux, car alors les angles en I et I′ cesseraient par cela même d'être égaux. Les angles e et i

seraient liés l'un à l'autre par une relation dépendant de la réfraction intérieure. Il n'y aurait donc plus parallélisme, à la sortie, des rayons de réfrangibilité différente.

4° L'observation attentive du faisceau conique convergent donné par une lentille biconvexe sur laquelle on fait tomber un faisceau de rayons solaires parallèles, va nous montrer à la fois l'inégale réfrangibilité des rayons et la recomposition de la lumière blanche par la superposition des rayons que la dispersion a séparés.

Nous remarquons d'abord que le sommet du double cône n'est pas un point, mais une section circulaire. Ses rayons forment un double tronc de cône dont la base commune ab a un diamètre très-appréciable (fig. 514). Jette-t-on sur le pas-

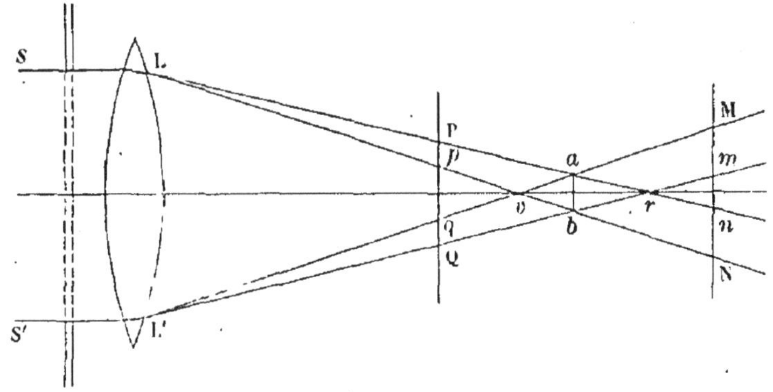

Fig. 514.

sage des rayons réfractés de la poussière de craie très-fine, on voit tous les grains qui voltigent sur la surface extérieure du tronc, en avant de ab, colorés en rouge ; tous ceux au contraire qu'éclaire la partie extérieure du tronc, au delà de ab, colorés en violet. Coupe-t-on le double faisceau conique avec un petit écran rond, la partie centrale de l'image est sensiblement blanche, mais les bords sont irisés, et ces irisations ont, pour limite extérieure, le rouge, si l'écran est placé entre ab et la lentille ; le violet, s'il est au contraire placé au delà de ab.

Tous ces faits trouvent leur explication dans l'inégale réfrangibilité des rayons. Les rayons violets, plus fortement réfractés que tous les autres, formeront leur foyer en v ; puis les rayons indigo, bleu, vert, jaune, orange, rouge, pour lesquels la réfraction est de plus en plus faible, formeront leur foyer en des points de plus en plus éloignés de la lentille, soit r le foyer des rayons rouges. ab sera ainsi une section commune à la première nappe du cône rouge, et à la seconde nappe du cône violet. En deçà de ab, le cône rouge forme l'enveloppe de tous les autres ; au delà de ab, c'est au contraire la seconde nappe du cône violet qui forme l'enveloppe extérieure. Si l'on vient placer l'écran dans la position MN, la partie centrale mn, commune à tous les cônes, sera blanche ; mais à partir de là, manqueront successivement les rayons rouges, puis les rouges et les orange, puis les rouges, les orange et les jaunes, et ainsi de suite jusqu'à la limite extérieure où il n'y aura plus absolument que les rayons violets. Ainsi, à partir du cercle central blanc, on aura des zones annulaires de couleurs de moins en moins complexes, et à la limite extérieure le violet simple du spectre. Place-t-on l'écran en PQ, nous retrouvons encore le cercle central pq, commun à tous les cônes, et blanc ; puis à partir de ce cercle manquent d'abord les rayons violets, puis les rayons violets et les rayons indigo, puis les violets, les indigo, les bleus, etc., jusqu'à la limite extérieure où il n'y a plus que le rouge.

L'image centrale n'est jamais parfaitement blanche, parce que si elle reçoit tous les rayons qui sont les éléments de la lumière blanche, elle ne les reçoit pas dans les proportions constituantes de la lumière blanche. Ainsi, en pq, l'écran reçoit *tous* les rayons violets, mais il ne reçoit qu'une partie des autres rayons.

5° Newton a montré encore la recomposition de la lumière blanche par la superposition de ses éléments colorés, à l'aide d'une méthode fondée sur la persistance des impressions lumineuses dans l'œil. Il prit un disque en carton (fig. 515) qu'il partagea en quatre quadrants égaux, par deux diamètres perpendiculaires. Il traça ensuite dans chacun de ces quadrants et dans un ordre toujours le même, sept secteurs auxquels il donnait, autant que possible, les largeurs relatives des bandes du spectre, et, en teinte plate, la couleur dominante de chaque bande. Ce disque fut alors établi sur un pivot, de , manière qu'il fût possible de lui imprimer un mouvement de rotation rapide. Alors, les diverses nuances des secteurs s'effacent, et le disque paraît d'une teinte uniforme, blanc-grisâtre.

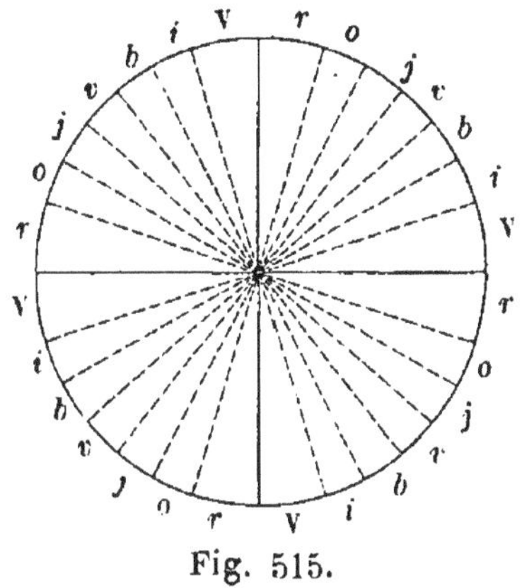

Fig. 515.

L'œil regardant vers un point du disque, toutes les couleurs viennent passer rapidement sous le regard, et comme l'impression que chacune d'elles produit a une certaine durée, il y a nécessairement superposition des sensations. Ainsi, la sensation produite par le passage du secteur violet ne sera pas encore éteinte complétement que déjà le bleu, le jaune, le rouge seront venus à leur tour apporter leur impression dans l'œil. Aussi le disque paraît-il blanc. Non point complétement blanc cependant, parce que l'imitation du spectre est pour cela beaucoup trop grossière.

Théorie de la formation du spectre solaire. — La théorie de Newton une fois admise, il devient facile de rendre compte de la formation du spectre.

L'ouverture de la chambre obscure reçoit un faisceau de lumière blanche qui arrive jusqu'à la première face du prisme (fig. 516). La réfraction va déterminer en même temps la dispersion. Les rayons violets, bleus, jaunes, rouges, etc., qui composent la lumière blanche vont, en franchissant la première surface du prisme, se séparer les uns des autres par le fait de leur inégale réfrangibilité ; parce que le violet se rapproche de la normale plus que le bleu, le bleu plus que le vert, etc., et tous plus que le rouge. Ainsi, le rayon rouge arrivera sur la seconde face en r, le rayon violet en v. L'angle d'incidence intérieure du rayon violet sera conséquemment plus grand que celui du rayon rouge ; et il en sera de même, par conséquent, pour l'angle d'émergence. Ainsi, les rayons violets et rouges, pour ne parler que de ces rayons extrêmes, sortiront divergents.

Les rayons rouges, fournis par le faisceau incident SSII, iront former sur l'écran placé à une distance un peu notable

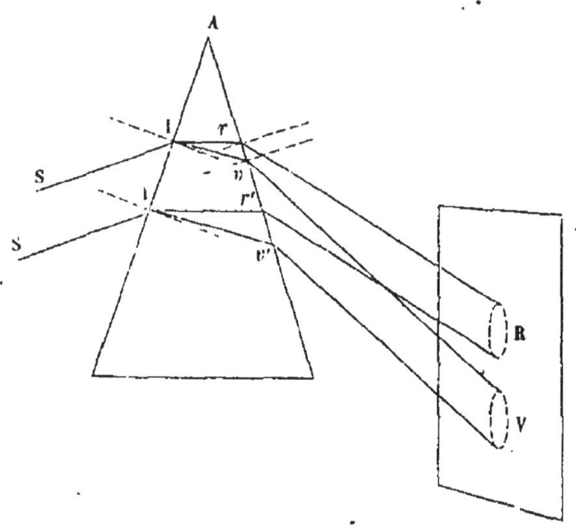

Fig. 516.

du prisme une image rouge R de l'ouverture, tandis que le faisceau des rayons violets viendra former une autre image

violette V de cette même ouverture au-dessous de R. Les rayons indigo, bleus, verts prendront des routes intermédiaires et viendront former leurs images entre R et V. De là la forme allongée du spectre, ses limites latérales rectilignes, parallèles au plan de la réfraction, et les courbes elliptiques qui le ferment aux deux extrémités (fig. 517). De là aussi les bandes colorées.

Il est facile de comprendre que si l'ouverture par laquelle entre le faisceau de lumière blanche est un peu trop large dans le sens vertical, ou bien si l'écran est placé à une trop petite distance du prisme, les images se recouvriront en partie et le spectre ne nous offrira pas, en un seul de ses points, des couleurs simples.

Fig. 517.

Mais en reculant convenablement l'écran, et surtout en faisant arriver la lumière blanche par une fente horizontale étroite, alors les limites du spectre seront plus nettement tranchées, les courbes terminales disparaissent, et les images ne se superposant plus sensiblement, chaque bande nous présente une couleur qui peut passer pour indécomposable, en ce sens que les rayons qu'elle reçoit ne seront plus dispersés sensiblement par un autre prisme.

Raies du spectre solaire. — En prenant une fente très-étroite, on ne laisse plus arriver dans chacune des sections principales du prisme qu'une quantité de lumière très-faible, et le spectre manque d'éclat et de netteté. Pour l'obtenir dans les meilleures conditions possibles, on adapte à l'ouverture un diaphragme présentant une fente rectangulaire verticale un peu large dans laquelle se trouve enchâssée une lentille cylindrique qui concentre alors tous les rayons qu'elle reçoit sur une ligne lumineuse étroite et brillante (fig. 518). C'est cette ligne lumineuse *a* qui nous représente maintenant

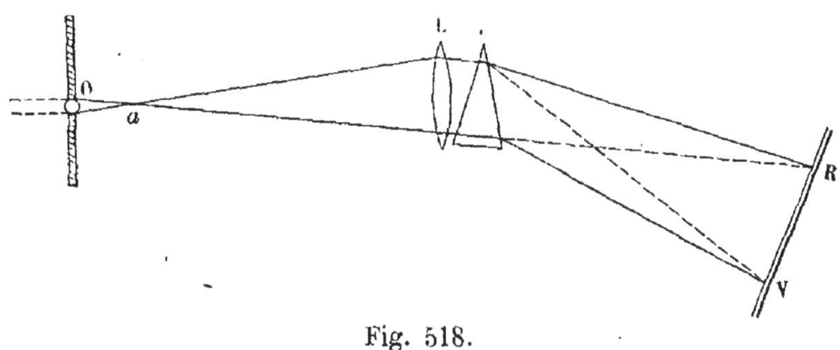

Fig. 518.

l'ouverture. On reçoit les rayons divergents à partir de cette ligne sur une grande lentille biconvexe, ayant une distance focale de deux mètres. La lentille sera placée à quatre mètres de la ligne lumineuse dont elle donnera une image réelle et de même grandeur que la ligne elle-même, à quatre mètres en arrière. Si l'on place maintenant un prisme de flint-glass (cristal anglais) bien pur, tout contre la lentille, les arêtes verticales, on voit immédiatement l'image de la fente, rejetée latéralement, former un spectre magnifique sur un écran que l'on aura soin de présenter perpendiculairement à la direction des rayons qui forment le centre du faisceau, et toujours à quatre mètres de la lentille. Pour l'avoir avec le plus vif éclat, on disperse la lumière sur une moindre étendue de surface, en amenant le prisme à la position du minimum de déviation.

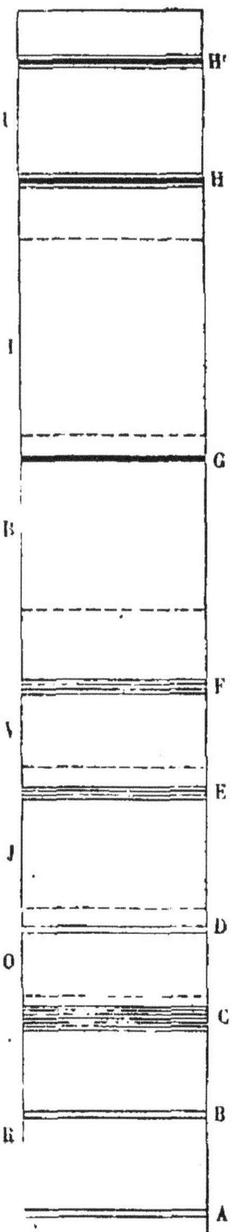

Fig. 519.

En examinant alors de près le spectre, on y remarque une infinité de lignes obscures très-fines qui coupent le spectre transversalement (fig. 519).

Quelle que soit la nature de la substance qui forme le prisme, dès l'instant que le spectre est donné par la lumière solaire, on retrouve toujours les mêmes raies dans les mêmes couleurs, et distribuées de la même façon, par groupes faciles à reconnaître et dont l'on a désigné les plus apparents par les lettres A, B, C, etc.

A l'extrême limite du rouge sombre se trouve la ligne double A. Au milieu du rouge vif, le groupe B, formé d'une raie très-fine et d'une autre un peu plus large ; à la limite du rouge et de l'orange, un groupe de lignes fines C. Dans l'orange, la ligne double très-fine D ; dans le jaune, le groupe de lignes fines et serrées E ; dans le vert, un second groupe analogue F ; dans le bleu, près de l'indigo, une assez large bande G ; dans le bleu indigo, pas de groupe saillant ; enfin, dans le violet, deux groupes assez semblables, H, H', formés par une raie large séparant deux petites raies fines.

La connaissance et la détermination de ces raies, découvertes pour la première fois par Wollaston et étudiées plus tard par Fraunhöfer, a une très-grande importance pour la mesure des indices de réfraction des rayons colorés. Entre le bleu et le jaune, par exemple, le spectre nous offre une infinité de nuances de vert. Que faut-il alors entendre par l'indice des rayons verts ? Les raies permettent de préciser très-exactement la région du spectre qui fournit les rayons dont on prend l'indice. Ainsi on prendra l'indice des raies B, D, E, F, G, etc.

En déterminant par exemple l'indice de la raie C, on détermine une valeur moyenne entre les indices des rayons que cette raie obscure sépare. D'ailleurs l'extrême finesse de la raie permettra toujours de confondre l'indice de la raie avec celui des rayons voisins de droite et de gauche.

La présence constante de ces raies dans les spectres fournis par la lumière solaire, nous indique évidemment que cette lumière ne nous apporte pas des rayons de tous les degrés de réfrangibilité entre le rouge extrême et le violet extrême ; il manque des rayons de telle ou telle réfrangibilité ; ce sont ces lacunes qui produisent les raies.

La lumière que nous recevons des planètes et qui n'est, comme nous le savons, que la lumière solaire réfléchie, analysée par le prisme, donne identiquement le même spectre avec les mêmes raies ; la lumière des étoiles nous donne bien encore le même ordre de couleurs, mais il y a quelques différences dans le mode de distribution des raies obscures. — Il n'y a donc pas identité complète dans la nature de la lumière fournie par les étoiles et par le soleil.

Les spectres donnés par la lumière des bougies, des lampes, du gaz, par toutes nos lumières artificielles, ne présentent plus les raies fines du spectre solaire, mais de larges bandes obscures indiquant l'absence complète de toute une série consécutive de rayons ; et, dans les portions conservées du spectre, des raies brillantes, montrant au contraire la présence en excès d'une certaine espèce de rayons, caractéristique de la source lumineuse, ou plutôt d'un ou quelques-uns des éléments combustibles qui brûlent dans la flamme.

La lumière électrique qui jaillit entre les cônes de charbon, dispersée par un prisme, donne un spectre sans raies obscures : elle fournit donc des rayons ayant tous les degrés de réfrangibilité, depuis celui qui répond au rouge extrême, jusqu'à celui qui correspond au violet extrême.

Si l'on substitue au cône de charbon positif une coupelle en charbon sur laquelle on fera volatiliser par le courant, et entraîner dans l'arc voltaïque, de l'argent, du cuivre, du potassium, etc, alors apparaissent dans le spectre des raies brillantes, dont le nombre et la position varient avec la nature des substances ainsi entraînées dans l'arc lumineux. — Le sodium, qu'il soit à l'état de liberté, ou en combinaison dans la soude, dans le chlorure de sodium, dans le sulfate de soude, ou dans des composés plus complexes encore, fait ordinairement apparaître dans la partie jaune du spectre électrique la même raie brillante. Le potassium, le strontium, l'argent, etc., ont chacun leur raïe, ou leur système de raies caractéristique.

L'étude du spectre fourni par des flammes artificielles, ou par la lumière électrique, ou la lumière de Drummond, quand la flamme ou la lumière contient des principes étrangers, constitue maintenant une véritable méthode analytique qui permet de reconnaître la nature de ces principes, d'y révéler même l'existence de principes nouveaux, comme ceux qui viennent d'être découverts récemment par MM. Kirchoff, Bunsen, Lamy, le *cæsium*, le *rubidium*, le *thallium*.

Couleurs des corps. — Nous avons dit, au début de l'étude de l'optique, que les corps pouvaient se diviser en deux grandes catégories ; les corps opaques, c'est-à-dire ceux qui ne se laissent point traverser par la lumière, et les corps transparents au travers desquels la lumière peut se propager. Nous savons qu'il n'existe point de corps, si transparent qu'il soit, qui n'exerce une certaine action absorbante sur la lumière, et le fait peut se constater à l'aide des méthodes photométriques, qui permettront de comparer l'intensité du faisceau transmis à celle du faisceau incident. Or, il suffit d'admettre que cette action absorbante se manifeste inégalement sur les divers éléments constituants de la lumière incidente, pour rendre compte de la couleur propre des corps, vus par transparence. Supposons une substance ayant un pouvoir absorbant très-faible pour les rayons rouges, très-grand au contraire pour tous les autres rayons ; il est clair que si nous prenons ce corps en plaque un peu épaisse, et si nous l'éclairons par de la lumière blanche, il arrêtera tous les rayons constituants du blanc, sauf les rayons rouges; il sera ce que l'on appelle *rouge par transparence*. Ainsi plaçons sur le passage d'un faisceau de rayons parallèles un prisme en verre rouge (contenant du silicate cuivreux); en faisant tomber le faisceau dans le voisinage de la base du prisme, il nous donnera un faisceau dévié, et un spectre, mais un spectre où il n'y a que du rouge; relevons un peu le faisceau vers le sommet du prisme, de telle sorte qu'il ait à traverser une moindre épaisseur du verre, le spectre devient plus complet, d'autres couleurs apparaissent, le rouge conservant d'ailleurs toujours sa place. Éclairons ce corps exclusivement avec des rayons bleus ou jaunes, ou verts, il nous paraîtra *noir*.

Un corps laisse-t-il passer en plus forte proportion les rayons bleus et jaunes, je suppose, il nous paraîtra d'une nuance composée, que tout le monde sait être le vert; mais ce n'est pas le vert simple du spectre; car si ce corps est taillé sous la forme d'un prisme, il donnera un spectre incomplet, où le bleu et le jaune seront seuls représentés.

Vient-on à l'éclairer avec un faisceau où manquent les rayons bleus et les rayons jaunes, le corps devient noir, puisqu'il est, sous une épaisseur suffisante, opaque pour toute autre lumière que le bleu et le jaune. Toutes ces indications sont vérifiées complétement par l'expérience.

Dès l'instant qu'un faisceau de rayons lumineux manque d'un ou de plusieurs des systèmes de rayons colorés constituant la lumière blanche, ou bien si ces éléments n'y sont pas dans certaines proportions, le faisceau est coloré, et le prisme peut toujours servir à séparer les éléments constituants. — Que l'on réunisse ainsi en un faisceau les rayons qui lui manquent on aura un second faisceau, coloré également, et qui, en se superposant au premier, constituerait un faisceau de lumière blanche. On dit alors que ces deux couleurs sont *complémentaires*.

Deux couleurs simples ne peuvent pas être *complémentaires* l'une de l'autre. Il faut évidemment que l'une des deux couleurs au moins soit composée puisqu'elles doivent, à elles deux, réunir tous les éléments de la lumière blanche.

La couleur du faisceau qui a traversé un corps diaphane dépend à la fois de la couleur des rayons qui constituent le faisceau émergent, et de leurs proportions relatives ; or, on conçoit facilement, si le corps présente des facultés absorbantes très-inégales sur les diverses espèces de rayons, que ce corps puisse, sous une très-petite épaisseur, paraître incolore ; sous une épaisseur un peu plus grande, paraître d'une certaine couleur, et, sous une épaisseur considérable, d'une couleur toute différente. Les exemples de ce genre ne manquent pas. Ainsi la teinture de tournesol montant dans un tube capillaire n'y·paraît pas plus colorée que l'eau pure. En verse-t-on dans un entonnoir fermé à sa pointe, la partie de la masse liquide·qui remplit le col étroit paraît bleu clair ; et la portion qui remplit le haut de l'entonnoir paraît, non pas *bleu foncé*, mais *rouge violacé*.

L'eau et la glace, qui nous semblent parfaitement incolores, sont bleues quand on les voit en couches épaisses. Il en est de même du verre blanc ordinaire ; il suffit de regarder un tube ou un bâton de verre dans le sens de sa longueur pour voir qu'il n'est point blanc, mais vert.

Mais c'est le plus souvent par réflexion irrégulière que nous voyons les corps ; leur coloration s'expliquera encore en admettant que la diffusion, ou réflexion irrégulière, est *élective* comme la diaphanéité ; c'est-à-dire que telle substance donnée peut réfléchir irrégulièrement en égale proportion tous les éléments constituants de la lumière blanche. Alors cette substance nous paraîtra, par réflexion, blanche si elle est éclairée par de la lumière blanche, bleue si elle est éclairée par des rayons bleus, etc. ; elle est incolore. Mais supposons qu'elle réfléchisse uniquement les rayons bleus et jaunes, elle nous paraîtra *verte* si elle est éclairée par de la lumière blanche, bleue si elle est éclairée par de la lumière bleue, jaune si elle est éclairée par de la lumière jaune, noire si elle est éclairée par un faisceau qui ne contienne ni rayons bleus ni rayons jaunes.

La coloration par réflexion peut être toute autre que la coloration par transparence. Ainsi le lait, qui est blanc par réflexion, est rougeâtre par transparence quand il n'est pas en couche trop épaisse.

Ainsi, en résumant ce que nous venons de dire sur la coloration des corps, un objet nous paraît d'une certaine couleur lorsque, éclairé par de la lumière blanche, il nous envoie par transparence, ou par réflexion, exclusivement, ou tout au moins en beaucoup plus forte proportion, les éléments constituants de cette couleur.

La teinte du corps sera presque toujours affaiblie, *lavée* par une proportion plus ou moins forte de lumière blanche non décomposée, surtout si le corps est vu par diffusion. Pour faire ressortir sa véritable couleur, il faut s'arranger de telle sorte que le faisceau qui l'éclaire subisse un assez grand nombre de fois la réflexion sur sa surface. De cette façon, la quantité de lumière blanche non décomposée diminuera à chaque réflexion, et finira par être assez faible pour ne plus masquer la véritable couleur du corps.

Ainsi roulé en forme de cornet ou de tube étroit, le zinc paraît bleu, l'argent pourpre, l'or rouge.

Irisation des images données par les prismes et les lentilles. — Nous savons qu'un objet que l'on regarde à travers un prisme nous apparaît déplacé vers le sommet de l'angle et irisé sur ses bords. Les irisations ne bordent point également tout le contour de l'image, elles n'existent point sur les bords latéraux quand la déviation a lieu dans le sens vertical, ni sur les bords supérieurs et inférieurs quand la déviation se fait latéralement. L'explication de ces zones colorées est tout à fait analogue à celle du spectre.

Soit par exemple une bande de drap rectangulaire d'un bleu verdâtre identique au bleu formé par la superposition de rayons indigos, bleus, verts, jaunes et oranges dans certaines proportions; supposons-la collée sur un fond noir dans une position horizontale, et regardons-la à travers un prisme à arêtes horizontales, l'angle réfringent en haut; chacun des systèmes de rayons indigos, bleus, verts, jaunes et oranges, qui partent par diffusion des divers points de l'objet, va nous donner à l'émergence un faisceau divergent, dévié vers la base du prisme, et d'autant plus fortement que l'indice de réfraction est plus fort. Chacun de ces systèmes de rayons, reçu par l'œil, donnera la sensation d'une image de sa couleur, relevée vers le sommet du prisme, et d'autant plus relevée que le faisceau qui la forme est plus fortement abaissé. Ces images II'*ii'*, BB'*bb'*, VV'*vv'*, etc., se superposeront en partie, en présentant une région commune OO'*ii'*, qui sera alors de la couleur de l'objet (fig. 520). Mais à partir de la limite supérieure OO' nous aurons une bande où

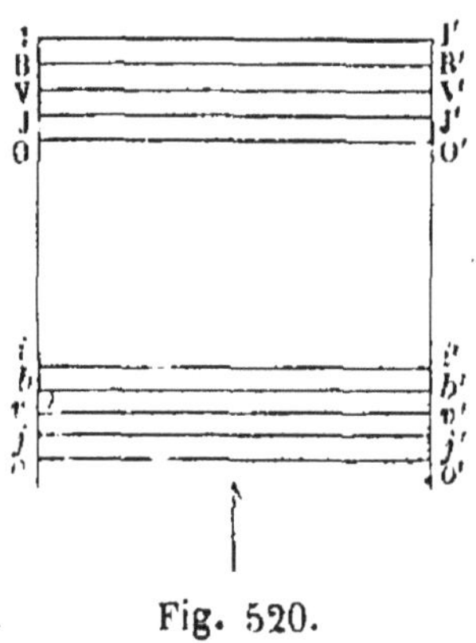

Fig. 520.

manque l'orange; plus haut une bande où manquent l'orange et le jaune; puis une bande où manquent l'orange, le jaune et le vert; puis il n'y a plus que du bleu et de l'indigo; enfin, à la limite supérieure, il n'y a plus que l'indigo pur. Ainsi à partir de OO' paraîtront des bandes de couleurs composées, mais de plus en plus simples, et limitées par une zone extrême indigo. En bas, au contraire, au-dessous de *ii'* manqueront d'abord l'indigo, puis l'indigo et le bleu, puis l'indigo, le bleu et le vert, bientôt il n'y aura plus que du jaune et de l'orange, et enfin de l'orange seul. Nous aurons là d'autres séries de couleurs composées devenant de plus en plus simples et finissant par l'orange pur.

Si la bande était blanche, nous aurions en plus une image violette débordant toutes les autres en haut, et une image rouge débordant de même toutes les autres en bas. Les couleurs des deux iris seraient plus complexes encore; l'iris supérieur se terminerait par le violet, l'iris inférieur par le rouge.

On voit que l'image ne peut point présenter d'irisations latérales.

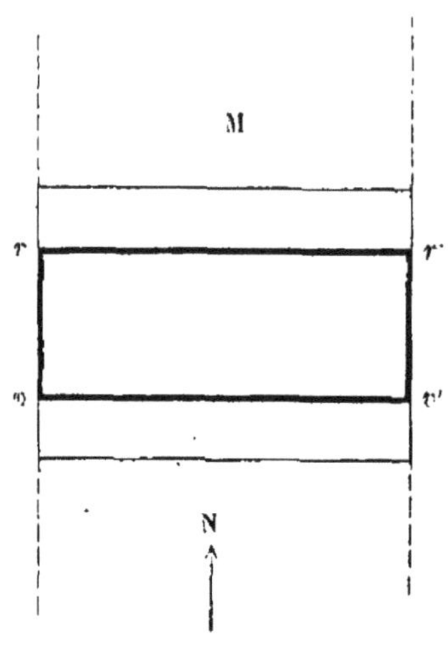

Fig. 521.

Si l'on avait fixé une bande noire sur un fond blanc, on aurait encore des irisations; mais en sens contraire (fig. 521).

Ce ne serait point, en effet, l'objet noir qui les produirait, car il n'envoie point de rayons à l'œil, ce serait le fond lui-même.

Ainsi la bande blanche M qui surmonte l'objet noir donnerait des irisations empiétant de haut en bas sur le noir et finissant, en bas, par le rouge pur; la bande blanche inférieure N donnerait de son côté des irisations empiétant de bas en haut sur le noir et finissant, en haut, par le violet.

Achromatisme. — Newton pensait, d'après la liaison intime qui existe entre le phénomène de la dispersion et celui de la réfraction, qu'il était impossible d'annuler le premier sans annuler en même temps le second. Qu'ainsi pour les prismes, par exemple, on ne pouvait ramener les faisceaux violets, bleus, jaunes, rouges, etc., à reconstituer un faisceau unique parallèle-qu'en ·les ramenant à être tous parallèles à la direction d'incidence. Euler combattit cependant cette opinion de Newton, et prétendit au contraire qu'il devait être possible d'achromatiser les couleurs, c'est-à-dire de faire disparaître les irisations dues aux différences de réfrangibilité des divers rayons, sans annuler pour cela la réfraction; et il en donnait pour motif que les images qui se forment dans l'œil, par réfraction, sont achromatiques.

Ce fut un constructeur d'instruments d'optique, Dollond, qui le premier résolut le problème d'une manière pratique pour les lentilles et pour les prismes.

Ne considérons pour un moment que les rayons extrêmes du spectre, rouges et violets. La dispersion se mesurera par la différence des indices relatifs à ces deux ordres de rayons, I_v-I_r. Newton, se basant sur des mesures grossièrement approximatives des indices, croyait que tous les indices variaient dans un même rapport en passant d'une substance réfringente à une autre; de telle sorte que l'on aurait pour deux milieux diaphanes différents

$$\frac{I_v}{I'_v} = \frac{I_r}{I'_r},$$

d'où
$$\frac{I_v - I_r}{I'_v - I'_r} = \frac{I_v}{I'_v}.$$

On ne pourrait donc annuler la différence des indices, c'est-à-dire la dispersion, qu'en annulant l'indice lui-même, c'est-à-dire la réfraction. Mais des mesures plus exactes des indices ont démontré que cette proportionnalité était loin d'être vraie, et dès lors le problème de l'achromatisation des images devient susceptible de solution. Ainsi en accolant à un prisme de crown-glass, d'un certain angle A, un prisme de flint-glass, d'un angle plus petit B, et disposé *en sens inverse* (fig. 522),

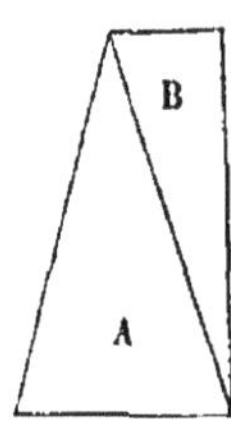

Fig. 522.

on pourra arriver à rendre parallèles les rayons émergents rouges et violets, tout en leur maintenant une certaine déviation par rapport au faisceau incident. Le calcul démontre, et la pratique vient à l'appui de ce résultat, qu'il suffit pour cela, dans le cas où les angles du prisme sont assez petits, que les valeurs de ces angles soient inverses des indices de dispersion, c'est-à-dire des différences des deux indices, violet et rouge.

Toutefois, on n'amènerait ainsi au parallélisme que deux des couleurs du spectre. On n'aurait donc qu'un achromatisme imparfait. Mais avec trois prismes de substances différentes, d'angles convenables et alternant de position, on pourra achromatiser trois rayons; et avec sept prismes on pourrait achromatiser les sept couleurs principales. Mais on aurait dans ce cas une perte considérable de lumière, et par l'absorption, et par les réflexions partielles successives sur les surfaces de séparation. Aussi se borne-t-on à achromatiser seulement le bleu et le rouge, et une troisième couleur choisie parmi les plus brillantes du spectre, le jaune ou le vert.

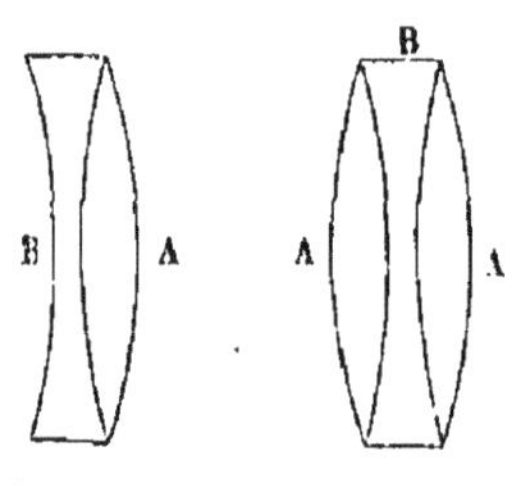

Fig. 523.   Fig. 524.

Il en est de même pour les lentilles. En accolant une lentille biconvexe de crown-glass, A, à une lentille biconcave, ou à un ménisque divergent de flint-glass B (fig. 523), on pourra régler la valeur des rayons de courbure de manière à amener au même point de l'axe le foyer des rayons oranges et le foyer des rayons bleus, à faire coïncider par conséquent l'image orange et l'image bleue.

En plaçant la lentille biconcave de flint, B, entre deux lentilles biconvexes de crown, A, A' (fig. 524), on obtiendra la coïncidence des images bleues, jaunes et rouges, et alors les irisations se trouveront rendues insensibles.

On arrivera à déterminer ces valeurs relatives des rayons de courbure soit par le calcul, soit par le tâtonnement.

CHAPITRE XLVII.

THÉORIE DE LA VISION.

Description de l'œil. — L'œil est logé, comme on le sait, dans les cavités des orbites, formées à la partie supérieure de la face, au point de réunion de l'os frontal, des maxillaires supérieurs, et des temporaux. Il s'y trouve protégé par la saillie du nez et par les arcades sourcillières d'une part, de l'autre par les paupières. Les glandes lacrymales secrètent un liquide aqueux qui mouille sa surface extérieure et l'empêche de se dessécher. Posé sur un coussin de graisse, l'œil est sollicité à se mouvoir dans les divers sens, nécessaires à la vision, par des muscles spéciaux qui le tournent, les uns vers le haut ou vers le bas, les autres vers les côtés internes ou externes de l'orbite. La cavité de l'orbite laisse arriver à l'œil, par une ouverture irrégulière percée tout à fait au fond, le nerf de la deuxième paire, ou nerf *optique*, chargé de transmettre au cerveau l'impression produite par la lumière.

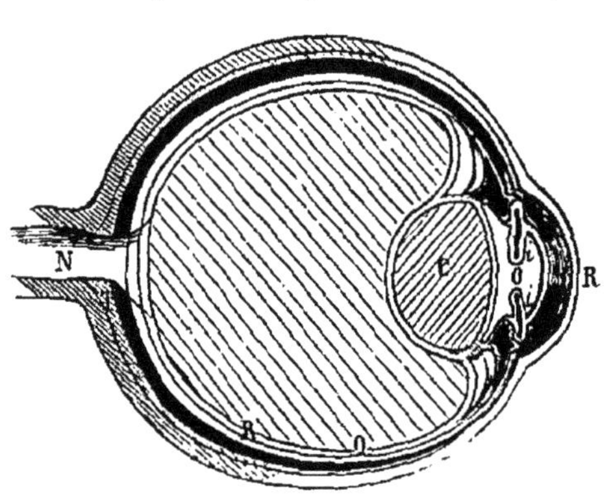

Fig. 525.

L'œil (fig. 525) présente la forme d'un globe à peu près sphérique, légèrement aplati d'avant en arrière. Son enveloppe extérieure est formée de deux membranes superposées, l'une extérieure, blanche, assez épaisse, très-chargée de vaisseaux sanguins, c'est la *sclérotique*; l'autre, appelée la *choroïde*, doublant la sclérotique à l'intérieur, et recouverte d'une couche d'une matière colorante noire que l'on appelle le *pigment de l'œil*. A la partie antérieure de l'œil, ces deux membranes sont remplacées par une membrane unique, transparente, plus fortement bombée, que l'on nomme la *cornée transparente*, ou même simplement la *cornée*. Elle semble enchâssée dans les bords de la sclérotique comme un verre de montre dans le boîtier.

Le nerf optique vient traverser la double épaisseur de la sclérotique et de la choroïde, à la partie postérieure de l'œil, un peu en bas et en dehors; il se divise en ramifications déliées qui se répandent sur la surface de la choroïde et la couvrent d'un réseau continu auquel on donne le nom de *rétine*.

La cavité de l'œil est partagée en deux chambres, antérieure et postérieure, par le cristallin et les membranes qui le rattachent aux parois.

Qu'on se représente une véritable lentille biconvexe, un peu plus fortement bombée à la face postérieure, et formée d'une substance organique d'une parfaite transparence et d'une assez grande dûreté. Tel est le cristallin. Il est logé dans une sorte de sac, ou de capsule, diaphane comme lui, et dont il est la secrétion. Cette capsule est enchâssée dans une membrane annulaire qui va s'attacher à la sclérotique.

En avant du cristallin, dans la chambre antérieure, par conséquent, se trouve tendue une membrane circulaire percée d'un trou central et qui forme diaphragme devant la lentille : c'est l'*iris*, appelée encore *prunelle*. Le trou central forme la *pupille*. L'iris est formé d'un double système de fibres musculaires contractiles, les unes rayonnantes, les autres annulaires. Quand les premières se contractent, le diamètre de la pupille s'agrandit; les secondes se contractent-elles, elles rétrécissent l'ouverture de la pupille. Il suffit de passer d'une demi-obscurité à une lumière vive pour que la pupille se resserre, protégeant ainsi le réseau si délicat de la rétine contre l'action d'une lumière trop intense; et cela sans l'intervention de la volonté. D'un autre côté, si l'on fixe le regard sur un objet, la pupille se dilate en proportion de l'attention exercée. Ainsi les mouvements de l'iris, sans être précisément volontaires, sont cependant encore soumis indirectement à l'empire de la volonté.

La capacité de la chambre antérieure de l'œil est remplie d'un liquide composé d'eau tenant en dissolution une petite quantité de substances salines et d'albumine : on l'appelle l'*humeur aqueuse*. La chambre postérieure est de même remplie par une masse gélatineuse, l'*humeur vitrée*, enveloppée et soutenue par une membrane très-mince, transparente et cloisonnée, qu'on appelle l'*hyaloïde*.

On voit que l'œil nous présente, dans son ensemble, une véritable chambre obscure, tapissée de noir, ne laissant entrer la lumière que par une ouverture étroite, de diamètre variable, et armée d'une lentille convergente.

Voyons maintenant à tracer la marche des rayons lumineux dans l'œil et à donner le mode de *formation* des images, mais non point, bien entendu, le mode de *perception*.

Théorie de la vision. — L'axe principal du cristallin passe par le centre de la pupille, par le point milieu de la cornée, et va rencontrer la rétine un peu au-dessus du point d'entrée du nerf optique. Cette droite nous représentera l'*axe optique* du globe oculaire.

L'humeur aqueuse a un pouvoir réfringent supérieur à celui de l'air, mais moindre que celui de l'humeur vitrée ; et celle-ci est à son tour moins fortement réfringente que le cristallin. Ainsi, le cristallin se trouve logé entre deux ménisques convergents. Le système total est convergent. Nous

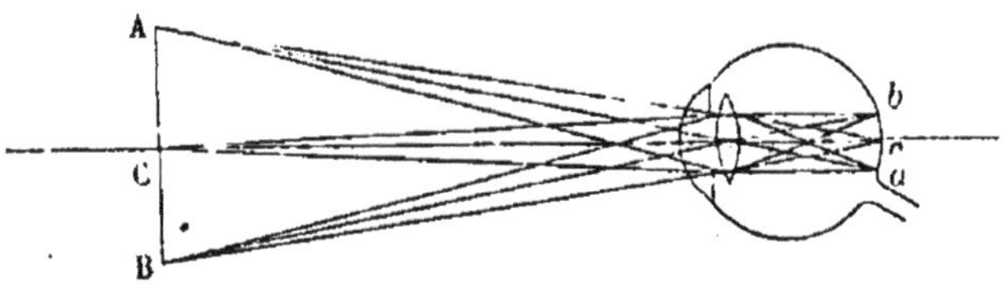

Fig. 526.

admettrons que le centre optique du cristallin est en même temps le centre optique du système tout entier.

Soit d'abord un point lumineux C (fig. 526), pris sur l'axe optique. De ce point partent des rayons qui tombent sur la surtace antérieure de l'œil, que les paupières entr'ouvertes laissent à nu. Nous n'avons évidemment intérêt à considérer que les rayons qui tombent sur la cornée transparente. Le faisceau qui vient frapper la surface bombée de la cornée est réfracté et rendu convergent vers l'axe, ou, tout au moins, moins divergent, suivant que le point lumineux est plus ou moins éloigné de l'œil. Il arrive à l'iris, et là, toute la partie extérieure du faisceau se trouve arrêtée par l'opacité de la cloison. Il n'y a que la portion du faisceau qui tombe sur l'ouverture même de la pupille qui pourra continuer sa route jusqu'au cristallin. Le cristallin, lentille biconvexe, formée d'une substance notablement plus réfringente que l'humeur aqueuse, et que l'humeur vitrée, va, à chacune des réfractions, subies sur sa face antérieure et sur sa face postérieure, abaisser le rayon vers l'axe, de telle sorte qu'à l'émergence le rayon viendra couper l'axe sur la rétine même, ou au-delà de la rétine, ou en-deçà.

Le sommet du cône réfracté est-il sur la rétine même, alors les rayons partis du point lumineux viennent affecter un point unique, la sensation est circonscrite et bien nette, la vision parfaitement distincte. Le sommet est-il, au contraire, endeçà, ou au-delà, mais d'une très-petite quantité seulement, alors, comme le cône des rayons réfractés n'a qu'un très-petit angle d'ouverture, la section formée par la rétine dans la seconde ou dans la première nappe du cône n'a, par suite, qu'un diamètre très-petit, et la vision conserve encore une assez grande netteté. Mais si l'objet s'éloigne ou se rapproche par trop, alors le sommet du cône se trouvant notablement en avant ou en arrière de la rétine, la section de la rétine devient trop large, les sections voisines se superposent, et la vision est confuse.

Supposons pour un moment que la position de l'objet A B par rapport à l'œil soit précisément celle pour laquelle le foyer conjugué de C est exactement sur la rétine. Menons alors les axes secondaires des points A et B, passant par le centre optique du cristallin, que nous avons admis être en même temps le centre optique du système réfringent tout entier. Les rayons divergents, partis de A, iront se réfracter d'abord à la surface bombée de la cornée, puis successivement sur les deux faces du cristallin, et ces trois réfractions les feront.converger vers l'axe secondaire, où ils iront former le foyer conjugué de A sur la rétine même ou tout au moins à distance extrêmement petite. Il en sera de même des rayons partis de B. La rétine sera l'écran sur lequel viendra se former l'image *a b*, réelle et renversée, de l'objet. Les filets nerveux directement ébranlés par la lumière transmettront, par le nerf optique, l'ébranlement aux points correspondants du cerveau où s'opèrera la perception. Comment cette perception s'opèrera-t-elle? C'est une question qui n'est point du ressort de la physique, et sur laquelle, d'ailleurs, nous n'avons aucune donnée, puisque nous ne connaissons rien des rapports de l'âme avec les organes.

Il est facile de s'assurer que l'image formée sur la rétine est renversée, en grattant avec un scalpel la sclérotique de l'œil d'un bœuf jusqu'à la rendre translucide; si alors on place devant cet œil, à distance convenable, une bougie allumée, on voit très-distinctement l'image de la flamme se dessiner sur la rétine, et renversée.

Il ne faudrait pas inférer de là que nous voyons les objets renversés, et que c'est par un exercice de notre raisonnement, par une comparaison des données du sens de la vue et de celles du toucher, que nous arrivons à nous figurer les objets dans leur position réelle. Le mot de *renversé* indique une anomalie de position, soit par rapport à la position ordinaire de l'objet, soit par rapport aux objets environnants. Or, dans l'image, si étendue, si complexe qu'elle soit, qui vient se former sur notre rétine, les rapports de position des différents objets qu'elle embrasse sont les mêmes que dans la nature; dès lors l'expression de renversement n'a plus de sens.

Nous pouvons dire que l'œil rapporte la position du point lumineux, qui lui envoie un faisceau de rayons, sur l'axe secondaire de ce faisceau passant par le centre optique et par le point affecté de la rétine. Cette direction est bien réellement celle sur laquelle se trouve placé le point lumineux, si les rayons qu'il envoie à l'œil lui arrivent directement, sans subir, sur leur trajet, de réflexion ou de réfraction qui les dévient de

leur route; sinon nous voyons le point lumineux dans une
direction autre que sa direction réelle.

L'expérience nous montre tous les jours que, pour un individu dont l'œil est bien constitué, la vision d'un objet conserve *très-sensiblement* le même degré de netteté, bien que
cet objet occupe des positions très-inégalement éloignées de
l'œil, dans certaines limites toutefois. Ainsi il verra l'heure à
un cadran de pendule aussi distinctement à quinze pas qu'à
quatre. Il est certain cependant que l'image réelle donnée par
une lentille biconvexe d'un objet placé à des distances si différentes ne se forme pas, dans les deux cas, au même point. Il
semble donc, d'après cela, que la théorie soit ici en défaut;
que si, le système de ses foyers conjugués se développe sur
la rétine, lorsque l'objet est à quinze pas, quand l'objet se
rapprochera à quatre pas seulement, les foyers devront aller
se former au delà de la rétine. La rétine ne recevra plus alors
le sommet même de chaque cône, mais elle coupera la première nappe à une certaine distance du sommet; la vision devrait donc cesser d'être nette, et parce que l'ébranlement se
trouvera diffusé sur une plus grande étendue de surface sensible, sur des filets nerveux différents, et parce que les impressions données par deux points lumineux voisins se superposeront en partie.

Toutefois on peut expliquer cette égalité de netteté de
l'image dans les deux cas par les considérations suivantes :

En premier lieu, nous savons que, lorsqu'un point lumineux mis devant une lentille se déplace à partir du double de
la distance locale $2f$ jusqu'à l'infini, son foyer conjugué ne se
déplace, de l'autre côté de la lentille, que de $2f$ à f. Dès lors,
si le point lumineux est assez éloigné de la lentille, un changement notable dans sa distance n'entraînera qu'un déplacement très-petit de son foyer conjugué.

On comprend, dès lors, que si, pour une distance de dix
pas, par exemple, entre le point lumineux et l'œil, le foyer
conjugué vient se former exactement sur la rétine, pour une
distance de huit pas ou de douze, le foyer viendra se former
un peu au delà ou un peu en deçà; mais son déplacement sera
très-petit, et, comme le cône des rayons réfractés n'a qu'un

très-petit angle, le diamètre de la section sera lui-même très-petit, et l'ébranlement de la rétine sera encore suffisamment circonscrit pour que la vision reste encore très-nette.

En second lieu, on a reconnu que l'œil était susceptible de se modifier dans sa forme et de s'adapter aux distances, de manière à restreindre encore plus le déplacement du foyer conjugué et à étendre, par conséquent, les limites de distance dans lesquelles un objet reste visible avec le même degré de netteté.

Cette faculté ne paraît point exister dans toutes les parties de l'œil, mais seulement dans le cristallin. Sous l'influence de muscles spéciaux qu'une dissection délicate a fait récemment découvrir, le diamètre du cristallin peut se diminuer ou s'agrandir. S'il diminue, la convexité des faces augmente et, par suite, l'action convergente; au contraire, si le diamètre augmente, la convexité des faces diminue, et, avec elle, la convergence des rayons.

En plaçant devant les yeux d'une personne une bougie allumée, on aperçoit trois images de la flamme formées par réflexion : deux images droites, et virtuelles par conséquent, formées, l'une par la réflexion sur la cornée, l'autre par la réflexion sur la face antérieure bombée du cristallin; la troisième image, réelle et renversée, formée par la réflexion sur la face postérieure du cristallin. Or, suivant que la personne en expérience, tout en maintenant ses yeux immobiles, fixe son attention sur des points plus ou moins éloignés, on voit la première image, celle qui est donnée par la cornée, se maintenir toujours la même de position et de grandeur, tandis que les deux autres se modifient. Le point de visée s'éloigne-t-il, alors l'image réelle de la flamme s'agrandit et s'éloigne, ce qui indique que la courbure de la face postérieure du cristallin a diminué; l'image droite donnée par la face antérieure du cristallin s'éloigne aussi, ce qui indique encore une diminution de la courbure de cette face.

On comprend alors que si, dans le cas où l'objet s'éloigne, ce qui tend à ramener le foyer conjugué en deçà de la rétine, la convexité des faces du cristallin diminue, ce qui tend, au contraire, à reporter le foyer plus loin, les deux effets pourront se compenser et le sommet du cône rester exactement sur la rétine, ou du moins ne s'en éloigner que d'une quantité insensible.

Myopie et presbytisme. — Bien que l'œil puisse se prêter à voir avec une netteté assez grande des objets placés à distances très-différentes, il n'en est pas moins vrai cependant qu'il existe pour chaque œil une distance à laquelle la vue est la plus nette possible ; ce dont on peut s'assurer, par exemple. en regardant à distance plus ou moins grande une page couverte de caractères. *En moyenne,* cette distance qui permet de voir bien distinctement et sans fatigue est de $0^m,30$ environ.

Ce n'est là qu'une moyenne ; car il existe un grand nombre d'individus pour lesquels la distance de la vue distincte est notablement moindre, et qui ne saisissent plus nettement les contours et les détails des objets dès l'instant que ceux-ci sont éloignés de quelques pas, tandis que d'autres, au contraire, qui voient très-bien à grande distance, cessent de distinguer les détails si les objets sont rapprochés, et ne peuvent lire, par exemple, qu'en tenant le livre à près d'un mètre de leur œil, ou même ne peuvent pas lire du tout sans l'aide de lunettes *ad hoc.* Chez les premiers, appelés *myopes,* les milieux de l'œil sont trop fortement convergents ou les courbures trop fortes ; si bien que, pour un objet placé à la distance moyenne de la vue distincte, le croisement des rayons réfractés s'opère en avant de la rétine, à une assez grande distance. La rétine ne reçoit donc plus le sommet du cône, mais une section déjà assez large de la seconde nappe, et la vision devient confuse. En rapprochant le point lumineux M de l'œil, son conjugué *m* se reporte en arrière et, pour un rapprochement suffisant de M, atteint alors la rétine.

Chez les seconds, appelés *presbytes,* le défaut de conformation de l'œil est inverse ; les milieux de l'œil ont un pouvoir réfringent trop faible, ou bien les courbures sont trop peu prononcées ; de telle sorte que, pour un point lumineux placé à la distance moyenne de la vue distincte, le croisement des rayons réfractés se fait en arrière de la rétine, à une distance notable. La rétine ne reçoit donc pas encore le sommet du cône, mais une section de la première nappe trop large pour que la vision soit nette. En éloignant le point A, on rapproche a du cristallin, et on finira par l'amener sur la rétine même, en reportant A à une distance suffisamment grande.

Pour remédier au premier défaut, on place en avant de l'œil une lentille biconcave (fig. 527), qui augmente la divergence des rayons incidents et produit dès lors le même effet

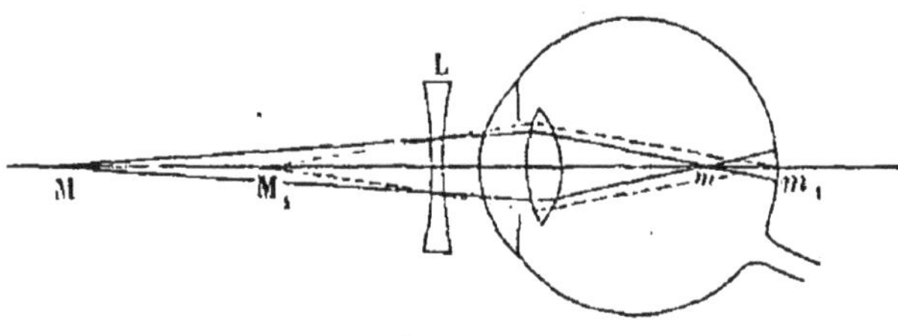

Fig. 527.

que si ces rayons, au lieu de partir de M, partaient de M_1, plus rapproché de l'œil. Pour remédier au presbytisme, on place devant l'œil une lentille biconvexe à faible courbure (fig. 528), qui augmente la convergence des rayons à leur arrivée, et

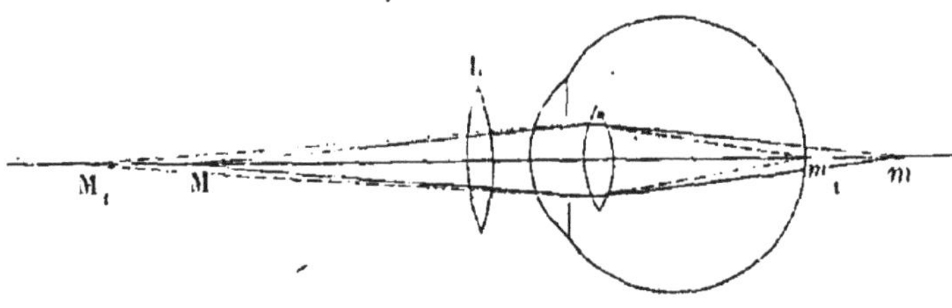

Fig. 528.

produit le même effet que si ces rayons avaient un point de départ plus éloigné.

Achromatisme de l'œil. — L'œil ne nous offre point d'aberration de sphéricité sensible. Les contours de l'image formée sur la rétine ont la même netteté, quel que soit le degré d'ouverture de la pupille. Cela tient à la fois à la forme des faces du cristallin, qui ne sont pas des surfaces de sphère, mais des surfaces d'ellipsoïde, et à la constitution même du cristallin, qui est formé de couches concentriques de réfrangibilités différentes, telles que les rayons qui tombent près du contour extérieur du cristallin vont couper l'axe au même point que les rayons voisins du centre. En outre, les images sont achromatiques, non pas cependant que le système des lentilles qui forment le globe de l'œil soit constitué à la façon d'un système achromatique ordinaire, car nous n'y voyons point une lentille convergente comprise entre deux lentilles divergentes; le ménisque de l'humeur aqueuse est un ménisque convergent. D'ailleurs, deux lentilles et même trois ne suffiraient point, comme nous l'avons expliqué, à produire un achromatisme complet pour tous les rayons, et, en réalité, il ne l'est pas. Si l'on regarde, par exemple, un dessin très-délicat tracé en double exemplaire, l'un au crayon rouge, l'autre au crayon bleu, il faut placer le dessin bleu un peu plus près de l'œil que le dessin rouge pour les voir tous deux avec la même netteté. Donc, pris à distance égale, ils ne forment pas leur image rigoureusement au même point; l'image bleue est un peu plus rapprochée du cristallin que l'image rouge. Mais, à cause de la petitesse de la distance focale, les deux images, rouge et bleue, sont très-rapprochées l'une de l'autre, et, comme les faisceaux de rayons qui les forment sont très-étroits, elles ne se débordent pas sensiblement sur la rétine; le résultat est alors le même que celui d'un achromatisme complet.

Angle visuel, angle optique. — On appelle *angle visuel* l'angle AOB que font entre eux les axes secondaires passant par le centre optique de l'œil et par les points extrêmes A,B, d'un objet (fig. 529). — Cet angle est le même, évidemment,

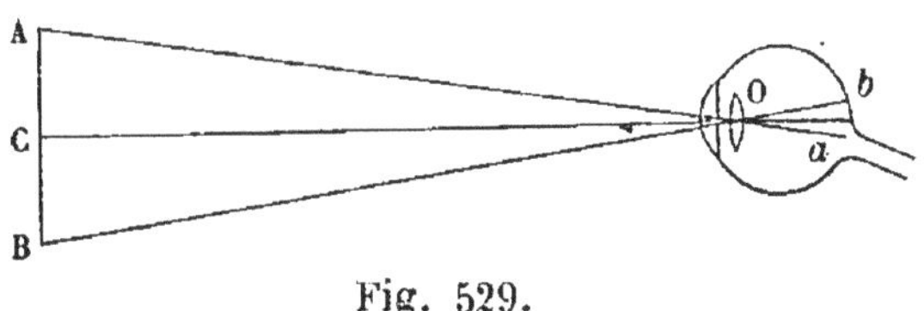

Fig. 529.

que celui qui sous-tend l'image *ab* sur la rétine. Si l'objet est suffisamment petit par rapport à sa distance à l'œil, on peut considérer la droite AB comme se confondant très-sensiblement avec l'arc décrit du centre optique O, avec OA comme rayon. L'angle visuel se trouvera ainsi avoir pour mesure $\dfrac{AB}{OA}$. Ce rapport est ce que l'on appelle le *diamètre apparent* de l'objet. Pour des objets de hauteurs différentes, mais suffisamment petites, placés à même distance de l'œil, les valeurs de l'angle visuel seront proportionnelles aux grandeurs des objets. Pour un même objet placé à des distances différentes, l'angle visuel sera en raison inverse de la distance. C'est ainsi que lorsqu'un de ces deux éléments, grandeur ou distance, nous sera connu, l'autre nous sera fourni par la grandeur de l'angle visuel, grandeur dont nous avons, à notre insu, la connaissance par l'étendue de surface de la rétine impressionnée.

C'est ainsi qu'un général en reconnaissance estimera avec une assez grande exactitude la distance d'un corps de cavalerie, par exemple, d'après l'angle visuel que sous-tend un cavalier monté, dont il sait la hauteur. Mais si nous voyons au loin un individu, et que rien ne nous fasse reconnaître si c'est un homme ou un enfant, nous pouvons nous tromper grossièrement sur la distance qui nous en sépare.

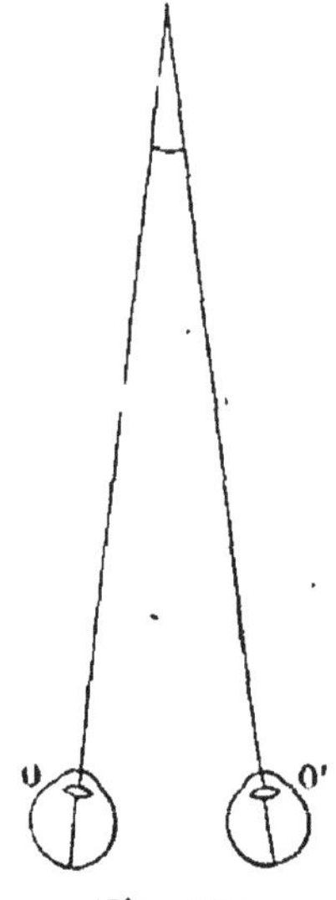

Fig. 530.

La vision simultanée avec les deux yeux nous fournit un élément de plus pour estimer la distance des objets, c'est l'*angle optique* (fig. 530). Si notre attention se fixe sur un objet, notre œil se dirige en même temps sur lui, de telle sorte que l'axe optique passe par le point en vue. Du moment que nous le regardons avec les deux yeux, il y a convergence des deux axes optiques vers ce point, et la conscience que nous avons du mouvement, plus ou moins grand, imprimé simultanément aux deux axes est une donnée de plus pour l'estimation de la distance.

L'importance de cette nouvelle donnée peut être rendue sensible par une expérience des plus simples. Que l'on essaye de faire pénétrer l'extrémité d'une baguette un peu longue dans un anneau suspendu au plafond, en ne se servant que d'un œil pour guider le mouvement de la main, et l'on pourra faire longtemps de vains efforts avant de réussir. On y arrivera au contraire du premier coup en se servant des deux yeux.

Si un objet est placé à très-grande distance, il devient fort difficile de juger un peu exactement de cette distance, car une variation notable dans l'éloignement n'entraîne qu'un changement insensible et dans l'angle visuel, et dans l'angle optique.

Les deux inductions que nous pouvons tirer du plus ou moins de netteté des détails, de l'éclat des couleurs, sont encore bien trompeuses, car la transparence plus ou moins grande de l'air influe évidemment beaucoup sur ces données. La distance des objets nous semble augmentée si l'air est chargé de brumes; elle nous paraîtra plus petite si l'air est au contraire très-pur. L'Anglais habitué aux brouillards de son île, transporté en Italie, a constamment des mécomptes de ce genre et croit être à cinq cents pas d'un village, quand il en est quelquefois à plus de deux lieues.

Appréciation du relief. Stéréoscope. —L'usage de nos deux yeux nous permet, comme nous venons de l'expliquer, de juger plus exactement de la distance des objets, mais il nous donne encore une connaissance plus complète de la forme et du relief que ne le ferait la vision avec un seul œil. Dans ce dernier cas, nous n'avons guère en effet pour juger du relief que les inductions que nous pouvons tirer de la distribution des ombres; tandis que si un objet est placé devant nous à la distance de la vue distincte, et si nous le regardons successivement avec l'œil droit et avec l'œil gauche, nous ne le voyons pas dans ces deux circonstances sous le même aspect. Si nous le regardons avec les deux yeux, nous percevons simultanément ces deux perspectives différentes de l'objet. Il en résulte pour nous une sensation unique, bien que complexe, et qui nous donne la connaissance exacte de la forme de l'objet.

Pour que la sensation soit unique, il faut toutefois que les deux images se forment sur les points des deux rétines qui se correspondent. Aussi, dès que l'on vient à déranger avec le doigt, ou par une contraction volontaire des muscles, l'un des deux yeux, la sensation cesse d'être une ; on voit *double*.

Je suppose maintenant que l'on prenne un dessin d'un objet placé à la distance de la vue distincte, et regardé seulement avec l'œil gauche ; puis un second dessin du même objet, vu avec l'œil droit ; que l'on place ces deux dessins à côté l'un de l'autre, devant l'œil droit la perspective droite, devant l'œil gauche la perspective gauche. Si l'on vient alors à loucher quelque peu en dedans, les deux images se doublent, c'est-à-dire que l'on voit quatre images au lieu de deux, et on peut arriver avec un peu d'habitude à régler la convergence des deux axes optiques, de manière à réduire les quatre images à trois, celle du milieu se trouvant être ainsi le résultat de la superposition d'une perspective droite avec une perspective gauche ; on est frappé alors immédiatement du relief prodigieux qu'offre cette image intermédiaire.

On obtient encore plus facilement et sans fatigue des organes, ce résultat qui montre si bien l'utilité de la vision binoculaire, à l'aide du stéréoscope imaginé par Brewster.

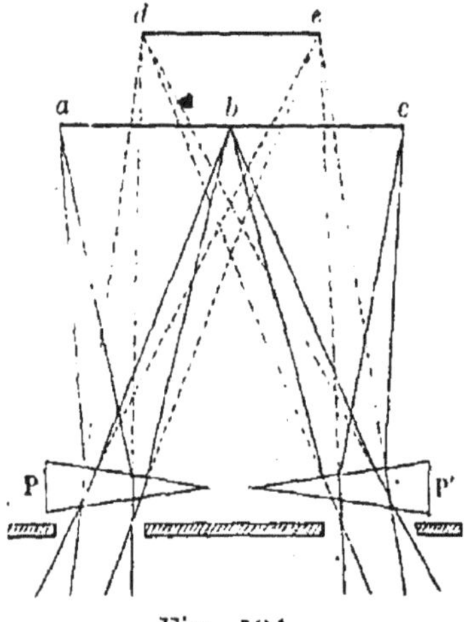

Fig. 531.

Deux épreuves photographiques du même sujet sont prises simultanément à l'aide de deux chambres obscures, convenablement espacées relativement à la distance qui les sépare du modèle. Les deux lignes de visée doivent faire entre elles un angle de 11 à 12°. C'est l'angle que font les axes optiques des deux yeux dirigés vers un même point placé à la distance de la vue distincte. Ces deux épreuves *ab*, *bc*, rapprochées sur un même carton, sont placées au fond d'une boîte éclairée par une ouverture latérale. La boîte porte deux tubulures dirigées vers les dessins, et armées de deux petits prismes achromatiques, *p,p'*, dont les sommets sont tournés l'un vers l'autre (fig. 531). Le passage des rayons venant des divers points d'un des deux dessins à travers le prisme correspondant, a pour résultat de déplacer l'image virtuelle vers le sommet du prisme, de gauche à droite pour le prisme de gauche, de droite à gauche pour le prisme de droite. On arrivera ainsi au même résultat qu'on obtenait tout à l'heure en louchant. En réglant convenablement la distance des prismes au dessin, et leur angle, on arrivera à faire superposer les images virtuelles en *d e;* ce ne sera, bien entendu, qu'une superposition et non une coïncidence, puisqu'elles ne sont pas identiques. De cette façon, en plaçant les deux yeux devant les tubulures des prismes, on verra *une* image offrant tout le relief de l'objet lui-même.

Si l'une des images était verte et l'autre rose, comme ces deux couleurs sont complémentaires, l'image résultante serait blanche.

CHAPITRE XLVIII.

INSTRUMENTS D'OPTIQUE.

On désigne sous le nom d'instruments d'optique des instruments destinés à venir en aide à notre vue, trop imparfaite pour nous faire distinguer nettement tous les détails d'un objet, soit lorsqu'étant à la distance de la vue distincte, cet objet n'offre que des dimensions excessivement petites, soit lorsqu'ayant des dimensions même très-considérables, cet objet se trouve à une énorme distance de notre œil.

En effet, dans l'un comme dans l'autre cas, le diamètre apparent de l'objet entier étant très-petit, les axes secondaires passant par deux points différents de cet objet, forment un angle excessivement petit. Les points affectés sur la rétine sont alors tellement voisins qu'ils appartiennent à un même filet nerveux, et alors les sensations ne sont plus distinctes; ou bien si les points affectés appartiennent à des filets différents, il y a encore confusion dans les sensations, parce que l'ébranlement donné en chaque point ne peut pas ne pas se propager à une certaine distance tout autour de ce point; et alors, si les points sont très-rapprochés l'un de l'autre, il y aura superposition des deux zones affectées par l'ébranlement, tout étroites qu'on les suppose.

Les instruments d'optique, par une application bien entendue des divers systèmes de lentilles, ou de miroirs, feront disparaître cet inconvénient, en substituant à la vision directe de l'objet, tantôt celle d'une image réelle et agrandie de cet objet, reçue sur un écran, et dont l'œil pourra étudier les détails, à la distance de la vue distincte, sous un angle visuel beaucoup plus grand (microscope solaire, — lanterne magique); tantôt celle d'une image virtuelle, vue à la distance de la vue

distincte, et avec un diamètre apparent beaucoup plus grand
que celui de l'objet mis à la même distance (loupe,—microscope
simple); tantôt, enfin, la vision d'une image virtuelle et
agrandie non pas de l'objet, mais d'une image réelle de l'objet
(microscope composé, — lunettes, — télescopes).

On joint aussi généralement à l'étude des instruments
d'optique, celle de deux appareils employés comme auxi-
liaires par les dessinateurs : la chambre obscure et la chambre
claire. Nous en dirons immédiatement quelques mots.

Chambre obscure. — Nous avons déjà donné la théorie
de la formation des images dans la chambre obscure, et nous
avons fait observer que l'on ne pouvait avoir d'images nettes
qu'autant que l'ouverture par laquelle pénètrent les faisceaux
lumineux est très-petite, mais qu'alors chaque point de l'image
ne pouvant recevoir qu'une très-petite quantité de lumière,
on perdrait en éclairement ce que l'on gagnerait en netteté.
On remédie à ce défaut capital en laissant à l'ouverture de la
chambre un assez grand diamètre, et en adaptant à cette ouverture une lentille biconvexe L dont on masque les bords
par un diaphragme afin d'empêcher les effets de l'aberration
de sphéricité (fig. 532). — Dès lors chacun des points de

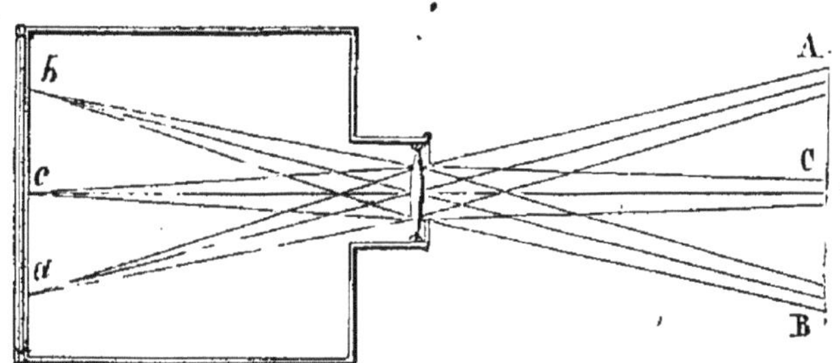

Fig. 532.

l'image recevra, grâce à l'action convergente de la lentille,
tous les rayons envoyés, par le point lumineux extérieur correspondant, à la surface découverte de cette lentille.

Il est évident que tous les points de l'image ne peuvent
être compris dans le plan de l'écran, les objets extérieurs étant
généralement à des distances très-différentes de la lentille;
toutefois si les différences de distance sont assez petites rela-

tivement aux distances elles-mêmes, les divers foyers seront
encore sensiblement dans un même plan, et l'image reçue sur
l'écran aura une netteté presque égale en ses divers points.
C'est ce qui arrivera si les premiers plans du paysage extérieur sont convenablement éloignés.

L'agencement des diverses pièces de la chambre obscure
varie quelquefois suivant l'usage auquel on la destine. Il peut
être commode, surtout si l'on veut suivre avec un crayon les
contours de l'image, d'avoir cette image devant soi sur un plan
horizontal à hauteur de la main, plutôt que sur un plan vertical. Dans ce cas le tube destiné à recevoir la lentille L
est établi au haut de la boîte, et coudé (fig. 533). Un miroir

Fig. 533.

m, logé dans le coude et incliné à 45°, renvoie par réflexion
les faisceaux convergents sur le plan de la table MN, destinée
à former écran et sur laquelle se trouve tendue une feuille de

papier. Le dessinateur est assis devant la table, enfermé dans une tente en toile noire très-serrée et très-opaque dont on a représenté, sur la figure, un des pans relevé pour montrer l'installation de l'artiste.

On peut remplacer le système, formé de la lentille et du miroir, par un prisme rectangle dont la face hypothénuse jouera, par la réflexion totale, le rôle d'un miroir métallique parfait, tandis que les deux autres faces seront taillées en surfaces bombées (fig. 534 (1), de manière à remplacer, pour la réfraction, les deux faces antérieures et postérieures de la len-

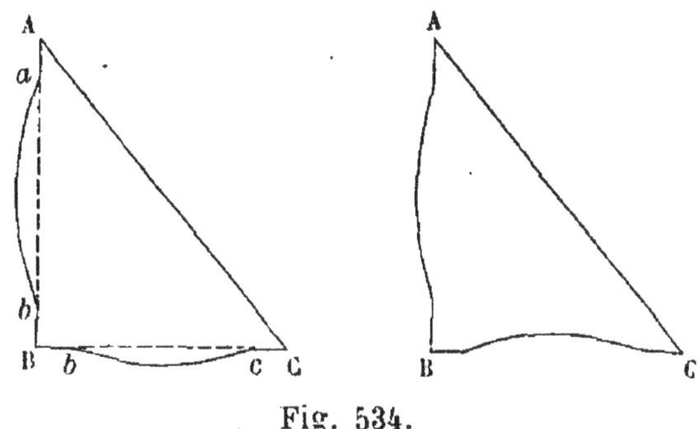

Fig. 534.

tille; ou mieux encore l'une en surface bombée, l'autre en surface concave, mais d'un rayon de courbure plus grand, de manière à représenter dans leur ensemble un ménisque convergent (fig. 534 (2).

. La chambre obscure du photographe ou *daguerréotype* (fig. 535), est une caisse parallélipipédique, montée sur un support, permettant de l'ajuster à la hauteur et dans la direction convenable. L'objectif est formé de deux systèmes de lentilles achromatiques L, L', montées à un décimètre environ l'une de l'autre ; l'une d'elles dans un tube B, qui glisse à frottement doux, conduit par une vis de rappel V sur le tube A : — on peut de la sorte déplacer l'objectif pour l'amener à la position qui donne sur l'écran l'image la plus nette. Cet écran G, est formé par une plaque de verre dépoli monté sur un cadre qui s'engage dans une double rainure verticale creusée dans la paroi latérale. Pour rendre l'ajustement de l'écran plus facile, la boîte de la chambre est elle-même formée de deux pièces MN, glissant l'une dans l'autre. La pièce extérieure fixe, N, porte le tube à objectif, la pièce intérieure

Fig. 535.

mobile, M, porte l'écran. On amène cette dernière à la position qui donne l'image à la grandeur voulue, puis avec la vis de rappel on règle l'objectif de manière à avoir l'image nette.

Pour les chambres de très-grandes dimensions, cet agencement est remplacé par une sorte de soufflet qui permet de réduire la chambre aux plus petites dimensions possibles, disposition avantageuse pour le transport; ou de donner à l'écran, au moment de l'opération, le recul convenable.

Chambre claire. — Ce petit instrument, dont le nom est assez mal choisi puisqu'il ne présente aucune espèce de chambre, se compose d'un tout petit miroir (fig. 536), ou d'un prisme disposé pour la réflexion totale, qui donne par réflexion la vue d'une image virtuelle des objets extérieurs

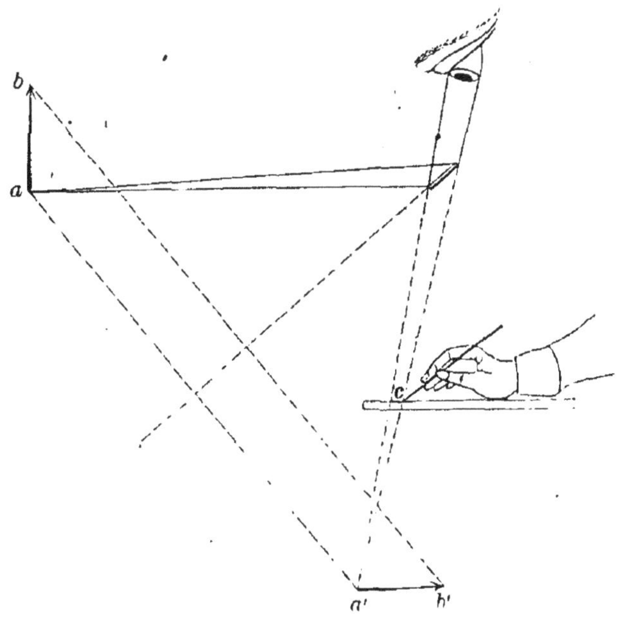

Fig. 536.

en même temps que l'œil suit les mouvements du crayon guidé par la main, et qui parcourt, sur une feuille de papier, les linéaments de l'image. La pointe du crayon ne se trouve pas au point où se forme l'image virtuelle, elle est sur la route que suivent fictivement les rayons. De sorte que l'œil voit sur une ligne droite le point c et le foyer virtuel a', mais non avec la même netteté, parce qu'il faut un ajustement différent de l'œil pour voir également bien deux points inégalement éloignés.

L'emploi d'un petit miroir simple a un assez grand inconvénient pour le dessinateur, c'est qu'à moins de tourner le dos au sujet qu'il dessine il le voit renversé sur son papier. C'est principalement pour remédier à ce défaut que Wollaston a imaginé de recourir à l'emploi d'un prisme à réflexion totale, éfléchissant deux fois les rayons pour redresser les images.

Le prisme employé est à quatre pans (fig. 537); sa section principale est un quadrilatère dont l'angle A est droit; l'angle B de 135°, les deux angles D et C, sensiblement égaux, et de 67°30' environ.

Un rayon tombant en I sous une incidence peu éloignée de l'incidence normale, arrivera en I', faisant avec la surface un angle II'C, peu différent de 90° — C, puisque l'angle CII' est presque droit. L'angle complémentaire II'n' est donc à peu près égal à C ou à 67°; et l'angle limite pour le verre est 41° environ; il y a donc réflexion totale en I'. De là le rayon va en I'', où il va y avoir encore réflexion totale. En effet, l'angle des deux normales I'n', I''n'', est supplémentaire de B, et

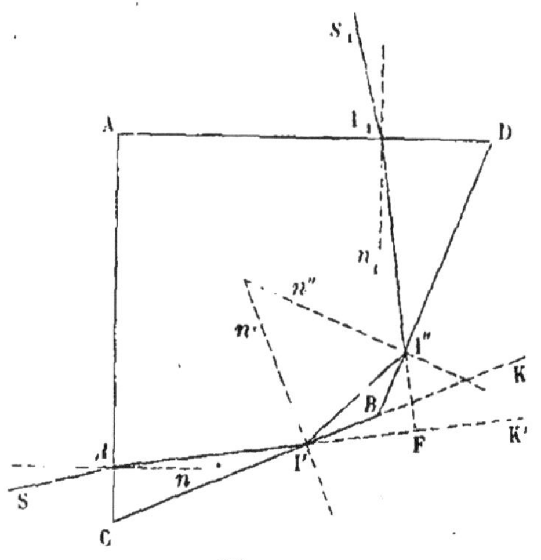

aussi de la somme des angles n'I'I'', n''I''I' : cette somme est donc équivalente à B, ou a 135°, dont n'I'I'' est sensiblement la moitié. — n''I''I' vaut donc aussi à peu près la moitié de cet angle ou 67°, valeur supérieure à l'angle limite. — Ainsi il y a réflexion en I'' comme en I'. — Le rayon va alors arriver en I, à la quatrième face, sous une incidence égale à l'angle de réfraction en I, de sorte que le rayon sortira. Les deux rayons II', I''I₁, sont perpendiculaires l'un à l'autre. En effet l'angle I''FK' est égal à la somme des angles

$$I''I'F + I'I''F.$$

L'angle I''BK est égal à la somme

$$I''I'B + I'I''B;$$

Or, I''I'F est double de I''I'B; et I'I''F double de I'I''B. — C'est dire par conséquent que I''FK' est double de I''BK,

Fig. 537.

lequel est de 45°, supplément de 135°. L'angle des deux rayons réfléchis totalement est donc droit. Il suit de là alors que les angles AII', AI₁I″ sont supplémentaires l'un de l'autre ; d'où

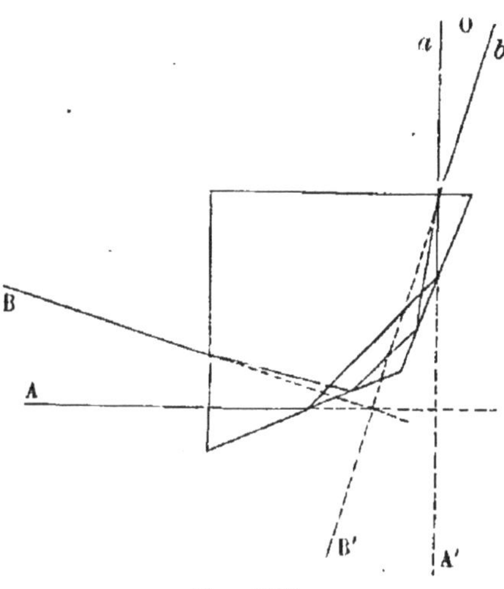

I'In = I″I₁n. Par suite, l'angle d'émergence est égal à l'angle d'incidence primitif, et les rayons I₁ S₁ et IS sont perpendiculaires l'un à l'autre. Cette relation existera aussi bien pour les rayons rouges et pour les rayons violets, la seule condition est la réflexion sur les faces BC et CD ; or l'angle limite pour les deux espèces de rayons est bien au-dessous de 67°. Les faisceaux sortiront donc du

Fig. 538.

prisme sans dispersion. Ils sont tous tournés de 90°, par rapport aux faisceaux incidents dont ils proviennent. Ils conservent par conséquent leurs mêmes directions relatives, l'image n'est point déformée, et il est facile de voir que les images sont redressées (fig. 538).

L'œil devra se placer près de l'arête DD, de·manière à voir en même temps les objets du paysage par la double réflexion totale, et la pointe du crayon sur le papier, par la vue directe. Toutefois, l'on se trouve encore ici en présence de l'impossibilité que nous constations plus haut, d'ajuster l'œil de manière à voir en même temps avec netteté la pointe du crayon, à petite distance, et l'image virtuelle à distance beaucoup plus grande. On y a remédié en taillant

Fig. 539.

la face DD (fig. 539) de manière à lui donner la courbure de la face de sortie d'une lentille divergente dont le centre optique serait sur l'arête DD; de cette façon, le faisceau émergent étant rendu plus divergent, le point de départ virtuel des rayons se trouve rapproché assez pour ne plus différer notablement de la position du crayon, et la vision de ces deux points prend une netteté à peu près égale.

Le petit prisme est porté par un pied à coulisses et à tirages, solidement fixé sur l'un des bords de la table qui porte la feuille de papier. On peut ainsi le diriger vers l'ensemble des objets que l'on a à dessiner, et régler sa hauteur au-dessus du papier pour obtenir la vision nette simultanée de l'image et du crayon.

Microscope solaire. — Le microscope solaire, inventé par Lieberkühn en 1740, substitue, comme nous l'avons dit dans la classification sommaire que nous avons donnée des instruments d'optique, à la vision directe et indistincte d'un très-petit objet, celle d'une image réelle de cet objet considérablement agrandie, de telle sorte que cette image reçue sur un écran, et examinée à l'œil nu, à la distance de la vue distincte, sera vue avec un diamètre apparent assez grand pour que tous les détails deviennent nettement distincts.

L'objet AB, vivement éclairé par les rayons solaires, concentrés sur lui par une lentille, sera présenté devant une lentille biconvexe L fortement convergente (fig. 540), à une distance supérieure à la distance focale, mais moindre que

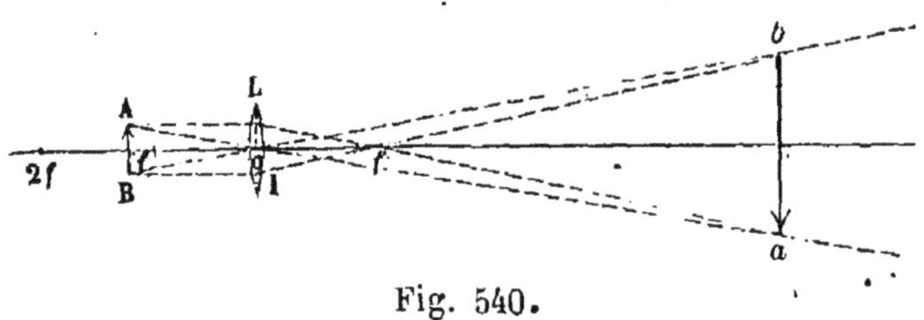

Fig. 540.

son double. L'image réelle, agrandie et renversée, ira alors se former en ab, au delà de la distance $2f$; on placera en ce point un écran sur lequel l'image apparaîtra par diffusion.

La position de b se trouve, comme nous le savons déjà, en menant du point B un rayon parallèle à l'axe principal BC, puis joignant le point I au foyer f, en prolongeant if jusqu'à la rencontre en b de l'axe secondaire BO. a se déterminera de la même façon.

Les triangles semblables bOf, bBI, donnent

$$\frac{bB}{bO} = \frac{BI}{Of}.$$

Ce que nous pouvons écrire, en admettant $BI = BO$

$$\frac{bO + BO}{bO} = \frac{BO}{f}.$$

D'où nous tirons

$$\frac{bO}{BO} = \frac{1}{\frac{BO}{f} - 1};$$

Or $\dfrac{Ob}{BO}$ est égal à $\dfrac{b}{AB}$, à cause de la similitude des triangles aOb, AOB. C'est donc là la mesure du grossissement en diamètre. Le grossissement en surface sera le carré de cette fraction, l'image et l'objet étant des figures semblables. On voit facilement que le grossissement sera d'autant plus grand que $\dfrac{BO}{f}$ sera plus voisin de l'unité, c'est-à-dire que l'objet sera plus près du foyer de la lentille.

Il ne faut pas cependant chercher à trop agrandir l'image, car elle est évidemment d'autant moins éclairée en chacun de ses points, que la lumière est répandue sur une surface plus grande; en outre un trop fort grossissement entraîne toujours une déformation marquée.

Entrons maintenant dans quelques détails sur la construction de l'instrument.

Au volet de la chambre obscure et en dehors de son ouverture, se trouve établi un porte-lumière dont on règle l'inclinaison et l'orientation, de manière à obtenir un faisceau horizontal de rayons parallèles, à l'intérieur de la chambre (fig. 541). Sur l'ouverture du volet on établit un tuyau cylindrique armé de deux lentilles convergentes l et L, destinées à concentrer les rayons du faisceau sur l'objet qui se trouve alors recouvert et éclairé par l'image solaire.

Cet objet est logé entre deux plaques de verre, maintenues au foyer de la lentille l' par un système de plaques métalli-

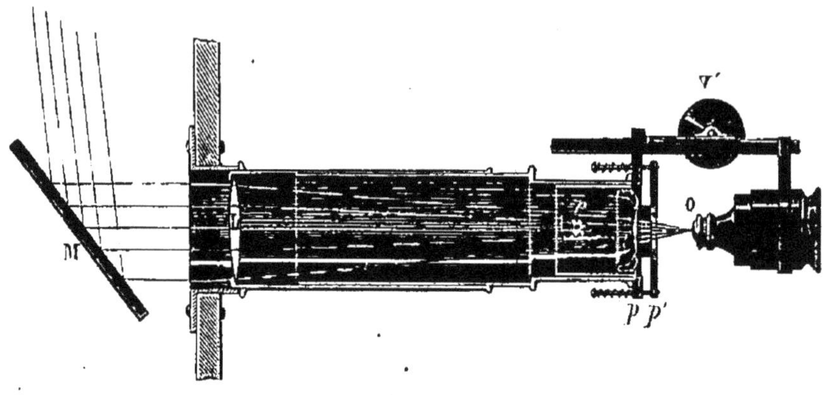

Fig. 541.

ques, dont l'une p est fixée à la monture de la lentille, tandis que l'autre p' est pressée sur la première par deux ressorts à boudins. On tire quelque peu en avant la plaque p', pour introduire la double lame de verre; les ressorts ramènent ensuite p' vers p, et maintiennent l'objet au foyer.

La lentille O, destinée à fournir l'image grossie, est portée par une monture annulaire qui se trouve rattachée à la monture des lentilles éclairantes par une potence à tirage. La pièce qui porte la lentille O s'engage dans la pièce rattachée à la monture; elle est taillée en crémaillère, de sorte qu'au moyen d'un pignon V on peut éloigner ou rapprocher à volonté O de l'objet et régler la distance de l'un à l'autre pour obtenir l'image nette sur l'écran.

Cette lentille O, qu'on appelle l'objectif du microscope est achromatique; elle est formée d'une lentille biconvexe de crown-glass, associée à un ménisque divergent de flint.

Pour obtenir un grossissement plus fort, on peut monter l'un sur l'autre deux ou trois couples semblables de lentilles. Leurs montures annulaires sont munies de pas de vis qui permettent de les réunir à volonté.

La mesure pratique du grossissement se fait d'une façon très-simple. On introduit dans le porte-objet une lame de verre sur laquelle se trouve tracée, à la machine à diviser, la division du millimètre en 100 parties égales. On prend alors sur l'écran où se projette l'image, la distance de deux divisions, avec un compas dont on reporte ensuite les pointes sur une échelle divisée en millimètres. Supposons qu'une division ainsi grossie embrasse sur l'échelle 6 millimètres. Le grossissement en diamètre sera alors égal à 600, et le grossissement en surface à 360 000.

Microscope à gaz (fig. 542). — Au lieu d'éclairer l'objet

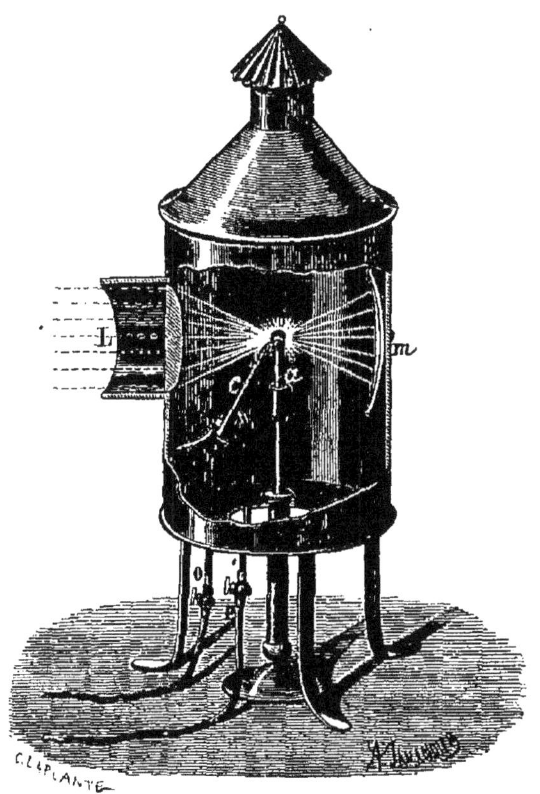

Fig. 542.

par les rayons solaires, on peut faire usage de la lumière de Drummond, obtenue, comme on le sait, en projetant sur une baguette de chaux la flamme d'un mélange d'oxygène et d'hydrogène, ou d'oxygène et de gaz d'éclairage.

Les deux gaz arrivent par des tubes distincts O, P, avec la vitesse convenable, dans un chalumeau C, formé de deux tubes concentriques, l'intérieur apportant l'oxygène, l'extérieur le gaz combustible.

L'extrémité a du bâton de chaux qui reçoit le jet de flamme, est placé au foyer d'une lentille, plan convexe, L, qui transforme le faisceau divergent en un faisceau de rayons parallèles.

Pour utiliser les rayons projetés en arrière et doubler l'éclairement, on dispose au fond de la boîte un miroir concave m, dont a occupe le centre de courbure; les rayons envoyés à m reviennent alors passer par a pour tomber ensuite sur la lentille.

On visse sur la douille annulaire de cette lentille le tube du microscope.

Microscope photo-électrique. — On peut encore employer, comme mode d'éclairage, la lumière de l'arc électrique produit entre deux cônes de charbons. Ces deux cônes sont portés par un appareil régulateur que commande le courant lui-même, comme nous l'avons déjà expliqué. L'arc voltaïque est établi à la fois au foyer de la lentille L, et au centre du réflecteur m.

En supprimant le microscope, et poussant quelque peu en avant la lentille L, l'arc voltaïque se trouve être alors, par rapport à cette lentille, un peu au delà de la distance focale. Il devient alors lui-même un objet lumineux dont on peut recevoir sur un écran, convenablement éloigné de l'appareil, une image renversée, réelle, et agrandie.

On peut suivre alors facilement l'usure progressive du charbon positif, qui s'amincit et se ronge par l'extrémité, et la déformation du charbon négatif, dont la pointe disparaît aussi et qui s'accroît sur les côtés par le transport visible des particules qui lui viennent de l'autre charbon.

Lanterne magique (fig. 543). — La lanterne magique, due au P. Kircher, présente à peu près les mêmes dispositions que le microscope solaire, avec un grossissement moindre, ce qui dispense d'un éclairement aussi intense. La boîte de la lanterne contient une lampe à réflecteur. Sur la paroi

opposée au réflecteur se trouve taillée une ouverture circulaire, T, au-dessus et au-dessous de laquelle sont deux rainures où s'engage une plaque portant un tube à tirage. L'ex-

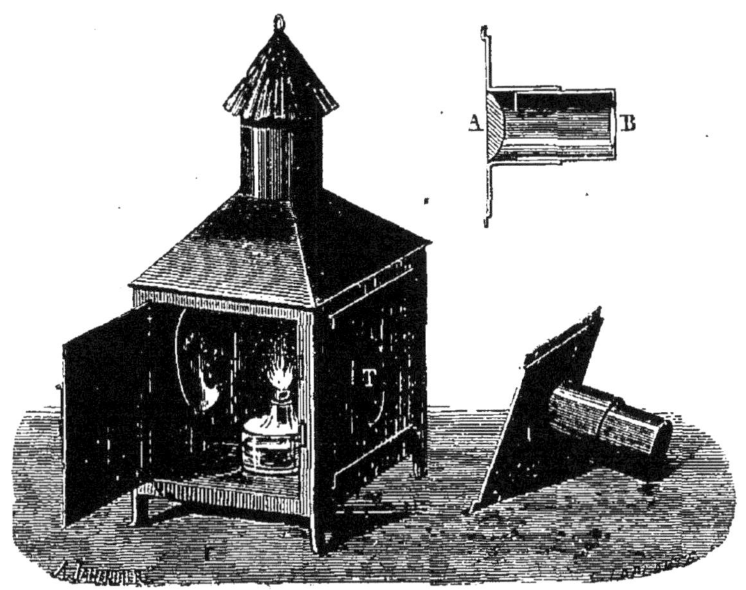

Fig. 543.

trémité du tube fixée à la plaque est armée d'une lentille plan
convexe ou demi-boule A. L'autre extrémité porte une lentille
biconvexe B. Les dessins sont tracés avec des couleurs translucides sur de petites lames de verre que l'on engage dans
l'espace étroit qui sépare la demi-boule de la paroi de la
lanterne. Il va de soi que les dessins doivent être introduits
renversés, si l'on veut que l'image soit droite. En éloignant ou
rapprochant B de A, on fait varier la distance et la grandeur
de l'image réelle projetée en avant. Si B se rapproche de A,
l'image s'éloigne et grandit. Il faut donc alors reculer la lanterne, car l'écran, ordinairement formé d'une toile blanche
tendue sur un mur, ne peut pas être déplacé.

Fantasmagorie. — Les illusions de la fantasmagorie sont
obtenues avec une lanterne magique montée sur un chariot
qui roule sans bruit sur le sol, de manière à s'éloigner ou se
rapprocher à volonté de l'écran fixe sur lequel se projette l'i-

mage. L'une des roues de ce chariot est mise en relation par une courroie avec un pignon, qui lui-même réagit par l'intermédiaire d'un levier sur le tirage qui porte l'objectif. De telle sorte que, lorsque le chariot s'éloigne de l'écran, la lentille B se rapproche de la lentille A ; et ces deux mouvements sont réglés pour que l'image se forme toujours avec netteté sur la toile, derrière laquelle sont assis les spectateurs. L'agrandissement progressif de l'image, grotesque ou horrible, donne l'impression saisissante qui naîtrait de son rapprochement. Toutefois, il faut remarquer que le dessin, et par suite aussi l'image, recevant dans tous les cas la même quantité de lumière, cette image sera d'autant moins éclairée et d'autant moins nette en chacun de ses points qu'elle sera plus grande. Aussi, pour achever de rendre l'illusion complète, Robertson imagina de faire varier l'intensité de l'éclairement, en plaçant entre la flamme et le dessin un diaphragme à lèvres mo-

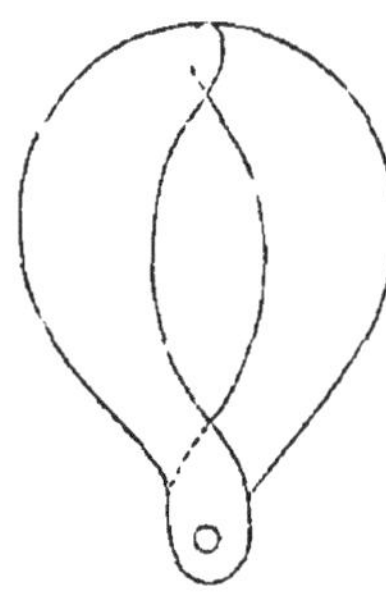

Fig. 544.

biles (fig. 544), commandées par le mouvement même de l'objectif. L'objectif s'éloigne-t-il de la demi-boule, ce qui a pour effet de diminuer la grandeur de l'image sur l'écran dont le chariot s'est rapproché, des fils fixés à l'objectif tirent sur les branches du diaphragme et les font se rapprocher, de manière à diminuer la lumière jetée sur le dessin. Si, au contraire, l'objectif se rapproche de A, les fils se relâchent, les lèvres du diaphragme s'écartent et la quantité de lumière donnée au dessin augmente avec la grandeur de l'image.

Loupe. — Microscope simple. — Nous avons vu qu'un objet placé devant une lentille biconvexe à une distance moindre que la distance focale principale donne une image virtuelle droite et agrandie, insaisissable sur un écran, mais que l'œil perçoit en se plaçant de l'autre côté de la lentille (fig. 545).

Les rayons étant à leur sortie fortement divergents, il importe, pour que l'œil les reçoive tous, qu'il se place le plus près possible de la lentille. Aussi nous supposerons sa position coïncidant avec le centre de la lentille elle-même.

La similitude des triangles mMI, mOf nous donne :

$$\frac{mO}{MO} = \frac{mf}{If} = \frac{MO + f}{f}.$$

En admettant, comme nous l'avons fait déjà, $m\mathrm{I} = m\mathrm{O}$, et $\mathrm{I}f = \mathrm{O}f$, ou la distance focale f.

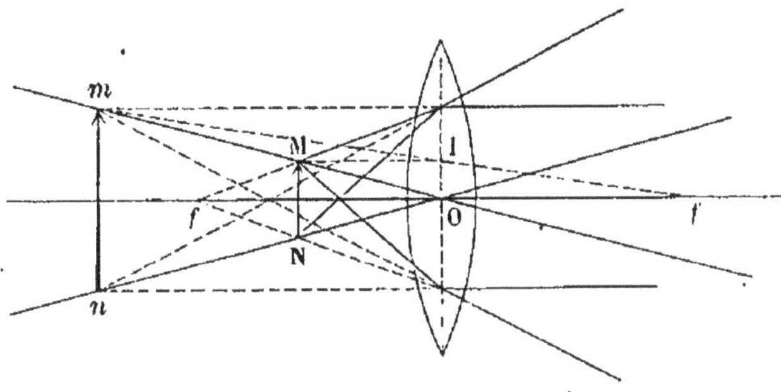

Fig. 545.

Si nous supposons que l'image mn (fig. 546) soit à la distance de la vue distincte $\mathrm{D} = 0^\mathrm{m},30$, et si nous nous représentons l'objet lui-même transporté aussi à cette distance, le

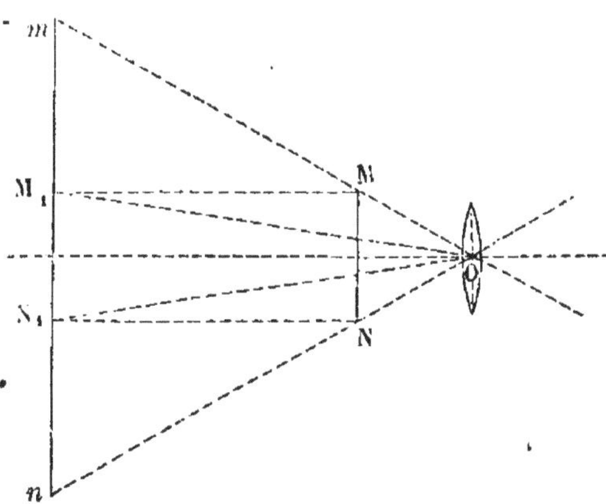

Fig. 546.

grossissement sera mesuré par le rapport des diamètres apparents de l'image et de l'objet, vu à cette même distance.

$$\mathrm{G} = \frac{\dfrac{mn}{\mathrm{D}}}{\dfrac{\mathrm{M_1 N_1}}{\mathrm{D}}} = \frac{mn}{\mathrm{M_1 N_1}} = \frac{mn}{\mathrm{MN}} = \frac{mO}{\mathrm{MO}} = \frac{\mathrm{D} + f}{f}$$

Ainsi, le grossissement est donc donné par la fraction $\dfrac{D+f}{f}$

ou $1 + \dfrac{D}{f}$. On voit qu'il est plus fort pour un presbyte que pour un myope, puisque D est plus grand dans le premier cas que dans le second.— Pour une même vue, il est d'autant plus fort que la distance focale de la lentille que l'on emploie est plus petite.

Si f est très-petit par rapport à D, la quantité $\dfrac{D}{f}$ est assez grande pour que l'on puisse devant sa valeur négliger l'unité, et alors le grossissement se trouve plus simplement, et avec une exactitude suffisante, exprimé par $\dfrac{D}{f}$.

Employée comme nous venons de l'expliquer, une lentille biconvexe prend le nom de *loupe* ou *microscope simple*. La

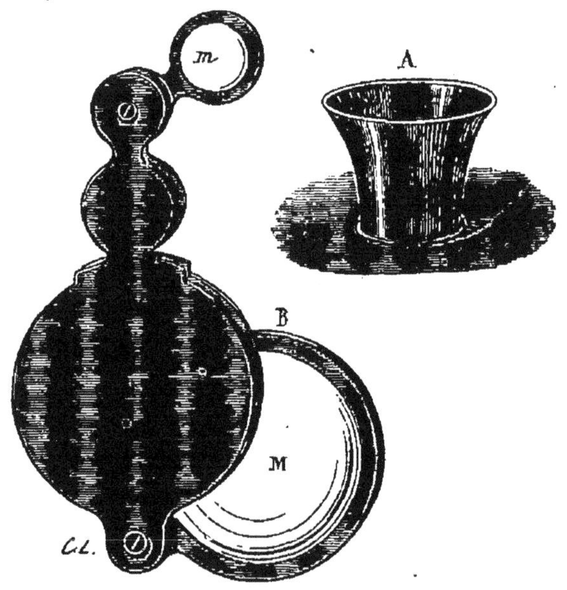

Fig. 547.

loupe s'établit dans des montures de formes différentes (fig. 547), suivant l'usage auquel on les destine.

A est la loupe montée des horlogers; ils la logent devant

leur œil, entre l'arcade sourcilière et la saillie de la pom-
mette, ou bien encore ils la posent sur un support, formé de
branches articulées en losanges, qui permet de donner à la
loupe la position et la hauteur la plus convenable, en laissant
libre l'usage des deux mains.

B est la loupe des naturalistes. La monture porte habituellement une loupe à long foyer M, donnant un faible grossissement, et une loupe à court foyer *m*, donnant un grossissement beaucoup plus fort. — On peut même obtenir un
grossissement encore plus considérable, quand elles sont
montées de manière à pouvoir se placer l'une devant l'autre.

Dans le microscope simple de Raspail, la loupe *l* est portée
sur une potence dont la branche verticale *a*, taillée en crémaillère, s'engage dans une colonne *b*; un pignon V permet de
l'élever ou de l'abaisser de manière à régler convenablement

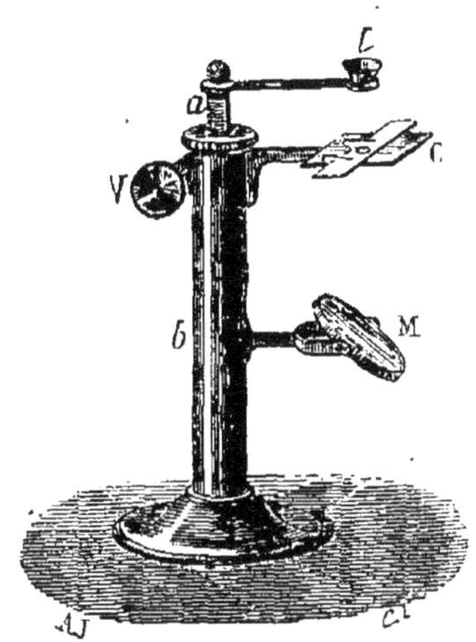

Fig. 548.

sa distance au porte-objet. Celui-
ci est une plaque de cuivre C
percée d'un trou en son centre,
et fixée à la colonne *b*. — On pose
sur cette plaque deux lames
minces de verre, entre lesquelles
l'objet se trouve logé; de petits
ressorts maintiennent ces lames
dans la position convenable. Un
petit miroir concave M sert à
renvoyer à l'objet, s'il est transparent, la lumière diffusée par
les nuées ou celle d'une lampe,
et à lui donner l'éclairement

convenable. — Si l'objet est opaque, il faut au contraire l'é-
clairer par-dessus au moyen d'une lentille qui concentre sur
lui la lumière.

Microscope composé. — Pour obtenir un grossissement
plus considérable que celui que peut donner une loupe, même
de très-court foyer, on substitue à la vision de l'image virtuelle agrandie de l'objet, celle de l'image virtuelle d'une image
réelle, déjà agrandie elle-même.

L'image réelle est donnée par une lentille biconvexe, appelée l'objectif l, et qui est placée à une distance de l'objet ab, comprise entre sa distance focale et lé double de cette distance (fig. 549). L'image va alors se former en AB, au delà du double de la distance focale, de l'autre côté de la lentille ; nous savons

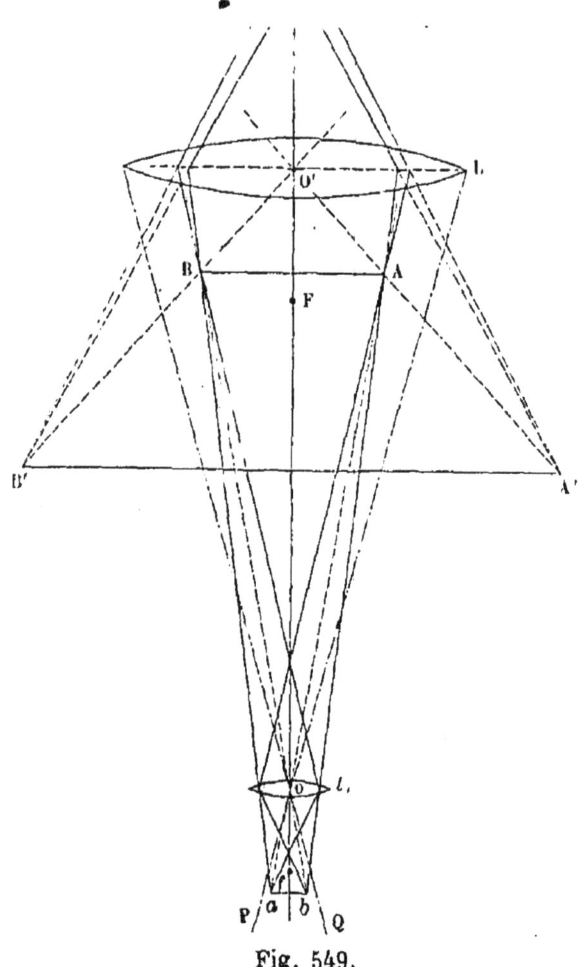

Fig. 549.

comment on tracerait la marche exacte des faisceaux lumineux partis de a et de b. Au delà de l'image réelle AB se trouve l'oculaire : c'est une loupe L, d'assez grand diamètre, qui reçoit les faisceaux après leur passage aux points de l'image. En l'appelant une loupe, nous indiquons par là qu'elle est placée à une distance de l'image réelle AB moindre que sa

distance focale principale, ou, ce qui revient au même, que
l'image AB va se former entre le centre optique de cette lentille O′ et son foyer F. Le faisceau lumineux arrivant de A à la
lentille va donc la traverser et sortir divergent par rapport à l'axe
secondaire AO′, de manière à donner un foyer virtuel en A′.
— Le faisceau passant par B donnera de même son foyer
virtuel sur l'axe secondaire BO′, en B′. — L'œil verra donc
en A′B′ l'image virtuelle de AB, droite par rapport à AB,
mais renversée par rapport à l'objet *ab*.

Grossissement. — Le grossissement de l'instrument est
évidemment le rapport des diamètres apparents de l'image et
de l'objet, vus à même distance, rapport qui est précisément
celui de leurs grandeurs mêmes, ou $\dfrac{A'B'}{ab}$.

Ce rapport peut s'écrire évidemment :

$$\frac{A'B'}{AB} \times \frac{AB}{ab}.$$

Ce qui montre que le grossissement de l'instrument est égal
au produit des grossissements que donnent séparément l'objectif et l'oculaire.

Le grossissement donné par l'oculaire a, pour un même
observateur, une valeur fixe, du moment que celui-ci astreint
l'image virtuelle à se former à la distance de la vue distincte.
Cette valeur, c'est $\dfrac{D + F}{F}$.

Quant au grossissement donné par l'objectif, il sera d'autant
plus grand que l'objet sera plus près du foyer *f* de la lentille *l*, ce qui augmente la distance de cette lentille à l'image
réelle AB; on sera par suite obligé d'éloigner l'oculaire de
l'objectif, afin de maintenir constante la distance de AB au
centre optique O′.

Nous verrons un peu plus loin comment on mesure pratiquement le grossissement, ce qui est toujours préférable, à
cause de la difficulté de déterminer rigoureusement la distance
focale de très-petites lentilles.

Champ du microscope. — Il est facile de comprendre
que les faisceaux partis de *a* et de *b*, et qui traversent l'ob-

jectif, ne rencontreront l'oculaire qu'à certaines conditions. Ils sont assez étroits pour qu'on puisse les regarder comme se confondant sensiblement avec leur axe secondaire. On peut donc dire qu'il faut que ces axes secondaires eux-mêmes rencontrent l'oculaire, et par conséquent qu'ils soient compris dans le cône qui a son sommet au centre optique de l'objectif et dont la base est le contour de l'oculaire, ou tout au moins le contour du diaphragme que l'on met en avant de cette lentille pour diminuer les effets de l'aberration de sphéricité. — Ce cône POQ limite le *champ* du microscope. Tout point en dehors du champ est invisible pour l'œil placé à l'oculaire.

Achromatisme du microscope. — En composant l'objectif de lentilles de flint et de crown associées, on peut obtenir en AB une image sensiblement achromatique. La loupe séparera bien de nouveau les images, mais comme elles seront comprises entre les mêmes axes secondaires, elles seront vues par l'œil sous le même angle. L'image virtuelle sera donc aussi achromatique, sauf les irisations très-étroites qui proviennent non pas de l'aberration de réfrangibilité, mais de l'aberration de sphéricité, et que l'on diminue par l'emploi d'un diaphragme. Bien que ce moyen soit efficace, on préfère généralement celui que nous allons indiquer, parce qu'il a, en outre, l'avantage d'agrandir le champ de l'instrument.

Soit bb' (fig. 550) la position de l'image réelle bleue, rr', celle de l'image rouge. Il est évident que si l'on allait placer l'oculaire en présence de ce système d'images séparées, elles seraient vues du centre optique de cet oculaire sous des angles différents, et l'image virtuelle serait nécessairement irisée. Mais plaçons entre le lieu où se forment ces images réelles et l'objectif une lentille biconvexe L″, nous aurons un faisceau bleu, convergeant virtuellement vers b, que le passage à travers la lentille L″ rendra encore plus fortement convergent vers l'axe secondaire O″b. Le foyer sera donc amené en B, plus près de la lentille; de même r sera amené en R plus près de la lentille. — Pour une position convenable de cette lentille, le point R, nécessairement plus éloigné de O″ que ne l'est B, pourra cependant être plus rapproché de l'axe principal, de telle sorte que la droite BR viendra couper cet axe en O'. — C'est en ce point que l'on placera le centre optique de l'oculaire. — Les images B et R seront vues de ce centre sous un même angle visuel ; par suite aussi les images virtuelles correspondantes B¹, R¹ ; il n'y aura donc plus irisation : l'image sera achromatique.

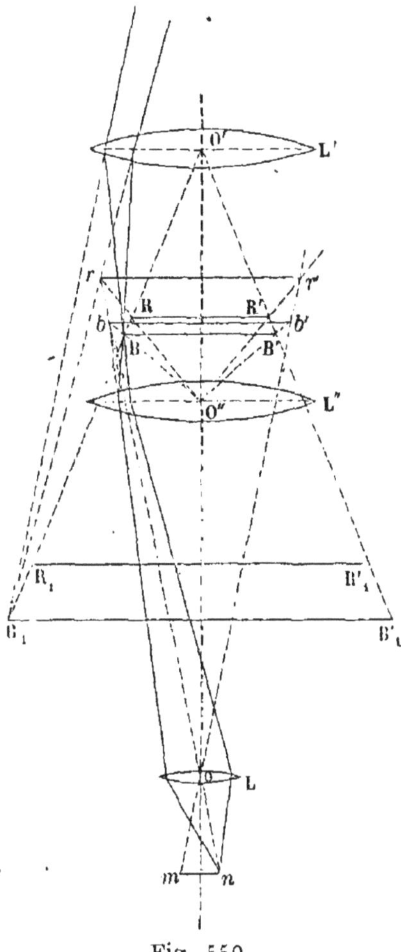

Fig. 550.

On voit, en outre, que bien que les axes secondaires mb', nb se trouvent en dehors du champ normal de l'instrument, c'est-à-dire du cône qui a l'oculaire pour base et le centre de l'objectif pour sommet, cependant la réfraction à travers la lentille L″ ramène les faisceaux vers l'oculaire, qu'ils peuvent alors traverser pour arriver à l'œil. Ainsi l'interposition de ce verre L″ agrandit le champ de vision du microscope. — On lui donne le nom de *verre de champ*.

Le système des deux verres L′ et L″ constitue ce que l'on nomme un *oculaire négatif* ou oculaire d'Huyghens. Les positions relatives des trois verres l, L′ et L″ étant complétement déterminées par la nécessité de satisfaire à la condition d'achromatisme, on n'a autre chose à faire pour mettre l'instrument au point, que de le transporter tout d'une pièce jusqu'à ce que l'objectif soit à la distance convenable de l'objet.

Quand on ne fait point usage du verre de champ, on emploie l'*oculaire positif*, dit de Ramsden, formé de deux lentilles plans-convexes tournant leur surface plane du côté de l'œil.

Les courbures de ces deux lentilles et leur distance sont combinées de manière à détruire sensiblement les effets de l'aberration de sphéricité. Si donc l'objectif est achromatique par lui-même, l'image virtuelle donnée par l'oculaire restera aussi achromatique. L'image réelle ne se forme plus entre les verres de l'oculaire, mais en avant de leur système.

Description de l'instrument. — Le tube AAAA (fig. 551) supporte à sa partie inférieure l'objectif *oo'*, simple, double ou

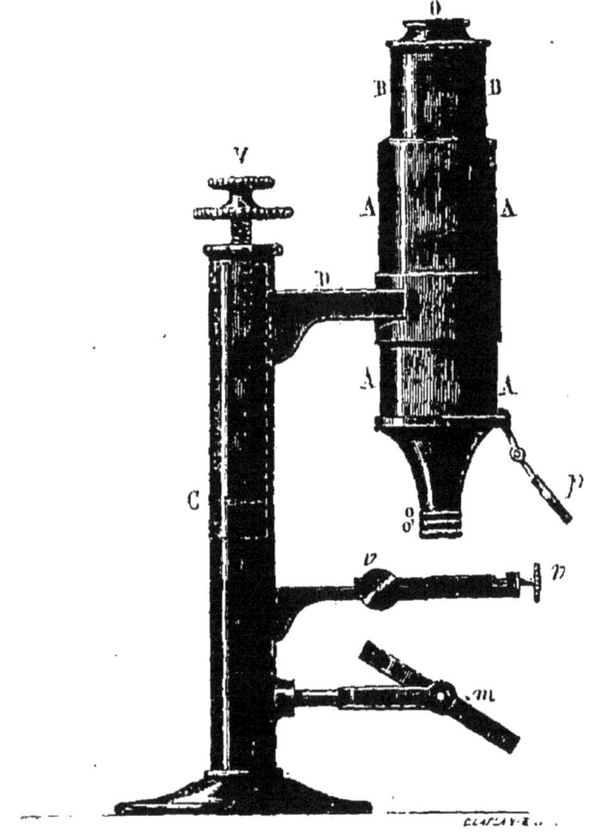

Fig. 551.

triple, suivant le grossissement que l'on veut obtenir, d'ailleurs achromatique. Le diamètre et la distance focale de cet objectif sont toujours très-petits. Dans ce tube AA s'engage à frottement un second tube portant l'oculaire positif, dont les lentilles ont environ deux centimètres de diamètre. Au point même où doit se former l'image réelle, en avant des deux verres de cet oculaire, se trouve ordinairement disposé un diaphragme qui diminue le champ de l'instrument, mais par compensation diminue les effets de l'aberration de sphéricité. Dans le vide de ce diaphragme se trouve quelquefois établi un système de fils parallèles d'une prodigieuse finesse, dont les distances sont connues, et qui sert à mesurer les dimensions de l'objet, ou inversement à apprécier le grossissement donné par l'objectif. C'est ce que l'on appelle le *micromètre focal*.

Le tube AA est fixé par une traverse D à la colonne C. Une vis V sert à faire monter ou descendre de très-petites quantités le corps entier de l'instrument pour compléter l'ajustage. Le porte-objet, semblable à celui du microscope de Raspail, est éclairé, soit par un miroir, soit par une lentille, comme nous l'avons déjà expliqué pour le microscope de Raspail. Quelquefois deux vis de rappel à angle droit l'une de l'autre, *v,v*, servent à conduire la plaque qui porte les verres et à amener sous l'œil ses différents points.

Pour se servir de l'instrument, on commence par monter le miroir *m* ou la lentille *p* de manière à ce que le champ du microscope paraisse vivement et également éclairé et que les fils du micromètre s'y détachent nettement ; puis on place sur le porte-objet le double verre entre les lames duquel est logé l'objet à examiner, et l'on abaisse à l'aide de la vis V le microscope jusqu'à ce que l'image apparaisse avec un degré de netteté égal à celui des fils du micromètre ; ce qui indique que l'image réelle est logée dans le cadre du diaphragme, comme le micromètre lui-même. On aura ainsi un certain grossissement. Veut-on un grossissement plus fort, on rapprochera un peu plus le porte-objet de l'objectif, et en même temps on remontera l'oculaire jusqu'à ce que l'image reparaisse de nouveau distincte.

La position verticale de l'instrument est incommode pour l'observateur quand il est obligé de se tenir longtemps la tête penchée au-dessus de l'instrument. Aussi fait-on des microscopes dont l'axe peut être à volonté rendu vertical ou horizontal. Le tube qui porte l'objectif se visse, dans le dernier cas, sur le côté du tube AAAA. Un prisme à réflexion totale renvoie alors les rayons dans l'axe de l'instrument (fig. 552).

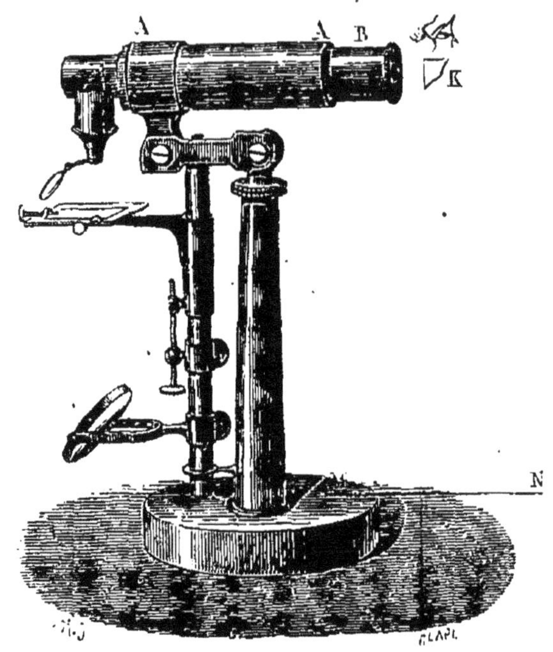

Fig. 552.

Mesure du grossissement. — Pour mesurer le grossissement, on fait usage de la chambre claire, que l'on dispose en K en avant de l'oculaire. On place sur le porte-objet une lame de verre portant le millimètre divisé en cent parties égales. L'image virtuelle agrandie vient se projeter devant l'œil sur la feuille de papier MN placée à la distance de la vue distincte. On relève avec un compas la distance de deux divisions quelconques de l'image, et on les porte sur une règle divisée en millimètres. On trouvera ainsi que n divisions de l'image, correspondant sur l'objet à n centièmes de millimètre, couvrent sur l'échelle N millimètres; le grossissement est donc $N : \dfrac{n}{100}$, ou $100\,\dfrac{N}{n}$.

On comprend maintenant que si l'on connaît le diamètre

du diaphragme focal D, et le nombre n' de divisions de l'image réelle qui en remplissent la largeur, le rapport $\dfrac{100\,D}{n'}$, donne le grossissement propre à l'objectif. On déduirait de ces deux grossissements celui de l'oculaire $\dfrac{Nn'}{Dn}$. On peut d'ailleurs aussi mesurer directement le grossissement de l'oculaire à la chambre claire, surtout s'il est armé d'un micromètre focal dont les fils soient à distance connue. En appelant N' le nombre de divisions de l'échelle que couvre l'image virtuelle de l'intervalle de deux fils, ce grossissement de l'oculaire est $\dfrac{N'}{d}$; alors on aurait pour grossissement total $\dfrac{100\,DN'}{dn'}$.

On voit qu'on peut mesurer directement le grossissement total, ou le faire dépendre de la mesure distincte du grossissement de l'objectif et de celui de l'oculaire.

Instruments télescopiques. — Les instruments que nous allons maintenant étudier servent à l'observation des objets placés à grande distance (τήλε loin, σχοπειν voir), et que nous ne voyons à l'œil nu qu'avec un diamètre apparent beaucoup trop petit. Ces instruments substituent alors à la vision directe de l'objet celle d'une image virtuelle, vue sous un grand angle, non pas de l'objet lui-même, mais d'une

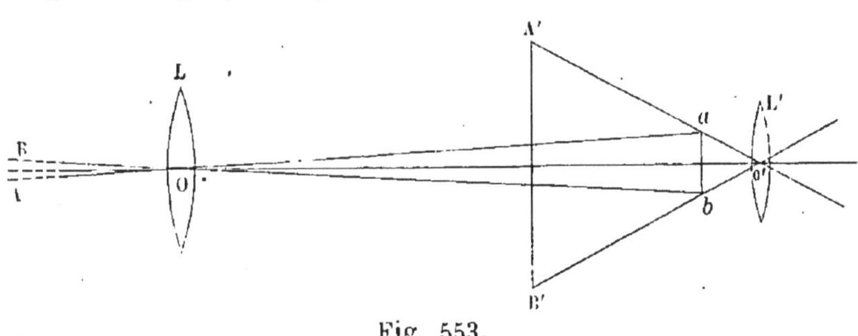

Fig. 553.

image réelle de cet objet, formée par réfraction (lunettes), ou par réflexion (télescopes).

Lunette astronomique. — Dans la lunette astronomique l'objectif est formé par une lentille biconvexe, d'un long foyer et de grand diamètre, pour recueillir le plus de lumière possible de l'astre et augmenter l'éclat de l'image. Cette image ab vient se former très-sensiblement au foyer de l'objectif F, à cause de la distance considérable de l'astre, et renversée, dans l'angle des deux axes secondaires extrêmes de l'objet, angle dont nous exagérons de beaucoup la grandeur sur la figure pour la rendre plus distincte (fig. 553).

Au delà de ab on place un oculaire de très-court foyer, destiné encore à jouer le rôle de loupe. Ainsi, ab doit être entre la lentille oculaire L' et son foyer F', dans une position telle que l'image virtuelle A' B' soit à une distance de L', ou plutôt de l'œil appliqué contre L', égale à la distance D de la vue distincte.

Champ de l'instrument. — Le champ de l'instrument est encore limité par le cône ayant pour base l'oculaire, et pour sommet le centre de l'objectif.

Grossissement. — Le grossissement sera comme toujours le rapport des diamètres apparents de l'image virtuelle vue du point O', et de l'objet vu du point O (la distance OO' est complétement négligeable par rapport à la distance de l'objet à l'œil). Or, l'angle visuel sous lequel l'œil voit l'objet est le même que celui sous lequel il pourrait voir du même point O son image ab. .

Le diamètre apparent de l'image virtuelle, c'est $\dfrac{A' B'}{D}$ ou ab divisé par la distance conjuguée de D; nous l'avons déjà calculée : c'est $\dfrac{DF'}{D + F'}$. J'ai donc pour ce diamètre apparent

$$ab \cdot \frac{D + F'}{DF'} \, .$$

Le diamètre apparent de l'objet sera mesuré par

$$\frac{ab}{F} \, .$$

Le grossissement est donc

$$\frac{F}{F'} \cdot \frac{D + F'}{D} \, ,$$

Et comme F' est toujours très-petit par rapport à D, ce

qui rend la seconde fraction sensiblement égale à l'unité, le grossissement se trouve alors mesuré, au moins approximativement, par la fraction $\frac{F}{F'}$. Nous dirons tout à l'heure comment on le mesure expérimentalement. Nous voyons qu'il sera d'autant plus fort que l'objectif a un plus long foyer, et l'oculaire un foyer plus court.

Description de l'instrument (fig. 554). — L'objectif o, aussi grand qu'il est possible de l'obtenir sans défauts d'aucune sorte, est achromatique, c'est-à-dire formé d'une len-

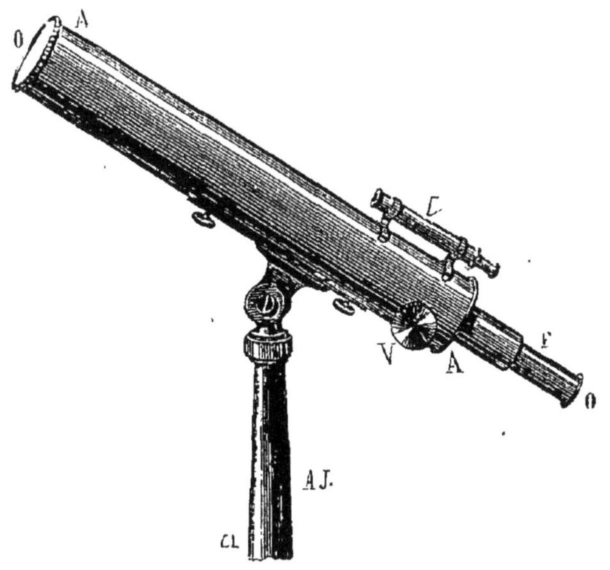

Fig. 554.

tille biconcave de flint comprise entre deux lentilles biconvexes de crown de courbures convenables. Il est porté dans un collier fixé à l'extrémité d'un long tube AA, dans lequel glisse à frottement doux un tirage, qui reçoit à son tour le tube, portant l'oculaire. Celui-ci est un oculaire positif de Ramsden, en avant duquel se trouve disposé, au point de formation de l'image réelle, un micromètre formé de deux fils croisés à angle droit au centre de l'anneau qui les porte. L'observateur règle la position de ce micromètre, pour que son image virtuelle se forme à la distance de vision distincte qui lui est propre. Ensuite, il réglera d'après l'éloignement du point de visée, la longueur à donner au tube total pour que l'image réelle vienne se former à la croisée des fils du micromètre; ce qui aura lieu quand les deux images virtuelles, celle de l'astre et celle du micromètre, seront vues en même temps, avec la même netteté.

On arrive d'abord approximativement au point en conduisant avec la main le tube porte-oculaire, et l'on achève ensuite d'amener au point exact en faisant mouvoir le pignon V, qui agit sur une crémaillère appliquée sur une des arêtes du tirage.

Pour examiner le soleil, dont la lumière trop vive blesserait la vue, on visse sur l'oculaire un anneau portant un verre noir qui éteint une grande partie des rayons.

On peut aussi se servir de la lunette astronomique pour viser des points pris sur la terre elle-même. L'image réelle va alors s'éloigner de l'objectif ; il faudra donc allonger notablement le tube, et d'autant plus que le point visé sera plus près.

La longueur du tube, et la petitesse du diamètre de l'objectif, font que le champ de la lunette astronomique est très-étroit; de là une assez grande difficulté à trouver un astre dans l'étendue du ciel. On rend cette recherche plus facile, en ajustant sur le cylindre A une seconde lunette appelée *chercheur*, *l*, d'un grossissement moindre, et par suite d'un champ plus étendu. Comme les axes optiques des deux lunettes sont parallèles, il suffira d'amener l'astre dans la direction de l'axe de la petite pour qu'il soit en même temps dans le champ de la grande.

Nous appelons *axe optique* d'une lunette la droite indéfinie qui joint le point de croisement des deux fils du micromètre au centre de l'objectif. Elle doit contenir les centres de courbure de toutes les faces de l'objectif et de l'oculaire.

Mesure du grossissement. — On peut encore placer devant l'oculaire une chambre claire, et diriger en même temps la lunette vers une mire verticale placée à très-grande distance, soit 500^m par exemple. Cette mire sera une règle portant la division du mètre. Grâce à l'emploi de la chambre claire, l'œil verra en même temps, à la distance D de la vue distincte, l'image virtuelle de la mire, et la feuille de papier MN sur laquelle se trouvera tracée une division en millimètres. Soit n le nombre de ces divisions que recouvre l'image virtuelle de N centimètres de la mire.

Le diamètre apparent de l'image est $\dfrac{n}{D}$. celui de l'objet est $\dfrac{10\,N}{500000}$ (toutes les distances doivent être exprimées en millimètres); le grossissement est donc, au moins pour l'ajustement actuel de la lunette,

$$\frac{n \cdot 50000}{ND}.$$

On peut d'ailleurs se dispenser de l'emploi de la chambre claire, qui force à regarder dans une direction autre que celle de la lunette, et se borner, comme l'a indiqué M. Bertin, à regarder avec l'œil droit dans la lunette l'image virtuelle de la mire éloignée, en même temps que l'on regarde avec l'œil gauche, et directement, une règle verticale placée à la distance de la vue distincte. Les deux images se superposant sensiblement, leur comparaison est facile, et conduit, par le calcul que nous venons de donner, à la mesure du grossissement.

Lunette terrestre. — Dans la lunette astronomique, tout comme dans le microscope, et pour la même raison, l'image virtuelle est renversée par rapport à l'objet. Cela n'a aucune espèce d'inconvénient pour les observations astronomiques. L'observateur en amenant toujours au centre de l'image le point de croisée des fils se trouve par cela même conduire l'axe de l'instrument suivant la marche de l'astre, malgré le renversement de l'image au foyer de l'objectif. Il n'en est plus ainsi si l'on se sert de la lunette pour regarder un paysage; le renversement de tous les objets est une gêne à laquelle Reitha a cherché à porter remède par l'interposition d'un système de lentilles qui redresse les images.

L'une de ces lentilles, L_1, est placée au delà de l'image réelle ab, à une distance égale à sa distance focale principale (fig. 555). Les rayons qui ont formé leur foyer en a continuent leur route, traversent cette lentille et émergent parallèles à l'axe secondaire aC ; ils viennent alors tomber sur une seconde lentille L'_1, égale à la première, et converger au foyer a_1 sur l'axe secondaire $C'a_1$ parallèle à la direction du faisceau, par conséquent aussi à l'axe aC_1. De même les rayons qui passent par b iront former leur foyer en b_1 ; on aura ainsi une image a_1b_1, renversée par rapport à ab, droite par rapport à l'objet. C'est cette image qui sera regardée avec l'oculaire O'.

Le transport de l'image de ab en a_1b_1 ne change évidemment rien au champ de l'instrument, ni au grossissement, qui se déterminera de la même façon.

Les deux verres $L_1L'_1$ et les deux lentilles de l'oculaire positif sont montés dans un même tuyau formant le porte-oculaire.

La lunette astronomique s'établit sur un support fixe, formé de

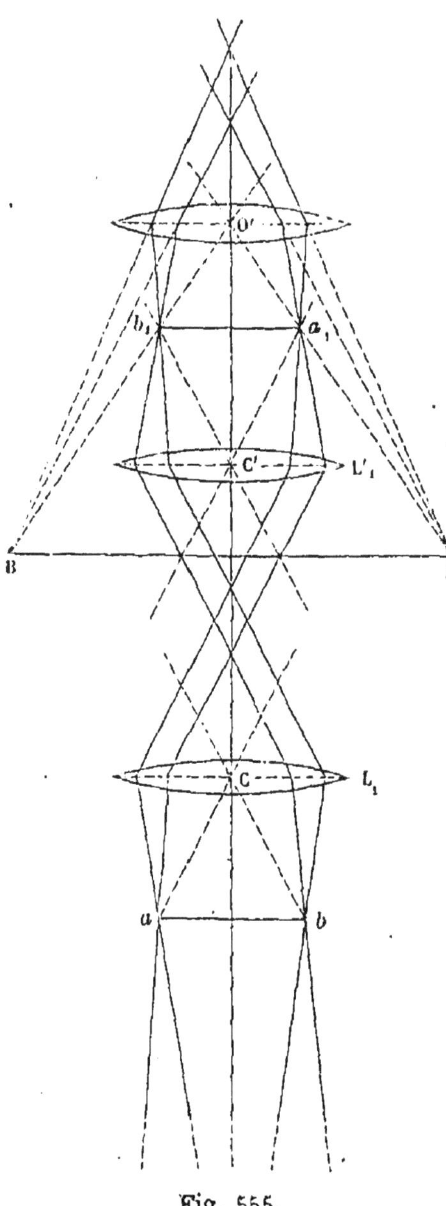

Fig. 555.

diverses pièces, mobiles les unes sur les autres, qui permettent de diriger l'axe optique vers la région du ciel où se trouve l'astre à observer. D'autres fois elle est établie à demeure de manière à ne pouvoir se mouvoir que dans le plan vertical du méridien ; elle porte alors le nom particulier de lunette méridienne, ou bien encore elle sera disposée de manière à pouvoir tourner coniquement autour d'une droite parallèle à l'axe du monde, et son mouvement angulaire sera réglé par une horloge de telle sorte qu'elle puisse suivre une étoile dans son mouvement apparent ; c'est alors la lunette *parallactique*.

La lunette astronomique et à plus forte raison la lunette terrestre, ont une longueur qui les rend très-embarrassantes quand elles ne sont point établies à poste fixe, et qu'on les transporte avec soi. Galilée en substituant à l'oculaire convergent un oculaire divergent a permis de réduire dans une proportion considérable la longueur de l'instrument. En outre l'image se trouve redressée sans qu'il soit nécessaire d'interposer des lentilles qui éteignent toujours une partie de la lumière. La lunette de Galilée n'est autre chose que la lorgnette de spectacle.

Lunette de Galilée.— Reportons-nous à la théorie de la réfraction dans les lentilles biconcaves. Nous avons vu (fig. 500)

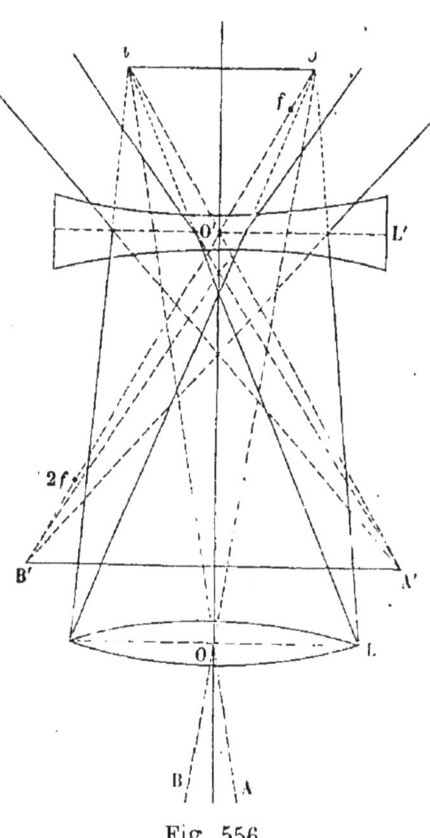

Fig. 556.

que lorsqu'une lentille biconcave recevait un faisceau convergent, et convergeant vers un point situé, d'un côté de la lentille, au delà de son foyer principal, ce faisceau devenaït, après la réfraction, un faisceau divergent dont le point de concours virtuel était de l'autre côté de la lentille. Les positions relatives du point lumineux et de son foyer, virtuels tous les deux, sont les mêmes que celles des foyers conjugués réels d'une lentille biconvexe.

Soit ab le lieu de l'image réelle donnée par l'objectif achromatique L (fig. 556); entre ab et cet objectif on établit une lentille biconcave L', à une distance de ab un peu plus grande que la distance focale principale de cette lentille. Alors le faisceau, convergeant virtuellement vers le point b de l'axe secondaire O'b, sera rendu par le passage à travers L', divergent par rapport à cet axe secondaire, et son point de concours virtuel sera en B', à une distance O'B' plus grande que $2f$. De même les rayons qui concourent à former le foyer réel a, se trouveront, par le passage dans la lentille L', former un foyer virtuel A'. Les faisceaux sortant de la lentille biconcave donneront donc à l'œil la vision d'une image virtuelle A'B', renversée par rapport à ab, droite par conséquent par rapport à l'objet. La longueur du tube au lieu d'être égale à la somme des longueurs focales de l'objectif et de l'oculaire comme cela avait lieu dans la lunette astronomique, sera un peu plus petite que leur différence.

Grossissement. — En admettant que la distance O'a soit égale à la distance focale f de l'oculaire ou tout au moins que la différence O'$a - f$ soit négligeable par rapport à D et à F, le diamètre apparent de l'image virtuelle est $\dfrac{A'B'}{O'A'} = \dfrac{ab}{f}$. Le diamètre apparent de l'objet AB est $\dfrac{AB}{OA} = \dfrac{ab}{F}$. Le grossissement est donc $\dfrac{F}{f}$ approximativement.

On établirait facilement, en appliquant à la construction géométrique de l'image A'B' les procédés connus, la relation.

$$O'a = d = \frac{f}{1-\dfrac{f}{D}}.$$

D désignant toujours la distance de la vue distincte O'A'.

On voit d'après cela que O'a sera d'autant plus grand que D sera plus petit ; un myope doit donc rapprocher l'oculaire de l'objectif, un presbyte l'éloigner au contraire. Le grossissement sera $\dfrac{F}{d}$, plus faible par conséquent pour le myope que pour le presbyte.

Le grossissement peut d'ailleurs se mesurer pratiquement par le même procédé que nous avons déjà indiqué pour tous les instruments étudiés précédemment.

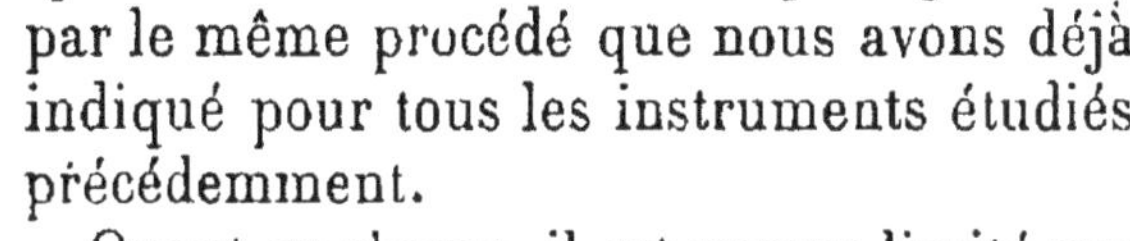

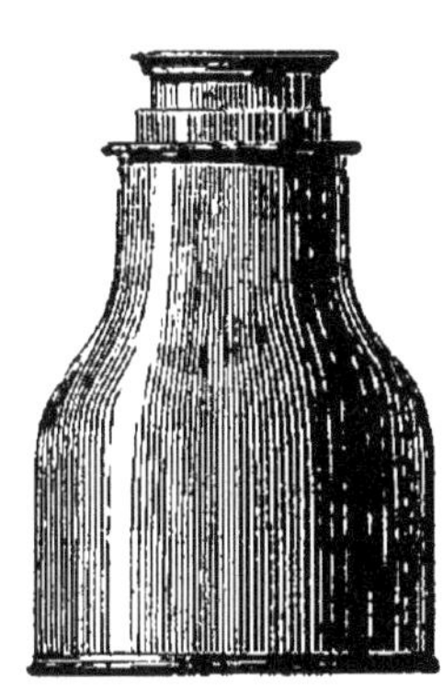

Fig. 557.

Quant au champ, il est encore limité par le cône ayant son sommet au centre de l'objectif, sa base au contour de l'oculaire, ou plutôt du diaphragme dont on couvre les bords de l'oculaire pour atténuer les effets de l'aberration de sphéricité.

L'objectif de la lorgnette (fig. 557) est formé d'une lentille biconcave de flint comprise entre deux lentilles biconvexes de crown, composant un système achromatique. L'oculaire est formé d'une lentille biconvexe de flint entre deux lentilles biconcaves de crown formant aussi un système achromatique.

Des tubes à tirages permettent de régler la distance des deux verres suivant le plus ou moins d'éloignement des objets, et la grandeur de la distance de la vue distincte.

Les jumelles (fig. 558) n'ont qu'un seul tirage ; les extrémités extérieures des deux tubes BB' sont réunies par une traverse que porte une tige DD, logée dans l'intérieur du tube CC' ; ce tube, lié à la traverse inférieure, tourne autour de son axe ; il est creusé à l'intérieur d'un pas de vis qui reçoit un filet taillé sur la tige DD, de telle sorte qu'en tournant le tube, on fait monter ou descendre la tige D, et par conséquent on éloigne ou on rapproche les oculaires des objectifs.

La lunette dite de Galilée a été réellement inventée par Metzu en 1609, et seulement perfectionnée par Galilée en

1610. Quant à la lunette astronomique, elle est due à Kepler, et lal unette terrestre, au P. Reitha.'

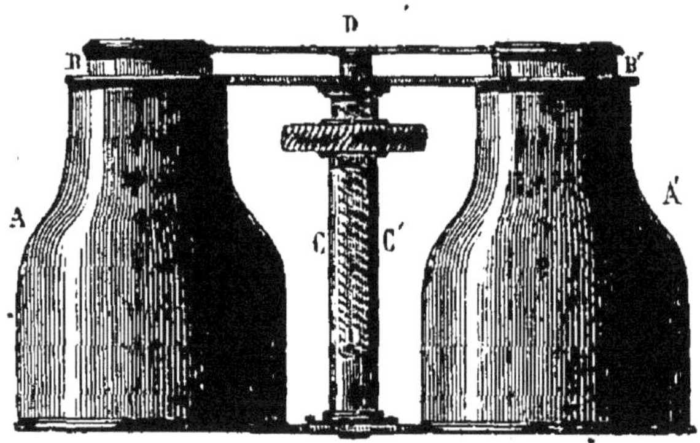

Fig. 558.

Télescopes. — L'invention des télescopes est postérieure à celle des lunettes. Nous avons déjà dit que Newton jugeait irrémédiable ce défaut des lentilles que nous avons appelé l'aberration de réfrangibilité et qui produit l'irisation des images réelles. Il chercha donc dans la construction des télescopes à substituer aux images réelles, formées par réfraction, des images formées par réflexion sur un miroir concave.

Plus tard la solution du problème de l'achromatisme a ramené l'usage des lunettes, que l'on a préférées longtemps aux télescopes, à cause de la difficulté du travail de grandes surfaces métalliques, et des altérations qui s'y produisent par le contact de l'air; mais de nos jours l'invention récente des miroirs de verre à surface argentée et inaltérable, et les perfectionnements remarquables que M. Foucault a apportés à leur construction, ont remis les télescopes en faveur.

Télescope de Newton. — Au fond d'un tube cylindrique (fig. 559) se trouve établi un miroir concave MN de très-grand rayon, et de petite ouverture, pour diminuer le plus possible les effets de l'aberration de sphéricité; ce miroir, dont l'axe principal coïncide avec l'axe du cylindre, devrait donner l'image réelle et renversée ab de l'astre observé sensiblement en son foyer principal, au milieu du rayon de courbure, mais les faisceaux de rayons qui convergent vers les points de cette image sont réfléchis par un petit miroir plan *mn* incliné à 45° sur l'axe et placé un peu en avant de l'i-

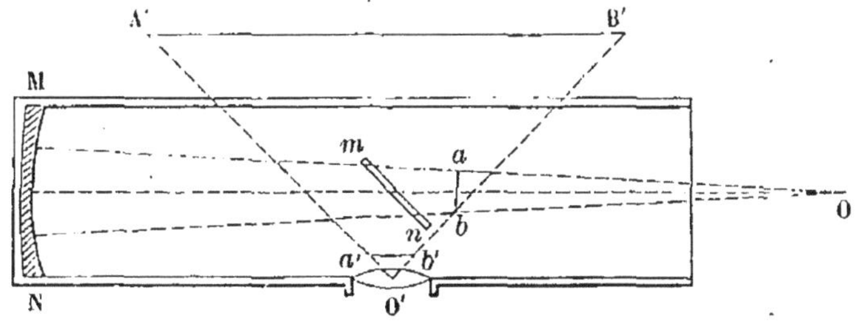

Fig. 559.

mage *ab*. Il va résulter de cette réflexion la formation d'une image réelle *a'b'*, symétrique de *ab* par rapport à *mn*. Cette image *a'b'* est alors examinée avec l'oculaire O' monté sur un tube latéral et fonctionnant comme une loupe, c'est-à-dire que la distance de *a'b'* à la lentille sera moindre que la distance focale principale, et réglée de telle sorte que l'image virtuelle A'B soit à la distance de la vue distincte.

Nous n'avons représenté sur la figure que les axes secondaires; il serait facile de compléter le tracé et d'indiquer la marche des faisceaux lumineux eux-mêmes.

Le diamètre apparent de l'image est $\dfrac{a'b'}{f}$, en admettant encore que la distance de la lentille à l'image réelle ne diffère pas sensiblement de la distance focale. Le diamètre apparent de l'objet est $\dfrac{ab}{\frac{1}{2}R}$. Le *grossissement* sera donc mesuré par $\dfrac{R}{2f}$.

Le champ de l'instrument est évidemment le cône ayant pour angle l'angle d'ouverture du miroir MN.

Cet angle étant, comme nous l'avons dit, très-petit, le tube du télescope doit porter un chercheur pour faciliter l'exploration de la région du ciel où se trouve l'astre que l'on veut observer.

C'est à cette disposition du télescope de Newton, comme étant la plus simple, que M. Foucault a appliqué les perfec-

tionnements, consistant dans l'emploi d'un grand miroir à
surface de verre argentée, dans la substitution d'un prisme
rectangle à réflexion totale au petit miroir plan, et d'un
véritable microscope composé à l'oculaire simple de Newton;
enfin, dans l'ensemble des dispositions qui permettent de
manœuvrer l'immense tube du télescope et de le diriger vers
l'astre.

Télescope de Grégory. — Le grand inconvénient du
télescope de Newton est celui qui résulte de la position prise
par l'observateur qui tourne le flanc à la région du ciel qu'il
explore, et qui ne peut, sans se déplacer, se servir à la fois du
chercheur et du télescope. C'est pour remédier à ce défaut
que Grégory a imaginé le télescope qui porte son nom
(fig. 560).

Le miroir concave MN placé au fond du tube donne l'image

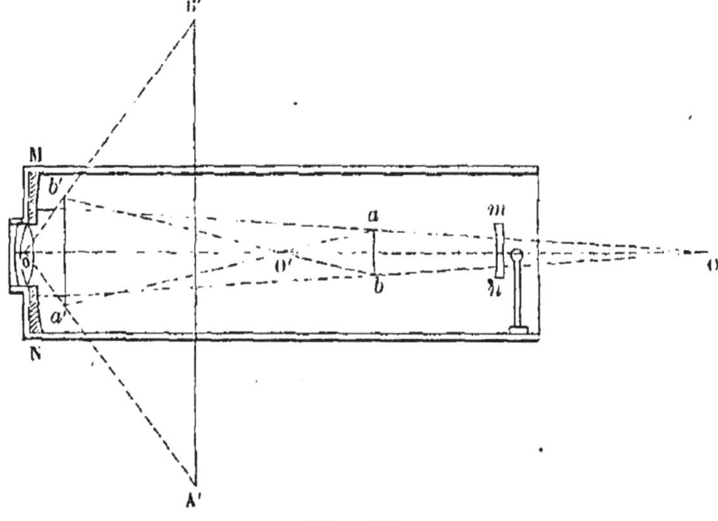

Fig. 560.

réelle ab de l'astre au milieu du rayon de courbure R; les
faisceaux de rayons qui ont formé cette image continuent leur
route et viennent tomber sur un autre petit miroir concave mn, placé à une distance de ab moindre que son rayon r,
mais supérieur à sa distance focale $\frac{r}{2}$. ab donnera donc une

image réelle $a'b'$, au delà du centre o', et près du grand miroir. Cette image, renversée par rapport à ab, est conséquemment droite par rapport à l'objet. C'est encore un avantage de ce système sur celui de Newton.

Le centre du grand miroir est percé d'un trou sur lequel se trouve monté un oculaire positif donnant une image virtuelle de l'image réelle $a'b'$.

Le grossissement dépend évidemment à la fois de la distance focale du miroir et de celle de l'oculaire, mais en outre il doit dépendre du grossissement donné par le miroir mn. Nous laisserons à nos lecteurs le soin de le calculer; ils le trouveront égal à

$$\frac{R}{2f} \cdot \frac{r}{2d - R - r}.$$

en appelant R et r les rayons de courbure des deux miroirs, d leur distance et f la distance focale de l'oculaire.

Malgré les avantages théoriques du télescope de Grégory, on a fini par lui préférer celui de Newton, à cause de l'aberration de sphéricité considérable qui se produit dans l'image à la suite des deux réflexions, et du peu d'éclairement de l'image.

CHAPITRE XLIX.

ACTIONS CHIMIQUES PRODUITES PAR LA LUMIÈRE.
PHOTOGRAPHIE.

Comme la chaleur et l'électricité, la lumière est un puissant agent de combinaison et de décomposition, et l'action qu'elle détermine est d'autant plus rapide que la radiation est plus intense. Le chlore et l'hydrogène mélangés, en volumes égaux, à l'obscurité la plus complète, dans un flacon de verre blanc, peuvent rester indéfiniment en présence, sans se combiner, si l'on a soin de tenir le flacon enfermé dans un lieu complétement obscur. Le flacon est-il exposé dans une pièce éclairée, sans recevoir cependant les rayons solaires, alors, sous l'influence de la lumière diffuse, la coloration verte du mélange, coloration due au chlore libre, s'efface peu à peu, et, au bout d'un temps d'autant plus court que la lumière sera plus vive, disparaît complétement. Le flacon ne contient plus que de l'acide chlorhydrique que l'on voit fumer fortement à l'air dès qu'on enlève le bouchon. Mais si, au moment où l'on vient de faire le mélange, on lance le flacon au dehors dans un espace traversé par les rayons solaires, ou si on dirige sur lui, avec un miroir, un faisceau de rayons, le mélange détone instantanément avec une extrême violence.

Le chlore et l'oxyde de carbone se combinent aussi rapidement, bien que sans explosion, sous l'influence de la lumière; il en est de même du mélange de chlore et d'acide sulfureux.

La matière colorante verte des feuilles, et presque toutes les substances colorantes d'origine organique, sont le produit d'une oxygénation accomplie sous l'influence de la lumière. La lumière et l'oxygène sont aussi nécessaires l'une que l'autre. Dans l'obscurité les feuilles restent blanches. On sait que la laitue qui pousse dans des caves ne prend aucune coloration, pas plus que les feuilles intérieures du chou.

D'une autre part, sous l'influence d'un excès d'oxygène, et encore de la lumière, beaucoup de ces matières colorantes se détruisent et se décolorent; ce sont celles-là qu'on appelle couleurs faux teint ou de petit teint. Ainsi les teintures au carthame, au curcuma, aux bois de Brésil et de santal, n'ont aucune solidité et passent rapidement au grand jour. Le blanchiment des toiles écrues, sur le pré, tel qu'il s'employait autrefois, avant l'invention du blanchiment au chlore, était le résultat d'une oxydation de la matière colorante brune des fils, par l'oxygène humide, sous l'influence de la lumière.

La lumière provoque aussi des décompositions; ainsi la plupart des composés de l'argent, son oxyde, ses sels, les chlorure, bromure et iodure, se détruisent rapidement sous l'influence de la lumière; aussi doit-on les enfermer dans des flacons en verre noir. Le chromate de potasse se réduit partiellement et donne de l'oxyde de chrôme libre.

Enfin, il est certains corps qui, sans changer de composition, éprouvent cependant, sous l'influence de la lumière, des modifications profondes dans leurs propriétés. Le phosphore devient jaune à la lumière diffuse. La radiation solaire directe le rend rouge et, en outre, augmente considérablement sa fixité, en même temps qu'elle éteint ses affinités ordinaires. Au contraire, la radiation solaire exalte les affinités du chlore, à ce point que du chlore *insolé* à l'avance peut détoner quand on le mélange à l'hydrogène dans une demi-obscurité.

Nous savons que la lumière solaire est hétérogène, qu'elle se compose de radiations, différentes par leur couleur et leur réfrangibilité, et il est naturel de se demander si toutes ces radiations possèdent au même degré la propriété d'exciter les actions chimiques; d'autant mieux que nous savons déjà qu'elles n'ont pas les mêmes propriétés calorifiques. Scheele avait constaté que la lumière violette agit avec une efficacité remarquable pour déterminer la combinaison du chlore et de l'hydrogène, tandis qu'au contraire les rayons rouges sont sans action appréciable. Plus tard, Seebeck reconnut que l'efficacité va croissant pour les diverses radiations dans l'ordre de leur réfrangibilité, c'est-à-dire du rouge au violet. La découverte du daguerréotype a de nouveau attiré l'attention sur le rôle chimique de la lumière, et de nombreuses expériences ont été faites sur ce sujet, principalement par MM. Draper, Moser, Niepce de Saint-Victor, neveu du collaborateur de Daguerre, et M. Edm. Becquerel. ·

Rayons excitateurs, continuateurs. — En projetant le spectre sur des bandes de papier, imprégnées de substances impressionnables à la lumière, et que l'on a eu soin de tenir dans l'obscurité jusqu'au moment où elles reçoivent les rayons du spectre, il a été facile de constater à quelles radiations correspondaient les portions de la bande attaquées le plus rapidement. On a vu que le maximum d'action avait lieu généralement dans la partie violette du spectre, entre les raies G et H où H'; sa position varie d'ailleurs avec la nature des substances impressionnables. Pour quelques-unes, comme la racine de gaïac, qui bleuit à la lumière, il est même au delà du violet. Avec le chlorure d'or, le maximum passe au contraire entre les raies F et G, dans le bleu.

Si au lieu de présenter au spectre la bande de papier soustraite jusque-là à l'action de la lumière, on la laisse au contraire recevoir tout d'abord cette action pendant un temps très-court, puis qu'on la mette ensuite en présence du spectre, on reconnaît alors que les rayons dénués de la propriété d'*exciter* l'action chimique ont néanmoins celle de la *continuer* une fois qu'elle a commencé ; aussi appelle-t-on *rayons continuateurs* les rayons qui forment la partie la moins réfrangible du spectre, par opposition aux rayons *excitateurs*, qui sont les plus réfrangibles. Les rayons jaunes paraissent être, plus que tous les autres, doués de la faculté continuatrice.

Héliographie. — Dès l'invention de la chambre noire, on a cherché à fixer les images qu'on y obtient, en appliquant, sur l'écran où vient se former cette image, une substance impressionnable à la lumière et pouvant garder visiblement la trace de son action. Mais il fallait aussi, pour que cette image pût se conserver, lui faire perdre ensuite sa sensibilité, sans quoi la lumière, en étendant son action sur toute l'étendue de l'écran, faisait disparaître l'image formée. Cette double difficulté resta longtemps insurmontable. Cependant J. N. Niepce obtint, vers 1825, un résultat remarquable et qui était un pas vers la solution du problème. Il déposait sur une plaque d'argent poli une couche de bitume de Judée que l'action combinée de l'air et de la lumière rend insoluble dans les essences; puis, appliquant sur cette lame une gravure, il l'exposait au soleil. Les noirs de la gravure ne laissant pas passer la lumière, le bitume qui se trouvait immédiatement au-dessous restait donc inaltéré et soluble. Dans tous les blancs, au contraire, la lumière pouvait traverser pour aller rendre insolubles les parties de la couche de bitume qui y correspondent. Après quelques heures d'exposition, Niepce retirait la gravure et lavait la plaque à l'essence. Celle-ci dissolvait le bitume intact et laissait, au contraire, les portions de la couche où la lumière avait agi.

Les blancs du dessin se trouvaient donc représentés par la teinte blanchâtre du bitume inattaqué; les noirs par la surface du métal dénuée de pouvoir diffusif, et ne réfléchissant la lumière que suivant une direction déterminée, de telle sorte que ces points paraissent noirs à l'œil du moment qu'il se met en dehors de la direction de la réflexion régulière.

Le problème était résolu chimiquement, mais il ne l'était point quant à son application à la chambre noire. Un procédé qui demandait une exposition de douze heures était évidemment impraticable.

Niepce apprit alors que Daguerre, l'inventeur du Diorama, se livrait à des recherches analogues aux siennes. Il s'associa à lui, et sur ses indications, modifia ses procédés. Plus tard, Daguerre eut l'heureuse idée de substituer à la couche de bitume, si faiblement impressionnable, l'iodure d'argent, substance infiniment plus sensible, et, en 1839, Arago exposa devant l'Institut l'ensemble des procédés de Daguerre, qui renonçait au monopole de cette merveilleuse invention et en livrait les secrets au public.

Les épreuves daguerriennes, formées sur une lame de

plaqué d'argent, sont lourdes, encombrantes, elles ont un miroitement désagréable ; chacune d'elles demande un tirage à la chambre noire. C'était donc encore là un résultat incomplet, puisqu'on ne pouvait multiplier indéfiniment les épreuves. — Tous ces inconvénients disparaissent dans la photographie sur papier, à l'aide de laquelle on obtient un cliché qui permet ensuite de reproduire un nombre illimité d'épreuves, comme on le ferait avec une planche gravée.

Les premiers essais de photographie sur papier ont été faits en Angleterre par Talbot ; ils sont même antérieurs à l'invention du Daguerréotype ; mais ces essais étaient tellement informes, qu'on n'y vit pas tout d'abord un grand avenir, jusqu'au moment où M. Bayard, et, après lui, M. Blanquart-Évrard, firent connaître les procédés qui sont encore suivis maintenant, à quelques modifications près.

Nous nous bornerons à indiquer rapidement les méthodes suivies actuellement, soit pour obtenir les épreuves daguerriennes sur plaques, soit pour produire les photographies proprement dites, c'est-à-dire les épreuves sur papier.

Daguerréotypie. — On se sert de lames de plaqué d'argent, obtenues par la galvanoplastie ou par l'ancien procédé du laminage. On les polit en les frottant avec de petits tampons d'ouate couverts de tripoli très-fin délayé dans l'huile, puis de tripoli mouillé d'alcool. On achève le polissage avec une plaque de bois bien plane, recouverte d'une peau, et sur laquelle on met du rouge d'Angleterre très-divisé. Les plaques qui ont déjà reçu une image peuvent servir de nouveau, mais elles ont besoin d'être frottées avec de l'acide nitrique très-étendu, puis nettoyées et polies avec le plus grand soin par les procédés que nous venons d'indiquer, sans quoi l'ancienne image reparaîtrait sous l'image nouvelle.

La plaque polie est exposée à l'action de la vapeur d'iode, dans une caisse rectangulaire peu profonde, dont le fond a été recouvert de cristaux d'iode. Il se forme au bout d'un temps plus ou moins long, qui peut varier de cinq à quinze minutes, suivant l'élévation de la température, une couche d'iodure d'argent, d'une teinte jaune d'or. Déjà la plaque est apte à recevoir l'action de la lumière ; car l'iodure est décomposé par elle,

et d'autant plus complétement, qu'il est plus vivement éclairé.
Dans l'origine, cette ioduration était la seule préparation
qu'on faisait subir aux plaques avant de les introduire dans
la chambre obscure. Il fallait alors près de quinze minutes
d'exposition pour avoir une épreuve. Un semblable procédé
rendait le portrait à peu près impossible. Aussi a-t-on associé
à l'iode des substances *accélératrices*, telles que le brôme. le
bromure d'iode, le bromoforme. C'est habituellement la chaux
bromée que l'on emploie. Après avoir amené la plaque au
jaune d'or, sur la couche d'iode, on la fait glisser sur une seconde caisse accolée à la première et dans laquelle se trouve
de la chaux imprégnée de brôme ; elle y prend rapidement
une teinte violacée ; on la fait alors repasser pendant quelques secondes sur la boîte à ioder, puis on la pose dans un
châssis à volets doublés de velours noir, pour la soustraire
complétement à la lumière. Ces opérations ont dû s'exécuter
dans une chambre bien close, éclairée par une chandelle.

On dispose alors la chambre noire, que nous avons déjà décrite, en face de l'objet dont on veut prendre l'image, et on
amène l'écran de verre dépoli dans la position qui donne l'i-
mage nette, à la grandeur voulue.

Une fois l'instrument mis au point, on enlève l'écran et on
le remplace par le châssis. On couvre l'objectif, puis on
écarte les volets qui protégeaient la plaque. Alors on enlève
d'un mouvement brusque le couvercle de l'objectif et l'on
compte sur une montre à secondes le temps de l'exposition.
Ce temps varie, avec l'éclat de la lumière, depuis une demi-
minute jusqu'à deux ou trois minutes.

L'image est formée, mais *non apparente;* elle le deviendrait par une exposition prolongée, mais elle serait négative.
L'iodure d'argent deviendrait d'un violet presque noir aux points
vivement éclairés. Ainsi les noirs seraient à la place des clairs.

On retire le châssis de la chambre noire, et l'on soumet la
plaque à l'action de la vapeur de mercure, qui n'exerce point
d'action ni sur les iodure et bromure d'argent, ni même sur
le sous-iodure et le sous-bromure qui se sont formés aux
points attaqués par la lumière, mais qui passe au travers de ces
derniers, rendus poreux par la décomposition, tandis qu'elle

ne pénètre pas la couche non impressionnée. Le mercure va alors, en tous les points où la lumière lui a livré un passage, agir sur la surface d'argent qui se trouve en dessous, et former un amalgame à petits globules brillants, diffusant vivement la lumière.

Dans la boîte à mercure, la plaque est exposée, sous un angle de 45°, à la vapeur mercurielle qui s'échappe d'une petite coupelle en tôle, formant le fond de la boîte, et que l'on chauffe avec une lampe à alcool. La température intérieure, donnée par un petit thermomètre, ne doit pas dépasser 60°. La boîte est percée d'une fenêtre latérale, fermée par un verre jaune à travers lequel on peut suivre les progrès du développement de l'image.

Lorsqu'elle est bien nette, on sort la plaque de la boîte et on la plonge dans une cuvette contenant une dissolution d'hyposulfite de soude qui enlève les sels d'argent, intacts ou altérés, laissant à découvert l'amalgame d'argent sur les points où la lumière a agi, et qui doivent être par conséquent les blancs de l'image, et la surface parfaitement polie, et sans pouvoir diffusif, de l'argent lui-même, aux points où la lumière n'a pas agi, et qui sont les noirs.

L'image est dès lors fixée et ne s'altérera plus à l'action de la lumière, si le lavage à l'hyposulfite est bien complet, puisqu'elle ne présente plus de substance impressionnable.

Pour diminuer le miroitage et donner de la douceur et du relief à l'image, on la couvre d'une couche d'or, mince au point d'être transparente. Cette amélioration, due à M. Fizeau, augmente de beaucoup la valeur artistique des épreuves daguerriennes ; elle est d'ailleurs très-simple. On dépose la plaque bien horizontalement sur un petit trépied, et on la couvre d'une dissolution de chlorure d'or, additionné, ou non, d'hyposulfite du même métal ; puis l'on chauffe rapidement en dessous, avec une lampe à alcool, pour décomposer le chlorure. Lorsque l'ébullition commence, on renverse le liquide, puis on lave à l'eau distillée, et l'on fait évaporer la couche d'eau qui reste sur la plaque en chauffant à la lampe. Dès que ce voile a disparu, l'image est complétement venue ; il ne reste plus qu'à la mettre sous verre.

Photographie. — Dans la photographie, c'est-à-dire l'héliographie sur papier, les opérations sont doubles. On commence par couvrir une plaque transparente ou translucide, papier ou verre, d'une matière impressionnable qui est toujours l'iodure d'argent ; on l'expose à la chambre noire, où se forme l'image. On développe cette image par l'intervention d'une substance qui continue l'action commencée par la lumière. L'image est alors noire en tous les points où la lumière a agi, blanche, au contraire, sur tous les points qui n'ont pas reçu son action. Elle a les noirs à la place des blancs et *vice versâ*. C'est ce qu'on appelle l'*image négative*, ou le *cliché*. On fixe l'épreuve en faisant disparaître les matières impressionnables. On prépare alors une feuille de papier couverte de chlorure d'argent, on l'applique sur l'épreuve négative, et on les expose toutes deux, la négative en dessus, et retournée, à l'action de la lumière. Les noirs de la première image ne laisseront pas passer la lumière, de sorte qu'en dessous le papier sensible restera blanc ; les blancs de l'image négative laisseront, au contraire, passer les rayons, qui iront noircir le papier placé en dessous, de sorte que, sur la seconde feuille, les clairs et les ombres seront à leur véritable place, et l'on aura ainsi l'*image positive*. Le même cliché peut servir à produire des milliers d'épreuves positives.

Le principe compris, indiquons maintenant d'une manière sommaire, la série des opérations.

Épreuve négative. — Les négatifs peuvent se faire sur papier ou collodion secs, sur papier ou collodion humides. Dans le premier cas, ils sont moins sensibles, mais ils se conservent et se transportent plus aisément. Les négatifs humides sont surtout employés pour le portrait.

Pour préparer les papiers secs, on commence par les imprégner de cire vierge pour empêcher la pénétration du sel d'argent dans le papier, ce qui aurait pour inconvénient de le faire réduire par la fibre ligneuse : en outre, on maintient par là la substance impressionnable à la surface. On enlève l'excès de cire en pressant les feuilles entre des doubles de papier buvard sur lequel on promène un fer à repasser, très-légèrement chaud. Le papier ainsi préparé, on immerge les feuilles dans une solution d'iodure de potassium ou d'ammonium, dans de l'eau qui contient environ 50 grammes de sucre de lait par litre : on égoutte ensuite le papier et on le sèche, puis on le plonge dans une solution double d'azotate et d'acétate d'argent. Cette opération doit se faire dans une salle éclairée par des vitrages jaunes. On sèche ensuite ces feuilles entre des doubles de papier non collé, et on les enferme à l'abri de la lumière.

Pour le papier humide, on n'imprègne point de cire, et, en outre, on a soin de ne mettre qu'une seule des faces de la feuille successivement en contact avec la solution d'iodure alcalin, et la solution d'acétonitrate d'argent.

On comprend que la couche sensible est formée de l'iodure d'argent qui se produit par la réaction mutuelle de l'iodure alcalin et du sel d'argent.

L'exposition à la chambre noire se fait comme il a été dit pour les plaques.

On développe les images dans une solution d'acide pyrogallique pur, ou additionné d'une petite quantité d'acide acétique. L'acide pyrogallique est un désoxygénant qui contribue, indirectement et par l'intermédiaire de l'eau, à continuer la décomposition de l'iodure, là où elle a été commencée par la lumière. L'image apparaît lentement; une fois formée, on la lave, puis on la met en contact avec une solution d'hyposulfite de soude qui enlève les sels d'argent non décomposés, laissant l'argent réduit, et noir, sur tous les points qu'a attaqués la lumière.

Quelque fin et serré que soit le grain du papier, il n'offre jamais une homogénéité, un poli qui permette d'obtenir des épreuves d'une grande finesse. Aussi lui a-t-on maintenant complétement substitué l'usage du verre, dont le poli parfait et la transparence assurent la finesse du cliché, et en même temps celle de l'épreuve positive. Pour permettre aux substances qui doivent rendre le verre impressionnable de s'attacher à sa surface, on le recouvre, soit d'albumine, soit de *collodion :* on donne ce nom à une dissolution de coton-poudre dans l'éther alcoolisé. L'iodure alcalin est à l'avance mêlé à ces substances agglutinatives, de sorte qu'il ne reste plus qu'à mettre la surface ainsi préparée en contact avec le bain d'azotate d'argent.

La plaque de verre est lavée à l'alcool et frottée avec un tampon de ouate imbibé d'alcool et saupoudré de tripoli fin. On essuie avec du coton bien sec. Si la glace a déjà servi, on doit la laver d'abord, comme les plaques, à l'acide nitrique étendu.

Pour préparer le collodion, on prend du coton-poudre à 4 équivalents d'acide nitrique, et on en dissout 1 gramme dans la liqueur suivante :

Éther rectifié à 62°...........	75^{gr},"
Alcool à 40°..................	25 ,"
Iodure de potassium.........	0 ,3
— de cadmium........	0 ,3
— d'ammonium........	0 ,4
Bromure d'ammonium......	0 ,5.

On couvre la plaque, tenue horizontalement par un de ses angles, d'une couche de cette liqueur, puis on l'incline de manière à faire rentrer l'excédant dans le flacon. Le collodion se séchant assez rapidement sur le verre, il faut, avant que la couche soit sèche, plonger la plaque dans le bain d'argent. Cette solution contient environ 8 pour 100 de nitrate d'argent cristallisé. L'immersion doit durer 2 minutes et se faire dans l'obscurité, ou, comme nous l'avons dit, dans une pièce éclairée par des vitrages jaunes. La couche de collodion porte en effet, maintenant, le dépôt sensible d'iodure d'argent qui lui donne une teinte d'un gris jaunâtre.

La glace égouttée est placée dans le châssis et portée à la chambre noire. L'épreuve tirée va maintenant être mise en contact avec le liquide révélateur, composé d'une solution d'acide pyrogallique aiguisée d'acide acétique (1 gramme d'acide pyrogallique pour 400 grammes d'eau, à laquelle on ajoute environ 20 grammes d'acide acétique). Cette opération s'exécute en versant sur la plaque, couchée au fond d'une cuvette large et peu profonde, une couche mince de la liqueur.

Si la durée de la pose a été très-courte, il est bon de faire usage d'un liquide révélateur plus actif : on emploie alors, au lieu de la solution pyrogallique, une dissolution de sulfate de protoxyde de fer additionnée d'une très-petite quantité d'é-ther acétique. L'image est alors complétement développée, il faut maintenant la fixer, ce que l'on fait en la lavant d'abord à l'hyposulfite de soude, puis à l'eau pure. Ces lavages doivent être faits avec le plus grand soin pour qu'il ne reste sur le cliché aucune trace de la substance sensible.

Pour les plaques au collodion sec, la préparation se fait à peu de chose près comme pour le collodion humide.

Toutefois, comme en se desséchant le collodion perd de sa translucidité, et que par suite les substances sensibles qu'il contient perdent aussi de leur sensibilité, on y ajoute une petite quantité de baume du Pérou qui empêche une dessic-cation complète.

Épreuve positive. — Il ne nous reste plus qu'à parler de la préparation des épreuves positives. Le papier positif n'a pas besoin de présenter une aussi grande sensibilité que le néga-tif, car la durée de la formation de l'image n'a plus autant d'importance, puisqu'il n'y a plus de pose. Aussi la surface impressionnable n'est-elle préparée qu'au chlorure d'argent. On prend du papier tout albuminé à l'avance et imprégné de chlorure de sodium, tel qu'on le vend maintenant dans le commerce pour les besoins de la photographie, et on l'étend à la surface d'un bain d'argent, contenant, pour 100 grammes d'eau, 20 grammes de nitrate d'argent fondu. Le chlorure d'argent se forme par la décomposition mutuelle des deux sels dans la couche extérieure du papier. On sort la feuille du bain en la saisissant avec une épingle par un de ses an-gles, et on la suspend dans l'obscurité pour qu'elle puisse s'égoutter et se sécher. Pour tirer l'épreuve, on la place dans un châssis, la face sensible en dessus; on la recouvre avec la feuille positive, le cliché en dessous; on pose par-dessus une plaque de glace et on expose au soleil, ou tout au moins à un jour un peu vif.

On a eu soin de tailler la feuille positive assez grande pour qu'elle déborde le cliché, ce qui permet de suivre les progrès de l'action de la lumière sur le chlorure. Quand ses bords sont arrivés à la teinte vert bronze, on retire la feuille, on la lave à l'eau de pluie pour dissoudre l'excès de nitrate non décomposé, puis on la porte au bain de *virage*. C'est une dissolution d'hyposulfite de soude dans l'eau (100 grammes d'hyposulfite dans un demi-litre d'eau), à laquelle on mêle une dissolution très-étendue de chlorure d'or (1 gramme de chlorure par demi-litre d'eau). On fait le mélange des deux dissolutions au moment de s'en servir. L'hyposulfite enlève les dernières traces de substance sensible, et le sel d'or opère le virage, c'est-à-dire modifie la teinte, qui passe du rouge bistre au noir. On peut d'ailleurs varier la teinte presque à volonté, en modifiant quelque peu la proportion de ce dernier sel et la durée du contact.

Il ne reste plus qu'à laver l'épreuve à grande eau, pendant plusieurs heures, et à la sécher.

On comprend qu'il nous serait impossible d'entrer dans des détails plus circonstanciés sur les manipulations photographiques. Nous renverrons, pour toutes ces questions de pratique, aux ouvrages spéciaux de Barreswil et Davanne, de Mayer, Chevalier, etc.

PROBLÈMES.

HYDROSTATIQUE DES LIQUIDES ET DES GAZ.

I. Le petit piston d'une presse hydraulique a $0^m,025$ de rayon; le grand piston, $0^m,18$. Quelle serait, en supposant le premier soumis à une pression de 40 kilogrammes, la pression sur le second ?

Solution :
La pression à l'unité de surface sur le petit piston sera

$$\frac{40}{\pi.\overline{0,025}^2}.$$

Et la pression sur la surface totale du grand

$$\frac{40}{\pi\,\overline{0,025}^2}.\pi.\overline{0,18}^2 = 40\,\frac{0.0324}{0,000625} = 2073^k,6.$$

II. Le grand piston d'une presse hydraulique pèse 50 kilogrammes, et la surface de ce piston est $1050^{c \cdot q}$. A quelle hauteur la pression due au poids de ce piston refoulera-t-elle l'eau dans le petit cylindre, si l'on en retire le piston, et si l'on suppose complétement nul le frottement ?

L'eau montera jusqu'à ce que la pression, que la colonne soulevée exerce sur le plan horizontal passant par la face inférieure du piston, équilibre la pression qu'exerce celui-ci; de telle sorte que la pression à l'unité de surface soit la même dans toute l'étendue du plan.

Or la pression à l'unité de surface exercée par le piston est

$$\frac{50}{10,50} = 4,76.$$

En prenant le kilogramme pour unité de poids, et le décimètre pour unité.

La hauteur de la colonne d'eau ayant le décimètre carré pour base, et pesant $4^k,76$ est $4^{décim},76$, ou $0^m,476$.

III. On a deux cylindres verticaux communiquant par la partie inférieure, de rayons R et r. On verse dans le dernier un poids p d'huile sur la surface de l'eau. Quels déplacements recevront les niveaux de l'eau, qui d'abord étaient sur un même plan?

Densité de l'huile d.

Soit x le déplacement de haut en bas dans le petit cylindre, y le déplacement de bas en haut dans le grand.

Le volume d'eau refoulé du petit cylindre passe dans le grand, on a donc déjà :

$$(1) \qquad \pi r^2 x = \pi R^2 y.$$

La hauteur de l'eau au-dessus du niveau inférieur de l'huile est $x + y$. Il faut écrire alors que les hauteurs des colonnes d'eau et d'huile au-dessus de ce plan sont en raison inverse des densités.

Le volume de l'huile est $\frac{p}{d}$; la hauteur du volume cylindrique est $\frac{p}{d} : \pi r^2$.

On a donc

$$\frac{x+y}{\dfrac{p}{\pi r^2 d}} = \frac{d}{1},$$

ou

$$(2) \qquad x + y = \frac{p}{\pi r^2}.$$

L'élimination entre (1) et (2) donnera :

$$x = \frac{pR^2}{\pi r^2(R^2 + r^2)} \qquad y = \frac{p}{\pi(R^2 + r^2)}.$$

IV. On remplit d'eau un tuyau vertical à base carrée de $0^m,90$ de hauteur, et $0^m,08$ de largeur; quelle est la pression sur le fond? quelle est la pression sur un des pans?

RÉPONSE :
$$1° \quad 5^k,760$$
$$2° \quad 32,400.$$

V. A un cylindre de liége de 5 centimètres cubes de volume, on attache des grains de plomb pesant 5 milligrammes chacun. Combien faudra-t-il en mettre pour que le liége plonge dans l'eau?

Densité du liége 0,24.

Densité du plomb 11,35.

Il en faudra un nombre tel que le poids total du liége et du plomb soit au moins égal à la poussée totale, c'est-à-dire au poids du volume d'eau déplacé par le liége ou le plomb.

$$\text{Poids du liége}\ldots\ldots\ldots\quad 5\times 0,24 = 1^{gr},2$$
$$\text{Volume}\ldots\ldots\ldots\ldots\ldots\quad 5^{c.c}$$
$$\text{Poids du grain de plomb.}\quad 0^{gr},005$$
$$\text{Volume}\ldots\ldots\ldots\ldots\ldots\quad \frac{0,005}{11,35}.$$

On aura donc en appelant n le nombre des grains

$$1,2+n.0,005 = 5+n.\frac{0,005}{11,35},$$
$$n = \frac{3,8\times 11,35}{11,35.0,005-0,005} = 833.$$

VI. Un lingot d'alliage, or et cuivre, pèse 650 grammes dans le vide; plongé dans l'eau, il ne pèse plus que 600 grammes. Quelles quantités contient-il des deux métaux?

Densité de l'or, 19,3.

Densité du cuivre, 8,8.

$$\text{Volume de l'or}\ldots\ldots\quad \frac{x}{19,3},$$
$$-\quad \text{du cuivre}\ldots\ldots\quad \frac{650-x}{8,8}.$$

Le volume d'eau déplacé est égal à la somme des volumes des deux métaux, en admettant que le volume de l'alliage est égal lui-même à la somme des volumes de ses éléments, ce qui n'est pas rigoureusement exact (voir le Cours de chimie : alliages). On a donc :

$$\frac{x}{19,3}+\frac{650-x}{8,8} = 50.$$

$$\text{Poids de l'or}\ldots\ldots\quad x = 386$$
$$-\quad \text{du cuivre}\ldots\quad 650-x = 264$$
$$\overline{\ 650}$$

Pour traiter le problème sans l'emploi des formes algébriques, on raisonnerait de la manière suivante :

La perte de poids de l'alliage est 50 grammes.

Si le lingot était d'or pur la perte serait $\dfrac{650}{19,3}$.

Le surcroît de perte de l'alliage sur la perte d'un poids égal d'or pur est donc $50-\dfrac{650}{19,3}$.

$$\text{Or un gramme d'or perd dans l'eau.}\quad \frac{1}{19,3};$$
$$\text{un gramme de cuivre perd}\ldots\ldots\quad \frac{1}{8,8}.$$

Chaque gramme d'or remplacé par un gramme de cuivre donne un surcroît de perte égal à $\dfrac{1}{8,8} - \dfrac{1}{19,3}$. Autant de fois cette différence sera comprise dans le surcroît $50 - \dfrac{650}{17,3}$, autant il y aura de grammes de cuivre remplaçant un nombre égal de grammes d'or.

D'où

$$\text{poids du cuivre} = \frac{50 - \dfrac{650}{19,3}}{\dfrac{1}{8,8} - \dfrac{1}{19,3}} = \frac{(19,3.50 - 650)\,8,8}{19,3 - 8,8} = 264.$$

$$\text{poids de l'or} \ldots\ldots\ldots\ldots\ldots\ldots\ldots\ldots\ldots\ldots = \underline{386}$$
$$650.$$

VII. Un corps pèse, plongé dans l'eau, 265 grammes, plongé dans le mercure 105 grammes. Trouver le poids, le volume et la densité du corps.

x poids du corps, D sa densité, $\dfrac{x}{D}$ son volume.

Le poids de l'eau déplacé est $\dfrac{x}{D}$.

Le poids du mercure déplacé $\dfrac{x}{D}.13,596$.

On a donc

$$x - \frac{x}{D} = 265,$$

$$x - \frac{x}{D}\,13,596 = 105.$$

D'où

$$x = 277,702,$$
$$D = 21,86,$$
$$V = 12,702.$$

La question peut aussi se résoudre par de simples raisonnements arithmétiques.

Un centimètre cube de ce corps perd dans le mercure $13^{gr},596$; dans l'eau, 1 gramme. En passant du mercure à l'eau, il gagne donc, par centimètre cube de son volume, $12,596$. Or son gain a été 160 grammes.

Son volume en centimètres cubes est donc $\dfrac{160}{12,596}$. C'est aussi le poids de l'eau déplacée. Alors le poids du corps est $265 + \dfrac{160}{12,596}$; et sa den-

sité $\dfrac{265 + \dfrac{160}{12,596}}{\dfrac{160}{12,596}}$ ou $\dfrac{265 \times 12,596 + 160}{160}$.

En effectuant les calculs, on retrouvera les nombres donnés ci-dessus.

VIII. Calculer la pression que subit une surface circulaire de
$0^m,55$ de diamètre, de la part de l'air, le baromètre marquant
$0^m,729$.

$$x = 2354^k,810.$$

IX. Un baromètre à siphon, dont les deux branches ont le
même diamètre, marque $0^m,760$. On le plonge dans un liquide
dont la densité par rapport à l'eau est 0,9 ; le sommet de la colonne mercurielle s'élève de 10 millimètres au-dessus de sa position primitive. On demande quelle est la hauteur du liquide
au-dessus du niveau du mercure dans la branche ouverte.

Le mercure a monté de $0^m,010$ dans la branche fermée, il a donc
descendu de $0^m,010$ dans la branche ouverte, les deux tubes ayant
même diamètre. La colonne mercurielle est donc plus haute de 0,02
qu'elle ne l'était avant l'immersion du baromètre. Cette colonne de mercure de $0^m,02$ de hauteur fait équilibre au surcroît de pression exercée
par la couche de liquide de hauteur x.

$$0,02 \times 13,596 = x \times 0,09,$$
$$x = 0^m,302.$$

X. Dans le manomètre à air libre (fig. 61), le diamètre du tube
étroit est $0^m,015$; celui du tube large B est 0,06. On demande
quelle sera la différence de niveau correspondant à un déplacement du niveau supérieur égal à 0,03, en supposant que les deux
niveaux fussent d'abord dans le plan horizontal qui passe par la
base du tube B.

$$x = 0^m,51.$$

XI. Calculer le poids d'air à $0°$ que contient un ballon de
$12^{lit},545$ de capacité; la pression étant $0^m,625$. Le litre d'air à $0°$,
pression 0,760; pèse $1^{gr},293$.

$$p = \frac{12,545 . 1,293 . 625}{760} = 13^{gr},335.$$

XII. Quel volume faudrait-il donner à une masse d'air pesant
255 grammes, pour que son élasticité soit à $0°$ $0^m,237$.

Cette élasticité est aussi la pression que supporte le gaz. Or sous la
pression 0,760,

$1^{gr},293$ d'air occupe un volume de 1 litre;

$$1 \text{ gramme} \quad - \quad - \quad - \quad \frac{1}{1,293},$$

et sous la pression 0,237, il occupe d'après la loi de Mariote :

$$\frac{1}{1,293} \cdot \frac{760}{237} ;$$

et 255 grammes auront le volume

$$\frac{255.760}{1,293.237} = 1094 \text{ litres}.$$

XIII. Une cloche cylindrique, fermée par un fond plat, contient de l'air sous la pression atmosphérique 0,760. Cette cloche a $0^m,35$ de hauteur, on l'enfonce de $0^m,15$ dans l'eau, l'orifice en bas. Quelle position prendra dans la cloche le niveau de l'eau?

Soit x la hauteur à laquelle l'eau s'élève à partir du bord de l'orifice.

Supposons le vase dans lequel on enfonce la cloche assez large pour que la variation de niveau de l'eau soit négligeable.

L'air occupait d'abord le volume S.0,35 sous la pression 0,760, en appelant S la section intérieure de la cloche.

Il occupe ensuite le volume $S(0,35-x)$, sous une pression égale à la pression atmosphérique augmentée de la pression de la colonne d'eau, qui a pour hauteur la distance du niveau libre dans la cuve au niveau de l'eau dans la cloche, ou $0,15-x$. Cette colonne d'eau équivaut à une colonne de mercure, de hauteur $\dfrac{0,15-x}{13,596}$.

On a donc, d'après la loi de Mariote :

$$\frac{0.35}{0,35-x} = \frac{0,760 + \dfrac{0,15-x}{13,596}}{0,760},$$

$$x^2 - [0,760.13,596 + 0,35 + 0,15]x + 0,15.0,35 = 0,$$
$$x^2 - 10,833.x + 0.0525 = 0,$$
$$x = 5,416 \pm \sqrt{5,416^2 - 0,0525} = 5,416 \pm 5,411.$$

La solution correspondante au signe $+$ est étrangère au problème physique, qui n'admet évidemment pas une hauteur de $10^m,8$ dans la cloche, puisque la cloche n'a elle-même que $0^m,35$. La seconde solution est seule acceptable,

$$x = 0^m,005.$$

XIV. Une cloche cylindrique contenant du mercure et de l'air est renversée, l'orifice en bas, sur la cuve à mercure. La colonne mercurielle garde une hauteur de $0^m,58$ au-dessus du niveau dans la cuve; l'air occupe dans le tube une longueur de $0^m,15$. On soulève alors la cloche, de telle sorte que la longueur occupée par l'air devienne $0^m,35$. La colonne de mercure a alors monté de $0^m,10$. Quelle est la valeur de la pression atmosphérique? A quelles pressions se trouve dans les deux cas la masse d'air de la cloche?

$$H = 0,755$$
$$h = 0,175$$
$$h' = 0,075.$$

XV. Un manomètre théorique (fig. 60), à branche fermée, est mis en relation avec un récipient par sa branche ouverte. L'élasticité dans le récipient étant $0^m,75$, les deux niveaux du manomètre sont dans un même plan horizontal, et la longueur de la colonne d'air dans la branche fermée bP est $0^m,40$. Quelles doivent être les dimensions de l'appareil pour que l'air ne puisse s'échapper de cette branche, même quand le vide complet est fait dans le récipient, et pour que la colonne mercurielle ne soit pas refoulée dans le récipient? Quelle sera l'élasticité dans ce récipient, lorsque l'air occupera dans la branche PN une longueur de $0^m,30$? une longueur de $0^m,60$?

RÉPONSE. Longueur de la branche fermée... $0^m,64$,
   —   de la branche ouverte... $> 0\ ,48$.

$$E = 1^m,20$$
$$E' = 0\ ,10.$$

XVI. La cloche d'une machine pneumatique a une capacité de $4^{lit},75$; elle est pleine d'air à la pression $0^m,76$. Quel est le poids d'air restant sous la cloche et le poids qui en a été retiré, quand l'éprouvette manométrique n'offre qu'une différence de niveau de $0^m,06$? Combien a-t-il fallu donner de coups de piston pour arriver à ce résultat (en supposant qu'il n'y ait pas d'espace nuisible), le corps de pompe ayant un volume de $1^{lit},25$?

Le poids de l'air contenu primitivement dans la cloche est

$$1^{gr},293 \times 4,75 = 6^{gr},14175.$$

Quand l'élasticité n'est plus que $0,06$, le poids d'air contenu n'est plus que

$$\frac{1,293 \times 0,06}{0,76} \cdot 4,75 = 6,14175 \cdot \frac{6}{76} = 0,485.$$

L'air enlevé est alors

$$6,14175 - 0,48487 = 5^{gr},657.$$

Pour trouver le nombre n de coups de piston, on aura :

$$0,76 \left(\frac{4,75}{4,75 + 1,25} \right)^n = 0,06.$$

On trouvera par le calcul logarithmique $n = 11$.

XVII. En représentant par A le volume du récipient d'une machine pneumatique, par B le volume du corps de pompe, par e le volume de l'espace nuisible, calculer l'élasticité après le n^e coup de piston, en négligeant la résistance des soupapes.

Le piston étant au bas du corps de pompe, le récipient et l'espace nuisible sont pleins d'air ayant l'élasticité atmosphérique H; quand le piston arrive au haut de sa course, les deux masses d'air se sont mélangées dans le volume total du récipient et du corps de pompe et possèdent l'élasticité H_1. On a donc, en appliquant l'équation des mélanges gazeux :

$$(A + B)H_1 = AH + eH.$$

Le piston redescend, l'air du récipient conserve l'élasticité H_1, et le piston, arrivé au bas de sa course, laisse au-dessous de lui de l'air avec l'élasticité atmosphérique. On a ainsi, dans le volume A, de l'air ayant l'élasticité H_1, et dans le volume de l'espace nuisible, de l'air avec l'élasticité atmosphérique H.

Le piston remontant au haut de sa course, les deux masses d'air se trouveront répandues dans le volume $A + B$ avec l'élasticité H_2, et ainsi de suite. On aura ainsi pour déterminer l'élasticité après chaque coup de piston, les relations :

$$H_1 = \frac{A}{A + B} H + \frac{eH}{A + B}$$

$$H_2 = \frac{A}{A + B} H_1 + \frac{eH}{A + B}$$

$$H_3 = \frac{A}{A + B} H_2 + \frac{eH}{A + B}$$

$$\dots\dots\dots\dots\dots\dots\dots\dots$$

$$H_n = \frac{A}{A + B} H_{n-1} + \frac{eH}{A + B}.$$

Nous avons n équations entre les $n + 1$ quantités H, H_1, H_2, H_3,.... H_{n-1}, H_n. En éliminant les $n - 1$ quantités H_1, H_2....H_{n-1}, il restera une équation entre H_n et H qui est la relation cherchée.

Pour faire cette élimination, nous multiplierons la première équation par $\left(\frac{A}{A + B}\right)^{n-1}$, la seconde par $\left(\frac{A}{A + B}\right)^{n-2}$ .... la n^e par $\left(\frac{A}{A + C}\right)^{n-n}$ ou 1.

En ajoutant alors membre à membre toutes ces équations, et supprimant les termes qui se détruisent, il restera :

$$H_n = \left(\frac{A}{A + B}\right)^{n} H + \frac{eH}{A + B}\left[1 + \frac{A}{A + B} + \left(\frac{A}{A + B}\right)^{2} + \dots + \left(\frac{A}{A + B}\right)^{n-1}\right],$$

$$H_n = \left(\frac{A}{A+B}\right)^n H + \frac{eH}{A+B} \cdot \frac{1-\left(\frac{A}{A+B}\right)^n}{1-\left(\frac{A}{A+B}\right)},$$

$$H^n = H\left[\left(\frac{A}{A+B}\right)^n + \frac{e}{B}\left(1-\left(\frac{A}{A+B}\right)^n\right)\right].$$

Si l'on suppose e nul, on retombe sur la formule donnée dans le cas où l'espace nuisible est négligeable, $H\left(\frac{A}{A+B}\right)^n$.

Si l'on suppose n infini, on trouve $H_n = \frac{e}{B}H$, c'est la limite de raréfaction théorique. On peut l'obtenir directement en raisonnant ainsi. Lorsque l'air dilaté dans le récipient et le corps de pompe sera assez raréfié pour que, le piston s'abaissant, l'air qu'il laisse au-dessous de lui, et qu'il refoule dans l'espace nuisible, n'y acquière pas une élasticité supérieure à la pression atmosphérique, il ne sortira évidemment plus rien de la machine. En appelant donc h cette élasticité limite, elle sera déterminée par la condition

$$h \cdot \frac{B}{e} = H \quad \text{ou} \quad h = \frac{e}{B}H.$$

Le calcul théorique nous indique que l'on n'atteint cette limite qu'après un nombre de coups de piston infini. Mais dans la pratique, la limite est infiniment moins reculée, et on l'atteint après un nombre fini de coups de piston, tant à cause des résistances des soupapes, que des rentrées d'air qui se font par les joints imparfaits de l'appareil.

XVIII. Un corps de pompe aspirante a $0^m,08$ de diamètre; l'espace nuisible a $0^m,02$ de hauteur; la course du piston est de $0^m,12$: le tuyau d'aspiration a $0^m,03$ de diamètre, et la distance de la soupape d'aspiration au niveau de la nappe d'eau est de $4^m,15$. Toutes les parties de la pompe contenant de l'air à la pression $0^m,76$, quelle sera la position de l'eau dans le tuyau après le premier coup de piston? Sera-t-il possible de faire arriver l'eau jusque dans le corps de pompe?

L'air contenu dans l'espace nuisible, aussi bien que celui qui remplit le tuyau d'aspiration, a l'élasticité atmosphérique, et le volume occupé est:

$$\pi \frac{\overline{0,08}^2}{4} \cdot 0,02 + \pi \frac{\overline{0,03}^2}{4} \cdot 4,15$$

C'est cette même masse d'air qui occupera au-dessous du piston l'espace $\pi \cdot \frac{\overline{0,08}^2}{4} \cdot (0,12 + 0,02)$, et en outre, dans le tuyau, le volume

$\pi . \dfrac{\overline{0.03}^2}{4} (4,15 - x)$, en appelant x la hauteur à laquelle l'eau sera élevée, par suite de la diminution d'élasticité de l'air. Cette élasticité, en s'ajoutant au poids de la colonne liquide, donnera une somme égale à la pression atmosphérique. La hauteur de la colonne d'eau est x, elle équivaut à une colonne de mercure $\dfrac{x}{13,596}$. On aura donc, en appliquant la loi de Mariote :

$$\frac{\pi \dfrac{\overline{0.08}^2 . 0,02}{4} + \pi \dfrac{\overline{0,03}^2 . 4,15}{4}}{\pi \dfrac{\overline{0.08}^2}{4}(0,12 + 0,02) + \pi \dfrac{\overline{0.03}^2}{4}(4,15 - x)} = \frac{0,76 - \dfrac{x}{13,596}}{0,76}.$$

Ou en simplifiant :

$$\frac{0.0064 . 0.02 + 0,0009 . 4,15}{0,0064 . 0,14 + 0,0009 (4,15 - x)} = \frac{0,76 . 13,596 - x}{0,76 . 13,596},$$

$$x = \frac{139,28 \pm \sqrt{16542}}{18} = \frac{139,28 \pm 128,61}{18}.$$

La première solution est étrangère au problème, puisque le résultat serait non-seulement plus grand que la distance du piston au niveau de l'eau, mais même plus grande que 10,33. La seconde est la seule admissible.

$$x = 0^m,59.$$

Pour savoir si l'eau pourra arriver au corps de pompe, il suffit de voir si la relation indiquée par la théorie

$$H \frac{e}{e + c} < H - l$$

est satisfaite. Or elle l'est évidemment, en substituant les données numériques

$$10,33 \frac{0,02}{0,14} < 10,33 - 4,15,$$

$$1,47 < 6,18.$$

XIX. On veut construire un aérostat capable d'enlever 1250 kilogrammes avec une force ascensionnelle de 10 kilogrammes. Quel devrait être son volume, 1° dans le cas où on le remplirait avec de l'hydrogène (densité 0,069) ; 2° dans le cas où on le remplirait avec du gaz d'éclairage (densité 0,4).

Réponse : 1er cas 1046^{mc},6,
  2° — 1624   1.

CHALEUR.

XX. On mesure à 18° la longueur d'une barre de fer avec un mètre de laiton ; la lecture de la longueur mesurée donne $3^m,375$. Quelle est la véritable longueur à 18° et à zéro ?

Coefficient du laiton 0.0000186.

—   du fer 0,0000118.

$$l_{18} = 3,275(1 + 18.0,0000186) = 3,3761,$$

RÉPONSE : $\qquad l_0 = \dfrac{3,3761}{1 + 18.0,0000118} = 3,3754.$

XXI. Un flacon pèse à 20°, plein de mercure, $1285^{gr},260$; vide, il pèse $65^{gr},018$. Quelle est sa capacité à 0° ?

Coefficient du mercure 0,00018.

—   du verre 0,000026.

Poids du mercure à 20°.. $1220^{gr},242,$

Densité du mercure à 20° $\dfrac{13,596}{1,0036},$

Volume du mercure à 20°. $\dfrac{1220,242.1,0036}{13,596},$

Volume du flacon à 0°... $\dfrac{1220,242.1.0036}{13,596.1,00052} = 90^{c \cdot c},020.$

XXII. Un cube de platine perd 135 grammes de son poids dans le mercure à zéro, et à 30° il perd seulement 134,38. Le coefficient du mercure est 0,00018, trouver celui du platine.

XXIII. Un grand ballon de verre d'une quinzaine de litres de capacité et plongé dans la glace, est rempli et vidé d'acide carbonique à plusieurs reprises. On le pèse enfin vide, à n millimètres près, puis plein d'acide carbonique à zéro, pression H ; soient p et P les deux poids. On le porte ensuite à T°, le robinet ouvert. A cette température on ferme le robinet, la pression est alors H'. On laisse refroidir le ballon, puis on le pèse de nouveau, soit P' son poids. Trouver le coefficient du gaz, celui du verre du ballon, K, étant supposé connu.

Soit V le volume du ballon, π le poids du litre de gaz à zéro, pression 0,76. La différence $P - p$ est la différence entre le poids du ballon plein d'acide carbonique à la ression H, et le poids du même ballon plein d'acide carbonique à la pression h, d'ailleurs à zéro dans les deux cas.

$1°$
$$V\pi \frac{H-h}{0,76} = P-p.$$

D'un autre côté $P'-p$ est la différence entre le poids du ballon à $T°$, plein de gaz, à $T°$ sous la pression $0,76$, et le poids du même ballon à $0°$ plein de gaz à $0°$ pression h.

$2°$
$$\frac{V\pi(1+KT)H'}{(1+\alpha T)0,76} - V\pi\frac{h}{0,76} = P'-p.$$

en divisant les deux relations l'une par l'autre, on aura :

$$\frac{H-h}{\dfrac{H'(1+KT)}{1+\alpha T}-h} = \frac{P-p}{P'-p},$$

d'où
$$1+\alpha T = \frac{(P-p)(1+KT)H'}{(H-h)(P'-p)+h(P-p)}.$$

XXIV. Le ballon de l'appareil (fig. 124) est jaugé exactement, ainsi que le tube du manomètre, depuis l'extrémité destinée à se rattacher au ballon, jusqu'à un trait a marqué sur le tube. Soient V et v les deux capacités à zéro. Le manomètre étant complétement plein de mercure, on l'ajuste au tube en T du ballon. Celui-ci, établi au milieu de la glace, a été rempli d'air parfaitement pur et sec. La troisième branche du T communique avec l'air extérieur par l'intermédiaire de tubes desséchants. On ouvre alors le robinet de décharge du manomètre, jusqu'à ce que le mercure qui s'écoule s'arrête au trait a, et l'on ferme le robinet. Les deux niveaux sont sur le même plan. On note la température t de l'air extérieur, la pression H. On soude à la lampe le tube qui établit la communication du T aux tubes desséchants. Puis l'on remplace la glace par de l'eau que l'on chauffe à l'ébullition, à $100°$. En versant du mercure par la branche libre du manomètre, on fait remonter le niveau en a. Soient alors H' la pression extérieure, h la différence de niveau, t' la température de l'air ambiant. Le coefficient du verre K étant connu, trouver celui de l'air.

Il suffit d'écrire que la masse de gaz n'a pas changé. Lorsque le ballon était à zéro, cette masse se composait du poids de gaz à zéro qui remplissait le ballon, et du poids d'air à $t°$ qui remplissait la partie supérieure du manomètre, sous la pression H. Lorsque le ballon est à T, cette même masse se compose du poids de gaz à $T°$ qui remplit le ballon, et du poids de gaz à t'^0 qui remplit la partie supérieure du manomètre, le tout à la pression $H' + h$. On a donc :

$$V\frac{1,293.H}{0,76} + \frac{v(1+Kt)}{1+\alpha t}1,293\frac{.H}{0,76} = \frac{V(1+KT)1,293(H'+h)}{(1+\alpha T)0,76}$$

$$+ \frac{v(1+Kt')1.293.(H'+h)}{(1+\alpha t').0,76}.$$

L'équation paraît être du 3e degré par rapport à α. Mais comme l'a fait remarquer M. Regnault, le terme v, dans chacun des deux membres, est très-petit par rapport à V ; le facteur $1+\alpha t$ est un facteur correctif très-voisin de l'unité, qui ne change pas sensiblement la valeur de ce terme ; on peut donc *sans erreur sensible* supposer au facteur α, mais dans ce terme seulement, la valeur approchée donnée par Gay-Lussac 0,00375. L'erreur qui en résultera rentre évidemment dans la limite des erreurs d'observation, on a ainsi :

$$1+\alpha T = \frac{V(1+KT)(H'+h)}{\left(V+\dfrac{v(1+Kt)}{1+\alpha t}\right)H - \dfrac{v(1+Kt')(H'+h)}{1+\alpha t'}},$$

XXV. Le ballon étant dans la glace et rempli jusqu'au trait a d'air pur et sec à zéro, sous la pression H, t étant la température de l'air ambiant, on ferme à la lampe la branche de tube qui rattache l'appareil aux tubes desséchants, puis on remplace la glace par de l'eau que l'on chauffe jusqu'à la température T^0. On fait en même temps couler du mercure par le robinet inférieur du manomètre, de manière à maintenir à même hauteur les deux niveaux qui s'abaissent. Quand la température T est atteinte, on marque un trait b à l'affleurement du mercure. Soit H' la pression barométrique actuelle, h la différence des niveaux, au cas où les deux niveaux ne seraient pas rigoureusement dans un même plan, t' la température du milieu ambiant. On jauge l'intervalle compris entre a et b, soit u son volume à zéro. Trouver avec ces données le coefficient de l'air.

On écrira comme dans le problème précédent que la masse gazeuse est restée la même.

$$V\frac{H}{0,76} + v\frac{(1+Kt)}{1+\alpha t}\frac{H}{0,76} = \left[V\frac{(1+KT)}{1+\alpha T} + (v+u)\frac{1+Kt'}{1+\alpha t'}\right]\frac{H'\pm h}{0,76}.$$

REMARQUES. On voit que cette équation est, au terme u près, la même que celle du problème précédent. Mais on remarquera que dans ce problème le volume restait sensiblement invariable, tandis que l'élasticité subissait un notable accroissement. Dans le problème actuel au contraire, l'élasticité demeure à très-peu près constante, $H' \pm h$ ne différant jamais beaucoup de H, et au contraire le volume s'accroît sensiblement. Ainsi dans le premier cas, on déduit le coefficient de la variation d'élasticité, sous un volume quasi constant; dans le second, on le déduit de la variation du volume sous une pression à peu près constante.

XXVI. Le ballon de l'appareil ci-dessus étant rempli à zéro d'air pur et sec jusqu'au trait a, sous la pression H, ou $H \pm h$ (h toujours très-petit), on note en outre t. Puis on porte le ballon à une température inconnue T. Montrer que l'appareil est un véritable thermomètre (*thermomètre à air*), soit que l'on maintienne le niveau du mercure en a, en versant du mercure dans la branche ouverte du manomètre, soit qu'on laisse descendre le niveau en b.

XXVII. En construisant la courbe des forces élastiques maximum de la vapeur d'eau entre 0° et 30°, d'après les données du tableau, page 248, pour les températures 0°, 5°, 10°, 15°, 20°, 25°, 30°, trouver à quelle température se liquéfierait de la vapeur d'air prise à 30° sous la pression $0^m,18$, dans un ballon fermé que l'on refroidirait progressivement.

XXVIII. Quel volume occuperait à 15° sous la pression $0^m,756$ un poids d'air sec de 10 kilogrammes, après qu'il aurait été amené à saturation; et quel poids de vapeur se trouvera-t-il contenir?

A 15° la tension maximum est 0,00127.

L'air sec sera donc seulement à la pression $0,756 - 0,00127$ ou $0,7233$. On aura dès lors, pour déterminer V en litres :

$$V . \frac{1,293 . 0,7233}{0,760 . 1,0549} = 10000 \qquad V = \frac{0,760 . 10549}{1,293 . 0,7233} = 8572 \text{ litres.}$$

Le poids de vapeur qui y est contenu serait :

$$v \frac{1,293 . 0,00127}{0,760 . 1,0549} . 0,622 = \frac{10000 . 0,00127}{0,7233} . 0,622 = 10^{gr},9.$$

XXIX. Quel est le poids exact dans le vide d'une masse de mercure pesée dans l'air à 10°, pression 0,764, état hygrométrique 0,8, le poids dans l'air étant trouvé égal à $375^{gr},185$?

$$F_{10} = 0,00917.$$

D Densité des poids à 0°.. 8,5   Coefficient... 0,000051.
D' — du mercure.... 13,596   Coefficient... 0,00018

En établissant l'égalité des poids apparents, dans l'air, du mercure et des poids gradués, on aura :

$$x\left(1-\frac{\delta}{D'_{10}}\right)=375,185\left(1-\frac{\delta}{D_{10}}\right),$$

$$\delta=0.001293\,\frac{0.764-\frac{3}{8}.0,00917.0,8}{0,760}\cdot\frac{1}{1,0366}.$$

$$D_{10}=\frac{8,5}{1,00051}\qquad D'_{10}=\frac{13,596}{1,0018},$$

$$x=375^{gr},1623.$$

XXX. Dans un kilogramme d'eau à 10°, on introduit simultanément 2 kilogrammes d'un métal A à 80°, et 3 kilogrammes d'un autre métal B à 50°, la température du mélange est 26°,3. Dans une seconde expérience, on introduit encore dans un kilogramme d'eau à 10° 2 kilogrammes du métal A à 100°, et 3 kilogrammes du second métal B à 40°. La température du mélange est 28°,4. Trouver les chaleurs spécifiques des deux métaux.

$$\begin{aligned}
&1^{er}\ \text{CAS. Chaleur perdue par A}\ldots\ldots\quad 2.x(80-26,3)\\
&\qquad\qquad -\qquad\qquad -\qquad B\ldots\ldots\quad 3.y(50-26,3)\\
&\qquad\text{Chaleur gagnée par l'eau}\ldots\quad 26,3-10\\
&\text{Équation du mélange,}\quad 107,4.x+71,1.y=16,3\qquad (a)\\
&2^{e}\ \text{CAS. Chaleur perdue par A}\ldots\ldots\quad 2.x(100-28,4)\\
&\qquad\qquad -\qquad\qquad -\qquad B\ldots\ldots\quad 3.y(40-28,4)\\
&\qquad\text{Chaleur gagnée par l'eau}\ldots\quad 28,4-10\\
&\text{Équation du mélange,}\quad 143,2.x+34,8.y=18,4\qquad (b)
\end{aligned}$$

On tire des équations (a) et (b) :

$$x=0,1149,$$
$$y=0,0559.$$

XXXI. Un vase en cuivre pesant 2200 grammes contient 3625 grammes d'eau à 15°. On y jette un morceau de fer pesant 405 grammes, à sa sortie d'un fourneau porté au rouge; la température du mélange monte à 22°.

$$\begin{aligned}
&\text{Chaleur spécifique du cuivre}\ldots\quad 0,095\\
&\qquad -\qquad\qquad -\qquad \text{fer}\ldots\ldots\quad 0,113\ \text{(aux basses températures).}
\end{aligned}$$

Quelle est la température du fourneau ?

$$\begin{aligned}
&\text{Chaleur gagnée par l'eau}\ldots\ldots\quad 3625\,(22-15)\\
&\qquad -\qquad\qquad \text{par le vase}\ldots\quad 2200.0,095\,(22-15)\\
&\text{Chaleur perdue par le fer}\ldots\ldots\quad 405.0,113(x-22)\\
&\text{Équation :}\quad 405.0,113\,(x-22)=3625.7+2200.0,095.7=26838.
\end{aligned}$$

$$x-22=586,4.$$

Ainsi x serait 608,4 s'il était vrai que la quantité de chaleur absorbée par l'unité de poids du fer pour monter d'un degré reste constamment égale à 0,113 jusqu'à 600°. Mais il n'en est pas ainsi; et l'on a trouvé qu'entre 0° et 600° la chaleur spécifique moyenne était un peu plus grande, et égale à 0,130 approximativement. La chaleur perdue par le fer doit donc être exprimée par

$$405.0,130\,(x' - 22)\,;$$

elle est d'ailleurs toujours égale à 26838; on a par conséquent :

$$0,130\,(x' - 22) = 0,113\,(x - 22) = 0,113.586,4,$$

d'où
$$x' - 22 = 586,4.\frac{0.113}{0,130} = 509,72,$$

$$x' = 531,72.$$

XXXII. On mélange deux masses d'air, l'une de 40 mètres cubes à 15° à demi-saturation, sous la pression 0,765, l'autre de 35 mètres cubes à 12° au tiers de la saturation, pression 0,781, dans un volume égal à la somme des volumes mélangés. Quelle sera la température du mélange et son état hygrométrique? On admettra que la vapeur d'eau a une chaleur spécifique double de celle de l'air.

$$\text{Tension de la vapeur d'eau à.... } 15° \quad 12^{mm},7$$
$$\text{—} \qquad \text{—} \qquad \text{à.... } 12° \quad 10\ \ ,46$$

Première masse d'air.

$$\text{Poids de l'air sec...} \quad 40.1293^{gr}.\frac{0,765 - 0,00635}{0,760.1,0549} = 48941^{gr}$$

$$\text{— de la vapeur..} \quad 40.1293\ .\frac{0,00635}{0.760.1,0549}.0,622 = \quad 254\ ,8$$

Deuxième masse d'air.

$$\text{Poids de l'air sec...} \quad 35.1293^{gr}.\frac{0,781 - 0,00349}{0,760.1,04392} = 44348$$

$$\text{— de la vapeur..} \quad 35.1293\ .\frac{0.00349}{0,760.1,04392}.0,622 = \quad 123,$$

Équation des mélanges; c désignera la chaleur spécifique de l'air :

$$[48941.c + 254,8.2c]\,(15 - x) = [44348.c + 123,8.2c]\,(x - 12).$$

D'où
$$x = 13°,6.$$

Tension maximum correspondante : $11^{mm},568$.

Poids de la vapeur saturée contenue dans le volume 75 à $13°,6$:

$$P = 75 . \frac{1293.0.01157.0,622}{0,760(1+13,6.0,00366)} = 874,5.$$

État hygrométrique........ $\frac{378,6}{874,5} = 0,43$.

XXXIII. Quel serait le poids de glace que pourrait fondre sans élévation de température 1 kilogramme de vapeur d'eau à $100°$ en se liquéfiant et descendant lui-même à zéro ?

RÉPONSE : $8^{k},057$.

XXXIV. Dans un vase en laiton pesant 75 grammes, et contenant une masse d'eau à $20°$, qui pèse 522 grammes, on jette un morceau de glace à $0°$. La glace fondue, la température du mélange est $17°,8$, et le poids total de l'eau 534 grammes. Quelle est la chaleur latente de fusion de la glace ?

Chaleur spécifique du laiton........ $0,094$

XXXV. Quelle quantité de vapeur d'eau à $100°$ faudrait-il faire condenser dans une cuve cylindrique de 4 mètres de hauteur et $1^{m},25$ de diamètre, à demi pleine d'eau à $10°$, pour amener la masse totale à $50°$? On négligera la chaleur absorbée par la cuve.

$$P = 167^{k},5$$

ÉLECTRICITÉ ET MAGNÉTISME.

XXXVI. Dans la balance de Coulomb, les deux petites balles, chargées de la même électricité, sont à une distance de $18°$, la rotation du micromètre supérieur étant de $230°$. On demande de combien il faudra détordre le micromètre pour qu'au bout de 10 minutes les deux balles soient encore à cette même distance. Les conditions atmosphériques étant telles, que la perte, par minute, de la charge moyenne soit égale à la fraction $\frac{1}{20}$.

La torsion initiale qui équilibre la force répulsive est

$$230 + 18 = 248.$$

D'après la formule établie page 376, on a

$$\frac{A_{20}}{A_0} = \left(\frac{40-1}{40+1}\right)^{10}.$$

On tirera de là, à l'aide des logarithmes :

$$A_{20} = 150,43.$$

Il faudra donc détordre le micromètre de

$$248 - 150,43 = 97,57.$$

XXXVII. Deux petites balles de poids p sont suspendues à un même point par deux fils isolants de même longueur l ; on leur donne une charge électrique qu'elles se partagent par moitié ; les balles s'écartent, et les fils qui les portent font entre eux un angle α. Déduire de cet angle la valeur de la charge, en adoptant pour unité de charge celle qui produit sur une autre charge égale à elle-même, à l'unité de distance, une répulsion égale à φ. (Ce problème exige la connaissance des formules de la Trigonométrie et de la Mécanique.)

XXXVIII. L'inclinaison magnétique étant dans un lieu 67°, trouver quelle serait la position de l'aiguille d'inclinaison, dans un plan vertical faisant avec le plan du méridien un angle de 45°. (Même indication que pour le problème précédent.)

XXXIX. Un couple thermoélectrique est rattaché à un galvanomètre par deux fils de cuivre de 5 mètres de longueur chacun, et d'un $\frac{1}{2}$ millimètre de diamètre ; la déviation de l'aiguille est de 12°. On remplace ces fils par deux autres fils du même diamètre, mais de 20 mètres de longueur ; la déviation est alors 9°,5. Calculer la résistance du galvanomètre, en longueur de fil normal. (On supposera nulle la résistance du couple lui-même).

$$l = 82^m,48.$$

ACOUSTIQUE.

XL. Une sirène à 25 trous étant amenée à l'unisson d'un tuyau, et le compteur engagé, on trouve qu'au bout de 30 secondes, l'aiguille du cadran des centaines a marché de 13 divisions, et l'aiguille des tours de 92 divisions, quel est le son donné par le tuyau ?

Nombre de tours du plateau......... 1392
Nombre total de vibrations doubles.. $1392 \times 25 = 34800$,
Nombre de vibrations par seconde... $\dfrac{34800}{30} = 1160.$

$$la_3 = 435 \qquad la_4 = 870 \qquad la_5 = 1740.$$

1160 est compris dans l'octave de l_4 à la_5.

$$\frac{1160}{870} = \frac{4}{3}.$$

Le son donné est la quarte juste de la_4 ou $ré_5$ au comma près.

XLI. Quel est le nombre des vibrations que donnera une corde de cuivre de $0^m,425$ de longueur, un quart de millimètre de diamètre, tendue par un poids de $2^k,275$?

Densité du cuivre 8,8 :

$$g = 9^m,80896,$$

$$n = \frac{1}{2rl}\sqrt{\frac{g\mathrm{P}}{\pi d}} = \frac{1}{0,025.42,5}\sqrt{\frac{980,896.2275}{3,1416.8,8}} = 258.$$

C'est l'ut_3(261) au comma près.

XLII. Un tuyau ouvert fait entendre pour 3ᵉ harmonique (le son fondamental compris) le la_5; quelle est sa longueur, la vitesse du son étant 337 ?

Le la_3 répond à 435 vibrations, le la_5 en compte donc 1740.

Ce son est le troisième de la série des harmoniques du tuyau, dès lors le son fondamental est $\dfrac{1740}{3} = 580$ ($ré_4$ au comma près). Or on a vu que l'on avait, en appelant v la vitesse de propagation du son, n le nombre de vibrations doubles, et λ la longueur de l'onde,

$$v = n\lambda;$$

λ est aussi le double de la longueur du tuyau. On a donc :

$$337 = 580.2l = 1160.l,$$

$$l = \frac{337}{1160} = 0^m,29.$$

XLIII. Avec un kilogramme d'alliage dont la densité est 7,7, on veut faire deux tuyaux ouverts cylindriques ayant deux millimètres d'épaisseur et 4 centimètres de diamètre intérieur, accordés à la quinte. Quelles notes donneront-ils à 10° ?

Vitesse du son à 0° :

$$331,33.$$

La vitesse à 10° est alors :

$$331,33\sqrt{1 + \alpha t} = 331,33.1,018 = 337,29.$$

Pour calculer la longueur du tuyau tout entier, on aura la relation :

$$\pi\,(r'^2 - r^2)\,h.7,7 = 1000,$$
$$\pi\,(\overline{2,2}^2 - \overline{2}^2)\,h.7,7 = 1000,$$
$$h = 50.$$

Les deux tuyaux étant accordés à la quinte, leurs longueurs seront dans le rapport de 2 à 3. Le plus long aura donc $0^m,30$, et le plus court $0^m,20$.

Pour connaître le son produit par le plus grave, nous aurons :

$$v = n\lambda = n.0,60,$$
$$n = \frac{337,29}{0,60} = 562.$$

Ce son est compris entre le do_4 (521) et do_5 (1044).
Il est même compris entre do_4 et $ré_4$ (587).

$$do^{\sharp} = 552 \times \frac{25}{24} = 544,$$

$$ré^{\flat} = 587 \cdot \frac{24}{25} = 562.$$

Le son inférieur est $ré^{\flat}$; le son supérieur $la^{\flat}$.

XLIV. Quelle longueur faudrait-il donner à un tuyau ouvert pour qu'il rendît le même son qu'une corde d'acier vibrant transversalement, de longueur $1^m,25$, de diamètre $0^m,0012$, tendue par un poids de 20 kilogrammes ?

Densité de l'acier, 7,7. Vitesse du son, 337 mètres.

On a pour la corde :

$$n = \frac{1}{2rl}\sqrt{\frac{g\mathrm{P}}{\pi d}},$$

Pour le tuyau :

$$n' = \frac{\mathrm{V}}{2l'}.$$

Donc, puisque les sons rendus doivent être les mêmes,

$$\frac{1}{2rl}\sqrt{\frac{g\mathrm{P}}{\pi d}} = \frac{\mathrm{V}}{2l'}.$$

En prenant le centimètre pour unité,

$$\frac{1}{0,06.125}\sqrt{\frac{980,896.20000}{\pi.7,7}} = \frac{33700}{l'},$$
$$l' = 271^c \quad \text{ou} \quad 2^m,71.$$

OPTIQUE.

XLV. Quel est le rapport des intensités de deux sources lumineuses qui donnent des pénombres d'égale intensité quand elles sont placées dans le photomètre de Rumford, la première à $2^m,15$, la seconde à $0^m,85$ du pied de la baguette ?

$$\frac{I}{I'} = \left(\frac{215}{85}\right)^2 = 6,39.$$

XLVI. Un point lumineux est placé devant une sphère opaque de $0^m,30$ diamètre, à 3 mètres de distance ; quelle sera la largeur de l'ombre projetée à 10 mètres en arrière de la sphère sur un écran dont le plan sera perpendiculaire à la droite passant par le point lumineux et par le centre de la sphère ?

RÉPONSE : $1^m,30.$

XLVII. Deux sphères, l'une de $0^m,15$ de diamètre, l'autre de $0^m,35$ sont à 2 mètres de distance l'une de l'autre. Trouver la hauteur de la zone de pénombre sur la seconde. Quelles seraient, sur un écran perpendiculaire à la ligne des centres, et à 3 mètres en arrière de la seconde sphère, les dimensions de l'ombre et de la pénombre ?

$$k = 0^m,052 \qquad 2r = 1^m,3 \qquad 2r' = 2^m,26.$$

XLVIII. L'indice de réfraction du flint-glass est 1,576. Quel doit être l'angle de réfringence d'un prisme de flint pour qu'aucun des rayons tombant sur l'une des faces ne puisse sortir par l'autre ?

XLIX. Quel angle devront faire entre eux deux miroirs plans, pour qu'un rayon qui se réfléchit successivement sur l'un et sur l'autre, dans le plan perpendiculaire à l'arête de l'angle dièdre, ait sa direction de seconde réflexion perpendiculaire à la direction de première incidence ?

$$A = 135°.$$

L. Un myope, pour qui la distance de la vue distincte est de

0^m,18, se sert d'une loupe de 3 millimètres de distance focale ; à quelle distance de la lentille devra-t-il placer un objet pour voir nettement l'image virtuelle? quel sera le grossissement?

$$d = 2^{mm},95 \qquad G = 61.$$

FIN.

TABLE DES MATIÈRES.

FIN DE LA TABLE DES MATIÈRES.

PARIS. — IMPRIMERIE DE CH. LAHURE ET Cⁱᵉ
Rue de Fleurus, 9

www.ingramcontent.com/pod-product-compliance
Ingram Content Group UK Ltd.
Pitfield, Milton Keynes, MK11 3LW, UK
UKHW020716120726
13693UKWH00001B/10